“十三五”
国家重点图书出版规划项目
ICT认证系列丛书

华为技术认证

华为VPN学习指南

王 达 主编

人民邮电出版社
北 京

图书在版编目（CIP）数据

华为VPN学习指南 / 王达主编. -- 北京 : 人民邮电出版社, 2017.9（2022.6重印）
（ICT认证系列丛书）
ISBN 978-7-115-45647-2

Ⅰ. ①华… Ⅱ. ①王… Ⅲ. ①虚拟网络－指南 Ⅳ. ①TP393.01-62

中国版本图书馆CIP数据核字(2017)第165696号

内 容 提 要

本书是国内图书市场第一本，也是目前唯一一本专门介绍华为AR系列路由器（华为S系列交换机也支持部分VPN方案，技术原理及大多数配置方法适用于华为NE系列路由器和USG系列防火墙）IP网络中各项VPN技术及应用配置的权威工具图书，同时也是华为技术有限公司指定的ICT认证系列培训教材。全书共9章，第1章比较全面、深入地介绍了各种IP VPN技术基础知识和技术原理，第2～4章分别介绍了IPSec VPN的各种技术原理，以及不同部署方式下的配置与管理方法；第5~7章分别介绍了L2TP VPN、GRE VPN和DSVPN的各种技术原理及配置与管理方法；第8章介绍了PKI体系架构的各种技术原理，以及不同方式下的本地数字证书的申请方法，为第9章采用数字证书进行身份认证的SSL VPN方案部署打基础；第9章系统地介绍了SSL VPN部署中有关的SSL策略、HTTPS服务器，以及SSL VPN网关等方面的配置与管理方法。

本书结合了笔者20多年的工作经验，其内容非常全面、系统。为了帮助大家真正理解各项技术原理及各种VPN方案的配置思路，除第1章外，其他各章均有大量的配置示例，并对一些典型故障排除方法进行了详细的介绍。另外，本书经过了华为技术有限公司多位专家指导和审核，因此本书无论在专业性方面，还是在经验性和实用性方面均有很好的保障，是相关人员自学或者教学华为设备VPN配置与管理的必选教材。

◆ 主　　编　王　达
责任编辑　李　静
责任印制　彭志环
◆ 人民邮电出版社出版发行　　北京市丰台区成寿寺路11号
邮编　100164　　电子邮件　315@ptpress.com.cn
网址　http://www.ptpress.com.cn
北京虎彩文化传播有限公司印刷
◆ 开本：787×1092　1/16
印张：36.5　　2017年9月第1版
字数：870千字　　2022年6月北京第17次印刷

定价：129.00元

读者服务热线：(010)81055493　印装质量热线：(010)81055316
反盗版热线：(010)81055315

序

人类社会和人类文明发展的历史也是一部科学技术发展的历史。半个多世纪以来，精彩纷呈的 ICT 技术，汇聚成了波澜壮阔的互联网，突破了时间和空间的限制，把人类社会和人类文明带入到前所未有的高度。今天，人类社会已经步入网络和信息时代，我们已经处在无处不在的网络连接中。联接已经成为一种常态，信息浪潮迅速而深刻地改变着我们的工作和生活。人们与世界联接得如此紧密，实现了随时随地自由沟通，对信息与数据的获取、分享也唾手可得。这意味着，这个联接的世界，正以超乎想象的速度与力量，对人类社会的政治、经济、商业文明和生产方式等进行全面的重塑。

ICT 正在蓬勃发展，移动化、物联网、云计算和大数据等新趋势正在引领行业开创新的格局。世界正在发生影响深远的数字化变革，互联网正在促进传统产业的升级和重构。通过以业务、用户和体验为中心的敏捷网络架构将深刻影响着未来数字社会的基础。我们深知每个人都拥有平等的数字发展机会，这对于构建一个更加公平的现实世界至关重要。

ICT 产业的发展离不开人才的支撑，产业的变革也将对 ICT 行业人才的知识体系和综合技能提出更高的挑战。作为全球领先的信息与通信解决方案供应商，华为的产品与解决方案已广泛应用于金融、能源、交通、政府、制造等各个行业。同时，我们也非常注重对 ICT 专业人才的培养。所以，我们与行业专家、高校老师合作编写了“华为 ICT 认证系列丛书”，旨在为广大用户、ICT 从业者，以及愿意投身到 ICT 行业中的人士提供更加便利的学习帮助。

继 2014 年与国内资深网络技术专家、业界知名作者王达老师合作并出版《华为交换机学习指南》《华为路由器学习指南》以来，华为 ICT 认证系列丛书得到广大读者的高度肯定和大力支持。随着读者朋友的成长，大家渴望更加专业的技术学习。其中在各大企业广泛使用的 VPN 技术，以及在各个行业广泛使用的 MPLS 技术就是典型代表。为此，我们再度与王达老师合作并出版《华为 VPN 学习指南》一书（另一本《华为 MPLS 学习指南》也将很快上市）。这本书从学习和实用的角度，基于学习的逻辑对知识点进行了系统地组织编排，书籍由浅入深，让读者逐步掌握各种 VPN 技术原理和应用方案配置与管理方法。同时该书中配备了大量不同场景下的各种 VPN 方案的应用配置示例和典型故障排除方法，让读者能够真正地学以致用。希望本书能够帮助读者快速地学习华为设备的 VPN 技术，不断提升，在 ICT 行业大展身手！

自　　序

路漫漫其修远兮，吾将上下而求索。2017 年伊始，笔者又踏上挑战自我的漫漫征程。历经数月，终于如期、如质完成本书创作，倍感欣慰。在此要感谢我的家人对我的大力支持。

本书出版背景

自从 2014 年笔者与华为技术有限公司、人民邮电出版社合作出版了《华为交换机学习指南》和《华为路由器学习指南》图书后，许多读者一直在追问为什么没有 VPN 和 MPLS 方面的内容，尽管笔者一再向他们解释是由于篇幅实在放不下，可他们仍然希望我尽快出本专著把这两部分的内容补上。

读者的心情是可以理解的，因为目前国内图书市场上的确还没有专门介绍华为设备 VPN 和 MPLS 方面的专业图书。十多年来，笔者出版过 60 余部著作，几乎每一本都得到了读者的大力支持和高度肯定，从中可以看出，只要是用心写的好书，读者的支持是义无反顾的。这一点在三年前出版的《华为交换机学习指南》和《华为路由器学习指南》两本图书上得到了更充分的体现，因为这两本书上市三年来，一再重印（截至目前一共印刷近 30 次），并且许多培训机构和高校做了教材。

尽管如此，笔者深知要把这两部分内容写好，难度还是非常大的，因为涉及太多复杂技术原理和应用配置，而且一本书的篇幅是远远不够的。由于笔者一直都很忙，很难下这个决心。直到今年，经过近三年时间的努力，我的会员视频课程已完成过半，可以稍稍停顿一下，才正式下决心分两本书把这两部分内容给大家补上。经过与华为技术有限公司、人民邮电出版社沟通，也得到了他们各级领导的大力支持，于是就有了这两本新书的漫漫创作之路。

本书与前面出版的《华为交换机学习指南》和《华为路由器学习指南》一样，也得到了华为技术有限公司许多一线产品专家的严格审核和技术把关，提供了许多宝贵的技术指导和修订意见，还有人民邮电出版社编辑老师的多次编辑、审核，所以本书无论从专业性、实用性，还是从图书编排、出版质量上都有着非一般图书可比的全线保障，敬请大家放心选购。希望这两本书能继续得到大家的喜爱，更希望这两本书能给大家带来一些实实在在的帮助。同时也衷心地感谢华为技术有限公司和人民邮电出版社这么多位领导的大力支持，感谢各位参与本书编审的技术专家和编辑老师们的辛勤付出，你们辛苦了！

服务与支持

为了加强与读者朋友们的交流与沟通，同时也方便读者朋友们相互交流与学习，及时了解图书配套视频课程、在线培训资讯，笔者向大家提供了全方位的交流平台：

- 超级读者、学员交流 QQ 群

读者交流 QQ 群：516844263

视频课程学员 QQ 群：398772643

- 两个专家博客

51CTO 博客：http://winda.blog.51cto.com

CSDN 博客：http://blog.csdn.net/lycb_gz

- 两个认证微博

新浪微博：weibo.com/winda

腾讯微博：t.qq.com/winda2010

- 两个视频课程中心（可分期购买下载版终身会员，获得全部视频课程）

51CTO 学院课程中心：http://edu.51cto.com/lecturer/user_id-55153.html

CSDN 学院课程中心：http://edu.csdn.net/lecturer/74

- 微信及公众号

微信：windanet （加入后可拉入读者微信群）

微信公众号：windanetclass

鸣 谢

本书由王达主编并统稿，经过数十位编委、技术专家数月夜以继日地工作，一次次地严格审校、修改和完善，这本巨作终于完成，并高质量地出版上市。在此感谢华为技术有限公司各位专家慎密的技术审校和大力支持，感谢人民邮电出版社各位编辑老师，以及各位编委的辛勤工作！以下是参与本书编写和技术审校人员名单。（排名不分先后）

编委人员：何艳辉、周健辉、何江林、卢翠环、王传寿、谭文凤、李峰、郑小建、余志坚、曾育文、刘云根、谢桂安 罗广平、朱碧霞、胡海侨、黄丽君、王爽、陈玉生、蔡学军、李想、夏强、刘胜华、罗巧芬

技术审校：蓝鹏、史晓健、管超、江永红

前　　言

经过数月、数十位编写、审核人员的辛勤创作和一次又一次的修改，本书终于完稿了，大家也都从这本书内容的专业性和实用性中感受到巨大的成就感。真心希望本书能给大家带来一些实际的帮助，得到大家一如既往的支持与喜爱，更诚挚欢迎、接受大家的批评与指正。

本书特色

本书在编写过程中，聚集了多位专家老师的智慧和专业技能，也权衡了各位专家老师在图书定位、内容编排、整书框架部署、以及具体的知识点写作等方面的建议。使得本书具有了许多以下鲜明特色。

（1）华为安全 HCNP 技能学习、培训的指定教材

本书由华为技术有限公司官方直接授权创作，在具体编写过程中既充分考虑了普通读者系统学习 VPN 技术及功能配置与管理方法的需求，同时也考虑到了参加华为安全 HCNP 认证考试的学习需求。本书是国内第一本、也是唯一一权威的华为网络安全领域 VPN 技术自学、培训教材。

（2）内容全面、系统、深入，一册无忧

本书是专门针对华为设备各种 IP VPN（包括 IPSec VPN、L2TP VPN、GRE VPN、DSVPN 和 SSL VPN）方案进行内容编排的，不仅介绍了各种 VPN 方案所涉及的各方面技术原理，还全面介绍了各种 VPN 在不同场景下的配置与管理方法。真正的“一册在手，别无所求”。

（3）通俗原理剖析与完善配置思路结合

为了帮助大家真正理解和掌握各种 VPN 方案的实现原理，在本书中笔者结合了近 20 年的工作和学习经验，对各种 VPN 方案所涉及的许多比较高深、复杂的技术原理进行了深入、通俗化地剖析，许多纯是经验之谈，其他渠道很难获取。另外，为了帮助大家对各种 VPN 方案在不同场景下的配置思路和方法有一个清晰的认识，笔者在内容编排上采取了分门别类的方式进行讲解，使大家可以非常快捷地找到对应场景下的完整配置思路和方法。

（4）大量配置示例和故障排除方法结合

为了增强本书的实用性，在介绍完每一种相关功能配置后都列举了大量的不同场景下的配置示例，以加深大家对前面所学技术原理和具体配置与管理方法的理解。许多配置示例完全可直接应用于不同现实场景。另外，为了使大家能在部署 VPN 方案时对所遇到的各种故障迅速地进行排除，在大部分章的最后都介绍了针对一些典型故障现象的排除方法，使得本书具有非常高的专业性和实用性。

适用读者对象

本书具备极高的系统性、专业性和实用性，适合于各层次的读者，具体如下。

- 使用华为 AR 系列路由器、USG 系列防火墙产品的用户（华为 S 系列交换机支持部分功能）；
- 华为培训合作伙伴、华为网络学院的学员；
- 高等院校的计算机网络专业学生；
- 希望从零开始系统学习华为设备 VPN 技术的读者；
- 希望有一本可在平时工作中查阅的华为设备 VPN 技术手册的读者。

本书主要内容

本书是国内图书市场中第一本专门介绍华为 VPN 技术原理及配置与管理方法的工具图书，也是华为 ICT 认证系列培训教材。全书共 9 章，以华为 AR 系列路由器（部分 VPN 方案也适用于华为 S 系列交换机，其中的技术原理及大多数配置方法同样适用于华为 USG 系列防火墙）所支持的各种 IP VPN（基于 MPLS 的 VPN 将在《华为 MPLS 学习指南》一书中介绍）方案为主线全面、系统、深入地介绍了 IPSec VPN、L2TP VPN、GRE VPN、DSVPN 和 SSL VPN 的各方面技术原理及各项功能的配置与管理方法。各章的基本内容如下。

第 1 章　VPN 基础：从宏观角度，比较全面介绍了 IP VPN 技术的一些基础知识，包括 VPN 的定义、分类、各种隧道协议（PPTP、L2TP、GRE、IPSec、MPLS），以及各种安全技术原理，包括 PAP、CHAP 身份认证原理，数据加密、数字签名、数字信封、数字证书技术原理，MD5、SHA、SM3、AES、DES 等认证或加密算法原理。

第 2 章　IPSec 基础及手工方式 IPSec VPN 配置与管理：本章首先全面、系统地介绍了 IPSec 相关的基础知识和技术原理，包括 IPSec 的安全机制、封装模式、AH 和 ESP 报头格式，IPSec 保护数据流定义方式，以及 IPSec 隧道建立原理和 IKEv1/v2 密钥交换原理。然后专门介绍采用基于 ACL 定义保护数据流的手工方式建立 IPSec 隧道的配置与管理方法。在最后介绍了在采用手工方式建立 IPSec 隧道过程中可能出现的一些典型故障的排除方法。

第 3 章　IKE 动态协商方式建立 IPSec VPN 的配置与管理：本章专门介绍了在采用基于 ACL 定义保护数据流的 IKE 协议动态协商方式建立 IPSec 隧道的配置与管理方法。本章有大量针对不同应用场景下的配置示例，并在最后也专门介绍了在采用 IKE 协议动态协商建立 IPSec 隧道的过程中可能出现的一些典型故障的排除方法。

第 4 章　基于 Tunnel 接口和 Efficient VPN 策略的 IPSec VPN 配置与管理：本章介绍了基于 Tunnel 接口定义保护数据流和基于 Efficient VPN 策略建立 IPSec 隧道的配置与管理方法。基于隧道接口方式的主要特点是无需通过 ACL 来定义数据流，凡是通过 Tunnel 接口转的数据流都将被 IPSec 保护；基于 Efficient VPN 策略方式可以使远程终端的配置极为简单，更适合采用动态 IP 公网接入的移动办公用户远程接入企业网络。

第 5 章　L2TP VPN 配置与管理：本章专门介绍了 L2TP VPN 这种二层 VPN 解决方案所涉及的各方面基础知识、技术原理和具体功能配置与管理方法。在基础方面主要包括 L2TP VPN 体系架构、L2TP 协议报文格式，L2TP 隧道模式；在技术原理方面主要涉及 L2TP 报文的封装和传输原理、各种 L2TP 隧道模式的隧道建立流程。在本章最后列举了多个不适用不同场景下的 L2TP VPN 配置示例，介绍了在 L2TP VPN 部署中可能出现的一些典型故障的排除方法。

第 6 章　GRE VPN 配置与管理：本章专门介绍了 GRE VPN 解决方案所涉及的各方面基础知识、技术原理和具体功能配置与管理方法。主要包括 GRE 协议报文格式、GRE 报文的封装和解封装原理、GRE 安全机制和 GRE 隧道配置与管理方法。在本章最后列举了多个不适用不同场景下的 GRE VPN 配置示例，介绍了在 GRE VPN 部署中可能出现的一些典型故障的排除方法。

第 7 章　DSVPN 配置与管理：本书专门介绍了 DSVPN 解决方案所涉及的各方面基础知识、技术原理和具体功能配置与管理方法。主要包括 mGRE 协议报文的封装和解封装原理、NHRP 协议工作原理、shortcut 和非 shortcut 场景的 DSVPN 工作原理、DSVPN NAT 穿越和 IPSec 保护原理，以及 shortcut 和非 shortcut 场景下 DSVPN 隧道配置与管理方法。在本章最后列举了多个不适用不同场景、不同路由方式下的 DSVPN 配置示例，介绍了在 DSVPN 部署中可能出现的一些典型故障的排除方法。

第 8 章　PKI 配置与管理：本章是为第 9 章介绍 SSL VPN 打基础，其目的是为设备申请本地数字证书，因为在 SSL VPN 部署中要用到数字证书进行身份认证。本章主要围绕本地数字证书的申请、下载、安装、更新介绍了 PKI 各方面的基础知识、技术原理和具体功能配置与管理方法。在基础知识和技术原理方面包括 PKI 体系架构、数字证书结构和分类、PKI 工作机制。在本章最后列举了多个采用不同方式申请本地证书的配置示例，介绍了在本地证书申请过程中可能出现的一些典型故障的排除方法。

第 9 章　SSL VPN 配置与管理：本章围绕 SSL VPN 部署过程中除了 PKI 数字证书以外的 SSL 策略、HTTPS 服务器、SSL VPN 这三个方面的功能与管理方法进行介绍。部署 SSL VPN 首先要把网关设备配置为 HTTPS 服务器，以供远程用户可以通过浏览器以 Web 方式进行访问。在 HTTPS 服务器的配置过程中需要配置 SSL 服务器策略，而在创建 SSL 服务器策略时又要用到设备的本地证书。最后把设备配置为 SSL VPN 网关，为远程用户提供访问企业内网资源的 Web 页面。同样，在本章最后也列举了多个基于不同业务类型的 SSL VPN 配置示例。

阅读注意地方

在阅读本书时，请注意以下几个地方。

- 书中是以华为最新一代 AR G3 系列路由器、V200R006 及以后版本 VRP 系统的配置为主线进行介绍。
- 在配置命令代码介绍中，粗体字部分是命令本身或关键字选项部分，是不可变的；斜体字部分是命令或者关键字的参数部分，是可变的。
- 在介绍各种 VPN 技术及功能配置说明过程中，对于一些需要特别注意的地方均以粗体字格式加以强调，以便读者在阅读学习时引起特别注意。
- 为了使书中内容具有更广的适用性，在介绍具体的配置步骤过程中，对一些命令在不同 VRP 系统版本中的支持情况做了具体说明。

目　　录

第1章
VPN基础

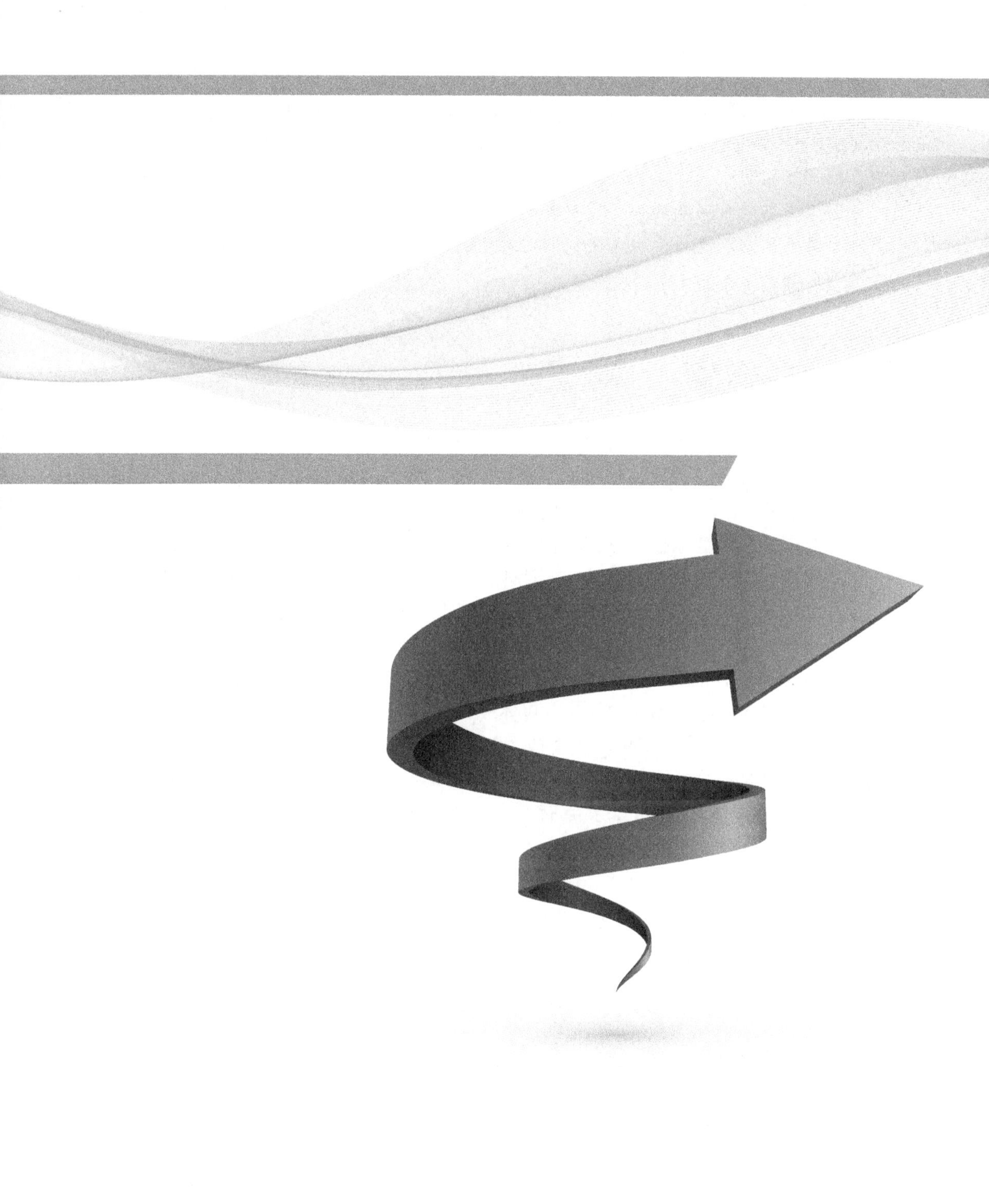

本章作为本书开篇，将对本书后续各章所涉及的一些公用技术基础知识和技术原理进行介绍。其中主要包括 VPN 定义（这对理解什么是 VPN 很重要）、VPN 的分类，以及各种 VPN 隧道技术（如 PPTP、L2TP、IPSec、GRE、MPLS 等）、VPN 身份认证技术（如 PAP、CHAP、AH、ESP）、认证算法（如 MD5、SHA、SM3）和加密算法（如 AES、DES、3DES 等），以及加密、数字签名和数字信封技术原理，为本书后续各章的学习打下基础。

因为本书的重点是后续各章将要介绍华为 AR G3 系列路由器中所支持的各种 VPN 解决方案的具体配置与管理方法，所以对于一些复杂的认证算法和加密算法的具体运算原理无需有太深入的了解。

1.1 VPN 的起源、定义与优势

任何技术的诞生都有其特定的应用需求背景，即是由需求驱动产生的。在计算机网络发展初期，各企业的局域网基本上都处于同一地点，无分机构网络，也就无需进行远程连接。但随着经济的发展，计算机网络应用的普及和发展日趋完善，越来越多的企业开始在全国，甚至全球建立分支机构，全国乃至全球的合作伙伴也日益增多，同时公司员工对移动访问公司网络的需求也不断增加。这一切都涉及到一个非常现实的重要问题，那就是如何通过安全、便捷的方式把这些分支机构的内部网络进行互联，实现资源共享；如何使合作伙伴、公司移动办公员工可以方便、快捷地访问公司内部网络。这就是 VPN（Virtual Private Network，虚拟专用网）技术诞生的最初背景需求，但最初解决这类需求的方案还不是 VPN，这将在 1.1.1 节具体介绍。

VPN 是一类技术的统称，随着技术的发展，产生了多种可以实现以上目的的 VPN 解决方案，如本书后续各章所介绍的 IPSec VPN、GRE VPN、L2TP VPN、DSVPN 和 SSL VPN 等。但这些 VPN 解决方案都有两个共同的基本特点：（1）主要应用于通过公共的 Internet 进行远程网络连接，满足了远程网络连接的便捷性；（2）不是直接通过公共的 Internet 来传输远程网络互联通信中的数据，而是会采取各种安全保密技术（或称“隧道”技术），使得人们担心的安全问题也随之得到解决。

1.1.1 VPN 的起源

最初，为了解决企业网络远程连接的问题，电信运营商采用的是租赁线路（Leased Line）的方式为客户提供远程网络的专线连接，但这并不是我们现在所说的真正意义上的 VPN，两者只是功能类似。

这种专线方式是为企业用户提供物理的二层链路，即以二层的方式为企业用户实现远程网络的连接。这种专线方式有其明显的缺点：网络建设时间长、价格昂贵，不适宜太远距离的连接，因为都需要专门为每一个用户架设物理线路，而且一条物理线路只为一个用户专用，线路利用率低。对用户来说，租用专线的费用的确非常高，不仅限制了用户的使用，同时也阻碍了远程网络连接技术的应用和发展。这不符合我们前面所说到的 VPN 所具有的便捷、安全这些基本特性。

为了解决租赁专线方案的建设成本、企业用户接入费用昂贵问题，随着 ATM（Asynchronous Transfer Mode，异步传输模式）和 FR（Frame Relay，帧中继）技术的兴起，电信运营商转而使用虚电路方式［参见笔者最新著作《深入理解计算机网络（新版）》］，利用运营商现有的 ATM 网络，或 FR 网络为客户提供点到点的二层网络的远程连接，客户再在其上建立自己的三层网络以承载 IP 等数据流。

在虚电路方式下可以在一条物理线路中构建多条虚拟通道，而且也是在现有的 ATM 或 FR 网络基础上建立的，所以这种解决方案与以前的租赁专线方案相比，最大的优势就是运营商网络建设时间短、网络建设成本也得到了大大降低。因为这种解决方案不再需要为每个企业用户专门架设物理线路，而是直接在原物理线路基础上构建一条虚拟通道即可。但这种传统专网也存在以下诸多不足：

- 依赖于专用的传输介质：为提供基于 ATM 的 VPN 服务，运营商需要建立覆盖全部服务范围的 ATM 网络；为提供基于 FR 的 VPN 服务，又需要建立覆盖全部服务范围的 FR 网络，网络建设成本高，也与飞速发展的 IP 网络背景不协调（ATM 网络和 FR 网络正慢慢被淘汰）。
- 安全性较差：在虚电路中传输的数据没有足够的安全技术进行加密保护，仍存在较大的安全隐患。
- 速率较慢：利用 ATM 和 FR 技术进行远距离网络连接时的连接速率通常是只有几十 Mbit/s，不能满足当前 Internet 应用在速率方面的要求。
- 部署复杂：向已有的私有网络加入新的站点时，需要同时修改所有接入此站点的边缘节点的配置，缺乏足够的灵活性和便捷性。

由此可见，以上两种传统专网都难以满足企业对网络灵活性、安全性、经济性、扩展性等方面的要求。这就促使了一种新的替代方案的产生，即在现有 IP 网络上模拟传统专网的 VPN 方案。

1.1.2 VPN 的通俗理解

现在所说的 VPN 是指依靠 ISP（Internet Service Provider，Internet 服务提供商）和 NSP（Network Service Provider，网络服务提供商）在公共网络（Internet 或者企业公共网络）中建立的虚拟专用通信网络。它的基本原理是利用隧道技术，把要传输的原始协议数据包文封装在隧道协议中进行透明（与底层的公共网络无关）远程传输。

说明

隧道技术是一项使用一种协议封装另外一种协议报文的技术，而封装协议本身也可以被其他封装协议所封装或承载，即一个协议的报文可以被其他协议多次封装。封装其他协议的目的就是为了协议报文能够在其他协议对应的链路上识别并传输。常用的隧道协议有 L2TP（Layer 2 Tunneling Protocol，二层隧道协议）、PPTP（Point-to-Point Tunneling Protocol，点对点隧道协议）、GRE（Generic Routing Encapsulation，通用路由封装）、IPSec（Internet Protocol Security，Internet 协议安全）、MPLS（Multi-Protocol Label Switching，多协议标签交换）等。本章后续将具体介绍。

如果通俗地来形容 VPN 的话，可以由这样一个类比来说明。

如图 1-1 是一个现实的普通公路交通图，假设各个进/出口都连接了一个城镇（分别用 A、B、C、D、E 来代表）。从图中可以看出各城镇的进/出口之间已是相互连接的，形成一个小型的公路网（以此类比 VPN 所要利用的公共网络——Internet），各进/出口之间可选择通行的路径也不止一条。正常情况下，每条公路上行驶的车辆也是不受限制的通行，也就是各城镇之间的人们可以自由通行。就像我们平时访问 Internet 一样，只要接入了 Internet，不管你走的是哪条通信路径，访问一些公共资源基本上是不受限制的。

图 1-1　进行 VPN 类似的交通公路网

现假设要对 A、B 进/出口所连接的城镇之间人们的通行进行管制，在 A、B 两进/出口之间通过增加一些交通设施，把这条原来为普通的公路改为高速公路（假设为了节省成本，不新建高速公路。中间也可以还经过其他进/出口，就相当于在 Internet 连接中要经过许多三层设备一样），使得这两个城镇之间人们的通行只能沿着图中所画的那条路径进行。这里主要是出于通行的便捷、安全性考虑，防止其他无关车辆妨碍这两个城镇之间人们的出行。这样一来，A、B 进/出口所连接的城镇之间的出行就只能走这条受保护的“高速公路”了，而不能通过其他路径，这就类似我们这里所讲的 VPN 了。

通过以上类比，我们可以得出 VPN 所具有的几方面特性。

- 在没有建立专门的隧道前，VPN 两端的设备已可通过公共网络连接，**即 VPN 两端的网关设备必须已成功接入到公共网络中**，就像前面类比中 A、B 两进/出口已连接到公路网中一样。这也是我们在后续各章介绍具体 VPN 配置示例时要求先要确保两端网关设备必须已通过公网路由互通的原因。
- **VPN 隧道是在现有公共网络（如 Internet）的通信路径上建立的**，无需另外建立专门的网络连接，这是 VPN 隧道之所以可以很快捷地完成建立、价格也不昂贵的根本原因，从而区别于专线连接。
- **VPN 隧道虽说是虚拟的（不是真实的隧道），但隧道中的通信路径不是虚拟的，**也是公共网络中真实的物理通信路径，必须依靠公共网络中实际的路由路径进行一级级的数据包转发，而不是真的可以从隧道一端直达另一端的。

- **VPN 隧道是专用的**，不是什么数据都可以通过隧道进行传输的。虽然多路 VPN 用户的隧道可以共享同一个公共网络，但对每一路 VPN 用户来说，使用的都是专用通道，如图 1-2 所示，互不干扰。VPN 与底层承载的公共网络之间也保持资源独立，即一个 VPN 通道的资源不会被网络中非该 VPN 的用户所使用。

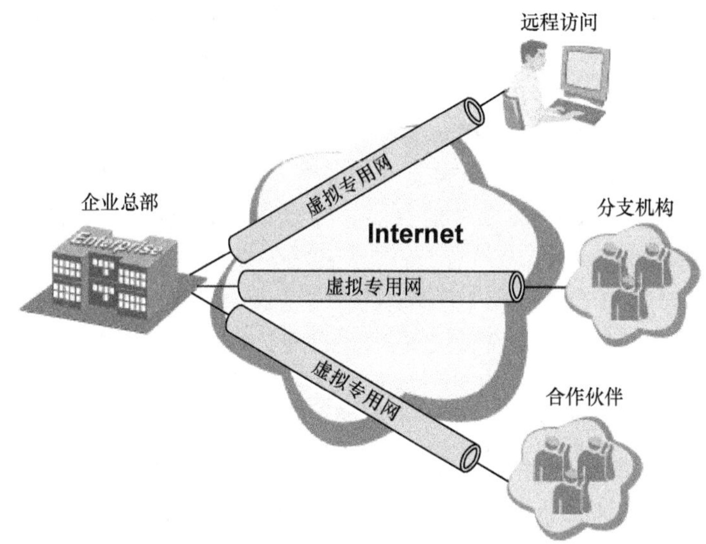

图 1-2　多路 VPN 用户共享同一个公共网络的示意

- **VPN 隧道并不都是点对点建立的，中间也可以有其他三层设备，但这些三层设备对 VPN 隧道中传输的数据是作透明传输的**（NAT 设备除外，此时需要开启 NAT 穿越功能），因为路径中间的普通三层设备只负责根据 IP 报头的地址信息查找路由表进行转发，而不会对数据包进行处理（不能识别隧道协议报头内容，只有 VPN 端点的网关设备才会对到达隧道端点的数据进行处理）。
- **隧道中传输的数据是经过一定安全保护的**，因为在一些 VPN 方案中，隧道是采用身份认证、加密保护措施的，所以传输的数据也往往有各种加密、数据完整性检查等安全措施，如 IPSec VPN。就像专用的高速公路车道会有许多不同于普通公路的一些交通法规和设施一样。

1.1.3　VPN 的主要优势

通过 VPN 可将远程用户、公司分支机构、合作伙伴与公司总部的网络建立可信的安全连接，从而实现数据的安全传输。利用 VPN 的专用和虚拟的特征，可以把现有的 IP 网络分解成逻辑上隔离的网络。这种逻辑隔离的网络应用丰富：可以用在解决企业不同部门或分支机构间的互连；也可以用来提供新的业务，如为 IP 电话业务专门开辟一个 VPN，就可以解决 IP 网络地址不足、QoS 保证，以及开展新的增值服务等问题。

在解决企业互连和提供各种新业务方面，VPN，尤其是 MPLS VPN（将在《华为 MPLS 学习指南》一书中具体介绍），越来越被运营商看好，成为运营商在 IP 网络提供增值业务的重要手段。

从客户角度看，VPN 和传统的数据专网相比具有以下优势：

- **安全连接**：通过一系列的安全技术，可确保在远端用户、驻外机构、合作伙伴、供应商与公司总部之间建立可靠、安全的网络连接，保证数据传输的安全性，比直接通过公共网络通信安全。这对于实现电子商务或金融网络与通讯网络的融合特别重要。
- **经济可行**：利用广泛使用、廉价的公共网络进行远程网络互联，企业可以用更低的成本（许多 VPN 方案分支机构或远程终端可以采用廉价的动态 IP 地址的 Internet 接入方式）连接远程办事机构、出差人员和业务伙伴网络，轻松实现原来想都不敢想的意愿。
- **支持移动业务**：支持驻外 VPN 用户在任何时间和地点通过目前已非常普及的各种廉价 Internet 接入方式连接到远程的公司内部网络（当然，不同 VPN 方案对移动接入的支持程度会有所不同，如 GRE VPN 就不支持），能够满足不断增长的移动业务需求。
- **服务质量保证**：构建具有服务质量保证的 VPN（如 MPLS VPN），可为 VPN 用户提供不同等级的服务质量保证。

从运营商角度看，VPN 具有以下优势：

- **提高资源利用率**：因为 VPN 是利用已有的公共网络来建立，所以这样可以提高运营商的公共网络资源利用率，有助于增加 ISP 的收益。
- **方便、快捷**：这种无需专门构建专线连接的 VPN 方案，通过软件配置就可以方便、快捷地增加、删除 VPN 用户，修改用户的 VPN 方案配置，无需改动硬件设施。在实际的 VPN 方案部署和应用上都具有很大的灵活性。
- **多业务支持**：通过为用户部署 VPN 方案，服务提供商（NSP）在为用户提供 VPN 互连的基础上，还可以承揽用户的网络外包、业务外包、客户化专业服务的多业务经营，进一步增加运营商的营收。

VPN 以其独具特色的优势赢得了越来越多企业的青睐，使企业可以较少地关注网络的运行与维护，从而更多地致力于企业商业目标的实现。另外，运营商可以只管理和运行一个公共网络，并在这个公共网络上同时提供多种服务，如 Best-effort IP 服务、VPN、流量工程、差分服务（Diffserv），从而减少运营商的建设、维护和运行费用。VPN 在保证网络的安全性、可靠性、可管理性的同时，还可为用户提供更强的扩展性和灵活性。

1.2 VPN 方案的分类

随着网络技术的发展，VPN 技术得到了广泛的应用，同时也得到了很大的发展，基于各种软硬件平台涌现了许多不同的 VPN 解决方案。按照不同的角度，VPN 方案可以分为多种类型。

1.2.1 按 VPN 的应用平台分类

根据 VPN 的应用平台可分为：软件平台和硬件平台两类。

1. 软件平台 VPN

当对数据连接速率要求不高，对性能和安全性要求不强时，可以利用一些软件公司所提供的完全基于软件的 VPN 产品来实现简单的 VPN 的功能，如 OpenVPN、GreenVPN、天行 VPN 等。甚至可以不需要另外购置软件，仅依靠 Windows 和 Linux 服务器、客户端操作系统就可以实现纯软件平台的 VPN 连接。

这类 VPN 网络一般性能较差，数据传输速率较低，同时在安全性方面也比较低，一般仅适用于连接用户较少的小型企业和个人用户。

2. 硬件平台 VPN

使用硬件平台的 VPN 功能可以满足企业和个人用户对高数据安全及通信性能的需求。在硬件平台 VPN 中，有专门的 VPN 设备，如网康 VPN、深信服 VPN 及品牌的 VPN 网关设备，但更多是集成在交换机、路由器或防火墙设备中的，如华为、思科和华三等三层交换机（交换机仅支持少数 VPN 方案）、路由器和防火墙中就自带有一些 VPN 功能。本书专门介绍华为交换机、路由器中的 VPN 解决方案。

其实，硬件平台 VPN 也并不是仅需要硬件设备，对于一些移动接入用户也还是需要借助一些软件系统来实现的。通常是需要在用户主机上安装 VPN 客户端软件，如 HUAWEI VPN Client 等。

1.2.2 按组网模型分

在华为设备所支持的 VPN 解决方案中，按组网模型也即组网方式分，目前主要有 VPDN（Virtual Private Dial Network，虚拟专用拨号网络）、VPRN（Virtual Private Routing Network，虚拟专用路由网络）、VLL（Virtual Leased Line，虚拟租用线路）和 VPLS（Virtual Private LAN Service，虚拟专用局域网业务）等几种 VPN 解决方案。

1. VPDN 方案

随着企业的发展和业务的不断拓展，在不同地域成立的分支机构和出差的员工往往也需要和公司总部网络建立快速、安全和可靠的网络连接，以实现资源共享。传统的拨号网络需要租用 ISP 的电话线路，申请公共的号码或 IP 地址，不仅产生高额的费用，而且无法为远程用户尤其是出差员工提供便利的接入服务。为了更好的利用拨号网络，方便远程用户的接入，产生了基于拨号网络的 VPN，即 VPDN。通过 VPDN 技术，远程用户和企业总部网关之间建立了一条端到端虚拟链路。

在 VPDN 类型中，又根据所采用的隧道技术的不同而分为以下几种 VPN 方案。

（1）PPTP（Point-to-Point Tunneling Protocol，点对点隧道协议） VPN

PPTP 协议是在 PPP 协议的基础上开发的一种新的增强型安全协议，支持多协议 VPN，可以通过密码验证协议（PAP）、可扩展认证协议（EAP）等方法增强安全性。可以使远程用户通过拨入 ISP、直接连接 Internet 或其他网络安全地访问企业网。主要应用于直接通过各种 Windows、Linux 操作系统构建 VPN 网络的应用场景。

这种 PPTP VPN 有以下不足：只支持 IP 网络（不支持 ATM、FR、X.25 网络），只能在两端之间构建一条 VPN 隧道、不支持隧道验证，报文封装时的额外开销大等，目前比较少用，华为设备也不支持。

（2）L2F（Layer 2 Forwarding，二层转发）VPN

L2F 协议最初是由 Cisco 开发并专用，于 1998 年提交给 IETF，成为 RFC2341，是基于 PPP 或 SLIP（Serial Line Internet Protocol，串行线路网际协议）协议的一种扩展应用，可以基于 PPP 或 SLIP 拨号网络在公共的 IP、ATM、FR 等网络基础上构建一条虚拟隧道，但这种协议不支持数据加密标准，所以这个协议已经很少用了。

（3）L2TP（Layer 2 Tunneling Protocol，二层隧道协议）VPN

L2TP 协议可以说是 L2F 协议的改进版，同时也结合了 PPTP 协议的一些优点，所以它也是 PPP 协议的一种扩展应用。它不仅支持多种公共网络协议（如 IP、ATM、FR 等），还支持隧道验证功能，支持在两个端点间构建多条 VPN 隧道，是目前应用最广泛的一种二层隧道协议。但它的安全保护措施仍然不是很好，与 PPTP、L2F 协议一样，既不支持对隧道中传输的数据进行加密保护，也不能对所接收的数据进行完全性验性和身份检查。所以如果想要部署更安全的 L2TP VPN，通常还是要与 IPSec 结合，构建 L2TP over IPSec VPN，具体将在本书后续章节介绍。

VPDN 利用公共网络的拨号功能及接入网，为企业、小型 ISP 和移动办公人员提供拨号 VPN 远程接入服务。VPDN 方案中，用户可以使用私有 IP 地址，接入技术也可使用广泛使用的 PSTN（Public Switched Telephone Network，公共交换电话网络）、ISDN（Integrated Services Digital Network，综合业务数字网）、xDSL，甚至像 L2TP 还支持光纤以太网接入方式，使得用户在进行 VPN 方案建设时投资少、周期短，网络运行费用低。

VPDN 还具有灵活的身份认证机制和网络计费方式（利用 AAA 功能），以及较高的安全性，并支持动态 IP 地址分配。此外，VPDN 虽然采用的是二层隧道协议，但像 L2F、L2TP 一样都能支持多种三层网络协议。

2. VPRN 方案

VPRN 是总部、分支机构和远端办公室内部网络之间通过公共网络管理虚拟设备互连，属于站点到站点（Site-to-Site）的远程网络连接。VPRN 数据包的转发是在网络层实现的，公共网络的每个 VPN 节点需要为每个 VPN 建立专用路由转发表，包含网络层可达性信息。数据流在公共网络的 VPN 节点之间的转发以及 VPN 节点和用户站点之间的转发都是基于这些专用路由转发表。

根据所使用的隧道协议的不同，VPRN 方案包括多种 VPN 类型，例如 GRE VPN、IPSec VPN、DSVPN（Dynamic Smart VPN，动态智能 VPN）、SSL（Secure Sockets Layer，安全套接字层）VPN、MPLS L3VPN（三层 VPN）等。

在本书后续章节将对 GRE VPN、IPSec VPN、DSVPN 和 SSL VPN 进行具体介绍，MPLS L3VPN 将在《华为 MPLS 学习指南》中介绍。

3. VLL 方案

传统的二层隧道是通过二层的交换技术来实现的，比如 X.25、FR、ATM 网络，通过对应二层设备来完成用户节点间二层隧道的建立。由于使用了不同的二层协议，因此不同种二层网络是隔离的。MPLS 标签技术的产生，为建立统一兼容的二层交换网络提供了可能。可以把 MPLS 理解成为一个特殊的二层协议，也就是说在原有的各种二层封装基础上再进行 MPLS 封装。

VLL 技术就是一种建立在 MPLS 技术上的二层隧道技术，是对传统租用专线业务的仿真，使用 IP 网络模拟租用线，提供非对称、低成本的 DDN（Digital Data Network，数字数据网络）业务。从虚拟租用线两端的用户来看，该虚拟租用线近似于传统的租用线，能够支持几乎所有的链路层协议，解决了不同网络介质不能相互通信的问题，主要是在接入层和汇聚层使用。但它不能直接在服务商处进行多点间的业务交换。

4. VPLS 方案

VPLS 是公共网络中提供的一种点到多点的 L2VPN（二层 VPN）业务，使地域上隔离的用户站点能通过 LAN/WAN 相连，并且使各个站点间的连接效果像在一个 LAN 中一样。

VPLS 也是一种基于以太网和 MPLS 标签交换的二层 VPN 技术，结合了以太网技术和 MPLS 技术的优势，是对传统 LAN 全部功能的仿真，可以实现多点通信。

说明 VLL 和 VPLS 这两种二层 VPN 方案因为涉及 MPLS 技术，所以本书不作具体介绍，将在《华为 MPLS 学习指南》一书中介绍。

1.2.3　按业务用途分

根据 VPN 应用的业务类型来分，VPN 方案可分为：Intranet VPN、Access VPN 与 Extranet VPN 三类，但更多情况下是需要同时用到这三种 VPN 网络类型，特别是对于大型企业，因为在这类用户中不仅有站点到站点的网络互联需求，也有移动用户的端到端（End-to-End）或者端到站点（End-to-Site）的接入需求。

（1）Access VPN（远程访问虚拟专网）

Access VPN（远程访问虚拟专网）又称为拨号 VPN（即前面介绍的 VPDN），是指企业员工或企业的小分支机构通过公共网络远程拨号的方式构建的虚拟专用网。如果企业的内部人员有移动办公需要，或者商家要提供 B2C（企业到客户）的安全访问服务，就可以考虑使用 Access VPN。

Access VPN 能使用户随时随地以按需方式访问企业资源，可充分节省接入费用。Access VPN 包括能随时使用传统电话网络 Modem 拨号、ISDN 拨号、数字用户线路（xDSL）拨号、无线接入和有线电视电缆等拨号技术，安全地连接移动用户、远程工作者或分支机构。Access VPN 具有灵活的身份认证机制和网络计费方式，以及高度的安全性，并支持动态地址分配。

Access VPN 是一类二层 VPN 技术，包括前面提到的 PPTP VPN、L2F VPN 和 L2TP VPN 这几种，可以实现点对点（如两主机的远程互联）、端到站点（如移动办公主机与公司网络互联），甚至站点到站点（分支机构与公司总部网络的互联）的远程连接。其典型网络结构，如图 1-3 所示。

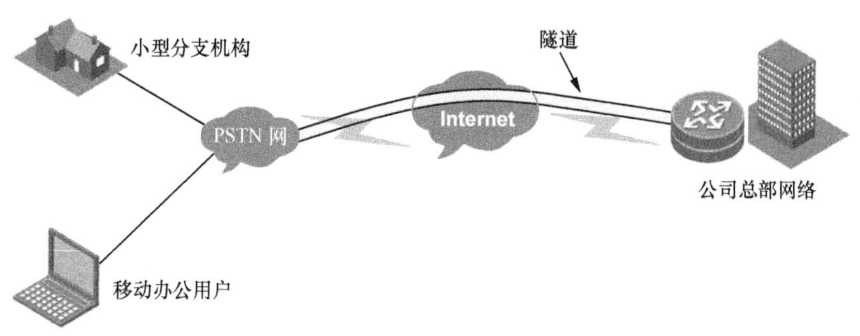

图 1-3　Access VPN 典型网络结构

Access VPN 方式对于需要移动办公的企业来说不失为一种经济安全、灵活自由的好方式，所以这种方式通常也被许多中小型企业常用。但这种 VPN 模式的连接性能较低，不适用于大量用户或者高负载应用。

（2）Intranet VPN（企业内部虚拟专网）

Intranet VPN（企业内部虚拟专网）通过公共网络进行企业集团内部多个分支机构与公司总部网络的互联，是传统专网或其他企业网的扩展或替代形式。随着企业的跨地区工作，国际化经营，这是绝大多数大中型企业所必需的，如要进行企业内部各分支机构的互联，那么使用 Intranet VPN 是很好的方式。

Intranet VPN 是通过公用 Internet 或者第三方专用网络进行连接的，有条件的企业可以采用光纤作为传输介质，所实现的基本上都是站点到站点的网络互联。可以实现的 Intranet VPN 的方案比较多，如 L2TP VPN 可以，GRE VPN、IPSec VPN、SSL VPN 和 DSVPN 也可以。它的主要特点就是容易建立连接、连接速度快，并可为各分支机构提供了相应的网络访问权限。如图 1-4 是 Intranet VPN 的典型网络结构。

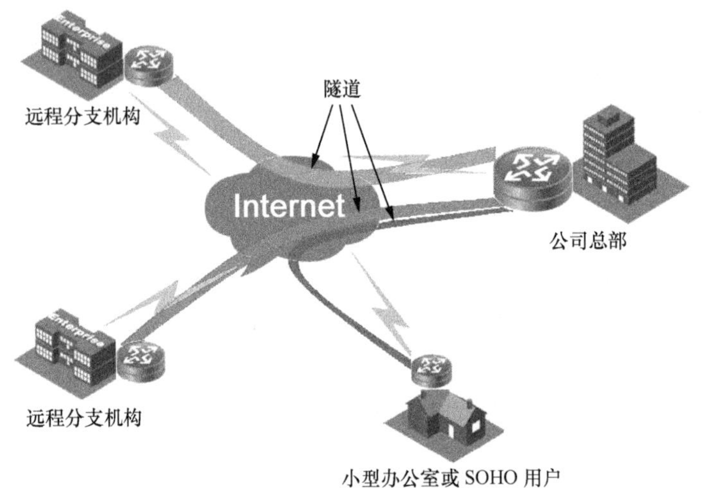

图 1-4 Intranet VPN 典型网络结构

越来越多的企业需要在全国乃至世界范围内建立各种办事机构、分公司、研究所等，各个分公司之间传统的网络连接方式一般是租用专线。在分公司增多、业务开展越来越广泛时，网络结构趋于复杂，费用昂贵，而利用 Intranet VPN 特性可以经济地在 Internet 上组建世界范围内的 Intranet VPN。使用 Intranet VPN，企事业机构的总部、分支机构、办事处或移动办公人员可以通过公共网络组成企业内部网络，也可用来构建银行、政府等机构的 Intranet。典型的 Intranet VPN 例子就是连锁超市、仓储物流公司、加油站等具有连锁性质的机构。

（3）Extranet VPN

Extranet VPN 即企业间发生收购、兼并或企业间建立战略联盟后，使不同企业网络通过公共网络来构建的虚拟网。Extranet VPN 的基本网络结构与 Intranet VPN 一样，当然所连接的对象也会有所不一样，其典型结构如图 1-5 所示。

如果是需要提供 B2B（企业到企业）电子商务之间的安全访问服务，则可以考虑选用 Extranet VPN。Extranet 利用 VPN 将企业网延伸至供应商、合作伙伴与客户处，在具有共同利益的不同企业间通过公共网络构建 VPN，使部分资源能够在不同 VPN 用户间共享。

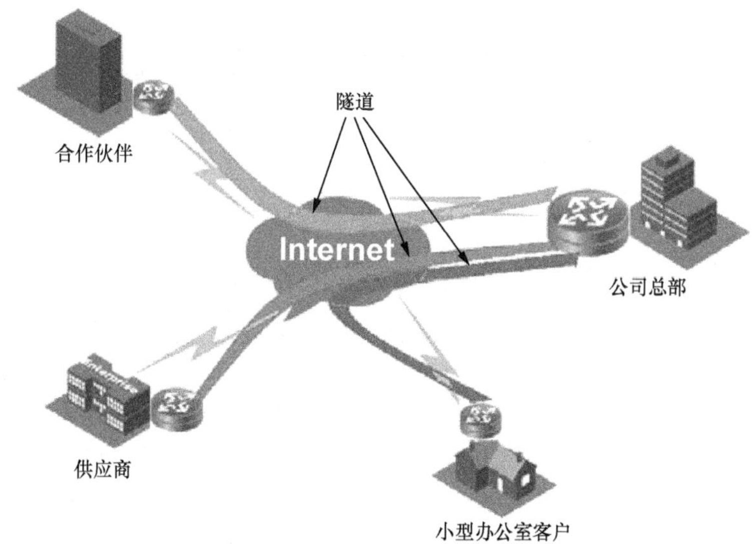

图 1-5　Extranet VPN 典型网络结构

Extranet 类型 VPN 也可使用那些支持站点到站点网络连接的 VPN 解决方案（如前面提到的 L2TP VPN、GRE VPN、IPSec VPN、SSL VPN 和 DSVPN 等），只是在 VPN 用户对网络资源的访问权限配置上有所区别而已。访问权限的限制主是网络内部服务器上进行配置的，在 SSL VPN 方案中还可在 SSL VPN 虚拟网关上进行配置，具体将在本书第 9 章介绍。

1.2.4　按实现层次分

按 VPN 隧道连接实现所对应的计算机网络体系结构层次，可把 VPN 方案分为 L2VPN、L3VPN 和 VPDN 这三种。

1. L2VPN

在华为设备所支持的 L2VPN 方案比较多，包括前面所提到的 VLL、VPLS 和 PW3（Pseudo-Wire Emulation Edge to Edge，端到端伪线仿真），都属于 MPLS L2VPN 类型，以上这些会在《华为 MPLS 学习指南》一书中介绍。VLL 适合较大的企业通过 WAN 互连，而 VPLS 适合小企业通过城域网互连。

PWE3 是一种端到端的 MPLS L2VPN 技术，在 PSN（Packet Switched Network，分组交换网络）中尽可能真实地模仿 ATM、FR、以太网、低速 TDM（Time Division Multiplexing，时分复用）电路和 SONET（Synchronous Optical Network，同步光网络）/SDH（Synchronous Digital Hierarchy，同步数字体系）等业务的基本行为和特征，可实现远程网络的互联。

2. L3VPN

L3VPN 也就是前面介绍的 VPRN，是在计算机网络体系结构中第三层（网络层）实现的。在华为设备所支持的 VPN 方案中又包括多种类型，例如 MPLS L3VPN、IPSec

VPN、SSL VPN、GRE VPN、DSVPN 等。其中 MPLS L3VPN 主要应用在骨干网转发层，IPSec VPN、SSL VPN、GRE VPN、DSVPN 在接入层被普遍采用。

L2VPN 与 L3VPN 的对比如表 1-1 所示。

表 1-1　L2VPN 与 L3VPN 的对比

比较项目	L2VPN	L3VPN
安全性	高	低
对三层协议的支持情况	相对灵活	有限制
用户网络对骨干网的影响	小	大
对传统 WAN 的兼容性	大	小
路由管理	用户管理自己的路由	用户路由交由服务提供商 SP 管理
组网应用	主要用在接入层和汇聚层	主要用在核心层

3. VPDN

VPDN 也就是前面提到的 Access VPN，包括 PPTP VPN、L2F VPN 和 L2TP VPN 这些 VPN 方案。严格来说，VPDN 也属于 L2VPN，但其网络构成和协议设计与前面提到的像 VLL、VPLS 之类的 MPLS L2VPN 有很大不同。有关 VPDN，本书仅介绍应用最广泛，华为设备支持的 L2TP VPN，具体内容将在本书第 5 章介绍。

1.2.5　按运营模式分

如果按运营模式来分，上面介绍的这些 VPN 方案又可分为：由用户控制的 CPE-based VPN 和由 ISP 控制的 Network-based VPN 两类。

1. 由用户控制的 CPE-based VPN

在 CPE-based VPN 模式下，由用户控制 VPN 的构建、管理和维护，依靠用户侧的网络设备发起 VPN 连接，不需要运营商提供特殊的支持就可以实现 VPN。用户设备需要安装相关的 VPN 隧道协议，如 IPSec VPN、GRE VPN、L2TP VPN、SSL VPN 和 DSVPN 等，都是基于客户端实施的 VPN 方案。本书后续各章所介绍的各种 VPN 方案均属于此类。

传统的利用公共 IP 网络构建的 VPN（如 IPSec VPN、GRE VPN 等）均属于 CPE-based VPN。其实质是在各个私有设备之间建立 VPN 安全隧道来传输用户的私有数据。Internet 是典型的公共 IP 网络。使用 Internet 构建的 VPN 是最为经济的方式，但服务质量难以保证。企业在规划 IP VPN 建设时应根据自身的需求对各种公用 IP 网络进行权衡。

CPE-based VPN 方式复杂度高、业务扩展能力弱，主要应用于接入层。

2. 由 ISP 控制的 Network-based VPN

在 Network-based VPN 模式下，VPN 的构建、管理和维护由 ISP 控制，允许用户在一定程度上进行业务管理和控制，是基于运营商实施的 VPN 方案。在此模式的 VPN 中，功能特性集中在运营商网络侧设备处实现，用户网络设备只需要支持网络互联，无需特殊的 VPN 功能，如各种基于 MPLS 的 VPN 都属于 Network-based VPN。

Network-based VPN 方式可以降低用户投资、增加业务灵活性和扩展性，也为运营商带来新的收益。MPLS VPN 由于在灵活性、扩展性和 QoS 方面的优势，逐渐成为最主要的 IP-VPN 技术，在电信运营网和企业网中都获得了广泛的应用。

MPLS VPN 主要运用于骨干核心网及汇聚层，是对大客户互连及 3G、NGN 等业务系统进行隔离的重要技术。MPLS VPN 对于城域网同样重要：城域网内部署 MPLS VPN 技术，成为提升 IP 城域网的价值、为运营商提供更高收益的重要技术。

CPE-based VPN 与 Network-based VPN 的对比如表 1-2所示。

表 1-2　CPE-based VPN 与 Network-based VPN 的对比

比较项目	CPE-based VPN	Network-based VPN
业务扩展能力	业务扩展能力弱	业务扩展能力强
用户投资	多	少
用户设备支持隧道情况	需要支持	无需支持
性能要求	功能特性集中于 CE 设备，对 CE 设备要求高	功能特性集中于 PE 设备，对 PE 设备要求高

将 CPE-based VPN 和 Network-based VPN 混合部署可以给用户提供更可靠、更安全、更丰富的 VPN 业务，也可以为各类 VPN 用户提供更加灵活、经济的接入方式。

1.3 VPN 隧道技术

目前 VPN 主要采用以下四项技术来保证通信安全：隧道技术（Tunneling）、加/解密技术（Encryption & Decryption）、密钥管理技术（Key Management）、使用者与设备身份认证技术（Authentication）。本节首先具体介绍一些常见的隧道技术。

1.3.1 VPN 隧道技术综述

“隧道”可以看成是从源端到目的端（统称“隧道端点”）通过公共网络的线路上专门建立的一条虚拟、专用通道，但通道所采用的线路仍是公共网络中实际的线路。如图 1-6 所示的是在 Internet 上构建 VPN 隧道的示意图。

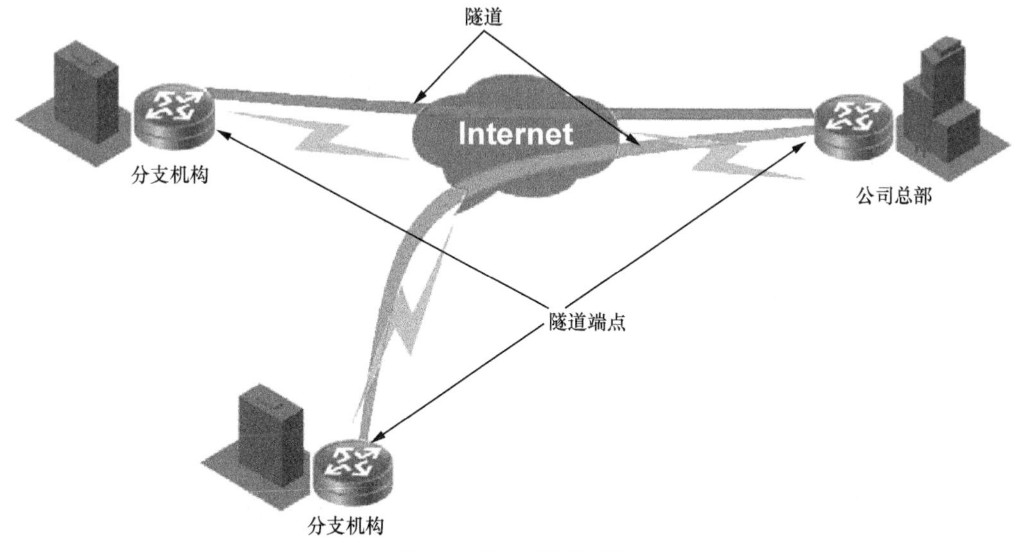

图 1-6　VPN 隧道示意

说明

不同 VPN 方案的 VPN 隧道起始、终结端点有所不同，有的隧道端点就是两端的用户主机，而有些隧道端点是两端网络的交换机、路由器、防火墙或应用层网关等设备。

VPN 隧道是在公共网络的物理通信线路上建立的，所以它的构建需要相应的技术来建立。当然，不同的 VPN 方案所采用的隧道技术不一样。

目前主要有两类隧道协议：一种是二层隧道协议，主要应用于构建远程访问虚拟专网（Access VPN，也即前面介绍的 VPDN），如 PPTP VPN 中采用的 PPTP 协议，L2TP VPN 中采用的 L2TP 协议都属于二层隧道技术。本章前面介绍的 VLL、VPLS、PW3 使用的二层隧道技术——MPLS L2VPN。

另一种是三层隧道协议，主要应用于构建企业内部虚拟专网（即 Intranet VPN）和扩展的企业内部虚拟专网（即 Extranet VPN），如 IPSec VPN 中采用的 IPSec 协议，GRE VPN 中采用的 GRE 协议，DSVPN 中采用的 mGRE（multipoint Generic Routing Encapsulation，多点通用路由封装）协议，以及 MPLS L3VPN 中采用的 MPLS L3VPN 协议。这些隧道技术具体将在本节后续章节进行介绍。

以上这些隧道技术都可看成各种通过使用 Internet 的基础设施在网络之间私密传递数据的方式。使用隧道传递的数据（或负载）可以是与物理线路上运行的不同协议的数据帧或数据包（如通过 VPN 隧道可以在 IP 网络中传输 ATM、FR 数据帧，或 IPX、Apple Talk 数据包），隧道协议将这些其他协议的数据帧或数据包通过加装隧道协议头重新封装后发送。

隧道协议的头部提供了路由信息，从而使封装的负载数据能够通过 IP 网络传递。隧道协议头与其原始协议数据包一起传输，在到达目的地后原始协议数据包就会与隧道协议头分离，对目的地有用的原始协议数据包就继续传输到目的地址，而仅起到了一个标识信息的隧道协议头将被丢弃，这样它也就完成了它整个数据包传送使命。

1.3.2 PPTP 协议

PPTP 最初是由包括微软和当时的 3Com 等公司组成的 PPTP 论坛开发的一种点对点二层隧道协，用于 Windows 系统构建 PPTP VPN 隧道，后来 IETF 以 RFC 2637 正式发布，成为国际上通用的一种协议标准，可以构建端到端，或者站点到站点的 VPN 远程连接，如图 1-7 所示。

PPTP 定义的呼叫控制和管理协议，允许服务器能够控制来自 PSTN 或 ISDN 电路交换拨号的拨入访问，或者发起带外的电路交换连接。PPTP 协议是将 PPP 数据帧通过使用增强的 GRE 机制封装进 IP 数据包中，通过 IP 网络（如 Internet 或其他企业专用 Intranet 等）发送。

PPTP 协议允许 PPP 协议将原有的 NAS（Network Access Server，网络访问服务器）功能独立出来，采用 C/S（客户端/服务器）架构。PPTP 服务器即 PNS（PPTP Network Server，PPTP 网络服务器），PPTP 客户端即 PAC（PPTP Access Concentrator，接入集中器）。

目前除了 Windows 系统主机可以发起 PPTP VPN 通信外，有些品版硬件设备，如

TP-Link 的一些路由器产品也可以发起 PPTP VPN 通信，故 PAC 可以是一台用户主机，也可以是路由器，但华为交换机和路由器不支持发起 PPTP VPN 通信，故本书不介绍 PPTP VPN 的详细技术。但基本上所有品牌设备均支持 PPTP 数据包的透明传输功能。

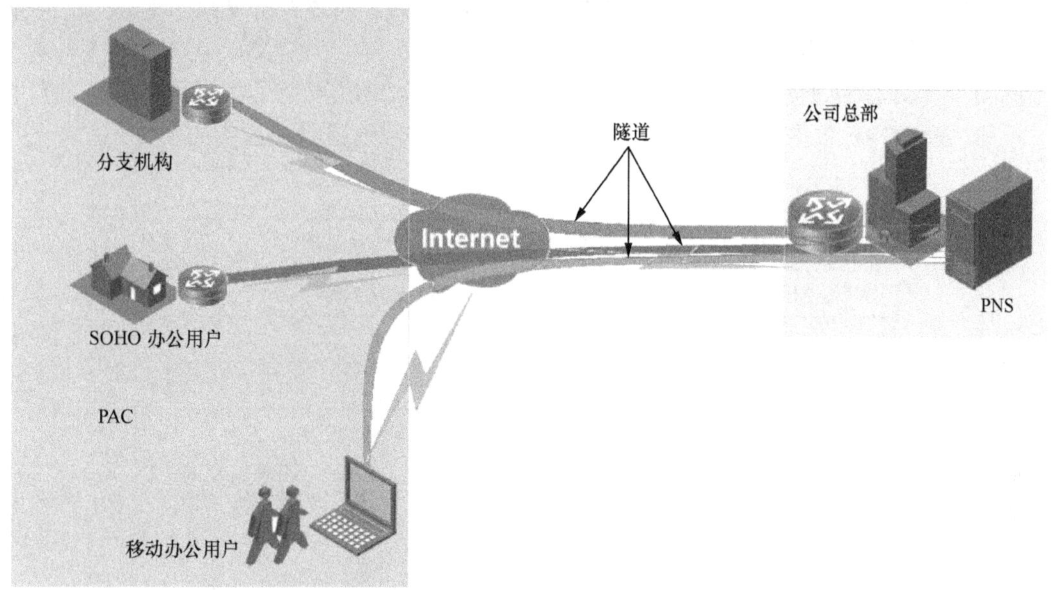

图 1-7　PPTP 协议构建的两种隧道

PPTP 协议通信需要建立两个 PPTP 连接。一是通过 TCP 协议进行的，在每个 PAC-PNS 对之间建立的控制连接，控制连接用来管理协商通信过程中的参数和进行数据连接的维护；二是在同一个 PAC-PNS 对之间建立的隧道连接（也称“数据连接”），用于在 PAC-PNS 对之间的用户会话传输由 GRE 封装的 PPP 数据帧。

1. 控制连接简介

在 PAC 和 PNS 间建立 PPTP 隧道之前，必须先在它们之间建立好控制连接。控制连接是一个标准的 TCP 会话，用于 PPTP 呼叫控制和管理信息通过。控制连接会话与 PPTP 隧道建立会话既关联，又相互独立。控制连接负责建立、管理和释放通过隧道进行的会话，是向 PNS 通知关联的 PAC 拨入呼叫，也用于指导 PAC 向外进行呼叫。

控制连接的建立可以由 PNS 或者 PAC 发起，PNS 端所使用的端口是 TCP 1723。控制连接建立在 TCP 连接基础之上，PNS 和 PAC 建立控制连接是通过交互 Start-Control-Connection-Request 和 Start-Control-Connection-Reply 消息完成的。一旦控制连接建立完成，PAC 或者 PNS 可以对外发送呼叫请求，或者对拨入的呼叫请求进行响应，特定的会话可以由 PAC 或者 PNS 通过控制连接消息进行释放。

控制连接是由它自己的保持激活回显（keep-alive echo）消息进行维护的，这样确保了 PNS 和 PAC 之间的连通性故障可以及时得到检测。其他故障可以通过控制连接发送的广域网错误通知（Wan-Error-Notify）消息进行报告。

2. 隧道连接简介

PPTP 需要为每个 PNS-PAC 对的通信建立专用的隧道。隧道是用于承载指定 PNS-PAC 对中所有用户会话过程中由增强型 GRE 协议封装的 PPP 数据包。在 GRE 报头中有两个密钥（Key）字段，指示了一个 PPP 数据包所属的会话，“Key”字段中的值是由控制连接上的呼叫建立流程进行赋值的。特定的 PNS-PAC 对间使用单一隧道对 PPP 数据包进行多路复用和解复用。

在 PPTP 协议中使用的增强型 GRE 头与普通的 GRE 协议有所增强。主要的区别是增加了一个新的“确认号”（Acknowledgment Number）字段的定义，用来确定一个或一组特定的 GRE 数据包是否已到达隧道远端，但此确认功能不用于任何用户数据包的重传。增强型 GRE 数据包头部格式如图 1-8 所示，各字段含义具体说明如下。

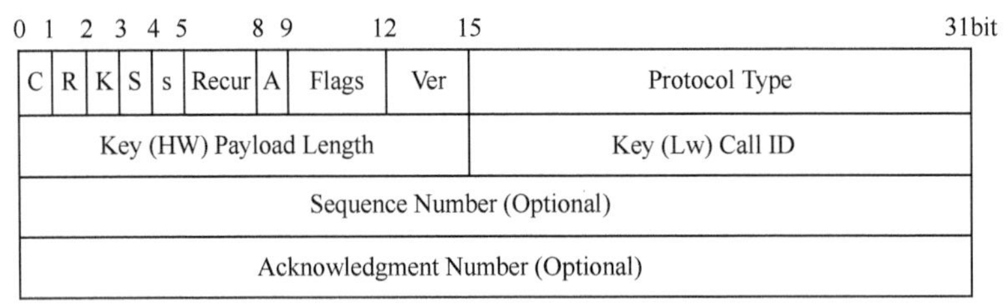

图 1-8 增强型 GRE 数据包头部格式

- C(Bit 0)：1 位，当前是否存在“Checksum”（校验和）字段，此处置 0，表示无该字段。
- R(Bit 1)：1 位，当前是否存在“Routing”字段，此处置 0，表示无该字段。
- K(Bit 2)：1 位，当前 Key，此处置 1，表示有“Key”字段。
- S(Bit 3)：3 位，当前序列号，如果存在负载则置 1，如果没有负载（GRE 数据包仅用于确认），则置 0。
- s(Bit 4)：4 位，当前限制路由源功能，此处置 0，表示无路由源限制。
- Recur (Bits 5-7)：3 位，递归控制，用来表示 GRE 报文被封装的层数。完成一次 GRE 封装后将该字段加 1。如果封装层数大于 3，则丢弃该报文。该字段的作用是防止报文被无限次的封装。此处必须置 0，表示数据包在此之前没有经过 GRE 协议封装。
- A(Bit 8)：1 位：确认号。如果 GRE 数据包中包含用于确认传输数据的确认号，则置 1，否则置 0。
- Flags(Bits 9-12) ：4 位，此处全部置 0，没有赋予特定的含义，相当于保留字段。
- Ver(Bits 13-15) ：3 位，此处置 1，代表是增强型的 GRE 协议的版本号。
- Protocol Type：16 位，为固定值 0x880B，对应增强型 GRE 协议类型。
- Key Payload Length：Key 的高 2 个字节，指示负载大小，不包括 GRE 头。
- Key Call ID：Key 的低 2 个字节，包含在传输此数据包的会话中对端的 Call ID。
- Sequence Number：32 位，负载的序列号，仅当 S 字段置 1 时有效，是数据包的序列号。会话启动时，每个用户会话的序列号设置为零。包含载荷（S 字段置 1）的每一个数据包都将被分配该会话中下一个连续的序列号。
- Acknowledgment Number：32 位，确认号，包含在当前用户会话中接收来自发送端的 GRE 数据包序列号中的最大数字。仅当 A 字段置 1 时有效。

GRE 头中的“确认号”和“序列号”字段用于执行隧道上发生的一些冲突控制级别和错误检测。同样，控制连接被用来确定用于调节通过隧道的特定会话的 PPP 数据包流的速率和缓冲参数。PPTP 不对冲突控制和流量指定特定的算法。

3. PPTP 协议的消息分类及基本格式

PPTP 定义了一套用于在 PNS 和 PAC 之间控制连接上作为 TCP 数据发送的消息。发起控制连接所需的 TCP 会话的建立时所用的目的端口是 TCP 1723，源端口是 1024 或更大的一个当前未使用的任意 TCP 端口。

每个 PPTP 控制连接消息以一个 8 字节的固定表头部分开始。固定头包括：消息总长（Length）、PPTP 消息类型（Type）和“Magic Cookie”三个字段。“Magic Cookie”字段是一个固定的值，总是等于 0x1A2B3C4D。它的基本用途是允许接收者确保它与 TCP 数据流正确地进行同步，但它不能用于在发生不适当格式消息的传输事件时与 TCP 数据流重同步。不同步时，将会关闭在该 TCP 会话上建立的控制连接。

PPTP 有两种控制连接消息：控制消息和管理消息，但管理消息目前未定义。表 1-3 列出了 PPTP 协议中的控制消息类型及对应的代码值（十六进制）。但因为华设备不支持 PPTP VPN 通信，故在此不对这些 PPTP 消息格式进行具体介绍。

表 1-3　PPTP 控制消息类型及代码值

消息名称	消息代码
控制连接管理类消息	
Start-Control-Connection-Request （启动控制连接请求）	1
Start-Control-Connection-Reply （启动控制连接应答）	2
Stop-Control-Connection-Request （停止控制连接请求）	3
Stop-Control-Connection-Reply （停止控制连接应答）	4
Echo-Request （回声请求）	5
Echo-Reply （回声应答）	
呼叫管理类消息	
Outgoing-Call-Request （呼叫请求）	7
Outgoing-Call-Reply （呼叫应答）	8
Incoming-Call-Request （来电请求）	9
Incoming-Call-Reply （来电应答）	10
Incoming-Call-Connected （呼叫连接）	11
Call-Clear-Request （呼叫清除连接）	12
Call-Disconnect-Notify （呼叫中断通知）	13
错误报告类消息	
WAN-Error-Notify （WAN 错误通告）	14
PPP 会话控制类消息	
Set-Link-Info （链路信息集）	15

1.3.3 L2TP 协议

L2TP（Layer 2 Tunneling Protocol，二层隧道协议）也是 VPDN 隧道协议的一种，与 PPTP 协议一样也是 PPP（Point-to-Point Protocol，点对点协议）的扩展应用，可用于远程拨号用户接入企业总部网络，也可用于分支机构与企业总部网络的互联，具体将在本书第 5 章介绍。

1. L2TP 协议简介

L2TP 协议提供了一种跨越原始数据网络（如 IP 网络）构建二层隧道的机制。L2TP 协议最初是在 RFC 2661 定义的，最新的 V3 版本是在 RFC3931 中定义。它集合了 PPTP 和 L2F 两种协议的优点，目前已被广泛接受，主要应用在单个或少数远程终端通过公共网络接入企业内联网的需要。

L2TP 协议包含两类消息：控制消息和数据消息。控制消息用于建立、维护和清除控制连接和会话。这些信息利用 L2TP 可靠的控制信道以保证交付。数据信息是通过 L2TP 会话进行二层封装传输的。但不同于控制信息，当发生数据包丢失时，数据信息不能重发。

L2TP 控制消息头为 L2TP 会话的建立、维护和拆除提供了可靠消息传输信息。默认情况下，控制消息是携带在数据消息之内传输的，控制消息头部格式如图 1-9 所示。各字段说明如下。

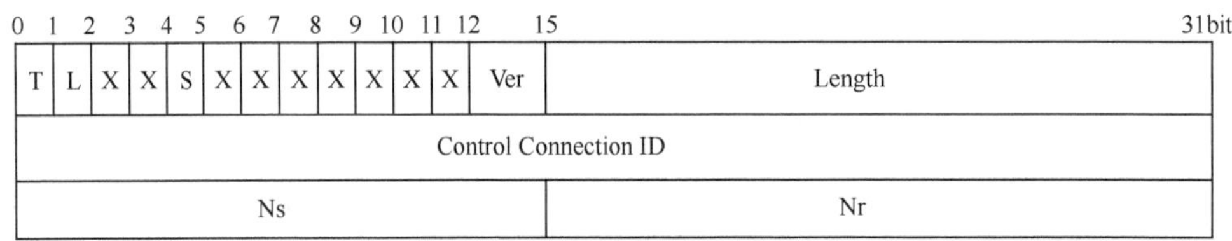

图 1-9 L2TP 控制消息头格式

- T：1 位，必须置 1，表示此消息是控制消息。
- L 和 S 字段：各占 1 位，必须置 1，指示存在“Length”和“Sequence Number”字段。
- 各 x：各占 1 位，保留位，必须全部置 0，用于协议的未来扩展。
- Ver：3 位，指示控制消息所用的 L2TP 协议版，对于 L2TPv3 版本来说，此字段值为 3。
- Length：16 位，以字节为单位标识整个控制消息长度，包括控制消息头。
- Control Connection ID：32 位，标识控制连接 ID 号。不同控制连接的 ID 号必须唯一，但对于同一控制连接会话中发送的请求消息和应答消息的控制连接 ID 号必须一样。
- Ns：16 位，标识当前控制消息的序列号，从 0 开始，每次增加 1。
- Nr：16 位，标识下一个希望接收的一个控制消息的序列号，是上次接收到的控制消息中 Ns 字段值加 1。

L2TP 数据消息包括一个会话头（Session Header）、一个可选的二层描述子层（L2-Specific Sublayer）和隧道负载（Tunnel Payload）。L2TP 会话头对于通过 L2TP 通信中被封装的 PSN（包交换网络，如 IP、MPLS、FR 等）来说是特定的，必须提供区分多个 L2TP 数据会话之间通信的方法和区分控制消息和数据信息的方法。每种 PSN 的封装必须定义自己的会话头，清楚地标识会话头格式和要设置的会话参数。

二层描述子层是位于 L2TP 会话头和隧道帧开始处之间，包含用于帮助每个帧穿越隧道的一些控制字段（如“序列号”或“标志”字段）。“隧道负载”也就是要真正传输的 PPP 数据帧。

2. L2TP 的主要特性

与 PPTP 协议一样，L2TP 协议也是对 PPP 数据帧进行封装，在公共网络上建立虚拟链路传输企业的私有数据，节省了租用物理专线的高额费用。同时将企业从复杂和专业的网络维护中解放出来，只需要维护私有网络和远程接入的用户，降低了用户维护成本。

L2TP 还具有如下特点，可以为企业提供方便、安全和可靠的远程用户接入服务。

（1）灵活的身份认证机制以及高度的安全性

- L2TP 可使用 PPP 提供的安全特性（如 PAP、CHAP），对接入用户进行身份认证。
- L2TP 定义了控制消息的加密传输方式，支持 L2TP 隧道的验证。
- L2TP 对传输的数据不加密，但可以和 Internet 协议安全协议 IPSec 结合应用（部署 L2TP Over IPSec），为数据传输提供高度的安全保证。

（2）多协议传输

因为 L2TP 协议传输的是 PPP 协议数据，而 PPP 协议可以传输多种协议报文，所以 L2TP 可以在 IP 网络、以太网、帧中继永久虚拟电路（PVC）、X.25 虚拟电路（VC）或 ATM VC 网络上使用。

（3）支持 RADIUS 服务器的验证

L2TP 协议对接入用户不仅支持本地验证，还支持将拨号接入的用户名和密码发往 RADIUS 服务器进行验证，为企业管理接入用户提供了更多的选择。

（4）支持私网 IP 地址分配

应用 L2TP 的企业总部网关可以为远程用户动态分配私网 IP 地址，使远程访问用户可以访问到企业总部网络内部资源。

（5）可靠性

L2TP 协议支持备份 LNS，即当一个主 LNS 不可达之后，LAC 可以与备份 LNS 建立连接，增强了 VPN 服务的可靠性。

1.3.4 MPLS 协议

MPLS VPN 的应用分为二层 VPN（L2VPN）和三层 VPN（L3VPN）两大类。MPLS L2VPN 的种类有很多，如各种方式的 VLL、PWE3 和 VPLS，负责二层网络（包括二层以太网、FR、ATM、HDLC 网络等）的远程互连，MPLS L3VPN 目前主要有 BGP/MPLS IP VPN，负责三层 IP 网络的远程互连。这些 MPLS VPN 的具体应用及配置与管理方法在《华为 MPLS 学习指南》一书中都有介绍，在此仅对 MPLS 协议本身做简单的介绍。

1. MPLS 的产生背景

在 20 世纪 90 年代中期，随着 IP 技术的快速发展，Internet 数据海量增长。但由于硬件技术存在限制，基于最长匹配原则的 IP 路由技术必须使用软件查找路由，转发性能低下，因此 IP 路由转发性能成为当时限制网络发展的瓶颈。

为了适应网络的发展，ATM 技术应运而生。ATM 采用定长标签（即 VPI/VCI），并且只需要维护比 IP 路由表规模小得多的标签表（MPLS 标签分入标签和出标签两种，MPLS 报文转发时是根据出标签进行的），能够提供比 IP 路由方式高得多的转发性能。然而，ATM 协议相对复杂，且 ATM 网络部署成本高，这使得 ATM 技术很难普及。如何结合 IP 与 ATM 的优点成为当时热门话题。多协议标签交换技术 MPLS 就是在这种背景下产生的。

MPLS 最初是为了提高路由器的转发速度而提出的。与传统 IP 路由方式相比，它在数据转发时，只在网络边缘分析 IP 报头，而不用在每一跳都分析 IP 报头，节约了中间设备的处理时间。但随着专用集成电路 ASIC（Application Specific Integrated Circuit，专用集成电路）技术的发展，路由查找速度已经不是阻碍网络发展的瓶颈，这使得 MPLS 在提高转发速度方面不再具备明显的优势。但是 MPLS 支持多层标签和转发平面面向连接的特性，使其在 VPN、流量工程（TE）、QoS 等方面得到广泛应用。

2. MPLS 协议简介

MPLS 是一种 IP 骨干网技术，在无连接的 IP 网络上引入面向连接的标签交换概念，将第三层 IP 路由技术和第二层交换技术相结合，充分发挥了 IP 路由的灵活性和二层交换的简捷性。

MPLS 起源于 IPv4，其核心技术可扩展到多种网络协议，包括 IPv6、IPX 和 CLNP 等。MPLS 中的“Multiprotocol”指的就是支持多种网络协议的意思。由此可见，MPLS 并不是一种业务或者应用，实际上是一种隧道技术，可以对不同协议包进行重封装。这种技术不仅支持多种高层协议与业务，而且在一定程度上可以保证信息传输的安全性。

MPLS 网络的典型结构如图 1-10 所示，可以进行 MPLS 标签交换和报文转发的网络设备称为 LSR（Label Switching Router，标签交换路由器），如图中所有的路由器；由 LSR 构成的网络区域称为 MPLS 域（MPLS Domain）。位于 MPLS 域边缘、连接其他网络的 LSR 称为 LER（Label Edge Router，边缘路由器），区域内部的 LSR 称为核心 LSR（Core LSR）。

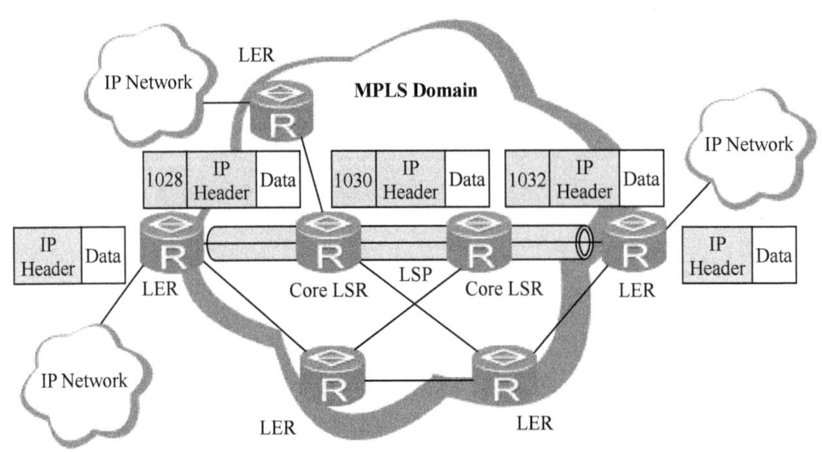

图 1-10 MPLS 典型网络结构

在 MPLS L3VPN 应用中，报文在 IP 网络内进行传统的 IP 转发，在 MPLS 域内按标签进行转发。入口 LER 负责从 IP 网络接收 IP 报文并给报文打上标签(是 MPLS 出标签)，然后送到核心 LSR（在此处要进行 MPLS 标签交换），仅负责按照外层 MPLS 标签进行报文转发，出口 LER 负责从 LSR 接收带 MPLS 报文并去掉标签（支持 PHP 特性的外层标签通常在倒数第二跳就被弹出），还原为原始的 IP 报文，然后转发到目的 IP 网络，根据 IP 路由转发到目的设备。

IP 报文在 MPLS 网络中经过的路径称为 LSP（Label Switched Path，标签交换路径），在报文转发之前已经通过手工静态配置，或者像 LDP 这样的动态标签协议协商确定并建立的，报文会在特定的 LSP 上传递。这就是 MPLS 所建立的“隧道”。

LSP 的入口 LER 称为入节点（Ingress）；位于 LSP 中间的 LSR 称为中间节点（Transit）；LSP 的出口 LER 称为出节点（Egress）。一条 LSP 可以有 0 个、1 个或多个中间节点，但有且只有一个入节点和一个出节点。如图 1-11 所示的 LSP 是一个单向路径示意图。

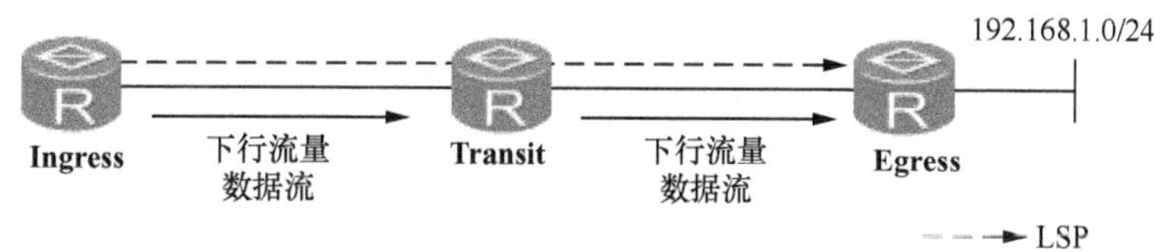

图 1-11　单向路径 LSP 示意

以指定的 LSR 为视角，根据数据传送的方向，所有往本 LSR 发送 MPLS 报文的 LSR 都可以称为上游 LSR，本 LSR 将 MPLS 报文发送到的所有下一跳 LSR 都可以称为下游 LSR。如图 1-11 所示，对于发往 192.168.1.0/24 的数据流来说，Ingress 是 Transit 的上游节点，Transit 是 Ingress 的下游节点。同理，Transit 是 Egress 上游节点。Egress 是 Transit 的下游节点。

1.3.5　IPSec 协议族

IPSec（IP Security）不是一个单独的协议，它给出了应用于 IP 层上网络数据安全的一整套体系结构，包括 AH（Authentication Header，认证头）协议和 ESP（Encapsulating Security Payload，封装有效载荷）协议、IKE（Internet Key Exchange，密钥管理协议）等协议，以及用于用户身份认证和数据加密的一系列算法。

1. IPSec 协议族所提供的安全服务

IPSec 协议族可在网络层通过数据源认证、数据加密、数据完整性和抗重放功能来保证通信双方 Internet 上传输数据的安全性。

- **数据加密**：IPSec 发送方在发送数据时要先对经过所选择的安全协议重封装后的数据包进行加密，以确保数据包在隧道中传输的安全。当然，在接收方要采取对应的解封装和解密技术对原加密数据包进行还原和解密。
- **数据完整性**（Data Integrity）**和数据源认证**（Data Authentication）：IPSec 使用 AH 或/和 ESP 协议为 IP 数据包提供无连接的数据完整性和数据源认证，以确保数据在传输过程中没有被篡改，并且来源是合法的。ESP 协议还可为数据包提供数据加密服务。
- **抗重放**（Anti-Replay）：IPSec 使用 AH 或/和 ESP 协议提供抗重放服务，检测并拒绝接收过时或重复的 IP 报文，防止恶意用户通过重复发送捕获到的数据包所进行的攻击。

2. IPSec 主要协议

上文已提到 IPSec 不是一个单独的协议，而是包括一组协议，其中主要包括 AH、ESP 和 IKE 这三种。因为这三种协议都将在本章或第 2 章中有详细介绍，故在此仅做简单说明。

（1）AH 协议

AH 协议是一个用于提供 IP 数据包完整性检查和身份认证的机制。其完整性检查是用来保证数据包在到达接收方时没有被篡改，而身份认证则是用来验证数据的来源（识别主机、用户、网络等）。AH 本身不提供加密功能，故它不能提供数据传输的机密性。

AH 协议通过对整个 IP 数据包进行摘要计算来提供完整性检查和身份认证服务。一个消息摘要就是一个特定的单向数据函数，它能够创建数据包唯一的数字指纹（类似人的指纹，是唯一的，可作为合法性认证），通常是采用 MD5 或者 SHA 哈希算法（也称“散列算法”）。一个消息摘要在被发送之前和数据被接收到以后都可以根据一组数据计算出来。如果两次计算出来的摘要值是一样的，那么表明该数据包在传输过程中就没有被篡改。

（2）ESP 协议

ESP 协议除可以实现 AH 协议的全部功能外，还可为传输的数据提供加密服务，因为除了可使用 MD5、SHA 这类身份认证算法外，还可以采用 AES、DES、3DES 等这类加密算法。

（3）IKE 协议

IKE 协议用于在两个通信实体协商、建立安全联盟（SA），并进行密钥交换。SA 是 IPSec 中的一个重要概念，它表示两个或多个通信实体之间经过了身份认证，且这些通信实体都能支持相同的加密算法，成功地交换了会话密钥，可以开始利用 IPSec 进行安全通信。SA 既可以通过命令配置由系统自动生成，也可以通过手工方式建立，但是当 VPN 中结点增多时，手工配置将非常困难。

3. IPSec VPN 的应用场景

IPSec VPN 只是 IPSec 的一种应用方式，其目的是为 IP 远程通信提供高安全性特性。IPSec VPN 的应用场景分为以下三种。

（1）Site-to-Site（站点到站点，或者网关到网关）

如企业的多个机构分布在互联网的多个不同的地方，各使用一个应用层网关相互建立 VPN 隧道，企业各分机构内网的用户之间的数据通过这些网关建立的 IPSec 隧道实现安全互联。

本书所介绍的 IPSec VPN 应用主要是针对这种情形的，因为这是需要在三层设备上配置的，无需在用户终端主机上配置。

（2）End-to-End（端到端，或者 PC 到 PC）

两个位于不同网络的 PC 之间的通信由两个 PC 之间的 IPSec 会话保护，而不是由网关之间的 IPSec 会话保护。这种 IPSec VPN 是通过一些 IPSec VPN 客户端软件，如 Windows（Windows 7/8/10 系统中支持采用 IKEv2 动态协商）、Linux 桌面操作系统中自带的 IPSec VPN 客户功能，Huawei VPN Client 等客户端软件，结合 Window 或 Linux 服务器系统中自带的 IPSec VPN 服务器功能来实现的。这不是本书所要介绍的内容。

（3）End-to-Site（端到站点，或者 PC 到网关）

两个位于不同网络的 PC 之间的通信由网关和异地 PC 之间的 IPSec 进行保护。在 IPSec VPN 客户端方面同样可利用 Windows、Linux 桌面操作系统中自带的 IPSec VPN 客户功能，Huawei VPN Client 等客户端软件来完成的。通常是采用我们将在本书第 5 章介绍的 L2TP over IPSec 方案来部署，即在 L2TP VPN 基础上采用 IPSec 来提供更好的安全保护。

有关 IPSec VPN 方面更详细的技术原理，以及在不同 IPSec 隧道建立方式下的配置与管理方法将在本书第 2～4 章介绍。

1.3.6 GRE 协议

随着 IPv4 网络的广泛应用，为了使某些网络层协议（如 IP 或 IPX 协议等）的报文能够在 IP 网络中传输，可以将这些报文通过 GRE 技术进行封装，解决异种网络的传输问题。GRE 采用了 Tunnel（隧道）技术，也是一种三层 VPN 隧道协议。

说明
本节介绍普通的 GRE 协议，而不是本章已经介绍的用于 PPTP 协议中的增强型 GRE 协议。

GRE 隧道技术可以为远程通信的数据包传输提供一条逻辑的专用传输通道，在隧道的两端分别对数据报进行封装及解封装，其基本的组网结构如图 1-12 所示。"X 网络"可以是相同或不同类型网络，如一端为 IPv4 网络，另一端为 IPv6 网络，或者一端为 IPv4 网络，另一端为 Novell 网络等。

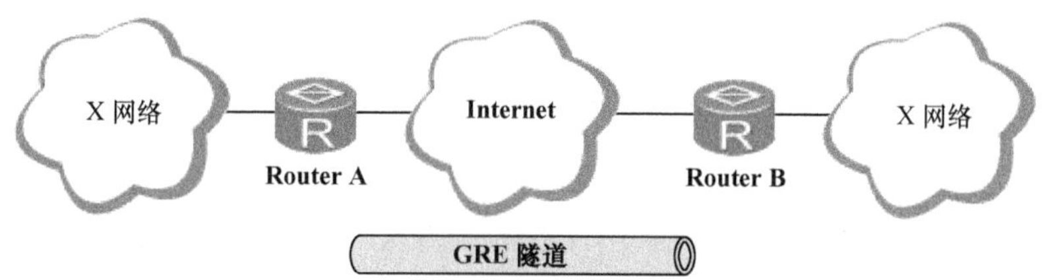

图 1-12　GRE 隧道基本组网结构

在 GRE 隧道建立前必须先在两端创建所需的隧道接口（Tunnel 接口），它是为实现报文的封装而提供的一种点对点类型的虚拟接口，与 Loopback 接口类似，都是一种逻辑接口。

GRE 隧道接口与其他隧道接口类似，均包含以下元素：

- 源地址：传输网络中的网络层协议（如 IPv4 或 IPv6 协议）报文中的源地址。从负责封装后报文传输的网络来看，隧道的源地址就是实际发送报文的接口 IP 地址。
- 目的地址：传输网络中的网络层协议（如 IPv4 或 IPv6 协议）报文中的目的地址。从负责封装后报文传输的网络来看，隧道本端的目的地址就是隧道目的端的源地址。
- 隧道接口 IP 地址：为了在隧道接口上启用动态路由协议，或使用静态路由协议发布隧道接口，需要为隧道接口分配 IP 地址。隧道接口的 IP 地址可以不是公共网络地址，甚至可以借用其他接口的 IP 地址以节约 IP 地址。但是当 Tunnel 接口借用 IP 地址时，由于 Tunnel 接口本身没有 IP 地址，无法在此接口上启用动态路由协议，必须配置静态路由或策略路由才能实现设备间的连通性。
- 封装类型：隧道接口的封装类型是指该隧道接口对报文进行的封装方式。对于 GRE 隧道接口而言，封装类型则为 GRE。

建立 GRE 隧道之后，就可以将隧道接口看成是一个物理接口，运行动态路由协议或配置静态路由。然后指定由此 Tunnel 接口作为出接口的数据都将通过这条 GRE 隧道进行转发。但要注意的是，GRE VPN 仅适用于 Site-to-Site 的网络互联，而且两端公网网关接口必须分配公网 IP 地址，不支持 End-to-Site 模式，支持但不建议采用基于动态公网 IP 地址的 Internet 接入方式。

有关 GRE VPN，以及利用 mGRE（多点 GRE）技术的 DSVPN 将分别在本书第 6 章和第 7 章介绍。

1.4 VPN 身份认证技术

对于一些使用 PPP 协议通信的二层 VPN 方案，如 PPTP VPN 和 L2TP VPN，是直接采用数据链路层 PPP 协议支持的 PAP（Password Authentication Protocol，密码认证协议）或 CHAP（Challenge Handshake Authentication Protocol，质询握手认证协议）进行用户身份认证的。但必须确保 PPP 链路两端的接口上启用了相同的 PPP 认证方式，并且相关功能配置正确。而在一些三层 VPN 方案中，要使用密钥进行认证，这就涉及一些认证密钥算法，如 MD5、SHA、SM3 等。

1.4.1 PAP 协议报文格式及身份认证原理

本节具体介绍 PAP 认证报文的格式和基本的认证原理。虽然以下内容是针对 PPP 协议进行介绍的，但同时适用于 PPP 协议的扩展协议，如 PPTP 和 L2TP 协议。

1. PAP 报文格式

PAP 协议是 PPP 协议簇中的一个，与 PPP 一样同位于数据链路层，但在 PPP 协议之上，其帧也要受到 PPP 协议封装。PPP 协议数据帧格式如图 1-13 所示，如果封装的是 PAP 报文，则其中的“协议”字段值为 0xC023。有关 PPP 数据帧格式中各字段的详细介绍请参见《深入理解计算机网络（新版）》一书。

8	8	8	16	可变	16～32	8bit
标志	地址	控制	协议	信息	FCS	标志

图 1-13 PPP 数据帧格式

PAP 协议报文格式如图 1-14 所示，各字段说明如下：

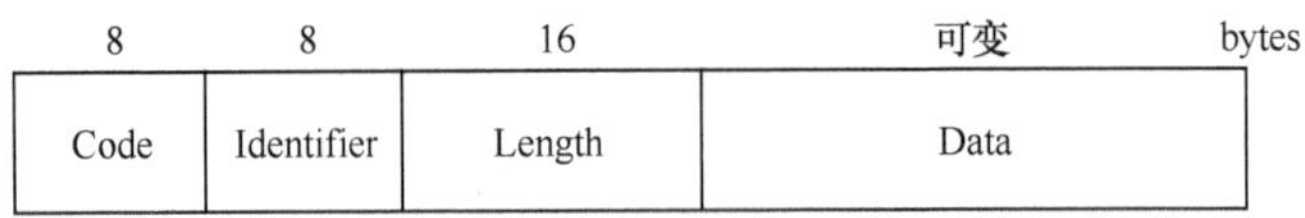

图 1-14 PAP 协议报文格式

- Code：报文代码，8 字节，用于识别 PAP 报文类型，1 为 Authenticate-Request（认证请求），2 为 Authenticate-ACK（认证确认），3 为 Authenticate-NAK（认证否认）。
- Identifier：报文标识符，8 字节，类似于报文序列号，同一组认证进程下的请求报文和应答报文标识符一致。

- Length：长度，16 字节，以字节为单位标识整个 PAP 报文（包括本字段）的长度。
- Data：数据，长度可变，具体内容会因 PAP 报文类型的不同而不同，如果是 ACK 报文，该字段长度为 0；NAK 报文中该字段会说明认证失败的原因；Request 报文中该字段为用于进行身份认证的用户凭据信息。

2. PAP 协议身份认证原理

PAP 协议的身份认证过程非常简单，是一个二次握手机制，整个认证过程仅需两个步骤：被认证方（PPP 客户端）发送认证请求→认证方（PPP 服务器）给出认证结果。但是它是一种以明文方式在线路上传输认证用户名和密码，所以安全性不高。

PAP 认证可以在一方进行，即仅由一方对另一方的身份进行认证，通常是是由 PPP 服务器对 PPP 客户端进行认证；也可以进行双向身份认证，也就是既要 PPP 服务器对 PPP 客户端进行认证，PPP 客户端也需要对 PPP 服务器进行认证，以确保用于认证的 PPP 服务器是合法的。如果是双向认证，则要求被认证的双方都要通过对方的认证程序，否则无法在双方之间建立通信链路。

下面以单向认证为例介绍 PAP 认证过程，如图 1-15 所示。但要注意的是，PAP 认证是由被认证方（PPP 客户端）首先发起的。

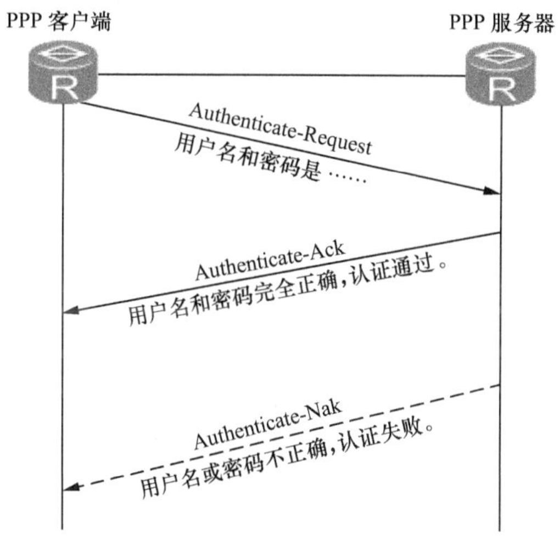

图 1-15　PAP 身份认证的两次握手

（1）发起 PPP 连接的客户端（被认证方）首先以明文方式向 PPP 服务器端发送一个认证请求（Authenticate-Request）帧，其中就包括用于身份认证的用户名和密码；

（2）PPP 服务器端（认证方）在收到客户端发来的认证请求帧后，先查看 PPP 服务器本地配置的用户账户数据库，看是否有客户端提供的用户名（这个用户账户数据库存必须先在 PPP 服务器端配置好）。如果有，且对应的用户账户密码也一致，则表明客户端具有合法的用户账户信息，向 PPP 客户端返回一个认证确认（Authenticate-ACK）帧，表示认证成功，则该用户可以与 PPP 服务器端建立 PPP 连接。

如果在本地数据库中找不到与客户端发来的用户名一致的用户账户，或者虽然有相同名称的用户账户，但密码不一致，则会认证失败，返回一个认证拒绝（Authenticate-NAK）帧，客户端也不能与 PAP 服务器端建立 PPP 连接。

注意

如果第一次认证失败，并不会马上将链路关闭，而是会在 PAP 客户端提示可以尝试以新的用户账户信息进行再次认证，只有当认证不通过的次数达到一定值（缺省为 4）时才会关闭链路，以防止因误传、网络干扰等造成不必要的 LCP 重新协商过程。

以上介绍的是 PAP 单向认证过程，仅两步（一问一答形式），很简单。PAP 双向认证过程与单向认证过程类似，只不过此时 PPP 链路的两端是同时具有客户端和服务器双重角色，任何一端都向对方发送认证请求，同时对对方发来的认证请求进行认证。

1.4.2 CHAP 协议报文格式及身份认证原理

本节具体介绍 CHAP 认证报文的格式和基本的认证原理。虽然以下内容是针对 PPP 协议进行介绍的，但同时适用于 PPP 协议的扩展协议，如 PPTP 和 L2TP 协议。

1. CHAP 报文格式

CHAP 协议也是 PPP 协议簇中的一个，是用于进行身份认证的，也与 PPP 协议一样位于数据链路层，但在 PPP 协议之上，其报文也要受到 PPP 协议封装，对应的协议号为 0xC223。CHAP 报文格式与 PAP 协议报文格式一样，参见图 1-14。但各字段的含义有所区别，具体说明如下。

- Code：报文代码，8 字节，用于识别 PAP 报文类型，1 为 Challenge（质询），2 为 Response（响应），3 为 Success（认证成功），4 为 Failure（认证失败）。
- Identifier：报文标识符，8 字节，类似于报文序列号，同一组认证进程下的各类报文标识符一致。
- Length：长度，16 字节，以字节为单位标识整个 CHAP 报文（包括本字段）的长度。
- Data：数据，长度可变，具体内容会因 CHAP 报文类型的不同而不同，Success 和 Failure 报文中该字段身份认证成功或失败的的一段文本说明信息；Challenge 报文中该字段为主认证方发送被认证方的随机 MD5 摘要消息；Response 报文中该字段为被认证方发给主认证方的一个经过 MD5 加密的 Hash（哈希）值。

2. CHAP 身份认证原理

CHAP 协议的身份认证过程相对前面介绍的 PAP 认证来说更为复杂，采用的是三次握手机制（而不是 PAP 中的两次握手机制），整个认证过程要经过三个主要步骤：认证方（PPP 服务器）要求被认证方（PPP 客户端）提供认证信息→被认证方提供认证信息→认证方给出认证结果。

其次，CHAP 身份认证方式相对 PAP 认证方式来说更加安全，因为在认证过程中，用于认证的密码不是直接以明文方式在网络上传输的（用户名仍是以明文方式传输），而是封装在 MD5 加密摘要信息中，更加安全。CHAP 认证的具体步骤还与认证方是否配置了用户名有关，推荐使用验证方配置用户名的方式，这样被认证方也可以对认证方的身份进行确认，相当于 PPP 客户端对 PPP 服务器的身份也可以进行认证。

同 PAP 认证一样，CHAP 认证也可以是单向或者双向的。如果是双向认证，则要求通信双方均要通过对对方请求的认证，否则无法在双方建立 PPP 链路。在此，我们仍以单向认证为例介绍 CHAP 认证流程。具体如图 1-16 所示，但要注意，CHAP 身份认证首先是由 PPP 服务器端主动发起质询的。

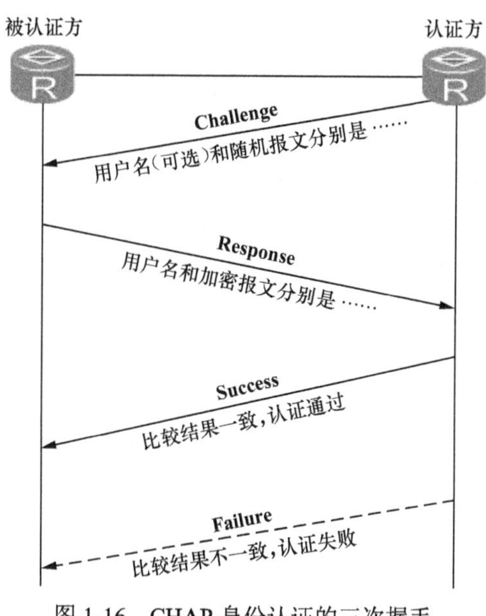

图 1-16　CHAP 身份认证的三次握手

（1）当 PPP 客户端要与 PPP 服务器建立连接，并且配置采用 CPAP 身份认证方式时，PPP 服务器（认证方）会首先向 PPP 客户（被认证方）端发送一个随机报文（**如果认证方配置了用户名，则还随同发送认证方的用户名**）进行“质询”（Challenge，也称“挑战”），询问客户端用于身份认证的账户信息。同时这个发送的随机报文会保存在缓存中。

（2）PPP 客户端在收到服务器端发来的质询消息后，如果随机报文中包括了 PPP 服务器的用户名，则先看本地是否配置了 PPP 服务器的账户信息对 PPP 的身份进行认证（如果收到的随机报文中不包括 PPP 服务器的用户账户信息，则不需要对 PPP 服务器身份进行认证），认证通过后再把所收到的随机质询报文与 PPP 客户端配置的账户密码（相当于 MD5 算法中所说的“共享密钥”）采用 MD5 算法进行加密，将生成的 MD5 摘要密文和自己的用户名发回 PPP 服务器进行响应（Response）。

（3）PPP 服务器端在收到来自客户端的响应后，首先直接利用来自 PPP 客户端的明文用户账户名在本地数据库中进行查找，如果找不到该账户，则直接认证为认证失败；如果在本地数据库中有该用户账户就可以得到本地配置的该账户的密码，然后再利用所查到的该账户密码与原来发送给客户端，并且在缓存中保存的随机质询报文进行同样的 MD5 哈希计算，看最终的结果与来自 PPP 客户端的 MD5 哈希报文进行比较。

如果两个 MD5 哈希报文完全一致（如果本地配置的该账户密码与在 PPP 客户端配置的一样，则肯定一致，因为此时进行哈希计算时的 MD5 报文和密码都是一样的），则认为 PPP 客户端具有合法的用户账户信息，认证通过，向 PPP 客户端发送认证成功（Sucess）帧，成功进行 PPP 连接；否则表示认证失败，向 PPP 客户端发送认证失败

（Failure）帧，不能建立 PPP 连接。

与 PAP 一样，第一次认证失败后，也不会马上关闭链路，而是再次向客户端提示输入新的用户名和密码进行再次认证，直到规定的最高尝试次数。

1.4.3 身份认证算法

在一些三层 VPN 解决方案中，还涉及到许多用于生成身份认证密钥的算法，如在 IPSec VPN 中使用的 AH 和 ESP 安全协议就支持多种认证算法，如华为设备支持的 MD5、SHA1、SHA2（包括 sha2-256、sha2-384、sha2-512）、SM3、 AES-XCBC-MAC-96，这些其实都是属于哈希，摘要，或者杂凑算法。

在这些算法中都需要用到一些特定的函数运算方法，这些函数的名称也对应有多种，如“哈希（Hash）函数”，或“消息摘要函数”“杂凑函数”“单向散列函数”，这些函数运算的基本设计思想是将输入的任意长度消息，通过运算后得到一个固定长度的输出值。这个输出值也就对应称之为“哈希值”，或“消息摘要”“杂凑值”“散列值”等。这个消息摘要会随同消息一起发送到对方，对方再用相同的摘要算法对所接收的消息数据进行运算，看结果是否与随同消息一起发送、在源端得出的摘要相同，如果相同，则表示消息数据在传输过程中没有被篡改，可以放心使用；不同，则表示消息数据在传输过程中被非法篡改，不可用。

哈希函数（或杂凑函数）可以按其是否有密钥参与运算分为“不带密钥的哈希函数”和“带密钥的哈希函数”。不带密钥的哈希函数在运算过程中没有密钥参与，只有原始消息输入。这类哈希函数不具有身份认证功能，仅提供数据完整性检验，称之为 MDC（篡改检测码）。而带密钥的哈希函数在消息的运算过程中是有密钥参与的，即哈希值（或杂凑值）同时与密钥和原始消息的输入有关，只有拥有密钥的人才能计算出相就的哈希值。所以带密钥的哈希函数不仅能检测数据完整性，还能提供身份认证功能，被称之为 MAC（消息认证码）。现在通常是采用带密钥的哈希函数。

本章后续将对这些主要身份认证算法工作原理进行分别介绍。

1.5 加密、数字信封、数字签名和数字证书原理

在 VPN 通信中，为了对在隧道中传输的数据进行安全保护，对数据发送者身份进行合法性验证，往往采用了包括加密、数字信封、数字签名和数字证书等多种保护技术。本节就集中介绍这几种安全技术的基本工作原理。

1.5.1 加密工作原理

最原始的数据传输方式就是明文传输。所谓“明文”就是输入什么在文件中最终也显示什么，别人获取到文件后就知道里面的全部内容了。很显然，这种数据传输方式很不安全，被非法截取后，什么都暴露了。

随后就有了加密传输的理念及相应的技术了，对原始的明文数据进行加密，加密后生成的数据称之为“密文”。密文与明文最大的区别就是打乱了原来明文数据中字符的顺

序，甚至生成一堆非字符信息（通常称之为“乱码”），其目的就是让非法获取者看不懂里面真实的数据内容，这样即使数据被非法截取了，对方也看不懂里面到底是讲什么，自然就没用了。

加密有两种方式：对称密钥加密和非对称密钥加密，下面分别予以介绍。

1. *对称密钥加密原理*

在加密传输中最初是采用对称密钥方式，也就是加密和解密都用相同的密钥。对称密钥的加/解密过程如图 1-17 所示。甲与乙要事先协商好对称密钥，具体加解密过程如下（对应图中的数字序号）：

① 甲使用对称密钥对明文加密，并将密文发送给乙。

② 乙接收到密文后，使用相同的对称密钥对密文解密，还原出最初的明文。

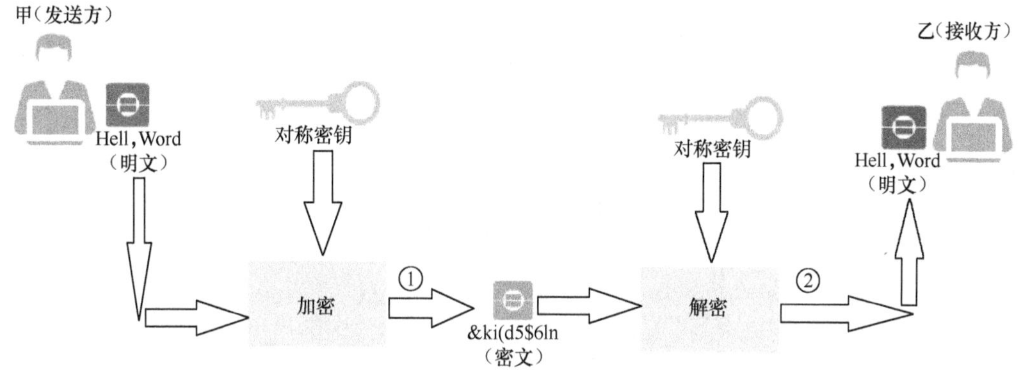

图 1-17　对称密钥加/解密过程示意

以上就是对称密钥加/解密原理，就两步，很简单。所以，对称密钥加密的优点是效率高，算法简单，系统开销小，适合加密大量数据。其缺点主要体现在安全性差和扩展性差。

安全性差的原因在于进行安全通信前需要以安全方式进行密钥交换（相互协商使用一致的密钥），否则被人截取后就麻烦了，别人也可以看到你的机密文件；扩展性差表现在每对通信用户之间都需要协商密钥，n 个用户的团体就需要协商 n*(n–1)/2 个不同的密钥，不便于管理；而如果都使用相同密钥的话，密钥被泄漏的机率大大增加，加密也就失去了意义。

目前比较常强的对称密钥加密算法，主要包含 DES、3DES、AES 算法，这些算法将在本章后续进行介绍。

2. *非对称密钥加密原理*

正因为对称密钥加密方法也不是很安全，于是出现了一种称之为“非对称密钥”加密（也称公钥加密）方法。所谓非对称密钥加密是指加密和解密用不同的密钥，其中一个称之为公钥，可以对外公开，通常用于数据加密，另一个相对称之为私钥，是不能对外公布的，通常用于数据解密。而且公/私钥必须成对使用，也就是用其中一个密钥加密的数据只能由与其配对的另一个密钥进行解密。这样用公钥加密的数据即使被人非法截取了，因为他没有与之配对的私钥（私钥仅发送方自己拥有），也不能对数据进行解密，确保了数据的安全。

非对称密钥加/解密的过程如图 1-18 所示。甲要事先获得乙的公钥，具体加/解密过程如下（对应图中的数字序号）：

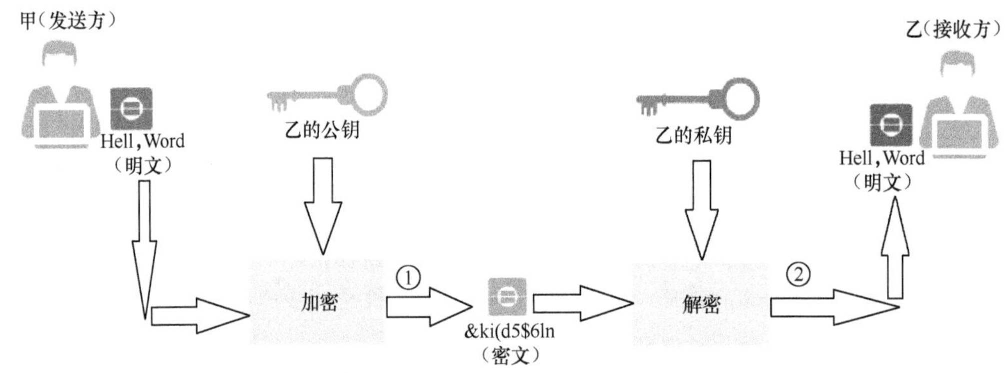

图 1-18 非对称密钥加/解密过程示意

① 甲使用乙的公钥对明文加密，并将密文发送给乙。

② 乙收到密文后，使用自己的私钥对密文解密，得到最初的明文。

非对称密钥的加/解密过程看似也很简单，两步就可以实现了，但事要先不仅要双方获取自己的非对称密钥，还要双方把自己的公钥告诉对方。当然，非对称密钥加/解密方式的主要优点不是体现在其过程简单，而是它具有比对称密钥加/解密方式更高的安全性，因为加密和解密用的是不同密钥，而且无法从一个密钥推导出另一个密钥，且公钥加密的信息只能用同一方的私钥进行解密。

非对称密钥加密的缺点是算法非常复杂，导致加密大量数据所用的时间较长，而且由于在加密过程中会添加较多附加信息，使得加密后的报文比较长，容易造成数据分片，不利于网络传输。

非对称密钥加密适合对密钥或身份信息等敏感信息加密，从而在安全性上满足用户的需求。目前比较常用的非对称密钥加密算法主要有 DH（Diffie-Hellman）、RSA（Ron Rivest、Adi Shamirh、LenAdleman，这是三个人的名字中的第一个字母）和 DSA（Digital Signature Algorithm，数字签名算法）算法。

1.5.2 数字信封工作原理

数字信封是指发送方使用接收方的公钥来加密对称密钥后所得的数据，**其目的是用来确保对称密钥传输的安全性**。采用数字信封时，接收方需要使用自己的私钥才能打开数字信封得到对称密钥。

数字信封的加/解密过程如图 1-19 所示。甲也要事先获得乙的公钥，具体说明如下（对应图中的数字序号）：

① 甲使用对称密钥对明文进行加密，生成密文信息；

② 甲使用乙的公钥加密对称密钥，生成数字信封；

③ 甲将数字信封和密文信息一起发送给乙；

④ 乙接收到甲的加密信息后，使用自己的私钥打开数字信封，得到对称密钥；

⑤ 乙使用对称密钥对密文信息进行解密，得到最初的明文。

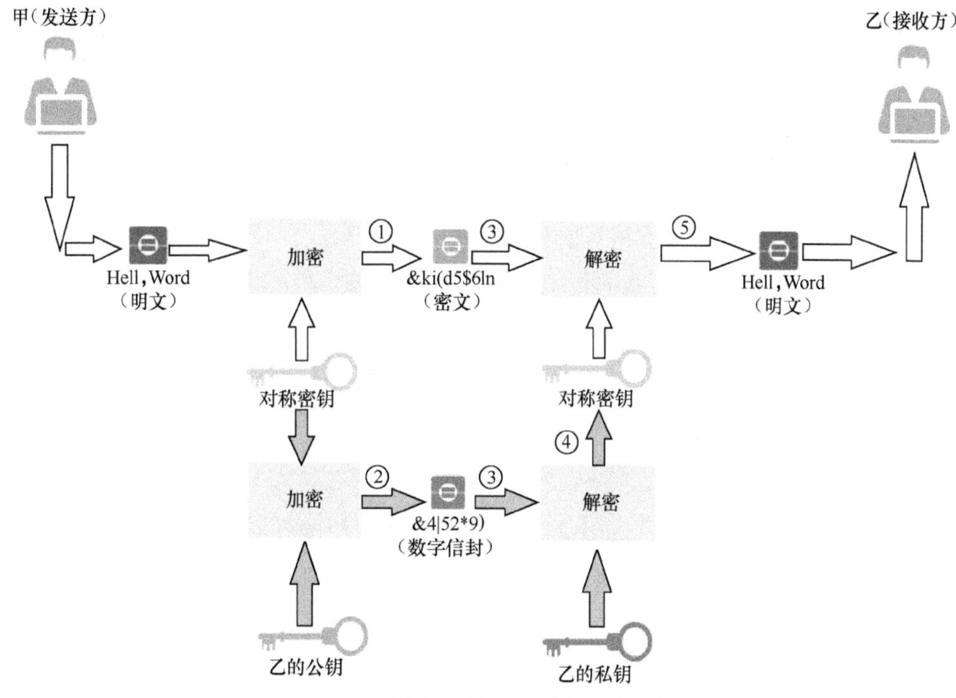

图 1-19 数字信封的加解密过程示意

从加/解密过程中可以看出，数字信封技术结合了对称密钥加密和公钥加密的优点，解决了对称密钥的发布安全问题，和公钥加密速度慢问题，提高了安全性、扩展性和效率等。但是，数字信封技术还是有一个比较大的问题，那就是无法确保信息是来自真正的对方。

试想一下如果攻击者拦截甲发给乙的信息，用自己的对称密钥加密一份伪造的信息，并用乙的公钥（攻击者已获知了乙对外公开的公钥）加密攻击者自己的对称密钥，生成数字信封；然后把伪造的加密信息，以及伪造的数字信封一起发送给乙。乙收到加密信息后，用自己的私钥可以成功解密数字信封，再利用还原出的对称密钥（这个是攻击者的对称公钥）即可还原出加密的明文信息了，这样一来乙则始终认为这份本来是攻击者伪造的信息是甲发送的信息。这样的结局可能是损失惨重，如攻击者修改了甲发给乙的投标书标等。

此时，需要一种方法确保接收方收到的信息就是指定的发送方发送的，这就用到下节将要介绍的数字签名技术。

1.5.3 数字签名工作原理

数字签名是指发送方用自己的私钥对数字指纹进行加密后所得的数据，其中包括非对称密钥加密和数字签名两个过程，在可以给数据加密的同时，也可用于接收方验证发送方身份的合法性。采用数字签名时，接收方需要使用发送方的公钥才能解开数字签名得到数字指纹。

数字指纹又称为信息摘要，是指发送方通过 HASH 算法对明文信息计算后得出的数据。采用数字指纹时，发送方会将本端对明文进行哈希运算后生成的数字指纹（还要经过数字签名），以及采用对端公钥对明文进行加密后生成的密文一起发送给接收方，接收方用同样的 HASH 算法对明文计算生成的数据指纹，与收到的数字指纹进行匹配，如果一致，便可确定明文信息没有被篡改。

数字签名的加解密过程如图 1-20 所示。甲也要事先获得乙的公钥，具体说明如下（对应图中的数字序号）：

① 甲使用乙的公钥对明文进行加密，生成密文信息；

② 甲使用 HASH 算法对明文进行 HASH 运算，生成数字指纹；

③ 甲使用自己的私钥对数字指纹进行加密，生成数字签名；

④ 甲将密文信息和数字签名一起发送给乙；

⑤ 乙使用甲的公钥对数字签名进行解密，得到数字指纹；

⑥ 乙接收到甲的加密信息后，使用自己的私钥对密文信息进行解密，得到最初的明文；

⑦ 乙使用 HASH 算法对还原出的明文用与甲所使用的相同 HASH 算法进行 HASH 运算，生成数字指纹。然后乙将生成的数字指纹与从甲得到的数字指纹进行比较，如果一致，乙接受明文；如果不一致，乙丢弃明文。

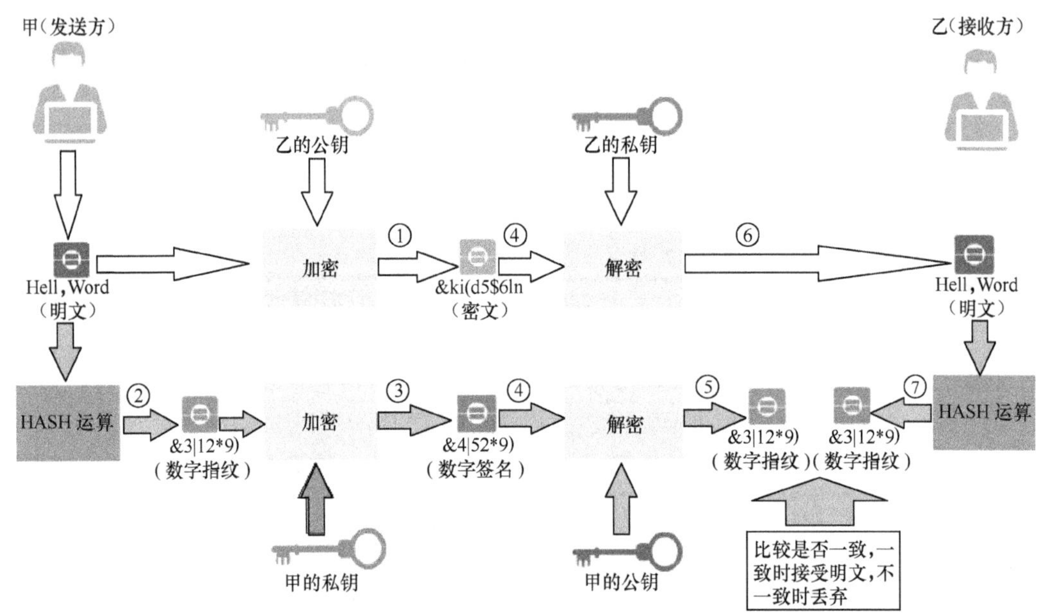

图 1-20 数字签名的加解密过程示意

从以上数字签名的加/解密过程中可以看出，数字签名技术不但证明了信息未被篡改，还证明了发送方的身份。数字签名和数字信封技术也可以组合使用。但是，数字签名技术存在一个问题，获取到对方的公钥可能被篡改，并且无法发现。

试想一下，如果攻击者一开始就截获了乙发给甲公钥的文件，然后就可用狸猫换太子的方法更改乙的公钥，最终可能导致甲获得的是攻击者的公钥，而非乙的。

具体过程是这样的：攻击者拦截了乙发给甲的公钥信息，用自己的私钥对伪造的公钥信息进行数字签名，然后与使用甲的公钥（攻击者也已获知了甲对外公开的公钥）进行加密的、伪造的乙的公钥信息一起发给甲。甲收到加密信息后，利用自己的私钥可以成功解密出得到的明文（伪造的乙的公钥信息），因为这个信息的加密就是用甲的公钥进行的，并且也可以通过再次进行 HASH 运算验证该明文没有被篡改。此时，甲则始终认为这个信息是乙发送的，即认为该伪造的公钥信息就是乙的，结果甲再利用这个假的乙的公钥进行加密的数据发给乙时，乙肯定是总解密不了的。此时，需要一种方法确保一个特定的公钥属于一个特定的拥有者，那就是数字证书技术了。因为用户接收到其他用户的公钥数字证书时可以在证书颁发机构查询、验证的。

【经验之谈】许多人分不清非对称密钥加密和数字签名的区别，其实很好理解。非对称加密用的是接收方的公钥进行数据加密的，密文到达对方后也是通过接收方自己的私钥进行解密，还原成明文，**整个数据加密和解密过程用的都是接收方的密钥**；而数字签名则完全相反，是通过发送方的私钥进行数据签名的，经签名的数据到达接收方后也是通过事先告知接收方的发送方的公钥进行解密，**整个数据签名和解密的过程用的都是发送方的密钥**。

1.5.4　数字证书

前面所介绍的数据加密、数字信封和数据签名都是直接使用用户的密钥。但密钥是不包含有用户身份信息的，也就是密钥并不具有绑定唯一用户的特性，这就使得仅通过密钥是无法真正确保发送、接收双方身份的合法性。

数字证书实际上是存于计算机上的一个记录，是由 CA（证书颁发机构）签发的一个声明，证明证书主体（证书申请者拥有了证书后即成为证书主体）与证书中所包含的公钥的唯一对应关系。因为在数字证书中，不仅包括证书申请者的公钥，还包括他的名称、位置等相关信息，以及签发该数字证书的 CA 的数字签名及数字证书的有效期等内容。

数字证书的作用使网上通信双方的身份得到了互相验证，提高了通信的可靠性。首先会由信息发送者使用自己的数字证书私钥对信息进行加密，然后再发给接收方。接收方必须事先获取信息发送者的公钥证书，以便对经过发送者私钥加密的信息进行解密，同时还需要有 CA 发送给发送者的证书，以便接收方可验证发送者的身份。

有关数字证书的详细介绍将在本书第 8 章进行介绍。

1.6　MD5 认证算法原理

MD5（Message-Digest Algorithm 5，信息摘要算法第 5 版）是计算机广泛使用的散列算法（也称“哈希算法”或“杂凑算法”）之一，采用带密钥的运算时，可同时用于消息完整性检测和消息源身份认证。它是由 MD2、MD3 和 MD4 版本一路发展而来，是 Ronald Rivest 于 1991 年设计发布的，用于取代 MD4。

1.6.1　MD5 算法基本认证原理

尽管不同版本的 MD 算法的具体原理肯定有所区别，但它们的基本工作机制却是一样的：都是先在发送端将一个随机长度的消息（**在带密钥运算的情况下，除包括原始消息外，还要同时包括双方共知的密钥**）最终“压缩”（当然，这里并不是简单的压缩，需要经过一系列的各种逻辑运算，以打乱原始消息的次序，生成的是一段看不懂的密文）成一个 128 位的消息摘要（也称哈希值），并随着原始消息一起发送。

原始消息，连同摘要消息一起到了接收端后，再采用相同的方法对所接收到的原始消息（**在带密钥运算的情况下，还要包括双方共知的密钥**）进行“压缩”，看生成的消息摘要是否与随着原始消息一起发送过来的消息摘要一致，一致则认为所接收的消息是完整的，在传输途中没有被非法篡改。

因为在带密钥的 MD5 消息摘要的运算中，不是直接基于原始消息进行计算的，还要与机密的预共享密钥（采用预共享密钥认证方法时），或者本端的公钥（采用数字证书认证方法时）结合起来计算的，而预共享密钥和本端公钥只有发送者和接收者才知道的，所以能保证摘要计算的机密性，产生独一无二的“数字指纹”，起到了消息源身份认证的目的。

大家要注意，MD5 摘要运算是不可逆的（即具有单向性，也称之为“单向密钥”），不可通过摘要消息还原出原始的消息。当然，其实所有身份认证算法都是这样的，仅用于认证，不需要在接收端进行数据还原。也正因为如此，MD5 算法通常不认为是一种加密算法，不具有解密能力。

MD5 算法的消息完整性验证和消息源身份认证的基本过程可用图 1-21 来描述。图中的“MAC”就是指摘要消息。MD5 算法的总体消息摘要运算过程如下：

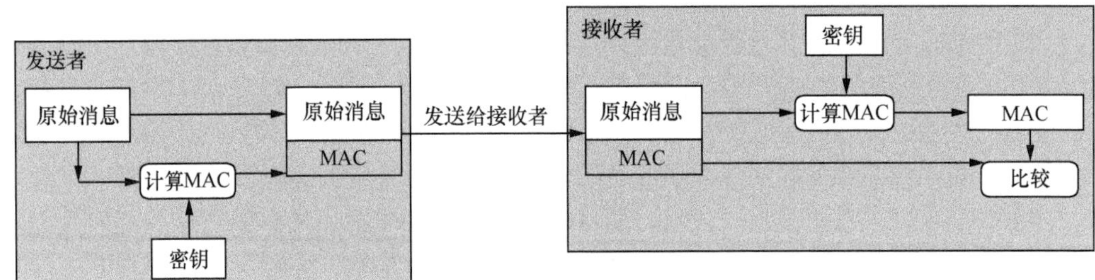

图 1-21 MAC 类算法基本工作原理示意

（1）把包括密钥和初始消息在内的二进制比特串（假设称之为“原始消息”），以及位于最后位置、新增的用于记录要原始消息（包括密钥和初始消息）的二进制 64 位长度一起被划分成一个个的 512 位（16 个 32 位字长）的块；

说明

虽然理论来说 MD5 算法可以计算的消息长度是任意的，即不受限制的，但是由于用于表示消息长度的二进制位只有 64 位，所以实际上它也最多只能计算 2^{64} 位的消息。如果消息长度超过这个值，则只会对低 2^{64} 位的消息进行计算。

（2）这些 512 位的块再经过多轮“与”（And）、“或”（OR）、“非”（NOT）、“异或”（AOR）逻辑算法（具体算法我们可以不做了解）处理，最终会输出四个 32 位分组，将这四个 32 位分组级联后将生成一个 128 位散列值（消息摘要）。

1.6.2 MD5 算法消息填充原理

上节介绍的只是理想情况下的基本运算原理，其实这里涉及到一个非常重要的“填充”操作，因为大多原始数消息，加上用于表示原始消息长度的 64 位后可能仍不能恰好被 512 整除，也就是原始消息的二进制位数除以 512 后的余数不是 488（512–64=448）。这时就表明需要对原始消息进行填充处理了。这里又有两种情况：一是余数小于 448，另一种就是余数大于 448。

- 如果原始消息二进制位数除以 512 后的余数小于 448，则先在原始消息的最后一个 512 位块的最后填充一个 1，然后再填充若干位 0，使得该块的原始消息总长度等于 448 位，然后加上用于标识原始消息长度的 64 位，正好形成一个 512 位的块。

如一个有 600 位的消息，则可划分成两个 512 位的块：第一个块是 512 位全部为原始消息；第二个块中有 88 位原始消息，然后进行填充：先在最后填充 1 位“1”，再填充 359 位“0”，使得 88 位原始信息+1 位 1+359 位 0=448 位，最后再附上 64 位用于标识原始信息长度（600）的值。

- 如果如果原始消息二进制位数除以 512 后的余数大于 448，这时要新增一个 512 位的块了。首先是在原始消息的最后一个 512 位块的最后填充一个 1，然后再填充若干位 0，使得该块的原始消息总长度等于 512 位；接着再新增一个块，前面 448 位均填充 0，再加上用于标识原始消息长度的 64 位，形成新的一个 512 位块。

如有一个 1000 位的消息，则最终会划分成三个 512 位的块：第一个块是 512 位全部为原始消息；第二个块中有 488 位原始消息，然后进行填充：先在最后填充 1 位“1”，再填充 23 位“0”，使得 488 位原始信息+1 位 1+23 位 0=512 位；最后是一个新增的块，也要进行填充：先在前面填充 448 位 0，最后再附上 64 位用于标识原始信息长度（1000）的值。

1.6.3　MD5 算法的主要应用

MD5 除了应用于各种三层 VPN 通信的数据完整性验证和消息源身份认证外，在我们在日常 IT 应用中也常见到它的身影，也经常用于数字签名。

如我们常常在某些软件下载站点的某软件信息中看到其 MD5 值，它的作用就是用于在我们下载该软件后对下载回来的文件用专门的软件（如 Windows MD5 Check 等）做一次 MD5 校验，以确保我们获得的文件与该站点提供的文件为同一文件。利用 MD5 算法来进行文件校验的方案被大量应用到软件下载站、论坛数据库、系统文件安全等方面。

另外，MD5 还广泛用于操作系统的登陆验证上，如 UNIX、各类 BSD 系统登录密码、数字签名等诸多方。如在 UNIX 系统中用户的密码是以 MD5（或其他类似的算法）经 Hash 运算后存储在文件系统中。当用户登录的时候，系统把用户输入的密码进行 MD5 Hash 运算，然后再去和保存在文件系统中的 MD5 值进行比较，进而确定输入的密码是否正确。通过这样的步骤，系统在并不知道用户密码的明码的情况下就可以确定用户登录系统的合法性。避免用户的密码被具有系统管理员权限的用户知道。

1.7　SHA 认证算法原理

SHA（Secure Hash Algorithm，安全哈希算法）主要适用于数字签名，也是一种不可逆的 MAC 算法，但比 MD5 算法更加安全。目前它有三种主要的版本，即 SHA-0、SHA-1、

SHA-2 和 SHA-3。其中 SHA-2 和 SHA-3 版本中又有多种不同子分类，如在 SHA-2 中又根据它们最终所生成的摘要消息长度的不同又包括 SHA-224、SHA-256、SHA-384 和 SHA-512 等几种。

1.7.1 SHA 算法基本认证原理

整个 SHA 算法的认证原理与前面介绍的 MD5 算法认证原理极为相似，同样先把原始消息划分成固定长度的块，最后加上用于标识原始消息长度的位（不同 SHA 版本中用于标识原始消息长度的位数不一样），再结合共享密钥（**可以是共同设置的预共享密钥，也可以是对端公钥**），利用一系列的逻辑算法生成固定长度的消息摘，用于在接收端进行消息完整性验证和消息源身份认证。

在各种版本 SHA 算法中（因为 SHA-3 的算法与其他 SHA 版本的算法有较大不同，故在此不作介绍），进行散列运算时所涉及的一些参数特性不完全相同，具体如表 1-4 所示。从上表可以看出，SHA-0、SHA-1 算法与 MD5 类似，都是把输入原始消息的二进制串划分成 512 位的块，最后一块的最后 64 位用于表示原始消息的长度，不足 512 位时也要进行填充。

表 1-4　主要 MAC 算法的基本参数特性比较

MAC 算法类型		最大消息长度	块大小（bit）	摘要长度（bit）	标识消息长度位数（bit）	运算轮数
MD5		不受限制	512	128	64	64
SHA-0		$2^{64}-1$	512	160	64	80
SHA-1		$2^{64}-1$	512	160	64	
SHA-2	SHA-224	$2^{64}-1$	512	224	64	64
	SHA-256	$2^{64}-1$	512	256	64	
	SHA-384	$2^{128}-1$	1024	384	128	80
	SHA-512	$2^{128}-1$	1024	512	128	

1.7.2 SHA 算法消息填充原理

从上节的介绍我们已知道，SHA 算法中在进行消息分块时也可能要进行填充。其填充的方法与 MD5 算法一样，也是先加 1 位“1”，然后填充若干位“0”。如 SHA-0 和 SHA-1 最后会把划分和填充后的消息与共享密钥进行 80 轮的逻辑运算处理，得到一个 160 位的摘要消息。但 SHA-0 和 SHA-1 仍然容易出现碰撞（即有可能多个不同消息运算后得到相同的摘要），所以目前主要是采用 SHA-2 版本。

下面仅以 SHA-512（也有写成 SHA2-256 的）为例介绍其基本的摘要运算过程。其他 SHA 版本的基本摘要算法类似。

（1）把包括密钥和初始消息在内的二进制比特串（假设称之为“原始消息”，小于 2^{128}），以及在最后新增一个用于记录原始消息二进制长度的 128 位一起被划分成一个个 1024 位（32 个 32 位字长）的块；

当采用 SHA-512 进行运算时，如果原始消息长度大于等于 2^{128} 时，只取前面 $2^{128}-1$

位进行摘要运算。

（2）同样再对以上划分的 1024 位的块经过系列“与”（And）、“或”（OR）、“非”（NOT）、“异或”（AOR）逻辑算法（具体算法我们可以不做了解）处理后，输出 8 个 64 位分组，将这 8 个 64 位分组级联后将生成一个 512 位散列值（消息摘要）。

这里同样涉及“填充”操作，因为大多数原始消息（包括密钥和初始消息），加上 128 位后可能仍不能恰好被 1024 整除，也就是原始消息的二进制位数除以 1024 后的余数不是 896（1024-128=896），这时就表明需要对原始信息进行填充处理了。但这里同样有两种情况：一种是余数小于 896，另一种就是余数大于 896。

- 如果原始消息二进制位数除以 1024 后的余数小于 896，则先在原始消息的最后一个 1024 位块的最后填充一个 1，然后再填充若干位 0，使得该块的原始消息总长度等于 896 位，然后加上用于标识原始消息长度的 128 位，正好形成一个 1024 位的块。

如一个有 1500 位的消息，则可划分成两个 1024 位的块：第一个块是 1024 位全部为原始消息；第二个块中有 476 位原始消息，然后进行填充：先在最后填充 1 位“1”，再填充 419 位“0”，使得 476 位原始信息+1 位，1+419 位，0=896 位，最后再附上 128 位用于标识原始信息长度（1500）的值。

- 如果如果原始消息二进制位数除以 1024 后的余数大于 896，这时要新增一个 1024 位的块了。首先是在原始消息的最后一个 1024 位块的最后填充一个 1，然后再填充若干位 0，使得该块的原始消息总长度等于 1024 位；接着再新增一个块，前面 896 位均填充 0，再加上用于标识原始消息长度的 128 位，形成新的一个 1024 位块。

如有一个 1924 位的消息，则最终会划分成三个 1024 位的块：第一个块是 1024 位全部为原始消息；第二个块中有 900 位原始消息，然后进行填充：先在最后填充 1 位“1”，再填充 123 位“0”，使得 900 位原始信息+1 位，1+123 位，0=1024 位；最后是一个新增的块，也要进行填充：先在前面填充 896 位 0，最后再附上 128 位用于标识原始信息长度（1924）的值。

1.8　SM3 认证算法原理

SM3 密码杂凑算法是中国国家密码管理局于 2010 年公布的中国商用密码杂凑算法标准（其实也是哈希算法，或者单向散列算法）。该算法由王小云等人设计，消息分组为 512 位，经过填充和迭代压缩，生成 256 位的杂凑值。总体来说，SM3 算法的压缩函数与 SHA-256 的压缩函数具有相似结构，但 SM3 密码杂凑算法的设计更加复杂。下面简单介绍 SM3 密码杂凑算法的消息填充和迭代压缩原理。

1.8.1　SM3 算法消息填充原理

在 SM3 密码杂凑算法的消息填充方面，原始消息（包括密钥和初始消息）长度（l）也是要小于 2^{64} 位的，填充的方法其实与 MD5 一样，也是先在原始消息的最后加一位“1”，再添加 k 个“0”，最终要使 l+1+k 除以 512 后的余数为 448，取其最小的非负整数。然后用一个 64 位的比特串标识原始消息的长度 l。填充后的消息 M 正好是 512 位的倍数。

下面举一个**不带密钥**的 SM3 杂凑算法消息填充的示例来帮助大家理解。如一个原始消息（本示例不带密钥，“原始消息”也即前面的“初始消息”）为：010101011110101111010100001，一共 27 位，即 l=24。

- 先在原始的最后加一位“1”，这时一共就有 28 位了；
- 再用 448–28，得到还需要在再后面添加 420 位的“0”；
- 再在最后用 64 位来表示原始消息长度“27”，得到用于标识原始消息长度的 64 位值为：000……00（前面一共有 59 位“0”）11011。

整个填充过程如图 1-22 所示。填充后整个用于杂凑运算的消息 512 位。

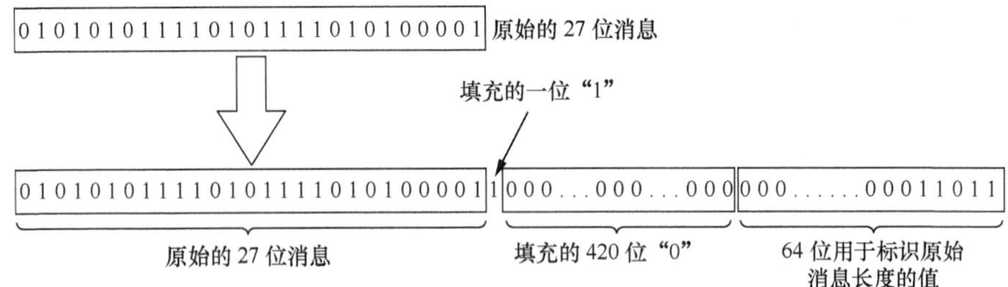

图 1-22 SM3 密码杂凑算法的填充示例

1.8.2 SM3 算法消息迭代压缩原理

迭代压缩是 SM3 杂凑算法的关键，但这里的原理比较复杂，作为网络管理和维护的人员可不深入了解。

迭代压缩的基本原理如下：

- 首先将第一个 512 位的消息块利用对应的压缩函数，压缩成某一固定长度的比特串；
- 然后再将第一个 512 位消息块压缩后的固定长度比特串（具体长度与整个消息所划分的 512 位块多少有关），以及第二个 512 位消息块一起再利用压缩函数，又压缩成某一固定长度的比特串；
- 然后再将这个比特串再将作为第三个 512 位消息块压缩运算的输入，连同第三个 512 位消息块一起利用压缩函数，再压缩成某一固定长度的比特串，以此类推；
- 直到最后一个 512 位消息也被压缩成同样固定长度的比特串。最后再将所有这些 512 位消息块压缩后的固定长度比特串依次串联起来就是最终的杂凑值了。

因为具体原理比较复杂，且作为网络管理和维护的我们也没必要有太深入的了解，故在此不再具体介绍。

说明

下面接着介绍在一些三层 VPN 方案中所使用的一些加密算法原理。加密算法就是为生成对数据进行加密的密钥，通常是对称的，即加密和解密是采用相同的密钥。在华为设备支持的 VPN 方案中，所支持的加密算法也比较多，主要包括：DES（包括 des、des-cbc）、3DES（3des、3des-cbc）、AES（包括 aes-128、aes-192、aes-256、aes-cbc-128、 aes-cbc-192、aes-cbc-256)、SM1。

1.9 AES 加密算法原理

AES（Advanced Encryption Standard，高级加密标准）是美国国家标准与技术研究院（NIST）在 2001 年建立了电子数据的加密规范。它是一种分组加密标准，每个加密数据块大小固定为 128 位（16 个字节），最终生成的加密密钥长度有 128 位、192 位和 256 位这三种。

另外，AES 主要有五种工作模式（其实还有很多模式）：ECB（Electronic codebook，电子密码本）、CBC（Cipher-block chaining，密码分组链接）、CFB（Cipher feedback，密文反馈）、OFB（Output feedback，输出反馈）、PCBC（Propagating cipher-block chaining，增强型密码分组链接）。

1.9.1 AES 的数据块填充

前面说到，AES 的加密数据块大小为 128 位（16 个字节），这里就也涉及到一个填充的问题的了，因为一个数据很可能不是 16 个字节的整数倍。在 AES 加密算法中又涉及到 NoPadding（不填充）、PKCS5Padding、ISO10126Padding、PaddingMode.Zeros 和 PaddingMode.PKCS7 这几种填充模式。

注意

如果加密数据块的长度正好是 16 字节，则需要再补一个 16 字节，各种支持填充的方式都是这样的（即 NoPadding 填充方式除外）。

1. NoPadding

这种模式就是不填充，即不足 128 位的加密数据块加密后仍是原来的长度，原来是多少位，加密后的密钥仍是多少位，这与 AES 的密钥长度规定其实不符的，所以通常很少采用。这种填充方式也并不是所有 AES 工作模式都支持的，只有 CFB、OFB 模式支持，CBC、ECB 和 PCBC 模式不支持。

2. PKCS5Padding

PKCS5Padding 填充方式的填充原则是：如果原始加密数据块长度少于 16 个字节（128 位），则需要补满 16 字节，填充的方式是缺多少个字节，就在后面补多少个所缺字节的值。

如原始加密数据块为 winda_gz01，这里有 10 个字符，对应 10 个字节（每个字符用 8 位，即一个字节表示），这样离 16 个字节的要求还差 6 个字节，这时就要在最后补 6 个“6”（这个“6”也要用 8 位二进制表示，即 00000110）。

如果原始加密数据块恰好是 16 个字节的整数倍，则还要增加一个 16 字节的“16”，即 16 个“00010000”。

3. PaddingMode.PKCS7

在前面的 PKCS5Padding 填充方式中，所填充的块是按一个字节（即 8 位）来计算的，而在 PaddingMode.PKCS7 填充方式中，对于填充的块的大小是不确定的，可以在 1～255 之间，但填充值的算法与 PKCS5Padding 填充方式一样。

如果填充块长度为 8 比特，原始加密数据块长度为 9 个字节，则需要填充 7 个八位的“7”（也即相当于 7 个字节），使得加密数据块仍为 16 个字节（128 位）。所以当选择的填充块为 8 位时，PaddingMode.PKCS7 填充方式与前面的 PKCS5Padding 填充方式是一样的，只不过在 PaddingMode.PKCS7 填充方式中的填充块大小可以不是 8 位，而是可在 1～255 之间根据需要选择。

注意 填充块长度的选择是与原始加密数据块大小有关的，必须要使得填充块大小的 n 倍（n 为整数），加上原始加密数据块长度最终能为 16 个字节。如原始加密数据块长度仍为 9 个字节，此时就不能选择 16 位的填充块长度了，否则填充块就只有 3.5 倍了，显然不行。

4. ISO10126Padding

这种填充方式的填充原则是：填充块通常也是 8 位（一个字节），但最后一直填充块用来标识整填充字节序列的长度，其余填充块可填充随机数据。

如原始加密数据块长度为 9 个字节，要填充到 16 个字节，则需要填充 7 个字节，而在这 7 个填充字节（填充块）中前 6 个字节可是随机数值，但最后一个字节的值为二进制中的“7”（用来标识整个填充字节长度为 7，对应的二进制为“00000111”）。

如果原始加密数据块恰好是 16 个字节的整数倍，则还要增加一个 16 字节，其中前面 15 个字节可以是随机数值，但最后一个字节用来标识新填充的 16 个字节的值“16”，即最后一个填充字节为“00010000”。

5. PaddingMode.Zeros

这种填充方式最简单，就是不够部分用“0”来填充。如原始加密数据块长度为 9 个字节，要填充到 16 个字节，则需要填充 7 个字节的“0”。

如果原始加密数据块恰好是 16 个字节的整数倍，则还要增加一个 16 字节的“0”，每个字节都是 8 个“0”（即 00000000）来填充。

表 1-5 列出了三种最常用的 AES 工作模式对三种最常用的填充方式的支持。

表 1-5 AES 工作模式对填充方式的支持

算法	模式	填充	16 个字节加密后的数据长度	不满 16 字节加密后的数据长度
AES	CBC	NoPadding	16	不支持
AES	CBC	PKCS5Padding	32	16
AES	CBC	ISO10126Padding	32	16
AES	CFB	NoPadding	16	原始数据长度
AES	CFB	PKCS5Padding	32	16
AES	CFB	ISO10126Padding	32	16
AES	ECB	NoPadding	16	不支持
AES	ECB	PKCS5Padding	32	16
AES	ECB	ISO10126Padding	32	16

（续表）

算法	模式	填充	16 个字节加密后的数据长度	不满 16 字节加密后的数据长度
AES	OFB	NoPadding	16	原始数据长度
AES	OFB	PKCS5Padding	32	16
AES	OFB	ISO10126Padding	32	16
AES	PCBC	NoPadding	16	不支持
AES	PCBC	PKCS5Padding	32	16
AES	PCBC	ISO10126Padding	32	16

从表中可以看出，在原始数据长度为 16 个字节的整数倍时，假如原始数据长度等于 16×n，则使用 NoPadding 时加密后数据长度等于 16×n，其他情况下加密数据长度等于 16×(n+1)，即要新增一个 16 字节。在不足 16 的整数倍的情况下，假如原始数据长度等于 16×n+m（其中 m 小于 16），除了 NoPadding 填充之外的任何方式，加密数据长度都等于 16×(n+1)，不够 16 字节部要要根据对应填充方式填充到 16 字节。NoPadding 填充对于 CBC、ECB 和 PCBC 三种模式是不支持的，而 CFB、OFB 两种模式下则加密后的数据长度等于原始数据长度。

1.9.2　AES 四种工作模式加/解密原理

下面介绍前面提到的 ECB、CBC、CFB 和 OFB 四种 AES 工作模式下对数据进行加密和解密的基本原理。

1. *ECB 模式加/解密原理*

ECB（电子密码本）模式是最简单的块密码加密模式，加密前根据数据块大小（如 AES 为 128 位）分成若干块，之后将每块使用相同的密钥单独通过块加密器加密，解密的过程与加密的过程相逆，所使用的是块解密器。

ECB 模式的基本加密原理图如图 1-23 所示，基本解密原理如图 1-24 所示。

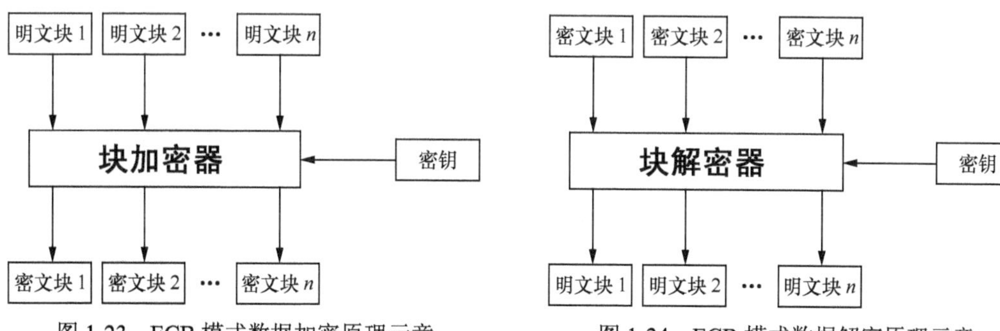

图 1-23　ECB 模式数据加密原理示意　　图 1-24　ECB 模式数据解密原理示意

这种加密模式的优点就是简单，不需要初始化向量（IV），每个数据块独立进行加/解密，利于并行计算，加/解密效率很高。但这种模式中，所有数据都采用相同密钥进行加/解密，也没有经过任何逻辑运算，相同明文得到相同的密文，所以可能导致“选择明文攻击”的发生。也就是攻击者可以事先任意选择一定数量的明文（通常不是一条，主要是为了最大限度地从中破解这些明文被加密的规律），让被攻击的加密算法为这些明文加密

（当然这个明文发送者已具有一定权限，可以让加密器为他发的数据进行加密），从而得到相应的密文。然后攻击者通过对多组明文和密文的分析获得关于加密算法的一些信息（**如果不同明文中的相同片段，得到的某密文片段也一样，就可以知道这些密文是代表什么意思了**），以利于攻击者在将来更有效的破解由同样加密算法（以及相关钥匙）加密的信息。

在这里引用网上传的一则例子来说明。那就是在 1942 年，第二次世界大战过程中美国海军情报局截获了日本一条军事情报，情报显示“AF”（密文中的某个片段，并未解读出）将会是下一个攻击目标，密码专家认为 AF 对应的是“Midway”（中途岛），但是美国当局认为日本不可能攻打中途岛。为了证实这一点，密码专家想出了一个方法，要求中途岛海军基地的司令官以无线电向珍珠港求救，说“中途岛上面临缺水的危机”。不久后，美国海军情报局便截夺到一则来自日本的信息，内容果然提到了“AF”出现缺水问题。结果“AF”便被证实为“中途岛”的意思，也就是日本海军的下一个攻击目标。这可以说是“明文攻击”的一个侧面说明，是攻击者主动发起的。

2. CBC 模式加/解密原理

CBC（密码分组链接）模式是先将明文切分成若干小块，然后每个小块与初始块或者上一段的密文段进行逻辑异或（⊕，XOR）运算后，再用密钥进行加密。第一个明文块与一个叫初始化向量（Initialization Vector）的数据块进行逻辑异或运算。这样就有效的解决了 ECB 模式所暴露出来的问题，即使两个明文块相同，加密后得到的密文块也不相同。

CBC 模式的基本加密原理如图 1-25 所示（以两个数据块为例进行介绍）。CBC 的解密解密过程也可以看成是 CBC 加密过程逆过程，如图 1-26 所示。

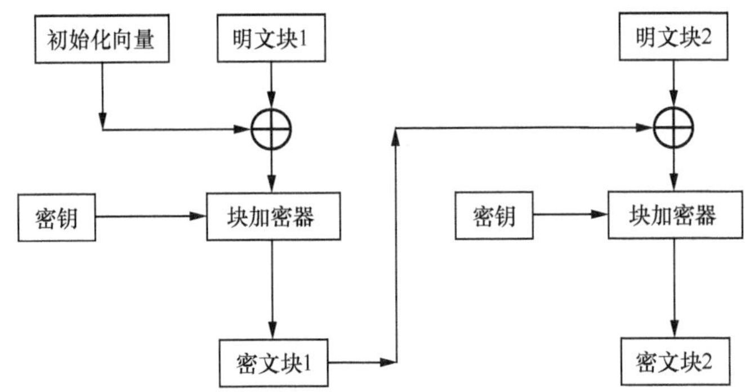

图 1-25 CBC 模式数据加密原理示意图

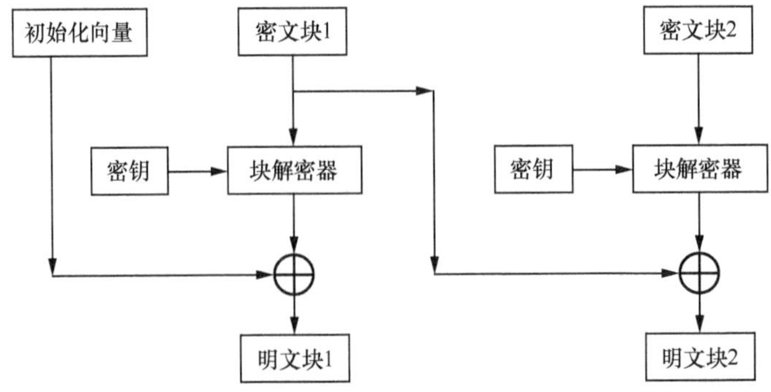

图 1-26 CBC 模式数据解密原理示意

从图中可以看出，在 CBC 模式中引入了一个随机的初始化向量（**这是一个参数，需要事先设置**），并且还采用了异或逻辑运算，不是直接把明文用密钥加密，而且前后数据块的加/解密是关联的，所以相同明文不一定能得到相同的密文，加密的破解难度更大，不易被主动攻击，安全性好于 ECB，是 SSL、IPSec 通常采用的加/解密模式。

CBC 模式的缺点也是它的优点附带的，那就是加密过程复杂，效率较低。其次，由于采用串行运算方式，所以只要其中一个数据块的加/解密运算或数据传输错误都可能导致整个数据的加/解密失败。另外，与 ECB 模式一样在加密前需要对数据进行填充，不是很适合对流数据进行加密。

3. CFB 模式加/解密原理

与 ECB 和 CBC 模式只能够加密块数据不同，CFB（密文反馈）模式能够将块密文（Block Cipher）转换为流密文（Stream Cipher）。CFB 模式的基本加密原理如图 1-27 所示，基本解密原理如图 1-28 所示。CFB 的加密过程分为两部分：

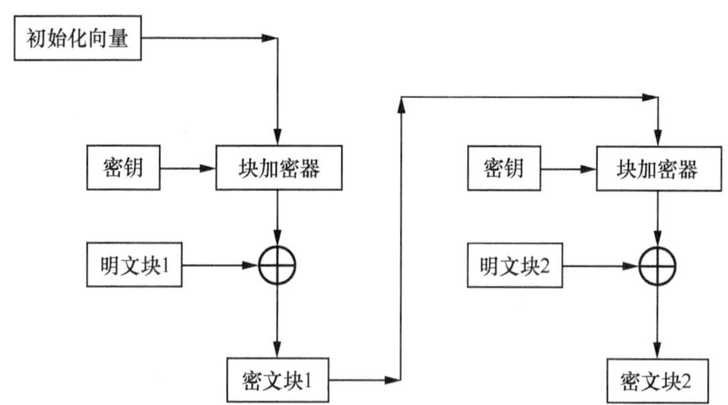

图 1-27 CFB 模式的基本加密原理示意

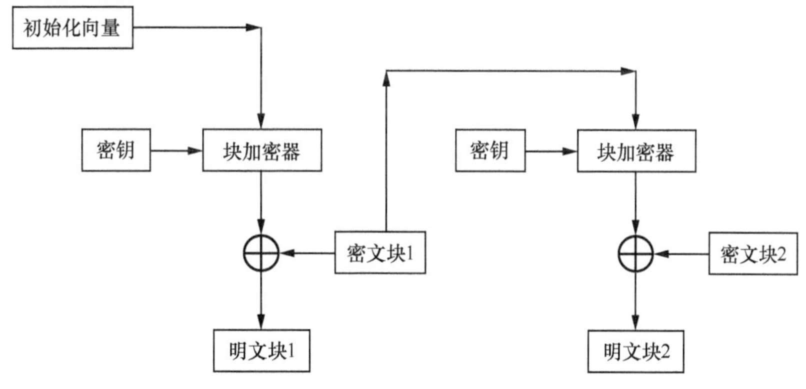

图 1-28 CFB 模式的基本解密原理示意

注意

CFB 以及 OFB 模式中解密过程也都是用的加密器，而非解密器。

- 将前一数据块加密得到的密文通过块加密器利用密钥再进行加密；
- 将上一步加密得到的数据再与当前块的明文进行逻辑异或运算。

实际的加/解密原理比较复杂，作为网络管理、维护人员可不深入了解。

这种加密模式中，由于加密流程和解密流程中被块加密器加密的数据是前一块的密文，因此即使本块明文数据的长度不是数据块大小的整数倍也是不需要填充的，这保证了数据长度在加密前后是相同的。

4. OFB 模式加/解密原理

OFB（输出反馈）模式不再是直接加密明文块，其加密过程是先用块加密器生成密钥流（Keystream），然后再将密钥流与明文流进行逻辑异或运算得到密文流，如图 1-29 所示。解密过程是先用块加密器生成密钥流，再将密钥流与密文流进行逻辑异或运算得到明文，如图 1-30 所示，具体加/解密原理比较复杂，在此不作介绍。

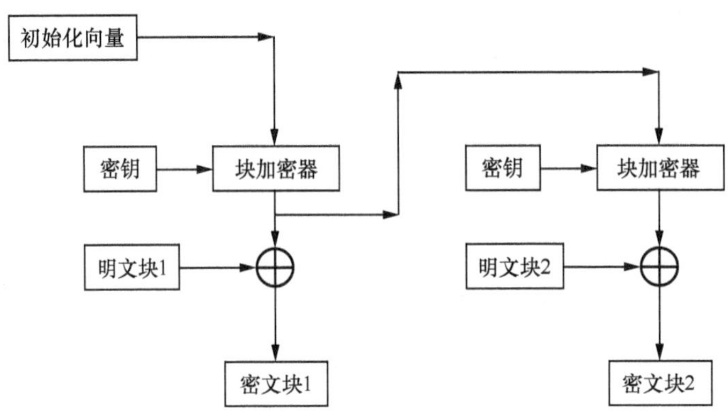

图 1-29 OFB 模式的基本加密原理示意

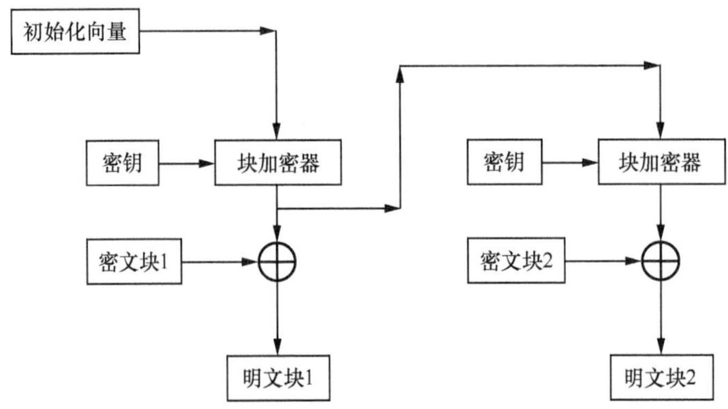

图 1-30 OFB 模式的基本解密原理示意

1.10 DES 加密算法原理

DES（Data Encryption Standard，数据加密标准）是 1972 年美国 IBM 公司研制的对称密码体制（加密和解密使用相同的密钥）加密算法，1977 年被美国联邦政府的国家标准局确定为联邦资料处理标准（FIPS），并授权在非密级政府通信中使用，随后该算法在国际上广泛流传开来。

与 AES 算法相比，DES 在参数特性方面主要区别体现在以下几个方面：

- DES 的数据块大小为 8 个字节，而 AES 的数据块大小为 16 个字节。
- DES 的密钥长度是 64 位(其中 8 位用于校验)，而 AES 的密钥长度是 128 位(AES 算法比 DES 算法更安全)。

当然，这两种算法在加/解方面的具体原理是不一样的，但 DES 加密算法的块大小及密钥长度都不能满足现在的安全需求了，所以现在比较少使用这种加密算法，而是使用像 AES 或者 3DES 之类更高级的加密算法。

1.10.1 DES 的数据块填充

DES 的加密过程与上节介绍的 AES 加密过程有些类似，首先也是需要对明文进行分块。DES 是按 64 位进行分块（AES 是按 128 位分块），密钥长度为 64 位（事实上是仅 56 位参与 DES 运算，因为第 8、16、24、32、40、48、56、64 位是专用于校验的，即密钥中的每个字节的第 8 位均不参与加密运算）。这里也涉及到一个填充的问题，因为一个需加密的原始数据也可能不是 64 位（8 个字节）的整数倍。

在 DES 加密算法中支持的填充方式也有好多，如 PKCS5Padding、ISO10126-2Padding、ISO7816-4Padding、X9.23Padding、TBCPadding、ZeroBytePadding、NoPadding 填充方式，但最常用的就是前面已在 AES 加密算法中已介绍的 PKCS5Padding 填充方式，其他填充方式在此不作具体介绍。

PKCS5Padding 填充方式的填充方法就是原始数据块与 8 字节相比差多少个字节就以所缺字节的值填充多少个字节。如一数据块已有 5 个字节，即还差 3 个字节，此时就填充三个“3”(每个“3”用一个字节表示)；如原始数据块只有一个字节，即还差 7 个字节，则填充七个“7”(每个“7”也用一个字节表示)。另外要注意，如果原始数据块恰好为 8 个字节的整数倍，也是要填充的，那就填充 8 个“8”(每个“8”也用一个字节表示)，即要填充 8 个字节。这样只要读出最后一个字节的内容就知道哪些字节是填充的。

1.10.2 DES 加/解密原理

DES 加密算法与上节介绍的 AES 加密算法一样，也有不同的工作模式，同样包括 ECB、CBC、CFB 和 OFB 这几类，各自的基本工作原理也是一样的，故在此不再赘述。

在 DES 算法中，加密的过程就是用 56 位密钥对 64 位的明文数据块进行 16 轮的加密处理，最终生成 64 位的密码文。DES 加密是对每个数据块进行加密，所以输入的参数为数据块（64 位）和密钥（56 位），明文数据块需要经过置换和迭代，密钥也需要置换和循环移位，以产生在分组明文加密过程中各轮迭代计算所需的子密钥（48 位）。整个加密过程可用图 1-31 来描述。

本节先来介绍明文数据块的加密过程，下节再介绍子密钥的产生过程。但因为其中涉及到许多程序开发方面的复杂运算过程，所以在此仅做简单的介绍。

1. *初始置换*

初始置换（Initial Permutation）把输入的 64 位明文数据块按位重新组合，并把输出分为 L0、R0 两部分，每部分各长连续的 32 位。其置换规则为：将数据块的第 58 位换到第 1 位，第 50 位换到第 2 位，以此类推，最后一位是原始数据块的第 7 位。各位的对应的原来数据块中的位数相差 8，相当于将原明文数据块各字节按列抽出来重新排列。图 1-32 是原始明文数据块中各位的位置（图中的数字均代表对应的比特位号），图 1-33 是经过初始置换后各比特位所对应的原始明文数据块中的比特位号。L0、R0 是置换后的两部分，L0 是输出的高 32 位，R0 是输出的低 32 位。

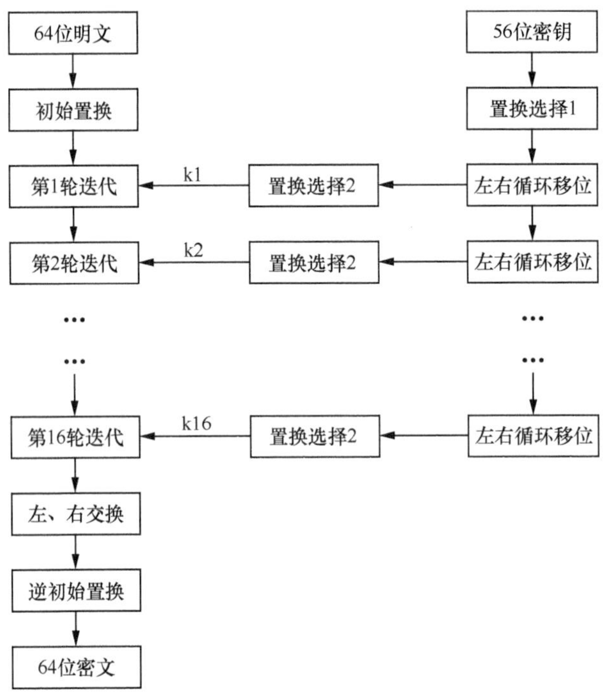

图 1-31 DES 算法加密的基本流程

64	63	62	61	60	59	58	57
56	55	54	53	52	51	50	49
48	47	46	45	44	43	42	41
40	39	38	37	36	35	34	33
32	31	30	29	28	27	26	25
24	23	22	21	20	19	18	17
16	15	14	13	12	11	10	9
8	7	6	5	4	3	2	1

图 1-32 原始明文密码中各比特位所对应的比特位号

L_0	58	50	42	34	26	18	10	2
	60	52	44	36	28	20	12	4
	62	54	46	38	30	22	14	6
	64	56	48	40	32	24	16	8
R_0	57	49	41	33	25	17	9	1
	59	51	43	35	27	19	11	3
	61	53	45	37	29	21	13	5
	63	55	47	39	31	23	15	7

图 1-33 经过初始置换后各比特位所对应的原始明文数据块中的比特号

2. 后续运算

经过初始置换后，再要经过 16 轮的加密迭代运算。经过 16 次迭代运算后得到 L_{16}、R_{16}。最后一轮迭代的输出有 64 位，将其左半部分（L_{16}）和右半部分（R_{16}）互换后产生预输出。然后，预输出再采用与初始置换（IP）相逆的操作——即逆初始置换（IP^{-1}）运算，最终产生 64 位的密文块。逆置换正好是初始置换的逆运算，例如，第 1 位经过初始置换后处于第 40 位，而通过逆置换又将第 40 位换回到第 1 位。

总体来说，加密迭代的整个过程主要是由加密函数 f 来实现。首先使用子密钥 k1 对经过初始置换后的 32 位 R_0 进行加密处理，得到的结果也是 32 位的；然后再将这个 32 位的结果数据与经过初始置换后的 32 位 L_0 进行模 2 处理，从而再次得到一个 32 位的数据组。这样经过一次迭代后将一个 32 位数据，它将作为第二次加密迭代的 L_1，往后的每一次迭代过程都与上述过程相同。

在结束了最后一轮加密迭代之后，会产生一个 64 位的数据信息组。然后将这个 64 位数据信息组按原有的数据排列顺序平均分为左右两等分，再将左右两等分的部分进行位置调换，即原来左等分的数据整体位移至右侧，而原来右等分的数据则整体位移至左侧，这样经过合并后的数据将再次经过逆初始置换 IP^{-1} 的计算，最终将得到一组 64 位的密文。

由于其中涉及到许多复杂的运算函数，这不是本书的重点，也不是我们网络管理人员需要太深了解的，故在此不做具体介绍。

3. DES 解密原理

DES 解密和加密过程采用相同的算法，并采用相同的加密密钥和解密密钥，解密过程可以看成是加密过程的逆过程。主要体现在以下几个方面：

- DES 加密是从 L_0、R_0 到 L_{16}、R_{16} 进行变换，而解密时是从 L_{16}、R_{16} 到 L_0、R_0 进行变换的；
- DES 加密时各轮的加密密钥为 k1、k2、……、k16，而解密时各轮的解密密钥为 k_{16}、k_{15}、……、k_1；
- DES 加密时密钥循环左移，解密时密钥循环右移。

1.10.3 子密钥生成原理

之前介绍到，各轮迭代运算中，每一轮都需要由密钥单独生成的子密钥参与运算。这就涉及到子密钥的生成问题，注意各轮运算中所生成的子密钥是不一样的。

首先要按如图 1-34 所示的固定方式对原密钥进行置换（**注意：图中的数字代表比特位号，不是数据**），然后再把这 56 位分成连续的两部分（C_0、D_0），每部分各 28 位，其中 C_0 包括高 28 位，D_0 包括低 28 位（密钥比特位的编号是从右下角开始，向依次递增，即左上角代表最高比特位，右下角代表最低比特位）。

C_0	57	49	41	33	25	17	9	1	58	50	42	34	26	18
	10	2	59	51	43	35	27	19	11	3	60	52	44	36
D_0	63	55	47	39	31	23	15	7	62	54	46	38	30	22
	14	6	61	53	45	37	29	21	13	5	28	20	12	4

图 1-34 经过置换后各比特位所对应的原密钥的比特位号

然后在每轮对数据块进行迭代时，这两部分对应的比特位分别在原密钥或上轮子密钥基础上再循环左移 1 位或 2 位（具体是第 1、2、9、16 轮这两部分循环左移一位，其他各轮这两部分均左移 2 位）生成所需的子密钥。如第一轮中的子密钥就如图 1-35 所示（C_0、D_0 循环左移 1 位），第 2 轮的子密钥就如图 1-36 所示（C_0、D_0 在第一轮子密钥基础上再循环左移 1 位）。

C_0	49	41	33	25	17	9	1	58	50	42	34	26	18	10
	2	59	51	43	35	27	19	11	3	60	52	44	36	57
D_0	55	47	39	31	23	15	7	62	54	46	38	30	22	14
	6	61	53	45	37	29	21	13	5	28	20	12	4	63

图 1-35 第 1 轮子密钥各比特位对应于原密钥的比特位

C_0	41	33	25	17	9	1	58	50	42	34	26	18	10	2
	59	51	43	35	27	19	11	3	60	52	44	36	57	49
D_0	47	39	31	23	15	7	62	54	46	38	30	22	14	6
	61	53	45	37	29	21	13	5	28	20	12	4	63	55

图 1-36 第 2 轮子密钥各比特位对应于原密钥的比特位

每进行一轮循环左移，就要进行一次压缩置换，以最终得到一个 48 位的子密钥。压缩的规则是：第 9、18、22、25、35、38、43、54 位（共 8 位）数据被丢掉，后面的比特位左移。

1.10.4 3DES 算法简介

由于计算机运算能力的增强，原版 DES 密码的密钥长度变得容易被暴力破解；3DES（Triple DES）即是设计用来提供一种相对简单的方法，即通过增加 DES 的密钥长度来避免类似的攻击，而不是设计一种全新的块密码算法。它也有 DES 所支持的 CBC、ECB、CFB 和 OFB 等几种工作模式，也支持 PKCS5Padding、NoPadding 等填充方式。

在具体加密运算中，3DES 是对每个数据块使用 3 个 DES 的密钥（即一共 192 位，实际参与运算的是 168 位）应用三次 DES 加密算法对数据块（仍是 64 位，8 个字节）进行三次加密。但所使用的 3 个密钥不是合并成一个密钥的，而是仍当作三个密钥来使用（假设分别为密钥 1、密钥 2、密钥 3），在 3DES 加密时依次使用密钥 1、密钥 2、密钥 3 对明文数据块进行分别加密，在 3DES 解密时依次使用密钥 3、密钥 2、密钥 1 对密文数据块进行解密。

具体的 3DES 加密、解密原理其实是与前面介绍的 DES 加密、解密原理一样，只不过是需要利用 3 个密钥对数据块进行三次加密或解密，具体过程比较复杂，在此不作介绍。

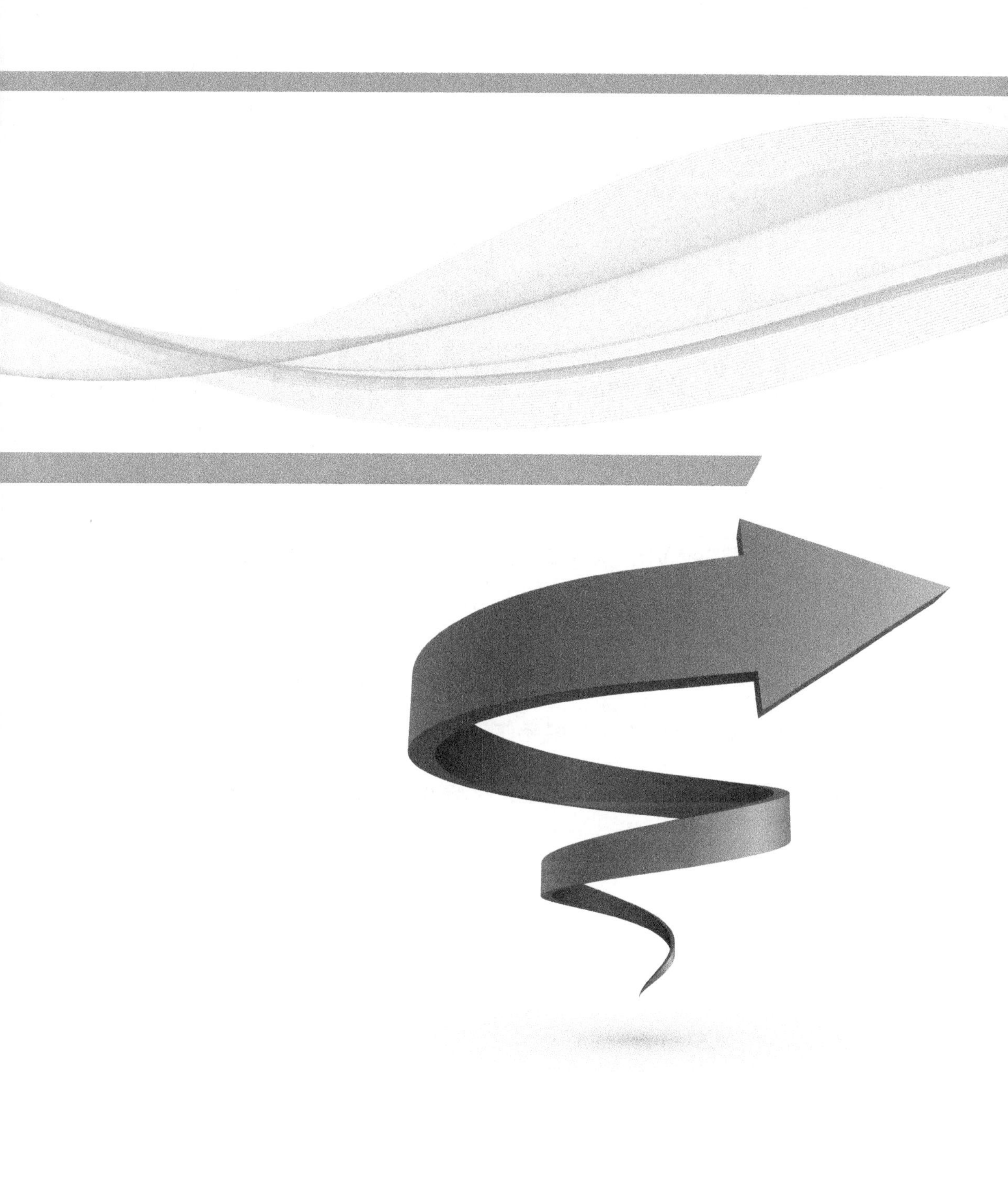

第2章
IPSec基础及手工方式IPSec VPN配置与管理

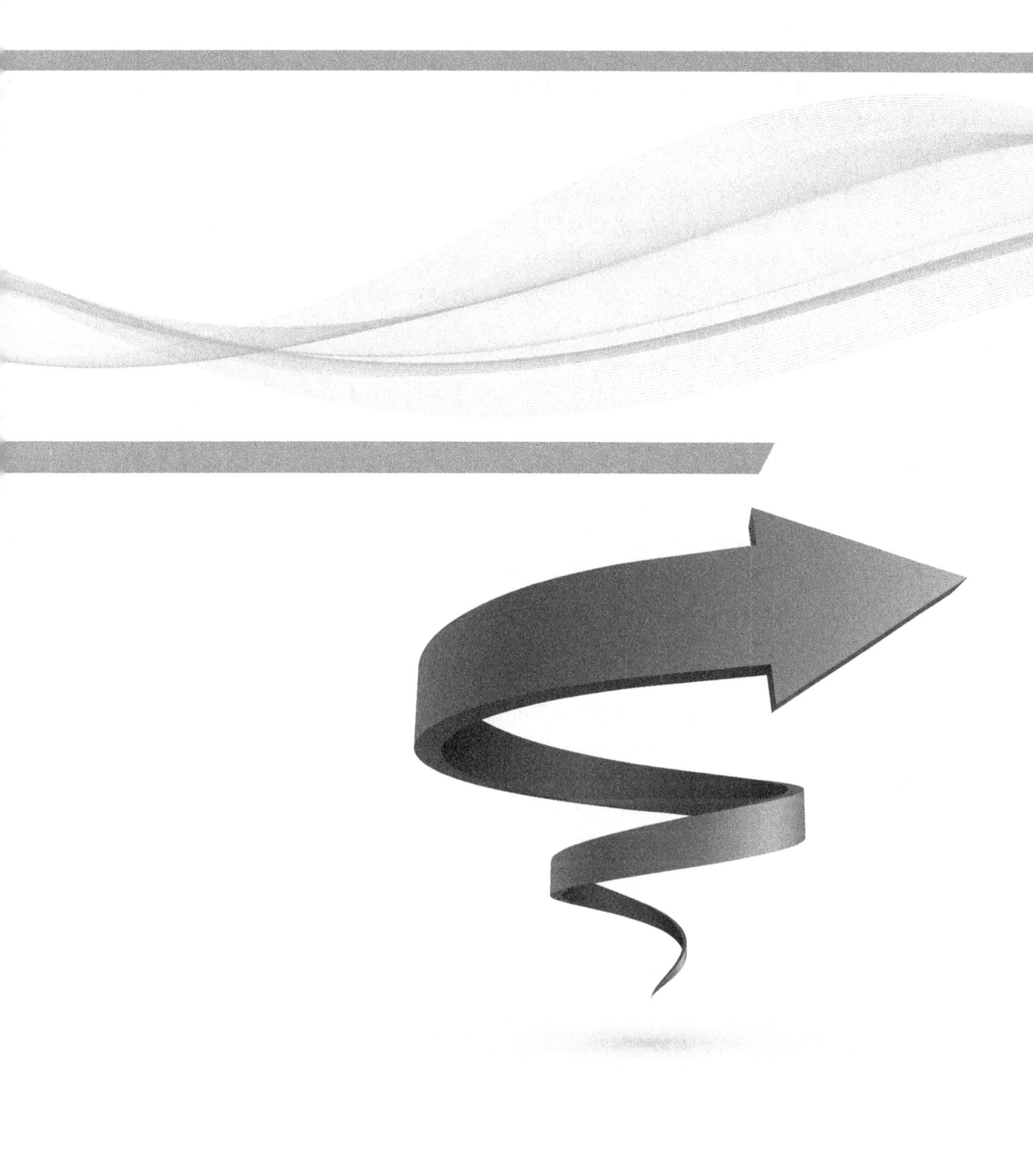

IPSec VPN 是一项应用最广泛，也最为重要的一种 VPN 解决方案。它最大特点是安全性高，主要体现在两方面：一是 IPSec VPN 隧道是要经过一整套安全参数（SA）协商，并得到隧道两端共同认可后才能建立的，即 VPN 隧道本身也是受保护的；二是在 IPSec VPN 中传输的数据不仅要经过加密处理，还支持数据完整性验证和数据源身份认证功能（支持像预共享密钥、数字证书和数字信封等多种认证方式），进一步确保隧道端点所接收的数据是没有被非法篡改，而且来源是合法的。

因为 IPSec VPN 所包括的技术比较多，而且在 IPSec VPN 隧道建立过程中的 SA 安全参数的指定有手工和 IKE 动态协商两种方式，而在 IKE 动态协商方式的安全策略创建配置中又分为 ISAKMP 方式和策略模板方式两种，所以 IPSec VPN 的配置相比其他 VPN 方案要复杂许多。为了方便大家更好地学习，把 IPSec VPN 部分内容分三章来介绍，分门别类地把各种 IPSec VPN 方案的具体配置任务、配置步骤详细介绍，并给出多个基于不同应用的实际应用方案的具体配置。

本章先介绍有关 IPSec 相关的基础知识和技术原理，然后介绍主要适用于少数对等体间互联情形的基于 ACL 方式的手工建立 IPSec 隧道方案的具体配置与管理方法，以及在手工建立 IPSec 隧道方式下典型的 IPSec VPN 典型故障排除方法。后续两章再分别具体介绍基于 ACL 方式下的 KIE 协商方式建立 IPSec 隧道方案的配置与管理方法，基于隧道接口和基于 Efficient VPN 方式建立 IPSec 隧道方案的配置与管理方法。这样大家学习起来就不会感觉到太累，条理更清楚，思路更明确。

需要说明的是，IPSec 是一个安全框架，不是一项单独的技术，所以它不仅可应用于单独的 IPSec VPN 的构建，还可为其他 VPN 隧道技术的应用提供安全保护，如我们将在本书后面介绍的 L2TP VPN、GRE VPN 等。

本章最后将介绍在手工方式 IPSec VPN 的部署过程中可能出现的一些典型故障的排除方法，希望对大家在实际的 IPSec VPN 维护过程中有所帮助。

注意

华为 VRP 系统自 V200R006 版本开始，各项功能的配置方法改变比较大，为了方便大家在实际工作中参考，我在具体内容介绍时都做了相应的说明。

2.1 IPSec VPN 基本工作原理

大家都知道，在 Internet 公网进行的数据传输中，绝大部分数据的内容都是采用明文方式进行的，如我们在 QQ、微信中的聊天、平时所进行的数据传输等。这样就会存在很多潜在的危险，比如银行账户、密码，或者其他一些敏感的信息被一些别有用心的人非法窃取、篡改，最终可能导致用户的身份被冒充，银行账户被非法取现等。

如果在网络中部署 IPSec，不仅可以保证数据的完整性和来源的合法性，还可以确保数据传输的机密性，保障了用户业务传输的安全，降低信息泄漏的风险。在本书第一章已介绍了 IPSec 协议在数据源认证、数据加密、数据完整性验证和抗重放四重功能。

IPSec VPN 主要也是利用 Internet 构建 VPN 的，用户可以任意方式（如专线接入方式、PPPoE 拨号接入方式，甚至传统的 Modem、ISDN 拨号方式）接入 Internet，且不受地理因素的限制。所以，IPSec VPN 不仅适用于移动办公员工、商业伙伴接入，也适用于企业分支机构之间站点到站点（Site-to-Site）的互连互通，如图 2-1 所示。

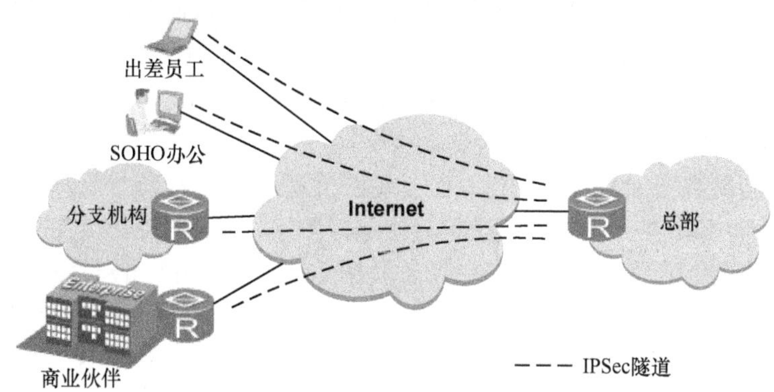

图 2-1　IPSec VPN 的应用

说明

在出差员工、SOHO 办公用户通过 IPSec VPN 访问公司总部网络的情形中，这些移动办公用户需要部署使用 Windows（Windows 7/8/10 系统中支持采用 IKEv2 动态协商）、Linux 桌面操作系统中自带的 IPSec VPN 客户功能，或华为 VPN Client 等客户端软件，本书不作介绍。

2.1.1　IPSec 的安全机制

IPSec 是“IP Security”（IP 安全）的简称，不是一个单独的协议，是一个框架性架构，是一系列为 IP 网络提供安全性的协议和服务的集合，如 AH（Authentication Header，认证头）、ESP（Encapsulating Security Payload，封装安全载荷）安全协议，IKE（Internet Key Exchange，Internet 密钥交换）协议、ISAKMP（Internet Security Association and Key Management Protocol，因特网安全与密钥管理协议），以及各种认证、加密算法等，它们之间的关系如图 2-2 所示。

安全协议	ESP				AH			
加密	DES	3DES	AES	SM1/SM4				
验证	MD5	SHA1	SHA2	SM3	MD5	SHA1	SHA2	SM3
密钥交换	IKE(ISAKMP，DH)							

图 2-2　IPSec 体系架构

AH 和 ESP 是 IPSec 的两种安全协议，用于实现 IPSec 在身份认证和数据加密方面的安全机制。身份认证机制可使 IP 通信的数据接收方能够确认数据发送方的真实身份和数据在传输过程中是否遭篡改；数据加密机制通过对数据进行加密运算来保证数据的机密性，以防数据在传输过程中被窃听。IPSec 架构中的 AH 协议定义了认证的应用方法，提供数据源认证和完整性保证；ESP 协议定义了加密和可选认证的应用方法，比 AH 协议可提供更全面的安全保证。

具体来说，AH 协议提供数据源认证、数据完整性校验和防报文重放功能。它能保护通信数据免受篡改，但不能防止窃听（因为它不会对数据进行加密），适合用于传输非机密数据。AH 的工作原理是在原始数据包中添加一个身份认证报文头，为数据提供完整性保护。AH 可选择的认证算法有 MD5（Message Digest，消息摘要）、SHA-1（Secure Hash Algorithm 1，安全哈希算法-1）、SM3 等。

ESP 协议提供数据加密、数据源认证、数据完整性校验和防报文重放功能，比 AH 协议功能更全面。ESP 的工作原理是在原始数据包中添加一个 ESP 报文头，并在数据包后面追加一个 ESP 尾和可选的 ESP 认证数据。ESP 可选的加密算法有 DES（Data Encryption Standard，数据加密标准）、3DES（Triple DES，三倍 DES）、AES（Advanced Encryption Standard，高级加密标准）、SM1 等。同时，作为可选项，在 ESP 认证数据部分，还可选择 MD5、SHA-1、SM3 算法保证报文的完整性和真实性。

在进行 IP 通信时，可以根据实际安全需求选择使用其中的一种或同时使用这两种协议，但同时使用两种安全协议比较少见，因为 AH 和 ESP 的认证功能是重叠的，且在一个数据包同时增加两种协议头，会影响数据的有效传输率。

在实际的应用中，更多的是选择 ESP 协议，原因主要有两个：一是因为 AH 无法提供数据加密，所以数据传输的安全性较差，而 ESP 提供数据加密；二是因为 AH 协议的认证范围包括整个 IP 数据包，如果两端 IPSec 设备间存在 NAT 设备会导致数据包的 IP 报头中的 IP 地址发生改变，从而最终导致认证失败，无法实现 NAT 穿越；而 ESP 协议的认证范围是不包括最外层的 IP 报头的，所以即使 IP 报头部分的地址信息发生改变，也不会导致最终的认证失败，即可以实现 NAT 穿越，应用范围更广。

当然，因为 IPSec 在对数据进行封装时有两种不同的模式（传输模式和隧道模式），AH 和 ESP 协议头在封装后的 IP 数据包的位置不完全相同，具体请看下节。

2.1.2 IPSec 的两种封装模式

上节介绍到，IPSec 有“隧道”和“传输”两种封装模式。数据封装是指将 AH 或 ESP 协议相关的字段插入到原始 IP 数据包中，以实现对报文的身份认证和加密，下面分别予以具体介绍。

1. 隧道（Tunnel）模式

隧道模式下的安全协议用于保护整个 IP 数据包，即用户的整个 IP 数据包都被用来计算安全协议头，生成的安全协议头以及加密的用户数据（仅针对 ESP 封装）被封装在一个新的 IP 数据包中。也就是在隧道模式下，封装后的 IP 数据包有内、外两个 IP 报头，其中的内部 IP 报头为原 IP 报头（Raw IP Header），外部 IP 报头（New IP Header）是新增加的 IP 报头。新添加的 IP 报头中的源 IP 地址是本端 IPSec 设备应用 IPSec 安全策略的接口的 IP 地址，目的 IP 地址是对端 IPSec 设备应用 IPSec 安全策略的接口的 IP 地址，其目的就是在把用户发送的数据包从本端 IPSec 设备传输到对端 IPSec 设备，至于到达对端 IPSec 设备后数据包的转发是由 IPSec 设备所配置的内网路由表来完成，当然，此时路由转发的是在 IPSec 设备上解封装并且解密后的原始 IP 数据包。

在隧道封装模式中，AH 报头或 ESP 报头插在原 IP 报头之前，并另外生成一个“新 IP 报头”放到 AH 报头或 ESP 报头之前。以 TCP 通信为例（其他协议报文同样支持），单独使用 AH 协议、ESP 协议，或者同时使用 AH 和 ESP 协议时，重封装后的 IP 报文格式分别如图 2-3 的上、中、下所示，具体的 AH 报文和 ESP 报文格式将在下面两节介绍。

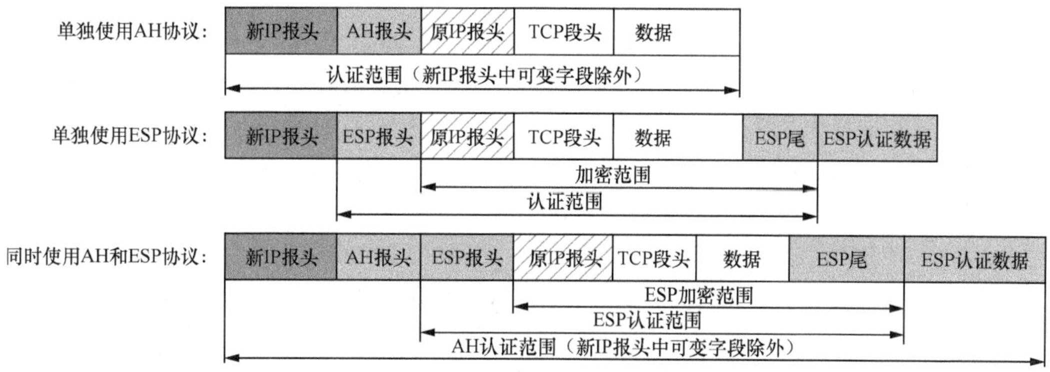

图 2-3　隧道模式下 IP 报文重封装的结构

图 2-3 中的 AH 报头包含了对整个新 IP 报文经过 MD5/SHA/SM3 等认证算法运算后的摘要消息，用于进行身份认证。ESP 协议的认证信息是在“ESP 认证数据”字段中，包括了“ESP 报头”，以及**经过加密的**整个原 IP 报文和“ESP 尾”这几个部分（**不包括新 IP 报头**）的数据经过 MD5/SHA/SM3 等算法运算后的摘要。但 ESP 协议仅对原 IP 报文和“ESP 尾”通过 DES/AES/3DES/SM1 等加密算法运算进行加密。

从图 2-3 中可以看出，在隧道模式中，如果采用了 AH 协议，AH 协议的认证范围是整个新生成的 IP 数据包（包括新生成的 IP 报头），只要发生了数据变化（包括协议所识别的最外层 IP 报头地址信息：最初是原 IP 报头，重封装后是新 IP 报头）则会导致认证失败，这也决定了采用 AH 协议时是不能实现 NAT 穿越的，因为如果有 NAT 设备的话，最外层 IP 报头的地址信息肯定会发生变化。而如果单独采用 ESP 协议，认证范围则不包括“新 IP 报头”和“ESP 认证数据”这两个字段，而原 IP 报头信息不会发生变化，所以单独采用 ESP 作为安全协议时，是可以穿越 NAT 的。

采用 ESP 协议进行数据加密时的加密范围则包括“原 IP 报头、数据部分（包括传输层协议头和“数据”字段）、“ESP 尾”这三个字段，使得“原 IP 报头”也受到保护，防止了恶意用户修改了原始报头地址信息。

隧道模式在两台主机点对点连接的情况下，因为原始 IP 报头放在了 AH 或 ESP 报头之后，隐藏了内网主机的私网 IP 地址（新生成的 IP 报头源 IP 地址为网关的公网 IP 地址），可保护整个原始数据包传输的安全。隧道模式通常用于保护两个安全网关之间的数据，实现站点到站点（Site-to-Site）的安全连接，如图 2-4 所示。

图 2-4　隧道模式下的典型应用

【经验提示】当在 IPSec 设备是由路由器或防火墙设备提供时，即数据包进行安全传输的起点或终点不为数据包的实际起点和终点时，则必须使用隧道模式，因为这时需要对原始 IP 数据包中的私网地址进行转换（通过重封装，添加新 IP 报头来实现，而不是 NAT），否则不能在公网 Internet 中进行路由转发。此时的 IPSec 隧道就是在两端的 IPSec 设备之间。

2. 传输（Transport）模式

传输模式下的安全协议主要用于保护上层协议（如传输层协议）报文，**仅传输层数据被用来计算安全协议头**，生成的安全协议头以及加密的用户数据（仅针对 ESP 封装）被放置在原 IP 报头后面。即在传输模式下，不对原 IP 报文进行重封装，只是把新添加的认证头当成原始 IP 报文的数据部分进行传输。

此时，AH 报头或 ESP 报头被插入到 IP 报头之后，但在传输层协议头之前。也以 TCP 通信为例（其他协议报文同样支持），单独使用 AH 协议、ESP 协议，或者同时使用 AH 和 ESP 协议时，重封装后的 IP 报文格式分别如图 2-5 的上、中、下所示。

从图 2-5 中可以看出，在传输模式中，AH 报头中也包括了对整个 IP 报文采用 MD5/SHA/SM3 等认证算法运算后的摘要；ESP 协议的认证信息也是在“ESP 认证数据”字段中，是对经过加密的“ESP 报头”、IP 报文的数据部分（包括传输层协议头和“数据”字段）和“ESP 尾”这三部分的数据经过 MD5/SHA/SM3 等算法运算后的摘要，ESP 协议仅对 IP 报文中的数据部分和“ESP 尾”这两部分通过 DES/AES/3DES/SM1 等加密算法运算进行加密。所以，从认证或加密的范围来看，它与隧道模式是一样的，即采用 AH 协议时，认证的范围包括整个 IP 数据包；仅采用 ESP 协议时认证的范围是除“IP 报头”“ESP 认证数据”这两个字段之外的其他部分，而 ESP 对数据的加密范围仍仅包括 IP 报文的数据部分“ESP 尾”这几个部分，因为这是由 AH 和 ESP 协议的特性决定的。

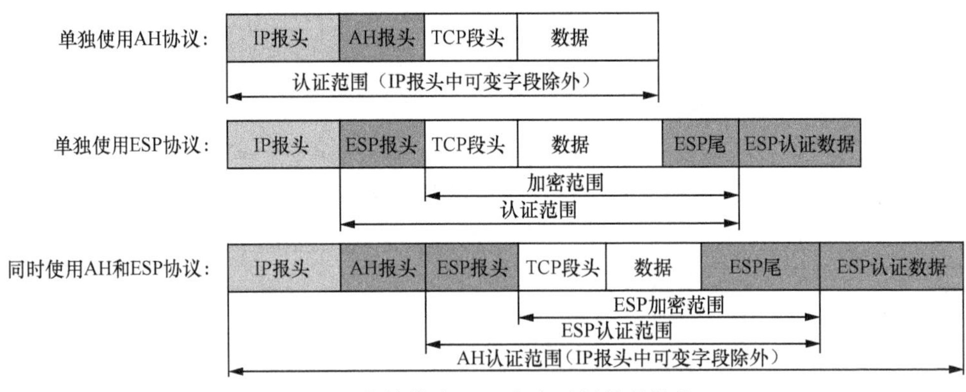

图 2-5 传输模式下 IP 报文重封装的结构

当要求点对点（或称“端到端”—End-to-End）的安全保障，即数据包进行安全传输的起点和终点为数据包的实际起点和终点时才可以使用传输模式（**这种情形下也可以采用隧道模式**），因为这时不用对用户发送的 IP 数据包进行重封装，只需要实现点对点的通信即可。所以，传输模式通常用于保护两台主机之间的数据通信，如图 2-6 所示，比较少用。这时两端主机需要分别配置为 IPSec VPN 客户端和 IPSec VPN 服务器，可分别使用 Windows、Linux 桌面/服务器操作系统来配置，本书不作介绍。

图 2-6　传输模式下的典型应用

3. 两种封装模式的比较

从前面的介绍可以看出，传输模式应用的比较少，仅适用于点对点的安全保护模式，站点到站点，或者点对站点的连接情形均不能采用传输模式。下面总体比较隧道模式和传输模式的主要特性。

- 从安全性来讲，隧道模式优于传输模式，因为隧道模式可以完全地对原始 IP 数据包进行认证和加密，隐藏客户机的私网 IP 地址，而传输模式中的数据加密是不包括原始 IP 报头的。
- 从性能来讲，因为隧道模式有一个额外的 IP 头，所以它将比传输模式占用更多带宽，有效传输率较低。
- 使用传输模式的充要条件：要保护的数据流必须完全在发起方、响应方 IP 地址范围内，如发起方 IP 地址为 6.24.1.2，响应方 IP 地址为 2.17.1.2，那么要保护的数据流仅可以是源 6.24.1.2/32、目的是 2.17.1.2/32，而不能是其他任意地址。**当然这里 IP 地址后缀 32 仅代表必须与发起方，或响应方的地址精确匹配（类似于 ACL 中的通配符掩码），不代表所在的网络。**

2.1.3　AH 报头和 ESP 报头格式

在上节我们提到了 AH 和 ESP 协议的报头封装，本节要来具体介绍这两种协议报头的具体格式。

1. AH 报头格式

AH 协议是位于网络层，其 IP 协议号是 51，但位于 IP 协议之上，所以 AH 报文需要经过 IP 协议封装。AH 报头格式如图 2-7 所示，各字段说明如下。

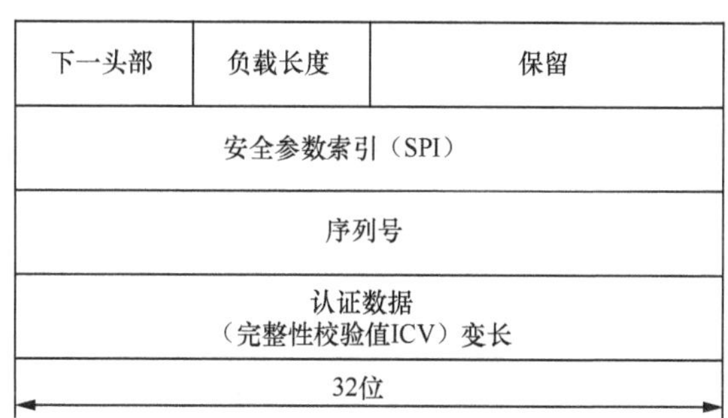

图 2-7　AH 报头格式

- 下一个头部：8 位，标识 AH 报头之后第一个上层协议头的类型，传输模式下，是被保护的上层协议（TCP 或 UDP）或 ESP 协议的编号；隧道模式下，是 IP 协议或 ESP

协议的编号。当 AH 与 ESP 协议同时使用时，AH 报文头的下一头部为 ESP 报文头。

- 载荷长度：8 位，以 4 个字节为单位表示接受保护的整个数据的长度。
- 保留：16 位，预留以后使用。
- 安全参数索引（Security Parameter Index，SPI）：32 位，用于唯一标识 IPSec 安全联盟。
- 序列号：32 位，是一个从 1 开始，并以 1 进行递增的计数器值，表示通过安全联盟所发送的数据包序号，用于抗重放攻击。
- 认证数据：长度可变，但必须是 32 位的整数倍，否则要进行填充。包含对数据包通过相应的摘要算法计算的 ICV（Integrity Check Value，完整性校验值），也称 MAC（Message Authentication Code，消息验证码），是一个消息摘要，用于接收方进行完整性校验。可选择的认证算法有 MD5（Message Digest）、SHA-1（Secure Hash Algorithm）、SHA-2、SM3。

2. ESP 报头格式

ESP 协议的 IP 协议号是 50，与 AH 协议一样，也位于网络层的 IP 协议之上，所以 ESP 报文也需要经过 IP 协议封装。ESP 除提供 AH 协议的功能之外，还提供对有效载荷的加密功能。

在 IPv4 报文中，ESP 报头紧随在 IPv4 报头之后。在 IPv6 报文中，ESP 报头的位置与是否存在扩展报头有关，如果有“目的地选项”扩展报头，则 ESP 报头必须在此扩展报头之前，如果有其他扩展报头，则 ESP 报头必须在这些扩展报头之后；如果没有扩展报头，IPv6 报头的“下一个头”字段就会设为 50，代表是 ESP 报头。

ESP 的工作原理是在每一个数据包的标准 IP 报头后面添加一个 ESP 报文头，并在数据包后面追加一个 ESP 尾(ESP 尾部和 ESP 认证数据)，我们把这整个部分称之为 ESP 报头，格式如图 2-8 所示。

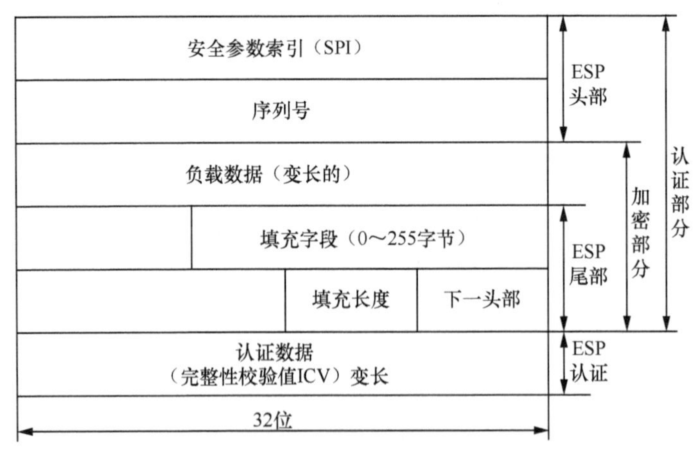

图 2-8 ESP 报头格式

- 安全参数索引：32 位，用于唯一标识 IPSec 安全联盟。
- 序列号：32 位，是一个从 1 开始，并以 1 进行递增的计数器值，表示通过通信的安全联盟所发送的数据包数，用于抗重放攻击。

● 负载数据：包含由下一头部字段所包括整个的可变长数据。

● 填充：0～255 个字节，填充字段的长度与负载数据的长度和算法有关，用来确保所加密的数据块长度达到加密算法所需的字节要求，具体的填充方式要视所采用的加密算法而定。

● 填充长度：表示“填充”字段的长度（以字节为单位）。在使用了填充字节的加密数据块解密之后，接收方就可知道要删除多少个填充字节。为 0 时表示没有填充。

● 下一个头部：8 位，标识 ESP 报文头后面的下一个负载协议类型。传输模式下，是被保护的上层协议（TCP 或 UDP）的编号；隧道模式下，是 IP 协议的编号。

● 认证数据：长度为 32 比特的整数倍，通常为 96 比特。包含完整性校验值（ICV），用于接收方进行完整性校验，可选择的认证算法与 AH 的相同。ESP 的验证功能是可选的，如果启动了数据包验证，会在加密数据的尾部添加一个 ICV 数值。

表 2-1 给出 AH 协议和 ESP 协议在一些参数特性上的比较。

表 2-1　AH 协议与 ESP 协议的比较

安全特性	AH	ESP
协议号	51	50
数据完整性校验	支持（验证整个 IP 报文）	支持（不验证 IP 头）
数据源验证	支持	支持
数据加密	不支持	支持
防报文重放攻击	支持	支持
IPSec NAT-T（NAT 穿越）	不支持	支持

2.1.4　IPSec 隧道建立原理

IPSec 隧道的建立，其实就是在隧道两端的设备上建立好 SA（Security Association，安全联盟）。但 SA 的建立有两种方式：一种是手工方式，直接在两端的 IPSec 设备配置好具体的安全参数，包括对等体地址、封装模式、安全协议、认证方法、认证算法和加密算法，出/入方向 SA 的认证密钥和加密密钥、出/入方向 SA 的 SPI（Security Parameter Index，安全参数索引）等，最终直接在两端设备间建立双向 IPSec SA，建立 IPSec 隧道。

IPSec 用于在协商发起方和响应方这两个端点之间提供安全的 IP 通信，通信的两个端点被称为 IPSec 对等体，可以是网关路由器，也可以是用户主机。IPSec 为对等体间建立 IPSec 隧道来提供对数据流的安全保护。**一对 IPSec 对等体间可以存在多条 IPSec 隧道**，可以针对不同的数据流各选择一条隧道对其进行保护，例如有的数据流只需要认证，有的则需要同时认证和加密。

建立 IPSec 隧道的另一种方式是通过 IKE 协议来动态协商的，这时 IPSec SA 的建立不那么直接了，而是要先在隧道两端协商建立 IKE SA（在此过程中会生成认证密钥和加密密钥，无需手工配置了），然后再在此基础上协商建立 IPSec SA（此阶段还可生成新的直接用于用户数据加密的加密密钥），最终建立 IPSec 隧道。

无论哪种 IPSec 隧道建立方式，SA 的建立是关键，在使用 IPSec 保护数据之前，必须先建立 SA。SA 是 IPSec 对等体间对某些要素的约定（即安全策略），例如，所使用的安全协议（AH、ESP 或两者结合使用）、协议报文的封装模式（传输模式或隧道模式）、认证算法（HMAC-MD5 或 HMAC-SHA1 等）、加密算法（DES、3DES 或 AES 等）、共享密钥以及密钥的生存时间等。对等体间需要通过手工配置或 IKE 协议协商匹配的参数后才能建立 SA。即对等体间只能在双方最终确定（**可以直接通过手工方式配置确定，或者通过 IKE 协议协商确定**）所采用 SA 后才能建立对等体关系。手工方式建立 SA 时，所需的全部信息都必须由我们网络管理人员手工配置，所建立的 SA 永不老化。IKE 动态协商方式建立 SA 时，由 IKE 协议完成密钥的自动协商，所建立的 SA 具有生存时间。

SA 是出于安全目的而创建的一个**单向逻辑连接**，所有经过同一 SA 的数据流都会得到相同的安全服务，如 AH 或 ESP。正因如此，**对等体之间的双向通信需要建立一对**（即两个方向各一个）**SA**，即一对 SA（两个）对应于一条 IPSec 隧道。如果两个对等体希望同时使用 AH 和 ESP 来进行安全通信，则每个对等体都会针对每一种协议来构建一个独立的 SA，则在对等体间至少有 2 对（四个）SA。

IPSec 建立的 SA 和隧道关系如图 2-9 所示，数据从对等体 A 发送到对等体 B 时，对等体 A 对原始数据包进行加密，加密数据包在 IPSec 隧道中传输，到达对等体 B 后，对等体 B 对加密数据包进行解密，还原成原始数据包。数据从对等体 B 发送到对等体 A 时，处理方式类似，但所用的 SA 不同。

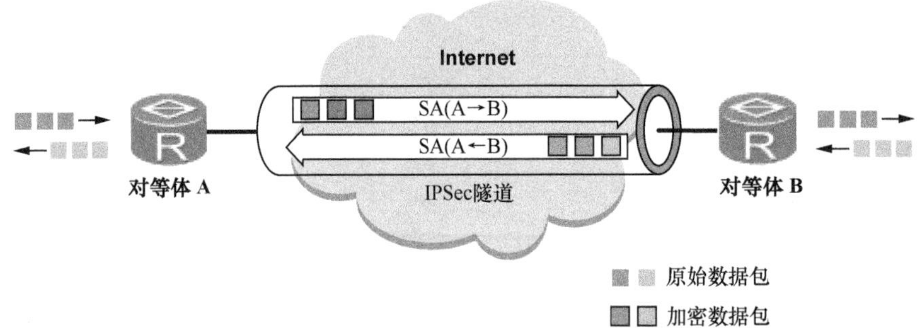

图 2-9 IPSec 建立的 SA 和隧道示意

SA 由一个三元组来做唯一标识，包括 SPI、目的 IP 地址（对端对等体的 IP 地址）和使用的安全协议（AH 或 ESP）。其中，SPI 是用于标识 SA 的一个 32 比特的数值，在 AH 或 ESP 报头中标识，可用于在接收端识别数据与 SA 的绑定关系。因为可以从接收到的数据的 AH 或 ESP 报头获知对应的 SPI，然后看与本端配置的哪个入方向的 SPI 一致，以此可确定所接收的数据是采用哪个 SA。在 SPI 的配置中，要求本端的出方向 SA 的 SPI 必须和对端的入方向的 SPI 一样，相反，本端的入方向 SA 的 SPI 也必须和对端的出方向 SA 的 SPI 一样。为保证 SA 的唯一性，出/入方向 SA 的 SPI 值不能设置成相同值，**即不同的 SA 必须对应于不同的 SPI**。

2.2 IKE 密钥交换原理

前面已提到，在采用 IKE 动态协商方式建立 IPSec 隧道时，SA 有两种：一种 IKE SA，另一种是 IPSec SA。建立 IKE SA 目的是为了协商用于保护 IPSec 隧道的一组安全参数，建立 IPSec SA 的目的是为了协商用于保护用户数据的安全参数，但在 IKE 动态协商方式中，IKE SA 是 IPSec SA 的基础，因为 IPSec SA 的建立需要用到 IKE SA 建立后的一系列密钥。本节会具体介绍在 IKE 动态协商方式建立 IPSec 隧道时的基本工作原理。

2.2.1 IKE 动态协商综述

上节已介绍到，手工方式建立 SA 存在配置复杂、不支持发起方地址动态变化、建立的 SA 永不老化、不利于安全性等缺点。本节具体介绍动态协商方式的好处，以及 IKE 与 IPSec 的关系。

1. IKE 动态协商方式的好处

采用 IKE 协议为 IPSec 自动协商建立 SA，可以得到以下好处。

（1）降低了配置的复杂度

在 IKE 动态协商方式下，SPI、认证密钥和加密密钥等参数将自动生成，而手工方式中需根据 SA 出方向和入方向分别指定。

（2）提供抗重放功能

IPSec 使用 AH 或 ESP 报头中的序列号实现抗重放（不接受序列号相同的数据包）。当 AH 或 ESP 报头中的序列号溢出（也是达到了最大值，不能再继续往下编号，要开始新一轮的重新编号了）后，为实现抗重放，SA 需要重新建立，这个过程需要 IKE 协议的配合，**所以手工方式下不支持抗重放功能**。

【经验提示】重放攻击是指再次发送已发送过（数据包序列号与原来一样）的数据包，攻击者可采用这种方式对目的主机进行攻击，使目的主机不断接收本已接收、解析重复的数据包而大量消耗资源，甚至崩溃。抗重放就是抵抗这种重放攻击。

（3）支持协商发起方地址动态变化情况下（如采用 PPPoE 拨号方式接入 Internet）的身份认证，**手工方式不支持，只能适用于在两端都采用专线连接方式接入 Internet 情形**。

（4）支持认证中心 CA（Certificate Authority）在线对对等体身份的认证和集中管理，有利于 IPSec 的大规模部署，手工方式不支持在线认证方式。

（5）通过 IKE 协商建立的 SA 具有生存周期，可以实时更新，降低了 SA 被破解的风险，提高了安全性。

生存周期到达指定的时间或指定的流量，SA 就会失效。在 SA 快要失效前，IKE 将为对等体协商新的 SA。在新的 SA 协商好之后，对等体立即采用新的 SA 保护通信。生存周期有两种定义方式：

- 基于时间的生存周期，定义了一个 SA 从建立到失效的时间。
- 基流量的生存周期，定义了一个 SA 允许处理的最大流量

2. IKE 与 IPSec 的关系

IKE 协议建立在 ISAKMP（Internet Security Association and Key Management Protocol，Internet 安全联盟和密钥管理协议）定义的框架上，是基于 UDP 的应用层协议（对应 UDP 500 端口）。它为 IPSec 提供了自动协商交换密钥、建立 SA 的服务，能够简化 IPSec 的使用和管理。

说明

其实 IKE 也不是一个单独的协议，它包括三大协议：ISAKMP（Internet Security Association and Key Management Protocol，因特网安全联盟和密钥管理协议）、Oakley（Oakley Key Determination Protocol，奥利克密钥确定协议）和 SKEME（Secure Key Exchange Mechanism for Internet，因特网安全密钥交换机制）。ISAKMP 主要定义了 IKE 对等体（IKE Peer）之间合作关系，建立 IKE SA。Oakley 协议是一个产生和交换 IPSec 密钥材料并协调 IPSec 参数的框架（包括支持哪些安全协议）；SKEME 协议决定了 IKE 密钥交换的方式，主要采用 DH（Diffie-Hellman）算法。

IKE 与 IPSec（包括 AH 和 ESP 协议）的关系如图 2-10 所示，IKE 是 UDP 之上的一个应用层协议（AH 和 ESP 是网络层协议），是 IPSec 的信令协议；IKE 为 IPSec 协商建立 SA，并把建立的参数及生成的密钥交给 IPSec；IPSec 使用 IKE 建立的 SA 对 IP 报文加密或认证处理。

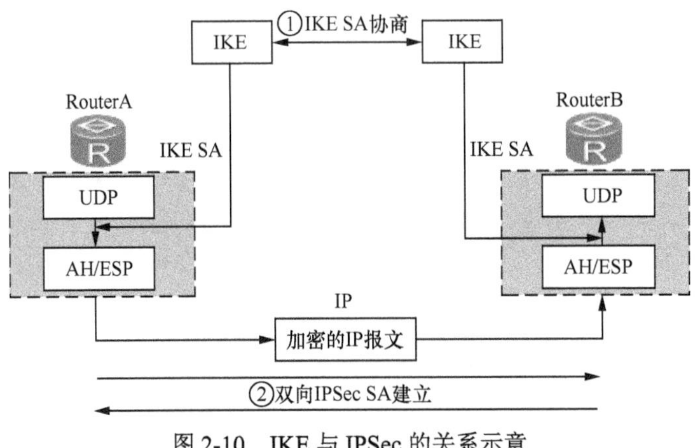

图 2-10　IKE 与 IPSec 的关系示意

对等体之间建立一个 IKE SA 后，在 IKE SA 保护了 IPSec 隧道的情况下，再根据配置的 AH、ESP 安全协议等参数协商出一对 IPSec SA，用于对等体间的数据在 IPSec 隧道中的安全数据传输。

IKE 协议目前有 IKEv1 和 IKEv2 两个版本。IKEv1 版本使用两个阶段为 IPSec 进行密钥协商并最终建立 IPSec SA。第一阶段，通信双方协商建立 IKE 本身使用的安全通道（即隧道），即建立一对 IKE SA。第二阶段，利用这个已通过了认证和安全保护的安全通道建立一对用于保护隧道中数据安全传输的 IPSec SA。而 IKEv2 版本则简化了协商过程，在一次协商中可直接产生 IPSec 的密钥，生成 IPSec SA。

下面先来了解 IKE 在产生 SA（包括 IKE SA 和 IPSec SA）的过程中所用的一些安全机制，这是后面介绍具体的 IKE 协商过程中所要用到的。

2.2.2　IKE 的安全机制

IPSec 应用方案之所以能在公网（如 Internet）上安全地进行网络通信，其重要原因是可在对等体间的整个隧道建立和数据传输过程中均有各种安全机制来做保障，这方面如果采用的是 IKE 来进行自动的密钥交换和协商同样可以做到，因为 IKE 本身就具有一整套自我保护机制，可以在不安全的网络上安全地认证身份、分发密钥。具体体现在以下几种安全保护方面。

1. 身份认证机制

当使用 IKE 在对等体间进行信息交换时，首先要识别对方的合法性，也就是身份认证问题。在 IKE 中可用于确定对等体身份（对等体的 IP 地址或名称）的机制比较全面，包括预共享密钥 PSK（pre-shared key）认证、RSA 数字证书（rsa-signature，或称 RSA 数字签名）认证和 RSA 数字信封认证。

（1）预共享密钥认证

在预共享密钥认证中，共享密钥是作为密钥生成材料的，通信双方采用共享的密钥用相同的哈希算法（也称杂凑算法，或单向散列算法）对报文进行哈希运算，根据运算的结果是否与发送方发来的哈希一致来判断所接收的数据是否被篡改，消息来源是否可靠。如果相同，则认证通过；否则认证失败。

在大多数 IPSec 应用中都是采用配置比较简单的预共享密钥认证方法。

（2）数字证书认证

在数字证书认证中，通信双方使用 CA 证书进行数字证书合法性验证。在 CA 证书中，双方有各自的公钥（网络上传输）和私钥（自己持有）。发送方对原始报文进行哈希运算，并用自己的私钥对报文计算结果进行加密，生成数字签名。接收方使用发送方的公钥对数字签名进行解密，然后采用相同的哈希算法对解密后的报文进行哈希算，看运算的结果与解密发送方发来的哈希值是否相同。如果相同，则认证通过；否则认证失败。

有关数字证书身份认证及配置与管理方法将在本书第 8 章介绍。

（3）数字信封认证

数字信封认证的基本原理是将对称密钥通过非对称加密（即有公钥和私钥两个）的结果向对方分发对称密钥的方法，类似于现实生活中的信件。我们知道，现实生活中的信件在法律的约束下可保证只有收信人才能阅读信的内容。数字信封则采用密码技术保证了只有规定的接收人才能阅读被保密的内容。

在数字信封中，发送方采用对称密钥（需要发送方事先随机产生一个对称密钥）来对要发送的报文进行数字签名，然后将此对称密钥用接收方的公钥来加密（这部分称数字信封）之后，再将加密后的对称密钥连同经过数字签名的报文一起发送给接收方。接收方在收到后，首先用自己的私钥打开数字信封，即可得到发送方的对称密钥，然后再用该对称密钥解密原来被数字签名的报文，验证发送方的数字签名是否正确。如果正确，则认证通过；否则认证失败。

对于预共享密钥认证方法，当有一个对等体对应多个对等体时，需要为每个对等体配置预共享的密钥，工作量大，所以该方法在小型网络中容易建立，但安全性较低。使用数字证书安全性高，但需要 CA 来颁发数字证书，适合在大型网络中使用。而数字信封认证用于设备需要符合国家密码管理局要求时使用（需要使用国家密码管理局要求的哈希算法 SM3），且此认证方法只能在 IKEv1 的主模式协商过程中支持。

以上所提到的用于身份认证的各种密钥都属于 IKE 认证密钥，支持的算法有：MD5、SHA1、SHA2-256、SHA2-384、SHA2-512、SM3。MD5 算法使用 128 位的密钥，SHA-1

算法使用 160 位的密钥，SHA2-256、SHA2-384、SHA2-512 分别采用 256 位、384 位和 512 位密钥，SM3 使用 128 位密钥。它们之间的安全性由高到低顺序是：SM3>SHA2-512>SHA2-384>SHA2-256>SHA1>MD5。对于普通的安全要求，认证算法推荐使用 SHA2-256、SHA2-384 和 SHA2-512，不推荐使用 MD5 和 SHA1，对于安全性要求特别高的地方，可采用 SM3 算法。

说明

以上所涉及的身份认证密钥（包括预共享密钥、公/私钥）、证书都是作为发送方的“验证数据”（在 AH 或 ESP 协议报文中有此字段，参见本章 2.1.4 节）要通过对应方式发给对方予以验证的。

2. 数据加密机制

IPSec 的数据加密机制主要用在两个方面：一是在 IKE 协商阶段，保护所传输的用于身份认证的数据信息（如共享密钥、证书、认证密钥等），二是在 IPSec 隧道建立后保护在隧道中传输的用户数据。但这里所说的数据加密机制所采用的对称密钥机制，即加密和解密采用相同的密钥，而不是像前面介绍的数字证书身份认证和数字签名应用中所采用的非对称密钥体系。

IKE 支持的加密算法包括：DES、3DES、AES-128、AES-192、AES-256、SM1 和 SM4 等。DES 算法使用 56 位密钥，3DES 使用 168 位密钥，AES-128、AES-192、AES-256 分别使用 128、192 和 256 位密钥，SM1 和 SM4 均使用 128 位密钥。这些加密算法的安全级别由高到低的顺序是：SM4 > SM1 > AES-256 > AES-192 > AES-128 > 3DES > DES，推荐使用 AES-256、AES-192 和 AES-128，不推荐使用 3DES 和 DES 算法，SM1 和 SM4 仅建议在保密及安全性要求非常高的地方采用，因为它们的运算速度比较慢。非对称密钥体系中通常使用的是 RSA 或 DSA（Digital Signature Algorithm，数字签名算法）加密算法。

3. DH（Diffie-Hellman）密钥交换算法

Diffie-Hellman 算法是一种公开密钥算法。通信双方可在不传送密钥的情况下，仅通过交换一些数据，即可计算出双方共享的密钥。而且可以做到，即使第三方截获了双方用于计算密钥的所有交换数据，也不足以计算出真正的密钥。

DH 主要用于 IKE 动态协商时重新生成新的 IPSec SA 所用的密钥，因为它可以通过一系列数据的交换，最终计算出双方共享的密钥，而不依赖于在前期生成的密钥生成材料。但 DH 没有提供双方身份的任何信息，不能确定交换的数据是否发送给合法方，第三方可以通过截获的数据与通信双方都协商密钥、共享通信，从而获取和传递信息，所以 IKE 还需要身份认证来对对等体身份进行认证。

4. PFS 机制

PFS（Perfect Forward Secrecy，完善的前向安全性）是一种安全特性，指一个密钥被破解后并不影响其他密钥的安全性，因为这些密钥间没有派生关系。

由本章后面的介绍就可知道，IPSec SA 的密钥是从 IKE SA 的密钥导出的。由于一个 IKE SA 协商可生成一对或多对有一定派生关系的 IPSec SA，所以当 IKE 的密钥被窃取后，攻击者很可能通过收集到足够的信息来非法导出 IPSec SA 的密钥，这样就不安全了。如果在生成 IPSec 阶段启用了 PFS，即可通过执行一次额外的 DH 交换，生成新的、独立的 IPSec SA，这样就可以保证 IPSec SA 密钥的安全了。

2.2.3　IKEv1 密钥交换和协商：第一阶段

上文已提到，IKEv1 版本产生最终的 IPSec SA 是需要经过两个阶段，分别用来建立 IKE SA 和 IPSec SA。本节先介绍第一阶段。

IKEv1 的第一阶段的最终目的是在对等体之间创建了一条安全通道，建立对等体的 IKE SA。在这个阶段中，IKE 对等体间彼此验证对方，并确定共同的会话密钥。这个阶段需要用到 Diffie-Hellman（简称 DH）算法进行密钥交换，完成 IKE SA 建立，使后面的第二阶段过程的协商过程受到安全保护。

在 IKEv1 版本中，建立 IKE SA 的过程有主模式（Main Mode）和野蛮模式（Aggressive Mode，也称“积极模式”）两种交换模式。下面分别予以介绍。

1. 主模式

在 IKEv1 的主模式的 IKE SA 建立过程中，包含三次双向消息交换，用到了六条信息，交换过程如图 2-11 所示。

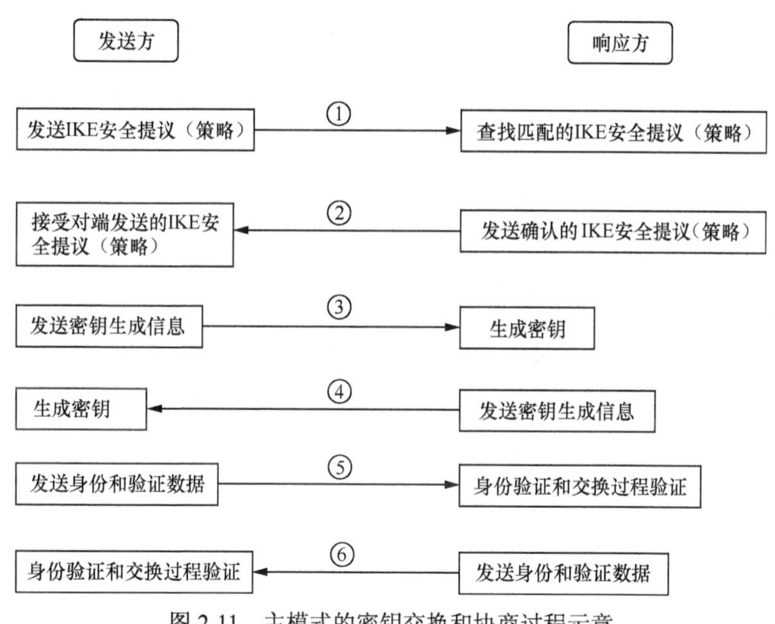

图 2-11　主模式的密钥交换和协商过程示意

这 6 条消息其实总体上是三个步骤，各包含两条相邻编号的消息。

- 第一个步骤对应的是消息①和②，是隧道两端对等体间通过交换彼此配置的 IKE 策略协商好要共同采用的 IKE 安全策略，因为只有双方都采用相同的安全策略才能相互识别对方加密的数据，并对对方身份进行正确认证。
- 第二个步骤对应的是消息③和④，是对等体间通过 DH 算法交换彼此的密钥生成所需的参数信息（DH 公开值和随机数 nonce 等），建立**两端相同**的一系列共享密钥，主要包括用于在第二阶段协商的身份认证密钥和协商数据的加密密钥。
- 第三步对应的是消息⑤和⑥，用前面已创建好的加密密钥彼此相互发送各自的身份

（如对等体的 IP 地址或名称）和验证数据（所采用的身份认证方式中的密钥，或证书数据等），采用 2.2.2 节介绍的相应认证方法在对等体间进行身份认证。最终完成 IKE SA 的建立。

说明

在正式进行消息交换前，发起方和接收方必须先计算出各自的 cookie（在 ISKMP 报头中，可以防重放和 DoS 攻击），这些 cookie 用于标识每个单独的协商交换消息。RFC 建议将源/目 IP 地址、源/目端口号、本地生成的随机数、日期和时间进行散列操作生成 cookie。cookie 成为在 IKE 协商中交换信息的唯一标识，在 IKEv1 版本中为 Cookie，在 IKEv2 版本中的 Cookie 即为 IKE 的 SPI（安全参数索引）。

下面再具体介绍以上所提到的这 6 条消息。

（1）消息①和②用于 IKE 策略交换，**是一个协商确认双方 IKE 安全策略的过程**，但这个交换过程的框架是由 ISAKMP 定义的，为 SA 的属性和协商、修改、删除 SA 的方法提供了一个通用的框架，并没有定义具体的 SA 格式。

在这个过程中，发起方发送一个或多个 IKE 安全提议［包括 5 元组：认证方法（数字证书认证、预共享密钥认证或数字信封认证）、加密算法（AES、DES 或 3DES 等）、哈希算法（MD5 或 SHA 等）、DH 组、IKE SA 的生存期］，响应方在本地查找最先与收到的安全提议匹配的 IKE 安全提议，并将这个确定的 IKE 安全提议回应给发起方，使发起方获知双方共同确定的 IKE 策略。这是为后面能在一个安全的环境之下协商 IPSec SA 打下基础，因为这些 IKE 策略会直接提供对第二阶段的 IPSec SA 协商的加密保护。

（2）消息③和④用于密钥信息交换，是一个产生各种所需密钥的过程。

首先双方交换通过 Diffie-Hellman 算法计算出的公钥和 nonce 值（一个随机数），然后利用自己的公/私钥、对方的公钥、nonce 值、配置的预共享密钥（采用预共享密钥认证方法时）等最终生成一系列用于第二阶段的共享密钥（**两端产生的密钥是相同的**）。例如，认证密钥（称之为 skeyID_a）、加密密钥（称之为 skeyID_e）以及可用于生成 IPSec SA 密钥的密钥材料（称之为 skeyID_d）。认证密钥用于在 IKE 第二阶段协商中为信道中传输的协商数据（非用户数据）进行认证；加密密钥用于在 IKE 第二阶段协商中为信道中传输的协商数据进行加密。

说明

如果采用预共享密钥认证方法，为了正确生成以上各密钥，每一个对等体必须找到与对方相对应的预共享密钥，当有多个对等体连接时，每一对对等体的两端都需要配置一个相同的共享密钥。

（3）消息⑤和⑥用于对等体间的身份信息（如对等体的 IP 地址或名称）和验证数据（所采用的身份认证方式中的密钥，或证书数据等），双方进行身份认证。这个过程的信息交换是受前面生成的加密密钥（skeyID_e）进行加密保护的。当相互认证通过后，对等间的 IKE SA 建立就完成了，第二个阶段协商 IPSec SA 所需的安全通道就会立即建立，两端的 VPN 设备就可用第一个阶段协商的安全策略对第二阶段协商 IPSec SA 进行安全加密和认证。

2. 野蛮模式

如图 2-12 所示，野蛮模式只用到三条信息，消息①和②用于在对等体间协商 IKE

安全策略，交换 DH 公钥、必需的辅助信息和身份信息（**通常不以 IP 地址进行标识，而是以主机名进行标识的**）。

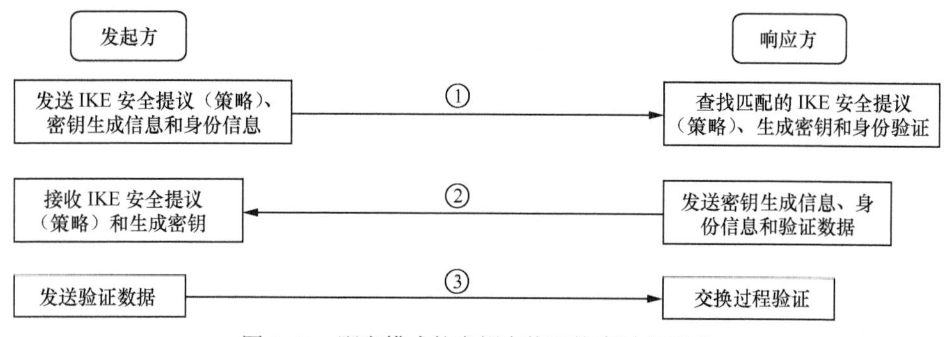

图 2-12 野蛮模式的密钥交换和协商过程示意

（1）消息①中包括了发起方提供给响应方的 IKE 安全策略、本端密钥生成信息（本端的 DH 公钥）和身份信息（主要是对等体名称），响应方在收到这些信息后，首先也是要在本地查找与发起方发来的 IKE 安全策略匹配的策略，如果找到即确定作为共同的 IKE 策略。然后利用确定的 IKE 安全策略、发起方发来的密钥生成信息，以及本端的 DH 公/私钥，一个 nonce 随机数生成认证密钥和加密密钥，并根据发起方发来的身份信息对发起方的身份进行初步的验证。

（2）消息②中仅包括响应方的密钥生成信息、身份信息，以及响应方用于身份验证的验证数据（包括所采用的身份认证机制中的密钥、证书等）发给发起方，发起方在收到后获知最终采用的 IKE 策略，并利用响应方的公钥、本端的公/私钥，以及一个 nonce 随机数生成一系列密钥（**正确情况下，与响应方生成的密钥是相同的**），并根据响应方发来的身份信息和验证数据对响应方进行最终的身份验证。

（3）消息③是发起方根据已确定的 IKE 策略，把自己的验证数据（包括所采用的身份认证机制中的密钥、证书等）发给响应方，让响应方最终完成对发起方的身份验证。至此整个信息交换过程就完成了，进入第二阶段 IPSec SA 建立了。

由图 2-11 和图 2-12 的对比可以发现，与主模式相比，野蛮模式减少了交换信息的数目，提高了协商的速度，但是没有对身份信息和验证数据进行加密保护，因为双方在发送身份信息时（对应第①和第②条消息）是不加密的（但主模式中发送的身份信息和验证数据是加密的，对应第⑤和第⑥条消息）。但虽然野蛮模式不提供身份保护，它仍可以满足某些特定的网络环境需求。

- 当 IPSec 隧道中存在 NAT 设备时，需要启用 NAT 穿越功能，而 NAT 转换会改变对等体的 IP 地址，由于野蛮模式不依赖于 IP 地址标识身份，使得如果采用预共享密钥验证方法时，NAT 穿越只能在野蛮模式中实现。
- 如果发起方的 IP 地址不固定或者无法预知，而双方都希望采用预共享密钥验证方法来创建 IKE SA，则只能采用野蛮模式。
- 如果发起方已知响应方的策略，或者对响应者的策略有全面的了解，采用野蛮模式能够更快地创建 IKE SA。

【经验提示】主模式和野蛮模式在确定预共享密钥的方式不同。主模式只能基于 IP

地址来确定预共享密钥。而野蛮模式是基于 ID 信息（主机名或 IP 地址）来确定预共享密钥。**当对等体两端都是以主机名方式标识的时候，就一定要用野蛮模式来协商**，如果用主模式的话，就会出现根据源 IP 地址找不到预共享密钥的情况，以至于不能生成密钥，因为主模式在交换完第③、④条消息以后，需要使用预共享密钥来计算密钥，但是由于双方的身份信息要在第⑤、⑥条消息中才会被发送。而在野蛮模式中，主机 ID 信息（IP 地址或者主机名）在消息①、②中就已经发送了，对方可以根据 ID 信息查找到对应的预共享密钥，从而计算出密钥。

2.2.4 IKEv1 密钥交换和协商：第二阶段

IKEv1 版本的第二阶段就是要在第一阶段基础上最终建立一对 IPSec SA，它只有一种模式，即快速模式（Quick Mode）。快速模式的协商是受 IKE SA 保护的，整个协商过程如图 2-13 所示。

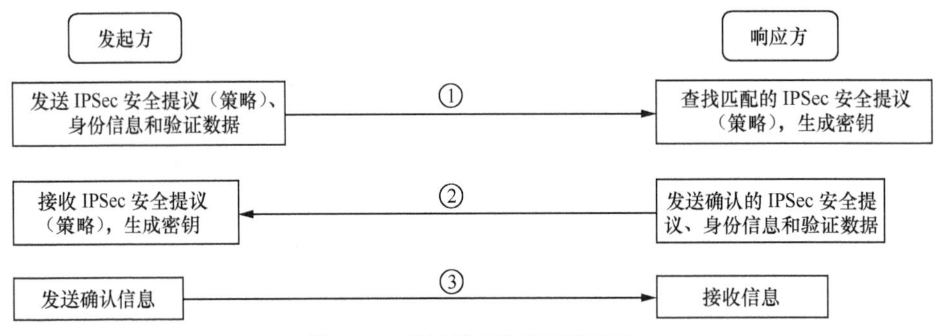

图 2-13 快速模式协商过程示意

在快速模式的协商过程中主要是完成以下 IPSec SA 安全策略的确定：

- 使用哪种 IPSec 安全协议：AH 或 ESP。
- 使用哪种 HASH 算法（认证算法）：MD5 或 SHA。
- 使用哪种 IPSec 工作模式：隧道模式或传输模式。
- 是否要求加密，若是，选择加密算法：3DES 或 DES。
- 可选支持 PFS（Perfect Forward Secrecy，完善的前向安全性）。

在上述几方面达成一致后，将建立起两个 IPSec SA，分别用于入站和出站通信。

在消息①和②中的 IPSec 安全提议包括了安全协议、SPI、IPSec 封装模式、PFS（可选）、IPSec SA 生存周期等。这两条消息中还包括双方的身份信息（如 IP 地址、传输层端口），验证数据（包括所采用的身份认证机制中的密钥、证书等），以及 nonce（一个随机数，用于抗重放，还被用作密码生成的材料，仅当启用 PFS 时用到）。接收方会利用所收到的对方数据生成加密密钥，消息③为确认消息，通过确认发送方收到该阶段的消息②，使响应方获知可以正式通信了。

2.2.5 IKEv2 密钥协商和交换

通过以上的学习我们了解到，IKEv1 需要经历两个阶段，至少交换 6 条消息才能最终建立一对 IPSec SA，而 IKEv2 在保证安全性的前提下，减少了传递的信息和交换的次数，实现起来更简单。

1. IKEv2 概述

IKEv2 保留了 IKEv1 的大部分特性，而且 IKEv1 的一部分扩展特性（如 NAT 穿越）作为 IKEv2 协议的组成部分被引入到 IKEv2 框架中。与 IKEv1 不同，IKEv2 中所有消息都以“请求-响应”的形式成对出现，响应方都要对发起方发送的消息进行确认，如果在规定的时间内没有收到确认报文，发起方需要对报文进行重传处理，提高了安全性。

IKEv2 还可以防御 DoS 攻击。在 IKEv1 中，当网络中的攻击方一直重放消息，响应方需要通过计算后，对其进行响应而消耗设备资源，造成对响应方的 DoS 攻击。而在 IKEv2 中，响应方收到请求后，并不急于计算，而是先向发起方发送一个 cookie 类型的 Notify 载荷（即一个特定的数值），两者之后的通信必须保持 cookie 与发起方之间的对应关系，有效防御了 DoS 攻击。

IKEv2 定义了三种交换类型：初始交换（Initial Exchanges）、创建子 SA 交换（Create_Child_SA Exchange）以及通知交换（Informational Exchange）。IKEv2 通过初始交换就可以完成一个 IKE SA 和第一对 IPSec SA 的协商建立。如果要求建立的 IPSec SA 大于一对时，每一对 IPSec SA 值只需要额外增加一次创建子 SA 交换（而如果采用 IKEv1，则子 IPSec SA 的创建仍然需要经历两个阶段）。

2. IKEv2 初始交换

IKEv2 初始交换对应 IKEv1 的第一阶段，初始交换包含两次交换四条消息，如图 2-14 所示。消息①和②属于第一次交换，以明文方式完成 IKE SA 的参数协商，主要是协商加密算法、交换 nonce 值、完成一次 DH 交换，从而生成用于加密，并验证后续交换的密钥材料。消息③和④属于第二次交换，以加密方式完成身份认证（通过交换身份信息和验证数据）、对前两条信息的认证和 IPSec SA 的参数协商。

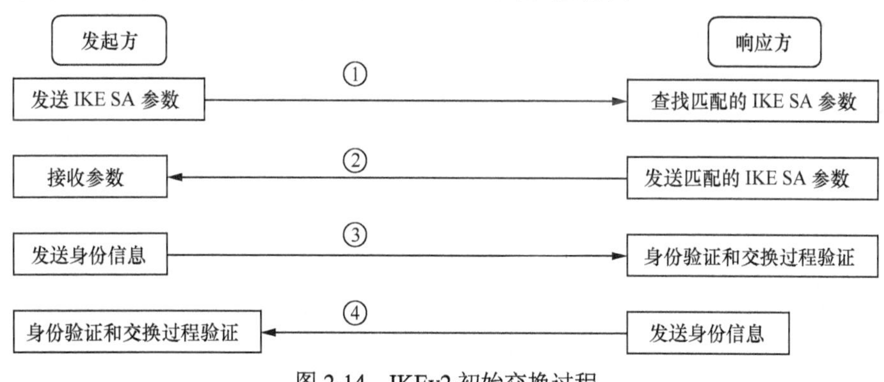

图 2-14　IKEv2 初始交换过程

3. 创建子 SA 交换

在初始交换完成后，可以由任何一方发起创建子 SA 交换，该次交换中的发起者和初始交换中的发起者可能是不同的。该交换必须在初始交换完成后进行，交换消息由初始交换协商的密钥进行保护。

创建子 SA 交换包含两条消息，用于一个 IKE SA 创建多个 IPSec SA 或 IKE 的重协商，对应 IKEv1 的第二阶段。如果需要支持 PFS，创建子 SA 交换可额外进行一次 DH 交换，建立用于 IPSec SA 的新密钥。

4. 通知交换

通信双方在密钥协商期间，某一方可能希望向对方发送控制信息，通知某些错误或者某事件的发生，这就需要由“通知交换”过程来完成。

通知交换如图 2-15 所示，用于对等体间传递一些控制信息，如错误信息、删除消息，或通知信息。收到信息消息的一方必须进行响应，响应消息中可能不包含任何载荷。通知交换只能发生在初始交换之后，其控制信息可以是 IKE SA 的（由 IKE SA 保护该交换），也可以是子 SA 的（由子 SA 保护该交换）。

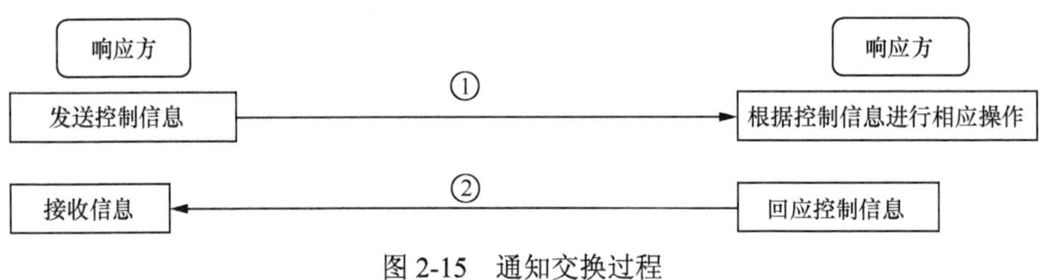

图 2-15 通知交换过程

2.3 IPSec 保护数据流和虚拟隧道接口

在 IPSec 通信中涉及到一个重要方面，那就是如何定义要保护的数据流（也称“兴趣流”），因为这涉及到底要通过 IPSec 保护哪部分的数据流。而在定义保护数据流又涉及到其中一种基于隧道接口的方式，所以本节专门介绍 IPSec 保护数据流的定义和 IPSec 隧道接口。

2.3.1 保护数据流的定义方式

“保护数据流的定义”就是指定哪些数据流要进入到 IPSec 隧道传输，其他的数据流不能进入 IPSec 隧道传输。在华为 AR G3 系列路由器中，IPSec 对需要保护的数据流的定义有基于“基于 ACL”、“基于虚拟隧道接口”和“基于 Efficient VPN 策略建立 IPSec 隧道”三种方式，下面分别予以介绍。

1. 基于 ACL 方式

我们知道，高级 IP ACL 可以基于源/目的 IP 地址、源/目的端口等信息对数据报文进行过滤，而这正可以用来对允许进入 IPSec 隧道的数据流进行过滤。

当采用 ACL 方式来定义需要保护的数据流时，手工方式和 IKE 动态协商方式建立的 IPSec 隧道是由高级 IP ACL 来指定要保护的数据流范围，筛选出需要进入 IPSec 隧道的报文。ACL 规则允许（permit）的报文将被保护，ACL 规则拒绝（deny）的报文将不被保护。因为这里的 ACL 是高级 IP ACL，所以可以明确指定数据流中的源/目的 IP 地址、源/目的传输层端口、协议类型等参数。但这里的源/目的 IP 地址是指数据发送方和数据接收方主机的 IP 地址，通常是两端内部网络中的私网 IP 地址。

这种基于 ACL 来定义数据流的方式的优点是可以利用 ACL 配置的灵活性，根据 IP 地址、传输层端口、协议类型（如 IP、ICMP、TCP、UDP 等）等对报文进行过滤进而灵活制定 IPSec 的保护方法。本章以及第 3 章介绍的 IPSec VPN 方案配置与管理中都采用这种定义方式。

2. 基于虚拟隧道接口方式

基于虚拟隧道接口来定义需要保护的数据流，首先就要在两端的 IPSec 设备创建一个虚拟的隧道接口 Tunnel，然后通过配置以该 Tunnel 接口为出接口的静态路由，以限定到达哪个目的子网的数据流可以通过 IPSec 隧道进行转发。因为 Tunnel 接口是点对点类型的接口，是运行 PPP 链路层协议的，所以以该接口为出接口的静态路由是可不指定下一跳 IP 地址的。

IPSec 虚拟隧道接口是一种三层逻辑接口，采用这种方式时所有路由到 IPSec 虚拟隧道接口的报文都将进行 IPSec 保护，**不再对数据流类型进行区分**。但使用 IPSec 虚拟隧道接口建立 IPSec 隧道仍具有以下优点：

（1）简化配置

只需将需要 IPSec 保护的数据流引到虚拟隧道接口，无需使用 ACL 定义待加/解密的流量特征。使得 IPSec 的配置不会受到网络规划的影响，增强了网络规划的可扩展性，降低了网络维护成本。

（2）减少开销

在保护远程接入用户流量的组网应用中，只需在 IPSec 虚拟隧道接口处进行 IPSec 报文封装，与 IPSec over GRE 或者 IPSec over L2TP 方式的隧道封装相比，无需额外为进入隧道的流量加封装 GRE 头或者 L2TP 头，减少了报文封装的层次，节省了带宽。

（3）支持范围更广

点对点 IPSec 虚拟隧道接口可以支持动态路由协议，同时还可以支持对组播流量的保护。另外，IPSec 虚拟隧道接口在实施过程中明确地区分出“加密前”和“加密后”两个阶段，用户可以根据不同的组网需求灵活选择其他业务（例如 NAT、QoS）实施的阶段。例如，如果用户希望对 IPSec 封装前的报文应用 QoS，则可以在 IPSec 虚拟隧道接口上应用 QoS 策略；如果希望对 IPSec 封装后的报文应用 QoS，则可以在进入对端内部网络的物理接口上应用 QoS 策略。

3. 基于 Efficient VPN 策略建立 IPSec 隧道

Efficient VPN 采用 C/S 结构，其主要特点是它将 IPSec 及其他相应配置都集中在 Server 端（总部网关），当 Remote 端（分支网关）配置好基本参数后，Remote 端即可向 Server 端发起协商并与建立 IPSec 隧道，然后 Server 端将 IPSec 的其他相关属性及其他网络资源“推送”给 Remote 端，Remote 端和 Server 端就直接定义了哪部分数据流是需要保护的，简化了分支网关的 IPSec 和其他网络资源的配置和维护。另外，Efficient VPN 还支持远程站点设备的自动升级。

有关基于虚拟隧道接口和基于 Efficient VPN 策略定义需要保护的数据流的 IPSec VPN 方案的具体配置与管理方法将在本书第 4 章介绍。

2.3.2 IPSec 虚拟隧道接口

IPSec 虚拟隧道接口（即 Tunnel 接口）是一种支持路由的三层逻辑接口，它可以支持动态路由协议，所有路由到 IPSec 虚拟隧道接口的报文都将进行 IPSec 保护，同时还可以支持对组播流量的保护。

通过之前的学习我们已经了解到，用户数据一方面要通过 IPSec 虚拟隧道传输，必须首先要进行各种协议封装（如 AH、ESP 协议封装）和加密，才能按照 IPSec 隧道建立时定下的安全策略对用户数据进行安全传输，并且可以传输到隧道对端所连接的另一个私有网络设备上。另一方面，当通过 IPSec 传输的数据安全到达隧道对端接口时，为了能使目的设备识别源设备发送的数据内容，必须把原来经过封装和加密的数据进行解封装和解密。这些对数据的封装/解封装、加密/解密的过程都是发生在虚拟的隧道接口上的。下面简单介绍 IPSec 隧道两端虚拟隧道接口的数据处理基本流程。

1. IPSec 隧道接口的数据封装和加密基本流程

用户数据到达 IPSec 设备（如路由器）后，需要 IPSec 保护的报文（即兴趣流）会被转发到 IPSec 虚拟隧道接口上进行封装和加密，如图 2-16 所示。

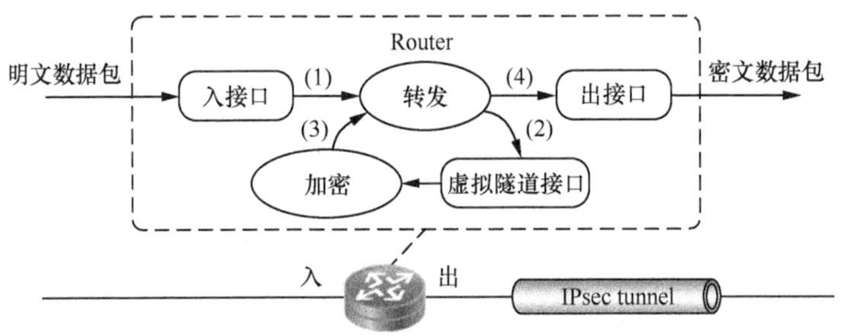

图 2-16 IPSec 隧道接口对报文封装和加密的过程示意

（1）Router 将从入接口接收到明文 IP 报文后送到转发模块进行处理；

（2）转发模块依据路由查询结果，发现如果是要保护的数据流，则将其发送到 IPSec 虚拟隧道接口进行 AH 或 ESP 封装，具体的封装方法参见本章 2.1.2 节；

（3）IPSec 虚拟隧道接口完成对明文 IP 报文的封装处理后，根据建立的 IPSec SA 安全策略再将封装后的报文进行加密，然后再将加密后的密文转发模块进行处理；

（4）转发模块再通过第二次路由查询后，将已封装和加密的 IP 报文通过隧道接口对应的实际物理接口转发出去，直到对端的 IPSec 设备 Tunnel 接口。

2. IPSec 隧道接口的数据解封装和解密基本流程

数据经过 IPSec 隧道传输到达对端 IPSec 设备时，需要对数据进行解封装和解密，其基本过程如图 2-17 所示。

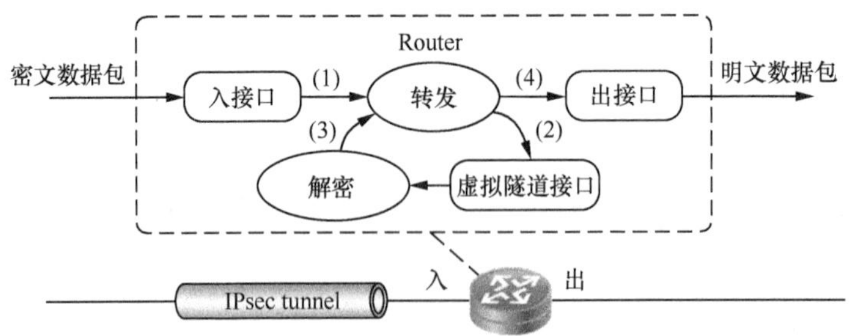

图 2-17 IPSec 隧道接口的数据解封装和解密基本流程

（1）Router 将从入接口接收到已加密的 IP 报文后送到转发模块进行处理；

（2）转发模块识别到此密文的目的 IP 地址为本设备的隧道接口 IP 地址，且 IP 协议号为 AH 或 ESP 时，会将 IP 密文送到相应的 IPSec 虚拟隧道接口进行相应的解封装处理；

（3）IPSec 虚拟隧道接口完成对 IP 密文的解封装处理之后，再进行相应的解封装处理，然后再将 IP 明文重新送回转发模块处理；

（4）转发模块再进行第二次路由查询后，将 IP 明文从隧道的实际物理接口转发出去，根据内网路由到达目的设备上。

2.4　配置基于 ACL 方式手工建立 IPSec 隧道

前面各节介绍了 IPSec 的一些相关基础知识和技术原理，从本节开始就要正式介绍华为 AR G3 系列路由器中的各种 IPSec VPN 方案的具体配置方法了。

前面已介绍到，在华为 AR G3 系列路由器的 IPSec 建立中需要保护的数据流的定义有三种方式，其中应用最为普遍的就是基于 ACL 方式，所以本节先来介绍这种方式下的 IPSec VPN 方案的具体配置方法，其他两种方式的具体配置方法将在本章后面介绍。但 IPSec VPN 方案的配置又不仅存在定义需要保护的数据流的方式的不同，还存在安全策略的建立方式的不同，有手工方式，也有 IKE 动态协商方式。本节先仅介绍在采用基于 ACL 定义需要保护的数据流时，通过手工方式 IPSec 隧道的配置方法。

在采用 ACL 方式手工建立 IPSec 隧道之前，需完成以下任务：

- 实现双方到达对端的公/私网路由的畅通。
- 通过高级 ACL 确定需要 IPSec 保护的数据流。
- 确定数据流被保护的强度，即确定使用的 IPSec 安全提议的参数。

2.4.1　手工方式配置任务及基本工作原理

本节先来具体介绍基于 ACL 手工方式建立 IPSec 隧道方案的基本配置任务，然后再基于这些配置任务介绍手工方式建立 IPSec VPN 方案的基本工作原理。

1. 手工方式建立 IPSec 隧道的基本配置任务

基于 ACL 方式手工建立 IPSec 隧道的配置任务如下（**两端都要配置**）。

（1）定义需要保护的数据流

这里采用高级 ACL，对要保护的数据流的源/目的 IP 地址等信息进行限制，仅允许指定的数据流进入 IPSec 隧道中传输。这里通常采用镜像配置，也就是两端的 ACL 所配置的源、目的 IP 地址等信息对调。

（2）确定 IPSec 安全提议

IPSec 安全提议是安全策略或者安全框架的一个组成部分，相当于一端向另一端提出的安全建议，定义了 IPSec 的保护方法，为 IPSec 协商 SA 提供各种安全参数（**IPSec 隧道两端设备需要配置必须相同**）。这些参数包括确定所采用的安全协议（AH 或 ESP，或者同时采用）、认证算法（MD5、SHA-1、SHA-2 和 SM3 等）、加密算法（DES、3DES、SM1 等）、报文封装格式（传输模式或隧道模式）。

（3）配置安全策略

安全策略是两端建立SA的基础信息，包括引用前面定义的数据流保护ACL和IPSec安全提议，配置IPSec隧道的起点和终点IP地址、SA出/入方向的SPI值、SA出/入方向安全协议的认证密钥和加密密钥，以及一些可选的扩展参数，包括IPSec隧道VPN实例的绑定、原始报文信息预提取功能、对IPSec解封装报文进行ACL检查、报文分片功能等。在手工方式建立IPSec隧道情形下，这些安全策略参数都必须以手工方式具体指定。

【经验提示】从以上的介绍可以看到，采用手工方式建立IPSec隧道时，必须配置好对端的IP地址，这就要求两端的IPSec设备公网侧接口必须有固定的公网IP地址，这也决定了手式方式是不适合采用PPPoE等动态IP地址分配方式接入Internet的，包括移动办公用户直接通过拨号方式与公司总部建立IPSec VPN的情形都是不能采用手工方式的，而只能采用IKE动态协商方式。

在安全策略的配置中，两端的许多参数也是需要镜像配置的，即一端的本地配置要与另一端的远程配置一致，同理，一端的远程配置要与另一端的本地配置一致，如IPSec隧道的起点和终点、SA出/入方向的SPI值、SA出/入方向安全协议的认证密钥和加密密钥等。

（4）在接口上应用安全策略

在手工方式建立IPSec隧道情形下，安全策略的应用是在IPSec隧道两端公网侧物理接口下进行的。

2. 手工方式IPSec VPN方案的基本工作原理

从以上配置任务可以看出，在手工方式建立IPSec隧道的方案中，只要双方配置好对称的安全策略就可以成功建立IPSec SA和IPSec隧道，整个配置思路和配置任务也比较简单。

结合以上配置任务介绍和在2.1.2节所介绍的IPSec封装模式特点，也可以得出手工方式IPSec VPN方案的以下基本工作原理。

（1）位于一端私网中的用户向位于对端私网中的用户发送数据，到达本端IPSec设备时，由于这些数据流与定义需要保护的数据流的ACL匹配，于是设备获知这些数据要通过IPSec隧道传输。

（2）在采用隧道封装模式时，IPSec设备会把这些用户数据报文重新封装，不仅会加装所选定的AH或ESP协议头，还会新增一个IP报头（原来的IP报头及数据部分全作为新IP报文的数据部分）。这个新IP报头的源IP地址为本端IPSec设备端点接口的IP地址，目的IP地址为对端IPSec设备端点接口的IP地址。

（3）本端IPSec设备根据所配置的到达对端公网的静态路由把重新封后的新IP报文传输到对端IPSec设备上。

（4）到达对端IPSec设备后，会去掉原来新加的IP报头及AH头或ESP头，把原始的用户IP报文还原出来，这时就可以根据IP报文中的目的IP地址（就是目的主机所在网段），利用对端路由器设备上配置的到达所连接私网的路由表项，把用户IP报文传输到目的主机上，这样就完成了整个从一端私网到另一端私网数据的传输。

【经验之谈】在手工方式配置IPSec VPN方案中，上面所列的配置任务中，其实总体来说就两项，前面的第（1）～（3）项配置任务其实就是一项，就是配置 IPSec 安全策略（第（1）和第（2）项配置都在第（3）中被引用），最后就是在接口应用这个安全策略，也就对应上面的第（4）项配置任务。

下面依次对以上配置任务的具体配置方法进行详细介绍。

2.4.2 基于 ACL 定义需要保护的数据流

说明 本项配置任务是采用 ACL 定义需要保护的数据流方案中，手动方式和 IKE 动态协商方式建立 IPSec 隧道的一项共同配置任务。

IPSec 能够对一个或多个数据流进行安全保护，在 ACL 方式下建立 IPSec 隧道时采用 ACL 来指定需要 IPSec 保护的数据流。实际应用中，首先需要通过配置 ACL 的规则定义数据流范围，再在安全策略中引用该 ACL，从而起到保护该数据流的作用。

这里的 ACL 是一个高级 IP ACL。在 IPSec 的应用中，ACL 规则中的 permit 关键字表示与之匹配的流量需要被 IPSec 保护，而 deny 关键字则表示与之匹配的流量不需要被保护，不要通过 IPSec 隧道传输，如普通的 Internet 访问。一个 ACL 中可以配置多条规则，**首个与数据流匹配上的 ACL 规则决定了对该数据流的处理方式**（即是需要进入 IPSec 隧道传输，还是直接通过公网传输）。

此处所配置的 ACL 在出/入方向上的数据流的作用不一样，具体如下。

（1）在出方向上

在出方向上（也就是从本端向外发送数据），与 ACL 的 permit 规则匹配的报文将被 IPSec 保护，即报文经过 IPSec 加密处理后再发送。未匹配任何 permit 规则或与 deny 规则匹配的报文将不被保护，即报文不被做任何处理而直接转发。对等体间匹配一条 permit 规则即匹配一个需要保护的数据流，则对应生成一对 SA。

（2）在入方向上

在入方向上（也就是本端接收来自外部的数据）经 IPSec 保护的报文将被解封装处理，未经 IPSec 保护的报文将被正常转发。

但在对等间配置用于定义保护数据流的 ACL 时要有所注意，因为配置不当可能造成对等间最终不能建立 SA。现举一个示例，当分支机构子网 A（主机 a1，a2，……，aM）要与总部子网 B（主机 b1，b2，……，bN）建立 IPSec 隧道时，ACL 的规则需要按表 2-2 中情况配置，SA 才能够协商成功。

表 2-2　配置 ACL 规则与协商发起方关系示例

分支网关要保护的数据流	总部网关要保护的数据流	协商发起方
A→B	B→A	任意一方都可
a1→b1	b1→a1	任意一方都可
a1→b1	B→A	必须为分支网关
A→B	b1→a1	必须为总部网关

从表中可看出，当对等体间 ACL 规则镜像配置（也就是要保护的数据流类型完全

一样，只是传输方向相反，如 A→B 和 B→A、a1→b1 和 b1→a1）时，任意一方发起协商都能保证 SA 成功建立；当对等体间 ACL 规则非镜像配置（如 a1→b1 和 B→A、A→B 和 b1→a1）时，仅当协商发起方的 ACL 规则定义的范围小于响应方 ACL 规定定义的范围时，SA 才能成功建立。

为保证 SA 的成功建立，通常建议将 IPSec 对等体上 ACL 规则镜像配置，以保证两端要保护的数据流范围是镜像的。也就是在配置时要尽可能使本端 ACL 指定的源 IP 地址需要和对端 ACL 指定的目的 IP 地址一致，本端 ACL 指定的目的 IP 地址需要和对端 ACL 指定的源 IP 地址一致。

利用 ACL 定义需要 IPSec 保护的数据流的配置方法如表 2-3 所示，就是建立一个高级的 ACL，限制可以被保护的数据流。**一个安全策略中只能引用一个 ACL**，对于有不同安全要求的数据流，需要创建不同的 ACL 和相应的安全策略。有关 ACL 方面的详细介绍请参见《华为交换机学习指南》一书。

表 2-3　定义需要保护数据流的 ACL 的配置步骤

步骤	命令	说明
1	**system-view** 例如：<Huawei> **system-view**	进入系统视图
2	**acl** [**number**] *acl-number* [**match-order** { **config** | **auto** }] 例如：[Huawei] **acl** 3001	创建一个高级 ACL 并进入其视图。命令中的参数说明如下。 • **number**：可选项，表示所创建的是数字型的 ACL，默认是数字型的。 • *acl-number*：指定所创建的 ACL 编号，必须为 3000～3999 之间的整数，因为创建的是高级 IP ACL。 • **config**：二选一选项，匹配规则时按用户的配置顺序。但要注意，这仅是在用户没有指定 rule-id 的前提下，如果用户指定了 rule-id，则匹配规则时仍是按 rule-id 由小到大的顺序进行匹配。 • **auto**：二选一选项，匹配规则时系统自动排序（按“深度优先”的顺序）。如果“深度优先”的顺序相同，则匹配规则时按 rule-id 由小到大的顺序
3	**rule** [*rule-id*] { **deny** | **permit** } **ip** [**destination** { *destination-address destination-wildcard* | **any** } | **source** { *source-address source-wildcard* | **any** } | **vpn-instance** *vpn-instance-name* | **dscp** *dscp*] * 例如：[Huawei-acl-adv-3001] **rule permit ip source** 129.9.8.0 0.0.0.255 **destination** 202.38.160.0 0.0.0.255	配置用于定义需要保护的 IP 数据流的 ACL 规则（事实也可以匹配其他类型的数据流，这里仅是作为一个示例）。命令中的参数说明如下。 • *rule-id*：可选参数，指定 ACL 的规则 ID。 如果指定 ID 的规则已经存在，则会在旧规则的基础上叠加新定义的规则，相当于编辑一个已经存在的规则；如果指定 ID 的规则不存在，则使用指定的 ID 创建一个新规则，并且按照 ID 的大小决定规则插入的位置。如果不指定 ID，则增加一个新规则时设备自动会为这个规则分配一个 ID，ID 按照大小排序。系统自动分配 ID 时会留有一定的空间，具体的相邻 ID 范围由 **step** 命令指定。 【说明】设备自动生成的规则 ID 从步长值起始，缺省步长为 5，即从 5 开始并按照 5 的倍数生成规则序号，序号分别为 5、10、15、……。仅当 ACL 为 **config** 模式时，配置 rule 指定的 *rule-id* 才有效；**auto** 模式的 ACL 指定的 *rule-id* 无效，设备会根据深度优先算法为其自动分配一个 *rule-id*。

（续表）

步骤	命令	说明
3	**rule** [*rule-id*] { **deny** | **permit** } **ip** [**destination** { *destination-address destination-wildcard* | **any** } | **source** { *source-address source-wildcard* | **any** } | **vpn-instance** *vpn-instance-name* | **dscp** *dscp*] * 例如：[Huawei-acl-adv-3001] **rule permit ip source** 129.9.8.0 0.0.0.255 **destination** 202.38.160.0 0.0.0.255	• **deny**：二选一选项，表示拒绝符合条件的报文，也就是符合该规则条件的报文不会被 IPSec 保护。 • **permit**：二选一选项，表示允许符合条件的报文，也就是符合该规则条件的报文会被 IPSec 保护。 • **destination** { *destination-address destination-wildcard* | **any** }：可多选参数，指定 ACL 规则匹配报文的目的地址信息。如果不配置，表示报文的任何目的地址都匹配。其中 *destination-address* 表示报文的目的 IP 地址；*destination-wildcard* 表示目的地址通配符；**any** 表示报文的任意目的地址，相当于 *destination-address* 为 0.0.0.0 或者 *destination-wildcard* 为 255.255.255.255。 • **source** { *source-address source-wildcard* | **any** }：可多选参数，指定 ACL 规则匹配报文的源地址信息。如果不配置，表示报文的任何源地址都匹配。其中 *source-address* 指定报文的源地址；*source-wildcard* 指定源地址通配符；**any** 表示报文的任意源地址，相当于 *source-address* 为 0.0.0.0 或者 *source-wildcard* 为 255.255.255.255。 • **vpn-instance** *vpn-instance-name*：可多选参数，可以要保护的数据流所位于的 VPN 实例。 • **dscp** *dscp*：可多选参数，指定 ACL 规则匹配报文时为报文分配的 DSCP 优先有值。 可用 **undo rule** *rule-id* 命令删除指定的规则，但在应用中的规则不能删除，此时需要在对应的应用中先停止调用该规则对应的 ACL 的调用，然后再删除其中的某条规则

注意

IPSec 也支持引用协议类型为 TCP 或 UDP 的高级 ACL 规则。如果应用安全策略的接口同时配置了 NAT，由于设备先执行 NAT，会导致 IPSec 不生效，有以下两种解决方法（采用其中之一）：

- 在 NAT 配置中采用 Deny 类高级 ACL 规则，其目的 IP 地址是 IPSec 引用的 ACL 规则中的目的 IP 地址，以避免对 IPSec 保护的数据流进行 NAT 转换。
- IPSec 引用的 ACL 规则中的源/目的 IP 地址与经过 NAT 转换后的源/目的 IP 地址一致。

2.4.3　配置 IPSec 安全提议

说明

本项配置任务也是手动方式和 IKE 动态协商建立 IPSec 隧道建立的一项共同配置任务，且都必须手工配置 IPSec 安全提议，但里面的参数可以直接采用它们的缺省取值，当然你也可以采用自己配置的参数。

IPSec 安全提议是安全策略或者安全框架的一个组成部分，它包括 IPSec 使用的安全协议、认证/加密算法以及数据的封装模式，定义了 IPSec 的保护方法，为 IPSec SA 协商提供各种安全参数，需要在后面配置的安全策略中被调用。

IPSec 安全提议的具体配置步骤如表 2-4 所示，隧道两端设备的参数配置必须相同，但安全提议名称可以不同。

表 2-4　　IPSec 安全提议的配置步骤

<table>
<tr><th>步骤</th><th colspan="2">命令</th><th>说明</th></tr>
<tr><td>1</td><td colspan="2">system-view
例如：<Huawei> system-view</td><td>进入系统视图</td></tr>
<tr><td>2</td><td colspan="2">ipsec proposal proposal-name
例如：[Huawei] ipsec proposal prop1</td><td>创建 IPSec 安全提议并进入 IPSec 安全提议视图。参数 proposal-name 用来指定 IPSec 安全提议的名称，字符串格式，不支持“？”和空格，区分大小写，长度范围是 1～15。两端创建的 IPSec 安全提议中的各安全参数配置必须相同（可以只创建安全提议，但各参数均采用缺省值），但安全提议名称可不同。
缺省情况下，系统没有配置 IPSec 安全提议，可用 undo ipsec proposal proposal-name 命令删除指定的 IPSec 安全提议</td></tr>
<tr><td>3</td><td colspan="2">transform { ah | esp | ah-esp }
例如：[Huawei-ipsec-proposal-prop1] transform ah</td><td>配置安全协议。命令中的选项说明如下：
• ah：多选一选项，指定采用的安全协议为 AH 协议；
• esp：多选一选项，指定采用的安全协议为 ESP 协议；
• ah-esp：多选一选项，指定同时采用 AH 和 ESP 协议。
AH 能保护通信免受篡改，但不能防止窃听，适合用于传输非机密数据。ESP 虽然提供的认证服务不如 AH，但它还可以对有效载荷进行加密。
缺省情况下，IPSec 安全提议采用安全协议为 ESP 协议，可用 undo transform 命令将 IPSec 安全提议采用的安全协议恢复为缺省配置。在 IPSec 隧道两端，IPSec 安全提议所使用的安全协议必须一致</td></tr>
<tr><td>4</td><td>采用 AH 协议时</td><td>ah authentication-algorithm { md5 | sha1 | sha2-256 | sha2-384 | sha2-512 | sm3 }
例如：[Huawei-ipsec-proposal-prop1] ah authentication-algorithm sha1</td><td>设置 AH 协议采用的认证算法。当安全协议采用 AH 协议时，AH 协议只能对报文进行认证，只能配置 AH 协议的认证算法。命令中的选项说明如下。
• md5：多选一选项，指定 AH 协议采用 MD5 认证，使用 128 位的密钥；
• sha1：多选一选项，指定 AH 协议采用 SHA-1 认证，也称之为“HMAC-SHA-1-96”算法（在 RFC2404 中定义），使用 160 位的密钥；
• sha2-256：多选一选项，指定 AH 协议采用 SHA-256 认证，使用 256 位的密钥；
• sha2-384：多选一选项，指定 AH 协议采用 SHA-384 认证，使用 384 位的密钥；
• sha2-512：多选一选项，指定 AH 协议采用 SHA-512 认证，使用 512 位的密钥；
• sm3：多选一选项，指定 AH 协议采用 SM3 认证。SM3 密码杂凑算法是中国国家密码管理局规定的认证算法。SM3 算法只在 IKEv1 中支持，但当采用手动方式建立 IPSec 隧道时不支持</td></tr>
</table>

（续表）

<table>
<tr><th>步骤</th><th colspan="2">命令</th><th>说明</th></tr>
<tr><td rowspan="3">4</td><td>采用 AH 协议时</td><td>ah authentication-algorithm { md5 | sha1 | sha2-256 | sha2-384 | sha2-512 | sm3 }
例如：[Huawei-ipsec-proposal-prop1] ah authentication-algorithm sha1</td><td>缺省情况下，VRP 系统 V200R006 版本以前，AH 协议采用 MD5 认证算法，在 V200R2006 及以后版本中采用 SHA2-256 认证算法，可用 undo ah authentication-algorithm 命令恢复 AH 协议采用的认证方式为缺省值。在 IPSec 隧道两端所引用的 IPSec 安全提议中 AH 协议必须采用相同的认证算法。有关这些认证算法的介绍请参见本书第 1 章相关内容</td></tr>
<tr><td rowspan="2">采用 ESP 协议时</td><td>esp authentication-algorithm { md5 | sha1 | sha2-256 | sha2-384 | sha2-512 | sm3 }
例如：[Huawei-ipsec-proposal-prop1] esp authentication-algorithm sha1</td><td>设置 ESP 协议采用的认证算法，命令中的选项与 ah authentication-algorithm 命令中的对应选项说明。在 IPSec 隧道两端设置的安全策略所引用的 IPSec 安全提议中，安全协议使用的认证算法必须相同。
缺省情况下，VRP 系统 V200R006 版本以前，ESP 协议采用 MD5 认证算法，在 V200R006 及以后版本中采用 SHA2-256 认证算法，但 undo esp authentication-algorithm 命令不是恢复认证算法为缺省算法，而是设置认证算法为空，即不认证。当认证算法不为空时，undo esp authentication-algorithm 命令才起作用，但 ESP 协议采用的加密算法和认证算法不能同时设置为空</td></tr>
<tr><td>esp encryption-algorithm [3des | des | aes-128 | aes-192 | aes-256 | sm1| sm4]
例如：[Huawei-ipsec-proposal-prop1] esp encryption-algorithm 3des</td><td>设置 ESP 协议采用的加密算法。命令中的选项说明如下。
● 3des：多选一可选项，指定 ESP 协议的加密算法为 3DES，使用 192 位密钥（实际有效长度为 168 位）；
● des：多选一可选项，指定 ESP 协议的加密算法为数据加密标准 DES，使用 64 位密钥（实际有效长度为 56 位）；
● aes-128：多选一可选项，指定 ESP 协议的加密算法为高级加密标准 AES，使用 128 位密钥长度对明文进行加密；
● aes-192：多选一可选项，指定 ESP 协议的加密算法为高级加密标准 AES，使用 192 位密钥长度对明文进行加密；
● aes-256：多选一可选项，指定 ESP 协议的加密算法为高级加密标准 AES，使用 256 位密钥长度对明文进行加密；
● sm1：多选一可选项，指定 ESP 协议的加密算法为 SM1，使用 128 位密钥。SM1 分组密码算法是中国国家密码管理局规定的加密算法。SM1 算法只在 IKEv1 中支持；
● sm4：多选一可选项，指定 ESP 协议的加密算法为 SM4，也使用 128 位密钥。SM4 分组密码算法是中国国家密码管理局规定的加密算法。SM4 算法只在 IKEv1 协商和 VRP V200R006 及以后版本支持。
缺省情况下，在 VRP 系统 V200R006 版本以前，ESP 协议采用 DES 加密算法，在 V200R006 及以后版本中采用 AES-256 加密算法，但 undo esp encryption-algorithm 命令不是恢复加密算法为缺省算法，而是设置加密算法为空，即不加密。当加密算法不为空</td></tr>
</table>

（续表）

步骤	命令		说明
4	采用ESP协议时	**esp encryption-algorithm** [**3des** | **des** | **aes-128** | **aes-192** | **aes-256** | **sm1**| **sm4**] 例如：[Huawei-ipsec-proposal-prop1] **esp encryption-algorithm 3des**	时，**undo esp encryption-algorithm** 命令才起作用，但ESP协议采用的加密算法和认证算法不能同时设置为空。**在 IPSec 隧道两端设置的安全策略所引用的 IPSec 安全提议中，安全协议使用的加密算法必须相同**。有关这些加密算法的介绍请参见本书第 1 章相关内容
5	**encapsulation-mode** { **transport** | **tunnel** } 例如：[Huawei-ipsec-proposal-prop1] **encapsulation-mode transport**		选择安全协议对数据的封装模式。命令中的选项说明。 • **transport**：二选一选项，指定安全协议对数据的封装模式采用传输模式，仅适用于端到端（End-to-End）的连接； • **tunnel**：二选一选项，指定安全协议对数据的封装模式采用隧道模式，同时支持端到端（End-to-End）和站点到站点（Site-to-Site）的连接。 缺省情况下，安全协议对数据的封装模式采用隧道模式，可用 **undo encapsulation-mode** 命令恢复安全协议对数据的封装模式为缺省值。**IPSec 隧道两端设置的安全策略所引用的 IPSec 安全提议必须采用相同的数据封装模式**
6	**quit** 例如：[Huawei-ipsec-proposal-prop1] **quit**		返回系统视图
7	**ipsec authentication sha2 compatible enable** 例如：[Huawei] **ipsec authentication sha2 compatible enable**		（可选）开启 SHA-2 算法兼容功能，**仅在 VRP 系统 V200R6006 及以后版本支持**。 IPSec 安全协议中使用 SHA-2 算法时，如果 IPSec 隧道两端设备的厂商不同或两端产品的版本不同，由于不同厂商或者不同产品之间加密解密的方式可能不同，会导致 IPSec 流量不通，可以通过执行此命令开启 SHA-2 算法兼容功能解决此问题 缺省情况下，SHA-2 算法兼容功能处于关闭状态，可用 **undo ipsec authentication sha2 compatible enable** 命令关闭 SHA-2 算法兼容功能

说明

安全协议同时采用 AH 和 ESP 协议时，允许 AH 协议认证、ESP 协议对报文进行加密和认证，AH 协议的认证算法、ESP 协议的认证算法、加密算法均可选择配置。此时设备先对报文进行 ESP 封装，再进行 AH 封装。

另外，IPSec 安全提议各参数均有缺省值，当仅新创建 IPSec 安全提议，而不配置各参数时，这些参数均采用缺省取值。但在 VRP 系统 V200R006 以前版本和 V200R006 及以后版本中，这些参数的缺省值不完全一样，具体如下。

- 在 VRP 系统 V200R006 以前版本中，IPSec 安全提议各参数缺省值为：安全协议为 ESP 协议，AH、ESP 认证算法均为 MD5，ESP 加密算法为 DES，数据封装模式为隧道模式。
- 在 VRP 系统 V200R006 及以后版本中，IPSec 安全提议各参数缺省值为：安全协议为ESP协议，AH、ESP认证算法均为SHA2-256，ESP加密算法为AES-256，数据封装模式为隧道模式。

2.4.4 配置安全策略

说明

本项配置任务虽然在手工方式和IKE动态协商方式建立IPSec隧道中都需要配置，但是两种方式下的本项配置任务的具体配置方法不一样。本节介绍的是手工方式下配置安全策略的方法。但手工方式适用于对等体设备数量较少时，或是在小型网络中。对于中大型网络，推荐使用IKE协商方式。

安全策略是建立SA的前提，它规定了对哪些数据流采用哪种保护方法。配置安全策略时，通过引用前面创建的用于定义需要保护数据流的ACL和所创建的IPSec安全提议，将ACL定义的数据流和IPSec安全提议定义的保护方法关联起来，并可以指定IPSec隧道的起点和终点、所需要的密钥和SA的生存周期等。

一个安全策略由名称和序号共同唯一确定，相同名称的安全策略为一个安全策略组。安全策略分为手工方式（Manual）安全策略和IKE动态协商方式（ISAKMP）安全策略。

手工方式需要用户分别针对出/入方向SA手工配置认证/加密密钥、SPI等参数，并且隧道两端的这些参数需要镜像配置。即本端的入方向SA参数必须和对端的出方向SA参数一样；本端的出方向SA参数必须和对端的入方向SA参数一样，具体的配置步骤如表2-5所示。

表2-5　　手工方式安全策略的配置步骤

步骤	命令	说明
1	**system-view** 例如：<Huawei> **system-view**	进入系统视图
2	**ipsec policy** *policy-name seq-number* **manual** 例如：[Huawei] **ipsec policy** policy1 100 **manual**	创建手工方式安全策略，并进入手工方式安全策略视图。命令中的参数说明如下。 • *policy-name*：用来指定要创建的安全策略的名称，字符串格式，长度范围是1～15，**区分大小写**，字符串中不能包含"？"和空格； • *seq-number*：指定安全策略的序号，整数形式，取值范围是1～10000，**值越小表示安全策略的优先级越高**。 一个安全策略由名称和序号共同唯一确定，相同名称的安全策略为一个安全策略组。**在接口上应用安全策略组时，会按该名称安全策略下的序号由小到大的次序先后应用**。 缺省情况下，系统不存在安全策略，可用 **undo ipsec policy** *policy-name* 命令删除指定的安全策略。 【注意】无论是手工方式创建，还是通过IKE协商方式创建的安全策略，都不能直接修改它的创建方式（即修改它的手工或IKE方式），而必须先删除该安全策略然后再重新创建，因为这两种安全策略中的配置是不一样的。

（续表）

<table>
<tr><th>步骤</th><th>命令</th><th colspan="2">说明</th></tr>
<tr><td>3</td><td>security acl acl-number
例如：[Huawei-ipsec-policy-manual-policy1-100] security acl 3100</td><td colspan="2">在以上安全策略中引用在 2.4.2 节创建的，用于定义需要保护的数据流的高级 ACL。一个安全策略只能引用一个 ACL，用于指定安全策略所作用的数据流。如果设置安全策略引用了多于一个 ACL，最后引用的 ACL 才有效。
缺省情况下，系统没有引用 ACL。既可用 undo security acl 命令删除已引用的 ACL，然后可再重新执行本命令引用新的 ACL，也可不删除原来已引用的 ACL，而直接执行本命令引用新的 ACL</td></tr>
<tr><td>4</td><td>proposal proposal-name
例如：[Huawei-ipsec-policy-manual-policy1-100] proposal prop1</td><td colspan="2">在以上安全策略中引用在 2.4.3 节创建的 IPSec 安全提议。一个手工方式的安全策略只能引用一个 IPSec 安全提议（一个 IKE 协商方式的安全策略最多可以引用 12 个 IPSec 安全提议），如果已经设置了 IPSec 安全提议，必须先取消原先的 IPSec 安全提议才能设置新的 IPSec 安全提议。
缺省情况下，没有指定安全策略所引用的 IPSec 安全提议，可用 undo proposal 命令删除引用的 IPSec 安全提议</td></tr>
<tr><td rowspan="2">5</td><td>tunnel local ip-address
例如：[Huawei-ipsec-policy-manual-policy1-100] tunnel local 202.138.162.1</td><td rowspan="2">配置 IPSec 隧道的起点和终点。对于手工方式的安全策略，必须正确地设置本端地址（起点）和对端地址（终点）才能成功地建立一条 IPSec 隧道。
【注意】本端配置 IPSec 隧道的对端 IP 地址与对端配置 IPSec 隧道的本端 IP 地址应保持一致</td><td>配置 IPSec 隧道的本端 IP 地址（通常是本端 IPSec 设备的公网接口地址）</td></tr>
<tr><td>tunnel remote ip-address
例如：[Huawei-ipsec-policy-manual-policy1-100] tunnel remote 202.138.163.1</td><td>配置 IPSec 隧道的对端 IP 地址（通常是对端 IPSec 设备的公网接口地址）</td></tr>
<tr><td rowspan="2">6</td><td>sa spi outbound { ah | esp } spi-number
例如：[Huawei-ipsec-policy-manual-policy1-100] sa spi inbound ah 10000</td><td rowspan="2">配置出/入方向 SA 的 SPI 值
【注意】在配置手工方式安全策略时，用户必须配置入方向和出方向 SA 的 SPI。并且本端的入方向 SA 的 SPI 必须和对端的出方向 SA 的 SPI 一样，同时本端的出方向 SA 的 SPI 必须和对端的入方向的 SPI 一样。
所选择的安全协议必须与配置 IPSec 安全提议中 transform 命令配置的安全协议一致。如果在 transform 命令中配置的安全协议为 ah-esp，则此处两命令必须同时配置 ah、esp 两种安全协议对应的出/入 SPI。另为保证 SA 的唯一性，出/入方向 SA 的 SPI 值不能设置成相同值，即不同的 SA 必须对应于不同的 SPI</td><td>配置出方向 SA 的 SPI。命令中的参数和选项说明如下。
● ah：二选一选项，指定采用 AH 协议；
● esp：二选一选项，指定采用 ESP 协议；
● spi-number：指定 SPI，整数形式，取值范围是 256～4294967295。
缺省情况下，SA 没有设置 SPI，可用 undo sa spi outbound { ah | esp }命令删除所设置的 SA 出方向的 SPI</td></tr>
<tr><td>sa spi inbound { ah | esp } spi-number
例如：[Huawei-ipsec-policy-manual-policy1-100] sa spi outbound ah 20000</td><td>配置入方向 SA 的 SPI。参数和选项详情参见以上说明。
缺省情况下，SA 没有设置 SPI，可用 undo sa spi inbound { ah | esp }命令删除所设置的 SA 的入方向 SPI。</td></tr>
</table>

（续表）

步骤	命令	说明	
7	**sa string-key { inbound | outbound } ah { simple | cipher }** *string-key* 例如：[Huawei-ipsec-policy-manual-policy1-100] **sa string-key inbound ah cipher** lycb_gz	（二选一）安全协议采用 AH 协议时，配置出/入 SA 所采用的认证密钥。 【说明】如果分别以两种形式设置了认证密钥，则最后设定的认证密钥有效	配置 AH 协议的认证密钥（**以字符串方式输入**）。命令中的参数和选项说明如下。 • **inbound**：二选一选项，指定入方向 SA 的参数； • **outbound**：二选一选项，指定出方向 SA 的参数； • **simple**：二选一选项，指定采用明文口令类型。可以键入明文口令，查看配置文件时以明文方式显示口令； • **cipher**：二选一选项，指定采用密文口令类型。可以键入明文或密文口令，但在查看配置文件时均以密文方式显示口令； • *string-key*：指定 SA 的认证密钥，字符串格式，不支持"？"和空格，**区分大小写**，如果明文输入，长度范围是 1～255；如果密文输入，长度范围为 32～392。 缺省情况下，系统没有配置 SA 的认证密钥，可用 **undo sa string-key { inbound | outbound } ah** 命令删除所配置的 SA 的认证密钥
	sa authentication-hex { inbound | outbound } ah { simple | cipher } *hex-string* 例如：[Huawei-ipsec-policy-manual-policy1-100] **sa authentication-hex inbound ah cipher** lycb_gz		配置 AH 协议的认证密钥（**以 16 进制方式输入**）。参数 *hex-string* 用来指定十六进制格式的认证密钥。 • 如果使用 MD5 认证算法，密钥长度为 16 字节明文，或 28 字节密文； • 如果使用 SHA-1 认证算法，密钥长度为 20 字节明文，或 34 字节密文； • 如果使用 SHA2-256 认证算法，密钥长度为 32 字节明文，或 52 字节密文； • 如果使用 SHA2-384 认证算法，密钥长度为 48 字节明文，或 76 字节密文； • 如果使用 SHA2-512 认证算法，密钥长度为 64 字节明文，或 100 字节密文； • 如果使用 SM3 算法，密钥长度为 32 字节明文。 其他选项详情参见本表前面 **sa string-key { inbound | outbound } ah { simple | cipher }** *string-key* 命令中的对应说明。 缺省情况下，系统没有配置 SA 的认证密钥，可用 **undo sa authentication-hex { inbound | outbound } ah** 命令删除所配置的 SA 的认证密钥。

（续表）

<table>
<tr><th>步骤</th><th>命令</th><th colspan="2">说明</th></tr>
<tr><td rowspan="2">7</td><td>sa string-key { inbound | outbound } esp { simple | cipher } string-key
例如：[Huawei-ipsec-policy-manual-policy1-100] sa string-key inbound esp cipher lycb_ gz</td><td rowspan="2">（二选一）安全协议采用ESP 协议时，配置ESP 协议的认证密钥。
【说明】如果分别以两种形式设置了认证密钥，则最后设定的认证密钥有效</td><td>配置 ESP 协议的认证密钥（以字符串方式输入）。参数和选项详情参见本表前面 sa string-key { inbound | outbound } ah { simple | cipher } string-key 命令的对应说明。
缺省情况下，系统没有配置 SA 的认证密钥，可用 undo sa string-key { inbound | outbound } esp 命令删除所配置的 SA 的认证密钥。
【注意】当安全协议采用 ESP 协议时，如果选择以字符串形式输入认证密钥，则设备将自动生成 ESP 的加密密钥，用户无需再次配置下面第 8 步所示的 ESP 加密密钥</td></tr>
<tr><td>sa authentication-hex { inbound | outbound } esp { simple | cipher } hex-string
例如：[Huawei-ipsec-policy-manual-policy1-100] sa authentication-hex outbound esp cipher lycb_gz</td><td>配置 ESP 协议的认证密钥（以 16 进制方式输入）。参数和选项详情参见本表前面 sa authentication-hex { inbound | outbound } ah { simple | cipher } hex-string 命令的对应说明。
缺省情况下，系统没有配置 SA 的认证密钥，可用 undo sa authentication-hex { inbound | outbound } esp 命令删除所配置的 SA 的认证密钥</td></tr>
<tr><td>8</td><td>sa encryption-hex { inbound | outbound } esp { simple | cipher } hex-string
例如: [Huawei-ipsec-policy-manual-policy1-100] sa encryption-hex outbound esp cipher windanet</td><td colspan="2">（可选）安全协议采用 ESP 协议时，配置 ESP 协议的加密密钥（以 16 进制方式输入）。参数 hex-string 用来指定十六进制格式的加密密钥。
● 如果使用 DES 加密算法，密钥长度为 8 字节明文，或 16 字节密文；
● 如果使用 3DES 加密算法，密钥长度为 24 字节明文，或 40 字节密文；
● 如果使用 AES-128 加密算法，密钥长度为 16 字节明文，或 28 字节密文；
● 如果使用 AES-192 加密算法，密钥长度为 24 字节明文，或 40 字节密文；
● 如果使用 AES-256 加密算法，密钥长度为 32 字节明文，或 52 字节密文；
● 如果使用 SM1 算法，则密钥长度为 16 字节明文；
● 如果使用 SM4 算法，则密钥长度为 16 字节明文。
其他选项详情参见本表前面 sa authentication-hex { inbound | outbound } ah { simple | cipher } hex-string 命令中的对应说明。
【说明】当引用的 IPSec 安全提议同时选择了加密算法和认证算法时，必须配置本条命令。
缺省情况下，系统没有配置 SA 的认证密钥，可用 undo sa encryption-hex { inbound | outbound } esp 命令删除所配置的 SA 的认证密钥</td></tr>
</table>

【经验提示】上表第 7 步是用来配置出/入方向 SA 的认证密钥和加密密钥。但在配置过程中需要注意以下几个方面。

- 在配置手工方式安全策略时，当引用的 IPSec 安全提议选择了认证算法时，需要用户分别针对出/入方向 SA 手工配置认证密钥。并且本端的入方向 SA 的认证密钥必须和对端的出方向 SA 的认证密钥相同，同时本端的出方向 SA 的认证密钥必须和对端的入方向 SA 的认证密钥相同。

- 在配置手工方式安全策略时，当引用的 IPSec 安全提议选择了加密算法时，需要用户分别针对出/入方向 SA 手工配置加密密钥。并且本端的入方向 SA 的加密密钥必须和对端的出方向 SA 的加密密钥相同，同时本端的出方向 SA 的加密密钥必须和对端的入方向 SA 的加密密钥相同。
- 认证密钥和加密密钥只需选择其中一种安全协议和其中一种配置方式。ESP 的加密密钥是可选配置的。
- 在 IPSec 隧道的两端，应当以相同的方式输入密钥。如果一端以字符串方式输入密钥，另一端以 16 进制方式输入密钥，则不能正确地建立 SA。如果在同一端分别以两种方式输入了密钥，则最后设定的密钥有效。
- 建议密钥至少包含小写字母、大写字母、数字、特殊字符这四种形式中的两种，同时密钥长度不小于 6 个字符。

2.4.5 配置可选扩展功能

在基于 ACL 方式的手工建立 IPSec 隧道应用中，可选配置的扩展功能包括：

- 配置 IPSec 隧道绑定 VPN 实例；
- 配置原始报文信息预提取功能；
- 配置对 IPSec 解封装报文进行 ACL 检查；
- 配置报文分片功能。

以上这些功能都是可根据实际需要选择配置的，都不是必须配置的。下面对以上可选功能的具体配置方法进行介绍。

1. 配置 IPSec 隧道绑定 VPN 实例

手工方式建立的 SA 支持在安全策略下配置 IPSec 隧道绑定 VPN 实例。

对于一个 MPLS VPN 网络，如果 CE（用户端）和 PE（运营商端）之间没有使用专线连接，而是通过 Internet 连接，此时，CE 内部接入主机要访问其他 VPN Site 的资源就必须通过不安全的 Internet。但如果对这部分用户提供通过 IPSec 隧道方式接入 MPLS VPN 的骨干网，通过本功能的配置指定隧道对端所属的 VPN，从而使报文在到达对端后可获知发送的接口，即可以实现 IPSec 的 VPN 多实例连接。

配置 IPSec 隧道绑定 VPN 实例的具体配置方法如表 2-6 所示。

表 2-6　　配置 IPSec 隧道绑定 VPN 实例的步骤

步骤	命令	说明
1	**system-view** 例如：<Huawei> **system-view**	进入系统视图
2	**ipsec policy** *policy-name seq-number* **manual** 例如：[Huawei] **ipsec policy** policy1 100 **manual**	进入以前已创建的手工方式安全策略视图。可以为连接不同 VPN 实例例使用同名称，但不同序号不同的安全策略来与不同 VPN 实例进行绑定，以实现 CE 客户端可以访问位于不同 VPN Site 中的资源。

（续表）

步骤	命令	说明
3	**sa binding vpn-instance** *vpn-instance-name* 例如：[Huawei-ipsec-policy-manual-policy1-100] **sa binding vpn-instance** vpna	指定以上安全策略中，IPSec 隧道要绑定的 VPN 实例。参数 *vpn-instance-name* 是一个已经通过 **ip vpn-instance** *vpn-instance-name* 命令创建的 VPN 实例，字符串格式，长度范围是 1～31。**区分大小写**，字符串中不能包含“？”和空格。 缺省情况下，IPSec 隧道没有绑定 VPN 实例，可用 **undo sa binding vpn-instance** 命令删除 IPSec 隧道绑定的 VPN 实例

2. 配置原始报文信息预提取功能

当在接口上同时应用了 IPSec 安全策略与 QoS 策略时，QoS 默认仍使用被重新封装的报文的外层 IP 报头信息（传输模式下封装的新 IP 报头，隐藏了原始报文的报头及协议等关于 QoS 的参数信息）来对报文进行分类。如果希望 QoS 仍基于被封装报文的原 IP 报头信息对报文进行分类，则需要配置原始报文信息预提取功能来实现。

配置原始报文信息预提取功能的具体配置步骤如表 2-7 所示。

表 2-7　　配置原始报文信息预提取功能的步骤

步骤	命令	说明
1	**system-view** 例如：<Huawei> **system-view**	进入系统视图
2	**ipsec policy** *policy-name seq-number* **manual** 例如：[Huawei] **ipsec policy** policy1 100 **manual**	进入以前已创建的手工方式安全策略视图
3	**qos pre-classify** 例如：[Huawei-ipsec-policy-manual-policy1-100] **qos pre-classify**	配置对原始报文信息进行预提取。 缺省情况下，系统没有配置对原始报文信息的预提取，可使用 **undo qos pre-classify** 命令取消对原始报文信息的预提取

3. 配置对 IPSec 解封装报文进行 ACL 检查

本可选配置任务仅当在 IPSec 安全提议下配置对报文的封装形式为隧道模式时才可选配置。

SA 入方向的 IPSec 报文在解封装之后有可能内部 IP 报头不在当前安全策略配置的 ACL 保护范围内，如报文在网络中传输时被恶意修改的攻击报文头就可能不在此范围内。通过设备对进入的报文重新检查报文内部 IP 报头是否在 ACL 保护范围内，可以提高网络安全性。这时，解封装后的报文如与 ACL 的 permit 规则匹配上则采取后续处理，否则丢弃。

配置对 IPSec 解封装报文进行 ACL 检查的方法很简单，就是在系统视图下执行 **ipsec decrypt check** 命令，缺省情况下，系统不对 IPSec 解封装报文进行 ACL 检查，可用 **undo ipsec decrypt check** 命令取消对 IPSec 解封装报文进行 ACL 检查。

4. 配置报文分片功能

原始 IP 报文经过 IPSec 重封装后，报文长度有可能会超过设备出接口的 MTU，这时就需要对 IP 报文进行分片，以防止报文丢失。在 IPSec 通信中，报文分片功能有两种形式。

（1）加密前分片

加密前分片是在原始 IP 报文进行 IPSec 重封装前，加密设备会计算报文封装后的预计长度（毕竟所加的字段和长度是固定的，可以事先估计的），如果长度超过出接口的 MTU，加密设备先对报文进行分片，对分片后的每个原始 IP 报文分片分别进行 IPSec 加密。这种情况下对端解密设备会将重组工作交给终端主机完成，因为原始报文就被分片了，所以最终的报文重组只能在还原为原始报文后由目的设备来完成。这种分片方式减少了对端解密设备的 CPU 消耗。

（2）加密后分片

加密后分片是在 IP 报文进行 IPSec 封装后，如果 IPSec 报文超过出接口的 MTU，加密设备对 IPSec 报文按照出接口的 MTU 进行分片。这种情况下对端解密设备需要先将 IPSec 报文重组后再进行解密，即 IPSec 报文的重组工作是由对端 IPSec 设备完成的，因为此时在源端并不是直接对原始 IP 报文进行分片，而是对经过了 IPSec 重封后的 IPSec 报文进行分片，自然最终的报文重组工作是由对端能够识别 IPSec 报文的设备来担当，重组并解密还原后的原始 IP 报文才发给终端主机。

配置报文分片功能的步骤如表 2-8 所示。

表 2-8　配置报文分片功能的步骤

步骤	命令	说明
1	**system-view** 例如：<Huawei> **system-view**	进入系统视图
2	**ipsec df-bit { clear | set | copy }** 例如：[Huawei] **ipsec df-bit clear**	配置 IPSec 报文的 DF（Don't Fragment）标志位，表示是否允许对报文进行分片。命令中的选项说明如下。 ● **clear**：多选一选项，指定 DF 标志位设置为 0，允许对报文进行分片。 ● **set**：多选一选项，指定 DF 标志位设置为 1，不允许对报文进行分片。 ● **copy**：多选一选项，指定 DF 标志位为原始 IP 报文的标志位。 可以重复执行本命令，但后面的配置将覆盖前面所进行的配置。 缺省情况下，IPSec 报文的 DF 标志位设置采用 copy 方式，即指定 DF 标志位为原始 IP 报文的标志位
3	**ipsec fragmentation before-encryption** 例如：[Huawe] **ipsec fragmentation before-encryption**	配置 IPSec 隧道报文的分片方式为加密前分片。当允许对报文分片时（当上一步 **ipsec df-bit** 命令选择 **clear** 选项时，或者选择 **copy** 选项，且 IP 报文的 DF 标识位为 0 时），此命令才有效。 缺省情况下，IPSec 隧道报文的分片方式为加密后分片，可用 **undo ipsec fragmentation** 命令恢复 IPSec 隧道报文的分片方式缺省配置

2.4.6　配置在接口上应用安全策略组

以上 2.4.2 节、2.4.3 节、2.4.4 节的配置其实最终都是为 2.4.4 节的安全策略配置打基础的，所以最终的目的其实就是安全策略的配置。完成了安全策略配置后，就要在接口上应用所配置的安全策略，使得接口对所发送的数据接受 IPSec 的保护。

安全策略组是所有具有相同名称、不同序号的安全策略的集合。一个安全策略组中可以包含多个手工和 IKE 动态协商方式策略（每个策略对应一个高级 ACL），但只能包含一个策略模板。在同一个安全策略组中，序号越小的安全策略，被应用的优先级越高。

为了使接口能对数据流进行 IPSec 保护，需要在该接口上应用一个安全策略组（当然这个安全策略组中也可以只包含一个安全策略）。安全策略组除了可以应用到串口、以太网口等实际物理接口上之外，还能够应用到 Virtual Template 等虚拟接口上。这样就可以根据实际组网要求应用安全策略组，如分支通过 PPPoE 拨号方式与总部建立 IPSec 隧道时，需要将安全策略应用到 Virtual Template 虚拟接口上，**但这种情形不适用采用手工方式建立 IPSec 隧道**。当取消安全策略组在接口上的应用后，此接口便不再具有 IPSec 的保护功能。

当从一个接口发送数据时，将按照从小到大的序号查找安全策略组中每一个安全策略。如果数据流匹配了一个安全策略引用的 ACL，则使用这个安全策略对数据流进行处理；如果没有匹配，则继续查找下一个安全策略；如果数据与所有安全策略引用的 ACL 都不匹配，则直接被发送，即 IPSec 不对数据流加以保护。

接口应用 IPSec 安全策略组时要注意以下原则：

- IPSec 安全策略应用到的接口一定是建立隧道的接口，且该接口一定是到对端私网路由的出接口，通常是 IPSec 设备连接 Internet 的接口。误将 IPSec 安全策略应用到其他接口会导致 VPN 业务不通。
- **一个接口只能应用一个 IPSec 安全策略组，一个 IPSec 安全策略组也只能应用到一个接口上**（多链路共享安全策略组除外）。
- 当 IPSec 安全策略组应用于接口后，不能修改该安全策略组下安全策略的引用的 ACL、引用的 IKE 对等体。

在接口上应用安全策略组的配置方法如表 2-9 所示。

表 2-9　配置在接口上应用安全策略组的步骤

步骤	命令	说明
1	**system-view** 例如：<Huawei> **system-view**	进入系统视图
2	**interface** *interface-type interface-number* 例如：[Huawei] **interface** ethernet 1/0/0	进入 IPSec 设备的 WAN 接口视图，在手工方式下通常是 IPSec 设备的公网侧物理接口
3	**ipsec policy** *policy-name* 例如：[Huawei-Ethernet1/0/0] **ipsec policy** policy1	在接口上应用指定的安全策略组。手工方式的安全策略应用后，会立即生成 SA。IKE 协商方式的安全策略应用后，则根据可选配置的 **sa trigger-mode** { **auto** | **traffic-based** }命令设置的触发方式（自动触发和流量触发两种方式）协商 IPSec SA。缺省情况下，IKE 协商方式生成的 IPSec SA 为自动触发。SA 创建成功后，IPSec 隧道间的数据流将被加密传输。 缺省情况下，接口上没有应用安全策略组，可用 **undo ipsec policy** 命令从接口上取消应用的安全策略组。 【注意】**一个接口只能应用一个安全策略组，一个安全策略组也只能应用到一个接口上**。如果要在接口上应用另一个安全策略组，必须先从接口上取消应用的安全策略组，再在接口上应用另一个安全策略组

2.4.7 IPSec 隧道维护和管理命令

本节所介绍的 IPSec 隧道维护和管理命令同时包括各种 IPSec 隧道建立情形下的相关命令（**display** 命令可在任意视图下执行，**reset** 命令须在用户视图下执行），在具体的应用方案配置和管理中选择应用。这主要是为了方便介绍，更为后面介绍具体的配置示例时作一个铺垫。这些维护和管理命令主要包括。

- **display ipsec proposal** [**name** *proposal-name*]：查看提定名称或者所有配置的 IPSec 安全提议的信息。
- **display ipsec policy** [**brief** | **name** *policy-name* [*seq-number*]]：查看指定名称（或同时指定序号）或所有配置的安全策略的信息。
- **display ipsec policy-template** [**brief** | **name** *template-name* [*seq-number*]]：查看所有或指定名称（或同时指定序列号）的策略模板的配置信息。
- **display ipsec sa** [**brief** | **duration** | **policy** *policy-name* [*seq-number*] | **peerip** *peer-ip-address*]：查看全局（选择 **duration** 选项时），由指定安全策略创建的，或者指定对等体地址的 IPSec SA 的相关信息。
- **display ipsec profile** [**brief** | **name** *profile-name*]：查看所有或指定安全框架的配置信息。
- **display ike peer** [**name** *peer-name*] [**verbose**]：查看所有或指定名称的 IKE 对等体的配置信息。
- **display ike proposal** [**number** *proposal-number*]：查看所有或指定名称的 IKE 安全提议配置的参数。
- **display ike sa** [**conn-id** *connid* | **peer-name** *peername* | **phase** *phase-number* | **verbose**]：查看所有或者指定连接 ID、指定对等体或指定阶段的当前 IKE SA 的相关信息。
- **display ike sa** [**v2**] [**phase** *phase-number* | **verbose**]：查看所有或指定阶段的当前 IKEv SA 的相关信息。
- **display ipsec policy-template** [**brief** | **name** *template-name* [*seq-number*]]：查看所有或指定策略模板名称的策略模板配置信息。
- **display ipsec efficient-vpn** [**brief** | **capability** | **ip-alloc information** | **name** *efficient-vpn-name* | **remote**]：查看所有或指定 Efficient VPN 策略的配置信息。
- **display ipsec statistics** { **ah** | **esp** }：查看 IPSec 处理的 AH 或者 ESP 报文的统计信息。
- **display ike statistics** { **all** | **msg** | **v1** | **v2** }：查看 IKE 处理的所有或指定类型报文的统计信息，或仅显示 IKE 处理报文的统计计数。
- **reset ipsec statistics** { **ah** | **esp** }：清除 IPSec AH 或 ESP 报文统计信息。
- **reset ike statistics** { **all** | **msg** }：清除所有 IKE 报文统计信息或仅清除 IKE 报文的统计计数。
- **reset ipsec sa** [**remote** *ip-address* | **policy** *policy-name* [*seq-number*] | **parameters** *dest-address* { **ah** | **esp** } *spi*]：清除已建立的指定 SA。通过手工建立的 SA 被删除后，系统会自动根据对应的手工方式安全策略建立新的 SA。而通过 IKE 协商建立的 SA 被删除

后，如果有报文重新触发 IKE 协商，IKE 将重新协商建立新的 SA。

- **reset ipsec sa profile** *profile-name*：清除指定安全框架下生成的 SA。通过 IKE 协商建立的 SA 被删除后，如果有报文重新触发 IKE 协商，IKE 将重新协商建立新的 SA。
- **reset ipsec sa efficient-vpn** *efficient-vpn-name*：清除指定 Efficient VPN 策略生成的 SA。
- **reset ike sa** { **all** | **conn-id** *connection-id* }：当前 IKE 建立的所有或指定的 SA。如果要删除通过 IKE 协商建立的 IPSec 隧道，可以执行本命令删除用于协商的 IKE SA。

介绍了那么多，下面就要正式利用前面介绍的基于 ACL 的手工方式建立 IPSec 隧道的具体配置与管理方法来为大家一些具体、典型的配置示例了。通过这些配置示例中详细的配置思路分析和配置步骤介绍，可以帮助大家对前面看似比较复杂的配置方法有一个更好的认识和理解。

2.4.8 基于 ACL 方式手工建立 IPSec 隧道配置示例

如图 2-18 所示，RouterA 为公司分支机构网关，RouterB 为公司总部网关，分支机构与公司总部的内部子网通过公网 Internet 建立通信连接。其中分支机构子网为 10.1.1.0/24，公司总部子网为 10.1.2.0/24，并且它们中的内部子网用户都已通过专线或固定分配 IP 地址的某种 Internet 接入方式成功接入到 Internet 了。

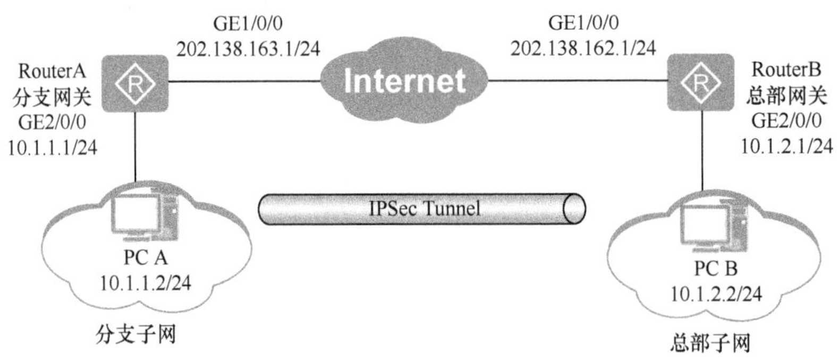

图 2-18 基于 ACL 方式手工建立 IPSec 隧道配置示例拓扑结构

公司希望对分支机构子网与公司总部子网之间相互访问的流量可以有安全保护功能，即在分支机构网关与公司总部网关之间建立一个 IPSec 隧道来实施安全保护。

假设本示例 AR G3 路由器均运行 V200R008 版本 VRP 系统，采用 IKEv1 版本。

1. 基本配置思路分析

在本示例中，由于维护网关较少（假设仅一个分支机构），可以考虑采用前面介绍的基于 ACL 方式下的手工方式建立 IPSec 隧道，其基本的配置思路如下。

（1）配置各网关设备公/私网接口当前的 IP 地址，以及分支机构公网、私网与总部公网、私网互访的静态路由。

本示例中，公司总部网关和分支机构网关的 WAN 口都分配到了静态公网 IP 地址，所以可以直接配置 RouterA 和 RouterB 的公、私网接口 IP 地址，以及到达对端公、私网的静态路由。但要配置静态路由，还需要了解分支机构和公司总部 Internet 网关所连接的 ISP 设备接口的 IP 地址，它是作为静态路由的下一跳的。

（2）配置 ACL，以定义需要 IPSec 保护的数据流

本示例假定采用基于 ACL 方式来定义需要保护的数据流，即确定哪些数据需要通过 IPSec 隧道传输。因为 IPSec VPN 通信是基于公网 Internet 建立的，如果不定义需要保护的数据流的话，就没有数据流会通过 IPSec 隧道传输，而会直接通过 Internet 传输，最终显然达不到远程网络互联的目的了。

本示例很显然需要保护的数据流是分支机构子网与公司总部子网之间的通信，其他通过 Internet 的访问（如访问 Internet 网站）是直接在 Internet 中传输的。

（3）配置 IPSec 安全提议，定义 IPSec 的保护方法

IPSec 安全提议包括 IPSec 使用的安全协议、认证/加密算法以及数据的封装模式，定义了 IPSec 的保护方法，为 IPSec 协商 SA 提供各种安全参数。

（4）配置安全策略，在其中要引用前面配置的用于定义需要保护的数据流的 ACL 和 IPSec 安全提议，确定对何种数据流采取何种保护方法。

在 ACL 方式手工建立 IPSec 隧道的安全策略配置中，需要用户分别针对两端的出/入方向 SA 以手工方式配置认证/加密密钥、SPI 等参数，并且隧道两端的这些参数需要镜像配置。即本端的入方向 SA 参数必须和对端的出方向 SA 参数一致；本端的出方向 SA 参数必须和对端的入方向 SA 参数一致。

（5）在 IPSec 隧道端点的公网接口上应用前面已配置的安全策略组

因为本示例中两端的 IPSec 设备的 WAN 口（RouterA 和 RouterB 的 GE1/0/0 接口）是以太网口，且分配有静态的公网 IP 地址，可以直接在这两个接口上应用前面所配置的安全策略组，使从这两个接口发送的数据流均通过 IPSec 保护。

2. 具体配置步骤

下面按照前面所做的配置思路分析，介绍具体的配置方法。

（1）配置接口 IP 地址和 IPSec 隧道两端的公网路由

分别在 RouterA 和 RouterB 上配置接口的 IP 地址和到达对端的静态路由。

在 RouterA 上配置连接公网、私网的接口的 IP 地址。

```
<Huawei> system-view
[Huawei] sysname RouterA
[RouterA] interface gigabitethernet 1/0/0
[RouterA-GigabitEthernet1/0/0] ip address 202.138.163.1 255.255.255.0
[RouterA-GigabitEthernet1/0/0] quit
[RouterA] interface gigabitethernet 2/0/0
[RouterA-GigabitEthernet2/0/0] ip address 10.1.1.1 255.255.255.0
[RouterA-GigabitEthernet2/0/0] quit
```

在 RouterA 上配置到公司总部公网接口、私网的静态路由，此处假设到达对端的下一跳 IP 地址（分支机构端 ISP 设备与分支机构 IPSec 设备连接的接口的 IP 地址）为 202.138.163.2。

```
[RouterA] ip route-static 202.138.162.1 32 202.138.163.2   #---配置到达总部 Internet 网关 RouterB 的 GE1/0/0 接口的静态主机路由，当然也可以配置到达该接口所对应网段的静态路由，下同
[RouterA] ip route-static 10.1.2.0 24 202.138.163.2   #---配置到达总部子网的静态路由
```

【经验提示】在这里大家可能有些犯迷糊了，到达私网的路由怎么指定一个公网 IP 地址作为下一跳呢？因为后面的各个配置示例中都可能涉及到这个问题，所以在此集中说明一下。

在本章前面已介绍，这种站点到站点的网络连接必须采用隧道工作模式，而在隧道工作模式下，原始的 IP 报文是需要再添加一个以本端 IPSec 设备公网接口 IP 地址作为源 IP 地址，对端 IPSec 设备公网接口 IP 地址作为目的 IP 地址的新 IP 报头，所以实际上用户发送的数据包在 Internet 上还是按照公网路由表进行转发的。公网 Internet 不可能有私网的路由表，此处配置到达对端私网静态路由仅是使本端 IPSec 设备获知，当它接收到所连网子网发往对端子网的数据包时，要从所指定的下一跳路由进行转发，至于到达 Internet 后的路由转发则仍是按照 ISP 设备上配置的公网路由表进行转发，并不是仅靠这一条静态路由就可以直接以数据包发到对端的内部子网主机上的。

在 RouterB 上配置接口的 IP 地址。

```
<Huawei> system-view
[Huawei] sysname RouterB
[RouterB] interface gigabitethernet 1/0/0
[RouterB-GigabitEthernet1/0/0] ip address 202.138.162.1 255.255.255.0
[RouterB-GigabitEthernet1/0/0] quit
[RouterB] interface gigabitethernet 2/0/0
[RouterB-GigabitEthernet2/0/0] ip address 10.1.2.1 255.255.255.0
[RouterB-GigabitEthernet2/0/0] quit
```

在 RouterB 上配置到分支机构公网、私网的静态路由，此处假设到对端下一跳地址（公司总部端 ISP 设备与公司总部 IPSec 设备连接的接口的 IP 地址）为 202.138.162.2。

```
[RouterB] ip route-static 202.138.163.1 32 202.138.162.2 #---配置到达分支机构 Internet 网关 RouterA 的 GE1/0/0 接口的静态主机路由
[RouterB] ip route-static 10.1.1.0 24 202.138.162.2   #---配置到达分支机构子网的静态路由
```

（2）分别在 RouterA 和 RouterB 上配置 ACL，定义各自要保护的数据流。这里需要定义的是分支机构内部子网与公司总部内部子网互访问的 IP 数据流。一般要求采用镜像配置。

在 RouterA 上配置 ACL，定义由子网 10.1.1.0/24 去子网 10.1.2.0/24 的数据流。

```
[RouterA] acl number 3100
[RouterA-acl-adv-3100] rule permit ip source 10.1.1.0 0.0.0.255 destination 10.1.2.0 0.0.0.255
[RouterA-acl-adv-3100] quit
```

在 RouterB 上配置 ACL，定义由子网 10.1.2.0/24 去子网 10.1.1.0/24 的数据流。

```
[RouterB] acl number 3100
[RouterB-acl-adv-3101] rule permit ip source 10.1.2.0 0.0.0.255 destination 10.1.1.0 0.0.0.255
[RouterB-acl-adv-3101] quit
```

（3）分别在 RouterA 和 RouterB 上创建 IPSec 安全提议。假设所创建的安全提议名称均为 pro1（**两端的安全提议名称可以不一致，但所配置的安全参数必须一致**）。创建一个新的 IPSec 安全提议后，在参数配置没有被修改前，其值为缺省值（前面已介绍，在 VRPV200R006 以前版本和以后版本中，这些参数的缺省值是不一样的，参见 2.4.3 节说明）。在这里假设设备运行的 VRP 系统是 V200R008 版本，采用缺省的 ESP 协议，认证算法修改为 SHA1，加密算法修改为 AES-128，其他均采取缺省配置。

```
[RouterA] ipsec proposal pro1
[RouterA-ipsec-proposal-pro1] esp authentication-algorithm sha1
[RouterA-ipsec-proposal-pro1] esp encryption-algorithm aes-128
[RouterA-ipsec-proposal-pro1] quit
```

```
[RouterB] ipsec proposal pro1
[RouterB-ipsec-proposal-pro1] esp authentication-algorithm sha1
[RouterB-ipsec-proposal-pro1] esp encryption-algorithm aes-128
[RouterB-ipsec-proposal-pro1] quit
```

此时分别在 RouterA 和 RouterB 上执行 **display ipsec proposal** 会显示所配置的信息，以 RouterA 为例。

```
[RouterA] display ipsec proposal name pro1

IPSec proposal name: pro1   #---IPSec 提议名称为 pro1
 Encapsulation mode: Tunnel   #---采用隧道传输模式
 Transform          : esp-new   #---选择新版的 ESP 协议作为安全协议
 ESP protocol       : Authentication SHA1   #---采用 SHA1 认证算法
                      Encryption    AES-128        #---采用 AES-128 加密算法
```

（4）分别在 RouterA 和 RouterB 上手工创建安全策略

在基于 ACL 的手工方式建立 IPSec 隧道的应用中，需要用户分别针对出/入方向 SA 手工配置认证/加密密钥、SPI 等参数，并且隧道两端的这些参数需要镜像配置（**安全策略组名称和序号可以一样，也可以不一样**）。即本端的入方向 SA 参数必须和对端的出方向 SA 参数一样；本端的出方向 SA 参数必须和对端的入方向 SA 参数一样。另外还要在安全策略中配置需要调用的 ACL、IPSec 安全提议，以及本端和对端 IPSec 隧道端点的 IP 地址。

RouterA 上要配置的安全策略参数如下：

- 手工方式安全策略名为 client，序号为 10；
- 调用前面已配置好的 ACL 3100 和名为 pro1 的 IPSec 安全提议；
- 本端 IPSec 端点 IP 地址为：202.138.163.1，即 RouterA GE1/0/0 接口 IP 地址；
- 对端 IPSec 端点 IP 地址为：202.138.162.1，即 RouterB GE1/0/0 接口 IP 地址；
- 入方向 ESP SA 的 SPI 为 12345，出方向 ESP SA 的 SPI 为 54321；
- 入方向 ESP SA 的字符串格式认证密钥为 winda_gz，出方向 ESP SA 的字符串格式认证密钥为 lycb.com；
- 入方向 ESP SA 的十六进制格式加密密钥为 1234567890abcdef1234567890abcdef，出方向 ESP SA 的十六进制格式加密密钥为 abcdefabcdef1234abcdefabcdef1234。因为采用的是 AES-128 加密算法，所以明文输入时是 16 个字节字符（每 2 个字符为 1 个字节）。

RouterB 上要配置的安全策略参数如下：

- 手工方式安全策略名为 server，序号为 10；
- 调用前面已配置好的 ACL 3100 和名为 pro1 的 IPSec 安全提议；
- 本端 IPSec 端点 IP 地址为：202.138.162.1，即 RouterB GE1/0/0 接口 IP 地址；
- 对端 IPSec 端点 IP 地址为：202.138.163.1，即 RouterA GE1/0/0 接口 IP 地址；
- 入方向 ESP SA 的 SPI 为 54321，出方向 ESP SA 的 SPI 为 12345；
- 入方向 ESP SA 的字符串格式认证密钥为 lycb.com，出方向 ESP SA 的字符串格式认证密钥为 winda_gz；
- 入方向 ESP SA 的十六进制格式加密密钥为 abcdefabcdef1234 abcdefabcdef1234，出方向 ESP SA 的十六进制格式加密密钥为 1234567890abcdef1234567890abcdef。

说明

如果选择ESP作为安全协议，则其认证密钥和加密密钥可同时配置，也可仅选择配置其中一项，但不能同时不配置。

在 RouterA 上配置手工方式安全策略。

```
[RouterA] ipsec policy client 10 manual
[RouterA-ipsec-policy-manual-client-10] security acl 3100    #---调用前面定义的高级 ACL
[RouterA-ipsec-policy-manual-client-10] proposal pro1   #---调用前面创建的名为 pro1 的安全提议
[RouterA-ipsec-policy-manual-client-10] tunnel remote 202.138.162.1   #---配置对端 IPSsec 隧道设备公网接口的 IP 地址
[RouterA-ipsec-policy-manual-client-10] tunnel local 202.138.163.1   #---配置本端 IPSsec 隧道设备公网接口的 IP 地址
[RouterA-ipsec-policy-manual-client-10] sa spi outbound esp 12345   #—配置本端出方向 SA 的 SPI 采用 ESP 协议，SPI 值为 12345
[RouterA-ipsec-policy-manual-client-10] sa spi inbound esp 54321   #---配置本端入方向 SA 的 SPI 采用 ESP 协议，SPI 值为 54321
[RouterA-ipsec-policy-manual-client-10] sa string-key outbound esp simple lycb.com   #---采用字符串方式配置本端出方向 SA 的 ESP 协议的认证密钥为 lycb.com
[RouterA-ipsec-policy-manual-client-10] sa string-key inbound esp simple winda_gz   #---采用字符串方式配置本端入方向 SA 的 ESP 协议的认证密钥为 winda_gz
[RouterA-ipsec-policy-manual-client-10] sa encryption-hex inbound esp simple 1234567890abcdef1234567890abcdef #---采用十六进制格式配置本端入方向的 ESP 协议的加密密钥为 1234567890abcdef1234567890abcdef
[RouterA-ipsec-policy-manual-client-10] sa encryption-hex outbound esp simple abcdefabcdef1234abcdefabcdef1234 abcdefabcdef1234   #---采用十六进制格式配置本端出方向的 ESP 协议的加密密钥为 abcdefabcdef1234abcdefabcdef1234
[RouterA-ipsec-policy-manual-client-10] quit
```

在 RouterB 上配置手工方式安全策略。

```
[RouterB] ipsec policy server 10 manual
[RouterB-ipsec-policyl-manual-server-10] security acl 3100
[RouterB-ipsec-policyl-manual-server-10] proposal pro1
[RouterB-ipsec-policyl-manual-server-10] tunnel remote 202.138.163.1
[RouterB-ipsec-policyl-manual-server-10] tunnel local 202.138.162.1
[RouterB-ipsec-policyl-manual-server-10] sa spi outbound esp 54321   #---配置本端入方向 ESP SA 的 SPI，必须与 RouterA 上入方向 ESP SA 的 SPI 配置相同
[RouterB-ipsec-policyl-manual-server-10] sa spi inbound esp 12345   #---配置本端出方向 ESP SA 的 SPI，必须与 RouterA 上出方向 ESP SA 的 SPI 配置相同
[RouterB-ipsec-policyl-manual-server-10] sa string-key outbound esp simple winda_gz   #---配置本端出方向 SA 的 ESP 认证密钥，必须与 RouterA 上入方向 ESP SA 的认证密钥配置相同
[RouterB-ipsec-policyl-manual-server-10] sa string-key inbound esp simple lycb.com   #---配置本端入方向 SA 的 ESP 认证密钥，必须与 RouterA 上出方向 ESP SA 认证密钥配置相同
[RouterB-ipsec-policy-manual-server-10] sa encryption-hex inbound esp simple abcdefabcdef1234abcdefabcdef1234   #---配置本端入方向 SA 的 ESP 加密密钥，必须与 RouterA 上配置的出方向 SA 的 ESP 加密密钥相同
[RouterB-ipsec-policy-manual-server-10] sa encryption-hex outbound esp simple 1234567890abcdef1234567890abcdef #---配置本端出方向 SA 的 ESP 加密密钥，必须与 RouterA 上配置的入方向 SA 的 ESP 加密密钥相同
[RouterB-ipsec-policyl-manual-server-10] quit
```

此时分别在 RouterA 和 RouterB 上执行 **display ipsec policy** 会显示所配置的信息，以 RouterA 为例。

```
[RouterA] display ipsec policy name client
===========================================
IPSec policy group: "client"    #---本端配置的安全策略名称为 client
Using interface:
===========================================

    Sequence number: 10    #---安全策略的序号为 10
    Security data flow: 3100    #---所引用的 ACL
    Tunnel local   address: 202.138.163.1   #---本端 IPSec 隧道端点 IP 地址
    Tunnel remote address: 202.138.162.1    #---对端 IPSec 隧道端点 IP 地址
```

```
    Qos pre-classify: Disable
    Proposal name:pro1     #---本端创建的安全策略名称为 pro1
    Inbound AH setting:    #---因为本示例采用的是 ESP 协议作为认证和加密协议，所以没有配置 AH 协议入方面和
出方向 SA 相关的参数
      AH SPI:
      AH string-key:
      AH authentication hex key:
    Inbound ESP setting:
      ESP SPI: 54321 (0xd431)    #---本端 ESP 入方向 SA 的 SPI 值
      ESP string-key: winda_gz      #---本端 ESP 入方向 SA 的认证密钥（字符串格式）
      ESP encryption hex key: 1234567890abcdef1234567890abcdef    #---本端入 ESP 入方面 SA 加密密钥（十六进制格式）
      ESP authentication hex key:
    Outbound AH setting:
      AH SPI:
      AH string-key:
      AH authentication hex key:
    Outbound ESP setting:
      ESP SPI: 12345 (0x3039)   #---本端出方向 ESP SA 的 SPI 值
      ESP string-key: lycb.com     #---本端出方向 ESP SA 的认证密钥（字符串格式）
      ESP encryption hex key: abcdefabcdef1234 abcdefabcdef1234 #---本端出方向 ESP SA 的加密密钥(十六进制格式)
      ESP authentication hex key:
```

（5）分别在 RouterA 和 RouterB 的公网接口上应用各自配置的安全策略，使接口具有 IPSec 的保护功能。

在 RouterA 的 GE1/0/0 接口上应用前面在 RouterA 上配置的安全策略组。

```
[RouterA] interface gigabitethernet 1/0/0
[RouterA-GigabitEthernet1/0/0] ipsec policy client
[RouterA-GigabitEthernet1/0/0] quit
```

在 RouterB 的 GE1/0/0 接口上应用前面在 RouterB 上配置的安全策略组。

```
[RouterB] interface gigabitethernet 1/0/0
[RouterB-GigabitEthernet1/0/0] ipsec policy server
[RouterB-GigabitEthernet1/0/0] quit
```

3. 配置结果验证

以上配置完成后，在分支机构主机 PC A 上执行 **ping** 操作应该可以 ping 通位于公司总部网络的主机 PC B，表明以上配置是正确的。

执行命令 **display ipsec statistics esp** 可以查看数据包的统计信息。执行 **display ipsec sa** 会显示所配置的 IPSec SA 信息，以下是在 RouterA 上执行该命令的输出。

```
[RouterA] display ipsec sa
===============================
Interface: GigabitEthernet1/0/0
    Path MTU: 1500
===============================

  -----------------------------
  IPSec policy name: "client"
  Sequence number: 10
  Acl Group: 3100
  Acl rule: 5
  Mode: Manual     #---本端采用手工方式建立 IPSec 隧道
  -----------------------------
    Encapsulation mode: Tunnel     #---本端 IPSec 工作模式为隧道模式
    Tunnel local          : 202.138.163.1     #---本端 IPSec 端点 IP 地址为 202.138.163.1
    Tunnel remote         : 202.138.162.1     #---对端 IPSec 端点 IP 地址为 202.138.162.1
```

```
      Qos pre-classify   : Disable   #---按缺省禁用了对原始报文信息的预提取功能

      [Outbound ESP SAs]     #---出方向 ESP SA 参数
        SPI: 12345 (0x3039)  #---出方向 ESP SA 的 SPI 为 12345
        Proposal: ESP-ENCRYPT-AES-128 ESP-AUTH-SHA1     #---出方向 ESP SA 的安全提议参数，采用 AES-256 加
密算法、SHA1 认证算法
        No duration limit for this SA     #---指定 SA 的生存周期，因为是手工方式创建的，所以永久有效

      [Inbound ESP SAs]      #---入方向 ESP SA 参数
        SPI: 54321 (0xd431)  #---入方向 ESP SA 的 SPI 为 54321
        Proposal: ESP-ENCRYPT-AES-128 ESP-AUTH-SHA1   #---入方向 ESP SA 的安全提议参数，采用 AES-128 加
密算法、SHA1 认证算法
        No duration limit for this SA
```

2.5 基于 ACL 方式手工建立 IPSec 隧道的典型故障排除

在 IPSec VPN 的应用方案配置中，无论采用哪种具体的 IPSec 隧道建立方式，都主要存在两种可能的故障情形：一是 IPSec 隧道建立不成功，二是虽然 IPSec 隧道建立成功了，但两端仍不能通信。本节仅专门针对基于 ACL 方式的手工建立 IPSec 隧道的配置方案中，针对以上两种典型故障介绍具体的排除思路。

2.5.1 IPSec 隧道建立不成功的故障排除

这种故障现象最常见，但由于在手工方式建立 IPSec 隧道的配置方案中，所有用于建立最终的 IPSec SA 参数都是手工配置的，所以如果一切按照要求配置了，IPSec 隧道是肯定可以建立起来的。但事实上，可能我们在配置过程中没有充分注意本章前面所介绍的一些注意事项。下面就通过介绍这种故障的排除方法来帮助大家回顾本章前面针对手工方式建立 IPSec 隧道的配置方案中的一些注意事项。

1. 两端或其中一端没有成功接入 Internet

因为 IPSec VPN 通常是在公网——Internet 上构建虚拟隧道来实现远程网络连接的，所以其前提就是两端必须已成功接入到了 Internet，并且 IPSec 隧道两端所连接的公网、私网路由都是通的，这也是我们在 2.4 节正式介绍具体的 IPSec 配置前就提到的其中一个前提。

排除方法是首先从一端内网主机 ping 另一端 IPSec 设备的公网侧接口 IP 地址，能 ping 通则证明两端都已成功接入 Internet，且两端的路由配置也是正确的，否则检查 Internet 接入和两端到达对端公网、私网的路由配置（包括源/目的主机的网关配置）。有关两端到达对端所连接的公网、私网的路由配置可参照 2.4.8 节配置示例相应部分。

2. 两端的 IPSec 配置不正确

排除了线路和路由的问题后，再来检查两端的 IPSec 配置了，这里最容易出问题，因为有许多地方在配置时要特别注意。以下任何其中一条配置不符合要求都可能造成 IPSec SA 建立不了，也就使 IPSec 隧道建立不成功。

（1）看两端的 IPSec 安全提议配置是否一致

可在两端的 IPSec 设备上执行 **display ipsec proposal** 命令（输出类似如下所示），要

求两端最终显示出的封装模式（Encapsulation mode）、所使用的安全协议（Transform），以及所选安全协议所使用的认证或加密算法（加密算法仅在选择 ESP 协议时有）配置必须完全一致。IPSec 安全提议名称（IPsec proposal name）和序号（Number of proposals）可不一样。

```
<Huawei> display ipsec proposal

Number of proposals: 1

IPsec proposal name: pro1
 Encapsulation mode: Tunnel
 Transform            : esp-new
 ESP protocol         : Authentication SHA1-HMAC-96
                        Encryption      DES
```

注意

在华为 VRP 系统中，V200R006 以前版本和以后版本的 IPSec 安全提议中的认证算法和加密算法的缺省值是不一样的，要认真核查两端设备运行的 VRP 系统版本，确保两端的 IPSec 安全提议参数配置一致。

另外，站点到站点的连接必须使用隧道（Tunnel）封装模式，而不能使用传输（Transport）封装模式。在手工方式建立 IPSec 隧道的配置方案中，认证算法也不能采用 SM3 算法。

（2）安全策略中的配置没按要求配置成镜像，或保持一致

在手工方式建立 IPSec 隧道时，安全参数必须手工一条条配置，而且大多数配置两端必须是镜像配置（**但所选安全协议必须一致，安全策略名称和序号两端可以不一致**），如一端的本端/对端 IP 地址必须与对端配置的对端/本端 IP 地址对应一致，SA 出/入方面的 SPI、密钥参数配置也是一样的。

另外，**隧道两端的 IP 地址配置必须是 IPSec 设备连接公网侧接口的公网 IP 地址，出/入方向 SA 的 SPI 值不能设置成相同值，即不同的 SA 必须对应于不同的 SPI**，具体要求参见 2.4.4 节。

可在两端的 IPSec 设备上执行 **display ipsec policy** 命令，查看两端的安全策略配置，要求镜像配置的各参数参见下面说明。

```
[RouterA] display ipsec policy name client
===========================================
IPSec policy group: "client"
Using interface:
===========================================
    Sequence number: 10
    Security data flow: 3100
    Tunnel local   address: 202.138.163.1   #---本端 IPSec 隧道端点 IP 地址，必须与另一端配置的对端 IPSec 隧道端点 IP 地址一致
    Tunnel remote address: 202.138.162.1   #---对端 IPSec 隧道端点 IP 地址，必须与另一端配置的本端 IPSec 隧道端点 IP 地址一致
    Qos pre-classify: Disable
    Proposal name:pro1
    Inbound AH setting:
      AH SPI:
```

```
    AH string-key:
    AH authentication hex key:
  Inbound ESP setting:
    ESP SPI: 54321 (0xd431)    #---本端的入方向 SA 的 SPI 必须和对端的出方向的 SPI 一致
    ESP string-key: winda_gz    #---本端的入方向 SA 的认证密钥必须和对端的出方向 SA 的认证密钥相同
    ESP encryption hex key: 1234567890abcdef    #---本端的入方向SA的加密密钥必须和对端的出方向SA的加密密钥相同
    ESP authentication hex key:
  Outbound AH setting:
    AH SPI:
    AH string-key:
    AH authentication hex key:
  Outbound ESP setting:
    ESP SPI: 12345 (0x3039)  #---本端的入出向 SA 的 SPI 必须和对端的入方向的 SPI 一致
    ESP string-key: lycb.com    #---本端的出方向 SA 的认证密钥必须和对端的入方向 SA 的认证密钥相同
    ESP encryption hex key: abcdefabcdef1234  #---本端的出方向 SA 的加密密钥必须和对端的入方向 SA 的加密密钥相同
    ESP authentication hex key:
```

另外，各认证密钥和加密必钥的输入格式（字符串格式或十六进制格式）两端必须一致，密钥长度与所选定的算法要求匹配，否则所配置的密钥也是无效的，也不能用它们来成功建立 IPSec 隧道。具体要求参见 2.4.4 节表 2-4 中的相应说明。

（3）在安全策略中没有引入所配置的 IPSec 安全提议。

在手工方式建立 IPSec 隧道中的安全策略配置中，必须要引用所创建的 IPSec 安全提议（**IPSec 安全提议也必须先创建好**，因为缺省情况下，系统没有配置 IPSec 安全提议，但各项参数配置可以直接采用缺省配置），否则 IP Sec SA 也是无法建立成功的。可在 IPSec 设备上执行 **display ipsec proposal** 命令查看所配置的 IPSec 安全提议信息，如果显示为空，或者没见到你在安全策略中所引用的安全提议，则要重新配置了。

（4）两端定义的需要保护数据流的不匹配。

从 2.4.2 节的介绍可知，要使两端能成功建立 SA，两端有 ACL 配置最好是镜像的，也就是两端所配置的源/目的 IP 地址等信息是直接互换的。当对等体间 ACL 规则非镜像配置时，仅当协商发起方的 ACL 规则定义的范围小于响应方 ACL 规定定义的范围时，SA 才能成功建立。

可以通过在两端 IPSec 设备上进入对应的 ACL 视图后再执行 **display this** 命令查看其中各条 ACL 规则的配置，看是否符合以上要求。还要注意的是，只有与 **permit** 规则匹配的数据流才会进入到 IPSec 隧道被 IPSec 保护。

（5）安全策略应用的接口错误，或者接口有问题。

在手工方式建立 IPSec 隧道方案中，安全策略通常都是在 IPSec 设备连接公网的物理接口上应用的，但这个接口必须是三层接口，且配置了 IP 地址，当然还必须是已是 Up 状态的。如有疑问可在对应设备上执行 **display interface** xxxx（xxxx 代表接口类型的编号）查看。

2.5.2 IPSec 隧道建立成功，但两端仍不能通信的故障排除

在手工方式建立 IPSec 隧道中其实很难确定 IPSec 隧道是否建立成功，因为参数都是手工配置的，通过执行 **display ipsec sa** 命令所能查看到的都是手工配置的这些参数，

包括策略应用的接口、IPSec 安全策略（包括各项已配置的参数值或所采用的缺省值），以及在安全策略中所引用的 IPSec 安全提议。

```
[RouterA] display ipsec sa
===============================
Interface: GigabitEthernet1/0/0
    Path MTU: 1500
===============================

  -----------------------------
  IPSec policy name: "client"
  Sequence number: 10
  Acl Group: 3100
  Acl rule: 5
  Mode: Manual     #---本端采用手工方式建立 IPSec 隧道
  -----------------------------
    Encapsulation mode: Tunnel     #---本端 IPSec 工作模式为隧道模式
    Tunnel local         : 202.138.163.1     #---本端 IPSec 端点 IP 地址为 202.138.163.1
    Tunnel remote        : 202.138.162.1     #---对端 IPSec 端点 IP 地址为 202.138.162.1
    Qos pre-classify   : Disable   #---按缺省禁用了对原始报文信息的预提取功能

    [Outbound ESP SAs]     #---出方向  ESP SA 参数
      SPI: 12345 (0x3039)    #---出方向 ESP SA 的 SPI 为 12345
      Proposal: ESP-ENCRYPT-AES-128 ESP-AUTH-SHA1      #---出方向 ESP SA 的安全提议参数，采用 DES 加密算
法、SHA1 认证算法
      No duration limit for this SA     #---指定 SA 的生存周期，因为是手工方式创建的，所以永久有效

    [Inbound ESP SAs]      #---入方向  ESP SA 参数
      SPI: 54321 (0xd431)   #---入方向 ESP SA 的 SPI 为 54321
      Proposal: ESP-ENCRYPT-AES-128 ESP-AUTH-SHA1   #---入方向 ESP SA 的安全提议参数
      No duration limit for this SA
```

如果出现两端不能通信时仍可以从以下两方面来考虑。

（1）两端私网通信的数据流没有进入 IPSec 隧道

这主要是因为两端所创建的用于定义需要保护数据流的高 ACL 配置不正确，没有把两端所连接的私网 IP 网段的数据流允许进入 IPSec 隧道，这时这些数据流就会通过 Internet 来转发了，自然到达不到对端的私网。

（2）两端 IPSec 设备上所配置的到达对端公网、私网路由不正确

许多人喜欢用缺省路由来指定一端到达对端的静态路由，这是很不合理的。因为如果你没有为数据指定明确路由的话，所有进入设备的数据包都将采用这一条缺省路由来转发，不管是从哪个接口进来的数据包。这样会导致 IPSec 设备上本来是从对端接收的数据包又可能被从指定的缺省路由转发出去了，这时自然就不通了。所以建议为到达对端公网、私网配置明确的路由。

另外，两端主机的网关配置也要正确，否则发到对端的数据就不能正确地转发到 IPSec 设备上，再由 IPSec 设备转发到目的主机了。

如果源或目的主机不是直接与 IPSec 设备的 LAN 接口在同一 IP 网段（即中间隔了其他三层设备），这时就需要在 IPSec 设备和其他三层设备上配置好路由，使得来自源主机 IP 数据包在到达对端 IPSec 设备时能正确通过路由转发到目的主机上。

第3章 IKE动态协商方式建立IPSec VPN的配置与管理

3.1 配置基于ACL方式通过IKE协商建立IPSec隧道

3.2 典型配置示例

3.3 IKE动态协商方式IPSec隧道建立不成功的故障排除

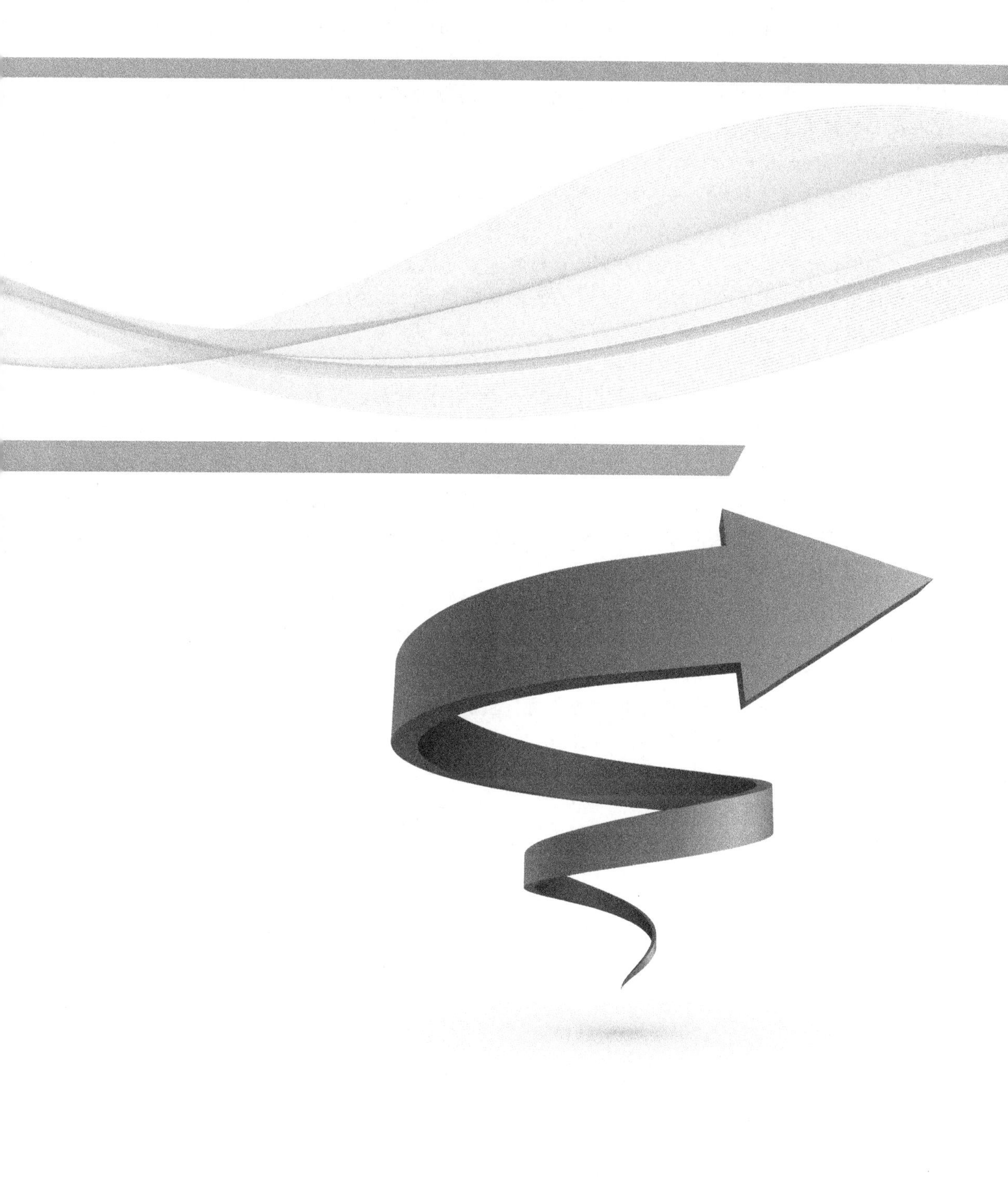

本章专门介绍在基于 ACL 定义需要保护的数据流的手工方式建立 IPSec 隧道方案下，采用 IKE 协议动态协商方式建立 IPSec 隧道的配置与管理方法，并在最后介绍了在 IKE 动态协商方式下，IPSec VPN 典型故障的排除方法。

与第 2 章介绍的基于 ACL 定义需要保护的数据流的手工方式建立 IPSec 隧道方案相比，采用 IKE 协议动态协商方式主要有以下两方面的优势。

1. 减少配置工作量

在手工方式建立 IPSec 隧道方案中，在安全策略中配置的参数非常多，特别是需要手动指定出/入方向 SA 的 SPI 参数、认证密钥和加密密钥。这不仅容易出错，而且比较麻烦。在对等体比较多的情况下，配置的工作量还很大。而在 IKE 动态协商方式建立 IPSec 隧道方案中，像 SPI 和各种密钥的配置就不需要了，因为此时这些参数都是由 IKE 协议根据双方的 Cookie 值和密钥材料协商来最终确定的。

2. 安全性更高

在手工方式建立 IPSec 隧道方案中，SPI 和密钥都是静态配置的，而且一旦配置就不会改变（除非重新配置），显然安全性不是很高。而在 IKE 动态协商方式建立 IPSec 隧道方案中，SA 的 SPI 和密钥都无需静态配置，是由 IKE 动态产生的，非法攻击者很难获知，连管理员也很难及时获知，安全性明显提高。而且在 IKE 动态协商方式中，还可通过 DH 协议交换双方的信息重新产生新的 SA，而新的 SA 又对应新的 SPI 和密钥，进一步提高了配置和通信的安全性。

另外，在基于 ACL 方式的 IKE 动态协商建立 IPSec VPN 的配置中，又因所采用的 IKE 协议版本（v1 或 v2）和安全策略创建方式的（ISAKMP 方式和策略模板方式）的不同，因此有多种不同的具体配置方案，本章都将分别予以介绍。

本章最后也将介绍在 IKE 动态协商 IPSec VPN 的过程中可能出现的一些典型故障的排除方法，希望对大家在实际的 IPSec VPN 维护过程中有所帮助。

3.1 配置基于 ACL 方式通过 IKE 协商建立 IPSec 隧道

本书第 2 章已介绍了基于 ACL 方式下的手工方式建立 IPSec 隧道的具体配置方法，从中可以看出，其在安全策略配置中所需配置的参数比较多，所以主要适用于对等体比较少的情形下。如果存在一对多的连接情形，采用手工方式配置需要分别为所连接的多个不同对等体配置详细的安全策略参数，这显然工作量比较大。这时一般采用 IKE 动态协商方式来建立安全策略，以减少工作量，这种方法至少不再需要配置各种 SA 密钥了，其全部由 IKE 协议根据密钥材料自动生成，安全性更高。

在采用 ACL 方式下通过 IKE 协商方式建立 IPSec 隧道之前，需完成以下任务（前 3 项要求与 ACL 方式下手工方式建立 IPSec 隧道的一样）。

- 实现双方到达对端的内/外网路由的畅通。
- 通过高级 ACL 确定需要 IPSec 保护的数据流。
- 确定数据流被保护的强度，即确定使用的 IPSec 安全提议的参数。
- 确定安全策略是通过 ISAKMP 创建，还是通过策略模板来创建。

3.1.1　IKE 动态协商方式配置任务及基本工作原理

与在第 2 章介绍的手工方式建立 IPSec 隧道方案一样，在此也先来介绍 IKE 动态协商方式建立 IPSec 隧道方案的基本配置任务，然后从所介绍的配置任务中分析 IKE 动态协商 IPSec VPN 方案的基本工作原理。

1. IKE 动态协商方式建立 IPSec 隧道的配置任务

在采用基于 ACL 方式 IKE 动态协商建立 IPSec 隧道的应用中，所涉及的配置任务如下(其中有许多是与基于 ACL 方式手工建立 IPSec 隧道的配置任务及配置方法完全一样的)。

（1）定义需要保护的数据流

与手动方式下的配置方法完全一样，参见第 2 章 2.4.2 节。

（2）配置 IPSec 安全提议

与手动方式下的配置方法完全一样，参见第 2 章 2.4.3 节。

（3）（可选）定义 IKE 安全提议

这是 IKE 动态协商方式中特有的配置任务，但它是一项可选配置任务，因为系统存在一个缺省的 IKE 安全提议 Default，在其中各参数都取缺省值。当不应用新的 IKE 安全提议时系统会自动采用缺省的 IKE 安全提议。如果用户创建一个 IKE 安全提议时只指定序号，这个安全提议的参数也是缺省配置的参数。

IKE 安全提议是 IKE 对等体的一个组成部分，定义了对等体进行 IKE 协商时使用的参数，包括认证方法（预共享密钥、RSA 数字签名、RSA 数字信封）、认证算法（md5、sha1、sha2-256、sha2-384、sm3 等）、加密算法（des、3des、aes-128、aes-256 、sm1、sm4 等）、DH 组（group1、group2、group5、group14 等）和 IKE SA 存活时间等。可以定义多组 IKE 安全提议，以便在与多个不同对等体协商时采用不同的 IKE 安全提议。

（4）配置 IKE 对等体

IKE 对等体的配置包括引用上一任务中配置的 IKE 安全提议，配置所采用的认证算法对应的认证密钥、IKEv1 阶段 1 协商模式（主模式或野蛮模式）和一些可选扩展参数（包括本端 IP 地址、对端 IP 地址、IKEv2 重认证的时间间隔）。

（5）配置安全策略

在 IKE 动态协商建立 IPSec 隧道的方式中，配置安全策略又有两种方法：一是通过 ISAKMP 创建，另一种是通过策略模板创建，它们与在第 2 章 2.4.4 节介绍的手工方式下的安全策略的配置方法有很大不同。

在通过 ISAKMP 创建安全策略的方法中，需要引用前面定义的保护数据流 ACL、IPSec 安全提议和对等体，以及配置一些可选扩展参数，如 NAT 穿越功能、NAT Keepalive 定时器、IPSec 隧道绑定 VPN 实例、多链路共享、路由注入、抗重放、ACL 推送、对等体存活检测等。

在通过策略模板创建安全策略的方法中，需要引用前面定义的 IPSec 安全提议和对等体（不需要引用用来定义需要保护的数据流的 ACL，即这种 ACL 可不配置），还可配置一些可选扩展参数（同通过 ISAKMP 创建方式）。然后创建一个 ISAKMP 安全策略，并引用前面所配置的策略模板。

说明

以上第（1）至第（4）项配置任务也主要是为了第（5）项配置任务——安全策略的配置服务的，因为它们最终都要在安全策略配置中被引用。最后就是在接口上应用所配置的安全策略，完成 IPSec 隧道的建立。

（6）在接口上应用安全策略组

与手动方式下的配置方法完全一样，参见第 2 章 2.4.6 节。

2. IKE 动态协商方式建立 IPSec VPN 方案基本工作原理

从以上配置任务可以看出，总体来说 IKE 动态协商方式所涉及的配置任务比较复杂，其原因是在 IKE 动态协商方式中不是直接通过两端的 IPSec 安全提议和手工配置的各项安全策略参数就可以建立 IPSec SA，而必须先在两端建立 IKE SA，也就是先要在两端协商好 IKE 协议动态协商所需的安全参数。这相比手工方式来说多出了两个非常重要的配置任务：一是 IKE 安全提议的配置，另一个就是 IKE 对等体的配置。所以总体来说，在 IKE 动态协商方式的 IPSec VPN 方案基本工作原理与手工方式的 IPSec VPN 方案基本工作原理相比也主要是多了这两部分，具体如下。

- 两端的 IPSec 设备通过各自配置的 IKE 安全提议和 IKE 对等体配置协商出双方都接受的 IKE 协商安全参数，最终建立 IKE SA。
- 利用上一步生成的 IKE SA，以及 IPSec 安全提议和安全策略配置，最终建立 IPSec SA，完成 IPSec 隧道的建立。
- 后续的流程就与手工方式的流程一样了，参见第 2 章 2.4.1 节第 2 点说明。

下面仅针对以上与前面手工方式下的配置方法不一样的配置任务的具体配置方法进行介绍，包括 IKE 安全提议、IKE 对等体、安全策略（包括一些可选的扩展功能配置）这几项。

3.1.2 定义 IKE 安全提议

IKE 安全提议其实就是两端在进行 IKE SA 协商前双方所提的安全建议，其中的主要参数配置（如加密算法、认证方法、认证算法和 DH 组）必须保持一致。总体上与用于 IPSec SA 协商时的 IPSec 安全提议的作用类似。

IKE 安全提议的配置其实是 IKE 对等体配置的一部分，即 IKE 安全提议也是两端建立对等体关系的一部分参数。IKE 安全提议是以一个序号标识的，但在一个对等体中可以引用多组 IKE 安全提议（当然也可只引用一个 IKE 安全提议），IKE 安全提议的序号代表了安全提议的优先级，序号数值越小，优先级越高。但协商双方必须至少有一条匹配的 IKE 安全提议才能协商成功。

在进行 IKE 协商时，发起方会将自己的 IKE 安全提议发送给对端，由对端进行匹配，响应方则从自己优先级最高的 IKE 安全提议开始，按照优先级顺序与对端进行匹配，直到找到一个匹配的 IKE 安全提议来使用。IKE 安全提议的匹配原则是：协商双方具有相同的加密算法、认证方法、认证算法和 DH 组。匹配的 IKE 安全提议的 IKE SA 的生存周期则取两端的最小值。匹配的 IKE 安全提议将被用来在两端建立 IKE SA。

说明

在未创建 IKE 安全提议时，系统存在一个优先级最低，参数为缺省配置的 IKE 安全提议 Default。如果用户创建一个 IKE 安全提议时只指定序号，这个安全提议的参数也是缺省配置的参数。但在 VRP 系统 V200R006 以前版本和 V200R006 及以后版本中，这些参数的缺省值不完全一样。在 V200R006 以前版本中各 IKE 安全提议参数的缺省值见表 3-1，在 V200R006 及以后版本中各 IKE 安全提议参数的缺省值见表 3-2。

表 3-1　VRP V200R006 以前版本中缺省安全提议的缺省配置

参数	缺省配置
缺省 IKE 安全提议	Default
使用的认证方法	pre-shared key 认证方法
使用的认证算法	HMAC-SHA-1
使用的加密算法	DES-CBC
采用的 DH 密钥交换参数	group1（即 DH1），768 位的 Diffie-Hellman 组
IKE SA 的生存周期	86 400 秒
IKEv2 采用的伪随机数产生函数的算法	HMAC-SHA-1

表 3-2　VRP V200R006 及以后版本中缺省安全提议的缺省配置

参数	缺省配置
缺省 IKE 安全提议	Default
使用的认证方法	pre-shared key 认证方法
IKEv1 使用的认证算法	SHA2-256
使用的加密算法	AES-256
采用的 DH 密钥交换参数	group2（即 DH2），2014 位的 Diffie-Hellman 组。但在 V200R008C30 及以后版本，IKE 阶段 1 密钥协商时缺省所使用的 DH 组为 group14
IKE SA 的生存周期	86 400 秒
IKEv2 采用的伪随机数产生函数的算法	SHA2-256
IKEv2 采用的完整性函数的算法	SHA2-256

定义 IKE 安全提议的步骤见表 3-3。IKE 安全提议的参数配置与 IPSec 安全提议中的参数配置可以一致，也可以不一致，因为它们的用途不一样。IKE 安全提议用于 IKE SA 的协商，而 IPSec 安全提议是用于 IPSec SA 的协商。

表 3-3　定义 IKE 安全提议的步骤

步骤	命令	说明
1	**system-view** 例如：<Huawei> **system-view**	进入系统视图
2	**ike proposal** *proposal-number* 例如：[Huawei] **ike proposal** 10	创建一个 IKE 安全提议，并进入 IKE 安全提议视图。参数 *proposal-number* 用来指定 IKE 安全提议的序号，数值越小，优先级越高，整数形式，取值范围是 1～99

（续表）

步骤	命令	说明
3	**authentication-method { pre-share | rsa-signature | digital-envelope }** 例如：[Huawei-ike-proposal-10] **authentication-method pre-share**	配置 IKE 安全提议使用的认证方法。命令中的选项说明如下： ● **pre-share**：多选一选项，指定认证方法为 pre-shared key（预共享密钥）认证； ● **rsa-signature**：多选一选项，指定认证方法为 rsa-signature key（RSA 数字签名，或 RSA 数字证书）认证； ● **digital-envelope**：多选一选项，指定认证方法为数字信封认证。此参数只在 IKE 安全提议视图下支持，为中国国家密码管理局规定的协议规范。**数字信封认证只在 IKEv1 主模式中支持，不能在 IKEv1 野蛮模式及 IKEv2 的协商过程中使用。** 在 IKE 协商时，两端对等体需要采用相同的认证方法。使用 **pre-shared key** 的认证方法时必须通过 **pre-shared-key { simple | cipher }** *key* 命令配置预共享密钥。 缺省情况下，IKE 安全提议使用 **pre-shared** 认证方法，可用 **undo authentication-method** 命令恢复认证方法为缺省值
4	**authentication-algorithm { aes-xcbc-mac-96 | md5 | sha1 | sha2-256 | sha2-384 | sha2-512 | sm3 }** 例如：[Huawei-ike-proposal-10] **authentication-algorithm md5**	配置 IKE 安全提议使用的认证算法。命令中的选项说明如下： ● **aes-xcbc-mac-96**：多选一选项，指定认证算法为 AES-XCBC-MAC-96，使用 128 位的密钥。仅 **IKEv2 版本支持**； ● **md5**：多选一选项，指定认证算法为 HMAC-MD5，使用 128 位的密钥； ● **sha1**：多选一选项，指定认证算法为 HMAC-SHA1，使用 160 位的密钥； ● **sha2-256**：多选一选项，指定认证算法为 SHA2-256，使用 256 位密钥，**VRP V200R006 及以后版本才支持**； ● **sha2-384**：多选一选项，指定认证算法为 SHA2-384，使用 384 位密钥，**VRP V200R006 及以后版本才支持**； ● **sha2-512**：多选一选项，指定认证算法为 SHA2-512，使用 512 位密钥，**VRP V200R006 及以后版本才支持**； ● **sm3**：多选一选项，指定认证算法为 SM3。SM3 密码杂凑算法是中国国家密码管理局规定的认证算法。**SM3 算法只在 IKEv1 中支持**； 【注意】当 IKEv1 使用证书方式协商时，如果配置的认证算法为 sha2-512，则 RSA 密钥对长度必须配置为 1024 位以上。 缺省情况下，VRP 系统 V200R006 以前版本中 IKE 安全提议使用 SHA1 认证算法，V200R006 及以后版本中 IKE 安全提议使用 SHA2-256 认证算法，可用 **undo authentication-algorithm** 命令恢复 IKE 安全提议使用为缺省值的认证算法
5	**encryption-algorithm { des | 3des | aes-128 | aes-192 | aes-256 | sm4 | sm1 }** 例如：[Huawei-ike-proposal-10] **encryption-algorithm aes-128**	配置 IKE 安全提议使用的加密算法。命令中的选项说明如下： ● **des**：多选一选项，在 VRP V200R006 及以后版本中称 **des-cbc**，指定 IKE 安全提议采用的加密算法为 CBC 模式的 56 位的 DES 算法； ● **3des**：多选一选项，在 VRP V200R006 及以后版本中称 **3des-cbc**，指定 IKE 安全提议采用的加密算法为 CBC 模式的 168 位的 3DES 算法； ● **aes-128**：多选一选项，在 VRP V200R006 及以后版本中称 **aes-cbc-128**，指定 IKE 安全提议采用的加密算法为 128 位的高级加密标准 AES 算法；

（续表）

步骤	命令	说明
5	**encryption-algorithm { des | 3des | aes-128 | aes-192 | aes-256 | sm4 | sm1 }** 例如：[Huawei-ike-proposal-10] **encryption-algorithm aes-128**	• **aes-192**：多选一选项，在 VRP V200R006 及以后版本中称 **aes-cbc-192**，指定 IKE 安全提议采用的加密算法为 192 位的 AES 算法； • **aes--256**：多选一选项，在 VRP V200R006 及以后版本中称 **aes-cbc-256**，指定 IKE 安全提议采用的加密算法为 256 位的 AES 算法； • **sm4**：多选一选项，表示使用中国国家密码局规定的 SM4 加密算法，密钥长度为 128 位。**仅在 IKEv1 和 VRP V200R006 及以后版本中才支持；** • **sm1**：多选一选项，表示使用中国国家密码局规定的 SM1 加密算法，密钥长度为 128 位。**仅在 IKEv1 和 VRP V200R006 及以后版本才支持，且如需使用该加密算法，设备上需要有国密加密卡。** 缺省情况下，在 VRP 系统 V200R006 以前版本中，IKE 安全提议使用 DES 加密算法，在 V200R006 及以后版本中，IKE 安全提议使用 AES-256 加密算法，可用 **undo encryption-algorithm** 命令恢复 IKE 安全提议使用为缺省值的加密算法
6	**dh { group1 | group2 | group5 | group14 | group19 | group20 | group21 }** 例如：[Huawei-ike-proposal-10] **dh group19**	配置 IKE 密钥协商时采用的 DH 密钥交换参数。命令中的选项说明如下： • **group1**：多选一选项，指定 IKE 密钥协商时采用 768 位的 Diffie-Hellman 组； • **group2**：多选一选项，指定 IKE 密钥协商时采用 1024 位的 Diffie-Hellman 组； • **group5**：多选一选项，指定 IKE 密钥协商时采用 1536 位的 Diffie-Hellman 组； • **group14**：多选一选项，指定 IKE 密钥协商时采用 2048 位的 Diffie-Hellman 组； • **group19**：多选一选项，指定 IKE 密钥协商时采用 256 位 ECP 的 Diffie-Hellman 组，**仅 VRP V200R006 及以后版本才支持；** • **group20**：多选一选项，指定 IKE 密钥协商时采用 384 位 ECP 的 Diffie-Hellman 组，**仅 VRP V200R006 及以后版本才支持；** • **group21**：多选一选项，指定 IKE 密钥协商时采用 521 位 ECP 的 Diffie-Hellman 组，**仅 VRP V200R006 及以后版本才支持；** **在 IPSec 隧道的两端设置的 Diffie-Hellman 组必须相同**，否则 IKE 协商无法通过。可以重复执行本命令，但后面的配置将覆盖前面所进行的配置。 缺省情况下，在 VRP 系统 V200R006 以前版本中，IKE 密钥协商时采用的 DH 密钥交换参数为 group1，即 768 位的 Diffie-Hellman 组，在 V200R006 及以后版本中，IKE 密钥协商时采用的 DH 密钥交换参数为 group2，可用 **undo dh** 命令恢复 IKE 阶段 1 密钥协商时所使用的 DH 组为缺省值。 【说明】在 V200R008C30 及以后版本，缺省情况下，IKE 阶段 1 密钥协商时所使用的 DH 组为 group14

（续表）

步骤	命令	说明
7	**sa duration** *interval* 例如：[Huawei-ike-proposal-10] **sa duration** 600	配置 IKE SA 的生存周期。参数 *interval* 用来指定 IKE SA 的生存周期，整数形式，取值范围是 60～604800，单位是秒。当该生存周期超时后 IKE SA 将自动更新。 IKE SA 的生存周期用于 IKE SA 的定时更新，降低 IKE SA 被破解的风险，有利于安全性。在设定的生存周期超时前，IKE 将为对等体协商新的 SA。在新的 SA 协商好之后，对等体立即采用新的 IKE SA，而旧的 SA 在生存周期超时时被自动清除。 缺省情况下，IKE SA 的生存周期为 86 400 秒，可用 **undo sa duration** 命令恢复 IKE SA 的生存周期至缺省值
8	**prf { hmac-md5 | hmac-sha1 | aes-xcbc-128 | hmac-sha2-256 | hmac-sha2-384 | hmac-sha2-512 }** 例如：[Huawei-ike-proposal-10] **prf hmac-md5**	（可选）配置伪随机数产生函数的算法，仅当采用 IKEv2 时需要配置。命令中的选项说明如下： ● **hmac-md5**：多选一选项，指定伪随机数产生函数的算法为 HMAC-MD5 算法； ● **hmac-sha1**：多选一选项，指定伪随机数产生函数的算法为 HMAC-SHA-1 算法； ● **aes-xcbc-128**：多选一选项，指定伪随机数产生函数的算法为 AES-XCBC-MAC-128 算法； ● **hmac-sha2-256**：多选一选项，指定伪随机数产生函数的算法为 **hmac-sha2-256** 算法，**仅 VRP V200R006 及以后版本才支持**； ● **hmac-sha2-384**：多选一选项，指定伪随机数产生函数的算法为 **hmac-sha2-384** 算法，**仅 VRP V200R006 及以后版本才支持**； ● **hmac-sha2-512**：多选一选项，指定伪随机数产生函数的算法为 **hmac-sha2-512** 算法，**仅 VRP V200R006 及以后版本才支持**； prf 算法安全级别由高到低的顺序是 hmac-sha2-512 > hmac-sha2-384 > hmac-sha2-256 > aes-xcbc-128 > hmac-sha1> hmac-md5。如果 IKE 安全提议视图下反复执行本命令，最后的配置生效。 缺省情况下，在 VRP V200R006 以前版本中，采用 **hmac-sha1** 算法，在 V200R006 及以后版本中，采用 **hmac-sha2-256** 算法，可用 **undo prf** 命令恢复为缺省算法
9	**integrity-algorithm { aes-xcbc-96 | hmac-md5-96 | hmac-sha1-96 | hmac-sha2-256 | hmac-sha2-384 | hmac-sha2-512 }** 例如：[Huawei-ike-proposal-10] **integrity-algorithm hmac-sha2-384**	配置 IKEv2 协商使用的完整性算法，**仅 V200R006 及以后版本支持**。命令中的选项说明如下： ● **aes-xcbc-96**：多选一选项，表示完整性算法为 AES-XCBC-96； ● **hmac-md5-96**：多选一选项，表示完整性算法为 HMAC-MD5-96； ● **hmac-sha1-96**：多选一选项，表示完整性算法为 HMAC-SHA1-96； ● **hmac-sha2-256**：多选一选项，表示完整性算法为 HMAC-SHA2-256； ● **hmac-sha2-384**：多选一选项，表示完整性算法为 HMAC-SHA2-384；

（续表）

步骤	命令	说明
9	**integrity-algorithm { aes-xcbc-96 | hmac-md5-96 | hmac-sha1-96 | hmac-sha2-256 | hmac-sha2-384 | hmac-sha2-512 }** 例如：[Huawei-ike-proposal-10] **integrity-algorithm hmac-sha2-384**	• **hmac-sha2-512**：多选一选项，表示完整性算法为 HMAC-SHA2-512； 完整性算法安全级别由高到低的顺序是 hmac-sha2-512 > hmac-sha2-384 > hmac-sha2-256 > aes-xcbc-96 > hmac-sha1-96 > hmac-md5-96。 缺省情况下，IKEv2 协商使用的完整性算法为 HMAC-SHA2-256，可用 **undo integrity-algorithm** 命令恢复 IKEv2 协商 IKE 安全提议使用的完整性算法至缺省值

3.1.3　配置 IKE 对等体

在通过 IKE 协议动态协商建立 IPSec 隧道之前，两端 IPSec 设备之间就必须建立好对等体关系，而对等体关系的建立必须依赖一定的对等体属性参数协商，所以必须在两端的 IPSec 设备上配置好 IKE 对等体属性。

在配置对等体属性时要注意以下几个方面。

- IKE 对等体两端使用相同的 IKE 版本。
- IKE 对等体两端使用 IKEv1 版本时必须采用相同的协商模式。
- IKE 对等体两端的身份认证参数必须匹配。

另外，IKEv1 和 IKEv2 两种版本的对等体属性配置方法有所不同，主要体现在以下几个方面。

- IKEv1 需要配置第一阶段协商模式，IKEv2 不需要，因为 IKEv1 的动态协商是分两个阶段进行的，而 IKEv2 只有一个阶段。
- 采用数字证书认证时，IKEv1 不支持通过 IKE 协议进行数字证书的在线状态认证，IKEv2 支持。
- **IKEv1 不可以指定协商时对端的 ID 类型**，IKEv2 可以。
  - ➢ 在 IKEv1 版本中，要求两端 ID 类型一致，即两端配置的 **local-id-type**（本端 ID 类型）必须一致，其实也不需要两端同时配置，因为指定了一端 ID 类型的同时也默认指定了对端 ID 类型。
  - ➢ 在 IKEv2 版本中，不要求本端 ID 类型与对端 ID 类型一致，只要求本端配置的 **local-id-type** 与对端配置的 **peer-id-type**（对端 ID 类型）一致。
- IKEv2 可以配置重认证时间间隔，提高安全性，IKEv1 不支持。

因为在 VRP 系统 V200R006 以前版本和 V200R006 及以后版本中的 IKE 对等体配置方法有较大区别，所以下面分别予以介绍。表 3-4 和表 3-5 所示的分别是 V200R006 以前版本的 VRP 系统的 IKEv1、IKEv2 对等体配置方法；表 3-6 所示的是 V200R006 及以后版本的 VRP 系统的 IKE 对等体配置方法。

配置 IKE 对等体之前，需要完成以下任务。

- 如果使用 RSA 签名认证（也称“数字证书认证”），要求被验证端已经导入本地证书和 CA 根证书，验证端已经导入 CA 根证书。有关本地证书和 CA 根证书的导入请参见本书第 8 章。

- 如果使用 RSA 数字信封认证，要求被验证端已经生成 RSA 密钥对。
- 当 IKEv1 使用证书方式协商时，如果配置的认证算法为 **sha2-512**，则 RSA 密钥对长度必须配置为 1024 以上。

表 3-4　V200R006 以前版本 IKEv1 对等体属性的配置步骤

步骤	命令		说明
1	**system-view** 例如：<Huawei> **system-view**		进入系统视图
2	**ike peer** *peer-name* **v1** 例如：[Huawei] **ike peer** huawei **v1**		创建 IKEv1 对等体并进入 IKE 对等体视图。参数 *peer-name* 用来指定 IKE 对等体的名称，字符串格式，长度范围是 1～15。**区分大小写**，字符串中不能包含“？”和空格。 【注意】**创建新的 IKE 对等体时必须指定版本号**，如果进入已创建的 IKE 对等体视图就无需输入版本号。**并且对等体的名称在两端可以相同，也可以不同**。 缺省情况下，系统没有配置 IKE 对等体，可用 **undo ike peer peer-name** 删除已创建的指定 IKE 对等体
3	**ike-proposal** *proposal-number* 例如：[Huawei-ike-peer-huawei] **ike-proposal** 10		引用 3.1.2 节定义的 IKE 安全提议。参数 *proposal-number* 是一个已创建的 IKE 安全提议序号。缺省情况下，使用系统默认的 IKE 安全提议
4	**pre-shared-key { simple | cipher }** *key* 例如：[Huawei-ike-peer-huawei] **pre-shared-key cipher** abcde	（三选一）认证方法为 pre-shared key（预共享密钥）时，配置预共享密钥	配置采用预共享密钥认证时，IKE 对等体与对端共享的预共享密钥。命令中的选项和参数说明如下： ● **simple**：明文口令类型。可以键入明文口令，查看配置文件时以明文方式显示口令； ● **cipher**：密文口令类型。可以键入明文或密文口令，但在查看配置文件时均以密文方式显示口令； ● *key*：指定预共享密钥认证方法的预共享密钥，字符串格式，明文时输入长度范围是 1～127，密文时输入长度范围是 32～200。**区分大小写**，字符串中不能包含“？”和空格。建议预共享密钥至少包含小写字母、大写字母、数字、特殊字符这四种形式中的两种，同时预共享密钥长度不小于 6 个字符。 **每一条 IPSec 隧道的两端设备配置的预共享密钥必须一致，不同隧道两端 IPSec 设备配置的预共享密钥可不一致。** 缺省情况下，IKE 对等体中没有配置预共享密钥，可用 **undo pre-shared-key** 命令用来删除所配置预共享密钥认证方法的预共享密钥

（续表）

步骤	命令		说明
4	**pki realm** *realm-name* 例如：[Huawei-ike-peer-huawei] **pki realm** test	（三选一）认证方法为 rsa-signature key（数字证书）时，获取数字证书	配置采用数字证书认证时，IKE 对等体的数字证书所属的 PKI 域。参数 *realm-name* 用来指定一个已通过 **pki realm** *realm-name* 命令创建的 PKI 域的 PKI 域名（字符串类型，取值范围是 1～15，**区分大小写**，字符串中不能包含"？"和空格），使 IKE 根据 PKI 域下的配置信息获取本端的 CA 证书和设备证书，**有关 PKI 域的具体配置方法参见本书第 8 章**。 缺省情况下，IKE 对等体的数字证书没有指定 PKI 域，可用 **undo pki realm** 命令来取消指定 IKE 对等体的数字证书所属的 PKI 域
	digital-envelope local-private-key **pki realm** *realm-name* 例如：[Huawei-ike-peer-huawei] **digital-envelope local-private-key pki realm** rt1	（三选一）认证方法为 digital-envelope（数字信封）时，获取数字信封	配置本端数字证书所属的 PKI 域。参数 *realm-name* 是一个已经通过 **pki realm** *realm-name* 命令创建的 PKI 域。在对端设备上通过 **digital-envelope remote-public-key** certificate peer *name* 命令所配置的对端数字证书必须位于本步所配置的 PKI 域内。 缺省情况下，系统没有配置本端数字证书所属的 PKI 域，可用 **undo digital-envelope local-private-key** 命令来取消配置本端数字证书所属的 PKI 域
	digital-envelope remote-public-key certificate peer *name* 例如：[Huawei-ike-peer-huawei] **digital-envelope remote-public-key certificate peer** 2rt1		配置对端数字证书名称。参数 *name* 用于指定对端数字证书名称，是一个已经导入的对端数字证书，表示要从对端数字证书中获取公钥，字符串格式，不能包含"？"和空格，长度范围是 1～15，**区分大小写**。该证书必须位于在对端设备上通过 **digital-envelope local-private-key** **pki realm** *realm-name* 命令所配置的 PKI 域内。 **只有 IKEv1 主模式支持数字信封认证。** 缺省情况下，系统没有配置对端数字证书名称，可用 **undo digital-envelope remote-public-key** 命令取消配置对端数字证书名称
5	**exchange-mode { main | aggressive }** 例如：[Huawei-ike-peer-huawei] **exchange-mode aggressive**		配置 IKEv1 阶段 1 协商模式。命令中的选项说明如下： • **main**：二选一选项，指定 IKEv1 阶段 1 协商模式为主模式。这种模式可提供身份保护。**对等体标识时只能是 IP 地址类型；** • **aggressive**：二选一选项，指定 IKEv1 阶段 1 协商模式为野蛮模式。这种模式协商速度更快，**但不提供身份保护**。对等体标识时可以是 IP 地址类型，也可以是名称类型。 可以重复执行本命令，但后面的配置将覆盖前面所进行的配置。缺省情况下，IKEv1 阶段 1 协商模式为主模式

（续表）

步骤	命令	说明
6	**local-address** *address* 例如：[Huawei-ike-peer-huawei] **local-address** 100.10.10.1	（可选）配置 IKE 协商时的本端 IP 地址。一般情况下本端 IP 地址不需要配置，IKE 协议会直接把发送报文的出接口的 IP 地址作为本端 IP 地址。但下列情况除外： • 当安全策略实际绑定的接口 IP 地址不固定或无法预知时，可以执行本命令指定设备上的其他接口（如 LoopBack 接口）IP 地址作为 IPSec 隧道的本端 IP 地址。 • 当安全策略实际绑定的接口配置了多个 IP 地址（一个主 IP 地址和多个从 IP 地址）时，可以执行本命令指定其中一个 IP 地址作为 IPSec 隧道的本端 IP 地址。 • 当本端与对端存在等价路由时（即有多条路由开销相同的路径可达对端时），可以执行本命令来指定 IPSec 隧道的本端 IP 地址，使 IPSec 报文从指定接口出去。 本端配置的 IP 地址必须与对端配置的对端 IP 地址一致。 缺省情况下，根据路由选择到对端的出接口，将该出接口地址作为本端 IP 地址，可用 **undo local-address** 命令恢复 IKE 协商时的本端 IP 地址至缺省配置
7	**remote-address** { *ip-address* | *host-name* } 例如：[Huawei-ike-peer-huawei] **remote-address** mypeer	（可选）配置 IKE 协商时的对端 IP 地址或域名（通常是主机名）。命令中的参数说明如下： • *ip-address*：二选一参数，指定对端的 IP 地址； • *host-name*：二选一参数，指定对端的域名。 若本端作为发起方，则需要配置对端地址或域名，用于发起方在协商过程中寻找对端。通常情况下，由于双方都可能是发起方，所以都需要配置对端的 IP 地址。**只有当本端固定作为 IKE 协商响应方时，如策略模板方式下才无需配置本命令。** 如果配置的对端地址是域名，则可以通过以下两种方式获取对端的 IP 地址： • 静态方式：用户手工配置主机名和 IP 地址的对应关系； • 动态方式：通过 DNS 域名服务器解析获取对端的 IP 地址。 本端的对端地址需要与对端配置的本端地址一致。 缺省情况下，系统没有配置 IKE 协商时对端的 IP 地址或域名，可用 **undo remote-address** 命令取消配置对端 IKE 对等体的 IP 地址或域名

（续表）

步骤	命令	说明
8	**local-id-type** { **ip** | **name** | **dn** } 例如：[Huawei-ike-peer-huawei] **local-id-type name**	配置 IKE 协商时本端 ID 类型和本端 ID。命令中的选项说明如下： • **ip**：多选一选项，指 IKE 协商时本端 ID 类型为 IP 地址形式。此时，根据已配置的本端 IP 地址和对端 IP 地址用于对等体进行 IKE 协商。 • **name**：多选一选项，指 IKE 协商时本端 ID 类型为名称形式。 【说明】当采用 ID 类型为 name 时，需要配置本端名称和对端名称用于对等体进行 IKE 协商。配置方法是在系统视图下通过 **ike local-name** *local-name*，设置 IKE 协商时的本端名称命令配置。缺省情况下，没有定义 IKE 协商时的本端名称，使用系统视图下 **sysname** 命令配置的设备名称。可在 IKE 对等体视图下执行 **remote-name** *name* 命令配置 IKE 协商时的对端名称（若本端作为发起方，则需要配置对端名称，由于双方都可能是发起方，所以都需要配置，**只有当作为 IKE 协商响应方时，如策略模板方式下本命令才为可选配置**）。 • **dn**：多选一选项，指 IKE 协商时本端 ID 类型为 DN（Distinguished Name，可识别名称）形式，将根据本端 DN 和对端 DN 用于对等体进行 IKE 协商。此时，需要选择数字证书认证方法，即引用的 IKE 安全提议中 **authentication-method** 命令必须选择 **rsa-signature** 选项。 缺省情况下，IKE 协商时本端 ID 类型为 IP 地址形式

表 3-5　VRP V200R006 以前版本 IKEv2 对等体属性的配置步骤

步骤	命令		说明
1	**system-view** 例如：<Huawei> **system-view**		进入系统视图
2	**ike peer** *peer-name* **v2** 例如：[Huawei] **ike peer** huawei **v2**		创建 IKEv2 对等体并进入 IKE 对等体视图。参数 *peer-name* 用来指定 IKE 对等体的名称，字符串格式，长度范围是 1～15。**区分大小写**，字符串中不能包含“？”和空格。 缺省情况下，系统没有配置 IKE 对等体，可用 **undo ike peer peer-name** 删除已创建的指定 IKE 对等体
3	**ike-proposal** *proposal-number* 例如：[Huawei-ike-peer-peer1] **ike-proposal** 10		引用 3.1.2 节定义的 IKE 安全提议。参数 *proposal-number* 是一个已创建的 IKE 安全提议。缺省情况下，使用系统默认的 IKE 安全提议
4	**pre-shared-key** { **simple** | **cipher** } *key* 例如：[Huawei-ike-peer-peer1] **pre-shared-key cipher** abcde	（二选一）认证方法为 pre-shared key（预共享密钥）时，配置预共享密钥	配置采用预共享密钥认证时，IKE 对等体与对端共享的预共享密钥。其他说明参见表 3-4 第 4 步

（续表）

<table>
<tr><th>步骤</th><th colspan="2">命令</th><th>说明</th></tr>
<tr><td rowspan="2">4</td><td>pki realm realm-name
例如：[Huawei-ike-peer-peer1] pki realm test</td><td rowspan="2">（二选一）认证方法为 rsa-signature key（数字签名）时，获取数字证书</td><td>配置采用数字证书认证时，IKE 对等体的数字证书所属的 PKI 域，其他说明参见表 3-4 中的第 4 步</td></tr>
<tr><td>inband ocsp
例如：[Huawei-ike-peer-peer1] inband ocsp</td><td>（可选）配置采用数字证书认证时，指定通过 IKE 协议承载 OCSP 请求/响应进行在线证书状态认证。只有当创建的 PKI 域中配置的 certificate-check { crl | none | ocsp }命令选择了 ocsp 选项（以在线证书状态协议方式检查证书状态）时，执行该命令才有效。
缺省情况下，设备采用 CRL 检查方式（即以证书废除列表方式检查证书状态），可用 undo certificate-check 命令恢复检查证书状态的方式至缺省情况</td></tr>
<tr><td>5</td><td colspan="2">local-address address
例如：[Huawei-ike-peer-peer1] local-address 10.10.10.1</td><td>（可选）配置 IKE 协商时的本端 IP 地址。一般情况下本端 IP 地址不需要配置，其他说明参见表 3-4 第 6 步</td></tr>
<tr><td>6</td><td colspan="2">remote-address { ip-address | host-name }
例如：[Huawei-ike-peer-peer1] remote-address mypeer</td><td>（可选）配置 IKE 协商时的对端 IP 地址或域名（通常是主机名）。其他说明参见表 3-4 第 7 步</td></tr>
<tr><td>7</td><td colspan="2">local-id-type { ip | name | dn }
例如：[Huawei-ike-peer-peer1] local-id-type name</td><td>配置 IKE 协商时本端 ID 类型和本端 ID。其他说明注意事项参见表 3-4 第 8 步。
缺省情况下，IKE 协商时本端 ID 类型为 IP 地址形式。
【注意】IKEv2 版本中，本端配置的本地 ID 类型要匹配对端配置的对端 ID 类型，但不像 IKEv1 版本中那样，要求两端配置的 local-id-type 参数需要匹配</td></tr>
<tr><td>8</td><td colspan="2">peer-id-type { dn | ip | name }
例如：[Huawei-ike-peer-peer1] peer-id-type dn</td><td>配置 IKE 协商时对端的 ID 类型。命令中的选项详情可参见表 3-4 第 8 步的对应说明。
在 IKEv2 版本中，两端的 ID 类型可以不一样，所以本端和对端 ID 类型必须同时配置。但是选择这三种不同 ID 类型时要注意以下事项：
• 当配置 ip 类型时，将根据已配置的对端 IP 地址用于对等体进行 IKE 协商。
• 当配置 name 类型时，需要通过 remote-name name 命令配置对端名称用于对等体进行 IKE 协商。如果本端作为发起方，则需要配置 remote-name name 命令，由于双方都可能是发起方，所以都需要配置，只有仅作为 IKE 协商响应方时，如策略模板方式下 remote-name name 命令才为可选配置。
• 当配置 dn 类型时，将根据对端 DN 用于对等体进行 IKE 协商。此时需要选择数字证书认证方法，即在引用的 IKE 安全提议中 authentication-method { pre-share | rsa-signature | digital-envelope } 命令必须选择 rsa-signature 参数。
缺省情况下，系统未设置 IKE 协商时对端的 ID 类型，可用 undo peer-id-type 命令取消配置 IKE 协商时对端的 ID 类型</td></tr>
</table>

（续表）

步骤	命令	说明
9	**re-authentication interval** *interval* 例如：[Huawei-ike-peer-peer1] **re-authentication interval** 400	（可选）配置 IKEv2 重认证的时间间隔。参数 *interval* 用于指定 IKEv2 重认证时间间隔，整数形式，单位是秒，取值范围是 300～86 400。 缺省情况下，IKEv2 不进行重认证，可用 **undo re-authentication interval** 命令取消 IKEv2 重认证。 在远程接入应用时，对等体间实施周期性的重认证，可以降低第三方攻击的安全隐患，提升 IPSec 网络的安全性

介绍完了 V200R006 以前版本的 IKE 对等体配置方法后，接下来就要介绍在 VRP V200R006 及以后版本中的 IKE 对等体配置方法了。

在 VRP V200R006 及以后版本中，IKE 对等体的配置方法改变了很多，特别是在认证方法、ID 类型等方面的配置上分得更详细。如在采用预共享密钥认证方法时，V200R006 以前版本中，公司总部为了实现与多个分支机构的 VPN 连接，通常采用为不同 IPSec 隧道所连接的对等体引用相同名称，但用不同序号的安全策略组来实现，而且在安全策略组中所配置的预共享密钥可以一样，也可以不一样。但如果采用策略模板配置方式时，因为一个策略模板只能引用一个 IKE 对等体（具体将在 3.1.4 节介绍），而一个对等体只能配置一个共享密钥，所以在企业总部所连接的各条 IPSec 隧道配置相同的预共享密钥。这样就可能造成一旦某一端的 IKE 对等体泄露了预共享密钥，就会给其他端的 IPSec 通信带来安全隐患。在 VRP V200R006 及以后版本中，所采用的解决方案与前面介绍的 V200R006 以前版本的方案不同，它是采用 IKE 用户表，就是为不同分支机构配置不同的 IKE 用户，这样不同分支机构就可以采用不同预共享密钥与同一个公司总部网关建立多条 IPSec 隧道了。

VRP V200R006 及以后版本下的 IKE 对等体的具体配置步骤见表 3-6。

表 3-6　　V200R006 及以后版本 IKE 对等体属性的配置步骤

步骤	命令	说明
1	**system-view** 例如：<Huawei> **system-view**	进入系统视图
2	**ike peer** *peer-name* 例如：[Huawei] **ike peer** Huawei	创建 IKE 对等体并进入 IKE 对等体视图。其他说明参见表 3-4 第 2 步
3	**version { 1 | 2 }** 例如：[Huawei-ike-peer-huawei] **version 2**	配置 IKE 对等体使用的 IKE 协议版本号 缺省情况下，一个 IKE 对等体同时支持 IKEv1 和 IKEv2 两个协议版本，可用 **undo version { 1 | 2 }** 命令取消对应配置
4	**ike-proposal** *proposal-number* 例如：[Huawei-ike-peer-huawei] **ike-proposal** 10	引用 3.1.2 节定义的 IKE 安全提议。参数 *proposal-number* 是一个已创建的 IKE 安全提议序号。缺省情况下，使用系统默认的 IKE 安全提议 Default
5	**exchange-mode** { main | aggressive } 例如：[Huawei-ike-peer-huawei] **exchange-mode aggressive**	（可选）配置 IKEv1 阶段 1 协商模式，**仅选择 IKEv1 版本时支持**。其他说明参见表 3-4 第 5 步
6	**local-address** *address* 例如：[Huawei-ike-peer-huawei] **local-address** 100.10.10.1	（可选）配置 IKE 协商时的本端 IP 地址。其他说明参见表 3-4 第 6 步

（续表）

步骤	命令	说明
7	**remote-address** { [**vpn-instance** *vpn-instance-name*] { *ip-address* | **host-name** *host-name* } | **authentication-address** *start-ip-address* [*end-ip-address*] } 例如：[Huawei-ike-peer-huawei] **remote-address** mypeer	（可选）配置 IKE 协商时的对端 IP 地址或域名。命令中的参数说明如下： ● **vpn-instance** *vpn-instance-name*：可选参数，参数用来指定对端所属的 VPN 实例的名称； ● **authentication-address** *start-ip-address* [*end-ip-address*]：二选一参数，指定对端 IP 地址段的起始地址和终止 IP 地址。**仅 V200R006 及以后版本支持**。 其他参数说明参见表 3-4 中的第 7 步。若本端作为发起方，则需要配置本命令，用于发起方在协商过程中寻找对端。由于双方都可能是发起方，所以都需要配置。只有当作为 IKE 协商响应方时，如策略模板方式下，无需配置本命令。 【说明】当对端启用 IPSec 设备的接口配置了 VPN 实例时需要指定 *vpn-instance-name*；当对端设备的 IP 地址不固定但有固定域名时，需要指定 *host-name* 配置对端域名。此时要求对端配置 DDNS，将域名与动态 IP 地址绑定，本端配置 DNS 完成域名解析；当对端设备使用的是内网 IP 地址，穿越了 NAT 设备时，如果需要使用 IP 地址进行认证，可以通过配置 **authentication-address** 参数指定 NAT 转换前的 IP 地址为对端的认证地址，但此时需要将 NAT 转换后的 IP 地址作为对端地址。 缺省情况下，系统没有配置 IKE 对等体的对端地址或域名，可用 **undo remote-address** [*ip-address* | **host-name** *host-name* | **authentication-address**]命令取消原来的配置
8	**ipsec sm4 version** { **draft-standard** | **standard** } 例如：[Huawei-ike-peer-huawei] **ipsec sm4 version standard**	（可选）配置 IKE 协商时使用 SM4 算法的版本。命令中的选项说明如下： ● **draft-standard**：二选一选项，指定 SM4 算法的版本为 2013 年国密标准版本。SM4 算法的属性值为 127； ● **standard**：二选一选项，指定 SM4 算法的版本为 2014 年国密标准版本。SM4 算法的属性值为 129。 与其他厂商设备对接进行 IKE 协商时，由于不同厂家设备使用的 SM4 算法的版本有差异，会导致与其他厂商设备 IKE 协商不成功，此时可以配置此步骤，使得 SM4 算法的版本与其他厂家设备使用的 SM4 算法的版本一致。 缺省情况下，配置 IKE 协商时使用 SM4 算法的版本为 draft-standard，可用 **undo ipsec sm4 version** 命令恢复 IKE 协商时使用 SM4 算法为缺省值的版本
9	配置身份认证参数和 ID 类型和 ID 值，预共享密钥认证、RSA 签名认证（即数字证书认证）、RSA 数字信封认证各自对应的具体配置步骤分别在后面的表 3-7、表 3-8 和表 3-9 介绍	
10	**lifetime-notification-message enable** 例如：[Huawei-ike-peer-huawei] **lifetime-notification-message enable**	（可选）使能发送 IKE SA 生存周期的通知消息功能。 IKEv1 对等体中，协商双方进行生存周期协商，IKE SA 的生存周期取两端的小值。但当华为设备与其他厂商设备对接建立 IPSec 隧道时，如果两端 IKE SA 生存周期配置不相同，则需要配置该命令，将本端 IKE SA 生存周期的通知消息发送给对端，两端 IKE 协商才能成功，否则失败。

（续表）

步骤	命令	说明
10	**lifetime-notification-message enable** 例如：[Huawei-ike-peer-huawei] **lifetime-notification-message enable**	其他情况下，如两台华为设备之间建立 IPSec 隧道时也可以配置该命令，但其只对 IPSec 隧道的协商响应方生效。如果不能确定哪端是协商发起方，建议两端都配置该命令。 缺省情况下，系统未使能发送 IKE SA 生存周期的通知消息功能，可用 **undo lifetime-notification-message enable** 命令关闭发送 IKE SA 生存周期的通知消息功能
11	**re-authentication interval** *interval* 例如：[Huawei-ike-peer-huawei] **re-authentication interval** 400	（可选）配置 IKEv2 重认证的时间间隔，整数形式，单位是秒，取值范围是 300～86 400。仅当采用 IKEv2 版本时才需配置。 在远程接入时，IKEv2 对等体间实施周期性的重认证，可以降低第三方攻击的安全隐患，提升 IPSec 网络的安全性。 缺省情况下，IKEv2 不进行重认证，可用 **undo re-authentication interval** 命令取消 IKEv2 重认证

表 3-7　采用预共享密钥认证方法时的认证参数、ID 类型和 ID 值的配置步骤

步骤	命令	说明
1	**system-view** 例如：<Huawei> **system-view**	进入系统视图
2	**ike peer** *peer-name* 例如：[Huawei] **ike peer** Huawei	创建 IKE 对等体并进入 IKE 对等体视图。其他说明参见表 3-4 第 2 步
3	**version { 1 | 2 }** 例如：[Huawei-ike-peer-huawei] **version 2**	配置 IKE 对等体使用的 IKE 协议版本号。其他说明参见表 3-5 的第 3 步
情形一：单个对端或多个对端使用相同 ID 和预共享密钥时的认证参数配置		
4	**pre-shared-key { simple | cipher }** *key* 例如：[Huawei-ike-peer-huawei] **pre-shared-key simple** lycb.com	配置对等体 IKE 协商采用预共享密钥认证时，所使用的预共享密钥，其他说明参见表 3-4 第 4 步。两个对端的预共享密钥必须一致
情形二：多个对端，且多个对端使用不同的 ID 和预共享密钥时的认证参数配置		
4	**quit** 例如：[Huawei-ike-peer-huawei] **quit**	返回系统视图
5	**ike user-table** *user-table-id* 例如：[Huawei] **ike user-table** 10	创建一个 IKE 用户表并进入 IKE 用户表视图，或者直接进入一个已创建的 IKE 用户表视图。参数 *user-table-id* 用来指定 IKE 用户表 ID，整数形式，不同系列的取值范围不同。一个 IKE 用户表下可以通过下一步创建一个或多个 IKE 用户。 IKE 用户表中记录了 IKE 对等体对端 ID 和这些参数的对应关系。IKE 对等体中引用 IKE 用户表后，设备在 IKE 协商过程中，会根据对端 ID，在 IKE 用户表中查找该 ID 对应的参数。这样就可以做到各个分支使用不同的业务。 缺省情况下，系统没有配置 IKE 用户表，可用 **undo ike user-table** 命令用来删除 IKE 用户表，但已经被 IKE 对等体引用的 IKE 用户表无法删除

（续表）

步骤	命令	说明
6	**user** *user-name* 例如：[Huawei-ike-user-table-10] **user** winda	在 IKE 用户表中创建一个 IKE 用户并进入 IKE 用户视图，或者直接进入一个已创建的 IKE 用户视图。参数 *user-name* 指定 IKE 用户的名称字符串形式，**区分大小写**，不支持空格和问号，长度范围为 1～63。 在每个 IKE 用户视图下面都可以分别配置对等体 ID、共享密钥，IPSec 设备就是依据 IKE 用户与这些参数的对应关系找到与之要建立 IPSec 隧道的对等体。 缺省情况下，IKE 用户表中没有创建 IKE 用户，可用 **undo user** *user-name* 命令删除指定的 IKE 用户
7	**pre-shared-key** *key* 例如：[Huawei-ike-user-table-10-user1] **pre-shared-key** lycb.com	为以上 IKE 用户配置对等体 IKE 协商采用预共享密钥认证时，IKE 用户所使用的预共享密钥，字符串格式，明文时输入范围是 1～128，密文时输入范围是 48～188。当字符串中包含“？”或空格时，需要使用双引号将密钥括起来。 相当于可以为每个用户配置相同或不同的共享密钥，通常是在公司总部 IPSec 设备上为每个分支机构创建一个用户，然后分别为他们配置共享密钥。当然，这要求在分支机构上所配置的共享密钥必须与总部上对应。 缺省情况下，对等体 IKE 协商采用预共享密钥认证时，没有配置 IKE 用户所使用的预共享密钥，可用 **undo pre-shared-key** 命令取消对等体 IKE 协商采用预共享密钥认证时，IKE 用户所使用的预共享密钥
8	**id-type** { **any** *any-id* | **fqdn** *remote-fqdn* | **ip** *ip-address* | **user-fqdn** *remote-user-fqdn* } 例如：[Huawei-ike-user-table-10-user1] **id-type ip** 1.1.1.1	为以上 IKE 用户中配置对端 ID 类型和 ID。命令中的参数说明如下： • **any** *any-id*：多选一参数，指定 IKE 对等体的对端 ID 类型为任意类型，并配置对端 ID，字符串形式，区分大小写，不支持问号，长度范围是 1～255。 • **fqdn** *remote-fqdn*：多选一参数，指定 IKE 对等体的对端 ID 类型为名称形式，并配置对端 ID，字符串形式，区分大小写，不支持问号，长度范围是 1～255。 • **ip** *ip-address*：多选一参数，指定 IKE 对等体的对端 ID 类型为 IP 地址形式，并配置对端 ID，点分十进制格式。 • **user-fqdn** *remote-user-fqdn*：指定 IKE 对等体的对端 ID 类型为用户域名形式，并配置对端 ID，字符串形式，区分大小写，不支持问号，长度范围是 1～255。 如果采用主模式的 IKEv1，**id-type** 只能配置成 **ip**，且在 NAT 穿越场景中，*ip-address* 应配置成 NAT 转换后的地址 缺省情况下，IKE 用户中没有配置用户类型和 ID，可用 **undo id-type** 命令在 IKE 用户中删除用户类型和 ID
9	**description** *description* 例如：[Huawei-ike-user-table-10-user1] **description** admin	（可选）配置 IKE 用户的描述信息，字符串形式，支持空格，区分大小写，长度范围是 1～63 缺省情况下，系统未配置 IKE 用户的描述信息
10	**quit** 例如：[Huawei-ike-user-table-10-user1] **quit**	返回 IKE 用户表视图

（续表）

步骤	命令	说明
11	**quit** 例如：[Huawei-ike-user-table-10] **quit**	退回系统视图
12	**ike peer** *peer-name* 例如:[Huawei] **ike peer** huawei	再次进入对应的 IKE 对等体视图
13	**user-table** *user-table-id* 例如：[Huawei-ike-peer-huawei] **user-table** 10	在以上 IKE 对等体中引用前面配置的 IKE 用户表。IKE 对等体中引用 IKE 用户表后，在 IKE 用户视图下配置的预共享密钥优先级高于在 IKE 对等体视图下配置的共享密钥。 缺省情况下，IKE 对等体中没有引用 IKE 用户表，可用 **undo user-table** 命令删除引用的 IKE 用户表
在 IKE 对等体视图下配置 ID 类型和 ID 值		
14	**local-id-type { fqdn | ip | user-fqdn }** 例如：[Huawei-ike-peer-huawei] **local-id-type user-fqdn**	配置 IKE 协商时本端 ID 类型。命令中的参数说明如下： • **fqdn**：多选一选项，指定 IKE 协商时本端 ID 类型为名称形式，如 devicea。IKEv1 野蛮模式和 IKEv2 支持，IKEv1 主模式不支持； • **ip**：多选一选项，指定 IKE 协商时本端 ID 类型为 IP 地址形式； • **user-fqdn**：多选一选项，指定 IKE 协商时本端 ID 类型为用户域名形式，如 devicea@example.com。IKEv1 野蛮模式和 IKEv2 支持，IKEv1 主模式不支持。 【注意】本端 ID 类型与对端 ID 类型无需一致，用户可分别通过命令指定本端 ID 类型和对端 ID 类型，但本端配置的 **local-id-type** 要匹配对端配置的 **remote-id-type**，或在本表第 8 步配置的 **id-type**。 不同的身份认证方式支持的本端 ID 类型以及本端 ID 的配置方法存在差异，具体参见表 3-10。 缺省情况下，IKE 协商时本端 ID 类型为 IP 地址形式，可用 **undo local-id-type** 命令将恢复 IKE 协商时本端的 ID 类型恢复为缺省设置
15	**local-id** *id* 例如：[Huawei-ike-peer-peer1] **local-id** www.hw.com	（可选）配置 IKE 协商时的本端 ID 值，字符串格式，长度范围是 1～255，区分大小写，不支持空格，支持特殊字符（如!、@、#、$、%等），**区分大小写**。字符串内容可以是 FQDN、USER-FQDN。**仅当 IKE 对等体的 ID 类型为 FQDN、User-FQDN 时，需要执行此步骤配置本端 ID 值。** 也可在系统视图下执行 **ike local-name** *local-name* 命令来配置 IKE 协商时的本端 ID，此时设备上所有的 IKE 对等体都使用此 ID 进行身份认证。 缺省情况下，系统没有设置 IKE 协商使用的本端 ID，可用 **undo local-id** 命令取消 IKE 协商使用的本端 ID
16	**remote-id-type { any | fqdn | ip | user-fqdn }** 例如：[Huawei-ike-peer-huawei] **remote-id-type fqdn**	配置 IKE 协商时对端的 ID 类型，命令中的 any 选项表示指定 IKE 对等体对端 ID 类型为任意类型，其他选项说明参本表第 14 步说明。 本端 ID 类型与对端 ID 类型无需一致，可分别通过命令指定本端 ID 类型和对端 ID 类型。 缺省情况下，系统未设置 IKE 协商时对端的 ID 类型，可通过 **undo remote-id-type** 命令取消配置 IKE 协商时对端的 ID 类型

（续表）

步骤	命令	说明
17	**remote-id** *id* 例如：[Huawei-ike-peer-huawei] **remote-id** user@hw.com	（可选）配置 IKE 协商时的对端 ID 值，字符串格式，长度范围是 1～255，区分大小写，不支持空格，支持特殊字符（如!、@、#、$、%等），区分大小写。字符串内容可以是 FQDN、USER-FQDN。 【说明】IKE 协商过程中，可以使用 **remote-id-type**、**remote-id** 命令配置对端的 ID 类型和 ID，对接入的对等体进行验证。 在 IKEv1 版本中，配置的 **remote-id**，只能验证对端的身份；在 IKEv2 版本中，配置的 **remote-id**，可以发送给对端，与对端的 **local-id** 进行验证。 当通过上一步命令配置了对端 ID 类型为 IP 时，无论是否配置了本命令，都默认采用 **remote-address** 命令的值作为对端 ID 值。 缺省情况下，系统没有配置 IKE 协商时的对端 ID，可用 **undo remote-id** 命令取消上述配置

表 3-8　　采用 RSA 签名认证方法时的认证参数、ID 类型和 ID 值的配置步骤

步骤	命令	说明
1	**system-view** 例如：<Huawei> **system-view**	进入系统视图
2	**ike peer** *peer-name* 例如：[Huawei] **ike peer** Huawei	创建 IKE 对等体并进入 IKE 对等体视图
3	**version** { 1 | 2 } 例如：[Huawei-ike-peer-huawei] **version 2**	配置 IKE 对等体使用的 IKE 协议版本号
4	**rsa signature-padding { pkcs1 | pss }** 例如：[Huawei-ike-peer-huawei] **rsa signature-padding pss**	配置 RSA 签名的填充方式。命令中的选项说明如下： • **pkcs1**：二选一选项，指定 RSA 签名的填充方式为 PKCS1（Public-Key Cryptography Standards 1，公共密钥加密标准第 1 版本）。 • **pss**：二选一选项，指定 RSA 签名的填充方式为 PSS（Probabilistic Signature Scheme，概率签名方案）。采用 PSS 方式时，认证算法不能配置为 SM3 算法。 缺省情况下，RSA 签名的填充方式为 PKCS1，可用 **undo rsa signature-padding** 命令用来将 RSA 签名的填充方式恢复为缺省配置
5	**pki realm** *realm-name* 例如：[Huawei-ike-peer-huawei] **pki realm** test	指定数字证书所属的 PKI 域（必须是已存在的 PKI 域名），根据 PKI 域下的配置信息获取本端的数字证书。认证方式为 RSA 签名时，代表本地 ID 的 IP 地址、DN、Name、User-FQDN 等信息都在本地证书中 缺省情况下，IKE 对等体的数字证书没有指定 PKI 域，可用 **undo pki realm** 命令用来取消指定 IKE 对等体的数字证书所属的 PKI 域

（续表）

步骤	命令	说明
6	**local-id-type { dn | fqdn | ip | user-fqdn }** 例如：[Huawei-ike-peer-huawei] **local-id-type fqdn**	配置本地 ID 类型，其中的 **dn** 类型是指定 IKE 协商时本端 ID 类型为可识别名称 DN（Distinguished Name）形式，其他类型说明参见表 3-7 中的第 14 步。ID 类型是使用 **display pki certificate** 命令查看到的 ID 类型。 不同的身份认证方式支持的本端 ID 类型以及本端 ID 的配置方法存在差异，具体参见表 3-10。 缺省情况下，IKE 协商时本端 ID 类型为 IP 地址形式，可用 **undo local-id-type** 命令用来恢复 IKE 协商时本端的 ID 类型为缺省设置
7	**remote-id-type { any | dn | fqdn | ip | user-fqdn }** 例如：[Huawei-ike-peer-huawei] **remote-id-type fqdn**	配置 IKE 协商时对端的 ID 类型，命令中的选项说明参见表 3-7 中的第 16 步。**同一 IKE 对等体，本端和对端的 ID 类型必须相同。** 缺省情况下，系统未设置 IKE 协商时对端的 ID 类型，可用 **undo remote-id** 命令取消原来配置
8	**remote-id** *id* 例如：[Huawei_B-ike-peer-huawei] **remote-id** device_A	配置 IKE 协商时的对端 ID 值，字符串格式，长度范围是 1～255，区分大小写，不支持空格，支持特殊字符（如!、@、#、$、%等），区分大小写。字符串内容可以是 DN、FQDN、USER-FQDN。 【注意】如果在上一步配置了对端 ID 类型为 IP，可以不配置本命令，此时将默认采用 **remote-address** 命令配置的值作为对端 ID 值。 如果本地 ID 类型配置为 FQDN 或 User-FQDN，对于 IKEv1 协商，对端 ID 取 IKE 对等体下配置的 **remote-id**；对于 IKEv2 协商，对端 ID 优先取证书里对应的 ID 字段（FQDN 取 DNS 字段值，User-FQDN 取 email 字段值），证书中没有对应 ID 字段时才取 IKE 对等体下配置的 **remote-id**
9	**inband ocsp** 例如：[Huawei_B-ike-peer-huawei] **inband ocsp**	配置采用数字证书认证时，指定通过 IKE 协议承载 OCSP 请求/响应进行在线证书状态认证。只有当创建的 PKI 域视图下配置的 **certificate-check** 命令选择为 **ocsp** 选项时，执行该命令才有效。 缺省情况下，系统没有通过 IKEv2 协议承载 OCSP 请求/响应进行在线证书状态认证，可用 **undo inband ocsp** 命令取消通过 IKEv2 协议承载 OCSP 请求/响应进行在线证书状态认证
10	**inband crl** 例如：[Huawei_B-ike-peer-huawei] **inband crl**	配置采用数字证书认证时，指定通过 IKEv2 协议承载 CRL 注销列表请求和 CRL 注销列表响应。 只有当创建的 PKI 域视图下配置的 **certificate-check** 命令选择为 **crl** 选项时，执行该命令才有效。同时，还需在系统视图下执行 **ike authentication certificate-check crl enable** 命令，使 IKE 采用数字证书认证时的 CRL 检查。 缺省情况下，系统没有配置 IKEv2 承载 CRL 注销列表请求和响应，可用 **undo inband crl** 命令取消 IKEv2 协议承载 CRL 注销列表请求和响应的配置

（续表）

步骤	命令	说明
11	**certificate-check disable** 例如：[Huawei-ike-peer-huawei] **certificate-check disable**	配置对 IKE 对等体下的证书不进行有效性的校验。 缺省情况下，对 IKE 对等体下的证书进行有效性的校验，可用 **undo certificate-check disable** 命令恢复缺省配置
12	**certificate-request empty-payload enable** 例如：[Huawei-ike-peer-huawei] **certificate-request empty-payload enable**	指定证书请求载荷内容为空。 当路由器作为总部网关，配置策略模板方式 IPSec 安全策略时，如果采用数字证书认证分支，可以配置证书请求载荷内容为空，以便允许不同 CA 组织的分支接入。总部根据分支证书的信息，到对应的证书域进行证书验证。但当接入设备不能处理认证授权字段为空的证书请求报文时，则不能配置本命令，否则将导致隧道协商失败。 缺省情况下，设备发出的证书请求载荷包含 CA 信息，可用 **undo certificate-request empty-payload enable** 命令恢复证书请求载荷的缺省配置

表 3-9　采用 RSA 数字信封认证方法时的认证参数、ID 类型和 ID 值的配置步骤

步骤	命令	说明
1	**system-view** 例如：<Huawei> **system-view**	进入系统视图
2	**ike peer** *peer-name* 例如：[Huawei] **ike peer** Huawei	创建 IKE 对等体并进入 IKE 对等体视图。其他说明参见 3.1.3 节表 3-4 第 2 步
3	**version { 1 | 2 }** 例如：[Huawei-ike-peer-huawei] **version 2**	配置 IKE 对等体使用的 IKE 协议版本号。 缺省情况下，一个 IKE 对等体同时支持 IKEv1 和 IKEv2 两个协议版本，可用 **undo version** { **1** | **2** }命令取消对应配置
4	**rsa signature-padding { pkcs1 | pss }** 例如：[Huawei-ike-peer-huawei] **rsa signature-padding pss**	配置 RSA 签名的填充方式。命令中的选项说明参见表 3-8 听第 4 步。 只有 IKEv1 主模式支持 RSA 数字信封认证。IKE 协商时，本端和远端的 ID 类型只支持 DN 形式，且无需配置
5	**remote-id** *id* 例如：[Huawei_B-ike-peer-huawei] **remote-id** device_A	配置 IKE 协商时的对端 ID 值，其他说明参见表 3-8 中的第 8 步
6	**certificate-check disable** 例如：[Huawei-ike-peer-huawei] **certificate-check disable**	配置对 IKE 对等体下的证书不进行有效性的校验。其他说明参见表 3-8 中的第 11 步
7	**certificate-request empty-payload enable** 例如：[Huawei-ike-peer-huawei] **certificate-request empty-payload enable**	指定证书请求载荷内容为空。其他说明参见表 3-8 中的第 12 步

表 3-10 身份认证方式与本端 ID 类型、本端 ID 间的关系

认证方式	IP	DN	FQDN	User-FQDN	key-id
预共享密钥认证（**pre-share**）	支持 ID 使用 **tunnel local** 命令配置	不支持	IKEv1 野蛮模式和 IKEv2 支持；IKEv1 主模式不支持。 ● ID 使用 **local-id** 命令配置，表示该 IKE 对等体用此 ID 进行身份认证 ● ID 使用 **ike local-name** 命令配置，表示设备上所有的对等体都使用此 ID 进行身份认证 ● **local-id** 命令配置的 ID 优先级高于 **ike local-name** 命令配置的 ID	IKEv1 野蛮模式和 IKEv2 支持；IKEv1 主模式不支持。 ● ID 使用 **local-id** 命令配置，表示该 IKE 对等体用此 ID 进行身份认证 ● ID 使用 **ike local-name** 命令配置，表示设备上所有的对等体都使用此 ID 进行身份认证 ● **local-id** 命令配置的 ID 优先级高于 **ike local-name** 命令配置的 ID	支持。 Efficient VPN 策略中设备作为 Remote 端与思科设备互通时使用该参数
RSA 签名认证（**rsa-signature**）	支持。 ID 使用 **tunnel local** 命令配置	支持。 无需配置，默认使用证书中对应字段的 ID	支持。 无需配置，默认使用证书中对应字段的 ID	支持。 无需配置，默认使用证书中对应字段的 ID	支持。 Efficient VPN 策略中设备作为 Remote 端与思科设备互通时使用该参数
RSA 数字信封认证（**digital-envelope**）	不支持	支持。 无需配置，默认使用证书中对应字段的 ID	不支持	不支持	不支持
SM2 数字信封认证（**digital-envelope new**）	不支持	支持 无需配置，默认使用证书中对应字段的 ID	不支持	不支持	不支持

3.1.4 配置安全策略

在 IKE 动态协商方式建立 IPSec 隧道应用中，有“通过 ISAKMP”和“通过策略模板”两种创建安全策略的方式。

（1）ISAKMP 方式

ISAKMP 是一个安全框架协议，采用这种方式时，直接在安全策略视图中定义需要协商的各项参数，**而且协商发起方和响应方参数必须配置相同**。配置成可以主动发起协商的方式。

（2）策略模板方式

策略模板视图中定义了需要协商的一些必要参数，未定义的可选参数由发起方来决定，而且响应方会接受发起方的建议。**本端配置了策略模板时不能发起协商，只能作为协商响应方接受对端的协商请求，一般在总部配置策略模板方式。**

采用策略模板可以简化多条 IPSec 隧道建立时的配置工作量，因为有些参数可以直接采用发起方的配置。另外，策略模板可满足特定的场景，**如通信对端的 IP 地址不固定或预先未知的情况下**（例如对端是通过 PPPoE 拨号获得的 IP 地址），允许这些对端设备向采用了策略模板配置的本端设备主动发起协商，而策略模板中无需指定对端 ID（IP 地址）。

另外，与 ISAKMP 方式不同的是，**采用策略模板方式时用于定义数据流保护范围的 ACL 是可选的**，该参数在未配置的情况下，支持最大范围的保护，即直接采用协商发起方所配置的用于定义保护数据流的 ACL。

注意

如果一端采用动态公网 IP 地址分配方式接入 Internet，要建立 IPSec VPN 隧道就必须采用策略模板方式来配置。

在 VRP V200R006 以前版本中，对于手工和 IKE（无论 ISAKMP 策略或策略模板）方式创建的安全策略，都不能直接修改其参数配置，而必须先删除该安全策略然后再重新创建。

在 VRP V200R006 及以后版本中，IPSec 安全策略对应的 IPSec 安全策略组在接口应用后，如果需要修改 **security acl**、**proposal** 和 **ike-peer** 参数，则需要先取消 IPSec 安全策略组在接口的应用，且需要重新将 IPSec 安全策略组应用到接口才能生效；如果修改其他参数，则在下次 IKE 协商时生效，对于已经协商起来的 IPSec 隧道这些参数不生效。

1. 通过 ISAKMP 创建 IKE 动态协商方式安全策略

通过 ISAKMP 创建 IKE 动态协商方式安全策略的具体步骤见表 3-11。

表 3-11　通过 ISAKMP 创建 IKE 动态协商方式安全策略的配置步骤

步骤	命令	说明
1	**system-view** 例如：<Huawei> **system-view**	进入系统视图
2	**ipsec policy** *policy-name seq-number* **isakmp** 例如：[Huawei] **ipsec policy** policy1 100 **isakmp**	创建 IKE 动态协商方式安全策略，并进入 IKE 动态协商方式安全策略视图。命令中的参数说明如下： • *policy-name*：指定安全策略的名称，字符串格式，长度范围是 1～15，**区分大小写**，字符串中不能包含“？”和空格。 • *seq-number*：指定安全策略的序号，整数形式，取值范围是 1～10000，值越小表示安全策略的优先级越高。 缺省情况下，系统不存在安全策略，可用 **undo ipsec policy** *policy-name* [*seq-number*] 命令删除指定名称（或同时指定序号）的安全策略

（续表）

步骤	命令	说明
3	**security acl** *acl-number* 例如：[Huawei-ipsec-policy-isakmp-policy1-100] **security acl** 3100	在安全策略中引用前面已创建的用于认定需要保护数流的高级 ACL。一个安全策略只能引用一个 ACL，引用新的 ACL 时必须先删除原有引用。 缺省情况下，系统没有引用 ACL，可用 **undo security acl** 命令删除已引用的 ACL
4	**proposal** *proposal-name* 例如：[Huawei-ipsec-policy-isakmp-policy1-100] **proposal** prop1	在安全策略中引用已在第 2 章 2.4.3 节定义 IPSec 安全提议。 【注意】一个 IKE 协商方式的安全策略最多可以引用 12 个 IPSec 安全提议。隧道两端进行 IKE 协商时将在安全策略中引用最先能够完全匹配的 IPSec 安全提议。如果 IKE 在两端找不到完全匹配的 IPSec 安全提议，则 SA 不能建立。 缺省情况下，系统没有引用 IPSec 安全提议，可用 **undo proposal** [*proposal-name*]命令删除已引用的 IPSec 安全提议
5	**ike-peer** *peer-name* 例如：[Huawei-ipsec-policy-isakmp-policy1-100] **ike-peer** huawei	在安全策略中引用已在 3.1.3 节创建好的 IKE 对等体。**同一 IPSec 安全策略组不同序号的 IPSec 安全策略下不能引用具有相同地址的 IKE 对等体。** 缺省情况下，系统没有引用 IKE 对等体，可用 **undo ike-peer** 命令删除引用的 IKE 对等体 【说明】配置 IKE 动态协商方式建立 IPSec 隧道时，需要引用 IKE 对等体，但 ISAKMP 安全框架引用的 IKE 对等体不需要指定本端地址 **local-address** 和对端地址 **remote-address**，因为安全框架进行 IKE 协商时，选用的本端地址和对端地址分别是通过 IPSec 虚拟隧道接口的源地址和目的地址指定的，安全框架所引用的 IKE 对等体中的 **local-address** 和 **remote-address** 配置不生效
6	**tunnel local** { *ip-address* | **binding-interface** } 例如：[Huawei-ipsec-policy-isakmp-policy1-100] **tunnel local binding-interface**	（可选）配置 IPSec 隧道的本端地址。命令中的参数说明如下： ● *ip-address*：二选一参数，指定 IPSec 隧道的本端 IP 地址； ● **binding-interface**：二选一参数，指定应用安全策略接口的主地址为 IPSec 隧道的本端地址。该参数只在 ISAKMP 方式安全策略视图下有效。 【说明】对于 IKE 动态协商方式的安全策略，一般不需要配置 IPSec 隧道的本端地址，SA 协商时会根据路由选择 IPSec 隧道的本端地址。 ● 当安全策略实际绑定的接口 IP 地址不固定或无法预知时，执行 **tunnel local** *ip-address* 指定设备上其他接口（如 LoopBack 接口）的 IP 地址作为 IPSec 隧道的本端 IP 地址，也可以执行 **tunnel local binding-interface** 指定该接口的地址为 IPSec 隧道的本端 IP 地址。 ● 当安全策略实际绑定的接口配置了多个 IP 地址（一个主 IP 地址和多个从 IP 地址）时，执行 **tunnel local** *ip-address* 指定其中一个 IP 地址作为 IPSec 隧道的本端 IP 地址，也可以执行 **tunnel local binding-interface** 指定该接口的主地址为本端 IP 地址。

（续表）

步骤	命令	说明
6	**tunnel local** { *ip-address* | **binding-interface** } 例如：[Huawei-ipsec-policy-isakmp-policy1-100] **tunnel local binding-interface**	● 当本端与对端存在等价路由时，执行 **tunnel local** { *ip-address* | **binding-interface** }来指定 IPSec 隧道的本端 IP 地址，使 IPSec 报文从指定接口出去。 ● 端配置本命令时必须与对端引用的 IKE 对等体中配置的 **remote-address**（IKE 对等体视图）命令配置一致。 缺省情况下，系统没有配置 IPSec 隧道的本端地址，可用 **undo tunnel local** 命令删除 IPSec 隧道的本端地址
7	**sa trigger-mode { auto | traffic-based }** 例如：[Huawei-ipsec-policy-isakmp-policy1-100] **sa trigger-mode traffic-based**	（可选）配置 IPSec SA 的触发方式。命令中的选项说明如下： ● **auto**：二选一选项，指定 IPSec SA 的触发方式为自动触发方式，将自动触发 IPSec SA 协商； ● **traffic-based**：二选一选项，指定 IPSec SA 的触发方式为流量触发方式，当有符合该安全策略的数据流外出时才会触发 IPSec SA 协商。 缺省情况下，IPSec SA 的触发方式为自动触发方式，可用 **undo sa trigger-mode** 命令将 IPSec SA 的触发方式恢复为缺省配置
8	**pfs { dh-group1 | dh-group2 | dh-group5 | dh-group14 | dh-group19 | dh-group20 | dh-group21 }** 例如：[Huawei-ipsec-policy-isakmp-policy1-100] **pfs dh-group1**	（可选）配置本端发起协商时使用的 PFS 特性，用于本端发起协商时，在 IKEv1 阶段 2 或 IKEv2 创建子 SA 交换的协商中进行一次附加的 DH 交换，保证 IPSec SA 密钥的安全，以提高通信的安全性。命令中的选项说明参见本章 3.1.2 节表 3-3 中的第 6 步。 【注意】如果本端指定了 PFS，对端在发起协商时必须是 PFS 交换。本端和对端指定的 DH 组必须一致，否则协商会失败。但如果对端是策略模板方式的时候，DH 组可以不一致。 缺省情况下，本端发起协商时没有使用 PFS 特性，可用 **undo pfs** 命令配置 IPSec 隧道本端在协商时不使用 PFS 特性
9	**respond-only enable** 例如：[Huawei-ipsec-policy-isakmp-policy1-100] **respond-only enable**	（可选）配置本端不主动发起协商。 缺省情况下，如果本端采用 ISAKMP 方式 IPSec 安全策略建立 IPSec 隧道，则本端将主动发起 IPSec 协商。如果 IPSec 对等体两端都采用 ISAKMP 方式 IPSec 安全策略建立 IPSec 隧道，则两端都会主动发起协商。此时，配置其中一端作为响应方，不主动发起协商，方便用户观察报文处理流程，进而有助于 IPSec 故障诊断和定位。如果需要本端主动发起协商，则可执行 **undo respond-only enable** 命令取消本端作为 IPSec 响应方的配置。 本步配置仅 VRP V200 主版本以后才支持
10	**policy enable** 例如：[Huawei-ipsec-policy-isakmp-policy1-100] **policy enable**	（可选）启用 IPSec 安全策略。 缺省情况下，IPSec 安全策略组中的策略处于启用状态，可用 **undo policy enable** 命令禁用 IPSec 安全策略组中的一条策略。通过执行 **undo policy enable** 命令禁用一条 IPSec 安全策略后，该 IPSec 安全策略将不进行隧道的建立。 本步配置仅 VRP V200 主版本以后才支持

2. 通过策略模板创建 IKE 动态协商方式安全策略

在 IKE 动态协商方式建立 IPSec 的应用情形中，在 IPSec 隧道的两端，协商发起方需要采用 ISAKMP 策略配置安全策略，协商响应方既可采用 ISAKMP 策略配置安全策略，又可采用策略模板方式配置安全策略。故本配置方式只能在响应方进行。

策略模板方式 IPSec 安全策略的配置原则如下。

- IPSec 隧道的两端只能有一端配置策略模板方式的 IPSec 安全策略(作为协商响应方)，另一端必须配置 ISAKMP 方式的 IPSec 安全策略（作为协商发起方)。
- 在策略模板配置中，引用 IPSec 安全提议和 IKE 对等体为必选配置，其他为可选配置。策略模板中没有定义的参数由发起方来决定，响应方会接受发起方的建议。

通过策略模板创建 IKE 动态协商方式安全策略的具体步骤见表 3-12。一个安全策略模板中的配置可以被多个安全策略所引用，这样可大大减少多个采用相同安全策略的配置的工作量。

表 3-12　　通过策略模板创建 IKE 动态协商方式安全策略的配置步骤

步骤	命令	说明
1	**system-view** 例如：<Huawei> **system-view**	进入系统视图
2	**ipsec policy-template** *policy-template-name seq-number* 例如：[Huawei] **ipsec policy-template** template1 100	创建策略模板，并进入策略模板视图。命令中的参数说明如下： ● *template-name*：指定策略模板的名称，字符串格式，长度范围是 1～15，**区分大小写**，字符串中不能包含"？"和空格； ● *seq-number*：指定策略模板的序号。序号越小，优先级越高，整数形式，取值范围是 1～10000。 【说明】策略模板中定义需要协商的各参数，未定义的可选参数由发起方来决定，而响应方会接受发起方的建议。本端配置了策略模板时不能发起协商，只能作为协商响应方接受对端的协商请求。 缺省情况下，系统不存在策略模板，可用 **undo ipsec policy-template** *template-name* [*seq-number*] 命令删除一个策略模板组或者策略模板组中的一个策略模板（通过序号指定）
3	**security acl** *acl-number* 例如：[Huawei-ipsec-policy-templet-template1-100] **security acl** 3100	（可选）在安全策略中引用已创建的用于定认需要保护的数据流的高级 ACL。但在策略模板方式中，该配置是可选项的，最终是接受发起方所定义的 ACL。 一个安全策略只能引用一个 ACL。如果设置安全策略引用了多于一个 ACL，最后配置的有效
4	**proposal** *proposal-name* 例如：[Huawei-ipsec-policy-templet-template1-100] **proposal** prop1	在安全策略中引用已在第 2 章 2.4.3 节定义的 IPSec 安全提议。 【注意】一个策略模板最多可以引用 12 个 IPSec 安全提议。隧道两端进行 IKE 协商时将在安全策略中引用最先能够完全匹配的 IPSec 安全提议。如果 IKE 在两端找不到完全匹配的 IPSec 安全提议，则 SA 不能建立。 在策略模板中引用多个 IPSec 安全提议时，请确保模板所引用的所有 IPSec 安全提议与 IPSec 隧道另一端的 IPSec 安全策略所引用的所有安全提议的封装模式均相同，即封装模式都为传输模式或都为隧道模式。 缺省情况下，系统没有引用 IPSec 安全提议，可用 **undo proposal** [*proposal-name*]命令删除已引用的 IPSec 安全提议

（续表）

步骤	命令	说明
5	**ike-peer** *peer-name* 例如：[Huawei-ipsec-policy-templet-template1-100] **ike-peer** huawei	在策略模板中引用已在 3.1.3 节创建好的 IKE 对等体。 【注意】一个接口只能应用一个策略模板，一个策略模板只能引入一个 IKE 对等体，而一个 IKE 对等体又只能配置一个预共享密钥，因此在采用策略模板的 IPSec 中，所有 VPN 隧道都必须配置相同的预共享密钥。这样只要有一条 IPSec 隧道的预共享密钥泄露，则其他所有的 IPSec VPN 通信安全都受到威胁。这个问题在 V200R006 以及以后版本中得到了解决，具体参见 3.1.3 节的表 3-6。 缺省情况下，系统没有引用 IKE 对等体，可用 **undo ike-peer** 命令删除引用的 IKE 对等体
6	**pfs { dh-group1 | dh-group2 | dh-group5 | dh-group14 | dh-group19 | dh-group20 | dh-group21 }** 例如：[Huawei-ipsec-policy-templet-template1-100] **pfs dh-group14**	（可选）配置本端发起协商时使用的 PFS 特性。该命令用于本端发起协商时，在 IKEv1 阶段 2 或 IKEv2 创建子 SA 交换的协商中进行一次附加的 DH 交换，保证 IPSec SA 密钥的安全，以提高通信的安全性。 其他说明参见本章 3.1.2 节表 3-3 中的第 6 步
7	**policy enable** 例如：[Huawei-ipsec-policy-templet-template1-100] **policy enable**	（可选）启用 IPSec 安全策略。 缺省情况下，IPSec 安全策略组中的策略处于启用状态，可用 **undo policy enable** 命令禁用 IPSec 安全策略组中的一条策略。通过执行 **undo policy enable** 命令禁用一条 IPSec 安全策略后，该 IPSec 安全策略将不进行隧道的建立。 本步配置仅 VRP V200 主版本以后才支持
8	**quit** 例如：[Huawei-ipsec-policy-templet-template1-100] **quit**	返回系统视图
9	**ipsec policy** *policy-name seq-number* **isakmp template** *template-name* 例如：[Huawei] **ipsec policy policy1** 10 **isakmp template** template1	创建安全策略并引用前面创建的策略模板。**一个 IPSec 安全策略组只能有一条 IPSec 安全策略引用策略模板，且该策略的序号推荐比其他策略的序号大**，即同一个 IPSec 安全策略组中策略模板方式 IPSec 安全策略的优先级必须最低，否则可能导致其他 IPSec 安全策略不生效。**引用的策略模板名称不能与安全策略名称相同。** 引用策略模板创建一个安全策略之后，就不能进入该安全策略视图下进行安全策略的配置与修改了，只能进入策略模板视图下配置或修改

3.1.5 配置可选扩展功能

在基于 ACL 方式的 IKE 动态协商建立 IPSec 隧道的应用中，可选配置的扩展功能比较多，包括安全策略中的可选扩展功能和 IKE 对等体中的可选扩展参数，具体如下。

- 配置 IPSec 隧道绑定 VPN 实例；
- 配置原始报文信息预提取功能；
- 配置路由注入功能；

- 配置 IPSec 解封装报文进行 ACL 检查：与手工方式的配置方法完全一样，参见第 2 章 2.4.5 节对应功能配置方法；
- 配置报文分片功能：与手工方式的配置方法完全一样，参见第 2 章 2.4.5 节对应功能配置方法；
- 配置安全联盟生存周期；
- 配置抗重放功能；
- 配置多链路共享功能；
- 配置保护相同数据流的新用户快速接入总部功能；
- 配置 NAT 穿越功能；
- 配置 NAT Keepalive 定时器；
- 配置 Heartbeat 定时器；
- 配置对等体存活检测。

以上这些功能都是可根据实际需选择配置的，不是必须配置的。下面对以上与手工方式配置方法不同的可选功能的具体配置方法进行介绍。

1. 配置 IPSec 隧道绑定 VPN 实例

通过配置 VPN 实例绑定扩展功能可指定隧道**对端**所属的 VPN，从而知道报文的发送接口，并将报文发送出去，可以实现 IPSec 的 VPN 多实例连接。它在手工方式建立 IPSec 隧道的方案中也是可行的（已在第 2 章 2.4.5 节中做了介绍，且其是在安全策略下配置的）。在 IKE 动态协商方式，该项扩展功能有以下两种配置方式。

- 采用 SA 方式绑定 VPN 实例，所有 VRP 版本均支持；
- 采用 IKE 用户方式绑定 VPN 实例，仅 VRP V200R006 及以后版本支持。

采用 IKE 用户方式绑定 VPN 实例方式可以基于用户类型区别经过 IPSec 隧道的分支流量所属的 VPN 实例，进而实现不同分支流量的隔离。其优先级高于采用 SA 方式绑定 VPN 实例。

说明

在 IKE 动态协商方式建立 IPSec 隧道的情形下中，该功能的配置只对 IKE 协商发起方有意义，因为当隧道的发起方发送报文时，需要知道报文的发送接口。而对于接收方来说，接收到的报文中已经在发送方配置了该 VPN 属性，因此即使不配置该命令也能够成功接收报文。

表 3-13 给出了以上两种配置方式下绑定 VPN 实例的具体配置方法。

表 3-13　配置 IPSec 隧道绑定 VPN 实例的步骤

步骤	命令	说明
1	**system-view** 例如：<Huawei> **system-view**	进入系统视图
方式一：采用 SA 方式绑定 VPN 实例		
2	**ike peer** *peer-name* [**v1** | **v2**] 例如：[Huawei] **ike peer** huawei **v1**	创建 IKE 对等体并进入 IKE 对等体视图

（续表）

步骤	命令	说明
3	**sa binding vpn-instance** *vpn-instance-name* 例如：[Huawei-ike-peer-huawei] **sa binding vpn-instance** vpna	指定以上对等体间建立的 IPSec 隧道所绑定的 VPN 实例。参数 *vpn-instance-name* 是一个已经通过 **ip vpn-instance** *vpn-instance-name* 命令创建的 VPN 实例，字符串格式，长度范围是 1～31。**区分大小写**，字符串中不能包含“？”和空格。 缺省情况下，IPSec 隧道没有绑定 VPN 实例，可用 **undo sa binding vpn-instance** 命令删除 IPSec 隧道绑定的 VPN 实例
方式二：采用 IKE 用户方式绑定 VPN 实例		
2	**ike user-table** *user-table-id* 例如：[Huawei] **ike user-table** 10	进入需要绑定 VPN 实例，包括已在 3.1.3 节表 3-7 中创建的 IKE 用户表视图
3	**user** *user-name* 例如：[Huawei-ike-user-table-10] **user** winda	进入需要绑定 VPN 实例，包括已在 3.1.3 节表 3-7 中创建的 IKE 用户视图
4	**vpn-instance** *vpn-instance-name* 例如：[Huawei-ike-user-table-10-winda] **vpn-instance** vpn1	配置 IPSec 隧道流量所属的 VPN 实例，其他说明参见本表方式一中的第 3 步
5	**quit** 例如：[Huawei-ike-user-table-10-winda] **quit**	退回 IKE 用户表视图
6	**quit** 例如：[Huawei-ike-user-table-10] **quit**	退回系统视图
7	**ike peer** *peer-name* 例如：[Huawei] **ike peer** peer1	进入有 IKE 用户需要绑定 VPN 实例的 IKE 对等体视图
8	**user-table** *user-table-id* 例如：[Huawei-ike-peer-peer1] **user-table** 10	在以上 IKE 对等体中引用前面配置的 IKE 用户表

2. 配置原始报文信息预提取功能

本项功能的主要作用是使设备仍按照 IP 报文的 IP 报头 QoS 信息对报文进行处理（如对报文进行分类，采用相应的 QoS 优先级或 QoS 策略），同样其在手工方式建立 IPSec 隧道的情形中也是可行的，且已在第 2 章 2.4.5 节进行了具体的介绍。

在 IKE 动态协商方式建立 IPSec 隧道情形下，配置原始报文信息预提取功能的具体配置步骤见表 3-14。

表 3-14　　配置原始报文信息预提取功能的步骤

步骤	命令	说明
1	**system-view** 例如：<Huawei> **system-view**	进入系统视图
2	**ipsec policy** *policy-name seq-number* **isakmp** 例如：[Huawei] **ipsec policy** policy1 100 **isakmp**	（二选一）在通过 ISAKMP 创建 IKE 动态协商方式安全策略中，创建 IKE 动态协商方式安全策略，并进入 IKE 动态协商方式安全策略视图

（续表）

步骤	命令	说明
2	**ipsec policy-template** *policy-template-name seq-number* 例如：[Huawei] **ipsec policy-template** template1 100	（二选一）在通过策略模板创建 IKE 动态协商方式安全策略中，创建策略模板，并进入策略模板视图
3	**qos pre-classify** 例如：[Huawei-ipsec-policy-isakmp-policy1-100] **qos pre-classify** 或[Huawei-ipsec-policy-templet-template1-100] **qos pre-classify**	配置对原始报文信息进行预提取。 缺省情况下，系统没有配置对原始报文信息的预提取，可使用 **undo qos pre-classify** 命令取消对原始报文信息的预提取

3. 配置路由注入功能

这项扩展功能仅在 IKE 动态协商方式建立 IPSec 隧道情形下可行，手工方式建立 IPSec 隧道情形下不可行。启用了路由注入功能后，设备会根据安全策略中引用的 ACL 中各规则的目的地来生成路由，路由的下一跳为本端在 IPSec SA 协商过程中学习到的 IPSec 隧道的对端地址。

当分支与总部建立 IPSec 隧道时，需要在总部网关上配置到分支子网的静态路由才能实现分支子网与总部网络的互通。但当分支子网众多时，总部网关上为此配置的静态路由就非常庞大，并且当分支机构网络发生变化时，总部网关还需要修改静态路由配置，网络维护困难。通过配置此处介绍的路由注入功能，可根据 IPSec 隧道信息为总部网关注入到达分支子网的路由信息，减少了手工配置的麻烦，提高了正确性。

如图 3-1 所示，分支机构网关与总部网关建立 IPSec 隧道，主机 a1 代表分支机构子网，主机 b1 代表公司总部子网。总部网关上配置了一条 ACL 规则，定义了 IPSec 保护由 b1 去往 a1 的数据流，在未能路由注入功能时，总部网关需要保证去往每个分支机构子网的路由可达。总部网关上使能路由注入功能后，会自动生成目的 IP 地址为 ACL 规则的目的地址（若 ACL 规则的目的地址未配置，则目的 IP 地址为 0.0.0.0/0.0.0.0，表示为缺省路由），下一跳为分支机构网关的 IPSec 隧道端点 IP 地址的路由表项。

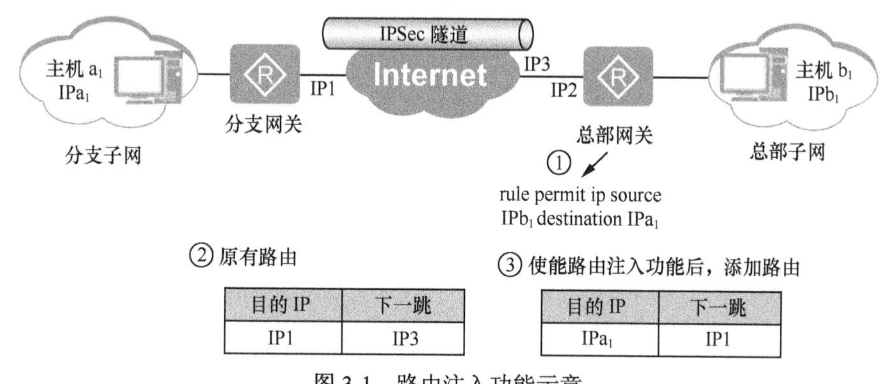

图 3-1　路由注入功能示意

路由注入功能有静态和动态两种。

- 使能静态路由注入功能时：路由注入功能生成静态路由配置后立即添加到本地，但路由不随隧道状态变化而变更。

- 使能动态路由注入功能时：如果 IPSec 隧道 Up，路由注入功能生成的动态路由可以添加到本地；如果 IPSec 隧道 Down，路由注入功能生成的动态路由又可以从本地删除。

与静态路由注入相比，动态路由注入功能将生成的路由与 IPSec 隧道状态相关联，避免了 IPSec 隧道 Down 时对等体仍向 IPSec 隧道发送流量，造成流量的丢失。

路由注入功能生成的路由也可以为其配置优先级，从而可以更加灵活地应用路由。例如，当设备上还配置有其他的到达相同目的地路由的方式时，如果为它们指定相同优先级，则可实现负载分担。如果指定不同优先级，则可实现路由备份。

路由流入功能的具体配置方法见表 3-15。

表 3-15　配置路由注入功能的步骤

步骤	命令	说明
1	**system-view** 例如：<Huawei> **system-view**	进入系统视图
2	**ipsec policy** *policy-name seq-number* **isakmp** 例如：[Huawei] **ipsec policy** policy1 100 **isakmp**	（二选一）在通过 ISAKMP 创建 IKE 动态协商方式安全策略中，创建 IKE 动态协商方式安全策略，并进入 IKE 动态协商方式安全策略视图
	ipsec policy-template *policy-template-name seq-number* 例如：[Huawei] **ipsec policy-template** template1 100	（二选一）在通过策略模板创建 IKE 动态协商方式安全策略中，创建策略模板，并进入策略模板视图
3	**route inject { static | dynamic }** [**preference** *preference*] 例如：[Huawei-ipsec-policy-isakmp-policy1-100] **route inject static preference** 10 或 [Huawei-ipsec-policy-templet-template1-100] **route inject static preference** 10	配置路由注入功能。命令中的参数和选项说明如下： • **static**：二选一选项，使能静态路由注入功能。路由注入功能生成静态路由配置后立即添加到本地，并且静态路由不随隧道状态变化而变更。**该选项只在 ISAKMP 方式安全策略视图下支持。** • **dynamic**：二选一选项，使能动态路由注入功能。如果 IPSec 隧道 Up，路由注入功能生成的静态路由可以添加到本地；如果 IPSec 隧道 Down，生成的静态路由可以从本地删除。 • *preference*：指定路由注入功能的优先级，整数形式，取值范围是 1～255，缺省值为 60。 缺省情况下，系统未配置路由注入功能，可用 **undo route inject** 命令取消配置路由注入功能

4. 配置安全联盟生存周期

SA（安全联盟）生存周期只对 IKE 动态协商建立的 SA 有效，对手工方式建立的 SA 没有限制，因为手工方式建立的 SA 永远不会失效。但这里所配置的 SA 生存周期又分 IKE SA 生存周期和 IPSec SA 生存周期，**IKE SA 生存周期的配置仅 VRP V200R006 及以后版本支持。**

IKE SA 的生存周期是从旧 IKE SA 建立到生命周期截止的时间。在新的 IKE SA 还没有协商完之前，依然使用旧的 IKE SA。在新的 IKE SA 建立后，系统立即使用新 IKE SA 取代旧 IKE SA，而旧 IKE SA 在硬生存周期到期后被自动清除。但改变生存周期，不会影响已经建立的 IKE SA，而是会在以后的 IKE 协商中用于建立新的 IKE SA。具体的 IKE SA 生存周期配置步骤见表 3-16。

表 3-16　　配置 IKE SA 生存周期的步骤

步骤	命令	说明
1	**system-view** 例如：<Huawei> **system-view**	进入系统视图
2	**ike proposal** *proposal-number* 例如：[Huawei] **ike proposal** 10	进入要配置 IKE SA 生存周期的 IKE 安全提议视图
3	**sa duration** *time-value* 例如：[Huawei-ike-proposal-10] **sa duration** 720	配置 IKE SA 的生存周期，整数形式，取值范围为 60～604 800，单位为秒。 如果生存周期到期，IKE SA 将自动更新。因为 IKE 协商需要进行 DH 计算，需要经过较长的时间，为使 IKE SA 的更新不影响安全通信，建议在生存周期大于 600 秒缺省情况下，设置 IKE SA 的生存周期为 86 400 秒，可用 **undo sa duration** 命令，将 IKE SA 的生存周期恢复为缺省值

配置 IPSec SA 生存周期可使 IPSec SA 实时更新，降低 IPSec SA 被破解的风险，提高安全性。如果生存周期到达指定的时间或指定的流量，IPSec SA 就会失效。如果同时为 IPSec SA 配置了这两种生存周期，无论哪一种类型的生存周期先到期，IPSec SA 都会失效。在 IPSec SA 快要失效前，IKE 将为对等体协商新的 IPSec SA。在新的 IPSec SA 协商好之后，对等体立即采用新的 IPSec SA 保护 IPSec 通信。

IPSec SA 生存周期可以基于全局配置，也可以基于安全策略配置。如果没有单独为某安全策略设置 IPSec SA 生存周期，则采用设定的全局生存周期。如果同时配置了基于全局和基于安全策略的 IPSec SA 生存周期，基于安全策略的 IPSec SA 生存周期生效。IPSec SA 生存周期具体配置步骤见表 3-17。

表 3-17　　配置安全联盟生存周期的步骤

步骤	命令	说明
1	**system-view** 例如：<Huawei> **system-view**	进入系统视图
方法一：在系统视图下配置 SA 的生存周期		
2	**ipsec sa global-duration** { **time-based** *interval* | **traffic-based** *size* } 例如：[Huawei] **ipsec sa global-duration traffic-based** 10240	（可选）设置全局 SA 生存周期。命令中的参数说明如下： ● **time-based** *interval*：指定以时间为基准的 SA 全局生存周期，其是从 SA 建立开始到此 SA 协商存活的时间，整数形式，取值范围是 100～604 800，单位是秒。 ● **traffic-based** *size*：指定以所传输的流量为基准的 SA 全局生存周期，是此 SA 允许处理的最大流量，整数形式，取值范围是 0，2560～4 194 303，单位是千字节。 缺省情况下，以时间为基准的全局 SA 生存周期为 3 600 秒，以流量为基准的全局 SA 生存周期为 1 843 200 千字节（1800 兆），可用 **undo ipsec sa global-duration { time-based | traffic-based }**命令恢复全局 SA 生存周期为缺省值

（续表）

步骤	命令	说明
方法二：在安全策略下配置 SA 的生存周期		
2	**ipsec policy** *policy-name seq-number* **isakmp** 例如：[Huawei] **ipsec policy** policy1 100 **isakmp**	（二选一）进入要配置 IPSec SA 生存周期的 ISAKMP 方式安全策略视图
	ipsec policy-template *policy-template-name seq-number* 例如：[Huawei] **ipsec policy-template** template1 100	（二选一）进入要配置 IPSec SA 生存周期的策略模板视图
3	**sa duration** { **traffic-based** *size* | **time-based** *interval* } 例如：[Huawei-ipsec-policy-isakmp-policy1-100] **sa duration traffic-based** 20480 或[Huawei-ipsec-policy-templet-template1-100] **sa duration traffic-based** 20480	（可选）配置安全策略下 SA 的生存周期。参数说明参见本表方法一中的第 2 步。 缺省情况下，没有设置安全策略下 SA 的生存周期，系统采用当前全局 SA 的生存周期，可用 **undo sa duration { traffic-based | time-based }**命令取消配置 IPSec 策略下 SA 的生存周期

5. 配置抗重放功能

只有 IKE 动态协商的 SA 才支持抗重放功能，手工方式生成的 SA 不支持抗重放功能。因为手工方式建立的 SA 是永久不老化的，而只有在 SA 重新建立时，AH 或 ESP 报文的序列号才会重新开始计算，这需要 IKE 协议的支持。

重放报文是指已经处理过的报文，报文的序列号与原来的某个报文一样。IPSec 通过滑动窗口（抗重放窗口）机制检测重放报文。AH 和 ESP 协议报文头中带有 32 比特序列号，在同一个 SA 内，报文的序列号依次递增。当设备收到一个经过认证的报文后，如果报文的序列号与已经解封装过的某个报文的序列号相同，或报文的序列号较小且不在滑动窗口内，则认为该报文为重放报文。

由于对重放报文的解封装无实际作用，并且解封装过程会消耗设备大量的资源，导致业务可用性下降，实际上构成了拒绝服务 DoS（Denial of Service）攻击。通过使能 IPSec 抗重放功能，将检测到的重放报文在解封装处理之前丢弃，可以降低设备资源的消耗。但在某些特定的环境下（如当网络出现拥塞时或报文经过 QoS 处理后），业务数据报文的序列号顺序可能与正常的顺序差别较大，虽然并非有意的重放攻击，但其会被抗重放检测认为是重放报文，导致业务数据报文被丢弃。这种情况下就可以通过关闭全局 IPSec 抗重放功能来避免报文的错误丢弃，也可以通过适当地增大抗重放窗口的宽度，来适应业务正常运行的需要。

使用较大的抗重放窗口宽度会引起系统增大的开销，导致系统性能下降，因此与抗重放功能用于降低系统在接收重放报文时的开销的初衷不符，因此建议在能够满足业务运行需要的情况下，使用较小的抗重放窗口宽度。

抗重放功能可以基于全局配置，也可以在 IPSec 安全策略或策略模板下配置。全局 IPSec 抗重放功能的配置对所有已创建的 IPSec 安全策略生效，针对个别 IPSec 安全策略配置的抗重放功能仅在对应的安全策略下生效，不再受全局配置的影响。具体的抗重放功能配置步骤见表 3-18。

表 3-18　　配置抗重放功能的步骤

步骤	命令	说明
1	**system-view** 例如：<Huawei> **system-view**	进入系统视图
方法一：全局配置抗重放功能		
2	**ipsec anti-replay { enable | disable }** 例如：[Huawei] **ipsec anti-replay enable**	配置抗重放功能。命令中的选项说明如下: ● **enable**：二选一选项，使能抗重放功能； ● **disable**：二选一选项，去使能抗重放功能。 缺省情况下，系统已使能抗重放功能
3	**ipsec anti-replay window** *window-size* 例如：[Huawei] **ipsec anti-replay window** 128	指定 IPSec 抗重放窗口的大小，可取值为 32、64、128、256、512、1 024，单位为 bit。 其他视图中没有配置该命令时，抗重放窗口的大小取系统视图中的值。如果其他视图中配置了该命令，以当前视图为准。 缺省情况下，IPSec 抗重放窗口的大小是 1 024 位，可用 **undo ipsec anti-replay window** 命令将其恢复为缺省值
方法二：在安全策略下配置抗重放功能		
3	**ipsec policy** *policy-name seq-number* **isakmp** 例如：[Huawei] **ipsec policy** policy1 100 **isakmp**	（二选一）进入 ISAKMP 安全策略视图
	ipsec policy-template *policy-template-name seq-number* 例如：[Huawei] **ipsec policy-template** template1 100	（二选一）进入策略模板视图
4	**anti-replay window** *window-size* 例如：[Huawei-ipsec-policy-isakmp-policy1-100] **anti-replay window** 128 或[Huawei-ipsec-policy-template-template1-100] **anti-replay window** 128	指定 IPSec 抗重放窗口的大小，其他说明参见本表第 3 步。 缺省情况下，IPSec 防重放窗口的大小是 1 024 位，可用 **undo anti-replay window** 命令来将某个 IPSec 隧道的抗重放窗口大小恢复为缺省值

6. 配置多链路共享功能

为了提高网络的可靠性，通常企业网关都会有两条出口链路到 ISP，它们互为备份或者负载分担的关系。当在两个出接口配置了 IPSec 并采用相同的保护方法时，那么就需要 IPSec 业务能够平滑切换。但非共享状态的两个出接口会分别协商生成 IPSec SA，这样在主备链路切换时，需要消耗时间重新进行 IKE 协商生成 IPSec SA，会导致数据流的暂时中断。

此时，通过配置安全策略组为多链路共享安全策略组，设备使用逻辑的 LoopBack 接口与对端设备建立 IPSec 隧道（一个 LoopBack 接口就代表了本地设备本身），可以实现主备链路切换时 IPSec 业务不中断，应用 IPSec 的两个物理接口共同使用一个多链路共享的 IPSec SA。当这些物理接口对应的链路切换时，如果 LoopBack 接口的状态没有变化，那么不会删除 IPSec SA，也不需要重新触发 IKE 协商，直接使用相同的 IPSec SA 继续保护流量。

如图 3-2 所示，分支机构网关 RouterA 的报文通过两条出口链路到达总部网关

RouterB。如某条出口链路故障，RouterA 和 RouterB 间的 IPSec 通信不受影响，从而提高了网络的可靠性。

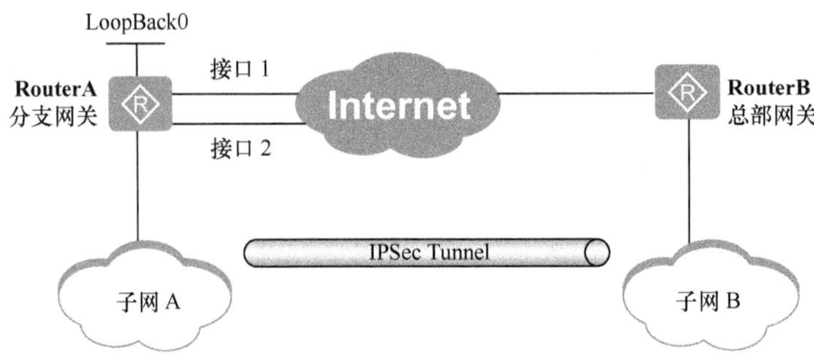

图 3-2 采用多链路共享的 IPSec 隧道示意

配置多链路共享功能的方法很简单，只需在系统视图下通过 **ipsec policy** *policy-name* **shared local-interface loopback** *interface-number* 命令设置安全策略组对应的 IPSec 隧道为多条链路共享即可。命令中的参数说明如下。

- *policy-name*：指定安全策略组的名称，必须在系统视图下已经配置了名称为 policy-name 的安全策略组；
- *interface-number*：指定 LoopBack 接口编号。LoopBack 接口必须为已经创建的环回口，整数形式，取值范围是 0～1 023。

缺省情况下，系统没有设置安全策略组对应的 IPSec 隧道为多条链路共享，可用 **undo ipsec policy** *policy-name* **shared** 命令取消指定的安全策略组对应的 IPSec 隧道为多链路共享。

该安全策略组需要在多个（并不限于两个）接口上应用才能生效。

7. 配置保护相同数据流的新用户快速接入总部功能

当分支机构和公司总部成功建立了 IPSec 隧道后，可能由于链路状态变化，分支机构网关应用安全策略组的接口 IP 地址发生改变（如分支机构网关通过拨号接入 Internet 与总部建立 IPSec 隧道的情况下）。但在此之前，总部网关已存在一条 IPSec 隧道保护总部网关与分支机构网关（原有用户）相互访问的流量，此时由于新、旧 IPSec 隧道所保护的数据流相同而导致的冲突，会使分支机构无法与总部再建立一条新的 IPSec 隧道，这样分支机构网关（新用户）与总部网关无法快速重新建立 IPSec 隧道，两者之间的流量无法受到安全保护。这时，可以通过配置保护相同数据流的新用户快速接入总部功能，使分支机构网关与总部网关之前建立的 IPSec SA 迅速老化，以重新建立 IPSec 隧道。

该功能的实现必须具备以下前提条件。

- 总部网关作为 IPSec 协商响应方，且采用策略模板方式与分支机构网关建立 IPSec 隧道。
- 新用户配置的 ACL 规则必须与原有用户配置的 ACL 规则完全一致。
- 新用户接入总部网关时使用的接口与原有用户使用的接口必须是总部网关上的

同一接口。

配置保护相同数据流的新用户快速接入总部功能的方法也很简单，只需在系统视图下执行 **ipsec remote traffic-identical accept** 命令，使能保护相同数据流的新用户接入总部功能即可。缺省情况下，未使能保护相同数据流的新用户接入总部功能，可用 **undo ipsec remote traffic-identical accept** 命令去使能保护相同数据流的新用户快速接入总部功能。

8. 配置 NAT 穿越功能

部署 IPSec VPN 网络时，如果发起者位于一个私网内部（也就是 IPSec 的一个端点接口的 IP 地址是私网 IP 地址，如图 3-3 中的 RouterA），远端位于公网侧（如图 3-3 中的 RouterB），而它希望与远端响应者直接建立一条 IPSec 隧道。为保证存在 NAT 设备的 IPSec 隧道能够正常建立，就需要配置 IPSec 的 NAT 穿越功能。

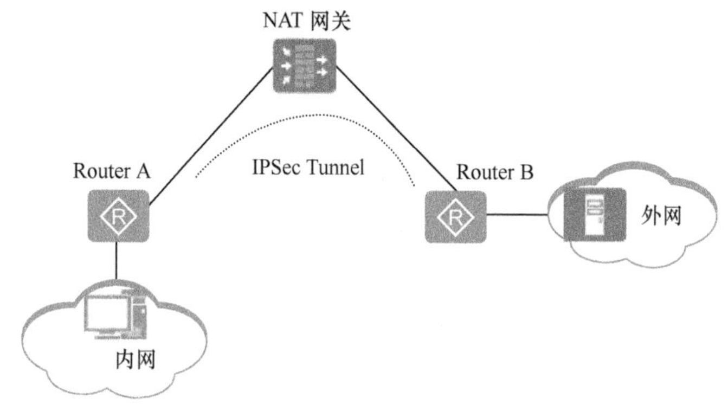

图 3-3　IPSec 的 NAT 穿越示意

在本章前面已说明，因为 AH 协议会对整个封装后的 IP 报文（包括 IP 报头）进行认证保护，如果 AH 报文经过 NAT 网关，则报头部分的 IP 地址肯定会发生变化，这时传输到达 IPSec 隧道对端时，肯定不能通过 AH 认证，所以 IPSec 采用 AH 作为安全协议时是不支持 NAT 的。但是 ESP 协议与 AH 协议不同，它无论是对 IP 报文进行认证保护，还是进行加密保护都不会包括最外层 IP 报头，所以 ESP 报文经过 NAT 网关时 IP 报头部分发生 IP 地址改变不会导致在对端进行 ESP 认证、数据解密时失败，所以理论上来说采用 ESP 作为安全协议时是支持 NAT 的。

但是这里又涉及到一个非常现实的问题，无论是 AH（IP 协议号为 51），还是 ESP（IP 协议号为 50）协议其都是网络层的协议，它们发送的报文不会经过上面的传输层协议封装。因此当 NAT 网关背后存在多个 ESP 应用端时（即实现多对一的地址映射时），也无法只根据 IP 地址进行反向映射，必须依靠传输层的 UDP 或 TCP 端口号。此处通过借用 UDP 的方式，巧妙地实现了 NAT 地址复用。此时要使用 UDP 500 端口（IKE 协商协议 ISAKMP 所使用端口）来插入一个新的 UDP 报头。

IPSec NAT 穿越简单来说就是在原报文的 IP 报头和 ESP 报头间增加一个标准的 UDP 报头。这样，当 ESP 报文穿越 NAT 网关时，NAT 对该报文的外层 IP 报头和增加的 UDP 报头同时进行地址和端口号转换（把私网 IP 地址、端口号都转换成公网）；转换后的报文到达 IPSec 隧道对端后，与普通 IPSec 报文处理方式相同。

NAT 穿越功能在 VRP V200R006 以前版本中缺省是关闭的，但可以配置，具体步骤见表 3-19（**须在 IPSec 两端同时配置**）；但在 V200R006 及以后版本中，NAT 穿越功能始终是使能的，且不能关闭。

表 3-19　　配置 NAT 穿越的步骤

步骤	命令	说明
1	**system-view** 例如：<Huawei> **system-view**	进入系统视图
2	**ike peer** *peer-name* [**v1** | **v2**] 例如：[Huawei] **ike peer** Huawei **v1**	进入 IKE 对等体视图
3	**nat traversal** 例如：[Huawei-ike-peer-huawei] **nat traversal**	使能 NAT 穿越功能。 缺省情况下，在 VRP V200R006 以前版本中，NAT 穿越功能处于关闭状态，可用 **undo nat traversal** 命令去使能 NAT 穿越功能。在 V200R006 及以后版本中，NAT 穿越功能是始终开启的，且不能关闭。 【注意】IKE 对等体中引用的 IKE 安全提议使用预共享密钥或数字证书认证方法时，NAT 穿越只支持 Name 类型（即配置为 **local-id-type name**）的协商。使用的 IPSec 安全提议只能是 ESP 安全协议

注意

在 IPSec NAT 穿越应用中，如果采用的是预共享密钥或数字证书认证方法，则要同时在部署了 NAT 网关设备的这端 IKE 对等体配置中采用名称类型标识 ID（即配置 **local-id-type fqdn** 命令），在发起方的 IKE 对等体配置中采用 IP 地址方式标识对端 ID。

9. 配置 NAT Keepalive 定时器

当对等体间存在 NAT 网关时，需要配置 NAT 穿越功能使报文正常穿越 NAT 网关。如果 IPSec 隧道建立后长时间没有报文穿越，由于 NAT 网关上的 NAT 会话有一定的存活时间，因此一旦 NAT 会话表项被删除，NAT 网关外网侧的对等体无法继续传输数据。

为了防止 NAT 表项老化，可使 NAT 网关内网侧的 IKE SA 以一定的时间间隔向对端发送 NAT Keepalive 报文，以维持 NAT 会话的存活。配置的方法很简单，只需在系统视图下通过 **ike nat-keepalive-timer interval** *interval* 命令配置 IKE SA 向对端发送 NAT Keepalive 报文的时间间隔。参数 *interval* 用来规定 IKE SA 向对端发送 NAT Keepalive 报文的时间间隔，整数形式，取值范围是 5～300，单位是秒。

缺省情况下，IKE SA 向对端发送 NAT Keepalive 报文的时间间隔为 20 秒（**所以本项扩展功能其实可以不用配置**），可用 **undo ike nat-keepalive-timer interval** 命令将 IKE SA 向对端发送 NAT Keepalive 报文的时间间隔恢复为缺省设置。

10. 配置 Heartbeat 定时器

在对等体间进行 IPSec 通信时，如果一端不响应，而对端因系统失效等异常环境并不知道，仍旧继续发送 IPSec 流量，会造成流量的丢失。为了阻止流量丢失，引入了 Heartbeat 检测机制。

Heartbeat 检测是指本端定时地向对端发送探测报文，接收端在定时器超时后，若仍然收不到报文，就认为对端已经不能正常工作。IKE 可以通过 heartbeat 报文检测对端故障，维护 IKE SA 的链路状态。

本端配置的发送 heartbeat 报文的时间间隔需要与对端配置的等待 heartbeat 报文的超时时间配合使用。当对端在配置的超时时间内未收到 heartbeat 报文时，如果该 IKE SA 带有 TIMEOUT 标记，则删除该 IKE SA 以及由其协商的 IPSec SA；否则，将其标记为 TIMEOUT。

配置 Heartbeat 定时器的步骤见表 3-20。

表 3-20 配置 heartbeat 定时器的步骤

步骤	命令	说明
1	**system-view** 例如：<Huawei> **system-view**	进入系统视图
2	**ike heartbeat { seq-num { new | old } | spi-list }** 例如：[Huawei] **ike heartbeat seq-num new**	配置 heartbeat 报文参数。命令中的选项说明如下： ● **seq-num { new | old }**：二选一选项，配置 heartbeat 报文序列号机制。 ➢ **new** 表示序列号载荷类型遵循 IETF 制订的草案 draft-ietf-ipsec-heartbeats-00.txt。 ➢ **old** 表示序列号载荷类型采用草案 draft-ietf-ipsec-heartbeats-00.txt 出现前的取值。 ● **spi-list**：二选一选项，配置 heartbeat 报文携带 SPI 列表。 本端配置的 heartbeat 报文参数需要与对端配置的 heartbeat 报文参数相同。可以重复执行 **ike heartbeat seq-num** 命令，但后面的配置将覆盖前面所进行的配置。 缺省情况下，heartbeat 报文采用 old 类型序列号机制，并且不携带 SPI 列表，可用 **undo ike heartbeat** 命令将 heartbeat 报文参数恢复为缺省值
3	**ike heartbeat-timer interval** *interval* 例如：[Huawei] **ike heartbeat-timer interval** 20	配置 IKE SA 发送 heartbeat 报文的时间间隔，整数形式，取值范围是 20～28 800，单位是秒。 【注意】本端配置的发送 heartbeat 报文的时间间隔需要与对端配置的等待 heartbeat 报文的超时时间 **ike heartbeat-timer timeout** 配合使用。当对端在配置的超时时间内未收到 heartbeat 报文时，如果该 IKE SA 带有 TIMEOUT 标记，则删除该 IKE SA 以及由其协商的 IPSec SA；否则，将其标记为 TIMEOUT。 配置 **ike heartbeat-timer interval** 和 **ike heartbeat-timer timeout** 时，对等体两端 interval 和 timeout 要成对出现，即在一个设备上配置了 **ike heartbeat-timer timeout**，在对端就要配置 **ike heartbeat-timer interval**。 等待 heartbeat 报文的超时时间一般要比发送 heartbeat 报文的时间间隔长。由于在网络上一般不会出现连续超过三次的报文丢失，可配置 **ike heartbeat-timer timeout** 为对端配置的 **ike heartbeat-timer interval** 的三倍。 缺省情况下，IKE SA 不发送 heartbeat 报文，可用 **undo ike heartbeat-timer interval** 命令取消配置 IKE SA 发送 heartbeat 报文的时间间隔

（续表）

步骤	命令	说明
4	**ike heartbeat-timer timeout** *interval* 例如：[Huawei] **ike heartbeat-timer timeout** 60	配置 IKE SA 等待 heartbeat 报文的超时时间，整数形式，取值范围是 60～28 800，单位是秒。 有关注意事项参见本表上一步 **ike heartbeat-timer interval** *interval* 命令说明。 缺省情况下，IKE SA 不等待 heartbeat 报文，可用 **undo ike heartbeat-timer timeout** 命令取消配置 IKE SA 等待 heartbeat 报文的超时时间

11. 配置对等体存活检测

前面已介绍到，在对等体间进行 IPSec 通信时，Heartbeat 机制能够检测对端故障，可以防止流量的丢失，但周期性的 heartbeat 消息消耗了两端的 CPU 资源。而对等体存活检测 DPD（Dead Peer Detection）机制可在通过 dpd 消息检测对端故障的同时，降低 CPU 资源的消耗。

Heartbeat 机制和 DPD 机制的区别如下。Heartbeat 机制定期发送查询，本端和对端配置需要匹配；DPD 机制中本端和对端不需要匹配，当对等体间有正常的 IPSec 流量时，不会发送 DPD 消息，只有当一段时间内收不到对端发来的 IPSec 报文时，才发送 DPD 消息，节省了 CPU 资源。当设备同时使用 heartbeat 机制和 DPD 机制时，DPD 机制生效。两端 DPD 参数可以单独配置（除 DPD 报文中的载荷顺序需要匹配外）。

设备根据 **dpd type** 命令设置以下两种检测模式开启 DPD 查询，通过 DPD 消息检测对等体是否存活。

- 按需型

当本端需要向对端发送 IPSec 报文时，如判断当前距离最后一次收到对端 IPSec 报文的时间已超过 DPD 空闲时间，则本端主动向对端发送 DPD 请求报文。

- 周期型

如判断当前距离最后一次收到对端 IPSec 报文的时间已超过 DPD 空闲时间，则本端主动向对端发送 DPD 请求报文。

本端主动向对端发送 DPD 请求报文后，若在 DPD 报文重传间隔内没有收到对端的 DPD 回应报文，则向对端重传 DPD 请求报文，根据重传次数进行重传之后，若仍然没有收到对端的 DPD 回应报文，则认为对端离线，删除该 IKE SA 和对应的 IPSec SA。配置对等体存活检测的具体步骤见表 3-21。

表 3-21　配置对等体存活检测的步骤

步骤	命令	说明
1	**system-view** 例如：<Huawei> **system-view**	进入系统视图
2	**ike peer** *peer-name* [**v1** | **v2**] 例如：[Huawei] **ike peer** huawei **v1**	进入 IKE 对等体视图

（续表）

步骤	命令	说明
3	**dpd msg { seq-hash-notify | seq-notify-hash }** 例如：[Huawei-ike-peer-huawei] **dpd msg seq-notify-hash**	配置 DPD 报文中的载荷顺序。命令中的选项说明如下： ● **seq-hash-notify**：二选一选项，指定 DPD 报文中的载荷顺序是 hash-notify； ● **seq-notify-hash** 二选一选项，指定 DPD 报文中的载荷顺序是 notify-hash。 **两端对等体配置的 DPD 报文中的载荷顺序需要一致**，否则对等体存活检测功能无效。缺省情况下，DPD 报文中的载荷顺序缺省值为 notify-hash
4	**dpd** { **idle-time** *interval* | **retransmit-interval** *interval* | **retry-limit** *times* } 例如：[Huawei-ike-peer-huawei] **dpd idle-time** 300	配置 DPD 空闲时间、DPD 报文重传间隔和重传次数。命令中的参数说明如下： ● **idle-time** *interval*：多选一选项，设置对等体存活检测空闲时间，整数形式，取值范围是 10～3 600，单位是秒； ● **retransmit-interval** *interval*：多选一选项，设置 DPD 报文重传间隔，整数形式，取值范围是 3～30，单位是秒； ● **retry-limit** *times*：多选一选项，设置 DPD 报文重传次数，整数形式，取值范围是 3～10。 每个 IKE 对等体可以单独配置 **dpd** 命令的参数，**而且不需要与对端匹配**。缺省情况下，DPD 空闲时间、DPD 报文重传间隔和重传次数分别为 30 秒、15 秒和 3 次，可用 **undo dpd { idle-time | retransmit-interval | retry-limit }**命令恢复对等体存活检测空闲时间、DPD 报文重传间隔和重传次数的缺省设置
5	**dpd type { on-demand | periodic }** 例如：[Huawei-ike-peer-huawei] **dpd type on-demand**	配置 DPD 检测模式：按需型或周期型。命令中的选项说明如下： ● **on-demand**：二选一选项，指定检测模式为按需型进行检测； ● **periodic**：二选一选项，指定检测模式为周期型进行检测。 两端对等体配置的 DPD 报文中的载荷顺序（由 **dpd msg** 命令配置）需要一致，否则对等体存活检测功能无效。 缺省情况下，系统没有设置 DPD 检测模式，可用 **undo dpd type** 命令取消 DPD 检测模式

3.2　典型配置示例

大多数的 IPSec VPN 方案部署都采用基于 ACL 方式的 IKE 动态协商方式来建立 IPSec 隧道，所以本节将介绍不同场景下应用本章前面所介绍的具体配置方法完成对应的 IPSec VPN 应用部署方案。

3.2.1　采用缺省 IKE 安全提议建立 IPSec 隧道配置示例

如图 3-4 所示，RouterA 为公司分支机构网关，RouterB 为公司总部网关，分支机构与总部通过 Internet 建立通信。分支机构子网为 10.1.1.0/24，公司总部子网为 10.1.2.0/24。现公司希望两子网通过 Internet 实现互访，且它们通信的流量可以受一 IPSec 安全保护。

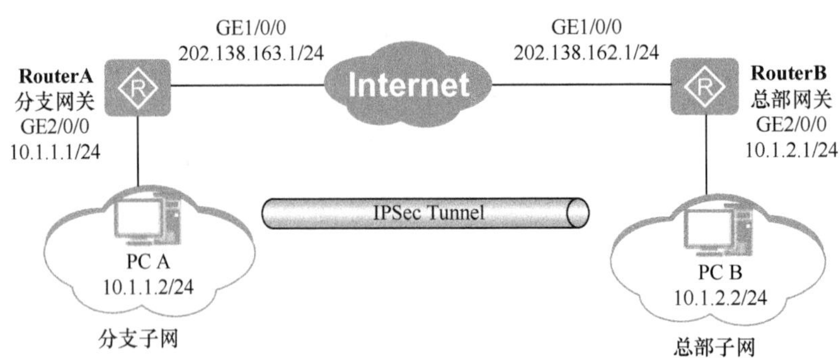

图 3-4 采用缺省 IKE 安全提议建立 IPSec 隧道配置示列的拓扑结构

本示例以 IKE 动态协商方式来建立 IPSec 隧道，并且为了简化配置，对其中绝大多数安全参数采用缺省配置（包括 IKE 安全提议中的全部参数和 IKE 安全策略可选参数）进行部署。其实，如果没有特别的要求，大多数情况下都可以这样配置，这样不仅可以减少工作量，也可以在安全方面满足用户的需求。

假设本示例的 AR G3 路由器运行 V200R008 版本 VRP 系统，采用 IKEv1 版本。

1. 基本配置思路分析

根据 3.1.1 节介绍的配置任务，再结合本示例的具体要求（IKE 安全提议全部采用缺省配置），可得出如下所示的本示例基本配置思路。

（1）配置各网关设备内/外网接口当前的 IP 地址，以及分支机构公网、私网与总部公网、私网互访的静态路由

这项配置包括配置连接内/外网的接口 IP 地址，以及到达对端内/外网的静态路由，保证两端路由可达。此处需要了解分支机构和公司总部 Internet 网关所连接的 ISP 设备接口的 IP 地址。

（2）配置 ACL，以定义需要 IPSec 保护的数据流

本示例中，需要保护的数据流是分支机构子网与公司总部子网之间的通信，其需要在 IPSec 隧道中传输，其他通过 Internet 的访问（如访问 Web 网站）是直接在 Internet 中传输的。

（3）配置 IPSec 安全提议，定义 IPSec 的保护方法

无论是手工方式，还是 IKE 动态协商方式建立 IPSec 隧道，IPSec 安全提议必须手工配置。包括 IPSec 使用的安全协议、认证/加密算法以及数据的封装模式。当然这些安全参数也都有缺省取值，需要时也可直接采用。

由于本示例中路由器运行的是 V200R008 版本 VRP 系统，所以各安全参数的缺省取值如下：安全协议为 ESP 协议，ESP 协议采用 SHA2-256 认证算法，ESP 协议采用 AES-256 加密算法，安全协议对数据的封装模式采用隧道模式。本示例将 IPSec 安全提议的认证算法修改为 SHA1，修改加密算法为 AES-128，其他均采用缺省值。

（4）配置 IKE 对等体，定义对等体间 IKE 协商时的属性

本示例假设采用 IKEv1 版本来配置 IKE 对等体，根据 3.1.3 节中的表 3-6 所示的 VRP V200R006 及以后版本的 IKE 对等体配置步骤配置两端对等体的认证密钥、对端 IP 地址（本端 IP 地址可不配置）、本端 ID 类型（两端配置的 ID 类型必须一致）、IKEv1 协商模式等。

说明

本示例的 IKE 安全提议参数采用缺省的 IKE 安全提议 Default，不配置。在 V200R008 版本 VRP 系统中，IKE 安全提议的各项安全参数缺省配置如下：认证方法为 pre-shared key 认证方法，认证算法为 SHA2-256，加密算法为 AES-256，DH 密钥交换参数为 group2（1024 位的 Diffie-Hellman 组），SA 的生存周期为 86 400 秒。

（5）配置安全策略，确定哪些数据流需要采用何种方法进行保护

本示例假设采用 ISAKMP 方式协商创建 IPSec 隧道，创建一个安全策略，然后在安全策略中引用前面定义的 ACL、IPSec 安全提议和 IKE 对等体，其他可选参数也全部采用缺省配置。

（6）在接口上应用安全策略

本示例中分支机构和公司总部网关的 WAN 接口都有固定的公网 IP 地址，所以采用的是专线或者固定 IP 地址的光纤以太网方式接入 Internet。所以，可直接在 IPSec 隧道端点设备的公网接口上应用前面已配置的安全策略组。

2. 具体配置步骤

下面按照前面所做的配置思路分析，及具体的配置方法。

前面介绍的配置思路的第（1）～（3）项配置任务与本书第 2 章 2.4.8 节介绍的配置步骤中的第（1）～（3）的配置方法完全一样，不再赘述。下面仅介绍上述第（4）～（6）项配置任务。

第（4）项任务：分别在 RouterA 和 RouterB 上配置 IKE 对等体。

在 RouterA 和 RouterB 上配置 IKE 对等体，并根据 IKE 安全提议的缺省配置要求，配置预共享密钥（假设为 huawei）和对端 ID（缺省以 IP 地址方式进行标识）。两端均采用缺省的主模式协商方式，采用缺省的以 IP 地址作为 ID 类型，均不配置本端 IP 地址，因为缺省情况下，路由选择到对端的出接口，将该出接口地址作为本端 IP 地址。

```
[RouterA] ike peer spub  #---配置对等体名称为 spub
[RouterA-ike-peer-spub] undo version 2   #---取消对 IKEv2 版本的支持
[RouterA-ike-peer-spub] pre-shared-key simple huawei   #---配置预共享密钥认证方法的共享密钥为 huawei，两端的密钥必须一致
[RouterA-ike-peer-spub] remote-address 202.138.162.1 #---配置对端 IPSec 端点 IP 地址为 202.138.162.1
[RouterA-ike-peer-spub] quit

[RouterB] ike peer spua
[RouterB-ike-peer-spub] undo version 2
[RouterB-ike-peer-spua] pre-shared-key simple huawei
[RouterB-ike-peer-spua] remote-address 202.138.163.1
[RouterB-ike-peer-spua] quit
```

此时分别在 RouterA 和 RouterB 上执行 **display ike peer**，操作会显示所配置的信息，以下是在 RouterA 上执行该命令的输出示例。

```
[RouterA] display ike peer name spub verbose
------------------------------------
  Peer name                    : spub
  Exchange mode                : main on phase 1
  Pre-shared-key               : huawei
  Local ID type                : IP
  DPD                          : Disable
```

```
DPD mode                    : Periodic
DPD idle time               : 30
DPD retransmit interval     : 15
DPD retry limit             : 3
Host name                   :
Peer Ip address             : 202.138.162.1
VPN name                    :
Local IP address            :
Remote name                 :
Nat-traversal               : Disable
Configured IKE version      : Version one
PKI realm                   : NULL
Inband OCSP                 : Disable
------------------------------------
```

第（5）项任务：分别在 RouterA 和 RouterB 上创建安全策略

本示例采用通过 ISAKMP 创建 IKE 动态协商方式的安全策略，只配置在 3.1.4 节表 3-11 中那些必选的配置步骤（包括指定引用的 IPSec 安全提议和 ACL，指定对端对等体名称），可选的配置步骤均采用缺省配置。

```
[RouterA] ipsec policy client 10 isakmp    #---创建名为 client，序号为 10 的安全策略
[RouterA-ipsec-policy-isakmp-client-10] ike-peer spub   #---指定对等体名称为 spub
[RouterA-ipsec-policy-isakmp-client-10] proposal pro1   #---引用前面已创建的 IPSec 安全提议 pro1
[RouterA-ipsec-policy-isakmp-client-10] security acl 3100   #---引用前面已定义的用于指定需要保护数据流的 ACL 3100
[RouterA-ipsec-policy-isakmp-client-10] quit

[RouterB] ipsec policy server 10 isakmp
[RouterB-ipsec-policy-isakmp-server-10] ike-peer spua
[RouterB-ipsec-policy-isakmp-server-10] proposal pro1
[RouterB-ipsec-policy-isakmp-server-10] security acl 3100
[RouterB-ipsec-policy-isakmp-server-10] quit
```

此时分别在 RouterA 和 RouterB 上执行 **display ipsec policy** 操作，会显示所配置的信息，以下是在 RouterA 上执行该命令的输出示例。

```
[RouterA] display ipsec policy name client
===========================================
IPSec policy group: "client"
Using interface:
===========================================

    Sequence number: 10     #---IPSec 策略组序号为 10
    Security data flow: 3100   #---引用 ACL 3100
    Peer name:    spub   #---对端对等体名称为 spub
    Perfect forward secrecy: None
    Proposal name:    pro1     #---IPSec 安全提议名称为 pro1
    IPSec SA local duration(time based): 3600 seconds    #---以时间为基准的 IPSec SA 生存周期采用缺省的 3600 秒
    IPSec SA local duration(traffic based): 1843200 kilobytes   #---以流量为基准的 IPSec SA 生存周期采用缺省的 180MB
    Anti-replay window size: 32   #---抗重放窗口大小采用缺省的 32 位
    SA trigger mode: Automatic   #---IPSec SA 协商采用缺省的自动触发模式
    Route inject: None     #---采用缺省的不启用路由注入功能
    Qos pre-classify: Disable     #---采用缺省的不启用对原始报文信息进行预提取功能
```

第（6）项任务：分别在 RouterA 和 RouterB 的接口（连接 Internet 的公网接口）上应用各自的安全策略组，使通过这些接口发送的兴趣流可以被 IPSec 保护。

```
[RouterA] interface gigabitethernet 1/0/0
[RouterA-GigabitEthernet1/0/0] ipsec policy client
[RouterA-GigabitEthernet1/0/0] quit
```

```
[RouterB] interface gigabitethernet 1/0/0
[RouterB-GigabitEthernet1/0/0] ipsec policy server
[RouterB-GigabitEthernet1/0/0] quit
```

3. 配置结果验证

配置成功后，在分支机构主机 PC A 执行 ping 操作可以 ping 通位于公司总部网络的主机 PC B，但它们之间的数据传输是被加密的，执行命令 **display ipsec statistics esp** 可以查看数据包的统计信息。

在 RouterA 上执行 **display ike sa** 操作，结果如下例所示。其中“Conn-ID”为 SA 标识符；“Peer”表示 SA 的对端 IP 地址，如果 SA 未建立成功，此项目内容显示为 0.0.0.0（此处已正确显示对端 IP 地址，所以证明已成功建立 SA）；“RD”（READY）表示 SA 已建立成功，“ST”（STAYALIVE）表示本端是 SA 协商发起方，不显示 ST 则表示本端为响应方；“Phase”列中的“1”或“2”分别代表该 SA 是第一阶段的 IKA SA，还是第二阶段的 IPSec SA。

```
[RouterA] display ike sa
    Conn-ID        Peer              VPN     Flag(s)      Phase
  ---------------------------------------------------------------
      16           202.138.162.1     0       RD|ST        v1:2
      14           202.138.162.1     0       RD|ST        v1:1
  Flag Description:
  RD--READY   ST--STAYALIVE   RL--REPLACED   FD--FADING   TO--TIMEOUT
```

分别在 RouterA 和 RouterB 上执行 **display ipsec sa** 操作，查看当前 IPSec SA 的相关信息，以下是在 RouterA 上执行该命令的输出示例。

```
[RouterA] display ipsec sa

===============================
Interface: GigabitEthernet 1/0/0    #---表示应用安全策略的接口
 Path MTU: 1500
===============================

  -----------------------------
  IPSec policy name: "client"
  Sequence number   : 10
  Acl Group          : 3100
  Acl rule          : 5    #---匹配的 ACL 规则号为 5
  Mode               : ISAKMP    #---表示是通过 IKE 动态协商方式安全策略建立 SA
  -----------------------------
    Connection ID       : 16    #---这是 IPSec SA 标识符
    Encapsulation mode: Tunnel    #---采用隧道封装模式
    Tunnel local        : 202.138.163.1
    Tunnel remote        : 202.138.162.1
    Flow source          : 10.1.1.0/0.0.0.255 0/0    #---数据流的源地址段，最后两个 0 是表示 ACL 协议号和端口号
    Flow destination   : 10.1.2.0/0.0.0.255 0/0    #---数据流的目的地址段
    Qos pre-classify   : Disable   #---没启用报文信息预提取功能

    [Outbound ESP SAs]      #---以下部分是出方向 ESP SA 参数
      SPI: 1026037179 (0x3d2815bb)   #协商生成的 SPI 参数
      Proposal: ESP-ENCRYPT-AES-18 ESP-AUTH-SHA1   #---IPSec 安全提议参数配置
      SA remaining key duration (bytes/sec): 1887436800/3596
      Max sent sequence-number: 5    #---当前发送的 ESP 报文的最大序列号为 5
      UDP encapsulation used for NAT traversal: N    #---没启用 NAT 透传功能
```

```
[Inbound ESP SAs]      #---以下部分是入方向 ESP SA 参数
  SPI: 1593054859 (0x5ef4168b)
  Proposal: ESP-ENCRYPT-AES-18 ESP-AUTH-SHA1
  SA remaining key duration (bytes/sec): 1887436800/3596
  Max received sequence-number: 4     #---当前接收的 ESP 报文的最大序列号为 4
  Anti-replay window size: 32   #---抗重放窗口大小为 32 位
  UDP encapsulation used for NAT traversal: N
```

3.2.2 总部采用策略模板方式与分支建立多条 IPSec 隧道配置示例

如图 3-5 所示，RouterA 和 RouterB 为公司两分支机构网关，RouterC 为公司总部网关，分支机构与总部通过公网建立通信，**而分支机构网关的 IP 地址不固定**（可能经常会改变），总部无法及时获取。

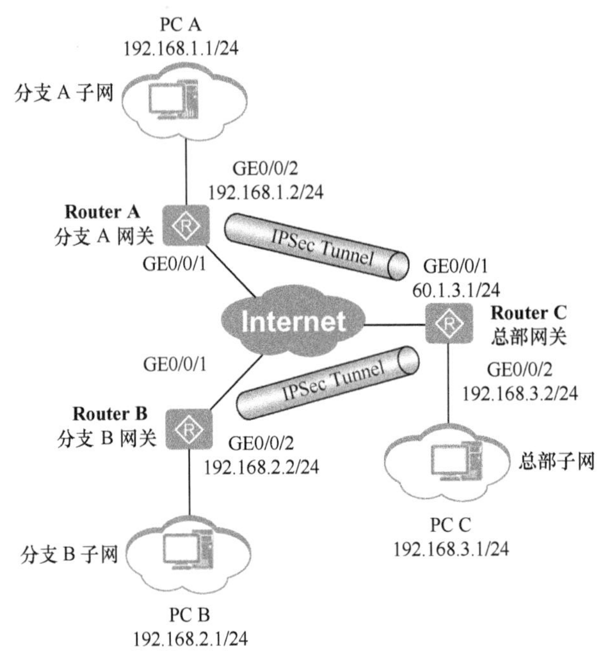

图 3-5 总部采用策略模板方式与分支建立多条 IPSec 隧道配置示例的拓扑结构

分支机构 A 内部子网为 192.168.1.0/24，分支机构 B 内部子网为 192.168.2.0/24，总部子网为 192.168.3.0/24。公司希望对分支机构子网与总部子网之间相互访问的流量进行安全保护。

假设本示例的 AR G3 路由器运行 V200R005 VRP 系统版本，采用 IKEv2 版本。

1. 基本配置思路分析

本示例总体来说与前面介绍的配置示例需求相同，但有具体的网络环境差别。主要体现在以下方面个方面。

- 总部要与多个分支机构建立 IPSec 隧道；
- 分支机构所用的 Internet 接入方式不是固定公网 IP 地址分配方式。

本示例的以上两项基本特性都决定了，在公司总部采用安全策略模板方式来建立安全策略是最佳，甚至是唯一的选择。一方面，采用策略模板创建安全策略，可以减少公司总部 IPSec 设备为连接每个分支机构 IPSec 设备的配置工作量，因为在策略模板中许多参数可以直接采用发起方的参数配置。

另一方面，在本示例中明确提到分支机构的网关 IP 地址是不固定的，这样总部网关就无法固定指定分支机构网关的 IP 地址，所以总部网关只能作为响应方，而发起方固定为分支机构网关，这也决定了在总部网关 RouterC 上只能采用策略模板的方式来创建安全策略。如果通过 ISAKMP 方式创建安全策略，对等体两端必须同时通过 **remote-address** { *ip-address* | *host-name* }命令配置对端的 IP 地址。在采用策略模板创建安全策略的方式中，响应方可以直接从所接收的 IP 报文中动态获取当时的对端 IP 地址，找到适合发起方动态 IP 地址的分配方式。

其他方面与前面介绍的基于 ACL 方式 IKE 动态协商方式建立 IPSec 隧道的配置示例的配置思路基本一样，具体如下（本示例中的 IKE 安全提议仍全部采用缺省配置）。

（1）配置各网关设备内/外网接口当前的 IP 地址，以及分支机构公网、私网与总部公网、私网互访的静态路由。

（2）配置 ACL，以定义在分支机构与总部网络之间的通信中需要由 IPSec 保护的数据流。**但因为分支机构网关 IP 地址不固定，因此采用策略模板方式来创建安全策略，所以总部网关到达分支机构的保护数据流的定义不用配置**。

（3）在分支机构网关和总部网关上配置所需的 IPSec 安全提议，即定义 IPSec 所采用的保护方法。

（4）配置 IKE 对等体，定义对等体间 IKE 协商时的属性。

本示例中的 IKE 安全提议全部采用缺省值，故不需要配置。

因为本示例中总部网关总是作为响应方，并采用策略模板方式创建安全策略，**所以在总部网关 RouterC 上无需配置两分支机构网关的 IP 地址和名称**。

（5）分别在 RouterA、RouterB 和 RouterC 上创建安全策略，确定对何种数据流采取何种保护方法。其中 RouterA 和 RouterB 均采用 ISAKMP 方式创建安全策略，RouterC 采用策略模板方式创建安全策略。

（6）在各网关的公网接口上应用安全策略组，使通过这些接口发送的兴趣流可以被 IPSec 保护。

2. 具体配置步骤

（1）分别在 RouterA、RouterB 和 RouterC 上配置各接口的 IP 地址（**分支机构网关的接口 IP 地址仅指当前的 IP 地址，IP 地址发生变化后，其配置也要做相应的修改**），以及分支机构公网、私网与总部公网、私网互访的静态路由。

在 RouterA 上配置接口的 IP 地址（公网接口 IP 地址不固定）。

```
<Huawei> system-view
[Huawei] sysname RouterA
[RouterA] interface gigabitethernet 0/0/2
[RouterA-GigabitEthernet0/0/2] ip address 192.168.1.2 255.255.255.0
[RouterA-GigabitEthernet0/0/2] quit
```

在 RouterA 上配置到总部公网、私网的静态路由，此处假设到达总部公网、内部子网的下一跳地址（分支机构 A 端 ISP 设备连接 RouterA 的接口 IP 地址）为 60.1.1.2。

```
[RouterA] ip route-static 60.1.3.1 32 60.1.1.2
[RouterA] ip route-static 192.168.3.0 24 60.1.1.2
```

在 RouterB 上配置接口的 IP 地址（公网接口 IP 地址不固定）。

```
<Huawei> system-view
[Huawei] sysname RouterB
[RouterB] interface gigabitethernet 0/0/2
[RouterB-GigabitEthernet0/0/2] ip address 192.168.1.2 255.255.255.0
[RouterB-GigabitEthernet0/0/2] quit
```

在 RouterB 上配置到达总部公网、私网的静态路由，此处假设到达总部子网的下一跳地址（分支机构 B 端 ISP 设备连接 RouterB 的接口 IP 地址）为 60.1.2.2。

```
[RouterB] ip route-static 60.1.3.1 32 60.1.2.2
[RouterB] ip route-static 192.168.3.0 24 60.1.2.2
```

在 RouterC 上配置接口 IP 地址。

```
<Huawei> system-view
[Huawei] sysname RouterC
[RouterC] interface gigabitethernet 0/0/1
[RouterC-GigabitEthernet0/0/1] ip address 60.1.3.1 255.255.255.0
[RouterC-GigabitEthernet0/0/1] quit
[RouterC] interface gigabitethernet 0/0/2
[RouterC-GigabitEthernet0/0/2] ip address 192.168.1.2 255.255.255.0
[RouterC-GigabitEthernet0/0/2] quit
```

在 RouterC 上配置到两分支机构公网、私网的静态路由，此处假设到达分支 A 子网和分支 B 子网的下一跳地址（公司总部端 ISP 设备连接 RouterC 的接口 IP 地址）为 60.1.3.2。因为两分支机构网关公网接口的 IP 地址不固定，所以此处到达此两公网的路由只能采用缺省静态路由进行配置。

```
[RouterC] ip route-static 0.0.0.0 0 60.1.3.2   #---到达分支机构所连接的两公网的缺省静态路由
[RouterC] ip route-static 192.168.1.0 24 60.1.3.2    #---到达分支机构 A 内部子网的静态路由
[RouterC] ip route-static 192.168.2.0 24 60.1.3.2    #---到达分支机构 B 内部子网的静态路由
```

（2）分别在 RouterA 和 RouterB 上配置 ACL，定义各自要保护的数据流。

这是分支机构内网与总部内网之间的通信中需要保护的数据流定义。由于本示例在总部网关采用策略模板来创建安全策略，所以在总部网关上可不配置定义需要保护的数据流的 ACL（当然也可配置）。

在 RouterA 上配置 ACL，定义由分支机构 A 内部子网 192.168.1.0/24 到达总部子网 192.168.3.0/24 的数据流。

```
[RouterA] acl number 3002
[RouterA-acl-adv-3002] rule permit ip source 192.168.1.0 0.0.0.255 destination 192.168.3.0 0.0.0.255
[RouterA-acl-adv-3002] quit
```

在 RouterB 上配置 ACL，定义由分支机构 B 内部子网 192.168.2.0/24 到达总部子网 192.168.3.0/24 的数据流。

```
[RouterB] acl number 3002
[RouterB-acl-adv-3002] rule permit ip source 192.168.2.0 0.0.0.255 destination 192.168.3.0 0.0.0.255
[RouterB-acl-adv-3002] quit
```

（3）分别在 RouterA、RouterB 和 RouterC 上创建 IPSec 安全提议。

本示例中各网关上配置的 IPSec 安全提议只需创建安全提议，里面的参数可以直接采用缺省值，即安全协议为 ESP 协议，采用 DES 作为加密算法、采用 MD5 作为认证算法，采用隧道模式。

```
[RouterA] ipsec proposal pro1
[RouterA-ipsec-proposal-pro1] quit

[RouterB] ipsec proposal pro1
[RouterB-ipsec-proposal-pro1] quit

[RouterC] ipsec proposal pro1
[RouterC-ipsec-proposal-pro1] quit
```

此时分别在RouterA、RouterB和RouterC上执行**display ipsec proposal**操作，会显示所配置的IPSec安全提议信息，以RouterA为例。

```
[RouterA] display ipsec proposal name tran1

IPSec proposal name: pro1
 Encapsulation mode: Tunnel
 Transform          : esp-new
 ESP protocol       : Authentication MD5-HMAC-96
                      Encryption     DES
```

（4）分别在RouterA、RouterB和RouterC上配置IKE对等体，假设采用IKEv2版本来配置，可根据3.1.3节表3-5中所示的V200R006以前版本IKEv2版本对等体配置步骤对必选参数进行配置。

本示例中，公司总部网关RouterC固定作为IKE协商响应方，且采用策略模方式创建安全策略，所以不需要配置**remote-address**。另外，因为缺省的IKE安全提议采用预共享密钥，所以需要在各网关上配置相同的共享密钥。其他可选配置均采用缺省配置。

说明

本示例中各网关上没有配置IKE安全提议，均采用系统提供的缺省IKE安全提议default的缺省配置。在配置对等体中，总部网关RouterC可以为分支机构A和分支机构B分别配置相同或不同的对等体名称和共享密钥（均属于安全策略的组成部分），但分支机构与总部连接的对应IPSec隧道两端所配置的对等体名称和共享密钥必须相同。此处选择两分支机构上配置对等体名称、共享密钥均采用相同的方式（对等体名称均为rut1，共享密钥均为huawei），下节介绍的配置示例将采用不同分支机构配置不同的安全策略方式。

```
[RouterA] ike peer rut1 v2
[RouterA-ike-peer-rut1] pre-shared-key simple huawei   #---配置预共享密钥为huawei
[RouterA-ike-peer-rut1] remote-address 60.1.3.1   #---指定对端IP地址，RouterC的公网接口IP地址为60.1.3.1
[RouterA-ike-peer-rut1] quit

[RouterB] ike peer rut1 v2
[RouterB-ike-peer-rut1] pre-shared-key simple huawei
[RouterB-ike-peer-rut1] remote-address 60.1.3.1
[RouterB-ike-peer-rut1] quit

[RouterC] ike peer rut1 v2
[RouterC-ike-peer-rut1] pre-shared-key simple huawei
[RouterC-ike-peer-rut1] quit
```

此时分别在RouterA、RouterB和RouterC上执行**display ike peer**操作，会显示所配置的信息，以下是在RouterA上执行该命令的输出示例。

```
[RouterA] display ike peer name rut1 verbose
---------------------------
```

```
Peer name                 : rut1
Pre-shared-key            : huawei
Local ID type             : IP
DPD                       : Disable
DPD mode                  : Periodic
DPD idle time             : 30
DPD retransmit interval: 15
DPD retry limit           : 3
Peer ID type              :
Host name                 :
Peer IP address           : 60.1.3.1
VPN name                  :
Local IP address          :
Local name                :
Remote name               :
NAT-traversal             : Disable
Configured IKE version : Version two
PKI realm                 : NULL
Inband OCSP               : Disable
---------------------------
```

（5）分别在 RouterA、RouterB 和 RouterC 上创建安全策略，其中 RouterA 和 RouterB 采用 ISAKMP 方式创建安全策略，RouterC 采用策略模板方式创建安全策略。

在 RouterA 和 RouterB 上配置安全策略。指定引用的 IPSec 安全提议，定义需要保护的数据流的 ACL 和已配置好的对等体名称。假设安全策略名和序列号都一样。

```
[RouterA] ipsec policy policy1 10 isakmp   #---采用 ISAKMP 方式创建名为 policy1，序列号为 10 的安全策略
[RouterA-ipsec-policy-isakmp-policy1-10] ike-peer rut1   #---指定对等名称为 rut1
[RouterA-ipsec-policy-isakmp-policy1-10] proposal pro1 #---指定引用的 IPSec 安全提议名称为 pro1
[RouterA-ipsec-policy-isakmp-policy1-10] security acl 3002 #---指定引用 ACL 3002
[RouterA-ipsec-policy-isakmp-policy1-10] quit

[RouterB] ipsec policy policy1 10 isakmp
[RouterB-ipsec-policy-isakmp-policy1-10] ike-peer rut1
[RouterB-ipsec-policy-isakmp-policy1-10] proposal pro1
[RouterB-ipsec-policy-isakmp-policy1-10] security acl 3002
[RouterB-ipsec-policy-isakmp-policy1-10] quit
```

在 RouterC 上配置策略模板，并在安全策略中引用该策略模板。无需指定引用的用于定义需要保护的数据流的 ACL。

```
[RouterC] ipsec policy-template server 10   #---创建名为 server，序列号为 10 的安全策略模板
[RouterC-ipsec-policy-templet-use1-10] ike-peer rut1
[RouterC-ipsec-policy-templet-use1-10] proposal pro1
[RouterC-ipsec-policy-templet-use1-10] quit
[RouterC] ipsec policy policy1 10 isakmp template server   #---创建一个名为 policy1，序列号为 10 的安全策略，并指定引用前面创建的名为 server 的安全策略模板
```

此时分别在 RouterA 和 RouterB 上执行 **display ipsec policy** 操作，会显示所配置的安全策略信息，以下是在 RouterA 上执行该命令的输出示例。

```
[RouterA] display ipsec policy name policy1
===========================================
IPSec policy group: "policy1"
Using interface:
===========================================

    Sequence number: 10
    Security data flow: 3002
```

```
        Peer name        :  rut1
        Perfect forward secrecy: None
        Proposal name:   pro1
        IPSec SA local duration(time based): 3600 seconds
        IPSec SA local duration(traffic based): 1843200 kilobytes
        Anti-replay window size: 32
        SA trigger mode: Automatic
        Route inject: None
        Qos pre-classify: Disable
```

此时在 RouterC 上执行 **display ipsec policy-template** 操作，会显示所配置的策略模板信息。主要包括：策略模板序号（Sequence number）、对等体名称（Peer name）、PFD 特性（Perfect forward secrecy）、IPSec 安全提议名称（Proposal name），基于时间和基于流量的 SA 生存周期、重放窗口大小（Anti-replay window size），以及路由注入功能（Route inject）、原始报文信息预提取功能（Qos pre-classify）的启用情况。

```
[RouterC] display ipsec policy-template
===========================================================
IPSec policy template group: "server"
===========================================================

        Sequence number: 10
        Security data flow: 0
        Peer name        :  rut1
        Perfect forward secrecy: None
        Proposal name:   pro1
        IPSec SA local duration(time based): 3600 seconds
        IPSec SA local duration(traffic based): 1843200 kilobytes
        Anti-replay window size: 32
        Route inject: None
        Qos pre-classify: Disable
```

（6）分别在 RouterA、RouterB 和 RouterC 的公网接口上应用在前面已配置的各自的安全策略，使通过这些接口发送的兴趣流可以被 IPSec 保护。

说明

尽管两分支机构的 IPSec 设备公网接口所分配的 IP 地址不固定，但必须是三层的，且当前已分配的 IP 地址才能应用安全策略。

```
[RouterA] interface gigabitethernet 0/0/1
[RouterA-GigabitEthernet0/0/1] ipsec policy policy1
[RouterA-GigabitEthernet0/0/1] quit

[RouterB] interface gigabitethernet 0/0/1
[RouterB-GigabitEthernet0/0/1] ipsec policy policy1
[RouterB-GigabitEthernet0/0/1] quit

[RouterC] interface gigabitethernet 0/0/1
[RouterC-GigabitEthernet0/0/1] ipsec policy policy1
[RouterC-GigabitEthernet0/0/1] quit
```

3. 配置结果验证

配置成功后，分别在主机 PC A 和主机 PC B 执行 **ping** 操作，发现可以 ping 通位于公司总部内网中的主机 PC C，并且它们之间的数据传输将被加密。此时分别在 RouterA 和 RouterB 上执行 **display ike sa v2** 命令，会显示相应的 IKE SA 信息。下例所示是在

RouterA 上执行该命令后的输出，输出中信息的说明参见 3.2.1 节所介绍的示例中对这些输出信息的说明。

```
[RouterA] display ike sa v2
    Conn-ID  Peer            VPN    Flag(s)                 Phase
  ---------------------------------------------------------------
    24366    60.1.3.1        0      RD|ST                   2
    24274    60.1.3.1        0      RD|ST                   1

  Flag Description:
  RD--READY   ST--STAYALIVE   RL--REPLACED   FD--FADING   TO--TIMEOUT
```

在 RouterC 上执行 **display ike sa v2** 命令，结果如下。

```
[RouterC] display ike sa v2
    Conn-ID  Peer            VPN    Flag(s)                 Phase
  ---------------------------------------------------------------
      961    60.1.2.1        0      RD                      2
      933    60.1.2.1        0      RD                      1
      937    60.1.1.1        0      RD                      2
      936    60.1.1.1        0      RD                      1

  Flag Description:
  RD--READY   ST--STAYALIVE   RL--REPLACED   FD--FADING   TO--TIMEOUT
```

此时分别在 RouterA、RouterB 和 RouterC 上执行 **display ipsec sa** 操作，会显示所生成的 IPSec SA 信息，以下是在 RouterA 上执行该命令的输出示例。

```
[RouterA] display ipsec sa
===============================
Interface: GigabitEthernet0/0/1
 Path MTU: 1500
===============================

  -----------------------------
  IPSec policy name: "policy1"
  Sequence number   : 10
  Acl Group         : 3002
  Acl rule          : 5
  Mode              : ISAKMP
  -----------------------------
    Connection ID      : 24366
    Encapsulation mode: Tunnel
    Tunnel local       : 60.1.1.1
    Tunnel remote      : 60.1.3.1
    Flow source        : 192.168.1.0/255.255.255.0 0/0
    Flow destination   : 192.168.3.0/255.255.255.0 0/0
    Qos pre-classify   : Disable

    [Outbound ESP SAs]
      SPI: 3872459013 (0xe6d10905)
      Proposal: ESP-ENCRYPT-DES-64 ESP-AUTH-MD5
      SA remaining key duration (bytes/sec): 1887436800/2662
      Max sent sequence-number: 0
      UDP encapsulation used for NAT traversal: N

    [Inbound ESP SAs]
      SPI: 4059702885 (0xf1fa2665)
      Proposal: ESP-ENCRYPT-DES-64 ESP-AUTH-MD5
      SA remaining key duration (bytes/sec): 1887436800/2662
```

```
Max received sequence-number: 0
Anti-replay window size: 32
UDP encapsulation used for NAT traversal: N
```

3.2.3　总部采用安全策略组方式与分支建立多条 IPSec 隧道配置示例

如图 3-6 所示，RouterA 和 RouterB 为公司分支机构网关，RouterC 为公司总部网关，分支与总部通过公网建立通信，**但各网关的 IP 地址均固定**（这是与 3.2.2 节所介绍的示例的主要不同）。分支机构 A 内部子网为 192.168.1.0/24，分支机构 B 内部子网为 192.168.2.0/24，总部子网为 192.168.3.0/24。

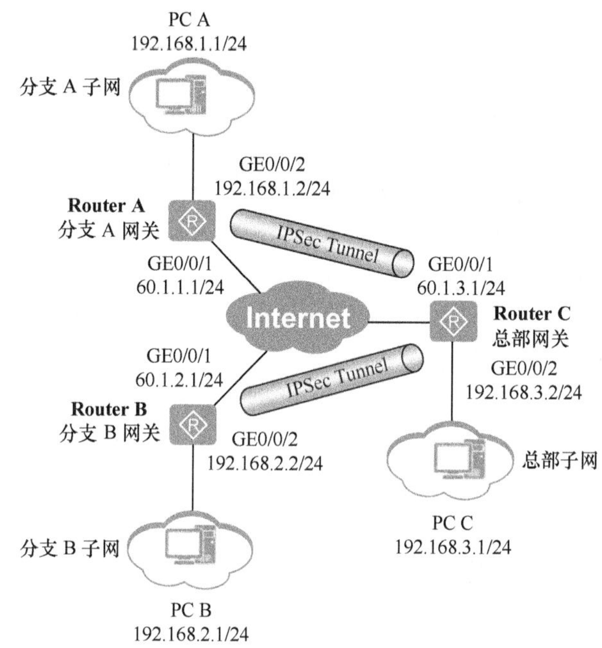

图 3-6　总部采用安全策略组方式与分支建立多条 IPSec 隧道配置示例的拓扑结构

现公司希望对分支子网与总部子网之间相互访问的流量进行安全保护。分支与总部通过公网建立通信，由在分支机构网关与总部网关之间建立的 IPSec 隧道来实施安全保护。由于总部网关可以指定分支机构网关的 IP 地址，在 RouterC 上部署安全策略组（**即针对不同分支机构配置不同的安全策略**，而不是像 3.2.2 节所介绍的示例那样在多个分支机构建立 IPSec 隧道时采用相同的安全策略）就可以向各分支机构网关发起 IPSec 协商或接入各分支机构网关发起的 IPSec 协商，完成多条 IPSec 隧道的建立。

假设本示例 AR G3 路由器均运行 V200R005 版本 VRP 系统，采用 IKEv2 版本。

1. 基本配置思路分析

本示列总体与 3.2.2 节介绍的示例要求差不多，不同的是本示例中的分支机构网关的公网 IP 地址是固定的，而且本示例要采用安全策略组的方式在总部网关上进行配置，以与多个分支机构网关建立多条 IPSec 隧道。也就是总部网关与不同分支机构采用不同的安全策略建立 IPSec 隧道。具体的配置思路如下。

（1）配置各网关设备内/外网接口的 IP 地址，以及分支机构公网、私网与总部公网、私网互访的静态路由。

（2）配置 ACL，以定义需要 IPSec 保护的数据流。

本示例中分支机构网关和总部网关的公网 IP 地址都是固定的，所以可以分别采用 ACL 来定义需要保护的数据流，而不是像 3.2.2 节介绍的示例那样，因为分支机构网关的公网 IP 地址不固定，导致总部网关不能用 ACL 来定义到达分支机构 IPSec 设备公网所需要保护的数据流。

（3）在分支机构网关和总部网关上配置所需的 IPSec 安全提议，即定义 IPSec 采用的保护方法。

本示例中的 IKE 安全提议全部采用缺省值，故不需要配置。

（4）配置 IKE 对等体，定义对等体间 IKE 协商时的属性。

因为本示例中各网关的公网 IP 地址都是固定的，所以都可以采用 ISAKMP 方式创建安全策略，因此都需要配置对端 IP 地址。

（5）分别在 RouterA 和 RouterB 上创建安全策略，确定对何种数据流（通过引用定义需要保护数据流的 ACL 实现）采取何种保护方法（通过引用 IPSec 安全提议实现）。在 RouterC 上创建安全策略组，分别确定对 RouterA 与 RouterC、RouterB 与 RouterC 之间需要保护的数据流采取何种保护方法。

（6）在各网关接口上应用安全策略或安全策略组，使通过这些接口发送的兴趣流被 IPSec 保护。

2. 具体配置步骤

（1）分别在 RouterA、RouterB 和 RouterC 上配置各接口的 IP 地址，以及从分支机构到达总部公网/私网络的静态路由，使 RouterA、RouterB 与 RouterC 之间路由可达。

在 RouterA 上配置接口 IP 地址。

```
<Huawei> system-view
[Huawei] sysname RouterA
[RouterA] interface gigabitethernet 0/0/1
[RouterA-GigabitEthernet0/0/1] ip address 60.1.1.1 255.255.255.0
[RouterA-GigabitEthernet0/0/1] quit
[RouterA] interface gigabitethernet 0/0/2
[RouterA-GigabitEthernet0/0/2] ip address 192.168.1.2 255.255.255.0
[RouterA-GigabitEthernet0/0/2] quit
```

在 RouterA 上配置到达总部公网、私网的静态路由，此处假设到达总部子网的下一跳地址（分支机构 A ISP 设备连接 RouterA 的接口 IP 地址）为 60.1.1.2。

```
[RouterA] ip route-static 60.1.3.1 32 60.1.1.2
[RouterA] ip route-static 192.168.3.0 24 60.1.1.2
```

在 RouterB 上配置接口 IP 地址。

```
<Huawei> system-view
[Huawei] sysname RouterB
[RouterB] interface gigabitethernet 0/0/1
[RouterB-GigabitEthernet0/0/1] ip address 60.1.2.1 255.255.255.0
[RouterB-GigabitEthernet0/0/1] quit
[RouterB] interface gigabitethernet 0/0/2
[RouterB-GigabitEthernet0/0/2] ip address 192.168.1.2 255.255.255.0
[RouterB-GigabitEthernet0/0/2] quit
```

在 RouterB 上配置到总部公网、私网的静态路由，此处假设到达总部子网的下一跳地址（分支机构 B ISP 设备连接 RouterB 的接口 IP 地址）为 60.1.2.2。

```
[RouterB] ip route-static 60.1.3.1 32 60.1.2.2
[RouterB] ip route-static 192.168.3.0 24 60.1.2.2
```

在 RouterC 上配置接口 IP 地址。

```
<Huawei> system-view
[Huawei] sysname RouterC
[RouterC] interface gigabitethernet 0/0/1
[RouterC-GigabitEthernet0/0/1] ip address 60.1.3.1 255.255.255.0
[RouterC-GigabitEthernet0/0/1] quit
[RouterC] interface gigabitethernet 0/0/2
[RouterC-GigabitEthernet0/0/2] ip address 192.168.1.2 255.255.255.0
[RouterC-GigabitEthernet0/0/2] quit
```

在 RouterC 上配置到达两分支机构公网、私网的静态路由，此处假设到达分支机构 A 和分支机构 B 的下一跳地址均为 60.1.3.2。

```
[RouterC] ip route-static 60.1.1.1 32 60.1.3.2   #---到达分支 A RouterA 公网接口的主机静态路由
[RouterC] ip route-static 60.1.2.1 32 60.1.3.2   #---到达分支 B RouterB 公网接口的主机静态路由
[RouterC] ip route-static 192.168.1.0 24 60.1.3.2   #---到达分支 A 私网的静态路由
[RouterC] ip route-static 192.168.2.0 24 60.1.3.2   #---到达分支 B 私网的静态路由
```

（2）分别在 RouterA、RouterB 和 RouterC 上配置 ACL，定义各自要保护的数据流。这里需要定义的是分支机构子网与公司总部子网互相访问的 IP 数据流，一般要求采用镜像配置。

在 RouterA 上配置 ACL，定义由分支机构 A 子网（192.168.1.0/24）到达公司总部子网（192.168.3.0/24）的数据流。

```
[RouterA] acl number 3002
[RouterA-acl-adv-3002] rule permit ip source 192.168.1.0 0.0.0.255 destination 192.168.3.0 0.0.0.255
[RouterA-acl-adv-3002] quit
```

在 RouterB 上配置 ACL，定义由分支机构 B 子网（192.168.2.0/24）到达公司总部子网（192.168.3.0/24）的数据流。

```
[RouterB] acl number 3002
[RouterB-acl-adv-3002] rule permit ip source 192.168.2.0 0.0.0.255 destination 192.168.3.0 0.0.0.255
[RouterB-acl-adv-3002] quit
```

在 RouterC 上配置 ACL，定义由公司总部子网（192.168.3.0/24）分别到达分支机构 A 子网（192.168.1.0/24）和分支机构 B 子网（192.168.2.0/24）的数据流。

```
[RouterC] acl number 3002
[RouterC-acl-adv-3002] rule permit ip source 192.168.3.0 0.0.0.255 destination 192.168.1.0 0.0.0.255
[RouterC-acl-adv-3002] quit
[RouterC] acl number 3003
[RouterC-acl-adv-3003] rule permit ip source 192.168.3.0 0.0.0.255 destination 192.168.2.0 0.0.0.255
[RouterC-acl-adv-3003] quit
```

（3）分别在 RouterA、RouterB 和 RouterC 上创建 IPSec 安全提议。

本示例中各网关上配置的 IPSec 安全提议只需创建安全提议，里面的参数也直接采用缺省值，即安全协议为 ESP 协议，采用 DES 作为加密算法、采用 MD5 作为认证算法，采用隧道模式。

说明

IPSec 安全提议仅以名称进行标识，所以一个 IPSec 安全提议仅包括一组安全参数配置。因为本示例中各网关设备上的安全提议配置均采用缺省值，所以各网关上所创建的 IPSec 安全提议名称均为 pro1。如果公司总部网关与两分支机构要采用不同的 IPSec 安全提议配置，则要在两分支机构网关上创建**不同配置**的 IPSec 安全提议（**名称可以一样，也可以不一样**），但在公司总部网关上要创建两个**名称和配置均不同**的 IPSec 安全提议，分别被与两个不同分支机构建立 IPSec 隧道时所用的不同安全策略所引用。

```
[RouterA] ipsec proposal pro1
[RouterA-ipsec-proposal-pro1] quit

[RouterB] ipsec proposal pro1
[RouterB-ipsec-proposal-pro1] quit

[RouterC] ipsec proposal pro1
[RouterC-ipsec-proposal-pro1] quit
```

此时分别在 RouterA、RouterB 和 RouterC 上执行 **display ipsec proposal** 操作，会显示所配置的信息，以下在 RouterA 上执行该命令的输出，都是缺省配置。

```
[RouterA] display ipsec proposal name pro1

IPSec proposal name: pro1
 Encapsulation mode: Tunnel
 Transform          : esp-new
 ESP protocol       : Authentication MD5-HMAC-96
                      Encryption     DES
```

（4）分别在 RouterA、RouterB 和 RouterC 上配置 IKE 对等体。

因为都采用了缺省的 IKE 安全提议配置，且在认证方法上采用了预共享密钥认证方法，所以需要在 RouterA 与 RouterC，以及 RouterB 与 RouterC 建立 IPSec 隧道两端的各组对等体上分别配置相同的共享密钥。

现假设 RouterA 与 RouterC 的 IPSec 隧道两端对等体上配置的共享密钥为 huawei，RouterB 与 RouterC 的 IPSec 隧道两端对等体上配置的共享密钥为 lycb_gz。

因为本示例中各网关均采用 ISAKMP 方式创建安全策略，所以各网关均需配置对端 IP 地址，且假设本示例采用 IKEv2 版本，其他可选配置均采用缺省配置。总部网关 RouterC 会为两分支机构创建**名称不同的对等体**（**两分支机构上的对等体名称可以相同，也可以不同**），最终在总部网关创建一个安全策略组（即本示例中要包括两个安全策略）。

现假设在 RouterA 上创建的对等体名称为 rut1，指向 RouterC；在 RouterA 上创建的对等体名称为 rut2，也指向 RouterC；而在 RouterC 上创建两个对等体，名称分别为 rut1、rut2（**也可以是其他名称**），分别指向 RouterA 和 RouterB。

在 RouterA 上配置 IKE 对等体。

```
[RouterA] ike peer rut1 v2
[RouterA-ike-peer-rut1] pre-shared-key simple huawei   #---指定与 RouterC 建立 IPSec 隧道的共享密钥为 huawei
[RouterA-ike-peer-rut1] remote-address 60.1.3.1   #---指定 IPSec 隧道对端为 RouterC
[RouterA-ike-peer-rut1] quit
```

在 RouterB 上配置 IKE 对等体。

```
[RouterB] ike peer rut2 v2
[RouterB-ike-peer-rut2] pre-shared-key simple lycb_gz   #---指定与 RouterC 建立 IPSec 隧道的共享密钥为 lycb_gz
[RouterB-ike-peer-rut2] remote-address 60.1.3.1   #---指定 IPSec 隧道对端为 RouterC
[RouterB-ike-peer-rut2] quit
```

在 RouterC 上配置 IKE 对等体。

```
[RouterC] ike peer rut1 v2
[RouterC-ike-peer-rut1] pre-shared-key simple huawei   #---指定与 RouterA 建立 IPSec 隧道的共享密钥为 huawei
```

```
[RouterC-ike-peer-rut1] remote-address 60.1.1.1   #---指定 IPSec 隧道对端为 RouterA
[RouterC-ike-peer-rut1] quit
[RouterC] ike peer rut2 v2
[RouterC-ike-peer-rut2] pre-shared-key simple lycb_gz   #---指定与 RouterB 建立 IPSec 隧道的共享密钥为 lycb_gz
[RouterC-ike-peer-rut2] remote-address 60.1.2.1   #---指定 IPSec 隧道对端为 RouterB
[RouterC-ike-peer-rut2] quit
```

此时分别在 RouterA、RouterB 和 RouterC 上执行 **display ike peer** 操作，会显示所配置的对等体信息，以下是在 RouterA 上执行该命令后的输出信息。

```
[RouterA] display ike peer name rut1 verbose
------------------------------
   Peer name                    : rut1
   Pre-shared-key               : huawei
   Local ID type                : IP
   DPD                          : Disable
   DPD mode                     : Periodic
   DPD idle time                : 30
   DPD retransmit interval: 15
   DPD retry limit              : 3
   Peer ID type                 :
   Host name                    :
   Peer IP address              : 60.1.3.1
   VPN name                     :
   Local IP address             :
   Local name                   :
   Remote name                  :
   NAT-traversal                : Disable
   Configured IKE version : Version two
   PKI realm                    : NULL
   Inband OCSP                  : Disable
------------------------------
```

（5）分别在分支机构网关 RouterA 和 RouterB 上以 ISAKMP 方式创建安全策略（**在不同网关上创建的安全策略名称和序号可以相同，也可以不同**），在总部网关 RouterC 上以 ISAKMP 方式创建安全策略组，引用前面已配置的 IPSec 安全提议、用于定义需要保护的数据流的 ACL 以及对等体。

在 RouterA 上配置安全策略。

```
[RouterA] ipsec policy policy1 10 isakmp
[RouterA-ipsec-policy-isakmp-policy1-10] ike-peer rut1
[RouterA-ipsec-policy-isakmp-policy1-10] proposal pro1
[RouterA-ipsec-policy-isakmp-policy1-10] security acl 3002
[RouterA-ipsec-policy-isakmp-policy1-10] quit
```

在 RouterB 上配置安全策略。

```
[RouterB] ipsec policy policy1 10 isakmp
[RouterB-ipsec-policy-isakmp-policy1-10] ike-peer rut2
[RouterB-ipsec-policy-isakmp-policy1-10] proposal pro1
[RouterB-ipsec-policy-isakmp-policy1-10] security acl 3002
[RouterB-ipsec-policy-isakmp-policy1-10] quit
```

在 RouterC 上配置安全策略组。

```
[RouterC] ipsec policy policy1 10 isakmp
[RouterC-ipsec-policy-isakmp-policy1-10] ike-peer rut1
[RouterC-ipsec-policy-isakmp-policy1-10] proposal pro1
[RouterC-ipsec-policy-isakmp-policy1-10] security acl 3002
```

```
[RouterC-ipsec-policy-isakmp-policy1-10] quit
[RouterC] ipsec policy policy1 11 isakmp
[RouterC-ipsec-policy-isakmp-policy1-11] ike-peer rut2
[RouterC-ipsec-policy-isakmp-policy1-11] proposal pro1
[RouterC-ipsec-policy-isakmp-policy1-11] security acl 3003
[RouterC-ipsec-policy-isakmp-policy1-11] quit
```

此时分别在 RouterA 和 RouterB 上执行 **display ipsec policy** 操作，会显示所配置的安全策略信息，以下是在 RouterA 上执行该命令的输出信息。

```
[RouterA] display ipsec policy name policy1
===========================================
IPSec policy group: "policy1"
Using interface:
===========================================

    Sequence number: 10
    Security data flow: 3002
    Peer name     :  rut1
    Perfect forward secrecy: None
    Proposal name:   pro1
    IPSec SA local duration(time based): 3600 seconds
    IPSec SA local duration(traffic based): 1843200 kilobytes
    Anti-replay window size: 32
    SA trigger mode: Automatic
    Route inject: None
    Qos pre-classify: Disable
```

此时在 RouterC 上执行 **display ipsec policy** 会显示所配置的安全策略信息。

```
[RouterC] display ipsec policy name policy1
===========================================
IPSec policy group: "policy1"
Using interface:
===========================================

    Sequence number: 10
    Security data flow: 3002
    Peer name     :  rut1
    Perfect forward secrecy: None
    Proposal name:   pro1
    IPSec SA local duration(time based): 3600 seconds
    IPSec SA local duration(traffic based): 1843200 kilobytes
    Anti-replay window size: 32
    SA trigger mode: Automatic
    Route inject: None
    Qos pre-classify: Disable

    Sequence number: 11
    Security data flow: 3003
    Peer name     :  rut2
    Perfect forward secrecy: None
    Proposal name:   pro1
    IPSec SA local duration(time based): 3600 seconds
    IPSec SA local duration(traffic based): 1843200 kilobytes
    Anti-replay window size: 32
    SA trigger mode: Automatic
    Route inject: None
    Qos pre-classify: Disable
```

（6）分别在 RouterA、RouterB 和 RouterC 的公网接口上应用各自的安全策略或安全策略组，使通过这些接口发送的兴趣流被 IPSec 保护。

在 RouterA 的公网接口上引用安全策略组。

```
[RouterA] interface gigabitethernet 0/0/1
[RouterA-GigabitEthernet0/0/1] ipsec policy policy1
[RouterA-GigabitEthernet0/0/1] quit
```

在 RouterB 的公网接口上引用安全策略组。

```
[RouterB] interface gigabitethernet 0/0/1
[RouterB-GigabitEthernet0/0/1] ipsec policy policy1
[RouterB-GigabitEthernet0/0/1] quit
```

在 RouterC 的公网接口上引用安全策略组。

```
[RouterC] interface gigabitethernet 0/0/1
[RouterC-GigabitEthernet0/0/1] ipsec policy policy1
[RouterC-GigabitEthernet0/0/1] quit
```

3. 配置结果验证

配置成功后，分别在两分支机构中的主机 PC A 和主机 PC B 执行 **ping** 操作，发现可以 ping 通位于总部私网中的主机 PC C，并且它们之间的数据传输将被加密。

分别在 RouterA 和 RouterB 上执行 **display ike sa v2** 操作，会显示在这些设备上协商生成的 SA 信息，这表示所做的 IKE 配置是正确的。

以下是在 RouterA 上执行该命令的输出，其显示了在 IKE 的两个阶段所生成的 IKE SA 和 IPSec SA。输出信息中的各字段说明参见 3.2.1 节所介绍的示例中的对应说明。

```
[RouterA] display ike sa v2
    Conn-ID   Peer          VPN    Flag(s)          Phase
  ---------------------------------------------------------------
    24366     60.1.3.1       0     RD|ST              2  #---这是建立的 IPSec SA 信息
    24274     60.1.3.1       0     RD|ST              1  #---这是建立的 IKE SA 信息

  Flag Description:
  RD--READY   ST--STAYALIVE   RL--REPLACED   FD--FADING   TO--TIMEOUT
```

在 RouterC 上执行 **display ike sa v2** 操作，结果如下，其同样显示了在分别与两分支机构建立 IPSec 隧道时，在 IKE 的两个阶段所生成的 IKE SA 和 IPSec SA。

```
[RouterC] display ike sa v2
    Conn-ID   Peer          VPN    Flag(s)           Phase
  ---------------------------------------------------------------
       961    60.1.2.1       0     RD                  2  #---这是建立的 IPSec SA 信息
       933    60.1.2.1       0     RD                  1  #---这是建立的 IKE SA 信息
       937    60.1.1.1       0     RD                  2  #---这是建立的 IPSec SA 信息
       936    60.1.1.1       0     RD                  1  #---这是建立的 IKE SA 信息

  Flag Description:
  RD--READY   ST--STAYALIVE   RL--REPLACED   FD--FADING   TO--TIMEOUT
```

此时分别在 RouterA 和 RouterB 上执行 **display ipsec sa**，会显示所配置的 IPSec SA 信息。以下是在 RouterA 执行该命令的输出，其显示了本配置的所有相关 IPSec SA 信息，包括安全策略配置、IPSec 隧道建立信息、出/入 ESP SA 信息。

```
[RouterA] display ipsec sa
===============================

Interface: GigabitEthernet0/0/1
 Path MTU: 1500
```

```
==============================

  ----------------------------
  IPSec policy name: "policy1"
  Sequence number   : 10
  Acl Group         : 3002
  Acl rule          : 5
  Mode              : ISAKMP
  ----------------------------
    Connection ID   : 24366   #---这是最终建立的 IPSes SA 标识符，也表明 IPSec 隧道建立成功
    Encapsulation mode: Tunnel
    Tunnel local      : 60.1.1.1
    Tunnel remote     : 60.1.3.1
    Flow source       : 192.168.1.0/255.255.255.0 0/0
    Flow destination  : 192.168.3.0/255.255.255.0 0/0
    Qos pre-classify  : Disable

    [Outbound ESP SAs]
      SPI: 3872459013 (0xe6d10905)
      Proposal: ESP-ENCRYPT-DES-64 ESP-AUTH-MD5
      SA remaining key duration (bytes/sec): 1887436800/3554
      Max sent sequence-number: 0
      UDP encapsulation used for NAT traversal: N

    [Inbound ESP SAs]
      SPI: 4059702885 (0xf1fa2665)
      Proposal: ESP-ENCRYPT-DES-64 ESP-AUTH-MD5
      SA remaining key duration (bytes/sec): 1887436800/3554
      Max received sequence-number: 0
      Anti-replay window size: 32
      UDP encapsulation used for NAT traversal: N
```

此时在 RouterC 上执行 **display ipsec sa** 操作，会显示所配置的 IPSec SA 信息。

```
[RouterC] display ipsec sa
==============================
Interface: GigabitEthernet0/0/1
 Path MTU: 1500
==============================

  -----------------------------
  IPSec policy name: "policy1"
  Sequence number   : 10
  Acl Group         : 3002
  Acl rule          : 5
  Mode              : ISAKMP
  -----------------------------
    Connection ID     : 961
    Encapsulation mode: Tunnel
    Tunnel local      : 60.1.3.1
    Tunnel remote     : 60.1.1.1
    Flow source       : 192.168.3.0/255.255.255.0 0/0
    Flow destination  : 192.168.1.0/255.255.255.0 0/0
    Qos pre-classify  : Disable

    [Outbound ESP SAs]
```

```
      SPI: 4059702885 (0xf1fa2665)
      Proposal: ESP-ENCRYPT-DES-64 ESP-AUTH-MD5
      SA remaining key duration (bytes/sec): 1887436800/3591
      Max sent sequence-number: 0
      UDP encapsulation used for NAT traversal: N

    [Inbound ESP SAs]
      SPI: 3872459013 (0xe6d10905)
      Proposal: ESP-ENCRYPT-DES-64 ESP-AUTH-MD5
      SA remaining key duration (bytes/sec): 1887436800/3591
      Max received sequence-number: 0
      Anti-replay window size: 32
      UDP encapsulation used for NAT traversal: N

 -----------------------------
 IPSec policy name: "policy1"
 Sequence number  : 11
 Acl Group        : 3003
 Acl rule         : 5
 Mode             : ISAKMP
 -----------------------------
    Connection ID      : 937
    Encapsulation mode: Tunnel
    Tunnel local       : 60.1.3.1
    Tunnel remote      : 60.1.2.1
    Flow source        : 192.168.3.0/255.255.255.0 0/0
    Flow destination   : 192.168.2.0/255.255.255.0 0/0
    Qos pre-classify   : Disable

    [Outbound ESP SAs]
      SPI: 4114116139 (0xf5386e2b)
      Proposal: ESP-ENCRYPT-DES-64 ESP-AUTH-MD5
      SA remaining key duration (bytes/sec): 1887436800/3590
      Max sent sequence-number: 0
      UDP encapsulation used for NAT traversal: N

    [Inbound ESP SAs]
      SPI: 2107152307 (0x7d9897b3)
      Proposal: ESP-ENCRYPT-DES-64 ESP-AUTH-MD5
      SA remaining key duration (bytes/sec): 1887436800/3590
      Max received sequence-number: 0
      Anti-replay window size: 32
      UDP encapsulation used for NAT traversal: N
```

3.2.4　分支采用多链路共享功能与总部建立 IPSec 隧道配置示例

如图 3-7 所示，RouterA 为公司分支机构网关，RouterB 为公司总部网关，但分支机构采用两条出口链路互为备份或者负载分担，通过公网与总部建立通信。分支机构子网为 10.1.1.0/24，总部子网为 10.1.2.0/24。现公司希望对分支机构子网与总部子网之间相互访问的流量进行安全保护，并且若主备链路切换或某条出口链路故障时，要求安全保护不中断。但由于两个出接口分别协商生成 IPSec SA，在主备链路切换时，接口会出现 Up/Down 状态变化，因此需要重新进行 IKE 协商，从而导致数据流的暂时中断。为保证在进行主备链路切换时安全保护不中断，以实现 IPSec SA 的平滑切换，希望分支机构网关的两条出口链路与总部网关只协商一个共享的 IPSec SA。

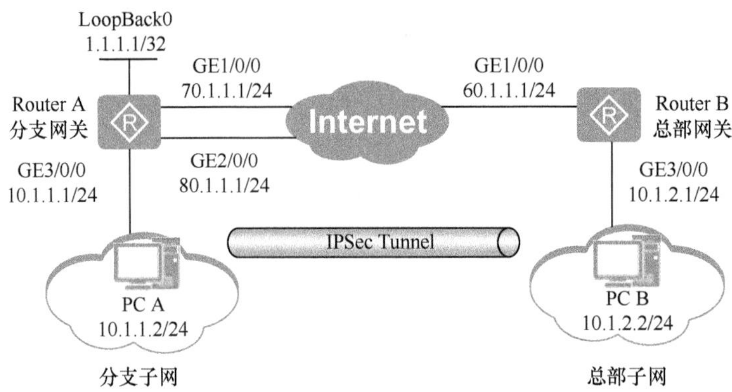

图 3-7 分支采用多链路共享功能与总部建立 IPSec 隧道示例的拓扑结构

本示例 AR G3 路由器均运行 V200R008 版本 VRP 系统，采用 IKEv1 版本。

1. 基本配置思路分析

因为分支机构网关有两条链路连接到 Internet，为了使这两条链路与总部网关只协商生成一个 IPSec，所以不能利用分支机构网关的两个公网接口分别与总部网关配置对等体，而要使用一个 LoopBack 接口与总部网关建立 IPSec 隧道，最终使两条出口链路与总部网关只协商一个共享的 IPSec SA。具体配置思路如下。

（1）配置各网关设备内/外网接口的 IP 地址，以及分支机构公网、私网与总部公网、私网互访的静态路由。

（2）配置高级 ACL，以定义分支机构子网与总部子网通信时需要 IPSec 保护的数据流。

（3）配置 IPSec 安全提议，定义 IPSec 的保护方法。

（4）配置 IKE 安全提议。

（5）配置 IKE 对等体，定义对等体间 IKE 协商时的属性。

注意

本示例中 IKE 对等体的配置，分支机构本端 IP 地址与总部网关配置的对端 IP 地址均要配置为分支机构网关 LoopBack 接口的 IP 地址。

（6）配置安全策略，并引用前面定义的 ACL 和 IPSec 安全提议，确定对何种数据流采取何种保护方法。

（7）在接口上应用安全策略组，使接口具有 IPSec 的保护功能。其中在分支机构网关 RouterA 上的安全策略组在应用前需要通过 **ipsec policy** *policy-name* shared **local-interface loopback** *interface-number* 命令设置为多链路共享（具体参见 3.1.5 节相关内容），然后在 RouterA 的两个公网接口上分别应用安全策略组。

2. 具体配置步骤

（1）分别在 RouterA 和 RouterB 上配置各接口（包括 RouterA 上的 Loopback 接口）的 IP 地址和到对端各公网、私网的静态路由。

\# 在 RouterA 上配置接口 IP 地址。

```
<Huawei> system-view
[Huawei] sysname RouterA
```

```
[RouterA] interface gigabitethernet 1/0/0
[RouterA-GigabitEthernet1/0/0] ip address 70.1.1.1 255.255.255.0
[RouterA-GigabitEthernet1/0/0] quit
[RouterA] interface gigabitethernet 2/0/0
[RouterA-GigabitEthernet2/0/0] ip address 80.1.1.1 255.255.255.0
[RouterA-GigabitEthernet2/0/0] quit
[RouterA] interface gigabitethernet 3/0/0
[RouterA-GigabitEthernet3/0/0] ip address 10.1.1.1 255.255.255.0
[RouterA-GigabitEthernet3/0/0] quit
[RouterA] interface loopback 0
[RouterA-LoopBack0] ip address 1.1.1.1 255.255.255.255
[RouterA-LoopBack0] quit
```

在 RouterA 上配置通过两条不同链路到达对端公网、私网的静态路由（优先级要配置的不同，以实现主备备份），此处假设 RouterA 的两个出接口到对端的下一跳地址分别为 70.1.1.2 和 80.1.1.2。

```
[RouterA] ip route-static 10.1.2.0 24 70.1.1.2 preference 10   #---配置从 GE1/0/0 接口对应链路到达总部私网的静态路由
[RouterA] ip route-static 10.1.2.0 24 80.1.1.2 preference 20   #---配置从 GE2/0/0 接口对应链路到达总部私网的静态路由
[RouterA] ip route-static 60.1.1.1 32 70.1.1.2 preference 10   #---配置从 GE1/0/0 接口对应链路到达总部公网的静态路由
[RouterA] ip route-static 60.1.1.1 32 80.1.1.2 preference 20   #---配置从 GE2/0/0 接口对应链路到达总部公网的静态路由
```

在 RouterB 上配置接口 IP 地址。

```
<Huawei> system-view
[Huawei] sysname RouterB
[RouterB] interface gigabitethernet 1/0/0
[RouterB-GigabitEthernet1/0/0] ip address 60.1.1.1 255.255.255.0
[RouterB-GigabitEthernet1/0/0] quit
[RouterB] interface gigabitethernet 3/0/0
[RouterB-GigabitEthernet3/0/0] ip address 10.1.2.1 255.255.255.0
[RouterB-GigabitEthernet3/0/0] quit
```

在 RouterB 上配置到达分支机构各公网、私网、Loopback0 接口的静态路由，此处假设 RouterB 到对端的下一跳地址为 60.1.1.2。

```
[RouterB] ip route-static 1.1.1.1 32 60.1.1.2   #---到达 Loopback0 接口的静态路由
[RouterB] ip route-static 10.1.1.0 24 60.1.1.2   #---到达分支机构私网的静态路由
[RouterB] ip route-static 70.1.1.1 32 60.1.1.2   #---到达 RouterA GE1/0/0 接口的静态路由
[RouterB] ip route-static 80.1.1.1 32 60.1.1.2   #---到达 RouterA GE2/0/0 接口的静态路由
```

（2）分别在 RouterA 和 RouterB 上配置 ACL，定义各自要保护的数据流。

在 RouterA 上配置 ACL，定义由总部子网 10.1.1.0/24 到达分支机构子网 10.1.2.0/24 的数据流。

```
[RouterA] acl number 3101
[RouterA-acl-adv-3101] rule permit ip source 10.1.1.0 0.0.0.255 destination 10.1.2.0 0.0.0.255
[RouterA-acl-adv-3101] quit
```

在 RouterB 上配置 ACL，定义由分支机构子网 10.1.2.0/24 到达总部子网 10.1.1.0/24 的数据流。

```
[RouterB] acl number 3101
[RouterB-acl-adv-3101] rule permit ip source 10.1.2.0 0.0.0.255 destination 10.1.1.0 0.0.0.255
[RouterB-acl-adv-3101] quit
```

（3）分别在 RouterA 和 RouterB 上创建 IPSec 安全提议（假设名称均为 prop，也可以不同），使用 ESP 安全协议，认证算法为 SHA2-256，加密算法为 AES-128。

```
[RouterA] ipsec proposal prop
[RouterA-ipsec-proposal-prop] esp authentication-algorithm sha2-256
[RouterA-ipsec-proposal-prop] esp encryption-algorithm aes-128
```

```
[RouterA-ipsec-proposal-prop] quit

[RouterB] ipsec proposal prop
[RouterB-ipsec-proposal-prop] esp authentication-algorithm sha2-256
[RouterB-ipsec-proposal-prop] esp encryption-algorithm aes-128
[RouterB-ipsec-proposal-prop] quit
```

（4）分别在 RouterA 和 RouterB 上创建 IKE 安全提议（序号均为 5，也可以不同），认证算法为 SHA2-256，加密算法为 AES-128，DH 为 group14。

```
[RouterA] ike proposal 5
[RouterA-ike-proposal-5] authentication-algorithm sha2-256
[RouterA-ike-proposal-5] encryption-algorithm aes-128
[RouterA-ike-proposal-5] dh group14
[RouterA-ike-proposal-5] quit

[RouterB] ike proposal 5
[RouterB-ike-proposal-5] authentication-algorithm sha2-256
[RouterB-ike-proposal-5] encryption-algorithm aes-128
[RouterB-ike-proposal-5] dh group14
[RouterB-ike-proposal-5] quit
```

（5）分别在 RouterA 和 RouterB 上配置 IKE 对等体（此处名称均为 rut，也可以不同），假设采用 IKEv2 版本。因为 IKE 提议中的认证方法采用缺省值，所以采用的是预共享密钥认证方法，需要配置预共享密钥（假设为 huawei，两端的配置必须一致）。另外，在总部网关 RouterB 上配置的“对端 IP 地址”必须是分支机构网关 RouterA 上的 Loopback0 接口 IP 地址。

在 RouterA 上配置 IKE 对等体，并引用前面创建的 IKE 安全提议，配置预共享密钥和对端 IP 地址。

```
[RouterA] ike peer rut
[RouterA-ike-peer-rut] undo version 2
[RouterA-ike-peer-rut] ike-proposal 5
[RouterA-ike-peer-rut] pre-shared-key simple huawei
[RouterA-ike-peer-rut] remote-address 60.1.1.1
[RouterA-ike-peer-rut] quit
```

在 RouterB 上配置 IKE 对等体，并引用前面创建的 IKE 安全提议，配置预共享密钥和对端 IP 地址。

```
[RouterB] ike peer rut
[RouterB-ike-peer-rut] undo version 2
[RouterB-ike-peer-rut] ike-proposal 5
[RouterB-ike-peer-rut] pre-shared-key simple huawei
[RouterB-ike-peer-rut] remote-address 1.1.1.1   #---为分支机构 Loopback0 接口的 IP 地址
[RouterB-ike-peer-rut] quit
```

（6）分别在 RouterA 和 RouterB 上创建安全策略，引用前面创建的 IPSec 安全提议、IKE 对等体和用于定义需要保护的数据流的 ACL。

在 RouterA 上配置安全策略。

```
[RouterA] ipsec policy policy1 10 isakmp
[RouterA-ipsec-policy-isakmp-policy1-10] ike-peer rut
[RouterA-ipsec-policy-isakmp-policy1-10] proposal prop
[RouterA-ipsec-policy-isakmp-policy1-10] security acl 3101
[RouterA-ipsec-policy-isakmp-policy1-10] quit
```

在 RouterB 上配置安全策略。

```
[RouterB] ipsec policy policy1 10 isakmp
[RouterB-ipsec-policy-isakmp-policy1-10] ike-peer rut
```

```
[RouterB-ipsec-policy-isakmp-policy1-10] proposal prop
[RouterB-ipsec-policy-isakmp-policy1-10] security acl 3101
[RouterB-ipsec-policy-isakmp-policy1-10] quit
```

（7）分别在 RouterA 和 RouterB 的接口上应用各自的安全策略组，使通过这些接口向外发送的兴趣流能被 IPSec 保护。

在 RouterA 上配置多链路共享功能，并且分别在两个公网接口上引用前面创建的安全策略组。

```
[RouterA] ipsec policy policy1 shared local-interface loopback 0   #---配置安全策略组 policy1 对应的 IPSec 隧道为多链路共享
[RouterA] interface gigabitethernet 1/0/0
[RouterA-GigabitEthernet1/0/0] ipsec policy policy1
[RouterA-GigabitEthernet1/0/0] quit
[RouterA] interface gigabitethernet 2/0/0
[RouterA-GigabitEthernet2/0/0] ipsec policy policy1
[RouterA-GigabitEthernet2/0/0] quit
```

在 RouterB 的接口上引用安全策略组。

```
[RouterB] interface gigabitethernet 1/0/0
[RouterB-GigabitEthernet1/0/0] ipsec policy policy1
[RouterB-GigabitEthernet1/0/0] quit
```

3. 配置结果验证

配置成功后，在分支机构子网的主机 PC A 执行 **ping** 操作可以 ping 通位于总部子网的主机 PC B，并且它们之间的数据传输将被加密，执行命令 **display ipsec statistics esp** 可以查看数据包的统计信息。

在 RouterA 上执行 **display ike sa** 操作，会显示在 RouterA 上协商生成的 IKE SA 信息，如果见到了第 2 阶段的 IPSec SA 信息，则表明 IPSec 隧道建立成功了。

```
[RouterA] display ike sa
    Conn-ID  Peer          VPN   Flag(s)              Phase
  ---------------------------------------------------------------
       16    60.1.1.1       0    RD|ST                 v1:2
       14    60.1.1.1       0    RD|ST                 v1:1

  Number of SA entries   : 2

  Number of SA entries of all cpu : 2

  Flag Description:
  RD--READY   ST--STAYALIVE   RL--REPLACED   FD--FADING   TO--TIMEOUT
  HRT--HEARTBEAT   LKG--LAST KNOWN GOOD SEQ NO.   BCK--BACKED UP
  M--ACTIVE   S--STANDBY   A--ALONE   NEG--NEGOTIATING
```

此时分别在 RouterA 和 RouterB 上执行 **display ipsec sa** 操作，会显示所配置的 IPSec SA 信息，以下是在 RouterA 上执行本命令后的输出信息。

```
[RouterA] display ipsec sa
===============================
Shared interface: LoopBack0
Interface: GigabitEthernet1/0/0
           GigabitEthernet2/0/0
===============================

  -----------------------------
  IPSec policy name: "policy1"
```

```
Sequence number   : 10
Acl Group         : 3101
Acl rule          : 5
Mode              : ISAKMP
------------------------
  Connection ID       : 16   #---这是最终建立的 IPSes SA 标识符，也表明 IPSec 隧道建立成功
  Encapsulation mode: Tunnel
  Tunnel local        : 1.1.1.1
  Tunnel remote       : 60.1.1.1
  Flow source         : 10.1.1.0/255.255.255.0 0/0
  Flow destination    : 10.1.2.0/255.255.255.0 0/0
  Qos pre-classify    : Disable

  [Outbound ESP SAs]
    SPI: 3694855398 (0xdc3b04e6)
    Proposal: ESP-ENCRYPT-AES-128 ESP-AUTH-SHA2-256
    SA remaining key duration (bytes/sec): 1887436800/3595
    Max sent sequence-number: 0
    UDP encapsulation used for NAT traversal: N

  [Inbound ESP SAs]
    SPI: 3180691667 (0xbd9580d3)
    Proposal: ESP-ENCRYPT-AES-128 ESP-AUTH-SHA2-256
    SA remaining key duration (bytes/sec): 1887436800/3595
    Max received sequence-number: 0
    Anti-replay window size: 32
    UDP encapsulation used for NAT traversal: N
```

3.2.5 建立 NAT 穿越功能的 IPSec 隧道配置示例

如图 3-8 所示，在分支机构端，公网网关不是 RouterA，而是一个 NAT 设备，即分支机构通过 NAT 网关接入 Internet。现在希望分支机构所连接的内部子网能与公司总部所连接的内部子网进行安全通信。分支机构 RouterA 连接的内部子网为 2.0.0.2/24，公司总部 RouterB 所连接的内部子网为 1.0.0.2/24。

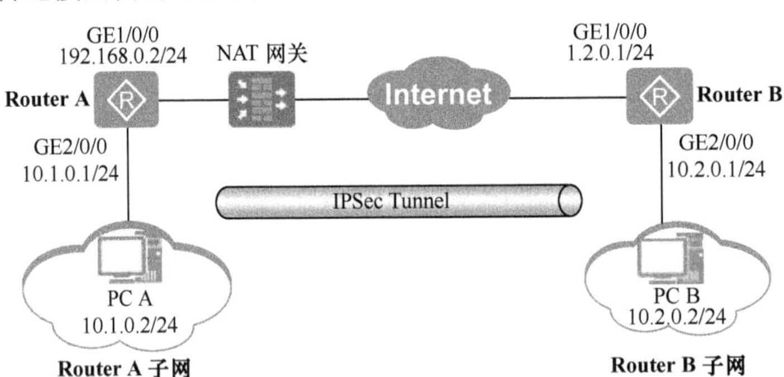

图 3-8 建立 NAT 穿越功能的 IPSec 隧道示例的拓扑结构

假设本示例 AR G3 路由器均运行 V200R005 版本 VRP 系统，采用 IKEv1 版本。

1. 基本配置思路分析

本示例有一个特殊性，即分支机构与总部的通信不是直接进行的，而是经过一个 NAT 设备进行地址转换，此时需要配置 NAT 穿越功能才能建立 IPSec 隧道。因此本示例

在配置时要注意以下几个方面。

- 本章前面已进行了分析，AH 协议的报文不能进行 NAT 穿越，所以在 IPS 安全提议中只能选择 ESP 安全协议。
- 因为分支机构部署了 NAT 网关，分支机构发送的报文在经过 NAT 网关时，源 IP 地址会发生变化，这其实与 3.2.1 节分支机构网关 IP 地址无法确定的情形类似，所以本示例分支机构端总是作为发起方，采用 ISAKMP 方式建立安全策略，而总部网关端总是作为响应方，采用策略模板方式来创建安全策略。在总部网关端也可以不配置用于定义需要保护的数据流的 ACL。
- 在 IKE 对等体配置方面，同样由于分支机构部署在 NAT 网关后面，导致其发送的数据报文源 IP 地址发生了改变，因此在采用预共享密钥认证方式下，不能再以 IP 地址来作为身份标识了，而要以名称（name）或域名（dn）方式进行标识，还可采用数字签名或数字信封认证方式的证书来进行身份验证。

根据以上介绍，可以得出本示例的具体配置思路如下。

（1）配置 RouterA 和 RouterB 内/外网的接口 IP 地址，以及到达对端（分支机构 RouterA 的对端是 NAT 网关，总部 RouterB 的对端是分支机构 RouterA 所连接的两个子网）的静态路由。

（2）在 RouterA 配置 ACL，以定义到达总部子网需要 IPSec 保护的数据流。在总部 RouterB 可不配置，直接采用 RouterA 上的镜像配置。

（3）配置 IPSec 安全提议，定义 IPSec 的保护方法，但安全协议只能是 ESP。

（4）配置 IKE 对等体，定义对等体间 IKE 协商时的属性。

如果采用缺省的预共享密钥认证方法，两端均要采用名称作为 ID 类型，而在分支机构端还要同时指出对端的 IP 地址。另外，**当 ID 类型为名称时只能选择野蛮模式进行 IKE SA 协商**。

（5）分别在 RouterA 和 RouterB 上配置安全策略，确定对何种数据流采取何种保护方法。其中 RouterB 采用策略模板方式创建安全策略，固定作为响应方，因为此时可以看作是分支机构网关的 IP 地址不固定情形。

（6）在两端连接公网侧的接口上应用以上创建的安全策略组，使得从这些接口发送的兴趣流可被 IPSec 保护。

2. 具体配置步骤

（1）配置接口 IP 地址和路由。

\# 在 RouterA 上配置接口 IP 地址。

```
<Huawei> system-view
[Huawei] sysname RouterA
[RouterA] interface gigabitethernet 1/0/0
[RouterA-GigabitEthernet1/0/0] ip address 192.168.0.2 255.255.255.0
[RouterA-GigabitEthernet1/0/0] quit
[RouterA] interface gigabitethernet 2/0/0
[RouterA-GigabitEthernet2/0/0] ip address 2.0.0.1 255.255.255.0
[RouterA-GigabitEthernet2/0/0] quit
```

\# 在 RouterA 上配置到对端（NAT 网关）的缺省路由，此处假设到对端下一跳地址为 192.168.0.1。

```
[RouterA] ip route-static 0.0.0.0 0.0.0.0 192.168.0.1
```

在 RouterB 上配置接口 IP 地址。

```
<Huawei> system-view
[Huawei] sysname RouterB
[RouterB] interface gigabitethernet 1/0/0
[RouterB-GigabitEthernet1/0/0] ip address 1.2.0.1 255.255.255.0
[RouterB-GigabitEthernet1/0/0] quit
[RouterB] interface gigabitethernet 2/0/0
[RouterB-GigabitEthernet2/0/0] ip address 1.0.0.1 255.255.255.0
[RouterB-GigabitEthernet2/0/0] quit
```

在 RouterB 上配置到对端（分支机构 RouterA 所连接的两个子网）的静态路由，此处假设到对端下一跳地址为 1.2.0.2。

```
[RouterB] ip route-static 2.0.0.0 24 1.2.0.2
[RouterB] ip route-static 192.168.0.0 24 1.2.0.2
```

（2）在 RouterA 上配置 ACL，定义由分支机构子网 2.0.0.0/24 到达总部子网 1.0.0.0/24 的数据流。因为总部网关采用策略模板来创建安全策略，所以总部网关上不需要配置。

```
[RouterA] acl number 3101
[RouterA-acl-adv-3101] rule permit ip source 2.0.0.0 0.0.0.255 destination 1.0.0.0 0.0.0.255
[RouterA-acl-adv-3101] quit
```

（3）分别在 RouterA 和 RouterB 上创建 IPSec 安全提议。因为缺省的安全提议配置即可满足本示例需求，所以在创建安全提议后可以直接采用缺省配置。

```
[RouterA] ipsec proposal pro1
[RouterA-ipsec-proposal-pro1] quit

[RouterB] ipsec proposal pro1
[RouterB-ipsec-proposal-pro1] quit
```

此时分别在 RouterA 和 RouterB 上执行 **display ipsec proposal** 操作，会显示所配置的 IPSec 安全提议配置信息，以下是在 RouterA 上执行该命令的输出示例。

```
[RouterA] display ipsec proposal name pro1

IPSec proposal name: pro1
 Encapsulation mode: Tunnel
 Transform          : esp-new
 ESP protocol       : Authentication MD5-HMAC-96
                      Encryption     DES
```

（4）分别在 RouterA 和 RouterB 上配置 IKE 对等体。注意，此时要采用名称作为 ID 类型，而且分支机构还要明确指定总部网关的 IP 地址。两端配置的 **IKEv1 SA 的协商模式必须为野蛮模式，启用 NAT 穿越功能，使得 ESP 报文可以通过 NAT 网关。**

在 RouterA 上配置 IKE 对等体。

```
[RouterA] ike local-name rta    #---配置本端名称为 rta
[RouterA] quit
[RouterA] ike peer rta v1
[RouterA-ike-peer-rta] exchange-mode aggressive #---配置 IKEv1 第一阶段的协商模式为野蛮模式
[RouterA-ike-peer-rta] pre-shared-key simple huawei    #---配置共享密钥为 huawei
[RouterA-ike-peer-rta] local-id-type name   #---配置对等体 ID 类型为名称
[RouterB-ike-peer-rtb] remote-address 1.2.0.1   #---标识总部网关的 IP 地址
[RouterA-ike-peer-rta] remote-name rtb   #---标识总部网关的名称
[RouterA-ike-peer-rta] nat traversal   #---启用 NAT 穿越功能
[RouterA-ike-peer-rta] quit
```

在 RouterB 上配置 IKE 对等体。

```
[RouterB] ike local-name rtb
[RouterB] quit
[RouterB] ike peer rtb v1
[RouterB-ike-peer-rtb] exchange-mode aggressive
[RouterB-ike-peer-rtb] pre-shared-key simple huawei
[RouterB-ike-peer-rtb] local-id-type name   #---配置对等体 ID 类型为名称
[RouterB-ike-peer-rtb] remote-name rta   #---采用名称方式指定分支机构的对等体名称
[RouterB-ike-peer-rtb] nat traversal
[RouterB-ike-peer-rtb] quit
```

此时分别在 RouterA 和 RouterB 上执行 display ike peer 操作，会显示所配置的指定 IKE 对等体信息，以下是在 RouterA 上执行该命令的输出示例。

```
[RouterA] display ike peer name rta verbose
------------------------
  Peer name                    : rta
  Exchange mode                : aggressive on phase 1
  Pre-shared-key               : huawei
  Local ID type                : Name
  DPD                          : Disable
  DPD mode                     : Periodic
  DPD idle time                : 30
  DPD retransmit interval: 15
  DPD retry limit              : 3
  Host name                    :
  Peer IP address              : 1.2.0.1
  VPN name                     :
  Local IP address             :
  Local name                   : rta
  Remote name                  : rtb
  NAT-traversal                : Enable
  Configured IKE version : Version one
  PKI realm                    : NULL
  Inband OCSP                  : Disable
------------------------
```

（5）分别在 RouterA 和 RouterB 上创建安全策略，引用前面创建的 IKE 对等体、用于定义需要保护的数据流的 ACL（仅分支机构端需要）和 IPSec 安全提议。分支机构端采用 ISAKMP 方式创建，而总部端采用策略模板方式创建。

在 RouterA 上配置 IKE 动态协商方式安全策略。

```
[RouterA] ipsec policy   policy1 10 isakmp
[RouterA-ipsec-policy-isakmp-policy1-10] security acl 3101
[RouterA-ipsec-policy-isakmp-policy1-10] ike-peer rta
[RouterA-ipsec-policy-isakmp-policy1-10] proposal pro1
[RouterA-ipsec-policy-isakmp-policy1-10] quit
```

在 RouterB 上以策略模板方式配置 IKE 动态协商方式安全策略。

```
[RouterB] ipsec policy-template temp1 10
[RouterB-ipsec-policy-templet-temp1-10] ike-peer rta
[RouterB-ipsec-policy-templet-temp1-10] proposal tran1
[RouterB-ipsec-policy-templet-temp1-10] quit
[RouterB] ipsec policy policy1 10 isakmp template temp1 #---以引用策略模板的方式创建安全策略
```

此时分别在 RouterA 和 RouterB 上执行 **display ipsec policy** 操作，会显示所配置的 IPSec 安全策略信息，以下是在 RouterA 上执行该命令的输出示例。

```
[RouterA] display ipsec policy name policy1
===========================================
IPSec policy group: "policy1"
Using interface:
===========================================

    Sequence number: 10
    Security data flow: 3101
    Peer name      :  rta
    Perfect forward secrecy: None
    Proposal name:   tran1
    IPSec SA local duration(time based): 3600 seconds
    IPSec SA local duration(traffic based): 1843200 kilobytes
    SA trigger mode: Automatic
    Route inject: None
    Qos pre-classify: Disable
```

（6）分别在 RouterA 和 RouterB 连接公网侧的接口上应用各自的安全策略组，使接口具有 IPSec 的保护功能。

```
[RouterA] interface gigabitethernet 1/0/0
[RouterA-GigabitEthernet1/0/0] ipsec policy policy1
[RouterA-GigabitEthernet1/0/0] quit

[RouterB] interface gigabitethernet 1/0/0
[RouterB-GigabitEthernet1/0/0] ipsec policy policy1
[RouterB-GigabitEthernet1/0/0] quit
```

3. 配置结果验证

配置成功后，在位于分支机构端的主机 PC A 执行 **ping** 操作可以 ping 通主机 PC B，但它们之间的数据传输将被加密，执行命令 **display ipsec statistics esp** 可以查看 ESP 数据包的统计信息。在 RouterA 上执行 **display ike sa** 操作，可查看 RouterA 上协商生成的 IKE SA 信息。

```
[RouterA] display ike sa
    Conn-ID  Peer          VPN   Flag(s)                 Phase
  ---------------------------------------------------------------
       15    1.2.0.1       0     RD|ST                     2
       14    1.2.0.1       0     RD|ST                     1

  Flag Description:
  RD--READY   ST--STAYALIVE   RL--REPLACED   FD--FADING   TO--TIMEOUT
```

分别在 RouterA 和 RouterB 上执行 **display ipsec sa** 操作，会显示所配置的 IPSec SA 信息，以 RouterB 为例。

```
[RouterB] display ipsec sa

===============================
Interface: GigabitEthernet1/0/0
 Path MTU: 1500
===============================

  -----------------------------
  IPSec policy name: "policy1"
  Sequence number   : 10
  Acl Group         : 0
```

```
Acl rule           : 0
Mode               : Template
------------------------
  Connection ID        : 15
  Encapsulation mode: Tunnel
  Tunnel local         : 1.2.0.1
  Tunnel remote        : 1.2.0.2
  Flow source          : 1.0.0.0/255.255.255.0 0/0
  Flow destination  : 2.0.0.0/255.255.255.0 0/0
  Qos pre-classify   : Disable

  [Outbound ESP SAs]
    SPI: 2285161551 (0x8834cc4f)
    Proposal: ESP-ENCRYPT-DES-64 ESP-AUTH-MD5
    SA remaining key duration (bytes/sec): 1887436800/2907
    Max sent sequence-number: 0
    UDP encapsulation used for NAT traversal: Y

  [Inbound ESP SAs]
    SPI: 1660340380 (0x62f6c89c)
    Proposal: ESP-ENCRYPT-DES-64 ESP-AUTH-MD5
    SA remaining key duration (bytes/sec): 1887436800/2907
    Max received sequence-number: 0
    Anti-replay window size: 32
    UDP encapsulation used for NAT traversal: Y
```

3.2.6 配置 PPPoE 拨号分支与总部建立 IPSec 隧道示例

如图 3-9 所示，RouterA 为公司分支机构网关，RouterB 为公司总部网关，分支与总部通过公网建立通信。分支机构子网为 10.1.1.0/24，总部子网为 10.1.2.0/24。但在本示例中，分支机构网关通过 PPPoE 方式接入公网，位于 ISP 的 PPPoE 服务器为分支机构网关分配 IP 地址的服务器。

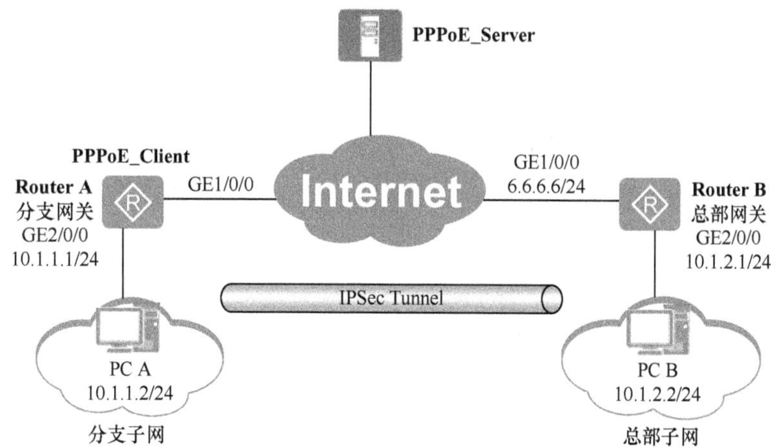

图 3-9 PPPoE 拨号分支与总部建立 IPSec 隧道配置示例的拓扑结构

现公司希望分支子网与总部子网之间相互访问的流量可以通过 IPSec 进行安全保护。但由于分支机构网关作为 PPPoE 客户端获取 IP 地址，总部无法获取其 IP 地址，所以总部网关只能响应分支机构网关发起的 IPSec 协商。

假设本示例中 AR G3 路由器均运行 V200R005 版本 VRP 系统，采用 IKEv1 版本。

1. 基本配置思路分析

本示例其实与 3.2.2 节介绍的示例类似，都属于分支机构网关 IP 地址不确定的情形，所以其配置思路总体来说也类似。本示例主要的特殊性在于分支机构网关 RouterA 连接公网侧的接口 IP 地址是通过 PPPoE 拨号接入 ISP 后动态获取的，所以首先要在 RouterA 上配置 PPPoE 客户端功能（当然在 ISP 端也要配置相应的 PPPoE 服务器功能）。

基于上面分析，可得出本示例的基本配置思路如下。

（1）在 RouterA 上配置 PPPoE 客户端，使其能从位于 ISP 端的 PPPoE 服务器获取 IP 地址。

（2）配置 RouterA 和 RouterB 各接口 IP 地址，以及分支机构到达总部公网、私网，总部到达分支机构私网的静态路由。

（3）配置 ACL，以定义分支机构与总部网络之间通信中需要由 IPSec 保护的数据流。**但因为分支机构网关 IP 地址不固定，总部网关采用策略模板方式来创建安全策略，所以总部网关到达分支机构的保护数据流的定义不用配置。**

（4）在分支机构网关和总部网关上配置所需的 IPSec 安全提议，即定义 IPSec 所采用的保护方法。

（5）配置 IKE 对等体，定义对等体间 IKE 协商时的属性。

本示例中的 IKE 安全提议全部采用缺省的，故不需要配置。

因为本示例中总部网关总是作为响应方，采用策略模板方式创建安全策略，**所以在总部网关 RouterB 上无需配置分支机构网关的 IP 地址。**

（6）分别在 RouterA 和 RouterB 上创建安全策略，确定对何种数据流采取何种保护方法。其中 RouterA 采用 ISAKMP 方式创建安全策略，总作为发起方，RouterB 采用策略模板方式创建安全策略，总作为响应方。

（7）在各网关的公网侧接口（RouterA 为拨号口）上应用安全策略组，使通过这些接口发送的兴趣流可以被 IPSec 保护。

2. 具体配置步骤

（1）在 RouterA 上配置 PPPoE 客户端，使其能从服务器端获取 IP 地址。因为有关 PPPoE 服务器的配置是在 ISP 端进行的，所以本示例中不做介绍。

说明

华为 AR G3 系列路由器上具体的 PPPoE 客户端和 PPPoE 服务器配置方法参见《华为路由器学习指南》一书。

配置拨号访问组，指定允许所有的 IPv4 报文通过。

```
<Huawei> system-view
[Huawei] sysname RouterA
[RouterA] dialer-rule
[RouterA-dialer-rule] dialer-rule 1 ip permit   #---配置拨号接口的拨号规则
```

```
[RouterA-dialer-rule] quit
```

创建拨号口，配置拨号口相关参数。假设PPPoE拨号账户名为winda，密码为Huawei。

```
[RouterA] interface dialer 1        #---创建拨号口 Dialer1
[RouterA-Dialer1] link-protocol ppp
[RouterA-Dialer1] ppp pap local-user winda password cipher Huawei
[RouterA-Dialer1] ip address ppp-negotiate
[RouterA-Dialer1] dialer user winda     #---配置拨号用户账户，使能拨号接口的共享 DCC 功能
[RouterA-Dialer1] dialer bundle 1     #---配置拨号接口的拨号捆绑，用于与物理接口进行捆绑
[RouterA-Dialer1] dialer-group 1  #---配置拨号接口的拨号访问组，要与拨号规则号一致
[RouterA-Dialer1] quit
```

在物理接口下捆绑拨号口，建立PPPoE会话。

```
[RouterA] interface ethernet1/0/0
[RouterA-GigabitEthernet1/0/0] pppoe-client dial-bundle-number 1   #---配置物理接口与拨号接口的捆绑 1 进行绑定
[RouterA-GigabitEthernet1/0/0] quit
```

（2）在RouterA和RouterB上配置接口IP地址和到达对端的静态路由。

在RouterA上配置接口IP地址和静态路由。

```
[RouterA] interface gigabitethernet 2/0/0
[RouterA-GigabitEthernet2/0/0] ip address 10.1.1.1 255.255.255.0
[RouterA-GigabitEthernet2/0/0] quit
```

配置到对端的静态路由，指定到达总部网关所连接的公网、私网的下一跳地址为拨号口Dialer1。

```
[RouterA] ip route-static 6.6.6.0 24 dialer1
[RouterA] ip route-static 10.1.2.0 24 dialer1
```

在RouterB上配置接口IP地址和到达分支机构私网的静态路由，此处假设下一跳地址为6.6.6.254。

```
<Huawei> system-view
[Huawei] sysname RouterB
[RouterB] interface gigabitethernet 1/0/0
[RouterB-GigabitEthernet1/0/0] ip address 6.6.6.6 255.255.255.0
[RouterB-GigabitEthernet1/0/0] quit
[RouterB] interface gigabitethernet 2/0/0
[RouterB-GigabitEthernet2/0/0] ip address 10.1.2.1 255.255.255.0
[RouterB-GigabitEthernet2/0/0] quit
[RouterB] ip route-static 10.1.1.024 6.6.6.254
```

（3）在RouterA上配置用于定义需要保护的数据流的ACL，即定义由分支机构子网10.1.1.0/24到达总部子网10.1.2.0/24的数据流。总部网关因为要采用策略模板方式创建安全策略，故可不定义这种ACL。

```
[RouterA] acl number 3003
[RouterA-acl-adv-3003] rule permit ip source 10.1.1.0 0.0.0.255 destination 10.1.2.0 0.0.0.255
[RouterA-acl-adv-3003] quit
```

（4）在RouterA和RouterB上配置IPSec安全提议，各参数取值均采用缺省值。

```
[RouterA] ipsec proposal prop1
[RouterA-ipsec-proposal-prop1] quit

[RouterB] ipsec proposal prop1
[RouterB-ipsec-proposal-prop1] quit
```

此时执行 **display ipsec proposal** 操作可以查看所配置的IPSec安全提议信息。以下是在RouterA上执行本命令的输出信息。

```
[RouterA] display ipsec proposal
Number of Proposals: 1
```

```
IPSec proposal name: prop1
 Encapsulation mode: Tunnel
 Transform          : esp-new
 ESP protocol       : Authentication SHA1-HMAC-96
                      Encryption      DES
```

（5）在 RouterA 和 RouterB 上配置 IKE 对等体。因为采用了缺省的 IKE 安全提议配置，采用的是预共享密钥认证方法，所以在两端需要配置相同的预共享密钥。但因为总部网关采用的是策略模板方式创建安全策略，所以不需要指定对端 IP 地址。

```
[RouterA] ike peer rut1 v1
[RouterA-ike-peer-rut1] pre-shared-key simple huawei
[RouterA-ike-peer-rut1] remote-address 6.6.6.6
[RouterA-ike-peer-rut1] quit

[RouterB] ike peer rut1 v1
[RouterB-ike-peer-rut1] pre-shared-key simple huawei
[RouterB-ike-peer-rut1] quit
```

此时在 RouterA 上执行 **display ike peer** 操作可以查看所配置的 IKE 对等体信息。

```
[RouterA] display ike peer name rut1 verbose
------------------------
   Peer name                  : rut1
   Exchange mode              : main on phase 1
   Pre-shared-key             : huawei
   Local ID type              : IP
   DPD                        : Disable
   DPD mode                   : Periodic
   DPD idle time              : 30
   DPD retransmit interval: 15
   DPD retry limit            : 3
   Host name                  :
   Peer IP address            : 6.6.6.6
   VPN name                   :
   Local IP address           :
   Local name                 :
   Remote name                :
   NAT-traversal              : Disable
   Configured IKE version : Version one
   PKI realm                  : NULL
   Inband OCSP                : Disable
------------------------
```

（6）在 RouterA 和 RouterB 上配置安全策略。RouterA 采用 ISAKMP 方式创建，RouterB 采用策略模板方式创建，引用 IKE 对等体、IPSec 安全提议、定义保护数据流的 ACL（RouterB 上不用）。

```
[RouterA] ipsec policy policy1 10 isakmp
[RouterA-ipsec-policy-isakmp-policy1-10] ike-peer rut1
[RouterA-ipsec-policy-isakmp-policy1-10] proposal prop1
[RouterA-ipsec-policy-isakmp-policy1-10] security acl 3003
[RouterA-ipsec-policy-isakmp-policy1-10] quit

[RouterB] ipsec policy-template temp1 10
[RouterB-ipsec-policy-templet-temp1-10] ike-peer rut1
[RouterB-ipsec-policy-templet-temp1-10] proposal prop1
[RouterB-ipsec-policy-templet-temp1-10] quit
[RouterB] ipsec policy policy1 10 isakmp template temp1 #---通过引用策略模板方式创建安全策略
```

此时执行 **display ipsec policy** 操作可以查看所配置的安全策略信息。以下是在RouterA上执行该命令的输出信息。

```
[RouterA] display ipsec policy name policy1
===========================================
IPSec policy group: "policy1"
Using interface:
===========================================

    Sequence number: 10
    Security data flow: 3003
    Peer name      :  rut1
    Perfect forward secrecy: None
    Proposal name:   prop1
    IPSec SA local duration(time based): 3600 seconds
    IPSec SA local duration(traffic based): 1843200 kilobytes
    Anti-replay window size: 32
    SA trigger mode: Automatic
    Route inject: None
    Qos pre-classify: Disable
```

（7）在接口上应用安全策略。此时分支机构网关因为采用 PPPoE 拨号接口进行Internet连接，所以分支机构网关只能在逻辑拨号接口上应用安全策略。

在RouterA的拨号接口上引用安全策略。

```
[RouterA] interface dialer 1
[RouterA-Dialer1] ipsec policy policy1
[RouterA-Dialer1] quit
```

在RouterB的公网接口上引用安全策略。

```
[RouterB] interface gigabitethernet 1/0/0
[RouterB-GigabitEthernet1/0/0] ipsec policy policy1
[RouterB-GigabitEthernet1/0/0] quit
```

3. 配置结果验证

配置成功后，在位于分支机构子网的PC A上执行 **ping** 操作可以ping通位于总部子网的PC B，但它们之间的数据传输将被加密，执行命令 **display ipsec statistics esp** 可以查看ESP数据包的统计信息。以下是在RouterA上执行该命令后的输出信息。

```
[RouterA] display ike sa
    Conn-ID  Peer            VPN    Flag(s)                 Phase
  ---------------------------------------------------------------
      246    6.6.6.6          0     RD|ST                     2
      245    6.6.6.6          0     RD|ST                     1

  Flag Description:
  RD--READY   ST--STAYALIVE   RL--REPLACED   FD--FADING   TO--TIMEOUT
```

在RouterB上执行display ike sa操作，可查看RouterB上的IKE SA信息。

```
[RouterB] display ike sa
    Conn-ID  Peer            VPN    Flag(s)                 Phase
  ---------------------------------------------------------------
        2    7.7.7.254        0     RD                        2
        1    7.7.7.254        0     RD                        1

  Flag Description:
  RD--READY   ST--STAYALIVE   RL--REPLACED   FD--FADING   TO--TIMEOUT
```

在RouterA上执行 **display ipsec sa** 操作可以查看所配置的IPSec SA信息。

```
[RouterA] display ipsec sa

===============================
Interface: Dialer1    #---在拨号接口上应用了安全策略
 Path MTU: 1500
===============================

  -----------------------------
  IPSec policy name: "policy1"
  Sequence number   : 10
  Acl Group         : 3003
  Acl rule          : 5
  Mode              : ISAKMP
  -----------------------------
    Connection ID       : 246
    Encapsulation mode: Tunnel
    Tunnel local        : 7.7.7.254
    Tunnel remote       : 6.6.6.6
    Flow source         : 10.1.1.0/255.255.255.0 0/0
    Flow destination    : 10.1.2.0/255.255.255.0 0/0
    Qos pre-classify    : Disable

    [Outbound ESP SAs]
      SPI: 503811799 (0x1e078ed7)
      Proposal: ESP-ENCRYPT-DES-64 ESP-AUTH-MD5
      SA remaining key duration (bytes/sec): 1887436800/1360
      Max sent sequence-number: 0
      UDP encapsulation used for NAT traversal: N

    [Inbound ESP SAs]
      SPI: 374552495 (0x165337af)
      Proposal: ESP-ENCRYPT-DES-64 ESP-AUTH-MD5
      SA remaining key duration (bytes/sec): 1887436800/1360
      Max received sequence-number: 0
      Anti-replay window size: 32
      UDP encapsulation used for NAT traversal: N
```

在 RouterB 上执行 **display ipsec sa** 操作可以查看所配置的 IPSec SA 信息。

```
[RouterB] display ipsec sa

===============================
Interface: GigabitEthernet 1/0/0
 Path MTU: 1492
===============================

  -----------------------------
  IPSec policy name: "policy1"
  Sequence number   : 10
  Acl Group         : 0
  Acl rule          : 0
  Mode              : Template
  -----------------------------
    Connection ID       : 2
    Encapsulation mode: Tunnel
    Tunnel local        : 6.6.6.6
    Tunnel remote       : 7.7.7.254
    Flow source         : 10.1.2.0/255.255.255.0 0/0
    Flow destination    : 10.1.1.0/255.255.255.0 0/0
```

```
Qos pre-classify    : Disable

[Outbound ESP SAs]
  SPI: 374552495 (0x165337af)
  Proposal: ESP-ENCRYPT-DES-64 ESP-AUTH-MD5
  SA remaining key duration (bytes/sec): 1887436800/1300
  Max sent sequence-number: 0
  UDP encapsulation used for NAT traversal: N

[Inbound ESP SAs]
  SPI: 503811799 (0x1e078ed7)
  Proposal: ESP-ENCRYPT-DES-64 ESP-AUTH-MD5
  SA remaining key duration (bytes/sec): 1887436800/1300
  Max received sequence-number: 0
  Anti-replay window size: 32
  UDP encapsulation used for NAT traversal: N
```

3.3 IKE动态协商方式IPSec隧道建立不成功的故障排除

第2章中已提到，在IPSec VPN方案的部署中，主要存在两种可能的故障情形：一是IPSec隧道建立不成功，二是虽然IPSec隧道建立成功了，但两端仍不能通信。第二种情形的原因与第2章2.5.2节分析的因素一样，所以在此仅介绍在IKE动态协商方式建立IPSec隧道的配置方案中，IPSec隧道建立不成功的故障排除思路。

在IKE动态协商建立IPSec隧道的情形下（包括采用ISAKMP方式和策略模板方式建立IPSec隧道这两种情形），因为建立SA的参数大多数不是固定的，而是要通过两端协商，并依据两端生成的Cookie值共同决定，所以影响IPSec隧道建立的因素比较多。

另外，在IKE动态协商方式建立IPSec隧道的情形下，SA有两种，一是IKE协议第一阶段要协商生成的IKE SA，另一种是IKE协议第二阶段要成生的IPSsec。当然只有成功完成了第一阶段，才可能进入第二阶段，进而最终完成IPSec隧道的建立。要判断IPSec隧道是否已建立成功，可以通过在IPSec设备上执行**display ike sa**命令查看里面是否有所生成的IKE SA和IPSec SA（如下例所示），如果第二阶段的IPSec SA已生成，证明隧道建立是成功的，否则就是不成功。

```
<Huawei> display ike sa
    Conn-ID  Peer            VPN   Flag(s)     Phase
  ---------------------------------------------------------------
    13118    10.1.3.2        0     RD          2   #---这是第二阶段生成的IPSec SA
    12390    10.1.3.2        0     RD          1   #---这是第一阶段生成的IKE SA

  Flag Description:
  RD--READY   ST--STAYALIVE   RL--REPLACED   FD--FADING   TO--TIMEOUT
```

显然，有时不能在执行**display ike sa**命令后见到这两种输出，或只见到IKE SA，没有IPSec SA，这分别代表IKE第一、二阶段协商不成功。下面分别介绍其中可能的原因和基本的故障排除思路。

3.3.1 第一阶段IKE SA建立不成功的故障排除

如果在执行完**display ike sa**命令后发现连第一阶段的IKE SA信息都没见到，则表明第一阶段的 IKE SA 没建立成功，第二阶段的 IPSec SA 自然更没有建立成功，此时基本上可确定是 IKE 安全提议或 IKE 对等体方面配置出了问题，因为这两方面的配置是影响 IKE SA 建立的因素，此时可按以下思路来排查原因。

1. 两端的 IKE 安全提议配置不一致

IKE 安全提议与前面介绍的 IPSec 安全提议不一样，可以不创建，因系统存在一个优先级最低，参数为缺省配置的 IKE 安全提议。如果两端都不创建，也可行（都采用缺省配置时参数配置肯定是一致的），但是只要有一端新建了 IKE 安全提议，则必须保证两端的 IKE 安全提议参数配置完全一致（除 SA 的生存周期配置外），即协商双方具有相同的加密算法、认证方法、认证算法和 DH 组。

可在两端的 IPSec 设备上执行 **display ike proposal** 命令查看设备上配置的 IKE 安全提议配置，看两端的参数配置是否一致（除 SA duration 参数外），如下例所示。

```
<Huawei> display ike proposal

Number of IKE Proposals: 1

---------------------
 IKE Proposal: 1
   Authentication method        : pre-shared
   Authentication algorithm    : SHA1
   Encryption algorithm         : DES-CBC
   DH group                          : MODP-1536
   SA duration                      : 86400
   PRF                                  : PRF-AES-XCBC-128
```

2. IKE 对等体配置不符合要求

在 IKE 对等体配置方面，出错的原因可能有多种。

- 所选择的 IKEv1 版本不一致（一端为 v1，另一端为 v2）。
- 所选择的认证方法不一致（必须同时选择 pre-shared key、rsa-signature key、digital-envelope 其中的一种），但 digital-envelope（数字信封）认证方法只在 IKEv1 的主模式协商过程中支持，IKEv1 野蛮模式和 IKEv2 不支持。
- 采用预共享密钥认证方法时两端的共享密钥不一致。
- IKEv1 阶段 1 协商模式（**main** 或者 **aggressive**）配置不一致或错误。如果发起方的 IP 地址不固定或者无法预知（如采用 PPPoE 拨号接入 Internet 时），而双方都希望采用预共享密钥验证方法来创建 IKE SA，则只能采用野蛮模式。
- 发起方没有通过 **remote-address** { *ip-address* | *host-name* }命令指定对端 IP 地址或名称，或者所配置的 IP 地址与对端通过 **local-address** *address* 命令配置的 IP 地址不一致。如果采用策略模板方式建立 IPSec 隧道，则无需配置 **remote-address** 命令。
- 采用 IKEv1 版本时，两端通过 **local-id-type { dn | ip | name }**命令配置的本端 ID 类型不一致，或者当 **local-id-type** 命令配置采用名称（**name**）ID 类型时，发起方没有或者没正确通过 **remote-name** *name* 命令指定对端名称。**当采用主模式（main）时，对等体 ID 类型只能是 IP 类型。**
- 在 IKEv2 版本中，没有通过 **peer-id-type** { **dn** | **ip** | **name**}命令配置对端 ID 类型，或没有正确配置对端 ID。也可能是因为本端配置的 **local-id-type** 没有与对端配置的

peer-id-type 匹配。

注意

当响应方采用策略模板建立 IPSec 隧道时，两端的 ID 类型必须为名称（**name**）类型，即在发起方仍需要通过 **remote-address** *ip-address* 命令指定对端的 IP 地址，但响应方无需通过此命令指定发起方的 IP 地址。当选择数字证书认证方法时，对等体 ID 类型只能是 **dn** 类型。

问题可以通过在两端 IPSec 设备上分别执行 **display ike peer verbose** 命令，来查看详细的 IKE 对等体配置从而解决。以下是执行该命令的一个示例。

```
<Huawei> display ike peer verbose
Number of IKE peers: 1

------------------------
   Peer name                  : rut1
   Exchange mode              : aggressive on phase 1
   Pre-shared-key             : huawei
   Proposal                   : 5
   Local ID type              : IP
   DPD                        : Enable
   DPD mode                   : Periodic
   DPD idle time              : 30
   DPD retransmit interval: 15
   DPD retry limit            : 3
   Host name                  :
   Peer IP address            : 60.1.1.2
   VPN name                   : vpn1
   Local IP address           : 70.1.1.2
   Local name                 : peer
   Remote name                : rut2
   NAT-traversal              : Disable
   DPD request message        : 0
   DPD Ack message            : 0
   DPD fail time              : 0
   Configured IKE version : Version one
   Service-scheme name        : schemetest
   PKI realm                  : NULL
   Inband OCSP                : Disable
   Resource ACL number        : 3000
------------------------
```

3. 没有正确配置 NAT 穿越

这是专门针对 IPSec 设备的公网侧前面连接有 NAT 设备的情形而分析的。此时出现故障的原因有以下几个方面。

- 两端 IPSec 设备上没有同时启用 NAT 穿越功能。

华为 AR G3 系列路由器缺省是没有启用 NAT 穿越功能的。如果两端 IPSec 设备之间存在 NAT 设备，则必须在两端（不能只在一端配置）IPSec 设备通过 **nat traversal** 命令启用 NAT 穿越功能。

- IPSec 安全提议的安全协议没有选择 ESP。

要实现 NAT 穿越，在 IPSec 安全提议时的安全协议必须选择 ESP 协议，而不能是 AH 协议。

- 对等体类型配置不正确。

当 IKE 对等体中引用的 IKE 安全提议使用的是预共享密钥或数字证书认证方法时，NAT 穿越只支持 Name 类型的协商，即本端只能通过 **local-id-type name** 命令配置本端 ID 类型为 name，对端只能通过 **peer-id-type name** 命令配置对端 ID 类型为 name。

- 防火墙阻止了 UDP 500 的通信。

在 IPSec NAT 穿越中，需要在 ESP 报文中新增一个 UDP 协议头，其中源端口和目的 UDP 端口均为 500，故如果在两端 IPSec 设备间启用了防火墙功能，则需要这些防火墙设备允许 UDP 500 通过。但两端主机可不用配置，因为新增的 UDP 头在到达对端 IPSec 设备时会自动去掉。

3.3.2 第二阶段 IPSec SA 建立不成功的故障排除

与前面介绍的第一阶段 IKE SA 建立不成功的原因相对应，如果在执行了 **display ike sa** 命令后发现有第一阶段的 IKE SA 信息，但没见到第二阶段的 IPSec SA 信息，则要检查负责第二阶段 IPSec SA 建立的 IPSec 安全提议、安全策略、用于定义需要保护的数据流的 ACL，以及安全策略应用这四个方面，可按以下思路来排查。

1. 两端的 IPSec 安全提议没创建，或者配置不一致

必须手工创建一个 IPSec 安全提议，因为缺省情况下，系统没有配置 IPSec 安全提议，但里面的参数可以不配置，因为它们都有缺省取值。可在两端的 IPSec 设备上执行 **display ipsec proposal** 命令，查看有没有创建 IPSec 安全提议，如果都有创建，还要看两端所创建的安全提议中的参数配置是否完全一致。以下是执行 **display ipsec proposal** 命令后的输出，当然，不同配置，其中的参数值可能不一样。

```
<Huawei> display ipsec proposal

Number of proposals: 1

IPsec proposal name: jiang
  Encapsulation mode: Tunnel
  Transform          : esp-new
  ESP protocol       : Authentication SHA1-HMAC-96
                       Encryption     DES
```

2. 安全策略配置不符合要求

在 ISAKMP 方式建立 IPSec 隧道的情形下，因为安全策略的配置不正确而导致 IPSec SA 建立不成功的主要原因可能有以下几个方面。

- 创建的安全策略类型不正确，要执行 **ipsec policy** *policy-name seq-number* **isakmp** 命令创建。
- 没有正确引用用于定义需要保护的数据流的 ACL，或者没有正确引用对应的 IPSec 安全提议、对等体。
- 当安全策略实际绑定的接口 IP 地址不固定或无法预知时，没有执行 **tunnel local** *ip-address* 命令指定设备上的其他接口（如 LoopBack 接口）IP 地址为 IPSec 隧道的本端 IP 地址，或者没有执行 **tunnel local binding-interface** 命令指定该接口的 IP 地址为 IPSec 隧道本端 IP 地址。
- 当安全策略实际绑定的接口配置了多个 IP 地址时，没有执行 **tunnel local** *ip-*

address 命令指定其中一个 IP 地址为 IPSec 隧道的本端 IP 地址，或者没有执行 **tunnel local binding-interface** 命令指定该接口的主地址为本端地址。

- PFS 功能配置不一致，因为在 ISAKMP 方式中，本端和对端的 PFS 功能要么同时不启用，要么配置完全一致（如果是 IKEv2 版本，则两端的 DH 配置可以不一样），否则 IPSec SA 协商会失败。

可在两端 IPSec 设备上执行 **display ipsec policy** 命令查看各自的安全策略配置，看是否符合上述要求。以下是一个执行该命令的示例。

```
[Huawei] display ipsec policy name policy1
===========================================
 IPSec policy group: "policy1"
 Shared interface: LoopBack0
 Using interface: GigabitEthernet0/0/1
                  GigabitEthernet0/0/2
                  GigabitEthernet0/0/3
                  GigabitEthernet0/0/4
===========================================
    Sequence number: 10
    Security data flow: 3000
    Peer name      :  rut2
    Perfect forward secrecy: None
    Proposal name:   prop1
    IPSec SA local duration(time based): 3600 seconds
    IPSec SA local duration(traffic based): 1843200 kilobytes
    Anti-replay window size        : 32
    SA trigger mode: Automatic
    Route inject: None
    Qos pre-classify: Enable
```

3. 两端定义的需要保护的数据流的不匹配

此方面参见第 2 章 2.5.1 节对应内容。

另外，在 IKE 动态协商方式中还支持 NAT 穿越，此时如果出现两端私网不通还可能是因为定义需要 IPSec 保护的数据流存在错误，或者其与 NAT 定义的数据流重叠（可以使用 **display acl all** 命令查看 ACL 的匹配情况）。如果和 NAT 定义的数据流存在重叠，则可以通过以下方式之一进行处理。

- NAT 引用的 ACL 规则 deny 目的 IP 地址是 IPSec 引用的 ACL 规则中的目的 IP 地址，避免把 IPSec 保护的数据流进行 NAT 转换。
- IPSec 引用的 ACL 规则需要匹配经过 NAT 转换后的 IP 地址。

说明

在 NAT 中重新配置 deny 规则后，建议先执行 **reset session all** 或 **reset nat session all** 命令，让流表重新建立，避免错误 NAT 表项残留。

4. 安全策略应用的接口错误，或者接口有问题

此方面参见第 2 章 2.5.1 节对应内容。

说明

如果采用的是策略模板方式建立 IPSec 隧道，则在安全策略中所引用的策略模板名称不能与安全策略名称相同，否则 IPSec SA 也不能成功建立。

第4章 基于Tunnel接口和Efficient VPN策略的IPSec VPN配置与管理

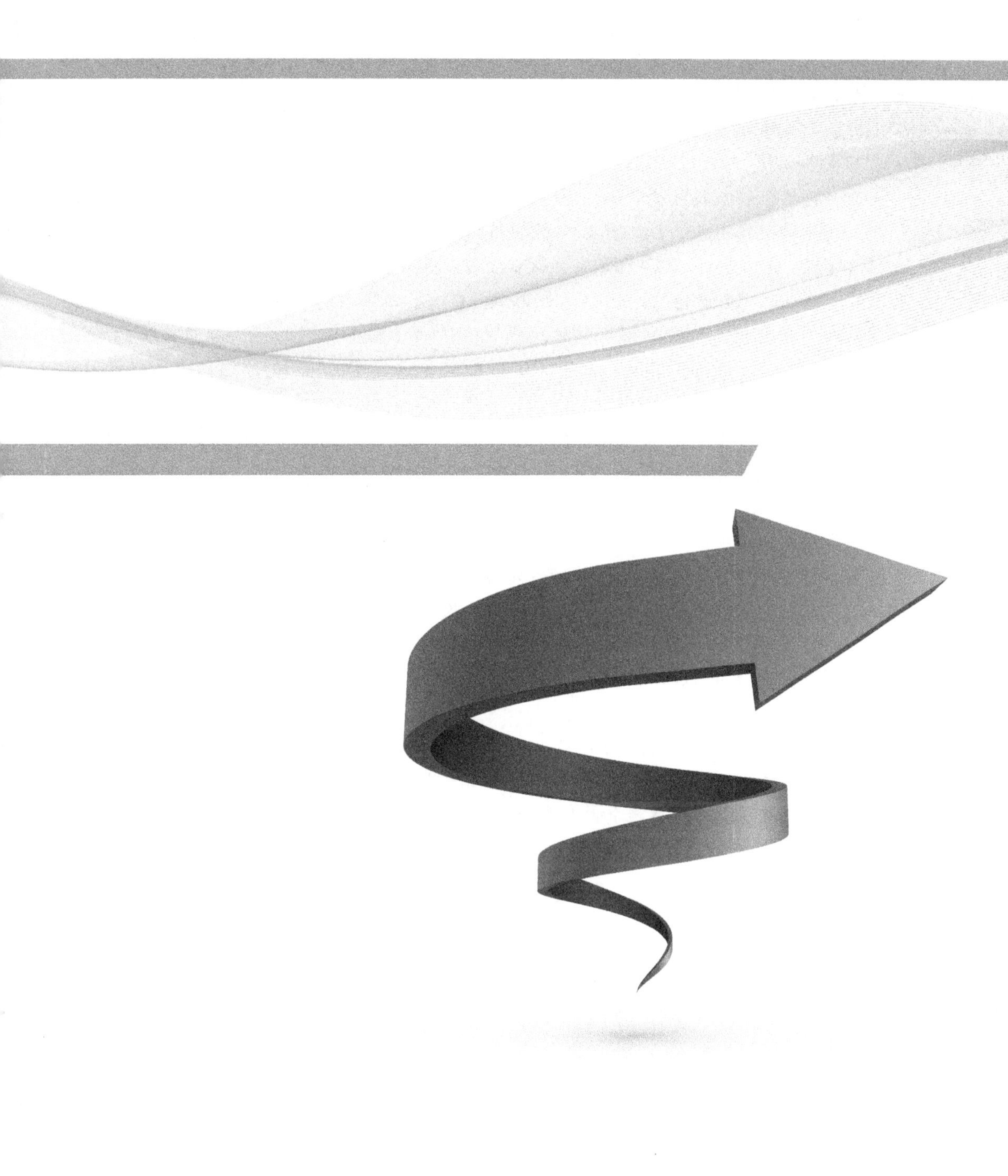

本章专门基于 Tunnel 接口方式和基于 Efficient VPN 策略建立 IPSec 隧道的具体配置与管理方法。在这两种部署方案中，都要用到本书第 3 章中介绍的 IKE 协议，都是通过 IKE 协议动态协商方式建立 IPSec 隧道的，但这两种部署方案在配置上与纯 IKE 动态协商方式有较大区别。

在基于隧道接口方式建立 IPSec 隧道中，与纯 IKE 动态协商方式相比的主要别体现在以下几个方面。

（1）需要保护数据流的定义方面

以创建的虚拟 IPSec Tunnel 接口或隧道模板接口作为到达对端子网的数据流转发路由的出接口，无需通过 ACL 来定义，所有经过 IPSec Tunnel 接口或隧道模板接口转发的数据流都将通过 IPSec 传输，简化了数据流的定义。

另外，在 IPSec Tunnel 接口或隧道模板接口上配置源 IP 地址或源接口、目的 IP 地址等参数。支持子网路由信息的相互推送，使双方通过接收对端的推送消息自动学习对端子网的路由信息。

（2）只能采用安全框架方式配置安全策略，而且一个 IPSec Tunnel 接口只能建立一条 IPSec 隧道，一个 IPSec Tunnel 接口也只能应用一个安全框架。

（3）在 IPSecTunnel 接口应用安全框架，而不是在公网物理或其他逻辑接口上应用安全策略组。

采用 Efficient VPN 策略最大的好处是可以使分支的配置极大简化，主要的 IPSec 安全参数都只需在总部上配置。至于需要保护的数据流定义方面，也可通过 AAA 业务方案推送的方式来使对端学习（分支上有多种不同的运行模式，不同的运行模式所需进行的配置不完全一样），极大地满足了采用动态 Internet 接入方式的分支用户与企业总部建立 IPSec 隧道。

本章将具体介绍基于 Tunnel 接口方式和基于 Efficient VPN 策略建立 IPSec 隧道两种方案的配置方法。同时还将介绍多个在不同场景下的应用配置案例，以加深大家对这两种 IPSec 方案的基本工作原理和具体配置方法的理解。

4.1 配置采用虚拟 Tunnel 接口方式建立 IPSec 隧道

IPSec 虚拟 Tunnel 接口是一种三层逻辑接口，包括 GRE、mGRE 和 IPSec 三种方式。它是通过路由，而不是 ACL 来确定对哪些数据流进行 IPSec 保护，即所有路由到 IPSec 虚拟 Tunnel 接口的报文都将进行 IPSec 保护。简化了 IPSec 隧道参数的配置，而且支持范围更广，如支持动态路由协议和组播流量。

本书第 2 章介绍到，基于虚拟 Tunnel 接口来定义需要保护的数据流，首先在两端的 IPSec 设备创建一个虚拟的 Tunnel 接口，然后通过配置以该 Tunnel 接口为出接口的静态路由（也可是动态路由），以限定到达哪个目的子网的数据流可以通过 IPSec 隧道进行传输。但在采用虚拟 Tunnel 接口方式建立 IPSec 隧道之前，也需要先完成以下任务：

- 实现实际的隧道源/目的物理接口之间的公网路由可达；
- 确定需要 IPSec 保护的数据流，并将数据流引到虚拟 Tunnel 接口；

- 确定数据流被保护的强度，即确定使用的 IPSec 安全提议的参数。

下面先介绍基于虚拟 Tunnel 接口方式建立 IPSec 隧道时所包括的配置任务。

4.1.1　配置任务

采用虚拟 Tunnel 接口方式建立 IPSec 隧道方案的配置任务其实与第 3 章介绍的基于 ACL 的 IKE 动态协商方式建立 IPSec 隧道的配置任务大同小异，因为它们都要依靠 IKE 协议在两端协商建立 IKE SA 和 IPSec SA。主要不同体现在两方面：一是需要保护数据的定义方面，采用虚拟 Tunnel 接口方式建立 IPSec 隧道方案是通过配置以 Tunnel 接口作为出接口的路由来指定，而不是通过 ACL 来过滤；二是这里配置的是安全框架，而不是安全策略，尽管两者在许多方面是相同或相似的。

以下是采用虚拟 Tunnel 接口方式建立 IPSec 隧道方案所涉及的配置任务。

1. 创建 IPSec 安全提议。

IPSec 安全提议指定了 IPSec 使用的安全协议（AH 或 ESP）、认证/加密算法以及数据的封装模式。**但在采用虚拟 Tunnel 接口方式建立 IPSec 隧道方案中仅支持隧道模式**，其他参数的配置方法与基于 ACL 方式的配置方法完全一样，具体配置方法参见本书第 2 章 2.4.3 节，两端的配置必须一样。

2. 配置安全框架。

其实“安全框架”总体上可以看成是安全策略，与安全策略相比有以下不同。

（1）标识不同

安全框架仅由名称唯一标识，一个安全框架对应一组安全参数，仅能唯一匹配；安全策略是由名称和序号共同标识的，可以形成一个同名称、不同序号的多组安全策略，即安全策略组，可以按优先级大小依次匹配。

（2）配置方式不同

安全框架只能通过 IKE 协商方式配置，**不支持手工方式**，而安全策略同时支持手工方式和 IKE 协商方式配置。

（3）数据流定义方式不同

安全框架不支持通过 ACL 来定义需要保护的数据流，仅支持通过 Tunnel 接口转发来定义需要保护的数据流。

（4）可建立的隧道数不一样

在一个 IPSec 虚拟 Tunnel 接口下应用安全框架后只会建立一条 IPSec 隧道，并对所有路由进入该 Tunnel 接口的数据流进行 IPSec 保护。虽然简化了安全策略管理的复杂度，但也使得这种方案缺乏灵活性，不能针对特定类型（如不同源/目的 IP 地址、不同上层协议类型等）的数据流采用不同的保护方案。如果要连接多个对等体的话，需要创建新的虚拟 Tunnel 接口重新配置。而将安全策略组应用到公网物理接口时，可在该接口下建立多条 IPSec 隧道，当有用户流量经该接口转发时，IPSec 会根据各安全策略来为每一条隧道中传输的数据进行筛选。

在安全框架配置中也可配置一些可选扩展功能，如报文信息预提取功能、对 IPSec 解封装报文进行 ACL 检查功能、报文分片功能、安全联盟生存周期、抗重放功能等，其实这些可选扩展功能的配置方法与本书第 2 章的 2.5.5 节介绍的对应功能的配置方法基本一样，只不过这里要在安全框架视图下配置，而不是在安全策略视图下配置。

3.（可选）定义 IKE 安全提议

这是一项可选配置任务，其配置方法与基于 ACL 方式 IKE 协商建立 IPSec 隧道情形下的 IKE 安全提议的配置方法是一样的，具体配置方法参见第 3 章 3.1.2 节。通常可直接采用缺省参数配置，甚至连 IKE 安全提议也不用新建，因为系统有一个缺省的 IKE 安全提议。

4. 配置 IKE 对等体

这项配置任务的配置方法与基于 ACL 方式 IKE 协商建立 IPSec 隧道情形下的 IKE 对等体的配置方法基本一样的，**但是安全框架引用的 IKE 对等体不需要指定本端地址（local-address）和对端地址（remote-address）**，因为安全框架进行 IKE 协商时，选用的本端地址和对端地址分别是通过 IPSec 虚拟 Tunnel 接口的源 IP 地址和目的 IP 地址指定的。其他参数的配置方法参见第 3 章 3.1.3 节。

5. 配置 IPSec 虚拟 Tunnel 接口

IPSec 虚拟 Tunnel 接口就是采用 IPSec 对报文进行封装的 Tunnel 接口，需要配置它自身的 IP 地址，以启用它的三层特性，封装模式、源 IP 地址和目的 IP 地址。源 IP 地址是通过虚拟 Tunnel 接口转发数据包时作为 IP 报头中的源 IP 地址，是真正用于数据包转发的物理接口的公网 IP 地址；目的 IP 地址是通过虚拟 Tunnel 接口转发数据包时作为 IP 报头中的目的 IP 地址，是隧道对端设备的公网 IP 地址。

6. 基于虚拟 Tunnel 接口转发的路由，以定义需要 IPSec 保护的数据流

前面已介绍到，基于虚拟 Tunnel 接口方式建立 IPSec 隧道的方案中是不需要通过 ACL 来定义需要保护的数据流，但是仅创建了一个虚拟 Tunnel 接口那如何确定哪些数据流要进入 IPSec 隧道转发呢？所以我们还得通过其他方法来把需要进入 IPSec 隧道的数据引到通过虚拟 Tunnel 接口来转发，即以虚拟 Tunnel 接口作为指定目的 IP 网段数据流转发的出接口来配置路由。

下面仅就以上第 1、第 5 和第 6 项任务的具体配置方法进行介绍。

4.1.2 配置安全框架

安全框架定义了对数据流的保护方法（类似安全策略的作用，配置方法也基本一样），如使用的 IPSec 安全提议、用于自动协商 SA 所需要的 IKE 协商参数、SA 的生存周期以及 PFS 特性，具体配置步骤如表 4-1 所示。

说明

因为安全框架仅以名称标识，一个安全框架下只能配置一套安全参数，所以为了确保两端能 IKE 协商成功，安全框架中所有配置的参数必须本端和对端相匹配。IPSec 的保护方法在安全框架中引用后应用在虚拟 Tunnel 接口上，以采用虚拟 Tunnel 接口方式建立 IPSec 隧道。

表 4-1 配置安全框架的步骤

步骤	命令	说明
1	**system-view** 例如：<Huawei> **system-view**	进入系统视图

（续表）

步骤	命令	说明
2	**ipsec profile** *profile-name* 例如：[Huawei] **ipsec profile** profile1	创建安全框架，并进入安全框架视图。参数 *profile-name* 用来指定安全框架名称，字符串格式，长度范围是 1～12，区分大小写，字符串中不能包含“？”和空格。**一个安全框架只能应用在一个 Tunnel 接口上** 然后需要在安全框架视图下配置安全框架的各项协商参数，并执行命令 **ipsec profile**（Tunnel 接口视图）在接口上应用安全框架 缺省情况下，系统没有安全框架存在，可用 **undo ipsec profile** *profile-name* 删除指定的安全框架
3	**proposal** *proposal-name* 例如：[Huawei-ipsec-profile-profile1] **proposal** prop1	在安全框架中引用已配置的 IPSec 安全提议。**所引用的 IPSec 安全提议的封装模式只能是隧道模式，这需要在 IPSec 安全提议中指定** 缺省情况下，安全框架没有引用 IPSec 安全提议，可用 **undo proposal** [*proposal-name*]命令删除已引用的所有或指定的 IPSec 安全提议
4	**ike-peer** *peer-name* 例如：[Huawei-ipsec-profile-profile1] **ike-peer** mypeer	在安全框架中引用已配置的 IKE 对等体 【注意】安全框架引用的 IKE 对等体不需要指定本端地址（local-address）和对端地址（remote-address），因为安全框架进行 IKE 协商时，选用的本端地址和对端地址分别是通过 IPSec 隧道源 IP 地址和目的 IP 地址指定的，安全框架所引用的 IKE 对等体中的 **local-address** 和 **remote-address** 命令配置不生效 缺省情况下，安全框架没有引用 IKE 对等体，可用 **undo ike-peer** 命令删除引用的 IKE 对等体
5	**match ike-identity** *identity-name* 例如：[Huawei-ipsec-profile-profile1] **match ike-identity** identity1	（可选）引用身份过滤集。参数 *dentity-name* 用于指定身份过滤集名称，必须是一个已通过 **ike identity** *identity-name* 命令创建的身份过滤集。在一个身份过滤集中包括 IKE 协商时的本端名称，DN，IP 地址等，指定符合条件的发起方接入，避免其他非法方与设备建立 IPSec 隧道，提高了安全性
6	**pfs { dh-group1 | dh-group2 | dh-group5 | dh-group14 | dh-group19 | dh-group20 | dh-group21}** 例如：[Huawei-ipsec-profile-profile1] **pfs dh-group1**	（可选）配置本端发起协商时使用的 PFS 特性。该命令用于本端发起协商时，在 IKEv1 阶段 2 或 IKEv2 创建子 SA 交换的协商中进行一次附加的 DH 交换，生成新的 IPSec SA，以保证 IPSec SA 密钥的安全，以提高通信的安全性。命令中的选项说明如下： • **dh-group1**：多选一选项，指定使用 768-bit Diffie-Hellman 组 • **dh-group2**：多选一选项，指定使用 1024-bit Diffie-Hellman 组 • **dh-group5**：多选一选项，指定使用 1536-bit 的 Diffie-Hellman 组 • **dh-group14**：多选一选项，指定使用 2014-bit 的 Diffie-Hellman 组 • **dh-group19**：多选一选项，指定使用 256-bit 的 ECP Diffie-Hellman 组，**仅 V200R006 及以后版本支持** • **dh-group20**：多选一选项，指定使用 384-bit 的 ECP Diffie-Hellman 组，**仅 V200R006 及以后版本支持** • **dh-group21**：多选一选项，指定使用 512-bit 的 ECP Diffie-Hellman 组，**仅 V200R006 及以后版本支持**

（续表）

步骤	命令	说明
6	**pfs { dh-group1 | dh-group2 | dh-group5 | dh-group14 | dh-group19 | dh-group20 | dh-group21}** 例如：[Huawei-ipsec-profile-profile1] **pfs dh-group1**	【注意】如果本端指定了 PFS，对端在发起协商时必须是 PFS 交换，且本端和对端指定的 DH 组必须一致，否则协商会失败 缺省情况下，本端发起协商时没有使用 PFS 特性，可用 **undo pfs** 命令配置 IPSec 隧道本端在协商时不使用 PFS 特性

4.1.3 配置可选扩展功能

本节所介绍的扩展功能配置任务均是可选的，具体要根据你所配置方案的实际需要选择配置。在采用虚拟 Tunnel 接口方式建立 IPSec 隧道的应用中，可选配置的扩展主要包括以下这几个方面。

- 配置原始报文信息预提取功能
- 配置对 IPSec 解封装报文进行 ACL 检查
- 配置报文分片功能，参见 2.4.5 节的表 2-7
- 配置安全联盟生存周期
- 配置抗重放功能

因为这些可选功能的具体说明在本书第 2 章的 2.4.5 节或第 3 章的 3.1.5 节有详细介绍，在此就不再赘述，仅具体介绍它们在采用虚拟 Tunnel 接口方式建立 IPSec 隧道应用中的配置方法。

1. 配置原始报文信息预提取功能

当在接口上同时应用了 IPSec 安全策略与 QoS 策略时，QoS 默认使用被封装报文的外层报文头部信息来对报文进行分类。如果希望 QoS 基于被封装报文的原始报文头部信息对报文进行分类，则需要配置原始报文信息预提取功能来实现。

在基于 Tunnel 接口方式建立 IPSec 隧道方案中，原始报文信息预提取功能既可在安全框中启用，也可在 Tunnel 接口下启用，具体方法如表 4-2 所示。

表 4-2 原始报文信息预提取功能的配置步骤

步骤	命令	说明
1	**system-view** 例如：<Huawei> **system-view**	进入系统视图
2	**ipsec profile** *profile-name* 例如：[Huawei] **ipsec profile** profile1	（二选一）进入安全框架视图，在安全框中配置原始报文信息进行预提取功能，可适用于所有应用本安全框架的 Tunnel 接口
	interface tunnel *interface-number* 例如：[Huawei] **interface tunnel** 0/0/1	（二选一）进入 Tunnel 接口视图，在 Tunnel 接口下配置原始报文信息进行预提取功能，仅适用于本 Tunnel 接口
3	**qos pre-classify** 例如：[Huawei-ipsec-profile-profile1] **ike-peer** mypeer	（二选一）配置对原始报文信息进行预提取。 缺省情况下，系统没有配置对原始报文信息的预提取，可用 **undo qos pre-classify** 命令取消对原始报文信息的预提取

（续表）

步骤	命令	说明
3	**qos group** *qos-group-value* 例如：[Huawei-ipsec-profile-profile1] **qos group** 10	（二选一）配置 IPSec 报文所属的 QoS 组。参数 *qos-group-value* 用来指定 QoS 组的序号，整数形式，取值范围是 1～99。可通过 **remark qos-group** *qos-group-value* 重标记报文所属的 QoS 组。 缺省情况下，系统没有配置 IPSec 报文所属的 QoS 组，可用 **undo qos group** 命令用来删除 IPSec 报文所属的 QoS 组

2. 配置对 IPSec 解封装报文进行 ACL 检查

在 IPSec 虚拟 Tunnel 接口下应用安全框架后只会生成一条 IPSec 隧道，并对所有路由到该 Tunnel 接口的数据流进行 IPSec 保护，IPSec 设备会根据 Tunnel 接口的封装模式自动生成一条 ACL。

- 当 Tunnel 接口的封装模式设置为 IPSec 时，生成的 ACL 的源 IP 地址和目的 IP 地址均为 any，表示对到该 Tunnel 接口的所有数据流进行保护。
- Tunnel 接口的封装模式设置为 GRE 时，生成 ACL 的源 IP 地址和目的 IP 地址分别为隧道源 IP 地址和目的 IP 地址。

SA 入方向的IPSec报文在解封装之后有可能内部IP报头不在当前安全策略配置的ACL保护范围内，如网络中恶意构造的攻击报文头可能不在此范围。所以设备重新检查报文内部 IP 头是否在 ACL 保护范围内，解封装后的报文若能与 ACL 的 permit 规则匹配上则采取后续处理，否则丢弃。该功能可以保证 ACL 检查不通过的报文被丢弃，提高了网络安全性。

在采用虚拟 Tunnel 接口方式建立 IPSec 隧道的方案中，配置对 IPSec 解封装报文进行 ACL 检查的方法很简单，只需在系统视图下执行 **ipsec decrypt check** 命令即可。缺省情况下，在 V200R006 版本以前系统是未使能的，而在 V200R006 版本后是使能的，可用 **undo ipsec decrypt check** 命令取消对 IPSec 解封装报文进行 ACL 检查。

一般情况下不要关闭 IPSe 的 ACL 检查功能，否则系统允许未加密的报文通过，此时无法防范内部攻击者。

3. 配置安全联盟生存周期

SA 生存周期既可以基于全局配置，也可以基于安全框架配置。如果没有单独为某安全框架设置 SA 生存周期，则采用设定的全局生存周期。如果同时配置了基于全局和基于安全框架的 SA 生存周期，则基于安全框架的 SA 生存周期生效。具体配置步骤如表 4-3 所示。

表 4-3　配置安全联盟生存周期的步骤

步骤	命令	说明
1	**system-view** 例如：<Huawei> **system-view**	进入系统视图
在系统视图下配置 SA 的生存周期		
2	**ipsec sa global-duration** { **time-based** *interval* | **traffic-based** *size* } 例如：[Huawei] **ipsec sa global-duration traffic-based** 10240	（可选）设置全局 SA 生存周期。命令中的参数说明如下： ● **time-based** *interval*：指定以时间为基准的 SA 全局生存周期，是从 SA 建立开始到此 SA 协商存活的时间，整数形式，取值范围是 100～604800，单位是秒

（续表）

步骤	命令	说明
2	**ipsec sa global-duration** { **time-based** *interval* | **traffic-based** *size* } 例如：[Huawei] **ipsec sa global-duration traffic-based** 10240	• **traffic-based** *size*：指定以所传输的流量为基准的 SA 全局生存周期，是此 SA 允许处理的最大流量，整数形式，取值范围是 0，2560～4194303，单位是千字节 缺省情况下，以时间为基准的全局 SA 生存周期为 3600s，以流量为基准的全局 SA 生存周期为 1843200 千字节（1800 兆），可用 **undo ipsec sa global-duration { time-based | traffic-based }**命令恢复全局 SA 生存周期为缺省值
在安全框架下配置 SA 的生存周期		
2	**ipsec profile** *profile-name* 例如：[Huawei] **ipsec profile** profile1	进入安全框架视图
3	**sa duration** { **traffic-based** *size* | **time-based** *interval* } 例如：[Huawei-ipsec-profile-profile1] **sa duration time-based** 7200	（可选）配置安全框架下 SA 生存周期，优先级高于在系统视图下的全局配置。参数说明参见本表前面说明 缺省情况下，没有设置 IPSec 策略下 SA 的生存周期，系统采用当前全局 SA 的生存周期，可用 **undo sa duration { traffic-based | time-based }**命令取消配置 IPSec 策略下 SA 的生存周期

4. 配置抗重放功能

抗重放功能的具体说明参见本书第 3 章 3.1.5 节中的第 5 点说明。在采用虚拟 Tunnel 接口方式建立 IPSec 隧道的应用中，抗重放功能也既可在系统视图下配置，又可在安全框架视图下配置。如果安全框架视图中配置了，以安全框架视图的取值为准，否则以系统视图中的配置为准，具体配置方法如表 4-4 所示。

表 4-4 配置抗重放功能的步骤

步骤	命令	说明
1	**system-view** 例如：<Huawei> **system-view**	进入系统视图
2	**ipsec anti-replay { enable | disable }** 例如：[Huawei] **ipsec anti-replay enable**	配置抗重放功能。命令中的选项说明如下: • **enable**：二选一选项，使能抗重放功能 • **disable**：二选一选项，去使能抗重放功能 缺省情况下，系统已使能抗重放功能
在系统视图下配置抗重放功能		
3	**ipsec anti-replay window** *window-size* 例如：[Huawei] **ipsec anti-replay window** 128	指定 IPSec 抗重放窗口的大小，可取值为 32、64、128、256、512、1024，单位为 bit。安全框架视图中没有配置该命令时，抗重放窗口的大小取系统视图中的值 缺省情况下，IPSec 抗重放窗口的大小是 32 位，可用 **undo ipsec anti-replay window** 命令恢复为缺省值
在安全框架下配置抗重放功能		
3	**ipsec profile** *profile-name* 例如：[Huawei] **ipsec profile** profile1	进入安全框架视图
4	**ipsec anti-replay window** *window-size* 例如：[Huawei-ipsec-profile-profile1] **ipsec anti-replay window** 128	指定 IPSec 抗重放窗口的大小。如果安全框架视图中配置了该命令，以安全框架视图的取值为准。其他说明参见本表前面说明

4.1.4　配置 IPSec 虚拟隧道/隧道模板接口

IPSec 虚拟 Tunnel 接口是采用 IPSec 对报文进行封装的 Tunnel 接口，IPSec 的 Tunnel 接口的 IP 地址可以手工配置，也可以通过 IKEv2 协商动态申请，后者在大规模分支接入总部的场景中，可减少分支设备的配置和维护工作量。

IPSec 虚拟 Tunnel 接口有两种配置方法，（1）直接创建并配置 IPSec Tunnel 接口，同时适用于 IKEv1 和 IKEv2 两种版本，具体配置步骤如表 4-5 所示。（2）采用虚拟隧道模板接口配置方式，此时每增加一个分支网关接入，总部网关会动态生成一个虚拟 Tunnel 接口，此时所有该模板下的 Tunnel 接口都采用相同配置。但虚拟隧道模板接口配置仅 IKEv2 版本支持，具体的配置步骤如表 4-6 所示。

说明

配置了虚拟隧道模板接口后本端就不能发起 IKE 协商，只能作为协商响应方接受对端的协商请求，一般用于总部网关配置。

表 4-5　配置 IPSec 虚拟 Tunnel 接口的步骤

步骤	命令	说明
1	**system-view** 例如：<Huawei> **system-view**	进入系统视图
2	**interface tunnel** *interface-number* 例如：[Huawei] **interface tunnel** 0/0/1	进入 Tunnel 接口视图，参数说明参见本章表 4-2 第 2 步 Tunnel 接口编号只具有本地意义，隧道两端配置的 Tunnel 接口编号可以不同
3	**tunnel-protocol { gre [p2mp] | ipsec }** 例如：[Huawei-Tunnel0/0/1] **tunnel-protocol ipsec**	配置 Tunnel 接口的封装模式。命令中的选项说明如下： • **ipsec**：二选一选项，配置 Tunnel 接口的隧道协议为 IPSec，通过 Tunnel 接口建立 IPSec 隧道，保证在 Internet 上传输单播数据的安全保密性。**在单独的 IPSec VPN 应用中，必须选择此项** • **gre**：二选一选项，配置 Tunnel 接口的隧道协议为 GRE，通过 Tunnel 接口实现 GRE over IPSec 功能，除了可以传输单播数据，还可以传输组播数据。先对数据进行 GRE 封装，再对 GRE 封装后的报文进行 IPSec 加密，完成对数据安全可靠的传输，参见本书第 6 章 • **p2mp**：可选项，配置 Tunnel 接口的隧道协议是 mGRE，通过 Tunnel 接口实现 DSVPN 功能，参见本书第 7 章 【注意】必须先指定隧道协议后才能进行隧道的源地址及其他参数的配置，修改隧道封装模式会删除该隧道下已配置的相关参数。Tunnel 接口的封装模式根据实际需要设置为 IPSec、GRE 或者 mGRE 方式，才能在 Tunnel 口下绑定 IPSec 安全框架
4	**ip address** *ip-address* { *mask* | *mask-length* } **[sub]** 例如：[Huawei-Tunnel0/0/1] **ip address** 202.38.160.1 255.255.255.0	（二选一）配置 Tunnel 接口的 IPv4 私网地址，**通常是私网 IP 地址**，但它并不是作为经过重封装后数据包的源 IP 地址（重封装后数据包的源 IP 地址是本表第 5 步指定的源 IP 地址）

（续表）

步骤	命令	说明
4	**ip address ike-negotiated** 例如：[Huawei-Tunnel0/0/1] **ip address ike-negotiated**	（二选一）配置通过 IKEv2 协商为 Tunnel 接口申请 IPv4 地址，**仅针对 IPSec 类型的 Tunnel 接口，且 V200R006 及以后版本 VRP 系统的 IKEv2 支持**
5	**source** { [**vpn-instance** *vpn-instance-name*] *source-ip-address* | *interface-type interface-number* } 例如：[Huawei-Tunnel0/0/1] **source** loopback 0	配置 Tunnel 接口的源 IP 地址或源接口。在 IPSec 应用中，Tunnel 接口的源 IP 地址以及下一步将要配置的目的 IP 地址其实也就是 IPSec 隧道两端公网侧接口（既可以是物理接口，也可以是 VT 逻辑接口）的 IP 地址 创建 Tunnel 接口后，需要运行此命令为 Tunnel 接口配置源 IP 地址，此地址将作为 IKE 协商时本端身份的标识。指定的 Tunnel 接口源地址是封装的报文实际出口 IP 地址。命令中的参数说明如下： • *vpn-instance-name*：可选参数，指定 Tunnel 接口所属的 VPN 实例 • *source-ip-address*：二选一参数，指定隧道源 IP 地址 • *interface-type interface-number*：二选一参数，指定隧道源接口类型和接口编号 【注意】如果 Tunnel 接口的源地址为某接口动态获取的 IP 地址，建议配置 **source** 命令时指定为源接口，避免当该地址变化时影响 IPSec 配置恢复 缺省情况下，系统不指定隧道的源 IP 地址或源接口，可用 **undo source** 命令删除配置的 Tunnel 源 IP 地址或源接口
6	**destination** *dest-ip-address* 例如：[Huawei-Tunnel0/0/1] **destination** 192.1.1.1	（可选）配置 Tunnel 接口的目的 IP 地址，即对端 IPSec 设备的公网侧接口（既可以是物理接口，也可以是 VT 逻辑接口）IP 地址 【注意】当 IPSec 虚拟 Tunnel 接口的目的 IP 地址未配置的时候，本端不能作为发起方主动发起 IKE 协商，只能被动接受对端发起的协商 如果 Tunnel 接口的封装模式设置为 IPSec 方式，则只需要一端配置目的 IP 地址即可；如果 Tunnel 接口的封装模式设置为 GRE 方式，则两端都需要配置目的 IP 地址 配置完成后，修改 Tunnel 接口下的 **source** 或 **destination** 配置会导致应用安全框架的配置被清除，如果需要，重新应用安全框架。系统中不能同时配置两条相同的封装模式，源 IP 地址和目的 IP 地址的 Tunnel 接口 缺省情况下，没有配置 Tunnel 接口的目的 IP 地址，可用 **undo destination** 命令删除 Tunnel 接口的目的 IP 地址
7	**tunnel pathmtu enable** 例如：[Huawei-Tunnel0/0/1] **tunnel pathmtu enable**	（可选）使能 IPSec 隧道的路径 MTU 值学习功能。该命令只支持 Tunnel 接口的封装模式设置为 IPSec 或 GRE 模式，并且只对配置了 **destination** 命令的 Tunnel 接口有效，且**仅 V200R006 及以后的版本 VRP 系统支持** 【说明】正常情况下，IPSec 隧道建立成功后，本端向对端发送的 IPSec 报文超过 IPSec 隧道中间路径 MTU 值时，IPSec 报文被丢弃，同时本端将接收到 ICMP 不可达消息。通过本命令配置，使设备利用 ICMP 不可达消息中包含的下一跳网络的 MTU 值和对应 SA 的 SPI 值学习路径 MTU 值，自动调整接口的 MTU 值为适合值，以使 IPSec 报文被正常转发

（续表）

步骤	命令	说明
7	**tunnel pathmtu enable** 例如：[Huawei-Tunnel0/0/1] **tunnel pathmtu enable**	但如果网络中存在防火墙设备，防火墙会阻断 ICMP 报文，该功能不生效。如果设备使能了 NAT 穿越功能，NAT 穿越改变了 IPSec 报文格式，无法正确识别对应 SA 的 SPI 值，该功能也不生效 缺省情况下，系统未使能 IPSec 隧道的路径 MTU 值学习功能，可用 **undo tunnel pathmtu enable** 命令去使能 IPSec 隧道的路径 MTU 值学习功能
8	**ipsec profile** *profile-name* 例如：[Huawei-Tunnel0/0/1] **ipsec profile** profile1	在 Tunnel 接口上应用安全框架，使其具有 IPSec 的保护功能 缺省情况下，Tunnel 接口上没有应用安全框架，可用 **undo ipsec profile** 命令在接口上取消应用的安全框架 【说明】一个 Tunnel 接口只能应用一个安全框架。一个安全框架也只能应用到一个 Tunnel 接口上。当取消应用在虚拟 Tunnel 接口上的安全框架后，虚拟 Tunnel 接口将不再具有 IPSec 的保护功能
9	**standby interface** *interface-type interface-number* [*priority*] 例如：[Huawei-Tunnel0/0/1] **standby interface** Tunnel0/0/2	（可选）配置主 Tunnel 接口的备份 Tunnel 接口，并配置其优先级。备份接口优先级为整数形式，取值范围是 0～255，值越大优先级越高，缺省值为 0。**仅 V200R006 及以后版本 VRP 系统支持** 一个主接口最多可以配置三个备份接口。一个备份接口同时只能为一个主接口提供备份。主接口不能配置为其他接口的备份接口，备份接口也不能配置成其他接口的主接口 【说明】为了提高网络的可靠性，总部提供两台及两台以上设备供分支网关接入。虚拟 Tunnel 接口方式建立 IPSec 隧道时，设备支持分支网关配置备份 Tunnel 接口并应用安全框架，实现虚拟 Tunnel 接口方式 IPSec 隧道的主备链路功能。同时，还需配置 heartbeat 或对等体存活检测机制，使得隧道故障时主备 Tunnel 能够快速发生切换 缺省情况下，系统无备份 Tunnel 接口，可用 **undo standby interface** *interface-type interface-number* 命令删除主接口上指定的备份 Tunnel 接口

表 4-6 配置 IPSec 虚拟隧道模板接口的步骤

步骤	命令	说明
1	**system-view** 例如：<Huawei> **system-view**	进入系统视图
2	**interface tunnel-template** *interface-number* 例如：[Huawei] **interface tunnel-template** 1	创建并进 Tunnel-Template 接口视图，Tunnel-Template 接口的编号为整数形式，取值范围是 0～63 缺省情况下，系统没有创建 Tunnel-Template 接口，可用 **undo interface tunnel-template** 命令删除 Tunnel-Template 接口
3	**ip address** *ip-address* { *mask* | *mask-length* } [sub] 例如：[Huawei-Tunnel-Template1] **ip address** 202.38.160.1 255.255.255.0	（二选一）配置 Tunnel-Template 接口的 IPv4 私网地址，**通常是私网 IP 地址**

（续表）

步骤	命令	说明
3	**ip address unnumbered interface** *interface-type interface-number* 例如：[Huawei-Tunnel-Template1] **ip address unnumbered interface** loopback0	（二选一）配置 Tunnel-Template 接口借用其他接口的 IP 地址
4	**tunnel-protocol ipsec** 例如：[Huawei-Tunnel-Template1] **tunnel-protocol ipsec**	配置 Tunnel-Template 接口的封装模式为 IPSec 方式
5	**source** { [**vpn-instance** *vpn-instance-name*] *source-ip-address* | *interface-type interface-number* } 例如：[Huawei-Tunnel-Template1] **source** 110.10.1.1	配置 Tunnel-Template 接口的源 IP 地址或源接口。其他说明参见表 4-5 中的第 5 步
6	**tunnel pathmtu enable** 例如：[Huawei-Tunnel-Template1] **tunnel pathmtu enable**	（可选）使能 IPSec 隧道的路径 MTU 值学习功能。其他说明参见表 4-5 中的第 7 步
7	**ipsec profile** *profile-name* 例如：[Huawei-Tunnel-Template1] **ipsec profile** profile1	在 Tunnel-Template 接口上应用安全框架，使其具有 IPSec 的保护功能。**此时在该模板下生成的所有 Tunnel 接口都应用了相同的安全框架，如果希望该模板下所生成的 Tunnel 接口应用不同的安全框架，则须在对应的 Tunnel 接口应用** 缺省情况下，Tunnel-Template 接口上没有应用安全框架，可用 **undo ipsec profile** 命令在接口上取消应用的安全框架 【说明】一个 Tunnel-Template 接口只能应用一个安全框架。一个安全框架也只能应用到一个 Tunnel-Template 接口上

4.1.5 配置基于虚拟 Tunnel 接口定义需要保护的数据流

要使两端 IPSec 设备连接的内部子网通信都能通过虚拟 Tunnel 接口进入到 IPSec 隧道进行转发，就必须为这些数据流指定通过虚拟 Tunnel 接口进入 IPSec 隧道的路由。因为 Tunnel 接口是点对点类型的接口，运行 PPP 链路层协议，所以以该接口为出接口的静态路由是可以不指定下一跳 IP 地址，仅指定出接口。

配置的方法很简单，只需在两端 IPSec 设备上执行 **ip route-static** *ip-address* { *mask* | *mask-length* } **tunnel** x/x/x 命令配置对应的静态路由即可（也可采用动态路由协议配置）。其中 *ip-address* { *mask* | *mask-length* }是指目的子网的网络地址和子网掩码（或子网掩码长度），而 x/x/x 是本地设备上封装了 IPSec 隧道协议的 Tunnel 接口编号。

说明

本节所介绍的配置方法不适用于采用虚拟隧道模板接口配置方式，此时要采用 4.1.6 节介绍的子网路由信息请求/推送功能来定义数据流。

4.1.6　配置子网路由信息的请求/推送/接收功能

本项配置任务是 4.1.5 节所介绍的数据流定义的可替代方案，主要用于**当企业总部采用虚拟隧道模板接口应用安全框架，而分支采用在 Tunnel 接口应用安全框架时**，通过子网信息的请求和推送功能让两端自动学习对端子网路由。

如图 4-1 所示，分支与总部采用虚拟 Tunnel 接口方式建立 IPSec 隧道，未配置子网路由信息的请求/推送/接收功能时，需要配置静态或动态路由将需要 IPSec 保护的数据流引到 Tunnel 接口上。如果对端网络发生变动，本端需要修改对应的路由配置使其 IPSec 保护不被中断；如果增加一个分支机构与总部建立 IPSec 隧道，总部网关需要增加去往对应分支的路由。

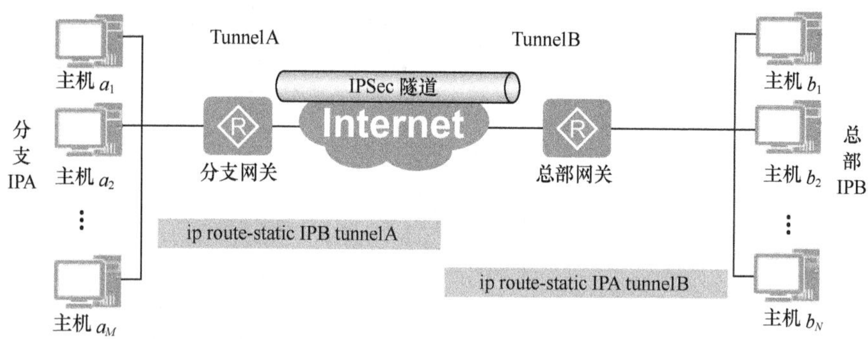

图 4-1　未配置子网路由信息的请求/推送/接收时的两端路由配置示例

如果一端采用了虚拟隧道模板接口（如图 4-2 所示），这时要采用子网路由信息的请求/推送/接收功能来相互学习对方的子网路由了。

配置好子网路由信息请求/推送功能后，设备只需定义本端需要 IPSec 保护的子网地址，将本端子网信息（通常包括通过 ACL 定义的数据流和路由出接口信息）推送给对端设备，在对端设备生成对应的路由。此时如果对端网络发生变动，本端无需修改对应的路由配置，只需请求对方的子网信息即可；如果增加一个分支机构与总部建立 IPSec 隧道，总部网关也无需增加去往分支的路由，也只需由新增分支向总部推送子网信息即可。**但该功能只在 V200R006 及以后版本 VRP 系统中的 IKEv2 支持**。

由以上介绍可知，这种功能包括两项子功能：一是子网路由信息请求功能，向对端请求子网路由信息，以生成对端的子网路由，另一个是子网路由信息推送功能，本端向对端推送本端子网信息，使对端生成本端的子网路由。这两个子功能都可以最终使两端都相互学习到对方的子网路由，下面分别予以介绍。

1. 配置子网路由信息请求功能

在这种实现方式中，本端请求对端发送子网路由信息，但需要对端已配置好可用于推送的子网路由信息，以便在接收到源端的请求后推送本端子网路由信息。要实现双向子网路由学习功能，需要在两端均配置子网路由信息请求功能，以及本端可用于推送的子网路由信息。

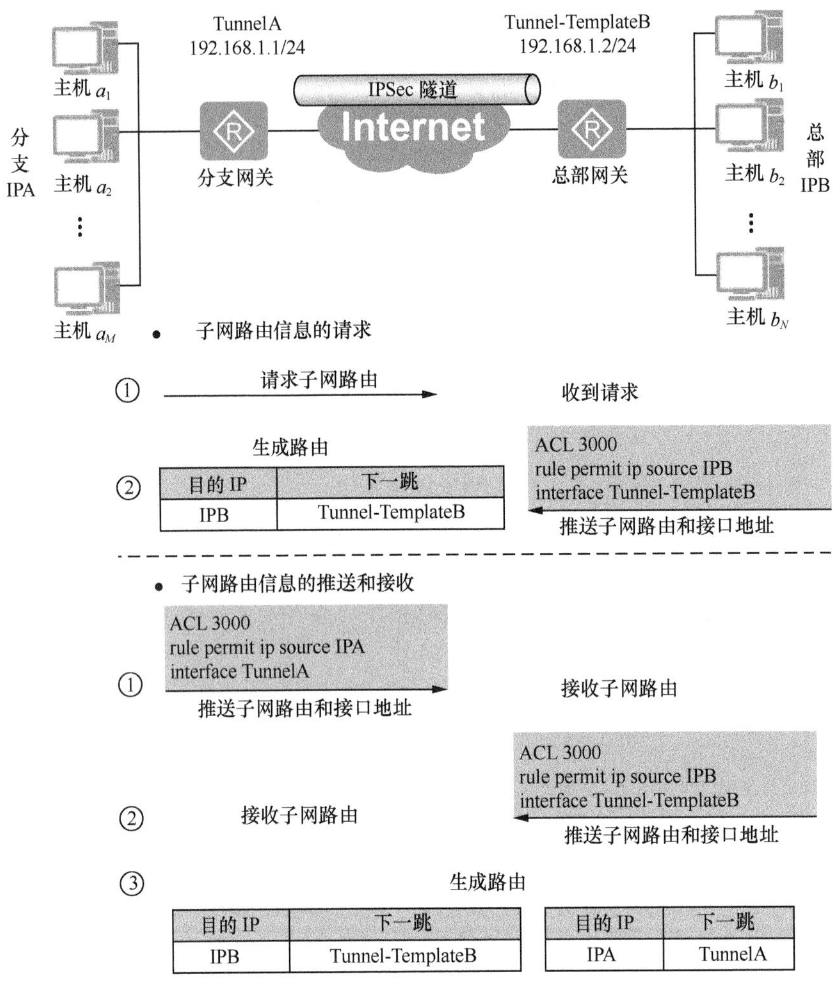

图 4-2　配置子网路由信息的请求/推送/接收后两端的路由配置示例

【经验提示】这种子网路由信息请求功能**仅对 IKE 协商发起方有效，即仅适用于 IKE 协商发起方**。而我们通过 4.1.4 节的学习知道，如果采用 Tunnel-Template 接口配置，则该端只能作为响应方。所以如果一端采用 Tunnel 接口方式，另一端采用 Tunnel-Template 接口配置方式，则不能采用这种方式来实现子网路由的相互学习。此时要采用后面将要介绍的子网路由信息推送/接收方式来实现了。

2. 配置子网路由信息推送和接收功能

在这种实现方式中，一端推送本端的子网路由信息，另一端接收本端推送的子网路由信息，生成对端的子网路由，**适用于一端采用 Tunnel 接口方式，另一端采用 Tunnel-Template 接口配置方式**。当然源端也要事先配置好可用于推送的子网路由信息。要实现两端相互学习对端的子网路由，需要在两端同时配置子网路由信息推送、接收功能，同时要配置好用于推送的本端子网路由信息。

下面分别介绍以上两种实现方式的具体配置方法。

（1）配置子网路由信息请求功能

在这种实现方式中，本端配置了子网路由信息的请求功能后，对端不需要配置子网路由信息的推送功能，便会直接将子网路由信息推送过去。此时需要在本端（通常是分支端）配置子网路由信息请求功能，具体配置步骤如表 4-7 所示，使本端接收到对端的子网信息后生成对应的对端子网路由，另外还要在对端配置本地子网路由信息，使其收在请求后直接推送子网信息，具体配置步骤如表 4-8 所示。

表 4-7　　子网路由信息请求功能的配置步骤

步骤	命令	说明
1	**system-view** 例如：<Huawei> **system-view**	进入系统视图
2	**ike peer** *peer-name* 例如：[Huawei] **ike peer** sub	进入要请求子网信息的对等体视图
3	**undo version** 1 例如：[Huawei-ike-peer-sub] **undo version 1**	配置 IKE 对等体使用的 IKE 协议版本号。此时仅可使用 v2 版本，所以要关闭 v1 版本
4	**config-exchange** request 例如：[Huawei-ike-peer-sub] **config-exchange request**	使能请求对端子网路由信息的功能 缺省情况下，系统不请求对端子网路由信息，可用 **undo config-exchange request** 命令用来去使能子网路由信息的请求或设置功能
5	**route accept** [**preference** *preference-number*] [**tag** *tag-value*] 例如：[Huawei-ike-peer-sub] **route accept preference** 20 **tag** 256	根据接收的对端子网路由信息生成路由，并定义生成路由的优先级和 tag 值。命令中的参数说明如下： • **preference** *preference-number*：可选参数，定义接收对端子网路由后，生成路由的优先级，整数形式，取值范围是 1～255 • **tag** *tag-value*：可选参数，定义接收对端子网路由后，生成路由的 tag 值，整数形式，取值范围是 1～4294967295 缺省情况下，系统不会将接收的对端子网路由信息生成路由，可用 **undo route accept** 命令取消根据接收的对端子网路由信息生成路由

如果两端均可成为 IKE 协商发起方（**两端均只能采用 Tunnel 接口配置，不能采用 Tunnel-Template 接口配置**），要实现相互子网路由学习，需要在两端同时进行表 4-7 和表 4-8 中的配置。

表 4-8　　用于推送的子网路由信息配置步骤

<table>
<tr><th>步骤</th><th>命令</th><th>说明</th></tr>
<tr><td>1</td><td>system-view
例如：<Huawei> system-view</td><td>进入系统视图</td></tr>
<tr><td>2</td><td>aaa
例如：[Huawei] aaa</td><td>进入 aaa 视图</td></tr>
<tr><td>3</td><td>service-scheme service-scheme-name
例如：[Huawei-aaa] service-scheme srvscheme1</td><td>创建一个业务方案，并进入业务方案视图。参数 service-scheme-name 用来指定业务方案的名称，字符串形式，区分大小写，长度范围是 1～32，不支持空格，不能配置为“-”或“--”，且不能包含字符“/”“\”“:”“*”“?”“"”“<”“>”“|”“@”“'”“%”
缺省情况下，设备中没有配置业务方案，可用 undo service-scheme service-scheme-name 命令删除指定的业务方案</td></tr>
</table>

（续表）

步骤	命令	说明
4	**route set acl** *acl-number* 例如：[Huawei-aaa-service-svcscheme1] **route set acl** 3000	配置本端子网信息。总部与分支采用虚拟 Tunnel 接口方式建立 IPSec 隧道，当总部网关在 Tunnel-template 接口上应用安全框架，分支网关在 Tunnel 接口上应用安全框架时，通过本命令可以将 ACL 中配置的源 IP 地址推送给对端，用于生成子网路由信息 参数 *acl-number* 用来指定推送给对端的高级 ACL 编号，整数形式，取值范围是 3000～3999 缺省情况下，系统未配置本端子网信息，可用 **undo route set acl** 命令恢复缺省配置
5	**route set interface** 例如：[Huawei-aaa-service-svcscheme1] **route set interface**	配置绑定 IPSec 的接口地址。**如果不配置本命令，即使 IPSec 隧道建立成功，路由推送成功，IPSec 流量也无法互通** 缺省情况下，系统未配置绑定 IPSec 的接口地址，可用 **undo route set interface** 命令恢复缺省配置

（2）配置子网路由信息的推送和接收功能

子网路由信息的推送与接收功能在两端设备上必须成对配置，即当本端配置了子网路由信息的推送功能时，对端需要配置子网路由信息的接收功能，才能实现单向的子网路由信息的推送功能。要实现分支与总部之间双向的子网路由信息的推送功能，需要两端同时配置子网路由信息的推送和接收功能。当然两端要事先配置好本端可用于推送的子网路由信息，具体配置方法参见表 4-8。

子网路由信息的推送功能的具体配置步骤见表 4-9，子网路由信息接收功能的具体配置步骤见表 4-10。两端要分别配置。

表 4-9　子网路由信息推送功能的配置步骤

步骤	命令	说明
1	**system-view** 例如：<Huawei> **system-view**	进入系统视图
2	**ike peer** *peer-name* 例如：[Huawei] **ike peer** sub	进入要推送子网信息的对等体视图
3	**undo version** 1 例如：[Huawei-ike-peer-sub] **undo version 1**	配置 IKE 对等体使用的 IKE 协议版本号。此时仅可使用 v2 版本，所以要关闭 v1 版本
4	**service-scheme** *service-scheme-name* 例如：[Huawei-ike-peer-sub] **service-scheme** srvscheme1	指定 IKE 对等体引用的 AAA 业务方案。即在表 4-8 中所配置的用于推送的子网路由信息
5	**config-exchange** set send 例如：[Huawei-ike-peer-sub] **config-exchange set send**	使能推送本端子网路由信息的功能。 缺省情况下，系统不推送本端子网路由信息，可用 **undo config-exchange set send** 命令去使能子网路由信息的推送功能

表 4-10　子网路由信息接收功能的配置步骤

步骤	命令	说明
1	**system-view** 例如：<Huawei> **system-view**	进入系统视图

（续表）

步骤	命令	说明
2	**ike peer** *peer-name* 例如：[Huawei] **ike peer** sub	进入要接收子网信息的对等体视图
3	**undo version** 1 例如：[Huawei-ike-peer-sub] **undo version 1**	配置 IKE 对等体使用的 IKE 协议版本号。此时仅可使用 v2 版本，所以要关闭 v1 版本
4	**config-exchange set accept** 例如：[Huawei-ike-peer-sub] **config-exchange set accept**	使能接收对端子网路由信息的功能。 缺省情况下，系统不接收对端子网路由信息，可用 **undo config-exchange set accept** 命令去使能子网路由信息的接收功能
5	**route accept** [**preference** *preference-number*] [tag *tag-value*] 例如：[Huawei-ike-peer-sub] **route accept preference** 20 **tag** 256	根据接收的对端子网路由信息生成路由，并定义生成路由的优先级和 tag 值。其他说明参见表 4-7 中的第 5 步

4.1.7　基于虚拟 Tunnel 接口建立 IPSec 隧道配置示例

如图 4-3 所示，RouterA 为公司分支网关，RouterB 为公司总部网关，分支与总部通过公网建立通信。分支子网为 10.1.1.0/24，总部子网为 10.1.2.0/24。现公司希望对分支子网与总部子网之间相互访问的流量进行安全保护。本示例由于分支和总部网络经常发生变动，所以采用基于虚拟 Tunnel 接口方式建立 IPSec 隧道，对 Tunnel 接口下的所有流量进行保护，无需使用 ACL 定义需要保护的数据流。

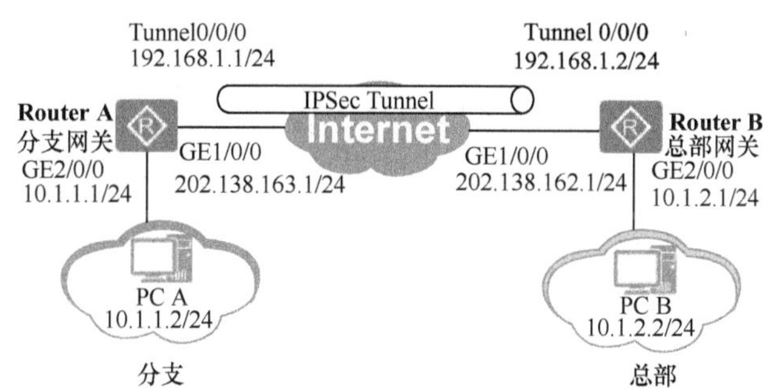

图 4-3　基于虚拟 Tunnel 接口建立 IPSec 隧道配置示例的拓扑结构

假设本示例中所有 AR 路由器的 VRP 系统均为 V200R005 版本，采用 IKEv1 协议进行协商。

1. 基本配置思路分析

根据 4.1.1 节介绍的配置任务，再结合本示例实际需求可得出，在基于虚拟 Tunnel 接口方式建立 IPSec 隧道时，本示例的基本配置思路如下。

（1）配置各物理接口的 IP 地址，以及到达对端公网的静态路由（也可采用动态路由配置，但此时要包括 Tunnel 接口所在子网），保证两端 IPSec 设备的路由可达。

说明

这里之所以只提到到达对端公网的路由，是因为到达对端私网的路由将在后面通过配置以 Tunnel 接口为出接口的静态路由中指定。

（2）配置 IPSec 安全提议，定义 IPSec 的保护方法。两端的 IPSec 安全提议参数配置必须一致。但所支持的封装模式只能是隧道模式，而不能是传输模式。

（3）配置 IKE 对等体，定义对等体间 IKE 协商时的属性。但在基于虚拟 Tunnel 接口建立 IPSec 隧道方案中，无需配置本端 IP 地址和对端 IP 地址，因为此时系统会自动以 Tunnel 接口配置的源 IP 地址和目的 IP 地址作为本端和对端 IP 地址。

本示例直接采用缺省 IKEv1 版本安全提议。

（4）配置安全框架，并引用前面所创建的安全提议和 IKE 对等体，确定对何种数据流采取何种保护方法。

（5）在 Tunnel 接口上应用安全框架，使接口具有 IPSec 的保护功能。

（6）配置 Tunnel 接口的转发路由，将需要 IPSec 保护的数据流引到 Tunnel 接口。

2. 具体配置步骤

（1）分别在 RouterA 和 RouterB 上配置物理接口的 IP 地址，以及到达对端公网的静态路由。

在 RouterA 上配置接口的 IP 地址。

```
<Huawei> system-view
[Huawei] sysname RouterA
[RouterA] interface gigabitethernet 1/0/0
[RouterA-GigabitEthernet1/0/0] ip address 202.138.163.1 255.255.255.0
[RouterA-GigabitEthernet1/0/0] quit
[RouterA] interface gigabitethernet 2/0/0
[RouterA-GigabitEthernet2/0/0] ip address 10.1.1.1 255.255.255.0
[RouterA-GigabitEthernet2/0/0] quit
```

在 RouterA 上配置到对端公网的静态路由，此处假设到对端的下一跳 IP 地址（分支机构端 ISP 设备连接 RouterA 的接口的 IP 地址）为 202.138.163.2。

```
[RouterA] ip route-static 202.138.162.0 24 202.138.163.2
```

在 RouterB 上配置接口的 IP 地址。

```
<Huawei> system-view
[Huawei] sysname RouterB
[RouterB] interface gigabitethernet 1/0/0
[RouterB-GigabitEthernet1/0/0] ip address 202.138.162.1 255.255.255.0
[RouterB-GigabitEthernet1/0/0] quit
[RouterB] interface gigabitethernet 2/0/0
[RouterB-GigabitEthernet2/0/0] ip address 10.1.2.1 255.255.255.0
[RouterB-GigabitEthernet2/0/0] quit
```

在 RouterB 上配置到对端公网的静态路由，此处假设到对端下一跳 IP 地址（为公司总部端 ISP 设备连接 RouterB 的接口的 IP 地址）为 202.138.162.2。

```
[RouterB] ip route-static 202.138.163.0 24 202.138.162.2
```

（2）分别在 RouterA 和 RouterB 上创建 IPSec 安全提议。

假设此处只创建 IPSec 安全提议（名称假设均为 pro1，两端的 IPSec 安全提议名称也可不同），其中的参数配置都采用缺省值（缺省配置采用的是隧道封装模式，可以满足基于 Tunnel 接口建立 IPSec 隧道情形的要求）。

说明

本示例各 AR 路由器运行 V200R005 版本 VRP 系统，此时 IPSec 安全提议各参数缺省值为：安全协议为 ESP 协议，AH、ESP 认证算法均为 MD5，ESP 加密算法为 DES，数据封装模式为隧道模式。

```
[RouterA] ipsec proposal pro1
[RouterA-ipsec-proposal-pro1] quit

[RouterB] ipsec proposal pro1
[RouterB-ipsec-proposal-pro1] quit
```

此时分别在 RouterA 和 RouterB 上执行 display ipsec proposal 会显示所配置的信息，以下是在 RouterA 上执行该命令的输出示例。其中显示的参数配置均为缺省值。

```
[RouterA] display ipsec proposal name pro1

IPSec proposal name: pro1
 Encapsulation mode: Tunnel
 Transform          : esp-new
 ESP protocol       : Authentication MD5-HMAC-96
                      Encryption    DES
```

（3）分别在 RouterA 和 RouterB 上配置 IKE 对等体。

因为本示例采用了系统缺省的 IKE 安全提议，所以其认证方法为预共享密钥，这也就要求在两端的 IPSec 设备上配置相同的共享密钥（假设为 huawei），采用 IKEv1 版本，本端和对端 ID 类型均为 IP 地址，本端 ID 类型可不用配置，因为缺省就是 IP 地址。

说明

本示例各 AR 路由器运行 V200R005 版本 VRP 系统，此时 IKE 安全提议各参数缺省值为：pre-shared key 认证方法、HMAC-SHA-1 认证算法、DES-CBC 加密算法、group1 DH 组。

在 RouterA 上配置 IKE 对等体。

```
[RouterA] ike peer spub group v1
[RouterA-ike-peer-spub] pre-shared-key simple huawei
[RouterA-ike-peer-spub] local-id-type ip
[RouterA-ike-peer-spub] quit

[RouterB] ike peer spua v1
[RouterB-ike-peer-spua] pre-shared-key simple huawei
[RouterB-ike-peer-spub] local-id-type ip
[RouterB-ike-peer-spua] quit
```

此时分别在 RouterA 和 RouterB 上执行 display ike peer 会显示所配置的 IKE 对等体信息，以下是在 RouterA 上执行该命令的输出示例。

```
[RouterA] display ike peer name spub verbose
------------------------------
   Peer name              : spub
   Pre-shared-key         : huawei
   Proposal               : 5
   Local ID type          : IP
   DPD                    : Disable
```

```
    DPD mode                  : Periodic
    DPD idle time             : 30
    DPD retransmit interval: 15
    DPD retry limit           : 3
    Peer ID type              :IP
    Host name                 :
    Peer IP address           :
    VPN name                  :
    Local IP address          :
    Local name                :
    Remote name               :
    NAT-traversal             : Disable
    Configured IKE version : Version two
    PKI realm                 : NULL
    Inband OCSP               : Disable
------------------------
```

（4）分别在 RouterA 和 RouterB 上创建安全框架（两设备上配置的安全框架名称可以一样，也可以不一样），只需调用前面创建的 IPSec 安全提议、对等体，其他可选配置保留缺省配置即可。

```
[RouterA] ipsec profile profile1
[RouterA-ipsec-profile-profile1] proposal pro1
[RouterA-ipsec-profile-profile1] ike-peer spub
[RouterA-ipsec-profile-profile1] quit

[RouterB] ipsec profile profile1
[RouterB-ipsec-profile-profile1] proposal pro1
[RouterB-ipsec-profile-profile1] ike-peer spua
[RouterB-ipsec-profile-profile1] quit
```

（5）分别在 RouterA 和 RouterB 上创建 Tunnel 接口，配置 IP 地址（通常配置一个私网 IP 地址，且通常两端的 Tunnel 接口的 IP 地址在同一 IP 网段），并封装为 IPSec 模式，然后配置它的源/目的 IP 地址（两端 Tunnel 接口的源和目的 IP 地址配置是镜像的），作为重封装后 IP 报文的源、目的 IP 地址，并应用前面配置的安全框架。

```
[RouterA] interface tunnel 0/0/0
[RouterA-Tunnel0/0/0] ip address 192.168.1.1 255.255.255.0   #---配置 Tunnel 接口 IP 地址
[RouterA-Tunnel0/0/0] tunnel-protocol ipsec   #---配置 Tunnel 接口为 IPSec 封装模式
[RouterA-Tunnel0/0/0] source 202.138.163.1   #---指定本端 IPSec 设备 RouterA 的公网接口 IP 地址作为隧道源 IP 地址，与对端设备所配置的隧道目的 IP 地址一致
[RouterA-Tunnel0/0/0] destination 202.138.162.1   #---指定对端 IPSec 设备 RouterB 的公网接口 IP 地址作为隧道目的 IP 地址，与对端设备所配置的隧道源 IP 地址一致
[RouterA-Tunnel0/0/0] ipsec profile profile1   #---在 Tunnel 接口上应用前面配置的安全框架
[RouterA-Tunnel0/0/0] quit

[RouterB] interface tunnel 0/0/0
[RouterB-Tunnel0/0/0] ip address 192.168.1.2 255.255.255.0
[RouterB-Tunnel0/0/0] tunnel-protocol ipsec
[RouterB-Tunnel0/0/0] source 202.138.162.1
[RouterB-Tunnel0/0/0] destination 202.138.163.1
[RouterB-Tunnel0/0/0] ipsec profile profile1
[RouterB-Tunnel0/0/0] quit
```

此时在 RouterA 和 RouterB 上执行 **display ipsec profile** 会显示所配置的安全框架配置信息，以下是在 RouterA 上执行该命令的输出示例。里面可选参数均直接采用缺省配置。

```
[RouterA] display ipsec profile
===========================================
IPSec profile    : profile1
Using interface: Tunnel0/0/0
===========================================
 IPSec Profile Name             :profile1
 Peer Name                      :spub
 PFS     Group                  :0 (0:Disable 1:Group1 2:Group2 5:Group5 14:Group14)
 SecondsFlag                    :0 (0:Global 1:Local)
 SA Life Time Seconds           :3600
 KilobytesFlag                  :0 (0:Global 1:Local)
 SA Life Kilobytes              :1843200
 Anti-replay window size        :32
 Qos pre-classify               :0 (0:Disable 1:Enable)
 Number of IPSec Proposals :1
 IPSec Proposals Name           :pro1
```

（6）配置 Tunnel 接口的转发路由，将需要 IPSec 保护的数据流引到 Tunnel 接口。因为 Tunnel 接口是运行 PPP 协议的，在静态路由配置中可以仅指定出接口，而不用指定下一跳 IP 地址。

在 RouterA 上配置以本地 Tunnel 接口为出接口，到达公司总部所连接私网 10.1.2.0/24 的静态路由，相当于指定了凡是到达公司总部所连接的私网的数据流都采用该 Tunnel 接口转发。

```
[RouterA] ip route-static 10.1.2.0 255.255.255.0 tunnel 0/0/0
```

在 RouterB 上配置以本地 Tunnel 接口为出接口，到达分支机构所连接私网 10.1.1.0/24 的静态路由，相当于指定了凡是到达分支机构所连接的私网的数据流都采用该 Tunnel 接口转发。

```
[RouterB] ip route-static 10.1.1.0 255.255.255.0 tunnel 0/0/0
```

3．配置结果验证

配置成功后，可分别在 RouterA 和 RouterB 上执行 **display ike sa v2 命令，查看两设备上此时已建立的 IKE SA 和 IPSec SA** 信息，验证配置结果。如果配置成功的话，应该可以同时看到 IKE 第一阶段建立的 IKE SA 和第二阶段建立的 **IPSec SA。**以下是在 RouterA 上执行该命令的输出示例，从中可以看出，两个阶段的 SA 都建立成功了，表示 IPSec 隧道已建立成功。

```
[RouterA] display ike sa v1
    Conn-ID  Peer             VPN    Flag(s)      Phase
  --------------------------------------------------------
        12    202.138.163.1    0      RD|ST        2  #---这是 IKE 第二阶段建立的 IPSec SA
        11    202.138.163.1    0      RD|ST        1  #---这是 IKE 第一阶段建立的 IKE SA

  Flag Description:
  RD--READY    ST--STAYALIVE    RL--REPLACED    FD--FADING    TO--TIMEOUT
```

还可以分别在 RouterA 和 RouterB 上执行 **display ipsec sa** 命令查看最终建立的 IPSec SA 信息。以下是在 RouterA 上执行该命令的输出示例。

```
[RouterA] display ipsec sa

===============================
Interface: Tunnel0/0/0
 Path MTU: 1500
```

```
===============================

  ------------------------
  IPSec profile name: "profile1"
  Mode                : PROF-ISAKMP
  ------------------------
    Connection ID      : 12
    Encapsulation mode: Tunnel
    Tunnel local       : 202.138.163.1
    Tunnel remote      : 202.138.162.1
    Qos pre-classify   : Disable

    [Outbound ESP SAs]
      SPI: 1599804596 (0x5f5b14b4)
      Proposal: ESP-ENCRYPT-DES-64 ESP-AUTH-MD5
      SA remaining key duration (bytes/sec): 1887436800/2489
      Max sent sequence-number: 0
      UDP encapsulation used for NAT traversal: N

    [Inbound ESP SAs]
      SPI: 2169616882 (0x8151b9f2)
      Proposal: ESP-ENCRYPT-DES-64 ESP-AUTH-MD5
      SA remaining key duration (bytes/sec): 1887436800/2489
      Max received sequence-number: 0
      Anti-replay window size: 32
      UDP encapsulation used for NAT traversal: N
```

4.1.8 基于虚拟隧道模板接口建立 IPSec 隧道配置示例

如图 4-4 所示，企业分支与总部通过公网建立通信，并且分支和总部网络经常发生变动。企业希望对分支与总部之间相互访问的流量进行安全保护，并且 IPSec 配置不随网络变动而受影响。

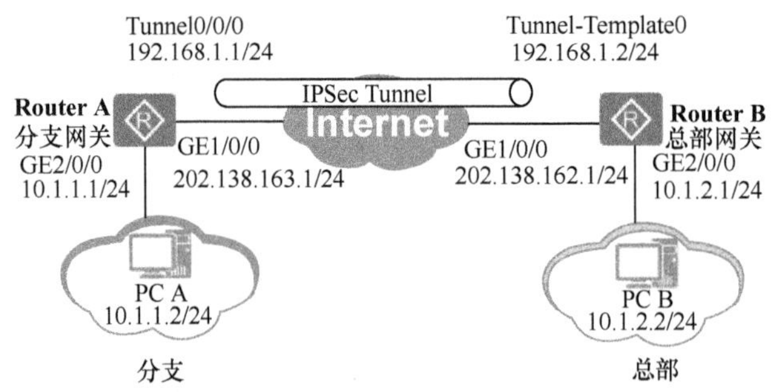

图 4-4 基于虚拟隧道模板接口建立 IPSec 隧道配置示例的拓扑结构

假设本示例中的 AR 路由器运行的 VRP 系统版本为 V200R008。

1. 基本配置思路分析

本示例与 4.1.7 节所介绍的配置示例一个最大的不同是分支和总部网络经常发生变动，如果采用路由来配置子网路由，可能要经常进行改动，此时采用基于虚拟隧道模板接口方式来建立 IPSec 隧道，通过子网路由信息的推送/接收功能来实现两端相互学习对端的子网路由的配置方式更为简便，这样两端只需定义本端需要 IPSec 保护的子网信息和 Tunnel 接口或隧道模板接口即可。

本示例的基本配置思路如下。

（1）配置两端设备的各物理接口的 IP 地址，以及到达对端公网的静态路由，保证两端公网路由可达。

（2）在两端设备上配置 ACL，定义本端需要 IPSec 保护的子网信息，用于向对端进行推送。

（3）在两端设备上配置 AAA 业务方案，定义本端需要向对端推送的子网路由信息和 IPSec 接口地址。

（4）配置 IPSec 安全提议，定义 IPSec 的保护方法。

（5）配置 IKE 安全提议，确定进行 IKE SA 协商时的基本安全参数。

（6）配置 IKE 对等体，定义对等体间 IKE 协商时的属性，包括配置子网路由信息推送和接收功能，用以学习对端子网路由。

（7）配置安全框架，并引用安全提议和 IKE 对等体，确定对哪些数据流采取哪种保护方法。

（8）总部在 Tunnel-Template 接口上应用安全框架，分支在 Tunnel 接口上应用安全框架，使接口具有 IPSec 的保护功能。

2. 具体配置步骤

（1）分别在 RouterA 和 RouterB 上配置各物理接口的 IP 地址，以及到达对端公网的静态路由，以实现两端公网路由可达。

RouterA 上的配置。此处假设到达对端公网的下一跳地址为 202.138.163.2。

```
<Huawei> system-view
[Huawei] sysname RouterA
[RouterA] interface gigabitethernet 1/0/0
[RouterA-GigabitEthernet1/0/0] ip address 202.138.163.1 255.255.255.0
[RouterA-GigabitEthernet1/0/0] quit
[RouterA] interface gigabitethernet 2/0/0
[RouterA-GigabitEthernet2/0/0] ip address 10.1.1.1 255.255.255.0
[RouterA-GigabitEthernet2/0/0] quit
[RouterA] ip route-static 202.138.162.0 255.255.255.0 202.138.163.2
```

RouterB 上的配置。此处假设到达对端公网下一跳地址为 202.138.162.2。

```
<Huawei> system-view
[Huawei] sysname RouterB
[RouterB] interface gigabitethernet 1/0/0
[RouterB-GigabitEthernet1/0/0] ip address 202.138.162.1 255.255.255.0
[RouterB-GigabitEthernet1/0/0] quit
[RouterB] interface gigabitethernet 2/0/0
[RouterB-GigabitEthernet2/0/0] ip address 10.1.2.1 255.255.255.0
[RouterB-GigabitEthernet2/0/0] quit
[RouterB] ip route-static 202.138.163.0 255.255.255.0 202.138.162.2
```

（2）分别在 RouterA 和 RouterB 上配置高级 IP ACL，定义本端需要 IPSec 保护的子网信息，仅指定源地址段。

RouterA 上的配置。

```
[RouterA] acl number 3001
[RouterA-acl-adv-3001] rule permit ip source 10.1.1.0 0.0.0.255
[RouterA-acl-adv-3001] quit
```

RouterB 上的配置。

```
[RouterB] acl number 3001
[RouterB-acl-adv-3001] rule permit ip source 10.1.2.0 0.0.0.255
[RouterB-acl-adv-3001] quit
```

（3）分别在 RouterA 和 RouterB 上配置 AAA 业务方案，定义本端需要 IPSec 推送的子网路由信息。

RouterA 上的配置。

```
[RouterA] aaa
[RouterA-aaa] service-scheme schemetest
[RouterA-aaa-service-schemetest] route set acl 3001   #---指定要推送的本地子网信息
[RouterA-aaa-service-schemetest] route set interface   #---配置绑定本地 Tunnel 接口
[RouterA-aaa-service-schemetest] quit
[RouterA-aaa] quit
```

RouterB 上的配置。

```
[RouterB] aaa
[RouterB-aaa] service-scheme schemetest
[RouterB-aaa-service-schemetest] route set acl 3001
[RouterB-aaa-service-schemetest] route set interface
[RouterB-aaa-service-schemetest] quit
[RouterB-aaa] quit
```

（4）分别在 RouterA 和 RouterB 上创建 IPSec 安全提议。假设采用的 ESP 认证算法为 SHA2-256，ESP 加密算法为 AES-128，其他参数采用缺省配置。

RouterA 上的配置。

```
[RouterA] ipsec proposal prop1
[RouterA-ipsec-proposal-prop1] esp authentication-algorithm sha2-256
[RouterA-ipsec-proposal-prop1] esp encryption-algorithm aes-128
[RouterA-ipsec-proposal-prop1] quit
```

RouterB 上的配置。

```
[RouterB] ipsec proposal prop1
[RouterB-ipsec-proposal-prop1] esp authentication-algorithm sha2-256
[RouterB-ipsec-proposal-prop1] esp encryption-algorithm aes-128
[RouterB-ipsec-proposal-prop1] quit
```

此时分别在 RouterA 和 RouterB 上执行 **display ipsec proposal** 命令会显示所配置的 IPSec 安全提议信息。

（5）分别在 RouterA 和 RouterB 上配置 IKE 安全提议。假设新创建一个序号为 5 的 IKE 安全提议，认证算法为 SHA2-256，加密算法为 AES-128，DH 为 group14，其他参数采用缺省配置。

RouterA 上的配置。

```
[RouterA] ike proposal 5
[RouterA-ike-proposal-5] authentication-algorithm sha2-256
[RouterA-ike-proposal-5] encryption-algorithm aes-128
[RouterA-ike-proposal-5] dh group14
[RouterA-ike-proposal-5] quit
```

在 RouterB 上配置 IKE 安全提议。

```
[RouterB] ike proposal 5
[RouterB-ike-proposal-5] authentication-algorithm sha2-256
[RouterB-ike-proposal-5] encryption-algorithm aes-128
[RouterB-ike-proposal-5] dh group14
[RouterB-ike-proposal-5] quit
```

（6）分别在RouterA和RouterB上配置IKE安全提议。引用前面配置的IKE安全提议，配置预共享密钥（两端要一致），同时配置子网路由信息推送/接收功能。

RouterA上的配置。

```
[RouterA] ike peer peer2
[RouterA-ike-peer-peer2] ike-proposal 5  #---引用前面配置的IKE安全提议
[RouterA-ike-peer-peer2] pre-shared-key cipher Huawei@1234  #---配置隧道建立预共享密钥
[RouterA-ike-peer-peer2] service-scheme schemetest  #---引用前面配置的AAA方案
[RouterA-ike-peer-peer2] config-exchange set accept  #---使能接收对端子网路由信息功能
[RouterA-ike-peer-peer2] config-exchange set send #---使能本端发送子网路由信息功能
[RouterA-ike-peer-peer2] route accept #---根据接收的对端子网路由信息生成路由
[RouterA-ike-peer-peer2] quit
```

RouterB上的配置。

```
[RouterB] ike peer peer2
[RouterB-ike-peer-peer2] ike-proposal 5
[RouterB-ike-peer-peer2] pre-shared-key cipher Huawei@1234
[RouterB-ike-peer-peer2] service-scheme schemetest
[RouterB-ike-peer-peer2] config-exchange set accept
[RouterB-ike-peer-peer2] config-exchange set send
[RouterB-ike-peer-peer2] route accept
[RouterB-ike-peer-peer2] quit
```

（7）分别在RouterA和RouterB上创建安全框架，引用前面配置的IPSec安全提议和IKE对等体。

RouterA上的配置。

```
[RouterA] ipsec profile profile1
[RouterA-ipsec-profile-profile1] proposal prop1
[RouterA-ipsec-profile-profile1] ike-peer peer2
[RouterA-ipsec-profile-profile1] quit
```

RouterB上的配置。

```
[RouterB] ipsec profile profile1
[RouterB-ipsec-profile-profile1] proposal prop1
[RouterB-ipsec-profile-profile1] ike-peer peer2
[RouterB-ipsec-profile-profile1] quit
```

（8）分别在RouterA和RouterB的Tunnel或Tunnel-template接口上应用各自配置的安全框架。同时配置IP地址、IPSec封装、隧道源接口、目的IP地址（Tunnel-template接口上不能配置）等参数。

RouterA上的配置。

```
[RouterA] interface tunnel 0/0/0
[RouterA-Tunnel0/0/0] ip address 192.168.1.1 255.255.255.0
[RouterA-Tunnel0/0/0] tunnel-protocol ipsec
[RouterA-Tunnel0/0/0] source gigabitethernet1/0/0
[RouterA-Tunnel0/0/0] destination 202.138.162.1
[RouterA-Tunnel0/0/0] ipsec profile profile1
[RouterA-Tunnel0/0/0] quit
```

在RouterB的接口上应用安全框架。

```
[RouterB] interface tunnel-template 0
[RouterB-Tunnel-Template0] ip address 192.168.1.2 255.255.255.255
[RouterB-Tunnel-Template0] tunnel-protocol ipsec
[RouterB-Tunnel-Template0] source gigabitethernet1/0/0
[RouterB-Tunnel-Template0] ipsec profile profile1
[RouterB-Tunnel-Template0] quit
```

此时在 RouterA 和 RouterB 上执行 **display ipsec profile** 会显示所配置的安全框架信息。

3. 配置结果验证

配置成功后，分别在 RouterA 和 RouterB 上执行 **display ike sa** 会显示最终建立的 IKE SA 和 IPSec SA 信息。以下是在 RouterA 上执行该命令的输出示例。

```
[RouterA] display ike sa
    Conn-ID  Peer             VPN    Flag(s)                Phase
  ---------------------------------------------------------------
        12   202.138.162.1    0      RD|ST                  v2:2
        11   202.138.162.1    0      RD|ST                  v2:1

  Number of SA entries    : 2

  Number of SA entries of all cpu : 2

  Flag Description:
  RD--READY   ST--STAYALIVE   RL--REPLACED   FD--FADING   TO--TIMEOUT
  HRT--HEARTBEAT   LKG--LAST KNOWN GOOD SEQ NO.   BCK--BACKED UP
  M--ACTIVE   S--STANDBY   A--ALONE   NEG--NEGOTIATING
```

分别在 RouterA 和 RouterB 上执行命令 **display ip routing-table** 会显示路由信息（以下只列出示例中推送成功的子网路由信息，参见输出信息中的粗体字部分），从中可以看出是否成功学习到对端的子网路由。

```
[RouterA] display ip routing-table
Route Flags: R - relay, D - download to fib
------------------------------------------------------------
Routing Tables: Public
         Destinations : 16          Routes : 16

Destination/Mask    Proto   Pre  Cost      Flags NextHop         Interface

      10.1.2.0/24   Unr     0    0           D   192.168.1.2     Tunnel0/0/0

[RouterB] display ip routing-table
Route Flags: R - relay, D - download to fib
------------------------------------------------------------
Routing Tables: Public
         Destinations : 16          Routes : 16

Destination/Mask    Proto   Pre  Cost      Flags NextHop         Interface

      10.1.1.0/24   Unr     62   0          RD   192.168.1.1     Tunnel-Template0
```

4.2 配置采用 Efficient VPN 策略建立 IPSec 隧道

两个对等体之间要建立 IPSec 隧道，采用基于 ACL 或基于虚拟隧道接口方式建立 IPSec 隧道的话，必须在两个对等体上做大量的 IPSec 配置，包括配置 IKE 协商认证算法、IKE 协商加密算法、Diffie-Hellman、IPSec Proposal 等。在包含数百个站点的大型网络场景中，各分支机构设备上的 IPSec 配置将非常复杂。这就是本节要介绍的 Efficient VPN（简称 EVPN）方案的引入背景，因为在 Efficient VPN 中主要的配置集中在企业总部网关上，分支上需要做的配置将非常少，大大减少了分支网关设备上的配置工作量，降低了配置难度。

注意　Efficient VPN 功能的使用需要得到华为 License 授权，需要购买对应系列产品的安全业务增值包，缺省情况下，设备的 Efficient VPN 功能受限无法使用。

4.2.1　Efficient VPN 简介

Efficient VPN 采用 Client/Server 结构，分支机构网关为 Client，也称 Remote 端，总部网关称为 Server 端。在这种 Efficient VPN 策略中，Remote 设备仅需配置接入 Server 端的 IP 地址、预共享密钥等 IPSec 隧道这些极少数必配参数即可，而像 IKE 协商认证算法、IKE 协商加密算法、IPSec Proposal 等大部分 IPSec VPN 参数都可以在 Server 端进行预定义。Remote 设备发起 IPSec 隧道协商建立时，Remote 设备将所支持的 IKE 协商认证能力、IKE 协商认证的加解密能力、IPSec Proposal 等参数全部发往 Server，Server 端根据管理员预配置的 IPSec 隧道参数与 Remote 设备上报的 IPSec 能力数据协商建立 IPSec 隧道。这样，在 Efficient VPN Remote 端，管理员所做的配置就非常少，从而简化了 IPSec 配置。

Efficient VPN 策略也是需要使用 IKE 协议在两端 IPSec 设备间协商建立 IKE SA 和 IPSec SA，只不过这种建立方式是将 IPSec 及其他相应配置集中在 Server 端，Remote 端只需配置好基本的参数。当 Remote 端发起协商时，Server 端会将 IPSec 的相关属性及其他网络资源“推送”给 Remote 端，最终在两端建立 IPSec 隧道。这种 IPSec 隧道建立方式中，分支机构总是作为发起方，而企业总部总是作为响应方，主要配置集中在企业总部，简化了分支机构网关的 IPSec 和其他网络资源的配置和维护。

在这种 IPSec 隧道建立方式中，Remote 端要配置 Efficient VPN 策略，Server 端要配置策略模板（**即采用策略模板方式建立安全策略**），以适应不同分支机构用户采用不同 Efficient VPN 策略的接入需求。在当前的华为 VRP 系统版本中，在一些方面还存在一定的限制。如针对 IKEv1，Efficient VPN 有如下限制。

- 不支持 Main Mode（主模式），仅支持 Aggressive Mode（野蛮模式）。
- 密钥交换算法仅使用 DH2。
- IKE 协商时，固定选择 3DES 加密算法。
- IKE 协商时，固定选择 SHA1 认证算法。

针对 IKEv2，Efficient VPN 的密钥交换算法仅使用 DH2；针对 IPSec 封装模式固定采用隧道模式，不支持传输模式；针对安全协议，仅支持 ESP 协议，不支持 AH 协议。这些在配置时要特别注意。

4.2.2　Efficient VPN 的运行模式

目前在华为 AR G3 系列路由器的 IPSec Efficient VPN 中支持四种运行模式。

1. Client 模式

在 Client 运行模式中，Remote 端会向 Server 端申请一个（**注意，仅一个**）IP 地址（**此时 Server 端需配置 IP 地址池**），获取这个 IP 地址后，Remote 设备的内部会自动创建一个 Loopback 接口并分配这个申请到的 IP 地址。这个 IP 地址是用于为 Remote 客户端通过 NAT/PAT 转换功能，把用户的私网 IP 地址转换成这个申请到的 IP 地址，再通过这个 IP 地址与 Server 端建立 IPSec 隧道，实现分支用户对企业总部资源的访问。

【经验提示】由于在 Client 模式中，分支下的所有用户都共享一个 IP 地址进行 PAT 地址转换（是一对多的地址转换方式），而且每个用户最终分配的传输层端口号不是固定的，这也使得在 Client 模式中，仅可以由分支主动向企业总部发起单向访问，而不能由企业总部用户主动向分支用户发起访问。因为来自企业总部的报文在到达分支网关时无法确定最终要转换的目的主机 IP 地址。

Client 模式的 Efficient VPN 网络结构如图 4-5 所示，一般用于出差员工或小的分支机构通过私网接入总部网络。因为在这种运行模式中，Remote 端所有用户访问企业总部子网时都需要经过 PAT 地址、端口转换，需要消耗设备上的额外资源。

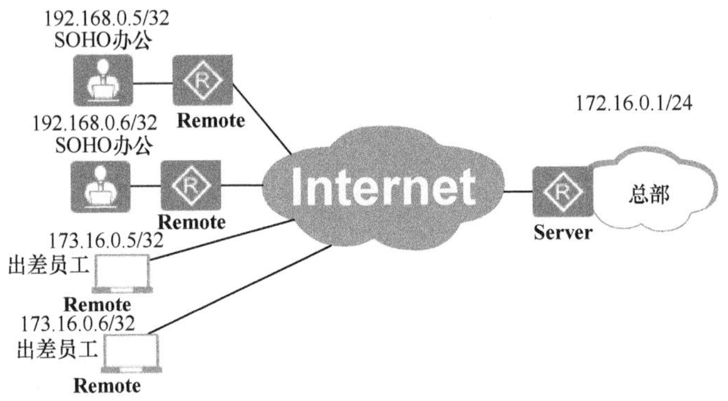

图 4-5　Client 模式基本结构

如果出差员工是通过软件（如华为 EVPN 客户端）连接企业总部子网时，EVPN 客户软件会在用户 PC 上建立一个虚拟网卡，而且会为该虚拟网卡分配从 Server 端申请的 IP 地址，也会使用这个 IP 地址与 Server 端连接。

Client 运行模式支持 Server 端的 DNS 服务器地址、WINS 服务器地址的请求和推送。而且 Client 模式无需考虑 Remote 端与 Server 端，或其他 Remote 端下挂用户 IP 地址的冲突问题，因为用户在访问企业总部时的 IP 地址都将转换成同一个 IP 地址（但使用的传输层端口不一样）。

2. Network 模式

在 Network 运行模式中，Remote 端网络与 Server 端网络的 IP 地址需要事先进行统一规划，不能有重叠，因为 Remote 不会向 Server 申请 IP 地址，也不自动启用 NAT/PAT 功能，直接使用 Remote 端用户原有 IP 地址与 Server 端建立 IPSec 隧道。

Network 运行模式一般用于分支和总部 IP 地址已统一规划的场景，如图 4-6 所示，但也支持 DNS 服务器地址、WINS 服务器地址的请求和推送，这部分功能与 Client 模式保持一致。

3. Network-plus 模式

与 Network 模式相比，Network-plus 模式中 Remote 端还会向 Server 端申请 IP 地址（**此时 Server 端也需配置 IP 地址池**），但所获取的 IP 地址只用于总部对分支机构进行 Ping、Telnet 等管理维护，不用于分配给用户主机。很显然，这时分支机构和公司总部 IP 地址也要事先统一规划，否则就可能造成 IP 地址冲突。

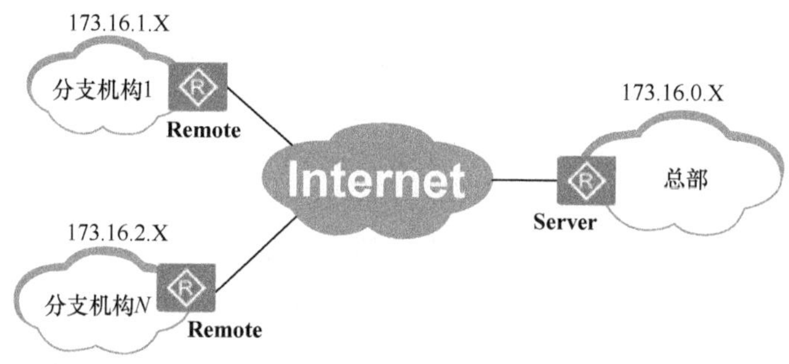

图 4-6　Network 模式基本结构

4. Network-auto-cfg 模式

Network-auto-cfg 运行模式与 Network-plus 运行模式相比，Network-auto-cfg 模式中 Remote 端还会向 Server 端申请 IP 地址池（**注意，此时不是一个 IP 地址了，而一整个 IP 地址池**），这个 IP 地址池用于给用户分配 IP 地址。这种模式主要用于移动接入情形，如使用手机或平板电脑与企业总部建立 IPSec 隧道连接时，为这些设备分配 IP 地址，因为这些设备原来并没有配置 IP 地址。

Server 端除了可以向 Remote 端推送：DNS 域名、DNS 服务器地址、WINS 服务器地址等网络资源外，还可将使用 ACL 定义的总部网络信息推送给 Remote 端，以限定允许分支子网用户访问的总部子网范围，报文中目的 IP 地址不在这个 ACL 定义的网络信息范围内的分支子网流量将不会经过 IPSec 隧道，而是采用正常 Internet 访问方式。但 Network-auto-cfg 运行模式不支持 ACL 推送。

4.2.3　配置任务

前面说了，在 Efficient VPN 中把 IPSec 隧道分成了 Remote 端和 Server 端，而且已知道，IPSec 及其他相关配置主要集中在 Server 端（总部网关），Remote 端（分支网关）只需要配置好基本参数。下面来具体介绍 Remote 端和 Server 端各自所涉及的主要配置任务：

1. Remote 端的主要配置任务

Remote 端上仅需配置接入 Server 端的 IP 地址、预共享密钥等 IPSec 隧道必配参数。这些参数配置总体分为两部分：IPSec 基本参数配置和 IPSec 可选参数的配置。

- 基本参数包括：创建 Efficient VPN 策略、指定 Efficient VPN 的运行模式、接入 Server 端的 IP 地址、预共享密钥或数字证书等。
- 可选参数包括：认证方法（只能是预共享密钥认证或数字签名认证）、本端 ID 类型、IPSec 隧道的本端地址，对端 IP 地址、报文分片功能、IPSec 抗重放窗口大小等。

这些可选参数在 Remote 端和 Server 端均可配置。只在一端配置时，以一端配置的为准；如果两端都配置时，两端需要配置相同的参数才能协商成功。

从以上可以看出，采用 Efficient VPN 策略建立 IPSec 隧道时，Remote 端的配置极为简单，不需要再配置 IPSec 安全提议、安全策略、IKE 安全提议、IKE 对等体了。

2. Server 端的配置任务

Server 端参数配置分为两部分：网络资源参数配置和 IPSec 参数的配置。IPSec 参数部分就与采用策略模板方式建立 IPSec 隧道方案的配置方法一样，包括 IPSec 安全提议、IKE 安全提议、IKE 对等体、通过策略模板创建安全策略，在接口下应用安全策略组等。

网络资源参数包括 IP 地址、域名、DNS 服务器地址、WINS 服务器地址等，Server 端可以通过 IPSec 隧道将配置的网络资源参数推送给 Remote 端。

图 4-7 列出了 Remote 端和 Server 在不同的 Remote 端运行模式下各自必选的一些配置任务比较，以便大家参考。

<table>
<tr><th>配置任务</th><th colspan="4">Remote端</th><th colspan="4">Server端</th></tr>
<tr><th></th><th>Client</th><th>Network</th><th>Network-plus</th><th>Network-auto-cfg</th><th>Client</th><th>Network</th><th>Network-plus</th><th>Network-auto-cfg</th></tr>
<tr><td>EfficientVPN策略：包括EfficientVPN运行模式、Server端的公网IP地址、认证密钥</td><td colspan="4">Yes</td><td colspan="4">No</td></tr>
<tr><td>本地子网需要捉住的数据流定义ACL</td><td>No</td><td colspan="2">Yes（在Efficient VPN策略中配置）</td><td>No</td><td colspan="4">Select（在IKEv1对等体中配置）</td></tr>
<tr><td>IP地址池</td><td colspan="4">No</td><td>Yes</td><td>No</td><td>Yes</td><td>Yes</td></tr>
<tr><td>IPSec参数:IPSec安全提议、IKE安全提议、IKE对等体、安全策略</td><td colspan="4">No</td><td colspan="4">Yes（安全策略是基于策略模板创建）</td></tr>
<tr><td>AAA业务方案推送：包括可选的IP地址池、DNS域、DNS服务器、WINS服务器、更新下载URL等</td><td colspan="4">No</td><td colspan="4">Yes</td></tr>
<tr><td>接口应用</td><td colspan="4">Efficient VPN策略</td><td colspan="4">安全策略组</td></tr>
<tr><td colspan="9">说明:Yes代表需要配置，No代表不需要配置，Select代表可选配置</td></tr>
</table>

图 4-7 Remote 端和 Server 端必选配置任务比较

4.2.4 配置 Remote 端

在 Remote 端可以进行的配置包括以下三部分。

- IPSec 基本参数配置
- （可选）在 Efficient VPN 策略视图下配置可选参数
- （可选）在系统视图下配置可选扩展参数

下面对以上三方面的配置任务的具体配置方法分别予以介绍。

1. IPSec 基本参数配置

在 Remote 端，配置 IPSec 基本参数的具体步骤如表 4-11 所示。

表 4-11　　Remote 端 IPSec 基本参数的配置步骤

<table>
<tr><th>步骤</th><th>命令</th><th colspan="2">说明</th></tr>
<tr><td>1</td><td>system-view
例如：<Huawei> system-view</td><td colspan="2">进入系统视图</td></tr>
<tr><td rowspan="4">2</td><td>ipsec efficient-vpn efficient-vpn-name mode client
例如：[Huawei] ipsec efficient-vpn vpn1 mode client</td><td colspan="2">（三选一）创建一个 Client 模式的 IPSec Efficient VPN 策略，并进入 Efficient VPN 策略视图。参数 efficient-vpn-name 指定 Efficient VPN 策略的名称，字符串格式，长度范围是 1～12，区分大小写，不能包含“？”和空格
Client 模式中 Remote 端以向总部申请一个 IP 的地址与 Server 端建立 IPSec 隧道
【说明】因为在 Client 模式中，分支发往总部报文中的源 IP 地址为分支网关向总部网关申请的 IP 地址，所以不需要通过引用 ACL 来过滤报文的源 IP 地址</td></tr>
<tr><td>ipsec efficient-vpn efficient-vpn-name mode { network | network-plus }
例如：[Huawei] ipsec efficient-vpn vpn1 mode network</td><td rowspan="2">（三选一）创建 Network 模式或者 Network-plus 模式的 IPSec Efficient VPN 策略，并引用 ACL</td><td>创建一个 Network 或 Network-plus 模式的 IPSec Efficient VPN 策略，并进入 Efficient VPN 策略视图
Network 模式中 Remote 端不会向 Server 端申请 IP 地址，而是用原有 IP 地址与总部建立 IPSec 隧道，因此不自动启用 NAT 转换功能
与 Network 模式相比，Network-plus 模式中 Remote 端还会向 Server 端申请 IP 地址，获取的 IP 地址只用于总部对分支进行 Ping、Telnet 等管理维护，Remote 端不自动启用 NAT 转换功能</td></tr>
<tr><td>security acl acl-number
例如：[Huawei-ipsec-efficient-vpn-vpn1] security acl 3101</td><td>在 Efficient VPN 策略中引用的高级 ACL。该命令用于通过 ACL 方式来指定需要 IPSec 保护的数据流。实际应用中，首先需要通过配置 ACL 的规则定义数据流范围，再在 IPSec 策略中引用该 ACL，从而起到保护该数据流的作用</td></tr>
<tr><td>ipsec efficient-vpn efficient-vpn-name mode network-auto-cfg
例如：[Huawei] ipsec efficient-vpn vpn1 mode mode network-auto-cfg</td><td colspan="2">（三选一）创建一个 Network-auto-cfg 模式的 IPSec Efficient VPN 策略，并进入 Efficient VPN 策略视图。Network-auto-cfg 模式只在 IKEv1 中支持
【说明】因为在 Network-auto-cfg 模式下，Remote 端用户使用的 IP 地址是由 Server 端分配的，所以也不需要通过引用 ACL 来过滤报文的源 IP 地址</td></tr>
<tr><td>3</td><td>remote-address { ip-address | host-name } { v1 | v2 }
例如：[Huawei-ipsec-efficient-vpn-vpn1] remote-address 10.1.2.1 v1</td><td colspan="2">配置 IKE 协商时的对端 IP 地址或域名。该命令用来配置 Efficient VPN 策略中 IKE 协商时的对端地址，包括对端 IP 地址和对端域名两种方式。如果配置的对端地址是域名，则可以通过以下两种方式获取对端的 IP 地址：（1）静态方式：用户手工配置域名和 IP 地址的对应关系；（2）动态方式：通过 DNS 域名服务器解析获取对端的 IP 地址。命令中的参数和选项说明如下：
• ip-address：二选一参数，指定对端的 IP 地址，为公网 IP 地址
• host-name：二选一参数，指定对端公网 IP 地址对应的域名，字符串格式，长度范围是 1～254。区分大小写，字符串中不能包含“？”和空格</td></tr>
</table>

（续表）

<table>
<tr><th>步骤</th><th>命令</th><th colspan="2">说明</th></tr>
<tr><td>3</td><td>**remote-address** { *ip-address* | *host-name* } { **v1** | **v2** }
例如：[Huawei-ipsec-efficient-vpn-vpn1] **remote-address** 10.1.2.1 **v1**</td><td colspan="2">• **v1**：二选一选项，指定两端使用 IKEv1 版本
• **v2**：二选一选项，指定两端使用 IKEv2 版本
在 Remote 端重复执行该命令，可以配置两个 IKE 协商时的对端 IP 地址或域名
【说明】一般情况下，由于总部只有一台设备供分支网关接入，所以只需配置一个 remote-address。但为了提高网络的可靠性，总部可提供两台设备供分支网关（Remote 端）接入。此时，分支网关上可以配置 2 个对端 IKE 对等体的地址或域名，分支网关首先采用第一个地址或域名与总部网关建立 IKE 连接，若第一个 IKE 连接建立失败，采用第二个地址或域名建立 IKE 连接。如果配置 2 个对端 IKE 对等体的 IP 地址或域名，则必须保证配置的 2 个 remote-address 类型和使用 IKE 版本必须都一致</td></tr>
<tr><td rowspan="3">4</td><td>**pre-shared-key** { **simple** | **cipher** } *key*
例如：[Huawei-ipsec-efficient-vpn-vpn1] **pre-shared-key cipher** huawei</td><td colspan="2">（二选一）配置采用预共享密钥认证时，IKE 对等体与对端共享的预共享密钥。**两端的预共享密钥配置必须一致**</td></tr>
<tr><td>**pki realm** *realm-name*
例如：[Huawei-ipsec-efficient-vpn-vpn1] **pki realm** test1</td><td rowspan="2">（二选一）配置采用 rsa-signature key 认证方法的 PKI 域，并获取数字证书</td><td>配置采用数字证书认证时，Efficient VPN 策略的数字证书所属的 PKI 域（已通过 **pki realm realm-name** 命令配置），字符串类型，取值范围是 1～15，**区分大小写**，字符串中不能包含“？”和空格。根据 PKI 域下的配置信息获取本端的 CA 证书和设备证书
缺省情况下，设备存在名称为 default 的 PKI 域，且该域只能修改不能删除，可通过 **undo pki realm realm-name** 命令取消配置的 PKI 域</td></tr>
<tr><td>**inband ocsp**
例如：[Huawei-ipsec-efficient-vpn-vpn1] **inband ocsp**</td><td>（可选）配置采用数字证书认证时，指定通过 IKEv2 协议承载 OCSP 请求和 OCSP 响应进行在线证书状态认证
【注意】该命令只在当 Server 端引用的 IKE 对等体使用 IKEv2 版本时支持。且只有当创建的 PKI 域中配置的 **certificate-check** 命令选择为 **ocsp** 选项时，执行该命令才有效
缺省情况下，系统没有通过 IKEv2 协议承载 OCSP 请求/响应进行在线证书状态认证，可用 **undo inband ocsp** 命令取消通过 IKE 协议承载 OCSP 请求/响应进行在线证书状态认证</td></tr>
</table>

（续表）

步骤	命令	说明	
4	**inband crl** 例如：[Huawei-ipsec-efficient-vpn-vpn1] **inband crl**	（二选一）配置采用 rsa-signature key 认证方法的 PKI 域，并获取数字证书	（可选）配置采用数字证书认证时，指定通过 IKEv2 协议承载 CRL 注销列表请求和 CRL 注销列表响应 【注意】该命令只在当 Server 端引用的 IKE 对等体使用 IKEv2 版本时支持。且只有当创建的 PKI 域中配置的 **certificate-check** 命令选择为 **crl** 选项时，执行该命令才有效。**仅 V200R006 及以后版本 VRP 系统支持** 缺省情况下，系统没有配置 IKE v2 承载 CRL 注销列表请求和响应，可用 **undo inband crl** 命令取消 IKEv2 协议承载 CRL 注销列表请求和响应的配置
5	**dh { group1 | group2 | group5 | group14 | group19 | group20 | group21 }** 例如：[Huawei-ipsec-efficient-vpn-vpn1] **dh group2**	（可选）配置 IKE 密钥协商时采用的 DH 密钥交换参数。DH 密钥交换组安全级别由高到低的顺序是 group21 > group20 > group19 > group14 > group5 > group2 > group1。**仅 V200R006 及以后版本 VRP 系统支持** 缺省情况下，IKE 密钥协商时采用的 DH 密钥交换参数为 group14，可用 **undo dh** 命令恢复 IKE 阶段 1 密钥协商时所使用的 DH 组为缺省值	
6	**quit** 例如：[Huawei-ipsec-efficient-vpn-vpn1] **quit**	返回系统视图	
7	**interface** *interface-type interface-number* 例如：[Huawei] **interface** Ethernet 1/0/0	进入接口视图。此接口为本端公网物理接口	
8	**ipsec efficient-vpn** *efficient-vpn-name* 例如：[Huawei-Ethernet1/0/0] **ipsec efficient-vpn** vpn1	在以上接口上应用前面创建的 Efficient VPN 策略 【注意】如果需要通过 Efficient VPN 策略在分支与总部间建立 IPSec 隧道，则分支网关需要应用 Efficient VPN 策略，而总部网关需要应用模板方式的安全策略	

2. 在 Remote 端 Efficient VPN 策略视图下配置可选参数

在 Remote 端 Efficient VPN 策略视图下可配置的可选参数如表 4-12 所示。各参数配置没有先后次序之分，且均为可选配置。

表 4-12　在 Remote 端 Efficient VPN 策略视图下可选参数的配置步骤

步骤	命令	说明
1	**system-view** 例如：<Huawei> **system-view**	进入系统视图
2	**ipsec efficient-vpn** *efficient-vpn-name* **[mode { client | network | network-plus | network-auto-cfg }]** 例如：[Huawei] **ipsec efficient-vpn** vpn1 **mode client**	进入 Efficient VPN 策略视图

（续表）

步骤	命令	说明
3	**authentication-method { pre-share | rsa-signature }** 例如：[Huawei-ipsec-efficient-vpn-vpn1] **authentication-method pre-share**	配置 IKE 安全联盟协商时使用的认证方法。命令中的选项说明如下： • **pre-share**：二选一选项，指定认证方法为 pre-shared key（即预共享密钥）认证 • **rsa-signature**：二选一选项，指定认证方法为 rsa-signature key（即数字证书，或称 RSA 签名）认证 缺省情况下，IKE 安全联盟协商使用的认证方法为 pre-shared key，可用 **undo authentication-method** 命令恢复缺省配置
4	**local-id-type { dn | ip | key-id | fqdn | user-fqdn }** 例如：[Huawei-ipsec-efficient-vpn-vpn1] **local-id-type fqdn**	配置 IKE 协商时本端 ID 类型。命令中的选项说明如下。 • **dn**：多选一选项，指 IKE 协商时本端 ID 类型为可识别名称 DN 形式。此时需要选择数字证书认证方法，即引用的 IKE 安全提议 **authentication-method** 命令中必须选择 **rsa-signature** 选项。 • **ip**：多选一选项，指 IKE 协商时本端 ID 类型为 IP 地址。 • **key-id**：多选一选项，指定 IKE 协商时本端 ID 类型为 key-id 形式。当与思科设备相连时必须选择本选项，同时也必须通过下一步配置的 **service-scheme** 命令指定引用思科设备的业务方案。仅 V200R006 及以后版本 VRP 系统支持。 • **fqdn**：多选一选项，指定 IKE 协商时本端 ID 类型为完整名称形式（有域时必须带上域名）。 • **user-fqdn**：多选一选项，指定 IKE 协商时本端 ID 类型为用户域名形式。 【说明】在 IKEv1 版本中，要求本端 ID 类型与对端 ID 类型一致；在 IKEv2 版本中，**不要求本端 ID 类型与对端 ID 类型一致**，可分别通过命令指定本端 ID 类型和对端 ID 类型，但本端配置的 **local-id-type** 要匹配对端配置的 **peer-id-type**，而不同于 IKEv1 版本中，两端配置的 **local-id-type** 参数需要匹配。 缺省情况下，IKE 协商时本端 ID 类型为 IP 地址形式，可用 **undo local-id-type** 命令恢复 IKE 协商时本端的 ID 类型为缺省设置
5	**service-scheme** *service-scheme-name* 例如：[Huawei-ipsec-efficient-vpn-vpn1] **service-scheme** service	配置在 Efficient VPN 策略中绑定 AAA 业务方案，指定 Server 端配置的业务方案（**注意，不是本地配置的 AAA 方案**），以获取授权；同时必须在 **local-id-type** 命令中选择 **key-id** 选项，否则配置不生效。若是以 Server 端引用的业务方案来获取授权，则无需配置此步骤。**仅 V200R006 及以后版本 VRP 系统支持** 当 Server 端配置了 **aaa authorization** 命令来采用 AAA RADIUS 服务器授权时，可以通过 **service-scheme** 命令指定 Server 端配置的 AAA 域 缺省情况下，系统未引用业务方案，可用 **undo service-scheme** 命令删除 IKE 对等体引用的业务方案

（续表）

步骤	命令	说明
6	**dpd msg { seq-hash-notify | seq-notify-hash }** 例如：[Huawei-ipsec-efficient-vpn-vpn1] **dpd msg seq-hash-notify**	配置 DPD 报文中的载荷顺序，**仅 V200R006 及以后版本 VRP 系统支持**。命令中的选项说明如下： ● **seq-hash-notify**：二选一选项，指定 DPD 报文中的载荷顺序是 hash-notify ● **seq-notify-hash**：二选一选项，指定 DPD 报文中的载荷顺序是 notify-hash 【说明】DPD 报文是一个双向交换的消息，该消息包含通知载荷（notify）和 Hash 载荷（hash）。发起者发送的通知载荷携带 R-U-THERE 消息，相当于一个 Hello 报文，响应者发送的通知载荷携带 R-U-THERE-ACK 消息，相当于一个 ACK 报文。不同设备缺省发出的 DPD 报文的载荷顺序可能不同，**而两端 IKE 对等体的 DPD 报文中的载荷顺序需要一致，否则对等体存活检测功能无效** 缺省情况下，DPD 报文中的载荷顺序为 notify-hash，可用 **undo dpd msg** 命令将 IKE 对等体的 DPD 报文中的载荷顺序恢复为缺省配置
7	**tunnel local** *ip-address* 例如：[Huawei-ipsec-efficient-vpn-vpn1] **tunnel local** 10.1.1.1	配置 IPSec 隧道的本端 IP 地址，即本端公网 IP 地址，用于配置 IPSec 隧道的起点，一般无需配置 【说明】当 Efficient VPN 策略实际绑定的接口 IP 地址不固定或无法预知时，可以执行本命令指定设备上的其他接口（如 LoopBack 接口）的 IP 地址作为 IPSec 隧道的本端 IP 地址；当本端与对端存在等价路由时，可以执行本命令来指定 IPSec 隧道的本端 IP 地址，使 IPSec 报文从指定接口出去 缺省情况下，系统没有配置 IPSec 隧道的本端地址，可用 **undo tunnel local** 命令删除 IPSec 隧道的本端地址
8	**remote-id** *id* 例如：[Huawei--ipsec-efficient-vpn-vpn1] **remote-name** VRP31	配置 IKE 协商时的对端 ID 值，字符串格式，长度范围是 1～255，区分大小写，不支持空格，支持特殊字符（如!、@、#、$、%等），区分大小写。字符串内容可以是 DN、FQDN、USER-FQDN 缺省情况下，系统没有配置 IKE 协商时对端 ID，可用 **undo remote-id** 命令取消上述配置
9	**sa binding vpn-instance** *vpn-instance-name* 例如：[Huawei-ipsec-efficient-vpn-vpn1] **sa binding vpn-instance** vpna	指定 IPSec 隧道绑定的 VPN 实例。通过配置该功能指定隧道对端所属的 VPN，从而知道报文的发送接口，并将报文发送出去，可以实现 IPSec 的 VPN 多实例连接。 缺省情况下，IPSec 隧道没有绑定 VPN 实例，可用 **undo sa binding vpn-instance** 命令删除 IPSec 隧道绑定的 VPN 实例
10	**qos group** *qos-group-value* 例如：[Huawei-ipsec-efficient-vpn-vpn1] **qos group** 10	配置 IPSec 报文所属的 QoS 组，整数形式，取值范围是 1～99。**仅 V200R006 及以后版本 VRP 系统支持**。 缺省情况下，系统没有配置 IPSec 报文所属的 QoS 组，可用 **undo qos group** 命令删除 IPSec 报文所属的 QoS 组
11	**qos pre-classify** 例如：[Huawei-ipsec-efficient-vpn-vpn1] **qos pre-classify**	配置对原始报文信息进行预提取。 缺省情况下，系统没有配置对原始报文信息的预提取，可用 **undo qos pre-classify** 命令取消对原始报文信息的预提取

（续表）

步骤	命令	说明
12	**pfs { dh-group1 | dh-group2 | dh-group5 | dh-group14 | dh-group19 | dh-group20 | dh-group21 }** 例如：[Huawei-ipsec-efficient-vpn-vpn1] **pfs dh-group1**	设置本端发起协商时使用的 PFS 特性。 缺省情况下，本端发起协商时没有使用 PFS 特性，可用 **undo pfs** 命令配置 IPSec 隧道本端在协商时不使用 PFS 特性
13	**anti-replay window** *window-size* 例如：[Huawei-ipsec-efficient-vpn-vpn1] **anti-replay window** 256	配置 IPSec 抗重放窗口的大小，可取值为 32、64、128、256、512、1024，单位为 bit。 缺省情况下，在 V200R006 以前版本中，IPSec 抗重放窗口的大小是 32 位，在 V200R006 及以后版本中为 1024 位，可用 **undo anti-replay window** 命令恢复 IPSec 抗重放窗口的大小为缺省值

3. 在 Remote 端系统视图下配置可选扩展参数

在 Remote 端系统视图下配置可配置的可选扩展参数包括以下这些。

- 配置对 IPSec 解封装报文进行 ACL 检查。
- 配置报文分片功能。
- 配置全局 SA 生存周期。
- 配置抗重放功能。

这几个方面可选扩展功能的配置方法与在本书第 2 章的 2.4.5 节和第 3 章的 3.1.5 节有具体介绍，配置方法完全一样，均在系统视图下进行配置即可。

4.2.5 配置 Server 端

Server 端参数配置也分为两部分：网络资源参数配置和 IPSec 参数的配置。

- 网络资源参数包括 IP 地址、域名、DNS 服务器地址、WINS 服务器地址等，Server 端可以通过 IPSec 隧道将配置的网络资源参数推送给 Remote 端。
- IPSec 参数配置必须采用策略模板方式建立 SA，但是对于某些参数有配置限制，具体将在介绍具体配置步骤时说明。

1. 网络资源参数配置

Server 端网络资源参数的具体配置步骤如表 4-13 所示。

表 4-13 网络资源参数的配置步骤

步骤	命令	说明
1	**system-view** 例如：<Huawei> **system-view**	进入系统视图
配置全局 IP 地址池，为 Remote 端推送建立 IPSec 隧道使用的 IP 地址（Client 模式或者 Network-plus 模式必选）		
2	**ip pool** *ip-pool-name* 例如：[Huawei] **ip pool** abc	创建一个全局地址池。参数 *ip-pool-name* 用来指定地址池名称，字符串形式，不支持空格，长度范围是 1～64，可以设定为包含数字、字母和下划线“_”或“.”的组合。 Remote 端 Efficient VPN 策略配置为 Client 模式、Network-plus 或者 Network-auto-cfg 模式时，需要 Server 端推送 IP 地址，该步骤为必选，而 Network 模式不需要配置。

（续表）

<table>
<tr><th>步骤</th><th>命令</th><th>说明</th></tr>
<tr><td>2</td><td>ip pool ip-pool-name
例如：[Huawei] ip pool abc</td><td>缺省情况下，没有创建全局地址池，可用 undo ip pool ip-pool-name 命令删除创建的全局地址池，但如果全局地址池的 IP 地址正在使用，则不能删除该全局地址池</td></tr>
<tr><td>3</td><td>network ip-address [mask { mask | mask-length }]
例如：[Huawei-ip-pool-abc] network 192.1.1.0 mask 24</td><td>配置全局地址池下可分配的网段地址。命令中的参数说明如下。
• ip-address：指定网络地址段，是一个网络地址。
• mask：二选一可选参数，指定 IP 地址池的网络掩码，不指定该参数时，使用对应地址段的自然掩码。
• mask-length：二选一可选参数，指定网络的掩码长度，不指定该参数时，使用对应地址段自然掩码对应的掩码长度。
每个 IP 地址池只能配置一个网段，如果系统需要多网段 IP 地址，则需要配置多个地址池。
缺省情况下，系统未配置全局地址池下动态分配的 IP 地址范围，可用 undo network 命令删除地址池中的网段地址，但如果该地址池的 IP 地址已经使用，则不能删除该地址池</td></tr>
<tr><td>4</td><td>gateway-list ip-address &<1-8>
例如：[Huawei-ip-pool-abc] gateway-list 1.1.1.1</td><td>配置全局地址池下的出口网关 IP 地址（必须与 IP 地址池中的 IP 地址在同一 IP 网段），最多配置 8 个</td></tr>
<tr><td>5</td><td>quit
例如：[Huawei-ip-pool-abc] quit</td><td>返回系统视图</td></tr>
<tr><td colspan="3">配置要推送的资源</td></tr>
<tr><td>6</td><td>aaa
例如：[Huawei] aaa</td><td>进入 AAA 视图</td></tr>
<tr><td>7</td><td>service-scheme service-scheme-name
例如：[Huawei-aaa] service-scheme srvscheme1</td><td>创建一个业务方案，并进入业务方案视图。参数 service-scheme-name 用来指定业务方案的名称，字符串形式，不支持空格，长度范围是 1～32，区分大小写，且不能包含以下字符：“\” “/” “:” “<” “>” “|” “@” “'” “%” “*” “"” “?”。
缺省情况下，设备中没有配置业务方案，可用 undo service-scheme service-scheme-name 命令删除指定业务方案</td></tr>
<tr><td>8</td><td>ip-pool pool-name [move-to new-position]
例如：[Huawei-aaa-service-svcscheme1] ip-pool pool1</td><td>（可选）设置 AAA 业务方案下的 IP 地址池。命令中的参数说明如下。
• pool-name：指定全局 IP 地址池名称，该 IP 地址池就是前面创建的全局地址池。当 Remote 端配置采用 Client 模式、Network-plus 或者 Network-auto-cfg 模式时需要配置。
• move-to new-position：可选项，指定移动业务方案下已配置的地址池的位置信息。该参数取值范围与域下已配置的地址池数相关（比如域下已配置 10 个地址池，则该参数取值范围为 1～10），最大取值范围为 1～16。仅用于 Network-auto-cfg 模式。
缺省情况下，业务方案没有设置任何地址池可用 undo ip-pool [pool-name] 命令删除业务方案下所有或指定的地址池</td></tr>
</table>

（续表）

步骤	命令	说明
9	**auto-update url** *url-string* **version** *version-number* 例如：[Huawei-aaa-service-svcscheme1] **auto-update url** ftp://huawei:huawei2012@10.10.10.1/test **version** 1	（可选）配置业务方案下的 URL 路径及版本号。该命令用于 Server 端推送 URL 路径，提供含有版本文件、补丁文件和配置文件的服务器的路径，供 Remote 端下载，实现分支设备的自动升级。命令中的参数说明如下。 ● *url-string*：指定 URL 路径，字符串形式，区分大小写，长度范围是 1～208。 ● *version-number*：指定版本号，整数形式，取值范围是 1～4294967294。 缺省情况下，业务方案没有配置 URL 路径及版本号，可用 **undo auto-update url** 命令删除业务方案下的 URL 路径及版本号
10	**dns-name** *domain-name* 例如：[Huawei-aaa-service-svcscheme1] **dns-name** huawei.com	（可选）配置业务方案使用的 DNS 域名，字符串形式，区分大小写，长度范围是 1～255，例如 huawei.com。 缺省情况下，业务方案没有配置 DNS 缺省域名，可用 **undo dns-name** 命令删除业务方案下的 DNS 缺省域名
11	**dns** *ip-address* [**secondary**] 例如：[Huawei-aaa-service-svcscheme1] **dns** 10.10.10.1	（可选）配置业务方案使用的主/备 DNS 服务器。 缺省情况下，业务方案没有配置主/备 DNS 服务器，可用 **undo dns** [*ip-address*] 命令删除业务方案下的主/备 DNS 服务器
12	**wins** *ip-address* [secondary] 例如：[Huawei-aaa-service-svcscheme1] **wins** 1.1.1.2	（可选）配置业务方案使用的主/备 WINS 服务器。 缺省情况下，业务方案没有配置主/备 DNS 服务器，可用 **undo wins** [*ip-address*] 命令删除业务方案下的主/备 WINS 服务器

2. IPSec 参数配置

Server 端要采用策略模板方式配置完整的 IPSec 参数，包括以下几个部分。

（1）配置 IPSec 安全提议

Efficient VPN 策略中，IPSec 安全提议只支持报文的封装形式为隧道模式，IPSec 安全提议只支持 ESP 安全协议，并且认证算法不支持 sm3 参数，加密算法不支持 sm1 参数。但在使用 IKEv1 版本时，IPSec 支持不认证和不加密功能；使用 IKEv2 版本时，IPSec 不支持不认证和不加密功能。具体配置方法参见本书第 2 章 2.4.3 节。

（2）配置 IKE 安全提议

Efficient VPN 策略中，IKE 密钥协商时采用的 Diffie-Hellman 组必须为 group2，使用 IKEv1 版本时，IKE 安全提议使用的加密算法必须为 3des-cbc，认证算法必须为 md5 或者 sha1。具体配置方法参见本书第 3 章 3.1.2 节。

（3）配置 IKE 对等体

在 Efficient VPN 策略中，使用 IKEv1 版本时，协商模式必须设置为 aggressive（野蛮模式）方式。Server 端还可在 IKEv1（**IKEv2 版本不支持**）版本的对等体视图下通过 **resource acl** *acl-number* 命令实现 ACL 推送功能，将使用 ACL 定义的总部网络信息推送给 Remote 端，限定了允许分支子网访问的总部子网范围，目的地不在 ACL 定义的网络信息范围内的分支子网流量将不会经过 IPSec 隧道。但 Network-auto-cfg 模式不支持 ACL 推送。

在 Efficient VPN 策略中，IKE 对等体下通过执行 **service-scheme** 命令绑定已创建的 AAA 业务方案，实现业务方案中配置的 IP 地址、域名、DNS 服务器地址、WINS 服务器地址等网络资源的推送。

具体的 IKE 对等体配置方法参见本书第 3 章 3.1.3 节。

（4）采用策略模板方式配置安全策略，具体参见第 3 章 3.1.4 节表 3-6

（5）可选扩展参数

- 配置对 IPSec 解封装报文进行 ACL 检查，参见第 2 章 2.4.5 节第 3 点。
- 配置报文分片功能，参见第 2 章 2.4.5 节第 3 点。
- 配置全局 SA 生存周期，参见第 3 章 3.1.5 节第 4 点。
- 配置抗重放功能，参见第 3 章 3.1.5 节第 5 点。
- 配置保护相同数据流的新用户快速接入总部功能，参见第 3 章 3.1.5 节第 7 点。

（6）在接口上应用指定的安全策略组，参见第 2 章 2.4.6 节

4.2.6　Efficient VPN Client 模式建立 IPSec 隧道配置示例

如图 4-8 所示，RouterA 为企业远程小型分支网关，RouterB 为企业总部网关，分支与总部通过公网建立通信，并且总部与分支的网络 IP 地址没有做统一规划。现企业希望对分支子网与总部子网之间相互访问的流量进行安全保护，并且分支网关配置能够尽量简单。RouterA 要向 RouterB 申请 IP 地址用于建立 IPSec 隧道，同时申请 DNS 域名、DNS 服务器地址和 WINS 服务器地址，提供给分支子网使用。

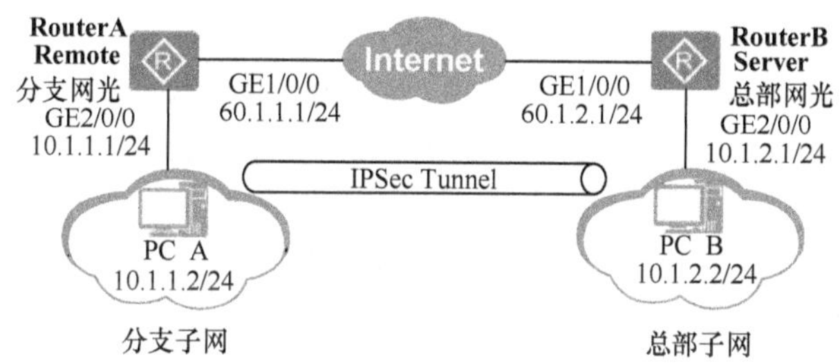

图 4-8　Efficient VPN Client 模式建立 IPSec 隧道配置示例的拓扑结构

本示例中的各 AR 路由器运行 V200R005 版本，IKE 采用 v2 版本。

1．基本配置思路分析

本示例中的分支机构的网络规模比较小，且分支与总部网络的 IP 地址未做统一规划（有可能有重叠）。现要求分支向总部申请 IP 地址来建立 IPSec 隧道，并且要求分支上的配置尽量简单，所以可以采用 Efficient VPN Client 模式进行配置。

根据前面介绍的 Efficient VPN Client 模式配置方法，再结合本示例实际，可得出如下的基本配置思路（为简单起见，仅配置必选任务）。

（1）在 RouterA 和 RouterB 上配置各接口的 IP 地址，以及到达对端公网、私网的静态路由，保证路由可达。

（2）在 RouterB 上配置 IP 地址池，为分支上自动创建的 Loopback0 接口分配一个 IP 地址，分支再通过这个 IP 地址与总部建立 IPSec 隧道。

（3）RouterB 作为 IPSec 隧道协商响应方，采用策略模板方式与 RouterA 建立 IPSec

隧道。全面配置包括 IPSec 安全提议、IKE 安全提议、IKE 对等体、基于策略模板创建安全策略，最后在公网接口上应用安全策略组。

另外，在 Efficient VPN Client 模式中总部需要向分支推送网络资源参数，故还需要配置用于推送的 AAA 业务方案，包括所需的 IP 地址池、DNS 域名、DNS 服务器地址和 WINS 服务器地址。

【经验提示】因为分支上的许多 IPSec 参数都是由总部推送的，所以在配置分支的 Efficient VPN 策略前要配置好总部的 IPSec 参数。

（4）在 RouterA 上采用 Client 模式配置 Efficient VPN 策略，指定对端的公网 IP 地址和 IPSec 隧道认证的预共享密钥（采用缺省的 IPSec 隧道预共享密钥认证方法），最后在公网接口上应用 Efficient VPN 策略，作为协商发起方与 RouterB 建立 IPSec 隧道。

2. 基本配置步骤

（1）分别在 RouterA 和 RouterB 上配置各接口的 IP 地址，以及到达对端公网、私网的静态路由。

RouterA 上的配置。假设到对端的下一跳地址为 60.1.1.2（为分支 ISP 连接 RouterA 的接口的 IP 地址）。

```
<Huawei> system-view
[Huawei] sysname RouterA
[RouterA] interface gigabitethernet 1/0/0
[RouterA-GigabitEthernet1/0/0] ip address 60.1.1.1 255.255.255.0
[RouterA-GigabitEthernet1/0/0] quit
[RouterA] interface gigabitethernet 2/0/0
[RouterA-GigabitEthernet2/0/0] ip address 10.1.1.1 255.255.255.0
[RouterA-GigabitEthernet2/0/0] quit
[RouterA] ip route-static 60.1.2.0 255.255.255.0 60.1.1.2   #---到达总部公网的静态路由
[RouterA] ip route-static 10.1.2.0 255.255.255.0 60.1.1.2   #---到达总部私网的静态路由
```

RouterB 上的配置。假设到对端的下一跳地址为 60.1.2.2（为总部 ISP 连接 RouterB 的接口的 IP 地址）。这里的 Loopback0 接口仅用来作为后面所配置的 IP 地址池的网关。

```
<Huawei> system-view
[Huawei] sysname RouterB
[RouterB] interface gigabitethernet 1/0/0
[RouterB-GigabitEthernet1/0/0] ip address 60.1.2.1 255.255.255.0
[RouterB-GigabitEthernet1/0/0] quit
[RouterB] interface gigabitethernet 2/0/0
[RouterB-GigabitEthernet2/0/0] ip address 10.1.2.1 255.255.255.0
[RouterB-GigabitEthernet2/0/0] quit
[RouterB] interface loopback0
[RouterB-Loopback0] ip address 100.1.1.1 255.255.255.0
[RouterB-Loopback0] quit
[RouterB] ip route-static 60.1.1.0 255.255.255.0 60.1.2.2   #---到达分支公网的静态路由
[RouterB] ip route-static 10.1.1.0 255.255.255.0 60.1.2.2   #---到达分支私网的静态路由
[RouterB] ip route-static 100.1.1.0 255.255.255.0 60.1.2.2   #---到达分支 Loopback0 接口所在网段的静态路由
```

【经验提示】一般情况下，我们在总部网关上配置的 IP 地址池可以直接是总部私网网段，此时的网关就是总部网关设备连接内部子网的接口。但由于在 Client 模式下，分支与总部子网没有做统一规划，为了尽可能避免与总部子网中配置的 IP 地址相冲突，通常采用一个与分支子网和总部子网都不同的子网。但这时 IP 地址池的网关就不能是总部网关连接内部子网的接口了（因为它的 IP 地址与 IP 地址池中的 IP 地址不在同一 IP 网段），这时可以是其他任意一个接口，包括没有物理连接的接口，只要把它的IP地址配置在IP地址池对应网段即可。因为最终这个IP地址池是由AAA业务方案向分支推送的，实际的IP地址分配并不是真正通过这个IP地址池网关发送的。在本示例中，采用一个永久有效的Loopback0接口作为IP地址池的网关，把它的IP地址配置在IP地址池对应网段中。

（2）在RouterB上配置IP地址池，用于为分支动态分配一个用于建立IPSec隧道的IP地址。假设IP地址池为100.1.1.0/24，网关就是第（1）步在总部网关RouterB上创建的Loopback0接口。

```
[RouterB] ip pool pool1
[RouterB-ip-pool-pool1] network 100.1.1.0 mask 24
[RouterB-ip-pool-pool1] gateway-list 100.1.1.1
```

（3）配置RouterB作为IPSec隧道协商响应方，采用策略模板方式与RouterA建立IPSec隧道。在此仅配置必要的配置任务。

通过AAA业务模板配置要推送的资源属性。

在Client模式中，总部至少需要向分支推送分支用户用于PAT地址转换的IP地址池，另外还可根据实际需求选择推送、DNS域名（假设为lycb.com）、主/从DNS服务器地址（假设分别为2.2.2.2和2.2.2.3）和主/从WINS服务器地址（假设分别为3.3.3.2和3.3.3.3）。

```
[RouterB] aaa
[RouterB-aaa] service-scheme schemetest
[RouterB-aaa-service-schemetest] ip pool pool1   #---引用前面配置的IP地址池
[RouterB-aaa-service-schemetest] dns-name lycb.com
[RouterB-aaa-service-schemetest] dns 2.2.2.2
[RouterB-aaa-service-schemetest] dns 2.2.2.3 secondary
[RouterB-aaa-service-schemetest] wins 3.3.3.2
[RouterB-aaa-service-schemetest] wins 3.3.3.3 secondary
[RouterB-aaa-service-schemetest] quit
[RouterB-aaa] quit
```

配置IKE安全提议和IKE对等体，并将AAA业务模板绑定在IKE对等体中。

假设IKE安全提议中指定采用SHA2-256认证算法、AES-128加密算法、group2的DH组，其他参数采用缺省值（包括认证方法也采用缺省的预共享密钥认证方法）。在IKE对等体中采用 IKEv2版本，配置的预共享认证密钥为huawei。

```
[RouterB] ike proposal 5
[RouterB-ike-proposal-5] dh group2   #---此处只能为group2
[RouterB-ike-proposal-5] authentication-algorithm sha2-256
[RouterB-ike-proposal-5] encryption-algorithm aes-128
[RouterB-ike-proposal-5] quit
[RouterB] ike peer rut3 v2
[RouterB-ike-peer-rut3] pre-shared-key cipher huawei   #---配置IPSec隧道认证的预共享密钥
[RouterB-ike-peer-rut3] ike-proposal 5 #---引用前面配置的IKE安全提议
[RouterB-ike-peer-rut3] service-scheme schemetest   #---引用前面配置的AAA业务方案
[RouterB-ike-peer-rut3] quit
```

注意

在Efficient VPN策略中，DH组只能选择group2，当采用IKEv1时，IKE对等体和IKE安全提议使用的加密算法只能是3DES-CBC，认证算法只能是SHA1或MAD5。

配置 IPSec 安全提议，并以策略模板方式创建安全策略。

在 IPSec 安全提议中指定 ESP 认证算法为 SHA2-256，ESP 加密算法为 AES-128，其他参数采用缺省配置。在策略模板中引用前面配置好的 IKE 对等体、IPSec 安全提议，并基于策略模板创建 ISAKMP 安全策略，然后在总部网关公网接口上应用。

```
[RouterB] ipsec proposal prop1
[RouterB-ipsec-proposal-prop1] esp authentication-algorithm sha2-256
[RouterB-ipsec-proposal-prop1] esp encryption-algorithm aes-128
[RouterB-ipsec-proposal-prop1] quit
[RouterB] ipsec policy-template temp1 10
[RouterB-ipsec-policy-templet-temp1-10] ike-peer rut3   #---引用前面配置的 IKE 对等体
[RouterB-ipsec-policy-templet-temp1-10] proposal prop1   #---引用前面配置的 IPSec 安全提议
[RouterB-ipsec-policy-templet-temp1-10] quit
[RouterB] ipsec policy policy1 10 isakmp template temp1 #---基于策略模板创建 ISAKMP 安全策略
[RouterB] interface gigabitethernet 1/0/0
[RouterB-GigabitEthernet1/0/0] ipsec policy policy1
[RouterB-GigabitEthernet1/0/0] quit
```

（4）在 RouterA 上采用 Client 方式配置 Efficient VPN 策略，建立 IPSec 隧道。仅配置必选配置任务。

配置 Efficient VPN 的模式为 Client 模式，并指定 IKE 协商时的对端地址和预共享密钥。

```
[RouterA] ipsec efficient-vpn evpn mode client
[RouterA-ipsec-efficient-vpn-evpn] remote-address 60.1.2.1 v2
[RouterA-ipsec-efficient-vpn-evpn] pre-shared-key cipher huawei
[RouterA-ipsec-efficient-vpn-evpn] quit
```

在公网接口上应用 Efficient VPN 策略。

```
[RouterA] interface gigabitethernet 1/0/0
[RouterA-GigabitEthernet1/0/0] ipsec efficient-vpn evpn
[RouterA-GigabitEthernet1/0/0] quit
```

3. 配置结果验证

以上配置完成后，可在主机 PC A 上执行 ping 操作，此时可以 ping 通主机 PC B 了，在 RouterA 上执行 display ipsec statistics 命令如果可以查看到所创建的两个 SA，表明已成功与总部建立 IPSec 隧道了，结果如下。

```
[RouterA] display ike sa
    Conn-ID  Peer            VPN   Flag(s)                  Phase
  ---------------------------------------------------------------
       26    60.1.2.1        0     RD|ST                    v2:2
       25    60.1.2.1        0     RD|ST                    v2:1

  Number of SA entries   : 2

  Number of SA entries of all cpu : 2

  Flag Description:
  RD--READY   ST--STAYALIVE   RL--REPLACED   FD--FADING   TO--TIMEOUT
  HRT--HEARTBEAT   LKG--LAST KNOWN GOOD SEQ NO.   BCK--BACKED UP
  M--ACTIVE   S--STANDBY   A--ALONE   NEG--NEGOTIATING
```

另外，在 RouterA 上查看接口时会看到有一个自动创建的 Loopback0 接口，并且从总部那里自动分配一个在 100.1.1.0/24 网段的 IP 地址。这个 IP 地址是作为分支下所有用户要与总部子网通信时经 PAT 转换后的 IP 地址。

4.2.7 Efficient VPN Network 模式建立 IPSec 隧道配置示例

如图 4-9 所示，RouterA 为公司分支网关，RouterB 为公司总部网关，分支与总部通过公网建立通信，并且总部与分支的网络已统一规划。分支子网为 10.1.1.0/24，总部子网为 10.1.2.0/24。

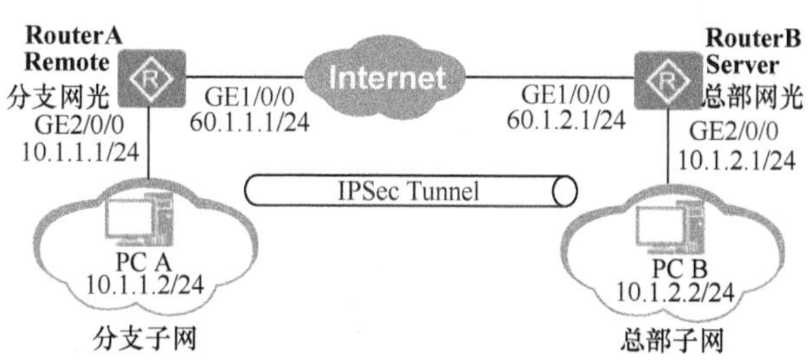

图 4-9 Efficient VPN Network 模式建立 IPSec 隧道配置示例的拓扑结构

现公司希望对分支子网与总部子网之间相互访问的流量进行安全保护，并且分支网关配置能够尽量简单，由总部网关对分支网关进行集中管理。RouterA 向 RouterB 申请 DNS 域名、DNS 服务器地址和 WINS 服务器地址，提供给分支子网使用。

本示例中的各 AR 路由器运行 V200R005 版本，IKE 采用 v2 版本。

1. 基本配置思路分析

本示例中，分支子网与总部子网经过了统一规划，所以不存在 IP 地址段重叠的问题。此时可在分支网关与总部网关之间采用 Efficient VPN Network 模式建立一个 IPSec 隧道来实施安全保护，便于 IPSec 隧道的建立与维护管理。在 Efficient VPN Network 模式下，分支不会向总部申请 IP 地址，分支子网用户直接使用原有 IP 地址与总部子网建立 IPSec 隧道。所以，本示例中的分支和总部的配置相比 4.2.6 节介绍的 Client 模式配置示例中的配置更为简单。

本示例的基本配置思路如下。

（1）在 RouterA 和 RouterB 上配置各接口的 IP 地址，以及到达对端公网、私网的静态路由，保证两端路由可达。

（2）在 RouterB 上配置要推送的资源属性，包括所需的 DNS 域名、DNS 服务器地址和 WINS 服务器地址。

（3）RouterB 作为 IPSec 隧道协商响应方，采用策略模板方式与 RouterA 建立 IPSec 隧道。包括全面的 IPSec 参数配置，如 IPSec 安全提议、IKE 安全提议、IKE 对等体、基于策略模板创建的安全策略等。

（4）在 RouterA 上采用 Network 模式配置 Efficient VPN 策略，作为协商发起方与 RouterB 建立 IPSec 隧道。此时只需指定 Efficient VPN Network 的运行模式、Server 端的公网 IP 地址、IPSec 隧道认证的预共享密钥。

2. 具体配置步骤

（1）分别在 RouterA 和 RouterB 上配置各接口的 IP 地址，以及到达对端公网和私网的静态路由。

RouterA 上的配置。假设到达对端的下一跳地址为 60.1.1.2。

```
<Huawei> system-view
[Huawei] sysname RouterA
[RouterA] interface gigabitethernet 1/0/0
[RouterA-GigabitEthernet1/0/0] ip address 60.1.1.1 255.255.255.0
[RouterA-GigabitEthernet1/0/0] quit
[RouterA] interface gigabitethernet 2/0/0
[RouterA-GigabitEthernet2/0/0] ip address 10.1.1.1 255.255.255.0
[RouterA-GigabitEthernet2/0/0] quit
[RouterA] ip route-static 60.1.2.0 255.255.255.0 60.1.1.2
[RouterA] ip route-static 10.1.2.0 255.255.255.0 60.1.1.2
```

在 RouterB 上配置接口的 IP 地址。假设到对端下一跳地址为 60.1.2.2。

```
<Huawei> system-view
[Huawei] sysname RouterB
[RouterB] interface gigabitethernet 1/0/0
[RouterB-GigabitEthernet1/0/0] ip address 60.1.2.1 255.255.255.0
[RouterB-GigabitEthernet1/0/0] quit
[RouterB] interface gigabitethernet 2/0/0
[RouterB-GigabitEthernet2/0/0] ip address 10.1.2.1 255.255.255.0
[RouterB-GigabitEthernet2/0/0] quit
[RouterB] ip route-static 60.1.1.0 255.255.255.0 60.1.2.2
[RouterB] ip route-static 10.1.1.0 255.255.255.0 60.1.2.2
```

（2）在 RouterB 上通过 AAA 业务模板配置要推送的资源属性，根据需要推送 DNS 域名（假设为 lycb.com）、主/从 DNS 服务器地址（假设分别为 2.2.2.2 和 2.2.2.3）和主/从 WINS 服务器地址（假设分别为 3.3.3.2 和 3.3.3.3）。

```
[RouterB] aaa
[RouterB-aaa] service-scheme schemetest
[RouterB-aaa-service-schemetest] dns-name lycb.com
[RouterB-aaa-service-schemetest] dns 2.2.2.2
[RouterB-aaa-service-schemetest] dns 2.2.2.3 secondary
[RouterB-aaa-service-schemetest] wins 3.3.3.2
[RouterB-aaa-service-schemetest] wins 3.3.3.3 secondary
[RouterB-aaa-service-schemetest] quit
[RouterB-aaa] quit
```

（3）在 RouterB 上配置策略模板方式的安全策略，作为协商响应方与 RouterA 建立 IPSec 隧道。

配置 IKE 安全提议和 IKE 对等体。

假设 IKE 安全提议中指定采用 3DES-CBC 加密算法、group2 的 DH 组，其他参数采用缺省值（包括认证方法也采用缺省的预共享密钥认证方法）。在 IKE 对等体中采用 IKEv2 版本，配置的预共享认证密钥为 huawei。

```
[RouterB] ike proposal 5
[RouterB-ike-proposal-5] dh group2   #---此处只能为 group2
[RouterB-ike-proposal-5] encryption-algorithm 3des-cbc
[RouterB-ike-proposal-5] quit
[RouterB] ike peer rut3 v2
[RouterB-ike-peer-rut3] pre-shared-key simple huawei
[RouterB-ike-peer-rut3] ike-proposal 5
[RouterB-ike-peer-rut3] service-scheme schemetest   #---引用前面配置的 AAA 业务方案
[RouterB-ike-peer-rut3] quit
```

配置 IPSec 安全提议、策略模板方式的安全策略。

此处的 IPSec 安全提议参数均采用缺省值。基于策略模板创建安全策略，并最后在公网接口上应用该安全策略组。

```
[RouterB] ipsec proposal tran1
[RouterB-ipsec-proposal-tran1] quit
[RouterB] ipsec policy-template use1 10
[RouterB-ipsec-policy-templet-use1-10] ike-peer rut3
[RouterB-ipsec-policy-templet-use1-10] proposal tran1
[RouterB-ipsec-policy-templet-use1-10] quit
[RouterB] ipsec policy policy1 10 isakmp template use1
[RouterB] interface gigabitethernet 1/0/0
[RouterB-GigabitEthernet1/0/0] ipsec policy policy1
[RouterB-GigabitEthernet1/0/0] quit
```

（4）在 RouterA 上采用 Network 模式配置 Efficient VPN 策略，作为协商发起方与 RouterB 建立 IPSec 隧道。因为在 Network 模式中，分支子网用户直接采用原始 IP 地址与总部子网通信，所以需要通过 ACL 来定义需要保护的数据流。

配置 ACL，定义由子网 10.1.1.0/24 去子网 10.1.2.0/24 的数据流。

```
[RouterA] acl number 3001
[RouterA-acl-adv-3001] rule 1 permit ip source 10.1.1.2 0.0.0.255 destination 10.1.2.2 0.0.0.255
```

配置 Efficient VPN 的模式为 Network，并在模式视图下引用 ACL、指定 IKE 协商时的对端地址和预共享密钥。

```
[RouterA] ipsec efficient-vpn evpn mode network
[RouterA-ipsec-efficient-vpn-evpn] security acl 3001
[RouterA-ipsec-efficient-vpn-evpn] remote-address 60.1.2.1 v2
[RouterA-ipsec-efficient-vpn-evpn] pre-shared-key simple huawei
[RouterA-ipsec-efficient-vpn-evpn] quit
```

在公网接口上应用 Efficient VPN。

```
[RouterA] interface gigabitethernet 1/0/0
[RouterA-GigabitEthernet1/0/0] ipsec efficient-vpn evpn
```

3. 配置结果验证

以上配置完成后，在主机 PC A 上执行 **ping** 操作可以 ping 通主机 PC B 了。在两端执行 **display ipsec statistics esp** 命令可以查看数据包的统计信息。

分别在 RouterA 和 RouterB 上执行 **display ike sa v2** 命令会显示所建立的两个 SA 信息，以下是在 RouterA 上执行该命令的输出示例。

```
[RouterA] display ike sa v2
    Conn-ID   Peer          VPN    Flag(s)                    Phase
  ---------------------------------------------------------------
       31     60.1.2.1       0     RD|ST                        2
       30     60.1.2.1       0     RD|ST                        1

  Flag Description:
  RD--READY   ST--STAYALIVE   RL--REPLACED   FD--FADING   TO--TIMEOUT
```

分别在 RouterA 和 RouterB 上执行 **display ipsec sa** 命令会显示所生成的出/入两个方面的 IPSec SA 信息，以下是在 RouterA 上执行该命令的输出示例。

```
[RouterA] display ipsec sa

===============================
Interface: GigabitEthernet1/0/0
 Path MTU: 1500
```

```
==========================================

  ----------------------------
  IPSec efficient-vpn name: "evpn"
  Mode                    : EFFICIENTVPN-NETWORK MODE
  ----------------------------
    Connection ID       : 31
    Encapsulation mode: Tunnel
    Tunnel local        : 60.1.1.1
    Tunnel remote       : 60.1.2.1
    Flow source         : 10.1.1.0/0.0.0.255 0/0
    Flow destination    : 10.1.2.0/0.0.0.255 0/0
    Qos pre-classify    : Disable

    [Outbound ESP SAs]
      SPI: 4292419822 (0xffd920ee)
      Proposal: ESP-ENCRYPT-DES-64 ESP-AUTH-MD5
      SA remaining key duration (bytes/sec): 1887436800/3525
      Max sent sequence-number: 0
      UDP encapsulation used for NAT traversal: N

    [Inbound ESP SAs]
      SPI: 1849619651 (0x6e3ef4c3)
      Proposal: ESP-ENCRYPT-DES-64 ESP-AUTH-MD5
      SA remaining key duration (bytes/sec): 1887436800/3525
      Max received sequence-number: 0
      Anti-replay window size: 32
      UDP encapsulation used for NAT traversal: N
```

在 RouterA 上执行 **display ipsec efficient-vpn** 命令会显示 Efficient VPN 策略的配置信息。当出现故障时可通过该命令检查分支端的 Efficient VPN 策略配置是否正确。

```
[RouterA] display ipsec efficient-vpn
===========================================================
IPSec efficient-vpn name: evpn
Using interface              : GigabitEthernet1/0/0
===========================================================
 IPSec Efficient-vpn Name    : evpn
 IPSec Efficient-vpn Mode    : 2 (1:Client 2:Network 3:Network-plus)
 ACL Number                  : 3001
 Auth Method                 : 8 (8:PSK 9:RSA)
 VPN name                    :
 Local ID Type               : 1 (1:IP 2:Name)
 IKE Version                 : 2 (1:IKEv1 2:IKEv2)
 Remote Address              : 60.1.2.1    (selected)
 Pre Shared Key              : huawei
 PFS Type                    : 0 (0:Disable 1:Group1 2:Group2 5:Group5 14:Group14)
 Local Address               :
 Remote Name                 :
 PKI Object                  :
 Anti-replay window size     : 32
 Qos pre-classify            : 0 (0:Disable 1:Enable)
 Interface loopback          :
 Interface loopback IP       :
 Dns server IP               : 2.2.2.2, 2.2.2.3
 Wins server IP              : 3.3.3.2, 3.3.3.3
```

```
Dns default domain name    : mydomain.com.cn
Auto-update url            :
Auto-update version        :
```

4.2.8 Efficient VPN Network-plus 方式建立 IPSec 隧道配置示例

如图 4-10 所示，RouterA 为公司分支网关，RouterB 为公司总部网关，分支与总部通过公网建立通信，并且总部与分支的网络已统一规划。分支子网为 10.1.1.0/24，总部子网为 10.1.2.0/24。现公司希望对分支子网与总部子网之间相互访问的流量进行安全保护，并且分支网关配置能够尽量简单，由总部网关对分支网关进行集中管理，管理和维护方式采用 Ping、Telnet 命令。

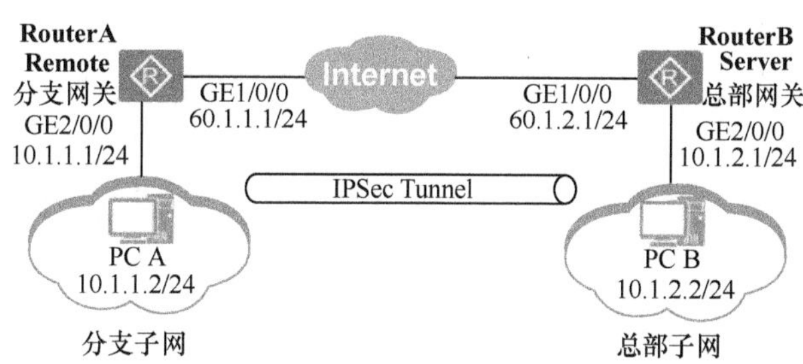

图 4-10　Efficient VPN Network-plus 方式建立 IPSec 隧道配置示例拓扑结构

本示例中的 AR 路由器均运行 V200R005 版本，IKE 协议采用 v1 版本。

1. 基本配置思路分析

本示例中的分支子网与总部子网的 IP 地址经过了统一规划，所以不存在 IP 网段重叠的问题。但公司希望在总部能对分支进行集中的设备管理，能通过 Ping、Telent 等管理方式对分支设备进行管理，所以可以在分支网关与总部网关之间采用 Efficient VPN Network-plus 模式建立一个 IPSec 隧道来实施安全保护，便于 IPSec 隧道的建立与维护管理。

在 Efficient VPN Network-plus 模式下，RouterA 要向 RouterB 申请一个 IP 地址（也是分配给 RouterA 自动创建的 Looback 接口）用于建立 IPSec 隧道，但这个 IP 只用于总部对分支进行 Ping、Telnet 等管理维护，不用于对分支用户进行 PAT 地址转换。同时 RouterA 还可向 RouterB 申请 DNS 域名、DNS 服务器地址和 WINS 服务器地址，提供给分支子网使用。

本示例的基本配置思路如下（总体与 4.2.6 节的配置差不多）。

（1）在 RouterA 和 RouterB 上配置各接口的 IP 地址，以及到达对端公网、私网的静态路由，保证两端路由可达。

（2）在 RouterB 上配置 IP 地址池，用于为分支动态分配一个用于建立 IPSec 隧道的 IP 地址。

（3）在 RouterB 上配置要推送的资源属性，包括 IP 地址池、DNS 域名、DNS 服务器地址和 WINS 服务器地址。

（4）RouterB 作为 IPSec 隧道协商响应方，采用策略模板方式与 RouterA 建立 IPSec 隧道。全面配置包括 IPSec 安全提议、IKE 安全提议、IKE 对等体、基于策略模板创建安全策略，最后在公网接口上应用安全策略。

（5）在 RouterA 上采用 Network-plus 模式配置 Efficient VPN 策略，指定对端的公网 IP 地址和 IPSec 隧道认证的预共享密钥（采用缺省的 IPSec 隧道预共享密钥认证方法），最后在公网接口上应用 Efficient VPN 策略，作为协商发起方与 RouterB 建立 IPSec 隧道。

2. 具体配置步骤

（1）分别在 RouterA 和 RouterB 上配置各接口的 IP 地址，以及到达对端公网和私网的静态路由。

\# RouterA 上的配置。假设到对端的下一跳地址为 60.1.1.2。

```
<Huawei> system-view
[Huawei] sysname RouterA
[RouterA] interface gigabitethernet 1/0/0
[RouterA-GigabitEthernet1/0/0] ip address 60.1.1.1 255.255.255.0
[RouterA-GigabitEthernet1/0/0] quit
[RouterA] interface gigabitethernet 2/0/0
[RouterA-GigabitEthernet2/0/0] ip address 10.1.1.1 255.255.255.0
[RouterA-GigabitEthernet2/0/0] quit
[RouterA] ip route-static 60.1.2.0 255.255.255.0 60.1.1.2
[RouterA] ip route-static 10.1.2.0 255.255.255.0 60.1.1.2
```

\# RouterB 上的配置。假设到对端下一跳地址为 60.1.2.2。这里的 Loopback0 接口仅用来作为后面所配置的 IP 地址池的网关。

```
<Huawei> system-view
[Huawei] sysname RouterB
[RouterB] interface gigabitethernet 1/0/0
[RouterB-GigabitEthernet1/0/0] ip address 60.1.2.1 255.255.255.0
[RouterB-GigabitEthernet1/0/0] quit
[RouterB] interface gigabitethernet 2/0/0
[RouterB-GigabitEthernet2/0/0] ip address 10.1.2.1 255.255.255.0
[RouterB-GigabitEthernet2/0/0] quit
[RouterB] ip route-static 60.1.1.0 255.255.255.0 60.1.2.2
[RouterB] ip route-static 10.1.1.0 255.255.255.0 60.1.2.2
[RouterB] interface loopback0
[RouterB-Loopback0] ip address 100.1.1.1 255.255.255.0
[RouterB-Loopback0] quit
```

（2）在 RouterB 上配置 IP 地址池，用于为分支动态分配一个用于建立 IPSec 隧道的 IP 地址（仅用于总部对分支设备的管理，不用于给分支用户进行 PAT 地址转换）。假设 IP 地址池为 100.1.1.0/24，网关就是第（1）步在总部网关 RouterB 上创建的 Loopback0 接口。

```
[RouterB] ip pool po1
[RouterB-ip-pool-po1] network 100.1.1.0 mask 255.255.255.128
[RouterB-ip-pool-po1] gateway-list 100.1.1.1
[RouterB-ip-pool-po1] quit
```

（3）在 RouterB 上配置要推送的资源属性，推送 IP 地址池、DNS 域名（假设为 lycb.com）、主/从 DNS 服务器地址（假设分别为 2.2.2.2 和 2.2.2.3）和主/从 WINS 服务器地址（假设分别为 3.3.3.2 和 3.3.3.3）。

```
[RouterB] aaa
[RouterB-aaa] service-scheme schemetest
[RouterB-aaa-service-schemetest] ip-pool po1
[RouterB-aaa-service-schemetest] dns-name mydomain.com.cn
```

```
[RouterB-aaa-service-schemetest] dns 2.2.2.2
[RouterB-aaa-service-schemetest] dns 2.2.2.3 secondary
[RouterB-aaa-service-schemetest] wins 3.3.3.2
[RouterB-aaa-service-schemetest] wins 3.3.3.3 secondary
[RouterB-aaa-service-schemetest] quit
[RouterB-aaa] quit
```

（4）在 RouterB 上配置策略模板方式的安全策略，作为协商响应方与 RouterA 建立 IPSec 隧道。

配置 IKE 安全提议和 IKE 对等体。

因为本示例的 AR 路由器运行 V200R005 版本 VRP 系统，采用 IKEv1 版本，所以认证算法只能是 SHA1 或 MD5（V200R006 以前版本缺省为 MD5，不需要配置），加密算法只能是 3DES-CBC，IKEv1 第一阶段协商采用野蛮模式。

```
[RouterB] ike proposal 5
[RouterB-ike-proposal-5] dh group2
[RouterB-ike-proposal-5] encryption-algorithm 3des-cbc  #---在 IKEv1 中必须为 3DES-CBC 算法
[RouterB-ike-proposal-5] quit
[RouterB] ike peer rut3 v1
[RouterB-ike-peer-rut3] exchange-mode aggressive  #---在 IKEv1 中必须为野蛮模式
[RouterB-ike-peer-rut3] pre-shared-key simple huawei
[RouterB-ike-peer-rut3] ike-proposal 5
[RouterB-ike-peer-rut3] service-scheme schemetest
[RouterB-ike-peer-rut3] quit
```

配置 IPSec 安全提议、策略模板方式的安全策略。引用前面配置的 IKE 对等体和 IPSec 安全提议。

```
[RouterB] ipsec proposal tran1
[RouterB-ipsec-proposal-tran1] quit
[RouterB] ipsec policy-template use1 10
[RouterB-ipsec-policy-templet-use1-10] ike-peer rut3
[RouterB-ipsec-policy-templet-use1-10] proposal tran1
[RouterB-ipsec-policy-templet-use1-10] quit
[RouterB] ipsec policy policy1 10 isakmp template use1
```

在公网接口上应用安全策略组。

```
[RouterB] interface gigabitethernet 1/0/0
[RouterB-GigabitEthernet1/0/0] ipsec policy policy1
```

（5）在 RouterA 上采用 Network-plus 模式配置 Efficient VPN 策略，作为协商发起方与 RouterB 建立 IPSec 隧道。因为分支不采用总部分配的 IP 地址进行 PAT 转换，而是直接采用原始 IP 地址与总部子网通信，所以需要在 Efficient VPN 策略中向总部推送需要 IPSec 保护的数据流。

配置 ACL，定义由分支子网 10.1.1.0/24 到达总部子网 10.1.2.0/24 的数据流。

```
[RouterA] acl number 3001
[RouterA-acl-adv-3001] rule 1 permit ip source 10.1.1.0 0.0.0.255 destination 10.1.2.0 0.0.0.255
```

配置 Efficient VPN 的模式为 Network-plus，并在模式视图下引用 ACL、指定 IKE 协商时的对端公网 IP 地址和采用预共享密钥认证方法时的预共享密钥（两端配置必须一致）。

```
[RouterA] ipsec efficient-vpn evpn mode network-plus
[RouterA-ipsec-efficient-vpn-evpn] security acl 3001
[RouterA-ipsec-efficient-vpn-evpn] remote-address 60.1.2.1 v1
[RouterA-ipsec-efficient-vpn-evpn] pre-shared-key simple huawei
[RouterA-ipsec-efficient-vpn-evpn] quit
```

在接口上应用 Efficient VPN。

```
[RouterA] interface gigabitethernet 1/0/0
[RouterA-GigabitEthernet1/0/0] ipsec efficient-vpn evpn
```

3. 配置结果验证

以上配置完成后，在主机 PC A 上执行 **ping** 操作可以 ping 通主机 PC B。在两设备上执行 **display ipsec statistics esp** 命令可以查看数据包的统计信息。

分别在 RouterA 和 RouterB 上执行 **display ike sa** 命令会显示所建立的两个 SA 信息。以下是在 RouterA 上执行该命令的输出示例。

```
[RouterA] display ike sa
     Conn-ID  Peer              VPN    Flag(s)              Phase
  ---------------------------------------------------------------
    117     60.1.2.1          0      RD|ST                  2
    116     60.1.2.1          0      RD|ST                  1

  Flag Description:
  RD--READY   ST--STAYALIVE   RL--REPLACED   FD--FADING   TO--TIMEOUT
```

分别在 RouterA 和 RouterB 上执行 **display ipsec sa** 命令会显示所生成出/入两方向 IPSec SA 信息。以下是在 RouterA 上执行该命令的输出示例。

```
[RouterA] display ipsec sa

===============================
Interface: GigabitEthernet1/0/0
 Path MTU: 1500
===============================

  -----------------------------
  IPSec efficient-vpn name: "evpn"
  Mode                       : EFFICIENTVPN-NETWORKPLUS MODE
  -----------------------------
    Connection ID         : 117
    Encapsulation mode: Tunnel
    Tunnel local          : 60.1.1.1
    Tunnel remote         : 60.1.2.1
    Flow source           : 100.1.1.126/255.255.255.255 0/0
    Flow destination    : 0.0.0.0/0.0.0.0 0/0
    Qos pre-classify    : Disable

    [Outbound ESP SAs]
      SPI: 997280145 (0x3b714991)
      Proposal: ESP-ENCRYPT-DES-64 ESP-AUTH-MD5
      SA remaining key duration (bytes/sec): 1887436800/3586
      Max sent sequence-number: 0
      UDP encapsulation used for NAT traversal: N

    [Inbound ESP SAs]
      SPI: 1864510097 (0x6f222a91)
      Proposal: ESP-ENCRYPT-DES-64 ESP-AUTH-MD5
      SA remaining key duration (bytes/sec): 1887436800/3586
      Max received sequence-number: 0
      Anti-replay window size: 32
      UDP encapsulation used for NAT traversal: N
```

```
-----------------------
IPSec efficient-vpn name: "evpn"
Mode                         : EFFICIENTVPN-NETWORKPLUS MODE
-----------------------
  Connection ID        : 118
  Encapsulation mode: Tunnel
  Tunnel local         : 60.1.1.1
  Tunnel remote        : 60.1.2.1
  Flow source          : 10.1.1.0/255.255.255.0 0/0
  Flow destination   : 10.1.2.0/255.255.255.0 0/0
  Qos pre-classify   : Disable

  [Outbound ESP SAs]
    SPI: 1707505549 (0x65c6778d)
    Proposal: ESP-ENCRYPT-DES-64 ESP-AUTH-MD5
    SA remaining key duration (bytes/sec): 1887436800/3586
    Max sent sequence-number: 0
    UDP encapsulation used for NAT traversal: N

  [Inbound ESP SAs]
    SPI: 640737937 (0x2630e291)
    Proposal: ESP-ENCRYPT-DES-64 ESP-AUTH-MD5
    SA remaining key duration (bytes/sec): 1887436800/3586
    Max received sequence-number: 0
    Anti-replay window size: 32
    UDP encapsulation used for NAT traversal: N
```

在 RouterA 上执行 **display ipsec efficient-vpn** 命令会显示 Efficient VPN 策略的配置信息。当出现故障时可通过该命令检查分支端的 Efficient VPN 策略配置是否正确。

```
[RouterA] display ipsec efficient-vpn
===========================================
IPSec efficient-vpn name: evpn
Using interface            : GigabitEthernet1/0/0
===========================================
 IPSec Efficient-vpn Name   : evpn
 IPSec Efficient-vpn Mode   : 3 (1:Client 2:Network 3:Network-plus)
 ACL Number                     : 3001
 Auth Method                   : 8 (8:PSK 9:RSA)
 VPN name                       :
 Local ID Type                : 1 (1:IP 2:Name)
 IKE Version                   : 1 (1:IKEv1 2:IKEv2)
 Remote Address              : 60.1.2.1    (selected)
 Pre Shared Key               : huawei
 PFS Type                       : 0 (0:Disable 1:Group1 2:Group2 5:Group5 14:Group14)
 Local Address                 :
 Remote Name                   :
 PKI Object                     :
 Anti-replay window size    : 32
 Qos pre-classify             : 0 (0:Disable 1:Enable)
 Interface loopback          : LoopBack100
 Interface loopback IP      : 100.1.1.126/25
 Dns server IP                 : 2.2.2.2, 2.2.2.3
 Wins server IP               : 3.3.3.2, 3.3.3.3
 Dns default domain name   : mydomain.com.cn
 Auto-update url              :
 Auto-update version         :
```

第5章
L2TP VPN配置与管理

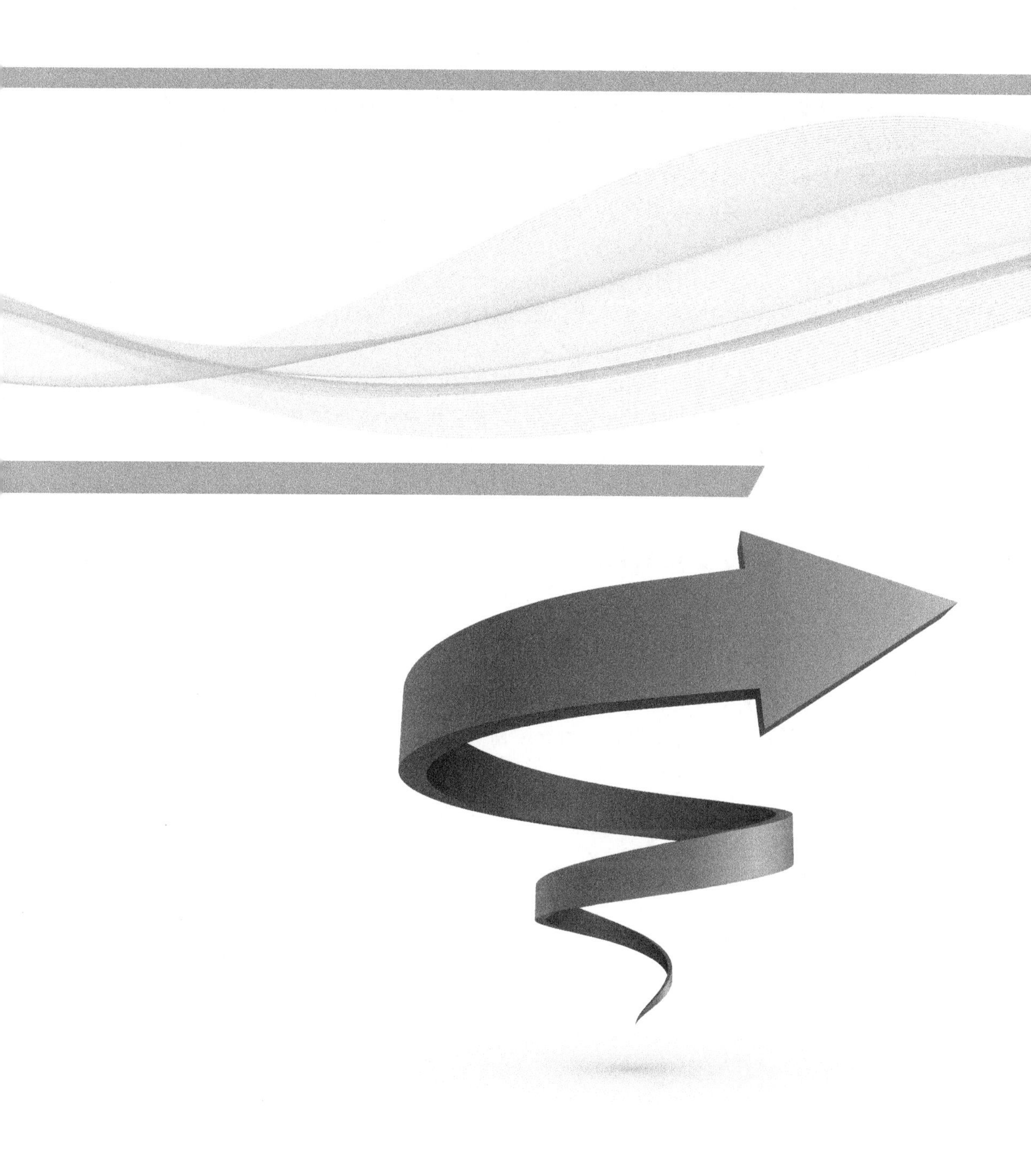

L2TP（Layer 2 Tunnel Protocol，二层隧道协议）是虚拟私有拨号网 VPDN 隧道协议的一种，是 PPP 在应用层的一种扩展应用（即 L2TP 是一种应用层协议），是远程拨号用户接入企业总部网络的一种重要 VPN 技术。L2TP 通过拨号网络，基于 PPP 的协商，建立企业分支机构用户到企业总部的隧道，使远程用户可以接入企业总部。PPPoE 技术的出现更是扩展了 L2TP 的应用范围，使得用户可以通过以太网连接 Internet，建立远程移动办公人员到企业总部的 L2TP 隧道。

本章将对华为 AR G3 系列路由器所支持的各种 L2TP VPN 技术原理，以及各种应用情形的具体配置方法做一个全面、深入的介绍。但 L2TP VPN 解决方案在通信安全保障方面存在一些不足，如不能为隧道中传输的数据提供加密保障，在用户身份认证方面，L2TP 也只是采取静态密码认证方式。正因如此，在 L2TP VPN 通信中还可与 IPSec 技术结合，通过 IPSec 为 L2TP VPN 提供进一步的安全保证，这就是本章后面将要介绍的 L2TP over IPSec 解决方案。

本章最后也将介绍在 L2TP VPN 的部署过程中可能出现的一些典型故障的排除方法，希望对大家在实际的 L2TP VPN 维护过程中有所帮助。

5.1 L2TP VPN 体系架构

了解一项 VPN 技术，首先要从它的体系架构开始。因为 L2TP VPN 中的 L2TP 是 PPP 协议的一项扩展技术，所以它必须依靠 PPP 协议，所传输的也是 PPP 类型的报文。当然这种 PPP 报文可以是由终端用户通过拨号网络发送的，也可以是由网络设备自动拨号产生的，所以 L2TP VPN 同时适用于终端用户直接进行各种 PPP 拨号、网络设备自拨号等多种网络环境。

5.1.1 L2TP VPN 的基本组成

利用 L2TP 协议构建二层 VPN 隧道的基本组成如图 5-1 所示，主要包括以下三大组成部分。

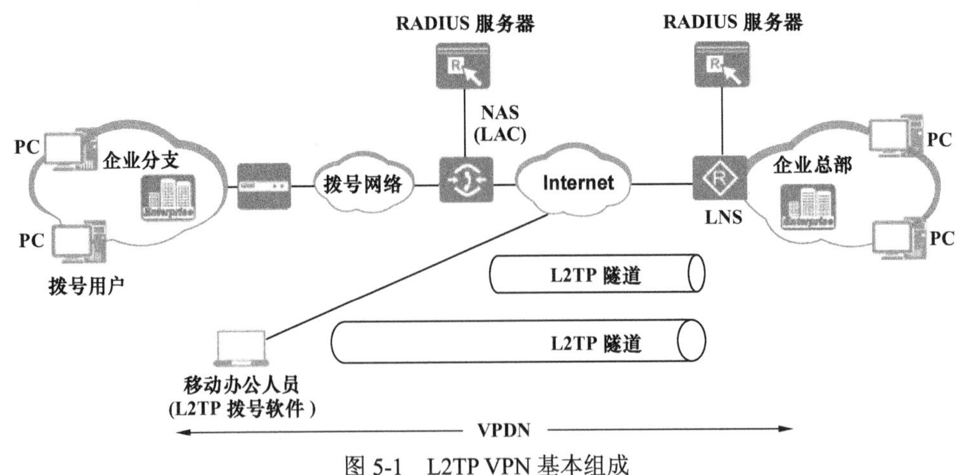

图 5-1 L2TP VPN 基本组成

1. PPP 终端

PPP 终端（或称“拨号用户”）是指发起拨号，将数据封装成 PPP 类型的设备，通常是一个可执行 PPP 或者 PPPoE 拨号用户的主机或私有网络中支持 L2TP 自拨号的一台网络设备，如华为 AR G3 系列路由器。

2. NAS

NAS（Network Access Server，网络接入服务器）主要由 ISP 维护，连接拨号网络，是距离 PPP 终端地理位置最近的接入点。NAS 用于传统的拨号网络中，为远程拨号用户提供 VPDN 服务，和企业总部建立隧道连接。

3. LAC

L2TP LAC（L2TP Access Concentrator，L2TP 访问集中器）是交换网络上同时具有 PPP 和 L2TP 协议处理能力的设备。LAC 根据 PPP 报文中所携带的用户名或者域名信息，和 LNS 建立 L2TP 隧道连接，将 PPP 协商延展到 LNS。

LAC 可以与同一个 LNS 发起建立多条 L2TP 隧道，以使不同用户通信数据流之间相互隔离，即一个 LAC 可以承载多条 VPDN 连接，LAC 在 LNS 和 PPP 终端之间传递数据。即 LAC 从 PPP 终端收到报文后进行 L2TP 封装发送至 LNS，从 LNS 收到报文后进行解封装并发送至 PPP 终端。

根据不同网络场景，LAC 可以由不同设备担当，具体将在 5.1.2 节介绍。

4. LNS

L2TP LNS（L2TP Network Server，L2TP 网络服务器）是同时具有 PPP 和 L2TP 协议处理能力的设备，通常位于企业总部网络的边缘，作为企业总部网络的外部网关设备。对于 L2TP 协商，LNS 是 LAC 的对端设备，即 LAC 和 LNS 建立了 L2TP 隧道；对于 PPP 会话，LNS 是 PPP 会话的逻辑终止端点，即 PPP 终端和 LNS 建立了一条点到点的虚拟链路。必要时，LNS 还兼有网络地址转换（NAT）功能，对企业总部网络内的私有 IP 地址与公网 IP 地址进行转换。

说明

在 LAC 和 LNS 上如果不采用本地用户身份认证方式，则还要部署用于用户身份认证的远程 RADIUS 服务器。

5.1.2 LAC 位置的几种情形

LAC 在 LNS 和远程终端之间传递数据，相当于一台中继设备。LAC 从远程终端收到报文后进行 L2TP 封装并发送至 LNS，同时对来自 LNS 的报文进行解封装，并发送至远程终端。

L2TP VPN 既可以用于站点到站点（Site-to-Site）的远程网络互联，如企业分支机构网络与企业总部网络的互联，又可以用于远程 PC（如移动办公用户）与企业总部网络的终端到站点（End-to-Site）互联，针对这两种不同情形，L2TP VPN 中 LAC 的位置有所区别，本节具体介绍。

1. PPP 的 Site-to-Site 网络连接

当企业分支机构中的远程终端采用传统的 PPP 拨号（如普通 Modem 拨号或者 ISDN

拨号）接入 Internet，然后再通过 P2TP 实现企业分支机构与企业总部网络站点到站点（Site-to-Site）连接时，LAC 就是 ISP 为企业用户提供的 NAS，如图 5-2 所示。此时，LAC 与 NAS 是一台设备，LAC 也位于 ISP 网络中。

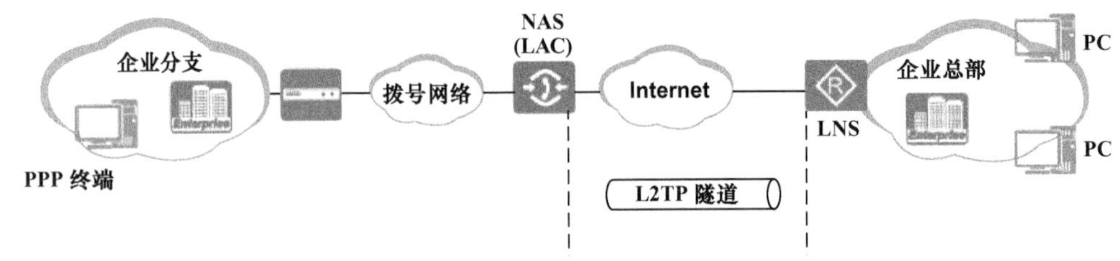

图 5-2 传统拨号场景中的 LAC 位置

2. PPPoE 的 Site-to-Site 网络连接

当企业分支机构网络中，为 PPP 终端配备了网关设备，而且网关设备同时又作为 PPPoE 服务和 LAC，如图 5-3 所示。但要注意的是，此时的 PPPoE 服务器（通常也是由路由器来担当）是位于分支机构网络边缘，分支机构 PPPoE 服务器的 Internet 接入并不需要进行 PPPoE 拨号，而是直接采用以太网连接（如光纤以太网），此处部署 PPPoE 的目的纯粹是为了终端用户在连接企业总部网络中产生 PPP 类型的报文，因为 L2TP 协议只能对 PPP 类型的报文进行封装。

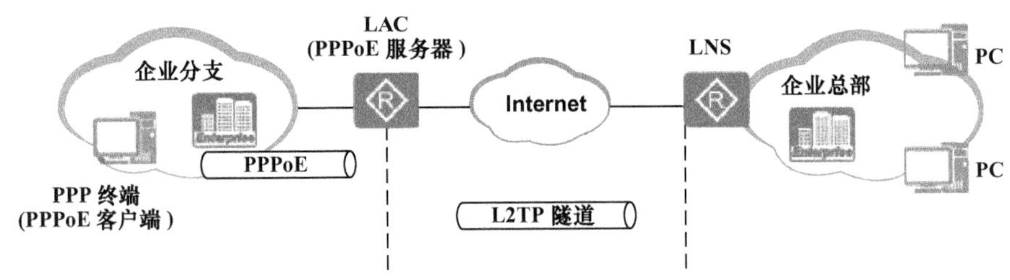

图 5-3 在 PPPoE 拨号场景中 LAC 的位置示意图

3. 远程终端的 End-to-Site 连接

当出差人员使用 PC 终端通过 PPP 或者 PPPoE 接入 Internet，然后再通过 L2TP 与企业总部网络连接时，要在 PC 终端上安装 L2TP 拨号软件，此时 PC 终端就为 LAC，如图 5-4 所示。

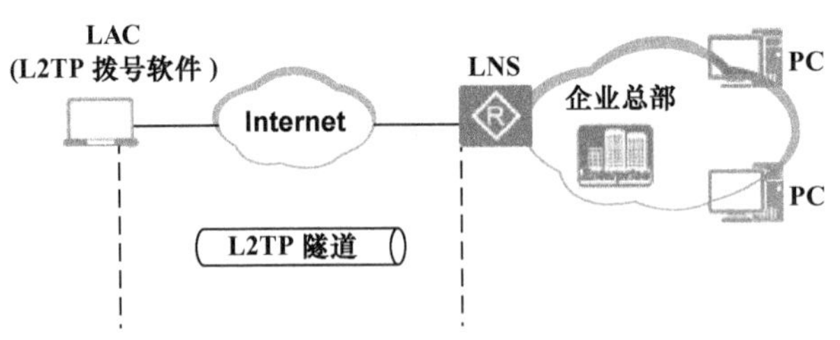

图 5-4 在终端接入场景中 LAC 的位置示意图

5.1.3 L2TP 消息、隧道和会话

在整个 L2TP VPN 通信中包括两类连接与会话，一类是远程终端的 Internet 连接或

会话，另一类是 L2TP 中 LAC 与 LNS 之间的连接与会话。本节介绍 L2TP VPN 通信中所涉及的消息、隧道和会话类型。

1. L2TP 消息类型

L2TP 协议定义了以下两种消息。

（1）控制消息：用于 L2TP 隧道和 L2TP 会话的建立、维护和拆除，L2TP 隧道的建立、维护和拆除必须依靠一系列的双向 L2TP 会话来完成。

尽管 L2TP 控制消息也是采用 UDP 传输层协议进行传输，但在 L2TP 控制消息的传输过程中，使用了“消息丢失重传”和“定时检测隧道连通性”等机制，可保证控制消息传输的可靠性，并且还支持流量控制和拥塞控制。有关控制消息头部格式参见本书第一章 1.3.3 节的图 1-9。

（2）数据消息：对用户 PPP 数据进行 L2TP 协议重封装后的消息，其格式如图 5-5 所示，在原始的 PPP 数据最前面加装了 L2TP 协议头。

L2TP 数据消息也是使用 UDP 传输层协议进行传输的，L2TP 数据消息也是使用 UDP 传输层协议进行传输的，但它有像 L2TP 控制消息那样的可靠传输保证机制，所以它的传输是可靠的。但如果 L2TP 数据消息在传输过程中丢失了，不可重传，也不支持对数据消息的流量控制和拥塞控制。

L2TP 数据消息包括一个会话头（Session Header）、一个可选的二层描述子层（L2-Specific Sublayer）和隧道负载（Tunnel Payload），具体参见本书第一章 1.3.3 节描述。

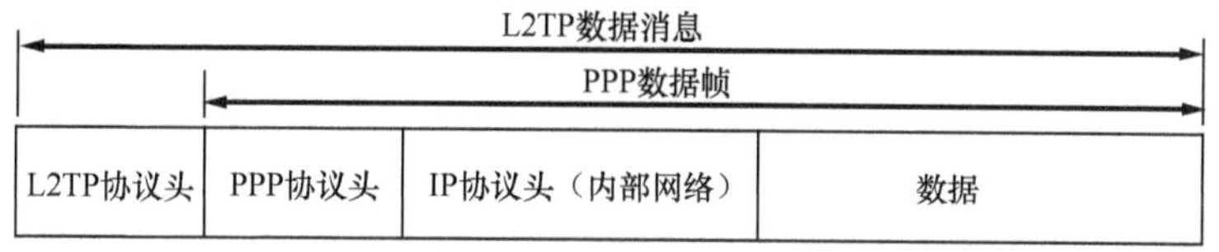

图 5-5 L2TP 数据消息格式

L2TP 控制消息和 L2TP 数据消息均封装在 UDP 报文中，封装格式如图 5-6 所示。

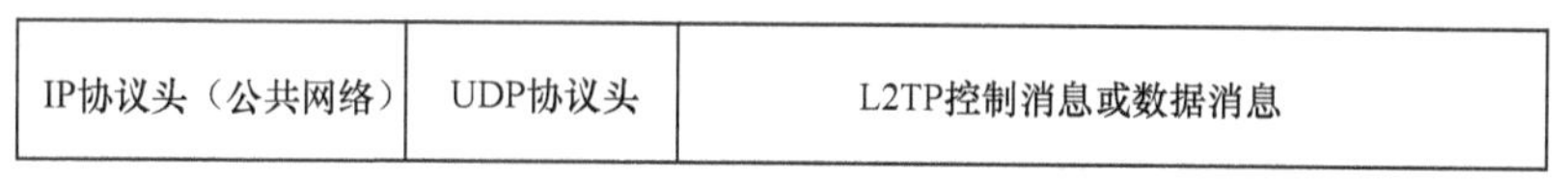

图 5-6 L2TP 消息封装格式

控制消息承载在 L2TP 控制通道上，控制通道实现了控制消息的可靠传输，将控制消息封装在 L2TP 报头内，再经过 IP 网络传输。数据消息携带 PPP 数据帧承载在不可靠的数据通道上，对 PPP 数据帧进行 L2TP 封装，再经过 IP 网络传输。

2. L2TP 隧道和会话

L2TP 隧道是 LAC 和 LNS 之间的一条虚拟点到点连接，在这条 L2TP 隧道内传输的消息包括对应的控制消息和数据消息。但在同一对 LAC 和 LNS 之间可以建立多条 L2TP 隧道，每条隧道可以承载一个或多个 L2TP 会话。当远程终端系统和 LNS 之间建立 PPP 会话时，LAC 和 LNS 之间将建立与其对应的 L2TP 会话。属于该 PPP 会话的数据通过该 L2TP 会话所在的 L2TP 隧道传输。

L2TP 协议使用 UDP 端口 1701，但这个端口号仅用于初始隧道的建立。L2TP 隧道发起方任选一个空闲端口（即源端为任意端口，通常是大于 1024 端口后的 UDP 端口）向接收方的 UDP 1701 端口（即目的端口为 UDP 1701）发送报文；接收方收到报文后，也任选一个空闲端口，给发起方选定的端口回送报文。至此，双方的端口选定，并在隧道连通的时间内不再改变。

5.2 L2TP 报文格式、封装及传输

在 L2TP VPN 通信中，LAC 接收到来自远程终端发来的 PPP（或 PPPoE）数据帧后，需要经过 L2TP 协议再次封装才能最终传输到远程 LNS 设备上。本节将具体介绍在 L2TP 隧道中传输的 L2TP 报文格式，以及整个数据帧的封装和解封装的流程。

5.2.1 L2TP 协议报文格式

远程终端拨号产生的 PPP（或 PPPoE）数据帧到达 LAC 后要进行多次重封装，首先要通过 L2TP 协议重封装，然后再由 UDP 协议进行重封装，最后还要通过公共 IP 网络进行重封装。经最终封装后的 L2TP 数据包格式如图 5-7 所示。

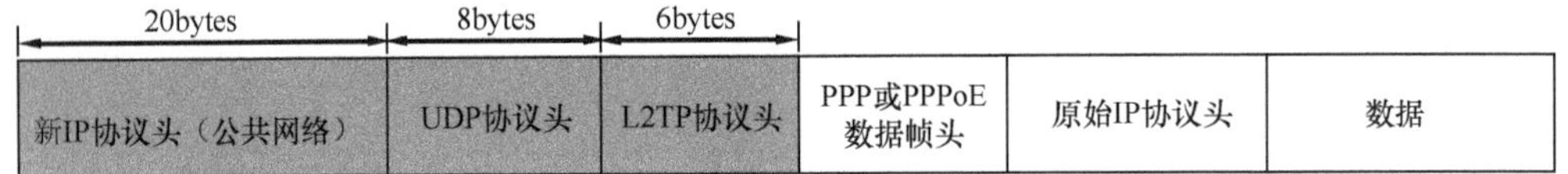

图 5-7 L2TP 数据包格式

从图 5-7 可以看出，经过多次重封装后，在 L2TP 隧道中传输的 L2TP 数据包比原始的 PPP（或 PPPoE）数据帧多出 34 个字节（如果需要携带序列号信息，则比原始数据帧多出 38 个字节），即 20 字节新的公共网络 IP 协议头、8 字节 UDP 协议头和 6 个 L2TP 协议头。这样多次重封装后，最终的 L2TP 数据包的长度可能会超出接口的 MTU 值，而 L2TP 协议本身不支持报文分片功能，所以需要设备支持对 IP 数据包的分片功能。当 L2TP 数据包长度超出发送接口的 MTU 值时，在发送接口进行报文分片处理，接收端对收到分片报文进行还原，重组为 L2TP 数据包。

有关 L2TP 协议头在本书第 1 章 1.3.3 节有详细介绍，在此不再赘述。

5.2.2 L2TP 协议报文封装

L2TP 是 PPP 的扩展，使 PPP 报文可以通过隧道方式在公共网络中传输。因为如果组网中只应用 PPP（包括 PPPoE），则 PPP 终端发起的拨号，PPP 数据帧最远只能到达拨号网络（PSTN/ISDN）的边缘节点 NAS，此时 NAS 可以称为 PPP 会话的终止节点。而应用了 L2TP 后，则可以使 PPP 数据帧在 IP 类型的公共网络中透明传输，到达企业总部的 LNS，此时 LNS 相当于 PPP 会话的终止节点。

整个 L2TP 数据包的封装流程如图 5-8 所示，逆向传输时进行的是一系列对应的解封装过程。下面对其中的关键节点的封装原理进行说明。

（1）PPP 终端：终端用户的网络应用 IP 报文在数据链路层进行 PPP 协议封装（或同

时要进行 PPPoE 协议封装，加装 PPPoE 报头），形成 PPP 数据帧后发送报文。

（2）LAC：LAC 在收到 PPP 数据帧后，根据报文携带的用户名或者域名判断接入用户是否为 VPDN 用户。如果是 VPDN 用户，则对 PPP 数据帧进行 L2TP 协议重封装，然后再根据 LAC 上配置的 LNS 的公网 IP 地址对 L2TP 报文分别进行 UDP 和 IP 重封装。封装后的报文最外层 IP 报头中的源 IP 地址为 LAC 连接公网的接口的 IP 地址，目的 IP 地址为 LNS 设备连接公网的接口的 IP 地址，经过公网路由转发到达 LNS。如果不是 VPDN 用户，则 LAC 对所收到 PPP 数据帧进行 PPP 解封装，此时 LAC 为 PPP 会话的终止节点，是属于普通的 PPP 通信。

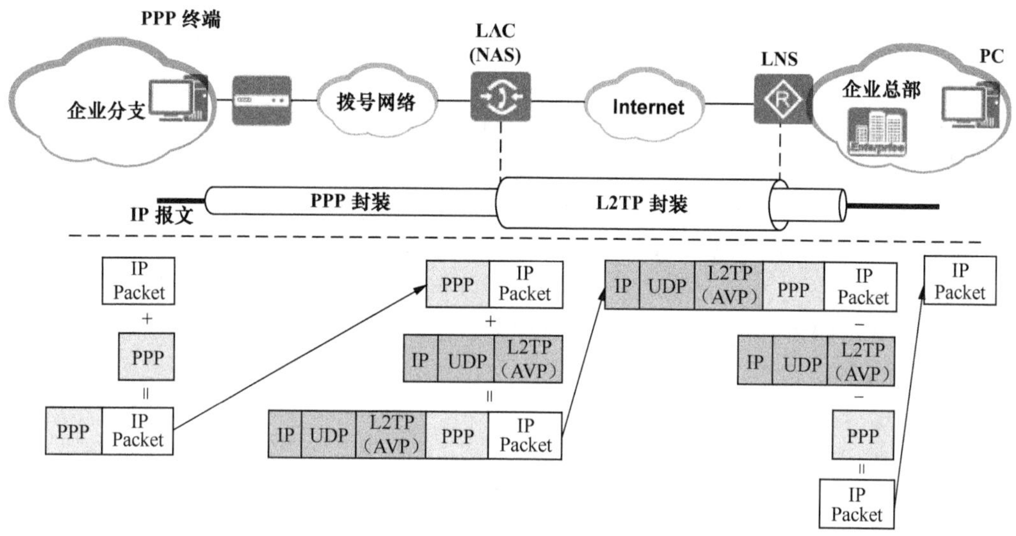

图 5-8　L2TP 数据包封装流程

（3）LNS：当 LNS 收到来自 LAC 发来的 L2TP 数据包后，依次解除外层的 IP 封装、L2TP 封装、PPP 封装，得到原始 IP 数据报文。根据报文中的目的 IP 地址（是企业总部网络中的私网 IP 地址），查找路由表使报文达到企业总部的目的主机。

企业总部响应分支机构用户时，响应报文到达 LNS 后查找路由表（此时依据是一种称之为 UNR 的路由，下面将介绍），再根据转发接口（即 LNS 连接公网的接口）进行 L2TP 重封装处理，重封装的过程与 LAC 向 LNS 发送 L2TP 数据包的重封装过程一致，依次添加 L2TP、UDP 和 IP（公网 IP 地址）头。到达 LAC 后再要进行 L2TP 数据包的解封装，这个解封装过程也与 LNS 向目的主机发送数据时所进行的整个解封装过程一致，依次去掉前面所添加的协议头。

【经验提示】在 LNS 的响应报文传输中，由于我们在 LNS 上无法为动态分配 IP 地址拨号用户配置具体的路由，所以在本地路由表中并没有我们为响应报文提供的路由表项，使得响应报文无法进入隧道传输。但是聪明的开发人员为我们准备了一条智能化的路由，即 UNR（用户网络路由）路由表项，这条 UNR 路由是系统根据所接收的来自 L2TP 客户端（通常即 LAC）的 VT 接口私网 IP 地址自动生成的，其下一跳为远程 VT 接口的私网 IP 地址，出接口是本端自动创建的 LoopBack0 接口。通过这条路由就可以把响应报文引入到隧道的入接口。响应报文进入隧道后会被再次封装成新的 IP 报头，报头中的目的 IP 地址为对端的公网 IP 地址（即 LAC 的公网接口 IP 地址），然后 LNS 再根据这目的 IP 地址在本地查找路由表项（此时肯定可以找到），将封装后的响应报文发回 LAC。

UNR 路由是那些动态变化的 IP 地址网段自动生成的一条路由，如在各种拨号网络中，或在通过 NAT 进行动态 IP 地址转换的应用中都需要用到。

5.2.3 L2TP 数据包传输

在利用 L2TP 隧道进行 PPP 数据帧传输前，需要建立在 LAC 与 LNS 之间的 L2TP 隧道和会话的连接。对于首次发起的 L2TP 连接流程如下。

（1）建立 L2TP 隧道连接

在 LAC 收到远程用户的 PPP 协商请求时（根据 PPP 用户所支持的 PPP 服务类型来识别），LAC 向 LNS 发起 L2TP 隧道请求。LAC 和 LNS 之间通过 L2TP 的控制消息，协商隧道 ID、隧道认证等内容建立一条 L2TP 隧道，成功后则建立起一条 L2TP 隧道，并由隧道 ID 进行标识。

（2）建立 L2TP 会话连接

如果 L2TP 隧道已存在，则在 LAC 和 LNS 之间可通过 L2TP 的控制消息来协商会话 ID 等内容，否则先建立 L2TP 隧道连接。就像我们人与人的交流一样，必须先有对话的渠道，然后才可以进行交流、对话。会话中携带了 LAC 的 LCP 协商信息和用户认证信息，LNS 对收到的信息认证通过后，则通知 LAC 会话建立成功。L2TP 会话连接由会话 ID 进行标识。

（3）传输 PPP 报文

L2TP 会话建立成功后，PPP 终端才可将应用数据报文发送至 LAC，LAC 再根据 L2TP 隧道和会话 ID 等信息进行 L2TP 协议重封装，并发送到 LNS。LNS 收到 LAC 发来的 L2TP 数据包后再进行 L2TP 解封装处理，根据路由转发表发送至目的主机，完成报文的传输。

5.3 L2TP 隧道模式及隧道建立流程

L2TP 隧道包括 NAS-Initiated、Client-Initiated 和 LAC-Auto-Initiated 三种发起模式，它们所对应的隧道建立流程各自有所不同。

5.3.1 NAS-Initiated 模式隧道建立流程

在 NAS-Initiated（NAS 发起）的 L2TP 隧道模式中，分支机构远程终端用户侧 ISP 网络必须有一个专门的 NAS 设备负责处理远程终端用户的拨号请求。远程终端用户与 ISP 网络是通过拨号连接的（可以是早期的 PPP Modem 或 ISDN 拨号，也可以是各种 PPPoE 拨号方式）。同时是由分支机构 ISP 的 NAS 设备主动向企业总部网络边缘的 LNS 设备发起 L2TP 隧道连接建立请求，并对来自远程终端用户的 PPP 数据帧重封装转发到企业总部网络的 LNS，再通过 LNS 上的 L2TP 协议支持，解封装后按配置的路由表转发到目的主机。

这种方式通常适用于分支机构与企业总部的 VPN 互联，因为通常只有企业才能向

ISP 申请 L2TP 服务，在 ISP 设备上对远程终端用户发起的 PPP 数据帧进行 L2TP 协议重封装。其典型结构如图 5-9 所示。

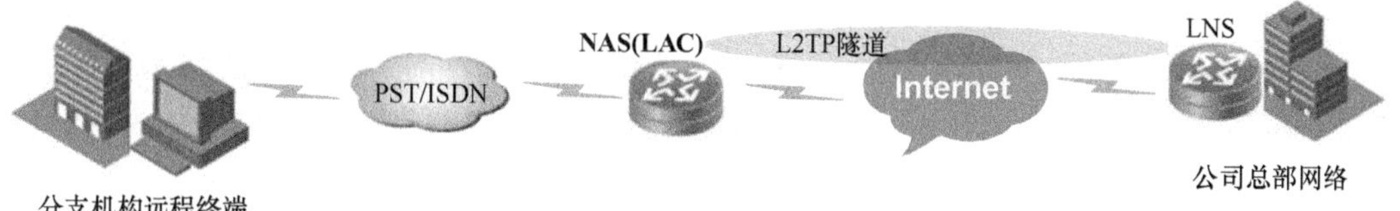

图 5-9　NAS-Initiated 模式 L2TP 隧道示意图

NAS-Initiated 模式 L2TP 隧道具有如下特点。

- 远程终端系统只需支持 PPP 或 PPPoE 协议，不需要支持 L2TP。
- 对远程终端拨号用户的身份认证与计费既可由 LAC 代理完成，也可由 LNS 完成。

NAS-Initiated 模式 L2TP 隧道的建立流程如图 5-10 所示。

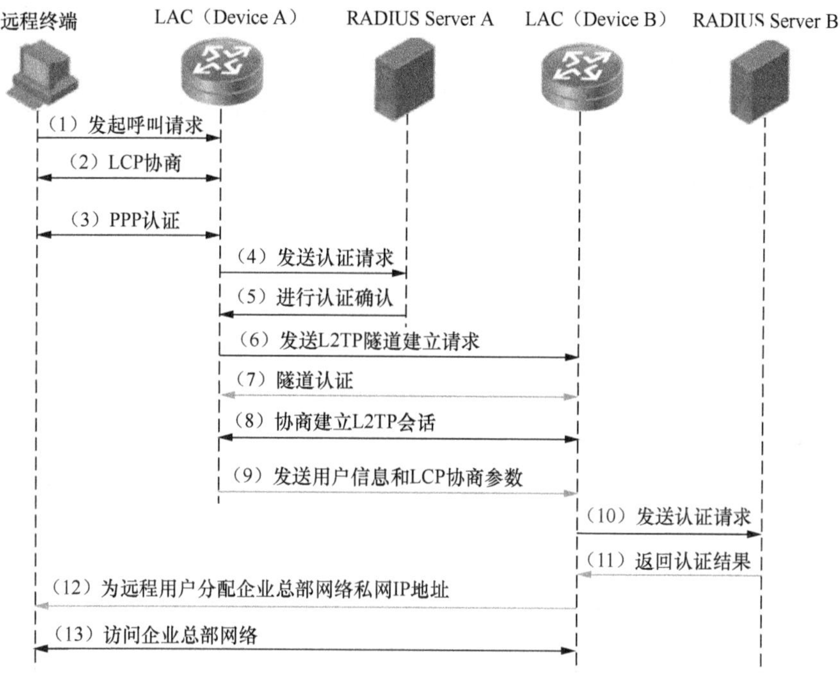

图 5-10　NAS-Initiated 模式 L2TP 隧道的建立流程

图 5-10 中所示的 L2TP 隧道建立流程总的来说是分为三个阶段：（1）远程终端用户 PSTN 或 ISDN 网络拨号接入 Internet，建立与 ISP NAS 的 PPP 或 PPPoE 连接；（2）由 ISP NAS 向 LNS 发起 L2TP 隧道建立请求，直到建立成功；（3）担当 NAS 的 LAC 与 LNS 之间协商建立 L2TP 会话，直到成功为远程 PPP 或 PPPoE 终端用户分配企业总部内部网络的私有 IP 地址。具体流程如下（以下步骤序号与图中的序号一致）。

1. PPP 或 PPPoE 连接建立阶段

（1）首先是由远程终端系统向位于 ISP 的 NAS（即 LAC，Device A）发起 PPP 或者 PPPoE 呼叫，请求建立 PPP 或 PPPoE 连接。

（2）LAC 在收到远程终端的建立请求报文后，进行 PPP LCP（链路控制协议）协商，这其中包括远程终端向 LAC 发送的用于 PPP 连接建立的用户认证信息。

（3）LAC 根据收到来自远程终端发来的用户认证信息对远程终端主机进行 PAP 或 CHAP 认证（根据配置的认证模式选择）。

（4）如果 PPP 认证不是由 NAS（LAC）设备本地进行的，则 NAS 会将远程终端提交的认证信息（用户名、密码）发送给远程的 RADIUS 服务器（RADIUS Server A）进行认证。

（5）NAS 设备或者 RADIUS 服务器返回最终的 PPP 认证结果，如果是由 RADIUS 服务器进行认证的，则认证结果还会由 NAS 设备转发给远程终端。

2. L2TP 隧道建立阶段

（6）通过 PPP 认证后，由 LAC 设备根据用户名或用户所属 ISP 域判断该用户是否为 L2TP 用户（根据在 LAC 设备上的用户服务类型配置确定），如果是，则 LAC 会向 LNS（Device B）发送 L2TP 隧道建立请求报文。

（7）如果配置了隧道建立认证功能，则 LAC 和 LNS 会分别向对方发送 CHAP challenge 消息，以验证对方身份。隧道验证通过后，LAC 和 LNS 之间就成功建立了 L2TP 隧道。隧道成功建立后还需要在 LAC 与 LNS 之间建立 L2TP 会话，以传输 L2TP 数据包。

3. L2TP 会话建立阶段

（8）LAC 和 LNS 之间在建立的 L2TP 隧道上协商建立 L2TP 会话。

（9）首先由 LAC 将远程 PPP 终端用户信息和 PPP 协商参数等传送给 LNS，以便进行 L2TP 会话建立认证。

（10）如果不是由 LNS 设备本地进行认证，则还需要将认证信息发送给 RADIUS 服务器（RADIUS Server B）进行认证。

（11）LNS 设备或 RADIUS 服务器将 L2TP 会话建立认证结果返回给 LAC。

（12）L2TP 会话建立认证通过后，LNS 会为远程 PPP 终端用户主机分配一个企业总部网络私有 IP 地址。

（13）远程终端主机在获得由 LNS 分配的企业总部网络私有 IP 地址后，远程终端 PPP 用户就可以成功访问企业总部网络内部资源了。

说明

在以上步骤（12）和步骤（13）中，LAC 负责在远程终端主机和 LNS 之间转发报文。远程终端主机与 LAC 之间交互的是 PPP 数据帧，LAC 和 LNS 之间交互的是 L2TP 数据包。

5.3.2 LAC-Auto-Initiated 模式隧道建立流程

本节所介绍的隧道建立模式同样仅适用于站点到站点的网络连接情形。

5.3.1 节介绍的 NAS-Initiated 隧道模式，要求分支机构远程终端系统必须通过 PSTN/ISDN 网络以 PPP 或 PPPoE 拨入 NAS（即 LAC），且只有在分支机构远程终端系统成功拨入 NAS 后，才能触发由 NAS 向 LNS 发起的隧道建立请求。如果远程终端系统与 LAC 的连接不是采用拨号方式，而是采用以太网连接方式，此时就不能采用 NAS-Initiated 方式来建立 L2TP 隧道，这时只能选择采用本节介绍的 LAC-Auto-Initiated（LAC 自动发起）模式了。

注意

当分支机构远程终端系统与 LAC 的连接是基于拨号方式时，也可采用本节介绍的 LAC-Auto-Initiated 模式在 LAC 与 LNS 间建立 L2TP 隧道。

LAC-Auto-Initiated 模式的 L2TP 体系结构如图 5-11 所示。在 LAC-Auto-Initiated 模式下，远程终端系统与 LAC 的连接通常不是采用拨号方式，而是直接采用远程以太局网专线连接，此时就不需要由远程终端系统进行 PPP 或 PPPoE 拨号来触发 LAC 向 LNS 发起 L2TP 隧道建立请求，而是需要在 LAC 设备上通过执行相关的命令来触发。

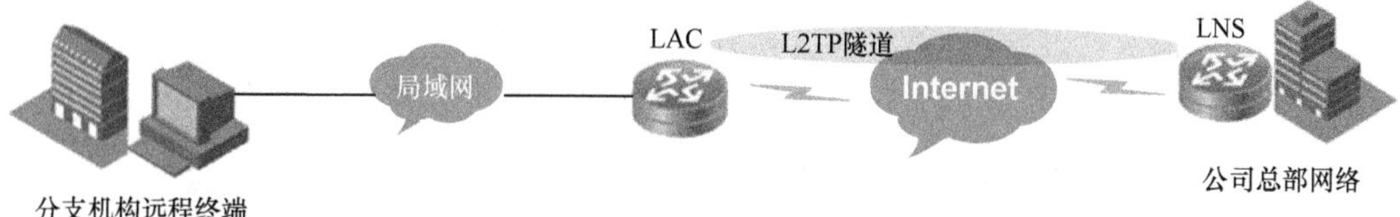

图 5-11　LAC-Auto-Initiated 模式 L2TP 隧道示意图

LAC-Auto-Initiated 模式 L2TP 隧道具有如下特点。

- 远程终端系统和 LAC 之间可以是任何基于 IP 的连接，可以但不局限于拨号连接。
- 不需要远程终端系统上的拨号接入来触发建立 L2TP 隧道。
- L2TP 隧道创建成功后立即建立 L2TP 会话，然后在 LAC 和 LNS 之间进行 PPP 协商。此时，LAC 和 LNS 分别作为 PPP 客户端和 PPP 服务器端。
- 一条 L2TP 隧道上只承载一个 L2TP 会话。
- LNS 为 LAC 分配企业网内部的 IP 地址，而不是为远程终端主机分配。

图 5-12 所示的是 LAC-Auto-Initiated 模式 L2TP 隧道建立的基本流程，其中的具体流程其实包括了 5.3.1 节介绍的 NAS-Initiated 隧道模式的第 2、3 阶段，对应图 5-10 中的第（6）～（13）步，不再赘述。

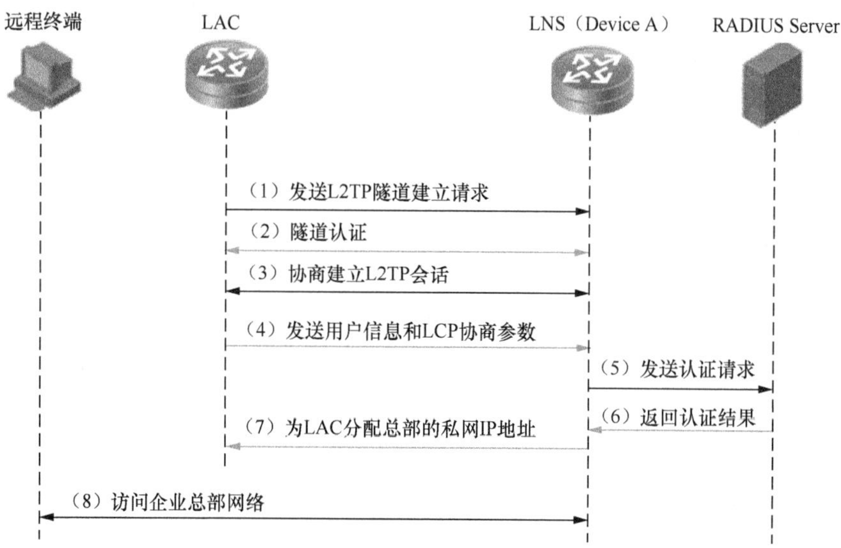

图 5-12　LAC-Auto-Initiated 模式 L2TP 隧道的建立流程

5.3.3 Client-Initiated 模式隧道建立流程

5.3.1 节和 5.3.2 节介绍的 L2TP 隧道模式下的隧道建立都是由 LAC 发起的，本节介绍的 Client-Initiated（客户端发起）模式中的 L2TP 隧道是由远程终端用户主机发起的，适用于移动办公主机独立与企业总部网络连接的情形，是端到站点的主机与网络连接情形，如图 5-13 所示。

图 5-13 Client-Initiated 模式 L2TP 隧道示意图

此时，LAC 是由远程终端主机担当，但要求远程终端主机必须支持 L2TP 协议，**且要分配有公网 IP 地址**（可以是动态的）。在远程终端主机能够通过 Internet 与企业总部网络的 LNS 设备通信后，由担当 LAC 的远程终端主机触发 L2TP 拨号，直接向 LNS 发起 L2TP 隧道建立请求。

Client-Initiated 模式 L2TP 隧道具有如下特点。

- 虽然远程终端用户必须先成功接入 Internet，但是它与 LNS 之间隧道的建立不是由终端用户 Internet 连接触发的，而是直接由担当 LAC 的远程终端用户主机通过 L2TP 拨号软件（如 Window 系统自带的 L2TP 客户端功能，或者是 Huawei VPN Client 软件）主动触发的。
- 隧道在远程终端主机和 LNS 之间建立，具有较高的安全性。
- Client-Initiated 模式 L2TP 隧道对远程终端系统要求较高：必须支持 L2TP 协议，且能够与 LNS 通信，因此它的扩展性较差。

Client-Initiated 模式 L2TP 隧道的建立流程如图 5-14 所示，其实这也与 5.3.2 节介绍的 LAC-Auto-Initiated 模式 L2TP 隧道建立的基本流程一样，不同的是这里的 LAC 是由远程终端用户主机担当，不是 NAS 设备担当，也不是 PPPoE 设备担当，对应 5.3.1 节介绍的 NAS-Initiated 隧道模式的第 2、第 3 阶段，即对应图 5-10 中的第（6）～（13）步，不再赘述。

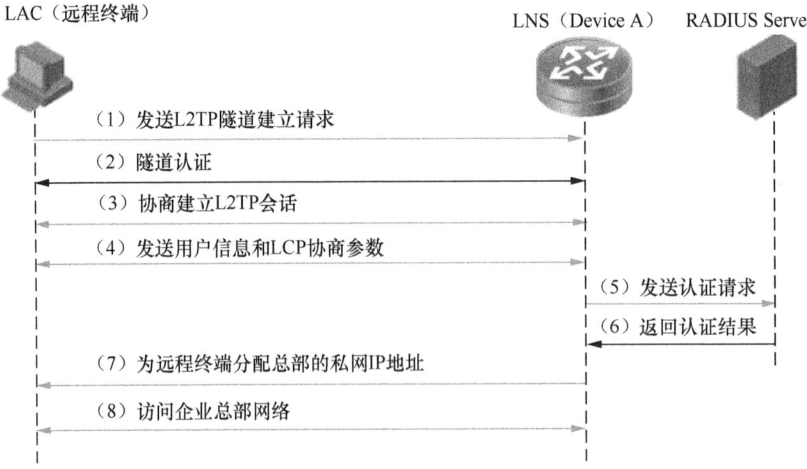

图 5-14 Client-Initiated 模式 L2TP 隧道的建立流程

5.4 L2TP 的主要应用

5.3 节介绍了三种 L2TP 隧道模式，其实它们各自对应不同的 L2TP 应用。对接入用户的身份认证也有两种选择，一是由 LAC 和 LNS 设备本地进行，二是采用远程的 RADIUS 服务器。根据 5.3 节介绍的不同 L2TP 隧道模式，以及不同的网络场景和安全需求可采用以下几种 L2TP 协议部署方式。

- 远程拨号用户发起 L2TP 隧道连接
- LAC 接入拨号请求发起 L2TP 隧道连接
- LAC 接入 PPPoE 用户发起 L2TP 隧道连接
- LAC 自拨号发起 L2TP 隧道连接
- LAC 接入多域用户发起 L2TP 隧道连接

1. 远程拨号用户发起 L2TP 隧道连接

在本书第一章就已介绍到，L2TP 既可应用于分支机构网络与企业总部网络的站点到站点连接，还可以应用于移动办公用户对企业总部网络资源的访问。

企业移动办公员工的地理位置经常发生移动，当需要随时与企业总部网络通信，并访问总部内网资源时，可将企业总部网关部署为 LNS，移动办公员工在 PC 终端上使用 L2TP 拨号软件（先要已成功接入了 Internet），则可以在移动办公员工和企业总部网关之间建立虚拟的点到点连接，同时 LNS 还可以对接入用户进行身份验证，并为远程终端用户分配企业总部网络的私有 IP 地址，实现对企业总部网络内部资源的访问。如果部署 ACL 还可以管理接入用户的访问权限。这种远程拨号用户发起的 L2TP 隧道连接方式的基本结构如图 5-15 所示，对应 5.3.3 节介绍的 Client-Initiated 隧道模式。

图 5-15 远程拨号用户发起 L2TP 隧道连接示意图

在这种端到站点的 L2TP 应用中，为了确保出差用户与企业总部网络通信的安全性，还可以与 IPSec 技术结合，因为 L2TP 无法为报文传输提供加密保护。这时，在出差用户的 PC 终端上运行 L2TP 拨号软件，担当 LAC 角色，发送的数据报文将先进行 L2TP 封装，再进行 IPSec 封装，发往企业总部网络。再在企业总部网关部署 IPSec 策略，用以上方法还原出原始数据。IPSec 功能就会对所有源 IP 地址为 LAC、目的 IP 地址为 LNS 的报文进行保护，提高了 L2TP 通信的安全性。

2. LAC 接入拨号请求发起 L2TP 隧道连接

前文介绍的是一种适合于移动办公用户与企业总部网络互联的情形，属于端到站点的 L2TP 网络连接。当企业总部在其他城市设有分支机构，而且分支机构位于传统的 PSTN 或 ISDN 网络，要实现分支机构网络与企业总部网络互联时，就需要采取如图 5-16 所示的 L2TP 网络结构，属于站点到站点的 L2TP 网络连接，对应 5.3.1 节介绍的 NAS-Initiated 模式。

此时分支机构需要向 ISP 申请 L2TP 服务，ISP 将 NAS 配置为 LAC，以实现将分支机构用户的拨号连接通过 Internet 延展到企业总部网络 LNS。企业将总部的网关配置为 LNS，为分支机构用户提供接入服务，实现分支机构用户和企业总部网关之间的 VPDN 连接。

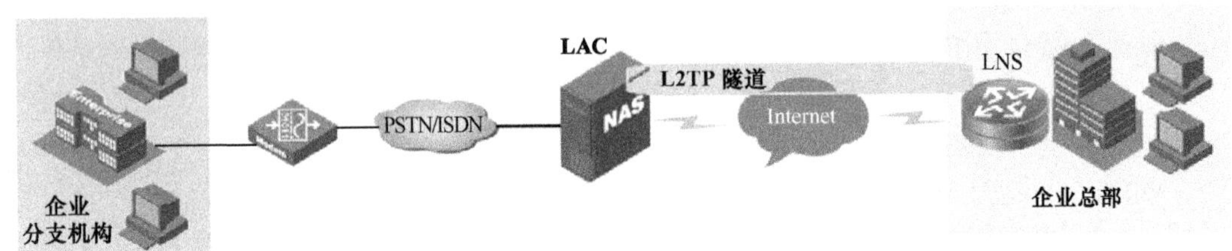

图 5-16 LAC 接入拨号请求发起 L2TP 隧道连接示意图

3. LAC 接入 PPPoE 用户发起 L2TP 隧道连接

这种情形与上一种情形有些类似，都是用于实现分支机构网络与企业总部网络的站点到站点互联，不同的是此处的分支机构是采用**以太网络方式**（如各种光纤以太网接入，无需拨号）接入 Internet 时，需要采用如图 5-17 所示的 L2TP 网络结构，也对应 5.3.1 节介绍的 NAS-Initiated 模式，**但是此时的 LAC 可能直接位于分支机构内部网络中，而不是位于 ISP 网络**。

图 5-17 LAC 接入 PPPoE 用户发起 L2TP 隧道连接示意图

说明

在 NAS-Initiated 模式中，根据不同的应用场景，LAC 既可位于分支机构侧 ISP 网络中（此时分支机构是通过拨号方式接入 Internet 的），也可位于分支机构网络中（此时分支机构网络是直接采用以太网方式接入到 Internet 的）。

因为 L2TP 通信是基于 PPP 数据帧的，但 PPP 数据帧不能直接在以太网中传输，所以需要在分支机构终端用户主机上要安装 PPPoE 客户端软件，在分支机构网关上部署 PPPoE 服务器，并担当 LAC，这样分支机构终端用户访问企业总部网络资源时的数据报文会先进行 PPPoE 封装，在以太网上传输，然后再由 PPPoE 服务器（同时也是 LAC）再进行 L2TP 封装，发送到企业总部网络 LNS。企业总部网络的网关担当 LNS 角色，负责统一管理分支机构用户的接入。

另外，虽然LAC和LNS都可以通过配置本地方式对分支机构用户进行认证，但当接入用户数目较多时不便于设备进行本地维护，这时可以部署RADIUS服务器来对接入用户进行认证。LAC侧的RADIUS服务器需要支持L2TP认证，以此来判断接入用户是否为VPDN用户，并把反馈结果给LAC自己，然后再对这些用户向LNS发起L2TP隧道建立请求，则LNS侧配置的RADIUS服务器进行认证。

4. LAC自拨号发起L2TP隧道连接

此处介绍的情形又与上一种情形类似，企业分支机构也是采取以太网接入Internet，不同的是上一种情形是由终端用户手动PPPoE拨号来发送PPP数据帧，然后由LAC传输到企业总部网络的，而此处企业总部允许分支机构的任意用户接入，只对分支机构网关进行认证，由LAC到LNS的隧道建立过程是由LAC自动拨号进行的。

此时，企业总部网关部署为LNS，分支机构网关部署为LAC，并在分支机构网关创建虚拟拨号，触发到总部的L2TP隧道连接。通过LAC自拨号的方式，在LAC和LNS之间建立虚拟的点到点连接，分支机构用户的IP报文到达LAC后路由转发到虚拟拨号接口，送达LNS后经路由转发到达目的主机。其基本网络结构如图5-18所示，对应5.3.2节介绍的LAC-Auto-Initiated模式。

图5-18 LAC自拨号发起L2TP隧道连接示意图

说明

在本节第3、第4种情形中，当企业对数据和网络的安全性要求较高时，L2TP无法为报文传输提供足够的保护，这时还可以与IPSec功能结合使用，用于保护L2TP隧道中传输的数据，有效避免数据被截取或攻击。此时，先在LAC上将数据报文进行IPSec封装，再进行L2TP封装，发往企业总部LNS。在企业总部网关上同样要部署IPSec策略，用以还原原始数据。

5.5 华为设备对L2TP VPN的支持

在华为设备中，S系列交换机不支持L2TP VPN，AR G3系列路由器和防火墙等支持，既可担当LAC，也可担当LNS，本书仅针对华为AR G3系列路由器进行介绍。

1. LAC接入多域用户发起L2TP隧道连接

企业总部和各分支机构有业务往来，不同的分支机构需要访问企业总部的不同部门，总部为不同分支机构的员工提供接入服务，使用 L2TP 功能和分支机构建立 VPDN 连接，如图 5-19 所示。

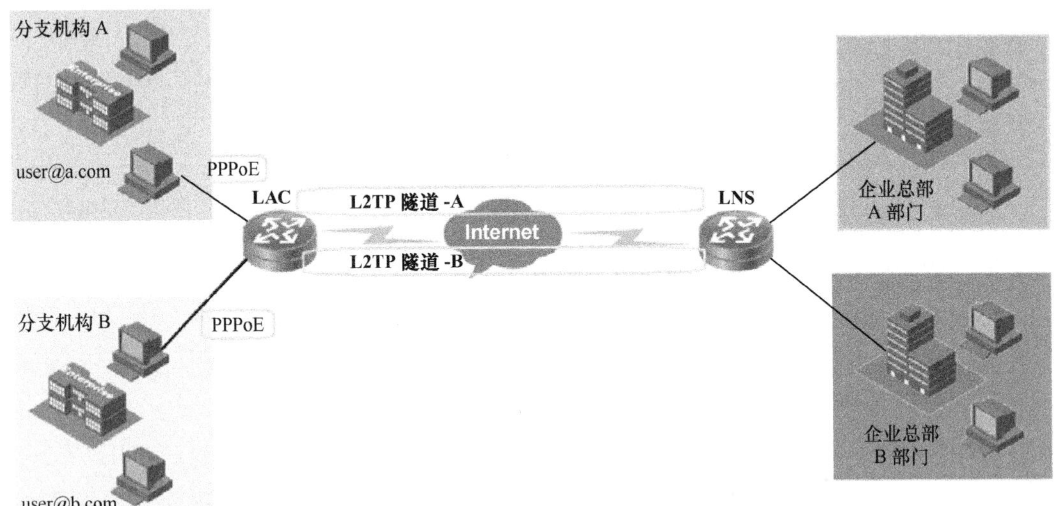

图 5-19 LAC 接入多域用户发起 L2TP 隧道连接示意图

因接入用户较多，可以配置分支机构的网关设备按照域名判断接入用户是否 VPDN 用户，简化 VPDN 的部署。各分支机构之间使用不同的 L2TP 隧道，获取不同网段的 IP 地址。分支机构用户发起到总部的连接时，因为源地址和目的地址都由总部分配，所以总部可以配置 ACL 实现对分支机构访问权限的管理。

2. 隧道模式支持

（1）当 AR G3 系列路由器担当 LAC 时，是部署在分支机构网络或分支机构侧 ISP 网络中，用于与 LNS 建立 L2TP 连接。这种情形下支持如下两种应用。

① 接入呼叫发起 L2TP 连接

所谓"接入呼叫发起 L2TP 连接"就是表示 LAC 到 LNS 的 L2TP 隧道连接是由远程拨号用户（PPP/PPPoE 拨号）的接入呼叫触发 LAC 发起的，对应 NAS-Initiated 隧道模式，**是由远程拨号用户的 PPP 报文被动触发的**。此时远程终端用户通过 PPP 或 PPPoE 拨号接入 LAC，然后 LAC 将远程用户信息传递给 LNS，LNS 验证远程用户信息并完成 L2TP 隧道连接的建立。企业总部 LNS 统一管理远程用户的访问请求，但远程用户需要配置接入 LAC 的拨号。

② 自拨号发起 L2TP 连接

自拨号发起 L2TP 连接情形是对应 LAC-Auto-Initiated 隧道模式，此时远程终端用户是通过以太网络（如光纤以太网）连接 LAC 的。这时 LAC 要与 LNS 建立 L2TP 连接，必须自己主动向 LNS 发起虚拟 L2TP 拨号，而没有远程用户的拨号请求来触发拨号了。LAC 建立虚拟的 L2TP 拨号请求将自己的信息传递给位于企业总部网络的 LNS，LNS 验证 LAC 的信息并完成 L2TP 连接的建立。因为 L2TP 连接是由 LAC 主动发起的，所以企业总部网络只管理 LAC 的访问请求，不再统一管理远程用户（即信任所有远程用户），远程用户无需特殊配置，只要已与 LAC 建立普通连接即可访问企业总部。

说明

因为在 5.3 节介绍的 Client-Initiated 模式中，隧道建立是由安装了 L2TP 拨号功能软件的终端用户主机发起的，不是采用路由器设备，所以这时华为 AR G3 系列路由器就不能担当 LAC 角色了，仅可担当 LNS 角色了。

（2）当 AR G3 系列路由器担当 LNS 时，是部署在企业总部网络边缘，通常作为企业总部网络的网关。LNS 接收 LAC 所传递的用户信息（可以是远程拨号用户，也可以是 LAC 主动发起 L2TP 连接时所用的用户），对接入的用户身份进行验证，响应 LAC 发起（**可以是被动触发的，也可以是主动发起的**）的 L2TP 隧道连接请求，和 LAC 共同建立 L2TP 连接。

3. L2TP 安全特性支持

AR G3 系列路由器支持下列功能保证 L2TP 连接的安全和可靠，用户可以根据需要选择部署。

（1）RADIUS 认证

LAC 和 LNS 均可部署本地认证，在设备上保存用户信息，验证接入用户的身份，为通过验证的用户建立隧道连接。但用户数目过多时，本地保存的用户信息变动频繁，维护量大，容易出错，可通过 RADIUS 服务器认证方式，将用户信息保存在 RADIUS 服务器上进行维护，同时减轻设备的负担。但在“自拨号发起 L2TP 连接”应用中，在 LAC 上无需配置用户身份认证功能，因为此时 L2TP 拨号连接建立所用的用户是 LAC 自己配置的。

（2）LCP 重协商

在“接入呼叫发起 L2TP 连接”应用中，LAC 对接入用户认证，认证通过后，将认证信息发送给 LNS，LNS 根据认证信息判断用户是否合法。但如果 LNS 不信任 LAC（如远程终端用户是通过拨号与 LAC 连接时），需要对远程用户再次认证，则可以使用 LCP 重协商功能。远程用户和 LNS 重新开始 PPP 协商，协商成功后才能建立 L2TP 连接。

（3）强制 CHAP 认证

LNS 收到 LAC 所传递的认证信息后，如果 LNS 对安全性要求较高，可使用强制 CHAP 认证功能，则 LNS 只对远程用户进行 CHAP 认证。如果此时 LAC 使用了 PAP 的认证方式，就无法通过 LNS 的认证，不能建立 L2TP 会话。**但强制 CHAP 认证不能和 LCP 重协商同时生效，如果同时部署，则只进行 LCP 重协商，不进行 CHAP 强制认证。**

（4）主备 LNS

对可靠性要求较高的企业，在总部部署双网关，一主一备。当主网关故障时，业务切换到备份网关，则 LAC 发起的 L2TP 连接请求无法到达 LNS，此时可以在 LAC 上同时配置总部备份网关的 IP 地址，当第一个地址不可达时，按配置先后顺序向备份网关地址发起 L2TP 连接请求，在 LAC 上实现 LNS 的主备功能。

（5）AVP 参数隐藏

AVP（Attribute Value Pair，属性值）是定义在控制消息中的字段组，用于承载建立 L2TP 连接所需要的信息，一个字段组内可以填入一个 L2TP 协商的参数（L2TP 版本、主机名称、隧道 ID 等）。所以 AVP 会携带 L2TP 的各种参数信息，一个控制消息中可以包含有多个 AVP。例如 LAC 首次向 LNS 发起 L2TP 连接时，会在控制消息的 AVP 中填入隧道 ID，发送给 LNS。

L2TP 连接的建立是通过在 LAC 和 LNS 之间交换控制消息，而控制消息中则携带了各种 AVP 参数，包含了用户名、密码等关键信息。此时通过部署 AVP 参数隐藏功能，在 L2TP 连接期间，对 AVP 参数加密，隐藏各种关键信息，提高安全性。

部署 AVP 参数隐藏功能，需要先部署 L2TP 隧道认证功能。

（6）L2TP 隧道认证

对安全要求较高时，可部署 L2TP 隧道验证功能。在 LAC 和 LNS 上配置相同的共享密钥，L2TP 隧道建立过程时，互相验证对端的密钥是否和本端相同，达到简单的安全验证要求。

（7）Hello 报文

Hello 报文用于检测 LAC 和 LNS 之间隧道的连通性。Hello 报文超时，则自动拆除建立的 L2TP 隧道，及时释放资源。企业可以根据实际需要，部署 Hello 报文的时间参数。

4. 缺省配置

在 AR G3 系列路由器中，有关 L2TP 的一些功能和参数都有缺省配置，了解这些缺省配置对我们正确配置设备的 LAC 或 LNS 角色功能非常重要。具体的缺省配置如表 5-1 所示。

表 5-1 AR G3 系列路由器的 L2TP 功能缺省值。

表 5-1　　AR G3 系列路由器的 L2TP 功能缺省值

功能或参数	缺省值
l2tp enable	未使能 L2TP 功能
tunnel authentication	使能 L2TP 隧道认证功能
tunnel password	无隧道认证字，即没有配置隧道认证的共享密钥
tunnel name	隧道名称和设备名称相同
tunnel avp-hidden	未使能 AVP 参数加密功能
mandatory-chap	未使能 CHAP 强制认证功能
mandatory-lcp	未使能 LCP 重协商功能
tunnel timer hello	Hello 报文每隔 60s 发送一次

5.6 LAC 接入呼叫发起 L2TP 隧道连接的配置与管理

本节所介绍的 L2TP 功能配置与管理方法适用于所有由 LAC 发起的 L2TP VPN 通信场景，包括采用各种拨号方式（可以是 PPP 或 PPPoE 拨号）触发 LAC 发起 L2TP 隧道建立的 NAS-Initiated 隧道模式（**LAC 既可位于分支机构侧 ISP 网络中，也可位于分支机构网络中**）和由远程终端主机担当 LAC 角色发起的 L2TP 隧道建立的 Client-Initiated 模式（此时 AR G3 系列路由器仅部署在企业总部网络边缘，担当 LNS 角色）。

在配置 L2TP 之前，需完成 LAC 和 LNS 接入 Internet，路由可达。

5.6.1 配置任务

在由拨号用户（可以是普通的 Modem/ISDN 拨号，也可以是 PPPoE 拨号）发起 L2TP

隧道连接情形下，除了需要先配置好各种拨号连接之外，L2TP VPN 的通信配置还包括以下三大部分（在 LAC 和 LNS 上均需要做相应配置）。

- 配置 AAA 认证，需要在 LAC 和 LNS 上同时配置。
- （可选）配置发起 L2TP 隧道连接的 LAC。在 Client-Initiated 模式下，无需配置 LAC，但需要在客户端主机系统中安装 L2TP 拨号软件，可以是操作系统自带的，如 Windows 系统自带的 L2TP 拨号功能，也可以使用华为专门的 VPN 客户端软件——Huawei VPN Client，最新版本为 V100R001C02SPC703。
- 配置响应 L2TP 连接的 LNS。

说明

如果是由分支机构侧 ISP 网络 NAS 设备担当 LAC，则先要在 NAS 设备上配置好 PPP 或者 PPPoE 服务器（现在基本上不再使用慢速的普通拨号方式，而是采用更加快速的 PPPoE 拨号方式），接收来自分支机构终端用户的 PPP 或 PPPoE 拨号连接（分支机构终端用户需要安装好相应的拨号客户端软件和 Modem）；如果是由分支机构网络网关设备担当 LAC，则先要在网关设备配置好 PPPoE 服务器，接收来自分支机构网络内部终端用户的 PPPoE 拨号连接（分支机构终端用户也需要安装好相应的 PPPoE 拨号客户端软件和 Modem）。

LAC 所涉及的的配置任务如表 5-2 所示，LNS 所涉及的配置任务如表 5-3 所示。

表 5-2　　LAC 配置任务

配置任务	配置步骤	说明
配置 AAA 认证（二选一）	配置本地认证	在 LAC 设备本地保存用户名、密码和服务类型，认证接入的用户信息
	配置远程认证	配置 RADIUS 服务器参数，在远程 RADIUS 服务器上保存用户名、密码和用户类型，认证接入的用户信息
配置 LAC 发起 L2TP 连接	使能 L2TP	全局使能 L2TP，这是前提
	（可选）配置 PPP 协商**（仅当远程用户采用 PPPoE 拨号方式连接 LAC 时需要配置）**	• 在虚拟接口模板（VT 接口）上配置 PPP 认证方式为 PAP 或者 CHAP，认证接入用户 • 配置 VT 接口的 IP 地址，使接口协议生效 • 配置用户侧物理接口作为 PPPoE 服务器，同时作为向 LNS 发起 L2TP 拨号的起始端口
	配置 L2TP 组	配置 L2TP 参数，包括隧道名称、隧道密码、LNS 公网 IP 地址、VPDN 用户 ISP 域名或完整用户名。还可以配置 AVP 参数加密、主备 LNS、Hello 报文时间

说明

因为在 PPPoE 拨号中都是使用以太网链路进行数据传输的，而以太网接口又不能运行 PPP 协议（但 Serial 接口可以），不能对所接收到的 PPP 报文进行处理，所以需要创建一个虚拟以太网接口——VT 接口。VT 接口担当 PPPoE 服务器角色（实际上 VT 接口还要与接收 PPP 报文的物理以太网接口进行绑定才能起作用），对接入用户进行认证，还可为接入用户分配 IP 地址。

表 5-3 **LNS 配置任务**

配置任务	配置步骤	说明
AAA 认证（二选一）	配置本地认证	在本地保存用户名、密码和类型，认证接入的用户信息。如果配置了 LCP 重协商或者 CHAP 强制认证功能，也用于对远程用户进行二次认证
	配置远程认证	配置 RADIUS 服务器参数，在远程 RADIUS 服务器上保存用户名、密码和用户类型，认证接入的用户信息。如果配置了 LCP 重协商或者 CHAP 强制认证功能，也用于对远程用户进行二次认证
配置 LNS 响应 L2TP 连接	使能 L2TP	全局使能 L2TP，这是前提
	配置 IP 地址池	（可选）认证通过后，为远程用户动态分配 IP 地址。**如果为远程用户配置静态 IP 地址，则无需此步骤**
	配置 PPP 协商	• 在虚拟接口模板（VT 接口）上配置 PPP 认证方式为 PAP 或者 CHAP，认证接入用户，和 LAC 保持一致 • 配置 IP 地址，作为 L2TP 隧道的私网网关 IP 地址 • 如果要为远程用户动态分配 IP 地址，则还要引入前面配置的 IP 地址池 • 如果配置 CHAP 强制认证功能，则 PPP 认证方式必须为 CHAP
	配置 L2TP 组	配置 L2TP 参数，包括隧道名称、隧道密码、绑定 VT 接口编号和 LAC 的隧道名称。还可以配置 AVP 参数加密、Hello 报文时间

说明

在 LNS 端，因为来自 LAC 的 L2TP 报文是经过重封装后以普通 IP 报文在网络中传输的，但到了 LNS 端后，需要对封装有 L2TP 报头和 PPP 报头的 IP 报文进行解封装，以识别 L2TP 和 PPP 报头信息，所以需要接口运行 PPP 和 L2TP 协议，而物理以太网接口是不能运行 PPP 协议的，所以只能创建一个虚拟的 VT 接口。当然，如果 LNS 公网侧的接口是 Serial 接口，则可直接配置了，不用再创建 VT 接口。

5.6.2 配置 AAA 认证

在"LAC 接入呼叫发起 L2TP 隧道连接"应用中，除了是远程拨号用户发起的 L2TP 之外，其他情形的 LAC 和 LNS 都需要对接入用户进行认证。AAA 提供了认证、授权和计费三种安全功能，用于管理接入用户，保证安全的连接请求。LAC 和 LNS 通过配置 AAA 的本地认证或者远程认证功能，对接入的远程用户进行身份验证。远程 AAA 认证需要配置 RADIUS 服务器。

LAC 可通过检查远程用户的用户名或者 ISP 域名，判断是否要为该远程用户建立到达 LNS 的 L2TP 隧道，主要依据是用户所配置支持的 PPP 服务类型。

（1）用户名：适用于接入用户少，对用户单独管理，每个接入用户都会独占一条 L2TP 隧道。

如果根据用户名检查远程用户，则设备可使用缺省的 **default** 域和 **default** 认证方案，其中 **default** 认证方案使用缺省的 **local** 认证方式，即本地认证。

（2）ISP 域名：适用于接入多个用户，对同一类用户集中管理，具有相同 ISP 域名的用户共用一条 L2TP 隧道，从网络开销方面来讲更加经济。

如果根据 ISP 域名检查远程用户，则需要配置 ISP 域及域所使用的认证方案。对于不同分支机构采用不同的 ISP 域。VRP 系统也存在两个缺省的 ISP 域 default（用于普通用户）和 default_admin（用于管理员），如果没有进入到具体的 ISP 域下配置，则是直接采用这两个缺省的 ISP 域。

本地 AAA 认证方案的具体配置步骤如表 5-4 所示，使用设备本地配置的用户账户信息对接入用户进行认证；远程 AAA 认证方案的具体配置步骤如表 5-5 所示，使用远程 RADIUS 服务器上配置的用户账户信息对接入用户进行认证。**AAA 认证方案须在 LAC 和 LNS 上同时配置，并保持一致**，此时拨号用户需要经过 LAC 和 LNS 的双重认证审核。

表 5-4　　本地 AAA 认证方案的配置步骤

<table>
<tr><th>步骤</th><th colspan="2">命令</th><th>说明</th></tr>
<tr><td>1</td><td colspan="2">system-view
例如：<Huawei>system-view</td><td>进入系统视图</td></tr>
<tr><td>2</td><td colspan="2">aaa
例如：[Huawei] aaaa</td><td>进入 AAA 视图</td></tr>
<tr><td>3</td><td>authentication-scheme authentication-scheme-name
例如：[Huawei-aaa] authentication-scheme scheme0</td><td rowspan="3">配置认证方案</td><td>（可选）创建认证方案，并进入认证方案视图。参数 authentication-scheme-name 用来指定认证方案名称，字符串形式，不支持空格，长度范围是 1～32，区分大小写，且不能包含以下字符：“\”“/”“:”“<”“>”“|”“@”“'”“%”“*”“?”。
【说明】设备缺省存在名为“default”的认证方案，其认证方式为本地认证。用户可以修改“default”认证方案，但是不能删除。“default”认证方案的策略为：认证模式采用本地认证；认证失败则强制用户下线。包括“default”认证方案在内，AR G3 路由器最多支持 32 个认证方案。如果直接采用缺省的“default”认证方案，则不用执行此步骤。
可用 undo authentication-scheme scheme-name 命令删除认证方案</td></tr>
<tr><td>4</td><td>authentication-mode local
例如：[Huawei-aa-authen-scheme0] authentication-mode local</td><td>（可选）配置认证方式为 local，即本地认证。缺省情况下，认证方式为 local，即本地认证方式，可用 undo authentication-mode 命令恢复。当前认证方案使用的认证模式为缺省认证模式</td></tr>
<tr><td>5</td><td>quit
例如：[Huawei-aa-authen-scheme0] quit</td><td>退回到 AAA 视图</td></tr>
<tr><td>6</td><td>domain domain-name
例如：[Huawei-aaa] domain dm1</td><td>配置域</td><td>（可选）创建用户域，并进入 ISP 域视图。参数 domain-name 用来指定 ISP 域名，字符串形式，不支持空格，长度范围是 1～64，区分大小写，且不能包含以下字符：“-”“*”“?”“'”。
缺省情况下，设备上存在名为“default”和“default_admin”两个域。可以修改这两个域下的配置（但是不能删除这两个域）。
● “default”用于普通接入用户的域，缺省情况下处于激活状态，使用缺省的认证方案和计费方案。</td></tr>
</table>

（续表）

步骤	命令		说明
6	**domain** *domain-name* 例如：[Huawei-aaa] **domain** dm1	配置域	● “default_admin”用于管理员的域，缺省情况下处于激活状态，使用缺省的认证方案和计费方案。 如果直接采用“default”或“default_admin”域（如直接根据用户进行认证时），则不用执行此步骤。在一台设备最多可以配置 32 个域，包括 default 域和 default_admin 域。当有多个分支机构时，必须以 ISP 域名进行区分，故必须为不同分支机构用户创建不同的 ISP 域。 可用 **undo domain domain-name** 命令删除指定的认证域
7	**authentication-scheme** *authentication-scheme-name* 例如：[Huawei-aaa-domain-dm1] **authentication-scheme** scheme0		为前面第 3 步新创建的 ISP 域指定要采用的认证方案，也可以是缺省的“default”认证方案。命令参数说明参见本表第 3 步
8	**quit** 例如：[Huawei-aaa-domain-dm1] **quit**		退回到 AAA 视图
9	**local-user** *user-name* **password cipher** *password* 例如：[Huawei-aaa] **local-user** winda **password cipher** 123456	配置本地用户信息	创建并配置本地用户名和密码，作为 VPDN 用户信息保存在设备中，用于验证接入的远程用户。 ● *user-name*：指定要创建的用户账户名，字符串形式，不支持空格，区分大小写，长度范围是 1～64。格式“*user@domain*”，*domain* 就是指定前面创建的 ISP 域名，以标识该用户所属的 ISP 域。查询与修改时可以使用通配符“*”，例如*@isp、user@*、*@*。 ● *password*：指定本地用户登录密码，字符串形式，区分大小写，字符串中不能包含“？”和空格。**cipher** 表示对用户口令采用可逆算法进行了加密。密码可以是长度范围 6～128 位的明文密码，也可以是长度范围 32～200 位的密文密码。 【说明】如果用户名中带域名分隔符，如@，则认为@前面的部分是用户名，后面部分是 ISP 域名。如果没有@，则整个字符串为用户名，ISP 域为缺省域 default 或 default_admin。 如果是创建新用户，建议在创建用户的同时设置密码，否则设备会自动为该用户指定一个缺省的密码 admin@huawei.com。 缺省情况下，系统中存在一个名称为“admin”的本地用户，该用户的密码为“Admin@huawei”，采用不可逆算法加密，用户级别为 15 级，服务类型为 http，可用 **undo local-user user-name** 命令删除指定的用户
10	**local-user** *user-name* **service-type ppp** 例如：[Huawei-aaa] **local-user** winda **service-type ppp**		配置本地用户类型，L2TP 协议基于 PPP 协商，需要指定用户类型为 **ppp**。 缺省情况下，本地用户可以使用所有的接入类型，可用 **undo local-user** *user-name* **service-type** 命令将指定的本地用户的接入类型恢复为缺省配置

表 5-5　　远程 AAA 认证方案的配置步骤

步骤	命令		说明
1	**system-view** 例如：<Huawei>**system-view**		进入系统视图
2	**radius-server template** *template-name* 例如：[Huawei] **radius-server template** template1	配置 RADIUS 服务器参数	创建 RADIUS 服务器模板，并进入 RADIUS 服务器模板视图，用于配置 RADIUS 服务器的参数，并用于远程接入用户所属 ISP 域调用。参数 *template-name* 用来指定 RADIUS 服务器模板的名称，字符串形式，长度范围是 1～32。不支持空格，区分大小写。 缺省情况下，设备上存在一个名为"default"的 RADIUS 服务器模板，只能修改，不能删除，可用 **undo radius-server template** *template-name* 命令删除一个指定的 RADIUS 服务器模板
3	**radius-server authentication** *ip-address port* 例如：[Huawei-radius-template1] **radius-server authentication** 10.163.155.13 1812		配置 RADIUS 认证服务器的 IP 地址和端口号。 • *ip-address*：指定用于对远程用户进行身份认证的 RADIUS 服务器的 IPv4 地址（必须保证设备与 RADIUS 服务器之间路由可达）。 • *port*：指定 RADIUS 认证服务器的端口号，整数形式，取值范围是 1～65535，缺省为 TCP 1812。 缺省情况下，未配置 RADIUS 认证服务器，可用 **undo radius-server authentication** *ip-address* [*port*]命令删除 RADIUS 认证服务器
4	**radius-server accounting** *ip-address port* 例如：[Huawei-radius-template1] **radius-server authentication** 10.163.155.13 1813		（可选）配置 RADIUS 计费服务器，缺省的计费端口为 TCP 1813。仅 V200R006 及以后版本 VRP 系统支持。 缺省情况下，未配置 RADIUS 计费服务器，可用 **undo radius-server accounting** *ip-address* [*port*] 命令删除 RADIUS 计费服务器的相关配置
5	**radius-server shared-key** cipher *key-string* 例如：[Huawei-radius-template1] **radius-server shared-key cipher** hello		（可选）配置设备和 RADIUS 服务器连接时的共享密钥。 • **cipher**：表示对共享密钥采用可逆算法进行了加密。 • *key-string*：指定共享密钥，字符串形式，不支持空格、单引号和问号，区分大小写。共享密钥既可以是 1～16 位的明文密码，也可以是 32 位的密文密码。 缺省情况下，RADIUS 共享密钥是 huawei，采用密文形式显示，可用 **undo radius-server shared-key** 命令恢复 RADIUS 服务器的共享密钥为缺省值（huawei）
6	**quit** 例如：[Huawei-radius-template1] **quit**		退回到系统视图
7	**aaa** 例如：[Huawei] **aaaa**		进入 AAA 视图

（续表）

<table>
<tr><th>步骤</th><th colspan="2">命令</th><th>说明</th></tr>
<tr><td>8</td><td>authentication-scheme authentication-scheme-name
例如：[Huawei-aaa] authentication-scheme scheme0</td><td rowspan="7">配置认证、计费方案</td><td>创建认证方案，并进入认证方案视图。必须创建，以指定采用 RADIUS 认证方案。参见表 5-4 的第 3 步</td></tr>
<tr><td>9</td><td>authentication-mode radius
例如：[Huawei-aa-authen-scheme0] authentication-mode radius</td><td>配置以上认证方案的认证方式为 radius，即 RADIUS 服务器认证方案。
缺省情况下，认证方式为 local，即本地认证方式，可用 undo authentication-mode 命令恢复当前认证方案使用的认证模式为缺省认证模式</td></tr>
<tr><td>10</td><td>accounting-scheme accounting-scheme-name
例如：[Huawei-aaa] accounting-scheme account1</td><td>创建计费方案，并进入计费方案视图。参数用来指定新创建的计费方案名称，字符串形式，区分大小写，长度范围是 1～32，不支持空格，不能配置为“-”或“--”，且不能包含字符“/”“\”“:”“*”“?”“"”“<”“>”“|”“@”“'”“%”。仅 V200R006 及以后版本 VRP 系统支持。
缺省情况下，设备中有一个计费方案，计费方案配置名是 default，default 方案不能删除，只能修改其中的参数，可用 undo accounting-scheme accounting-scheme-name 命令删除一个指定的计费方案</td></tr>
<tr><td>11</td><td>accounting-mode radius
例如：[Huawei-aaa] accounting-mode radius</td><td>配置计费模式为 RADIUS 计费，仅 V200R006 及以后版本 VRP 系统支持。
缺省情况下，计费模式采用不计费模式 none，可用 undo accounting-mode 命令恢复当前计费方案使用的计费模式为缺省配置</td></tr>
<tr><td>12</td><td>accounting start-fail { online | offline }
例如：[Huawei-aaa] accounting start-fail online</td><td>（可选）配置开始计费失败策略，仅 V200R006 及以后版本 VRP 系统支持。命令中的选项说明如下。
● offline：二选一选项，指定开始计费失败策略为：如果开始计费失败，拒绝用户上线。
● online：二选一选项，指定开始计费失败策略为：如果开始计费失败，允许用户上线。
缺省情况下，如果初始计费失败，不允许用户上线，可用 undo accounting start-fail 命令用来恢复开始计费失败策略为缺省配置</td></tr>
<tr><td>13</td><td>accounting realtime interval
例如：[Huawei-aaa] accounting realtime 10</td><td>（可选）使能实时计费并设置计费间隔，整数形式，取值范围是 0～65535，单位是分钟。0 表示不使能实时计费。仅 V200R006 及以后版本 VRP 系统支持。
缺省值是 0，可用 undo accounting realtime 命令用来去使能实时计费功能</td></tr>
<tr><td>14</td><td>accounting interim-fail [max-times times] { online | offline }
例如：[Huawei-aaa] accounting interim-fail 5 offline</td><td>（可选）配置允许的实时计费请求最大无响应次数，以及实时计费失败后采取的策略，仅 V200R006 及以后版本 VRP 系统支持。命令中的参数和选项说明如下。</td></tr>
</table>

（续表）

步骤	命令		说明
14	**accounting interim-fail** [**max-times** *times*] { **online** | **offline** } 例如：[Huawei-aaa] **accounting interim-fail** 5 **offline**	配置认证、计费方案	• **max-times** *times*：指定允许实时计费请求最大无响应次数。当实时计费请求最大无响应次数达到此最大值时，如果下一次计费请求仍然没有响应，设备认为计费失败，对付费用户采用实时计费失败策略，整数形式，取值范围是 1～255。缺省值是 3。 • **online**：二选一选项，指定实时计费失败后采取的策略为 online，即如果实时计费失败，允许用户在线。 • **offline**：二选一选项，指定实时计费失败后采取的策略为 offline，即如果实时计费失败，使用户下线。 缺省情况下，允许的实时计费请求最大无响应次数为 3 次，实时计费失败后允许用户在线，可用 **undo accounting interim-fail** 命令恢复缺省配置
15	**quit** 例如：[Huawei-aa-authen-scheme0] **quit**		退回到 AAA 视图
16	**domain** *domain-name* 例如：[Huawei-aaa] **domain** dm1	配置 ISP 域	创建并进入指定的 ISP 域视图，可以是缺省的 default 或 default_admin ISP 域。参见表 5-4 中的第 6 步
17	**authentication-scheme** *authentication-scheme-name* 例如：[Huawei-aaa-domain-dm1] **authentication-scheme** scheme0		为以上 ISP 域指定所采用的 RADIUS 认证方案（调用第 7 步创建的认证方案）。必须配置，以指定在特定的 ISP 域中采用 RADIUS 认证方案。参数说明参见表 5-4 中的第 3 步。 缺省情况下，“default”域使用名为“radius”的认证方案，“default_admin”域使用名为“default”的认证方案，其他域使用名为“radius”的认证方案，可用 **undo authentication-scheme** 命令将域的认证方案恢复为缺省配置
18	**radius-server** *template-name* 例如：[Huawei-aaa-domain-dm1] **radius-server** template1		为以上 ISP 域指定所使用的 RADIUS 服务器模板。该模板为前面第 2 步创建的 RADIUS 服务器模板。 缺省情况下，用户创建域下绑定了名为“default”的 RADIUS 服务器模板，默认“default”域下绑定了名为“default”的 RADIUS 服务器模板，默认“default_admin”域下没有绑定 RADIUS 服务器模板，可用 **undo radius-server** 命令删除域的 RADIUS 服务器模板
19	**accounting-scheme** *accounting-scheme-name* 例如：[Huawei-aaa-domain-dm1] **accounting-scheme** account1		（可选）为以上 ISP 域指定所使用的计费方案。该方案为前面在第 10 步中配置的计费方案。**仅 V200R006 及以后版本 VRP 系统支持。** 缺省情况下，域使用名为“default”的计费方案。“default”计费方案的策略为：计费模式为不计费，关闭实时计费开关

（续表）

步骤	命令		说明
20	**statistic enable** 例如：[Huawei-aaa-domain-dm1] **statistic enable**	配置 ISP 域	（可选）如果使用流量计费，需要在域下开启流量统计功能。**仅 V200R006 及以后版本 VRP 系统支持。** 缺省情况下，域的流量统计功能处于未使能状态，可用 **undo statistic enable** 命令去使能域用户的流量统计功能

5.6.3 配置 LAC

LAC 在用户侧（可以位于分支机构侧 ISP 网络中，也可位于分支机构网络内）接入用户的呼叫请求，和用户进行 PPP 协商；同时配置 L2TP 参数，根据接入用户的名称或者 ISP 域，发起到 LNS 的 L2TP 连接。具体配置步骤如表 5-6 所示。

配置注意事项如下。

- 远程拨号用户上配置的认证方式应和LAC 用户侧虚拟接口模板上的认证配置保持一致。
- LAC 上连接用户侧的接口需要配置 IP 地址，但无特定要求，主要目的就是使接口的 IP 协议生效，成为三层接口。
- L2TP 缺省情况下使能隧道认证功能，但没有配置认证的共享密钥。如果使用隧道认证功能，则配置认证共享密钥，且 LAC 和 LNS 保持一致；如果不使用隧道认证功能，则 LAC 和 LNS 都需要去使能隧道认证功能。

表 5-6　LAC 配置步骤

步骤	命令		说明
1	**system-view** 例如：<Huawei>**system-view**		进入系统视图
2	**l2tp enable** 例如：[Huawei] **l2tp enable**		全局使能 L2TP 功能。只有使用本命令，L2TP 功能才能使用。如果禁止 L2TP，则即使完成了 L2TP 的配置，设备也不会提供 L2TP 功能
3	**interface virtual—template** *vt-number* 例如：[Huawei] **interface virtual-template** 10	（可选）配置用户侧接口（**仅当远程接入用户采用 PPPoE 拨号时需要配置**）	创建 VT 虚拟接口模板，并进入虚拟模板视图。参数 *vt-number* 用来指定虚拟接口模板的编号，整数形式，取值范围是 0～1023。 【说明】PPP、ATM、以太网等二层协议之间不能直接互相承载，需要通过虚拟访问接口 VA（Virtual-Access）进行通信。当二层协议之间需要通信时，VA 接口由系统自动创建，用户不能创建和配置 VA 接口，只能通过配置虚拟接口模板 VT（Virtual-Template）的属性来配置 VA 接口。VT 只是系统配置 VA 时使用的模板。 作为远程用户的 PPPoE 服务接口，还需要通过以下步骤定义 PPP 协商的参数。但一个 VT 接口不能同时被 PPPoE 业务和 L2TP 业务使用。 可用 **undo interface virtual-template** *vt-number* 命令删除指定虚拟接口模板，删除 VT 后，所有由其生成的 VA 接口都会被自动删除

（续表）

<table>
<tr><th>步骤</th><th>命令</th><th colspan="2">说明</th></tr>
<tr><td>4</td><td>ppp authentication-mode { pap | chap }
例如：[Huawei-Virtual-Template10] ppp authentication-mode chap</td><td rowspan="4">（可选）配置用户侧接口（仅当远程接入用户采用 PPPoE 拨号时需要配置）</td><td>配置以上 VT 虚拟接口模板的 PPP 认证方式为 pap 或者 chap，对远程用户进行认证。执行本命令前，请确保接口封装的链路层协议为 PPP，但 VT 接口缺省运行的就是 PPP 协议，所以无需另外配置。
• PAP 为两次握手认证，口令为明文。当实际应用过程中，对安全性要求不高时，可以采用 PAP 认证建立 PPP 连接。
• CHAP 为三次握手认证，口令为密文。当实际应用过程中，对安全性要求较高时，可以采用 CHAP 认证建立 PPP 连接。实际配置时，一般都采用 CHAP 认证。
LAC 和 LNS 的认证方式应保持一致。
缺省情况下，本端设备对对端设备不进行认证，可用 undo ppp authentication-mode 命令恢复缺省情况</td></tr>
<tr><td>5</td><td>mtu size
例如：[Huawei-Virtual-Template10] mtu 1200</td><td>配置接口的最大传输单元值，整数形式，取值范围为 128～1500，单位为字节。
当与友商设备对接时，为了避免出现数据报文在其物理出接口进行分片后友商设备无法重组等对接失败问题，建议在 VT 虚拟接口配置 MTU 值，取值必须不大于 L2TP 报文的物理出接口 MTU 值（默认 1500 字节）减去 L2TP 报文封装头长度（携带序列号信息时为 42 字节，否则为 38 字节）。例如，默认情况下 L2TP 报文的物理出接口 MTU 值为 1500，L2TP 报文封装头长度为 42，则该步骤中参数 size 取值必须不大于 1458。
为了避免出现数据报文在 VT 接口进行分片后，在其物理出接口再次进行分片，影响设备性能，建议在 VT 虚拟接口配置 MTU 值时，取值范围为 1400～1450。
【注意】配置本命令后，需要重启此接口配置才会生效</td></tr>
<tr><td>6</td><td>quit
例如：[Huawei-Virtual-Template10] quit</td><td>返回到系统视图</td></tr>
<tr><td>7</td><td>interface interface-type interface-number
例如：[Huawei] interface gigabitethernet 1/0/1</td><td>（可选）进入 LAC 设备连接远程用户侧的物理接口视图。
【注意】需要先为该物理接口配置 IP 地址（根据 LAC 所处的位置不同，可以是公网 IP 地址，也可以是私网 IP 地址），以使该接口上的 IP 地址生效</td></tr>
</table>

（续表）

<table>
<tr><th>步骤</th><th>命令</th><th colspan="2">说明</th></tr>
<tr><td>8</td><td>pppoe-server bind virtual-template vt-number
例如：[Huawei-GigabitEthernet1/0/1] pppoe-server bind virtual-template 10</td><td rowspan="2">（可选）配置用户侧接口（仅当远程接入用户采用 PPPoE 拨号时需要配置）</td><td>（可选）配置以上物理接口作为 PPPoE 服务器，绑定前面创建的 VT 虚拟接口模板，以使在以太网接口上启用 PPPoE 协议。
【说明】一个物理接口上只能绑定一个虚拟接口模板。配置完本命令就为 VT 接口指定了一个物理通道。对于 VT 接口，如果配置静态路由，请指定下一跳而不要指定出接口。如果必须指定出接口的话，请保证 VT 下绑定的物理接口有效，从而保证报文能够正常传输</td></tr>
<tr><td>9</td><td>quit
例如：[Huawei-GigabitEthernet1/0/1] quit</td><td>返回到系统视图</td></tr>
<tr><td>10</td><td>l2tp-group group-number
例如：[Huawei] l2tp-group 2</td><td rowspan="2">配置 L2TP 组</td><td>创建 L2TP 组，并进入 L2TP 组视图。参数 group-number 用来指定 L2TP 组的编号，整数形式。
• AR150&160&200 系列取值范围是 1～16。
• AR1200 系列、AR2201-48FE、AR2202-48FE、AR2204 取值范围是 1～128。
• AR2220、AR2220L、AR2240 取值范围是 1～512。
• AR3200 系列取值范围是 1～1024。
在 L2TP 组下可配置用于 L2TP 连接的参数，根据接入的远程用户，向 LNS 发起 L2TP 连接。
缺省情况下，没有创建 L2TP 组，可用 undo l2tp-group group-number 命令删除指定的 L2TP 组</td></tr>
<tr><td>11</td><td>tunnel password { simple | cipher } password
例如：[Huawei-l2tp2] tunnel password simple huawei</td><td>配置 L2TP 隧道的共享密钥，需要和 LNS 端的配置保持一致。命令中的参数和选项说明如下。
• simple：二选一选项，指定以明文形式显示隧道认证的共享密钥。
• cipher：二选一选项，指定以密文形式显示隧道认证的共享密钥。
• password：指定隧道认证的共享密钥，字符串形式，区分大小写，不能输入空格和问号等命令行专用字符：如果共享密钥形式是 simple，则 password 是明文密码，长度为 1～16；如果共享密钥形式是 cipher，则 password 既可以是明文形式，也可以是密文形式，视输入而定，明文密码是长度为 1～16 的字符串，例如：1234567，密文密码长度只能是 24，并且是密文形式，例如：_(TT8F]Y\5SQ=^Q`MAF4<1!!。
缺省情况下，L2TP 使能了隧道认证功能，未配置隧道认证的共享密钥，可用 undo tunnel password 命令取消已配置的隧道认证的共享密钥。建议使用隧道认证功能，如果不使用隧道认证功能，则需在要 LAC 和 LNS 两端都执行 undo tunnel authentication 命令</td></tr>
</table>

（续表）

<table>
<tr><th>步骤</th><th>命令</th><th colspan="2">说明</th></tr>
<tr><td>12</td><td>tunnel name tunnel-name
例如：[Huawei-l2tp2] tunnel name lycb</td><td rowspan="2">配置 L2TP 组</td><td>配置隧道名称，用于发起 L2TP 连接时，LNS 根据 LAC 的隧道名称接入。参数 tunnel-name 用来指定隧道本端的名称，字符串形式，区分大小写，长度范围是 1～30。
缺省情况下，如果未指定隧道名称，则设备名称作为隧道名称，可用 undo tunnel name 命令恢复本端名称为缺省值。
【说明】创建一个 L2TP 组时，本端隧道名称将被初始化成设备的主机名。如果要使用其他名称作为本端隧道名称，可以使用本命令。一台设备可以创建多个 L2TP 组，建立多条 L2TP 隧道，用户可以为每条隧道配置不同名称进行区分。在 LNS 侧，需要根据 LAC 侧的隧道名称指定允许接入的隧道连接请求，所以建议在 LAC 侧配置隧道名称</td></tr>
<tr><td>13</td><td>start l2tp ip ip-address &<1-4> { domain domain-name | fullusername user-name | interface interface-type interface-number | vpn-instance vpn-instance-name fullusername user-name }
例如：[Huawei-l2tp2] start l2tp ip 202.38.168.1 domain lycb.com</td><td>（二选一）配置对端 LNS 的 IP 地址、域名、用户全名，作为发送控制消息的目的 IP 地址，最多可配置 4 个 IP 地址，彼此形成备份 LNS，先配置的 IP 地址优先级高，按配置顺序逐渐降低。并指定以下两种触发 L2TP 连接请求的依据。
• domain domain-name：多选一参数，指定按用户的 ISP 域名（需要先创建）来触发 L2TP 连接请求，字符串形式，区分大小写，取值范围是 1～20。
• vpn-instance vpn-instance-name：多选一参数，指定 L2TP 连接使用的 IP 地址所属 VPN 实例，字符串形式，区分大小写，取值范围是 1～31。
• fullusername user-name：多选一参数，指定按用户全名来触发 L2TP 连接请求。字符串形式，区分大小写，取值范围是 1～64。
• interface interface-type interface-number：多选一参数，指定触发 L2TP 连接请求的接口。
【说明】华为 AR G3 路由器主要支持如下两种情况触发 L2TP 连接请求。
• 根据用户的 ISP 域名称发起建立 L2TP 的连接请求。例如，用户所在公司的域名为 huawei.com，则可以指定包含 huawei.com 域名的用户为 VPDN 用户。
• 根据用户全名发起建立 L2TP 的连接请求。例如，用户全名为 user@huawei.com，指定此用户名为 VPDN 用户，则只有此用户的呼叫可以触发建立 L2TP 连接。
LAC 在收到远程用户发起的呼叫后，根据上面所述的情况判断，如果发现发起呼叫的用户是 VPDN 用户，则 LAC 按照配置的 LNS IP 地址的先后顺序向 LNS 发送建立 L2TP 隧道的连接请求，当得到 LNS 的接收应答后，该 LNS 就作为 L2TP 隧道的对端，否则 LAC 向下一个 LNS 发起隧道连接请求。
缺省情况下，设备上没有配置触发条件，可用 undo start 命令删除指定的触发条件</td></tr>
</table>

（续表）

步骤	命令	说明	
13	**start l2tp host** *hostname* { **domain** *domain-name* | **fullusername** *user-name* }	配置 L2TP 组	（二选一）配置对端 LNS 的域格式的主机名（hostname）、域名（domain）或用户全名（fullusername），参数说明参见前面的 **start l2tp ip** 命令介绍
14	**quit** 例如：[Huawei-l2tp2] **quit**	配置 LAC 公网侧接口的公网 IP 地址	返回系统视图
15	**interface** *interface-type interface-number* 例如：[Huawei] **interface** gigabitethernet 2/0/1		进入 LAC 设备连接 ISP 网络侧的**物理接口**视图
16	**ip address** *ip-address* { *mask* | *mask-length* } 例如：[Huawei-GigabitEthernet2/0/1] **ip address** 202.1.2.1 255.255.255.0		配置 LAC 连接 ISP 侧接口的公网 IP 地址
17	配置 LAC 公网到 LNS 公网的 IP 路由		

5.6.4 配置 LNS

LNS 位于企业总部网络边缘，同时担当企业总部网络网关角色，需要配置 L2TP 参数，使其根据 LAC 的隧道名称，响应 LAC 发起的 L2TP 连接请求。具体配置步骤如表 5-7 所示。

配置注意事项如下。

- LNS 在虚拟接口模板上配置 PPP 协商参数时，认证方式应和 LAC 上的认证配置保持一致。即 LNS 采取远程终端上配置的相同认证方式对接入用户进行认证，以便使终端用户能认证成功。
- 如果 L2TP 组编号不为 **1**，则需要指定对端 LAC 的隧道名称。
- L2TP 缺省情况下使能隧道认证功能，也没有配置认证的共享密钥。如果使用隧道认证功能，则配置认证共享密钥，且和 LAC 的配置保持一致；如果不使用隧道认证功能，则 LAC 和 LNS 都需要去使能隧道认证功能。

表 5-7　　LNS 配置步骤

步骤	命令	说明
1	**system-view** 例如：<Huawei>**system-view**	进入系统视图
2	**l2tp enable** 例如：[Huawei] **l2tp enable**	全局使能 L2TP 功能。只有使用本命令，L2TP 功能才能使用。如果禁止 L2TP，则即使完成了 L2TP 的配置，设备也不会提供 L2TP 功能

（续表）

步骤	命令	说明	
3	**ip pool** *ip-pool-name* 例如：[Huawei] **ip pool** pool1	配置 IP 地址池	（可选）创建一个全局 IP 地址池，并进入 IP 地址池视图，用于为远程用户（当采用 Client-Initiated 模式或 NAS-Initiated 模式时）或 LAC 上的 VT 接口（当采用 LAC-Auto-Initiated 模式时）分配地址。参数 *ip-pool-name* 用来指定地址池名称，字符串形式，不支持空格，长度范围是 1～64，可以设定为包含数字、字母、和特殊字符（例如"_""-"或"."）的组合，不能为"-"或"--"。 此处相当于创建一个 DHCP 服务器 IP 地址池。如果远程用户已经手工配置了静态 IP 地址，则无需配置地址池（此时远程用户网卡至少分配了两个 IP 地址：一个是接入 Internet 后动态分配的公网 IP 地址，另一个就是静态配置的位于企业总部私网的私网 IP 地址）。如果需要给用户分配 DNS 服务器地址，建议在配置 AAA 步骤中增加 **service-scheme** *service-scheme-name* 命令。 缺省情况下，没有创建全局地址池，可用 **undo ip pool** *ip-pool-name* 命令删除指定的全局地址池
4	**network** *ip-address* [**mask** { *mask* | *mask-length* }] 例如：[Huawei-ip-pool1] **network** 192.168.1.0 **mask** 24		为以上 IP 地址池配置 IPv4 地址段，作为远程用户或 LAC 上的 VT 接口的动态 IPv4 地址资源（是企业总部网络的私网 IPv4 地址），网段内的 IP 地址会从大到小依次分配。命令中的参数说明如下。 • *ip-address*：指定 IPv4 地址池的网络地址段，必须是网络地址。 • *mask*：二选一参数，指定网段 IPv4 地址对应的子网掩码。 • *mask-length*：二选一参数，指定网段 IPv4 地址对应的子网掩码长度，整数形式，取值范围是 0～32。 【注意】当用户没有配置 **mask** 参数时，系统将使用自然掩码，参数 *ip-address* 的 IP 地址类型不能是 A 类地址；当用户配置 **mask** 参数，mask-length 的长度不能小于 16 缺省情况下，系统未配置全局地址池下动态分配的 IP 地址范围，可用 **undo network** 命令来恢复网段地址为缺省值
5	**gateway-list** *ip-address* &<1-8> 例如：[Huawei-ip-pool1] **gateway-list** 192.168.1.1		为以上 IP 地址池配置网关 IP 地址（最多配 8 个网关 IP 地址），分配给远程用户作为其网关地址。此网关 IP 地址就是远程用户访问企业总部网络的网关地址，即下面创建的 VT 接口 IPv4 地址。 缺省情况下，未配置出口网关地址，可用 **undo gateway-list** { *ip-address* | **all** }命令删除已配置的所有或指定网关 IP 地址
6	**quit** 例如：[Huawei-ip-pool1] **quit**		退回到系统视图

（续表）

步骤	命令	说明	
7	**interface virtual-template** *vt-number* 例如：[Huawei]**interface virtual-template** 1	配置 PPP 协商	创建 VT 虚拟接口模板，并进入虚拟模板视图。此虚拟接口是作为远程用户访问企业总部私网的网关接口，接入远程用户的 L2TP 连接，可定义以下几个步骤中所叙的 PPP 协商参数
8	**ppp keepalive in-traffic check** 例如：[Huawei-Virtual-Template10] **ppp keepalive in-traffic check**		（可选）使能虚拟模板接口有入方向流量时，不发送心跳报文的功能。**仅 V200R006 及以后版本支持。** 缺省情况下，设备作为 PPPoE Server 会定时发送心跳报文，**undo ppp keepalive in-traffic check** 命令去使能虚拟模板接口有入方向流量时，不发送心跳报文的功能
9	**ip address** *ip-address* { *mask* | *mask-length* } 例如：[Huawei-Virtual-Template1] **ip address** 192.168.1.1 255.255.255.0		配置 VT 接口的私网 IPv4 地址，作为远程用户访问总部网络的网关 IPv4 地址。**它要与分配给 LTP 客户端（远程用户或 LAC 上的 VT 接口）的 IP 地址在同一 IP 网段**
10	**remote address** { *ip-address* | **pool** *pool-name* } 例如：[Huawei-Virtual-Template1] **remote address pool** pool1		（可选）指定用于为远程用户静态分配的 IPv4 地址，或者为远程用户进行动态分配 IPv4 地址而调用的 IPv4 地址池。所分配的 IPv4 地址必须与 LNS 上配置的 VT 接口 IP 地址在同一 IP 网段。如果远程用户已经手工配置了静态 IP 地址，则无需此步骤。 如果希望本端为对端分配的 IP 地址具有强制性（即不允许对端自行指定 IP 地址），可以在接口下配置 **ppp ipcp remote-address forced** 命令。 缺省情况下，本端不为对端分配 IP 地址，可用 **undo remote address** 命令用来恢复缺省值
11	**ppp authentication-mode** { **pap** | **chap** } 例如：[Huawei-Virtual-Template1] **ppp authentication-mode chap**		配置 VT 接口所采用的 PPP 认证方式为 pap 或者 chap，对远程用户进行认证。LNS 对接入用户的认证、以及 IP 地址分配工作是由 VT 接口负责的，毕竟此时 VT 接口才支持 PPP 协议。LAC 和 LNS 上配置的认证方式应保持一致。 缺省情况下，本端设备对对端设备不进行认证，可用 **undo ppp authentication-mode** 命令恢复缺省情况
12	**mtu** *size* 例如：[Huawei-Virtual-Template1] **mtu** 1400		配置接口的最大传输单元值，一定不大于 1458，其他说明参见表 5-6 的第 5 步。**仅 V200R006 及以后的版本支持**
13	**quit** 例如：[Huawei-Virtual-Template1] **quit**		退回到系统视图
14	**l2tp-group** *group-number* 例如：[Huawei] **l2tp-group** 2	配置 L2TP 组	创建 L2TP 组，并进入 L2TP 组视图。用于配置 L2TP 连接参数，接入 LAC 发起的连接。具体参数说明参见表 5-6 中的第 11 步。 当 L2TP 组编号为 1 时，可以配置为允许任意 LAC 接入

（续表）

步骤	命令	说明	
15	**tunnel password** { **simple** | **cipher** } *password* 例如：[Huawei-l2tp2] **tunnel password simple** huawei	配置 L2TP 组	配置 L2TP 隧道认证的共享密钥，需要和 LAC 保持一致。参数说明参见表 5-6 中的第 10 步。 缺省情况下，L2TP 使能了隧道认证功能，未配置隧道认证的共享密钥。建议使用隧道认证功能，如果不使用隧道认证功能，则执行命令 **undo tunnel authentication**
16	**tunnel name** *tunnel-name* 例如：[Huawei-l2tp2] **tunnel name** lycb		配置隧道名称，可与 LAC 端的隧道名称不一致。用于在响应 LAC 发起的 L2TP 连接时与 LAC 协商建立隧道的参数。参数说明参见表 5-6 中的第 11 步。 缺省情况下，如果未指定隧道名称，则设备名称作为隧道名称
17	**allow l2tp virtual-template** *virtual-template-number* [**remote** *remote-name* [**vpn-instance** *vpn-instance-name*]] 例如：[Huawei-l2tp2] **allow l2tp virtual-template** 1 **remote** lycb		配置在响应 LAC 隧道连接请求时所用的虚拟接口模板，以便对接入用户进行认证，并为远程用户分配企业总部私网 IP 地址。同时还可以指定允许接入的 LAC 端的隧道名称。 命令中的参数说明如下。 • **virtual-template** *virtual-template-number*：指定 LNS 接入呼叫时所使用的 VT 虚拟接口模板及编号，整数形式，取值范围是 0～1023。 • **remote** *remote-name*：可选，指定允许本端接入呼叫的隧道名称（即 LAC 端配置的隧道名称），字符串形式，区分大小写，长度范围是 1～30。当本命令所在的 L2TP 组编号不为 1 时，则命令中必须指定对端的隧道名称。 • **vpn-instance** *vpn-instance-name*：可选项，指定 L2TP 连接使用的 IP 地址所属 VPN 实例，字符串形式，区分大小写，长度范围是 1～31。 当 L2TP 组编号为 1 时，可以不指定对端 LAC 的隧道名称，表示允许任意 LAC 接入。 缺省情况下，不接入 L2TP 连接请求，可用 **undo allow** 命令取消接入 L2TP 连接请求
18	**quit** 例如：[Huawei-l2tp2] **quit**		返回系统视图
19	**interface** *interface-type interface-number* 例如：[Huawei] **interface** gigabitethernet 2/0/1	配置 LNS 公网侧接口的公网 IP 地址	进入 LNS 设备连接 ISP 网络侧的**物理接口**视图
20	**ip address** *ip-address* { *mask* | *mask-length* } 例如：[Huawei-GigabitEthernet2/0/1] **ip address** 202.1.2.1 255.255.255.0		配置 LNS 连接 ISP 侧接口的公网 IP 地址
21	配置 LNS 公网到 LAC 公网的 IP 路由		

5.6.5　L2TP 维护与管理

在 L2TP 配置与运行维护中可使用表 5-8 所示命令进行管理操作。

表 5-8 **L2TP 维护与管理**

<table>
<tr><th>命令</th><th colspan="2">说明</th></tr>
<tr><td>display l2tp tunnel</td><td colspan="2">在任意视图下查看本端和对端的 L2TP 隧道 ID、会话 ID，以及对端公网地址等信息</td></tr>
<tr><td>display l2tp session</td><td colspan="2">在任意视图下查看本端和对端的 L2TP 会话 ID 信息，以及所属的本端隧道 ID</td></tr>
<tr><td>display l2tp-group [group-number]</td><td colspan="2">在任意视图下查看指定 L2TP 组的具体配置信息</td></tr>
<tr><td>reset l2tp tunnel { peer-name remote-name | local-id tunnel-id }</td><td>在用户视图下根据本端隧道 ID 或者对端隧道名称，强制断开隧道连接</td><td rowspan="2">手动断开 L2TP 连接，强制断开 L2TP 隧道后，该隧道上的所有控制连接与会话连接也将被清除，当有新用户拨入时，还可重新建立</td></tr>
<tr><td>reset l2tp session session-id session-id</td><td>在用户视图下根据本端会话 ID 强制断开会话连接</td></tr>
<tr><td>display l2tp tunnel [tunnel-item tunnel-item | tunnel-name tunnel-name]</td><td>根据本端隧道 ID 或者对端隧道名称，查看指定隧道的具体连接参数</td><td rowspan="2">监控 L2TP 隧道及会话状况，可在任意视图下执行</td></tr>
<tr><td>display l2tp session [destination-ip d-ip-address | session-item session-item | source-ip s-ip-address]</td><td>根据 L2TP 隧道的公网源地址或者目的地址，查看对应的会话 ID；根据本端会话 ID，查看指定会话的具体连接参数</td></tr>
<tr><td>display l2tp statistics tunnel [local-id tunnel-id]</td><td colspan="2">在用户视图下查看 L2TP 协议报文的统计信息</td></tr>
<tr><td>reset l2tp statistics tunnel [local-id tunnel-id]</td><td colspan="2">在用户视图下重置 L2TP 协议报文的统计信息</td></tr>
</table>

5.6.6 移动办公用户发起 L2TP 隧道连接配置示例

本示例是专门针对移动办公员工访问企业总部网络的情形，属于 Client-Initiated 模式，是“LAC 接入呼叫发起 L2TP 隧道连接”应用的一种情形，其基本拓扑结构如图 5-20 所示，各接口 IP 地址配置如表 5-9 所示。

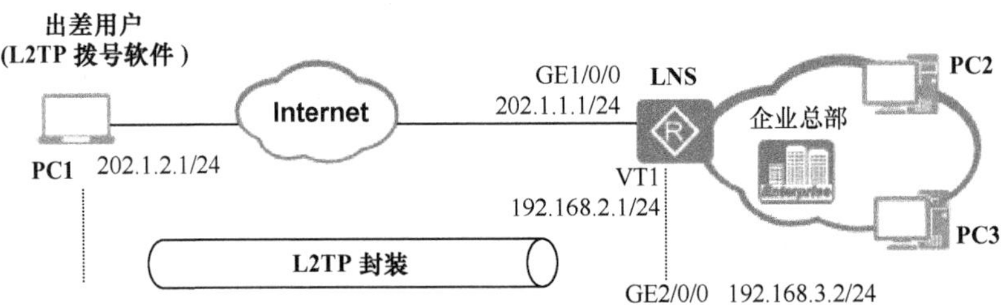

图 5-20 移动办公用户发起 L2TP 隧道连接示例拓扑结构

表 5-9 **各接口 IP 地址配置**

接口	IP 地址	接口	IP 地址
移动办公主机网卡	202.1.2.1/24	LNS 公网侧 GE1/0/0	202.1.1.1/24
LNS 私网侧 GE2/0/0	192.168.3.1/24	VT1（远程拨号用户访问总部网络的私网网关）	192.168.2.1/24

在这种情况下，需要将总部网关部署为 LNS，移动办公员工在 PC 终端上使用 L2TP 拨号软件（如 Windows 系统自带的 L2TP 客户端功能，或者 Huawei VPN Client），就可以在移动办公员工主机和总部网关之间建立虚拟的点到点连接。即 L2TP 隧道是在移动

办公员工主机与企业总部网络 LNS 之间建立的，**但在建立 L2TP 拨号前，客户端必须已成功连接到 Internet**（可以是任意接入方式）。

1. 基本配置思路分析

根据前文的介绍可知，Client-Initiated 模式 L2TP 隧道的建立是基于移动办公员工终端主机成功接入 Internet（当然企业总部网络的 LNS 也必须成功接入 Internet）后，再利用终端主机上安装的 L2TP 拨号软件向 LSN 发起 L2TP 隧道连接请求。即 Client-Initiated 模式下，L2TP 隧道连接请求是由终端用户发起的，不是由 LAC 发起的（或者说远程用户终端主机就是 LAC），故无需单独配置 LAC。其基本配置思路如下。

（1）配置企业总部网关设备作为 LNS，以响应移动办公员工的 L2TP 隧道建立请求。

（2）移动办公员工接入 Internet 后，通过设置 L2TP 拨号软件（本示例分别以 Windows 10 系统自带的 L2TP 客户端功能和 Huawei VPN Client V100R001C02SPC703 进行介绍），向 LNS 发起 L2TP 连接的请求。

2. 配置 LNS

根据 5.6.4 节介绍的 LNS 配置步骤，再结合本示例实际，可按如下步骤配置本示例中的 LNS。

（1）配置 LNS 公网接口 IP 地址及路由，假设 LNS 所连接的 ISP 设备接口的 IP 地址为 202.1.1.2，它可作为 LNS 访问 Internet 的下一跳 IP 地址。

```
<Huawei> system-view
[Huawei] sysname LNS
[LNS] interface gigabitethernet 1/0/0
[LNS-GigabitEthernet1/0/0] ip address 202.1.1.1 255.255.255.0
[LNS-GigabitEthernet1/0/0] quit
[LNS] ip route-static 0.0.0.0 0 202.1.1.2      #---配置访问 Internet 的缺省路由
```

（2）配置 LNS AAA 认证，对远程 L2TP 拨号用户进行身份认证。假设用户账户为 winda，密码为 lycb.com，用户账户必须支持 PPP 服务类型。**此处采用缺省 ISP 域 default，缺省的 default 认证方案（本地认证），所以无需创建认证方案，也无需指定所使用的 ISP 域。**

```
[LNS] aaa
[LNS-aaa] local-user winda password cipher lycb.com
[LNS-aaa] local-user winda service-type ppp
[LNS-aaa] quit
```

（3）使能 L2TP 功能。

```
[LNS] l2tp enable
```

（4）定义一个用来为移动办公员工访问企业总部网络分配 IP 地址的私网 IP 地址池（名称假设为 lns，地址段为 LNS 连接企业总部网络的虚拟网关——VT 接口的 IP 地址所在网段）。

```
[LNS] ip pool lns
[LNS-ip-pool-lns] network 192.168.2.0 mask 24
[LNS-ip-pool-lns] gateway-list 192.168.2.1   #---这是 LNS 连接总部网络的虚拟网关——VT 接口的 IP 地址
[LNS-ip-pool-lns] quit
```

（5）配置虚拟接口模板，作为远程拨号用户访问总部私有网络的虚拟网关，同时对 L2TP 拨入用户进行私网 IP 地址分配和用户身份认证（**因为以太网接口不支持 PPP 认证，所以要创建支持 PPP 协议的虚拟 VT 接口**）。

```
[LNS] interface virtual-template 1
[LNS-Virtual-Template1] ip address 192.168.2.1 255.255.255.0
[LNS-Virtual-Template1] ppp authentication-mode pap   #---配置采用 PAP 认证方式
[LNS-Virtual-Template1] remote address pool lns   #---调用前面创建的名为 lns 的 IP 地址池为远程拨入用户分配访问企业总部网络的私网 IP 地址
[LNS-Virtual-Template1] quit
```

（6）配置 L2TP 组。本示例假设允许任意远程用户 L2TP 拨号接入（无需指定远程隧道名称），所以可创建一个组号为 1 的 L2TP 组。配置隧道认证的共享密钥为明文 Huawei。如果远程用户的 L2TP 客户端功能不支持隧道认证（如 Windows 7 系统），则可取消隧道认证功能。

```
[LNS] l2tp-group 1
[LNS-l2tp1] tunnel authentication
[LNS-l2tp1] tunnel password simple Huawei   #----配置 L2TP 隧道认证共享密钥为 Huawei
[LNS-l2tp1] allow l2tp virtual-template 1   #---置 LNS 绑定虚拟接口模板
[LNS-l2tp1] quit
```

3. 配置远程终端

前文说到，在这种远程用户发起的 L2TP 隧道连接的应用中需要在远程用户主机上安装 L2TP 拨号软件，以便对 LNS 进行 L2TP 拨号。这种 L2TP 拨号功能既可由 Windows、Linux 操作系统自带功能实现，又可使用华为专门的 VPN 客户端软件来实现。在此分别以 Windows 10 系统中的 L2TP 拨号功能和 Huawei VPN Client V100R001C02SPC703 为例进行介绍。

（1）Window 10 系统下的 L2TP 拨号配置

① 右键电脑桌面右下角有线网络图标（或无线网络图标），单击 打开“网络和共享中心”界面，如图 5-21 所示。

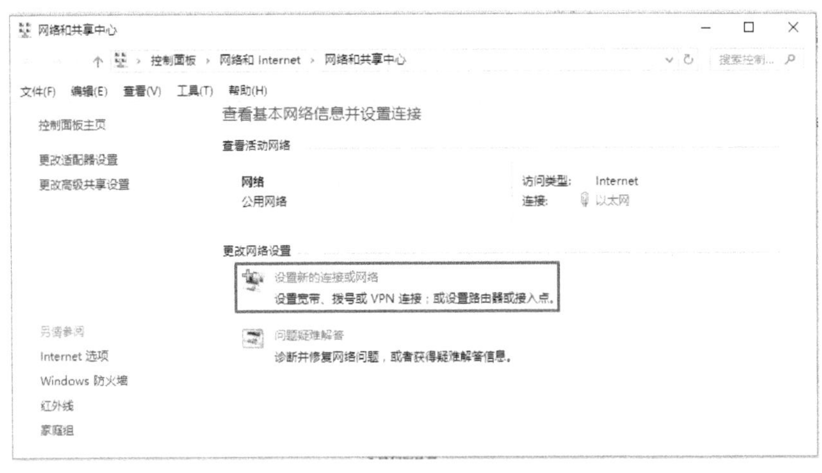

图 5-21 “网络和共享中心”界面

② 单击“设置新的连接或网络”链接，打开如图 5-22 所示界面。选择“连接到工作区”选项，然后单击“下一步”按钮，打开如图 5-23 所示界面。

③ 单击“使用我的 Internet 连接（VPN）（I）”链接，打开如图 5-24 所示界面。在“Internet 地址”栏中输入 VPN 服务器的地址，即 LNS 公网 IP 地址。本示例中，位于企业总部网络边缘的 LNS 的公网 IP 地址就是 LNS 的 GE1/0/0 接口的 IP 地址，为 202.1.1.1。

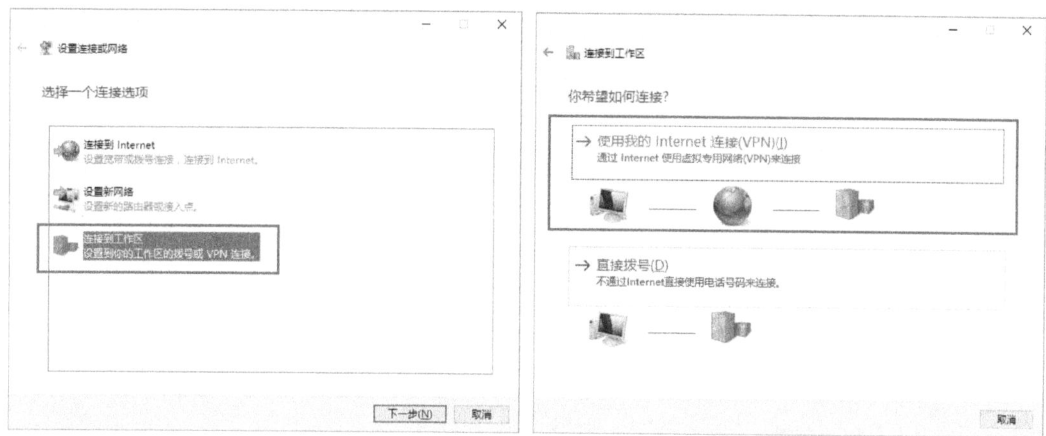

图 5-22 “设置连接或网络”界面

图 5-23 “连接到工作区”界面

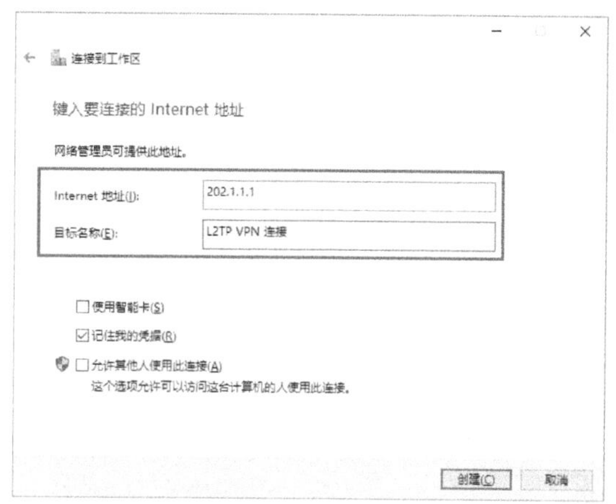

图 5-24 连接到工作区的参数配置界面

还可在“目标名称”栏中修改所创建的 VPN 连接名称，然后单击“创建”按钮即完成新的VPN连接创建过程，创建的L2TP VPN连接可在“网络和共享中心”中单击“更改适配器设置”链接后在“网络连接”界面中见到，如图5-25所示。

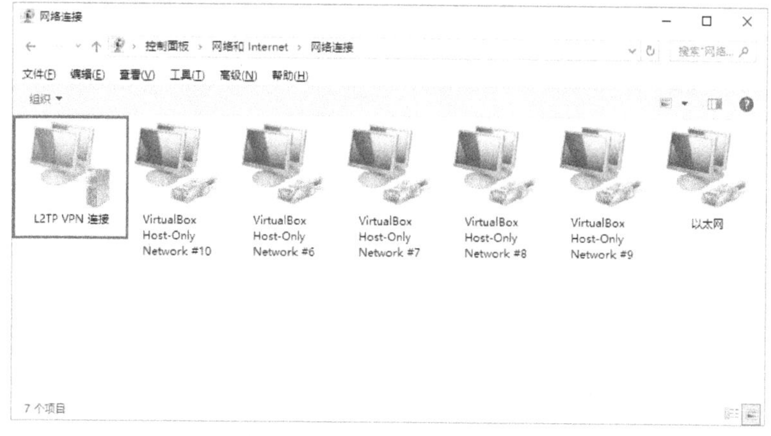

图 5-25 “网络连接”界面

④ 在图 5-25 中双击“L2TP VPN”选项，打开如图 5-26 所示界面。选择“L2TP VPN”选项，然后单击“高级选项”按钮，打开如图 5-27 所示界面。

图 5-26 “VPN 设置”主界面

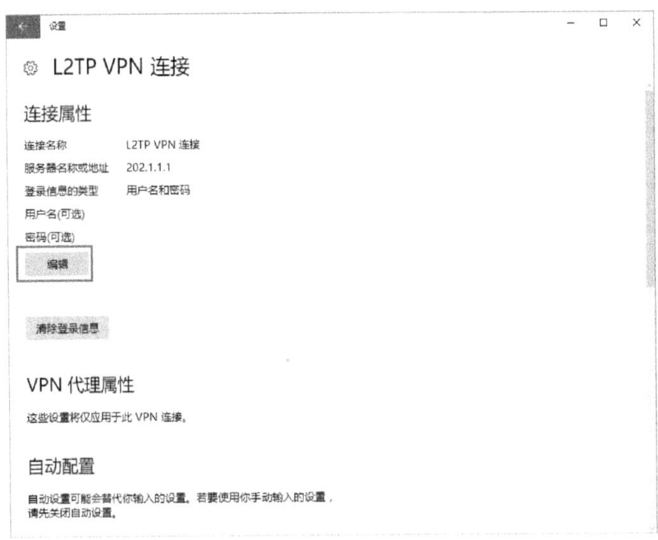

图 5-27 “L2TP VPN 连接”设置界面

⑤ 单击“编辑”按钮，打开如图 5-28 所示界面。在“VPN 类型”下拉列表中选择“预共享密钥的 L2TP/IPSec”选项；在“预共享密钥”栏中设置前文在 LSN 上配置的 L2TP 隧道认证的共享密钥，本示例为 Huawei；在“登录信息的类型”下拉列表中选择“用户名和密码”选项，在“用户名”栏填上在 LNS 上配置的用户账户名（本示例为 winda），在“密码”栏填上在 LSN 配置的 winda 账户对应的密码（本示例为 lycb.com），以便 LNS 对拨号用户进行认证。

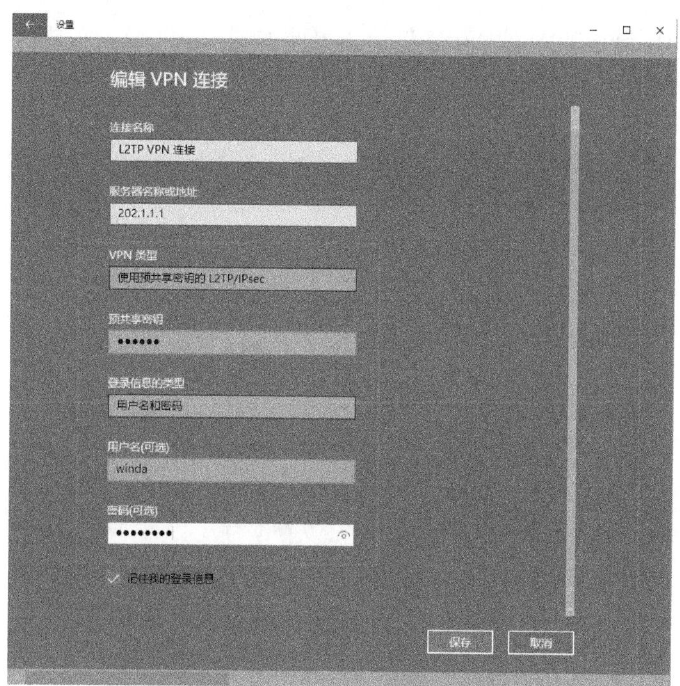

图 5-28　“编辑 VPN 连接”界面

配置好后，单击“保存”按钮，保存 VPN 参数配置，返回到图 5-27 所示界面。再单击界面左上角的←按钮，返回到图 5-25 所示界面。在需要进行 L2TP 拨号时，选择前面创建的“L2TP VPN”选项，然后单击“连接”按钮即可进行。但前提是，远程终端用户和 LNS 均已成功接入 Internet。成功进行 L2TP 拨号后，终端用户主机的 **L2TP VPN** 连接可正确获取与 LNS 上 VT 接口 IP 地址在同一 IP 网段的私网 IP 地址，可以和总部 PC 互通了。

说明

如果不要进行隧道认证，则在“预共享密钥”栏中不要配置共享密钥。

⑥ 在如图 5-25 所示的“网络连接”界面中，右击前面创建的“L2TP VPN”连接，选择“属性”快捷菜单，在打开的如图 5-29 所示的界面中选择“安全”标签页，选择“允许使用这些协议”单选项，然后在下面根据 LNS 端的配置选择所使用的 PPP 身份认证协议（本示例选择“未加密的密码（PAP）(U)”复选项），然后单击“确定”按钮完成设置。

（2）Huawei VPN 客户端的配置

下面介绍采用 Huawei VPN Client（以前名为 Secoway VPN Client）V100R001 C02SPC703 版本软件建立 L2TP 拨号的配置步骤。

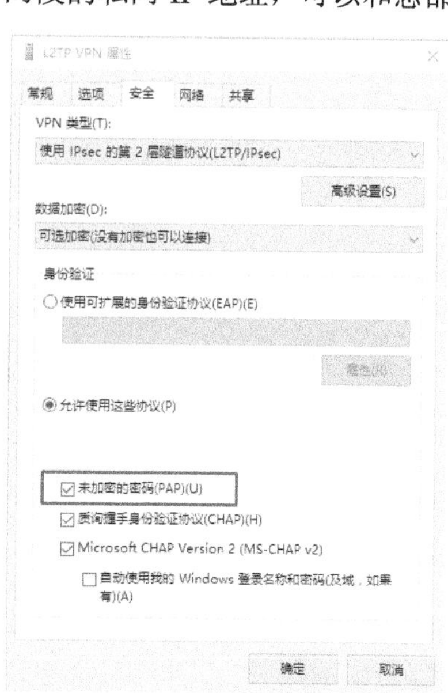

图 5-29　“L2TP VPN 属性”界面“安全”标签页

① 安装好 Huawei VPN Client 软件后主界面如图 5-30 所示。单击工具栏中的“新建”按钮，打开如图 5-31 所示向导首页，在此选择“通过输入参数创建连接”单选项。

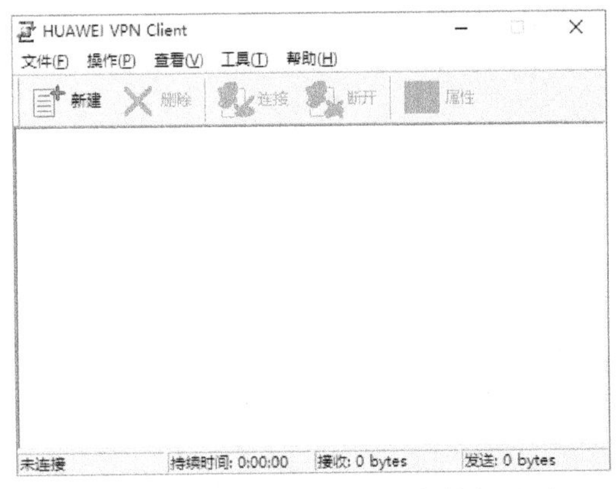

图 5-30 Huawei VPN Client 软件主界面

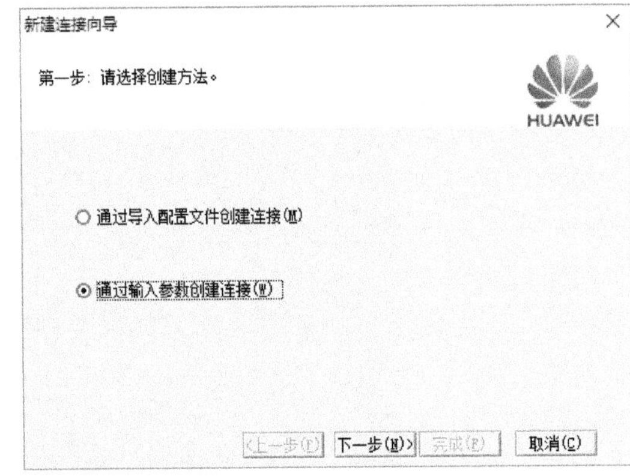

图 5-31 “第一步：请选择创建方法”界面

② 单击“下一步”按钮，打开如图 5-32 所示界面。在“LNS 服务器地址”栏中输入 LNS 的公网接口 IP 地址，如本示例为 202.1.1.1，在“登录用户名”和“登录密码”栏中分别填上在 LNS 上配置的本地用户账户 winda 和登录密码 lycb.com。

③ 单击“下一步”按钮，打开如图 5-33 所示界面。在“隧道名称”栏不填，在“认证模式”下拉列表中选择和 LNS 上配置的相同的认证方式 PAP 或 CHAP（本示例为 PAP 认证方式），如果启用了隧道认证功能，则要选择“启用隧道验证功能”，然后在“隧道验证码”栏中填上在 LSN 上配置的隧道共享密钥（本示例为 Huawei）。

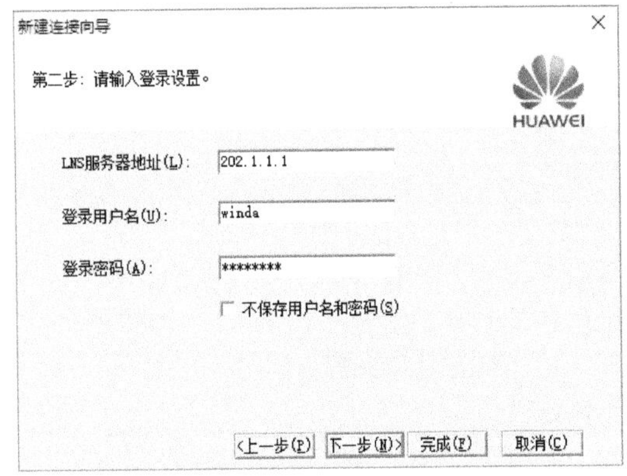

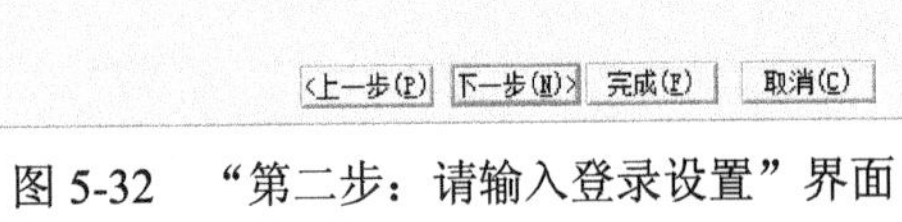

图 5-32 “第二步：请输入登录设置”界面

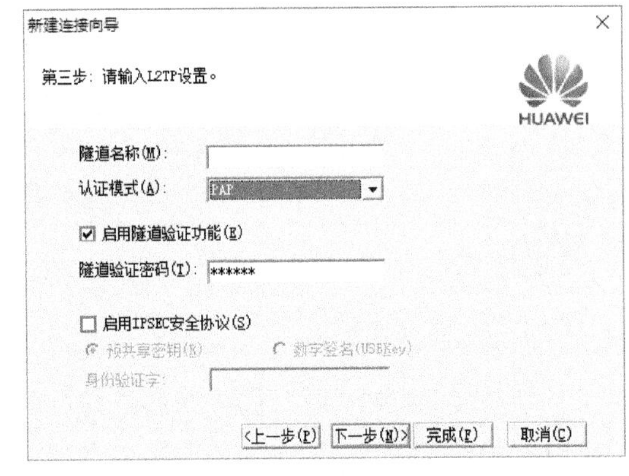

图 5-33 “第三步：请输入 L2TP 设置”界面

④ 单击“下一步”按钮，打开如图 5-34 所示界面。在这里可修改新创建的连接名称。单击“完成”按钮完成 L2TP 拨号连接的创建。此时会在 Huawei VPN Client 主界面中显示所创建的 L2TP 连接，如图 5-35 所示。

⑤ 在图 5-35 中显示的新创建的 L2TP 连接上单击右键，在快捷菜单中选择“属性”选项，打开连接属性界面。它包括“基本设置”和“L2TP 设置”两个标签页，分别为图 5-36 和图 5-37，在其中可修改 L2TP 设置。如果在“基本设置”标签页中选择了“连接成功后允许访问 Internet”复选项，则会新增一个“路由设置”标签页，如图 5-38 所示，在其中可设置当访问指定网络（如要访问企业总部网络）时采用 VPN 连接，否则就

是访问 Internet。如在本示例中，可添加所要访问的企业总部网络 192.168.3.0/24。

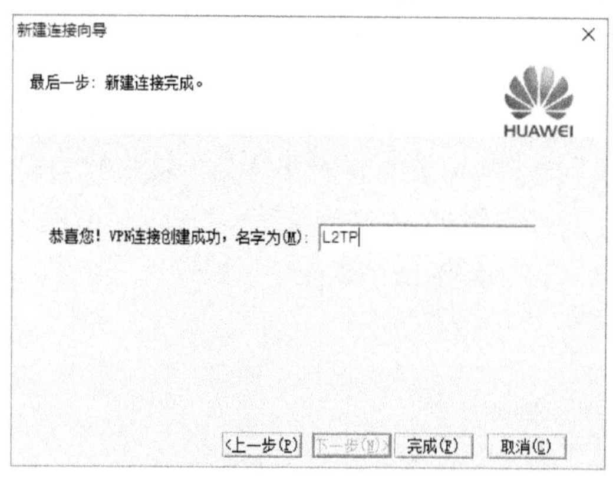

图 5-34　“最后一步：新建连接完成”界面

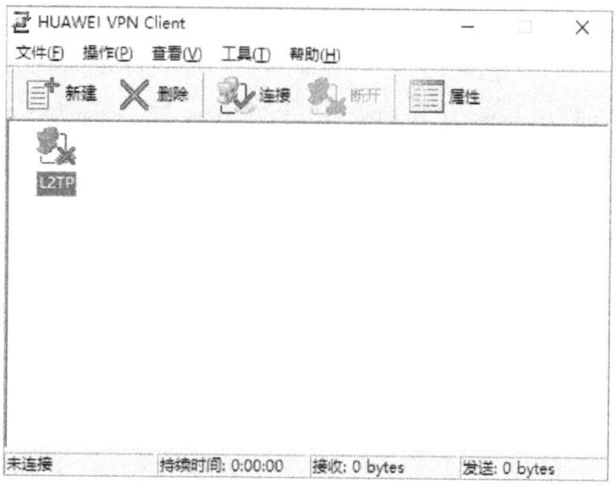

图 5-35　在程序主界面中显示的新建的 L2TP 连接

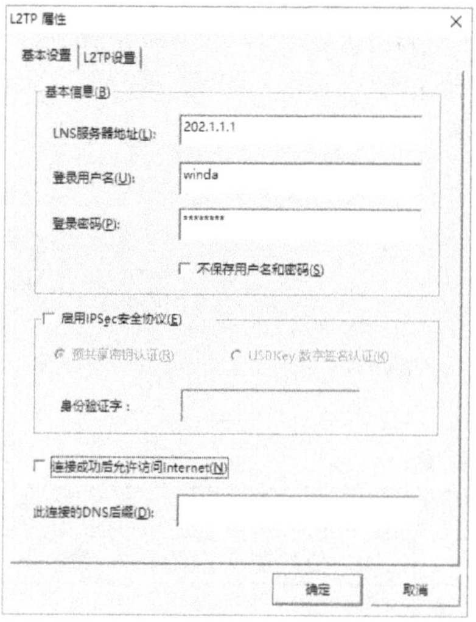

图 5-36　“基本设置”标签页界面

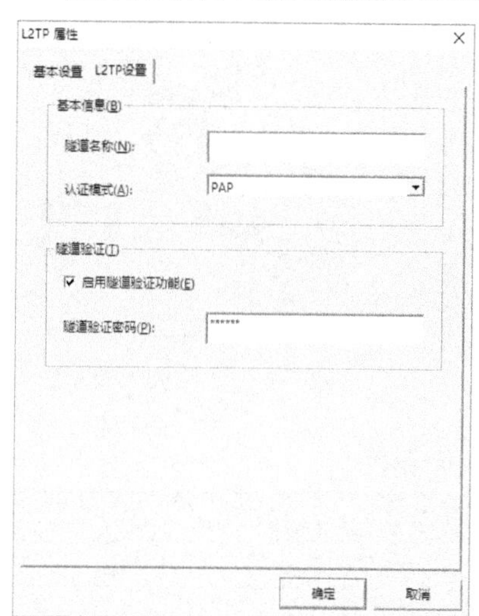

图 5-37　“L2TP 设置”标签页界面

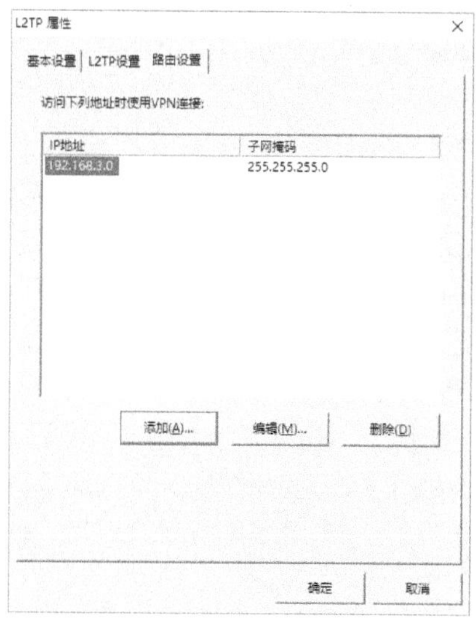

图 5-38　“路由设置”标签页界面

5.6.7 LAC 接入传统拨号用户发起 L2TP 隧道连接配置示例

如图 5-39 所示，某企业总部在其他城市设有分支机构，分支机构采用传统拨号（普通 Modem 或 ISDN 拨号）方式接入到 Internet 中。现分支机构用户需要和企业总部用户建立 VPDN 连接，于是分支机构向 ISP 申请 L2TP 服务，ISP 将连接该分支机构的 NAS（假设也为华为设备）部署为 LAC，以便将分支机构用户的拨号连接请求通过公网发送到 LNS。企业将总部的网关部署为 LNS，为分支用户提供接入服务，实现分支用户和总部网关之间的 L2TP 连接。各接口 IP 地址配置如表 5-10 所示。

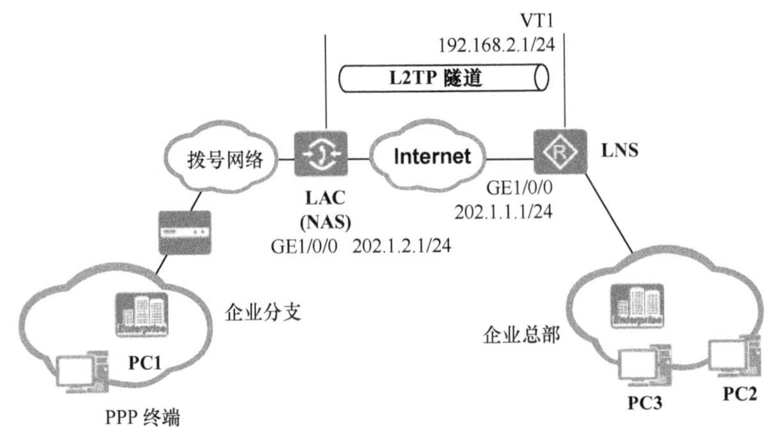

图 5-39　LAC 接入传统拨号用户发起 L2TP 隧道连接示例的拓扑结构

表 5-10　各接口 IP 地址配置

接口	IP 地址	接口	IP 地址
LAC 公网侧接口 GE1/0/0	202.1.2.1/24	LNS 公网侧 GE1/0/0	202.1.1.1/24
VT1（远程用户访问总部网络的私网网关）	192.168.2.1/24		

1. 基本配置思路分析

这是前文介绍的 NAS-Initiated 隧道模式，L2TP 隧道连接是由 LAC 发起的。本示例中的 LAC 是由连接分支机构的 ISP NAS 设备担当。这时分支机构用户只需使用传统拨号方式拨到 ISP 的 NAS 设备，然后 NAS 根据拨入用户的类型，把支持 L2TP 服务用户的拨入请求转发到企业总部网络的 LNS，以最终实现分支机构用户成功访问企业总部内部网络资源。

本示例包括 LAC 和 LNS 两方面的配置，LAC 配置是在分支机构 ISP 的 NAS 设备进行的，具体包括以下几方面的配置任务（由 ISP 负责配置）。

（1）配置 AAA 本地认证（也可采用 RADIUS 认证方案），以对发起拨入请求的用户区分是否为支持 L2TP 服务的 VPDN 用户。

（2）配置 LAC 发起 L2TP 连接，包括使能 L2TP，配置 L2TP 组。

LNS 的配置任务与 LAC 的配置任务差不多，具体如下。

（1）配置 AAA 本地认证（也可采用 RADIUS 认证方案）。LNS 需要认证分支机构拨号用户的身份信息。

（2）配置 LNS 响应 L2TP 连接。LNS 需要对接入用户进行管理，创建与企业总部

LNS上配置的私网网关——VT接口的IP地址在同一网段的IP地址池，为分支用户分配私网IP地址。同时LNS需要和远程用户进行PPP协商，使用虚拟接口模板配置协商参数。

另外，LNS需要接入LAC发起的L2TP连接请求，配置L2TP组。

2. 配置LAC

本示例中的LAC是位于分支机构所连接的ISP网络中的，所以是由ISP进行配置。如果是华为设备的话，可按5.6.3节介绍的配置步骤进行如下配置：

（1）配置LAC的AAA本地认证

假设发起拨号的用户名为winda，密码为lycb.com。如果有多个用户的话，则需要创建相应的用户账户。采用缺省的ISP域名default，缺省的default本地认证方案。

```
<Huawei> system-view
[Huawei] sysname LAC
[LAC] aaa
[LAC-aaa] local-user winda password cipher lycb.com
[LAC-aaa] local-user winda service-type ppp   #---配置用户支持PPP服务类型
[LAC-aaa] quit
```

（2）使能L2TP服务，创建一个L2TP组，假设组号为1。

```
[LAC] l2tp enable
[LAC] l2tp-group 1
```

（3）配置LAC本端隧道名称（假设为lac），并指定对端LNS设备的公网接口IP地址。

```
[LAC-l2tp1] tunnel name lac
[LAC-l2tp1] start l2tp ip 202.1.1.1 fullusername winda   #---指定LNS公网IP地址，并指定采用全用户名方式向LNS
发起L2TP隧道连接
```

（4）启用隧道认证功能并设置隧道认证的共享密钥（假设为huawei）和LNS端设备配置保持一致。

```
[LAC-l2tp1] tunnel authentication
[LAC-l2tp1] tunnel password simple huawei
[LAC-l2tp1] quit
```

（5）配置LAC连接Internet接口的公网IP地址。

```
[LAC] interface gigabitethernet 1/0/0
[LAC-GigabitEthernet1/0/0] ip address 202.1.2.1 255.255.255.0
[LAC-GigabitEthernet1/0/0] quit
```

（6）配置LAC到LNS的路由，此处使用主机静态路由，假设下一跳的IP地址为202.1.2.2。

```
[LAC] ip route-static 202.1.1.1 32 202.1.2.2
```

3. 配置LNS

LNS是位于企业总部网络公网边缘，作为连接Internet的网关设备。可按照5.6.4节介绍的配置步骤进行如下配置。

（1）配置AAA本地认证，认证账户与LAC上的一样。假设也采用缺省的ISP域名default，缺省的default本地认证方案。

```
<Huawei> system-view
[Huawei] sysname LNS
[LNS] aaa
[LNS-aaa] local-user winda password cipher lycb.com
[LNS-aaa] local-user winda service-type ppp
[LNS-aaa] quit
```

（2）配置私网IP地址池，用于为远程拨号用户分配访问企业总部网络的私网IP地址。IP

网段必须与 LNS 上配置的连接企业总部虚拟私网网关——VT 接口的 IP 地址在同一 IP 网段。

```
[LNS] ip pool 1
[LNS-ip-pool-1] network 192.168.2.0 mask 24
[LNS-ip-pool-1] gateway-list 192.168.2.1
[LNS-ip-pool-1] quit
```

（3）配置 PPP 协商参数，包括创建 VT 接口，并配置其 IP 地址，同时要配置对接入用户进行认证的方式（本示例假设采用 CHAP 认证方式），以及 VT 接口为远程接入分配私网 IP 地址时所调用的 IP 地址池。

```
[LNS] interface virtual-template 1
[LNS-Virtual-Template1] ip address 192.168.2.1 255.255.255.0
[LNS-Virtual-Template1] ppp authentication-mode chap
[LNS-Virtual-Template1] remote address pool 1
[LNS-Virtual-Template1] quit
```

（4）使能 L2TP 服务，创建一个 L2TP 组（假设组号为 1）。

```
[LNS] l2tp enable
[LNS] l2tp-group 1
```

（5）配置 LNS 本端隧道名称（假设为 lns），并指定 LAC 的隧道名称（当 L2TP 组号为 1 时也可不指定对端隧道名称）。

```
[LNS-l2tp1] tunnel name lns
[LNS-l2tp1] allow l2tp virtual-template 1 remote lac
```

（6）启用隧道认证功能并设置隧道认证的共享密钥（与 LAC 上的配置一致，为 huawei）。

```
[LNS-l2tp1] tunnel authentication
[LNS-l2tp1] tunnel password simple huawei
[LNS-l2tp1] quit
```

（7）配置 LNS 公网的 IP 地址及路由，假设访问公网的路由下一跳地址为 202.1.1.2。

```
[LNS] interface gigabitethernet 1/0/0
[LNS-GigabitEthernet1/0/0] ip address 202.1.1.1 255.255.255.0
[LNS-GigabitEthernet1/0/0] quit
[LNS] ip route-static 0.0.0.0 0 202.1.1.2
```

配置成功后，当远程用户主机上线并成功拨入 LAC 后，在 LNS 上执行 display l2tp tunnel 命令可看到隧道及会话建立，可与企业总部的主机互通了。

5.6.8 LAC 接入 PPPoE 用户发起 L2TP 隧道连接配置示例

本示例与 5.6.7 节中示例类似，都是属于 NAS-Initiated 隧道模式，不同的是本示例中的分支机构是采用以太网直接接入 Internet（如光纤以太网接入），而不是采取传统拨号方式接入，如图 5-40 所示。

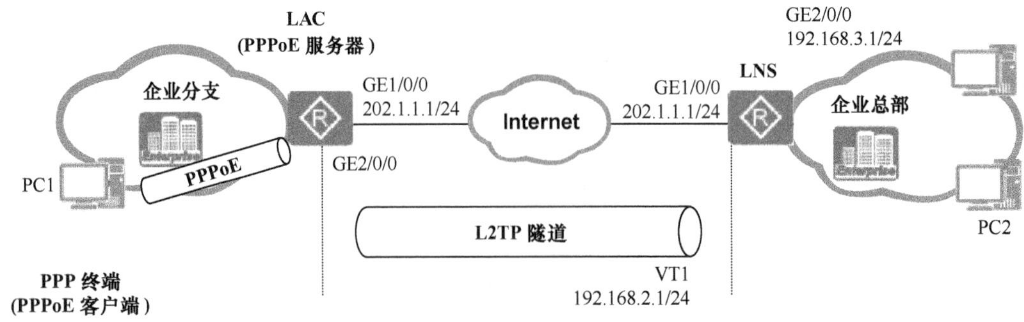

图 5-40 LAC 接入 PPPoE 用户发起 L2TP 隧道连接示例的拓扑结构

现在分支机构用户也需要和企业总部用户建立 VPDN 连接，在分支和总部之间部署 L2TP。但因为分支机构没有拨号网络，所以需要将分支的网关部署为 PPPoE 服务器，使分支机构用户的 PPP 拨号（可以是操作系统自带的 PPPoE 客户端功能，也可用专门的 PPPoE 拨号软件进行拨号）可以通过以太网进行网络传输，同时分支机构的网关也部署为 LAC，和总部建立 L2TP 隧道。企业总部的网关部署为 LNS，为分支用户提供接入服务，实现分支用户和总部网关之间的 L2TP 连接。各接口 IP 地址配置如表 5-11 所示。

表 5-11　　各接口 IP 地址配置

接口	IP 地址	接口	IP 地址
LAC 公网侧接口 GE1/0/0	202.1.2.1/24	LNS 公网侧 GE1/0/0	202.1.1.1/24
LNS 私网侧接口 GE2/0/0	192.168.3.1/24	VT1（远程用户访问总部网络的私网网关）	192.168.2.1/24

1. 基本配置思路分析

本示例也同时涉及 LAC 和 LNS 的配置，LAC 是由分支机构的公网网关担当，LNS 是由企业总部网络的公网网关担当。因为分支机构没有传统拨号网络，为了使用户访问企业总部网络的 L2TP 报文能够在以太网中传输，需要在分支机构的公网网关配置 PPPoE 服务器。当然，在终端用户主机上还要配置 PPPoE 拨号客户端。

LAC 和 LNS 的基本配置思路如下。

（1）配置 LAC 为 PPPoE 服务器，使用 CHAP 认证方式（也可以是 PAP 认证方式），对接入的分支用户拨号进行认证。

（2）配置 LAC 的 AAA 本地认证（也可根据需要采用 RADIUS 认证方案），创建相应的拨号用户账户信息，以便对拨号用户的身份进行认证。

（3）配置 LAC 发起 L2TP 连接，为符合条件的用户建立到达总部的 L2TP 连接。

（4）在 LNS 上配置 AAA 本地认证（也可根据需要采用 RADIUS 认证方案），创建相应的拨号用户账户信息，以便对拨号用户的身份进行认证。

（5）在 LNS 上配置企业总部私网 IP 地址池，用于为拨入的分支机构用户分配企业总部网络的私网 IP 地址。

（6）在 LNS 上配置响应 L2TP 连接，使用虚拟接口模板配置协商参数，配置 L2TP 组和 LAC 建立隧道。

（7）在分支机构用户主机上配置 PPPoE 客户端，以便该用户可以发起访问位于分支机构公网边缘的 LAC 的 PPPoE 拨号连接，其目的仅是用来触发 LAC 向 LNS 发起 L2TP 拨号。

2. 配置 LAC

本示例中的 LAC 是位于分支机构公网边缘，既作为分支机构以太网方式接入 Internet 的网关，同时也作为 PPPoE 服务器，接受来自分支机构内部用户发起的 PPPoE，还作为 L2TP VPN 中的 LAC，通过接受分支机构内部用户发送的 PPPoE 报文触发到达 LNS 的 L2TP 拨号。下面仅就 PPPoE 服务器角色和 LAC 角色的配置步骤进行介绍。

（1）配置 LAC 为 PPPoE 服务器。

\# 创建虚拟接口模板，配置和分支用户进行 PPP 协商。

```
<Huawei> system-view
[Huawei] sysname LAC
[LAC] interface virtual-template 1
```

```
[LAC-Virtual-Template1] ppp authentication-mode chap
[LAC-Virtual-Template1] quit
```

在和用户侧连接的物理接口上配置 PPPoE 服务，引入虚拟接口模板。

```
[LAC] interface gigabitethernet 2/0/0
[LAC-GigabitEthernet2/0/0] pppoe-server bind virtual-template 1
[LAC-GigabitEthernet2/0/0] quit
```

（2）配置 LAC 的 AAA 本地认证。假设拨号用户名和密码分别为 winda、lycb.com。

```
[LAC] aaa
[LAC-aaa] local-user winda password cipher lycb.com
[LAC-aaa] local-user winda service-type ppp
[LAC-aaa] quit
```

（3）配置 LAC 发起 L2TP 连接。

使能 L2TP 服务，创建一个 L2TP 组。

```
[LAC] l2tp enable
[LAC] l2tp-group 1
```

配置 LAC 本端隧道名称（假设为 lac）及指定 LNS 的公网 IP 地址。如有多个用户时，需要多次执行 **start l2tp ip fullusername** 命令。

```
[LAC-l2tp1] tunnel name lac
[LAC-l2tp1] start l2tp ip 202.1.1.1 fullusername winda
```

启用隧道认证功能并设置隧道认证的共享密钥（假设为 huawei）和 LNS 端保持一致。

```
[LAC-l2tp1] tunnel authentication
[LAC-l2tp1] tunnel password simple huawei
[LAC-l2tp1] quit
```

（4）配置 LAC 公网的 IP 地址和到 LNS 的路由，假设下一跳 IP 地址（分机机构 ISP 端用户侧接口的 IP 地址）为 202.1.2.2。

```
[LAC] interface gigabitethernet 1/0/0
[LAC-GigabitEthernet1/0/0] ip address 202.1.2.1 255.255.255.0
[LAC-GigabitEthernet1/0/0] quit
[LAC] ip route-static 202.1.1.1 32 202.1.2.2
```

3. 配置 LNS

LNS 是位于企业总部网络的公网边缘，也是作为企业总部网络的公网网关，同时也作为 L2TP VPN 中的 LNS，接受来自 LAC 的 L2TP 拨号连接请求，并对拨号用户进行身份认证。具体配置步骤如下。

（1）配置 LNS 的 AAA 本地认证，用户账户信息与 LAC 上配置的一样。也假设使用缺省的 ISP 域 default，缺省认证方案 default 的本地认证方案。

```
<Huawei> system-view
[Huawei] sysname LNS
[LNS] aaa
[LNS-aaa] local-user winda password cipher lycb.com
[LNS-aaa] local-user winda service-type ppp
[LNS-aaa] quit
```

（2）配置 LNS 的私网 IP 地址池，用于为拨号用户分配访问企业总部网络的私网 IP 地址。网关 IP 地址为下面创建的 VT 接口的 IP 地址。

```
[LNS] ip pool 1
[LNS-ip-pool-1] network 192.168.2.0 mask 24
[LNS-ip-pool-1] gateway-list 192.168.2.1
[LNS-ip-pool-1] quit
```

（3）配置 LNS 的 PPP 协商参数。

```
[LNS] interface virtual-template 1
[LNS-Virtual-Template1] ip address 192.168.2.1 255.255.255.0
[LNS-Virtual-Template1] ppp authentication-mode chap
[LNS-Virtual-Template1] remote address pool 1  #---调用前面创建的 IP 地址池为拨入用户分配 IP 地址
[LNS-Virtual-Template1] quit
```

（4）配置 LNS 响应 L2TP 连接。

使能 L2TP 服务，创建一个 L2TP 组。

```
[LNS] l2tp enable
[LNS] l2tp-group 1
```

配置 LNS 本端隧道名称（假设为 lns），并指定 LAC 端配置的隧道名称，表示允许接受指定的对端隧道拨号请求。如果要允许多个隧道的 L2TP 拨号请求，则要多次配置。

```
[LNS-l2tp1] tunnel name lns
[LNS-l2tp1] allow l2tp virtual-template 1 remote lac
```

启用隧道认证功能并设置隧道认证的共享密钥（假设为 huawei），必须与 LAC 端的配置一致，但各 LAC 端隧道使用的共享密钥都一致，因为在 LSN 端只能配置一个隧道认证的共享密钥。

```
[LNS-l2tp1] tunnel authentication
[LNS-l2tp1] tunnel password simple huawei
[LNS-l2tp1] quit
```

（5）配置 LNS 的公网 IP 地址和到达 LAC 的路由，假设下一跳 IP 地址（企业总部网络 ISP 端 LNS 侧接口的 IP 地址）为 202.1.1.2。

```
[LNS] interface gigabitethernet 1/0/0
[LNS-GigabitEthernet1/0/0] ip address 202.1.1.1 255.255.255.0
[LNS-GigabitEthernet1/0/0] quit
[LNS] ip route-static 202.1.2.1 32 202.1.1.2
```

（6）配置 LNS 私网的 IP 地址。

```
[LNS] interface gigabitethernet 2/0/0
[LNS-GigabitEthernet2/0/0] ip address 192.168.3.1 255.255.255.0
```

4. 配置 PPPoE 客户端

此处以 Windows 10 系统为例介绍终端用户 PPPoE 拨号到 LAC 的 PPPoE 客户端配置方法。

（1）右键电脑桌面右下角有线网络图标（或无线网络图标），单击打开“网络和共享中心”界面，如图 5-41 所示。

图 5-41　“网络和共享中心”界面

（2）单击“设置新的连接或网络”链接，打开如图 5-42 所示界面。

（3）单击“连接到 Internet”链接，打开如图 5-43 所示界面。因为当前已连接到 Internet，所以会提示“你已连接到 Internet”。

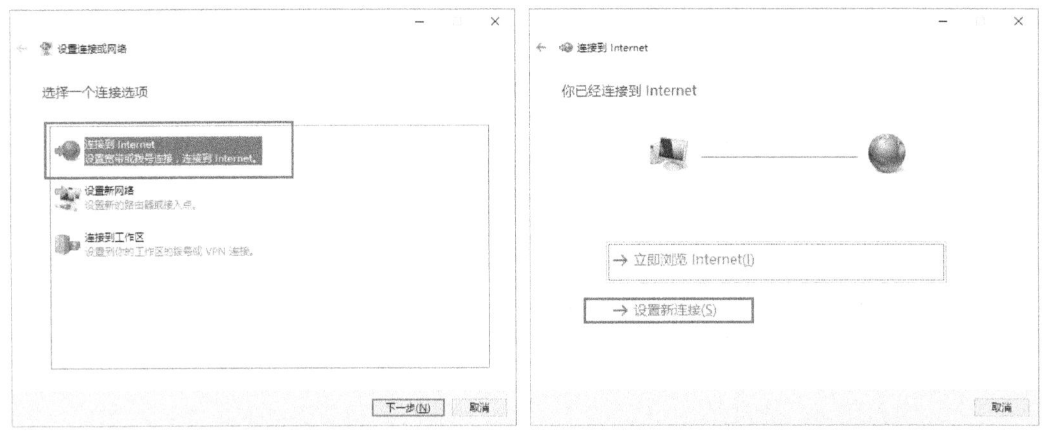

图 5-42 “设置连接或网络”界面　　图 5-43 “连接到 Internet”界面

（4）单击“设置新连接”链接，打开如图 5-44 所示界面。在其中单击“宽带（PPPoE）（R）”链接，打开如图 5-45 所示界面。在其中填上用于 PPPoE 拨号的用户身份认证信息（即在 LAC 上配置的身份认证信息），并可以修改连接名称。

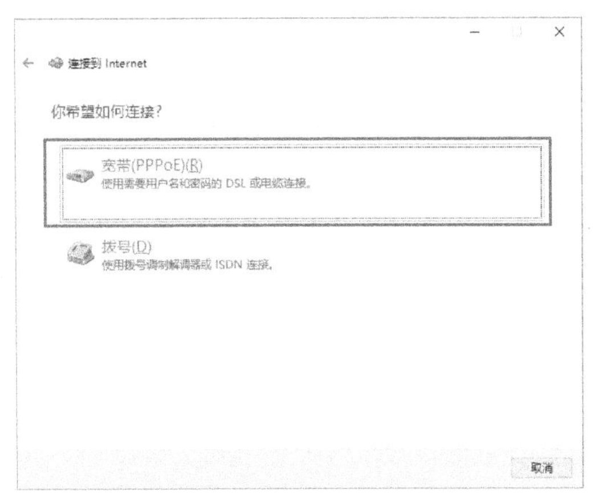

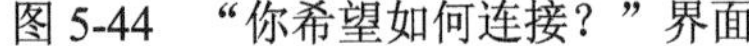

图 5-44 “你希望如何连接？”界面

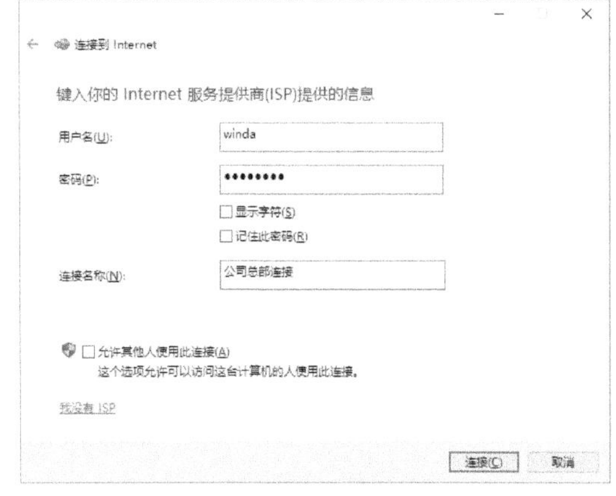

图 5-45 “键入你的 Internet 服务器（ISP）提供的信息”界面

（5）单击“连接”按钮就开始尝试连接 Internet 了，如图 5-46 所示，事实上本示例中当然不是连接 Internet，而是连接 LAC 了。

配置成功后，当终端用户 PPPoE 拨号到 LAC 成功后，在 LAC 上执行 **display pppoe-server session all** 命令可看到 PPPoE 会话。在 LAC 或者 LNS 上执行 **display l2tp tunnel** 命令可看到 L2TP 隧道及会话建立。此时终端用户主机可以和企业总部的主机互通了。

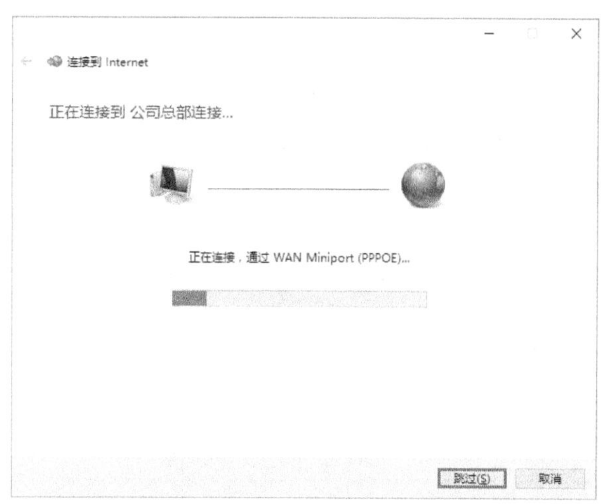

图 5-46　PPPoE 拨号连接示意图

5.7　LAC 自拨号发起 L2TP 隧道连接的配置与管理

在 LAC 自拨号发起 L2TP 连接方案中，用户无需拨号，**可以任意方式接入 LAC**，LAC 使用虚拟模板接口发起 PPP 会话，并使用自拨号功能向 LNS 发起 L2TP 连接，其拓扑结构如图 5-47 所示。此时，总部 LNS 允许分支机构的任意用户接入，只对分支机构网关（即 LAC）认证，总部网关部署为 LNS。通过 LAC 自拨号的方式，在 LAC 和 LNS 之间建立虚拟的点到点连接，分支机构用户的 IP 报文到达 LAC 后路由转发到虚拟模板接口，经 L2TP 隧道发送至 LNS，再经路由转发到达目的主机。

在配置 L2TP 之前，需完成以下任务。

- LAC 和 LNS 接入 Internet，且路由可达。
- 分支机构用户和 LAC 建立局域网连接，LAC 作为接入 Internet 的网关。

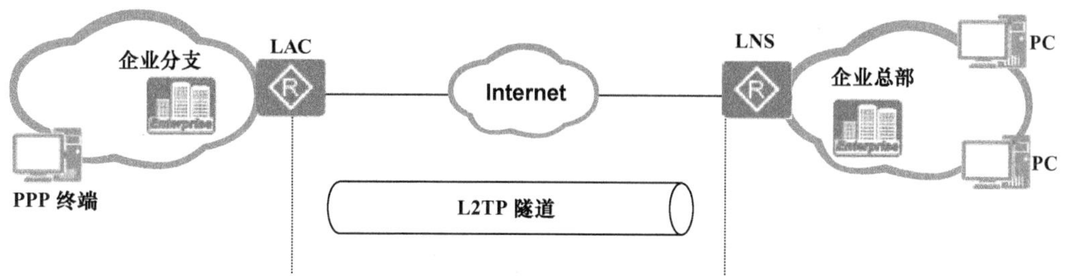

图 5-47　LAC 自拨号发起 L2TP 连接典型结构示意图

5.7.1　配置任务

LAC 自拨号发起 L2TP 连接方案所涉及的配置任务总体来说与 5.6.1 节介绍的“LAC 接入呼叫发起 L2TP 隧道连接”方案的配置任务类似，也涉及以下三个方面。

（1）配置 AAA 认证

只需要在 LNS 配置，因为本方案中的 L2TP 连接是由 LAC 自动发起的，在 L2TP 方面，LAC 无需对接入用户进行认证。LNS 可采用 AAA 本地认证方案，也可采用远程 RADIUS 认证方案，具体的配置方法参见 5.6.2 节的表 5-4、表 5-5。

（2）配置自拨号发起 L2TP 隧道连接的 LAC，这是“LAC 自拨号发起 L2TP 连接”方案的核心配置所在。

（3）配置响应 L2TP 连接的 LNS。这方面的配置也与 5.6.4 节介绍的 LAC 接入呼叫发起 L2TP 隧道连接方案中的 LNS 配置方法完全一样，参见即可。

在配置 LAC 接入呼叫发起 L2TP 隧道连接的任务中，LAC 配置的基本流程如表 5-12 所示，LNS 配置的基本流程如表 5-13 所示。

表 5-12　　LAC 配置的基本流程

配置任务	配置步骤	说明
配置 LAC 发起 L2TP 连接	使能 L2TP	全局使能 L2TP
	配置 PPP 协商	• 在虚拟接口模板（VT 接口）上配置拨号参数，作为虚拟拨号接口 • 配置 VT 接口的 IP 地址，使接口 IP 协议生效
	配置 L2TP 组	• 配置 L2TP 参数，包括隧道名称、隧道密码、LNS 地址、VPDN 用户名 • 还可以配置 AVP 参数加密、主备 LNS、Hello 报文时间

表 5-13　　LNS 配置的基本流程

配置任务	配置步骤	说明
AAA 认证（二选一）	配置本地认证	在本地保存用户名、密码和类型，认证接入的用户信息。如果配置了 LCP 重协商或者 CHAP 强制认证功能，也用于对远程用户进行二次认证
	配置远程认证	配置 RADIUS 服务器参数，在 RADIUS 服务器上保存用户名、密码和用户类型，认证接入的用户信息。如果配置了 LCP 重协商或者 CHAP 强制认证功能，也用于对远程用户进行二次认证
配置 LNS 响应 L2TP 连接	使能 L2TP	全局使能 L2TP
	配置 IP 地址池	认证通过后，可以为远程用户动态分配 IP 地址。如果为远程用户配置静态 IP 地址，则无需此步骤
	配置 PPP 协商	• 在虚拟接口模板（VT 接口）上配置 PPP 认证方式为 PAP 或者 CHAP，认证接入用户，和 LAC 保持一致 • 配置 IP 地址，作为 L2TP 隧道的私网网关地址 • 如果为远程用户动态分配 IP 地址，则引入 IP 地址池 • 如果配置 CHAP 强制认证功能，则 PPP 认证方式必须为 CHAP
	配置 L2TP 组	配置 L2TP 参数，包括隧道名称、隧道密码、绑定 VT 接口编号和 LAC 的隧道名称。 还可以配置 AVP 参数加密、Hello 报文时间

5.7.2　配置 LAC

在 LAC 自拨号发起 L2TP 隧道连接的方案中，因为 LAC 无需对接入用户进行认证，

L2TP 隧道连接拨号也是由 LAC 主动发起的，所以在 LAC 上需要创建虚拟拨号接口，以实现自动拨号，并发起到 LNS 的 L2TP 连接。配置时请注意如下事项。

- LAC 作为 PPP 拨号客户端，VT 接口的 IP 地址可以使用 PPP 协商从 LNS 自动获取，也可以手动指定静态 IP 地址。
- LAC 上 VT 接口的拨号参数（用户名，密码，认证方式）需要和 LNS 保持一致。
- L2TP 缺省情况下使能隧道认证功能，但未配置认证的共享密钥。如果使用隧道认证功能，则配置认证的共享密钥，且 LAC 和 LNS 保持一致；如果不使用隧道认证功能，则 LAC 和 LNS 都需要去使能隧道认证功能。

LAC 自拨号发起 L2TP 隧道连接方案的 LAC 具体配置步骤如表 5-14 所示。

表 5-14　LAC 配置步骤

<table>
<tr><th>步骤</th><th colspan="2">命令</th><th>说明</th></tr>
<tr><td>1</td><td colspan="2">system-view
例如：<Huawei>system-view</td><td>进入系统视图</td></tr>
<tr><td>2</td><td colspan="2">l2tp enable
例如：[Huawei] l2tp enable</td><td>全局使能 L2TP 功能。只有使用本命令，L2TP 功能才能使用。如果禁止 L2TP，则即使完成了 L2TP 的配置，设备也不会提供 L2TP 功能</td></tr>
<tr><td>3</td><td>interface virtual—template vt-number
例如：[Huawei] interface virtual-template 10</td><td rowspan="5">配置自拨号接口</td><td>创建 VT 虚拟接口模板（建立用于 L2TP 拨号的 VT 接口），并进入虚拟模板视图。参数 vt-number 用来指定虚拟接口模板的编号，整数形式，取值范围是 0～1023</td></tr>
<tr><td>4</td><td>ip address ppp-negotiate
例如：例如：[Huawei-Virtual-Template10] ip address ppp-negotiate</td><td>配置以上 VT 接口的 IP 地址为动态获取方式，由 LNS 分配 IP 地址。还可以选择使用以下两种方式，使接口 IP 协议生效。
• 使用命令 ip address ip-address { mask | mask-length }，配置一个 IP 地址，使接口的 IP 协议生效。
• 使用命令 ip address unnumbered interface-type interface-number，借用其他接口的 IP 地址。
缺省情况下，接口不通过 PPP 协商获取 IP 地址，可用 undo ip address ppp-negotiate 命令取消接口通过 PPP 协商获取 IP 地址</td></tr>
<tr><td>5</td><td>ppp pap local-user username password { cipher | simple } password
例如：[Huawei-Virtual-Template10] ppp pap local-user winda password simple huawei</td><td>当配置 VT 接口 PPP 协商的认证方式为 pap 时，指定拨号的用户名称和密码。如果指定认证方式使用 chap 时，则需要执行如下两条命令来进行本步配置：
• ppp chap user username
• ppp chap password { cipher | simple } password</td></tr>
<tr><td>6</td><td>l2tp-auto-client enable
例如：[Huawei-Virtual-Template10] l2tp-auto-client enable</td><td>使能 LAC 自拨号功能，使虚拟模板接口作为 L2TP 客户端</td></tr>
<tr><td>7</td><td>mtu size</td><td>配置接口的最大传输单元值，取值必须不大于 1458。
缺省情况下，接口的最大传输单位值为 1500 字节，可用 undo mtu 命令用来恢复为缺省值</td></tr>
</table>

（续表）

<table>
<tr><th>步骤</th><th colspan="2">命令</th><th>说明</th></tr>
<tr><td>8</td><td>quit
例如：[Huawei-Virtual-Template10] quit</td><td></td><td>退回到系统视图</td></tr>
<tr><td>9</td><td>interface interface-type interface-number
例如：[Huawei] interface gigabitethernet 1/0/1</td><td rowspan="3">配置用户侧接口</td><td>进入 LAC 设备连接用户侧的物理接口视图</td></tr>
<tr><td>10</td><td>ip address ip-address { mask | mask-length }
例如：[Huawei-GigabitEthernet1/0/1] ip address 192.168.1.1 24</td><td>配置以上用户侧物理接口的 IP 地址，作为远程用户的网关 IP 地址</td></tr>
<tr><td>11</td><td>quit
例如：[Huawei-GigabitEthernet1/0/1] quit</td><td>退回到系统视图</td></tr>
<tr><td>12</td><td>l2tp-group group-number
例如：[Huawei] l2tp-group 2</td><td rowspan="4">配置 L2TP 组</td><td>创建 L2TP 组，并进入 L2TP 组视图，其他说明参见 5.6.3 节表 5-6 中的第 10 步</td></tr>
<tr><td>13</td><td>tunnel password { simple | cipher } password
例如：[Huawei-l2tp2] tunnel password simple huawei</td><td>配置 L2TP 隧道的共享密钥，需要和 LNS 保持一致。其他说明参见 5.6.3 节表 5-6 的第 11 步</td></tr>
<tr><td>14</td><td>tunnel name tunnel-name
例如：[Huawei-l2tp2] tunnel name lycb</td><td>配置隧道名称，用于发起 L2TP 连接时，LNS 根据 LAC 的隧道名称接入。其他说明参见 5.6.3 节表 5-6 的第 12 步</td></tr>
<tr><td rowspan="2">15</td><td>start l2tp { ip ip-address } &<1-4> { domain domain-name | fullusername user-name }
例如：[Huawei-l2tp2] start l2tp ip 202.38.168.1 domain lycb.com</td><td>（二选一）配置对端 LNS 的 IP 地址、域名或用户全名，作为发送控制消息的目的地址，其他说明参见 5.6.3 节表 5-6 第 14 步</td></tr>
<tr><td>start l2tp host hostname { domain domain-name | fullusername user-name }
例如：[Huawei-l2tp2] start l2tp host www.huawei.com domain huawei.com</td><td></td><td>（二选一）配置对端 LNS 的域格式的主机名（hostname）、域名（domain）或用户全名（fullusername），参数说明参见前面的 start l2tp ip 命令介绍</td></tr>
<tr><td>16</td><td>quit
例如：[Huawei-l2tp2] quit</td><td rowspan="3">配置 LAC 公网侧接口的公网 IP 地址</td><td>返回系统视图</td></tr>
<tr><td>17</td><td>interface interface-type interface-number
例如：[Huawei] interface gigabitethernet 2/0/1</td><td>进入 LAC 设备连接 ISP 网络侧的物理接口视图</td></tr>
<tr><td>18</td><td>ip address ip-address { mask | mask-length }
例如：[Huawei-GigabitEthernet2/0/1] ip address 202.1.2.1 255.255.255.0</td><td>配置 LAC 连接 ISP 侧接口的公网 IP 地址</td></tr>
<tr><td>19</td><td colspan="3">配置 LAC 公网到 LNS 公网的 IP 路由</td></tr>
</table>

5.7.3　LAC 自拨号发起 L2TP 隧道连接的配置示例

如图 5-48 所示，某企业总部在其他城市设有分支机构，且分支机构采用以太网方式接入 Internet。现企业总部要为分支机构用户提供 VPDN 接入服务，且允许分支机构内的任意用户接入，则 LNS 只需对 LAC 进行身份认证，此时可以通过在 LAC 配置自拨号的方式，在 LAC 和 LNS 之间建立 L2TP 连接。各接口 IP 地址配置如表 5-15 所示。

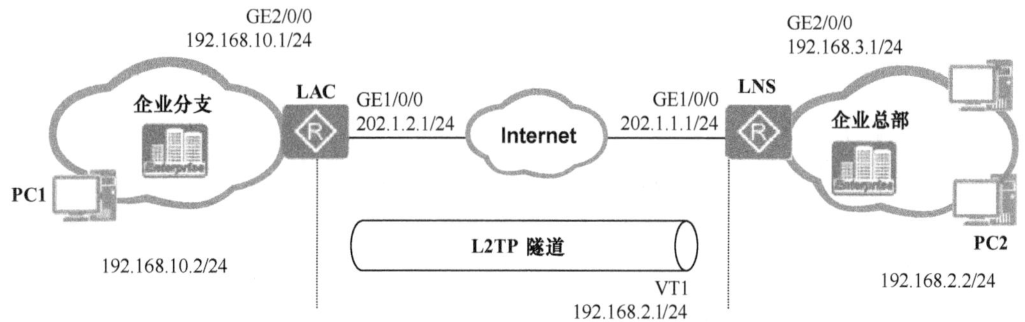

图 5-48　自拨号发起 L2TP 隧道连接组网示例的拓扑结构

表 5-15　各接口 IP 地址配置

接口	IP 地址	接口	IP 地址
LAC 公网侧接口 GE1/0/0	202.1.2.1/24	LAC 连接用户侧接口 GE2/0/0	192.168.10.1/24
LNS 公网侧 GE1/0/0	202.1.1.1/24	LNS 私网侧接口 GE2/0/0	291.168.3.1/24
VT1（远程用户访问总部网络的私网网关）	192.168.2.1/24		

1. 基本配置思路分析

本示例采用的是 LAC 自动向 LNS 发起 L2TP 拨号方式来建立与 LNS 的 L2TP VPN 连接，与前文介绍的 LAC 接入 PPPoE 用户发起 L2TP 隧道连接方案相比，LNS 的配置方法是完全一样的，因为它们的差别只是 LNS 所接受的 L2TP 是来自 LAC 主动发起的，而不是远程拨号用户触发 LAC 被动发起的（远程用户可无需向 LAC 拨号）。故本示例的基本配置思路如下。

（1）在 LAC 上配置 L2TP 客户端功能，使能 LAC 的自拨号功能，使其可以主动向 LNS 发起 L2TP 连接请求，经由企业总部 LNS 认证成功后建立隧道。

（2）在 LAC 上配置到达 LNS 的公网路由，以便 LAC 主动发送的 L2TP 报文能到达 LNS。

（3）在 LNS 上配置 L2TP 功能及用于验证 LAC 发送 L2TP 报文的 PPP 用户，同时也配置访问公网的路由，以便 LNS 能与 LAC 进行通信。

2. 配置 LAC

在 LAC 自拨号发起 L2TP 连接的方案中，LAC 的配置特别重要，除了与前文介绍的 LAC 接入呼叫发起 L2TP 连接方案中的基本 L2TP 配置外，还需要配置 L2TP 客户端功能和自拨号功能。具体的配置步骤如下。

（1）配置公网和私网接口的 IP 地址。

```
<Huawei> system-view
[Huawei] sysname LAC
[LAC] interface gigabitethernet 1/0/0
[LAC-GigabitEthernet1/0/0] ip address 202.1.2.1 255.255.255.0
[LAC-GigabitEthernet1/0/0] quit
[LAC] interface gigabitethernet 2/0/0
[LAC-GigabitEthernet2/0/0] ip address 192.168.10.1 255.255.255.0
[LAC-GigabitEthernet2/0/0] quit
```

（2）全局使能 L2TP，并创建一个 L2TP 组，配置用于向 LNS 发起 L2TP 拨号的本地用户账户 winda（要与下面所创建的 PPP 用户账户名一致），建立到达 LNS 的 L2TP 连接。

```
[LAC] l2tp enable
[LAC] l2tp-group 1
[LAC-l2tp1] tunnel name lac   #---指定 LAC 端隧道名称
[LAC-l2tp1] start l2tp ip 202.1.1.1 fullusername winda
```

（3）启用通道验证并设置通道验证的共享密钥（假设为 huawei），要与 LNS 端的配置保持一致。

```
[LAC-l2tp1] tunnel authentication
[LAC-l2tp1] tunnel password simple huawei
[LAC-l2tp1] quit
```

（4）配置虚拟 PPP 用户的用户账户名和密码（假设分别为 winda 和 lycb.com），PPP 认证方式为 CHAP，并指定获取 IP 地址的方式。

```
[LAC] interface virtual-template 1
[LAC-Virtual-Template1] ppp chap user winda
[LAC-Virtual-Template1] ppp chap password cipher lycb.com
[LAC-Virtual-Template1] ip address ppp-negotiate   #---指定采用由 LNS 为 VT 接口分配 IP 地址，当然还可以是其他两种方式，具体参见 5.7.2 节的表 5-14 的第 4 步
[LAC-Virtual-Template1] quit
```

（5）配置到达 LNS 公网接口的主机路由（以静态路由为例），假设 LAC 对端设备的 IP 地址（下一跳 IP 地址）为 202.1.2.2。

```
[LAC] ip route-static 202.1.1.1 255.255.255.255 202.1.2.2
```

（6）配置 LAC 的 L2TP 自拨号功能。

```
[LAC] interface virtual-template 1
[LAC-Virtual-Template1] l2tp-auto-client enable
[LAC-Virtual-Template1] quit
```

（7）配置 LAC 到达企业总部私网的路由，使得企业分支机构用户可与总部私网互通，以 LAC 的 VT 接口为出接口。

```
[LAC] ip route-static 192.168.3.0 255.255.255.0 virtual-template 1
```

说明

此时 VT 接口运行的 PPP 协议，所以在配置静态路由时仅需指定出接口，而不用指定下一跳 IP 地址。下同。

3. 配置 LNS

在 LAC 自拨号发起 L2TP 连接的方案中，LNS 上的配置总体上与前文介绍的 LAC 接入呼叫发起 L2TP 连接方案中的 LNS 配置一样。结合本示例实际，具体配置步骤

如下。

（1）配置 LNS 公网和私网接口的 IP 地址。

```
<Huawei> system-view
[Huawei] sysname LNS
[LNS] interface gigabitEthernet 1/0/0
[LNS-GigabitEthernet1/0/0] ip address 202.1.1.1 255.255.255.0
[LNS-GigabitEthernet1/0/0] quit
[LNS] interface GigabitEthernet 2/0/0
[LNS-GigabitEthernet2/0/0] ip address 192.168.2.1 255.255.255.0
[LNS-GigabitEthernet2/0/0] quit
```

（2）配置 LNS 的 AAA 认证。此处假设也采用缺省 ISP 域 default，缺省的 default 认证方案的本地认证方式。所配置的用户账户信息要与 LAC 上配置的 PPP 用户一致。

```
[LNS] aaa
[LNS-aaa] local-user winda password cipher lycb.com
[LNS-aaa] local-user winda service-type ppp
[LNS-aaa] quit
```

（3）配置 LNS 的 IP 地址池，为 LAC 的 VT 拨号接口分配与在 LNS 上配置的 VT 接口在同一 IP 网段（192.168.2.0/24）的私网 IP 地址。

```
[LNS] ip pool 1
[LNS-ip-pool-1] network 192.168.2.0 mask 24
[LNS-ip-pool-1] gateway-list 192.168.2.1
[LNS-ip-pool-1] quit
```

（4）创建虚拟接口模板，并配置 PPP 协商等参数，包括配置用户认证方式、为 LAC 拨号接口分配 IP 地址的地址池，并配置 VT 接口 IP 地址，作为远程用户访问企业总部网络的网关。

```
[LNS] interface virtual-template 1
[LNS-Virtual-Template1] ppp authentication-mode chap
[LNS-Virtual-Template1] remote address pool 1
[LNS-Virtual-Template1] ip address 192.168.2.1 255.255.255.0
[LNS-Virtual-Template1] quit
```

（5）使能 L2TP 服务，创建一个 L2TP 组。同时配置 LNS 本端隧道名称，指定允许接受的对端 LAC 的隧道名称。还可根据需要启用隧道认证功能，并设置隧道认证的共享密钥（与 LAC 端的配置一致为 huawei）。

```
[LNS] l2tp enable
[LNS] l2tp-group 1
[LNS-l2tp1] tunnel name lns
[LNS-l2tp1] allow l2tp virtual-template 1 remote lac
[LNS-l2tp1] tunnel authentication
[LNS-l2tp1] tunnel password simple huawei
[LNS-l2tp1] quit
```

（6）配置到达 LAC 的公网主机路由（以静态路由为例），假设对端设备的 IP 地址（下一跳 IP 地址）为 202.1.1.2。

```
[LNS] ip route-static 202.1.2.1 255.255.255.255 202.1.1.2
```

（7）配置 LNS 到达远程分支机构内部的私网路由（以 LNS 上配置的 VT 接口作为出接口），使得企业总部网络与企业分支机构网络可以互通。

```
[LNS] ip route-static 192.168.10.0 255.255.255.0 virtual-template 1
```

以上配置全部完成后，在 LAC 或者 LNS 上执行 **display l2tp tunnel** 命令可看到 L2TP

隧道及会话建立。由此，可实现分支机构内部用户主机可与企业总部的用户主机互通。以下是在 LNS 上执行 **display l2tp tunnel** 命令的输出示例：

```
[LNS] display l2tp tunnel

 Total tunnel : 1
 LocalTID RemoteTID RemoteAddress    Port   Sessions RemoteName
 1          1          202.1.2.1      1701   1          lac
```

5.7.4 多个 LAC 自拨号发起 L2TP 隧道连接配置示例

如图 5-49 所示，某企业总部需要与多个位于不同城市的分支机构建立 VPN 连接。且要求总部为分支用户提供 VPDN 接入服务，允许分支内的任意用户接入，即 LNS 只需对 LAC 进行身份认证。此时可以通过在 LAC 端配置自拨号的方式，以实现在 LAC 和 LNS 之间建立 L2TP 连接。

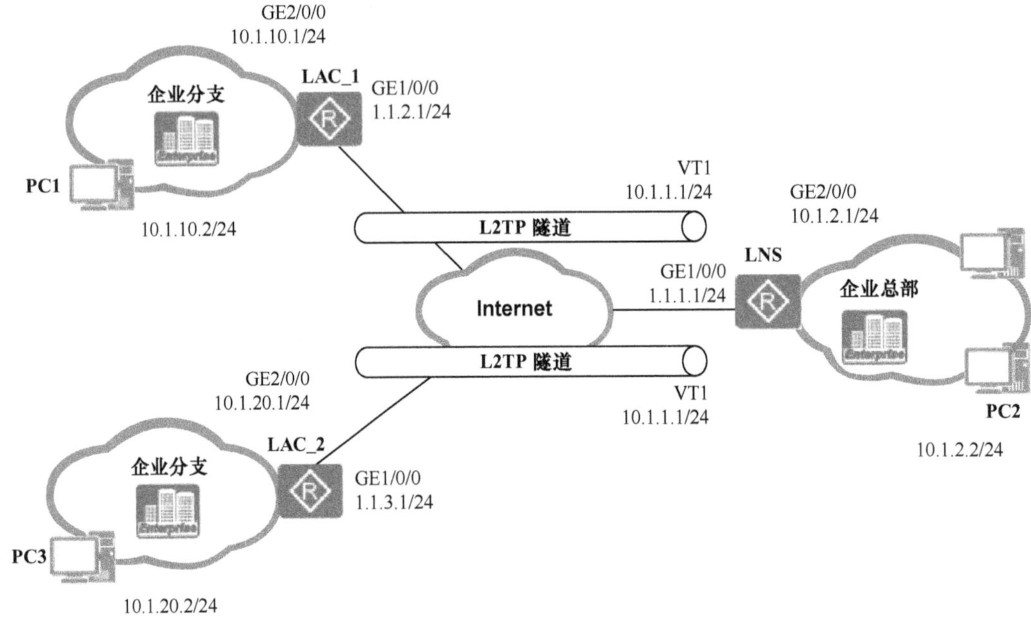

图 5-49 多个 LAC 自拨号发起 L2TP 隧道连接配置示例的拓扑结构

1. 基本配置思路分析

本示例其实总体上与 5.7.3 节示例的配置思路是一样的，但结合本示例实际，在配置方面要注意以下几个方面。

- 本示中公司总部的 LNS 要与多个分支机构建立 L2TP 隧道，所以公司总部 LNS 与各分支机构的 LAC 之间是 P2MP（点对多点）关系。
- 在一对多的 L2TP 连接中，各分支机构与公司总部建立 L2TP 隧道时的用户认证凭据可以相同，也可以不同，但隧道认证中的共享密钥必须一样，因为在公司总部中只能配置一个统一的隧道认证共享密钥。
- 为了使大家理解在实现分支机构子网与公司总部子网的路由除可以采用静态路由进行配置外，仍可以采用动态路由配置方式，本示例将采用 OSPF 协议。但要注意的是，此时必须把 OSPF 网络类型更改为 P2MP 类型。

- 因为公司总部所连接的两个分支机构的 IP 地址不在同一 IP 网段，为了使公司总部创建的 VT 接口同时与两分支机构 VT 接口建立 P2MP OSPF 连接，需要在各 LAC 和 LNS 上配置忽略对网络掩码的检查。因为缺省情况下，OSPF 需要对接收到的 Hello 报文做网络掩码检查，当接收到的 Hello 报文中携带的网络掩码和本设备不一致时，则丢弃这个 Hello 报文。

根据前面分析，可得出本示例的基本配置思路如下。

（1）在两个分支机构 LAC 上配置 L2TP 功能，并分别以用户名 winda 和 lycb 向 LNS 发起一个 L2TP 拨号连接请求，待总部认证成功后建立隧道。

（2）在两分支机构 LAC 上配置到达 LNS 公网的静态路由，到达总部子网的 OSPF 私网路由，并使能 LAC 的自拨号功能。

（3）在 LNS 上配置 L2TP 功能及用于对分支机构用户进行认证的 PPP 用户，并配置到达 LAC 公网的静态路由和到达两分支机构私网的 OSPF 路由。

2. LAC 的具体配置步骤

（1）根据图中标识，配置两分支机构 LAC 的接口 IP 地址。

```
<Huawei> system-view
[Huawei] sysname LAC_1
[LAC_1] interface gigabitethernet 1/0/0
[LAC_1-GigabitEthernet1/0/0] ip address 1.1.2.1 255.255.255.0
[LAC_1-GigabitEthernet1/0/0] quit
[LAC_1] interface gigabitethernet 2/0/0
[LAC_1-GigabitEthernet2/0/0] ip address 10.1.10.1 255.255.255.0
[LAC_1-GigabitEthernet2/0/0] quit

<Huawei> system-view
[Huawei] sysname LAC_2
[LAC_2] interface gigabitethernet 1/0/0
[LAC_2-GigabitEthernet1/0/0] ip address 1.1.3.1 255.255.255.0
[LAC_2-GigabitEthernet1/0/0] quit
[LAC_2] interface gigabitethernet 2/0/0
[LAC_2-GigabitEthernet2/0/0] ip address 10.1.20.1 255.255.255.0
[LAC_2-GigabitEthernet2/0/0] quit
```

（2）在两分支机构 LAC 上全局使能 L2TP，创建一个 L2TP 组并配置发起 L2TP 连接的用户名分别为 winda 和 lycb，隧道认证的共享密钥假设均为 huawei。

```
[LAC_1] l2tp enable
[LAC_1] l2tp-group 1   #---创建一个 L2TP 拨号组 1
[LAC_1-l2tp1] tunnel name lac_1   #---指定本端隧道名为 lac_1
[LAC_1-l2tp1] start l2tp ip 1.1.1.1 fullusername winda   #---指定以 winda 完整名称对 LSN 发起 L2TP 拨号连接请求
[LAC_1-l2tp1] tunnel authentication   #---启用隧道认证功能
[LAC_1-l2tp1] tunnel password cipher huawei    #---指定隧道认证的共享密钥为 huawei
[LAC_1-l2tp1] quit

[LAC_2] l2tp enable
[LAC_2] l2tp-group 1
[LAC_2-l2tp1] tunnel name lac_2
[LAC_2-l2tp1] start l2tp ip 1.1.1.1 fullusername lycb
[LAC_2-l2tp1] tunnel authentication
```

```
[LAC_2-l2tp1] tunnel password cipher huawei
[LAC_2-l2tp1] quit
```

（3）在两分支机构 LAC 上创建虚拟模板，并指定其 IP 地址由 LNS 端分配，均采用 CHAP 认证（需要分别指定 CHAP 认证用户名和密码，需要在 LNS 上创建）。

```
[LAC_1] interface virtual-template 1
[LAC_1-Virtual-Template1] ppp chap user wnda   #---指定用于 CHAP 认证的用户名为 winda
[LAC_1-Virtual-Template1] ppp chap password cipher 1234@huawei   #---指定 winda 用户的认证密码为 1234@huawei
[LAC_1-Virtual-Template1] ip address ppp-negotiate   #---指定 VT1 接口的 IP 地址由对端分配
[LAC_1-Virtual-Template1] ospf p2mp-mask-ignore   #---指定在 P2MP 网络上忽略对网络掩码的检查
[LAC_1-Virtual-Template1] quit

[LAC_2] interface virtual-template 1
[LAC_2-Virtual-Template1] ppp chap user lycb
[LAC_2-Virtual-Template1] ppp chap password cipher 5678@huawei
[LAC_2-Virtual-Template1] ip address ppp-negotiate
[LAC_2-Virtual-Template1] ospf p2mp-mask-ignore
[LAC_2-Virtual-Template1] quit
```

说明

OSPF 需要对接收到的 Hello 报文做网络掩码检查，当接收到的 Hello 报文中携带的网络掩码和本设备不一致时，则丢弃这个 Hello 报文。在 P2MP 网络上，当设备的掩码长度不一致时，使用 **ospf p2mp-mask-ignore** 命令忽略对 Hello 报文中网络掩码的检查，从而可以正常建立 OSPF 邻居关系。当对网络安全要求较高时，请执行 **undo ospf p2mp-mask-ignore** 命令，使能在 P2MP 网络上对网络掩码检查的功能。

（4）在两个分支机构 LAC 上 VT 接口配置触发自拨号建立 L2TP 隧道。

```
[LAC_1] interface virtual-template 1
[LAC_1-Virtual-Template1] l2tp-auto-client enable   #---启用触发自动 L2TP 拨号功能客户端功能
[LAC_1-Virtual-Template1] quit

[LAC_2] interface virtual-template 1
[LAC_2-Virtual-Template1] l2tp-auto-client enable
[LAC_2-Virtual-Template1] quit
```

（5）配置两分支机构 LAC 到达 LNS 公网的路由，假设下一跳 IP 地址分别为 1.1.2.2、1.1.3.2。

```
[LAC_1] ip route-static 1.1.1.1 255.255.255.255 1.1.2.2

[LAC_2] ip route-static 1.1.1.1 255.255.255.255 1.1.3.2
```

（6）配置两个分支机构 LAC 到达总部子网的 OSPF 路由，使得两分支机构私网与总部私网互通。

```
[LAC_1] ospf 10
[LAC_1-ospf-10] area 0
[LAC_1-ospf-10-area-0.0.0.0] network 10.1.1.0 0.0.0.255
[LAC_1-ospf-10-area-0.0.0.0] network 10.1.10.0 0.0.0.255
[LAC_1-ospf-10-area-0.0.0.0] quit
[LAC_1-ospf-10] quit

[LAC_2] ospf 10
[LAC_2-ospf-10] area 0
[LAC_2-ospf-10-area-0.0.0.0] network 10.1.1.0 0.0.0.255
```

```
[LAC_2-ospf-10-area-0.0.0.0] network 10.1.20.0 0.0.0.255
[LAC_2-ospf-10-area-0.0.0.0] quit
[LAC_2-ospf-10] quit
```

3. LNS 的配置

（1）配置 LNS 的接口 IP 地址。

```
<Huawei> system-view
[Huawei] sysname LNS
[LNS] interface gigabitethernet 1/0/0
[LNS-GigabitEthernet1/0/0] ip address 1.1.1.1 255.255.255.0
[LNS-GigabitEthernet1/0/0] quit
[LNS] interface gigabitethernet 2/0/0
[LNS-GigabitEthernet2/0/0] ip address 10.1.2.1 255.255.255.0
[LNS-GigabitEthernet2/0/0] quit
```

（2）配置 LNS 的 AAA 认证，分别为两分支机构创建两个用户：winda、lycb，密码分别为 1234@huawei、5678@huawei，必须与对应的 LAC 上配置的 CHAP 认证凭据一致。

```
[LNS] aaa
[LNS-aaa] local-user winda password cipher 1234@huawei
[LNS-aaa] local-user winda service-type ppp
[LNS-aaa] local-user lycb password cipher 5678@huawei
[LNS-aaa] local-user lycb service-type ppp
[LNS-aaa] quit
```

（3）配置 LNS 的 IP 地址池，用于为 LAC 的拨号 VT 接口分配 IP 地址。所分配的 IP 地址必须与 LNS 的 VT 接口的 IP 地址在同一网段，并且地址池的网关即 LNS 的 VT 接口 IP 地址。

```
[LNS] ip pool 1
[LNS-ip-pool-1] network 10.1.1.0 mask 24
[LNS-ip-pool-1] gateway-list 10.1.1.1
[LNS-ip-pool-1] quit
```

（4）创建虚拟接口模板 IP 地址、认证方式、OSPF 类型（此处为 P2MP）并配置 PPP 协商等参数。

```
[LNS] interface virtual-template 1
[LNS-Virtual-Template1] ppp authentication-mode chap   #---指定采用 PPP CHAP 认证方式
[LNS-Virtual-Template1] remote address pool 1   #--指定为远程 PPP 用户分配 IP 地址所用的地址池为名为 1 的地址池
[LNS-Virtual-Template1] ip address 10.1.1.1 255.255.255.0
[LNS-Virtual-Template1] ospf network-type p2mp   #---指定 OSPF 的网络类型为 P2MP（一对多的 PPP 连接）
[LNS-Virtual-Template1] ospf p2mp-mask-ignore   #---指定忽略 IP 地址中的子网掩码检查
[LNS-Virtual-Template1] quit
```

（5）使能 L2TP 服务，创建一个 L2TP 组，配置本端隧道名，以及与两分支机构建立 L2TP 隧道的共享密钥（两分支机构 LAC 必须使用相同的共享密钥与 LNS 建立 L2TP 隧道）。

```
[LNS] l2tp enable
[LNS] l2tp-group 1   #--创建序号为 1 的 L2TP 组
[LNS-l2tp1] tunnel name lns
[LNS-l2tp1] allow l2tp virtual-template 1   #---指定允许 VT1 接口接入 L2TP 拨号请求
[LNS-l2tp1] tunnel authentication
[LNS-l2tp1] tunnel password cipher huawei
[LNS-l2tp1] quit
```

（6）配置到达两分支机构 LAC 公网的静态路由（假设下一跳 IP 地址为 1.1.1.2），以及总部子网与两分支机构子网互通的 OSPF 路由。

```
[LNS] ip route-static 1.1.2.1 255.255.255.255 1.1.1.2
[LNS] ip route-static 1.1.3.1 255.255.255.255 1.1.1.2
[LNS] ospf 10
[LNS-ospf-10] area 0
[LNS-ospf-10-area-0.0.0.0] network 10.1.1.0 0.0.0.255
[LNS-ospf-10-area-0.0.0.0] network 10.1.2.0 0.0.0.255
[LNS-ospf-10-area-0.0.0.0] quit
[LNS-ospf-10] quit
```

4. 配置结果验证

完成以上配置后，可在 LAC 或者 LNS 上执行 **display l2tp tunnel** 命令查看 L2TP 会话连接和所建立的 L2TP 隧道信息。以下在 LNS 上执行本命令的输出示例：

```
[LNS] display l2tp tunnel

 Total tunnel : 2
 LocalTID RemoteTID RemoteAddress    Port   Sessions RemoteName
 1        1         1.1.2.1          1701   1        lac_1
 2        1         1.1.3.1          1701   1        lac_2
```

如果以上信息完全，则位于两分支机构私网的主机 PC1 和 PC3 分别可以与位于企业总部私网中的主机 PC2 互通。

5.8 配置 L2TP 其他可选功能

在各种 L2TP 隧道建立的过程中，除了前面介绍的一些必选功能配置外，还可配置 L2TP 的可选功能，例如 LCP 重协商、AVP 参数加密、L2TP 隧道连通性等，用户可以选择配置，更好的保证 L2TP 业务。但在配置 L2TP 的这些可选功能之前，需完成 L2TP 基本配置，在 LAC 和 LNS 之间建立 L2TP 连接。

1. 配置 LCP 重协商

在 LAC 接入呼叫发起 L2TP 隧道连接的应用中，LAC 需对接入用户认证，认证通过后将认证信息发送给 LNS，LNS 根据认证信息判断用户是否合法。此时，如果 LNS 不信任 LAC（在 LSN 端没有明确允许指定的 LAC 隧道建立请求通过），需要对远程用户二次认证，则可以使用 LCP 重协商功能，**使 LNS 直接与远程用户重新开始 PPP 协商（不再是与 LAC 进行 PPP 协商）**，协商成功后就可以建立 L2TP 连接。

注意

LCP 重协商和下面将要介绍的 CHAP 强制认证不能同时生效，LCP 重协商优先级高于 CHAP 强制认证，如果同时配置，则设备进行 LCP 重协商。

配置 LNS 的 LCP 重协商的方法很简单，就是在 L2TP 组视图下执行 **mandatory-lcp** 命令，以启用 LCP 重协商功能。

2. 配置强制 CHAP 认证

在 LNS 收到 LAC 所传递的认证信息后，如果 LNS 对安全性要求较高，可使用强制 CHAP 认证功能，LNS 只对远程用户进行 CHAP 认证。但如果此时 LAC 使用了 PAP 的认证方式，就无法通过 LNS 的认证，不能建立 L2TP 会话。

配置 LNS 的强制 CHAP 认证的步骤也很简单，也是在 L2TP 组视图执行 **mandatory-chap** 命令即可，以启用强制 CHAP 认证功能。

3. 配置主备 LNS

对可靠性要求较高的企业，在总部部署双网关，一主一备。当主网关故障时，业务可切换到备份网关，可在 LAC 上同时配置总部备份网关的 IP 地址，如图 5-50 所示。这时，当 LAC 发起的 L2TP 连接请求无法到达主 LNS 时，按配置的顺序向第二个 LNS 地址发起 L2TP 连接请求，这样也相当于在 LAC 上实现 LNS 的主备功能。

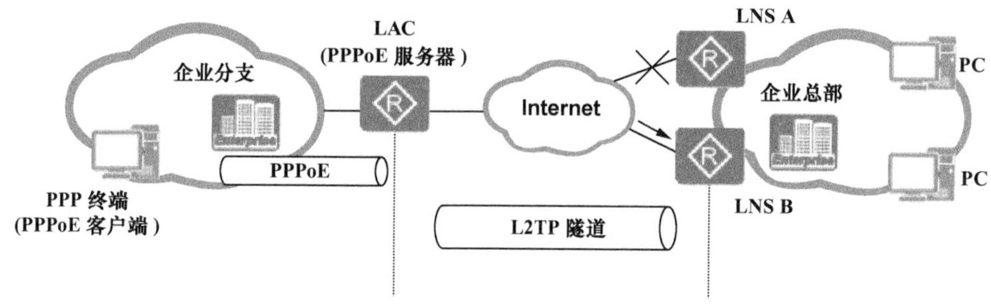

图 5-50 主备 LNS 示意图

在 LAC 上配置主备 LNS 的步骤也是在 L2TP 视图下进行的，通过 **start l2tp** ip *ip-address* <1-4> { **domain** *domain-name* | **fullusername** *user-name* }命令进行配置，最多可配置 4 个 LNS 的 IP 地址，第一个为主 LNS 地址，其余都是备份 LNS 地址。

4. 配置 AVP 参数加密

L2TP 连接的建立是通过在 LAC 和 LNS 之间交换控制消息，而控制消息中携带了各种 AVP（Attribute Value Pair，属性值对）参数，包含了用户名、密码等关键信息。此时通过部署 AVP 参数加密功能，在 L2TP 连接建立期间，对所传输的 AVP 参数加密，提高安全性。**但在部署 AVP 参数加密功能时，需要先在 LAC 和 LNS 端同时使能隧道验证功能，且隧道两端配置的认证共享密钥需要一致。**

配置 AVP 参数加密功能的步骤如表 5-16 所示。

表 5-16　　AVP 参数加密功能的配置步骤

步骤	命令	说明
1	**system-view** 例如：<Huawei>**system-view**	进入系统视图
2	**l2tp-group** *group-number* 例如：[Huawei] **l2tp-group** 1	进入 L2TP 组视图
3	**tunnel authentication** 例如：[Huawei-l2tp1] **tunnel authentication**	使能 L2TP 隧道认证功能，缺省已使能
4	**tunnel password** { **simple** | **cipher** } *password* 例如：[Huawei-l2tp-1] **tunnel password simple** huawei	配置隧道认证字，除了隧道认证，还可以用于加密 AVP 参数。参数说明请参见本章 2.6.3 节表 5-6 中的第 10 步
5	**tunnel avp-hidden** 例如：[Huawei-l2tp-1] **tunnel avp-hidden**	对 L2TP 报文中的 AVP 参数加密，提高安全性

5. 配置 L2TP 隧道连通性检测参数

Hello 报文用于检测 LAC 和 LNS 之间隧道的连通性，LAC 和 LNS 都可以定时向对方发送 Hello 报文，若在一段时间内未收到 Hello 报文的应答，则重复发送 Hello 报文。如果重复发送报文的次数超过 5 次，则断开 L2TP 隧道连接。企业可以根据实际需要，部署 Hello 报文的时间参数。

如果网络稳定，则可以加长 Hello 报文的发送时间间隔，减轻网络负担。如果网络不稳定，则可以减少 Hello 报文的发送时间间隔，以便能及时检测隧道的状态。如果 LAC 上配置了主备 LNS 地址，当使用 Hello 报文检测到隧道不通时，自动向配置的第二个 LNS 的 IP 地址发起 L2TP 连接请求。

另外，当 LAC 和某个 LNS 尝试建立隧道时发现无法与该 LNS 进行建立，可以将该 LNS 标记为不可用，并在一段时间（称为 LNS 锁定时间）内不再使用该 LNS 建立隧道。直到 LNS 锁定期结束，设备才尝试重新和该 LNS 建立隧道。

配置 L2TP 隧道连通性检测参数的步骤如表 5-17 所示。**除了第 5 步需在 LAC 上执行外，其他各步均需要在 LAC 和 LNS 同时配置。**

表 5-17 L2TP 隧道连通性检测参数的配置步骤

步骤	命令	说明
1	**system-view** 例如：<Huawei>**system-view**	进入系统视图
2	**l2tp-group** *group-number* 例如：[Huawei] **l2tp-group** 1	进入 L2TP 组视图
3	**tunnel timer hello** *interval* 例如：[Huawei-l2tp1] **tunnel timer hello** 100	配置 Hello 报文的发送时间间隔。参数 *interval* 用于指定周期性发送 Hello 报文的时间间隔，整数形式，取值范围是 0～1000，单位是秒。如果取值为 0，则表示不发送 Hello 报文。缺省情况下，Hello 报文每隔 60s 发送一次
4	**quit** 例如：[Huawei-l2tp-1] **quit**	返回系统视图
5	**l2tp aging** *time* 例如：[Huawei] **l2tp aging** 60	配置 LNS 锁定时间。参数 *time* 用来指定 LNS 锁定时间，整数形式，取值范围是 1～3600，单位为秒。缺省情况下，LNS 锁定时间为 30s

5.9 L2TP over IPSec 的配置与管理

通过前文介绍，我们学到 L2TP VPN 通信的安全性不是很强，只提供了静态密码式的用户身份认证和隧道认证，并没有为隧道中传输的数据提供加密功能，这时就可以借助我们在本书前文已介绍的 IPSec 安全功能进行解决。当然此时 IPSec 并不是直接的 IPSec VPN 应用了，而是在为 L2TP VPN 提供安全保护，即通常所说的 L2TP over IPSec。

5.9.1　L2TP over IPSec 封装原理

通过前文 L2TP VPN 内容的学习，当移动办公用户或分支机构用户需要与公司总部通信时，可使用 L2TP 功能建立 VPDN 连接，总部部署为 LNS 对接入的用户进行认证。但当终端用户需要向总部传输高机密信息时，L2TP 无法为报文传输提供足够的保护，这时也可以与 IPSec 功能结合使用，通过 L2TP over IPSec 方案保护终端用户所传输的数据报文。**L2TP over IPSec 既可以用于分支机构接入公司总部，也可以用于移动办公员工接入公司总部**。

L2TP over IPSec，即先用 L2TP 封装报文再用 IPSec 封装，这样可以综合两种 VPN 的优势，通过 L2TP 实现用户验证和地址分配，并利用 IPSec 保障通信的安全性。L2TP over IPSec 既可以用于分支机构接入公司总部，也可以用于移动办公工员工接入公司总部。这种方式 IPSec 功能会对所有源地址为 LAC（如果是移动办公员工通过此方案接入公司总部的话，则 LAC 就是安装了 L2TP 拨号软件的用户主机）、目的地址为 LNS 的报文进行保护。

如果是出差员工采用 L2TP over IPSec 方案接入公司总部，则需要在移动办公用户的 PC 终端上运行 L2TP 拨号软件，将数据报文**先进行 L2TP 封装，再进行 IPSec 封装**，发往总部。在总部网关，部署 IPSec 策略，最终还原数据，其基本网络结构和数据封装次序如图 5-51 所示。IPSec 保护从 L2TP 的起点到 L2TP 的终点数据流。

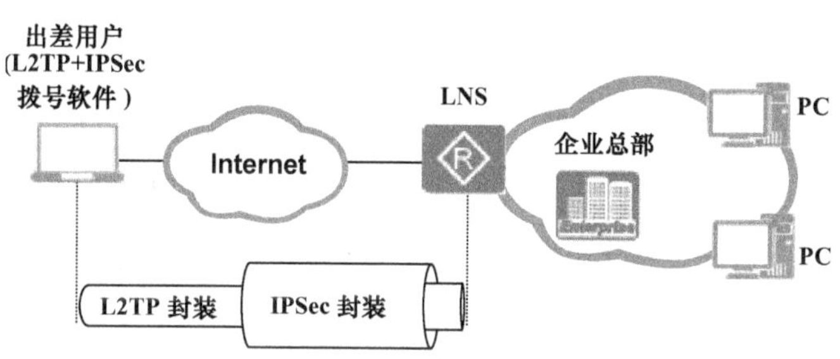

图 5-51　L2TP over IPSec 方案网络结构示意图

通过 5.2.2 节的学习我们已经知道，在 L2TP 封装过程中会增加一个 IP 报头，其源 IP 地址为 L2TP 起点地址，目的 IP 地址为 L2TP 终点的地址。封装好的 L2TP 报文需要再通过 IPSec 进行封装，此时要考虑 IPSec 的两种不同封装模式了，传输模式是不会再新增 IP 报头的，但隧道模式会再新增一个 IP 报头：增加的 IP 报头源地址为 IPSec 网关应用 IPSec 安全策略的接口 IP 地址，目的地址即 IPSec 对等体中应用 IPSec 安全策略的接口 IP 地址，如图 5-52 所示。所以隧道模式会导致报文长度更长，更容易导致分片，推荐采用传输模式 L2TP over IPSec。

出差用户远程接入总部网络的组网中 L2TP over IPSec 的协商顺序和报文封装顺序跟分支接入总部网络的组网中的协商顺序和报文封装顺序是一样的。所不同的是出差用户远程接入总部网络的组网中，用户侧的 L2TP 和 IPSec 封装是在客户端主机上完成的。此时，L2TP 起点的地址为客户端主机将要获取的内网地址（此地址可以是静态配置的，也可以是从 LNS 上配置的 IP 地址池中动态获取的），L2TP 终点地址为 LNS 入接口的地址。

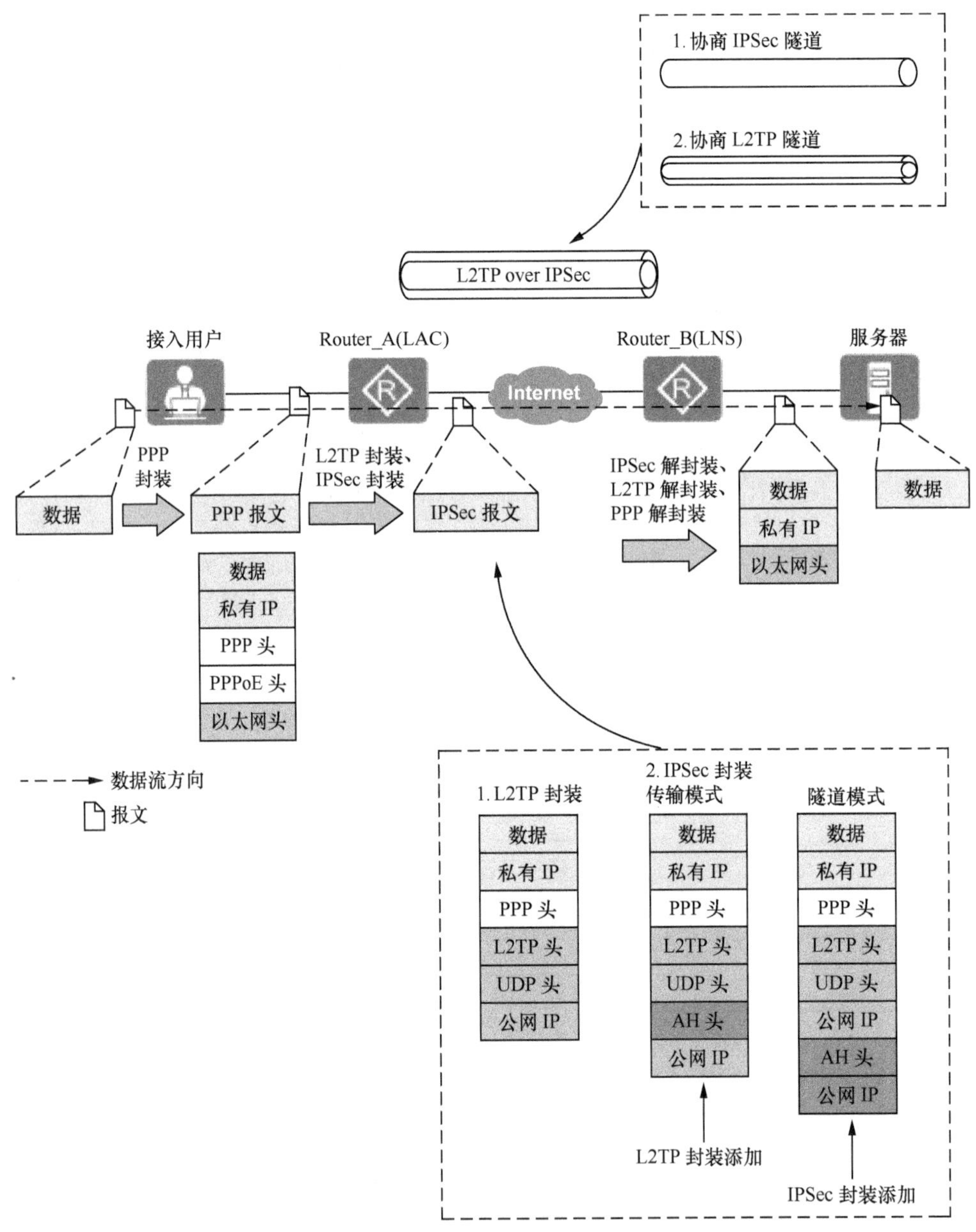

图 5-52 L2TP over IPSec 数据报文封装和解封装流程图

但在出差用户远程接入总部网络的情形中，L2TP 的 LAC，以及 IPSec 的一个端点均为终端用户主机了，这里需要创建一个 L2TP 拨号连接，在 VPN 类型中要选择“使用 IPSec 的第二层隧道协议（L2TP/IPSec）”选项，如图 5-53 所示。

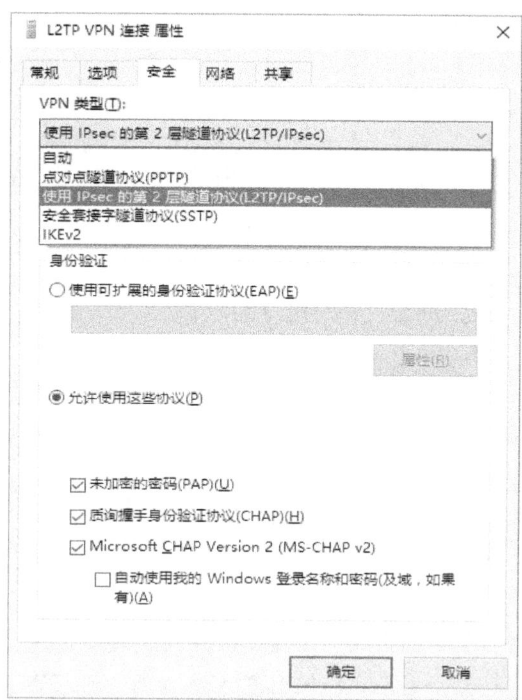

图 5-53　Windows 系统中主机中的 L2TP over IPSec VPN 类型选择

5.9.2　分支与总部通过 L2TP Over IPSec 方式实现安全互通配置示例

如图 5-54 所示，LAC 为企业分支机构网关，LNS 为企业总部网关，分支通过 LAC 自拨号的方式与总部建立 L2TP 隧道实现互通。现企业希望通过 L2TP 隧道传输的业务进行安全保护，防止被窃取或篡改等。此时，可以配置 L2TP over IPSec 的方式来加密保护企业分支和总部的业务。

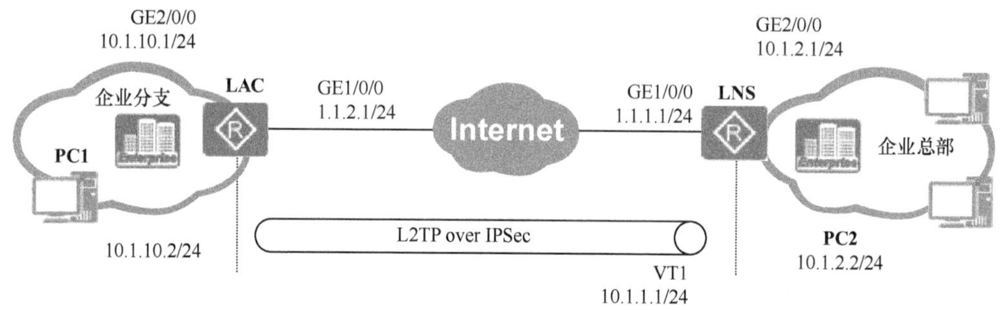

图 5-54　分支机构与总部通过 L2TP Over IPSec 方式实现安全互通配置示例的拓扑结构

1. 基本配置思路分析

本示例与本章前文介绍的 L2TP VPN 示例相比，最大的不同是同时结合中 L2TP 和 IPSec 两项隧道技术，这也使得本示例的配置了比起前文单独 L2TP VPN 方案配置要复杂一些。此时还需要在 LAC 和 LNS 公网侧接口上应用 IPSec 策略，为通过这些接口发送的数据提供安全保护功能。为了能使大家看得更明白，下面就分别从 L2TP 和 IPSec

来介绍本示例所需要的配置任务。

（1）L2TP 方面的配置

① 在 LAC 和 LNS 上配置接口的 IP 地址，以及到达对端公网的静态路由，保证两端路由可达。

② 在 LAC 上配置 L2TP 功能，使能 LAC 的自拨号功能，PPP 用户通过 L2TP 隧道向总部发出接入请求，总部认证成功后建立隧道。

③ 在 LNS 上配置 L2TP 功能（包括用于为 LAC 端 VT 接口分配 IP 地址的 IP 地址池）及 PPP 用户，响应 LAC 的 L2TP 的拨号请求。

（2）IPSec 方面的配置

① 在 LAC 和 LNS 上配置 ACL，以定义需要由 IPSec 保护的两端子网通信的数据流。

② 在 LAC 和 LNS 上配置 IPSec 安全提议，定义 IPSec 的保护方法。采用共享密钥认证方法。

③ 在 LAC 和 LNS 上配置 IKE 对等体，定义对等体间 IKE 协商时的属性。

④ 在 LAC 和 LNS 上配置安全策略，并引用 ACL、IPSec 安全提议和 IKE 对等体，确定对何种数据流采取何种保护方法。

⑤ 在 LAC 和 LNS 接口上应用安全策略组，使接口具有 IPSec 的保护功能。

【经验提示】在 L2TP over IPSec 具体配置方法方面，许多朋友觉得无从下手，其实总体上就是分别在 LAC 和 LNS 设备配置 L2TP、IPSec，然后再在同一个公网接口上应用这两方面配置即可。但要注意的是，如果是 Client-Initiated 模式的远程移动办公用户与企业总部的连接，并且启用了隧道认证功能，则在 LNS 上配置的 L2TP 隧道认证共享密钥和 IPSec 隧道认证预共享密钥必须一致，因为像在 Windows 系统中的 L2TP/IPSec 客户端主机上创建的 L2TP 连接中只能配置一个隧道共享密钥。但如果是站点到站点的连接（如本示例），则在 LAC 和 LNS 上配置的这两个共享密钥可以一致，也可以不一致。

2. L2TP 方面的配置步骤

（1）配置 LAC 和 LNS 的各接口 IP 地址和到对端公网的静态路由。

在 LAC 上配置各接口的 IP 地址。

```
<Huawei> system-view
[Huawei] sysname LAC
[LAC] interface gigabitethernet 1/0/0
[LAC-GigabitEthernet1/0/0] ip address 1.1.2.1 255.255.255.0
[LAC-GigabitEthernet1/0/0] quit
[LAC] interface gigabitethernet 2/0/0
[LAC-GigabitEthernet2/0/0] ip address 10.1.10.1 255.255.255.0
[LAC-GigabitEthernet2/0/0] quit
```

在 LAC 上配置公网路由实现和 LNS 路由可达。以静态路由为例，假设下一跳 IP 地址（LAC 端 ISP 设备连接 LAC 的接口的 IP 地址）为 1.1.2.2。

```
[LAC] ip route-static 1.1.1.1 24 1.1.2.2
```

在 LNS 上配置接口的 IP 地址。

```
<Huawei> system-view
[Huawei] sysname LNS
[LNS] interface gigabitEthernet 1/0/0
[LNS-GigabitEthernet1/0/0] ip address 1.1.1.1 255.255.255.0
[LNS-GigabitEthernet1/0/0] quit
```

```
[LNS] interface gigabitEthernet 2/0/0
[LNS-GigabitEthernet2/0/0] ip address 10.1.2.1 255.255.255.0
[LNS-GigabitEthernet2/0/0] quit
```

在 LNS 上配置公网路由实现和 LAC 路由可达。以静态路由为例，假设下一跳 IP 地址（LNS 端 ISP 设备连接 LNS 的接口的 IP 地址）为 1.1.1.2。

```
[LNS] ip route-static 1.1.2.1 255.255.255.0 1.1.1.2
```

（2）配置 LAC 和 LNS 的 L2TP 功能。

在 LAC 上全局使能 L2TP，创建一个 L2TP 组并配置通过名为 winda 的用户建立到达 LNS 的 L2TP 连接（需要在 LSN 上配置相同的用户账户），隧道认证的共享密钥为 huawei（两端配置要一致）。

```
[LAC] l2tp enable
[LAC] l2tp-group 1
[LAC-l2tp1] tunnel name lac     #---配置本端隧道名为 lac
[LAC-l2tp1] start l2tp ip 1.1.1.1 fullusername winda    #---配置允许以用户名 winda 向 LNS 发起 L2TP 拨号
[LAC-l2tp1] tunnel authentication    #---启用隧道认证功能
[LAC-l2tp1] tunnel password cipher huawei    #---配置隧道认证的共享密钥为 huawei
[LAC-l2tp1] quit
```

在 LAC 上创建用于向 LNS 发起 L2TP 拨号的虚拟模板接口，IP 地址对端自动分配，配置虚拟 PPP 用户的用户名和密码（用户名为 winda，密码为 1234@huawei），CHAP 认证方式以及 IP 地址。然后使能 LAC 的自拨号功能。

```
[LAC] interface virtual-template 1
[LAC-Virtual-Template1] ppp chap user winda    #---指定 CHAP 认证用户账户名为 winda
[LAC-Virtual-Template1] ppp chap password cipher 1234@huawei    #---指定 CHAP 认证密码为 1234@huawei
[LAC-Virtual-Template1] ip address ppp-negotiate    #---配置虚拟模板接口采用 LNS 端自动分配
[LAC-Virtual-Template1] l2tp-auto-client enable    #---使能自动拨号功能
[LAC-Virtual-Template1] quit
```

在 LAC 上配置到达公司总部私网的路由（出接口为新创建和 VT 接口），使得企业分支用户与总部私网互通。

```
[LAC] ip route-static 10.1.2.0 255.255.255.0 virtual-template 1
```

（3）在 LNS 上配置 AAA 认证，用户认证凭据与在 LAC 上指定用于 CHAP 认证的用户认证凭据是一样的。ISP 域采用系统缺省的 default 域。

```
[LNS] aaa
[LNS-aaa] local-user winda password cipher 1234@huawei    #---创建用户账户 winda，指定其密码为 1234@huawei
[LNS-aaa] local-user winda service-type ppp    #---指定 winda 用户支持 PPP 服务，使它可以进行 PPP 认证
[LNS-aaa] quit
```

（4）在 LNS 上配置 LNS 的 IP 地址池，为 LAC 的拨号接口（VT 接口）分配 IP 地址。此 IP 地址池是与 LNS 上创建的 VT 接口的 IP 地址在同一 IP 网段。

```
[LNS] ip pool 1
[LNS-ip-pool-1] network 10.1.1.0 mask 24    #---指定 IP 地址池网段为 10.1.1.0/24
[LNS-ip-pool-1] gateway-list 10.1.1.1    #---指定地址池网关为 VT 接口
[LNS-ip-pool-1] quit
```

（5）在 LNS 上创建虚拟模板接口，配置 IP 地址及 PPP 协商等参数。

```
[LNS] interface virtual-template 1
[LNS-Virtual-Template1] ip address 10.1.1.1 255.255.255.0    #---为 VT 接口配置 IP 地址
[LNS-Virtual-Template1] ppp authentication-mode chap    #---指定 VT 接口采用 CHAP 认证方式
[LNS-Virtual-Template1] remote address pool 1 #---调用前面创建的 IP 地址池为发起 L2TP 拨号的 LAC 的 VT 接口分配 IP 地址
[LNS-Virtual-Template1] quit
```

（6）在 LNS 上使能 L2TP 服务，创建一个 L2TP 组，配置 LNS 本端隧道名称及指定 LAC 的隧道名称、隧道认证密钥（要与 LAC 端配置的隧道共享密钥一致）。

```
[LNS] l2tp enable
[LNS] l2tp-group 1
[LNS-l2tp1] tunnel name lns
[LNS-l2tp1] allow l2tp virtual-template 1 remote lac   #---指定允许 VT 接口接受来自 LAC 的 L2TP 拨号
[LNS-l2tp1] tunnel authentication
[LNS-l2tp1] tunnel password cipher huawei
[LNS-l2tp1] quit
```

（7）在 LNS 上配置私网静态路由（出接口为 LNS 上创建的 VT 接口），使得企业总部与企业分支机构私网互通。

```
[LNS] ip route-static 10.1.10.0 255.255.255.0 virtual-template 1
```

3. IPSec 方面的配置

根据在本书第 3 章介绍的 IKE 动态协商方式建立 IPSec 隧道方案的配置步骤来为本示例进行相关配置，主要包括创建用于定义需要保护的数据流的 ACL、IPSec 安全提议（其中的参数配置也可直接采用缺省配置），配置 IKE 对等体（**IKE 安全提议中的参数配置可与 IPSec 安全提议中一致，也可以不一致**）、安全策略，最后在 LAC 和 LNS 的公网侧物理接口上应用所配置的安全策略。

（1）在 LAC 和 LNS 上配置 ACL，定义各自要保护的数据流，为分支机构子网与公司总部子网之间的通信流。两端配置的 ACL 是镜像的。

```
[LAC] acl number 3101
[LAC-acl-adv-3101] rule permit ip source 1.1.2.0 0.0.0.255 destination 1.1.1.0 0.0.0.255
[LAC-acl-adv-3101] quit

[LNS] acl number 3101
[LNS-acl-adv-3101] rule permit ip source 1.1.1.0 0.0.0.255 destination 1.1.2.0 0.0.0.255
[LNS-acl-adv-3101] quit
```

（2）在 LAC 和 LNS 上创建 IPSec 安全提议，名称假设均为 pro1（两端的 IPSec 安全提议名称可以不同）。假设只指定所采用的 ESP 认证算法为 SHA2-256，加密算法为 AES-128，其他参数均直接采用缺省配置。

```
[LAC] ipsec proposal pro1   #---创建名为 pro1 的 IPSec 安全提议
[LAC-ipsec-proposal-pro1] esp authentication-algorithm sha2-256   #---指定 ESP 的认证算法为 SHA2-256
[LAC-ipsec-proposal-pro1] esp encryption-algorithm aes-128   #---指定 ESP 的加密算法为 AES-128
[LAC-ipsec-proposal-pro1] quit

[LNS] ipsec proposal pro1
[LNS-ipsec-proposal-pro1] esp authentication-algorithm sha2-256
[LNS-ipsec-proposal-pro1] esp encryption-algorithm aes-128
[LNS-ipsec-proposal-pro1] quit
```

（3）在 LAC 和 LNS 上配置 IKE 对等体。在配置 IKE 对等体前要创建好对应的 IKE 安全提议（也可不创建，直接采用缺省的 IKE 安全提议 default）。

在 LAC 上配置 IKE 安全提议。

```
[LAC] ike proposal 5   #---创建序号为 5 的 IKE 安全提议
[LAC-ike-proposal-5] encryption-algorithm aes-128   #---指定加密算法为 AES-128
[LAC-ike-proposal-5] authentication-algorithm sha2-256   #---指定认证算法为 SHA2-256
[LAC-ike-proposal-5] dh group14   #---指定采用 group14 作为 DH 交换算法
[LAC-ike-proposal-5] quit
```

在 LAC 上配置 IKE 对等体，并根据默认配置，配置预共享密钥（假设为 Huawei@1234，两端配置必须一致）和对端 ID。假设 AR G3 路由器运行的 VRP 软件版本为 V200R008，此时缺省情况下 IKEv1 和 IKEv2 是同时启用的，现禁用 IKEv1。

```
[LAC] ike peer spub    #---创建名为 spub 的对等体
[LAC] undo version 1   #---取消 IKEv1 的配置，即禁用 IKEv1
[LAC-ike-peer-spub] ike-proposal 5   #---引用前面创建的 IKE 安全提议 5
[LAC-ike-peer-spub] pre-shared-key cipher Huawei@1234   #---指定 IPSec 隧道共享密钥为 Huawei@1234，两端的配置必须一致。但可与 L2TP 隧道共享密钥一样，也可不一样
[LAC-ike-peer-spub] remote-address 1.1.1.1   #---指定对等体地址为 1.1.1.1，即 LNS 的公网侧接口 IP 地址
[LAC-ike-peer-spub] quit
```

在 LNS 上配置 IKE 安全提议。

```
[LNS] ike proposal 5
[LNS] undo version 1
[LNS-ike-proposal-5] encryption-algorithm aes-128
[LNS-ike-proposal-5] authentication-algorithm sha2-256
[LNS-ike-proposal-5] dh group14
[LNS-ike-proposal-5] quit
```

在 LNS 上配置 IKE 对等体，并根据默认配置，配置预共享密钥和对端 ID。

```
[LNS] ike peer spua
[LNS-ike-peer-spua] ike-proposal 5
[LNS-ike-peer-spua] pre-shared-key cipher Huawei@1234
[LNS-ike-peer-spua] remote-address 1.1.2.1
[LNS-ike-peer-spua] quit
```

（4）在 LAC 和 LNS 上创建 ISAKMP 方式的安全策略。

在 LAC 上配置 IKE 动态协商方式安全策略。

```
[LAC] ipsec policy client 10 isakmp   #---创建名为 client，序号为 10 的 ISAKMP 安全策略
[LAC-ipsec-policy-isakmp-client-10] ike-peer spub   #---引用前面创建的 IKE 对等体 spub
[LAC-ipsec-policy-isakmp-client-10] proposal pro1   #---引用前面创建的 IPSec 安全提议 pro1
[LAC-ipsec-policy-isakmp-client-10] security acl 3101 #---引用前面创建的 ACL 3001
[LAC-ipsec-policy-isakmp-client-10] quit
```

在 LNS 上配置 IKE 动态协商方式安全策略。

```
[LNS] ipsec policy server 10 isakmp
[LNS-ipsec-policy-isakmp-server-10] ike-peer spua
[LNS-ipsec-policy-isakmp-server-10] proposal pro1
[LNS-ipsec-policy-isakmp-server-10] security acl 3101
[LNS-ipsec-policy-isakmp-server-10] quit
```

（5）在 LAC 和 LNS 公网接口上应用各自创建的安全策略组，使接口具有 IPSec 的保护功能。

```
[LAC] interface gigabitethernet 1/0/0
[LAC-GigabitEthernet1/0/0] ipsec policy client
[LAC-GigabitEthernet1/0/0] quit
[LNS] interface gigabitethernet 1/0/0
[LNS-GigabitEthernet1/0/0] ipsec policy server
[LNS-GigabitEthernet1/0/0] quit
```

4. 配置结果验证

以上配置好后，可在分支机构主机 PC1 执行 **ping** 操作，现在可以 ping 通位于公司总部的主机 PC2，但它们之间的数据传输将被加密。执行 **display ipsec statistics** 命令可以查看数据包的统计信息。

在 LAC 上执行 **display ike sa** 命令可以查看当前由 IKE 建立的安全联盟。因为本

示例假设 AR G3 路由器运行的是 IKEv2 版本，所以在其中显示了 IKEv2 中的第一、第二阶段所建立的 SA

```
[LAC] display ike sa
    Conn-ID        Peer             VPN      Flag(s)        Phase
----------------------------------------------------------------
     16            1.1.1.1           0       RD|ST          v2:2  #---第二阶段建立的 IPSec SA
     14            1.1.1.1           0       RD|ST          v2:1  #---第一阶段建立的 IKE SA

  Number of SA entries   : 2

  Number of SA entries of all cpu : 2

  Flag Description:
  RD--READY   ST--STAYALIVE   RL--REPLACED   FD--FADING   TO--TIMEOUT
  HRT--HEARTBEAT   LKG--LAST KNOWN GOOD SEQ NO.   BCK--BACKED UP
  M--ACTIVE   S--STANDBY   A--ALONE   NEG--NEGOTIATING
```

在 LAC 或者 LNS 上执行 **display l2tp tunnel** 命令可看到 L2TP 隧道及会话建立。以下是在 LAC 上执行本命令的输出示例，可以发现 LAC 与 LNS 已成功建立 L2TP 隧道。

```
[LAC] display l2tp tunnel

 Total tunnel : 1
 LocalTID RemoteTID RemoteAddress    Port    Sessions RemoteName
 1          1          1.1.1.1       1701    1          lns
```

5.10 L2TP VPN 故障排除

L2TP VPN 连接的建立过程比较复杂，出错的概率也比较大，导致可能出现一些意想不到的故障。这里就两种常见的情况进行分析。但在进行排错之前，请先确认 LAC 与 LNS 都已在公共网络上，并实现正确连通。

5.10.1 Client-Initiated 模式 L2TP VPN 典型故障排除

在利用 Windows 10 操作系统（**最好不要用 Windows 10 系统，它在 VPN 支持方面存在较多问题**）或 Huawei VPN Client 软件采用 Client-Initiated 模式建立 L2TP VPN 连接时往往会出现一些意想不到的故障，现为大家提供一些典型故障的排除方法。

1. 用户登录失败

这种故障现象是在远程拨号用户主动发起的 L2TP 隧道连接的情形，因为此时远程终端用户主机是直接向 LNS 发起 L2TP 拨号的，所以才会出现用户登录失败的现象。其他几种情形，都是由 LAC 设备被动，或主动向 LNS 发起 L2TP 拨号的，远程用户只需要连接 LAC 即可，不存在 L2TP 登录失败的现象。

用户拨号失败，可能有以下原因造成：

（1）隧道建立失败，这其中又包括以下几种可能的原因。

- 用户端的 LNS 服务器地址配置错误。
- LNS 端没有设置可以接收该隧道对端的 L2TP 组，即没有正确配置 **allow l2tp**

virtual-template *vt-number* 命令。

- 用户端和 LNS 上配置的隧道认证不一致。

可以在 LNS 上使用命令 **display l2tp-group** [*group-number*]，查看 **TunnelAuth** 字段内容，是否启用了隧道认证功能。如果用户端支持隧道认证，则还需要在 L2TP 组视图下查看隧道认证的共享密钥是否和用户端的配置一致。

（2）PPP 协商失败，这其中又包括以下几种可能的原因。

① 用户拨号信息和 LNS 上的用户账户配置不一致。

可以在 LNS 上 AAA 视图下通过执行 **display this** 命令查看配置的用户信息。

② LNS 上配置的 IP 地址池有错误。

IP 地址池中未指定网关地址或者指定的网关地址错误。可以在 LNS 上的 IP 地址池中使用 **gateway-list** *ip-address* &<1-8>命令将 LNS 上配置的 VT 虚拟接口的 IP 地址指定为 IP 地址池的网关地址。

③ PPP 协商参数不一致。

在 LNS 的 VT 接口视图下，确定配置的 PPP 认证方式是 pap 还是 chap，使用命令 **display l2tp-group** [*group-number*]查看 **ForceChap** 字段内容，看是否启用了强制 CHAP 认证功能。如果启用强制 CHAP 认证，则 VT 接口视图下的认证方式需要为 **chap**，同时检查用户端的 L2TP 连接属性，确认允许的协议中是否勾选了设备支持的 **CHAP** 认证方式，参见 5.6.6 节中的图 5-29。

2. Windows 10 系统 L2TP VPN 建立失败

如果已按照 5.6.6 节介绍的 Windows 10 操作系统部署 L2TP 拨号的步骤配置好了，但拨号时仍显示“**L2TP 连接尝试失败，因为安全层在初始化与远程计算机的协商时遇到了一个处理错误**”错误提示，则请按以下步骤进行排除。

（1）确保 Windows 10 系统中的“IPsec Policy Agent”服务已启动，如图 5-55 所示。

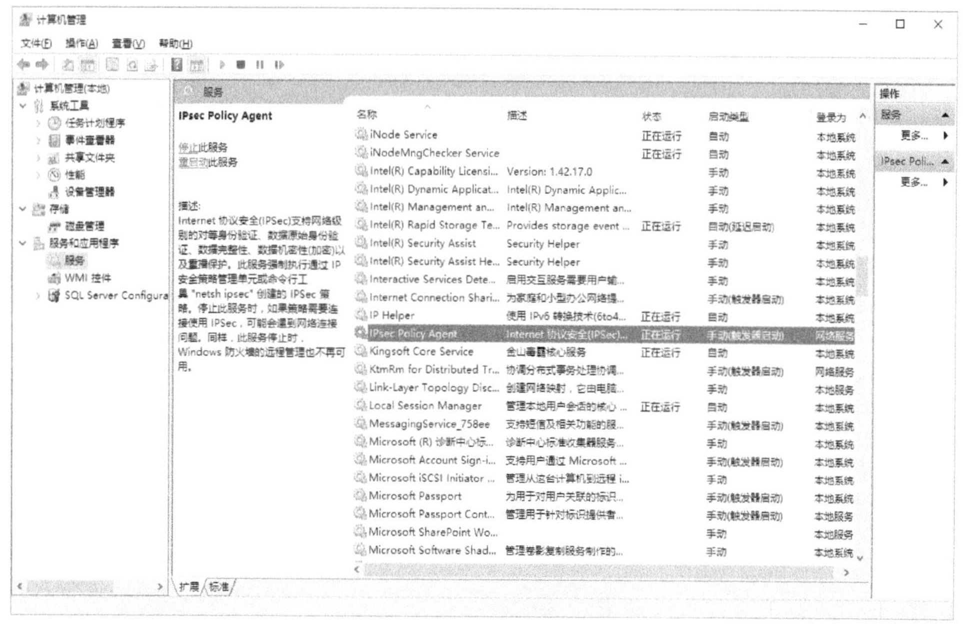

图 5-55　启动“IPsec Policy Agent”服务的界面

（2）确保“Routing and Remote Access”和“Remote Access Connection Manager”服务已启动，如图 5-56 所示。

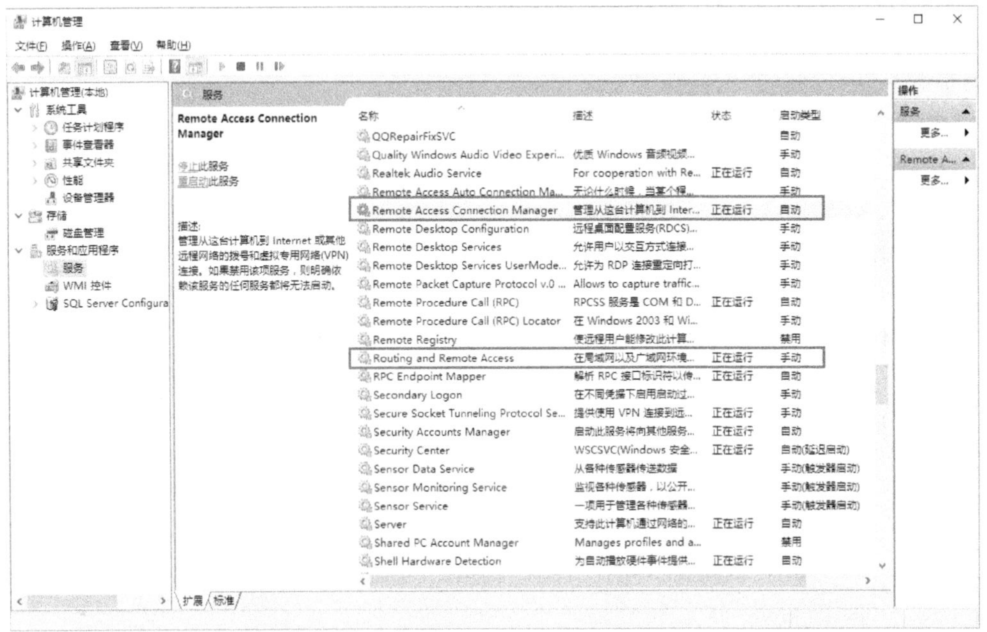

图 5-56 “Routing and Remote Access”和“Remote Access Connection Manager”服务的界面

（3）在 HKEY_LOCAL_MACHINE\System\CurrentControlSet\Services\Rasman \Parameters 下创建 ProhibitIpSec 键项（使系统采用本地 IPSec 策略进行身份验证），选择 DWORD 类型并将其设置为 1（其目的是在建立 L2TP over IPSec 时不使用数字证书认证功能），同时修改其中的 AllowL2TPWeakCrypto 键（允许 L2TP 通信不加密），选择 DWORD 类型并将其设置为 1，如图 5-57 所示。

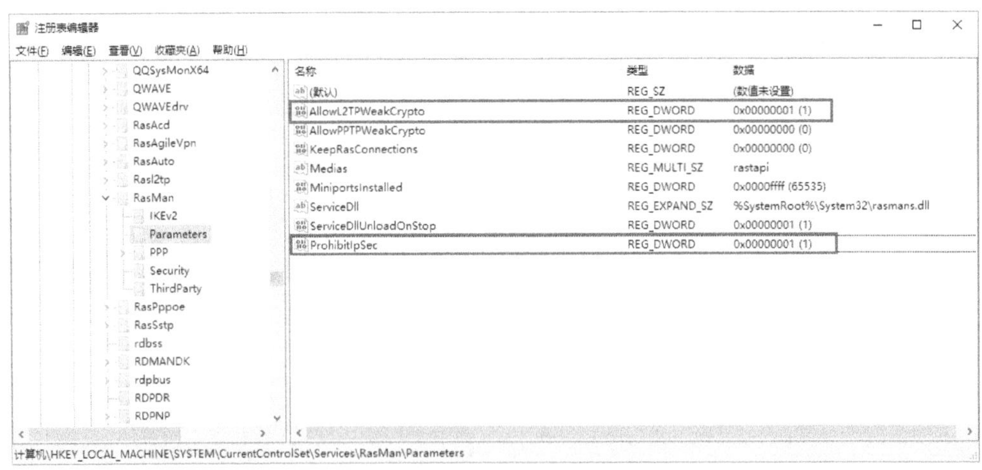

图 5-57 配置 ProhibitIpSec 和 AllowL2TPWeakCrypto 键项的界面

配置好注册表后要重启计算机，使新配置生效，下同。

3. Windows 10 系统 L2TP VPN NAT 穿越失败

如果要通过 L2TP 拨号访问的服务器位于 NAT 网络之后（不是直接连接公网），尽管你已按照 5.9 节介绍的 Windows 10 操作系统部署 L2TP 拨号的步骤配置好了，但拨号时仍会显示“无法建立计算机与 VPN 服务器之间的网络连接，因为远程服务器未响应。这可能是因为未将计算机与远程服务器之间的某种网络设备（如防火墙、NAT、路由器等）配置为允许 VPN 连接。请与管理员或服务提供商联系以确定哪种设备可能产生此问题”的错误提示。

这时需要在注册表 HKEY_LOCAL_MACHINE\SYSTEM\CurrentControlSet\Services\PolicyAgent 下添加 **AssumeUDPEncapsulationContextOnSendRule** 键项，选择 DWORD 类型并将其值设置为 12，如图 5-58 所示。其目的是无论是 L2TP 拨号客户端，还是 VPN 服务器位于 NAT 网络之后均可以建立 VPN 连接。如果设置为 1，则仅表示当 VPN 服务器位于 NAT 网络后，客户端仍可与它建立 VPN 连接。

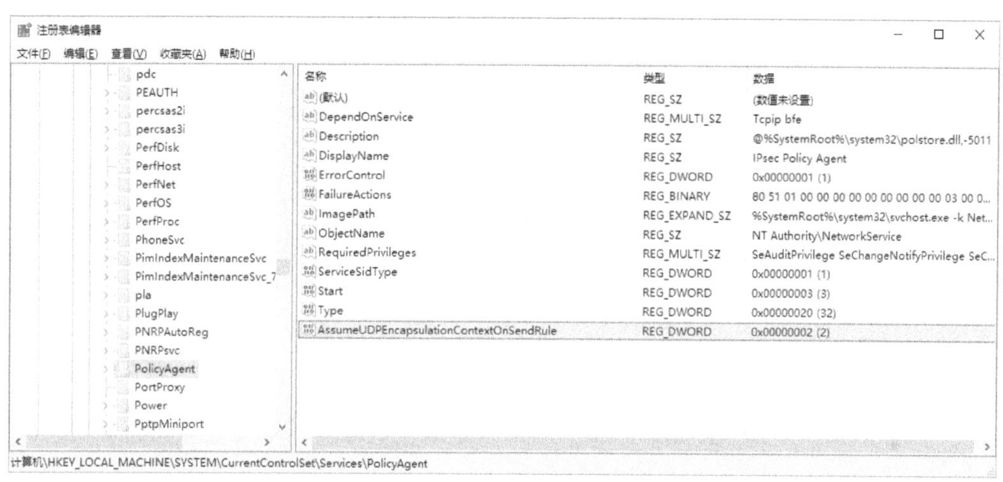

图 5-58　配置 AssumeUDPEncapsulationContextOnSendRule 键项的界面

说明

华为 AR G3 系列路由器从 V200R002C00SPC200 版本开始才支持 NAT 穿越功能。

4. 用户拨号总显示 691 的错误提示。

如果设备配置好 L2TP 功能之后，在用户接入时需要拨号十几次才能成功，期间一直错误提示 691。出现这种问题的原因是华为 AR G3 系列路由器缺省只支持 16 字节的 challenge（质询）消息，其他不支持。当 challenge 消息不为 16 字节时，CHAP 认证不通过，给用户发送的提示为 691（用户名或者密码错误）。此时，需要在 LNS 设备配置 L2TP LCP 重协商功能，使得 LNS 和客户端自行协商 challenge 消息为 16 字节，即可顺利拨号。有关 L2TP LCP 重协商功能的具体配置方法参见本章 5.8 节第 1 点介绍。

5. Huawei VPN Client 建立 L2TP VPN 连接时出现“隧道保活超时或协商超时”的错误提示

如果在使用 Huawei VPN Client 客户端软件进行 L2TP 拨号时，第一步就出现“隧道保活超时或协商超时”的错误提示，一般可能是以下几方面原因。

● 在 LNS 端配置 L2TP 组时限制了远端隧道名，但 VPN Client 配置 L2TP 隧道名称不被包含在内。即在 LNS（VPN 服务器）中已通过 **allow l2tp virtual-template remote** 命令指定了远程隧道名，但却不是 L2TP 拨号客户端所配置的隧道名。

● 在 LNS 端配置 L2TP 组时没有开启隧道验证，但 VPN Client 配置 L2TP 时却启用了隧道认证功能。即在 LNS 中已通过命令 **undo tunnel authentication** 禁用了隧道认证功能，但在 L2TP 客户端如图 5-59 中却启用了隧道认证功能，并配置了共享密钥。

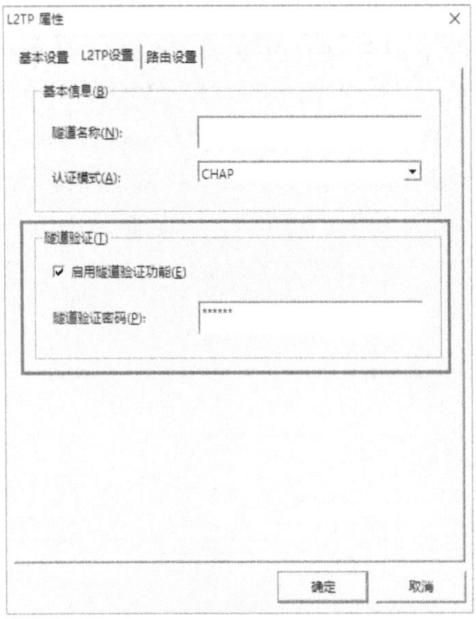

图 5-59 “L2TP 设置”标签页界面

6. Huawei VPN Client 建立 L2TP VPN 时出现“链路层保活超时或协商超时”的错误提示

如果在使用 Huawei VPN Client 客户端软件进行 L2TP 拨号时，出现“链路层保活超时或协商超时”的错误提示，一般是由于在 LNS 端配置 L2TP 时没有创建好对应的 Virtual-Template 接口。

7. Huawei VPN Client 建立 L2TP VPN 时出现“L2TP 配置错误”的错误提示

在使用 Huawei VPN Client 客户端软件进行 L2TP 拨号时，出现“L2TP 配置错误”的错误提示，一般是由于以下两方面造成的。

● 在 LNS 端配置 L2TP 组时启用了隧道认证，VPN Client 配置 L2TP 时也启用了隧道认证，但两者配置的共享密钥不一致。

● 在 LNS 端配置 L2TP 组时已配置好 Virtual-Template 接口，但接口下未配置好用于为远程拨号用户分配 IP 地址的远端地址池。

5.10.2 NAS-Initiated 和 LAC-Auto-Initiated 模式 L2TP VPN 典型故障排除

在由 NAS 发起，或者由 LAC 自动拨号发起建立 L2TP VPN 的过程中也可能因各种原因最终导致 L2TP 隧道建立不成功或隧道建立成功了也不能实现两端子网互访，本节也将介绍几种典型故障的排除方法。

1. L2TP VPN隧道建立失败的故障排除

在通过NAS（其实同时担当LAC角色的）、LAC与LNS建立L2TP VPN隧道时，如果总是无法建立成功，则可以采用以下步骤来进行排除。

（1）检查LAC上通过**start l2tp**命令指定的LNS地址是否路由可达。如果不可达，请配置路由。

（2）如果是LAC-Auto-Initiated模式，则要检查LAC上是否已通过**l2tp-auto-client enable**命令启用了自拨号功能。

（3）检查两端是否同时启用或禁用隧道认证功能，如果同时启用了隧道认证功能，再查看两端配置的隧道认证共享密钥是否一致，如果不一致，则修改配置。

（4）检查LNS上的L2TP配置，删除**allow l2tp**命令指定的**remote**参数。如果发现L2TP隧道建立成功，则故障原因为LAC的隧道名称错误或者LNS指定的隧道名称错误。请选择以下解决方法之一。

- 在LAC上通过**tunnel name**命令配置隧道本端的名称，使之与LNS的**allow l2tp**命令指定的**remote**参数保持一致。
- 在LNS上通过命令**allow l2tp**修改**remote**参数，使之与LAC的配置的隧道名称一致。如果LAC上没有通过命令**tunnel name**配置隧道本端的名称，则**remote**参数取值为LAC的设备名称。

（5）检查LAC端和LNS端配置的PPP认证方式、认证凭据和ISP域是否一致，如果不一致则修改配置。如果LNS信任LAC，不需要对远程用户二次认证，则可以在LNS侧的认证方案视图下，执行**authentication-mode none**命令配置认证模式为不进行认证，即直接让远程用户通过认证。

2. 建立L2TP连接后无法传输数据的故障排除

这种故障现象表示为，虽然L2TP连接已经建立，但无法传输数据，远程用户无法ping通企业总部内的私网网段主机。这时可能是由以下原因造成的。

（1）LNS上不存在到达企业总部内的私网网段路由

可以在LNS使用命令**display ip routing-table**查看路由信息。

（2）用户设置的地址有误

一般情况下，远程用户的IP地址是由LNS上配置的VT接口分配的，当然终端用户也可以指定自己的IP地址。但如果指定的IP地址和LNS所要分配的地址不属于同一个网段，就会发生这种情况，建议由LNS统一为远程用户分配IP地址。

（3）网络拥塞

L2TP是基于UDP进行传输的，UDP不对报文进行差错控制。如果是在线路质量不稳定的情况下进行L2TP应用，有可能会产生Ping不通对端的情况。

（4）LAC与远程用户协商之后的PPP报文格式无法被LNS识别

一般情况下，LAC与远程用户进行PPP协商后，PPP报文格式可以被LNS识别。但是，某些厂商的LAC设备与远程用户协商之后的PPP报文是压缩格式，如果华为设备LNS无法识别这类报文，将造成远程用户无法ping通总部网络。此时可以在华为设备LNS上执行**mandatory-lcp**命令，使能LNS的LCP重协商功能，使LNS直接与远程用户之间重新开始PPP协商，之后发送的PPP报文就可以被LNS识别。

第6章 GRE VPN配置与管理

6.1 GRE VPN工作原理

6.2 GRE的主要应用场景

6.3 GRE VPN配置与管理

6.4 典型配置示例

6.5 GRE典型故障排除

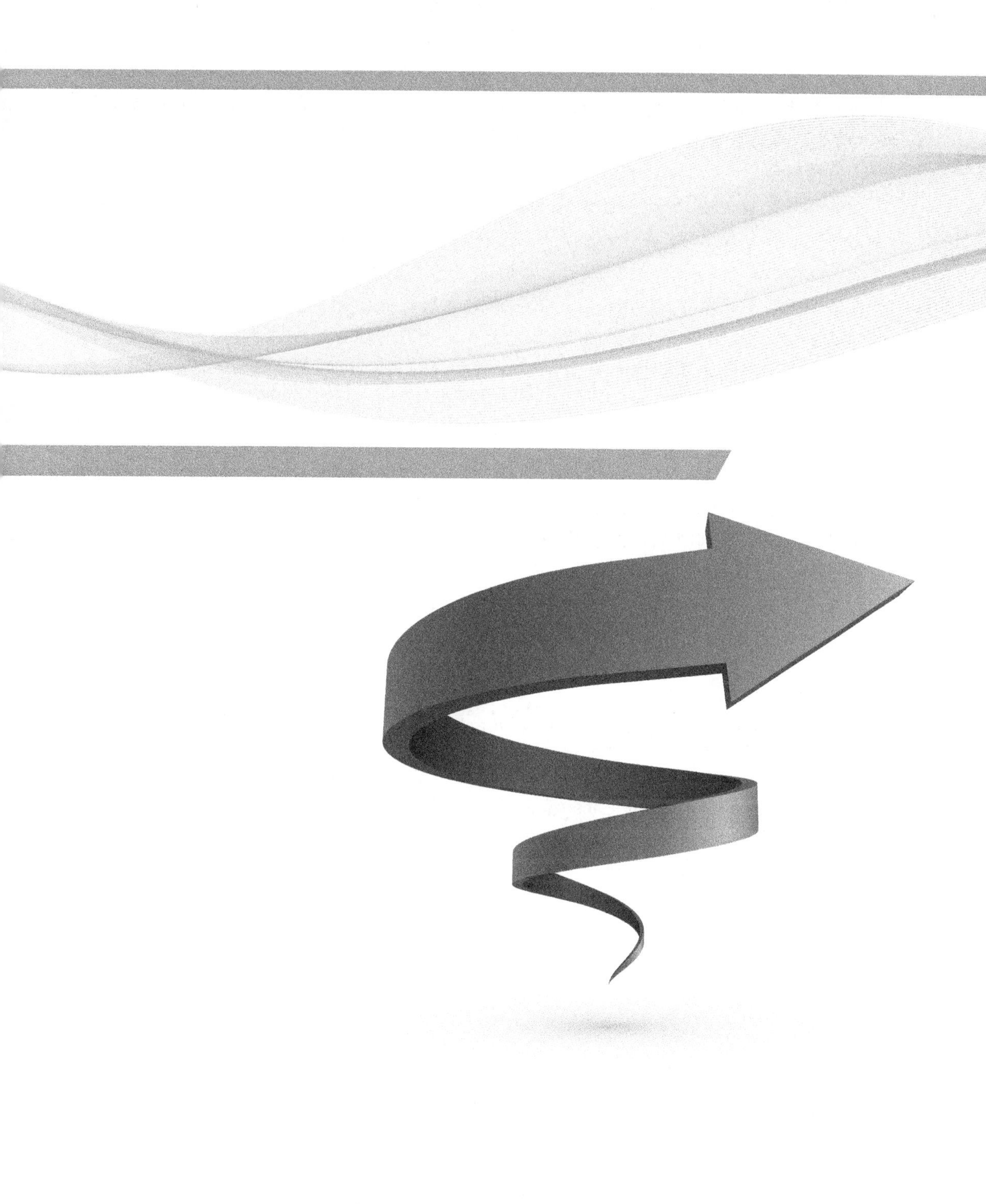

GRE 是一种基于 Tunnel（隧道）接口建立隧道的三层隧道协议，可以对二、三层报文进行封，通过建立 GRE 隧道，可与远端建立虚拟的点对点连接。GRE 的最大特点是同时支持对单播、组播和广播数据的封装和传输，比前面介绍的 IPSec 和 L2TP 解决方案的应用更广的应用范围。但 GRE VPN 主要适用于有固定公网 IP 地址的站点到站点（如分支机构与企业总部，分支机构之间）连接，不是很适用于移动办公用户接入企业网络的情形。

本章首先将全面介绍 GRE 协议的基础知识和工作原理，包括 GRE 协议报文格式、报文封装和解封装原理、安全机制和隧道链路检测机制，以及 GRE 的一些典型应用场景。随后，将在本章中具体介绍在不同场景中 GRE 应用的配置与管理方法，后面还将介绍大量基于不同应用场景下的 GRE 应用案例的配置思路分析和具体配置方法，以巩固前面所学的 GRE 各种应用场景下的配置与管理方法。最后还就一些在 GRE 应用部署中可能出现的典型故障的排除方法进行介绍，以便读者对一些在配置过程中需要特别注意的地方加强记忆和理解。

另外，GRE VPN 与 L2TP VPN 一样，在安全方面还是不够完善，不能对隧道中传输的数据提供加密保护，也不能提供足够强壮的身份认证机制，所以 GRE 也可以与 IPSec 结合，形成更具安全保障的 GRE over IPSec 或 IPSec over GRE 方案。当然这两种与 IPSec 结合的方案有不同特点的，配置方法上也存在比较大的区别，这些在本章后面也将有具体的介绍。

本章最后也将介绍在 GRE VPN 的部署过程中可能出现的一些典型故障的排除方法，希望对大家在实际的 GRE VPN 维护过程中有所帮助。

6.1 GRE VPN 工作原理

GRE（Generic Routing Encapsulation，通用路由封装协议）可以对多种网络层协议（如 IPX、ATM、IPv6、AppleTalk 等）的数据报文进行重封装，使这些被封装的原始协议报文能够在另一个网络层协议（如 IPv4）中传输，到达 GRE 隧道的目的端后再进行解封装，仍按原始协议进行报文的转发。也就是 GRE 提供了将一种协议的报文封装在另一种协议报文中的机制，是一种三层点对点隧道封装技术，使报文可以通过 GRE 隧道透明的传输，解决了异种网络的传输问题。

GRE 可以给我们带来以下好处。

- GRE 实现机制简单，对隧道两端的设备负担小（加装的 GRE 报头最短仅 4 个字节，最长也仅 20 个字节）。
- GRE 隧道可以通过 IPv4 网络连通多种网络协议的本地网络，有效利用了原有的网络架构，降低成本。
- GRE 隧道扩展了跳数受限网络协议（如 RIP 路由协议）的工作范围，支持企业灵活设计网络拓扑。
- GRE 隧道可以封装组播数据，和 IPSec 结合使用时可以保证语音、视频等组播业务的安全。

- GRE 隧道支持使能 MPLS LDP（Label Distribution Protocol，标签分发协议），使用 GRE 隧道承载 MPLS LDP 报文，建立 LDP LSP，实现 MPLS 骨干网的互通。
- GRE 隧道将不连续的子网连接起来，用于组建 VPN，实现企业总部和分支间安全的连接，这是 GRE VPN 的典型应用。

【经验提示】GRE 可以构建两种类型隧道，一种是本章使用的点对点 GRE 隧道，即 p-pGRE 隧道（通常直接简称 GRE 隧道），一个 GRE 隧道接口只能与一个对端建立一条 GRE 隧道；另一种是第 7 章介绍的 DSVPN 中使用的点对多点 GRE 隧道，即 mGRE 隧道，此时一个 mGRE 隧道接口可与多个对端建立多条 GRE 隧道。

另外，GRE 隧道封技术不提供身份认证和数据加密功能，也仅可提供简单的诸如校验和（CheckSum），或关键字数据验证方式，所以安全性较差。具体将在后面 6.1.3 节介绍。

6.1.1　GRE 报文格式

运行 GRE 协议的设备，在收到报文后会对其进行重封装，生成 GRE 报文。在新生成的 GRE 报文中，不仅会新增一个 GRE 报头，还会在最外层新增一个传输协议头（如传输网络是 IP 网络的话，就会新增一个 IP 报头）。本节先来了解整个 GRE 报文格式。

整个 GRE 报文结构分如图 6-1 所示（传输协议头在最外面），各层说明如下：

- 乘客协议（Passenger Protocol）：封装前的报文称为净荷，而封装前报文的协议称为乘客协议，如 IPv4 协议、IPv6 协议、IPX 协议等。
- 封装协议（Encapsulation Protocol）：也称为运载协议（Carrier Protocol），此处的封装协议就是 GRE 协议。GRE Header（GRE 报头）就是由 GRE 这种封装协议生成并填充的。

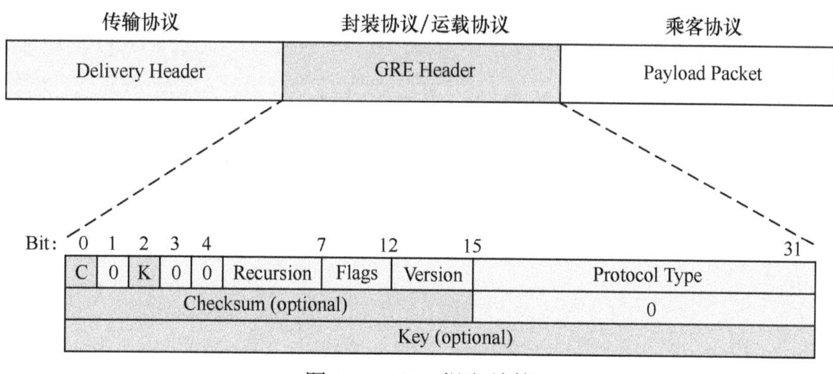

图 6-1　GRE 报文结构

- 传输协议（Transport Protocol 或 Delivery Protocol）：负责对封装后的报文进行转发的协议称为传输协议，也就是传输网络的协议类型。通常是指 IPv4 协议和 IPv6 协议，所以根据传输协议的不同，可以分为 GRE over IPv4 和 GRE over IPv6 两种隧道模式。本书仅介绍 GRE over IPv4。

设备收到一个用户 IP 数据报文后，如果发现该报文是要经过 GRE 隧道接口转发的（通过配置定义），则首先使用封装协议对这个净荷进行 GRE 封装，即把乘客协议报文进行了“包装”，加上了一个 GRE 报头后成为 GRE 报文；然后再在封装好的 GRE 报文最外层添加一个新的 IP 报头，指导报文在隧道中转发。新 IP 报头中的源 IP 地址和目的 IP 地址分别为 GRE 隧道两端所绑定的目的 IP 地址，即两端公网 IP 地址，并在“协议”字段中指示数据报文的协议类型为 GRE 协议（对应的协议号为 47），以便接收端可识别该报文为 GRE 报文，进行相应的 GRE 解封装。如图 6-2 所示是把 IPX 协议数据包通过 GRE 协议封装后在 IPv4 网络中传输时的报文封装格式。

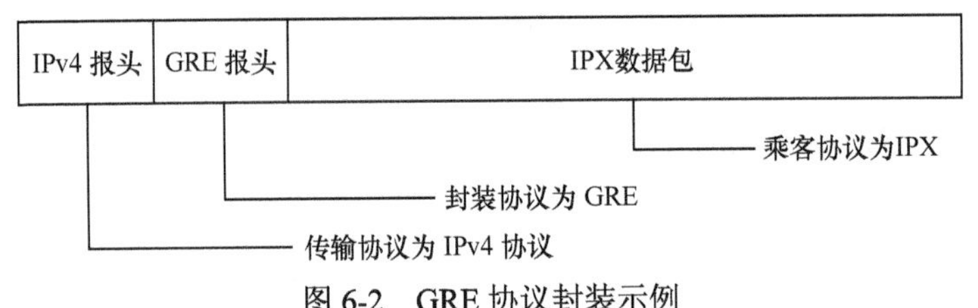

图 6-2 GRE 协议封装示例

下面介绍图 6-1 中的 GRE 报头格式，各字段解释如下：

- C：1 位，校验和验证位。如果该位置 1，表示 GRE 报头插入了“校验和”（Checksum）字段；该位为 0 表示 GRE 头不包含“校验和”字段，表示的是增强型 GRE 协议。
- K：1 位，关键字位。如果该位置 1，表示 GRE 报头插入了“关键字”（Key）字段，置 0 时表示 GRE 头不包含“关键字”字段，在增强 GRE 协议中必须置 1，因为它后面包括了两个 Key 字段，参见本书第 1 章的图 1-7。
- Recursion：3 位，用来表示 GRE 报文被封装的层数。完成一次 GRE 封装后将该字段加 1。如果封装层数大于 3，则丢弃该报文。该字段的作用是防止报文被无限次的封装。

说明

在 RFC1701 规定 Recur 字段默认值为 0，而 RFC2784 中规定当发送和接受端该字段不一致时不会引起异常，且接收端必须忽略该字段。设备实现时该字段仅在加封装报文时用作标记隧道嵌套层数，GRE 解封装报文时不感知该字段，不会影响报文的处理。

- Flags：5 位，当前必须设为 0。
- Version：3 位，表示当前所使用的 GRE 协议版本号，普通 GRE 协议置为 0，增强型 GRE 协议置 1。
- Protocol Type：16 位，标识乘客协议的协议类型，即原始数据报文所使用的网络层协议，如 IPv4、IPv6、IPX 协议等。常见的乘客协议为 IPv4 协议，协议代码为 0800。
- Checksum：16 位，用于接收端对 GRE 报头及其负载进行校验和检查的“校验和”字段。普通 GRE 协议中才有该字段，增强型 GRE 协议中无该字段。
- Key：可变长，关键字字段，用于接收端对收到的报文进行验证。在增强型 GRE 协议中包括两个 Key 字段，即 Key Payload Length 和 Key Call ID 字段。

说明

因为目前实现的普通 GRE 报头不包含源路由字段，所以在图 6-1 中的 Bit 1、Bit 3 和 Bit 4 都置为 0。

6.1.2　GRE 的报文封装和解封装原理

GRE 要实现的是两个相同协议网络，通过中间的不同协议网络来连接的机制，如图 6-3 所示。GRE 隧道两端所连接的网络的协议类型（X 协议）是相同的（如都是 IPX 协议），但与 GRE 隧道所在的骨干网的网络协议类型不同（如为 IPv4 协议）。

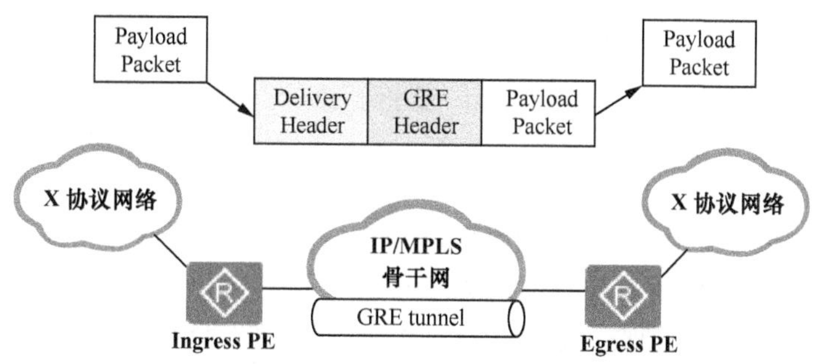

图 6-3　GRE 的报文封装和解封装原理示意图

GRE 要实现报文可在异种网络中传输，就涉及报文在 GRE 隧道源端通过 GRE 协议对乘客协议（用“X 协议”代表）进行传输协议的封装，到达 GRE 隧道目的端时又要进行与封装过程相反的解封装过程。

如果 X 协议报文从 Ingress PE（入方面 PE 设备）向 Egress PE（出方向 PE 设备）传输，则封装在 Ingress PE 上完成，而解封装在 Egress PE 上进行。封装后的数据报文在网络中传输的路径，称为 GRE 隧道（GRE Tunnel）。GRE 隧道所在的骨干网通常是 IP 网络或 MPLS 网络。

1. GRE 的报文封装原理

报文在 Ingress PE 上进行封装的基本流程如下（参见图 6-3）。

（1）Ingress PE 从连接 X 网络协议的接口接收到 X 协议报文后，首先交由 X 协议功能模块（如 IPX 模块）处理。

（2）X 协议根据报文头中的目的地址在路由表或转发表中查找出接口，确定如何转发此报文。如果发现出接口是 GRE Tunnel 接口，则对报文进行 GRE 封装，即添加 GRE 报头。

（3）如果骨干网协议为 IPv4，给报文加上 IPv4 报头。IPv4 报头的源 IPv4 地址就是隧道源 IPv4 地址，目的 IPv4 地址就是隧道目的 IPv4 地址，而“协议类型”（protocol）是对应 GRE 协议的协议号值 47（要用十六进制表示）。

（4）经过 GRE 重封装后的报文会根据新增的 IPv4 报头的目的 IP 地址（即隧道目的地址），在骨干网路由表中查找相应的出接口（即隧道源 IP 地址对应的公网接口）并发送报文。之后，封装后的报文将在该骨干网中传输。

2. GRE 的报文解封装原理

报文在 Egress PE 上进行的解封装过程与封装过程正好相反（参见图 6-3）。

（1）Egress PE 从 GRE Tunnel 接口收到报文后，分析 IPv4 报头发现报文的目的地址为本设备，且协议类型为 GRE，则 Egress PE 去掉最外层 IP 报头后交给 GRE 协议处理。

（2）GRE 协议再将报文中的 GRE 报头去掉，还原出真正的原始 X 协议报文，再交由 X 协议对此数据报文进行后续的转发处理。

6.1.3 GRE 的安全机制

因为 GRE VPN 通信中的骨干网传输也是通过公共网络（如 Internet 或 MPLS 网络）进行的，所以也涉及到数据传输的安全性问题。

GRE 本身提供两种基本的数据验证安全机制：（1）校验和验证；（2）识别关键字，但不提供用户身份验证和数据加密保护，所以它往往需要与 IPSec 结合，以 GRE over IPSec 方案来构建 GRE VPN。

1. 校验和验证

校验和（checksum）验证是指对封装的报文进行端到端校验，防止报文在传输途中被非法篡改，是通过 GRE 报头中的 C 标识位进行的。

若 GRE 报文头中的 C 位标识位置 1，则表示其中的“校验和”（Checksum）字段有效（参见图 6-1）。此时，发送方将对包括 GRE 报头和有效负载信息在内的整个 GRE 报文，利用 CRC 算法进行校验和计算，将计算结果填充在 GRE 报头的“校验和”字段中。接收方对接收到的报文采用相同的 CRC 算法计算校验和，并与所接收到的 GRE 报文中的 GRE 报头携带的“校验和”进行比较，如果一致则表示报文在传输过程中没有被篡改，可对报文进一步处理，否则丢弃。

因为 CRC 校验方式可以检查出多位错误（但不能纠错），所以其校验能力较强。

隧道两端可以根据实际应用的需要决定启用校验和或禁止校验和功能。如果本端配置了校验和而对端没有配置，则本端将不会对接收到的报文进行校验和检查，但对发送的报文计算校验和；相反，如果本端没有配置校验和而对端已配置，则本端将对从对端发来的报文进行校验和检查，但对发送的报文不计算校验和。

2. 识别关键字

识别关键字（Key）验证是指对源端发来的数据合法性进行校验，只接收并处理识别关键字与本端配置一致的 GRE 报文。通过这种弱安全机制，可以防止错误识别、接收其他地方来的报文。

RFC1701 中规定：若 GRE 报头中的 K 标识位为 1，则会在 GRE 报头中插入一个四字节长 Key（关键字）字段（参见图 6-1），收发双方将进行识别关键字的验证。

关键字的作用是标志隧道中的流量，属于同一流量的报文使用相同的关键字。在报文解封装时，GRE 将基于关键字来识别属于相同流量的数据报文。只有 Tunnel 两端设置的识别关键字完全一致时才能通过验证，否则将报文丢弃。这里的“完全一致”是指两端都不设置识别关键字，或者两端都设置相同的关键字。

6.1.4 GRE 的 Keepalive 检测机制

由于 GRE 协议并不具备检测链路状态的功能，GRE 也是一种无状态的隧道，即隧道的任何一端都不会维护它与对端的连接状态。此时如果对端接口不可达，GRE 隧道并不能及时中断隧道两端的连接，这样会造成源端仍会不断的向对端转发数据，而对端却因隧道不通而接收不到报文，由此就会形成数据空洞。

这时就可以借助 GRE 的 Keepalive 检测功能来解决了，它可以通过周期性发向对端发送 Keepalive 报文（一种类似于动态路由协议中很小的 hello 报文）检测隧道的连通状态。如果对端不可达，则会立即关闭本端隧道端口，避免因对端不可达而造成的数据丢失，有效防止数据空洞，保证数据传输的可靠性。

Keepalive 检测功能的实现过程如下。

（1）当 GRE 隧道的源端使能 Keepalive 检测功能后，就创建一个定时器，周期地发送 Keepalive 探测报文，同时通过计数器进行不可达计数。每发送一个探测报文，不可达计数加 1。

（2）对端每收到一个探测报文，就给源端发送一个回应报文。

（3）如果源端的计数器值未达到预先设置的值就收到回应报文，就表明对端可达。如果源端的计数器值到达预先设置的值——重试次数（Retry Times）时，还没收到回送报文，就认为对端不可达。此时，源端将关闭隧道连接，但是隧道源接口（是指公网接口，不是 Tunnel 接口）仍会继续发送 Keepalive 报文，若某一时间发现对端可达了，则本端源端口也会被激活，在两端重新建立隧道连接。

说明

GRE Keepalive 检测功能是单向机制，即只要在隧道一端配置 Keepalive 功能，则整个 GRE 隧道就具备了 Keepalive 功能，而不一定要求隧道对端也配置 Keepalive 功能。隧道对端收到报文，如果是 Keepalive 探测报文，无论是否配置 Keepalive 功能，都会给源端发送一个回应报文。当然，两端都配置了 Keepalive 功能后，就会启用双向 Keepalive 报文发送功能，实现双向主动检测隧道通达性能力。

6.2　GRE 的主要应用场景

本节介绍 GRE 的主要应用场景，这些应用主要是依据 GRE 隧道的一些功能特性来实现的，都可以看成是 GRE 的一些具体应用。但要特别说明的是，其实应用最普遍的，在同协议网络（如都是在 IPv4 网络）中实现远程网络互联的 GRE VPN 应用并没有在下面介绍。

6.2.1　多协议本地网可以通过 GRE 隧道隔离传输

多协议本地网可以通过 GRE 隧道隔离传输，这是 GRE 隧道间的通信可相互隔离的特性的一种基本应用，如图 6-4 所示，Term1 和 Term2 是运行 IPv6 的本地网，Term3 和 Term4 是运行 IPv4 的木地网，不同地域的子网间需要通过公共的 IPv4 网络互通。

通过在 Router_1 和 Router_2 之间采用 GRE 协议封装的隧道，Term1 和 Term2、Term3 和 Term4 可以互不影响地进行通信，因为这两组通信会在不同的 GRE 隧道中进行的，彼此相互隔离。所以通过隧道传输，不仅可以与底层的公共骨干网通信隔离，还可以使不同隧道中的通信相互隔离，更加安全。

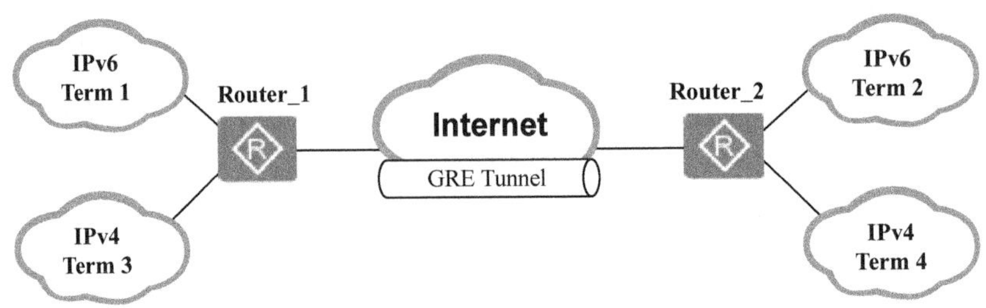

图 6-4　多协议本地网通过 GRE 隧道传输示意图

6.2.2　扩大跳数受限的网络工作范围

GRE 隧道与其他 VPN 隧道一样，具有逻辑意义上的直达性，尽管数据的转发仍然必须依靠公共网络中的设备一级一级进行，但是由于报文进行了重封装，把原始报文中的一些协议特性进行了屏蔽，使得其中的一些参数不会在隧道传输过程中发生变化，如路由协议的 Cost（不同路由协议的 Cost 类型不一样）。

在图 6-5 中，网络运行 IP 协议，假设 IP 路由协议限制跳数为 255。如果两台 PC 之间的跳数超过 255，它们将无法通信。此时，如果要两台设备间直接建立 GRE 隧道，就可以隐藏设备之间的跳数，从而扩大网络的工作范围。如 RIP 路由的跳数为 16 时表示路由不可达。此时，可以在两台设备上建立 GRE 隧道实现逻辑直连，使经过 GRE 隧道的 RIP 路由跳数减至 16 以下，保证路由可达。

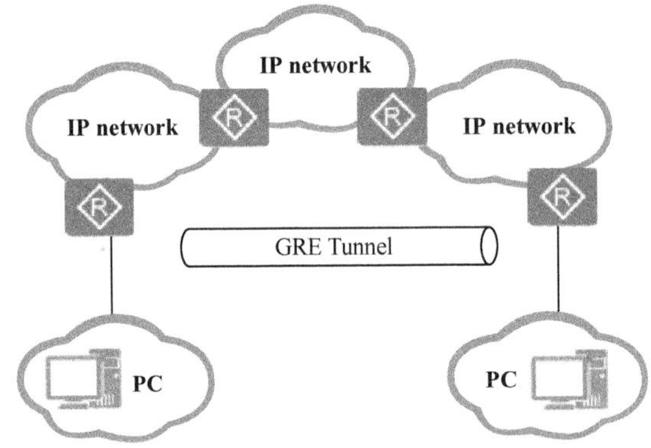

图 6-5　通过 GRE 扩大网络工作范围的示意图

6.2.3　与 IPSec 结合，保护组播/广播数据

在前面已介绍到，GRE 不具有用户身份认证功能和数据加密功能，所以它的安全性较差。也正因如此，通常情况下，不是单独使用 GRE 来建立 VPN 通信的，而是结合 IPSec，因为 IPSec 具有强大的用户身份认证、数据完整性检查、数据加密和抗重放保护等安全功能，可以为在 GRE 隧道中传输的数据提供强大的安全保护。

当然，就像任何人既有优点，也有缺点一样，虽然 IPSec 在安全性方面比 GRE 要强大许多，但是仍有其他自身的不足。在单纯的 IPSec VPN 应用中，因为 IPSec 不支持多协议承载只能对单播数据进行加密，不能对组播、广播类型数据进行协议重封装，所以在 IPSec 隧道中是不能传输组播、广播数据的。而恰好是这一点，GRE 又具有独特的优势，因为在 GRE 协议可以对数据进行协议重封装（把承载协议报文封装成传输协议报文），即可以承载多种协议报文。这样一来，当设备接收到组播、广播数据时，可以把这些数据作为 GRE 报文的负载（数据部分），然后再在前面加装一个单播 IP 报头，这样就可以通过单播方式在 GRE 隧道中传输组播或广播数据了，到了 GRE 隧道对端再还原为组播或广播数据就可以传输到目的主机上了。

GRE 在与 IPSec 的结合中又有两种不同的结合方式：一种称之为 GRE over IPSec，另一种则是 IPSec over GRE，其实这两种结合方式也体现了对采用这两种协议对原始报文分别进行 GRE 和 IPSec 封装的不同先后顺序。别小看这个先后顺序，这直接影响着报文可以在隧道中传输的数据类型，以及到达隧道对端的处理方式。

1. GRE over IPSec

GRE over IPSec 可以理解为基于 IPSec 提供的数据保护基础上建立的 GRE 隧道，即数据仍是在 GRE 隧道中传输，只不过在 GRE 隧道之外再加了一层 IPSec 保护装置，这样一来整个 GRE 隧道都被 IPSec 保护了，更别说在 GRE 隧道中传输的数据了。GRE over IPSec 基本网络结构如图 6-6 所示。

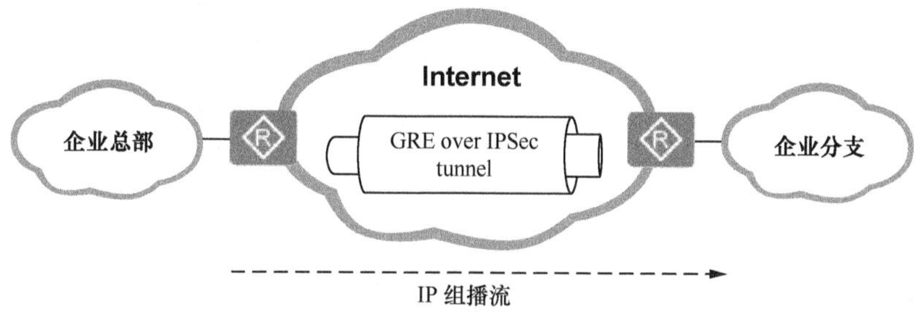

图 6-6　GRE over IPSec 基本网络结构示意图

GRE over IPSec 可利用 GRE 和 IPSec 的优势，通过 GRE 将组播、广播和非 IP 报文封装成普通的 IP 报文，然后再通过 IPSec 为封装后的 IP 报文提供安全的通信（即原始报文先要经过 GRE 封装，再经过 IPSec 封装），进而可以提供在总部和分支之间安全地传送广播、组播的业务，例如视频会议或动态路由协议消息等。当然，GRE over IPSec 同样可以传输单播数据。

图 6-7 描述了 GRE over IPSec 方案中报文封装和解封装的流程。因为在 GRE over IPSec 方案中使用了 IPSec，所以也就有了 IPSec 封装模式的选择，即可以是 IPSec 隧道模式也可以是 IPSec 传输模式。通过对本书第 2 章的学习已经知道，隧道模式与传输模式相比新增了一个 IP 报头，导致报文长度更长，更容易导致分片，所以推荐采用传输模式。采用传输模式时，在公网中传输的报文中包括了两个 IP 报头，里层的为原始私网 IP 头，外层的为进行 GRE 封装时新增的公网 IP 报头；而当采用隧道传输模式时，在公网中传输的报文中包括了三个 IP 报头，除了前面传输模式中所具有的两个 IP 报头之外，在进行 IPSec 封装时又新增了一个公网 IP 报头。

当采用隧道模式时，在进行 IPSec 封装的过程中所增加的 IP 报头的源 IP 地址为 IPSec

网关应用 IPSec 安全策略的公网接口地址，目的 IP 地址为 IPSec 对等体中应用 IPSec 安全策略的公网接口地址。IPSec 需要保护的数据流为从 GRE 起点到 GRE 终点的数据流。GRE 封装过程中增加的 IP 报头的源 IP 地址为 GRE 隧道的源端 IP 地址（也是本端的公网 IP 地址），目的地址为 GRE 隧道的目的端 IP 地址（也是对端的公网 IP 地址），与 IPSec 封装时的源 IP 地址和目的 IP 地址一样。因此只要根据 GRE 隧道的源/目的 IP 地址来定义需要 IPsec 保护的数据流即可，不需要关注原始报文的源/目的 IP 地址，从而简化了 IPsec 的配置。

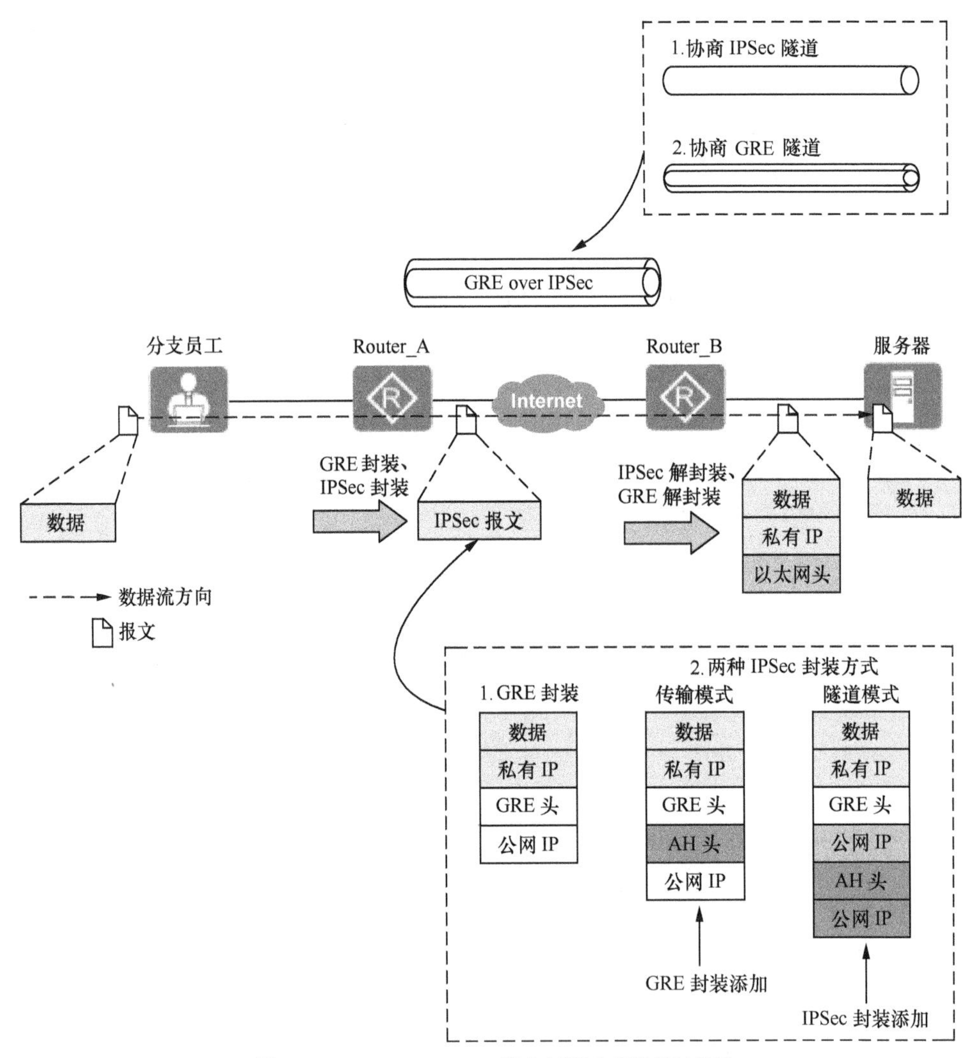

图 6-7 GRE over IPSec 报文封装和解封装流程

2. IPSec over GRE

IPSec over GRE 可理解为基于 GRE 构建 IPSec 隧道，是对原始数据进行 IPSec 封装（此时要创建 IPSec 封装的 Tunnel 接口），把 IPSec 安全框架应用在 IPSec Tunnel 接口上，保护的是原始用户数据报文；然后再进行 GRE 封装，这时封装的 GRE 报头，以及后来新增的 IP 报头都不受 IPSec 保护了。

【经验提示】因为GRE不兼容IPSec封装的Tunnel接口类型，所以在IPSec over需GRE方案中，需要再创建GRE封装的Tunnel接口。而IPSec兼容GRE封装的Tunnel接口类型，所以在GRE over IPSec方案中，IPSec隧道直接利用了GRE封装的Tunnel接口来应用IPSec安全框架。

由于数据最终是经过GRE封装的，所以仍然需要从GRE Tunnel接口进行转发。此时需要GRE Tunnel接口作为IPSec Tunnel接口的隧道源接口，让凡是通过路由指定由GRE Tunnel接口的数据都进行IPSec保护。

从以上分析可以看出，IPSec over GRE方案并没有特别的优势，而且在配置方面相对GRE over IPSec方案更为复杂，所以通常不采用。

说明

有关GRE over IPSec方案的具体配置方法参见本章6.4.5节介绍的示例，有关IPSec over GRE方案的具体配置方法参见本章6.4.6节介绍的示例。

6.2.4 CE采用GRE隧道接入MPLS VPN

在MPLS VPN中，为了让用户端设备CE（Customer Edge）接入VPN中往往需要CE与MPLS骨干网的PE（Provider Edge）设备之间有直接的物理链路，即在同一个网络中。在这样的组网中，需要在PE上将VPN与CE连接的物理接口进行关联。但实际组网中，并非所有的CE和PE都能用物理链路直接相连。例如，很多已经连接到Internet或基于IP技术的骨干网上的机构，其CE和PE设备之间地理位置上相距甚远，不可能直接接入到MPLS骨干网的PE设备上，如图6-8所示。这样就无法通过Internet或者是IP骨干网直接访问MPLS VPN内部的站点。

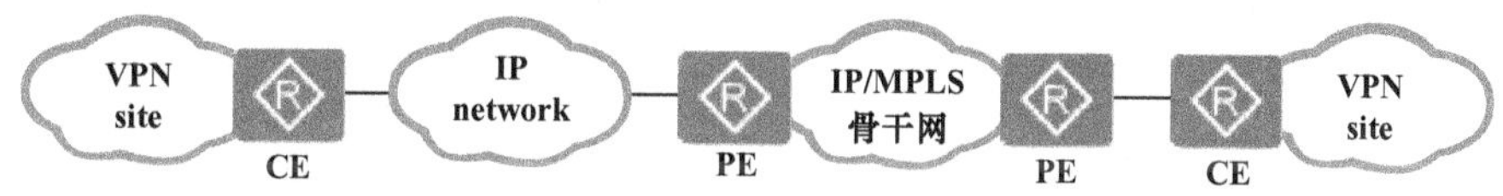

图6-8 CE使用基于IP技术的骨干网接入MPLS VPN骨干网的情形

为了让CE也能接入到MPLS VPN中，可以考虑在CE和PE之间创建“逻辑上的直连”。也就是说，可以在CE和PE间利用公共网络或某私有网络相连，并在CE与PE之间创建GRE隧道。这样，可以看成CE和PE直连。在PE上将VPN与PE-CE之间的接口进行关联时，就可以把GRE隧道当作一个物理接口，在这个接口上进行VPN关联。

采用GRE隧道接入MPLS VPN时，GRE的实现模式可按以下三种情形来划分。

- 穿过公网的GRE：GRE隧道关联某个VPN实例，GRE隧道的源地址和目的地址为公网地址，不属于VPN实例。
- 穿越VPN的GRE：GRE隧道关联某个VPN实例（例如VPN1），GRE隧道的源接口绑定了另一个VPN实例（例如VPN2），即GRE隧道需要穿越VPN2。
- 私有网络的GRE：GRE隧道关联某个VPN实例，而GRE隧道的源接口（或源地址）和目的地址也属于该VPN实例。

下面分别介绍以上三种情形。

1. 穿过公网的 GRE

如图 6-9 所示，VPN1 中的 CE1 与 IP 或 MPLS 骨干网的 PE1 之间并没有物理直接连接，正常情况下，VPN1 中的 CE 是无法通过骨干网实现 VPN1 两站点连接的。但由于 CE1 和 PE1 都是直接与公网连接的，都有属于公网的接口，使用公网 IP 地址，所以可在 CE1 与 PE1 之间通过 GRE 建立隧道，实现 CE1 与 PE1 之间的虚拟直连。但此时，CE 的公网路由表中需要有到 PE 的路由，PE 公网路由表也需要有到 CE 的路由。

2. 穿越 VPN 的 GRE

如图 6-10 所示，CE1 与 PE1 也没有物理直连，而是通过另一个 VPN（VPN2）连接。也就是说，CE 上流向 PE 的私网数据的出接口及 PE 上返回该 CE 的私网数据流量的出接口都属于 VPN2。PE1 和 PE2 是一级运营商的 MPLS 骨干网边界设备。VPN2 是属于二级运营商的一个 VPN。CE1 和 CE2 是属于用户的设备。为了在此网络环境中部署一个基于 MPLS 网络的 VPN（如 VPN1），可以在 PE1 和 CE1 之间建立一条穿越 VPN2 的 GRE 隧道，在逻辑上使 CE1 与 PE1 直连。

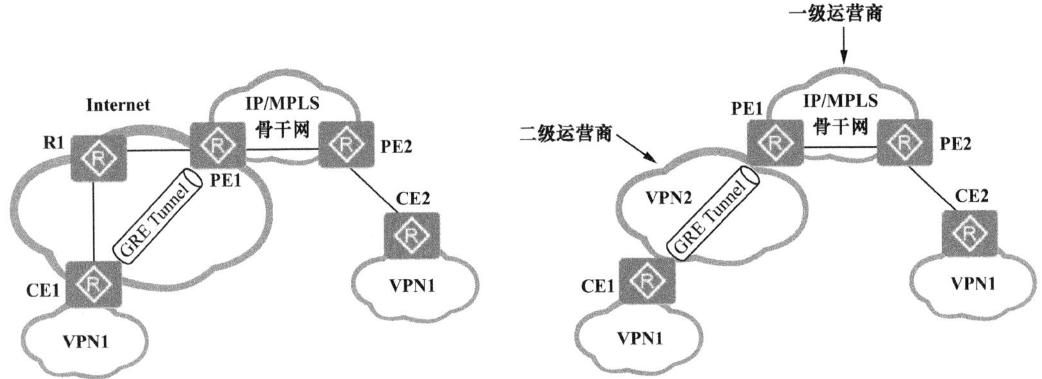

图 6-9 通过穿越公网的 GRE 隧道实现 CE 与 PE 直连的示意图

图 6-10 通过穿越 VPN 的 GRE 隧道实现 CE 与 PE 直连的示意图

3. 私有网络的 GRE

如图 6-11 所示，CE1 和 PE1 也没有直接的物理连接，而是通过一个私有网络连接。这时也可以在私有网络中为 CE1 和 PE1 建立一条 GRE 隧道，隧道的源和目的地址都属于私有网络。但在实际的应用中，在私有网络里再创建一个隧道到 PE，没有什么价值，因此不推荐使用。在图 6-11 中，不如直接使用 R1 作为 CE 设备。

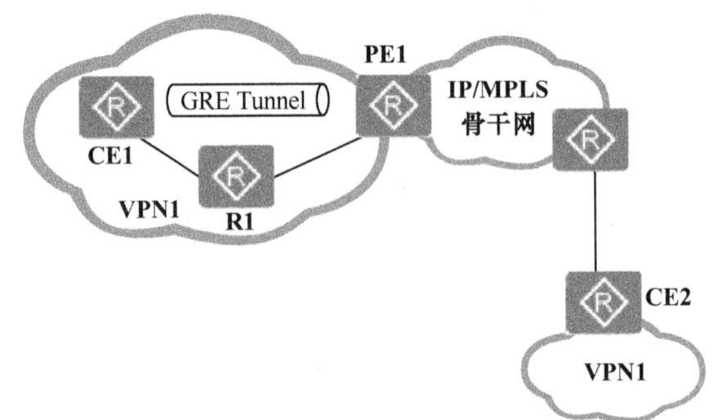

图 6-11 通过私有网络的 GRE 隧道实现 CE 与 PE 直连的示意图

6.3　GRE VPN 配置与管理

本章仅介绍在 IPv4 环境中的 GRE VPN 应用配置与管理方法。在配置 GRE 隧道之前，需保证隧道源接口和目的接口之间的路由可达。

6.3.1　配置任务

一般情况下可按照以下顺序来配置 GRE 隧道。对于可选步骤，请根据实际情况选择配置。只有当 FR、HDLC 或 PPP 协议的报文通过 GRE 隧道透传时，才需要（可选）配置 Link-bridge 功能，且无需配置 Tunnel 接口的路由。

（1）配置 Tunnel 接口

GRE 隧道是通过隧道两端的 Tunnel 接口建立的，所以需要在隧道两端的设备上分别配置 Tunnel 接口。GRE Tunnel 接口是三层逻辑接口，需要为它配置 IP 地址（通常是配置一个私网 IP 地址），才能使其 IP 协议生效。另外，逻辑的 Tunnel 接口需要与真正用于数据发送和接收的物理接口进行绑定，这是通过配置 Tunnel 接口的源 IP 地址或源接口、目的 IP 地址来实现的。除此之处，对于 GRE 的 Tunnel 接口，需要指定其封装协议类型为 GRE，使它可以在 GRE 隧道中传输单播和组播数据。

注意：在 GRE VPN 的应用中，隧道两端的 GRE 设备连接公共网络的接口通常是配置固定的 IP 地址，但也可以是动态获取的（但此时所配置的接口地址必须是当前所获取的 IP 地址），只要能确保 GRE 隧道两端通过公网能够互通即可。

（2）配置 Tunnel 接口的路由

在保证本端设备和远端设备在骨干网上路由互通的基础上，本端设备和远端设备上必须存在经过 Tunnel 接口转发的路由，这样需要进行 GRE 封装的报文才能正确转发。其实也就是相当于为需要经过 GRE 隧道传输的数据流进行定义，即凡是以此路由的数据流都是通过 Tunnel 接口进行转发的。经过 Tunnel 接口转发的路由可以是静态路由，也可以是动态路由。

注意：当 FR、HDLC 或 PPP 协议的报文通过 GRE 隧道透传时，无需配置 Tunnel 接口路由，因为此时是通过配置的下面将要介绍的 Link-bridge 功能来实现报文通过 Tunnel 接口转发。

（3）（可选）配置 Link-bridge 功能

这是一项可选配置任务。对于 FR、HDLC、PPP 或以太网协议的二层报文，用户希望通过 GRE 隧道使其能够在另一个网络（如 IPv4）中透传时，则需要配置 Link-bridge 功能。它可使得 Serial、Ethernet、GE、XGE 或 VLANIF 接口和 Tunnel 接口形成绑定关系，在这些接口收到的报文可以直接从所绑定的 Tuennel 接口发送出去，最终实现 GRE

隧道承载 FR、HDLC、PPP 和以太协议的报文。

（4）（可选）配置 GRE 的安全机制

这也是一项可选配置任务。为了增强 GRE 隧道的安全性，可以对 GRE 隧道两端的 Tunnel 接口配置校验和功能和识别关键字，通过这种安全机制防止错误识别、接收来自其他地方来的报文。

（5）（可选）使能 GRE 的 Keepalive 检测功能

这也是一项可选配置任务，主要目的就是通过发送 Keepalive 报文，以便能及时地检测到 GRE 隧道的连通性，以免造成数据丢失。

从以上配置任务介绍可知，GRE 的配置其实很简单，必须要进行的配置总体来说就是 GRE 隧道两端的 Tunnel 接口的配置，包括：Tunnel 接口 IP 地址、封装协议类型（此处必须为 GRE）、绑定的源 IP 地址或源接口，对端的 IP 地址等基本参数配置，以及，以 Tunnel 接口作为出接口的路由配置（可以是静态路由也可以是动态路由），或者指定 Tunnel 接口所要绑定的接口（仅适用于传输 PPP、HDLC、或以太网报文），以定义哪些用户数据流可以通过 GRE 隧道传输。

6.3.2 配置 Tunnel 接口

在 GRE Tunnel 接口的配置中，除了要配置其 IP 地址和封装的隧道协议 GRE 外，还要配置通过该接口进行传输的源 IP 地址和目的 IP 地址。因为 Tunnel 接口是一个逻辑接口，不可能真正用于数据的传输，通过指定源地址和目的地址就相当于与对应的物理接口进行了绑定，实际的数据发送和接收还是通过物理接口、物理线路进行的。

下面以图 6-12 所示的 GRE 网络结构为例介绍这三种地址（假设 Term 1 中的用户要发送数据到 Term 2 中的用户）：

- Tunnel 的源 IP 地址或源接口：实际发送报文的接口 IP 地址或实际发送报文的接口，是物理接口。如图中 Router_1 的 GE1/0/0 接口的 IP 地址就是该路由器上 Tunnel 的源 IP 地址，该接口就是 Tunnel 的源接口。
- Tunnel 的目的端 IP 地址：实际接收报文的接口 IP 地址，是隧道对端实际接收报文的物理接口的 IP 地址（**从中可以看出，隧道两端连接公共网络的接口必须有静态 IP 地址**）。如图 6-12 中 Router_2 的 GE1/0/0 接口的 IP 地址就是该路由器上 Tunnel 的目的 IP 地址，该接口就是 Tunnel 的目的接口。

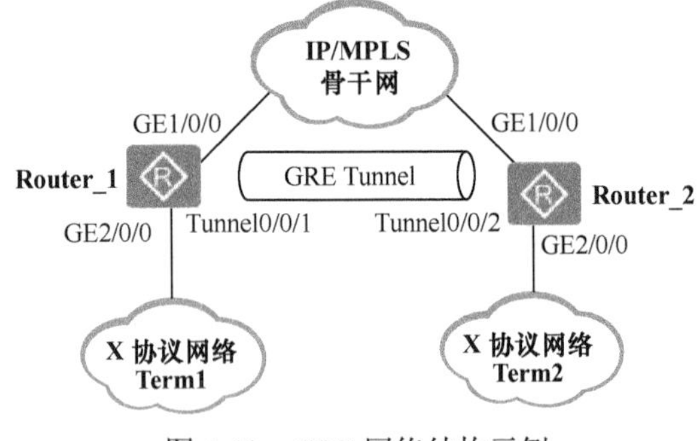

图 6-12 GRE 网络结构示例

【经验提示】Tunnel 的源 IP 地址和目的 IP 地址都不是 Tunnel 接口上配置的 IP 地址，而是所绑定的接口的 IP 地址，通常是 GRE 设备直接连接公共网络的物理接口的 IP 地址，该接口也是真正用于发送和接收两远程子网通信报文的接口。

- Tunnel 接口 IP 地址：为了在 Tunnel 接口上启用动态路由协议，或使用静态路由协议发布 Tunnel 接口（如图 6-12 中的 Tunnel0/0/1 和 Tunnel0/0/2 接口），需要为 Tunnel 接口分配 IP 地址。Tunnel 接口的 IP 地址可以不是公网地址，甚至可以借用其他接口的

IP 地址以节约 IP 地址。但是当 Tunnel 接口借用 IP 地址时，由于 Tunnel 接口本身没有 IP 地址，无法在此接口上启用动态路由协议，必须配置静态路由或策略路由才能实现设备间的连通性。

GRE Tunnel 接口的具体配置步骤如表 6-1 所示。

表 6-1 配置 GRE Tunnel 接口的步骤

步骤	命令	说明
1	**system-view** 例如：<Huawei> **system-view**	进入系统视图
2	**interface tunnel** *interface-number* 例如：[Huawei] **interface tunnel** 0/0/1	创建 Tunnel 接口，并进入 Tunnel 接口视图。Tunnel 接口的格式为“槽位号/卡号/端口号”，槽位号、卡号均为整数形式，取值与具体的 AR G3 系列路由器有关；端口号为整数形式。 【说明】Tunnel 接口编号只具有本地意义，隧道两端配置的 Tunnel 接口编号可以不同。 缺省情况下，系统未创建 Tunnel 接口，可用 **undo interface tunnel** *interface-number* 命令删除指定的 Tunnel 接口，但如果 Tunnel 正在被使用，删除后会影响使用该 Tunnel 的业务
3	**tunnel-protocol** gre 例如：[Huawei-Tunnel0/0/1] **tunnel-protocol** gre	配置 Tunnel 接口的隧道协议为 GRE。 【说明】必须先指定隧道协议后才能进行隧道的源地址及其他参数的配置，修改隧道封装模式会删除该隧道下已配置的相关参数 缺省情况下，Tunnel 接口的隧道协议为 none，即不进行任何协议封装，可用 **undo tunnel-protocol** 命令恢复缺省配置
4	**source** { *source-ip-address* | *interface-type interface-number* } 例如：[Huawei-Tunnel0/0/1] **source** 10.1.1.1	配置 Tunnel 的源地址或源接口，以实现源 Tunnel 接口与真正发送数据报文的接口进行绑定。命令中的参数说明如下。 • *source-ip-address*：二选一参数，指定真正发送数据报的接口的 IP 地址，通常是某物理接口的 IP 地址。 • *interface-type interface-number*：二选一参数，指定真正发送数据报的接口，通常是某物理接口。 【注意】Tunnel 的源接口不能指定为自身 GRE 隧道的 Tunnel 接口，但可以指定为其他隧道的 Tunnel 接口作为本 GRE 隧道的源接口；Tunnel 的源 IP 地址可以配置为 VRRP 备份组的虚地址，但不可为 Bridge-if 接口。 在 GRE over IPSec 中，如果采取的是隧道封装模式，系统是支持配置两个或两个以上 Tunnel 接口配置相同的源 IP 地址和目的 IP 地址，此时通过是不同的 GRE Key 字段来区分。**除此之外，不能对两个或两个以上使用同种封装协议的 Tunnel 接口配置完全相同的源地址和目的地址。** 缺省情况下，系统不指定隧道的源地址或源接口，可用 **undo source** 命令删除配置的 Tunnel 源地址或源接口

（续表）

步骤	命令	说明
5	**destination** [**vpn-instance** *vpn-instance-name*] *dest-ip-address* 例如：[Huawei-Tunnel0/0/1] **destination** 1.1.1.1	配置 Tunnel 的目的地址，以实现目的 Tunnel 接口与真正接收数据报文的接口进行绑定。命令中的参数说明如下。 • *vpn-instance-name*：可选参数，指定隧道的目的地址所属的 VPN 实例的名称。当 Tunnel 为点到点的 GRE 模式和 IPSec 模式时可以指定该参数，如果 CE 设备通过 GRE 隧道连接到 PE，则 PE 上配置 Tunnel 的目的地址时，需要指定 VPN 实例，将 Tunnel 接口加入私网路由表。 • *dest-ip-address*：指定直正接收数据报文的接口的 IP 地址，通常是某物理接口的 IP 地址。 【注意】对于 GRE 隧道封装模式，系统是支持配置两个或两个以上源地址和目的地址相同的 Tunnel 接口，通过不同的 GRE Key 字段来区分这些 Tunnel 接口。除了 GRE 隧道封装模式之外，系统中不能同时配置两条封装模式、源地址和目的地址均相同的 Tunnel 接口。 缺省情况下，没有配置 Tunnel 接口的目的地址，可用 **undo destination** 命令删除 Tunnel 接口的目的地址
6	**tunnel route-via** *interface-type interface-number* { **mandatory** | **preferred** } 例如：[Huawei-Tunnel0/0/1] **tunnel route-via** GigabitEthernet 0/0/1 **mandatory**	（可选）指定 GRE 隧道的路由出接口。命令中的参数和选项说明如下。 • *interface-type interface-number*：指定 GRE 隧道的路由出接口。 • **mandatory**：严格按照指定的出接口转发流量，如果 GRE 隧道目的地址的路由出接口不包含指定的出接口时，隧道接口状态为 Down，不进行流量转发。 • **preferred**：优先按照指定的出接口转发流量，如果 GRE 隧道目的地址的路由出接口不包含指定的出接口时，则可以选择其他接口转发，隧道接口状态为 Up。 GRE 隧道封装后的报文将查找路由转发表进行转发，如果 GRE 隧道的目的 IP 地址存在等价路由，且存在多条目的地址相同的 GRE 隧道时，则这些 GRE 隧道封装的报文将以负载分担进行转发。此时某些 GRE 隧道封装后报文的实际出接口可能是另一个隧道的源 IP 接口。如果该链路上下一跳设备配置了 URPF（Unicast Reverse Path Forwarding，单播逆向路径发）检测，则以报文的源 IP 作为目的 IP，在转发表中查找源 IP 对应的接口是否与入接口匹配，因此会发现报文源 IP 对应的接口与报文的入接口不一致，则认为报文非法并丢弃。为了解决这个问题，可以配置本命令指定 GRE 隧道路由出接口，使报文严格或优先从隧道的源 IP 地址所在的出接口转发。 缺省情况下，未指定 GRE 隧道的路由出接口，可用 **undo tunnel route-via** *interface-type interface-number* { **mandatory** | **preferred** } 命令撤销为 GRE 隧道的路由指定的出接口

（续表）

步骤	命令	说明
7	**mtu** *mtu* 例如：[Huawei-Tunnel0/0/1] **mtu** 1492	（可选）配置 Tunnel 接口的 MTU，整数形式，单位为字节。取值范围是 128～9202 如果改变 Tunnel 接口最大传输单元 MTU，需要先对接口执行 **shutdown** 命令，再执行 **undo shutdown** 命令将接口重启，以保证设置的 MTU 生效 缺省情况下，Tunnel 接口的 MTU 值为 1500 个字节，可用 **undo mtu** 命令恢复 Tunnel 接口 MTU 的缺省配置
8	**description** *text* 例如：[Huawei-Tunnel0/0/1] **description** This is a tunnel from 10.1.1.1 to 10.2.2.2	（可选）配置接口的描述信息，字符串形式，长度范围是 1～242，**区分大小写**，支持空格。 缺省情况下，Tunnel 接口默认描述信息为“HUAWEI, AR Series, Tunnel interface-number Interface”。例如，缺省情况下，Tunnel0/0/1 接口默认描述信息为“HUAWEI, AR Series, Tunnel0/0/1 Interface”。可用 **undo description** 命令删除当前 Tunnel 接口的描述信息
9	**ip address** *ip-address* { *mask* | *mask-length* } [sub] 例如：[Huawei-Tunnel0/0/1] **ip address** 10.1.0.1 255.255.255.0	（二选一）配置 Tunnel 接口的主、从 IPv4 地址。 【注意】因为 Tunnel 接口运行的链路层协议为 PPP，而在串行链路中，两端的 IP 地址是可以在不同 IP 网段的，所以虚拟点对点连接的 GRE 隧道两端的 Tunnel 接口的 IP 地址可以不在同一 IP 网段，也可实现路由畅通的。但通常是把它们的 IP 地址配置在同一 IP 网段
	ip address unnumbered interface *interface-type interface-number* 例如：[Huawei-Tunnel0/0/1] **ip address unnumbered interface** loopback 0	（二选一）配置 Tunnel 接口借用其他接口的 IP 地址

6.3.3　配置 Tunnel 接口的路由

在 Tunnel 接口上配置路由的目的其实就是为了定义需要由 Tunnel 接口转发的私同网数据流。可以采用静态或动态路由配置方式，下面同样以图 6-12 为例介绍在配置 Tunnel 接口路由时的一些注意事项：

- 配置静态路由时，源端设备和目的端设备都需要配置：此路由目的地址是未进行 GRE 封装的报文的原始目的 IP 地址（Router_2 的 GE2/0/0 所在的网段地址，即目的主机的 IP 地址），出接口是本端 Tunnel 接口（Router_1 的 Tunnel0/0/1 接口）。
- 配置动态路由协议时，在 Tunnel 接口和与 X 网络协议相连的入接口上都要使用相同动态路由协议。

例如在图 6-12 中，如果使用动态路由协议配置 Tunnel 接口的路由，则 Tunnel 接口和接入 X 网络协议的 GE2/0/0 接口上都需要配置动态路由协议，并且路由表中去往目的网段（Router_2 的 GE2/0/0 网段）路由的出接口是本端隧道接口 Tunnel0/0/1。

【经验提示】当采用动态路由协议进行配置时，骨干网所使用的动态路由协议与包括 Tunnel 接口网段和用户网络所使用的路由协议最好不同。如果它们之间要采用相同的动态路由协议，也不要采用相同的路由进程，因为私网数据报文是不能在公网上被转发的。

当 FR、HDLC 或 PPP 协议的报文通过 GRE 隧道透传时，不需要配置 Tunnel 接口路由，即不需要配置本项配置任务。

采用静态路由配置方式中，只需在系统视图下通过 **ip route-static** *ip-address* { *mask* | *mask-length* } { *nexthop-address* | **tunnel** *interface-number* [*nexthop-address*] } [**description** *text*]命令配置即可。通常是指指定以本地 Tunnel 接口为出接口即可，无需指定下一跳 IP 地址，因为 Tunnel 接口的链路层协议是 PPP。

采用动态路由配置方式时，可以采用包括 OSPF、RIP、IS-IS 等路由协议。

6.3.4 配置可选配置任务

本节要对 6.3.1 节介绍的配置任务中后面三项可选配置任务的具体配置方法进行集中介绍，包括配置 Link-bridge 功能、配置 GRE 的安全机制和使用 GRE 的 Keepalive 检测功能的配置。

1. 配置 Link-bridge 功能

本项配置仅适用于 FR、HDLC、PPP 或以太网协议的二层报文要通过 GRE 隧道传输时，起到链路桥接的作用。就是把 Serial、Ethernet、GE、XGE 或 VLANIF 接口和 Tunnel 接口形成绑定关系，使得从这些接口上的报文从 Tunnel 接口进行转发。这与前面介绍的 Tunnel 接口路由配置的作用是相似的，只不过这里是针对二层报文采用的桥接方式进行 Tunnel 接口的绑定。

Link-bridge 功能的配置方法是在系统视图下通过 **link-bridge** *tag-id* **interface** *interface-type interface-number* **out-interface** *interface-type interface-number* [**untagged** | **tagged** *vlan id*] 命令，配置绑定设备入接口与出接口的功能，从绑定的入接口进入的报文会从绑定的出接口发出。命令中的参数和选项说明如下。

- *tag-id*：指定 Link-bridge 的 Tag ID 值，整数形式，取值范围是 1～65535。
- **interface** *interface-type interface-number*：指定 Link-bridge 的入接口，对于 FR、HDLC、PPP 报文，设备入接口只支持 Serial 接口；对于以太报文，设备入接口只支持 Ethernet、GE、XGE 和 VLANIF 接口。
- **out-interface** *interface-type interface-number*：指定 Link-bridge 的出接口，只支持 Tunnel 接口。
- **untagged**：二选一选项，指定以太网报文不携带 Tag 标记，仅适用于以太网报文。
- **tagged** *vlan id*：二选一选项，指定以太报文经隧道转发之前添加的 VLAN ID，整数形式，取值范围是 1～4094。

缺省情况下，系统没有绑定设备入接口与出接口，可用 **undo link-bridge** *tag-id* 命令删除指定链路桥接 ID 下配置的设备入接口与出接口的绑定关系。

在配置链路桥接功能时要注意以下几个方面。

- 配置后，入接口协议状态显示为 down，而且入接口上的网络层配置不生效，仅做桥接功能。
- 配置后，绑定的接口（包括入接口和出接口）不支持 QoS 功能。

- 不同的 Link-bridge 需要配置不同的 Tag ID，保持 Tag ID 全局唯一。若配置相同会提示 Error 信息。
- 一个物理接口只能配置一个 Link-bridge，如果两个 Link-bridge 配置的接口一致，会提示 Error 信息。
- 一个 Tunnel 接口只能配置一个 Link-bridge，如果两个 Link-bridge 配置的接口一致，会提示 Error 信息。
- 是否配置 UnTagged 模式表示在 GRE 隧道中的以太报文是否保存 VLAN 标签，为了保证流量能在隧道中传输，用户可以根据自己组网需求来选择是否配置 UnTagged 模式。报文传输的规则如表 6-2 所示。

表 6-2 以太网报文在 GRE 隧道中的传输规则

接口类型	流量传输方向	以太网报文携带 Tag 标记时	以太网报文不携带 Tag 标记（UnTagged）时
二层以太网接口	从以太网接口到 Tunnel 接口	如果报文携带的 VLAN ID 等于 PVID，则剥离 Tag，否则透传处理。类似于 Trunk 端口的传输规则	如果报文携带 Tag 标签，则剥离 Tag，再发送报文，否则直接传输
	从 Tunnel 接口到以太网接口	透传报文，不做特殊处理。类似于 Trunk 端口允许通过的非 PVID 报文的传输规则和 Hybird 端口带标签发送的报文的传输规则	透传报文，不做特殊处理。类似于 Trunk 端口允许通过的非 PVID 报文的传输规则和 Hybird 端口带标签发送的报文的传输规则
三层以太网接口	从以太网接口到 Tunnel 接	透传报文，不做特殊处理。类似于 Trunk 端口允许通过的非 PVID 报文的传输规则和 Hybird 端口带标签发送的报文的传输规则	如果报文携带 Tag 标签，则剥离 Tag，再发送报文，否则直接传输
	从 Tunnel 接口到以太网接口	透传报文，不做特殊处理。类似于 Trunk 端口允许通过的非 PVID 报文的传输规则和 Hybird 端口带标签发送的报文的传输规则	透传报文，不做特殊处理。类似于 Trunk 端口允许通过的非 PVID 报文的传输规则和 Hybird 端口带标签发送的报文的传输规则
VLANIF 接口	从 VLANIF 接口到 Tunnel 接口	透传报文，不做特殊处理。类似于 Trunk 端口允许通过的非 PVID 报文的传输规则和 Hybird 端口带标签发送的报文的传输规则	如果报文携带 Tag 标签，则剥离 Tag，再发送报文，否则直接传输
	从 Tunnel 接口到 VLANIF 接口	校验报文中 VLAN ID 的值和 VLANIF 接口是否一致，一致则发送报文，否则丢弃。类似于 Access 端口的传输规则	给报文打上 VLAN ID，再发送报文（VLAN ID 的值为 VLANIF 接口对应的 VLAN ID 值）

2. 配置 GRE 的安全机制

为了增强 GRE 隧道的安全性，可以对 GRE 隧道两端的 Tunnel 接口配置校验和用识别关键字，通过这种安全机制防止错误识别、接收其他地方来的报文。具体的配置步骤如表 6-3 所示。

表 6-3 配置 GRE 安全机制的步骤

步骤	命令	说明
1	**system-view** 例如：<Huawei> **system-view**	进入系统视图
2	**interface tunnel** *interface-number* 例如：[Huawei] **interface tunnel** 0/0/1	创建 Tunnel 接口，并进入 Tunnel 接口视图。参见表 6-1 中的第 2 步
3	**gre checksum** 例如：[Huawei-Tunnel0/0/1] **gre checksum**	使能 GRE 隧道的校验和功能，用于检测报文的完整性。 如果隧道的一端配置了校验和，本端将根据 GRE 头及 payload 信息计算校验和。然后本端将包含校验和的报文发送给对端。对端对接收到的报文计算校验和，并与报文中的校验和比较：如果一致则对报文进一步处理；否则丢弃报文。 如果本端配置了校验和而对端没有配置，则本端将不对接收到的报文进行校验，但对本端发送的报文计算校验和；如果本端没有配置校验和而对端配置，则本端对从对端发来的报文进行校验和检查，但对本端发送的报文不计算校验和。 缺省情况下，未使能 Tunnel 的端到端校验和功能，可用 **undo gre checksum** 命令去使能 GRE 隧道的校验功能
4	**gre key** { **plain** *key-number* | [**cipher**] *plain-cipher-text* } 例如：[Huawei-Tunnel0/0/1] **gre key cipher** 1000	（可选）设置 GRE 隧道的识别关键字。命令中的参数说明如下。 • **plain** *key-number*：二选一参数，指定识别关键字显示为明文形式，整数形式，取值范围是 0～4294967295。识别关键字将以明文形式保存在配置文件中。 • **[cipher]** *plain-cipher-text*：二选一参数，指定识别关键字显示为密文形式，可以输入整数形式的明文，取值范围是 0～4294967295；也可以输入 32 位或 48 位字符串长度的密文。使用 **cipher** 选项可将识别关键字加密保存，否则也是以明文方式保存密方式保存的。 当设备之间只有一条物理链路且源地址和目的地址只能取一个时，由于只能配置一个源地址和目的地址相同的 Tunnel 接口，因此不能承载不同的业务流量。为了解决上述问题，系统支持配置两条或两条以上源地址和目的地址相同的 Tunnel 接口，通过本命令为这些不同 GRE 隧道配置不同的 GRE Key 字段进行区分，从而可以承载不同的业务流量。 【注意】只有 Tunnel 两端设置的识别关键字完全一致时才能通过验证，否则将报文丢弃。本命令为覆盖式配置，后一次配置会覆盖前一次的配置。 若将多条 GRE 隧道配置为相同的源地址和目的地址，建议先配置本命令，否则会提示隧道配置冲突。 缺省情况下，GRE 隧道没有设置识别关键字，可用 **undo gre key** 命令删除 GRE 隧道的识别关键字

3. 使能 GRE 的 Keepalive 检测功能

使用 Keepalive 功能可以周期地发送 Keepalive 探测报文给对端，及时检测隧道连通性。若对端可达，则本端会收到对端的回应报文；否则，收不到对端的回应报文，关闭隧道连接。

Keepalive 功能是单向的，只要在隧道一端配置 Keepalive，该端就具备 Keepalive 功能，而不要求隧道对端也具备该功能。但为了使隧道两端都能检测对端是否可达，建议在隧道两端都使能 Keepalive 功能。

使能 Keepalive 功能的方法很简单，只需在对应的 Tunnel 接口视图下通过 **keepalive** [**period** *period* [**retry-times** *retry-times*]]命令配置即可。命令中的参数说明如下。

- **period** *period*：可选参数，指定发送 Keepalive 报文的定时器周期，整数形式，取值范围是 1～32767，单位是 s。缺省值是 5s。
- **retry-times** *retry-times*：可选参数，指定 Keepalive 报文重传的最大次数，整数形式，取值范围是 1～255。缺省值是 3。

本命令是覆盖式的，即后一次配置会覆盖前一次的配置。配置 Keepalive 功能后，可用 **display keepalive packets count** 命令查看 GRE 隧道接口发送给对端以及从对端接收的 Keepalive 报文的数量和 Keepalive 响应报文的数量。

缺省情况下，未使能 GRE 隧道的 Keepalive 功能，可用 **undo keepalive** 命令去使能 GRE 隧道的 Keepalive 功能。

6.3.5　GRE VPN 隧道维护与管理

本节集中介绍有关 GRE 配置、隧道维护与管理的方法。

1. 统计并查看 Tunnel 接口统计信息

当需要检查网络状况或定位网络故障时，可以在设备上打开 Tunnel 接口的流量统计功能，统计通过 Tunnel 接口的流量信息。如果发现根本没流量通过，则肯定配置或线路有问题，导致隧道不通了。

打开 Tunnel 接口的流量统计功能的方法是在 Tunnel 接口视图下执行 **statistic enable** { **inbound** | **outbound** }命令，**inbound** 选项用于使能 Tunnel 接口入方向的流量统计功能，**outbound** 选项用于使能 Tunnel 接口出方向的流量统计功能。如果要同时对入、出两个方向的流量进行统计，则要分别执行命令。

缺省情况下，Tunnel 接口的流量统计功能处于去使能状态的，可用 **undo statistic enable { inbound | outbound }**命令去使能 Tunnel 接口的入或出方向流量统计功能。

使能了 Tunnel 接口流量统计功能后，可执行 **display interface tunnel** 命令查看所有 Tunnel 接口的流量统计信息。

当需要计算和分析 Tunnel 接口的统计信息时，还可以在用户视图下执行 **reset counters interface tunnel** [*interface-number*] 命令先将指定 Tunnel 接口或所有 Tunnel 接口当前的统计信息重置清零，避免原统计信息的干扰。但重置指定 Tunnel 接口的报文统计信息，会将接口发送和接收的报文数目，以及报文的传输速率等信息清零，请谨慎使用。

2. 监控 GRE 运行状况

在日常维护工作中，可以在任意视图下选择执行以下命令，了解 GRE 协议的运行情况，可以查看 GRE 隧道接口是否 Up，是否存在错误报文，到目的地址的路由信息是否通过 Tunnel 接口正常转发。

- **display interface tunnel** [*interface-number* | **main**]：查看所有或指定 Tunnel 接口

的工作状态。

- **display ip routing-table**：查看 IPv4 路由表中，到指定目的地址的路由出接口为 Tunnel 接口的路由。
- **display ip routing-table vpn-instance** *vpn-instance*：查看通过 Tunnel 接口转发的 VPN 路由信息。

3. 重置 Tunnel 接口的 Keepalive 报文统计信息

当需要计算和分析 Tunnel 接口的 Keepalive 报文统计信息时，可以先将统计信息重置清零，避免原统计信息的干扰。重置 Tunnel 接口的 Keepalive 报文统计信息的方法是在对应的 Tunnel 接口视图下执行 **reset keepalive packets count** 命令即可。

重置指定 Tunnel 接口的 Keepalive 报文统计信息，会将 GRE 隧道接口发送给对端的 Keepalive 报文数量和 Keepalive 响应报文数量，以及从对端接收的 Keepalive 报文数量和 Keepalive 响应报文数量的统计信息清零，且信息不可恢复，请谨慎使用。

6.4 典型配置示例

为了帮助大家加深对 GRE VPN 应用的理解，及对不同场景下的具体配置方法的掌握，本节将介绍几个在不同场景下应用 GRE VPN 的配置示例。

6.4.1 GRE 通过静态路由实现两个远程 IPv4 子网互联配置示例

如图 6-13 所示，RouterA、RouterB、RouterC 已通过 OSPF 协议路由实现 Internet 互通。RouterA 和 RouterC 是两企业分支机构的 Internet 网关，PC1 和 PC2 上运行 IPv4 协议，分别代表两分支机构私网。现需要通过在 Internet 上建立 GRE 隧道，采用静态路由方式实现这两个远程的 IPv4 私网互通。

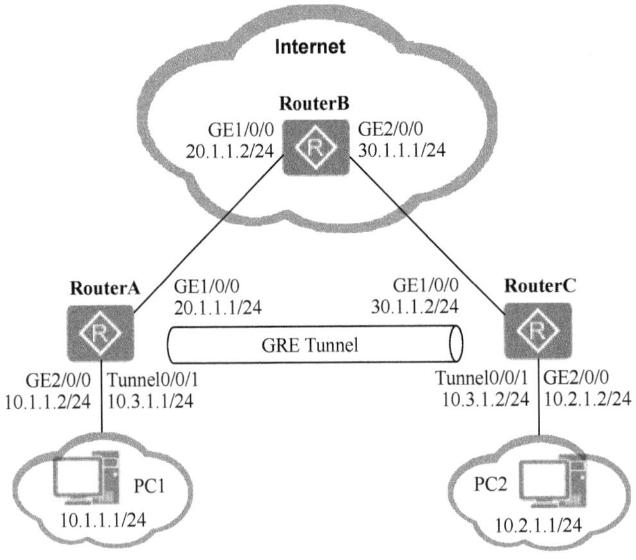

图 6-13 GRE 通过静态路由实现两个远程 IPv4 子网互联配置示例的拓扑结构

1．基本配置思路分析

这是一种非常典型的 GRE VPN 应用，用于通过在 Internet 上建立 GRE 隧道实现两个异地的远程 IPv4 子网互通，此时要求隧道两端所连接的子网网关设备连接 Internet 的接口上分配有静态公网 IP 地址。

本示例要实现 PC1 和 PC2 通过公网互通，需要在 RouterA 和 RouterC 之间建立直连链路，部署 GRE 隧道，然后通过静态路由指定到达对端的报文通过 Tunnel 接口转发，PC1 和 PC2 就可以互相通信了。总体配置过程很简单，基本的配置思路如下。

（1）在公网侧，所有路由器设备之间运行 OSPF 路由协议实现设备间路由互通。

（2）在 RouterA 和 RouterC 上分别创建 Tunnel 接口，配置 IP 地址和 GRE 封装协议，创建 GRE 隧道。并在 RouterA 和 RouterC 上的 Tunnel 接口上绑定 GE1/0/0 接口或者它们的 IP 地址，作为各自 GRE 隧道源 IP 地址或源接口，用于通过 GRE 隧道传输的报文从这两接口上进行转发。同时指定到达隧道对端的目的 IP 地址。

（3）因为本示例中进入路由器设备的报文为 IPv4 报文，所以需要在 RouterA 和 RouterC 上分别配置经过 Tunnel 接口转发的路由。本示例采用静态路由配置方式，以定义要通过 GRE 隧道转发的数据流，使 PC1 和 PC2 所代表的子网之间的流量通过 GRE 隧道传输，实现两子网互通。

2．具体配置步骤

（1）在 RouterA、RouterB 和 RouterC 上配置各物理接口的 IP 地址。

```
<Huawei> system-view
[Huawei] sysname RouterA
[RouterA] interface gigabitethernet 1/0/0
[RouterA-GigabitEthernet1/0/0] ip address 20.1.1.1 255.255.255.0
[RouterA-GigabitEthernet1/0/0] quit
[RouterA] interface gigabitethernet 2/0/0
[RouterA-GigabitEthernet2/0/0] ip address 10.1.1.2 255.255.255.0
[RouterA-GigabitEthernet2/0/0] quit

<Huawei> system-view
[Huawei] sysname RouterB
[RouterB] interface gigabitethernet 1/0/0
[RouterB-GigabitEthernet1/0/0] ip address 20.1.1.2 255.255.255.0
[RouterB-GigabitEthernet1/0/0] quit
[RouterB] interface gigabitethernet 2/0/0
[RouterB-GigabitEthernet2/0/0] ip address 30.1.1.1 255.255.255.0
[RouterB-GigabitEthernet2/0/0] quit

<Huawei> system-view
[Huawei] sysname RouterC
[RouterC] interface gigabitethernet 1/0/0
[RouterC-GigabitEthernet1/0/0] ip address 30.1.1.2 255.255.255.0
[RouterC-GigabitEthernet1/0/0] quit
[RouterC] interface gigabitethernet 2/0/0
[RouterC-GigabitEthernet2/0/0] ip address 10.2.1.2 255.255.255.0
[RouterC-GigabitEthernet2/0/0] quit
```

（2）配置各路由器公网侧的 OSPF 路由

在 RouterA、RouterB 和 RouterC 上对连接 Internet 的接口所在 IP 网段加入到 OSPF 缺省路由进程 1 的区域 0 中（在单区域的 OSPF 网络中，区域 ID 可以任意）。

```
[RouterA] ospf 1
[RouterA-ospf-1] area 0
[RouterA-ospf-1-area-0.0.0.0] network 20.1.1.0 0.0.0.255   #---用于匹配 GE1/0/0 接口
[RouterA-ospf-1-area-0.0.0.0] quit
[RouterA-ospf-1] quit
[RouterA-ospf-1] quit

[RouterB] ospf 1
[RouterB-ospf-1] area 0
[RouterB-ospf-1-area-0.0.0.0] network 20.1.1.0 0.0.0.255   #---用于匹配 GE1/0/0 接口
[RouterB-ospf-1-area-0.0.0.0] network 30.1.1.0 0.0.0.255   #---用于匹配 GE2/0/0 接口
[RouterB-ospf-1-area-0.0.0.0] quit
[RouterB-ospf-1] quit

[RouterC] ospf 1
[RouterC-ospf-1] area 0
[RouterC-ospf-1-area-0.0.0.0] network 30.1.1.0 0.0.0.255   #---用于匹配 GE1/0/0 接口
[RouterC-ospf-1-area-0.0.0.0] quit
[RouterC-ospf-1] quit
[RouterC-ospf-1] quit
```

配置完成后，在 RouterA 和 RouterC 上执行 **display ip routing-table** 命令，可以看到它们能够学到去往对端接口网段地址的 OSPF 路由。以下是在 RouterA 上执行该命令的输出示例（参见输出信息中的粗体部分）。

```
[RouterA] display ip routing-table protocol ospf
Route Flags: R - relay, D - download to fib
------------------------------------------------------------------------------
Public routing table : OSPF
         Destinations : 1          Routes : 1

OSPF routing table status : <Active>
         Destinations : 1          Routes : 1

Destination/Mask    Proto   Pre  Cost      Flags NextHop         Interface

      30.1.1.0/24   OSPF    10   2           D   20.1.1.2        GigabitEthernet1/0/0

OSPF routing table status : <Inactive>
         Destinations : 0          Routes : 0
```

（3）配置 Tunnel 接口

在 RouterA 和 RouterC 上创建 Tunnel 接口，并为它们配置一个 IP 地址（不能与其他接口的 IP 地址在同一个 IP 网段，通常用私网 IP 地址），指定源 IP 地址和目的 IP 地址（分别为本端或对端发送、接收报文的实际物理接口的 IP 地址）。

配置 RouterA。

```
[RouterA] interface tunnel 0/0/1   #---创建 Tunnel 0/0/1 接口
[RouterA-Tunnel0/0/1] tunnel-protocol gre   #---指定它的封装协议为 GRE
[RouterA-Tunnel0/0/1] ip address 10.3.1.1 255.255.255.0   #---为 Tunnel 0/0/1 接口配置一个不同 IP 网段的私网 IP 地址
[RouterA-Tunnel0/0/1] source 20.1.1.1   #---指定隧道源 IP 地址，为本地设备的 GE1/0/0 接口的 IP 地址，也是本端隧道发送报文中的源 IP 地址
[RouterA-Tunnel0/0/1] destination 30.1.1.2   #---指定隧道目的 IP 地址，为 RouterC 的 GE1/0/0 接口的 IP 地址，也是本端隧道发送报文中的目的 IP 地址
[RouterA-Tunnel0/0/1] quit
```

配置 RouterC。

```
[RouterC] interface tunnel 0/0/1
[RouterC-Tunnel0/0/1] tunnel-protocol gre
[RouterC-Tunnel0/0/1] ip address 10.3.1.2 255.255.255.0
[RouterC-Tunnel0/0/1] source 30.1.1.2
[RouterC-Tunnel0/0/1] destination 20.1.1.1
[RouterC-Tunnel0/0/1] quit
```

配置完成后，Tunnel 接口状态变为 Up，且两端的 Tunnel 接口之间可以 Ping 通了，此时直连的 GRE 隧道成功建立了。

（4）在隧道两端的 RouterA 和 RouterC 上配置静态路由，以定义需要通过 GRE 隧道传输的数据流。此处是从本端到达对端私网的数据流，故目的 IP 地址是对端私网网络地址。因为 Tunnel 接口的链路层协议缺省为 PPP 类型，所以在所配置的静态路由中仅指定以本端的 Tunnel 接口作为出接口，可以不指定下一跳 IP 地址。

```
[RouterA] ip route-static 10.2.1.0 255.255.255.0 tunnel 0/0/1

[RouterC] ip route-static 10.1.1.0 255.255.255.0 tunnel 0/0/1
```

3．配置结果验证

配置完成后，在 RouterA 和 RouterC 上执行 **display ip routing-table** 命令，可以看到去往对端用户侧网段的静态路由出接口为本端 Tunnel 接口。以下是在 RouterA 上执行该命令的输出示例（参见输出信息中的粗体部分）。

```
[RouterA] display ip routing-table 10.2.1.0
Route Flags: R - relay, D - download to fib
------------------------------------------------------------------------------
Routing Table : Public
Summary Count : 1
Destination/Mask    Proto   Pre  Cost        Flags NextHop         Interface

      10.2.1.0/24   Static  60   0             D   10.3.1.2        Tunnel0/0/1
```

此时，PC1 和 PC2 已可以相互 Ping 通了。

6.4.2　GRE 通过 OSPF 路由实现两个远程 IPv4 子网互联配置示例

如图 6-14 所示，RouterA、RouterB、RouterC 已通过 OSPF 协议路由实现 Internet 互通。RouterA 和 RouterC 是两企业分支机构的 Internet 网关，PC1 和 PC2 上运行 IPv4 协议，分别代表两分支机构私网。现需要通过在 Internet 上建立 GRE 隧道，也要采用 OSPF 动态路由方式实现这两个远程的 IPv4 私网互通，并且同时需要保证私网数据传输的可靠性。

1．基本配置思路分析

本示例其实与 6.2 节介绍的 GRE VPN 应用的总体需求是差不多的，不同的只是在定义需要通过 GRE 隧道转发的数据流的路由方面，本示例采用的是 OSPF 动态路由（不是上例中的静态路由方式）。另外，为了实现数据传输的可靠性，还可在 GRE 隧道两端的 Tunnel 接口上使能 Keepalive 功能，以便能及时检测隧道链路状态。

本示例的基本配置思路如下。

（1）在公网侧，所有路由器设备之间运行 OSPF 路由协议实现设备间路由互通。

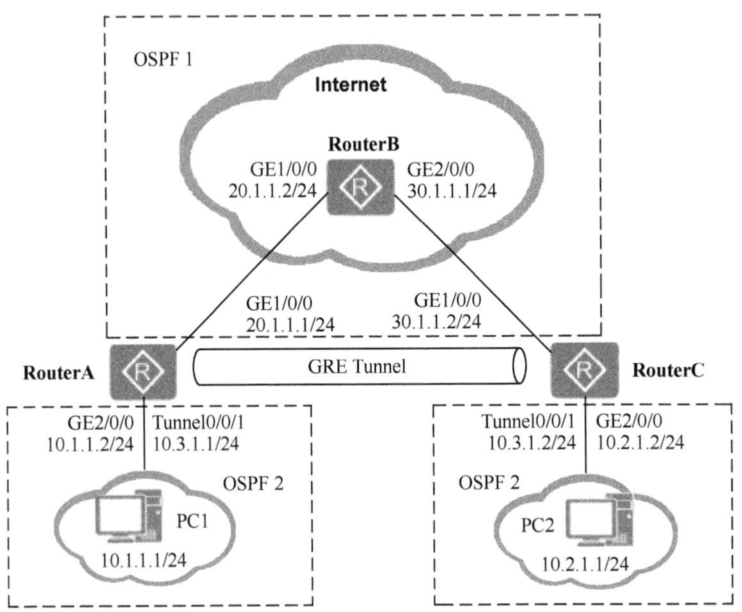

图 6-14 GRE 通过 OSPF 路由实现两个远程 IPv4 子网互联配置示例的拓扑结构

（2）在 RouterA 和 RouterC 上分别创建 Tunnel 接口，配置 IP 地址和 GRE 封装协议，创建 GRE 隧道。并在 RouterA 和 RouterC 上的 Tunnel 接口上绑定 GE1/0/0 接口或者它们的 IP 地址，作为各自 GRE 隧道源 IP 地址或源接口，用于通过 GRE 隧道传输的报文从这两接口上进行转发。同时指定到达隧道对端的目的 IP 地址。

（3）因为本示例中进入路由器设备的报文为 IPv4 报文，所以需要在 RouterA 和 RouterC 上分别配置经过 Tunnel 接口转发的路由。本示例采用 OSPF 动态路由配置方式，以定义要通过 GRE 隧道转发的数据流，使 PC1 和 PC2 所代表的子网之间的流量通过 GRE 隧道传输，实现两子网互通。但要注意的是，这里所配置的 OSPF 路由进程不能与公网侧的 OSPF 路由进程相同。

（4）在 RouterA 和 RouterC 的 Tunnel 接口上分别使能 Keepalive 功能，以便两端都能及时检测到隧道链路状态，确保数据传输的可靠性。

2. 具体配置步骤

（1）在 RouterA、RouterB 和 RouterC 上配置各物理接口的 IP 地址。

```
<Huawei> system-view
[Huawei] sysname RouterA
[RouterA] interface gigabitethernet 1/0/0
[RouterA-GigabitEthernet1/0/0] ip address 20.1.1.1 255.255.255.0
[RouterA-GigabitEthernet1/0/0] quit
[RouterA] interface gigabitethernet 2/0/0
[RouterA-GigabitEthernet2/0/0] ip address 10.1.1.2 255.255.255.0
[RouterA-GigabitEthernet2/0/0] quit

<Huawei> system-view
[Huawei] sysname RouterB
[RouterB] interface gigabitethernet 1/0/0
[RouterB-GigabitEthernet1/0/0] ip address 20.1.1.2 255.255.255.0
[RouterB-GigabitEthernet1/0/0] quit
```

```
[RouterB] interface gigabitethernet 2/0/0
[RouterB-GigabitEthernet2/0/0] ip address 30.1.1.1 255.255.255.0
[RouterB-GigabitEthernet2/0/0] quit

<Huawei> system-view
[Huawei] sysname RouterC
[RouterC] interface gigabitethernet 1/0/0
[RouterC-GigabitEthernet1/0/0] ip address 30.1.1.2 255.255.255.0
[RouterC-GigabitEthernet1/0/0] quit
[RouterC] interface gigabitethernet 2/0/0
[RouterC-GigabitEthernet2/0/0] ip address 10.2.1.2 255.255.255.0
[RouterC-GigabitEthernet2/0/0] quit
```

（2）配置各路由器公网侧的 OSPF 路由

在 RouterA、RouterB 和 RouterC 上对连接 Internet 的接口所在 IP 网段加入到 OSPF 缺省路由进程 1 的区域 0 中（在单区域的 OSPF 网络中，区域 ID 可以任意）。

```
[RouterA] ospf 1
[RouterA-ospf-1] area 0
[RouterA-ospf-1-area-0.0.0.0] network 20.1.1.0 0.0.0.255   #---用于匹配 GE1/0/0 接口
[RouterA-ospf-1-area-0.0.0.0] quit
[RouterA-ospf-1] quit
[RouterA-ospf-1] quit

[RouterB] ospf 1
[RouterB-ospf-1] area 0
[RouterB-ospf-1-area-0.0.0.0] network 20.1.1.0 0.0.0.255   #---用于匹配 GE1/0/0 接口
[RouterB-ospf-1-area-0.0.0.0] network 30.1.1.0 0.0.0.255   #---用于匹配 GE2/0/0 接口
[RouterB-ospf-1-area-0.0.0.0] quit
[RouterB-ospf-1] quit

[RouterC] ospf 1
[RouterC-ospf-1] area 0
[RouterC-ospf-1-area-0.0.0.0] network 30.1.1.0 0.0.0.255    #---用于匹配 GE1/0/0 接口
[RouterC-ospf-1-area-0.0.0.0] quit
[RouterC-ospf-1] quit
[RouterC-ospf-1] quit
```

配置完成后，在 RouterA 和 RouterC 上执行 **display ip routing-table** 命令，可以看到它们能够学到去往对端接口网段地址的 OSPF 路由。以下是在 RouterA 上执行该命令的输出示例（参见输出信息中的粗体部分）。

```
[RouterA] display ip routing-table protocol ospf
Route Flags: R - relay, D - download to fib
------------------------------------------------------------------------------
Public routing table : OSPF
         Destinations : 1        Routes : 1

OSPF routing table status : <Active>
         Destinations : 1        Routes : 1

Destination/Mask    Proto   Pre  Cost      Flags NextHop         Interface

      30.1.1.0/24   OSPF    10   2           D   20.1.1.2        GigabitEthernet1/0/0

OSPF routing table status : <Inactive>
         Destinations : 0        Routes : 0
```

（3）配置 Tunnel 接口

在 RouterA 和 RouterC 上创建 Tunnel 接口，并为它们配置一个 IP 地址（不能与其他接口的 IP 地址在同一个 IP 网段，通常用私网 IP 地址即可），指定源 IP 地址和目的 IP 地址（分别为本端或对端发送、接收报文的实际物理接口的 IP 地址）。并为了确保 GRE 隧道中数据传输的可靠性，在两端 Tunnel 接口上使能 keepalive 功能。

配置 RouterA。

```
[RouterA] interface tunnel 0/0/1   #---创建 Tunnel 0/0/1 接口
[RouterA-Tunnel0/0/1] tunnel-protocol gre   #---指定它的封装协议为 GRE
[RouterA-Tunnel0/0/1] ip address 10.3.1.1 255.255.255.0   #---为 Tunnel 0/0/1 接口配置一个不同 IP 网段的私网 IP 地址
[RouterA-Tunnel0/0/1] source 20.1.1.1   #---指定隧道源 IP 地址，为本地设备的 GE1/0/0 接口的 IP 地址，也是本端隧道发送报文中的源 IP 地址
[RouterA-Tunnel0/0/1] destination 30.1.1.2   #---指定隧道目的 IP 地址，为 RouterC 的 GE1/0/0 接口的 IP 地址，也是本端隧道发送报文中的目的 IP 地址
[RouterA-Tunnel0/0/1] keepalive   #---使能 Keepalive 链路检测功能
[RouterA-Tunnel0/0/1] quit
```

配置 RouterC。

```
[RouterC] interface tunnel 0/0/1
[RouterC-Tunnel0/0/1] tunnel-protocol gre
[RouterC-Tunnel0/0/1] ip address 10.3.1.2 255.255.255.0
[RouterC-Tunnel0/0/1] source 30.1.1.2
[RouterC-Tunnel0/0/1] destination 20.1.1.1
[RouterC-Tunnel0/0/1] keepalive
[RouterC-Tunnel0/0/1] quit
```

配置完成后，Tunnel 接口状态变为 Up，且两端的 Tunnel 接口之间可以 Ping 通了，此时直连的 GRE 隧道成功建立了。

此时使用在对应 Tunnel 接口视图下执行 **display keepalive packets count** 命令可查看 keepalive 报文统计。以下是在 RouterA 上执行该命令的输出示例。

```
[RouterA] interface tunnel 0/0/1
[RouterA-Tunnel0/0/1] display keepalive packets count
Send 10 keepalive packets to peers, Receive 10 keepalive response packets from peers
Receive 8 keepalive packets from peers, Send 8 keepalive response packets to peers.
```

（4）在 RouterA 和 RouterC 上配置 Tunnel 接口使用 OSPF 路由定义需要通过 GRE 隧道传输的数据流。但要注意的是，所使用的 OSPF 路由进程不能与前面为公网侧配置的 OSPF 路由进程一致。前面在第 2 步中为公网侧配置的 OSPF 路由进程为 1，此处假设为 OSPF 路由进程 2，区域 ID 任意。

```
[RouterA] ospf 2
[RouterA-ospf-2] area 0
[RouterA-ospf-2-area-0.0.0.0] network 10.3.1.0 0.0.0.255   #---用于匹配 Tunnel 0/0/1 接口
[RouterA-ospf-2-area-0.0.0.0] network 10.1.1.0 0.0.0.255   #---用于匹配 GE2/0/0 接口
[RouterA-ospf-2-area-0.0.0.0] quit
[RouterA-ospf-2] quit

[RouterC] ospf 2
[RouterC-ospf-2] area 0
[RouterC-ospf-2-area-0.0.0.0] network 10.3.1.0 0.0.0.255   #---用于匹配 Tunnel 0/0/1 接口
[RouterC-ospf-2-area-0.0.0.0] network 10.2.1.0 0.0.0.255   #---用于匹配 GE2/0/0 接口
[RouterC-ospf-2-area-0.0.0.0] quit
[RouterC-ospf-2] quit
```

3. 配置结果验证

配置完成后，在 RouterA 和 RouterC 上执行 **display ip routing-table** 命令，可以看到去往对端用户侧网段的 OSPF 路由的出接口为 Tunnel 接口，下一跳是对端 Tunnel 接口 IP 地址，但去往 Tunnel 目的端物理地址（30.1.1.0/24）的路由下一跳不是对端 Tunnel 接口的 IP 地址，而是 RouterC 连接 RouterA 的公网接口的 IP 地址。证明两路报文转的路径是分开的，证明我们的配置是正确的。以下是在 RouterA 上执行该命令的输出示例（参见输出信息中的粗体部分）。此时 PC1 和 PC2 可以相互 Ping 通了。

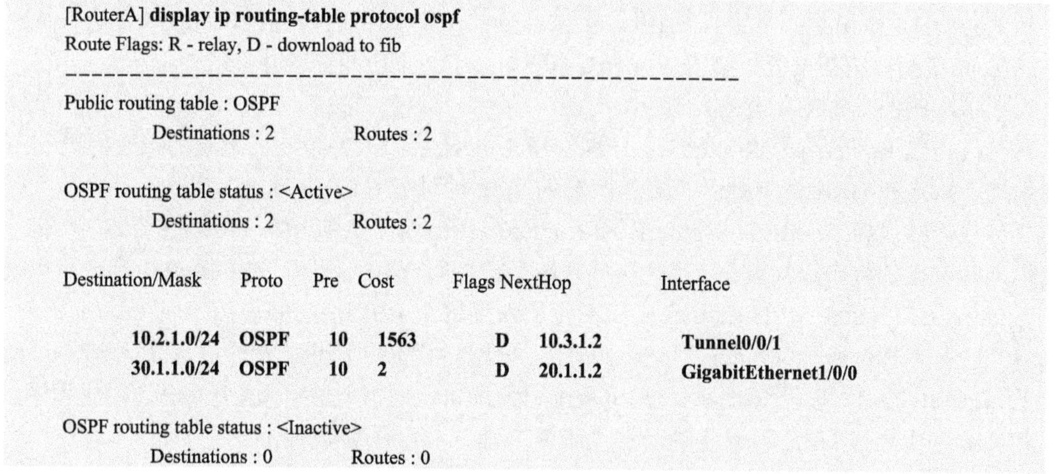

```
[RouterA] display ip routing-table protocol ospf
Route Flags: R - relay, D - download to fib
------------------------------------------------------------------------------
Public routing table : OSPF
         Destinations : 2          Routes : 2

OSPF routing table status : <Active>
         Destinations : 2          Routes : 2

Destination/Mask    Proto   Pre  Cost      Flags NextHop         Interface

       10.2.1.0/24  OSPF    10   1563        D   10.3.1.2        Tunnel0/0/1
       30.1.1.0/24  OSPF    10   2           D   20.1.1.2        GigabitEthernet1/0/0

OSPF routing table status : <Inactive>
         Destinations : 0          Routes : 0
```

6.4.3　GRE 扩大跳数受限的网络工作范围配置示例

如图 6-15 所示，RouterA、RouterB、RouterC 和 RouterD 之间需要部署 RIP 路由协议实现互通。不改变组网的情况下，正常部署 RIP 协议，RouterA 到 RouterD 需要经过两台设备，跳数为 2。但现要求 RouterA 到 RouterD 只经过 1 跳，即 Cost 值为 1，此时可在 RouterA 和 RouterC 之间部署 GRE 隧道，隐藏中间设备 RouterB，实现 RouterA 到 RouterD 的跳数为 1，达到扩大 RIP 协议的跳数受限的网络工作范围的目的。

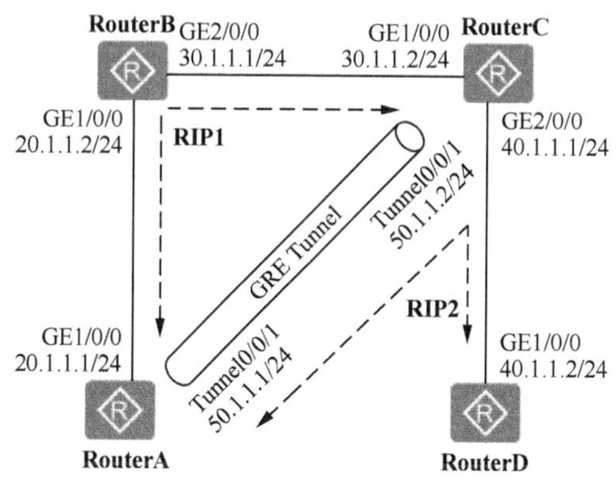

图 6-15　GRE 扩大跳数受限的网络工作范围配置示例的拓扑结构

1. 基本配置思路分析

这是一个利用 GRE 隧道可以建立虚拟点对点连接的特性的一种应用。当然本示例中，缩减的中间设备跳数很少，在实际应用中，中间缩减的跳数还可以更多。如假设图中的 RouterA 和 RouterC 之间已有 15 跳了，这样直接通过 RIP 协议是没办法实现 RouterA 和 RouterD 互通了。这时如果在 RouterA 和 RouterC 建立 GRE 隧道，RouterA 和 RouterD 之间就相当于只有 2 跳了（其中一跳直达了 RouterC），就完全可以在它们之间利用 RIP 协议实现互通了。

但要注意：这里的路由配置要分两部分，采用两个不同 RIP 路由进程，其中一部分是实现 RouterA、RouterB 和 RouterC 之间的路由互通；另一部分是实现 RouterA、RouterC 和 RouterD 之间的路由互通。当然，第二部分的 RIP 路由需要包括 RouterA 和 RouterC 的 Tunnel 接口所在网段，以及 RouterC 和 RouterD 之间所连接的网段。

本示例的基本的配置思路如下。

（1）在 RouterA 和 RouterC 上分别创建 Tunnel 接口，并为它们配置另一个网段的 IP 地址，指定和 GRE 封装协议、隧道两端的源 IP 地址和目的 IP 地址。

（2）在设备 RouterA、RouterB 和 RouterC 上分别运行 RIP 协议，创建进程 1，把它们之间连接的接口添加到这个进程中，以实现互通。但 RouterC 的 GE2/0/0 接口，以及 RouterA 和 RouterC 上的 Tunnel 接口不要加入到这个 RIP 路由进程中。

（3）在 RouterA、RouterC 和 RouterD 上分别运行 RIP 协议，创建进程 2，把 RouterC 的 GE2/0/0 接口，以及 RouterA 和 RouterC 上的 Tunnel 接口加入到这个 RIP 路由进程中，使 RIP 路由经过 GRE 隧道传输，扩大了 RIP 协议实际的跳数范围。

2. 具体配置步骤

（1）配置各路由器设备的各物理接口 IP 地址。

```
<Huawei> system-view
[Huawei] sysname RouterA
[RouterA] interface gigabitethernet 1/0/0
[RouterA-GigabitEthernet1/0/0] ip address 20.1.1.1 255.255.255.0
[RouterA-GigabitEthernet1/0/0] quit

<Huawei> system-view
[Huawei] sysname RouterB
[RouterB] interface gigabitethernet 1/0/0
[RouterB-GigabitEthernet1/0/0] ip address 20.1.1.2 255.255.255.0
[RouterB-GigabitEthernet1/0/0] quit
[RouterB] interface gigabitethernet 2/0/0
[RouterB-GigabitEthernet2/0/0] ip address 30.1.1.1 255.255.255.0
[RouterB-GigabitEthernet2/0/0] quit

<Huawei> system-view
[Huawei] sysname RouterC
[RouterC] interface gigabitethernet 1/0/0
[RouterC-GigabitEthernet1/0/0] ip address 30.1.1.2 255.255.255.0
[RouterC-GigabitEthernet1/0/0] quit
[RouterC] interface gigabitethernet 2/0/0
[RouterC-GigabitEthernet2/0/0] ip address 40.1.1.1 255.255.255.0
[RouterC-GigabitEthernet2/0/0] quit

<Huawei> system-view
[Huawei] sysname RouterD
[RouterD] interface gigabitethernet 1/0/0
```

```
[RouterD-GigabitEthernet1/0/0] ip address 40.1.1.2 255.255.255.0
[RouterD-GigabitEthernet1/0/0] quit
```

（2）在 RouterA、RouterB 和 RouterC 上创建 RIP 路由进程 1，并且通过 **network** 命令把它们相互连接的接口加入到这个路由进程中。假设使用的是 RIPv2 版本，要注意的是，RIP 协议的 **network** 命令中只能以自然网段进行通告，不带通配掩码的。

```
[RouterA] rip 1
[RouterA-rip-1] version 2   #---指定采用 RIPv2 版本
[RouterA-rip-1] network 20.0.0.0   #---IP 地址凡是在 20.0.0.0/8 网段范围内的接口都将加入到 RIP 进程 1 中，本示例用来匹配 RouterA 的 GE1/0/0 接口
[RouterA-rip-1] quit

[RouterB] rip 1
[RouterB-rip-1] version 2
[RouterB-rip-1] network 20.0.0.0   #---IP 地址凡是在 20.0.0.0/8 网段范围内的接口都将加入到 RIP 进程 1 中，本示例用来匹配 RouterB 的 GE1/0/0 接口
[RouterB-rip-1] network 30.0.0.0   #---IP 地址凡是在 30.0.0.0/8 网段范围内的接口都将加入到 RIP 进程 1 中，本示例用来匹配 RouterB 的 GE2/0/0 接口
[RouterB-rip-1] quit

[RouterC] rip 1
[RouterC-rip-1] version 2
[RouterC-rip-1] network 30.0.0.0   #---IP 地址凡是在 30.0.0.0/8 网段范围内的接口都将加入到 RIP 进程 1 中，本示例用来匹配 RouterC 的 GE1/0/0 接口
[RouterC-rip-1] quit
```

【经验提示】从以上可以看出，RouterC 的 GE2/0/0 接口没有加入到 RIP 1 进程中。另外，在这里要特别注意了，因为 RIP 协议仅支持以自然网段进行通告，所以我们在为后面创建的 Tunnel 接口配置 IP 地址时，一定不要在以上 **network** 命令所通告的自然网段范围内，否则 Tunnel 接口到时会同时加入到两个 RIP 路由进程，造成冲突。

配置完成后，在 RouterA 和 RouterC 上执行 **display ip routing-table** 命令，可以看到它们能够学到去往对端接口网段地址的 RIP 路由。以下是在 RouterA 上执行该命令的输出示例（参见输出信息中的粗体部分）。

```
[RouterA] display ip routing-table
Route Flags: R - relay, D - download to fib
------------------------------------------------------------------------------
Routing Tables: Public
         Destinations : 8        Routes : 8

Destination/Mask    Proto   Pre  Cost      Flags NextHop         Interface

       20.1.1.0/24  Direct  0    0           D   20.1.1.1        GigabitEthernet1/0/0
       20.1.1.1/32  Direct  0    0           D   127.0.0.1       GigabitEthernet1/0/0
     20.1.1.255/32  Direct  0    0           D   127.0.0.1       GigabitEthernet1/0/0
       30.1.1.0/24  RIP     100  1           D   20.1.1.2        GigabitEthernet1/0/0
      127.0.0.0/8   Direct  0    0           D   127.0.0.1       InLoopBack0
      127.0.0.1/32  Direct  0    0           D   127.0.0.1       InLoopBack0
127.255.255.255/32  Direct  0    0           D   127.0.0.1       InLoopBack0
255.255.255.255/32  Direct  0    0           D   127.0.0.1       InLoopBack0
```

（3）在 RouterA 和 RouterC 上创建并配置 Tunnel 接口，包括 IP 地址（**一定要不要在上面第 2 步所配置的 network 命令通告的网段范围内**）、GRE 封装、隧道源 IP 地址和目的 IP 地址。

```
[RouterA] interface tunnel 0/0/1
[RouterA-Tunnel0/0/1] tunnel-protocol gre
[RouterA-Tunnel0/0/1] ip address 50.1.1.1 255.255.255.0
[RouterA-Tunnel0/0/1] source 20.1.1.1
[RouterA-Tunnel0/0/1] destination 30.1.1.2
[RouterA-Tunnel0/0/1] quit

[RouterC] interface tunnel 0/0/1
[RouterC-Tunnel0/0/1] tunnel-protocol gre
[RouterC-Tunnel0/0/1] ip address 50.1.1.2 255.255.255.0
[RouterC-Tunnel0/0/1] source 30.1.1.2
[RouterC-Tunnel0/0/1] destination 20.1.1.1
[RouterC-Tunnel0/0/1] quit
```

配置完成后，Tunnel 接口状态变为 Up，Tunnel 接口之间可以 Ping 通了。

（4）在 RouterA、RouterC 和 RouterD 上创建 RIP 路由进程 2（要与前面已创建的 RIP 路由进程不一样），把 RouterA 和 RouterC 的 Tunnel 接口，以及 RouterC 和 RouterD 连接的两个接口加入到该 RIP 路由进程中。

```
[RouterA] rip 2
[RouterA-rip-2] version 2
[RouterA-rip-2] network 50.0.0.0      #---用于匹配 RouterA 的 Tunnel 0/0/1 接口
[RouterA-rip-2] quit

[RouterC] rip 2
[RouterC-rip-2] version 2
[RouterC-rip-2] network 50.0.0.0      #---用于匹配 RouterC 的 Tunnel 0/0/1 接口
[RouterC-rip-2] network 40.0.0.0      #---用于匹配 RouterC 的 GE2/0/0 接口
[RouterC-rip-2] quit

[RouterD] rip 2
[RouterD-rip-2] version 2
[RouterD-rip-2] network 40.0.0.0      #---用于匹配 RouterD 的 GE1/0/0 接口
[RouterD-rip-2] quit
```

3. 配置结果验证

配置完成后，在 RouterA 和 RouterD 上执行 **display ip routing-table** 命令，可以看到到达 GRE 隧道对端设备的路由 Cost 值为 1，而如果不采用本示例配置方法，Cost 值应为 2。以下是在 RouterA 上执行该命令的输出示例，输出信息中的粗体部分显示的是从 RouterA 到达 RouterC 上两物理接口所在网段的路由开销值均为 1，而到达 RouterC 的 Tunnel 接口所在网段显示为 Direct（直连）。

```
[RouterA] display ip routing-table
Route Flags: R - relay, D - download to fib
------------------------------------------------------------------------------
Routing Tables: Public
         Destinations : 12        Routes : 12

Destination/Mask    Proto   Pre  Cost      Flags NextHop         Interface

       20.1.1.0/24  Direct  0    0           D   20.1.1.1        GigabitEthernet1/0/0
       20.1.1.1/32  Direct  0    0           D   127.0.0.1       GigabitEthernet1/0/0
     20.1.1.255/32  Direct  0    0           D   127.0.0.1       GigabitEthernet1/0/0
       30.1.1.0/24  RIP     100  1           D   20.1.1.2        GigabitEthernet1/0/0
       40.1.1.0/24  RIP     100  1           D   50.1.1.2        Tunnel0/0/1
```

```
        50.1.1.0/24  Direct  0   0        D   50.1.1.1      Tunnel0/0/1
        50.1.1.1/32  Direct  0   0        D   127.0.0.1     Tunnel0/0/1
      50.1.1.255/32  Direct  0   0        D   127.0.0.1     Tunnel0/0/1
        127.0.0.0/8  Direct  0   0        D   127.0.0.1     InLoopBack0
       127.0.0.1/32  Direct  0   0        D   127.0.0.1     InLoopBack0
 127.255.255.255/32  Direct  0   0        D   127.0.0.1     InLoopBack0
 255.255.255.255/32  Direct  0   0        D   127.0.0.1     InLoopBack0
```

6.4.4 GRE 实现 FR 协议互通配置示例

如图 6-16 所示，Router_1 和 Router_2 各自连接了一个位于同一 IP 网段的 FR（帧中继）网络，两路由器的公网部分已使用 OSPF 协议实现了互通。现用户希望能够通过公网实现 FR 私网互通。

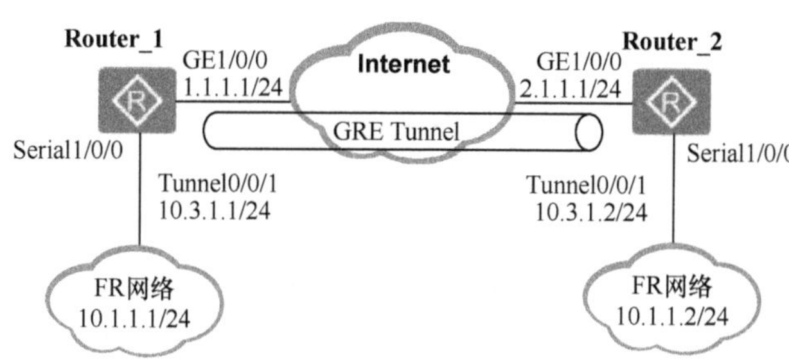

图 6-16 GRE 实现 FR 协议互通配置示例的拓扑结构

1. 基本配置思路分析

本示例是我们前面介绍的 GRE VPN 应用的一种特殊情形，就是进入 GRE 路由器的是 PPP、HDLC、FR 或以太网协议报文，此时不能通过路由方式来指定这些报文必须通过 Tunnel 接口转发了，而必须通过配置 Link-bridge（链路桥接）来把接收这些二层报文的接口与 Tunnel 接口进行绑定。基本的配置思路如下。

（1）在 Router_1 和 Router_2 之间运行 OSPF 路由协议实现公网互通。

（2）在 Router_1 和 Router_2 上分别创建 Tunnel 接口，配置 IP 地址、GRE 封装，指定隧道源 IP 地址和目的 IP 地址。

（3）在 Router_1 和 Router_2 上分别配置 Link-bridge 功能，把本端的 Tunnel 接口与对应的 FR 报文的入接口进行绑定，使得 FR 私网之间的流量通过 GRE 隧道传输，实现 FR 私网互通。

2. 具体配置步骤

（1）配置 Router_1 和 Router_2 上各物理接口的 IP 地址或 FR 地址。对于连接 FR 网络的 Serial 接口配置其链路协议为 FR，并配置其 DLCI，作为该接口的 FR 标识符。

```
<Huawei> system-view
[Huawei] sysname Router_1
[Router_1] interface gigabitethernet 1/0/0
[Router_1-GigabitEthernet1/0/0] ip address 1.1.1.1 255.255.255.0
[Router_1-GigabitEthernet1/0/0] quit
[Router_1] interface serial 1/0/0
[Router_1-Serial1/0/0] link-protocol fr   #---指定 Serial1/0/0 接口的链路层协议为 FR
[Router_1-Serial1/0/0] fr dlci 200   #---指定 Serial1/0/0 接口的 DLCI 为 200
[Router_1-fr-dlci-Serial1/0/0-200] quit
```

```
[Router_1-Serial1/0/0] quit

<Huawei> system-view
[Huawei] sysname Router_2
[Router_2] interface gigabitethernet 1/0/0
[Router_2-GigabitEthernet1/0/0] ip address 2.1.1.1 255.255.255.0
[Router_2-GigabitEthernet1/0/0] quit
[Router_2] interface serial 1/0/0
[Router_2-Serial1/0/0] link-protocol fr
[Router_2-Serial1/0/0] fr dlci 200
[Router_2-fr-dlci-Serial1/0/0-200] quit
[Router_2-Serial1/0/0] quit
```

（2）配置 Router_1 和 Router_2 间的公网 OSPF 路由，使得两设备间的公网路由可达。假设使用 OSPF 路由进程 1，加入区域 0 中（在单区域 OSPF 网络中，区域 ID 任意）。

```
[Router_1] ospf 1
[Router_1-ospf-1] area 0
[Router_1-ospf-1-area-0.0.0.0] network 1.1.1.0 0.0.0.255
[Router_1-ospf-1-area-0.0.0.0] quit
[Router_1-ospf-1] quit

[Router_2] ospf 1
[Router_2-ospf-1] area 0
[Router_2-ospf-1-area-0.0.0.0] network 2.1.1.0 0.0.0.255
[Router_2-ospf-1-area-0.0.0.0] quit
[Router_2-ospf-1] quit
```

（3）在 Router_1 和 Router_2 上创建 Tunnel 接口，并为其配置 IP 地址（通常采用私网 IP 地址）、封装 GRE 协议，指定隧道源和目的 IP 地址。

```
[Router_1] interface tunnel 0/0/1
[Router_1-Tunnel0/0/1] tunnel-protocol gre
[Router_1-Tunnel0/0/1] ip address 10.3.1.1 255.255.255.0
[Router_1-Tunnel0/0/1] source 1.1.1.1    #---指定隧道源 IP 地址，为本地设备的 GE1/0/0 接口的 IP 地址，也是本端隧道发送报文中的源 IP 地址
[Router_1-Tunnel0/0/1] destination 2.1.1.1    #---指定隧道目的 IP 地址，为对端设备的 GE1/0/0 接口的 IP 地址，也是本端隧道发送报文中的目的 IP 地址
[Router_1-Tunnel0/0/1] quit
# 配置 Router_2。
[Router_2] interface tunnel 0/0/1
[Router_2-Tunnel0/0/1] tunnel-protocol gre
[Router_2-Tunnel0/0/1] ip address 10.3.1.2 255.255.255.0
[Router_2-Tunnel0/0/1] source 2.1.1.1
[Router_2-Tunnel0/0/1] destination 1.1.1.1
[Router_2-Tunnel0/0/1] quit
```

配置完成后，Tunnel 接口状态变为 Up，Tunnel 接口之间可以 Ping 通。

（4）在 Router_1 和 Router_2 上配置 Link-bridge 功能。把连接 FR 网络的 Serial 接口作为入接口，本端 Tunnel 接口作为出接口。

```
[Router_1] link-bridge 2 interface serial 1/0/0 out-interface tunnel 0/0/1
[Router_2] link-bridge 2 interface serial 1/0/0 out-interface tunnel 0/0/1
```

此时两端的 FR 私网可以相互 Ping 通了。

6.4.5 GRE over IPSec 配置示例

如图 6-17 所示，RouterA 为企业分支网关，RouterB 为企业总部网关，分支与总部

通过公网建立通信，包括组播通信。现企业希望对分支与总部之间相互访问的流量（包括组播数据）进行安全保护。由于组播数据无法直接应用 IPSec，所以基于虚拟隧道接口方式建立 GRE over IPSec，对 Tunnel 接口下的流量进行保护。

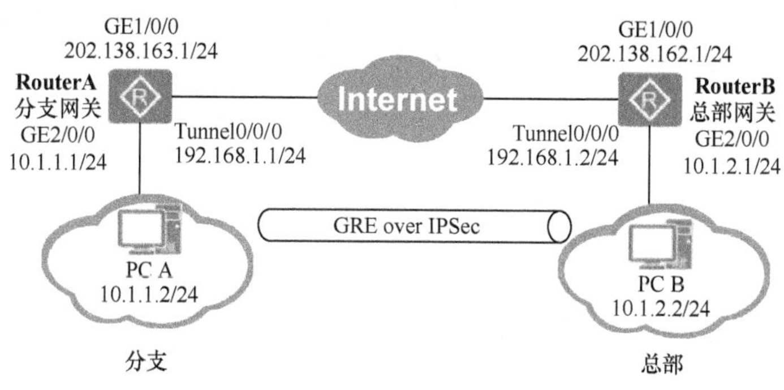

图 6-17　GRE over IPSec 配置示例的拓扑结构

假设本示例中的 AR G3 路由器的 VRP 系统版本为 V200R008。

1. *基本配置思路分析*

本示例是 GRE 和 IPSec 两种隧道技术的结合应用，因为在 GRE VPN 中，通过前面的介绍已获知，它是不能为在隧道中传输的数据提供加密保护的，而 IPSec 技术正好可以弥补 GRE 的不足。

在 GRE over IPSec 中，在数据通过 GRE 隧道发送前先进行 GRE 封装，然后再进行 IPSec 封装，这样就可用 IPSec 的加密功能保护整个发送的 GRE 报文。也正因如此，在本示例中需要在隧道两端的设备上同时配置 GRE 和 IPSec，需要通过隧道传输的数据流仍是由以 GRE Tunnel 接口为出接口的路由来定义的，最终的 IPSec 安全策略也必须在这个 GRE Tunnel 接口上应用。这点与 6.4.6 节将要介绍的 IPSec over GRE 的应用有着本质的区别。

前面说到了，在 GRE over IPSec 应用中，IPSec 需要保护的数据流是基于 GRE Tunnel 接口定义的，所以这时要采用安全框架在 Tunnel 接口上应用，而不能在 Tunnel 接口上应用安全策略，具体参见本书第 4 章相关内容。而且，因为数据最终是通过 GRE 隧道的 Tunnel 转发的，**所以 IPSec 的安全框架是直接应用到 GRE 封装的 Tunnel 接口上，而无需再创建 IPSec 封装的 Tunnel 接口**。这点与 6.4.6 节将要介绍的 IPSec over GRE 的配置方法是不一样的。

本示例的基本的配置思路如下。

（1）在 RouterA 和 RouterB 上分别配置各物理接口的 IP 地址，以及到达对端公网的静态路由，保证两端路由可达。

（2）在 RouterA 和 RouterB 上分别创建 GRE Tunnel 接口，并为其配置 IP 地址（通常为私网 IP 地址）、GRE 封装，指定隧道源 IP 地址和目的 IP 地址。

（3）在 RouterA 和 RouterB 上分别配置 IPSec 安全提议，定义 IPSec 的保护方法。假设采用 ESP 安全协议，认证算法为 SHA2-256，加密算法为 AES-128，其他参数均采用缺省配置。

（4）在 RouterA 和 RouterB 上分别配置 IKE 安全提议，其中认证算法采用 SHA2-256，加密算法采用 AES-128，与 IPSec 安全提议保持一致。DH 组为 group14，其他安全参数采用缺省配置。

（5）在 RouterA 和 RouterB 上分别配置 IKE 对等体，定义对等体间 IKE 协商时的属性，引用前面配置的 IKE 安全提议，并配置 IPSec 安全提议中缺省采用的预共享密钥认证方法中所需的共享密钥认证（两端的配置要一致）。

（6）在 RouterA 和 RouterB 上分别配置安全框架，并引用前面配置的 IPSec 安全提议和 IKE 对等体。

（7）在 RouterA 和 RouterB 前面创建的 GRE Tunnel 接口上分别应用各自所配置的安全框架，使 Tunnel 接口具有 IPSec 的保护功能。

（8）在 RouterA 和 RouterB 上分别配置以 GRE Tunnel 接口为出接口，转发到达对端私网的静态路由，将需要 IPSec 保护的数据流引到 GRE Tunnel 接口进行转发。

2. 具体配置步骤

（1）分别在 RouterA 和 RouterB 上配置各物理接口的 IP 地址和到对端公网的静态路由，以实现隧道两端设备间互访的路由畅通。

在 RouterA 上的配置，假设到对端的下一跳地址为 202.138.163.2。

```
<Huawei> system-view
[Huawei] sysname RouterA
[RouterA] interface gigabitethernet 1/0/0
[RouterA-GigabitEthernet1/0/0] ip address 202.138.163.1 255.255.255.0
[RouterA-GigabitEthernet1/0/0] quit
[RouterA] interface gigabitethernet 2/0/0
[RouterA-GigabitEthernet2/0/0] ip address 10.1.1.1 255.255.255.0
[RouterA-GigabitEthernet2/0/0] quit
[RouterA] ip route-static 202.138.162.0 255.255.255.0 202.138.163.2   #---到达对端公网的静态路由
```

在 RouterB 上的配置，假设到对端下一跳地址为 202.138.162.2。

```
<Huawei> system-view
[Huawei] sysname RouterB
[RouterB] interface gigabitethernet 1/0/0
[RouterB-GigabitEthernet1/0/0] ip address 202.138.162.1 255.255.255.0
[RouterB-GigabitEthernet1/0/0] quit
[RouterB] interface gigabitethernet 2/0/0
[RouterB-GigabitEthernet2/0/0] ip address 10.1.2.1 255.255.255.0
[RouterB-GigabitEthernet2/0/0] quit
[RouterB] ip route-static 202.138.163.0 255.255.255.0 202.138.162.2
```

（2）配置 GRE Tunnel 接口，所配置的 Tunnel 接口 IP 地址必须是其他接口不在同一 IP 网段，通常是私网 IP 地址。

RouterA 上的配置。

```
[RouterA] interface tunnel 0/0/0
[RouterA-Tunnel0/0/0] ip address 192.168.1.1 255.255.255.0
[RouterA-Tunnel0/0/0] tunnel-protocol gre
[RouterA-Tunnel0/0/0] source 202.138.163.1
[RouterA-Tunnel0/0/0] destination 202.138.162.1
[RouterA-Tunnel0/0/0] quit
```

RouterB 上的配置。

```
[RouterB] interface tunnel 0/0/0
[RouterB-Tunnel0/0/0] ip address 192.168.1.2 255.255.255.0
[RouterB-Tunnel0/0/0] tunnel-protocol gre
```

```
[RouterB-Tunnel0/0/0] source 202.138.162.1
[RouterB-Tunnel0/0/0] destination 202.138.163.1
[RouterB-Tunnel0/0/0] quit
```

（3）分别在 RouterA 和 RouterB 上创建 IPSec 安全提议。假设所创建的 IPSec 安全提议名称均为 pro1（也可以不一样），认证算法为 SHA2-256，加密算法为 AES-128，其他参数保持缺省。

在 RouterA 上配置 IPSec 安全提议。

```
[RouterA] ipsec proposal pro1
[RouterA-ipsec-proposal-pro1] esp authentication-algorithm sha2-256
[RouterA-ipsec-proposal-pro1] esp encryption-algorithm aes-128
[RouterA-ipsec-proposal-pro1] quit
```

在 RouterB 上配置 IPSec 安全提议。

```
[RouterB] ipsec proposal pro1
[RouterB-ipsec-proposal-pro1] esp authentication-algorithm sha2-256
[RouterB-ipsec-proposal-pro1] esp encryption-algorithm aes-128
[RouterB-ipsec-proposal-pro1] quit
```

（4）分别在 RouterA 和 RouterB 上配置 IKE 安全提议。假设新创建的 IKE 安全提议序号均为 10（也可以不一样），认证算法为 SHA2-256，加密算法为 AES-128，DH 组为 2048 位的 group14，其他参数保持缺省。

在 RouterA 上配置 IKE 安全提议。

```
[RouterA] ike proposal 10
[RouterA-ike-proposal-10] authentication-algorithm sha2-256
[RouterA-ike-proposal-10] encryption-algorithm aes-128
[RouterA-ike-proposal-10] dh group14
[RouterA-ike-proposal-10] quit
```

在 RouterB 上配置 IKE 安全提议。

```
[RouterB] ike proposal 10
[RouterB-ike-proposal-10] authentication-algorithm sha2-256
[RouterB-ike-proposal-10] encryption-algorithm aes-128
[RouterB-ike-proposal-10] dh group14
[RouterB-ike-proposal-10] quit
```

（5）分别在 RouterA 和 RouterB 上配置 IKE 对等体，引用前面的配置的 IKE 安全提议，并配置共享密钥（两端必须一致，假设为 Huawei@1234），其他可选参数的配置均采用缺省值。

在 RouterA 上配置 IKE 对等体。

```
[RouterA] ike peer spub
[RouterA-ike-peer-spub] ike-proposal 10
[RouterA-ike-peer-spub] pre-shared-key cipher Huawei@1234
[RouterA-ike-peer-spub] quit
```

在 RouterB 上配置 IKE 对等体。

```
[RouterB] ike peer spua
[RouterB-ike-peer-spua] ike-proposal 10
[RouterB-ike-peer-spua] pre-shared-key cipher Huawei@1234
[RouterB-ikc-peer-spua] quit
```

（6）分别在 RouterA 和 RouterB 上创建安全框架，引用前面配置的 IPSec 安全提议和 IKE 对等体。

在 RouterA 上配置安全框架。

```
[RouterA] ipsec profile profile1
[RouterA-ipsec-profile-profile1] proposal pro1
[RouterA-ipsec-profile-profile1] ike-peer spub
[RouterA-ipsec-profile-profile1] quit
```

在 RouterB 上配置安全框架。

```
[RouterB] ipsec profile profile1
[RouterB-ipsec-profile-profile1] proposal pro1
[RouterB-ipsec-profile-profile1] ike-peer spua
[RouterB-ipsec-profile-profile1] quit
```

（7）分别在 RouterA 和 RouterB 上前面创建的 GRE Tunnel 接口上应用各自的安全框架，使得通过 Tunnel 接口转发的报文得到 IPSec 保护。

```
[RouterA] interface tunnel 0/0/0
[RouterA-Tunnel0/0/0] ipsec profile profile1
[RouterA-Tunnel0/0/0] quit

[RouterB] interface tunnel 0/0/0
[RouterB-Tunnel0/0/0] ipsec profile profile1
[RouterB-Tunnel0/0/0] quit
```

此时在 RouterA 和 RouterB 上执行 **display ipsec profile** 会显示所配置的信息。

（8）分别在 RouterA 和 RouterB 上配置 GRE Tunnel 接口的转发静态路由，将需要 IPSec 保护的，到达对端私网的数据流引到经由 Tunnel 接口转发，静态路由中的出接口为各自的 GRE Tunnel 接口，因为 Tunnel 接口缺省的链路层协议为 PPP，所以可在静态路由中不指定下一跳 IP 地址。

```
[RouterA] ip route-static 10.1.2.0 255.255.255.0 tunnel 0/0/0

[RouterB] ip route-static 10.1.1.0 255.255.255.0 tunnel 0/0/0
```

3. 配置配置结果验证

以上配置好后，可分别在 RouterA 和 RouterB 上执行 **display ike sa** 会显示所建立的 SA 信息。以下是在 RouterA 上执行该命令的输出信息示例，从中可以看出，IKE 两个阶段的 SA 都已建立好了（参见输出信息中的粗体部分）。

```
[RouterA] display ike sa
    Conn-ID  Peer              VPN    Flag(s)                  Phase
  ----------------------------------------------------------------
        22   202.138.162.1     0      RD|ST                    v2:2
        21   202.138.162.1     0      RD|ST                    v2:1

  Number of SA entries    : 2

  Number of SA entries of all cpu : 2

  Flag Description:
  RD--READY    ST--STAYALIVE    RL--REPLACED    FD--FADING    TO--TIMEOUT
  HRT--HEARTBEAT    LKG--LAST KNOWN GOOD SEQ NO.    BCK--BACKED UP
  M--ACTIVE    S--STANDBY    A--ALONE    NEG--NEGOTIATING
```

6.4.6 IPSec over GRE 配置示例

如图 6-18 所示，Router_1 为公司分支网关，Router_2 为公司总部网关，分支机构与总部通过公网建立通信。现公司分支机构希望与总部通过 GRE 隧道实现私网互通，对分支机构与总部之间相互访问的流量（不包括组播数据）进行安全保护。因此，可基于虚拟隧道接口方式建立 IPSec over GRE，对分支和总部互通的流量进行保护。

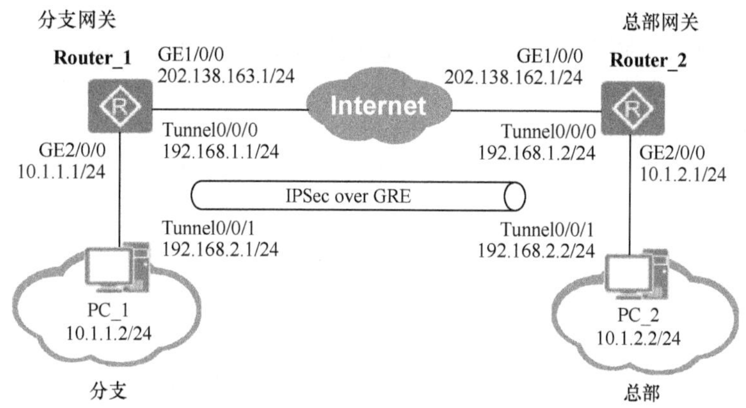

图 6-18 IPSec over GRE 配置示例的拓扑结构

假设本示例中的 AR G3 路由器运行的 VRP 软件版本为 V200R008。

1. 基本配置思路分析

本示例与 6.4.5 节介绍的 GRE over IPSec 应用案例总体考虑是差不多的，但本示例中需要保护的数据流中不包括组播数据，在最终定义需要通过隧道转发的数据流不能包括组播数据流，所以不能直接用 GRE VPN 方案，也不能直接用 6.4.5 节介绍的 GRE over IPSec，而要选择 IPSec over GRE 方案。因为在 IPSec over GRE 方案中，会先对数据报文进行 IPSec 封装，这时只能是单播放数据流，然后再通过 GRE 封装后，里面仍只有单播流量，确保了组播数据不通过 GRE 隧道传输。

在 IPSec over GRE 方案中，针对 GRE 和 IPSec 要分别创建对应类型的 Tunnel 接口，但因为该方案中最终建立的仍是 GRE 隧道，所以经由 IPSec Tunnel 接口转发的报文必须再经由 GRE Tunnel 接口进行转发，也就是 GRE Tunnel 接口是 IPSec Tunnel 接口的源接口。当然这里同样要基于虚拟隧道接口来配置 IPSec 方案，最终在 IPSec Tunnel 接口上应用安全框架。

本示例的基本配置思路如下。

（1）在 Router_1 和 Router_2 上配置各物理接口的 IP 地址和到达对端公网的静态路由，保证两端公网路由可达。

（2）在 Router_1 和 Router_2 上分别创建 GRE Tunnel 接口，配置 IP 地址、GRE 封装协议、源和目的 IP 地址。

（3）在 Router_1 和 Router_2 上分别配置 IPSec 安全提议，定义 IPSec 的保护方法。假设认证算法为 SHA2-256，加密算法为 AES-128，其他参数全部采用缺省配置。

（4）在 Router_1 和 Router_2 上分别配置 IKE 安全提议，其中认证算法采用 SHA2-256，加密算法采用 AES-128，与 IPSec 安全提议保持一致。DH 组为 group14，其他安全参数采用缺省配置。

（5）在 Router_1 和 Router_2 上分别配置 IKE 对等体，定义对等体间 IKE 协商时的属性，引用前面配置的 IKE 安全提议，并配置 IPSec 安全提议中缺省采用的预共享密钥认证方法中所需的共享密钥认证（两端的配置要一致）。

（6）在 Router_1 和 Router_2 上分别配置安全框架，并引用前面配置的 IPSec 安全提议和 IKE 对等体。

（7）在 Router_1 和 Router_2 上分别创建的 IPSec Tunnel 接口，并将本端的 IPSec Tunnel 的源接口配置为本端的 GRE Tunnel 接口，且 IPSec Tunnel 的目的地址的路由必须是以 GRE Tunnel 接口为出接口。

（8）在 Router_1 和 Router_2 上分别在 IPSec Tunnel 接口上应用安全框架，使接口具有 IPSec 的保护功能。

（9）在 Router_1 和 Router_2 上分别配置 IPSec Tunnel 接口的转发静态路由，将需要 IPSec 保护的数据流引到 IPSec Tunnel 接口上。

2. 具体配置步骤

（1）分别在 Router_1 和 Router_2 上配置各物理接口的 IP 地址，以及到达对端公网的静态路由。

Router_1 上的配置。假设到对端的下一跳地址为 202.138.163.2。

```
<Huawei> system-view
[Huawei] sysname Router_1
[Router_1] interface gigabitethernet 1/0/0
[Router_1-GigabitEthernet1/0/0] ip address 202.138.163.1 255.255.255.0
[Router_1-GigabitEthernet1/0/0] quit
[Router_1] interface gigabitethernet 2/0/0
[Router_1-GigabitEthernet2/0/0] ip address 10.1.1.1 255.255.255.0
[Router_1-GigabitEthernet2/0/0] quit
[Router_1] ip route-static 202.138.162.0 255.255.255.0 202.138.163.2
```

Router_2 上的配置。假设到对端下一跳地址为 202.138.162.2。

```
<Huawei> system-view
[Huawei] sysname Router_2
[Router_2] interface gigabitethernet 1/0/0
[Router_2-GigabitEthernet1/0/0] ip address 202.138.162.1 255.255.255.0
[Router_2-GigabitEthernet1/0/0] quit
[Router_2] interface gigabitethernet 2/0/0
[Router_2-GigabitEthernet2/0/0] ip address 10.1.2.1 255.255.255.0
[Router_2-GigabitEthernet2/0/0] quit
[Router_2] ip route-static 202.138.163.0 255.255.255.0 202.138.162.2
```

（2）分别在 Router_1 和 Router_2 上创建并配置 GRE Tunnel 接口。

Router_1 上的配置。

```
[Router_1] interface tunnel 0/0/0
[Router_1-Tunnel0/0/0] ip address 192.168.1.1 255.255.255.0
[Router_1-Tunnel0/0/0] tunnel-protocol gre
[Router_1-Tunnel0/0/0] source 202.138.163.1    #---配置隧道的源 IP 地址为本设备 GE1/0/0 接口的 IP 地址
[Router_1-Tunnel0/0/0] destination 202.138.162.1 #---配置隧道的目的 IP 地址为对端设备 Router_2 的 GE1/0/0 接口的
IP 地址
[Router_1-Tunnel0/0/0] quit
```

Router_2 上的配置。

```
[Router_2] interface tunnel 0/0/0
[Router_2-Tunnel0/0/0] ip address 192.168.1.2 255.255.255.0
[Router_2-Tunnel0/0/0] tunnel-protocol gre
[Router_2-Tunnel0/0/0] source 202.138.162.1    #---配置隧道的源 IP 地址为本设备 GE1/0/0 接口的 IP 地址
```

```
[Router_2-Tunnel0/0/0] destination 202.138.163.1   #---配置隧道的目的 IP 地址为对端设备 Router_1 的 GE1/0/0 接口的 IP 地址
[Router_2-Tunnel0/0/0] quit
```

（3）分别在 Router_1 和 Router_2 上创建 IPSec 安全提议，认证算法为 SHA2-256，加密算法为 AES-128，其他参数采用缺省配置。

```
[Router_1] ipsec proposal tran1
[Router_1-ipsec-proposal-tran1] esp authentication-algorithm sha2-256
[Router_1-ipsec-proposal-tran1] esp encryption-algorithm aes-128
[Router_1-ipsec-proposal-tran1] quit

[Router_2] ipsec proposal tran1
[Router_2-ipsec-proposal-tran1] esp authentication-algorithm sha2-256
[Router_2-ipsec-proposal-tran1] esp encryption-algorithm aes-128
[Router_2-ipsec-proposal-tran1] quit
```

（4）分别在 Router_1 和 Router_2 上配置 IKE 安全提议（提议序列号可以一致，也可不一致），认证算法为 SHA2-256，加密算法为 AES-128，DH 组为 2048 位的 group14，其他参数采用缺省配置。

```
[Router_1] ike proposal 5
[Router_1-ike-proposal-5] authentication-algorithm sha2-256
[Router_1-ike-proposal-5] encryption-algorithm aes-128
[Router_1-ike-proposal-5] dh group14
[Router_1-ike-proposal-5] quit

[Router_2] ike proposal 5
[Router_2-ike-proposal-5] authentication-algorithm sha2-256
[Router_2-ike-proposal-5] encryption-algorithm aes-128
[Router_2-ike-proposal-5] dh group14
[Router_2-ike-proposal-5] quit
```

（5）分别在 Router_1 和 Router_2 上配置 IKE 对等体（对等体名称可以一致，也可以不一致），引用前面创建的 IKE 安全提议，并配置共享密钥（两端配置要一致）。

```
[Router_1] ike peer spub
[Router_1-ike-peer-spub] ike-proposal 5
[Router_1-ike-peer-spub] pre-shared-key cipher Huawei@1234
[Router_1-ike-peer-spub] quit

[Router_2] ike peer spua
[Router_2-ike-peer-spua] ike-proposal 5
[Router_2-ike-peer-spua] pre-shared-key cipher Huawei@1234
[Router_2-ike-peer-spua] quit
```

（6）分别在 Router_1 和 Router_2 上创建安全框架，引用前面配置的 IPSec 安全提议、对等体，其他参数按缺省配置。

```
[Router_1] ipsec profile profile1
[Router_1-ipsec-profile-profile1] proposal tran1
[Router_1-ipsec-profile-profile1] ike-peer spub
[Router_1-ipsec-profile-profile1] quit

[Router_2] ipsec profile profile1
[Router_2-ipsec-profile-profile1] proposal tran1
[Router_2-ipsec-profile-profile1] ike-peer spua
[Router_2-ipsec-profile-profile1] quit
```

（7）分别在 Router_1 和 Router_2 上创建 IPSec 封装的 Tunnel 接口（使其不支持组

播数据传输)，并配置 IP 地址，隧道源接口的 source 为本端在前面创建的 GRE tunnel 口，隧道目的 IP 地址为对端的 GRE Tunnel 接口的 IP 地址。

Router_1 上的配置。

```
[Router_1] interface tunnel 0/0/1
[Router_1-Tunnel0/0/1] ip address 192.168.2.1 255.255.255.0
[Router_1-Tunnel0/0/1] tunnel-protocol ipsec   #--指定以上 Tunnel 接口采用 IPSec 封装
[Router_1-Tunnel0/0/1] source tunnel 0/0/0   #---指定 IPSec 隧道源接口为本端的 GRE Tunnel 接口
[Router_1-Tunnel0/0/1] destination 192.168.1.2 #---指定 IPSec 隧道目的 IP 地址为对端的 GRE Tunnel 接口的 IP 地址
[Router_1-Tunnel0/0/1] quit
```

Router_2 上的配置。

```
[Router_2] interface tunnel 0/0/1
[Router_2-Tunnel0/0/1] ip address 192.168.2.2 255.255.255.0
[Router_2-Tunnel0/0/1] tunnel-protocol ipsec
[Router_2-Tunnel0/0/1] source tunnel 0/0/0
[Router_2-Tunnel0/0/1] destination 192.168.1.1
[Router_2-Tunnel0/0/1] quit
```

（8）分别在 Router_1 和 Router_2 的 IPSec tunnel 接口上应用各自的安全框架。

```
[Router_1] interface tunnel 0/0/1
[Router_1-Tunnel0/0/1] ipsec profile profile1
[Router_1-Tunnel0/0/1] quit

[Router_2] interface tunnel 0/0/1
[Router_2-Tunnel0/0/1] ipsec profile profile1
[Router_2-Tunnel0/0/1] quit
```

此时在 Router_1 和 Router_2 上执行 **display ipsec profile** 会显示所配置的安全框架信息。

（9）分别在 Router_1 和 Router_2 上配置 IPSec Tunnel 接口的私网转发路由，将需要 IPSec 保护的私网通信数据流引到 IPSec Tunnel 接口上。

```
[Router_1] ip route-static 10.1.2.0 255.255.255.0 tunnel 0/0/1
[Router_2] ip route-static 10.1.1.0 255.255.255.0 tunnel 0/0/1
```

3. 配置配置结果验证

以上配置好后，可分别在 Router_1 和 Router_2 上执行 **display ike sa** 会显示所建立的 SA 信息。以下是在 Router_1 上执行该命令的输出示例，可以看出，IKE 两个阶段的 IKE SA 和 IPSec SA 均已建立好（参见输出信息中的粗体字部分），表明 IKE 协商是成功的，也证明我们前面的配置是正确的。

```
[Router_1] display ike sa
    Conn-ID  Peer            VPN    Flag(s)                Phase
  ---------------------------------------------------------------
       22    192.168.1.2     0      RD                     v2:2
       21    192.168.1.2     0      RD                     v2:1

  Number of SA entries   : 2

  Number of SA entries of all cpu : 2

  Flag Description:
  RD--READY   ST--STAYALIVE   RL--REPLACED   FD--FADING   TO--TIMEOUT
  HRT--HEARTBEAT   LKG--LAST KNOWN GOOD SEQ NO.   BCK--BACKED UP
  M--ACTIVE   S--STANDBY   A--ALONE   NEG--NEGOTIATING
```

6.5 GRE 典型故障排除

在 GRE 的应用部署中，可能出现的故障主要有两类：一是两端的 Tunnel 接口 Ping 不通；二是两端的 Tunnel 接口可以 Ping 通，但两端私网用户不能互访。下面分别介绍它们的故障排除方法。

6.5.1 隧道两端 Ping 不通的故障排除

这种故障现象体现为从一端的 GRE 设备上无法 Ping 通对端 Tunnel 接口 IP 地址，这显然是因为 GRE 隧道没有建立成功。因为 GRE 隧道是基于 Tuunel 接口建立的，所以需要重点检查两端的 Tunnel 接口配置。

这时可以先通过在两端 GRE 设备执行 **display interface tunnel** 命令查看对应 Tunnel 接口的工作状态，也就是三层协议状态。正常情况下，Tunnel 接口的工作状态和链路层协议状态应均为 UP，如下所示：

```
<Huawei> display interface tunnel 0/0/1
Tunnel0/0/2 current state : UP
Line protocol current state : UP
......
```

当然，即使 Tunnel 接口的工作状态和链路层协议状态都 UP 了，还是有可能因其他原因导致两端不能互通。下面分别进行分析。

1. 一端或两端 Tunnel 接口工作状态为 Down

Tunnel 接口如果都工作不正常，状态为 Down 的话，那依靠 Tunnel 接口建立的 GRE 隧道肯定建立不成功了。但一般 Tunnel 接口的链路层协议会 UP 的，因为 Tunnel 接口是逻辑接口，不存在实际链路，只要配置有链路层协议，它的链路层协议状态就会 UP，缺省情况下 Tunnel 接口的链路层协议为 PPP。所以此时重点检查 Tunnel 接口的工作状态（即三层协议状态），如果通过在两端执行 **display interface tunnel** 命令后发现有一端或者两端的 Tunnel 接口工作状态为 Down，则可按以下思路来进行排除。

（1）检查两端 Tunnel 接口的封装模式是否一致

因为我们这里建立的是GRE隧道，所以使用的Tunnel接口的封装协议必须均为GRE模式（在本书第 4 章已介绍到，Tunnel 接口还可以有 IPSec 或 P2MP 等其他模式）。可以在该 Tunnel 的接口视图下执行 **display this interface** 命令来检查两端 Tunnel 接口的封装模式是否均为 GRE。如果显示为“Tunnel protocol/transport GRE/IP”，则说明接口的封装模式为 GRE，是正确的。

如果两端的封装模式不都是 GRE，请在 Tunnel 接口视图下执行 **tunnel-protocol gre** 命令重新配置接口封装模式为 GRE。

注意

重新配置 Tunnel 接口的封装协议后，原有的源和目的地址配置等将丢失，需要重新配置。

（2）检查 Tunnel 接口配置是否正确

如果通过检查发现两端的 Tunnel 接口封装模式相同，且均已为 GRE 模式，则检查两端 Tunnel 接口是否配置了 IP 地址，是否配置了隧道的源 IP 地址（或源接口）和目的 IP 地址，而且两端的配置是否互已为源 IP 地址（或源接口）和目的 IP 地址。因为如果不是互为源和目的 IP 地址，则就不能共同建立一条隧道。

Tunnel 接口 IP 地址的配置是基础前提，因为只有配置了 IP 地址，才能在该接口上启用 IP 协议，使它可以工作在的三层状态下。但两端的 Tunnel 接口的 IP 地址可以在同一 IP 网段，也可以不在同一 IP 地址，因为 Tunnel 运行的是 PPP 链路层协议。至于隧道的源 IP 地址（或源接口）和目的 IP 地址则是建立 GRE 隧道的必备参数配置，否则系统就无法知道这个 GRE 隧道的起始和终止的地方了。隧道的源 IP 地址（或源接口）和目的 IP 地址都是 GRE 设备连接公共网络侧接口的 IP 地址（或公网侧接口）。

此时，可以在 Tunnel 接口视图下执行 **display this** 命令来检查两端 Tunnel 接口的配置信息。如果 Tunnel 接口的配置信息中，两端没有互为源 IP 地址（或源接口）和目的 IP 地址（**也就是本端配置的源 IP 地址一定要是对端配置的目的 IP 地址，反之亦然**），则在 Tunnel 接口视图下，执行 **source** { *source-ip-address* | *interface-type interface-number* } 和 **destination** *dest-ip-address* 命令重新配置 Tunnel 的源 IP 地址（或源接口）和目的 IP 地址。

（3）检查两端是否存在到达对端的公网路由

如果两端的 Tunnel 配置中已互为源 IP 地址（或源接口）和目的 IP 地址了，则要检查隧道的源 IP 地址和目的 IP 地址之间是否存在可达路由。当然，如果 Tunnel 的源接口与目的接口之是是直连的，就不会存在路由的问题。

此时可执行 **display ip routing-table** 命令查看本地 IP 路由表，看有没有到达对方公网接口（**注意：不是 Tunnel 接口**）的路由表项。如果有，再使用 **display fib** 命令查看转发表（FIB 表），看是否有到达对方公网接口的转发表项，因为在路由表中有路由表项还不一定在转发表中存在对应的转发项，而真正的数据转发依据的是转发表中的转发表项。如果源 IP 地址和目的 IP 地址之间不存在到达对方的路由，则根据需要配置到达对方公网的静态路由或者动态路由协议，使源 IP 地址和目的 IP 地址之间路由可达。

通过以上排除，两端的 Tunnel 接口的工作状态应该均为 UP 了，但仍不能保证两端的 Tunnel 接口就一定可以互通了。下面介绍这种情形的故障排除方法。

2. 两端 Tunnel 接口的网络层协议都 UP，但仍不能互通

这种情形下，已可以确定故障原因不再是 Tunnel 接口以上所分析的基础配置问题了，这时就只有一种可能，那就是两端的 GRE Key 配置不一致。如果你配置了 Tunnel 接口的识别关键字，则要确保隧道两端的这项配置保持一致。

可在两端执行 **display interface tunnel** 命令检查两端 Tunnel 接口的 GRE Key 是否一致。正确的配置为。

- 两端都不配置 GRE Key。
- 两端配置相同的 *key-number*。

6.5.2 隧道是通的，但两端私网不能互访的故障排除

这种故障现象表明，GRE 隧道虽然是建立成功的，但源端私网用户发送的数据没有

成功通过隧道传输到对端私网中的目的主机，这时的故障原因基本上路由的配置了，具体可能有以下几方面的可能。

（1）没有为私网中的数据报文配置经由 Tunnel 接口转发的路由

在基于 Tunnel 接口的隧道建立方式下，数据流的定义就是通过配置以 Tunnel 接口为出接口的路由来引导这些数据流进入隧道转发，如果没有配置相应的路由，则用户数据报文是不可能通过隧道来转发的。

这时我们可以通过在 GRE 设备上执行 **display ip routing-table** 命令查看本地 IP 路由表，看有没有到达对方私网的路由表项。如果有，再使用 **display fib** 命令查看转发表（FIB 表），看是否有到达对方私网的转发表项。

如果没有，则根据需要选择静态或动态路由在两端配置到达对端私网的路由。如果采用的是静态路由配置方式，目的网段就是对端私网的 IP 网段，出接口是本端 Tunnel 接口，可不用指定下一跳 IP 地址；如果采用的是动态路由配置方式，私网和 Tunnel 接口 IP 地址所在网段的路由要在同一路由协议进程下配置。

当然，如果进入 GRE 设备的不是 IP 报文，而是 FR、PPP、以太网等二层报文，此时就需要在隧道两端配置好 Link-bridge 功能，把入接口与 Tunnel 接口绑定好。

（2）Tunnel 接口所在网段的路由没有与公网路由隔离

如果在公网和私网都采用相同的动态路由协议来配置路由，则此时要特别注意，所配置的 Tunnel 接口的 IP 地址一定不要包含在公网的动态路由协议中 **network** 命令所通告的范围内。特别是 RIP 协议，由于它是采用自然网段进行通告的，所以 Tunnel 接口 IP 地址不能在它所配置的 **network** 命令所通告的整个网段范围内。否则 Tunnel 接口之间的数据转发也会通过公网路由进行，而不会通过 GRE 隧道了，私网中用户发送的数据报文更不会通过 GRE 隧道传输了。

如配置的 Tunnel 接口的 IP 地址为 20.1.1.1/24，而 GRE 设备的公网接口的 IP 地址为 20.10.1.1/24。如果采用的是 OSPF 协议还好说，因为 OSPF 协议中的 **network** 命令可以通过通配符掩码精确匹配公网接口对应的 20.10.1.1/24 子网，不会使得 Tunel 接口也加入到对应的 OSPF 进程中。

但是，如果公网路由中使用的是 RIP 路由协议，这样配置 Tunnel 接口 IP 地址就不行了，因为 RIP 协议中的 **network** 命令是没有通配符掩码的，所以网段的通告都是以具体接口 IP 地址所对应的自然网段进行通告的。如 GRE 设备的公网接口的 IP 地址为 20.10.1.1/24，它就只能配置为 **network** 20.0.0.0，对应的是 8 位子网掩码的 A 类网段，而如果 Tunnel 接口的 IP 地址仍配置为 20.1.1.1/24，则恰好在 20.0.0.0/8 这个大的网段范围内，这样最终使得 Tunnel 接口与设备公网接口加入到同一个 RIP 路由进程下，最终使得 Tunnel 接口所在网段也是使用公网路由进行数据转发的，这显然与我们的实际需求是不相符的。

但不管使用哪种动态路由器协议，如果私网路由也采用动态路由配置方式，则还要注意的是，Tunnel 接口所在网段和私网网段要在同一个路由进程中配置，而且一定不要与两端 GRE 设备公网间所采用的相同动态路由协议的路由进程一样。

第7章 DSVPN配置与管理

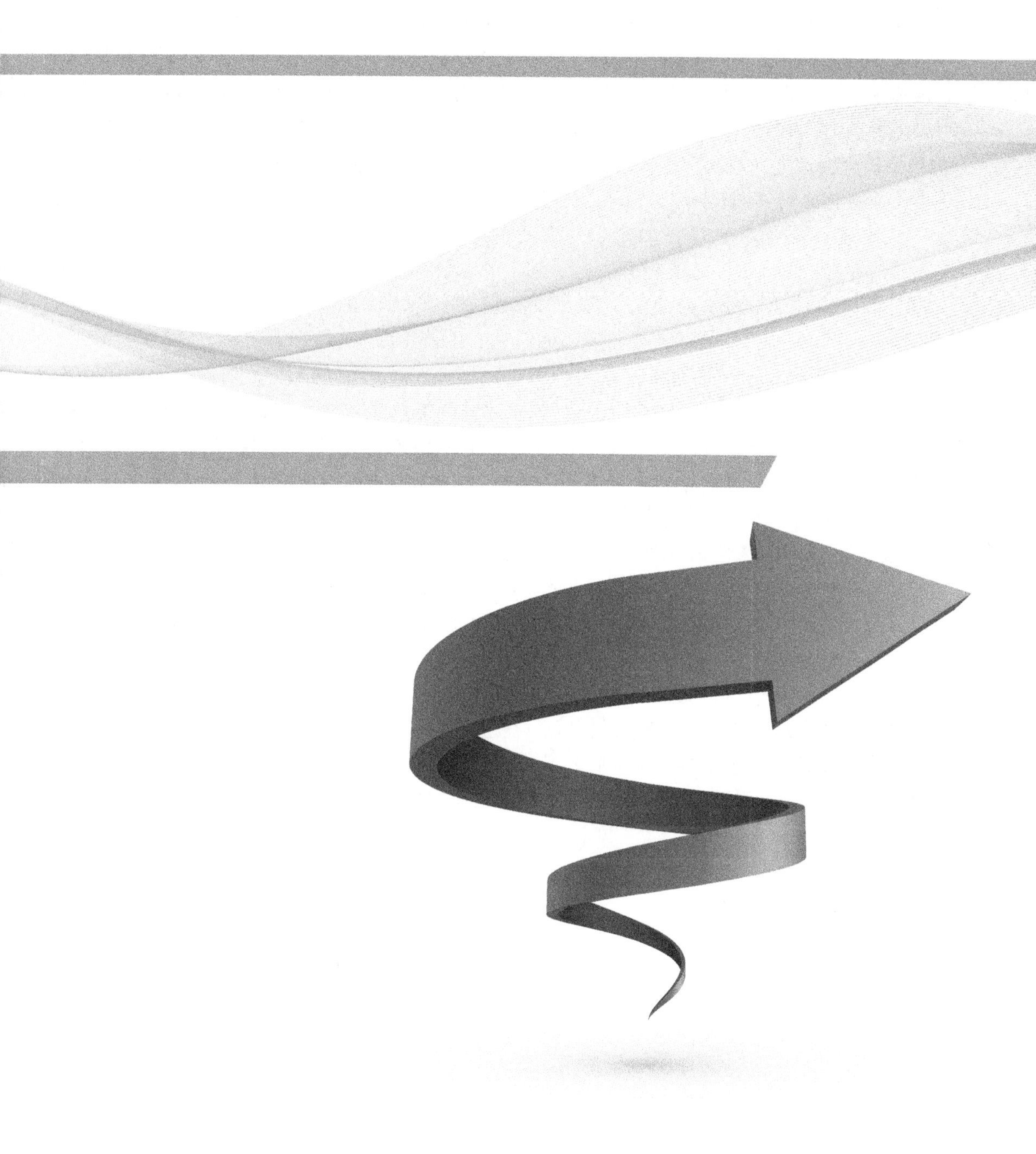

DSVPN（Dynamic Smart VPN Virtual Private Network，动态智能 VPN）是在 Hub-Spoke 网络模型中实现分支与总部、分支与分支间通过公网（主要指 Internet）动态建立 VPN 的一种技术。它的最大特点就是分支间可采用动态 IP 地址分配的公网接入方式（如各种拨号接入方式）实现 VPN 互联，满足了更广泛的中小企业分支构建 VPN 的需求。因为在 GRE VPN 中，通常要求两端有固定的公网 IP 地址（动态 IP 地址也可以，但一旦 IP 地址发生改变又得重配，比较麻烦），限制了一部分采用动态 IP 地址分配的 Internet 接入分支企业用户的使用。

DSVPN 也是基于 GRE 隧道技术，所构建的也是 GRE 隧道，但它与本书第 6 章所介绍的一对一的 GRE 隧道不同的是，DSVPN 的 Tunnel 接口封装模式是 mGRE（多点 GRE），可以实现一对多的 GRE 隧道构建。即一个 mGRE Tunnel 接口可以同时与多个对端建立 VPN 通信，这样就可使一对多的 VPN 通信配置、线路部署更加容易。

DSVPN 之所以可在分支采用动态 IP 地址分配 Internet 接入方式时与企业总部，甚至同样采用动态 IP 地址分配 Internet 接入方式的其他分支建立 VPN，其核心技术就是 NHRP（Next Hop Resolution Protocol，下一跳解析协议）。它可以收集、维护各站点动态变化的公网 IP 地址等信息，解决了无法事先获得通信对端公网 IP 地址的问题。

整体来说，DSVPN 的配置并不复杂，但它有两种不同的应用场景（shortcut 和非 shortcut），不同场景下的配置方法也不完全一样，而且总部、分支子网路由互通方面又可以有多种配置方式，使得 DSVPN 可以提供非常灵活的部署方案的同时也给我们的学习带来一定的难度。另外，还涉及到诸如双 Hub 备份、NAT 穿越、DSVPN over IPSec 等应用方案的部署。

本章将全面介绍 DSVPN 中的相关技术原理、各项配置任务的具体配置方法。同时也将在本章最后介绍多个不同网络环境、采用不同应用场景、不同子网路由方案，以及各种应用方案的配置示例，以帮助大家加深对 DSVPN 技术原理和各项配置任务的具体配置方法的理解，也可供大家在实际工作应用中直接参考。

7.1 DSVPN 综述

在现有的 VPN 组网方案中，一般采用 GRE、L2TP、IPSec 以及 MPLS 等方式。但是这些 VPN 方案都存在一个弊端，就是必须为每对 VPN 连接进行一一配置。当有较多网络（假设为 N 个）需要进行 VPN 连接时，就必须为 N×(N−1)/2 个 VPN 连接分别进行一一配置，设备配置和维护成本较高。本章介绍的 DSVPN 方案就可以很好地解决这一问题。

7.1.1 DSVPN 简介

为了充分利用公共网络资源，降低网络构建成本，越来越多的企业希望通过公共网络将总部机构（Hub）与地理位置不同的多个分支机构（Spoke）相连，并在分支与总部机构间、分支间自由地建立 VPN，实现分支子网之间，分支子网与企业总部子网之间的互联。图 7-1 是传统的 Hub-Spoke 网络结构。

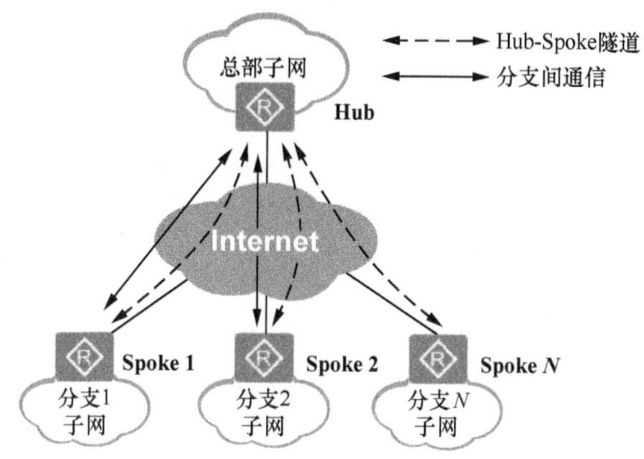

图 7-1 采用 DSVPN 之前的典型 Hub-Spoke 组网

从图 7-1 可以看出，在这种传统 Hub-Spoke 网络中，Hub 与 Spoke 间建立 Hub-Spoke 隧道，Spoke 之间通信的数据都必须经由 Hub 中转，存在如下几方面问题。

- 因为所有 Spoke 之间的通信都必须经由 Hub 中转，所以对 Hub 的 Internt 接入带宽和设备性能要求比较高，成本较高。同时，数据转发延时也会比较大，因为 Hub 在收到发往其他 Spoke 的数据时需要先对来自源 Spoke 的数据报文进行解密、再加密后才会将其发送到目的 Spoke。
- 当新接入一个 Spoke 之后，Hub 需要针对其进行新的 VPN 配置和维护。在大量分支接入时，Hub 的配置会变得非常复杂，而且每次网络调整时，都需要调整 Hub 的配置。
- 如果 Spoke 之间不想通过 Hub 中转而希望直接进行通信，但此时如果 Spoke 出口采用的是动态 IP 地址，则 Spoke 间无法事先获知对端的 IP 地址，因此无法实现在 Spoke 间建立直接的通信。

本章将介绍的 DSVPN 是一种智能化的 VPN 技术，它可在 Hub-Spoke 网络模型中（Hub 就相当于中心、企业总部，Spoke 就相当于企业分支），Spoke 与 Hub，以及 Spoke 之间实现 VPN 的动态建立。

这里所说的“动态”包含两层含义：一是 DSVPN 中的 Spoke 可以采用动态 IP 分配的公网接入方式，解决了无法事先获得通信对端分支公网 IP 地址的问题；另一方面，在新增 Spoke 时，几乎不用在 Hub 及其他已有 Spoke 上做任何配置更改，只需在新增 Spoke 上做简单配置即可智能化地实现与 Hub，及其他 Spoke 的 VPN 通信。这一切都是因为在 DSVPN 应用了一种可以实现路由下一跳动态注册和解析的 NHRP（Next Hop Resolution Protocol，下一跳解析协议）技术，大大减轻了配置工作量，也拓展了 VPN 应用的领域。

NHRP 可收集、维护各站点动态变化的公网 IP 地址等信息，解决了无法事先获得通信对端公网 IP 地址的问题，可以实现在各 Spoke 使用动态 IP 地址接入公网（如各种拨号方式）的情况下，在 Spoke 间动态地建立 Spoke-Spoke 隧道，实现 Spoke 间的直接通信。如图 7-2 所示的就是在采用 DSVPN 后的企业 Hub-Spoke 组网方式后，各 Spoke 网间可以直接通过公网建立 VPN，所连子网可直接通信，而不用通过企业总部转发。当然，这里仍然需要 Hub，因为在 Spoke 间建立 VPN 的过程中，仍需要担当 NHRP 服务器角色的 Hub 的支持，具体原理将在本章后面介绍。

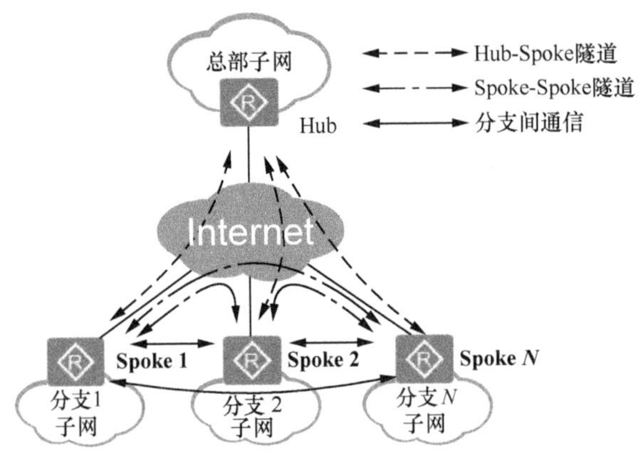

图 7-2 采用 DSVPN 之后的企业 Hub-Spoke 组网

另外，DSVPN 还可以通过 mGRE（multipoint Generic Routing Encapsulation，多点 GRE）技术，支持在一个 mGRE 隧道接口上建立多条 GRE 隧道，实现一对多的 GRE VPN 组网，大大简化了子网流量的管理以及设备上 GRE 和 IPSec 的配置。

总体来说，DSVPN 可以为我们带来以下好处。

（1）降低 VPN 网络构建成本

DSVPN 可以实现分支和总部机构，以及分支之间的动态全网 VPN 连接，分支不需要单独购买静态的公网 IP 地址，节省企业开支。

（2）简化总部和分支配置

总部和分支上配置的隧道接口从多个点对点 GRE 隧道接口可变为一个点对多点的 mGRE 隧道接口。当为 DSVPN 网络需要添加新的分支时，企业网络管理员不需要更改总部或任何当前分支上的配置，只需在新的分支进行配置，之后新的分支会自动向总部进行动态注册。

（3）降低分支间数据传输时延和总部的负责

由于分支间可以直接动态构建 GRE 隧道，业务数据可以直接转发，不用再经过总部机构，在降低了分支间数据转发的延迟，提升了转发性能和效率的同时也减轻了总部设备的公网接入带宽和设备性能负担。

7.1.2 DSVPN 中的重要概念

在正式介绍 DSVPN 工作原理之前，先来了解 DSVPN 中涉及到的几个非常重要的概念。这些概念也就是在如图 7-3 所示的 DSVPN 基本网络结构中所涉及的各种软、硬件组成部分。

1. DSVPN 节点

DSVPN 节点为部署 DSVPN 的设备（如华为的 AR G3 系列路由器），包括 Spoke 和 Hub 两种形态。Spoke 是指企业分支的网关设备，一般使用动态的公网 IP 地址；Hub 通常是企业总部，是 DSVPN 网络的中心设备，接收 Spoke 向其注册信息，**既可使用静态的公网地址，也可使用域名**。

2. mGRE 和 mGRE 隧道接口

mGRE 是在 GRE 基础上发展而来的一种点对多点（P2MP）GRE 技术。mGRE 隧道接口是为实现 DSVPN 而提供的一种点对多点类型的逻辑接口，采取 mGRE（即 GRE P2MP）封装模式，在各 DSVPN 节点上创建并配置。mGRE 隧道接口在转发数据前也要对原始 IP 数据报文进行 GRE 协议封装，最终生成 GRE 报文。

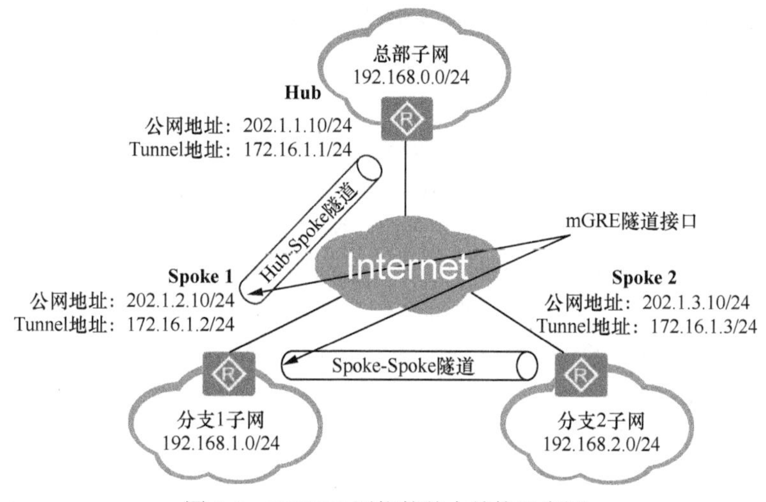

图 7-3　DSVPN 网络的基本结构示意图

mGRE 隧道接口包含以下元素（其实与在本书第 6 章介绍的 GRE Tunnel 接口所包括元素是一样的）。

- 隧道源地址：GRE 报文在隧道中传输时新增 IP 报头中的“源 IP 地址”字段值，是原始 IP 报文经 GRE 协议封装后的报文源 IP 地址，也是本端真正发送报文的公网接口的 IP 地址，即图 7-3 中的公网地址（NBMA 地址）。
- 隧道目的地址：GRE 报文在隧道中传输时新增 IP 报头中的“目的 IP 地址”字段值，是原始 IP 报文经 GRE 封装后的报文目的 IP 地址，也是对端真正接收报文的公网接口的 IP 地址，也即图 7-3 中的公网地址（NBMA 地址）。

注意

与 GRE 隧道接口需要手工指定目的 IP 地址不同，mGRE 隧道接口的目的 IP 地址是通过 NHRP 协议进行地址解析后获得，**所以在配置时不能手工指定**。一个 mGRE 隧道接口上可以建立多条 GRE 隧道，即可以有多个 GRE 对端，是点对多点类型。但 mGRE Tunnel 接口不支持 GRE 隧道的 Keepalive 检测功能。

- 隧道接口 IP 地址：mGRE 隧道接口 IP 地址和其他物理接口上的 IP 地址一样，用于在各端构建一条虚拟的隧道，通常是由管理员分配的私网 IP 地址，即图 7-3 中的 Tunnel 地址（Protocol 地址）。通常，为了配置简便，DSVPN 网络中设备上的各 mGRE 隧道接口 IP 地址在同一 IP 网段，这样整个 GRE 隧道就相当于一条存在多个位于同一 IP 网段接点的三层链路。

其实前面所说的 Protocol 地址不是只能是 mGRE 隧道接口 IP 地址，通常只要是

位于私网的 IP 地址都可能成为 Protocol 地址。这将在本章后面介绍的 shortcut 场景下，各 Spoke 生成的 NHRP peer 表项中会有所体现。

3. NHRP

NHRP 在 DSVPN 中用于解决 NBMA 网络上的源 Spoke 如何获取目的 Spoke 的动态公网 IP 地址（此时目的 Spoke 采用动态 IP 分配方式），实现直接在 Spoke 间建立 VPN 的问题。这是 DSVPN 的关键技术。

当动态接入 Internet 的 Spoke 接入 NBMA（非广播多路访问）网络时，会使用当前出接口分配的公网 IP 地址向 Hub 发送 NHRP 注册请求，Hub 在收到 Spoke 发来的注册请求后，根据这些请求信息创建或刷新对应的 NHRP peer 表项，**即各 Spoke 的 mGRE Tunnel 接口 IP 地址与其公网接口的公网 IP 地址之间的映射关系**。同时，Hub 也接受源 Spoke 向其他 Spoke 发起的地址解析请求，可直接应答或转发解析请求到目的 Spoke，以便在源 Spoke 上创建和刷新目的 Spoke 的 NHRP peer 表项。

4. Hub-Spoke 隧道

Hub-Spoke 隧道建立于 Spoke 与 Hub 之间，如图 7-3 中的 Hub-Spoke 隧道。其他 Spoke 与 Hub 同样可以建立 Hub-Spoke 隧道。在 DSVPN 网络中，Hub 上无需配置 Spoke 信息，但 Spoke 需要静态指定 Hub 的 mGRE Tunnel 接口 IP 地址与公网 IP 地址或域名的映射，即静态配置 Hub 的 NHRP peer 表项。当 Spoke 接入 NBMA 网络时，会通过其 mGRE Tunnel 接口向 Hub 发送 NHRP 注册请求，将其 mGRE Tunnel 接口 IP 地址和公网 IP 地址告知 Hub，Hub 收到该注册请求后，在本地创建或刷新此 Spoke 的 NHRP peer 表项。

5. Spoke-Spoke 隧道

Spoke-Spoke 隧道建立于各 Spoke 之间，如图 7-3 中的 Spoke-Spoke 隧道。当 Spoke 间需要进行数据传输时，在路由表中查询到目的 Spoke 的下一跳（**不同场景下的下一跳 IP 地址对应的接口不一样**，具体将在 7.2 节介绍）后，如果在本地 NHRP peer 表查询不到下一跳对应的公网 IP 地址，则需要向 Hub 发送 NHRP 地址解析请求，以获取目的 Spoke 的公网 IP 地址。随后两个 Spoke 通过 mGRE Tunnel 接口以动态 IP 地址方式创建 VPN 隧道，这样就可以直接传输数据了。但 Spoke 间动态建立的隧道在一定周期内没有流量转发，将自动拆除，因为是动态建立的。

7.1.3 DSVPN 的典型应用场景

在 DSVPN 的应用部署中，华为 AR G3 系列路由器可针对不同的网络环境和应用需求，采用以下两种不同的部署场景。

（1）非 shortcut 场景：Spoke 间相互学习路由

非 shortcut 场景是指在中小型网络中，由于 Spoke 较少，采用 Spoke 间相互学习路由方案，使源 Spoke 子网到目的 Spoke 子网的路由下一跳为目的 Spoke 的 mGRE Tunnel 接口地址。在这种部署方案中，由于 Spoke 间需要相互学习路由，在各 Spoke 上配置和保存的路由信息比较多，对各 Spoke 设备的性能要求会比较高，所主要应用于中小型 DSVPN 网络。

如图 7-4 所示，Spoke1 和 Spoke2 通过公网与 Hub 相连。在非 shortcut 场景的

DSVPN 中，通过配置 Hub 子网与两 Spoke 子网，Spoke1 子网与 Spoke2 子网间路由（可以采用静态或动态路由配置方式），使得两 Spoke 间通过 Hub 可以彼此学习到达对端子网的路由，下一跳直接为对端 Spoke 的 mGRE Tunnel 接口 IP 地址，VPN 建立成功后，即可实现 Spoke1 和 Spoke2 子网间的直接（**无需经过 Hub**）相互通信。

【经验提示】再次强调一下，虽然说在非 shortcut 场景下最终可实现 Spoke 间的直接 VPN 通信，但一定不要认为可以没有 Hub，因为 Spoke 间相互获取对端公网 IP 地址还必须依靠 Hub 上运行的 NHRP 服务器功能。Hub 担当的是 NHRP 服务器角色，只有它才能接收来自担当 NHRP 客户端角色的 Spoke 发来的 NHRP 解析请求并进行应答的。否则两 Spoke 只能在都有静态的公网 IP 地址的情况下才能直接建立 VPN 通信。

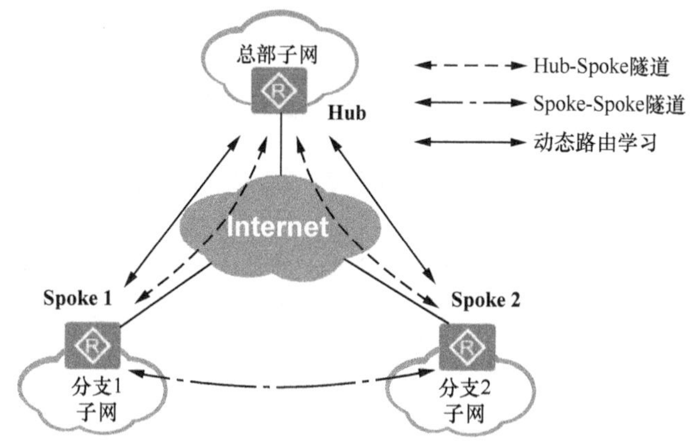

图 7-4　非 shortcut 场景的 DSVPN 部署示意图

（2）shortcut 场景：Spoke 只保存到总部的汇聚路由

在 Spoke 数目较多的大型网络中，如果仍采用非 shortcut 场景，则各 Spoke 上需要保存整个网络的路由数据，同时还需要大量 CPU 和内存资源来计算动态路由协议，会对 Spoke 的路由表容量和性能有较高的要求。针对这种缺点，可以部署 Spoke 只保存到总部的汇聚路由方案，使源 Spoke 子网到目的 Spoke 子网的路由下一跳为 Hub 的 mGRE Tunnel 接口 IP 地址，这就是 shortcut 场景。

在 shortcut 场景 DSVPN 中，Hub 仍然需要配置到达各 Spoke 子网的路由，但它向 Spoke 发布的路由不是各 Spoke 子网的明细路由，而是包括了各 Spoke 子网的汇聚路由。这样一来，在 Spoke 上仅保存一条以 Hub 的 mGRE Tunnel 接口 IP 地址为下一跳的缺省路由或汇聚路由。即如果采用静态路由配置，则各 Spoke 可以只配置一条以 Hub 的 mGRE Tunnel 接口 IP 地址为下一跳的缺省路由，或者包括 Hub 子网和所有 Spoke 子网的汇聚路由；如果采用动态路由配置，则 Spoke 也只会学习来自 Hub 发布的包括 Hub 子网和所有 Spoke 子网的汇聚路由。这样做的目的就是为了缩减 Spoke 的路由表项，降低对 Spoke 的路由表容量和性能要求。但最终各 Spoke 借助于 NHRP 协议，仍可以学习到对端 Spoke 子网，以实现 Spoke 间直接建立 VPN 的目的。在 shortcut 场景中，通常采用动态路由配置方式，因为缺省静态路由的路由效率比较低。

如图 7-5 所示，所有 Spoke 只有到 Hub 的路由，最初所有访问目的 Spoke 的流量全部指向 Hub。当 Spoke 子网间需要进行通信时，交互的第一个报文通过总部 Hub，之后

Spoke 间建立隧道，所有流量不再通过总部 Hub，分支间直接进行通信。

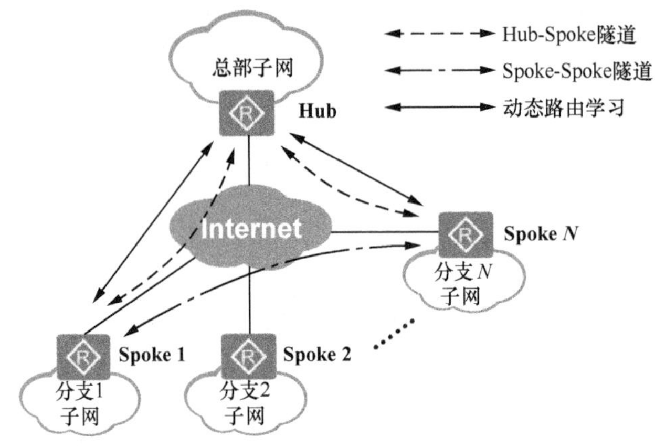

图 7-5 shortcut 场景的 DSVPN 部署示意图

从以上介绍可以看出，非 shortcut 场景和 shortcut 场景的本质区别就是从源 Spoke 到目的 Spoke 的路由信息的下一跳不同：非 shortcut 场景下，Spoke 间可相互学习对方的明细路由，使得到目的 Spoke 的路由信息的下一跳是目的 Spoke 的 mGRE Tunnel 接口的 IP 地址；而在 shortcut 场景下，Spoke 上**只保存到 Hub 的缺省或汇聚路由**，使得到目的 Spoke 的路由信息的下一跳是 Hub 的 mGRE Tunnel 接口的 IP 地址。

7.2 DSVPN 工作原理

本节集中介绍与 DSVPN 相关的技术原理，包括 GRE 报文封装原理、NHRP 协议工作原理、非 shortcut/shortcut 两种场景的工作原理、DSVPN NAT 穿越原理、双 Hub 备份原理和 DSVPN IPSec 保护原理。

7.2.1 DSVPN 中的 GRE 封装和解封装原理

GRE 有两种通道类型：一种为点对点 GRE（p-pGRE），通常直接写成 GRE；另一种就是这里介绍的点对多点 GRE（mGRE）。对应也就有两种隧道接口：点对点 GRE 隧道接口和点对多点 mGRE 隧道接口。

点对点 GRE 隧道接口只能建立一条隧道，而点对多点 mGRE 接口可以建立多条隧道。在 DMVPN 中，Hub 路由器上需要把隧道接口配置成 mGRE 模式，因为 Hub 路由器通常是需要与多个 Spoke 路由器建立永久 GRE 隧道的。单 Hub 路由器的 Hub- Spoke DMVPN 网络中，Spoke 路由器可以使其隧道接口采用默认的点对点 GRFE 模式，而在多 Hub 路由器的 Hub-Spoke DMVPN 网络，以及 Spoke-Spoke DMVPN 网络中，所有 Spoke 路由器也都要把隧道接口配置为点对多点 mGRE 模式，因为一个 Spoke 都可能需要与 Hub 路由器其他 Spoke 路由器建立 GRE 隧道的。

在配置方面 mGRE 接口与点对点 GRE 接口相比，仅不能配置隧道目的 IP 地址（p-pGRE 可以配置目的 IP 地址的，参见本书第 6 章中的 GRE Tunnel 接口），因为它的目的 IP 地址不只一个（可能涉及到 Hub 及多个 Spoke），其他的参数都可以配置，如 IP 地址、隧道源接口或者源 IP 地址。但因为 mGRE 接口不能指定目的地址，所以它不能单独使用，需要 NHRP 服务器来告诉 mGRE 接口要把数据发送到哪里。

在 GRE 报文封装方面，DSVPN 与本书第 6 章介绍的 GRE 报文封装原理是一样的。在接收到用户发来的 IP 报文后，需要生成一个新的 IP 报头，把原来整个 IP 报文当成数据部分。新 IP 报头中的源 IP 地址为本端设备的公网接口 IP 地址，目的 IP 地址为隧道对端设备的公网接口 IP 地址，当然这个对端公网 IP 地址是通过 NHRP 获取到的，不是直接配置的。如图 7-6 所示的是一个以 Spoke 间进行 VPN 通信时的 GRE 报文封装和解封装示例（图中未画出 Hub 部分）。

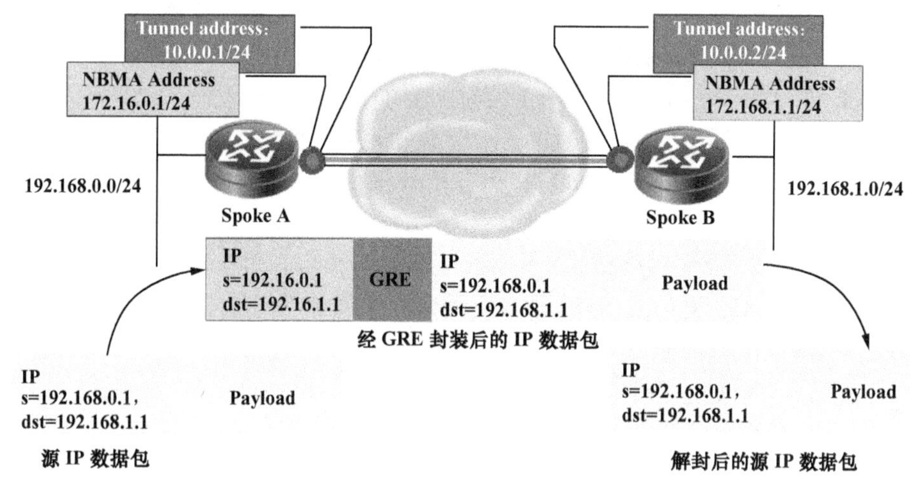

图 7-6　DSVPN 中的 GRE 报文封装和解封装示例

在本示例中，源 IP 报文进入 Spoke A 时，源 IP 地址和目的 IP 地址分别是本端源主机的私网 IP 地址 192.168.0.1 和对端 Spoke B 目的主机的私网 IP 地址 192.168.1.1。在通过 GRE 隧道发送时，把源 IP 报文全当成数据部分，新增一个 IP 报头，其源 IP 地址和目的 IP 地址分别为本端公网接口 IP 地址 172.16.0.1 和对端 Spoke B 的公网接口 IP 地址 172.16.1.1（这个目的 IP 地址是通过 NHRP 解析功能从 Hub 获取到的，不是命令配置的，具体将在 7.2.2 节介绍）。当 GRE 报文到达目的端 Spoke B 时，又会去掉原来所加的最外层 IP 报头，还原出源始 IP 报文，再根据在 Spoke B 上配置的路由把源 IP 报文发到目的主机上。

7.2.2　NHRP 协议工作原理

大多数 WAN 网络是一个点到点链路集合，为了有效、灵活地保证这些点到点链路的连通性，它们通常组合成一个，或者多层次 Hub-Spoke 网络。点对多点接口（如 mGRE 隧道接口）可以用来减少在这样网络中的 Hub 路由器配置，形成一个 NBMA（非广播多路访问）网络。

因为通过一个点对多点隧道接口可以到达多个隧道端点（EndPoint），也就相当于在一个物理隧道中有多个逻辑隧道，这就需要有一个从逻辑隧道端点 IP 地址到物理隧道端点 IP 地址的映射，以通过 NBMA 网络从 mGRE Tunnel 接口向多个逻辑隧道转发出数据包。这种映射可以是静态配置的，但是更好的方式是通过动态发现或学习方式得到，如 DSVPN 中就是使用 NHRP 协议来实现这个目的。

NHRP 是负责 NBMA 网络的下一跳 IP 地址（是公网 IP 地址）解析的，采用 C/S 结构：NHC（NHRP 客户端）和 NHS（NHRP 服务器）。在 NHRP 中包括两种 IP 地址：（1）NBMA 地址：承载报文的外层协议地址，可理解为公网 IP 地址，是对应路由器的公网物理接口 IP 地址；（2）协议地址：被承载的协议报文地址，在 DSVPN 中通常理解为隧道接口 IP 地址，但也可以是私网中的其他 IP 地址，这一点将在后面介绍 shortcut 场景的应用配置示例中有体现。

在整个 DMVPN 网络隧道建立中，NHRP 在里面的作用分为两大部分：一是各 Spoke 路由器向 Hub 路由器注册自己的隧道接口 IP 地址与对应的公网物理接口 IP 地址映射，此时就构成了 Hub-Spoke 网络模式，建立 Spok-to-Hub 的永久 VPN 隧道；二是各 Spoke 路由器向 Hub 路由器请求解析其他 Spoke 路由器的隧道接口 IP 地址与对应的公网物理接口 IP 地址映射，以便建立动态、临时的 Spoke-Spoke VPN 隧道。所以 NHRP 在 DMVPN 中的两大功能就是注册（Registration）和解析（Resolution）。

1. *NHRP 注册原理*

NHRP 允许 NHC（如各 Spoke）动态向 NHS（如 Hub）注册它们的 NHRP peer 表项。这个注册功能允许 NHC 无需在 NHS 修改配置情况下通过动态注册加入到 NBMA 网络中，特别是在 NHC 使用的是公网物理接口动态 IP 地址，或者 NHC 位于 NAT 路由器之后。在这种情况下，通过 NHRP 协议的注册功能，可使 NHC 在 NHS 上动态更新隧道接口 IP 地址到公网物理接口 IP 地址的映射。

如图 7-7 所示，Spoke A 路由器要向 Hub 路由器注册其隧道接口 IP 地址和对应公网物理接口 IP 地址映射。

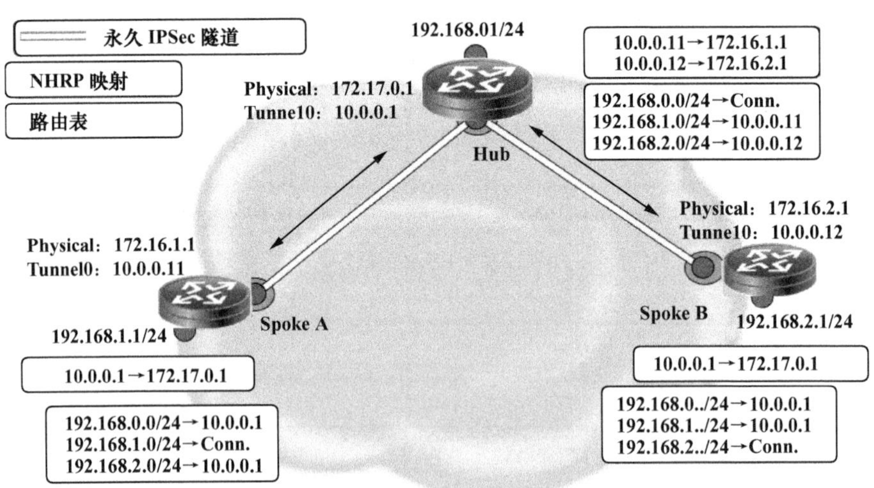

图 7-7 NHRP 协议注册功能演示示例

（1）最初 Hub 路由器和所有 Spoke 路由器均没有建立 NHRP peer 表项，如图 7-8 所示。当设备启动完成，并且配置好 NHRP 协议（包括 mGRE Tunnel 接口、Hub 静态 NHRP peer 表项等）后各 Spoke 就开始要向 Hub 发送 NHRP 注册请求报文，进行 NHRP peer

表项注册了。

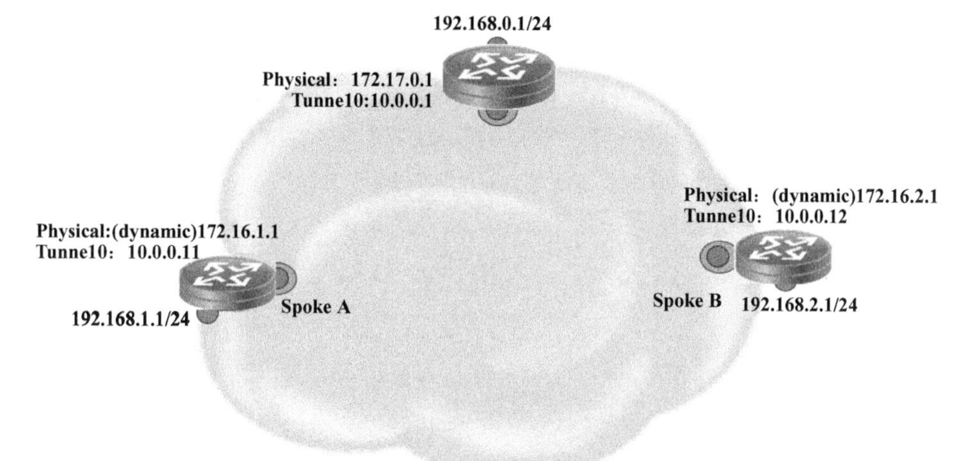

图 7-8　初始状态下各路由器没有建立 NHRP 表的示例

（2）假设 Spoke A 路由器发送一个 NHRP 注册请求报文（也要进行 GRE 封装）到 Hub 路由器。这个经过 GRE 封装的 NHRP 注册请求报文中数据部分的 IP 报头中的“源 IP 地址”是本端 mGRE Tunnel 接口 IP 地址，“目的 IP 地址”是 Hub 的 mGRE Tunnel 接口 IP 地址，新增 IP 报头中的“源 IP 地址”是本端公网接口 IP 地址，“目的 IP 地址”是 Hub 公网接口 IP 地址。同时，在 NHRP 协议头部分包含了 Spoke A 路由器的隧道接口 IP 地址和公网物理接口 IP 地址，以及这些映射条目的生存时间和标记信息，如图 7-9 所示。

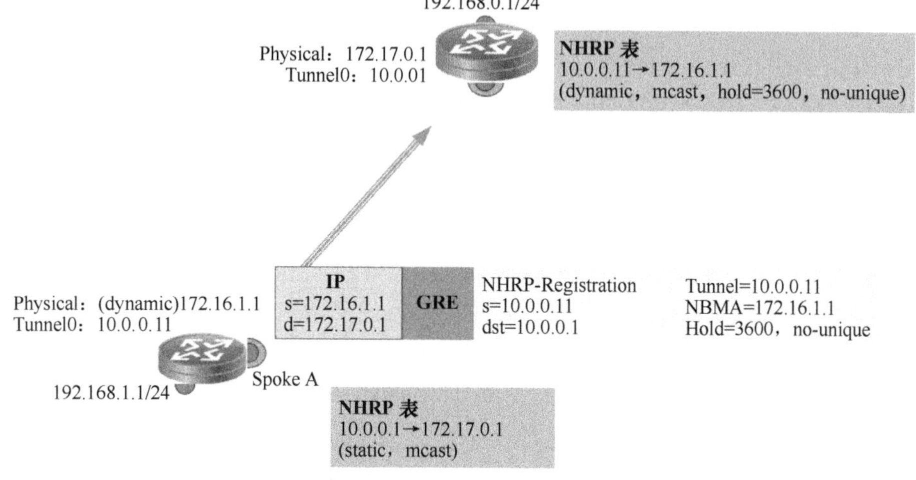

图 7-9　Spoke A 路由器向 Hub 路由器发出 NHRP 注册请求报文

在本示例中，NHRP 请求报文中 NHRP 协议头中包含了本端隧道接口 IP 地址（s=10.0.0.11），对端隧道接口 IP 地址（d=10.0.0.1），在新增的 IP 报头部分包含本端公网物理接口 IP 地址（s=172.16.1.1）、对端公网物理接口 IP 地址（d=172.17.0.1）。

（3）Hub 路由器在收到来自 Spoke A 路由器的注册请求后，在它的 NHRP 表中创建一个基于 Spoke A 路由器隧道接口 IP 地址和公网物理接口 IP 地址的动态映射条目，即

10.0.0.11→172.16.1.1。这个条目的生存时间（Hold=3600）就是注册请求中所声明的时间（为 3600s）。而在 Spoke A 上基于 Hub 的 NHRP peer 表项是静态配置的。

（4）随后，Hub 路由器返回一条注册应答给对应的 Spoke A 路由器，显示注册成功（Code=Successful）信息，如图 7-10 所示。这样就完成了 Spoke A 路由器向 Hub 注册其隧道接口 IP 地址与其对应的公网物理接口 IP 地址映射的全过程。

Spoke B 路由器的注册过程与 Spoke A 的注册过程一样。

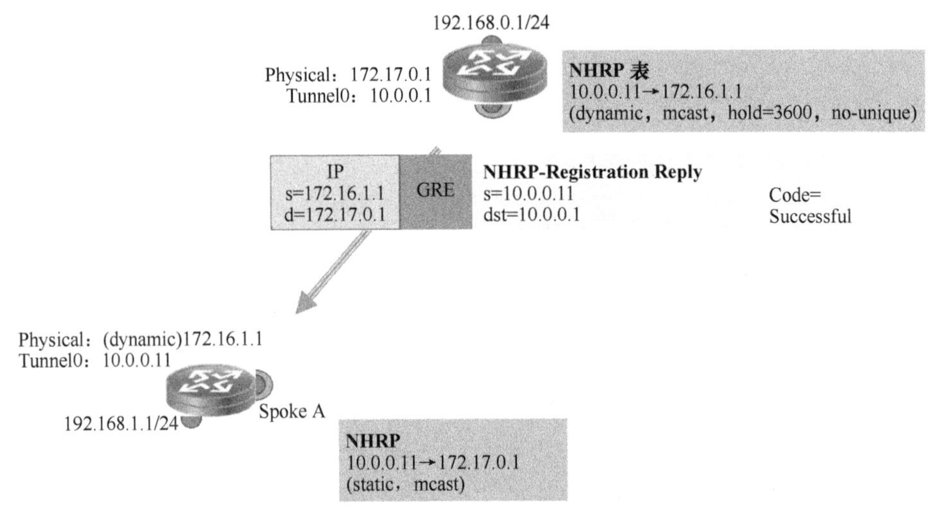

图 7-10 Hub 路由器向 Spoke A 路由器返回注册成功应答报文

2. NHRP 解析原理

通过前面的注册过程，Spoke 和 Hub 之间便建立了永久隧道，此时各 Spoke 之间要通信的话仍必须通过 Hub 中转。这对于 Spoke 之间通信比较频繁的情形来说，显然不是一个很好的选择，原因之一是对 Hub 路由器的性能和带宽要求较高，另一个因为要绕道 Hub 路由器，所以 Spoke 路由器间的通信会存在较大延时。为了解决这些问题，于是在 DMVPN 中通过采用 NHRP 的解析功能，可实现 Spoke 路由器间直接建立的 Spoke-Spoke 隧道。

要建立 Spoke 间的直接隧道，除了需要配置好相应的路由外，还需要使通信双方 Spoke 能相互获得对方的动态公网 IP 地址，这需要借助 NHRP 协议琮完成。在该过程中，Hub 路由器充当 NHC 角色，响应 Spoke 路由器发送的 NHRP 解析请求，并向源 Spoke 路由器提供目的 Spoke 路由器的公网 IP 地址作为解析请求的应答。于是，两个 Spoke 之间可以通过 mGRE Tunnel 端口动态建立 GRE 隧道，进行数据传输。该隧道在预定义的周期之后将自动拆除，因为 Spoke-Spoke 隧道设计时就希望是动态的，仅在有数据通信要使用隧道时才创建，而在没有数据通信要使用该隧道时又会删除。

Hub 路由器在收到 Spoke 路由器的 NHRP 注册请求报文后已建立好了该 Spoke 路由器的公网 IP 地址和隧道接口 IP 地址之间的映射关系，同时还会通过各 Spoke 间，以及到达 Hub 路由器所配置的路由，学习并建立好了到达对方对应的路由表项，而路由表项中的下一跳 IP 地址就是目的子网路由器的隧道接口 IP 地址。

如图 7-11 中 Spoke A 上的路由表就包括了到达 Hub 路由器子网和 Spoke B 子网的两条路由表项，其中可以看出，它们的下一跳都是对端的隧道接口 IP 地址。当然，这里的路由配置方法，以及具体的 NHRP 解析原理还要区分非 shortcut 场景和 shortcut 场景。

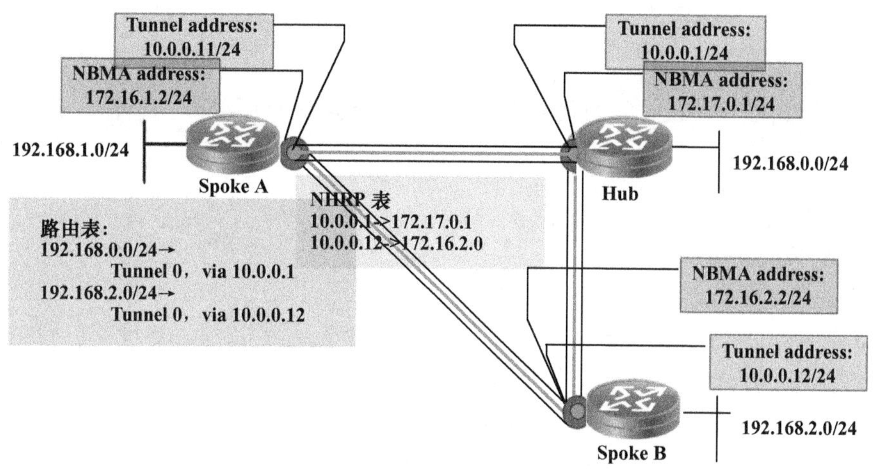

图 7-11 Spoke A 路由器学习到对端的路由表项

7.2.3 非 shortcut 场景 DSVPN 工作原理

通过前面的学习我们已经知道，在非 shortcut 场景中，Spoke 间可以建立 VPN 隧道进行直接通信，源 Spoke 子网到目的 Spoke 子网的路由下一跳为目的 Spoke 的 mGRE Tunnel 接口 IP 地址。但此种情况下，为了实现 Spoke 间相互学习到对端的路由，首先需要正确配置好路由，这些路由可以采用以下两种方案来部署。

（1）配置静态路由

在 Hub 和各 Spoke 上配置静态路由，路由的目的地址为对端（可能为 Hub 或其他 Spoke）子网网段，路由的下一跳设置为对端的 mGRE Tunnel 接口 IP 地址。

如图 7-12 所示，如果采用非 shortcut 场景的静态路由配置方式，则在 Hub 上要配置如下两条静态路由，用于分别到达 Spoke1 和 Spoke2 子网，下一跳分别为 Spoke1 和 Spoke2 的 mGRE Tunnel 接口的 IP 地址：

```
ip route-static 192.168.1.0 0.0.0.255 172.16.1.2
ip route-static 192.168.2.0 0.0.0.255 172.16.1.3
```

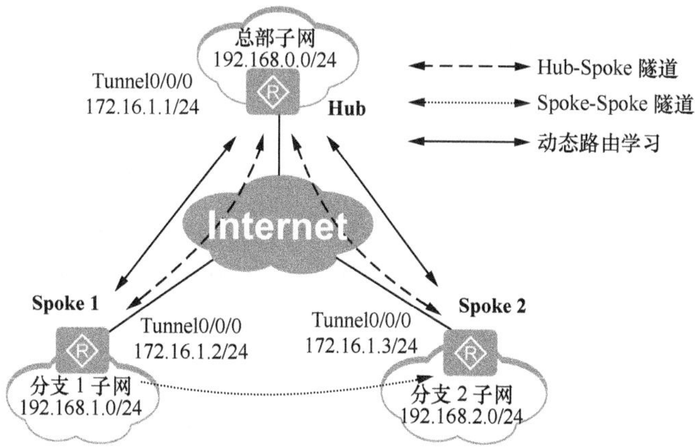

图 7-12 非 shortcut 场景中路由部署示例

在 Spoke1 上也要配置分别到达 Hub 子网和 Spoke2 子网的静态路由，下一跳分别为 Hub 和 Spoke2 的 mGRE Tunnel 接口的 IP 地址：

```
ip route-static 192.168.0.0 0.0.0.255 172.16.1.1
ip route-static 192.168.2.0 0.0.0.255 172.16.1.3
```

在 Spoke2 上也要配置分别到达 Hub 子网和 Spoke1 子网的静态路由，下一跳分别为 Hub 和 Spoke1 的 mGRE Tunnel 接口的 IP 地址：

```
ip route-static 192.168.0.0 0.0.0.255 172.16.1.1
ip route-static 192.168.1.0 0.0.0.255 172.16.1.2
```

（2）配置动态路由

如果在非 shortcut 场景下采用动态路由配置，可以通过 RIP、OSPF 和 BGP 路由协议进行，这样最终也可实现 Spoke 间、Spoke 与 Hub 的子网路由学习。它们在 DSVPN 应用时的配置方法请参见本章 7.3.3 节的介绍，以及将在 7.4 节中介绍的配置示例。

在非 shortcut 场景中，DSVPN 要实现 Spoke 间的直接 VPN 通信，首先要在 Spoke 间相互学习路由，每个 Spoke 保存有到所有其他 Spoke 子网的路由信息，然后使用 NHRP 协议来获取目的 Spoke 的动态公网 IP 地址，最终实现 Spoke 间直接建立 VPN 通信。当然，在此之前各 Spoke 需要成功在 Hub 上成功注册 NHRP peer 表项。如图 7-13 所示是非 shortcut 场景下 DSVPN 实现的基本流程，各步具体说明如下。

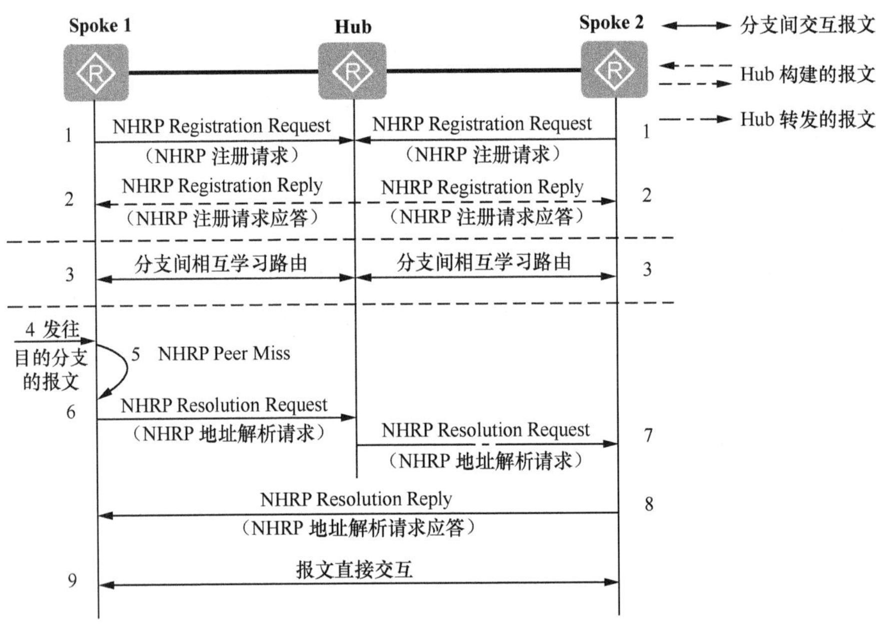

图 7-13 非 shortcut 场景中 DSVPN 实现流程

（1）管理员在所有 Spoke 本地静态配置 Hub 的 GRE Tunnel 接口 IP 地址与其公网 IP 地址或域名的映射（即 NHRP peer 表项），然后网络中的所有 Spoke 通过其 GRE Tunnel 接口向 Hub 发起 NHRP 注册请求报文。

（2）Hub 根据所接收的注册请求报文，生成或更新各 Spoke 的 NHRP peer 表项，分别记录各 Spoke 的 mGRE Tunnel 接口 IP 地址与公网 IP 地址的映射关系，并向对应 Spoke 发送注册请求应答报文，表示已收到对应 Spoke 发来的注册请求报文，并告知源端已注册成功。而各 Spoke 上已静态配置了 Hub 的 NHRP peer 表项。

（3）Spoke 间通过配置的静态路由或动态路由相互学习各分支子网路由，路由的下一跳直接为对端 Spoke 的 mGRE Tunnel 接口 IP 地址（**采用动态路由配置方式时，Spoke 间的子网路由学习仍需通过 Hub**）。这是非 shortcut 场景下 Spoke 间直接建立 VPN 通信所需的路由。

【经验提示】要注意，在 VPN 通信中仅有路由是不够的，因为在 VPN 通信中都会涉及到数据的重封装。如在 DSVPN 通信中，原始数据报文不是直接发送的，而是要经过 GRE 封装。在 GRE 封装中又会新增一个 IP 报头，这个 IP 报头中的目的 IP 地址就是对端的公网 IP 地址，也是隧道目的 IP 地址。所以还需要获知目的 Spoke 的公网 IP 地址，这样才能与对端建立 GRE 隧道，把两端子网通信的数据在隧道中传输。但在 DSVPN 中，Spoke 端一般是采取动态 Internet 接入方式，所以其公网 IP 地址是不固定的，需要动态获取。这里就要依靠 NHRP 协议了。

（4）当源 Spoke 要向目的 Spoke 转发来自本端子网发往目的 Spoke 子网的数据报文（通常是采用从一端 Ping 另一端子网的方式）时，通过比对报文中的目的 IP 地址（**为目的 Spoke 的私网 IP 地址**）在本地路由表中查找对应的路由表项。因为原来已配置好或学习到达其他 Spoke 子网的路由，所以肯定可以找到对应的路由表项。然后再根据对应的路由表项中的下一跳 IP 地址（**为目的 Spoke 的 mGRE Tunnel 接口 IP 地址**）查看本地是否有对应的 NHRP peer 表项，以获取所映射的公网 IP 地址，作为数据报文进行 GRE 封装时的新增 IP 报头的“目的 IP 地址”（IP 报头中的“源 IP 地址”是本端当前的公网 IP 地址），因为实际进行报文发送和接收的是 DSVPN 设备的公网侧接口（通常是直接连接 Internet 的物理接口）。

【经验提示】这一步是必须的，是用来触发源 Spoke 向目的 Spoke 发送 NHRP 解析请求报文，也是一种 NHRP 解析请求流量触发方式。没有这一步的话，Spoke 间无法相互学习对方的 NHRP peer 表项，也就无法建立彼此的 NHRP peer 表项，无法建立 Spoke 间的 VPN 通信，尽管一切配置都是正确的。在 shortcut 场景中也一样。这将在后面介绍的配置示例中有体现。

但是如果采用的是 BGP 这种动态路由协议来部署各端子网路由时，因为在建立 EBGP 对等体连接时各端就需要相互进行报文交互，所以此时就无需另外从源 Spoke 向目的 Spoke 发送数据报文来触发 NHRP 解析请求了。

（5）如果此时本端还没有目的 Spoke 的 NHRP peer 表项，则会触发源 Spoke 向 Hub 发送 NHRP 解析请求报文，以请求获取目的 Spoke 的公网 IP 地址。

（6）源 Spoke 新构建一个 NHRP 解析请求报文，向 Hub 请求目的 Spoke 的 mGRE Tunnel 接口 IP 地址对应的公网 IP 地址。此时的 NHRP 解析请求报文经过 GRE 重封装后的最外层 IP 报头的“目的 IP 地址”是 Hub 的公网 IP 地址，但在 NHRP 报头部分显示的是解析请求报文类型，而且标识出要解析的公网 IP 地址所对应的 mGRE Tunnel 接口 IP 地址。

（7）NHRP 解析请求报文到达 Hub 之后，要对 GRE 报文进行解封装，获取里面的 NHRP 解析请求报文中的报头信息，再根据 NHRP 解析请求报文的 NHRP 协议头中要解析的 mGRE Tunnel 接口 IP 地址查看本地 NHRP peer 表，看是否有对应的 NHRP peer 表项。如果 Hub 上已有目的 Spoke 的 mGRE Tunnel 接口 IP 地址对应的 NHRP peer 表项，则直接向源 Spoke 返回对应的目的 Spoke 的公网 IP 地址，无需进行下一步，直接到达第（9）步；否则 Hub 会通过查找本地路由表，以目的 Spoke 的 mGRE Tunnel 接口 IP 地址为下一跳将 NHRP 解析请求报文转发到目的 Spoke，继续进行下一步。

（8）目的 Spoke 在收到由 Hub 转发的 NHRP 解析请求报文后，会直接根据 NHRP 解析请求报文中的源 IP 地址向源 Spoke 发送 NHRP 解析请求应答报文，应答报文 IP 报头的"源 IP 地址"就是目的 Spoke 的公网 IP 地址。同时根据所收到的 NHRP 解析请求报文中的地址信息生成源 Spoke 的 NHRP peer 表项。

（9）通过这样一个流程，源 Spoke 已获取到目的 Spoke 的公网 IP 地址，且已配置有到达目的 Spoke 子网的路由了。这时再对要发送对目的 Spoke 子网的数据报文进行 GRE 封装，在新增的 IP 报头中"目的 IP 地址"字段填上已获知的目的 Spoke 的公网 IP 地址，至此至少单向通信的条件已具备了。但如果在前面源 Spoke 获取目的 Spoke 公网 IP 地址是直接由 Hub 进行应答的，且如果目的 Spoke 也不知道源 Spoke 的公网 IP 地址，则要重复（4）～（8）步。两端都成功获取到对端的公网 IP 地址后，Spoke 间就可以建立 VPN，进行直接通信，不用再经过总部 Hub 了。

7.2.4 shortcut 场景 DSVPN 工作原理

在 shortcut 场景中，网络初始状态时源 Spoke 到目的 Spoke 子网的路由下一跳为 Hub 的 mGRE Tunnel 接口 IP 地址，并不是目的 Spoke 的 mGRE Tunnel 接口 IP 地址，这点与非 shortcut 场景是不一样的。因为在 shortcut 场景中，在 Spoke 上只配置以 Hub 的 mGRE Tunnel 接口 IP 地址为下一跳的缺省路由或汇聚路由，不配置 Spoke 间子网的路由。最终实现的是，在 Spoke 间没有最终建立 VPN 之前所有访问目的 Spoke 的流量全部指向总部 Hub，通过 Hub 中转，但在 Spoke 间最终建立 VPN 之后仍可以直接进行通信，无需 Hub 中转。适用于大型 DSVPN 网络。

在 shortcut 场景中要实现 Spoke 间动态建立 VPN 隧道，在源 Spoke 和目的 Spoke 间肯定要有报文交互的路由路径。但在 shortcut 场景中，这个路由路径不是直接的，而是要经过 Hub。也有两种路由部署方案。

1. 分支间配置静态路由

如果采用静态路由方案，则需要在源 Spoke 配置到达目的 Spoke 子网的静态路由，**但该静态路由中的下一跳为 Hub 的 mGRE Tunnel 接口 IP 地址**，而不是目的 Spoke 的 mGRE Tunnel 接口 IP 地址。但大型 DSVPN 网络中，往往不仅需要两个 Spoke 间建立 VPN 通信，为了减少 Spoke 上保存的路由表项数，通常是采用汇聚路由或缺省路由配置方式。

如图 7-14 所示，Hub 与多个 Spoke 建立 DSVPN 通信，假设各 Spoke 间也需要建立 DSVPN 通信。如果采用静态路由配置时，Hub 到达各 Spoke 子网仍采用明细路由配置方式，下一跳为各 Spoke 的 mGRE Tunnel 接口 IP 地址；而各 Spoke 子网的路由通常是采用汇聚静态路由（先要对各子网进行聚合计算）配置方式，下一跳统一为 Hub 的 mGRE Tunnel 接口 IP 地址。

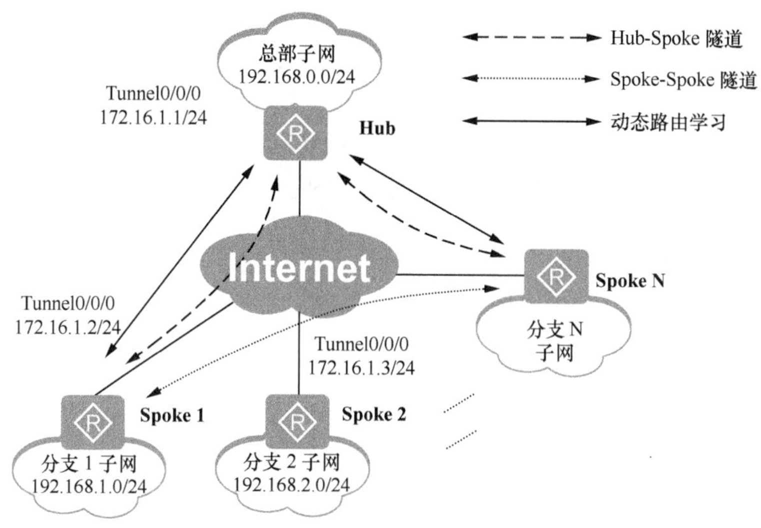

图 7-14　shortcut 场景中路由部署示例

本示例中，Hub 和各 Spoke 子网都在 192.168.0.0/16 这个聚合网络中，所以可在各 Spoke 上仅配置如下这一条静态路由。如果各 Spoke 规划不好，不能聚合成一个大的网段，则还可以采用缺省路由配置方式（下一跳也是 Hub 的 mGRE Tunnel 接口 IP 地址），把到达所有其他 Spoke 子网的路由都指向 Hub 的 mGRE Tunnel 接口。

```
ip route-static 192.168.0.0 0.0.255.255 172.16.1.1
```

2. 分支动态学习到总部的路由

在 shortcut 场景中，通常是采用动态路由配置方式，DSVPN 也是支持 RIP、OSPF 和 BGP 路由协议。此时，Hub 需要配置路由聚合，Spoke 通过配置动态路由协议，从 Hub 上仅学习并且保存这条由 Hub 发布的汇聚路由（**需要使用动态路由协议来配置包括各 Spoke 子网的汇聚路由**），这样所有访问目的 Spoke 的流量全部指向 Hub。在使用不同的路由协议时，需要在总部 Hub 和分支 Spoke 分别进行相应的配置。

在 shortcut 场景中，DSVPN 同样使用 NHRP 下一跳解析协议来动态获取对端的公网地址，具体实现流程如图 7-15 所示，下面具体说明。

第（1）～（2）步与 7.2.3 节介绍的非 shortcut 场景的第（1）～（2）步完全一样，完成各 Spoke 在 Hub 上的 NHRP peer 表项注册。

（3）分支 Spoke 间通过配置的静态或动态路由学习到达总部 Hub 的路由，分支 Spoke 只保存到总部的汇聚路由。这样一来，在 Spoke 间建立 VPN 之前，所有 Spoke 间的数据转都必须通过 Hub 转发。

（4）当源分支 Spoke 转发来自本端子网发往目的分支 Spoke 子网的数据报文时，首先会根据报文中的目的 IP 地址（**目的 Spoke 的私网 IP 地址**）在本地路由表中查找匹配的路由表项，经查询发现只有一条汇聚路由匹配，并且下一跳为总部 Hub 的 mGRE Tunnel 接口 IP 地址。然后再根本这个路由表项中的下一跳 IP 地址在本地查找 NHRP peer 表项，查询下一跳对应的公网 IP 地址（即 Hub 的 mGRE Tunnel 接口 IP 地址），将该 IP 地址作为数据报文进行 GRE 封装后新增 IP 报头的“目的 IP 地址”，发往下一跳，即 Hub，因为 Spoke 上只有一条下一跳指向 Hub 的汇聚路由。

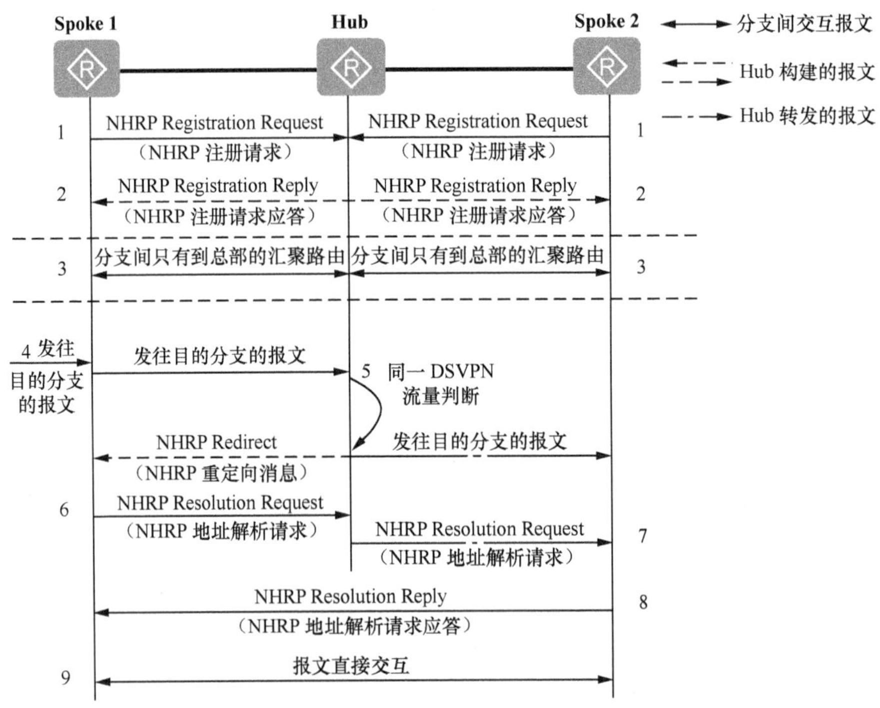

图 7-15 shortcut 场景中 DSVPN 实现流程

（5）数据报文到达总部 Hub 之后，总部对 GRE 报文进行解封装，发现原始 IP 数据报文中的“目的 IP 地址”并不是自己的，于是在本地路由表中查看有没有对应的路由表项，因为 Hub 上已配置好到达各 Spoke 子网的路由，所以肯定可以找到对应的路由表项。然后根据该路由表中的下一跳 IP 地址（**目的 Spoke 的 mGRE Tunnel 接口 IP 地址**）在本地查找对应的 NHRP peer 表项，找到对应的目的 Spoke 的公网 IP 地址。

在对原始 IP 数据报文进行 GRE 封装时，新增 IP 报头中的“目的 IP 地址”为前面查询到的目的 Spoke 的公网 IP 地址（源 IP 地址为 Hub 的公网接口 IP 地址），将数据报文转发到目的 Spoke（**仅第一次发往目的分支 Spoke 的数据需经部分 Hub 转发**）。同时 Hub 会触发 NHRP redirect 重定向报文给源 Spoke，告诉源 Spoke 上次到达目的 Spoke 所选择的下一跳 IP 地址不是最优的，同时把最优的下一跳 IP 地址（即目的 Sopke 的 mGRE Tunnel 接口 IP 地址）告诉源 Spoke。

（6）源 Spoke 接收 NHRP redirect 报文后，获知了去往目的 Spoke 的最优下一跳 IP 地址，同时生成 Hub 的 NHRP peer 表项，但仍然不知道目的 Spoke 的公网 IP 地址。于是源 Spoke 再向 Hub 发送一个 NHRP 解析请求报文，希望得到目的 Spoke 的公网 IP 地址。

（7）Hub 收到源 Spoke 发来的 NHRP 解析请求报文后，先在本地查找有无对应 Spoke 的 NHRP peer 表项，如有直接对源 Spoke 发送 NHRP 解析应答报文，告诉目的 Spoke 的公网 IP 地址，无需进行下一步，源 Spoke 已可生成目的 Spoke 的 NHRP peer 表项了；如果没有，会以所收到的 NHRP 解析请求报文中的要解析的目的 Spoke 的 mGRE Tunnel 接口的 IP 地址作为下一跳，把 NHRP 解析请求报文转发到目的 Spoke。

（8）目的 Spoke 接收由总部转发的 NHRP 解析请求后，向源 Spoke 发送 NHRP 解析请求应答报文。同时会根据所收到的 NHRP 解析请求报文中的地址信息生成源 Spoke 的 NHRP peer 表项。

（9）源 Spoke 收到目的 Spoke 发来的 NHRP 解析请求应答报文后便获知了目的 Spoke 的公网 IP 地址，建立目的 Spoke 的 NHRP peer 表项。这样源 Spoke 和目的 Spoke 间都已相互获悉了对方的公网 IP 地址，就可以利用这个 IP 地址建立 VPN 隧道了。但如果在前面源 Spoke 获取目的 Spoke 公网 IP 地址是直接由 Hub 进行应答的，且如果目的 Spoke 也不知道源 Spoke 的公网 IP 地址，则要重复（4）～（8）步。VPN 隧道建立成功后，两 Spoke 间后续的数据通信中，数据报文的转发的下一跳就直接改为对方的 mGRE Tunnel 接口 IP 地址了，不用需要经过总部 Hub 来转发了。

【经验提示】从以上可以看出，源 Spoke 向目的 Spoke 发出的第一个数据报文的主要目的是触发 Hub 向源 Spoke 发送重定向报文，使源 Spoke 获悉目的 Spoke 的下一跳 IP 地址，即目的 Spoke 的 mGRE Tunnel 接口 IP 地址。但仅有这个下一跳 IP 地址还无法对要发送的报文进行 GRE 封装，还需要目的 Spoke 的公网 IP 地址，于是又触发源 Spoke 向 Hub 发送 NHRP 解析请求报文，以获得目的 Spoke 的公网 IP 地址。当双方都建立了对方的 NHRP peer 后就繁体可直接建立 VPN 隧道，进行直接通信。

7.2.5　DSVPN NAT 穿越原理

如果 Spoke 的私有网络通过 NAT（Network Address Translation，网络地址转换）设备再与 Hub 连接，Hub 与 Spoke、Spoke 之间建立 VPN 连接时需要穿越 NAT。DSVPN 支持 NAT 穿越，可以实现 Hub 与 Spoke，以及 Spoke 间直接通信，如图 7-16 所示。

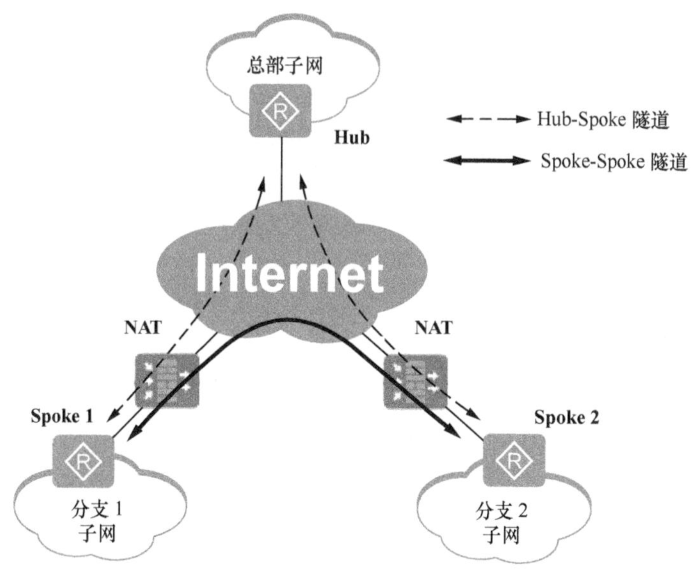

图 7-16　DSVPN 通过 NAT 穿越构建 VPN 示意图

DSVPN 支持 NAT 穿越的基本原因就是因为由 Spoke 或 Hub 发送的报文中都需要经过 GRE 重封装，这样一来会把整个原始的 IP 报文当作数据部分，然后新增一个 IP 报头，在经过 NAT 转换时，转换的只是新增 IP 报头中的地址信息，被当成数据部分的原始 IP

报头中的地址信息会不变，这样就可以使收到报文的一端通过进行 GRE 解封装，从里、外两层 IP 报头中获知对端在经过 NAT 转换前、后的公网 IP 地址。具体也是要通过 NHRP 注册和 NHRP 解析两个过程来实现。

（1）Spoke 向 Hub 进行 NHRP 注册时，由 Spoke 发送的 NHRP 注册请求报文需要经过 GRE 封装，所以 NHRP 注册请求报文在进入 NAT 前，被作为数据部分的原始 IP 报头的“源 IP 地址”为公网侧接口的 IP 地址（**通常是为私网 IP 地址**），经过 NAT 设备后转换后，只会对新增 IP 报头中的“源 IP 地址”进行转换，而在数据部分的 IP 报头中的“源 IP 地址”不会改变，这样到达 Hub 的 NHRP 注册请求报文中仍会携带 Spoke 公网侧接口的 IP 地址，当然也可从外层 IP 报头获知 Spoke 经 NAT 转换后的公网 IP 地址，基于外层 IP 报头中的公网 IP 地址和 mGRE Tunnel 接口 IP 地址建立源 Spoke 的 NHRP peer 表项。

（2）当 NHRP 请求报判断到达 Hub 后，需要经过 GRE 解封装，还原原始的 NHRP 报文，此时就会发现原来经过 GRE 封装的 NHRP 报文的新 IP 报头中的“源 IP 地址”与解封装后的 NHRP 报文原始 IP 报头的“源 IP 地址”不一致，由此 Hub NHRP 模块可感知 Spoke 路径有 NAT 设备存在。

随后 Hub 要给 Spoke 返回 NHRP 注册请求应答报文，而在这个应答报文中 IP 报头的“目的 IP 地址”是 Spoke 经 NAT 转换后的公网 IP 地址，然后再次经过 GRE 封装，新 IP 报头中的“目的 IP 地址”仍是 Spoke 经 NAT 转换后的公网 IP 地址。到了 NAT 设备再经过反向转换，新 IP 报头中的“目的 IP 地址”转换为 Spoke 经 NAT 转换前的私网 IP 地址。当 NHRP 注册应答报文到了源 Spoke 后，就会使源 Spoke 通过 GRE 解封装后从 IP 报头时获知它转换后的公网 IP 地址。

（3）与 Spoke 向 Hub 发送 NHRP 注册请求报文一样，当源 Spoke 向目的 Spoke 发起 NHRP 地址解析请求时，也需要经过 GRE 封装，在经过 NAT 转换后，源 Spoke 在 NAT 转换前、后的 IP 地址也会分别在原始 IP 报头和新 IP 报头的“源 IP 地址”字段中体现，在目的 Spoke 接收并进行 GRE 解封装 NHRP 解析请求报文后，也会获知源 Spoke 在 NAT 转换前、后的 IP 地址，基于外层 IP 报头中的公网 IP 地址和 mGRE Tunnel 接口 IP 地址建立源 Spoke 的 NHRP peer 表项。

（4）与前面的源 Spoke 向目的 Spoke 发送 NHRP 解析请求报文一样，目的 Spoke 向源 Spoke 返回 NHRP 地址解析请求应答时，如果目的 Spoke 设备前面也有 NAT 设备，则也会在原始 IP 报头和新 IP 报头的“源 IP 地址”字段中体现目的 Spoke NAT 转换前、后的 IP 地址，并且最终使源 Spoke 获知，建立目的 Spoke 的 NHRP peer 表项。

（5）源 Spoke 和目的 Spoke 互相知道对端 NAT 前、后的 IP 地址后，就可根据 NAT 转换后的公网 IP 地址建立隧道，实现 Spoke 间穿越 NAT 进行通信。

在配置 DSVPN NAT 穿越时要注意以下几个方面。

- DSVPN 不支持两个 Spoke 位于同一 NAT 设备之后，且 NAT 转换后 IP 地址相同的 NAT 穿越。因为 Spoke 最终要通过转换后的公网 IP 地址来建立 VPN，两端转换后的公网 IP 地址相同自然就不行了。

- DSVPN 不支持两个 Spoke 位于不同 NAT 设备之后，且启用 PAT（Port Address Translation）功能的 NAT 穿越。因为 PAT 是用来实现多个用户共享同一个公网 IP 地址（各用户只是使用不同的传输层端口号）访问外部网络需求的，而因为 Spoke 仅通过转换后的公网 IP 地址来建立 VPN，采用 PAT 后就没办法确定两端唯一的隧道端点了。
- NAT 设备必须配置为 NAT Server 或 Static NAT，DSVPN 不支持配置为 NAT inbound、NAT outbound 的 NAT 穿越。这里同样是因为 Spoke 最终要通过转换后的公网 IP 地址来建立 VPN，如果转换后的公网 IP 地址不能固定的话，就没办法建立成功了。

7.2.6 DSVPN 双 Hub 备份原理

部署 DSVPN 时，如果仅有一个 Hub，则所有的 Spoke 都与单一 Hub 相连。当 Hub 出现故障时，Spoke 间也将无法建立隧道进行直接通信。通过部署双 Hub 冗余备份，可以提升 DSVPN 网络的可靠性，如图 7-17 所示。

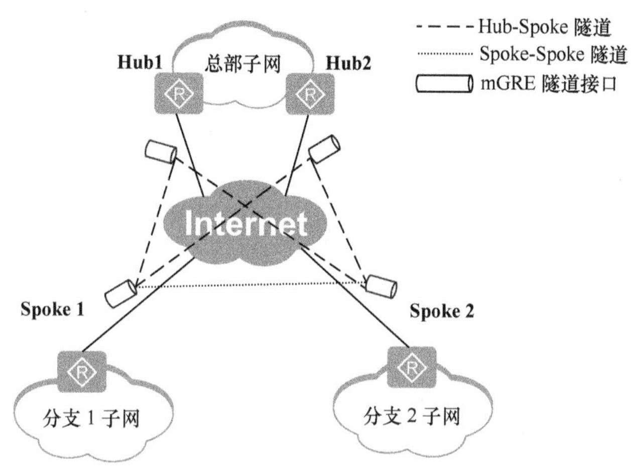

图 7-17 DSVPN 双 Hub 备份示意图

使用 DSVPN 双 Hub 冗余备份的具体工作原理如下。

（1）所有 Spoke 事先要在本地配置好两个 Hub 的 NHRP peer 表，分别记录 Hub1 和 Hub2 的 mGRE Tunnel 接口地址与公网 IP 地址的映射关系。然后同时向主用 Hub1 和备用 Hub2 发送 NHRP 注册请求（报文中包含自己的 mGRE Tunnel 接口 IP 地址和公网 IP 地址）。

（2）总部 Hub1 和 Hub2 根据接收的 NHRP 注册请求报文，各自记录 Spoke 的 mGRE Tunnel 接口 IP 地址与其公网 IP 地址的对应关系，生成对应的 Spoke NHRP peer 表，也各自向 Spoke 发送 NHRP 注册请求应答报文。这样就完成了 Spoke 在个 Hub 上注册 NHRP peer 的任务。

（3）Spoke 通过路由配置，使得到达 Hub1 的路由优先级高于到达 Hub2 的路由优先级。这样当 Spoke 间需要进行通信时，由此触发的 NHRP 地址解析请求报文会优先发送给 Hub1，由 Hub1 完成报文的转发。

（4）Spoke 间根据流量触发建立隧道的原理请参见 7.2.3 节介绍的非 shortcut 场景 DSVPN 工作原理，或 7.2.4 节介绍的 shortcut 场景 DSVPN 工作原理。

（5）只有当 Hub1 出现故障时，Spoke 才会将 NHRP 解析请求报文发送给 Hub2，由 Hub2 完成报文的转发。当 Hub1 故障恢复后，Spoke 再根据定义好的路由策略选择 Hub1 进行交互。

由此可见，在双 Hub 备份的场景中，同一时刻只有一个 Hub 在工作，另一个总处于备份待命状态。而且仅当主用 Hub 出现故障时，备用 Hub 才临时起作用，当主用 Hub 故障恢复后，备份 Hub 又处于待命状态。所以总体来说，这种纯备份方式，Hub 的利用率不高，不是有特别的需求，一般不采用这种部署。

7.2.7 DSVPN IPSec 保护原理

当企业需要对 Hub 和 Spoke，以及 Spoke 间传输的数据进行加密保护的时候，可以在部署 DSVPN 的同时使用 IPSec 安全框架，实现同时动态建立起 mGRE 隧道和 IPSec 隧道，对应 DSVPN over IPSec，如图 7-18 所示。

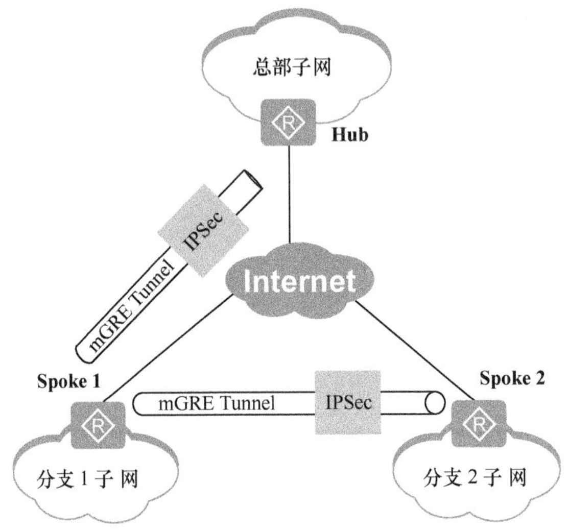

图 7-18　DSVPN over IPSec 示意图

DSVPN over IPSec 具有以下特性。

- mGRE 隧道建立的同时会立即触发 IPsec 隧道建立。
- DSVPN 使用 NHRP 和 mGRE 技术，与 IPSec 联合部署时可以简化设备的配置，使得数据传输的安全性得到保障的同时，网络部署更加简单。
- 由于动态建立了 Spoke 间的 IPSec 隧道，使得 Spoke 间的 IPSec 数据交互不用通过总部 Hub 进行解密和加密操作，降低了数据传输时延。

在 DSVPN 网络中的 Hub 和 Spoke 配置 IPSec 安全框架，并部署于 mGRE 接口的基本工作原理如下。

（1）网络中的所有 Spoke 向 Hub 发起注册请求，同时 Spoke 会将在本地配置的 Hub NHRP peer 信息（主要需要 Hub 的公网 IP 地址）告知 IPSec 功能模块，触发 Spoke 和 Hub 的 IKE 模块进行 IPSec 隧道的协商。

（2）Hub 根据收到 Spoke 发来的 NHRP 注册请求报文后，记录 Spoke 的 mGRE Tunnel 接口的 IP 地址与其公网 IP 地址的映射关系，生成 Spoke 的 NHRP peer 表项，并向 Spoke

发送 NHRP 注册请求应答报文。

（3）Spoke 间根据流量触发建立 mGRE 隧道，具体原理请参见 7.2.3 节介绍的非 shortcut 场景 DSVPN 工作原理，或 7.2.4 节介绍的 shortcut 场景 DSVPN 工作原理。

（4）在 Spoke 间 mGRE 隧道建立的同时，IPSec 模块从通过前面建立 GRE 隧道时获的对端 Spoke 的 NHRP peer 信息中得到对端 Spoke 的公网 IP 地址，根据该信息添加或删除 IPSec 对等体节点，触发 Spoke 间动态建立 IPSec 隧道。

（5）Spoke 间 IPSec 隧道建立成功后，后续数据转发根据 IP 报文的“目的 IP 地址”在本地查找路由表。如果出接口类型是 mGRE Tunnel 接口，则根据路由下一跳查找 NHRP peer 表项，获取其对应的公网 IP 地址，然后再根据公网 IP 地址查找 IPSec SA，对报文进行 IPSec 加密后发送。

7.3 DSVPN 配置与管理

通过配置 DSVPN，使得分支与分支间能够动态获取对端的地址，实现分支间构建隧道进行直接 VPN 通信。当然更可以实现 Spoke 与 Hub 的 VPN 通信。在配置 DSVPN 之前，需要配置各节点设备公网路由可达。

7.3.1 配置任务

在 DSVPN 的配置中涉及到几项配置任务，需要分别在总部 Hub 和分支 Spoke 上进行配置。其中“配置 IPSec 安全框架”仅用于 DSVPN over IPSec 场景，但由于 DSVPN 中的 GRE 和 NHRP 协议都没有提供加/解密功能，报文容易受攻击，建议选择此配置，以对报文进行保护。

（1）配置 mGRE

这项配置任务就是围绕 mGRE Tunnel 接口进行的，包括该接口 IP 地址、mGRE 封装类型、mGRE 隧道源 IP 地址和隧道的识别关键字配置。

（2）配置路由

这里要根据本章前面介绍的非 shortcut 场景，或 shortcut 场景下所需配置的路由采取静态或路由配置方式配置所需路由。

（3）配置 NHRP

这是 DSVPN 的一项非常重要的配置，但在 Hub 和 Spoke 上的配置内容不一样。在 Hub 上主要包括使能动态注册的分支加入 NHRP 组播成员表功能和 NHRP 重定向功能，还可选配置 DSVPN 域、NHRP 协商的认证字符串，NHRP peer 表项保持时长等参数。在 Spoke 上主要需配置 Hub 的 NHRP peer 表项，当采用 shortcut 场景时还要启用 nhrp shortcut 功能，可选配置包括 DSVPN 域、NHRP 协商的认证字符串、NHRP 注册间隔、NHRP 表项保持时长等参数。

（4）（可选）配置并应用 IPSec 安全框架

IPSec 安全框架的配置主要涉及到 IKE 安全提议、IKE 对等体的配置，创建 IPSec 安全框架，然后在 mGRE Tunnel 接口上应用安全框架。

7.3.2 配置 mGRE

为实现 DSVPN 功能，需要创建 Tunnel 接口并将其配置为 mGRE 类型。mGRE Tunnel 接口只需配置隧道源 IP 地址或源接口，不需要指定隧道目的 IP 地址，这样可以实现一个 mGRE Tunnel 接口上建立多条 GRE 隧道，对应多个 GRE 对端，简化设备上 GRE 的配置。

需要在 Spoke 和 Hub 上分别进行 mGRE 配置，具体配置步骤如表 7-1 所示，必选配置只有 mGRE 封装、IP 地址和隧道源配置，其余均为可选配置。

表 7-1 配置 mGRE Tunnel 接口的步骤

步骤	命令	说明
1	**system-view** 例如：<Huawei> **system-view**	进入系统视图
2	**interface tunnel** *interface-number* 例如：[Huawei] **interface tunnel** 0/0/1	创建 Tunnel 接口，并进入 Tunnel 接口视图。Tunnel 接口的格式为“槽位号/卡号/端口号”，槽位号、卡号均为整数形式，取值与具体的 AR G3 系列路由器有关；端口号为整数形式。 【说明】Tunnel 接口编号只具有本地意义，隧道两端配置的 Tunnel 接口编号可以不同。 缺省情况下，系统未创建 Tunnel 接口，可用 **undo interface tunnel** *interface-number* 命令删除指定的 Tunnel 接口，但如果 Tunnel 正在被使用，删除后会影响使用该 Tunnel 的业务
3	**ip address** *ip-address* { *mask* | *mask-length* } 例如：[Huawei-Tunnel0/0/1] **ip address** 10.1.1.1 24	配置 Tunnel 接口的 IP 地址
4	**tunnel-protocol gre p2mp** 例如：[Huawei-Tunnel0/0/1] **tunnel-protocol gre p2mp**	配置 Tunnel 接口的隧道协议为 mGRE。 【说明】必须先指定隧道协议后才能进行后面步骤中的参数配置，修改隧道封装模式会删除该隧道下已配置的相关参数。 缺省情况下，Tunnel 接口的隧道协议为 none，即不进行任何协议封装，可用 **undo tunnel-protocol** 命令恢复缺省配置
5	**source** { [**vpn-instance** *vpn-instance-name*] *source-ip-address* | *interface-type interface-number* } 例如：[Huawei-Tunnel0/0/1] **source** loopback 0	设置隧道的源 IP 地址或源接口。命令中的参数说明如下。 • **vpn-instance** *vpn-instance-name*：可选参数，指定隧道的源地址所属的 VPN 实例的名称，必须是已存在的 VPN 实例名称。 • *source-ip-address*：二选一参数，指定隧道的源 IP 地址。 • *interface-type interface-number*：二选一参数，指定隧道的源接口，通常是公网物理接口，也可以是其他接口。 缺省情况下，系统不指定隧道的源地址或源接口，可用 **undo source** 命令删除配置的 Tunnel 源地址或源接口
6	**gre key** { **plain** *key-number* | [**cipher**] *plain-cipher-text* } 例如：[Huawei-Tunnel0/0/1] **gre key cipher** 123456	（可选）设置 GRE 隧道的识别关键字。当多个 mGRE 隧道接口使用了相同的源 IP 地址或源接口时，则必须在 mGRE 隧道接口配置隧道的识别关键字，以便对端验证源端是否属于与自己属于同一 GRE 隧道。命令中的参数和选项说明如下。

（续表）

步骤	命令	说明
6	**gre key** { **plain** *key-number* | [**cipher**] *plain-cipher-text* } 例如：[Huawei-Tunnel0/0/1] **gre key cipher** 123456	• **plain** *key-number*：二选一参数，指定识别关键字显示为明文形式（此时，识别关键字将以明文形式保存在配置文件中），整数形式，取值范围是 0～4294967295。 • [**cipher**] *plain-cipher-text*：二选一参数，指定识别关键字显示为密文形式（此时，识别关键字将以密文形式保存在配置文件中），可以输入整数形式的明文，取值范围是 0～4294967295；也可以输入 32 位或 48 位字符串长度的密文。选择可选时，识别关键字是以密文保存。 为了增强 GRE 隧道的安全性，可以对 GRE 隧道两端设置 GRE 隧道的识别关键字，通过这种安全机制防止错误识别、接收其他地方来的报文。只有 Tunnel 两端设置的识别关键字完全一致时才能通过验证，否则将报文丢弃。 本命令为覆盖式配置，后一次配置会覆盖前一次的配置。 缺省情况下，GRE 隧道没有设置识别关键字，可用 **undo gre key** 命令删除为 GRE 隧道所配置的识别关键字

【经验提示】因为 mGRE Tunnel 接口是一个点对多点接口，可以与多个对端建立 GRE 隧道。也就是多个 GRE 隧道的其中一个端点共用了一个 mGRE Tunnel 接口，所以这些多个 GRE 隧道的另一端都需要与这个 mGRE Tunnel 接口能直接通信。虽然我们在第 6 章介绍到，Tunnel 接口的链路层协议是 PPP，两端的 IP 地址可以不一样，但这需要特别配置的，为了简化配置，我们通常是把各 mGRE Tunnel 接口的 IP 地址配置在同一 IP 网段。这样，如果整个 DSVPN 中的 Hub、Spoke 间均要建立 VPN 通信，则整个网络中的各种 mGRE Tunnel 接口的 IP 地址都要在同一 IP 网段，这点要特别注意，不要随便配置这些隧道接口的 IP 地址。当然，这一般在事先就要规划好，包括 Hub 和 Spoke 所连接的子网所在的 IP 网段（最好是连续子网，以便汇聚）。

7.3.3 配置路由

在 Spoke 和 Hub 上都必须存在经 mGRE Tunnel 接口转发的路由，这样通过 GRE 封装的报文才能正确转发。经过 mGRE Tunnel 接口转发的路由可以是静态路由，也可以是动态路由。

在 7.2.3 节和 7.2.4 节已介绍，针对不同的场景，DSVPN 都有两种不同的路由部署模式与之对应，但具体配置方法来说存在差异，具体如下。

（1）非 shortcut 场景：部署 Spoke 间相互学习路由

非 shortcut 场景是指在中小型网络中，由于 Spoke 较少，采用 Spoke 间相互学习路由方案，使源 Spoke 到目的 Spoke 子网的路由下一跳为目的 Spoke 的 mGRE Tunnel 接口 IP 地址的一种网络场景。采用这种部署方案，Spoke 间的动态路由学习规模较小，对于 Hub 和 Spoke 设备的性能要求比较均衡。

（2）shortcut 场景：部署分支只保存到总部的汇聚路由

在分支机构数目较多的大型网络中，应用非 shortcut 场景时 Spoke 需要保存整个网络的路由信息，同时还需要大量 CPU 和内存资源来计算动态路由协议，会对 Spoke 的路由表容量和性能有较高的要求。针对这种缺点，可以选择 DSVPN shortcut 场景，部署

Spoke 只保存到 Hub 的汇聚路由方案，使源 Spoke 到目的 Spoke 子网的路由下一跳为 Hub 的 mGRE Tunnel 接口 IP 地址。

以上两种应用场景的路由方案均既可以采用静态路由配置方式，也可以采用动态路由配置方式，但在 shortcut 场景中，由于 Spoke 数量多，各 Spoke 子网可能很难聚合成一个网段，这样如果采用静态路由配置方式的话，各 Spoke 仍可能需要配置多格汇聚路由，所以通常是采用动态路由配置方式。

1. 配置静态路由

采用静态路由配置方式时，仅需通过 **ip route-static** *ip-address* { *mask* | *mask-length* } *nexthop-address* [**description** *text*]命令进行配置。但在两种应用场景下具体的配置方式有所不同。

- 在非 shortcut 场景下配置静态路由时，Hub 和 Spoke，以及 Spoke 间都需要配置到达对端子网的静态路由，下一跳为对端的 mGRE Tunnel 接口的 IP 地址。也就是需要一条条配置到达各个对端的明细静态路由。
- 在 shortcut 场景配置静态路由时，Hub 和 Spoke 也都需要配置所需的静态路由，但 Hub 需指定下一跳为各 Spoke 的 mGRE Tunnel 接口 IP 地址，到达各 Spoke 子网的明细静态路由，而 Spoke 只需配置一条或少数几条能包括需要与本 Spoke 建立 VPN 通信的 Hub 子网和其他 Spoke 子网的汇聚路由，且下一跳均为 Hub 的 mGRE Tunnel 接口 IP 地址。这样配置的目的当然就是到达所有其他 Spoke 的报文均从 Hub 进行转发，简少 Spoke 上保存的路由表项数。

这时需要先计算好 Hub 子网和其他要建立 VPN 通信的 Spoke 子网的聚合网络。如 Hub 上的子网为 192.168.0.0/24，另两个需要与本 Spoke 建立 VPN 通信的 Spoke 子网分别为 192.168.1.0/24 和 192.168.2.0/24，则此时我们可以计算这三个子网的最佳聚合网络。计算方法是把各子网的网络地址中从最高字节开始把相同的字节值保留下来，然后对从第一个不同的字节开始，直到最后一位用二进制形式表示，再把它们相同的连续位保留下来，不同的连续位全部置 0，即可得出它们的最佳聚合网络。

如 192.168.0.0/24、192.168.1.0/24 和 192.168.2.0/24 三个子网的最佳聚合网络的计算方法如下。

（1）首先可以看出，这三个子网的网络地址中最高的两个字节是相同的，均为 192.168，保留下来。

（2）然后把三个子网网络地址中从第一个不同的字节开始到最后一位用二进制形式表示出来（本示例中仅包括最低两个字节），具体如下：

00000000 00000000

00000001 00000000

00000010 00000000

从中可以看出，这三个子网网络地址中最低两个字节有高 6 位是连续相同的，保留它们的值，然后把后面 10 位全部置 0，得出聚合网络中最低两个字节的值为 00000000 00000000，转换成十进制就是 0.0，但只有前面 6 位属于子网 ID。

（3）再把前面保留下来的最高两个字节 192.168 与上面计算出最低两个字节值，就得出这三个子网的最佳聚合网络为 192.168.0.0/22。

【经验提示】有的人喜欢直接取更大的自然网段进行子网聚合，因为这样简单、快捷。但这仅在要求不高的情况下是可以的，如果严格要求仅某些 Spoke 可以直接建立 VPN 通信，而另一些 Spoke 间不允许直接进行 VPN 通信时，这样聚合可能就不能满足要求了。因为这样直接汇聚到对应自然网段时，可能会包括本来不允许建立 VPN 通信的 Spoke 子网。

如以上示例中，如果直接汇聚成 192.168.0.0/16，则它可包括的范围就不仅是以上三个子网了，这样像 192.168.8.0/24 之后的子网都包括进去了。而事实上如果恰好有这样一个 Spoke，它的子网正好是 192.168.10.0/24，但又不允许它与 192.168.1.0/24 Spoke 子网直接建立 VPN，则汇聚路由就不能选择 192.168.0.0/16 了。

2. 配置动态路由

在 DSVPN 中，可以使用 RIP、OSPF 或 BGP 动态路由协议。但在使用不同的动态路由协议时，需要注意表 7-2 所示的事项。

表 7-2　采用动态路由配置时要注意的事项

场景与路由协议	RIP	OSPF	BGP
非 shortcut 场景	总部 Hub 的 mGRE Tunnel 接口上使用 **undo rip split-horizon** 命令命令关闭水平分割（在 NBMA 网络中默认是关闭的），在系统视图下使用 **undo summary** 命令关闭自动路由聚合功能	总部 Hub 和分支 Spoke 的 OSPF 网络类型要通过 **ospf network-type broadcast** 命令配置成广播类型	总部 Hub 不能配置路由聚合
shortcut 场景	总部 Hub 的 mGRE Tunnel 接口上使用 **rip split-horizon** 命令开启水平分割（在 NBMA 网络中，缺省情况未使能水平分割功能），使用 **rip summary-address** *ip-address mask* 命令配置手动路由聚合功能（仅适用于 RIP-2 版本）	总部 Hub 和分支 Spoke 的 OSPF 网络类型要通过 **ospf network-type p2mp** 命令配置成点到多点型	总部 Hub 配置路由聚合（可以是无类的手动聚合，也可以是有类的自动聚合）

【经验提示】之所以要在非 shortcut 场景中使用 RIP 路由协议时，要在 Hub 上的 mGRE Tunnel 接口上关闭水平分割功能和路由聚合功能，那是因为在这种场景中各端都通告了自己的 mGRE Tunnel 接口 IP 地址所在网段和子网网段，且通常情况下，各设备上 mGRE Tunnel 接口的 IP 地址在同一 IP 网段，Hub 和 Spoke 所连接的子网也很有可能是连续子网，而 RIP 路由协议又仅能以自然网段进行网段通告。这样一来，各设备间通告的网段很可能有些是相同的（至少各设备 mGRE Tunnel 接口 IP 地址所在网段是一样的）。如果开启水平分割功能的话，Hub 可能不会发送与源 Spoke 相同网段的路由信息，可能会阻止源 Spoke 通过 Hub 学习其他目的 Spoke 的路由。另外，因为在非 shortcut 场景中，需要学习对方的明细路由，不是聚合路由，所以要在 Hub 上关闭路由聚合功能。

而在 shortcut 场景下，因为 Spoke 仅配置指向 Hub 的汇聚路由，而且 Hub 向 Spoke 发布的也只是包括各子网在内的聚合路由（不是某子网的明细路由），所以为了尽可能避免 Hub 和 Spoke 间出现路由环路，建议在 Hub 上开启水平分割功能，同时启用路由聚合功能。

之所以要在非 shortcut 场景中，Hub 和 Spoke 的 mGRE Tunnel 接口要使用 OSPF 路

由协议时要 OSPF 网络为广播型的，那是因为在非 shortcut 场景中各设备间都要相互学习路由。而在 shortcut 场景中，Hub 和 Spoke 的 mGRE Tunnel 接口要使用 OSPF 路由协议时要 OSPF 网络为 P2MP 型的，那是因为在 shortcut 场景中各 Spoke 的路由都是从 Hub 发布的汇聚路由学习到的，是点对多点学习方式。

而在非 shortcut 场景中，使用 BGP 路由协议时不要路由聚合，原因与前面的类似，也是因为在这种场景下，各设备间都是直接进行明细路由学习，而不是汇聚路由。反之在 shortcut 场景中，各 Spoke 仅从 Hub 中学习汇聚路由，所以要开启手动路由聚合功能。

7.3.4 配置 NHRP

NHRP 在 DSVPN 中用于解决公共网络上的源 Spoke 如何动态获取目的 Spoke 公网地址的问题。Spoke 接入公网时使用当前物理接口的公网 IP 地址向 Hub 发送 NHRP 注册请求进行注册，Hub 根据这些请求信息，创建或刷新对应 Spoke 的 NHRP peer 表。Spoke 间通过 NHRP 地址解析请求和应答，创建和刷新对端 Spoke 的 NHRP peer 表。

在非 shortcut 场景和 shortcut 场景中，分别需要在 Spoke 和 Hub 上进行 NHRP 配置，Hub 上的配置步骤如表 7-3 所示，必选配置只有允许动态注册的分支加入 NHRP 组播成员表这一项，当采用 shortcut 场景时还要开启 NHRP 重定向功能，其他均为可选配置；Spoke 上的配置步骤如表 7-4 所示，必选配置只有配置 Hub NHRP peer 表项这一项，当采用 shortcut 场景时还要开启 NHRP shortcut 功能，其他均为可选配置。

表 7-3　　Hub 上的 NHRP 配置步骤

步骤	命令	说明
1	**system-view** 例如：<Huawei> **system-view**	进入系统视图
2	**interface tunnel** *interface-number* 例如：[Huawei] **interface tunnel** 0/0/1	进入 mGRE Tunnel 接口视图
3	**nhrp network-id** *number* 例如：[Huawei-Tunnel0/0/1] **nhrp network-id** 100	（可选）配置接口所属 DSVPN 域，整数形式，取值范围是 1～4294967295。NHRP 域，仅本地生效，**不通过 NHRP 报文进行传递**。 修改 network-id 之后，设备上已学习到的 NHRP peer 不会受到影响，已建立的 IPSec 隧道不会重建。但设备转发 NHRP 报文时，如果出、入接口都是 mGRE 接口，需判别出、入 mGRE 接口的 network-id 是否相同。对于不同类型的 NHRP 报文，有如下影响。 • 对于 NHRP 注册请求报文和注册请求应答报文，NHRP 模块不支持 NHRP 注册报文的转发，对原有的 NHRP 注册流程不影响。 • 对于 NHRP 解析请求报文，NHRP 模块判别 NHRP 报文是否是过路报文，如果是过路 NHRP 报文且出 mGRE 接口的 network-id 与入 mGRE 接口的 network-id 不同，则终结该 NHRP 解析请求报文，向源端发 NHRP 解析请求响应。

（续表）

步骤	命令	说明
3	**nhrp network-id** *number* 例如：[Huawei-Tunnel0/0/1] **nhrp network-id** 100	• 对于 NHRP 解析请求应答报文、purge 请求报文、purge 请求应答报文和 Redirect 报文，NHRP 模块也判别这些 NHRP 报文是否是过路报文，如果是过路 NHRP 报文且出 mGRE 接口的 network-id 与入 mGRE 接口的 network-id 不同，则丢弃该报文。 缺省情况下，接口所属 DSVPN 域为 0，可用 **undo nhrp network-id** 命令恢复本地 mGRE 接口所属缺省 NHRP 域
4	**nhrp entry multicast dynamic** 例如：[Huawei-Tunnel0/0/0] **nhrp entry multicast dynamic**	配置允许动态注册的分支加入 NHRP 组播成员表。 当分支节点间需要进行通信时，需要获得对方的路由信息，此时需在总部节点上执行本命令，使总部节点将注册的分支节点加入到组播成员表。之后对分支节点发送过来的组播报文，总部节点对报文进行复制并根据组播成员表进行发送，这样可实现分支节点间报文的交互。 【说明】执行该命令之后，在分支节点数量庞大时，如果进行完全的路由信息的交换，对总部节点的 CPU 资源占用较大。此时可以通过配置 shortcut 场景 DSVPN 结合使用路由聚合功能来实现分支间的直接通信。 缺省情况下，没有配置动态注册的分支加入 NHRP 组播成员表，可用 **undo nhrp entry multicast dynamic** 命令去使能将动态注册的分支加入 NHRP 组播成员表功能
5	**nhrp authentication** { **simple** *string* | **cipher** *cipher-string* } 例如：[Huawei-Tunnel0/0/1] **nhrp authentication cipher** huawei@1234	（可选）配置 NHRP 协商的认证字符串。命令中的参数说明如下。 • **simple** *string*：二选一参数，指定 NHRP 协商的明文认证字符串，长度为 1～8，**区分大小写**，支持特殊字符，但字符串中不能包含“？”和空格。 • **cipher** *cipher-string*：二选一参数，指定 NHRP 协商的密文认证字符串，明文形式时长度为 1～8，密文形式时长度为 48，**区分大小写**，支持特殊字符，但字符串中不能包含“？”和空格。 【说明】在总部节点和分支节点执行该命令之后，分支节点向总部节点注册时，根据注册请求报文中的认证字符串来判定是否处理该注册报文。如果总部节点上配置的认证字符串与注册请求报文中的认证字符串不一致，则总部节点不会处理该分支的注册请求；如果总部节点上配置的认证字符串与注册请求报文中的认证字符串一致，总部节点则会处理该分支的注册请求。**但如果分支上配置了认证字符串但是总部节点上没有配置认证字符串，则不会进行认证字符串的认证。** 缺省情况下，没有配置 NHRP 协商的认证字符串，可用 **undo nhrp authentication** 命令删除 NHRP 协商的认证字符串
6	**nhrp entry holdtime seconds** *seconds* 例如：[Huawei-Tunnel0/0/1] **nhrp entry holdtime seconds** 1800	（可选）配置 NHRP 表项保持时长，取值范围是 5～31845，单位为 s，但不能小于在分支上通过 **nhrp registration interval** 命令设置的分支节点定时注册的间隔时间。 【说明】该命令配置的老化时间为本端通告给对端、对端保留本地 NHRP peer 表项的时长。当出现网络异常等情况时，对端设备会根据设置的老化时间及时删除掉本地的 NHRP peer 表项；等到网络恢复后，分支节点会重新向总部节点注册新的 NHRP peer 表项。 缺省情况下，NHRP 表项保持时长为 7200s，可用 **undo nhrp entry holdtime** 命令恢复缺省配置

（续表）

步骤	命令	说明
7	**nhrp redirect** 例如：[Huawei-Tunnel0/0/1] **nhrp redirect**	（可选）使能 nhrp redirect（重定向）功能。在 shortcut 场景配置，必须配置。此时，分支节点上需要同时使能 **nhrp shortcut** 功能（参见下面的表 7-4 中的第 8 步）才能实现分支间建立隧道进行直接通信。 【说明】在总部节点执行该命令之后，不论分支节点是否使能本功能，对总部节点均无影响。但是，如果分支节点未使能 **nhrp shortcut** 功能，总部节点会根据每个数据包发送一个 **nhrp redirect** 报文，造成 CPU 资源以及网络资源的浪费。可以通过在分支节点使能本功能解决 缺省情况下，未使能 **nhrp redirect** 功能，可用 **undo nhrp redirect** 命令去使能 NHRP redirect 功能

表 7-4 **Spoke 上的 NHRP 配置步骤**

步骤	命令	说明
1	**system-view** 例如：<Huawei> **system-view**	进入系统视图
2	**interface tunnel** *interface-number* 例如：[Huawei] **interface tunnel** 0/0/1	进入 mGRE Tunnel 接口视图
3	**nhrp network-id** *number* 例如：[Huawei-Tunnel0/0/1] **nhrp network-id** 100	（可选）配置接口所属 DSVPN 域，其他说明参见 7-3 中的第 3 步
4	**nhrp entry** *protocol-address* { *dns-name* | *nbma-address* } [**register**] [**track apn** *apn-name*] 例如：[Huawei-Tunnel0/0/1] **nhrp entry** 10.10.10.10 202.10.10.1 **register**	配置中的静态 NHRP peer 表项。当配置 DSVPN 功能时，需使用该命令在分支节点上静态配置 NHRP peer（总部节点）的 mGRE Tunnel 接口 IP 地址与公网 IP 地址或者 mGRE Tunnel 接口 IP 地址与域名的映射关系。当分支节点向总部节点进行注册时，总部节点也会生成本分支的 mGRE Tunnel 接口 IP 地址和公网 IP 地址的映射关系，此时分支节点和总部节点可以通过 VPN 隧道进行直接通信。命令中的参数和选项说明如下。 • *protocol-address*：指定 NHRP peer 的 mGRE Tunnel 接口 IP 地址。 • *dns-name*：二选一参数，指定 NHRP peer 的域名，字符串格式，**区分大小写**，长度范围是 1～255。当 DNS 域名对应的 IP 地址发生变更时，静态的 NHRP peer 无法自动响应 IP 地址变化，管理员需手工重配置该 **nhrp peer** 或 **shutdown/undo shutdown** 一下 mGRE Tunnel 接口。 • *nbma-address*：二选一参数，指定 NHRP peer 中的公网 IP 地址。 • **register**：可选项，启动分支节点向总部节点发起 NHRP 注册请求，使得总部节点上生成关于本分支节点的 NHRP peer 表项。 • **track apn** *apn-name*：可选参数，指定将 NHRP peer 信息与 APN 模板关联，用于与移动 cellular 接口下配置的 APN 模板关联。

（续表）

步骤	命令	说明
4	**nhrp entry** *protocol-address* { *dns-name* | *nbma-address* } [**register**] [**track apn** *apn-name*] 例如：[Huawei-Tunnel0/0/1] **nhrp entry** 10.10.10.10 202.10.10.1 **register**	缺省情况下，未在本地 NHRP 映射表中添加静态 NHRP peer 信息，可用 **undo nhrp entry** *protocol-address* { *dns-name* | *nbma-address* } [**register**] [**track apn** *apn-name*] 命令删除本地 NHRP 映射表中静态 NHRP peer 信息
5	**nhrp registration no-unique** 例如：[Huawei-Tunnel0/0/1] **nhrp registration no-unique**	（可选）配置 NHRP 注册时允许覆盖冲突的 NHRP peer 表项 分支节点向总部节点 NHRP 注册时，总部节点会生成关于分支节点的 NHRP peer 表项。在分支节点公网地址改变后分重新进行 NHRP 注册时，若总部节点需要保存最新的分支节点信息时，需要对冲突的 NHRP peer 表项进行覆盖时，可在分支节点执行本命令，否则新的 NHRP peer 表项不会覆盖总部节点上旧的 NHRP peer 表项，新注册表项会被丢弃。 **【说明】这一步在 V200R006 版本以前，是在 Hub 配置的，只是在 V200R006 及以后版本中才是在 Spoke 上配置。** 缺省情况下，NHRP 注册时不覆盖冲突的 NHRP peer 表项，可用 **undo nhrp registration no-unique** 命令去使能 NHRP 注册时覆盖冲突的 NHRP peer 表项功能
6	**nhrp authentication** { **simple** *string* | **cipher** *cipher-string* } 例如：[Huawei-Tunnel0/0/1] **nhrp authentication cipher** huawei@1234	（可选）配置 NHRP 协商的认证字符串。如果总部 Hub 执行了该配置，分支 Spoke 必须执行该配置。 其他说明参见表 7-3 中的第 5 步
7	**nhrp entry holdtime seconds** *seconds* 例如：[Huawei-Tunnel0/0/1] **nhrp entry holdtime seconds** 1800	（可选）配置 NHRP 表项保持时长。其他说明参见表 7-3 中的第 6 步
8	**nhrp shortcut** 例如：[Huawei-Tunnel0/0/1] **nhrp shortcut**	（可选）使能 NHRP shortcut 功能，仅当采用 shortcut 场景时才需要配置。此时总部节点上需要使能 **nhrp redirect** 功能，参见表 7-3 中的第 7 步。 缺省情况下，未使能 NHRP shortcut 功能，可用 **undo nhrp shortcut** 命令去使能 NHRP shortcut 功能

7.3.5　配置并应用 IPSec 安全框架

当企业需要对总部和分支机构以及分支机构间传输的数据进行加密保护的时候，可以在部署 DSVPN 的同时绑定 IPSec 安全框架，实现分支间同时动态建立起 mGRE 隧道和 IPSec 隧道，即部署 DSVPN over IPSec 方案。

在进行 DSVPN over IPSec 部署时，需要先在设备上准备好 IPSec 安全提议和 IKE 对等体，分别参见本书第 2 章的 2.4.3 节和第 3 章的 3.1.3 节。然后在 Spoke 和 Hub 上都要按表 7-5 节的步骤配置并应用 IPSec 安全框架。

表 7-5　　Spoke 上的 NHRP 配置步骤

步骤	命令	说明
1	**system-view** 例如：<Huawei> **system-view**	进入系统视图

（续表）

步骤	命令	说明
2	**ipsec profile** *profile-name* 例如：[Huawei] **ipsec profile** profile1	创建一个 IPSec 安全框架，并进入安全框架视图
3	**proposal** *proposal-name* 例如：[Huawei-ipsec-profile-profile1] **proposal** propl	绑定所定义的 IPSec 安全提议
4	**ike-peer** *peer-name* 例如：[Huawei-ipsec-profile-profile1] **ike-peer** peer1	绑定所配置的 IKE 对等体
5	**pfs { dh-group1 | dh-group2 | dh-group5 | dh-group14 | dh-group19 | dh-group20 | dh-group21 }** 例如：[Huawei-ipsec-profile-profile1] **dh-group2**	设置协商时使用的 PFS 特性。命令中的选项说明如下。 • **dh-group1**：多选一选项，表示协商时采用 768-bit 的 Diffie-Hellman 组。 • **dh-group2**：多选一选项，表示协商时采用 1024-bit 的 Diffie-Hellman 组。 • **dh-group5**：多选一选项，表示协商时采用 1536-bit 的 Diffie-Hellman 组。 • **dh-group14**：多选一选项，表示协商时采用 2048-bit 的 Diffie-Hellman 组。 • **dh-group20**：多选一选项，表示协商时采用 384-bit ECP 的 Diffie-Hellman 组。 • **dh-group20**：多选一选项，表示协商时采用 521-bit ECP 的 Diffie-Hellman 组。 如果本端指定了 PFS，对端在发起协商时必须是 PFS 交换。且要求本端和对端指定的 DH 组必须一致，否则协商会失败。 缺省情况下，安全框架发起协商时没有使用 PFS 特性，可用 undo pfs 命令取消 PFS 特性配置
6	**quit** 例如：[Huawei-ipsec-profile-profile1] **quit**	返回系统视图
7	**interface tunnel** *interface-number* 例如：[Huawei] **interface tunnel** 0/0/1	进入 mGRE Tunnel 接口视图
8	**ipsec profile** *profile-name* 例如：[Huawei-Tunnel0/0/1] **ipsec profile** profile1	在以上 mGRE Tunnrl 接口上应用配置的 IPSec 安全框架。 【注意】一个 Tunnel 接口下只能应用一个 IPSec 安全框架，如果要应用另外的 IPSec 安全框架，必须先执行 **undo ipsec profile** 命令取消接口上已应用的 IPSec 安全框架。同一个 IPSec 安全框架只能应用在一个 Tunnel 接口下，如果要应用在其他接口下，必须先在该接口下取消应用该 IPSec 安全框架。 缺省情况下，接口上没有应用 IPSec 安全框架，可用 **undo ipsec profile** 命令取消在以上 mGRE Tunnel 接口上应用 IPSec 安全框架

7.3.6 DSVPN 维护与管理命令

已完成 DSVPN 的所有配置后可在任意视图下执行以下配置管理命令。

- **display nhrp peer**：查看本地设备上生成的 NHRP peer 表信息。

- **display nhrp peer maximum-history**：查看 NHRP peer 表项历史统计信息。
- **display ipsec profile** [**brief** | **name** *profile-name*]：查看 IPSec 框架配置信息。
- **display ipsec sa profile** *profile-name*：查看当前安全联盟的相关信息。
- **display nhrp statistics interface tunnel** *interface-number*：显示 NHRP 统计信息。

在 DSVPN 运行的过程中可在用户视图下根据需要执行以下维护命令。

- **reset nhrp statistics interface tunnel** *interface-number*：删除 mGRE Tunnel 接口下的 NHRP 报文统计信息。
- **reset nhrp peer maximum-history**：清除 NHRP peer 表项历史统计信息。

7.4　典型配置示例

通过前面的学习我们已经知道，DSVPN 有两种部署方式：非 shortcut 场景和 shortcut 场景，另外还支持多种子网路由配置方式，支持 IPSec、双 Hub、NAT 穿越等特性，使得 DSVPN 的部署看似复杂许多。其实 DSVPN 本身的配置并不复杂，只是它适用性比较广，而不能场景下应用的配置中又有些小不同。本节将介绍更多的不同场景下的应用配置案例，以帮助大家消化、巩固前面所介绍的 DSVPN 各方面的技术原理和具体的配置与管理方法。从这些配置示例中大家会发现，其实它们的配置中绝大部分是相同或相似的，只存在一些小部分的差别。

7.4.1　非 shortcut 场景 DSVPN（静态路由）配置示例

如图 7-19 所示，某中小企业有总部（Hub）和两个分支（Spoke1 和 Spoke2），分布在不同地域，总部采用专线方式接入公网，分支采用动态地址接入公网，且所连子网比较稳定（很少发生网段变化）。现在用户希望在实现分支与公司总部之间 VPN 互联的同时能够实现分支之间的 VPN 互联。

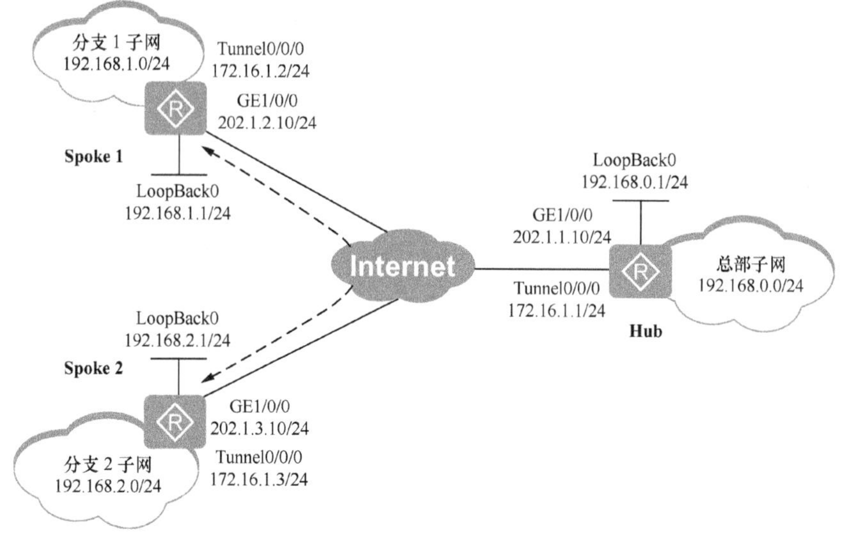

图 7-19　非 shortcut 场景 DSVPN（静态路由）配置示例的拓扑结构

说明

图中的各 Loopback 接口代表对应端所连接的子网，主要用于最终验证 Hub 和各 Spoke 所连接的子网能相互 ping 通。以后各节的配置示例同理。

1. 基本配置思路分析

由于分支是采用动态地址接入公网的，分支之间互相不知道对方的公网 IP 地址，因此必须采用 DSVPN 来实现分支之间的 VPN 互联。但由于分支数量较少，因此采用非 shortcut 场景的 DSVPN，配置更简单。另外，由于分支和总部的子网环境稳定，为减少配置，简化维护，可以通过部署静态路由来实现分支/总部间的通信。

下面是根据 7.3.1 节介绍的配置任务，再结合本示例实际得出的基本配置思路：

（1）配置各设备上的各接口（包括 Tunnel 接口）的 IP 地址。

【经验提示】这里之所以要先创建各设备上的 mGRE Tunnel 接口，并为之配置 IP 地址，那是因为后面在配置到达对端子网的静态路由时要以这些 mGRE Tunnel 接口为出接口。但 mGRE Tunnel 接口的其他配置，包括 NHRP 协议配置要放在最后，因为只有前面的配置（包括到达对端子网的静态路由）完成后才能成功进行 NHRP 解析。后面各节的配置示例同理。

（2）配置 Hub 和两 Spoke 间的公网路由。

Hub 与 Spoke 间的公网路由互通是各端建立 VPN 的基础和前提，因为这些 VPN 通信都是基于公网进行的。因为各分支采用动态 IP 地址接入公网，所以最好采用动态路由协议，大多数情况下是采用无环路、配置简便的 IGP 类型动态路由协议 OSPF 进行配置。当然，此时 Spoke 上的公网 IP 地址也仅是当前的，如果发生了变化，则要修改配置。

（3）在子网路由的配置方面，DSVPN 也支持包括静态路由、RIP、OSPF、BGP 动态路由协议。本示例中因为各子网比较稳定，可以使用简为简便的静态路由配置方式，配置各设备从本端到达对端子网的静态路由，下一跳均为对端设备的 mGRE Tunnel 接口 IP 地址。

（4）配置各设备上的 mGRE Tunnel 接口和 NHRP 协议。

这是 DSVPN 配置的关键，主要是围绕各端的 mGRE Tunnel 接口进行的。但本示例采用的是非 shortcut 场景，可仅配置 7.3.2 节和 7.3.4 节中那些在非 shortcut 场景中的必选配置。

2. 具体配置步骤

（1）配置各设备的各接口（包括 Tunnel 接口）IP 地址。

Hub 上的配置。

```
<Huawei> system-view
[Huawei] sysname Hub
[Hub] interface gigabitethernet 1/0/0
[Hub-GigabitEthernet1/0/0] ip address 202.1.1.10 255.255.255.0
[Hub-GigabitEthernet1/0/0] quit
[Hub] interface loopback 0
[Hub-LoopBack0] ip address 192.168.0.1 255.255.255.0
[Hub-LoopBack0] quit
[Hub] interface tunnel 0/0/0
```

```
[Hub-Tunnel0/0/0] ip address 172.16.1.1 255.255.255.0   #---配置本地 mGRE Tunnel 接口 IP 地址，通常整个 DSVPN 网络中的所有 mGRE Tunnel 接口 IP 地址都在同一 IP 网段
[Hub-Tunnel0/0/0] quit
```

Spoke1 上的配置。

```
<Huawei> system-view
[Huawei] sysname Spoke1
[Spoke1] interface gigabitethernet 1/0/0
[Spoke1-GigabitEthernet1/0/0] ip address 202.1.2.10 255.255.255.0
[Spoke1-GigabitEthernet1/0/0] quit
[Spoke1] interface loopback 0
[Spoke1-LoopBack0] ip address 192.168.1.1 255.255.255.0
[Spoke1-LoopBack0] quit
[Spoke1] interface tunnel 0/0/0
[Spoke1-Tunnel0/0/0] ip address 172.16.1.2 255.255.255.0
[Spoke1-Tunnel0/0/0] quit
```

Spoke2 上的配置。

```
<Huawei> system-view
[Huawei] sysname Spoke2
[Spoke2] interface gigabitethernet 1/0/0
[Spoke2-GigabitEthernet1/0/0] ip address 202.1.3.10 255.255.255.0
[Spoke2-GigabitEthernet1/0/0] quit
[Spoke2] interface loopback 0
[Spoke2-LoopBack0] ip address 192.168.2.1 255.255.255.0
[Spoke1-LoopBack0] quit
[Spoke2] interface tunnel 0/0/0
[Spoke2-Tunnel0/0/0] ip address 172.16.1.3 255.255.255.0
[Spoke2-Tunnel0/0/0] quit
```

（2）配置各设备之间公网路由。

此处采用 OSPF 路由协议，进程号假设为 2，区域 ID 号假设为 1（单区域的 OSPF 网络，区域 ID 可以任意），且三台设备上配置的 OSPF 进程和区域 ID 号必须一致。Spoke 上的公网 IP 地址为 ISP 当前分配的 IP 地址，如在以后发生改变时要重新配置。

Hub 上的配置。

```
[Hub] ospf 2
[Hub-ospf-2] area 0.0.0.1
[Hub-ospf-2-area-0.0.0.1] network 202.1.1.0 0.0.0.255   #---通告 Hub 公网接口所对应 IP 网段
[Hub-ospf-2-area-0.0.0.1] quit
[Hub-ospf-2] quit
```

Spoke1 上的配置。

```
[Spoke1] ospf 2
[Spoke1-ospf-2] area 0.0.0.1
[Spoke1-ospf-2-area-0.0.0.1] network 202.1.2.0 0.0.0.255   #---通告 Spoke1 公网接口所对应 IP 网段
[Spoke1-ospf-2-area-0.0.0.1] quit
[Spoke1-ospf-2] quit
```

Spoke2 上的配置。

```
[Spoke2] ospf 2
[Spoke2-ospf-2] area 0.0.0.1
[Spoke2-ospf-2-area-0.0.0.1] network 202.1.3.0 0.0.0.255   #---通告 Spoke2 公网接口所对应 IP 网段
[Spoke2-ospf-2-area-0.0.0.1] quit
[Spoke2-ospf-2] quit
```

（3）配置到达对端子网的静态路由，下一跳为对端设备配置的 mGRE Tunnel 接口 IP 地址。

Hub 上的配置。

```
[Hub] ip route-static 192.168.1.0 255.255.255.0 172.16.1.2  #---到达 Spoke1 子网的静态路由
[Hub] ip route-static 192.168.2.0 255.255.255.0 172.16.1.3  #---到达 Spoke2 子网的静态路由
```

Spoke1 上的配置。

```
[Spoke1] ip route-static 192.168.0.0 255.255.255.0 172.16.1.1  #---到达 Hub 子网的静态路由
[Spoke1] ip route-static 192.168.2.0 255.255.255.0 172.16.1.3  #---到达 Spoke2 子网的静态路由
```

Spoke2 上的配置。

```
[Spoke2] ip route-static 192.168.0.0 255.255.255.0 172.16.1.1  #---到达 Hub 子网的静态路由
[Spoke2] ip route-static 192.168.1.0 255.255.255.0 172.16.1.2  #---到达 Spoke1 子网的静态路由
```

（4）配置各设备的 mGRE Tunnel 接口和 NHRP 协议。

在 Hub 和 Spoke 上配置 mGRE Tunnel 接口在非 shortcut 场景下必选属性，包括 mGRE 封装、隧道源 IP 地址或源接口。另外在 Hub 的 mGRE Tunnel 接口上要使能接收 Spoke 的 NHRP 动态注册功能，在 Spoke1 和 Spoke2 的 mGRE Tunnel 接口上分别配置 Hub 的静态 NHRP peer 表项。

Hub 上的配置。

```
[Hub] interface tunnel 0/0/0
[Hub-Tunnel0/0/0] tunnel-protocol gre p2mp  #---配置以上 Tunnel 接口为 mGRE 封装
[Hub-Tunnel0/0/0] source gigabitethernet 1/0/0  #---指定隧道源接口为公网接口
[Hub-Tunnel0/0/0] nhrp entry multicast dynamic  #---允许 Spoke 在 Hub 上进行动态注册
[Hub-Tunnel0/0/0] quit
```

Spoke1 上的配置。

```
[Spoke1] interface tunnel 0/0/0
[Spoke1-Tunnel0/0/0] tunnel-protocol gre p2mp
[Spoke1-Tunnel0/0/0] source gigabitethernet 1/0/0
[Spoke1-Tunnel0/0/0] nhrp entry 172.16.1.1 202.1.1.10 register  #---在 Spoke1 上静态配置 Hub 的 NHRP peer 表项，同时向 Hub 发起 NHRP 注册请求
[Spoke1-Tunnel0/0/0] quit
```

Spoke2 上的配置。

```
[Spoke2] interface tunnel 0/0/0
[Spoke2-Tunnel0/0/0] tunnel-protocol gre p2mp
[Spoke2-Tunnel0/0/0] source gigabitethernet 1/0/0
[Spoke2-Tunnel0/0/0] nhrp entry 172.16.1.1 202.1.1.10 register
[Spoke2-Tunnel0/0/0] quit
```

3. 实验结果验证

配置完成后，可以进行一系列的配置结果验证工作了。

（1）验证各设备上的 NHRP peer 表项。

在 Hub 上执行 **display nhrp peer all** 命令，查看 Hub 上的 NHRP peer 表项。

此时会发现 Hub 上已有两 Spoke 的 NHRP peer 表项（参见输出信息中的粗体字部分），因为在前面两 Spoke 的 Tunnel 接口的配置中就已加了“**register**”选项，启动了 Spoke 向 Hub 进行 NHRP peer 动态注册流程。

```
[Hub] display nhrp peer all
-------------------------------------------------------------------
Protocol-addr    Mask   NBMA-addr        NextHop-addr     Type          Flag
-------------------------------------------------------------------
172.16.1.2       32     202.1.2.10       172.16.1.2       dynamic       route tunnel
-------------------------------------------------------------------
Tunnel interface: Tunnel0/0/0
```

```
Created time        : 00:02:02
Expire time         : 01:57:58
-------------------------------------------------
Protocol-addr   Mask  NBMA-addr       NextHop-addr   Type        Flag
-------------------------------------------------
172.16.1.3      32    202.1.3.10      172.16.1.3     dynamic     route tunnel
-------------------------------------------------
Tunnel interface: Tunnel0/0/0
Created time        : 00:01:53
Expire time         : 01:59:35

Number of nhrp peers: 2
```

分别在两 Spoke 上执行 **display nhrp peer all** 命令查看它们的 NHRP peer 表项。

此时会发现仅可查看到为 Hub 静态配置的 NHRP peer 表项，而没有预期中的对端 Spoke 的 NHRP peer 表项。但不要着急，那不是我们配置的错，那是因为还没有流量触发两 Spoke 通过 NHRP 解析功能相互学习对方的公网 IP 地址，参见 7.2.3 节中介绍的非 shortcut 场景下的 DSVPN 工作原理中的第（4）步说明。

```
[Spoke1] display nhrp peer all
-------------------------------------------------
Protocol-addr   Mask  NBMA-addr       NextHop-addr   Type        Flag
-------------------------------------------------
172.16.1.1      32    202.1.1.10      172.16.1.1     static      hub
-------------------------------------------------
Tunnel interface: Tunnel0/0/0
Created time        : 00:10:58
Expire time         : --

Number of nhrp peers: 1

[Spoke2] display nhrp peer all
-------------------------------------------------
Protocol-addr   Mask  NBMA-addr       NextHop-addr   Type        Flag
-------------------------------------------------
172.16.1.1      32    202.1.1.10      172.16.1.1     static      hub
-------------------------------------------------
Tunnel interface: Tunnel0/0/0
Created time        : 00:07:55
Expire time         : --

Number of nhrp peers: 1
```

说明

下面对执行“**display nhrp peer all**”命令后输出信息中的几个重要字段进行说明。

- Protocol-addr：表示 NHRP peer 子网地址（仅在 shortcut 场景中有）或 NHRP peer 的 Tunnel 接口地址。
- Type：表示 NHRP peer 表项的类型：dynamic 表示 NHRP peer 表项为设备动态生成；static 表示 NHRP peer 表项为管理员静态配置。
- Flag：表示 peer 的类型：hub 表示 peer 为 Hub 设备地址信息；local 表示 peer 为本地子网地址信息；route tunnel 表示 peer 为远端 Tunnel 接口地址信息；route network

表示 peer 远端子网地址信息，在 shortcut 场景中，当分支只存在到总部的汇聚路由时，源分支可以动态学习到目的分支子网的地址信息。

（2）验证各设备到达其他子网的静态路由。

可通过执行 **display ip routing-table protocol static** 命令检查各设备上配置的静态路由信息，看是否有到达其他两端子网的静态路由。

\# 在 Hub 上执行 **display ip routing-table protocol static** 命令，结果发现有分别到达 Spoke1 和 Spoke2 子网的两条静态路由，下一跳也正是对应 Spoke 的 mGRE Tunnel 接口 IP 地址（参见输出信息中的粗体字部分）。证明 Hub 上已正确配置了到达两 Spoke 子网的静态路由。

```
[Hub] display ip routing-table protocol static
Route Flags: R - relay, D - download to fib
------------------------------------------------------------------------------
Public routing table : Static
         Destinations : 2          Routes : 2          Configured Routes : 2

Static routing table status : <Active>
         Destinations : 2          Routes : 2

Destination/Mask    Proto   Pre  Cost        Flags NextHop         Interface

    192.168.1.0/24  Static  60   0             RD   172.16.1.2      Tunnel0/0/0
    192.168.2.0/24  Static  60   0             RD   172.16.1.3      Tunnel0/0/0

Static routing table status : <Inactive>
         Destinations : 0          Routes : 0
```

\# 分别在 Spoke1、Spoke2 上执行 **display ip routing-table protocol static** 命令，发现也有正确的到达 Hub 子网和另一个 Spoke 子网的两条静态路由，下一跳 IP 地址为对端的 mGRE Tunnel 接口的 IP 地址（参见输出信息中的粗体字部分）。

```
[Spoke1] display ip routing-table protocol static
Route Flags: R - relay, D - download to fib
------------------------------------------------------------------------------
Public routing table : Static
         Destinations : 2          Routes : 2          Configured Routes : 2

Static routing table status : <Active>
         Destinations : 2          Routes : 2

Destination/Mask    Proto   Pre  Cost        Flags NextHop         Interface

    192.168.0.0/24  Static  60   0             RD   172.16.1.1      Tunnel0/0/0
    192.168.2.0/24  Static  60   0             RD   172.16.1.3      Tunnel0/0/0

Static routing table status : <Inactive>
         Destinations : 0          Routes : 0

[Spoke2] display ip routing-table protocol static
Route Flags: R - relay, D - download to fib
------------------------------------------------------------------------------
Public routing table : Static
```

```
          Destinations : 2          Routes : 2          Configured Routes : 2

Static routing table status : <Active>
          Destinations : 2          Routes : 2

Destination/Mask    Proto   Pre  Cost      Flags NextHop         Interface

    192.168.0.0/24  Static  60   0           RD   172.16.1.1      Tunnel0/0/0
    192.168.1.0/24  Static  60   0           RD   172.16.1.2      Tunnel0/0/0

Static routing table status : <Inactive>
          Destinations : 0          Routes : 0
```

从以上可以看出，三台设备上均配置好了到达另外两端子网的静态路由。

（3）执行从一个 Spoke ping 另一个 Spoke 子网（IP 地址为 Loopback 接口 IP 地址）操作（此时已可以通了），以流量来触发 Spoke 间相互学习对端的公网 IP 地址，以动态生成对端的 NHRP peer 表项。

然后再在 Spoke1 和 Spoke2 上分别 **display nhrp peer all** 命令，便可发现相比前面多了两条 NHRP peer 表项，其中一条是动态学习到的对端 Spoke 的，另一条是自己通过 NHRP 协议动态学习到的本地子网 NHRP peer 表项（参见输出信息中的粗体字部分）。

```
[Spoke1] display nhrp peer all
-------------------------------------------------------------------------------
Protocol-addr    Mask   NBMA-addr        NextHop-addr     Type        Flag
-------------------------------------------------------------------------------
172.16.1.1       32     202.1.1.10       172.16.1.1       static      hub
-------------------------------------------------------------------------------
Tunnel interface: Tunnel0/0/0
Created time     : 00:46:35
Expire time      : --
-------------------------------------------------------------------------------
Protocol-addr    Mask   NBMA-addr        NextHop-addr     Type        Flag
-------------------------------------------------------------------------------
172.16.1.3       32     202.1.3.10       172.16.1.3       dynamic     route tunnel
-------------------------------------------------------------------------------
Tunnel interface: Tunnel0/0/0
Created time     : 00:00:28
Expire time      : 01:59:32
-------------------------------------------------------------------------------
Protocol-addr    Mask   NBMA-addr        NextHop-addr     Type        Flag
-------------------------------------------------------------------------------
172.16.1.2       32     202.1.2.10       172.16.1.2       dynamic     local
-------------------------------------------------------------------------------
Tunnel interface: Tunnel0/0/0
Created time     : 00:00:28
Expire time      : 01:59:32

Number of nhrp peers: 3

[Spoke2] display nhrp peer all
-------------------------------------------------------------------------------
Protocol-addr    Mask   NBMA-addr        NextHop-addr     Type        Flag
-------------------------------------------------------------------------------
172.16.1.1       32     202.1.1.10       172.16.1.1       static      hub
```

```
-------------------------------------------------------
Tunnel interface: Tunnel0/0/0
Created time     : 00:43:32
Expire time      : --
-------------------------------------------------------
Protocol-addr   Mask  NBMA-addr      NextHop-addr    Type       Flag
-------------------------------------------------------
172.16.1.2      32    202.1.2.10     172.16.1.2      dynamic    route tunnel
-------------------------------------------------------
Tunnel interface: Tunnel0/0/0
Created time     : 00:00:47
Expire time      : 01:59:13
-------------------------------------------------------
Protocol-addr   Mask  NBMA-addr      NextHop-addr    Type       Flag
-------------------------------------------------------
172.16.1.3      32    202.1.3.10     172.16.1.3      dynamic    local
-------------------------------------------------------
Tunnel interface: Tunnel0/0/0
Created time     : 00:00:47
Expire time      : 01:59:13

Number of nhrp peers: 3
```

由以上可看出，Spoke1、Spoke2 与 Hub 之间，Spoke1 和 Spoke2 之间均已成功注册了彼此的 NHRP peer 表项，这样它们之间就可以彼此建立 VPN 通信了。

7.4.2 非 shortcut 场景 DSVPN（RIP 协议）配置示例

如图 7-20 所示，某中小企业有总部（Hub）和两个分支（Spoke1 和 Spoke2），分布在不同地域，而且分支的子网环境会经常出现变动。总部采用专线方式接入公网，分支采用动态地址接入公网。企业规划使用 RIP 路由协议，希望能够在实现分支与总部之间的 VPN 互联的同时，分支之间也能建立 VPN 互联。

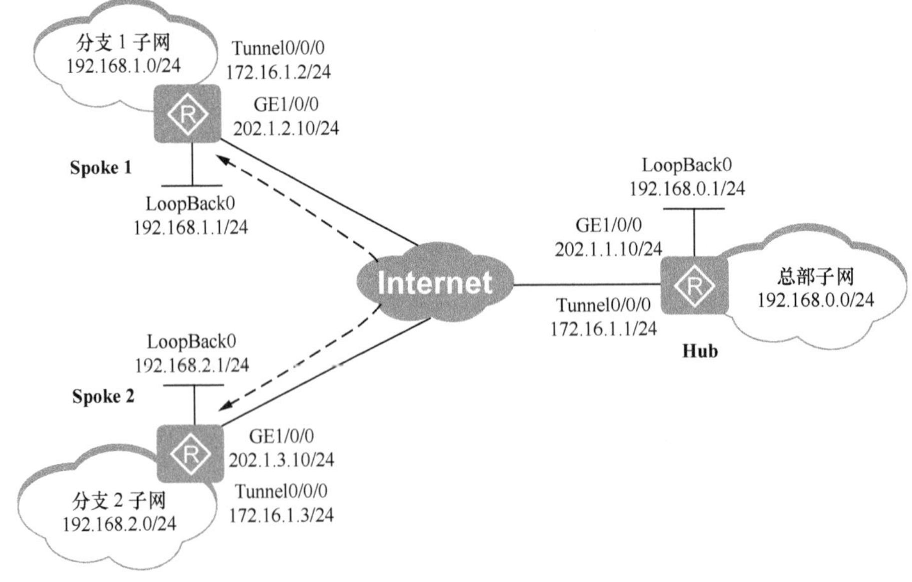

图 7-20 非 shortcut 场景 DSVPN（RIP 协议）配置示例的拓扑结构

1. 基本配置思路分析

由于分支是采用动态地址接入公网的，分支之间互相不知道对方的公网地址，因此必须采用 DSVPN 来实现分支之间的 VPN 互联。而且由于分支数量较少，因此采用非 shortcut 场景的 DSVPN。但由于分支和总部的子网环境经常出现变动，为简化维护，并根据企业网络规划选择部署 RIP 路由协议来实现分支/总部间的通信。

本示例与 7.4.1 节介绍的示例都是采用非 shortcut 场景来部署，但区别在于由于分支和总部的子网环境经常出现变动，在子网间路由学习方面更适宜采用动态路由配置方式。但要注意的是，**如果公网路由与子网路由都采用相同动态路由协议来配置时，一定不能使用相同的路由进程**。

在配置思路方面，总体上是与 7.4.1 节介绍的配置示例的配置思路一样，只是在子网路由配置方面有所区别。本示例的基本配置思路如下：

（1）配置各设备上的各接口（包括 Tunnel 接口）的 IP 地址。

（2）配置 Hub 和两 Spoke 间的公网路由。此处采用 OSPF 路由协议来配置。

（3）采用 RIP 路由协议通告包括本地 mGRE Tunnel 接口和本地子网在内的网段，RIP 协议版本为 RIP-2。但此时在非 shortcut 场景下，要在总部 Hub 的 mGRE Tunnel 接口上关闭水平分割和自动路由聚合功能，原因已在 7.3.3 节作了分析。

（4）配置各设备上的 mGRE Tunnel 接口和 NHRP 协议。

2. 具体配置步骤

因为本示例中各设备接口的 IP 地址及基本拓扑结构与 7.4.1 节介绍的配置示例完全一样，故本示例中的第（1）、（2）项配置任务的具体配置与上节示例的配置完全一样，参见即可。下面仅介绍第（3）、（4）项配置任务的具体配置方法。

（3）配置各子网的 RIP 路由。

本示例采用缺省的 RIP 路由进程 1，RIP-2 版本，关闭自动路由聚合功能，以自然网段通告各子网路由。因为在 NBMA 网络中，缺省关闭了水平分割功能，所以此处无需另外配置。注意：RIP 协议的路由通告都是以对应的自然网段进行的。

#　Hub 上的配置。

```
[Hub] rip 1
[Hub-rip-1] version 2
[Hub-rip-1] undo summary   #---关闭自动路由聚合功能，非 shortcut 场景下必须关闭
[Hub-rip-1] network 172.16.0.0   #---以自然网段通告本地 mGRE Tunnel 接口所在网段
[Hub-rip-1] network 192.168.0.0   #---以自然网段通告本地子网，如果 Spoke 无需访问 Hub 子网时不用配置
[Hub-rip-1] quit
```

#　Spoke1 上的配置。

```
[Spoke1] rip 1
[Spoke1-rip-1] version 2
[Spoke1-rip-1] network 172.16.0.0
[Spoke1-rip-1] network 192.168.1.0
[Spoke1-rip-1] quit
```

#　Spoke2 上的配置。

```
[Spoke2] rip 1
[Spoke2-rip-1] version 2
[Spoke2-rip-1] network 172.16.0.0
[Spoke2-rip-1] network 192.168.2.0
[Spoke2-rip-1] quit
```

说明

本示例每个分支只给出一个分支子网的配置，如果子网环境发生变化（如有多个子网），则只需在本地设备配置相应的动态路由属性即可。后面各节配置示例同理。

（4）配置各设备的 mGRE Tunnel 接口和 NHRP 协议。

在 Hub 和 Spoke 上配置 mGRE Tunnel 接口，包括 mGRE 封装、隧道源 IP 地址或源接口。另外在 Hub 上使能接收 Spoke 的 NHRP 动态注册功能，在 Spoke1 和 Spoke2 上分别配置 Hub 的静态 NHRP peer 表项。

Hub 上的配置。

```
[Hub] interface tunnel 0/0/0
[Hub-Tunnel0/0/0] tunnel-protocol gre p2mp
[Hub-Tunnel0/0/0] source gigabitethernet 1/0/0   #---指定隧道源接口为公网接口
[Hub-Tunnel0/0/0] nhrp entry multicast dynamic   #---允许 Spoke 在 Hub 上进行动态注册
[Hub-Tunnel0/0/0] undo rip split-horizon   #---关闭水平分割功能
[Hub-Tunnel0/0/0] quit
```

Spoke1 上的配置。

```
[Spoke1] interface tunnel 0/0/0
[Spoke1-Tunnel0/0/0] tunnel-protocol gre p2mp
[Spoke1-Tunnel0/0/0] source gigabitethernet 1/0/0
[Spoke1-Tunnel0/0/0] nhrp entry 172.16.1.1 202.1.1.10 register   #---在 Spoke1 上静态配置 Hub 的 NHRP peer 表项，同时启动向 Hub 发起 NHRP 动态注册
[Spoke1-Tunnel0/0/0] quit
```

Spoke2 上的配置。

```
[Spoke2] interface tunnel 0/0/0
[Spoke2-Tunnel0/0/0] tunnel-protocol gre p2mp
[Spoke2-Tunnel0/0/0] source gigabitethernet 1/0/0
[Spoke2-Tunnel0/0/0] nhrp entry 172.16.1.1 202.1.1.10 register
[Spoke2-Tunnel0/0/0] quit
```

3. 配置结果验证

配置完成后，可以进行一系列的配置结果验证工作了。

（1）验证各设备上的 NHRP peer 信息。

在 Hub 上执行 display nhrp peer all 命令，则会发现 Hub 上已有 Spoke1 和 Spoke2 的 NHRP peer 表项注册信息了（参见输出信息中的粗体字部分），表明 Spoke1 和 Spoke2 已成功在 Hub 上动态注册了它们自己的 NHRP peer 表项了。因为在前面两 Spoke 的 Tunnel 接口的配置中就已加了“**register**”选项，启动了 Spoke 向 Hub 进行 NHRP peer 动态注册流程。

```
[Hub] display nhrp peer all
-------------------------------------------------------------
Protocol-addr   Mask  NBMA-addr       NextHop-addr     Type        Flag
-------------------------------------------------------------
172.16.1.3      32    202.1.3.10      172.16.1.3       dynamic     route tunnel
-------------------------------------------------------------
Tunnel interface: Tunnel0/0/0
Created time      : 00:46:33
Expire time       : 01:43:27
-------------------------------------------------------------
Protocol-addr   Mask  NBMA-addr       NextHop-addr     Type        Flag
```

```
-------------------------------------------
172.16.1.2       32     202.1.2.10       172.16.1.2        dynamic        route tunnel
-------------------------------------------
Tunnel interface: Tunnel0/0/0
Created time      : 00:46:17
Expire time       : 01:43:43

Number of nhrp peers: 2
```

在 Spoke 上执行 **display nhrp peer all** 命令，发现 Spoke 上均只能看到本地静态配置的 Hub NHRP peer 表项，而没有看到其他 Spoke 的 NHRP peer 表项，也是因为还没有流量触发这些 Spoke 通过 NHRP 解析功能学习其他 Spoke 的 NHRP peer 表项。

```
[Spoke1] display nhrp peer all
-------------------------------------------
Protocol-addr    Mask   NBMA-addr          NextHop-addr     Type           Flag
-------------------------------------------
172.16.1.1        32     202.1.1.10        172.16.1.1        static        hub
-------------------------------------------
Tunnel interface: Tunnel0/0/0
Created time      : 17:41:26
Expire time       : --

Number of nhrp peers: 1

[Spoke2] display nhrp peer all
-------------------------------------------
Protocol-addr    Mask   NBMA-addr          NextHop-addr     Type           Flag
-------------------------------------------
172.16.1.1        32     202.1.1.10        172.16.1.1        static        hub
-------------------------------------------
Tunnel interface: Tunnel0/0/0
Created time      : 17:27:43
Expire time       : --

Number of nhrp peers: 1
```

（2）验证各设备到达其他各端子网的 RIP 路由。

在 Hub 上执行 **display rip 1 route** 命令，结果会发现有分别到达 Spoke1 和 Spoke2 所连子网的 RIP 路由表项，下一跳均为对端的 mGRE Tunnel 接口 IP 地址，表明 Hub 已通过 RIP 协议正确学习到两 Spoke 所连子网的路由。其中的 peer 代表其下面的路由是通过该 peer 设备的 mGRE Tunnel 接口学习到的。

```
[Hub] display rip 1 route
 Route Flags : R - RIP
               A - Aging, G - Garbage-collect
-------------------------------------------
 Peer 172.16.1.2 on Tunnel0/0/0
      Destination/Mask        Nexthop       Cost    Tag     Flags    Sec
      192.168.1.1/32         172.16.1.2       1      0       RA       33
 Peer 172.16.1.3 on Tunnel0/0/0
      Destination/Mask        Nexthop       Cost    Tag     Flags    Sec
      192.168.2.1/32         172.16.1.3       1      0       RA        7
```

分别在 Spoke1 和 Spoke1 上执行 **display rip 1 route** 命令的 RIP 路由信息输出，均已学习到其他两端子网的 RIP 路由，且都是通过 Hub 学习到的，因为路由中显示的 peer

为 Hub 的 mGRE Tunnel 接口。

```
[Spoke1] display rip 1 route
 Route Flags : R - RIP
               A - Aging, G - Garbage-collect
 -------------------------------------------
Peer 172.16.1.1 on Tunnel0/0/0
      Destination/Mask     Nexthop      Cost   Tag     Flags    Sec
      192.168.0.1/32       172.16.1.1     1     0       RA       33
Peer 172.16.1.1 on Tunnel0/0/0
      Destination/Mask     Nexthop      Cost   Tag     Flags    Sec
      192.168.2.1/32       172.16.1.3     2     0       RA       15

[Spoke2] display rip 1 route
 Route Flags : R - RIP
               A - Aging, G - Garbage-collect
 -------------------------------------------
Peer 172.16.1.1 on Tunnel0/0/0
      Destination/Mask     Nexthop      Cost   Tag     Flags    Sec
      192.168.0.1/32       172.16.1.1     1     0       RA       33
Peer 172.16.1.1 on Tunnel0/0/0
      Destination/Mask     Nexthop      Cost   Tag     Flags    Sec
      192.168.1.1/32       172.16.1.2     2     0       RA       21
```

（3）执行从一个 Spoke ping 另一个 Spoke 子网（IP 地址为 Loopback 接口 IP 地址）操作，以流量来触发 Spoke 间相互学习对端的公网 IP 地址，以动态生成对端的 NHRP peer 表项。

然后再在 Spoke1 和 Spoke2 上分别 **display nhrp peer all** 命令，便可发现相比前面多了两条 NHRP peer 表项，其中一条是动态学习到的对端 Spoke 的，另一条是自己通过 NHRP 协议动态学习到的本地 NHRP peer 表项（参见输出信息中的粗体字部分）。

```
[Spoke1] display nhrp peer all
-------------------------------------------------------------
Protocol-addr   Mask  NBMA-addr      NextHop-addr   Type       Flag
-------------------------------------------------------------
172.16.1.1      32    202.1.1.10     172.16.1.1     static     hub
-------------------------------------------------------------
Tunnel interface: Tunnel0/0/0
Created time     : 18:52:27
Expire time      : --
-------------------------------------------------------------
Protocol-addr   Mask  NBMA-addr      NextHop-addr   Type       Flag
-------------------------------------------------------------
172.16.1.3      32    202.1.3.10     172.16.1.3     dynamic    route tunnel
-------------------------------------------------------------
Tunnel interface: Tunnel0/0/0
Created time     : 00:00:46
Expire time      : 01:59:14
-------------------------------------------------------------
Protocol-addr   Mask  NBMA-addr      NextHop-addr   Type       Flag
-------------------------------------------------------------
172.16.1.2      32    202.1.2.10     172.16.1.2     dynamic    local
-------------------------------------------------------------
Tunnel interface: Tunnel0/0/0
Created time     : 00:00:46
```

```
Expire time         : 01:59:14

Number of nhrp peers: 3

[Spoke2] display nhrp peer all
-------------------------------------------------------------
Protocol-addr   Mask   NBMA-addr      NextHop-addr   Type       Flag
-------------------------------------------------------------
172.16.1.1      32     202.1.1.10     172.16.1.1     static     hub
-------------------------------------------------------------
Tunnel interface: Tunnel0/0/0
Created time        : 18:34:50
Expire time         : --
-------------------------------------------------------------
Protocol-addr   Mask   NBMA-addr      NextHop-addr   Type       Flag
-------------------------------------------------------------
172.16.1.2      32     202.1.2.10     172.16.1.2     dynamic    route tunnel
-------------------------------------------------------------
Tunnel interface: Tunnel0/0/0
Created time        : 00:01:19
Expire time         : 01:58:41
-------------------------------------------------------------
Protocol-addr   Mask   NBMA-addr      NextHop-addr   Type       Flag
-------------------------------------------------------------
172.16.1.3      32     202.1.3.10     172.16.1.3     dynamic    local
-------------------------------------------------------------
Tunnel interface: Tunnel0/0/0
Created time        : 00:01:19
Expire time         : 01:58:41

Number of nhrp peers: 3
```

7.4.3 非 shortcut 场景 DSVPN（OSPF 协议）配置示例

如图 7-21 所示，某中小企业有总部（Hub）和两个分支（Spoke1 和 Spoke2），分布在不同地域，而且总部和分支的子网环境会经常出现变动。总部采用专线方式接入公网，分支采用动态地址接入公网。企业规划使用 OSPF 路由协议，希望能够在实现分支与总部之间的 VPN 互联的同时，分支之间也能建立 VPN 互联。

1．基本配置思路分析

本示例与上一示例差不多，不同的只是这里要采用 OSPF 协议为各设备上 mGRE Tunnel 接口网段和所连子网网段进行路由通告。但要注意的是，如果公网路由也是采用 OSPF 协议来配置，则两处所采用的 OSPF 路由进程号不能一样。另外，由于在非 shortcut 场景下，各设备的路由都需要各自通告，所以要在各设备上配置 mGRE Tunnel 接口为 OSPF 广播类型。基本的配置思路如下：

（1）配置各设备上的各接口（包括 Tunnel 接口）的 IP 地址。

（2）配置 Hub 和两 Spoke 间的公网路由。此处采用 OSPF 路由协议来配置。

（3）采用 OSPF 路由协议通告包括本地 mGRE Tunnel 接口和本地子网在内的网段，所用 OSPF 路由进程与公网 OSPF 路由进程不一样。

（4）配置各设备上的 mGRE Tunnel 接口和 NHRP 协议。

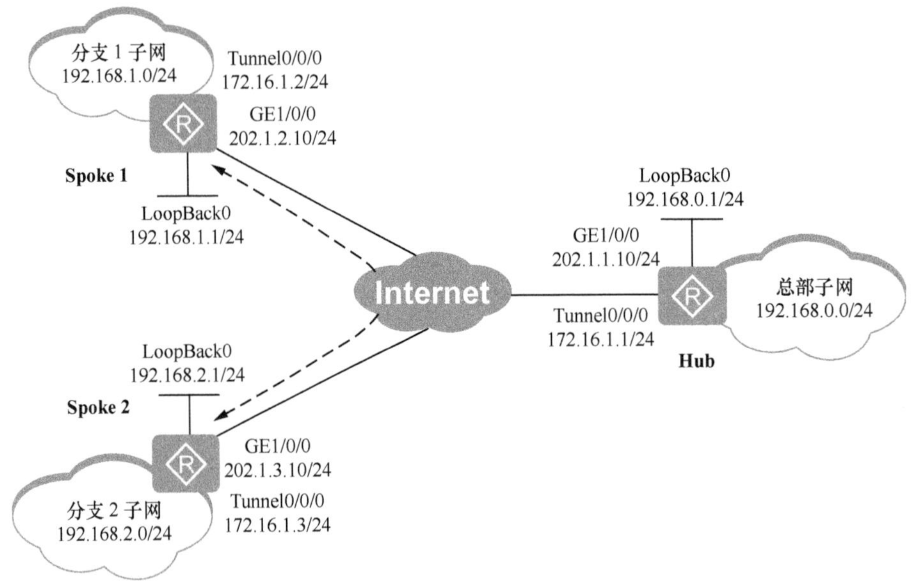

图 7-21　非 shortcut 场景 DSVPN（OSPF 协议）配置示例的拓扑结构

2. 具体配置步骤

因为本示例中各设备接口的 IP 地址及基本拓扑结构与 7.4.1 节介绍的配置示例完全一样，故本示例中的第（1）、（2）项配置任务的具体配置与 7.4.1 节示例的配置完全一样，参见即可。下面仅介绍第（3）、（4）项配置任务的具体配置方法。

（3）配置各子网的 OSPF 路由。

由于前面在配置各设备公网 OSPF 路由时使用的是 OSPF 2 进程，所以此处不能使用 2 号进行了。至于区域 ID 则没限制（此处假设为区域 0）。另外，为了便于 OSPF 路由的管理，我们把各设备的 OSPF 路由器 ID 号配置为各设备 mGRE Tunnel 接口的 IP 地址。

Hub 上的配置。

```
[Hub] ospf 1 router-id 172.16.1.1 #---配置 Hub 的 OSPF 路由器 ID 号为其 mGRE Tunnel 接口 IP 地址
[Hub-ospf-1] area 0.0.0.0
[Hub-ospf-1-area-0.0.0.0] network 172.16.1.0 0.0.0.255   #---通告 Hub mGRE Tunnel 接口所在 IP 网段
[Hub-ospf-1-area-0.0.0.0] network 192.168.0.0 0.0.0.255   #---通告 Hub 子网网段
[Hub-ospf-1-area-0.0.0.0] quit
[Hub-ospf-1] quit
```

Spoke1 上的配置。

```
[Spoke1] ospf 1 router-id 172.16.1.2
[Spoke1-ospf-1] area 0.0.0.0
[Spoke1-ospf-1-area-0.0.0.0] network 172.16.1.0 0.0.0.255
[Spoke1-ospf-1-area-0.0.0.0] network 192.168.1.0 0.0.0.255
[Spoke1-ospf-1-area-0.0.0.0] quit
[Spoke1-ospf-1] quit
```

Spoke2 上的配置。

```
[Spoke2] ospf 1 router-id 172.16.1.3
[Spoke2-ospf-1] area 0.0.0.0
[Spoke2-ospf-1-area-0.0.0.0] network 172.16.1.0 0.0.0.255
[Spoke2-ospf-1-area-0.0.0.0] network 192.168.2.0 0.0.0.255
```

```
[Spoke2-ospf-1-area-0.0.0.0] quit
[Spoke2-ospf-1] quit
```

（4）配置 mGRE Tunnel 接口和 NHRP 协议。

在 Hub 和 Spoke 上配置 mGRE Tunnel 接口，包括 mGRE 封装、隧道源 IP 地址或源接口，配置 OSPF 网络类型为 broadcast，以实现分支间路由相互学习，配置 Hub 上的 mGRE Tunnel 接口为 OSPF 广播网络中的 DR（DR 优先级值最高）。另外在 Hub 上使能接收 Spoke 的 NHRP 动态注册功能，在 Spoke1 和 Spoke2 上分别配置 Hub 的静态 NHRP peer 表项。

Hub 上的配置。

```
[Hub] interface tunnel 0/0/0
[Hub-Tunnel0/0/0] tunnel-protocol gre p2mp
[Hub-Tunnel0/0/0] source gigabitethernet 1/0/0
[Hub-Tunnel0/0/0] nhrp entry multicast dynamic
[Hub-Tunnel0/0/0] ospf network-type broadcast   #---配置 Tunnel 接口为 OPSF 广播网络类型
[Hub-Tunnel0/0/0] ospf dr-priority 100   #---配置 mGRE Tunnel 接口的 DR 优先值为 100，三者中最高，最终使其成为广播 OSPF 网络中的 DR
[Hub-Tunnel0/0/0] quit
```

Spoke1 上的配置。

```
[Spoke1] interface tunnel 0/0/0
[Spoke1-Tunnel0/0/0] tunnel-protocol gre p2mp
[Spoke1-Tunnel0/0/0] source gigabitethernet 1/0/0
[Spoke1-Tunnel0/0/0] nhrp entry 172.16.1.1 202.1.1.10 register
[Spoke1-Tunnel0/0/0] ospf network-type broadcast
[Spoke1-Tunnel0/0/0] ospf dr-priority 0
[Spoke1-Tunnel0/0/0] quit
```

Spoke2 上的配置。

```
[Spoke2] interface tunnel 0/0/0
[Spoke2-Tunnel0/0/0] tunnel-protocol gre p2mp
[Spoke2-Tunnel0/0/0] source gigabitethernet 1/0/0
[Spoke2-Tunnel0/0/0] nhrp entry 172.16.1.1 202.1.1.10 register
[Spoke2-Tunnel0/0/0] ospf network-type broadcast
[Spoke2-Tunnel0/0/0] ospf dr-priority 0
[Spoke2-Tunnel0/0/0] quit
```

3. 配置结果验证

配置完成后，可以进行一系列的配置结果验证工作了。

（1）验证各设备上的 NHRP peer 信息。

在 Hub 上执行 **display nhrp peer all** 命令，则会发现 Hub 上已有 Spoke1 和 Spoke2 的 NHRP peer 表项注册信息了，表明 Spoke1 和 Spoke2 已成功在 Hub 上动态注册了它们自己的 NHRP peer 表项了。因为我们在前面两 Spoke 的 Tunnel 接口的配置时就已加了“**register**”选项，启动了 Spoke 向 Hub 进行 NHRP peer 动态注册流程。

```
[Hub] display nhrp peer all
-------------------------------------------------------------------
Protocol-addr   Mask   NBMA-addr      NextHop-addr    Type        Flag
-------------------------------------------------------------------
172.16.1.3      32     202.1.3.10     172.16.1.3      dynamic     route tunnel
-------------------------------------------------------------------
Tunnel interface: Tunnel0/0/0
Created time     : 02:18:06
```

```
Expire time        : 01:41:54
-------------------------------------------------------------
Protocol-addr    Mask   NBMA-addr        NextHop-addr     Type          Flag
-------------------------------------------------------------
172.16.1.2       32     202.1.2.10       172.16.1.2       dynamic       route tunnel
-------------------------------------------------------------
Tunnel interface: Tunnel0/0/0
Created time       : 02:17:50
Expire time        : 01:42:10

Number of nhrp peers: 2
```

分别在两 Spoke 上执行 **display nhrp peer all** 命令，会发现两 Spoke 上均只能看到本地静态配置的 Hub NHRP peer 表项，而没有看到其他 Spoke 的 NHRP peer 表项，这也是因为还没有流量触发这些 Spoke 通过 NHRP 解析功能学习其他 Spoke 的 NHRP peer 表项。

```
[Spoke1] display nhrp peer all
-------------------------------------------------------------
Protocol-addr    Mask   NBMA-addr        NextHop-addr     Type          Flag
-------------------------------------------------------------
172.16.1.1       32     202.1.1.10       172.16.1.1       static        hub
-------------------------------------------------------------
Tunnel interface: Tunnel0/0/0
Created time       : 19:19:15
Expire time        : --

Number of nhrp peers: 1

[Spoke2] display nhrp peer all
-------------------------------------------------------------
Protocol-addr    Mask   NBMA-addr        NextHop-addr     Type          Flag
-------------------------------------------------------------
172.16.1.1       32     202.1.1.10       172.16.1.1       static        hub
-------------------------------------------------------------
Tunnel interface: Tunnel0/0/0
Created time       : 19:01:39
Expire time        : --

Number of nhrp peers: 1
```

（2）验证各子网的 OSPF 路由信息。

在 Hub 上执行 **display ospf 1 routing** 命令，发现已有到达两 Spoke 所连接的子网的明细路由，各 GRE Tunnel 接口所在子网路由都一样，即 172.16.1.0/24（参见输出信息中的粗体字部分）。

```
[Hub] display ospf 1 routing

         OSPF Process 1 with Router ID 172.16.1.1
                  Routing Tables

 Routing for Network
 Destination       Cost   Type       NextHop         AdvRouter       Area
 172.16.1.0/24     1562   Transit    172.16.1.1      172.16.1.1      0.0.0.0
192.168.0.1/32     0      Stub       172.16.1.1      172.16.1.1      0.0.0.0
 192.168.1.1/32    1562   Stub       172.16.1.2      172.16.1.2      0.0.0.0
```

```
192.168.2.1/32     1562  Stub      172.16.1.3     172.16.1.3     0.0.0.0

Total Nets: 4
Intra Area: 4   Inter Area: 0   ASE: 0   NSSA: 0
```

分别在 Spoke1、Spoke2 上执行 **display ospf 1 routing** 命令，发现已有到达 Hub 子网及对端 Spoke 子网的明细路由了（参见输出信息中的粗体字部分）。

```
[Spoke1] display ospf 1 routing

          OSPF Process 1 with Router ID 172.16.1.2
                  Routing Tables

Routing for Network
Destination        Cost  Type      NextHop        AdvRouter      Area
172.16.1.0/24      1562  Transit   172.16.1.2     172.16.1.2     0.0.0.0
192.168.0.1/32     1562  Stub      172.16.1.1     172.16.1.1     0.0.0.0
192.168.1.1/32     0     Stub      192.168.1.1    172.16.1.2     0.0.0.0
192.168.2.1/32     1562  Stub      172.16.1.3     172.16.1.3     0.0.0.0

Total Nets: 4
Intra Area: 4   Inter Area: 0   ASE: 0   NSSA: 0

[Spoke2] display ospf 1 routing

          OSPF Process 1 with Router ID 172.16.1.3
                  Routing Tables

Routing for Network
Destination        Cost  Type      NextHop        AdvRouter      Area
172.16.1.0/24      1562  Transit   172.16.1.3     172.16.1.3     0.0.0.0
192.168.0.1/32     1562  Stub      172.16.1.1     172.16.1.1     0.0.0.0
192.168.2.1/32     0     Stub      192.168.2.1    172.16.1.3     0.0.0.0
192.168.1.1/32     1562  Stub      172.16.1.2     172.16.1.2     0.0.0.0

Total Nets: 4
Intra Area: 4   Inter Area: 0   ASE: 0   NSSA: 0
```

（3）执行从一个 Spoke ping 另一个 Spoke 子网（IP 地址为 Loopback 接口 IP 地址）操作，以流量来触发 Spoke 间相互学习对端的公网 IP 地址，以动态生成对端的 NHRP peer 表项。

然后再在 Spoke1 和 Spoke2 上分别 **display nhrp peer all** 命令，便可发现相比前面多了两条 NHRP peer 表项，其中一条是动态学习到的对端 Spoke 的，另一条是自己通过 NHRP 协议动态学习到的本地 NHRP peer 表项（参见输出信息中的粗体字部分）。

```
[Spoke1] display nhrp peer all
-------------------------------------------------------------------
Protocol-addr   Mask  NBMA-addr       NextHop-addr   Type         Flag
-------------------------------------------------------------------
172.16.1.1      32    202.1.1.10      172.16.1.1     static       hub
-------------------------------------------------------------------
Tunnel interface: Tunnel0/0/0
Created time     : 19:24:43
Expire time      : --
-------------------------------------------------------------------
Protocol-addr   Mask  NBMA-addr       NextHop-addr   Type         Flag
```

```
-------------------------------------------------------
172.16.1.3      32     202.1.3.10      172.16.1.3      dynamic      route tunnel
-------------------------------------------------------
Tunnel interface: Tunnel0/0/0
Created time     : 00:00:33
Expire time      : 01:59:27
-------------------------------------------------------
Protocol-addr   Mask   NBMA-addr       NextHop-addr    Type         Flag
-------------------------------------------------------
172.16.1.2      32     202.1.2.10      172.16.1.2      dynamic      local
-------------------------------------------------------
Tunnel interface: Tunnel0/0/0
Created time     : 00:00:33
Expire time      : 01:59:27

Number of nhrp peers: 3

[Spoke2] display nhrp peer all
-------------------------------------------------------
Protocol-addr   Mask   NBMA-addr       NextHop-addr    Type         Flag
-------------------------------------------------------
172.16.1.1      32     202.1.1.10      172.16.1.1      static       hub
-------------------------------------------------------
Tunnel interface: Tunnel0/0/0
Created time     : 19:07:00
Expire time      : --
-------------------------------------------------------
Protocol-addr   Mask   NBMA-addr       NextHop-addr    Type         Flag
-------------------------------------------------------
172.16.1.2      32     202.1.2.10      172.16.1.2      dynamic      route tunnel
-------------------------------------------------------
Tunnel interface: Tunnel0/0/0
Created time     : 00:01:01
Expire time      : 01:58:59
-------------------------------------------------------
Protocol-addr   Mask   NBMA-addr       NextHop-addr    Type         Flag
-------------------------------------------------------
172.16.1.3      32     202.1.3.10      172.16.1.3      dynamic      local
-------------------------------------------------------
Tunnel interface: Tunnel0/0/0
Created time     : 00:01:01
Expire time      : 01:58:59

Number of nhrp peers: 3
```

7.4.4 非 shortcut 场景 DSVPN（BGP 协议）配置示例

如图 7-22 所示，某中小企业有总部（Hub）和两个分支（Spoke1 和 Spoke2），分布在不同地域并所属不同 AS 系统，且总部和分支的子网环境会经常出现变动。分支采用动态地址接入公网。企业现规划在 AS 域内使用 OSPF 路由协议，AS 域间使用 EBGP 路由协议，希望能够在实现分支与总部之间的 VPN 互联的同时，分支之间也能建立 VPN 互联。

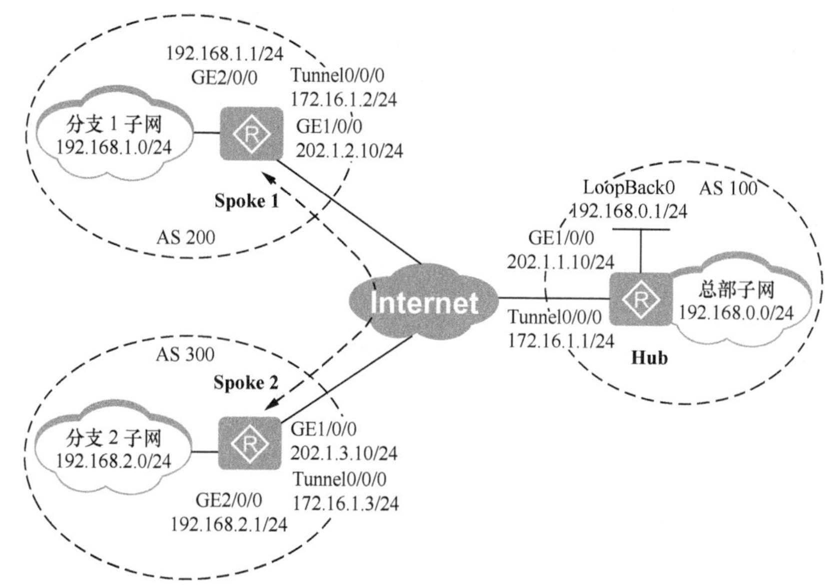

图 7-22　非 shortcut 场景 DSVPN（BGP 协议）配置示例的拓扑结构

1. 基本配置思路分析

本示例的基本场景与 7.4.1 节、7.4.2 节、7.4.3 节所介绍的配置示例其实是一样的，不同的只是由于 Hub 和两个 Spoke 分别位于不同 AS 系统，要实现 VPN 互联的话，必须依靠 EBGP 协议来实现 AS 系统间的路由互通，但在每个 AS 系统内部均采用 OSPF 协议，当然不能与公网路由中所采用的 OSPF 路由进程一致。

这里的关键是配置 EBGP 路由，首先要确保在 AS 系统内部要配置哪些 OSPF 路由，然后引入到 EBGP 路由进程中，通告给其他 AS 系统，另外还要确定每个 AS 系统的 EBGP 对等体位置。在本示例中，每个 AS 系统内部的 OSPF 路由只需要配置各自所连子网就行了，不要再包括各自的 mGRE Tunnel 接口所在网段，因为此时这些 mGRE Tunnel 接口是担当所在 AS 的 EBGP 对等体，位于 AS 系统的边缘。

根据以上分析，可得出本示例的基本配置思路如下：

（1）配置各设备上的各接口（包括 Tunnel 接口）的 IP 地址。

（2）配置 Hub 和两 Spoke 间的公网路由。此处采用 OSPF 路由协议来配置。

（3）配置 AS 系统内的各子网 OSPF 路由，但所用 OSPF 路由进程与公网 OSPF 路由进程不一样。

（4）在不同 AS 系统间采用 EBGP 协议互联，配置各设备上的 mGRE Tunnel 接口 IP 地址为所在 AS 的 EBGP 对等体。

（5）配置各设备上的 mGRE Tunnel 接口和 NHRP 协议。

2. 具体配置步骤

因为本示例中各设备接口的 IP 地址及基本拓扑结构与 7.4.1 节介绍的配置示例完全一样，故第（1）、（2）项配置任务仍与 7.4.1 节介绍的示例的配置完全一样，参见即可，不再赘述。下面仅介绍后面三项配置任务的具体配置方法。

（3）配置各 AS 系统内部的子网路由。

在各 AS 系统内，通过 OSPF 协议通告所连的各子网路由，但所采用的 OSPF 路由进程不能与公网中的 OSPF 路由进程一样（区域 ID 随意）。此处采用 1 号 OSPF 路由进程（公网 OSPF 路由中采用 2 号进程），区域 ID 为 0。但这里仅需要通告本地所连接的内部子网，不包括 mGRE Tunnel 接口对应的 IP 网段。

Hub 上的配置。

```
[Hub] ospf 1
[Hub-ospf-1] area 0.0.0.0
[Hub-ospf-1-area-0.0.0.0] network 192.168.0.0 0.0.0.255   #---通告本地 AS 系统内子网
[Hub-ospf-1-area-0.0.0.0] quit
[Hub-ospf-1] quit
```

Spoke1 上的配置。

```
[Spoke1] ospf 1
[Spoke1-ospf-1] area 0.0.0.0
[Spoke1-ospf-1-area-0.0.0.0] network 192.168.1.0 0.0.0.255
[Spoke1-ospf-1-area-0.0.0.0] quit
[Spoke1-ospf-1] quit
```

Spoke2 上的配置。

```
[Spoke2] ospf 1
[Spoke2-ospf-1] area 0.0.0.0
[Spoke2-ospf-1-area-0.0.0.0] network 192.168.2.0 0.0.0.255
[Spoke2-ospf-1-area-0.0.0.0] quit
[Spoke2-ospf-1] quit
```

（4）配置 EBGP 路由（必须配置 BGP 路由器 ID，在此以本地 mGRE Tunnel 接口 IP 地址进行标识），在新创建的 BGP 路由进程中引入本 AS 内 OSPF 子网路由），并指出要建立 EBGP 连接的对等体。

Hub 上的配置。Hub 上要配置的 EBGP 对等有 Spoke1 和 Spoke2 两个，分属于 AS 200 和 AS 300 中，对等体 IP 地址分别为 Spoke1 和 Spoke2 的 mGRE Tunnel 接口 IP 地址。

```
[Hub] bgp 100   #---进入 AS 100 中
[Hub-bgp] router-id 172.16.1.1   #---配置以本地 mGRE Tunnel 接口 IP 地址作为本地路由器的路由器 ID
[Hub-bgp] import-route ospf 1   #---引入 OSPF 进程 1 的路由
[Hub-bgp] peer 172.16.1.2 as-number 200   #---指定 AS 200 对等体 IP 地址为 172.16.1.2
[Hub-bgp] peer 172.16.1.3 as-number 300   #---指定 AS 300 对等体 IP 地址为 172.16.1.3
[Hub-bgp] quit
```

Spoke1 上的配置。Spoke1 上要配置的 EBGP 对等有 Hub 和 Spoke2 两个，分属于 AS 100 和 AS 300 中，对等体 IP 地址分别为 Hub 和 Spoke2 的 mGRE Tunnel 接口 IP 地址。

```
[Spoke1] bgp 200
[Spoke1-bgp] router-id 172.16.1.2
[Spoke1-bgp] import-route ospf 1
[Spoke1-bgp] peer 172.16.1.1 as-number 100
[Spoke1-bgp] peer 172.16.1.3 as-number 300
[Spoke1-bgp] quit
```

Spoke2 上的配置。Spoke2 上要配置的 EBGP 对等有 Hub 和 Spoke1 两个，分属于 AS 100 和 AS 200 中，对等体 IP 地址分别为 Hub 和 Spoke1 的 mGRE Tunnel 接口 IP 地址。

```
[Spoke2] bgp 300
[Spoke2-bgp] router-id 172.16.1.3
[Spoke2-bgp] import-route ospf 1
[Spoke2-bgp] peer 172.16.1.1 as-number 100
```

```
[Spoke2-bgp] peer 172.16.1.2 as-number 200
[Spoke2-bgp] quit
```

（5）配置 mGRE Tunnel 接口和 NHRP 协议。

在 Hub 和 Spoke 上配置 mGRE Tunnel 接口，包括 mGRE 封装、隧道源 IP 地址或源接口。另外，在 Hub 上使能接收 Spoke 的 NHRP 动态注册功能，在 Spoke1 和 Spoke2 上分别配置 Hub 的静态 NHRP peer 表项。

Hub 上的配置。

```
[Hub] interface tunnel 0/0/0
[Hub-Tunnel0/0/0] tunnel-protocol gre p2mp
[Hub-Tunnel0/0/0] source gigabitethernet 1/0/0
[Hub-Tunnel0/0/0] nhrp entry multicast dynamic
[Hub-Tunnel0/0/0] quit
```

Spoke1 上的配置。

```
[Spoke1] interface tunnel 0/0/0
[Spoke1-Tunnel0/0/0] tunnel-protocol gre p2mp
[Spoke1-Tunnel0/0/0] source gigabitethernet 1/0/0
[Spoke1-Tunnel0/0/0] nhrp entry 172.16.1.1 202.1.1.10 register
[Spoke1-Tunnel0/0/0] quit
```

Spoke2 上的配置。

```
[Spoke2] interface tunnel 0/0/0
[Spoke2-Tunnel0/0/0] tunnel-protocol gre p2mp
[Spoke2-Tunnel0/0/0] source gigabitethernet 1/0/0
[Spoke2-Tunnel0/0/0] nhrp entry 172.16.1.1 202.1.1.10 register
[Spoke2-Tunnel0/0/0] quit
```

3. 实验结果验证

配置完成后，可以进行一系列的配置结果验证工作了。

（1）BGP 路由验证。

首先来检查各设备的 BGP 路由表中是否已学习到了其他两端的子网路由，因为只有路由通了才有可能直接在 Spoke 间建立 VPN 通信。

在 Hub 上执行 **display bgp routing-table** 命令，检查 Hub 上的 BGP 路由信息，结果如下，可以看到 Hub 上除了本地子网的 192.168.0.0 网段路由外，还学习到了两个 Spoke 子网的路由，而且各自通过两条路径学习到了，其中一条是直接从对应 Spoke 学习到的，另一条是通过另一个间接 Spoke 学习到的（参见输出信息中的粗体字部分）。根据 AH 路径属性，最终肯定会选择直接从对应 Spoke 应学习的那条路由了。

```
[Hub] display bgp routing-table

 BGP Local router ID is 172.16.1.1
 Status codes: * - valid, > - best, d - damped,
               h - history,  i - internal, s - suppressed, S - Stale
               Origin : i - IGP, e - EGP, ? - incomplete


 Total Number of Routes: 5
      Network            NextHop        MED        LocPrf    PrefVal Path/Ogn

 *>   192.168.0.0        0.0.0.0         0                     0      ?
 *>   192.168.1.0        172.16.1.2      0                     0      200?
 *                       172.16.1.3                            0      300 200?
```

```
*>  192.168.2.0     172.16.1.3      0                    0      300?
*                   172.16.1.2                           0      200 300?
```

分别在 Spoke1、Spoke2 上执行 **display bgp routing-table** 命令，检查两 Spoke 上的 BGP 路由信息，结果如下，从中可以看出它们也已学习了其他两端子网的路由，而且每端的路由也是包括了两条不同的学习路径（参见输出信息中的粗体字部分）。根据 AH 路径属性，最终肯定会选择直接从对应 Spoke 应学习的那条路由了。

```
[Spoke1] display bgp routing-table

 BGP Local router ID is 172.16.1.2
 Status codes: * - valid, > - best, d - damped,
               h - history,  i - internal, s - suppressed, S - Stale
               Origin : i - IGP, e - EGP, ? - incomplete


 Total Number of Routes: 5
      Network          NextHop        MED        LocPrf    PrefVal Path/Ogn

 *>   192.168.0.0      172.16.1.1      0                    0      100?
 *                     172.16.1.3                           0      300 100?
 *>   192.168.1.0      0.0.0.0         0                    0      ?
 *>   192.168.2.0      172.16.1.3      0                    0      300?
 *                     172.16.1.1                           0      100 300?

[Spoke2] display bgp routing-table

 BGP Local router ID is 172.16.1.3
 Status codes: * - valid, > - best, d - damped,
               h - history,  i - internal, s - suppressed, S - Stale
               Origin : i - IGP, e - EGP, ? - incomplete


 Total Number of Routes: 5
      Network          NextHop        MED        LocPrf    PrefVal Path/Ogn

 *>   192.168.0.0      172.16.1.1      0                    0      100?
 *                     172.16.1.2                           0      200 100?
 *>   192.168.1.0      172.16.1.2      0                    0      200?
 *                     172.16.1.1                           0      100 200?
 *>   192.168.2.0      0.0.0.0         0                    0      ?
```

（2）验证各设备上的 NHRP peer 信息。

在 Hub 上执行 **display nhrp peer all** 命令，发现 Hub 上已有 Spoke1 和 Spoke2 的 NHRP peer 表项注册信息了（参见输出信息中的粗体字部分），表明 Spoke1 和 Spoke2 已成功在 Hub 上动态注册了他们自己的 NHRP peer 表项了。因为在前面两 Spoke 的 Tunnel 接口的配置中就已加了“**register**”选项，启动了 Spoke 向 Hub 进行 NHRP peer 动态注册流程。

```
[Hub] display nhrp peer all
-------------------------------------------------------------
Protocol-addr   Mask  NBMA-addr     NextHop-addr   Type       Flag
-------------------------------------------------------------
172.16.1.2      32    202.1.2.10    172.16.1.2     dynamic    route tunnel
-------------------------------------------------------------
```

```
Tunnel interface: Tunnel0/0/0
Created time      : 00:07:52
Expire time       : 01:52:08
-------------------------------------------------
Protocol-addr   Mask  NBMA-addr      NextHop-addr    Type        Flag
-------------------------------------------------
172.16.1.3      32    202.1.3.10     172.16.1.3      dynamic     route tunnel
-------------------------------------------------
Tunnel interface: Tunnel0/0/0
Created time      : 00:00:09
Expire time       : 01:59:51

Number of nhrp peers: 2
```

\# 分别在 Spoke1、Spoke2 上执行 **display nhrp peer all** 命令，结果发现两 Spoke 上除了有静态配置的 Hub NHRP peer 表项外，还有动态生成的对端 Spoke 的 NHRP peer 表项和本地 NHRP peer 表项（参见输出信息中的粗体字部分）。**这与前面几节介绍的示例不一样**，原因是 BGP 协议各 EBGP 对等体交互过程中的流量已触发 Spoke 间 NHRP 解析过程，相互学习到了对方的 NHRP peer 表项。

```
[Spoke1] display nhrp peer all
-------------------------------------------------
Protocol-addr   Mask  NBMA-addr      NextHop-addr    Type        Flag
-------------------------------------------------
172.16.1.1      32    202.1.1.10     172.16.1.1      static      hub
-------------------------------------------------
Tunnel interface: Tunnel0/0/0
Created time      : 00:18:51
Expire time       : --
-------------------------------------------------
Protocol-addr   Mask  NBMA-addr      NextHop-addr    Type        Flag
-------------------------------------------------
172.16.1.3      32    202.1.3.10     172.16.1.3      dynamic     route tunnel
-------------------------------------------------
Tunnel interface: Tunnel0/0/0
Created time      : 00:07:09
Expire time       : 01:52:54
-------------------------------------------------
Protocol-addr   Mask  NBMA-addr      NextHop-addr    Type        Flag
-------------------------------------------------
172.16.1.2      32    202.1.2.10     172.16.1.2      dynamic     local
-------------------------------------------------
Tunnel interface: Tunnel0/0/0
Created time      : 00:07:36
Expire time       : 01:52:24


Number of nhrp peers: 3

[Spoke2] display nhrp peer all
-------------------------------------------------
Protocol-addr   Mask  NBMA-addr      NextHop-addr    Type        Flag
-------------------------------------------------
172.16.1.1      32    202.1.1.10     172.16.1.1      static      hub
-------------------------------------------------
```

```
Tunnel interface: Tunnel0/0/0
Created time     : 00:07:38
Expire time      : --
-------------------------------------------------------------------
Protocol-addr   Mask  NBMA-addr       NextHop-addr    Type          Flag
-------------------------------------------------------------------
172.16.1.2      32    202.1.2.10      172.16.1.2      dynamic       route tunnel
-------------------------------------------------------------------
Tunnel interface: Tunnel0/0/0
Created time     : 00:07:36
Expire time      : 01:52:24
-------------------------------------------------------------------
Protocol-addr   Mask  NBMA-addr       NextHop-addr    Type          Flag
-------------------------------------------------------------------
172.16.1.3      32    202.1.3.10      172.16.1.3      dynamic       local
-------------------------------------------------------------------
Tunnel interface: Tunnel0/0/0
Created time     : 00:07:36
Expire time      : 01:52:24

Number of nhrp peers: 3
```

再在一个 Spoke 向另一个 Spoke 所连接的子网（即对端的 Loopback 接口 IP 地址）执行 **ping** 操作，结果肯定是通的。

7.4.5 shortcut 场景 DSVPN（RIP 协议）配置示例

如图 7-23 所示，某大型企业有总部（Hub）和多个分支（Spoke1、Spoke2……，举例中仅使用两个分支），分布在不同地域，总部和分支的子网环境会经常出现变动。分支采用动态地址接入公网。企业规划使用 RIP 路由协议，希望在实现分支与总部之间的 VPN 互联的同时，分支之间也能建立 VPN 互联。

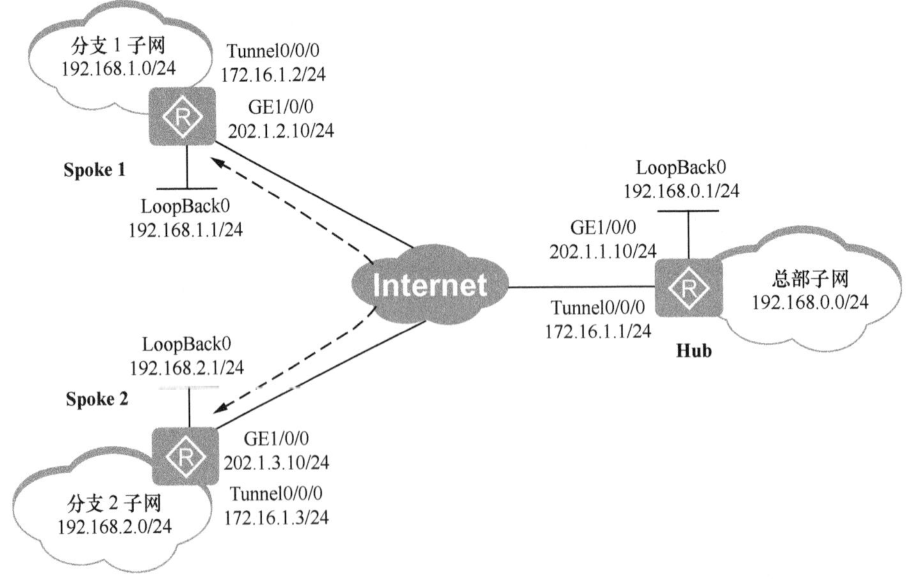

图 7-23 shortcut 场景 DSVPN（RIP 协议）配置示例的拓扑结构

1. 基本配置思路分析

由于分支是采用动态地址接入公网的，分支之间互相不知道对方的公网地址，因此必须采用 DSVPN 来实现分支之间的 VPN 互联。但由于分支数量较多，因此采用 shortcut 场景的 DSVPN。由于分支和总部的子网环境经常出现变动，为简化维护，并根据企业网络规划选择部署 RIP 路由协议来实现分支/总部间的通信。

本示例与前面几节介绍的配置示例一个主要不同就是，本示例要采用 shortcut 场景，所以在配置方面有所区别，主要体现在子网路由和 NHRP 协议配置方面。下面是本示例的基本配置思路：

（1）配置各设备上的各接口（包括 Tunnel 接口）的 IP 地址。

（2）配置 Hub 和两 Spoke 间的公网路由。此处采用 OSPF 路由协议来配置。

（3）采用 RIP 路由协议通告包括本地 mGRE Tunnel 接口和本地子网在内的网段，RIP 协议版本为 RIP-2。但此时在 shortcut 场景下，要在总部 Hub 的 mGRE Tunnel 接口上使能水平分割和自动路由聚合功能，原因已在 7.3.3 节做了分析。

（4）配置各设备上的 mGRE Tunnel 接口和 NHRP 协议。

2. 具体配置步骤

因为本示例中各设备接口的 IP 地址及基本拓扑结构与 7.4.1 节介绍的配置示例完全一样，故本示例中的第（1）、（2）项配置任务的具体配置与 7.4.1 节示例的配置完全一样，参见即可。下面仅介绍第（3）、（4）项配置任务的具体配置方法。

（3）配置各子网的 RIP 路由，包括各设备上的 mGRE Tunnel 接口所在网段。但在 shortcut 场景下，要确保已使能 RIP 路由汇聚功能（缺省已使能，无需配置）。注意：RIP 协议的路由通告都是以对应的自然网段进行的。

#　Hub 上的配置。

```
[Hub] rip 1
[Hub-rip-1] version 2
[Hub-rip-1] network 172.16.0.0
[Hub-rip-1] network 192.168.0.0
[Hub-rip-1] quit
```

#　Spoke1 上的配置。

```
[Spoke1] rip 1
[Spoke1-rip-1] version 2
[Spoke1-rip-1] network 172.16.0.0
[Spoke1-rip-1] network 192.168.1.0
[Spoke1-rip-1] quit
```

Spoke2 上的配置。

```
[Spoke2] rip 1
[Spoke2-rip-1] version 2
[Spoke2-rip-1] network 172.16.0.0
[Spoke2-rip-1] network 192.168.2.0
[Spoke2-rip-1] quit
```

（4）配置 mGRE Tunnel 接口及 NHRP 协议。

在 Hub 上要配置 mGRE Tunnel 接口以组播方式向各 Spoke 发布包括本地子网和各 Spoke 子网在内的聚合路由，使能水平分割功能和 NHRP Redirect 功能（用于告知源 Spoke 去往目的 Spoke 的最佳下一跳）。在 Spoke1 和 Spoke2 上分别配置 Hub 的静态 NHRP peer

表项，并使能 NHRP Shortcut 功能，因为本示例为 shortcut 场景。其他公共配置包括 mGRE 封装、源接口（对应的公网接口）。

Hub 上的配置。

```
[Hub] interface tunnel 0/0/0
[Hub-Tunnel0/0/0] tunnel-protocol gre p2mp
[Hub-Tunnel0/0/0] source gigabitethernet 1/0/0
[Hub-Tunnel0/0/0] nhrp entry multicast dynamic
[Hub-Tunnel0/0/0] rip version 2 multicast   #---指定以组播方式发送 RIP-2 报文
[Hub-Tunnel0/0/0] rip summary-address 192.168.0.0 255.255.0.0   #---发布包括 Hub 子网和各 Spoke 子网在内的 RIP 聚合路由 192.168.0.0/16
[Hub-Tunnel0/0/0] rip split-horizon   #---使能水平分割功能
[Hub-Tunnel0/0/0] nhrp redirect   #---使能 NHRP 重定向功能
[Hub-Tunnel0/0/0] quit
```

说明

配置 RIP 路由聚合时，所指定聚合的网络必须在本地存在，所以需要在本地配置对应的 LoopBack 接口 IP 地址。当然，如果在实际应用中，如果子网中有物理接口的 IP 地址是在该聚合路由网段中，也就无需配置 LoopBack 接口 IP 地址了。

Spoke1 上的配置。

```
[Spoke1] interface tunnel 0/0/0
[Spoke1-Tunnel0/0/0] tunnel-protocol gre p2mp
[Spoke1-Tunnel0/0/0] source gigabitethernet 1/0/0
[Spoke1-Tunnel0/0/0] rip version 2 multicast
[Spoke1-Tunnel0/0/0] nhrp entry 172.16.1.1 202.1.1.10 register
[Spoke1-Tunnel0/0/0] nhrp shortcut   #---启用 shortcut 功能
[Spoke1-Tunnel0/0/0] quit
```

Spoke2 上的配置。

```
[Spoke2] interface tunnel 0/0/0
[Spoke2-Tunnel0/0/0] tunnel-protocol gre p2mp
[Spoke2-Tunnel0/0/0] source gigabitethernet 1/0/0
[Spoke2-Tunnel0/0/0] rip version 2 multicast
[Spoke2-Tunnel0/0/0] nhrp entry 172.16.1.1 202.1.1.10 register
[Spoke2-Tunnel0/0/0] nhrp shortcut
[Spoke2-Tunnel0/0/0] quit
```

3. 配置结果验证

配置完成后，可以进行一系列的配置结果验证工作了。

（1）验证各设备上的 NHRP peer 信息。

在 Hub 上执行 **display nhrp peer all** 命令，则会发现 Hub 上已有 Spoke1 和 Spoke2 的 NHRP peer 表项注册信息了，表明 Spoke1 和 Spoke2 已成功在 Hub 上动态注册了它们自己的 NHRP peer 表项了。因为在前面两 Spoke 的 Tunnel 接口的配置中就已加了 **"register"** 选项，启动了 Spoke 向 Hub 进行 NHRP peer 动态注册流程。

```
[Hub] display nhrp peer all
-------------------------------------------------------------------
Protocol-addr   Mask  NBMA-addr      NextHop-addr   Type        Flag
-------------------------------------------------------------------
172.16.1.2      32    202.1.2.10     172.16.1.2     dynamic     route tunnel
-------------------------------------------------------------------
Tunnel interface: Tunnel0/0/0
```

```
Created time      : 01:02:17
Expire time       : 01:57:43
-----------------------------------------------------------------
Protocol-addr   Mask   NBMA-addr        NextHop-addr    Type          Flag
-----------------------------------------------------------------
172.16.1.3      32     202.1.3.10       172.16.1.3      dynamic       route tunnel
-----------------------------------------------------------------
Tunnel interface: Tunnel0/0/0
Created time      : 01:02:08
Expire time       : 01:57:52

Number of nhrp peers: 2
```

分别在 Spoke1、Spoke2 上执行 **display nhrp peer all** 命令，检查 Spoke 上的 NHRP peer 信息，结果如下，从中可以看出当前 Spoke1 和 Spoke2 上只能看到 Hub 的静态 NHRP peer 表项，原因与前面多节配置示例中介绍的一样。

```
[Spoke1] display nhrp peer all
-----------------------------------------------------------------
Protocol-addr   Mask   NBMA-addr        NextHop-addr    Type          Flag
-----------------------------------------------------------------
172.16.1.1      32     202.1.1.10       172.16.1.1      static        hub
-----------------------------------------------------------------
Tunnel interface: Tunnel0/0/0
Created time      : 01:02:37
Expire time       : --

Number of nhrp peers: 1

[Spoke2] display nhrp peer all
-----------------------------------------------------------------
Protocol-addr   Mask   NBMA-addr        NextHop-addr    Type          Flag
-----------------------------------------------------------------
172.16.1.1      32     202.1.1.10       172.16.1.1      static        hub
-----------------------------------------------------------------
Tunnel interface: Tunnel0/0/0
Created time      : 01:02:23
Expire time       : --

Number of nhrp peers: 1
```

（2）检查 RIP 子网路由信息。

在 Hub 上执行 **display rip 1 route** 命令，检查 Hub 上的 RIP 路由信息，结果如下，从中可以看出 Hub 已成功学习到两 Spoke 的子网路由（参见输出信息中的粗体字部分）。

```
[Hub] display rip 1 route
 Route Flags : R - RIP
               A - Aging, G - Garbage-collect
-----------------------------------------------------------------
 Peer 172.16.1.2 on Tunnel0/0/0
      Destination/Mask      Nexthop      Cost   Tag    Flags   Sec
      192.168.1.0/24        172.16.1.2     1     0      RA      15
 Peer 172.16.1.3 on Tunnel0/0/0
      Destination/Mask      Nexthop      Cost   Tag    Flags   Sec
      192.168.2.0/24        172.16.1.3     1     0      RA      28
```

分别在 Spoke1、Spoke2 上执行 **display rip 1 route** 命令，检查两 Spoke 上的 RIP

路由信息，结果如下，从中可以看出，两 Spoke 均仅从 Hub 上学习到各子网的汇聚 RIP 路由 192.168.0.0/16，没其他明细 RIP 路由（参见输出信息中的粗体字部分）。

```
[Spoke1] display rip 1 route
 Route Flags : R - RIP
               A - Aging, G - Garbage-collect
----------------------------------------------------------------
 Peer 172.16.1.1 on Tunnel0/0/0
      Destination/Mask        Nexthop      Cost   Tag    Flags   Sec
      192.168.0.0/16          172.16.1.1     1     0      RA      30

[Spoke2] display rip 1 route
 Route Flags : R - RIP
               A - Aging, G - Garbage-collect
----------------------------------------------------------------
 Peer 172.16.1.1 on Tunnel0/0/0
      Destination/Mask        Nexthop      Cost   Tag    Flags   Sec
      192.168.0.0/16          172.16.1.1     1     0      RA      1
```

（3）在源 Spoke 上执行向目的 Spoke 的 **ping** 操作（Ping 代表子网的 Loopback 接口 IP 地址），触发源 Spoke 向目的 Spoke 发送 NHRP 解析请求报文，以便相互学习到对方的 NHRP peer。Ping 操作完成后再在 Spoke 上执行 **display nhrp peer all** 命令查看本地的 NHRP peer 表项，结果发现两 Spoke 已学习到对方的两个 NHRP peer 表项了（参见输出信息中的粗体字部分）。

```
[Spoke1] display nhrp peer all
----------------------------------------------------------------
Protocol-addr   Mask  NBMA-addr      NextHop-addr    Type      Flag
----------------------------------------------------------------
172.16.1.1      32    202.1.1.10     172.16.1.1      static    hub
----------------------------------------------------------------
Tunnel interface: Tunnel0/0/0
Created time      : 01:07:00
Expire time       : --
----------------------------------------------------------------
Protocol-addr   Mask  NBMA-addr      NextHop-addr    Type      Flag
----------------------------------------------------------------
192.168.2.1     32    202.1.3.10     172.16.1.3      dynamic   route network
----------------------------------------------------------------
Tunnel interface: Tunnel0/0/0
Created time      : 00:00:29
Expire time       : 01:59:31
----------------------------------------------------------------
Protocol-addr   Mask  NBMA-addr      NextHop-addr    Type      Flag
----------------------------------------------------------------
172.16.1.3      32    202.1.3.10     172.16.1.3      dynamic   route tunnel
----------------------------------------------------------------
Tunnel interface: Tunnel0/0/0
Created time      : 00:00:29
Expire time       : 01:59:31
----------------------------------------------------------------
Protocol-addr   Mask  NBMA-addr      NextHop-addr    Type      Flag
----------------------------------------------------------------
192.168.1.1     32    202.1.2.10     172.16.1.2      dynamic   local
----------------------------------------------------------------
```

```
Tunnel interface: Tunnel0/0/0
Created time      : 00:00:29
Expire time       : 01:59:31

Number of nhrp peers: 4

[Spoke2] display nhrp peer all
-------------------------------------------------------------------------
Protocol-addr    Mask   NBMA-addr       NextHop-addr    Type         Flag
-------------------------------------------------------------------------
172.16.1.1       32     202.1.1.10      172.16.1.1      static       hub
-------------------------------------------------------------------------
Tunnel interface: Tunnel0/0/0
Created time      : 01:07:20
Expire time       : --
-------------------------------------------------------------------------
Protocol-addr    Mask   NBMA-addr       NextHop-addr    Type         Flag
-------------------------------------------------------------------------
192.168.1.1      32     202.1.2.10      172.16.1.2      dynamic      route network
-------------------------------------------------------------------------
Tunnel interface: Tunnel0/0/0
Created time      : 00:00:56
Expire time       : 01:59:04
-------------------------------------------------------------------------
Protocol-addr    Mask   NBMA-addr       NextHop-addr    Type         Flag
-------------------------------------------------------------------------
172.16.1.2       32     202.1.2.10      172.16.1.2      dynamic      route tunnel
-------------------------------------------------------------------------
Tunnel interface: Tunnel0/0/0
Created time      : 00:00:56
Expire time       : 01:59:04
-------------------------------------------------------------------------
Protocol-addr    Mask   NBMA-addr       NextHop-addr    Type         Flag
-------------------------------------------------------------------------
192.168.2.1      32     202.1.3.10      172.16.1.3      dynamic      local
-------------------------------------------------------------------------
Tunnel interface: Tunnel0/0/0
Created time      : 00:00:56
Expire time       : 01:59:04

Number of nhrp peers: 4
```

说明

对比 7.4.2 节介绍的配置示例中，源 Spoke 所学习到的目的 Spoke 的 NHRP peer 表项可以看出，这里除了有基于 mGRE Tunnel 接口的 NHRP peer 表项外，还多了一项基于子网地址的 NHRP peer 表项。如在 Spoke1 中学习到了 Spoke2 中的 192.16.1.2 子网对应的 NHRP peer 表项，而在 Spoke2 中学习到了 Spoke1 中的 192.16.1.1 对应的 NHRP peer 表项。子网地址对应的 NHRP peer 表项是通过 Hub 发布的子网汇聚路由学习到达对端 Spoke 子网路由时生成的，**仅在 shortcut 场景下存在**，后面各节所介绍的 shortcut 场景下的配置示例中同理。

7.4.6 shortcut 场景 DSVPN（OSPF 协议）配置示例

如图 7-24 所示，某大型企业有总部（Hub）和多个分支（Spoke1、Spoke2……，举例中仅使用两个分支），分布在不同地域，总部和分支的子网环境会经常出现变动。分支采用动态地址接入公网。企业规划使用 OSPF 路由协议，希望在实现分支与总部之间的 VPN 互联的同时，分支之间也能建立 VPN 互联。

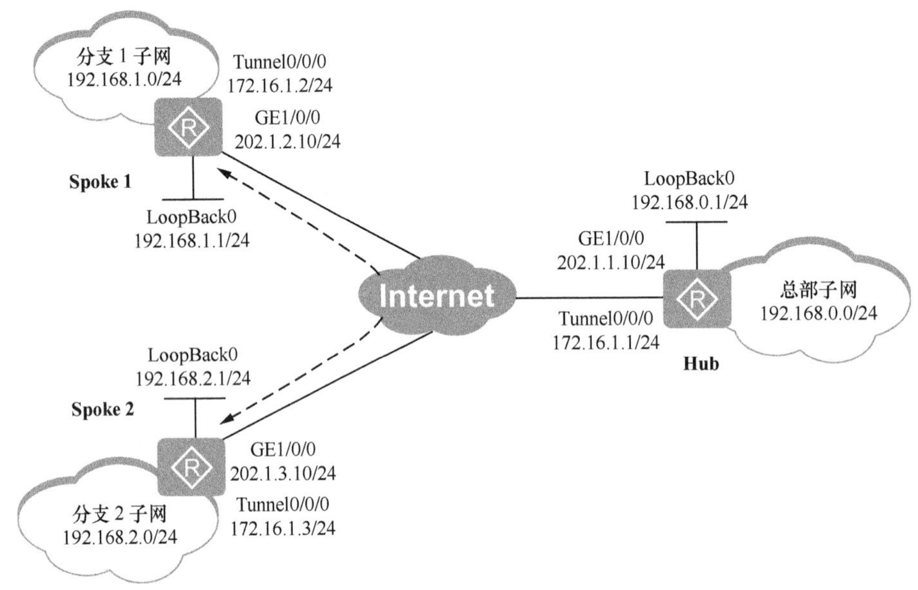

图 7-24 shortcut 场景 DSVPN（OSPF 协议）配置示例的拓扑结构

1. 基本配置思路分析

本示例的配置要求与 7.4.5 节介绍的配置示例差不多，唯一不同的是本示例在配置子网路由时要采用 OSPF 路由协议。此时有两方面要注意：一是当公网路由配置也采用 OSPF 路由协议时，公网和私网中所采用的 OSPF 路由进程不能一样；二是此时 Hub 和各 Spoke 的 mGRE Tunnel 接口的 OSPF 网络均要配置为 P2MP 类型。

本示例的基本配置思路如下：

（1）配置各设备上的各接口（包括 Tunnel 接口）的 IP 地址。

（2）配置 Hub 和两 Spoke 间的公网路由。此处采用 OSPF 路由协议来配置。

（3）采用 OSPF 路由协议通告包括本地 mGRE Tunnel 接口和本地子网在内的网段，但路由进程不要与公网一样。

（4）配置各设备上的 mGRE Tunnel 接口和 NHRP 协议。

2. 具体配置步骤

因为本示例中各设备接口的 IP 地址及基本拓扑结构与 7.4.1 节介绍的配置示例完全一样，故本示例中的第（1）、（2）项配置任务的具体配置与 7.4.1 节示例的配置完全一样，参见即可。下面仅介绍第（3）、（4）项配置任务的具体配置方法。

（3）配置子网 OSPF 路由，包括各设备上创建的 mGRE Tunnel 接口对应的 IP 网段和内部私网 IP 网段。

#　Hub 上的配置。

```
[Hub] ospf 1 router-id 172.16.1.1
[Hub-ospf-1] area 0.0.0.0
[Hub-ospf-1-area-0.0.0.0] network 172.16.1.0 0.0.0.255
[Hub-ospf-1-area-0.0.0.0] network 192.168.0.0 0.0.0.255
[Hub-ospf-1-area-0.0.0.0] quit
[Hub-ospf-1] quit
```

#　Spoke1 上的配置。

```
[Spoke1] ospf 1 router-id 172.16.1.2
[Spoke1-ospf-1] area 0.0.0.0
[Spoke1-ospf-1-area-0.0.0.0] network 172.16.1.0 0.0.0.255
[Spoke1-ospf-1-area-0.0.0.0] network 192.168.1.0 0.0.0.255
[Spoke1-ospf-1-area-0.0.0.0] quit
[Spoke1-ospf-1] quit
```

#　Spoke2 上的配置。

```
[Spoke2] ospf 1 router-id 172.16.1.3
[Spoke2-ospf-1] area 0.0.0.0
[Spoke2-ospf-1-area-0.0.0.0] network 172.16.1.0 0.0.0.255
[Spoke2-ospf-1-area-0.0.0.0] network 192.168.2.0 0.0.0.255
[Spoke2-ospf-1-area-0.0.0.0] quit
[Spoke2-ospf-1] quit
```

（4）配置 mGRE Tunnel 接口和 NHRP 协议。

在 shortcut 场景中，要把 Hub 和 Spoke mGRE Tunnel 接口的 OSPF 网络类型配置为 P2MP 类型，并且配置 Hub 的 mGRE Tunnel 接口的 DR 优先级最高，以实现统一由 Hub 对各 Spoke 间进行路由通告，Spoke（非 DR）间不相互进行路由通告。在 Hub 使能 NHRP Redirect 功能，使能接收 Spoke 的 NHRP 动态注册功能；在 Spoke1 和 Spoke2 上分别配置 Hub 的静态 NHRP peer 表项，并使能 NHRP Shortcut 功能。

#　Hub 上的配置。

```
[Hub] interface tunnel 0/0/0
[Hub-Tunnel0/0/0] tunnel-protocol gre p2mp
[Hub-Tunnel0/0/0] source gigabitethernet 1/0/0
[Hub-Tunnel0/0/0] nhrp entry multicast dynamic
[Hub-Tunnel0/0/0] ospf network-type p2mp   #---配置 Tunnel0/0/0 接口的 OSPF 网络类型为 P2MP
[Hub-Tunnel0/0/0] ospf dr-priority 100    #---配置 Tunnel0/0/0 接口的 DR 优先为 100，其他 Tunnel 接口的 DR 优先级均设置为 0，使 Hub 的 Tunnel 接口 DR 优先级最高，最终被选举为 DR
[Hub-Tunnel0/0/0] nhrp redirect
[Hub-Tunnel0/0/0] quit
```

在 Spoke1 上配置 Tunnel 接口，OSPF 路由相关属性以及 Hub 的静态 NHRP peer 表项，使能 NHRP Shortcut 功能。

```
[Spoke1] interface tunnel 0/0/0
[Spoke1-Tunnel0/0/0] tunnel-protocol gre p2mp
[Spoke1-Tunnel0/0/0] source gigabitethernet 1/0/0
[Spoke1-Tunnel0/0/0] nhrp entry 172.16.1.1 202.1.1.10 register
[Spoke1-Tunnel0/0/0] ospf network-type p2mp
[Spoke1-Tunnel0/0/0] ospf dr-priority 0
[Spoke1-Tunnel0/0/0] nhrp shortcut
[Spoke1-Tunnel0/0/0] quit
```

在 Spoke2 上配置 Tunnel 接口，OSPF 路由相关属性以及 Hub 的静态 NHRP peer 表项，使能 NHRP Shortcut 功能。

```
[Spoke2] interface tunnel 0/0/0
[Spoke2-Tunnel0/0/0] tunnel-protocol gre p2mp
[Spoke2-Tunnel0/0/0] source gigabitethernet 1/0/0
[Spoke2-Tunnel0/0/0] nhrp entry 172.16.1.1 202.1.1.10 register
[Spoke2-Tunnel0/0/0] ospf network-type p2mp
[Spoke2-Tunnel0/0/0] ospf dr-priority 0
[Spoke2-Tunnel0/0/0] nhrp shortcut
[Spoke2-Tunnel0/0/0] quit
```

3. 配置结果验证

配置完成后，可以进行一系列的配置结果验证工作了。

（1）验证各设备上的 NHRP peer 信息。

在 Hub 上执行 **display nhrp peer all** 命令，则会发现 Hub 上已有 Spoke1 和 Spoke2 的 NHRP peer 表项注册信息了，表明 Spoke1 和 Spoke2 已成功在 Hub 上动态注册了它们自己的 NHRP peer 表项了。因为在前面两 Spoke 的 Tunnel 接口的配置中就已加了"**register**"选项，启动了 Spoke 向 Hub 进行 NHRP peer 动态注册流程。

```
[Hub] display nhrp peer all
-------------------------------------------------------------------------------
Protocol-addr   Mask  NBMA-addr        NextHop-addr    Type        Flag
-------------------------------------------------------------------------------
172.16.1.2      32    202.1.2.10       172.16.1.2      dynamic     route tunnel
-------------------------------------------------------------------------------
Tunnel interface: Tunnel0/0/0
Created time     : 00:44:56
Expire time      : 01:54:57
-------------------------------------------------------------------------------
Protocol-addr   Mask  NBMA-addr        NextHop-addr    Type        Flag
-------------------------------------------------------------------------------
172.16.1.3      32    202.1.3.10       172.16.1.3      dynamic     route tunnel
-------------------------------------------------------------------------------
Tunnel interface: Tunnel0/0/0
Created time     : 00:44:50
Expire time      : 01:54:45

Number of nhrp peers: 2
```

分别在 Spoke1、Spoke2 上执行 **display nhrp peer all** 命令，检查 Spoke 上的 NHRP peer 信息，结果如下，从中可以看出当前 Spoke1 和 Spoke2 上只能看到 Hub 的静态 NHRP peer 表项，原因与前面多节配置示例中介绍的一样。

```
[Spoke1] display nhrp peer all
-------------------------------------------------------------------------------
Protocol-addr   Mask  NBMA-addr        NextHop-addr    Type        Flag
-------------------------------------------------------------------------------
172.16.1.1      32    202.1.1.10       172.16.1.1      static      hub
-------------------------------------------------------------------------------
Tunnel interface: Tunnel0/0/0
Created time     : 00:46:47
Expire time      : --

Number of nhrp peers: 1

[Spoke2] display nhrp peer all
-------------------------------------------------------------------------------
```

```
Protocol-addr   Mask  NBMA-addr      NextHop-addr    Type       Flag
-----------------------------------------------------------------
172.16.1.1      32    202.1.1.10     172.16.1.1      static     hub
-----------------------------------------------------------------
Tunnel interface: Tunnel0/0/0
Created time      : 00:46:21
Expire time       : --

Number of nhrp peers: 1
```

（2）检查 OSPF 路由信息，包括公网和私网 OSPF 路由。

在 Hub 上执行 **display ospf 1 routing** 操作，检查 Hub 上的 OSPF 路由信息，结果如下，从中可以看出，到达各公网、私网的 OSPF 路由都有了。

```
[Hub] display ospf 1 routing

         OSPF Process 1 with Router ID 172.16.1.1
                  Routing Tables

 Routing for Network
 Destination        Cost   Type      NextHop         AdvRouter       Area
 172.16.1.1/32      0      Stub      172.16.1.1      172.16.1.1      0.0.0.0
 172.16.1.2/32      1562   Stub      172.16.1.2      172.16.1.2      0.0.0.0
 172.16.1.3/32      1562   Stub      172.16.1.3      172.16.1.3      0.0.0.0
 192.168.0.1/32     0      Stub      172.16.1.1      172.16.1.1      0.0.0.0
 192.168.1.1/32     1562   Stub      172.16.1.2      172.16.1.2      0.0.0.0
 192.168.2.1/32     1562   Stub      172.16.1.3      172.16.1.3      0.0.0.0

 Total Nets: 6
 Intra Area: 6  Inter Area: 0  ASE: 0  NSSA: 0
```

分别在 Spoke1、Spoke2 上执行 **display ospf 1 routing** 操作，检查两 Spoke 上的 OSPF 路由信息，结果也会发现均已学习到其他端的公网和私网路由。

```
[Spoke1] display ospf 1 routing

         OSPF Process 1 with Router ID 172.16.1.2
                  Routing Tables

 Routing for Network
 Destination        Cost   Type      NextHop         AdvRouter       Area
 172.16.1.2/32      0      Stub      172.16.1.2      172.16.1.2      0.0.0.0
 192.168.1.1/32     0      Stub      192.168.1.1     172.16.1.2      0.0.0.0
 172.16.1.1/32      1562   Stub      172.16.1.1      172.16.1.1      0.0.0.0
 192.168.0.1/32     1562   Stub      172.16.1.1      172.16.1.1      0.0.0.0
 172.16.1.3/32      3124   Stub      172.16.1.1      172.16.1.3      0.0.0.0
 192.168.2.1/32     3124   Stub      172.16.1.1      172.16.1.3      0.0.0.0

 Total Nets: 6
 Intra Area: 6  Inter Area: 0  ASE: 0  NSSA: 0

[Spoke2] display ospf 1 routing

         OSPF Process 1 with Router ID 172.16.1.3
                  Routing Tables

 Routing for Network
```

```
Destination      Cost  Type   NextHop       AdvRouter     Area
172.16.1.3/32    0     Stub   172.16.1.3    172.16.1.3    0.0.0.0
192.168.2.1/32   0     Stub   192.168.2.1   172.16.1.3    0.0.0.0
172.16.1.1/32    1562  Stub   172.16.1.1    172.16.1.1    0.0.0.0
192.168.0.1/32   1562  Stub   172.16.1.1    172.16.1.1    0.0.0.0
172.16.1.2/32    3124  Stub   172.16.1.1    172.16.1.2    0.0.0.0
192.168.1.1/32   3124  Stub   172.16.1.1    172.16.1.2    0.0.0.0

Total Nets: 6
Intra Area: 6   Inter Area: 0   ASE: 0   NSSA: 0
```

（3）在源 Spoke 上执行向目的 Spoke 的 **ping** 操作（Ping 代表子网的 Loopback 接口 IP 地址），触发源 Spoke 向目的 Spoke 发送 NHRP 解析请求报文，以便相互学习到对方的 NHRP peer。Ping 操作完成后再在 Spoke 上执行 **display nhrp peer all** 命令查看本地的 NHRP peer 表项，结果发现两 Spoke 已学习到对方的两个 NHRP peer 表项了（参见输出信息中的粗体字部分），原因与 7.4.5 节介绍的配置示例中的分析一样。

```
[Spoke1] display nhrp peer all
-------------------------------------------------
Protocol-addr   Mask  NBMA-addr     NextHop-addr   Type      Flag
-------------------------------------------------
172.16.1.1      32    202.1.1.10    172.16.1.1     static    hub
-------------------------------------------------
Tunnel interface: Tunnel0/0/0
Created time    : 00:52:18
Expire time     : --
-------------------------------------------------
Protocol-addr   Mask  NBMA-addr     NextHop-addr   Type      Flag
-------------------------------------------------
192.168.2.1     32    202.1.3.10    172.16.1.3     dynamic   route network
-------------------------------------------------
Tunnel interface: Tunnel0/0/0
Created time    : 00:00:33
Expire time     : 01:59:27
-------------------------------------------------
Protocol-addr   Mask  NBMA-addr     NextHop-addr   Type      Flag
-------------------------------------------------
172.16.1.3      32    202.1.3.10    172.16.1.3     dynamic   route tunnel
-------------------------------------------------
Tunnel interface: Tunnel0/0/0
Created time    : 00:00:33
Expire time     : 01:59:27
-------------------------------------------------
Protocol-addr   Mask  NBMA-addr     NextHop-addr   Type      Flag
-------------------------------------------------
192.168.1.1     32    202.1.2.10    172.16.1.2     dynamic   local
-------------------------------------------------
Tunnel interface: Tunnel0/0/0
Created time    : 00:00:33
Expire time     : 01:59:27

Number of nhrp peers: 4

[Spoke2] display nhrp peer all
-------------------------------------------------
```

```
Protocol-addr   Mask  NBMA-addr      NextHop-addr    Type        Flag
-------------------------------------------------
172.16.1.1      32    202.1.1.10     172.16.1.1      static      hub
-------------------------------------------------
Tunnel interface: Tunnel0/0/0
Created time     : 00:52:38
Expire time      : --
-------------------------------------------------
Protocol-addr   Mask  NBMA-addr      NextHop-addr    Type        Flag
-------------------------------------------------
192.168.1.1     32    202.1.2.10     172.16.1.2      dynamic     route network
-------------------------------------------------
Tunnel interface: Tunnel0/0/0
Created time     : 00:00:59
Expire time      : 01:59:01
-------------------------------------------------
Protocol-addr   Mask  NBMA-addr      NextHop-addr    Type        Flag
-------------------------------------------------
172.16.1.2      32    202.1.2.10     172.16.1.2      dynamic     route tunnel
-------------------------------------------------
Tunnel interface: Tunnel0/0/0
Created time     : 00:00:59
Expire time      : 01:59:01
-------------------------------------------------
Protocol-addr   Mask  NBMA-addr      NextHop-addr    Type        Flag
-------------------------------------------------
192.168.2.1     32    202.1.3.10     172.16.1.3      dynamic     local
-------------------------------------------------
Tunnel interface: Tunnel0/0/0
Created time     : 00:00:59
Expire time      : 01:59:01

Number of nhrp peers: 4
```

7.4.7 shortcut 场景 DSVPN（BGP 协议）配置示例

如图 7-25 所示，某大型企业有总部（Hub）和多个分支（Spoke1、Spoke2……，举例中仅使用两个分支），分布在不同地域并所属不同 AS 域，总部和分支的子网环境会经常出现变动。分支采用动态地址接入公网。企业规划 AS 域内部使用 OSPF 路由协议，AS 域间使用 EBGP 路由协议，希望能够在实现分支与总部之间的 VPN 互联的同时，分支之间也能建立 VPN 互联。

1. 基本配置思路分析

本示例由于各分支和总部在不同的 AS 系统内，而且各子网环境经常出现变动，为简化维护，并根据企业网络规划选择部署 BGP 路由协议来实现分支/总部间的通信。但在各 AS 系统内部均采用 OSPF 协议，当然不能与公网路由中所采用的 OSPF 路由进程一致。

本示例的基本配置思路如下：

（1）配置各设备上的各接口（包括 Tunnel 接口）的 IP 地址。

（2）配置 Hub 和两 Spoke 间的公网路由。此处采用 OSPF 路由协议来配置。

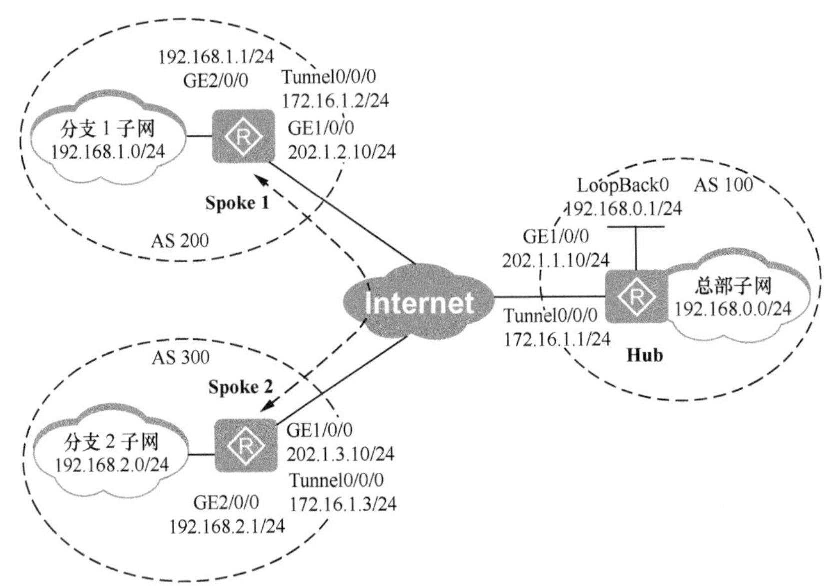

图 7-25 shortcut 场景 DSVPN（BGP 协议）配置示例的拓扑结构

（3）在每个 AS 系统内采用 OSPF 路由协议通告本地子网在内的网段，但所用 OSPF 路由进程与公网 OSPF 路由进程不一样。

（4）在不同 AS 系统间采用 EBGP 协议互联，引入本 AS 内部的子网 OSPF 路由，此时各设备上的 mGRE Tunnel 接口 IP 地址是所在 AS 的 EBGP 对等体。在 Hub 上还要配置包括各子网的 BGP 汇聚路由。

（5）配置各设备上的 mGRE Tunnel 接口和 NHRP 协议。

2. 具体配置步骤

因为本示例中各设备接口的 IP 地址及基本拓扑结构与 7.4.1 节介绍的配置示例完全一样，故第（1）、（2）项配置任务仍与 7.4.1 节介绍的示例的配置完全一样，参见即可，不再赘述。下面仅介绍后面三项配置任务的具体配置方法。

（3）配置各 AS 系统内子网路由（m 不包括 GRE Tunnel 接口路由）。

在不同 AS 自治域的分支 Spoke 和总部 Hub 上配置 OSPF 路由协议，实现 AS 内路由可达。此处必须采用与在第（2）步配置的公网路由中的不同 OSPF 路由进程。

\# Hub 上的配置。

```
[Hub] ospf 1
[Hub-ospf-1] area 0.0.0.0
[Hub-ospf-1-area-0.0.0.0] network 192.168.0.0 0.0.0.255
[Hub-ospf-1-area-0.0.0.0] quit
[Hub-ospf-1] quit
```

\# Spoke1 上的配置。

```
[Spoke1] ospf 1
[Spoke1-ospf-1] area 0.0.0.0
[Spoke1-ospf-1-area-0.0.0.0] network 192.168.1.0 0.0.0.255
[Spoke1-ospf-1-area-0.0.0.0] quit
[Spoke1-ospf-1] quit
```

\# Spoke2 上的配置。

```
[Spoke2] ospf 1
[Spoke2-ospf-1] area 0.0.0.0
[Spoke2-ospf-1-area-0.0.0.0] network 192.168.2.0 0.0.0.255
[Spoke2-ospf-1-area-0.0.0.0] quit
[Spoke2-ospf-1] quit
```

（4）配置 EBGP 路由，实现不同 AS 系统中子网的互联。在这里要各自引入本 AS 内子网的 OSPF 路由（**必须先配置 BGP 路由器 ID**，在此以本地 mGRE Tunnel 接口 IP 地址进行标识），并指出要建立 EBGP 连接的对等体，即对端 mGRE Tunnel 接口 IP 地址。另外，本示例采用 shortcut 场景部署，所以要在 Hub 上配置包括各子网的汇聚路由。

\# Hub 上的配置。

```
[Hub] bgp 100
[Hub-bgp] router-id 172.16.1.1
[Hub-bgp] import-route ospf 1   #---引入本地 AS 的子网 OSPF 路由
[Hub-bgp] peer 172.16.1.2 as-number 200   #---指定位于 AS 200 中的 EBGP 对等体
[Hub-bgp] peer 172.16.1.3 as-number 300   #---指定位于 AS 300 中的 EBGP 对等体
[Hub-bgp] aggregate 192.168.0.0 16 detail-suppressed   #---仅发布 192.168.0.0/16 的汇聚路由
[Hub-bgp] quit
```

说明

配置路由聚合时，指定的聚合 IP 网段必须在本地存在，所以在我们这个实验中需要配置对应的 LoopBack 接口 IP 地址。如果是真实环境，有物理接口位于该聚合路由 IP 网段中，则可无需再为此创建 LoopBack 接口了。

\# Spoke1 上的配置。

```
[Spoke1] bgp 200
[Spoke1-bgp] router-id 172.16.1.2
[Spoke1-bgp] import-route ospf 1
[Spoke1-bgp] peer 172.16.1.1 as-number 100
[Spoke1-bgp] quit
```

\# Spoke2 上的配置。

```
[Spoke2] bgp 300
[Spoke2-bgp] router-id 172.16.1.3
[Spoke2-bgp] import-route ospf 1
[Spoke2-bgp] peer 172.16.1.1 as-number 100
[Spoke2-bgp] quit
```

（5）配置各 mGRE Tunnel 接口和 NHRP 协议。

在 Hub 和 Spoke 上配置 mGRE Tunnel 接口，包括 mGRE 封装、源接口，并在 Hub 的 mGRE Tunnel 接口上使能接受 Spoke 动态 NHRP 注册功能和 NHRP Redirect 功能，在 Spoke1 和 Spoke2 上分别配置 Hub 的静态 NHRP peer 表项，并使能 NHRP Shortcut 功能。

\# Hub 上的配置。

```
[Hub] interface tunnel 0/0/0
[Hub-Tunnel0/0/0] tunnel-protocol gre p2mp
[Hub-Tunnel0/0/0] source gigabitethernet 1/0/0
[Hub-Tunnel0/0/0] nhrp entry multicast dynamic
[Hub-Tunnel0/0/0] nhrp redirect
[Hub-Tunnel0/0/0] quit
```

\# Spoke1 上的配置。

```
[Spoke1] interface tunnel 0/0/0
[Spoke1-Tunnel0/0/0] tunnel-protocol gre p2mp
```

```
[Spoke1-Tunnel0/0/0] source gigabitethernet 1/0/0
[Spoke1-Tunnel0/0/0] nhrp entry 172.16.1.1 202.1.1.10 register
[Spoke1-Tunnel0/0/0] nhrp shortcut
[Spoke1-Tunnel0/0/0] quit
```

Spoke2 上的配置。

```
[Spoke2] interface tunnel 0/0/0
[Spoke2-Tunnel0/0/0] tunnel-protocol gre p2mp
[Spoke2-Tunnel0/0/0] source gigabitethernet 1/0/0
[Spoke2-Tunnel0/0/0] nhrp entry 172.16.1.1 202.1.1.10 register
[Spoke2-Tunnel0/0/0] nhrp shortcut
[Spoke2-Tunnel0/0/0] quit
```

3. 配置结果验证

以上配置完成后，最后进行一系列的实验结果验证。

（1）验证各 AS 间的子网 BGP 路由。

配置好 BGP 路由后，可通过 **display bgp routing-table** 命令检查各设备上的 BGP 路由信息，看各设备上是否按预期学习到了各子网的 BGP 路由。

在 Hub 上执行 **display bgp routing-table** 命令，检查 Hub 上的 BGP 路由信息，结果如下，发现除了本地引入的 192.168.0.0/24 路由外，以及本地配置的 192.168.0.0/16 的聚合路由外，还学习到两 Spoke 子网的明细路由（参见输出信息中的粗体字部分）。

```
[Hub] display bgp routing-table

 BGP Local router ID is 172.16.1.1
 Status codes: * - valid, > - best, d - damped,
               h - history,  i - internal, s - suppressed, S - Stale
               Origin : i - IGP, e - EGP, ? - incomplete


 Total Number of Routes: 4
      Network          NextHop        MED        LocPrf    PrefVal Path/Ogn

 *>   192.168.0.0/16   127.0.0.1                            0      ?
 s>   192.168.0.0      0.0.0.0        0                     0      ?
 s>   192.168.1.0      172.16.1.2     0                     0      200?
 s>   192.168.2.0      172.16.1.3     0                     0      300?
```

分别在 Spoke1、Spoke2 上执行 **display bgp routing-table** 命令，检查两 Spoke 上的 BGP 路由信息，结果如下，发现除了本地引入的本地子网路由外，只学习到来自 Hub 的汇聚路由 192.168.0.0/16（参见输出信息中的粗体字部分）。

```
[Spoke1] display bgp routing-table

 BGP Local router ID is 172.16.1.2
 Status codes: * - valid, > - best, d - damped,
               h - history,  i - internal, s - suppressed, S - Stale
               Origin : i - IGP, e - EGP, ? - incomplete


 Total Number of Routes: 2
      Network          NextHop        MED        LocPrf    PrefVal Path/Ogn

 *>   192.168.0.0/16   172.16.1.1                           0      100?
 *>   192.168.1.0      0.0.0.0        0                     0      ?
```

```
[Spoke2] display bgp routing-table

 BGP Local router ID is 172.16.1.3
 Status codes: * - valid, > - best, d - damped,
               h - history,  i - internal, s - suppressed, S - Stale
               Origin : i - IGP, e - EGP, ? - incomplete


 Total Number of Routes: 2
      Network            NextHop        MED        LocPrf    PrefVal Path/Ogn

 *>   192.168.0.0/16     172.16.1.1                           0      100?
 *>   192.168.2.0        0.0.0.0        0                     0      ?
```

（2）检查各设备的 NHRP peer 表项信息。

在 Hub 上执行 **display nhrp peer all** 命令，则会发现 Hub 上已有 Spoke1 和 Spoke2 的 NHRP peer 表项注册信息了，表明 Spoke1 和 Spoke2 已成功在 Hub 上动态注册了它们自己的 NHRP peer 表项了。因为在前面两 Spoke 的 Tunnel 接口的配置时就已加了“**register**”选项，启动了 Spoke 向 Hub 进行 NHRP peer 动态注册流程。

```
[Hub] display nhrp peer all
-------------------------------------------------------------------------------
Protocol-addr   Mask  NBMA-addr       NextHop-addr    Type        Flag
-------------------------------------------------------------------------------
172.16.1.2      32    202.1.2.10      172.16.1.2      dynamic     route tunnel
-------------------------------------------------------------------------------
Tunnel interface: Tunnel0/0/0
Created time    : 02:52:16
Expire time     : 01:37:44
-------------------------------------------------------------------------------
Protocol-addr   Mask  NBMA-addr       NextHop-addr    Type        Flag
-------------------------------------------------------------------------------
172.16.1.3      32    202.1.3.10      172.16.1.3      dynamic     route tunnel
-------------------------------------------------------------------------------
Tunnel interface: Tunnel0/0/0
Created time    : 02:44:33
Expire time     : 01:45:28

Number of nhrp peers: 2
```

分别在 Spoke1、Spoke2 上执行 **display nhrp peer all** 命令，结果如下，发现均只有本地静态配置的 Hub NHRP peer 表项。

```
[Spoke1] display nhrp peer all
-------------------------------------------------------------------------------
Protocol-addr   Mask  NBMA-addr       NextHop-addr    Type        Flag
-------------------------------------------------------------------------------
172.16.1.1      32    202.1.1.10      172.16.1.1      static      hub
-------------------------------------------------------------------------------
Tunnel interface: Tunnel0/0/0
Created time    : 02:55:39
Expire time     : --

Number of nhrp peers: 1
```

```
[Spoke2] display nhrp peer all
-------------------------------------------------------
Protocol-addr   Mask  NBMA-addr     NextHop-addr   Type      Flag
-------------------------------------------------------
172.16.1.1      32    202.1.1.10    172.16.1.1     static    hub
-------------------------------------------------------
Tunnel interface: Tunnel0/0/0
Created time      : 02:44:17
Expire time       : --

Number of nhrp peers: 1
```

（3）在源 Spoke 上执行向目的 Spoke 的 **ping** 操作（Ping 代表子网的 Loopback 接口 IP 地址），触发源 Spoke 向目的 Spoke 发送 NHRP 解析请求报文，以便相互学习到对方的 NHRP peer。Ping 操作完成后再在 Spoke 上执行 **display nhrp peer all** 命令查看本地的 NHRP peer 表项，结果发现两 Spoke 已学习到对方的两个 NHRP peer 表项了（**参见输出信息中的粗体字部分**），原因已在 7.4.5 节作了分析。

```
[Spoke1] display nhrp peer all
-------------------------------------------------------
Protocol-addr   Mask  NBMA-addr     NextHop-addr   Type      Flag
-------------------------------------------------------
172.16.1.1      32    202.1.1.10    172.16.1.1     static    hub
-------------------------------------------------------
Tunnel interface: Tunnel0/0/0
Created time      : 02:57:04
Expire time       : --
-------------------------------------------------------
Protocol-addr   Mask  NBMA-addr     NextHop-addr   Type      Flag
-------------------------------------------------------
192.168.2.1     32    202.1.3.10    172.16.1.3     dynamic   route network
-------------------------------------------------------
Tunnel interface: Tunnel0/0/0
Created time      : 00:00:17
Expire time       : 01:59:43
-------------------------------------------------------
Protocol-addr   Mask  NBMA-addr     NextHop-addr   Type      Flag
-------------------------------------------------------
172.16.1.3      32    202.1.3.10    172.16.1.3     dynamic   route tunnel
-------------------------------------------------------
Tunnel interface: Tunnel0/0/0
Created time      : 00:00:17
Expire time       : 01:59:43
-------------------------------------------------------
Protocol-addr   Mask  NBMA-addr     NextHop-addr   Type      Flag
-------------------------------------------------------
192.168.1.1     32    202.1.2.10    172.16.1.2     dynamic   local
-------------------------------------------------------
Tunnel interface: Tunnel0/0/0
Created time      : 00:00:17
Expire time       : 01:59:43

Number of nhrp peers: 4

[Spoke2] display nhrp peer all
```

```
----------------------------------------------
Protocol-addr    Mask   NBMA-addr        NextHop-addr    Type          Flag
----------------------------------------------
172.16.1.1       32     202.1.1.10       172.16.1.1      static        hub
----------------------------------------------
Tunnel interface: Tunnel0/0/0
Created time     : 02:45:35
Expire time      : --
----------------------------------------------
Protocol-addr    Mask   NBMA-addr        NextHop-addr    Type          Flag
----------------------------------------------
192.168.1.1      32     202.1.2.10       172.16.1.2      dynamic       route network
----------------------------------------------
Tunnel interface: Tunnel0/0/0
Created time     : 00:00:31
Expire time      : 01:59:29
----------------------------------------------
Protocol-addr    Mask   NBMA-addr        NextHop-addr    Type          Flag
----------------------------------------------
172.16.1.2       32     202.1.2.10       172.16.1.2      dynamic       route tunnel
----------------------------------------------
Tunnel interface: Tunnel0/0/0
Created time     : 00:00:31
Expire time      : 01:59:29
----------------------------------------------
Protocol-addr    Mask   NBMA-addr        NextHop-addr    Type          Flag
----------------------------------------------
192.168.2.1      32     202.1.3.10       172.16.1.3      dynamic       local
----------------------------------------------
Tunnel interface: Tunnel0/0/0
Created time     : 00:00:31
Expire time      : 01:59:29

Number of nhrp peers: 4
```

7.4.8　DSVPN NAT 穿越配置示例

如图 7-26 所示，某企业有总部（Hub）和多个分支（Spoke1、Spoke2……，举例中仅使用两个分支），分布在不同地域，分支的子网环境会经常出现变动。分支也采用专线 Internet 连接，但是通过 NAT 设备进行地址转换后接入公网的。企业规划使用 OSPF 路由协议，希望能够在实现分支与总部之间的 VPN 互联的同时，分支之间也能建立 VPN 互联。

1. 基本配置思路分析

在本示例中，由于各分支是通过 NAT 设备进行 IP 地址转换后接入公网的，分支之间互相不知道对方转换后的公网 IP 地址，因此必须部署 DSVPN NAT 穿越来实现分支之间的 VPN 互联。但要注意，DSVPN NAT 穿越仅支持 NAT Server 或 Static NAT 部署，不支持 PAT，所以在图 7-26 中 Spoke1 的公网侧接口 IP 地址要静态转换成 202.1.2.10/24，Spoke2 的公网侧接口 IP 地址要静态转换成 202.1.3.10/24。

另外，由于分支数量较多，因此采用 shortcut 场景的 DSVPN。由于分支和总部的子网环境经常出现变动，为简化维护，并根据企业网络规划选择部署 OSPF 路由协议来实现分支/总部间的通信。

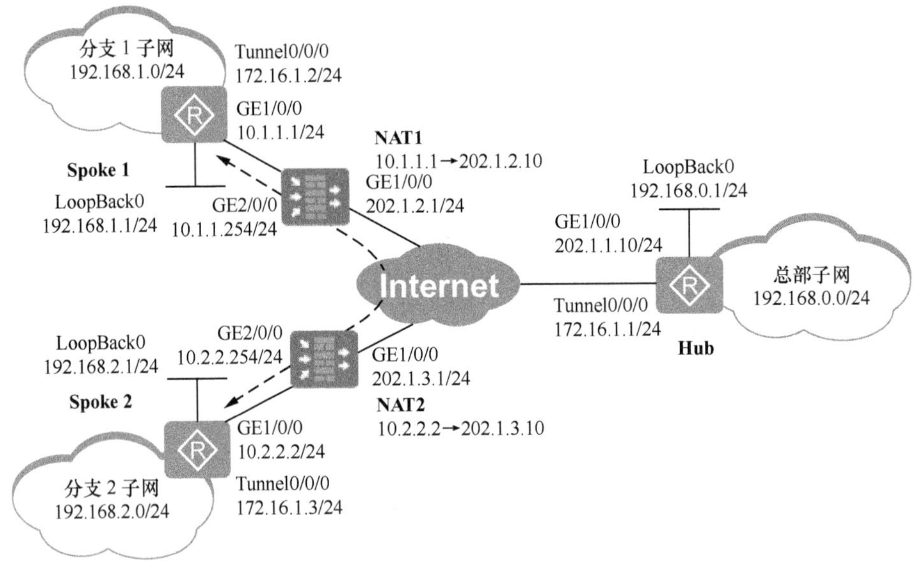

图 7-26　DSVPN NAT 穿越配置示例的拓扑结构

本示例的基本配置思路如下：

（1）配置各设备上的各接口（包括 Tunnel 接口和 NAT 设备接口）的 IP 地址。

（2）配置 Hub 和两 Spoke 间的公网路由。此处采用 OSPF 路由协议来配置，但要包括两 Spoke 端的 NAT 设备在内的各公网侧接口网段。

（3）在各 NAT 上配置 NAT Server，为各 Spoke 公网侧接口 IP 地址静态映射成对应的公网 IP 地址。

（4）采用 OSPF 路由协议通告包括本地 mGRE Tunnel 接口和本地子网在内的网段，但路由进程不要与公网一样。

（5）配置各设备上的 mGRE Tunnel 接口和 NHRP 协议。

2. 基本配置步骤

（1）配置各设备接口 IP 地址。

#　Hub 上的配置。

```
<Huawei> system-view
[Huawei] sysname Hub
[Hub] interface gigabitethernet 1/0/0
[Hub-GigabitEthernet1/0/0] ip address 202.1.1.10 255.255.255.0
[Hub-GigabitEthernet1/0/0] quit
[Hub] interface tunnel 0/0/0
[Hub-Tunnel0/0/0] ip address 172.16.1.1 255.255.255.0
[Hub-Tunnel0/0/0] quit
[Hub] interface loopback 0
[Hub-LoopBack0] ip address 192.168.0.1 255.255.255.0
[Hub-LoopBack0] quit
```

#　Spoke1 上的配置。

```
<Huawei> system-view
[Huawei] sysname Spoke1
```

```
[Spoke1] interface gigabitethernet 1/0/0
[Spoke1-GigabitEthernet1/0/0] ip address 10.1.1.1 255.255.255.0
[Spoke1-GigabitEthernet1/0/0] quit
[Spoke1] interface tunnel 0/0/0
[Spoke1-Tunnel0/0/0] ip address 172.16.1.2 255.255.255.0
[Spoke1-Tunnel0/0/0] quit
[Spoke1] interface loopback 0
[Spoke1-LoopBack0] ip address 192.168.1.1 255.255.255.0
[Spoke1-LoopBack0] quit
```

NAT1 上的配置。

```
<Huawei> system-view
[Huawei] sysname NAT1
[NAT1] interface gigabitethernet 1/0/0
[NAT1-GigabitEthernet1/0/0] ip address 202.1.2.1 255.255.255.0
[NAT1-GigabitEthernet1/0/0] quit
[NAT1] interface gigabitethernet 2/0/0
[NAT1-GigabitEthernet2/0/0] ip address 10.1.1.254 255.255.255.0
[NAT1-GigabitEthernet2/0/0] quit
```

Spoke2 上的配置。

```
<Huawei> system-view
[Huawei] sysname Spoke2
[Spoke2] interface gigabitethernet 1/0/0
[Spoke2-GigabitEthernet1/0/0] ip address 10.2.2.2 255.255.255.0
[Spoke2-GigabitEthernet1/0/0] quit
[Spoke2] interface tunnel 0/0/0
[Spoke2-Tunnel0/0/0] ip address 172.16.1.3 255.255.255.0
[Spoke2-Tunnel0/0/0] quit
[Spoke2] interface loopback 0
[Spoke2-LoopBack0] ip address 192.168.2.1 255.255.255.0
[Spoke2-LoopBack0] quit
```

NAT2 上的配置。

```
<Huawei> system-view
[Huawei] sysname NAT2
[NAT2] interface gigabitethernet 1/0/0
[NAT2-GigabitEthernet1/0/0] ip address 202.1.3.1 255.255.255.0
[NAT2-GigabitEthernet1/0/0] quit
[NAT2] interface gigabitethernet 2/0/0
[NAT2-GigabitEthernet2/0/0] ip address 10.2.2.254 255.255.255.0
[NAT2-GigabitEthernet2/0/0] quit
```

（2）配置各设备间公网路由。此时要把 Hub 和各 Spoke 公网侧接口，以及各 NAT 设备连接两端的接口所在网段都加入到同一个 OSPF 路由进程（此处为 1 号进程）下的同一个区域（此处为区域 1）。

Hub 上的配置。

```
[Hub] ospf 2
[Hub-ospf-2] area 0.0.0.1
[Hub-ospf-2-area-0.0.0.1] network 202.1.1.0 0.0.0.255
[Hub-ospf-2-area-0.0.0.1] quit
[Hub-ospf-2] quit
```

NAT1 上的配置。

```
[NAT1] ospf 2
[NAT1] import-route unr   #---将 NAT 地址池中的公网 IP 地址路由发布到公网中
[NAT1-ospf-2] area 0.0.0.1
```

```
[NAT1-ospf-2-area-0.0.0.1] network 202.1.2.0 0.0.0.255
[NAT1-ospf-2-area-0.0.0.1] network 10.1.1.0 0.0.0.255
[NAT1-ospf-2-area-0.0.0.1] quit
[NAT1-ospf-2] quit
```

【经验提示】当存在 NAT 设备时，从外网发往内网的数据流的目的 IP 地址是 NAT 地址池的公网 IP 地址。外网设备转发这些回程流量时需要根据这些公网 IP 地址的转发表项进行转发，也就是说外网设备需要有到达这些公网 IP 地址的路由，这就要求 NAT 设备需要将 NAT 地址池的路由发布到外网。然而，NAT 地址池的这些公网 IP 地址是由 NAT 设备动态分配的，不能静态配置。其实 NAT 设备在创建完 NAT 公网 IP 地址池后，便会生成一个 NAT 公网地址池 UNR（用户网络路由）路由，只需要在动态路由协议里引入这条 UNR 路由即可，这就是 **import-route unr** 命令的作用。

本示例中虽然要求两个 Spoke 静态映射某一个公网 IP 地址，但这个公网 IP 地址是随意的，要看用户当时拥有的公网 IP 地址而定。图 7-25 中看似所映射的公网 IP 地址是与 NAT 公网接口 IP 地址在同一 IP 网段，可以直接通过公网接口所在网段进行路由通告，但这仅是其中一种可能的情形，还可以是其他任意公网 IP 地址。

NAT2 上的配置。

```
[NAT2] ospf 2
[NAT2] import-route unr
[NAT2-ospf-2] area 0.0.0.1
[NAT2-ospf-2-area-0.0.0.1] network 202.1.3.0 0.0.0.255
[NAT2-ospf-2-area-0.0.0.1] network 10.2.2.0 0.0.0.255
[NAT2-ospf-2-area-0.0.0.1] quit
[NAT2-ospf-2] quit
```

Spoke1 上的配置。

```
[Spoke1] ospf 2
[Spoke1-ospf-2] area 0.0.0.1
[Spoke1-ospf-2-area-0.0.0.1] network 10.1.1.0 0.0.0.255
[Spoke1-ospf-2-area-0.0.0.1] quit
[Spoke1-ospf-2] quit
```

Spoke2 上的配置。

```
[Spoke2] ospf 2
[Spoke2-ospf-2] area 0.0.0.1
[Spoke2-ospf-2-area-0.0.0.1] network 10.2.2.0 0.0.0.255
[Spoke2-ospf-2-area-0.0.0.1] quit
[Spoke2-ospf-2] quit
```

（3）配置 NAT Server。在 NAT 设备上配置好 NAT Server 的私网 IP 与公网 IP 地址映射。也可以采用静态 NAT 来配置。

NAT1 上的配置，把 Spoke1 公网侧接口的私网 IP 地址 10.1.1.1 映射为公网 IP 地址 202.1.2.10。

```
[NAT1] interface gigabitethernet 1/0/0
[NAT1-GigabitEthernet1/0/0] nat server global 202.1.2.10 inside 10.1.1.1
```

NAT2 上的配置，把 Spoke2 公网侧接口的私网 IP 地址 10.2.2.2 映射为公网 IP 地址 202.1.3.10。

```
[NAT2] interface gigabitethernet 1/0/0
[NAT2-GigabitEthernet1/0/0] nat server global 202.1.3.10 inside 10.2.2.2
```

（4）配置子网路由，包括 GRE Tunnel 接口网段和所连内部子网路由。

#　Hub 上的配置。

```
[Hub] ospf 1 router-id 172.16.1.1
[Hub-ospf-1] area 0.0.0.0
[Hub-ospf-1-area-0.0.0.0] network 172.16.1.0 0.0.0.255
[Hub-ospf-1-area-0.0.0.0] network 192.168.0.0 0.0.0.255
[Hub-ospf-1-area-0.0.0.0] quit
[Hub-ospf-1] quit
```

#　Spoke1 上的配置。

```
[Spoke1] ospf 1 router-id 172.16.1.2
[Spoke1-ospf-1] area 0.0.0.0
[Spoke1-ospf-1-area-0.0.0.0] network 172.16.1.0 0.0.0.255
[Spoke1-ospf-1-area-0.0.0.0] network 192.168.1.0 0.0.0.255
[Spoke1-ospf-1-area-0.0.0.0] quit
[Spoke1-ospf-1] quit
```

#　Spoke2 上的配置。

```
[Spoke2] ospf 1 router-id 172.16.1.3
[Spoke2-ospf-1] area 0.0.0.0
[Spoke2-ospf-1-area-0.0.0.0] network 172.16.1.0 0.0.0.255
[Spoke2-ospf-1-area-0.0.0.0] network 192.168.2.0 0.0.0.255
[Spoke2-ospf-1-area-0.0.0.0] quit
[Spoke2-ospf-1] quit
```

（5）配置 mGRE Tunnel 接口和 NHRP 协议。

在 shortcut 场景中，要把 Hub 和 Spoke mGRE Tunnel 接口的 OSPF 网络类型配置为 P2MP 类型，并且配置 Hub 的 mGRE Tunnel 接口的 DR 优先级最高，以实现统一由 Hub 对各 Spoke 间进行路由通告，Spoke（非 DR）间不相互进行路由通告。在 Hub 使能 NHRP Redirect 功能，使能接收 Spoke 的 NHRP 动态注册功能，配置最高的 DR 优先级值（此处为 100）；在 Spoke1 和 Spoke2 上分别配置 Hub 的静态 NHRP peer 表项，并使能 NHRP Shortcut 功能，配置最低的 DR 优先级值（此处为 0）。

#　Hub 上的配置。

```
[Hub] interface tunnel 0/0/0
[Hub-Tunnel0/0/0] tunnel-protocol gre p2mp
[Hub-Tunnel0/0/0] source gigabitethernet 1/0/0
[Hub-Tunnel0/0/0] nhrp entry multicast dynamic
[Hub-Tunnel0/0/0] ospf network-type p2mp
[Hub-Tunnel0/0/0] ospf dr-priority 100
[Hub-Tunnel0/0/0] nhrp redirect
[Hub-Tunnel0/0/0] quit
```

#　Spoke1 上的配置。

```
[Spoke1] interface tunnel 0/0/0
[Spoke1-Tunnel0/0/0] tunnel-protocol gre p2mp
[Spoke1-Tunnel0/0/0] source gigabitethernet 1/0/0
[Spoke1-Tunnel0/0/0] nhrp entry 172.16.1.1 202.1.1.10 register
[Spoke1-Tunnel0/0/0] ospf network-type p2mp
[Spoke1-Tunnel0/0/0] ospf dr-priority 0
[Spoke1-Tunnel0/0/0] nhrp shortcut
[Spoke1-Tunnel0/0/0] quit
```

#　Spoke2 上的配置。

```
[Spoke2] interface tunnel 0/0/0
[Spoke2-Tunnel0/0/0] tunnel-protocol gre p2mp
[Spoke2-Tunnel0/0/0] source gigabitethernet 1/0/0
```

```
[Spoke2-Tunnel0/0/0] nhrp entry 172.16.1.1 202.1.1.10 register
[Spoke2-Tunnel0/0/0] ospf network-type p2mp
[Spoke2-Tunnel0/0/0] ospf dr-priority 0
[Spoke2-Tunnel0/0/0] nhrp shortcut
[Spoke2-Tunnel0/0/0] quit
```

3. 配置结果验证。

以上配置完成后，可以正式进行最终的实验结果验证了。

（1）检查各设备上的 NHRP peer 表项信息。

在 Hub 上执行 **display nhrp peer all** 命令，检查 Hub 上 Spoke1 和 Spoke2 的注册信息，发现均已注册成功，但 NHRP peer 表项中的公网 IP 地址是两 Spoke 经 NAT 转换后的公网 IP 地址。

```
[Hub] display nhrp peer all
-------------------------------------------------------------
Protocol-addr   Mask   NBMA-addr        NextHop-addr    Type          Flag
-------------------------------------------------------------
172.16.1.2      32     202.1.2.10       172.16.1.2      dynamic       route tunnel
-------------------------------------------------------------
Tunnel interface: Tunnel0/0/0
Before NAT NBMA-addr: 10.1.1.1
Created time     : 00:00:12
Expire time      : 01:59:58
-------------------------------------------------------------
Protocol-addr   Mask   NBMA-addr        NextHop-addr    Type          Flag
-------------------------------------------------------------
172.16.1.3      32     202.1.3.10       172.16.1.3      dynamic       route tunnel
-------------------------------------------------------------
Tunnel interface: Tunnel0/0/0
Before NAT NBMA-addr: 10.2.2.2
Created time     : 00:00:05
Expire time      : 01:59:55

Number of nhrp peers: 2
```

分别在两 Spoke 上执行 **display nhrp peer all** 命令，检查两 Spoke 上的 NHRP peer 表项信息，结果发现均只有在各自本地静态配置的 Hub NHRP peer 表项，原因在前面多个示例中有介绍，在此不再赘述。

```
[Spoke1] display nhrp peer all
-------------------------------------------------------------
Protocol-addr   Mask   NBMA-addr        NextHop-addr    Type          Flag
-------------------------------------------------------------
172.16.1.1      32     202.1.1.10       172.16.1.1      static        hub
-------------------------------------------------------------
Tunnel interface: Tunnel0/0/0
Created time     : 00:24:07
Expire time      : --

Number of nhrp peers: 1

[Spoke2] display nhrp peer all
-------------------------------------------------------------
Protocol-addr   Mask   NBMA-addr        NextHop-addr    Type          Flag
-------------------------------------------------------------
```

```
172.16.1.1        32     202.1.1.10        172.16.1.1        static          hub
----------------------------------------------
Tunnel interface: Tunnel0/0/0
Created time      : 00:21:56
Expire time       : --

Number of nhrp peers: 1
```

（2）检查各设备的子网路由配置。

在 Hub 上执行 **display ospf 1 routing** 命令，结果发现 Hub 上已成功学习到了各子网（包括各设备上 mGRE Tunnel 接口所在子网）的 OSPF 路由。

```
[Hub] display ospf 1 routing

          OSPF Process 1 with Router ID 172.16.1.1
                  Routing Tables

 Routing for Network
 Destination        Cost  Type       NextHop         AdvRouter       Area
 172.16.1.1/32      0     Stub       172.16.1.1      172.16.1.1      0.0.0.0
 172.16.1.2/32      1562  Stub       172.16.1.2      172.16.1.2      0.0.0.0
 172.16.1.3/32      1562  Stub       172.16.1.3      172.16.1.3      0.0.0.0
192.168.0.1/32      0     Stub       172.16.1.1      172.16.1.1      0.0.0.0
 192.168.1.1/32     1562  Stub       172.16.1.2      172.16.1.2      0.0.0.0
 192.168.2.1/32     1562  Stub       172.16.1.3      172.16.1.3      0.0.0.0

 Total Nets: 6
 Intra Area: 6  Inter Area: 0  ASE: 0  NSSA: 0
```

分别在两 Spoke 上执行 **display ospf 1 routing** 命令，检查 Spoke 上的 OSPF 路由信息，结果发现两 Spoke 均已学习到了其他端子网。但是要注意的是，除了各设备上的本地子网路由外，其他子网路由均是从 Hub 上学习到的，它们的下一跳均为 Hub 的 mGRE Tunnel 接口 IP 地址，因为在 shortcut 场景中，各 Spoke 均只从 Hub 进行路由信息交换。

```
[Spoke1] display ospf 1 routing

          OSPF Process 1 with Router ID 172.16.1.2
                  Routing Tables

 Routing for Network
 Destination        Cost  Type       NextHop         AdvRouter       Area
 172.16.1.2/32      0     Stub       172.16.1.2      172.16.1.2      0.0.0.0
 192.168.1.1/32     0     Stub       192.168.1.1     172.16.1.2      0.0.0.0
 172.16.1.1/32      1562  Stub       172.16.1.1      172.16.1.1      0.0.0.0
192.168.0.1/32      1562  Stub       172.16.1.1      172.16.1.1      0.0.0.0
 172.16.1.3/32      3124  Stub       172.16.1.1      172.16.1.3      0.0.0.0
 192.168.2.1/32     3124  Stub       172.16.1.1      172.16.1.3      0.0.0.0

 Total Nets: 6
 Intra Area: 6  Inter Area: 0  ASE: 0  NSSA: 0

[Spoke2] display ospf 1 routing

          OSPF Process 1 with Router ID 172.16.1.3
                  Routing Tables
```

```
Routing for Network
Destination        Cost   Type       NextHop        AdvRouter      Area
172.16.1.3/32      0      Stub       172.16.1.3     172.16.1.3     0.0.0.0
192.168.2.1/32     0      Stub       192.168.2.1    172.16.1.3     0.0.0.0
172.16.1.1/32      1562   Stub       172.16.1.1     172.16.1.1     0.0.0.0
192.168.0.1/32     1562   Stub       172.16.1.1     172.16.1.1     0.0.0.0
172.16.1.2/32      3124   Stub       172.16.1.1     172.16.1.2     0.0.0.0
192.168.1.1/32     3124   Stub       172.16.1.1     172.16.1.2     0.0.0.0

Total Nets: 6
Intra Area: 6   Inter Area: 0   ASE: 0   NSSA: 0
```

（3）在源 Spoke 上执行向目的 Spoke 的 **ping** 操作（Ping 代表子网的 Loopback 接口 IP 地址），触发源 Spoke 向目的 Spoke 发送 NHRP 解析请求报文，以便相互学习到对方的 NHRP peer。Ping 操作完成后再在 Spoke 上执行 **display nhrp peer all** 命令查看本地的 NHRP peer 表项，结果发现两 Spoke 已学习到对方的两个 NHRP peer 表项了（参见输出信息中的粗体字部分），原因与 7.4.5 节介绍的配置示例中的分析一样。

```
[Spoke1] display nhrp peer all
-------------------------------------------------------------------------------
Protocol-addr   Mask  NBMA-addr     NextHop-addr   Type       Flag
-------------------------------------------------------------------------------
172.16.1.1      32    202.1.1.10    172.16.1.1     static     hub
-------------------------------------------------------------------------------
Tunnel interface: Tunnel0/0/0
Created time      : 00:39:32
Expire time       : --
-------------------------------------------------------------------------------
Protocol-addr   Mask  NBMA-addr     NextHop-addr   Type       Flag
-------------------------------------------------------------------------------
192.168.2.1     32    202.1.3.10    172.16.1.3     dynamic    route network
-------------------------------------------------------------------------------
Tunnel interface: Tunnel0/0/0
Before NAT NBMA-addr: 10.2.2.2
Created time      : 00:00:13
Expire time       : 01:59:47
-------------------------------------------------------------------------------
Protocol-addr   Mask  NBMA-addr     NextHop-addr   Type       Flag
-------------------------------------------------------------------------------
172.16.1.3      32    202.1.3.10    172.16.1.3     dynamic    route tunnel
-------------------------------------------------------------------------------
Tunnel interface: Tunnel0/0/0
Before NAT NBMA-addr: 10.2.2.2
Created time      : 00:00:13
Expire time       : 01:59:47
-------------------------------------------------------------------------------
Protocol-addr   Mask  NBMA-addr     NextHop-addr   Type       Flag
-------------------------------------------------------------------------------
192.168.1.1     32    10.1.1.1      172.16.1.2     dynamic    local
-------------------------------------------------------------------------------
Tunnel interface: Tunnel0/0/0
Created time      : 00:00:13
Expire time       : 01:59:47

Number of nhrp peers: 4
```

```
[Spoke2] display nhrp peer all
-------------------------------------------------
Protocol-addr   Mask   NBMA-addr     NextHop-addr    Type        Flag
-------------------------------------------------
172.16.1.1      32     202.1.1.10    172.16.1.1      static      hub
-------------------------------------------------
Tunnel interface: Tunnel0/0/0
Created time      : 00:41:08
Expire time       : --
-------------------------------------------------
Protocol-addr   Mask   NBMA-addr     NextHop-addr    Type        Flag
-------------------------------------------------
192.168.1.1     32     202.1.2.10    172.16.1.2      dynamic     route network
-------------------------------------------------
Tunnel interface: Tunnel0/0/0
Before NAT NBMA-addr: 10.1.1.1
Created time      : 00:00:52
Expire time       : 01:59:08
-------------------------------------------------
Protocol-addr   Mask   NBMA-addr     NextHop-addr    Type        Flag
-------------------------------------------------
172.16.1.2      32     202.1.2.10    172.16.1.2      dynamic     route tunnel
-------------------------------------------------
Tunnel interface: Tunnel0/0/0
Before NAT NBMA-addr: 10.1.1.1
Created time      : 00:00:52
Expire time       : 01:59:08
-------------------------------------------------
Protocol-addr   Mask   NBMA-addr     NextHop-addr    Type        Flag
-------------------------------------------------
192.168.2.1     32     10.2.2.2      172.16.1.3      dynamic     local
-------------------------------------------------
Tunnel interface: Tunnel0/0/0
Created time      : 00:00:52
Expire time       : 01:59:08

Number of nhrp peers: 4
```

7.4.9　双 Hub DSVPN 配置示例

如图 7-27 所示，某大型企业有总部（Hub1 和 Hub2）和多个分支（Spoke1、Spoke2……，举例中仅使用两个分支），分布在不同地域，总部和分支的子网环境会经常出现变动。分支采用动态地址接入公网。企业规划使用 OSPF 路由协议，希望能够实现分支之间的 VPN 互联，且 Hub1 作为主用 Hub，Hub2 作为备用 Hub，在 Hub1 故障时接管协议报文的转发，在 Hub1 故障恢复后继续冗余备份。

1. 基本配置思路分析

本示例是双 Hub 相互冗余的 DSVPN 配置，其实总体与单 Hub 的配置差不多，不同的只是要在各 Spoke 上同时为两个 Hub 配置静态 NHRP peer 表项，并发起 NHRP 注册请求，然后在各 Spoke 上配置到达 Hub1 比到达 Hub2 具有更高优先级的路由，实现以 Hub1 为主用 Hub，Hub2 为备用 Hub。**但要注意，两 Hub 的公网 IP 地址必须在不同 IP 网段。**

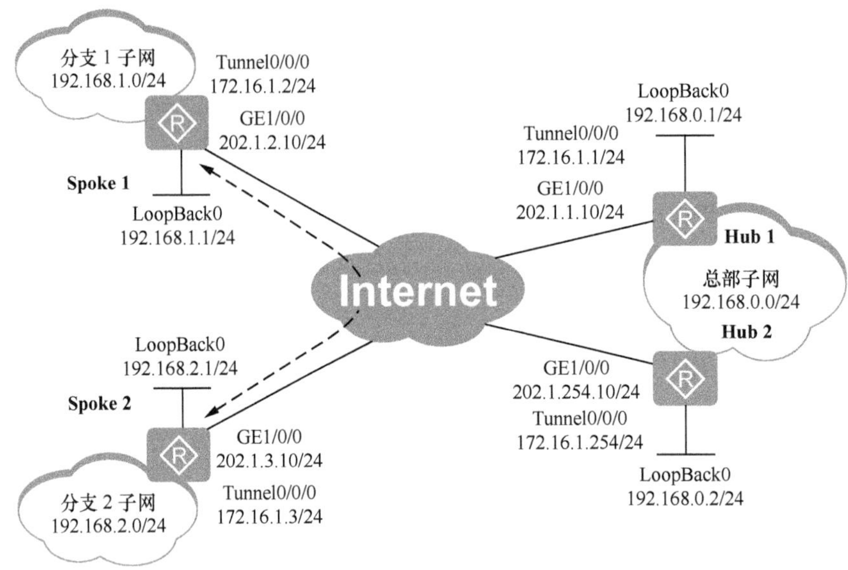

图 7-27 双 Hub DSVPN 配置示例的拓扑结构

由于分支数量较多，因此采用 shortcut 场景的 DSVPN。由于分支和总部的子网环境经常出现变动，为简化维护，并根据企业网络规划选择部署 OSPF 路由协议来实现分支/总部间的通信。

本示例的基本配置思路如下：

（1）配置各设备上的各接口（包括 Tunnel 接口）的 IP 地址。

（2）配置两 Hub 和两 Spoke 间的公网路由。此处采用 OSPF 路由协议来配置。

（3）采用 OSPF 路由协议通告包括本地 mGRE Tunnel 接口和本地子网在内的网段，但路由进程不要与公网一样。

（4）配置各设备上的 mGRE Tunnel 接口和 NHRP 协议。但为了使 Hub1 成为主用 Hub，要把 Hub1 的 mGRE Tunnel 接口的 OSPF 链路开销设置的比 Hub2 的 mGRE Tunnel 接口的 OSPF 链路开销小，使 Spoke 优先选择 Hub1 进行通信。

2. 具体配置步骤

（1）配置各设备的各接口（包括 Tunnel 接口）IP 地址。

【经验提示】两 Hub 的公网 IP 地址不能在同一 IP 网段，否则当主 Hub 故障后，备用 Hub 只进行数据转发，Spoke 间无法建立隧道，因为此时 Spoke 上仍然会保持原来到达主 Hub 公网 IP 地址对应的网段路由，仍将通过出现故障的主用 Hub 来尝试建立 VPN 隧道，最终造成 Spoke 的子网间无法建立 VPN 隧道，无法进行通信。

\# Hub1 上的配置。

```
<Huawei> system-view
[Huawei] sysname Hub1
[Hub1] interface gigabitethernet 1/0/0
[Hub1-GigabitEthernet1/0/0] ip address 202.1.1.10 255.255.255.0
[Hub1-GigabitEthernet1/0/0] quit
[Hub1] interface tunnel 0/0/0
[Hub1-Tunnel0/0/0] ip address 172.16.1.1 255.255.255.0
```

```
[Hub1-Tunnel0/0/0] quit
[Hub1] interface loopback 0
[Hub1-LoopBack0] ip address 192.168.0.1 255.255.255.0
[Hub1-LoopBack0] quit
```

#　Hub2 上的配置。

```
<Huawei> system-view
[Huawei] sysname Hub2
[Hub2] interface gigabitethernet 1/0/0
[Hub2-GigabitEthernet1/0/0] ip address 202.1.254.10 255.255.255.0
[Hub2-GigabitEthernet1/0/0] quit
[Hub2] interface tunnel 0/0/0
[Hub2-Tunnel0/0/0] ip address 172.16.1.254 255.255.255.0
[Hub2-Tunnel0/0/0] quit
[Hub2] interface loopback 0
[Hub2-LoopBack0] ip address 192.168.0.2 255.255.255.0
[Hub2-LoopBack0] quit
```

#　Spoke1 上的配置。

```
<Huawei> system-view
[Huawei] sysname Spoke1
[Spoke1] interface gigabitethernet 1/0/0
[Spoke1-GigabitEthernet1/0/0] ip address 202.1.2.10 255.255.255.0
[Spoke1-GigabitEthernet1/0/0] quit
[Spoke1] interface loopback 0
[Spoke1-LoopBack0] ip address 192.168.1.1 255.255.255.0
[Spoke1-LoopBack0] quit
[Spoke1] interface tunnel 0/0/0
[Spoke1-Tunnel0/0/0] ip address 172.16.1.2 255.255.255.0
[Spoke1-Tunnel0/0/0] quit
```

#　Spoke2 上的配置。

```
<Huawei> system-view
[Huawei] sysname Spoke2
[Spoke2] interface gigabitethernet 1/0/0
[Spoke2-GigabitEthernet1/0/0] ip address 202.1.3.10 255.255.255.0
[Spoke2-GigabitEthernet1/0/0] quit
[Spoke2] interface loopback 0
[Spoke2-LoopBack0] ip address 192.168.2.1 255.255.255.0
[Spoke1-LoopBack0] quit
[Spoke2] interface tunnel 0/0/0
[Spoke2-Tunnel0/0/0] ip address 172.16.1.3 255.255.255.0
[Spoke2-Tunnel0/0/0] quit
```

（2）配置各设备间的公网路由。此处采用 OSPF 路由协议。

在 Hub1 配置 OSPF。

```
[Hub1] ospf 2
[Hub1-ospf-2] area 0.0.0.1
[Hub1-ospf-2-area-0.0.0.1] network 202.1.1.0 0.0.0.255
[Hub1-ospf-2-area-0.0.0.1] quit
[Hub1-ospf-2] quit
```

在 Hub2 配置 OSPF。

```
[Hub2] ospf 2
[Hub2-ospf-2] area 0.0.0.1
[Hub2-ospf-2-area-0.0.0.1] network 202.1.254.0 0.0.0.255
[Hub2-ospf-2-area-0.0.0.1] quit
[Hub2-ospf-2] quit
```

在 Spoke1 配置 OSPF。

```
[Spoke1] ospf 2
[Spoke1-ospf-2] area 0.0.0.1
[Spoke1-ospf-2-area-0.0.0.1] network 202.1.2.0 0.0.0.255
[Spoke1-ospf-2-area-0.0.0.1] quit
[Spoke1-ospf-2] quit
```

在 Spoke2 配置 OSPF。

```
[Spoke2] ospf 2
[Spoke2-ospf-2] area 0.0.0.1
[Spoke2-ospf-2-area-0.0.0.1] network 202.1.3.0 0.0.0.255
[Spoke2-ospf-2-area-0.0.0.1] quit
[Spoke2-ospf-2] quit
```

（3）配置各子网路由。

包括各设备上的GRE Tunnel接口所在网段和所连私网网段。也采用OSPF路由协议，但路由进程号一定不能与前面配置的公网 OSPF 路由进程号一样。

配置 Hub1。

```
[Hub1] ospf 1 router-id 172.16.1.1
[Hub1-ospf-1] area 0.0.0.0
[Hub1-ospf-1-area-0.0.0.0] network 172.16.1.0 0.0.0.255
[Hub1-ospf-1-area-0.0.0.0] network 192.168.0.0 0.0.0.255
[Hub1-ospf-1-area-0.0.0.0] quit
[Hub1-ospf-1] quit
```

配置 Hub2。

```
[Hub2] ospf 1 router-id 172.16.1.254
[Hub2-ospf-1] area 0.0.0.0
[Hub2-ospf-1-area-0.0.0.0] network 172.16.1.0 0.0.0.255
[Hub2-ospf-1-area-0.0.0.0] network 192.168.0.0 0.0.0.255
[Hub2-ospf-1-area-0.0.0.0] quit
[Hub2-ospf-1] quit
```

配置 Spoke1。

```
[Spoke1] ospf 1 router-id 172.16.1.2
[Spoke1-ospf-1] area 0.0.0.0
[Spoke1-ospf-1-area-0.0.0.0] network 172.16.1.0 0.0.0.255
[Spoke1-ospf-1-area-0.0.0.0] network 192.168.1.0 0.0.0.255
[Spoke1-ospf-1-area-0.0.0.0] quit
[Spoke1-ospf-1] quit
```

配置 Spoke2。

```
[Spoke2] ospf 1 router-id 172.16.1.3
[Spoke2-ospf-1] area 0.0.0.0
[Spoke2-ospf-1-area-0.0.0.0] network 172.16.1.0 0.0.0.255
[Spoke2-ospf-1-area-0.0.0.0] network 192.168.2.0 0.0.0.255
[Spoke2-ospf-1-area-0.0.0.0] quit
[Spoke2-ospf-1] quit
```

（4）配置 mGRE Tunnel 接口和 NHRP 协议。

在 Hub 和 Spoke 配置 OSPF 网络类型为 p2mp，以实现分支仅从总部学习路由。在 Hub1 和 Hub2 使能 NHRP Redirect 功能，配置 Hub1 的 mGRE Tunnel 接口的开销小于 Hub2 的 mGRE Tunnel 接口的开销，使 Spoke 优先选择 Hub1 进行 NHRP 解析。在 Spoke1 和 Spoke2 上分别配置 Hub1 和 Hub2 的静态 NHRP peer 表项，并使能 NHRP Shortcut 功能。

Hub1 上的配置。

```
[Hub1] interface tunnel 0/0/0
[Hub1-Tunnel0/0/0] tunnel-protocol gre p2mp
[Hub1-Tunnel0/0/0] source gigabitethernet 1/0/0
[Hub1-Tunnel0/0/0] nhrp entry multicast dynamic
[Hub1-Tunnel0/0/0] ospf network-type p2mp
[Hub1-Tunnel0/0/0] ospf cost 1000   #---配置 mGRE Tunnel 接口的开销值为 1000，小于 Hub2 的
[Hub1-Tunnel0/0/0] nhrp redirect
[Hub1-Tunnel0/0/0] quit
```

#　Hub2 上的配置。

```
[Hub2] interface tunnel 0/0/0
[Hub2-Tunnel0/0/0] tunnel-protocol gre p2mp
[Hub2-Tunnel0/0/0] source gigabitethernet 1/0/0
[Hub2-Tunnel0/0/0] nhrp entry multicast dynamic
[Hub2-Tunnel0/0/0] ospf network-type p2mp
[Hub2-Tunnel0/0/0] ospf cost 3000   #---配置 mGRE Tunnel 接口的开销值为 3000，大于 Hub2 的
[Hub2-Tunnel0/0/0] nhrp redirect
[Hub2-Tunnel0/0/0] quit
```

#　Spoke1 上的配置。

```
[Spoke1] interface tunnel 0/0/0
[Spoke1-Tunnel0/0/0] tunnel-protocol gre p2mp
[Spoke1-Tunnel0/0/0] source gigabitethernet 1/0/0
[Spoke1-Tunnel0/0/0] nhrp entry 172.16.1.1 202.1.1.10 register
[Spoke1-Tunnel0/0/0] nhrp entry 172.16.1.254 202.1.254.10 register
[Spoke1-Tunnel0/0/0] ospf network-type p2mp
[Spoke1-Tunnel0/0/0] nhrp shortcut
[Spoke1-Tunnel0/0/0] nhrp registration interval 300   #---配置相邻两次 NHRP 注册的时间间隔为 300 秒，目的是尽快让 Sopke 重新学习故障之后的主用 Hub 路由
[Spoke1-Tunnel0/0/0] quit
```

在 Spoke2 上配置 Tunnel 接口，OSPF 路由相关属性以及 Hub1 和 Hub2 的静态 NHRP peer 表项，使能 NHRP Shortcut 功能。

```
[Spoke2] interface tunnel 0/0/0
[Spoke2-Tunnel0/0/0] tunnel-protocol gre p2mp
[Spoke2-Tunnel0/0/0] source gigabitethernet 1/0/0
[Spoke2-Tunnel0/0/0] nhrp entry 172.16.1.1 202.1.1.10 register
[Spoke2-Tunnel0/0/0] nhrp entry 172.16.1.254 202.1.254.10 register
[Spoke2-Tunnel0/0/0] ospf network-type p2mp
[Spoke2-Tunnel0/0/0] nhrp shortcut
[Spoke2-Tunnel0/0/0] nhrp registration interval 300
[Spoke2-Tunnel0/0/0] quit
```

说明

在 Hub1 和 Hub2 配置不同的 ospf cost 值是为了让 Spoke 优先选取 Hub1 作为路由的下一跳。

在 Hub1 从故障中恢复之后，只有等到 Spoke 再向其进行注册之后，才能重新进行 OSPF 协议报文交互，Spoke 也只有原有路由老化之后才会学习到 Hub1 的路由。为了让 Spoke 快速感知 Hub1，可以将 Spoke 的注册间隔调整到合适的值（默认注册间隔为 1800s）。

3. 配置结果验证

（1）验证各设备上的 NHRP peer 表项信息。

分别在 Hub1、Hub2 上执行 **display nhrp peer all** 命令，检查两 Hub 上的 Spoke1

和 Spoke2 的注册信息，发现均已成功注册。

```
[Hub1] display nhrp peer all
-------------------------------------------------------
Protocol-addr    Mask   NBMA-addr        NextHop-addr    Type          Flag
-------------------------------------------------------
172.16.1.3        32     202.1.3.10       172.16.1.3      dynamic       route tunnel
-------------------------------------------------------
Tunnel interface: Tunnel0/0/0
Created time      : 02:59:52
Expire time       : 01:59:12
-------------------------------------------------------
Protocol-addr    Mask   NBMA-addr        NextHop-addr    Type          Flag
-------------------------------------------------------
172.16.1.2        32     202.1.2.10       172.16.1.2      dynamic       route tunnel
-------------------------------------------------------
Tunnel interface: Tunnel0/0/0
Created time      : 02:59:32
Expire time       : 01:59:09

Number of nhrp peers: 2

[Hub2] display nhrp peer all
-------------------------------------------------------
Protocol-addr    Mask   NBMA-addr        NextHop-addr    Type          Flag
-------------------------------------------------------
172.16.1.3        32     202.1.3.10       172.16.1.3      dynamic       route tunnel
-------------------------------------------------------
Tunnel interface: Tunnel0/0/0
Created time      : 00:21:09
Expire time       : 01:59:51
-------------------------------------------------------
Protocol-addr    Mask   NBMA-addr        NextHop-addr    Type          Flag
-------------------------------------------------------
172.16.1.2        32     202.1.2.10       172.16.1.2      dynamic       route tunnel
-------------------------------------------------------
Tunnel interface: Tunnel0/0/0
Created time      : 00:14:13
Expire time       : 01:59:48

Number of nhrp peers: 2
```

分别在 Spoke1、Spoke2 上执行 **display nhrp peer all** 命令，此时也只有在本地为两 Hub 静态配置的 NHRP peer 表项。

```
[Spoke1] display nhrp peer all
-------------------------------------------------------
Protocol-addr    Mask   NBMA-addr        NextHop-addr    Type          Flag
-------------------------------------------------------
172.16.1.1        32     202.1.1.10       172.16.1.1      static        hub
-------------------------------------------------------
Tunnel interface: Tunnel0/0/0
Created time      : 05:35:50
Expire time       : --
-------------------------------------------------------
Protocol-addr    Mask   NBMA-addr        NextHop-addr    Type          Flag
-------------------------------------------------------
```

```
172.16.1.254     32    202.1.254.10    172.16.1.254    static     hub
-------------------------------------------------------------
Tunnel interface: Tunnel0/0/0
Created time      : 04:32:49
Expire time       : --

Number of nhrp peers: 2

[Spoke2] display nhrp peer all
-------------------------------------------------------------
Protocol-addr   Mask  NBMA-addr      NextHop-addr   Type        Flag
-------------------------------------------------------------
172.16.1.1       32    202.1.1.10      172.16.1.1      static     hub
-------------------------------------------------------------
Tunnel interface: Tunnel0/0/0
Created time      : 05:36:30
Expire time       : --
-------------------------------------------------------------
Protocol-addr   Mask  NBMA-addr      NextHop-addr   Type        Flag
-------------------------------------------------------------
172.16.1.254     32    202.1.254.10    172.16.1.254    static     hub
-------------------------------------------------------------
Tunnel interface: Tunnel0/0/0
Created time      : 04:33:14
Expire time       : --

Number of nhrp peers: 2
```

（2）检查各子网的 OSPF 路由信息。

分别在 Hub1、Hub2 上执行 **display ospf 1 routing** 命令，检查两 Hub 上的 OSPF 路由信息，发现均已成功学习到了各子网（包括各 mGRE Tunnel 接口子网）OSPF 路由信息。

```
[Hub1] display ospf 1 routing

         OSPF Process 1 with Router ID 172.16.1.1
                 Routing Tables

 Routing for Network
 Destination        Cost  Type       NextHop         AdvRouter       Area
 172.16.1.1/32      0     Stub       172.16.1.1      172.16.1.1      0.0.0.0
 172.16.1.2/32      1000  Stub       172.16.1.2      172.16.1.2      0.0.0.0
 172.16.1.3/32      5562  Stub       172.16.1.2      172.16.1.3      0.0.0.0
 172.16.1.254/32    2562  Stub       172.16.1.2      172.16.1.254    0.0.0.0
 192.168.1.1/32     1000  Stub       172.16.1.2      172.16.1.2      0.0.0.0
 192.168.2.1/32     5562  Stub       172.16.1.2      172.16.1.3      0.0.0.0

 Total Nets: 6
 Intra Area: 6  Inter Area: 0  ASE: 0  NSSA: 0

[Hub2] display ospf 1 routing

         OSPF Process 1 with Router ID 172.16.1.254
                 Routing Tables
```

```
Routing for Network
Destination        Cost  Type       NextHop         AdvRouter      Area
172.16.1.254/32    0     Stub       172.16.1.254    172.16.1.254   0.0.0.0
172.16.1.1/32      4562  Stub       172.16.1.3      172.16.1.1     0.0.0.0
172.16.1.2/32      5562  Stub       172.16.1.3      172.16.1.2     0.0.0.0
172.16.1.3/32      3000  Stub       172.16.1.3      172.16.1.3     0.0.0.0
192.168.1.1/32     5562  Stub       172.16.1.3      172.16.1.2     0.0.0.0
192.168.2.1/32     3000  Stub       172.16.1.3      172.16.1.3     0.0.0.0

Total Nets: 6
Intra Area: 6  Inter Area: 0  ASE: 0  NSSA: 0
```

分别在 Spoke1、Spoke2 上执行 **display ospf 1 routing** 命令，检查两 Spoke 上的各子网（包括各 mGRE Tunnel 接口子网）OSPF 路由信息，发现也已有到达各子网的 OSPF 路由信息。**而且两 Spoke 间学习的路由下一跳均为 Hub1 的 mGRE Tunnel 接口 IP 地址**（参见输出信息中的粗体字部分），**证明此时 Hub1 上是主用 Hub**。

```
[Spoke1] display ospf 1 routing

         OSPF Process 1 with Router ID 172.16.1.2
                  Routing Tables

Routing for Network
Destination        Cost  Type       NextHop         AdvRouter      Area
172.16.1.2/32      0     Stub       172.16.1.2      172.16.1.2     0.0.0.0
192.168.1.1/32     0     Stub       192.168.1.1     172.16.1.2     0.0.0.0
172.16.1.1/32      1562  Stub       172.16.1.1      172.16.1.1     0.0.0.0
172.16.1.3/32      2562  Stub       172.16.1.1      172.16.1.3     0.0.0.0
172.16.1.254/32    1562  Stub       172.16.1.254    172.16.1.254   0.0.0.0
192.168.2.1/32     2562  Stub       172.16.1.1      172.16.1.3     0.0.0.0

Total Nets: 6
Intra Area: 6  Inter Area: 0  ASE: 0  NSSA: 0

[Spoke2] display ospf 1 routing

         OSPF Process 1 with Router ID 172.16.1.3
                  Routing Tables

Routing for Network
Destination        Cost  Type       NextHop         AdvRouter      Area
172.16.1.3/32      0     Stub       172.16.1.3      172.16.1.3     0.0.0.0
192.168.2.1/32     0     Stub       192.168.2.1     172.16.1.3     0.0.0.0
172.16.1.1/32      1562  Stub       172.16.1.1      172.16.1.1     0.0.0.0
172.16.1.2/32      2562  Stub       172.16.1.1      172.16.1.2     0.0.0.0
172.16.1.254/32    1562  Stub       172.16.1.254    172.16.1.254   0.0.0.0
192.168.1.1/32     2562  Stub       172.16.1.1      172.16.1.2     0.0.0.0

Total Nets: 6
Intra Area: 6  Inter Area: 0  ASE: 0  NSSA: 0
```

（3）在源 Spoke 上执行向目的 Spoke 的 **ping** 操作（Ping 代表子网的 Loopback 接口 IP 地址），触发源 Spoke 向目的 Spoke 发送 NHRP 解析请求报文，以便相互学习到对方的 NHRP peer。Ping 操作完成后再在 Spoke 上执行 **display nhrp peer all** 命令查看本地的 NHRP peer 表项，结果发现两 Spoke 已学习到对方的两个 NHRP peer 表项了（参见输出信息中的粗体字部分）。

```
[Spoke1] display nhrp peer all
-------------------------------------------------------------------------------
Protocol-addr   Mask   NBMA-addr       NextHop-addr    Type         Flag
-------------------------------------------------------------------------------
172.16.1.1      32     202.1.1.10      172.16.1.1      static       hub
-------------------------------------------------------------------------------
Tunnel interface: Tunnel0/0/0
Created time      : 05:42:50
Expire time       : --
-------------------------------------------------------------------------------
Protocol-addr   Mask   NBMA-addr       NextHop-addr    Type         Flag
-------------------------------------------------------------------------------
172.16.1.254    32     202.1.254.10    172.16.1.254    static       hub
-------------------------------------------------------------------------------
Tunnel interface: Tunnel0/0/0
Created time      : 04:39:49
Expire time       : --
-------------------------------------------------------------------------------
Protocol-addr   Mask   NBMA-addr       NextHop-addr    Type         Flag
-------------------------------------------------------------------------------
192.168.2.1     32     202.1.3.10      172.16.1.3      dynamic      route network
-------------------------------------------------------------------------------
Tunnel interface: Tunnel0/0/0
Created time      : 00:00:19
Expire time       : 01:59:41
-------------------------------------------------------------------------------
Protocol-addr   Mask   NBMA-addr       NextHop-addr    Type         Flag
-------------------------------------------------------------------------------
172.16.1.3      32     202.1.3.10      172.16.1.3      dynamic      route tunnel
-------------------------------------------------------------------------------
Tunnel interface: Tunnel0/0/0
Created time      : 00:00:19
Expire time       : 01:59:41
-------------------------------------------------------------------------------
Protocol-addr   Mask   NBMA-addr       NextHop-addr    Type         Flag
-------------------------------------------------------------------------------
192.168.1.1     32     202.1.2.10      172.16.1.2      dynamic      local
-------------------------------------------------------------------------------
Tunnel interface: Tunnel0/0/0
Created time      : 00:00:19
Expire time       : 01:59:41

Number of nhrp peers: 5

[Spoke2] display nhrp peer all
-------------------------------------------------------------------------------
Protocol-addr   Mask   NBMA-addr       NextHop-addr    Type         Flag
-------------------------------------------------------------------------------
172.16.1.1      32     202.1.1.10      172.16.1.1      static       hub
-------------------------------------------------------------------------------
Tunnel interface: Tunnel0/0/0
Created time      : 05:43:19
Expire time       : --
-------------------------------------------------------------------------------
```

```
Protocol-addr    Mask   NBMA-addr        NextHop-addr     Type          Flag
---------------------------------------------------------------------------
172.16.1.254     32     202.1.254.10     172.16.1.254     static        hub
---------------------------------------------------------------------------
Tunnel interface: Tunnel0/0/0
Created time      : 04:40:03
Expire time       : --
---------------------------------------------------------------------------
Protocol-addr    Mask   NBMA-addr        NextHop-addr     Type          Flag
---------------------------------------------------------------------------
192.168.1.1      32     202.1.2.10       172.16.1.2       dynamic       route network
---------------------------------------------------------------------------
Tunnel interface: Tunnel0/0/0
Created time      : 00:00:45
Expire time       : 01:59:15
---------------------------------------------------------------------------
Protocol-addr    Mask   NBMA-addr        NextHop-addr     Type          Flag
---------------------------------------------------------------------------
172.16.1.2       32     202.1.2.10       172.16.1.2       dynamic       route tunnel
---------------------------------------------------------------------------
Tunnel interface: Tunnel0/0/0
Created time      : 00:00:45
Expire time       : 01:59:15
---------------------------------------------------------------------------
Protocol-addr    Mask   NBMA-addr        NextHop-addr     Type          Flag
---------------------------------------------------------------------------
192.168.2.1      32     202.1.3.10       172.16.1.3       dynamic       local
---------------------------------------------------------------------------
Tunnel interface: Tunnel0/0/0
Created time      : 00:00:45
Expire time       : 01:59:15

Number of nhrp peers: 5
```

（4）验证 Hub2 的备份作用。

在 Hub1 上关闭公网物理接口 GE1/0/0，检查两 Spoke 间学习的 OSPF 路由表项，发现下一跳变成 Hub2 的 mGRE Tunnel 接口 IP 地址了（参见输出信息中的粗体字部分），此时证明 Hub2 已接管 Hub1 的工作了，其备份作用得到了体现了。

在 Spoke1 上执行 **display ospf 1 routing** 操作，结果如下。

```
[Spoke1] display ospf 1 routing

          OSPF Process 1 with Router ID 172.16.1.2
                   Routing Tables

 Routing for Network
 Destination        Cost  Type     NextHop          AdvRouter        Area
 172.16.1.2/32      0     Stub     172.16.1.2       172.16.1.2       0.0.0.0
 192.168.1.1/32     0     Stub     192.168.1.1      172.16.1.2       0.0.0.0
 172.16.1.3/32      4562  Stub     172.16.1.254     172.16.1.3       0.0.0.0
 172.16.1.254/32    1562  Stub     172.16.1.254     172.16.1.254     0.0.0.0
 192.168.2.1/32     4562  Stub     172.16.1.254     172.16.1.3       0.0.0.0

 Total Nets: 5
 Intra Area: 5   Inter Area: 0   ASE: 0   NSSA: 0
```

```
[Spoke2] display ospf 1 routing

         OSPF Process 1 with Router ID 172.16.1.3
                  Routing Tables

 Routing for Network
 Destination        Cost  Type       NextHop         AdvRouter        Area
 172.16.1.3/32      0     Stub       172.16.1.3      172.16.1.3       0.0.0.0
 192.168.2.1/32     0     Stub       192.168.2.1     172.16.1.3       0.0.0.0
 172.16.1.2/32      4562  Stub       172.16.1.254    172.16.1.2       0.0.0.0
 172.16.1.254/32    1562  Stub       172.16.1.254    172.16.1.254     0.0.0.0
 192.168.1.1/32     4562  Stub       172.16.1.254    172.16.1.2       0.0.0.0

 Total Nets: 5
 Intra Area: 5  Inter Area: 0  ASE: 0  NSSA: 0
```

（5）先在两 Spoke 上执行 **undo nhrp peer** 命令来清除两 Spoke 上原来已经存在的动态 NHRP peer 表项（不再删除静态 NHRP peer 表项）。

然后再在 Spoke1 上 ping 分支 Spoke2 的子网地址 192.168.2.1，则在 Spoke1 和 Spoke2 上也可以分别看到彼此所连的两个子网的动态 NHRP peer 表项（参见输出信息中的粗体字部分）。表明通过 Hub2 也可以实现 Spoke 间的 VPN 通信。

```
[Spoke1] display nhrp peer all
-------------------------------------------------------------------------------
Protocol-addr   Mask  NBMA-addr       NextHop-addr    Type          Flag
-------------------------------------------------------------------------------
172.16.1.1      32    202.1.1.10      172.16.1.1      static        hub
-------------------------------------------------------------------------------
Tunnel interface: Tunnel0/0/0
Created time    : 05:46:29
Expire time     : --
-------------------------------------------------------------------------------
Protocol-addr   Mask  NBMA-addr       NextHop-addr    Type          Flag
-------------------------------------------------------------------------------
172.16.1.254    32    202.1.254.10    172.16.1.254    static        hub
-------------------------------------------------------------------------------
Tunnel interface: Tunnel0/0/0
Created time    : 04:43:28
Expire time     : --
-------------------------------------------------------------------------------
Protocol-addr   Mask  NBMA-addr       NextHop-addr    Type          Flag
-------------------------------------------------------------------------------
192.168.2.1     32    202.1.3.10      172.16.1.3      dynamic       route network
-------------------------------------------------------------------------------
Tunnel interface: Tunnel0/0/0
Created time    : 00:00:22
Expire time     : 01:59:38
-------------------------------------------------------------------------------
Protocol-addr   Mask  NBMA-addr       NextHop-addr    Type          Flag
-------------------------------------------------------------------------------
172.16.1.3      32    202.1.3.10      172.16.1.3      dynamic       route tunnel
-------------------------------------------------------------------------------
Tunnel interface: Tunnel0/0/0
Created time    : 00:00:22
```

```
Expire time       : 01:59:38
------------------------------------------------
Protocol-addr   Mask  NBMA-addr       NextHop-addr    Type          Flag
------------------------------------------------
192.168.1.1     32    202.1.2.10      172.16.1.2      dynamic       local
------------------------------------------------
Tunnel interface: Tunnel0/0/0
Created time      : 00:00:22
Expire time       : 01:59:38

Number of nhrp peers: 5

[Spoke2] display nhrp peer all
------------------------------------------------
Protocol-addr   Mask  NBMA-addr       NextHop-addr    Type          Flag
------------------------------------------------
172.16.1.1      32    202.1.1.10      172.16.1.1      static        hub
------------------------------------------------
Tunnel interface: Tunnel0/0/0
Created time      : 05:46:54
Expire time       : --
------------------------------------------------
Protocol-addr   Mask  NBMA-addr       NextHop-addr    Type          Flag
------------------------------------------------
172.16.1.254    32    202.1.254.10    172.16.1.254    static        hub
------------------------------------------------
Tunnel interface: Tunnel0/0/0
Created time      : 04:43:38
Expire time       : --
------------------------------------------------
Protocol-addr   Mask  NBMA-addr       NextHop-addr    Type          Flag
------------------------------------------------
192.168.1.1     32    202.1.2.10      172.16.1.2      dynamic       route network
------------------------------------------------
Tunnel interface: Tunnel0/0/0
Created time      : 00:00:43
Expire time       : 01:59:17
------------------------------------------------
Protocol-addr   Mask  NBMA-addr       NextHop-addr    Type          Flag
------------------------------------------------
172.16.1.2      32    202.1.2.10      172.16.1.2      dynamic       route tunnel
------------------------------------------------
Tunnel interface: Tunnel0/0/0
Created time      : 00:00:43
Expire time       : 01:59:17
------------------------------------------------
Protocol-addr   Mask  NBMA-addr       NextHop-addr    Type          Flag
------------------------------------------------
192.168.2.1     32    202.1.3.10      172.16.1.3      dynamic       local
------------------------------------------------
Tunnel interface: Tunnel0/0/0
Created time      : 00:00:43
Expire time       : 01:59:17

Number of nhrp peers: 5
```

7.4.10　DSVPN over IPSec 配置示例

如图 7-28 所示，某大型企业有总部（Hub）和多个分支（Spoke1、Spoke2……，举例中仅使用两个分支），分布在不同地域，总部和分支的子网环境会经常出现变动，分支采用动态地址接入公网。企业规划使用 OSPF 路由协议，希望能够实现分支之间的 VPN 互联，同时对总部和分支机构以及分支机构间传输的数据进行加密保护。

1. 基本配置思路分析

同样，由于分支是采用动态地址接入公网的，分支之间互相不知道对方的公网地址，因此必须采用 DSVPN 来实现分支之间的 VPN 互联。由于分支数量较多，因此采用 shortcut 场景的 DSVPN。由于分支和总部的子网环境经常出现变动，为简化维护，并根据企业网络规划选择部署 OSPF 路由协议来实现分支/总部间的通信。但由于需要对机构之间的传输数据进行加密保护，因此采用配置 IPSec 保护的 DSVPN 来实现该功能。本示例假设采用非 shortcut 场景。

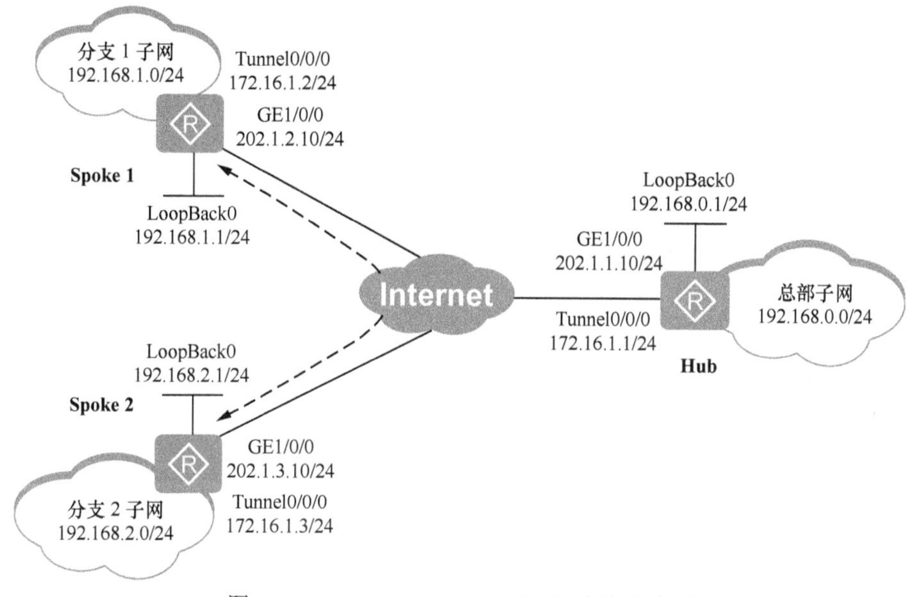

图 7-28　DSVPN over IPSec 配置示例的拓扑结构

本示例的 DSVPN over IPSec 其实与第 6 章介绍的 GRE over IPSec 非常类似，因为 DSVPN 构建的也是 GRE 隧道，而且都是要先对进行发的数据进行 GRE 封装，然后再进行 IPSec 封装，对所传输的整个 GRE 报文提供加密保护，同时提供身份认证、数据完整性检查、抗重放保护，到了对端之后先进行 IPSec 解封装，再进行 GRE 解封装。而且与 GRE over IPSec 一样，DSVPN over IPSec 中 IPSec 安全策略要采用安全框架方式配置，并最终在 mGRE Tunnel 接口上应用。

根据以上分析可以得出本示例的基本配置思路如下：

（1）配置各设备上的各接口（包括 Tunnel 接口）的 IP 地址。

（2）配置各设备间的公网路由。此处采用 OSPF 路由协议来配置。

（3）采用 OSPF 路由协议通告包括本地 mGRE Tunnel 接口和本地子网在内的网段，但路由进程不要与公网一样。

（4）配置各设备上的 IKE 安全提议，各设备上的配置要保持一致。

（5）配置各设备上的 IKE 对等体，引入前面配置的 IKE 对等体，并配置相同的共享密钥。

（6）配置各设备的 IPSec 安全提议，各设备上的配置保持一致。

（7）配置各设备上的 IPSec 安全框架，引入前面配置的 IPSec 安全提议和 IKE 对等体。

（8）配置各设备上的 mGRE Tunnel 接口和 NHRP 协议，并在各设备上的 mGRE Tunnel 接口应用前面配置的 IPSec 安全框架。

2. 具体配置步骤

因为本示例中各设备接口的 IP 地址及基本拓扑结构与 7.4.1 节介绍的配置示例完全一样，故本示例中的第（1）、（2）项配置任务的具体配置与 7.4.1 节示例的配置完全一样，参见即可。下面仅介绍后面各项配置任务的具体配置方法。

（3）配置子网 OSPF 路由，同时包括各设备上所连接的内部子网和 mGRE Tunnel 接口所在子网的路由。但所用的 OSPF 路由进程不能与公网 OSPF 路由进程一样。

Hub 上的配置，此处假设不通过 Hub 上的子网路由。

```
[Hub] ospf 1 router-id 172.16.1.1
[Hub-ospf-1] area 0.0.0.0
[Hub-ospf-1-area-0.0.0.0] network 172.16.1.0 0.0.0.255
[Hub-ospf-1-area-0.0.0.0] quit
[Hub-ospf-1] quit
```

Spoke1 上的配置。

```
[Spoke1] ospf 1 router-id 172.16.1.2
[Spoke1-ospf-1] area 0.0.0.0
[Spoke1-ospf-1-area-0.0.0.0] network 172.16.1.0 0.0.0.255
[Spoke1-ospf-1-area-0.0.0.0] network 192.168.1.0 0.0.0.255
[Spoke1-ospf-1-area-0.0.0.0] quit
[Spoke1-ospf-1] quit
```

配置 Spoke2。

```
[Spoke2] ospf 1 router-id 172.16.1.3
[Spoke2-ospf-1] area 0.0.0.0
[Spoke2-ospf-1-area-0.0.0.0] network 172.16.1.0 0.0.0.255
[Spoke2-ospf-1-area-0.0.0.0] network 192.168.2.0 0.0.0.255
[Spoke2-ospf-1-area-0.0.0.0] quit
[Spoke2-ospf-1] quit
```

（4）配置各设备上的 IKE 安全提议。

在 Hub 和两 Spoke 上配置进行 IKE 协商时需要的 IKE 安全提议，根据需要选择配置各项 IKE 安全提议参数，甚至不创建 IKE 安全提议，各项参数均直接采用缺省的 IKE 安全提议的缺省配置。各端的 IKE 安全提议参数配置必须一致。

假设此处在IKE安全提议中选择配置的认证算法和IKEv2伪随机数产生函数的算法均为 AES-XCBC-128，使用 AES-XCBC-MAC-96 认证算法，IKE 协议第一阶段进行密钥协商时采用 1536 位的 DH5 组，其他参数采用缺省配置（如采用预共享密钥认证方法、AES-256 加密算法、IKEv2 协商使用的完整性算法为 HMAC-SHA2-256）。

Hub 上的配置。

```
[Hub] ike proposal 1   #---创建序号为 1 的 IKE 安全提议
[Hub-ike-proposal-1] dh group5   #---指定 IKE 第一阶段密钥协商使用 DH5 组
```

```
[Hub-ike-proposal-1] authentication-algorithm aes-xcbc-mac-96 #---配置认证算法为 AES-XCBC-128
[Hub-ike-proposal-1] prf aes-xcbc-128   #---指定 IKEv2 协商伪随机数产生函数的算法为 AES-XCBC-128
[Hub-ike-proposal-1] quit
```

Spoke1 上的配置。

```
[Spoke1] ike proposal 1
[Spoke1-ike-proposal-1] dh group5
[Spoke1-ike-proposal-1] authentication-algorithm aes-xcbc-mac-96
[Spoke1-ike-proposal-1] prf aes-xcbc-128
[Spoke1-ike-proposal-1] quit
```

Spoke2 上的配置。

```
[Spoke2] ike proposal 1
[Spoke2-ike-proposal-1] dh group5
[Spoke2-ike-proposal-1] authentication-algorithm aes-xcbc-mac-96
[Spoke2-ike-proposal-1] prf aes-xcbc-128
[Spoke2-ike-proposal-1] quit
```

（5）配置各设备上的 IKE 对等体。

在 Hub 和两 Spoke 上配置进行 IKE 协商时需要的 IKE 对等体。引用前面配置的 IKE 安全提议，并配置预共享密钥（各设备上的配置必须一致，此处假设为 Huawei@1234），可选配置 DPD（Dead Peer Detection，死亡对等体检测）检测模式和检测周期，以提高网络连接的可靠性。

Hub 上的配置。

```
[Hub] ike peer hub
[Hub-ike-peer-hub] ike-proposal 1   #---引用在 Hub 配置的 IKE 安全提议
[Hub-ike-peer-hub] pre-shared-key cipher Huawei@1234   #---配置预共享密钥为 Huawei@1234
[Hub-ike-peer-hub] dpd type periodic   #---配置 DPD 为周期性检测模式
[Hub-ike-peer-hub] dpd idle-time 40   #---配置 DPD 检测周期为 40 秒
[Hub-ike-peer-hub] quit
```

Spoke1 上的配置。

```
[Spoke1] ike peer spoke1
[Spoke1-ike-peer-spoke1] ike-proposal 1
[Spoke1-ike-peer-spoke1] pre-shared-key cipher Huawei@1234
[Spoke1-ike-peer-spoke1] dpd type periodic
[Spoke1-ike-peer-spoke1] dpd idle-time 40
[Spoke1-ike-peer-spoke1] quit
```

Spoke2 上的配置。

```
[Spoke2] ike peer spoke2
[Spoke2-ike-peer-spoke2] ike-proposal 1
[Spoke2-ike-peer-spoke2] pre-shared-key cipher Huawei@1234
[Spoke2-ike-peer-spoke2] dpd type periodic
[Spoke2-ike-peer-spoke2] dpd idle-time 40
[Spoke2-ike-peer-spoke2] quit
```

（6）在各设备上创建 IPSec 安全提议。

在 Hub 和 Spoke 上配置安全提议，根据需要选择配置 IPSec 安全提议的各项参数，甚至可以只创建 IPSec 安全提议，不配置其中的参数，直接采用缺省配置。各设备上的 IPSec 安全提议参数配置必须一致。

此处假设所选的安全协议是同时有 AH 和 ESP，AH、ESP 认证算法为 SHA2-256、ESP 加密算法为 AES-192。

Hub 上的配置。

```
[Hub] ipsec proposal pro1
[Hub-ipsec-proposal-pro1] transform ah-esp  #---同时采用 AH 和 ESP 两种安全协议
[Hub-ipsec-proposal-pro1] ah authentication-algorithm sha2-256 #---配置 AH 认证算法为 SHA2-256
[Hub-ipsec-proposal-pro1] esp authentication-algorithm sha2-256 #---配置 ESP 认证算法为 SHA2-256
[Hub-ipsec-proposal-pro1] esp encryption-algorithm aes-192  #---配置 ESP 加密法为 AES-192
[Hub-ipsec-proposal-pro1] quit
```

Spoke1 上的配置。

```
[Spoke1] ipsec proposal pro1
[Spoke1-ipsec-proposal-pro1] transform ah-esp
[Spoke1-ipsec-proposal-pro1] ah authentication-algorithm sha2-256
[Spoke1-ipsec-proposal-pro1] esp authentication-algorithm sha2-256
[Spoke1-ipsec-proposal-pro1] esp encryption-algorithm aes-192
[Spoke1-ipsec-proposal-pro1] quit
```

Spoke2 上的配置。

```
[Spoke2] ipsec proposal pro1
[Spoke2-ipsec-proposal-pro1] transform ah-esp
[Spoke2-ipsec-proposal-pro1] ah authentication-algorithm sha2-256
[Spoke2-ipsec-proposal-pro1] esp authentication-algorithm sha2-256
[Spoke2-ipsec-proposal-pro1] esp encryption-algorithm aes-192
[Spoke2-ipsec-proposal-pro1] quit
```

（7）配置各设备上的安全框架。

在 Hub 和两 Spoke 上配置安全框架，引用前面各处配置的 IPSec 安全提议和 IKE 对等体。

Hub 上的配置。

```
[Hub] ipsec profile profile1
[Hub-ipsec-profile-profile1] ike-peer hub
[Hub-ipsec-profile-profile1] proposal pro1
[Hub-ipsec-profile-profile1] quit
```

Spoke1 上的配置。

```
[Spoke1] ipsec profile profile1
[Spoke1-ipsec-profile-profile1] ike-peer spoke1
[Spoke1-ipsec-profile-profile1] proposal pro1
[Spoke1-ipsec-profile-profile1] quit
```

Spoke2 上的配置。

```
[Spoke2] ipsec profile profile1
[Spoke2-ipsec-profile-profile1] ike-peer spoke2
[Spoke2-ipsec-profile-profile1] proposal pro1
[Spoke2-ipsec-profile-profile1] quit
```

（8）配置各设备上的 mGRE Tunnel 接口和 NHRP 协议。

本示例采用非 shortcut 场景，要在 Hub 和各 Spoke 的 mGRE Tunnel 接口上配置 OSPF 网络类型为 broadcast，以实现分支间路由相互学习。在 Hub 的 mGRE Tunnel 接口上配置 DR 优先级最高，担当 DR 角色，接受来自分支的动态 NHRP 注册；在 Spoke1 和 Spoke2 上分别配置 Hub 的静态 NHRP peer 表项。最后在 Hub 和各 Spoke 的 mGRE Tunnel 接口上应用安全框架。

Hub 上的配置。

```
[Hub] interface tunnel 0/0/0
[Hub-Tunnel0/0/0] tunnel-protocol gre p2mp
[Hub-Tunnel0/0/0] source gigabitethernet 1/0/0
[Hub-Tunnel0/0/0] nhrp entry multicast dynamic
```

```
[Hub-Tunnel0/0/0] ospf network-type broadcast
[Hub-Tunnel0/0/0] ospf dr-priority 100
[Hub-Tunnel0/0/0] ipsec profile profile1
[Hub-Tunnel0/0/0] quit
```

Spoke1 上的配置。

```
[Spoke1] interface tunnel 0/0/0
[Spoke1-Tunnel0/0/0] tunnel-protocol gre p2mp
[Spoke1-Tunnel0/0/0] source gigabitethernet 1/0/0
[Spoke1-Tunnel0/0/0] nhrp entry 172.16.1.1 202.1.1.10 register
[Spoke1-Tunnel0/0/0] ospf network-type broadcast
[Spoke1-Tunnel0/0/0] ospf dr-priority 0
[Spoke1-Tunnel0/0/0] ipsec profile profile1
[Spoke1-Tunnel0/0/0] quit
```

Spoke2 上的配置。

```
[Spoke2] interface tunnel 0/0/0
[Spoke2-Tunnel0/0/0] tunnel-protocol gre p2mp
[Spoke2-Tunnel0/0/0] source gigabitethernet 1/0/0
[Spoke2-Tunnel0/0/0] nhrp entry 172.16.1.1 202.1.1.10 register
[Spoke2-Tunnel0/0/0] ospf network-type broadcast
[Spoke2-Tunnel0/0/0] ospf dr-priority 0
[Spoke2-Tunnel0/0/0] ipsec profile profile1
[Spoke2-Tunnel0/0/0] quit
```

3. 实验结果验证

完成以上配置后，最后进行一系列的实验结果验证。

（1）检查 IPSec 配置结果。

分别在 Hub 和各 Spoke 上执行 **display ipsec profile** 命令，查看所配置的 IPSec 安全框架配置信息（包括安全框架中引入的 IPSec 安全提议参数和 IKE 对等体参数配置），验证配置是否正确。以下是在 Hub 上执行该命令的输出。

```
[Hub] display ipsec profile
===========================================
IPSec profile   : profile1
Using interface: Tunnel0/0/0
===========================================
 IPSec Profile Name          :profile1
 Peer Name                   :hub
 PFS     Group               :0 (0:Disable 1:Group1 2:Group2 5:Group5 14:Group14)
 SecondsFlag                 :0 (0:Global 1:Local)
 SA Life Time Seconds        :3600
 KilobytesFlag               :0 (0:Global 1:Local)
 SA Life Kilobytes           :1843200
 Anti-replay window size     :32
 Qos pre-classify            :0 (0:Disable 1:Enable)
 Number of IPSec Proposals :1
 IPSec Proposals Name        :pro1
```

（2）检查各设备上的 NHRP peer 表项信息。

在 Hub 上执行 **display nhrp peer all** 命令，发现两 Spoke 已成功注册了 NHRP peer 表项，因为在前面两 Spoke 上 Hub 静态 NHRP peer 表项时选择了 **resiter** 选项，向 Hub 发起了 NHRP 动态注册请求。

```
[Hub] display nhrp peer all
-------------------------------------------------------
```

```
Protocol-addr    Mask   NBMA-addr        NextHop-addr     Type        Flag
-------------------------------------------------------------------------------
172.16.1.2        32     202.1.2.10       172.16.1.2       dynamic     route tunnel
-------------------------------------------------------------------------------
Tunnel interface: Tunnel0/0/0
Created time      : 00:02:59
Expire time       : 01:57:01
-------------------------------------------------------------------------------
Protocol-addr    Mask   NBMA-addr        NextHop-addr     Type        Flag
-------------------------------------------------------------------------------
172.16.1.3        32     202.1.3.10       172.16.1.3       dynamic     route tunnel
-------------------------------------------------------------------------------
Tunnel interface: Tunnel0/0/0
Created time      : 00:00:52
Expire time       : 01:59:15

Number of nhrp peers: 2
```

\# 在 Spoke1 上执行 **display nhrp peer all** 命令，发现仅有本地配置的 Hub 静态 NHRP peer 表项，没有对端分支的动态 NHRP peer 表项，原因也是因为目前还没有流量来触发 Spoke 发起 NHRP 解析请求。

```
[Spoke1] display nhrp peer all
-------------------------------------------------------------------------------
Protocol-addr    Mask   NBMA-addr        NextHop-addr     Type        Flag
-------------------------------------------------------------------------------
172.16.1.1        32     202.1.1.10       172.16.1.1       static      hub
-------------------------------------------------------------------------------
Tunnel interface: Tunnel0/0/0
Created time      : 04:51:11
Expire time       : --

Number of nhrp peers: 1

[Spoke2] display nhrp peer all
-------------------------------------------------------------------------------
Protocol-addr    Mask   NBMA-addr        NextHop-addr     Type        Flag
-------------------------------------------------------------------------------
172.16.1.1        32     202.1.1.10       172.16.1.1       static      hub
-------------------------------------------------------------------------------
Tunnel interface: Tunnel0/0/0
Created time      : 04:51:23
Expire time       : --

Number of nhrp peers: 1
```

（3）检查各设备上的 IPSec SA 信息。

\# 在 Hub 上执行 **display ipsec sa** 操作，结果如下，发现已通过 IKE 动态协商生成了 IPSec 的相关参数，如出、入方向 AH 和 ESP SA 的 SPI，远端 IP 地址，及 AH、ESP 的认证算法和加密算法（仅 ESP SA 中有）。

```
[Hub] display ipsec sa

===============================
Interface: Tunnel0/0/0
 Path MTU: 1500
```

```
===============================

  -----------------------------
  IPSec profile name: "profile1"
  Mode                    : PROF-Template
  -----------------------------
    Connection ID         : 4
    Encapsulation mode: Tunnel
    Tunnel local          : 202.1.1.10
    Tunnel remote         : 202.1.3.10
    Flow source           : 202.1.1.10/255.255.255.255 47/0
    Flow destination   : 202.1.3.10/255.255.255.255 47/0
    Qos pre-classify    : Disable

    [Outbound ESP SAs]
      SPI: 2719506836 (0xa2186194)
      Proposal: ESP-ENCRYPT-AES-192 SHA2-512-256
      SA remaining key duration (bytes/sec): 1887428316/2924
      Max sent sequence-number: 87
      UDP encapsulation used for NAT traversal: N

    [Outbound AH SAs]
      SPI: 3188118142 (0xbe06d27e)
      Proposal: SHA2-512-256
      SA remaining key duration (bytes/sec): 1887436800/2924
      Max sent sequence-number: 87
      UDP encapsulation used for NAT traversal: N

    [Inbound AH SAs]
      SPI: 4023741109 (0xefd56ab5)
      Proposal: SHA2-512-256
      SA remaining key duration (bytes/sec): 1887436800/2924
      Max received sequence-number: 80
      Anti-replay window size: 32
      UDP encapsulation used for NAT traversal: N

    [Inbound ESP SAs]
      SPI: 2725542237 (0xa274795d)
      Proposal: ESP-ENCRYPT-AES-192 SHA2-512-256
      SA remaining key duration (bytes/sec): 1887429296/2924
      Max received sequence-number: 80
      Anti-replay window size: 32
      UDP encapsulation used for NAT traversal: N

  -----------------------------
  IPSec profile name: "profile1"
  Mode                    : PROF-Template
  -----------------------------
    Connection ID         : 2
    Encapsulation mode: Tunnel
    Tunnel local          : 202.1.1.10
    Tunnel remote         : 202.1.2.10
    Flow source           : 202.1.1.10/255.255.255.255 47/0
    Flow destination   : 202.1.2.10/255.255.255.255 47/0
    Qos pre-classify    : Disable
```

```
[Outbound ESP SAs]
  SPI: 2140030022 (0x7f8e4446)
  Proposal: ESP-ENCRYPT-AES-192 SHA2-512-256
  SA remaining key duration (bytes/sec): 1887426608/2791
  Max sent sequence-number: 104
  UDP encapsulation used for NAT traversal: N

[Outbound AH SAs]
  SPI: 833505824 (0x31ae4a20)
  Proposal: SHA2-512-256
  SA remaining key duration (bytes/sec): 1887436800/2791
  Max sent sequence-number: 104
  UDP encapsulation used for NAT traversal: N

[Inbound AH SAs]
  SPI: 3662509166 (0xda4d746e)
  Proposal: SHA2-512-256
  SA remaining key duration (bytes/sec): 1887436800/2791
  Max received sequence-number: 93
  Anti-replay window size: 32
  UDP encapsulation used for NAT traversal: N

[Inbound ESP SAs]
  SPI: 2485560141 (0x9426a34d)
  Proposal: ESP-ENCRYPT-AES-192 SHA2-512-256
  SA remaining key duration (bytes/sec): 1887428088/2791
  Max received sequence-number: 93
  Anti-replay window size: 32
  UDP encapsulation used for NAT traversal: N
```

分别在两 Spoke1 上执行 **display ipsec sa** 命令，同样可见到通过 IKE 动态协商生成的各项参数，输出略。

（4）检查各设备的子网 OSPF 路由。

在 Hub 上执行 **display ospf 1 routing** 命令，检查 Hub 上的子网 OSPF 路由信息结果发现已有到达两 Spoke 子网的 OSPF 路由了（参见输出信息中的粗体字部分）。

```
[Hub] display ospf 1 routing

        OSPF Process 1 with Router ID 172.16.1.1
                Routing Tables

 Routing for Network
 Destination        Cost  Type       NextHop         AdvRouter       Area
 172.16.1.0/24      1562  Transit    172.16.1.1      172.16.1.1      0.0.0.0
 192.168.1.1/32     1562  Stub       172.16.1.2      172.16.1.2      0.0.0.0
 192.168.2.1/32     1562  Stub       172.16.1.3      172.16.1.3      0.0.0.0

 Total Nets: 3
 Intra Area: 3  Inter Area: 0  ASE: 0  NSSA: 0
```

分别在 Spoke1、Spoke2 上执行 **display ospf 1 routing** 命令，检查两 Spoke 上的 OSPF 路由信息，结果发现也有到达另一 Spoke 子网的 OSPF 路由（参见输出信息中的粗体字部分）。

```
[Spoke1] display ospf 1 routing
```

```
          OSPF Process 1 with Router ID 172.16.1.2
                   Routing Tables

 Routing for Network
 Destination        Cost  Type      NextHop          AdvRouter        Area
 172.16.1.0/24      1562  Transit   172.16.1.2       172.16.1.2       0.0.0.0
 192.168.1.1/32     0     Stub      192.168.1.1      172.16.1.2       0.0.0.0
 192.168.2.1/32     1562  Stub      172.16.1.3       172.16.1.3       0.0.0.0

 Total Nets: 3
 Intra Area: 3  Inter Area: 0  ASE: 0  NSSA: 0

[Spoke2] display ospf 1 routing

          OSPF Process 1 with Router ID 172.16.1.3
                   Routing Tables

 Routing for Network
 Destination        Cost  Type      NextHop          AdvRouter        Area
 172.16.1.0/24      1562  Transit   172.16.1.3       172.16.1.3       0.0.0.0
 192.168.2.1/32     0     Stub      192.168.2.1      172.16.1.3       0.0.0.0
 192.168.1.1/32     1562  Stub      172.16.1.2       172.16.1.2       0.0.0.0

 Total Nets: 3
 Intra Area: 3  Inter Area: 0  ASE: 0  NSSA: 0
```

（5）执行从一个 Spoke ping 另一个 Spoke 子网（IP 地址为 Loopback 接口 IP 地址）操作，以流量来触发 Spoke 间相互学习对端的公网 IP 地址，以动态生成对端的 NHRP peer 表项。

然后再在 Spoke1 和 Spoke2 上分别 **display nhrp peer all** 命令，便可发现相比前面多了两条 NHRP peer 表项，其中一条是动态学习到的对端 Spoke 的，另一条是自己通过 NHRP 协议动态学习到的本地 NHRP peer 表项（参见输出信息中的粗体字部分）。

```
[Spoke1] display nhrp peer all
-------------------------------------------------------------------
Protocol-addr   Mask  NBMA-addr      NextHop-addr    Type        Flag
-------------------------------------------------------------------
172.16.1.1      32    202.1.1.10     172.16.1.1      static      hub
-------------------------------------------------------------------
Tunnel interface: Tunnel0/0/0
Created time      : 05:13:06
Expire time       : --
-------------------------------------------------------------------
Protocol-addr   Mask  NBMA-addr      NextHop-addr    Type        Flag
-------------------------------------------------------------------
172.16.1.3      32    202.1.3.10     172.16.1.3      dynamic     route tunnel
-------------------------------------------------------------------
Tunnel interface: Tunnel0/0/0
Created time      : 00:00:31
Expire time       : 01:59:29
-------------------------------------------------------------------
Protocol-addr   Mask  NBMA-addr      NextHop-addr    Type        Flag
-------------------------------------------------------------------
172.16.1.2      32    202.1.2.10     172.16.1.2      dynamic     local
```

```
-------------------------------------------
Tunnel interface: Tunnel0/0/0
Created time     : 00:00:31
Expire time      : 01:59:29

Number of nhrp peers: 3

[Spoke2] display nhrp peer all
-------------------------------------------
Protocol-addr   Mask  NBMA-addr       NextHop-addr    Type          Flag
-------------------------------------------
172.16.1.1      32    202.1.1.10      172.16.1.1      static        hub
-------------------------------------------
Tunnel interface: Tunnel0/0/0
Created time     : 05:13:23
Expire time      : --
-------------------------------------------
Protocol-addr   Mask  NBMA-addr       NextHop-addr    Type          Flag
-------------------------------------------
172.16.1.2      32    202.1.2.10      172.16.1.2      dynamic       route tunnel
-------------------------------------------
Tunnel interface: Tunnel0/0/0
Created time     : 00:00:55
Expire time      : 01:59:05
-------------------------------------------
Protocol-addr   Mask  NBMA-addr       NextHop-addr    Type          Flag
-------------------------------------------
172.16.1.3      32    202.1.3.10      172.16.1.3      dynamic       local
-------------------------------------------
Tunnel interface: Tunnel0/0/0
Created time     : 00:00:55
Expire time      : 01:59:05

Number of nhrp peers: 3
```

7.5 典型故障排除

最后介绍一些在 DSVPN 过程中可能出现的一些典型故障排除方法。

7.5.1 Spoke NHRP 注册失败的故障排除

如果在 Hub 上使用 **display nhrp peer** 命令查看 NHRP peer 表项时，发现没有 Spoke 的 mGRE Tunnel 接口 IP 地址与公网 IP 地址对应的 peer 表项，则表明 Spoke 的 NHRP 动态注册没成功。此时一般是有三种可能：一是 Spoke、Hub 间没有可达的公网路由，二是在 Spoke 上没有静态配置 Hub 的静态 NHRP peer 表项，三是 Hub 和 Spoke 上的认证配置不一致，或者 Spoke 上的静态 Hub 的静态 NHRP peer 表项配置错误。可按以下步骤来进行排查：

（1）检查 Spoke-Hub 间是否有可达的公网路由

在 Spoke 向 Hub 发送 NHRP 注册请求报文时，经过 GRE 重封装后的 NHRP 注册请求报文的外层 IP 报头中的目的 IP 是 Hub 的公网接口 IP 地址，所以要确保 Spoke 与 Hub 间的公网路由申通。

在 Hub 上执行命令 **display ip routing-table** 命令，查看是否含有到 Spoke 的公网路由信息。如果没有，则要重新在各设备上配置，通常是采用 OSPF 路由协议配置，当然也可以采用其他路由协议来配置。如果 Hub 设备上已有到达 Spoke 的公网路由，则继续进行下一步排查。

（2）检查各 Spoke 上是否配置有静态的 Hub NHRP peer 表项

此时可在各 Spoke 上执行 **display nhrp peer** 命令，查看 Spoke 上有无静态配置的 Hub NHRP peer 表项。

Spoke 向 Hub 触发 NHRP 动态注册请求时，必须在 Spoke 要有 Hub 的 mGRE Tunnel 接口 IP 地址和其对应的公网 IP 地址，因为这些在对 NHRP 注册请求报文原始 IP 报头中的“目的 IP 地址”需要填充 Hub 的 mGRE Tunnel 接口 IP 地址，而在 GRE 封装后新增 IP 报头的“目的 IP 地址”中需要填充 Hub 的公网 IP 地址。如果没有，自动不能对 NHRP 报文进行封装，也就发送不了 NHRP 动态注册请求报文了。在这里要检查以下两个方面

- 在 Spoke 上所配置的静态 NHRP peer 表项中的两个 IP 地址确实是 Hub 的，且顺序没有写错（前一个 IP 地址是 Hub 的 mGRE Tunnel 接口 IP 地址，后一个是 Hub 的公网 IP 地址）；
- 在为 Hub 配置静态 NHRP peer 表项的 **nhrp entry** 命令中指定了 register 选项，用于触发 Spoke 向 Hub 发起 NHRP 动态注册。

（3）检查 Hub 和 Spoke 的 NHRP 认证字配置是否一致

如果以上配置正确，则进一步查看 Hub 和 Spoke 的 NHRP 认证字符串配置是否一致。通常情况下无需配置 NHRP 认证的，如果确实配置了，则在 Hub 和 Spoke 上的 **nhrp authentication** 命令中的认证字符串是否配置一致。如果总部节点上配置的认证字符串与注册请求报文中的认证字符串不一致，则总部节点不会处理该分支的注册请求；如果分支上配置了认证字符串但是总部节点上没有配置认证字符串，则不会进行认证字符串的认证。

7.5.2 非 shortcut 场景 Spoke 间子网无法进行直接通信的故障排除

如果在配置非 shortcut 场景 DSVPN 之后，发现 Spoke 间子网仍无法进行通信，则主要考虑以下两方面原因：一是各设备间的子网路由不通；二是 Spoke 间没有生成对端的 NHRP peer 表项。可按以下步骤进行排查：

（1）检查各设备上是否正确学习了到达其他 Spoke 的子网路由。

在非 shortcut 场景中，各 Spoke 是可以通过 Hub 相互学习到达对端子见网的路由的，并且路由的下一跳是否为对端 Spoke 的 mGRE Tunnel 接口的 IP 地址。所以首先要确保在 Hub 上有到达各 Spoke 子网的路由。

- 在 Hub 上执行 **display ip routing-table** 命令，查看是否含有到 Spoke 子网的路由信息。如果有，再在本端 Spoke 上执行 **display ip routing-table** 命令，查看是否含有到对端 Spoke 的子网路由信息。
- 如果在 Hub-Spoke，或 Spoke-Spoke 间没有到达对端子网的路由信息，则需要重

新配置子网路由信息。通常是采用动态路由协议来配置，根据需要选择 RIP、OSPF，或 BGP 路由协议，但在非 shortcut 场景中，所通告的路由均为明细路由。

● 如果 Hub-Spoke、Spoke-Spoke 间有到对端子网的路由信息，但到子网路由的下一跳不是对端的 mGRE Tunnel 接口的 IP 地址，也需要重新配置子网路由信息，将到子网路由的下一跳配置为对端的 Tunnel 地址。

当然，这种情形仅在采用静态路由配置时才可能发生，因为采用动态路由协议时，只要通告了对应子网，以及本地的 mGRE Tunnel 接口所在子网（**采用 BGP 协议时不要包括**，因为此时 mGRE Tunnel 接口 IP 地址是作为 EBGP 对等体 IP 地址的），则在非 shortcut 场景中，相互学习到的到达对端子网的路由下一跳肯定是对端的 mGRE Tunnel 接口的 IP 地址。

如果 Hub-Spoke、Spoke-Spoke 间含有到子网的路由信息，并且子网路由的下一跳为对端的 Tunnel 地址，则继续执行以下检查步骤。

（2）检查 Hub 和 Spoke 上是否生成了对端 Spoke 的 peer 表项。

在 Hub 和 Spoke 上分别执行 **display nhrp peer** 命令，查看本地的 NHRP peer 表信息。如果在 Hub 上未生成 Spoke 的 NHRP peer 表项，则参考上节介绍的 Spoke 注册失败情形进行故障排查。如果在 Hub 上未生成 Spoke 的 NHRP peer 表项，而且各 Spoke 间已正确学习到了对端子网的路由信息，则 Spoke 间肯定可以直接建立 VPN，进行通信了。

7.5.3 shortcut 场景 Spoke 间子网无法进行直接通信的故障排除

如果在配置 shortcut 场景 DSVPN 之后，Spoke 间子网仍无法进行通信，则需要考虑以下两方面的原因：一是各设备间的子网路由不通；二是 Spoke 间没有生成对端的 NHRP peer 表项。可按以下步骤进行排查：

（1）检查各设备上是否正确学习了到达其他 Spoke 的子网路由。

在 shortcut 场景中，各 Spoke 间不能直接相互学习路由，而都是通过从 Hub 学习包含各子网的汇聚路由，以及 NHRP 解析过程最终实现学习对端子网路由的目的。

首先在 Hub 上执行 **display ip routing-table** 命令，查看是否含有到 Spoke 子网的汇聚路由信息。如果有，再在本端 Spoke 上执行 **display ip routing-table** 命令，查看是否含有到对端 Spoke 的子网路由信息。

如果 Hub-Spoke，或 Spoke-Spoke 间没有含有到达某端子网的路由信息，则需要重新配置到达某子网的路由信息。当然，采用不同路由协议的具体配置方法不一样，这方面可参见 7.4 节介绍的对应配置示例。特别要注意的是，Hub 上所配置的子网汇聚路由要正确。

当然，Spoke 可以学习到对端 Spoke 子网路由信息，还不能说 Spoke 间可以正确学习对端的子网路由了，还要检查所学习的子网路由的下一跳是否为总部的 mGRE Tunnel 接口 IP 地址，因为在 shortcut 场景中，各 Spoke 上只会保存一条指向 Hub 的 mGRE Tunnel 接口的汇聚路由，Spoke 间子网路由的学习都是通过 Hub 向它们发布的子网汇聚路由得到的。

如果 Spoke 已正确学习到了对端子网的路由信息，且路由的下一跳是总部的 mGRE Tunnel 接口 IP 地址，则继续进行下不的检查。

（2）检查 Hub 和 Spoke 上是否生成了对端 Spoke 的 NHRP peer 表项。

在 Hub 和 Spoke 上，执行 **display nhrp peer** 命令查看 NHRP peer 表项信息，如果 Hub 上未生成 Spoke 的 NHRP peer 表项信息，则参考在 7.5.1 节介绍的 Spoke 注册失败情形进行故障排查。

如果 Hub 上已生成 Spoke 的 NHRP peer 表项信息，则通过在 Spoke 上执行对端子网的 Ping 操作，就可以触发 Spoke 间的 NHRP 解析请求，就可以使 Spoke 间正确学习对端的 NHRP peer 表项。

第8章 PKI配置与管理

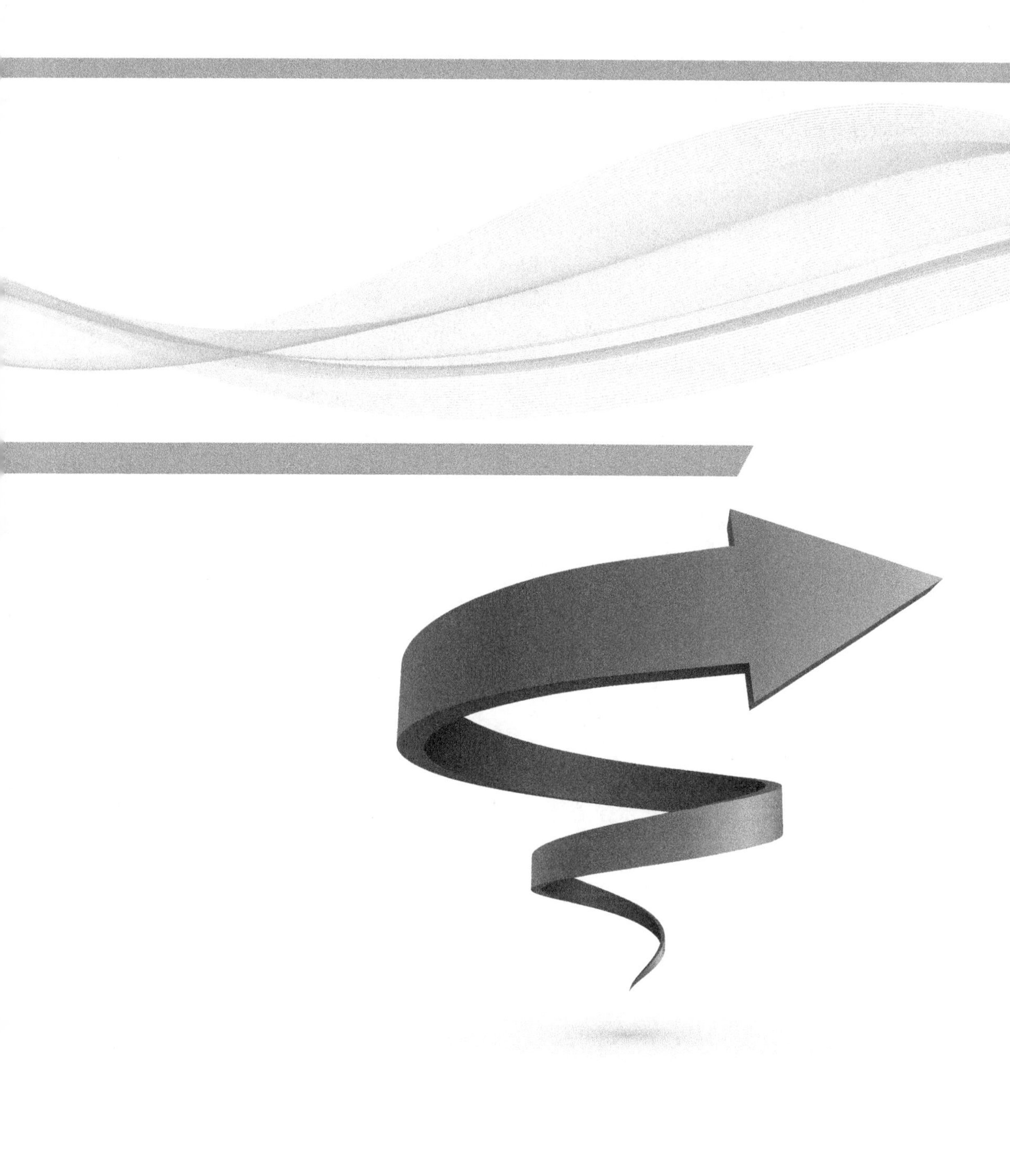

第 9 章将要介绍的 SSL VPN（Secure Sockets Layer VPN，安全套接字层 VPN）是一种基于数字证书认证的 VPN 技术，在 SSL VPN 网关上必须安装自己的本地数字证书，以供远程用户对其合法性进行认证。在用户终端上也可选择安装数据证书，利用证书中的密钥进行数据加密、数字签名和数字信封应用，提供了一整套安全保障系统。而数字证书是 PKI（Public Key Infrastructure，公钥基础设施）中的主体，整个数字证书的注册、安装、更新和验证都是基于 PKI 平台下进行的，所以本章先来具体介绍 PKI 方面的技术原理以及相关功能的配置方法。

PKI 的核心任务就是从负责颁布发证书的机构（CA）获得用户终端或网络设备申请的本地证书，用于在 IPSec VPN、SSL VPN 等方案中使用；另外，还可以从 CA 获得 CA 自己的证书，以验证 CA 的合法性，同时利用 CA 证书的公钥给本地证书申请消息进行加密。

本章将围绕本地证书的申请（注册）、下载、安装和验证等流程介绍它们的具体配置方法，为设备或终端主机获取本地证书。同时，介绍了几种典型场景下本地证书申请（建议通过 SCEP 协议申请，步骤最简单）的配置示例，并在最后介绍一些在本地证书申请过程中可能出现的典型故障的排除方法。

8.1 PKI 基础及工作原理

PKI（Public Key Infrastructure，公钥基础设施）是一种密钥管理平台，它利用公钥技术能够为所有网络应用（特别是 IPSec VPN 和 SSL VPN）提供统一的安全服务的基础设施，也是电子商务的关键和基础技术。

8.1.1 PKI 简介

随着网络技术和信息技术的发展，电子商务已逐步被人们所接受，并不断被普及。但通过网络进行电子商务交易时，存在如下问题：

- 交易双方并不现场交易，无法确认双方的合法身份；
- 通过网络传输时信息易被窃取和篡改，无法保证信息的安全性；
- 交易双方发生纠纷时没有凭证可依，无法提供仲裁。

为了解决上述问题，PKI 技术应运而生，其利用公钥技术保证在交易过程中能够实现身份认证、数据保密、数据完整性和不可否认性。因此，在网络通信和网络交易中，特别是电子政务和电子商务业务，PKI 技术得到了广泛的应用。

PKI 技术既可使用户受益，也可使企业受益。在用户受益方面主要体现在以下三个方面：

- 通过 PKI 证书认证技术，用户可以验证接入设备的合法性，从而可以保证用户接入安全、合法的网络中；
- 通过 PKI 加密技术，可以保证网络中传输的数据的安全性，数据不会被篡改和窥探；
- 通过 PKI 签名技术，可以保证数据的私密性，未授权的设备和用户无法查看该数据。

在企业受益方面主要体现在以下两个方面：

- 企业可以防止非法用户接入企业网络中；
- 企业分支之间可以建立安全通道，保证企业数据的安全性。

8.1.2　PKI 体系架构

PKI 体系架构如图 8-1 所示，包括终端实体、证书认证机构、证书注册机构和证书/CRL 存储库 4 部分。

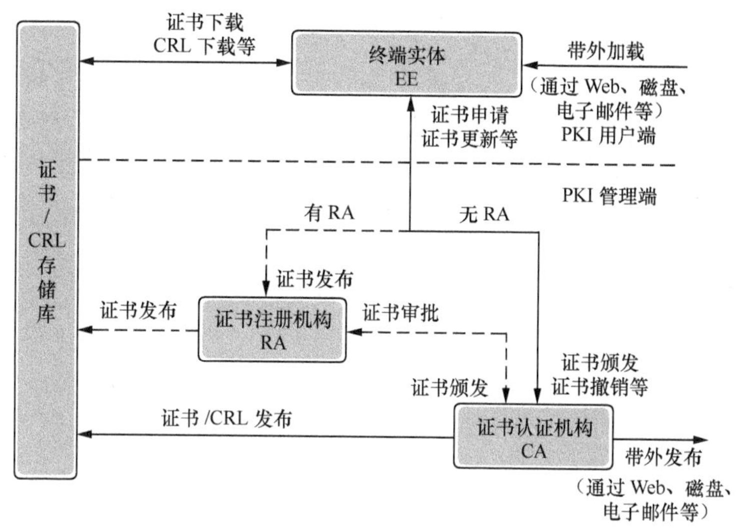

图 8-1　PKI 体系架构

（1）终端实体（End Entity，EE）

终端实体也称为 PKI 实体，它是 PKI 产品或服务的最终使用者，可以是个人、组织、设备（如路由器、防火墙）或计算机（用户主机）中运行的进程。

（2）证书认证机构（Certificate Authority，CA）

CA 是发放、管理、废除数字证书的机构，可以是自己构建的 CA 服务器（如使用 Windows 服务器系统就可以构建），也可使用第三方权威的认证机构，当然这种是需要付费的。CA 的作用是检查数字证书申请注册或持有者身份的合法性，并向证书申请者签发数字证书（在证书上进行数字签名），以防止证书被伪造或篡改，同时对自己所颁布发的数字证书进行管理。

整个 CA 系统可以是单级结构，即整个 CA 系统仅一个 CA 服务器，也可以是多级结构，即整个 CA 系统是由多个不同层次的 CA 服务器构成的，就像各级人民法院一样。如果是多级结构，最顶级的 CA 称之为根 CA（如果是单级 CA，那也就无所谓根 CA 了）。在多级 CA 系统中，根 CA 还可授权其他 CA 为其下级 CA，CA 自己的身份也需要有一个证明，以便证书申请者可以识别此 CA 的合法性。这个证明信息在信任证书机构文件中描述。

如图 8-2 是一个多级 CA 系统，其中 CA1 作为最上级 CA（就相当于最高人民法院）

也叫根证书，签发下一级 CA2 证书（就像各省的高级人民法院），CA2 又可以给它的下一级 CA3（就像各市人民法院）签发证书，以此下去，最终由 CA*n* 签发服务器的证书。

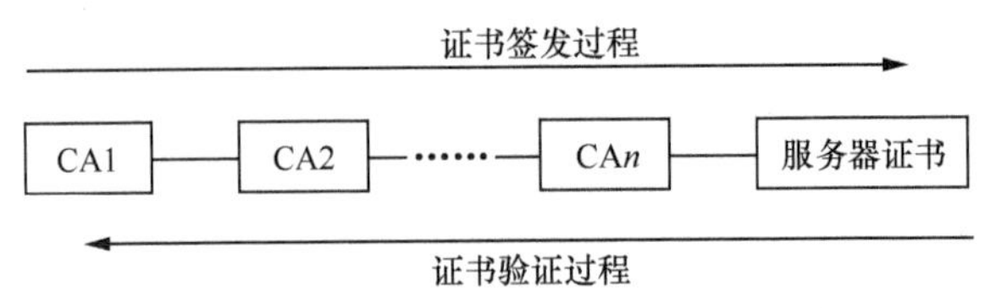

图 8-2 证书签发过程与证书验证过程示意图

在图 8-2 所示的 CA 系统中，如果某服务器端的证书是由 CA3 签发的，则在客户端验证证书的过程也是从验证该服务器端的证书有效性开始的。即先由 CA3 证书验证服务器端证书的有效性，如果通过则再由 CA2 证书验证 CA3 证书的有效性，最后由最上级 CA1 证书验证 CA2 证书的有效性。只有通过最上级 CA 证书即根证书的验证，服务器证书才会验证成功。

CA 的核心功能就是发放和管理证书，包括证书的颁发、证书的更新、证书的撤销、证书的查询、证书的归档、证书废除列表 CRL（Certificate Revocation List，证书撤销列表）的发布等。

（3）证书注册机构（Registration Authority，RA）

RA 是数字证书注册审批机构，RA 是 CA 面对用户的窗口（就像各级人民法院接待市民起诉、申诉等业务的前台窗口），是 CA 的证书发放、管理功能的延伸，负责接受用户的证书注册和撤销申请，对用户的身份信息进行审查，并决定是否向 CA 提交签发或撤销数字证书的申请。

RA 作为 CA 功能的一部分，实际应用中通常 RA 并不一定独立存在，而是和 CA 合并在一起，即通常情况下 RA 的功能也是由 CA 自己来完成的。当然，RA 也可以独立出来，分担 CA 的一部分功能，减轻 CA 的压力，增强 CA 系统的安全性。

（4）证书/CRL 存储库

由于用户名称的改变、私钥泄漏或业务中止等原因，需要存在一种方法将原来已颁发的数字证书吊销，即撤销某公钥与相关的 PKI 实体身份信息的绑定关系。在 PKI 中，所使用的这种方法为 CRL。

CRL 由 CA 发布，它指定了一套证书发布者认为无效的证书。证书一旦申请成功，便会有一定有效期，就像我们获取的各种资格认证证书一样，但在证书还在有效期内，CA 也可通过证书撤销过程强制撤销原来由它颁发的的证书，就像由于某种违规，证书颁发机构可以注销已颁发的资格证书一样。

CRL 相当于一个证书撤销公示，其中列出的被撤销证书在 CRL 中显示也是有期限的（与现实生活原各种公示一样），在某证书的撤销公示到期后，会在 CRL 中删除该证书的表项，以缩短 CRL 列表的大小。所以，不在 CRL 中的数字证书并不一定就是一个有效证书，过了 CRL 公示期后，被撤销的证书就会彻底被删除，相当于不存在，彻底无效了。任何一个数字证书被撤销后，CA 就要发布 CRL 来声明该证书是无效的，并列出所有被撤销证书的签发者和序列号、CRL 的签发日期、证书被撤销的日期、CRL 下次发布时间等信息。这样，下次当用户来验证某证书的有效性时，就可以及时获知某证书是否在当前有效。

证书/CRL 存储库用于对证书和 CRL 等信息进行存储和管理，并提供查询功能。证书/CRL 存储库的构建可以采用 LDAP（Lightweight Directory Access Protocol，轻量级目录访问协议）服务器、FTP 服务器、HTTP 服务器或者数据库等。其中，LDAP 规范简化了笨重的 X.500 目录访问协议，支持 TCP/IP，已经在 PKI 体系中被广泛应用于证书信息发布、CRL 信息发布、CA 政策以及与信息发布相关的各个方面。当然，如果证书规模不是太大，也可以选择架设 HTTP、FTP 等服务器来储存证书，并为用户提供下载服务。

8.1.3　数字证书结构及分类

数字证书是一个经证书授权中心数字签名（即由 CA 证书公钥进行数字签名）的文件，包含拥有者的公钥及相关身份信息。数字证书可以说是 Internet 上的安全护照或身份证。就像我们到其他国家旅行时，需要用护照证实其身份一样，数字证书提供的是网络上的身份证明。

数字证书技术解决了数字签名技术中无法确定公钥是指定拥有者的问题。

1. 证书结构

最简单的证书包含公钥、名称以及证书授权中心的数字签名。一般情况下证书中还包括密钥的有效期、颁发者（CA）的名称、该证书的序列号等信息。证书的结构遵循 X.509 v3 版本的规范，如图 8-3 所示，下面对各部分进行具体说明。

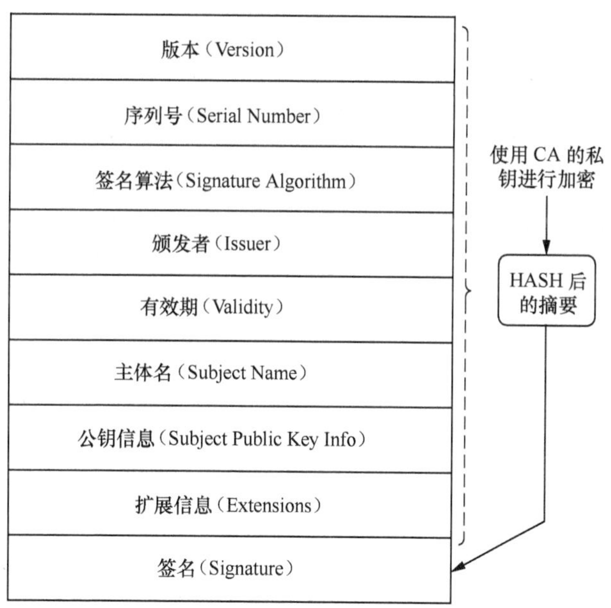

图 8-3　常见数字证书基本结构

- 版本：使用 X.509 协议版本，目前普遍使用的是 v3 版本（0x2）。
- 序列号：证书颁发者分配给证书的一个正整数，同一证书颁发者颁发的证书序列号各不相同，可用与颁发者名称一起作为证书唯一标识。

- 签名算法：证书颁发者颁发证书使用的数字签名算法，如 MD5 或 SHA 等。
- 颁发者：颁发该证书的设备名称，必须与颁发者证书中的主体名一致。通常为 CA 服务器的名称。
- 有效期：包含证书有效的起、止日期，不在有效期范围的证书为无效证书。
- 主体名：证书拥有者（即 PKI 实体）的名称，如果主体名与颁发者相同，则说明该证书是一个自签名证书。
- 公钥信息：PKI 实体可以对外公开的公钥以及公钥算法信息。
- 扩展信息：通常包含了证书的用法、CRL 的发布地址等可选字段。
- 签名：证书颁发者用自己的私钥对所颁发证书信息的签名。

2. 证书分类

目前常见的数字证书有如表 8-1 所示的 4 种类型。

表 8-1 证书类型

类型	描述	说明
自签名证书	自签名证书也是根证书，**是自己颁发给自己的证书**，即证书中的颁发者和主体名相同 【经验提示】不管 CA 系统有多少层级，总会有一个顶级的 CA，此 CA 的证书就只能是自己给自己颁发的，只能采用自签名方式	申请者无法向 CA 申请本地证书时，可以通过设备生成自签名证书，可以实现简单证书颁发功能 【说明】AR 系列路由器虽然可以生成自签名证书，但不支持对其生成的自签名证书进行生命周期管理（如证书更新、证书撤销等）
CA 证书	CA 自身的证书。如果 PKI 系统中没有多层级 CA，CA 证书就是自签名证书；如果有多层级 CA，则会形成一个 CA 层次结构，最上层的 CA 是根 CA，它拥有一个 CA“自签名”的证书	申请者通过验证 CA 的数字签名从而信任 CA，任何申请者都可以得到 CA 的证书（含公钥），通过用其中的 CA 公钥解密本地证书上 CA 的数字签名，以验证本地证书是否由该 CA 颁发
本地证书	CA 颁发给申请者的证书	本地证书（含公钥）可以提供给对端，以使对端通过共同信任的 CA 验证本端本地证书的有效性来达到验证本端的合法性目的
设备本地证书	**设备根据 CA 证书给自己颁发的证书**（与自签名证书不一样），证书中的颁发者名称是 CA 服务器的名称，但没有 CA 的数字签名	申请者无法向 CA 申请本地证书时，可以通过设备生成设备本地证书，可以实现简单证书颁发功能。一般不使用

3. 证书格式

AR 系列路由器支持如表 8-2 所示的三种文件格式在本地内存中保存证书。

表 8-2 证书格式

格式	描述
PKCS#12	以二进制格式保存证书，包含公钥，私钥可以包含，也可以不包含。常用的后缀有：.P12 和.PFX
DER	以二进制格式保存证书，包含公钥，但不包含私钥。常用的后缀有：.DER、.CER 和.CRT
PEM	以 ASCII 码格式保存证书，包含公钥，私钥可以包含，也可以不包含。常用的后缀有：.PEM、.CER 和.CRT

8.1.4 PKI 中的几个概念

PKI 的核心任务就是为用户或设备（称之为 PKI 实体）颁发他们的本地数字证书，

所以其核心技术就围绕着本地证书的申请、颁发、存储、下载、安装、验证、更新和撤销的整个生命周期展开。下面先来简了解这几个基本概念。

1. 证书申请

证书申请即证书注册，就是一个 PKI 实体向 CA 申请获取本地证书的过程。通常情况下，PKI 实体（就是证书申请者）会生成一对密钥（公/私钥），公钥和自己的身份信息（即 PKI 实体信息，包含在证书注册请求消息中）被发送给 CA 用来生成本地证书，私钥由 PKI 实体自己保存，用来进行数字签名和解密对端实体发送过来的密文。

PKI 实体向 CA 申请本地证书有以下两种方式。

（1）在线申请

PKI 实体支持通过 SCEP（Simple Certificate Enrollment Protocol，简单证书注册协议），或 CMP（Certificate Management Protocol，证书管理协议）v2（仅 V200R008C30 及之后 VRP 系统版本支持）协议向 CA 发送证书注册请求消息来申请本地证书。就像我们在网上向人民法院申请一项起诉业务一样。

【经验提示】通过 SCEP 协议方式申请是最常用，也是最简单的本地证书申请方式，因为它可以一次性同步实现 CA 证书、本地证书的下载、安装和更新，无需分别进行（而 CMPv2 协议方式需要分别进行），这些将在本章后面介绍具体配置方法时讲解。

（2）离线申请（PKCS#10 方式）

离线申请是指 PKI 实体使用 PKCS#10 格式列出本地的证书注册请求消息，并保存到文件中，然后通过带外方式（如 Web、磁盘、电子邮件等）将文件发送给 CA 进行证书申请。就像我们通过邮寄的方式把起诉材料寄给人民法院一样。

除了以上两种方式外，PKI 实体也可以给自己颁发一个自签名证书或本地证书，实现简单的证书颁发功能。这种方式，用户无法验证该证书的有效性，仅适用于临时为用户提供接入需求。

2. 证书颁发

PKI 实体向 CA 申请本地证书时，如果有 RA，则先由 RA 审核 PKI 实体的身份信息，审核通过后，RA 将申请信息发送给 CA。CA 再根据 PKI 实体的公钥和身份信息生成本地证书，并将本地证书信息发送给 RA。如果没有 RA，则直接由 CA 审核 PKI 实体身份信息，并为 PKI 实体颁发本地证书。

3. 证书存储

CA 为 PKI 实体生成本地证书后，CA/RA 会将本地证书发布到证书/CRL 存储库中，为用户提供下载服务和目录浏览服务。

4. 证书下载

PKI 实体通过 SCEP 协议向 CA 服务器下载已颁发的证书（**通过 SCEP 协议申请本地证书时会同步下载 CA 证书和本地证书，无需额外进行**），或者通过 LDAP、HTTP、带外方式下载已颁发的证书。该证书可以是自己的本地证书，也可以是 CA/RA 证书或者其他 PKI 实体的本地证书。

【经验提示】下载、安装 CA 证书和其他 PKI 实体的本地证书的目的是根据所下载的 CA 证书和其他 PKI 实体的本地证书，在 CA 上对这些证书的有效性进行验证。另外，下载、安装 CA 证书还用于在本端向 CA 申请证书时利用 CA 的公钥对申请注册请求报文进行数字加密，保护向 CA 发送的证书注册请求报文。

5. 证书安装

PKI 实体下载证书后，还需安装证书，将证书导入到设备的内存中，否则证书不生效。该证书可以是自己的本地证书，也可以是 CA/RA 证书，或其他 PKI 实体的本地证书。仅当采用 CMPv2 协议在线申请本地证书，或离线申请本地证书时，才需要手动安装本地证书；**设备通过 SCEP 协议申请本地证书时，会自动安装 CA 证书和本地证书，无需额外进行**。

6. 证书验证

PKI 实体获取对端实体的证书后，当需要使用对端实体的证书时，例如在 SSL VPN 中，远程终端要与 SSL VPN 网关建立安全隧道或安全连接时，通常需要验证对端实体（如 SSL VPN 网关）的本地证书和 CA 的合法性（证书是否有效或者是否属于同一个 CA 颁发等）。如果证书颁发者的证书（即 CA 证书）无效，则由该 CA 颁发的所有证书都不再有效。但在 CA 证书过期前，设备会自动更新原来从 CA 中下载、安装的 CA 证书，异常情况下才会出现 CA 证书过期现象。

PKI 实体可以使用 CRL 或者 OCSP（Online Certificate Status Protocol，在线证书状态协议）方式检查证书是否有效。使用 CRL 方式时，PKI 实体先查找本地内存的 CRL，如果本地内存没有 CRL，则需从 CA 中下载 CRL 并安装到本地内存中，如果检查发现证书已在 CRL 中，表示此证书已被撤销。使用 OCSP 方式时，PKI 实体向 OCSP 服务器发送一个对于证书状态信息的请求，OCSP 服务器会回复一个“有效”（证书没有被撤销）“过期”（证书已被撤销）或“未知”（OCSP 服务器不能判断请求的证书状态）的响应。

7. 证书更新

当证书过期、密钥泄漏时，PKI 实体必须更换证书，可以通过重新申请（通常是要重新创建新的 RSA 密钥对）来达到更新的目的，也可以使用 SCEP 协议自动进行更新（此时 RSA 密钥不重新创建）。

设备在证书即将过期前，会先申请一个证书作为“影子证书”，在当前证书过期后，“影子证书”成为当前证书，完成证书更新功能。所以申请“影子证书”的过程，实质上是一个新证书注册的过程。

8. 证书撤销

由于用户身份、用户信息或者用户公钥的改变、用户业务中止等原因，用户需要将自己的数字证书撤销，即撤销某公钥与用户身份信息的绑定关系。在 PKI 中，CA 主要采用 CRL 或 OCSP 协议撤销证书，而 PKI 实体撤销自己的证书是通过带外方式申请的（如到 CA 网站上以 Web 方式申请，或向 CA 发送撤销证书申请邮件等）。

8.1.5 PKI 工作机制

针对使用 PKI 的网络（如 IPSec VPN 和 SSL VPN 网络），配置 PKI 的目的就是为指定的 PKI 实体（路由器、防火墙等设备）向 CA 服务器申请一个本地证书，并由设备对本地证书的有效性进行验证。整个 PKI 基本工作流程如图 8-4 所示，具体描述如下（各步对应图中的数字序号）。

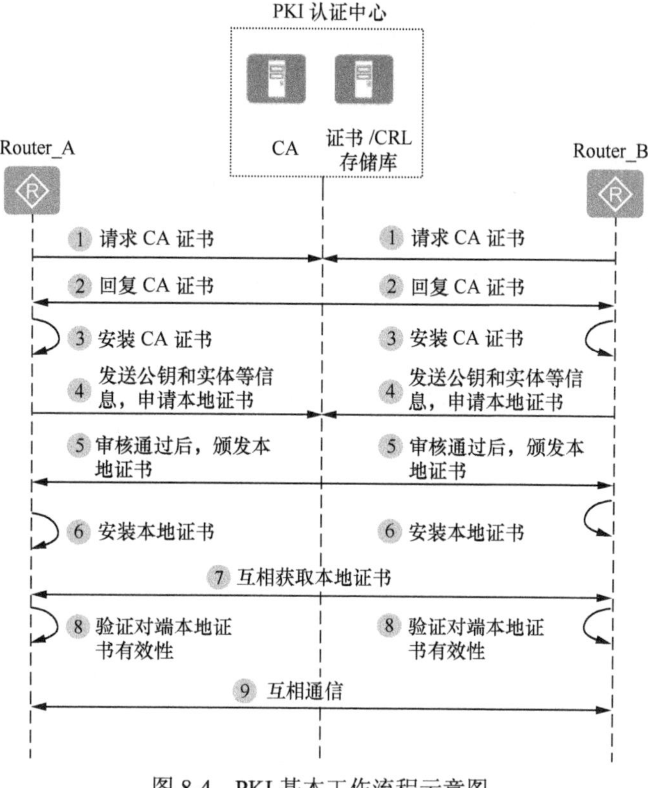

图 8-4　PKI 基本工作流程示意图

① PKI 实体向 CA 请求 CA 证书，即 CA 服务器自己的证书，用于本地证书申请者后面对 CA 的有效性进行验证，以免向非法的机构申请证书。

② CA 收到 PKI 实体的 CA 证书请求时，将自己的 CA 证书回复给 PKI 实体。

③ PKI 实体收到 CA 证书后，安装 CA 证书。

当 PKI 实体通过 SCEP 协议申请本地证书时，PKI 实体会用配置的 HASH 算法对所得到的 CA 证书进行哈希运算，得到 CA 证书摘要消息（即数字指纹），与提前通过带外方式向 CA 服务器获取的 CA 数字指纹进行比较，如果一致，则 PKI 实体会接受所获得的 CA 证书，否则 PKI 实体会丢弃该 CA 证书。

说明

如果 PKI 认证中心有 RA 服务器，则 PKI 实体也会下载 RA 证书。由 RA 服务器审核 PKI 实体的本地证书申请，审核通过后将申请信息发送给 CA 服务器来颁发本地证书。

④ 验证 CA 证书有效后，PKI 实体就开始向 CA 服务器发送证书注册请求消息（包括自己的公钥、PKI 实体信息，需要 PKI 实体事先创建好 RSA 密钥对）。

当 PKI 实体通过 SCEP 协议申请本地证书时，PKI 实体对证书注册请求消息使用 CA 证书的公钥进行加密，并使用 PKI 实体自己的私钥进行数字签名。如果 CA 服务器要求验证挑战密码，则证书注册请求消息必须携带挑战密码（通过配置指定，且要与 CA 服务器的挑战密码一致）。

⑤ CA 服务器收到 PKI 实体的证书注册请求消息。

当 PKI 实体通过 SCEP 协议申请本地证书时，CA 服务器使用自己的私钥对证书注册请求消息进行解密，得到 PKI 实体的公钥解，然后再用 PKI 实体的公钥对证书注册请求消息的数字签名进行解密，验证数字指纹。如果数字签名解密成功，则 CA 服务器审核 PKI 实体身份等信息，审核通过后，同意 PKI 实体的申请，为其颁发本地证书。然后 CA 服务器使用 PKI 实体的公钥对所颁发的本地证书进行加密，使用 CA 服务器自己的私钥对所颁发的本地证书进行数字签名，将证书发送给 PKI 实体，同时也会发送到证书/CRL 存储库。

⑥ PKI 实体收到 CA 服务器发送的证书信息。

当 PKI 实体通过 SCEP 协议申请本地证书时，PKI 实体使用自己的私钥对所收到的本地证书进行解密，并使用原来获取的 CA 证书中的公钥解密数字签名，以验证数字指纹。全部解密成功后，PKI 实体接收所收到的本地证书信息，然后在本地安装所收到的本地证书。

⑦ PKI 实体间互相通信时，还需要各自获取并安装对端实体的本地证书。PKI 实体可以通过 HTTP/LDAP 等方式在 CA 上下载对端的本地证书。在一些特殊的场景中，例如 IPSec VPN 和 SSL VPN 应用中，PKI 实体会把各自的本地证书发送给对端。

⑧ PKI 实体安装对端实体的本地证书后，通过 CRL 或 OCSP 方式在 CA 服务器上验证对端实体的本地证书的有效性。

⑨ 通过验证后，PKI 实体间才可以使用对端证书的公钥为向对端发送的数据进行加密，保障安全通信。

8.1.6 PKI 的主要应用场景

PKI 的应用很广，特别是像在 IPSec VPN、SSL VPN 等场景中，可为设备提供身份认证。

1. 在 IPSec VPN 中应用

如图 8-5 所示，两台路由器设备作为网络 A 和网络 B 的出口网关，网络 A 和网络 B 的内网用户通过公网相互通信。因为公网是不安全的网络，为了保护数据的安全性，设备采用 IPSec 技术，与对端设备建立 IPSec 隧道。通常情况下，IPSec 采用预共享密钥方式协商 IPSec，但是在大型网络中，IPSec 采用预共享密钥方式时存在密钥交换不安全的问题。此时设备之间可采用基于 PKI 的证书进行身份认证。

采用基于 PKI 的证书进行身份认证后，IPSec 在进行 IKE 协商过程中交换密钥时会通过证书对通信双方进行身份认证，保证了密钥交换的安全性。而且，证书可以为 IPSec 提供集中的密钥管理机制，并增强整个 IPSec 网络的可扩展性。同时，在采用证书认证的 IPSec 网络中，每台设备都拥有 PKI 认证中心颁发的本地证书。有新设备加入时，只需要为新增加的设备申请一个证书，新设备就可以与其他设备进行安全通信，而不需要对其他设备的配置进行修改，这大大减少了配置工作量。

2. 在 SSL VPN 中应用

如图 8-6 所示，SSL VPN 可以为出差员工提供方便的接入功能，使其在出差期间也可以正常访问内部网络。

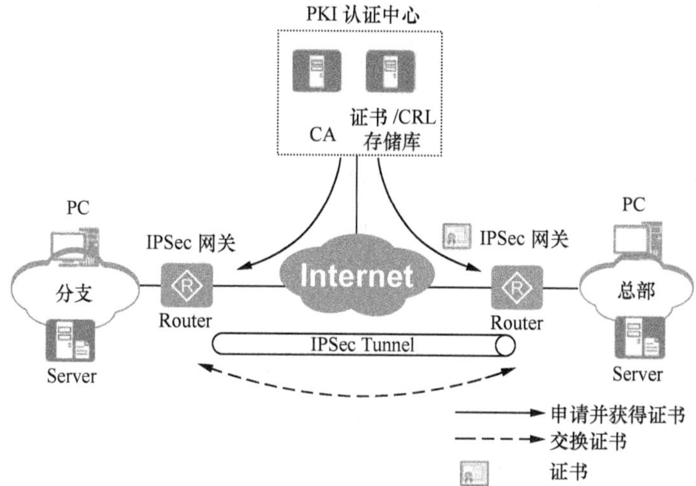

图 8-5　PKI 在 IPSec VPN 中的应用示例

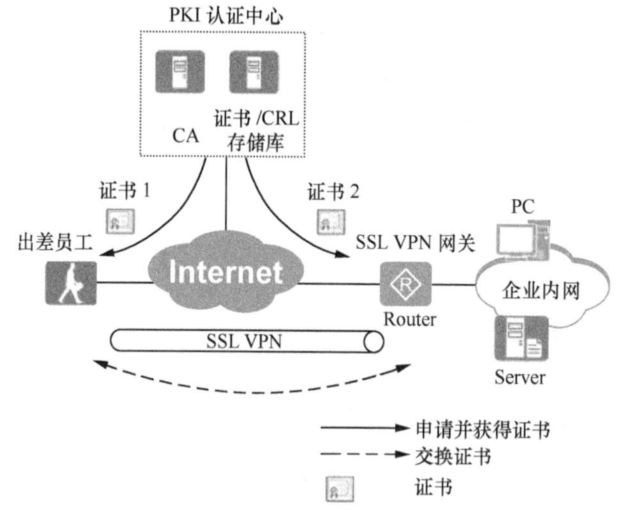

图 8-6　PKI 在 SSL VPN 中的应用示例

通常情况下，出差员工使用用户名和密码的方式接入内部网络。但是，这种安全手段存在保密性差的问题，一旦用户名和密码泄露，可能导致非法用户接入内部网络，从而造成信息泄漏。为了提高出差员工访问内部网络的安全性，设备可以采用 PKI 的证书方式来对用户进行认证。

在 SSL VPN 应用中，SSL VPN 客户端可以通过证书验证 SSL VPN 网关的身份；SSL VPN 网关也可以通过证书来验证客户端用户的身份。SSL VPN 使用证书进行认证的流程如下。

（1）客户端和服务器分别向 PKI 认证中心（CA）申请自己的本地证书。

（2）CA 为客户端和服务器分别颁发本地证书。

（3）客户端向 SSL VPN 网关请求建立 SSL 连接，SSL VPN 网关会发送自己的本地证书级客户端。

（4）客户端对 SSL VPN 网关的本地证书进行认证。认证通过后，客户端与网关成功建立 SSL 连接。但此时，只是在客户端与 SSL VPN 网关之间建立了 SSL VPN 隧道，客户端中的用户还没有成功登录到 SSL VPN 网关。

（5）SSL VPN 网关通过证书对客户端用户进行身份认证，可以是证书匿名认证，也可以是证书挑战认证。证书匿名认证是指设备仅通过验证用户的客户端证书来验证用户的身份；证书挑战认证是指将验证客户端证书与用户名和密码认证结合起来。

（6）用户成功登录后，可以在客户端上访问内部网络。

说明

下面各节将介绍在常规的 PKI 本地证书申请过程中所涉及到的各项配置任务的具体配置方法，其基本流程为：配置本地证书申请的预配置→本地证书申请或更新→本地证书下载和安装→本地证书的有效性验证。但在通过 SCEP 协议申请本地证书时证书的申请、下载、安装是同步的，即合在一步进行。

8.2 申请本地证书的预配置

本节介绍用户在向 CA 申请本地证书前所需要进行的一些预配置，即需要进行的一些准备工作。这些配置都是正式向 CA 服务器申请本地证书前必须要准备好的，具体配置任务包括以下 5 个方面：

- 配置 PKI 实体信息；
- 配置 PKI 域；
- 配置 RSA 密钥对；
- 配置为 PKI 实体下载 CA 证书；
- （可选）配置为 PKI 实体安装 CA 证书。

说明

在采用 SCEP 协议进行本地证书申请时，CA 证书的下载和安装无需在此单独进行配置，会在申请过程中自动进行。

8.2.1 配置 PKI 实体信息

本地证书是由 CA 服务器进行数字签名并颁发的，是 PKI 实体 RSA 公钥与 PKI 实体身份信息的绑定。PKI 实体信息就是 PKI 实体的基础身份信息（主要包括一些名称标识和位置信息），CA 服务器根据 PKI 实体提供的身份信息来唯一标识证书申请者。因此，申请本地证书时，PKI 实体必须将包含 PKI 实体信息的证书注册请求消息发送给 CA 服务器。

说明

CA 服务器可以由企业用户自己配置，如用 Windows Server 2008/2012 等服务器系统配置，也可以由第三方认证机构提供。

PKI 实体信息的具体配置步骤见表 8-3（各实体信息之间没有严格的配置选后次序之分）。一般只需创建 PKI 实体，配置通用名称即可，可选的配置根据需要选择配置。

表 8-3　配置 PKI 实体信息的步骤

步骤	命令	说明
1	**system-view** 例如：<Huawei> **system-view**	进入系统视图
2	**pki entity** *entity-name* 例如：[Huawei] **pki entity** entity1	创建 PKI 实体并进入 PKI 实体视图，或者直接进入 PKI 实体视图。参数 *entity-name* 用来指定 PKI 实体的名称，字符串形式，不支持空格，**区分大小写**，长度范围为 1～64。以下 PKI 实体的信息将作为证书中主题（Subject）部分的内容。 缺省情况下，系统未配置 PKI 实体，可用 **undo pki entity** *entity-name* 命令删除指定的 PKI 实体
3	**common-name** *common-name* 例如：[Huawei-pki-entity-entity1] **common-name** lycb	配置 PKI 实体的通用名称，**用来唯一标识一个 PKI 实体**。参数 *common-name* 用来指定 PKI 实体的通用名称，字符串形式，**区分大小写**，长度范围为 1～64。支持的字符为英文大写字母（A～Z）、英文小写字母（a～z）、数字（0～9）、撇号（'）、等号（=）、小括号（()）、加号（+）、逗号（,）、减号（-）、句号（.）、斜杠（/）、冒号（:）以及空格。 【说明】PKI 实体创建后，需要配置 PKI 实体的通用名来唯一标识一个 PKI 实体。执行本命令配置 PKI 实体的通用名后，设备进行证书申请时，发送给 CA 服务器的证书请求消息中会携带该信息。CA 服务器接收到证书请求报文后，验证该请求的有效性。如果请求有效，则生成 PKI 实体的数字证书，该数字证书中会包含 PKI 实体的通用名信息。 缺省情况下，系统未配置 PKI 实体的通用名称，可用 **undo common-name** 命令删除 PKI 实体的通用名称
4	**ip-address** [**unstructed-address**] { *ip-address* | *interface-type interface-number* } 例如：[Huawei-pki-entity-entity1] **ip-address** 10.1.1.1	（可选）配置 PKI 实体的 IP 地址。命令中的参数和选项说明如下。 ● **unstructed-address**：可选项，表示 IP 地址作为 PKI 实体的 PKCS#9 非结构化地址。不配置此参数时，IP 地址作为 PKI 实体的一种别名。在 PKI 实体申请本地证书时，如果配置了 **enrollment-request specific** 命令，则可配置此选项。 ● *ip-address*：二选一参数，指定 PKI 实体的 IP 地址。 ● *interface-type interface-number*：二选一参数，指定以指定接口 IP 地址作为 PKI 实体 IP 地址。 【说明】为了更好地标识证书所有者的身份，可以配置 PKI 实体的 IP 地址作为 PKI 实体的一种别名，配置本命令后将会在证书请求消息中携带 PKI 实体的 IP 地址信息，成功申请证书后在证书中也会包含 PKI 实体 IP 地址信息，也可用于证书申请的有效性之一。以下各步中的其他参数也一样。 缺省情况下，系统未配置 PKI 实体的 IP 地址，可用 **undo ip-address** [**unstructed-address**] 命令删除 PKI 实体的 IP 地址

（续表）

步骤	命令	说明
5	**fqdn** [**unstructed-name**] *fqdn-name* 例如：[Huawei-pki-entity-entity1]**fqdn** example.com	（可选）配置 PKI 实体的 FQDN 名称。FQDN 是 PKI 实体在网络中的唯一标识，由一个主机名和域名组成，可以被解析为 IP 地址，例如 www.example.com。一般对于应用服务器才需要配置，对于网络设备一般可不配置。命令中的参数和选项说明如下。 • **unstructed-name**：可选项，表示 FQDN 作为 PKI 实体的 PKCS#9 非结构化名字。不配置此参数时，FQDN 作为 PKI 实体的一种别名。PKI 实体申请本地证书时，如果配置了 **enrollment-request specific** 命令，则可选择此选项。 • *fqdn-name*：指定 PKI 实体的 FQDN 名称，字符串形式，**区分大小写**，长度范围为 1～255。支持的字符为英文大写字母（A～Z）、英文小写字母（a～z）、数字（0～9）、撇号（'）、等号（=）、小括号（( )）、加号（+）、减号（-）、句号（.）、斜杠（/）、冒号（:）、@、下划线（_）以及空格。 缺省情况下，系统未配置 PKI 实体的 FQDN 名称，可用 **undo fqdn** [**unstructed-name**] 命令删除 PKI 实体的 FQDN 名称
6	**email** *email-address* 例如：[Huawei-pki-entity-entity1] **email** test@example.com	（可选）配置 PKI 实体的电子邮箱地址。 缺省情况下，系统未配置 PKI 实体的电子邮箱地址，可用 **undo email** 命令删除 PKI 实体的电子邮箱地址
7	**country** *country-code* 例如：[Huawei-pki-entity-entity1] **country CN**	（可选）配置 PKI 实体所属的国家代码，也可作为 PKI 实体的一种别名。参数 *country-code* 用来指定 PKI 实体的国家代码，用标准的两字母代码表示。如果输入的国家代码包含小写字母，创建证书请求文件时系统自动将小写字母转换为对应的大写字母。可以在 ISO3166 中查询国家代码。例如，"CN"是中国的合法国家代码，"US"是美国的合法国家代码。 缺省情况下，系统未配置 PKI 实体的国家代码，可用 **undo country** 命令删除 PKI 实体所属的国家代码
8	**locality** *locality-name* 例如：[Huawei-pki-entity-entity1] **locality** ChangSha	（可选）配置 PKI 实体所在的地理区域名称，如市、县名称。参数 *locality-name* 用来指定 PKI 实体的地理区域名称，为字符串形式，长度范围为 1～32，**区分大小写**。支持的字符为英文大写字母（A～Z）、英文小写字母（a～z）、数字（0～9）、撇号（'）、等号（=）、小括号（( )）、加号（+）、逗号（,）、减号（-）、句号（.）、斜杠（/）、冒号（:）以及空格。 缺省情况下，系统未配置 PKI 实体的地理区域名称，可用 **undo locality** 命令删除 PKI 实体所在的地理区域名称
9	**state** *state-name* 例如：[Huawei-pki-entity-entity1] **state** HuNan	（可选）配置 PKI 实体所属的州或省名称。参数 *state-name* 用来指定 PLI 实体所属的州或省名称，字符串形式，长度范围为 1～32，**区分大小写**。支持的字符为英文大写字母（A～Z）、英文小写字母（a～z）、数字（0～9）、撇号（'）、等号（=）、小括号（( )）、加号（+）、逗号（,）、减号（-）、句号（.）、斜杠（/）、冒号（:）以及空格。 缺省情况下，系统未配置 PKI 实体所属的州或者省，可用 **undo state** 命令删除 PKI 实体所属的州或省

（续表）

步骤	命令	说明
10	**organization** *organization-name* 例如：[Huawei-pki-entity-entity1] **organization** HuaWei	（可选）配置 PKI 实体所属的组织（单位）名称。参数 *organization-name* 用来指定 PKI 实体所属组织的名称，字符串形式，**区分大小写**，长度范围为 1～32。支持的字符为英文大写字母（A～Z）、英文小写字母（a～z）、数字（0～9）、撇号（'）、等号（=）、小括号（()）、加号（+）、逗号（,）、减号（-）、句号（.）、斜杠（/）、冒号（:）以及空格 缺省情况下，系统未配置 PKI 实体的组织名称，可用 **undo organization** 命令删除 PKI 实体所属的组织名称
11	**organization-unit** *organization-unit-name* 例如：[Huawei-pki-entity-entity1] **organization-unit** Group1, Sale	（可选）配置 PKI 实体所属的部门名称。参数 *organization-unit-name* 用来指定 PKI 实体所属部门的名称，字符串形式，**区分大小写**，每个部门长度范围是 1～31。各个部门之间通过英文逗号隔开，即所有部门的总长度范围是 1～191。 支持的字符为英文大写字母（A～Z）、英文小写字母（a～z）、数字（0～9）、撇号（'）、等号（=）、小括号（( )）、加号（+）、逗号（,）、减号（-）、句号（.）、斜杠（/）、冒号（:）以及空格。 缺省情况下，系统未配置 PKI 实体所在的部门名称，可用 **undo organization-unit** 命令删除 PKI 实体所属的部门名称
12	**serial-number** 例如：[Huawei-pki-entity-entity1] **serial-number**	（可选）将设备的序列号添加到 PKI 实体。 缺省情况下，系统未将设备的序列号添加到 PKI 实体，可用 **undo serial-number** 命令恢复缺省配置

8.2.2　配置 PKI 域

PKI 域是实体注册证书所需信息的集合，创建 PKI 域后便于其他应用引用 PKI 的配置，比如 IKE、SSL 等。PKI 域的具体配置方法见表 8-4。

表 8-4　　配置 **PKI** 域的步骤

步骤	命令	说明
1	**system-view** 例如：<Huawei> **system-view**	进入系统视图
2	**pki realm** *realm-name* 例如：[Huawei] **pki realm** abc	创建 PKI 域并进入 PKI 域视图，或者直接进入 PKI 域视图。参数 *realm-name* 用来指定 PKI 域名，字符串形式，不支持空格，不区分大小写，长度范围是 1～64。 【说明】PKI 域是 PKI 实体完成证书注册过程需要的配置信息集合，通过 PKI 域的形式，把 PKI 实体进行证书注册需要配置的一些注册信息组织起来。PKI 域只在本设备上有效，即一个设备上配置的 PKI 域对 CA 和其他设备是不可见的。 通过 PKI 域申请的本地证书，证书名称会加上"_local.cer"，所以创建的 PKI 域的名称不能超过 50 个字符，若超过 50 个字符，可能会导致证书文件名称超过 64 而无法保存在存储器上。 缺省情况下，设备存在名称为 **default** 的 PKI 域，且该域只能修改不能删除，可用 **undo pki realm** *realm-name* 命令取消创建的 PKI 域

（续表）

步骤	命令	说明
3	**enrollment self-signed** 例如：[Huawei-pki-realm-abc] **enrollment self-signed**	（可选）配置 PKI 域的证书获取方式为自签名方式。这样设备可通过 **default** 域下产生的自签名证书来支持默认 https 功能的实现或满足用户临时接入网络的需求。但设备不支持对内置的自签名证书进行生命周期管理（如证书注册、证书更新、证书撤销等），为了确保设备和证书的安全，建议用户替换为自己的证书。 【说明】自签名证书又称为根证书，是自己颁发给自己的证书，即证书中的颁发者和主体名相同。申请者无法向 CA 申请本地证书时，可以通过设备生成自签名证书，可以实现简单证书颁发功能。配置 PKI 域的证书获取方式为自签名方式时，首先需要清除该 PKI 域下通过 SCEP 方式获取的证书。 缺省情况下，PKI 域的证书获取方式为 SCEP 方式，可用 **undo enrollment self-signed** 命令恢复 PKI 域的证书获取方式为缺省情况
4	**entity** *entity-name* 例如：[Huawei-pki-realm-abc] **entity** entity1	指定申请证书的 PKI 实体，即在 8.2.1 配置好的 PKI 实体。**一个 PKI 域下只能绑定一个 PKI 实体。** 缺省情况下，未指定申请证书的 PKI 实体，可用 **undo entity** 命令取消指定的申请证书的 PKI 实体
5	**ca id** *ca-name* 例如：[Huawei-pki-realm-abc] **ca id** root_ca	配置 PKI 域信任的 CA。参数 *ca-name* 用来指定 PKI 域信任的 CA 名称，字符串形式，支持空格，区分大小写，长度范围是 1～63。 在 PKI 域下指定设备信任的 CA 后，后面的本地证书的申请、获取、废除及查询均通过该 CA 执行。 缺省情况下，未配置 PKI 域信任的 CA，可用 **undo ca id** 命令取消配置 PKI 域信任的 CA
6	**enrollment-url** [**esc**] *url* [**interval** *minutes*] [**times** *count*] [**ra**] 例如：[Huawei-pki-realm-abc] **enrollment-url** http://10.137.145.158:8080/certsrv/mscep/mscep.dll **ra**	配置证书注册服务器的 URL。命令中的参数和选项说明如下。 • **esc**：可选项，指定以 ASCII 码形式输入 URL 地址。**仅 V200R006 及以后版本 VRP 系统支持。** 【说明】可选项 **esc** 的作用是支持以 ASCII 码形式输入包含“?”的 URL 地址，格式必须为“\x3f”，3f 为字符“?”的 16 进制 ASCII 码。例如，如果用户想输入“http://abc.com?page1”，则对应的 URL 为“http://abc.com\x3fpage1”；如果用户想同时输入“?”和“\x3f”（http://www.abc.com?page1\x3f），则对应的 URL 为 http://www.abc.com\x3fpage1\\x3f。 • *url*：指定证书注册服务器的 URL。URL 地址格式为 http://*server_location*/*ca_script_location*。其中，*server_location* **目前仅支持 IP 地址的表示方式，不支持域名解析**，*ca_script_location* 是 CA 在服务器主机上的应用程序脚本的路径。比如：http://10.137.145.158:8080/certsrv/mscep/mscep.dll。 • **interval** *minutes*：可选参数，指定两次证书注册状态查询之间的时间间隔，整数形式，取值范围：1～1440，单位为分钟，缺省为 1min。

（续表）

步骤	命令	说明
6	**enrollment-url** [**esc**] *url* [**interval** *minutes*] [**times** *count*] [**ra**] 例如：[Huawei-pki-realm-abc] **enrollment-url** http://10.137.145.158:8080/certsrv/mscep/mscep.dll **ra**	• **times** *count*：可选参数，指定证书注册状态查询的最大查询次数，整数形式，取值范围：1～100，单位为次数，**V200R006 以前版本的缺省值为 100 次，V200R006 及以后版本的缺省值为 5。** • **ra**：可选项，指定经过 RA 注册证书，如果没有 RA 服务器，则不要选择此选项，由 CA 服务器直接注册。 缺省情况下，未配置证书注册服务器的 URL，可用 **undo enrollment-url** 命令删除配置的证书注册服务器的 URL
7	**fingerprint** { **md5** | **sha1** | **sha256** } *fingerprint* 例如：[Huawei-pki-realm-abc] **fingerprint sha1** 7A34D94624B1C1BCBF6D763C4A67035D5B578EAF	配置验证 CA 证书时使用的数字指纹。命令中的参数和选项说明如下。 • **md5**：多选一选项，指定采用 MD5 消息摘要算法。 • **sha1**：多选一选项，指定采用 SHA1 消息摘要算法。 • **sha256**：多选一选项，指定采用 SHA2-256 消息摘要算法。**仅 V200R006 及以后版本 VRP 系统支持。** • *fingerprint*：指定指纹值，指纹为 16 进制形式输入的字符串，需要事先从 CA 获取。MD5 数字指纹必须是 32 个字符（16 个字节），SHA1 数字指纹必须为 40 个字符（20 个字节），SHA2-256 数字指纹必须为 64 个字符（32 个字节）。 在获取 CA 证书的时候，设备本地用 MD5 或 SHA1 算法计算 CA 证书的指纹，然后和本地配置的数字指纹进行比较，如果一致就接收该 CA 证书。在验证证书的时候，用 CA 证书的公钥去验证数字签名，公钥能够解开签名就验证通过。 缺省情况下，未配置验证 CA 证书时使用的指纹，可用 **undo fingerprint** 命令删除配置的指纹
8	**rsa-key-size** *size* 例如：[Huawei-pki-realm-abc] **rsa-key-size** 2048	（可选）配置 RSA 密钥长度，整数形式，不同机型取值范围有所不同，但只能是 512 的整数倍。**V200R006 及以后版本 VRP 系统不支持此命令**，这些版本是在具体创建 RSA 密钥对时配置，参见下节介绍。 【说明】RSA 密钥对包括一个 RSA 公钥和一个 RSA 私钥，当终端主机 A 申请证书时，证书请求中必须包含公钥信息。当终端主机 A 被授予证书后，证书中已包含了公钥信息，对端主机 B 可以使用终端主机 A 的公钥加密发送给终端主机 A 的信息。私钥由终端主机 A 自己保存，用来解密对端主机B发送过来的数据或对自己发送的数据进行数字签名。 缺省情况下，RSA 密钥长度为 1024，可用 **undo rsa-key-size** 命令恢复 RSA 密钥长度为缺省值
9	**password cipher** *password* 例如：[Huawei-pki-realm-abc] **password cipher** 123456	（可选）配置 SCEP 证书申请时使用的挑战密码，也是证书撤销密码（以防误撤销），字符串形式，**区分大小写**，字符串中不能包含“？”和空格，可以是 1～31 的明文密码，也可以是长度范围是 31～56 位的密文密码。 缺省情况下，未配置 SCEP 证书申请时使用的挑战密码，可用 **undo password** 命令删除配置的证书撤销时使用密码

（续表）

步骤	命令	说明
10	**source interface** *interface-type interface-number* 例如：[Huawei-pki-realm-abc] **source interface** vlanif 100	（可选）配置建立 TCP 连接使用的源接口，可以是物理接口，也可以是逻辑接口。请确保该接口为三层接口，且接口下已经配置了 IP 地址。该接口 IP 地址作为设备与 SCEP、OCSP 服务器建立 TCP 连接的源 IP 地址。 缺省情况下，设备使用出接口作为 TCP 连接使用的源接口，可用 **undo source interface** 命令恢复建立 TCP 连接的源接口为缺省情况

配置好 PKI 域后，可在任意视图下执行 **display pki realm** [*pki-realm-name*]命令查看本地所有或指定 PKI 域的配置信息。

8.2.3 配置 RSA 密钥对

本地证书是由 CA 进行数字签名并颁发的，是 PKI 实体 RSA 公钥与 PKI 实体身份信息的绑定。因此，申请本地证书时，需先创建本地 RSA 密钥对，以生成 PKI 实体的公钥和私钥。公钥由 PKI 实体在申请本地证书时发送给 CA，可以被 CA 用来加密明文（如加密向 PKI 实体发送的本地证书）；私钥由 PKI 实体保留，可以被用来数字签名和解密 CA 发送过来的本地证书密文（当然也可以是其他密文）。

配置 RSA 密钥对的方式有以下两种。

（1）手动创建 RSA 密钥对

在华为设备上可以直接在设备内存中手动创建 RSA 密钥对（包括公钥和私钥），这样也就无需再导入 RSA 密钥对到设备的内存中。

手动创建本地证书所用的 RSA 密钥对的方法是在系统视图下通过 **pki rsa local-key-pair create** *key-name* [**modulus** *modulus-size*] [**exportable**] 命令进行。命令中的参数和选项说明如下。

- *key-name*：指定创建的 RSA 密钥对的名称，字符串形式，**区分大小写**，不支持空格和问号，长度范围为 1～64。但当输入的字符串两端使用双引号时，可在字符串中输入空格和问号。

注意 创建的 RSA 密钥对名称不能超过 50 个字符。因为导入 RSA 密钥对时，如果文件中包含证书，PKI 会在 RSA 密钥对的名称后面加上“_localx.cer”生成新的证书文件名保存在设备存储器上。若 RSA 密钥对的名称超过 50 个字符，会导致导入后新的证书的名称超过 64 而无法保存在存储器上。

- **modulus** *modulus-size* ：可选参数，指定密钥对位数，整数形式，取值范围为 512～4096（不同 AR 系列机型的取值范围有所不同），必须是 512 的数倍。如果不选择此可选参数时，在创建密钥对时会提示你输入。
- **exportable**：可选项，指定创建的 RSA 密钥对可以从设备上导出，供其他设备使用。仅当选择 **exportable** 选项时，创建的 RSA 密钥对才可以被导出。

说明

如果新创建的 RSA 密钥对与设备上已经存在的 RSA 密钥对重名，系统会提示用户是否覆盖。但在本地证书申请中被 PKI 域所引用的 RSA 密钥对不能被覆盖，只有取消引用之后才能覆盖。

当需要备份已创建的 RSA 密钥对或者 RSA 密钥需要导出给其他设备使用时，可以执行 **pki export rsa-key-pair** *key-name* [**and-certificate** *certificate-name*] { **pem** *file-name* [**3des** | **aes** | **des**] | **pkcs12** *file-name* } **password** *password* 命令，将 RSA 密钥对导出到设备的存储介质中，同时支持导出与其关联的证书及证书链。然后用户可以通过 FTP/SFTP 获取 RSA 密钥对。在这里通过参数 **password** *password* 可以设置该 RSA 密钥对导出时所需确认的密码。

RSA 密钥对泄露、损坏、不用或丢失时，可以执行 **pki rsa local-key-pair destroy** *key-name* 命令，销毁指定的 RSA 密钥对。配置后，系统会销毁设备中对应名称的 RSA 密钥对。

当用户不知道证书所对应的 RSA 密钥对时，可以执行 **pki match-rsa-key certificate-filename** *file-name* 命令，查找证书所对应的 RSA 密钥对。

（2）导入 RSA 密钥对

当需要使用其他 PKI 实体产生的 RSA 密钥对时，可以通过 FTP/SFTP 传到设备上，然后导入 RSA 密钥对到设备的内存中，否则 RSA 密钥对不生效。配置后，导入的 RSA 密钥对可以被本地设备 PKI 模块引用，用于签名等相关操作。

可在系统视图下通过 **pki import rsa-key-pair** *key-name* { **pem** | **pkcs12** } *file-name* [**exportable**] [**password** *password*]或 **pki import rsa-key-pair** *key-name* **der** *file-name* [**exportable**] 命令将 RSA 密钥对和证书导入到设备的内存中。命令中的参数和选项说明如下。

- *key-name*：指定 RSA 密钥对导出后在设备上存储的名称，字符串形式，长度范围为 1～64，**区分大小写，不支持空格和问号。**
- **pem**：二选一选项，指定要导入的 RSA 密钥对的文件格式为 PEM。
- **pkcs12**：二选一选项，指定要导入的 RSA 密钥对的文件格式为 PKCS12。
- **der**：指定要导入的 RSA 密钥对的文件格式为 DER。
- *file-name*：指定要导出的 RSA 密钥对文件名。
- **exportable**：可选项，指定导入的 RSA 密钥对是可导出的。仅当选择 **exportable** 选项时，创建的 RSA 密钥对才可以被导出。
- **password** *password*：可选参数，指定 RSA 密钥对文件的导入密码。该密码与前面介绍的 **pki export rsa-key-pair** 命令设置的 RSA 密钥对导出密码相同。仅当要导入的 RSA 密钥对文件配置了导出密码时才需要配置。

8.2.4　配置为 PKI 实体下载 CA 证书

当用户为设备申请本地证书时，PKI 实体会将证书注册请求消息发送给 CA。但为了提高传输过程中的安全性，PKI 实体必须使用 CA 的公钥对证书注册请求消息进行加密保护，所以 PKI 实体还必须先获取到 CA 证书，并从 CA 证书中获取 CA 的公钥，然后用这个 CA 证书的公钥为要发送的证书注册请求消息进行加密。

下载 CA 证书有 4 种方式，请根据 CA 提供的服务方式选择。

- 通过 SCEP 或 CMPv2 协议从 CA 服务器下载 CA 证书，将 CA 证书下载到设备的存储介质中。**但这种方式中是在本地证书申请或更新本地证书时同步进行的，所以无需事先单独下载 CA 证书**，具体将在后面介绍的本地证书申请中介绍。
- 通过 HTTP 协议从 Web 服务器上下载 CA 证书，手动将 CA 证书下载到设备的存储介质中。
- 通过 LDAP 协议从存放证书的服务器上下载 CA 证书，手动将 CA 证书下载到设备的存储介质中。
- 通过带外方式（Web、磁盘、电子邮件等）获得 CA 证书后，上传到设备的存储介质中。

下面仅介绍后面三种 CA 证书的下载方法。

（1）通过 HTTP 方式下载 CA 证书

通过 HTTP 下载 CA 证书的方法很简单，只需在系统视图下执行 **pki http** [**esc**] *url-address save-name* 命令即可。参数 *url-address* 必须包含完整的证书文件及扩展名，例如 http://10.1.1.1:8080/cert.cer。参数 *save-name* 用来指定 CA 证书、本地证书或 CRL 保存到设备的 flash 中的名称，字符串形式，不区分大小写，长度范围为 1～64。采用这种方式下载的本地证书，没有加入到指定 PKI 域中，需要通过后面的 CA 证书的安装来指定。

（2）通过 LDAP 方式下载 CA 证书

通过 LDAP 方式下载 CA 证书的方法也很简单，只需在系统视图下执行 **pki ldap ip** *ip-address* **port** *port* **version** *version* [**attribute** *attr-value*] [**authentication** *ldap-dn ldap-password*] *save-name* **dn** *dn-value* 命令即可。命令中的参数说明如下。

- *ip-address*：指定 LDAP 服务器的 IP 地址。
- *port*：指定 LDAP 服务器的端口号，缺省值为 389。
- *version*：指定 LDAP 协议的版本号，取值为 2 或 3，缺省值为 3。
- **attribute** *attr-value*：可选参数，指定设备向 LDAP 服务器获取证书时使用的属性值，也需要先从 CA 处获得。属性值为字符串形式，**区分大小写**，不支持空格和问号，长度范围为 1～64。
- **authentication** *ldap-dn ldap-password*：可选参数，指定 LDAP 服务器认证的用户名和密码，输入要与 LDAP 服务器上的配置一致。
- *save-name*：指定 CA 证书保存在设备上的名称。
- *dn-value*：指定设备向 LDAP 服务器获取证书时使用的标识符 DN，文本形式，**区分大小写**，支持空格，长度范围为 1～128。也要与 LDAP 服务器上配置的 DN 标识符一致。

（3）通过带外方式下载 CA 证书

用户通过 Web、磁盘、电子邮件等方式获得 CA 证书后，需要手工上传到设备的存储介质中。也可以选择通过 PC 下载 CA 证书后，再使用 FTP/SFTP 或 Web 方式上传到设备的存储介质中。

8.2.5 配置为 PKI 实体安装 CA 证书

下载的 CA 证书只有导入到设备的内存中才可以正常生效，并且设备会将导入内存的证书文件保存到缺省目录下的 ca_config.ini 文件中，在重启后可以自动加载文件中记录的证书文件。所以本节介绍的 CA 证书就是要把下载的 CA 证书文件导入到内存缺省目录下的 ca_config.ini 文件中。安装 CA 证书的具体配置步骤见表 8-5。

说明

本项配置任务为可选配置，因为配置通过 SCEP 协议申请本地证书时，设备会自动安装 CA 证书，无需手动安装 CA 证书。只有通过在 8.2.4 节介绍其他三种方式下载的 CA 证书才需要通过本节介绍的方法手动安装 CA 证书。

表 8-5　　　　**PKI 实体安装 CA 证书的配置步骤**

步骤	命令	说明
1	**system-view** 例如：<Huawei> **system-view**	进入系统视图
2	**pki import-certificate** { **ca realm** *realm-name* { **der** | **pkcs12** | **pem** } [**filename** *filename*] [**replace**] [**no-check-validate**] [**no-check-hash-alg**] | **realm** *realm-name* **pem terminal password** *password* } 例如：[Huawei] **pki import-certificate ca realm** abc **pem filename** ca.cer	将 CA 证书导入到设备的内存中。命令中的参数和选项说明如下。 • **realm** *realm-name*：二选一参数，指定要导入的 CA 证书所在的 PKI 域名，必须是已创建的 PKI 域名称。 • **der**：多选一选项，指定导入证书的格式为 DER。 • **pkcs12**：多选一选项，指定导入证书的格式为 PKCS12。 • **pem**：多选一选项，指定导入证书的格式为 PEM。 • **filename** *filename*：可选参数，指定导入证书的文件名称，以证书文件中导入的方式导入对端实体的证书，必须是已经存在的文件名称。 • **replace**：可选项，指定在当前 PKI 域下有相同证书时，删除原有证书及对应的 RSA 密钥对，导入新的证书。但是当原有证书对应的 RSA 密钥对被非当前域或 CMP 会话所引用时，只删除原有证书，不删除密钥对。 • **no-check-validate**：可选项，指定导入证书时不检查证书的有效性。**仅 V200R008C30 及之后版本支持该参数**。 • **no-check-hash-alg**：可选项，指定导入证书时不检查证书签名 HASH 算法。仅 V200R008C30 及之后版本支持该参数。 • **terminal**：二选一选项，指定通过终端方式导入证书，即通过手工输入或拷贝粘贴的方式导入对端实体的证书内容。在通过文本工具打开格式为 PEM 的证书文件后，将证书内容拷贝后粘贴到设备上。 • **password** *password*：指定请求证书时的挑战密码，相当于再次确认，以免被非法导入。仅当证书中携带有该密码属性才有效，且要正确配置该密码。 缺省情况下，设备保存证书时的文件格式为 PEM
3	**pki set-certificate expire-prewarning** *day* 例如：[Huawei] **pki set-certificate expire-prewarning** 30	（可选）配置内存中的 CA 证书的过期预告警时间，整数形式，取值范围为 7～180，缺省值为 7。 【说明】用户想要提前预知证书过期时间时，可以配置本命令。当系统检测到内存中的某个证书还有小于参数 day 设置的天数时就会过期时，设备会发出告警提示用户。 缺省情况下，内存中的 CA 证书的过期预告警时间为 7 天，可用 **undo pki set-certificate expire-prewarning** 命令恢复内存中的本地证书和 CA 证书的过期预告警时间为缺省值

8.2.6 申请本地证书预配置的管理命令

已经完成配置 PKI 实体信息、RSA 密钥对或者 CA 证书后，可通过以下 **display** 命令在任意视图下查看相关配置，验证配置是否正确。

- **display pki entity** [*entity-name*]：查看本地所有或指定 PKI 实体的配置信息。
- **display pki rsa local-key-pair** { **pem** | **pkcs12** } *filename* [**password** *password*]：查看本地指定 RSA 密钥对的配置信息。
- **display pki rsa local-key-pair** [**name** *key-name*] **public** [**temporary**]：查看本地所有或指定 RSA 密钥对中的公钥信息。
- **display pki certificate ca realm** *realm-name*：查看设备上指定 PKI 中已加载的 CA 证书的内容。
- **display pki credential-storage-path**：查看证书的缺省保存路径。

8.3 申请和更新本地证书

本地证书申请的预配置工作准备好后就可以为设备正式向 CA 申请（也称“注册”）本地证书了。本节将介绍如何通过 SCEP 协议、CMPv2 协议在线申请和更新本地证书，以及离线申请本地证书。

【经验提示】强烈推荐采用 SCEP 协议申请本地证书，因为它的配置最简单，可以在本地证书申请过程中自动进行 CA 证书的下载和安装，成功申请本地证书后还可以自动下载、安装和更新本地证书，省去了前面 8.2.4 节和 8.2.5 节的配置任务，以及后面整个 8.4 节的配置任务。采用 CMPv2 协议申请的本地证书也会自动下载到设备上，但不会自动导入到内存中，即不需要执行 8.4.1 节的配置任务，但仍需要执行 8.4.2 节的配置任务。

8.3.1 配置通过 SCEP 协议为 PKI 实体申请和更新本地证书

采用 SCEP 协议申请或更新本地证书将同步进行 CA 证书的下载和安装。它有两种申请或更新本地证书的方式。

（1）自动触发申请和更新本地证书

采用自动触发方式时，如果本地证书需要的配置信息齐全，并且设备没有本地证书时，将自动触发设备通过 SCEP 协议申请本地证书；当证书即将过期、已经过期、已到达指定百分比时，自动触发设备通过 SCEP 协议申请并更新证书。

说明

虽然在 V200R006 以前版本中也支持通过 SCEP 协议实现本地证书自动注册，但表 8-5 中的绝大多数命令仅适用 V200R006 及以后 VRP 系统版本，以前版本仅支持表中 **pki realm** *realm-name* 和 **auto-enroll** [*percent*] [**regenerate**]这两条命令。

（2）手动触发申请本地证书

如果本地证书需要的配置信息齐全，并且设备没有本地证书时，还可手动触发设备通过 SCEP 协议申请本地证书。此时，当证书即将过期、已经过期、已到达指定百分比时，不会自动触发设备通过 SCEP 协议申请并更新证书。**此方式仅适用 V200R006 及以后版本。**

【经验提示】这两种方式申请本地证书时，设备都会先向 CA 获取 CA 证书保存到存储介质中并将 CA 证书自动导入到设备的内存中，然后使用 CA 证书的公钥加密证书注册请求消息并发送给 CA 来申请本地证书，获取本地证书后也会自动保存到存储介质中并导入到设备的内存中。无需单独执行 8.2.4 节和 8.2.5 节下载、安装 CA 证书步骤。

通过 SCEP 协议为 PKI 实体申请和更新本地证书的具体配置步骤见表 8-6。**必须事先已在 8.2.1 节中配置好 PKI 实体、8.2.3 节中创建好 RSA 密钥对。然后在 8.2.2 节中配置好 PKI 域，并在 PKI 域中配置好信任的 CA、挑战密码、CA 数字指纹，并绑定好 PKI 实体名。**

表 8-6　　通过 SCEP 协议申请和更新本地证书的配置步骤

步骤	命令	说明
1	**system-view** 例如：<Huawei> **system-view**	进入系统视图
2	**pki file-format** { **der** | **pem** } 例如：[Huawei] **pki file-format der**	（可选）配置设备保存证书时的文件格式。命令中的选项说明如下。 • **der**：二选一选项，指定设备保存证书时的文件格式为 DER。 • **pem**：二选一选项，指定设备保存证书时的文件格式为 PEM。 缺省情况下，设备保存证书时的文件格式为 PEM
3	**pki realm** *realm-name* 例如：[Huawei] **pki realm** abc	进入要通过 SCEP 协议申请或更新本地证书的 PKI 域的视图
4	**rsa local-key-pair** *key-name* 例如：[Huawei-pki-realm-abc] **rsa local-key-pair test**	配置使用 SCEP 方式申请本地证书时使用的 RSA 密钥对，这是在 8.2.3 节事先创建好的。 缺省情况下，系统未配置使用 SCEP 方式申请本地证书时使用的 RSA 密钥对，可用 **undo rsa local-key-pair** 命令删除使用 SCEP 方式或离线方式申请本地证书时使用的 RSA 密钥对
5	**key-usage** { **ike** | **ssl-client** | **ssl-server** } * 例如：[Huawei-pki-realm-abc] **key-usage ssl-client**	（可选）配置通过 SCEP 协议申请的本地证书的公钥用途属性。命令中的选项说明如下。 • **ike**：可多选选项，指定本地证书公钥仅用于通过 IKE 协议协商建立 IPSec 隧道。 • **ssl-client**：可多选选项，指定本地证书公钥仅用于 SSL 客户端建立 SSL 会话。 • **ssl-server** ：可多选选项，指定本地证书公钥仅用于在 SSL 服务器建立 SSL 会话。 【说明】设备在进行证书申请时，为了提高证书的安全性，可以在发送给 CA 服务器的证书请求消息中携带申请证书中公钥的用途。CA 服务器接收到证书请求报文后，验证该请求的有效性，如果请求有效，则生成实体的数字证书，该数字证书中会包含证书中公钥的用途。如通过 **key-usage ssl-client** 命令配置在证书请求中携带证书用途提示信息为

（续表）

步骤	命令	说明
5	**key-usage** { **ike** | **ssl-client** | **ssl-server** } * 例如：[Huawei-pki-realm-abc] **key-usage ssl-client**	ssl-client 后，则 CA 生成证书时会包含证书中公钥的用途包括数字签名和密钥加密。如果用户利用此密钥进行数据加密，则密钥失效。 缺省情况下，系统未配置本地证书公钥用途属性，可用 **undo key-usage** { **ike** | **ssl-client** | **ssl-server** } *命令删除本地证书公钥指定的用途属性
6	**enrollment-request specific** 例如：[Huawei-pki-realm-abc] **enrollment-request specific**	（可选）配置向 CA 申请证书时，使用特定格式的证书请求消息。PKI 实体向 CA 申请本地证书时，如果 CA 服务器有如下要求，需要配置本命令，使发送的请求消息格式为特定格式，实现设备与 CA 服务器的互通： • 请求消息的非结构化地址（unstructured address）和非结构化名字（unstructured name）不带“SET”标识符； • 签名该请求消息的私钥为对应申请证书的私钥。 缺省情况下，向 CA 申请证书时，使用标准格式的证书请求消息，可用 **undo enrollment-request specific** 命令恢复缺省配置
7	**extension-request enterprise** 例如：[Huawei-pki-realm-abc] **extension-request enterprise**	（可选）配置本地证书注册请求消息携带的扩展请求属性使用 Verisign 公司定义的对象 ID。 缺省情况下，本地证书注册请求消息携带的扩展请求属性使用 PKCS#9 标准定义的对象 ID，可用 **undo extension-request enterprise** 命令恢复证书注册请求消息携带的扩展请求属性为缺省情况
8	**enrollment-request signature message-digest-method** { **md5** | **sha1** | **sha-256** | **sha-384** | **sha-512** } 例如：[Huawei-pki-realm-abc] **enrollment-request signature message-digest-method md5**	（可选）配置使用设备自己私钥对证书申请请求消息进行数字签名时所使用的摘要算法，包括 MD5、SHA1、SHA-256（即 SHA2-256）、SHA-384（即 SHA2-384）和 SHA-512（即 SHA2-512）。这些算法在本书第 2 章中有具体介绍，参见即可。但 PKI 实体使用的摘要算法必须与 CA 服务器上使用的摘要算法要一致。 缺省情况下，签名证书注册请求消息使用的摘要算法为 **sha-256**，可用 **undo enrollment-request signature message-digest-method** 命令恢复签名证书注册请求消息使用的摘要算法为缺省配置
9	**auto-enroll** [*percent*] [**regenerate** [*key-bit*]] [**updated-effective**] 例如：[Huawei-pki-realm-abc] **auto-enroll** 50 **regenerate**	（二选一）配置自动触发申请和更新本地证书，开启证书自动注册和更新功能。命令中的参数和选项说明如下。 • *percent*：可选参数，指定在证书有效期的百分比处自动重新申请新的证书，整数形式，取值范围为 10～100。缺省值为 100，即老的证书即将过期时自动重新申请新证书。 • **regenerate** [*key-bit*]：可选参数，表示证书更新时会同时更新 RSA 密钥对，并指定证书更新时新生成的 RSA 密钥对的位数，整数形式，取值范围为 512～4096，缺省值是 2048。 • **updated-effective**：可选项，表示更新后的证书立即生效。缺省情况下，更新后的证书要等原来的证书过期时才会生效。 缺省情况下，证书自动注册和更新功能处于关闭状态，可用 **undo auto-enroll** [**updated-effective**] 1 命令关闭证书自动注册和更新功能

（续表）

步骤	命令	说明	
10	**quit** 例如：[Huawei-pki-realm-abc] **quit**	（二选一）配置手动触发申请本地证书	返回系统视图
	pki enroll-certificate realm *realm-name* [**password** *password*] 例如：[Huawei] **pki enroll-certificate realm** lycb		配置手工触发设备申请证书，命令中的参数说明如下。 • *realm-name*：指定申请证书的 PKI 域名。 • **password** *password*：可选参数，表示挑战密码，用于在线方式申请证书。当 CA 服务器采用挑战密码方式处理证书申请时，实体在申请证书时需要指定挑战密码，并且密码必须与 CA 服务器上设置的密码一致。 如果在 8.2.2 节表 8-4 中的第 9 步配置了 **password** 命令，这里的 **password** 参数可以不用。如果都配置，以这里的配置为准

8.3.2 配置通过 CMPv2 协议为 PKI 实体申请和更新本地证书

当设备可以访问 CA，并且 CA 支持 CMPv2 协议时，可选择此方式申请和更新本地证书。**仅适用于 V200R008C30 及之后版本 VRP 系统**。

1. 通过 CMPv2 协议申请证书的两种情形

通过 CMPv2 协议申请本地证书有以下两种情形。

（1）首次申请本地证书 IR（Initialization Request）

首次证书申请适用于设备第一次向 CA 申请证书的情况。在这种情况下，华为 AR 路由器提供以下两种向 CMPv2 服务器进行身份认证的方式。

- 消息认证码方式：设备和 CMPv2 服务器共享一对消息认证码的参考值和秘密值。在进行首次证书申请的时候，设备会将这对参考值和秘密值加入到请求报文当中发送到 CMPv2 服务器，CMPv2 服务器通过验证参考值和秘密值来鉴定设备的身份。**要事先从 CMP 服务器获取消息认证码的参考值和秘密值**。
- 签名方式：通过 CMPv2 协议的 IR 请求，向 CA 发起证书请求时，设备使用其他 CA 颁发的证书相对应的私钥来签名保护。此时需要 CA 服务器上已有对应证书的公钥。一般不采用。

（2）为其他设备申请本地证书 CR（Certification Request）

这种申请方式适用于当设备已经有了 CA 所颁发的本地证书，而需要申请额外证书的情况。在这种情况下，设备会使用已有的证书作为身份认证的手段。

2. 通过 CMPv2 协议更新本地证书的两种方式

通过 CMPv2 协议更新本地证书也有两种方式。

（1）手工更新证书，即密钥更新请求 KUR（Key Update Request）

密钥更新请求又称为证书更新请求，是对设备已有的证书（尚未过期且没有被吊销）进行更新操作。在更新过程中，使用现有的证书作为身份认证的手段，即使用现有证书的私钥至更新请求消息进行数字签名，在 CA 上再使用对应证书的公钥进行解密。解密成功，则 CA 服务器接收该更新请求。

（2）自动更新证书

为了避免业务的中断，在有效期截止前必须申请新的证书，而使用手工更新证书的方式容易出现忘记更新证书的情况。华为 AR 路由器支持证书的自动更新功能，当系统检测到时间超过了设置的证书自动更新时间之后，会自动向 CMPv2 服务器发起证书的更新请求。申请的新证书会同时替换存储介质中的证书文件和内存中对应的证书，业务不会中断。

3. 通过 CMPv2 协议申请和更新本地证书的配置步骤

通过 CMPv2 协议为 PKI 实体申请和更新本地证书的具体配置步骤见表 8-7。

表 8-7 通过 CMPv2 协议为 PKI 实体申请和更新本地证书的具体配置步骤

步骤	命令	说明
1	**system-view** 例如：<Huawei> **system-view**	进入系统视图
2	**pki file-format { der | pem }** 例如：[Huawei] **pki file-format der**	（可选）配置设备保存证书时的文件格式。其他说明参见表 8-6 中的第 2 步
3	**pki cmp session** *session-name* 例如：[Huawei] **pki cmp session** test	创建 CMP 会话并进入 CMP 会话视图，或者直接进入 CMP 会话视图。参数 *session-name* 用来指定 CMP 会话名称，字符串形式，不区分大小写，长度范围为 1～63。与 PKI 域类似，CMP 会话也是一个本地概念，一个设备上配置的 CMP 会话对 CA 和其他设备是不可见的。 缺省情况下，系统未创建 CMP 会话，可用 **undo pki cmp session** *session-name* 命令删除指定的 CMP 会话
4	**cmp-request entity** *entity-name* 例如：[Huawei-pki-cmp-session-test] **cmp-request entity** entity1	配置设备使用 CMPv2 方式申请证书时使用的 PKI 实体名称，必须是在 8.2.1 节中已创建的。 缺省情况下，系统未配置 CMPv2 方式申请证书时使用的 PKI 实体名称，可用 **undo cmp-request entity** 命令删除设备使用 CMPv2 方式申请证书时使用的实体名称
5	**cmp-request ca-name** *ca-name* 例如：[Huawei-pki-cmp-session-test] **cmp-request ca-name** "C=cn, ST=beijing, L=shangdi, O=BB, OU=BB, CN=BB"	为 CMP 会话配置 CA 的名称。参数 *ca-name* 用来指定 CA 证书中的主题字段（如国家、地理区域、省或州名称等），字符串形式，**必须以双引号开始和结束**，长度范围为 1～128（包含双引号），同时字符串中的各个项以“,”分开，而且配置的CA名称中各个字段的顺序必须要和实际CA证书中的顺序保持一致，否则服务器端会认为是错误的。 缺省情况下，系统未配置CMP会话下的CA名称，可用 **undo cmp-request ca-name** 命令删除 CMP 会话中配置的 CA 名称
6	**cmp-request server url** [**esc**] *url-addr* 例如：[Huawei-pki-cmp-session-test] **cmp-request server url** http://172.16.73.168:8080	配置 CMPv2 服务器的 URL。参数 *url-addr* 可以设置为 IP 地址形式或域名形式，如果设置为域名形式，必须在 PKI 实体上正确配置 DNS，使 PKI 实体可以通过 DNS 服务器解析域名。可选项 **esc** 的作用是支持以 ASCII 码形式输入包含“?”的 URL 地址，参见表 8-4 中的第 6 步说明。 缺省情况下，系统未配置 CMPv2 服务器的 URL，可用 **undo cmp-request server url** 命令取消配置 CMPv2 服务器的 URL

（续表）

步骤	命令	说明
7	**cmp-request rsa local-key-pair** *key-name* [**regenerate** [*key-bit*]] 例如：[Huawei-pki-cmp-session-test] **cmp-request rsa local-key-pair** test **regenerate** 1024	配置 CMPv2 方式申请证书时使用的 RSA 密钥对。命令中的参数和选项说明如下。 ● *key-name*：指定 RSA 密钥对的名称，必须是已在 8.3.2 节中创建的 RSA 密钥对。 ● **regenerate**：可选项，指定证书更新时会同时更新 RSA 密钥对。如果需要同时更新 RSA 密钥时选择此可选项，否则证书自动更新时，系统会继续使用原来的 RSA 密钥对。 ● *key-bit*：可选参数，指定证书更新时新生成的 RSA 密钥对的位数（当选择了 **regenerate** 可选项时才需要配置），整数形式，取值范围为 512～2048，默认值是 2048。 缺省情况下，系统未配置 CMPv2 方式申请证书时使用的 RSA 密钥对，可用 **undo cmp-request rsa local-key-pair** 命令删除 CMPv2 方式申请证书时使用的 RSA 密钥对
8	**cmp-request realm** *realm-name* 例如：[Huawei-pki-cmp-session-test] **cmp-request realm** abc	（可选）指定 CMP 服务器证书所属的 PKI 域，必须已在 8.2.2 节配置好。 缺省情况下，CMP 服务器证书未指定 PKI 域，可用 **undo cmp-request realm** 命令取消指定 CMP 服务器证书所属的 PKI 域
9	**cmp-request verification-cert** *cert-file-name* 例如：[Huawei-pki-cmp-session-test] **cmp-request verification-cert** aa.der	（可选）配置验证 CA 响应签名的证书文件是 CA 证书，即证书颁发机构自身的证书。 【说明】如果配置了此命令，并且 CA 服务器的响应报文是签名的方式时，则设备使用该命令行配置的证书来验证服务器的响应签名；如果未配置此命令，并且 CA 服务器的响应报文是签名的方式时，则依据设备以及服务器响应中的证书构建证书链，验证服务器的响应签名；如果 CA 服务器使用消息认证码方式做保护时，则设备使用配置的消息认证码来验证服务器的响应报文，不受该命令配置影响。 缺省情况下，系统未配置验证 CA 响应签名的证书文件，可用 **undo cmp-request verification-cert** 命令删除验证 CA 响应签名的证书文件
如果是首次申请本地证书，请继续进行后面的表 8-8 的配置步骤；如果是为其他设备申请本地证书，请继续进行后面的表 8-9 的配置步骤；如果是手工更新本地证书，请继续进行后面的表 8-10 的配置步骤；如果是自动更新证书，请继续进行后面的表 8-11 的配置步骤		

表 8-8　　首次申请本地证书的后续配置步骤（接表 8-7 第 9 步）

步骤	命令	说明
10	**cmp-request origin-authentication-method { message-authentication-code | signature }** 例如：[Huawei-pki-cmp-session-test] **cmp-request origin-authentication-method signature**	（可选）配置使用 CMPv2 协议进行首次证书申请（IR）的认证方式。命令中的选项说明如下。 ● **message-authentication-code**：二选一选项，指定设备使用消息认证码方式进行首次证书申请，此时无需执行第 12 步。 ● **signature** 二选一选项，指定设备使用签名方式进行首次证书申请时继续执行第 12 步及后面各步，不需要执行第 11 步。 缺省情况下，使用 CMPv2 协议进行首次证书申请（IR）的认证方式为消息认证码方式，可用 **undo cmp-request origin-authentication-method** 命令用来恢复使用 CMPv2 协议进行首次证书申请（IR）的认证方式为缺省配置

（续表）

步骤	命令	说明
11	**cmp-request message-authentication-code** *reference-value secret-value* 例如：[Huawei-pki-cmp-session-test] **cmp-request message-authentication-code** 1234 123456	（二选一）配置消息认证码的参考值和秘密值，需要用户事先以带外方式从 CMPv2 服务器上获取。命令中的参数说明如下。 ● *reference-value*：指定消息认证码的参考值，字符串形式，**区分大小写**，不支持空格和问号，长度范围为 1～128。当输入的字符串两端使用双引号时，可在字符串中输入空格和问号。 ● *secret-value*：指定消息认证码的秘密值，字符串形式，**区分大小写**，不支持空格和问号，长度范围为 1～128。当输入的字符串两端使用双引号时，可在字符串中输入空格和问号。 缺省情况下，系统未配置消息认证码的参考值和秘密值，可用 **undo cmp-request message-authentication-code** 命令用来删除消息认证码的参考值和秘密值
12	**cmp-request authentication-cert** *cert-name* 例如：[Huawei-pki-cmp-session-test] **cmp-request authentication-cert** bb.cer	（二选一）配置 CMPv2 请求中用于证明设备自己身份的证书。在首次申请时此证书是额外证书，并且必须由受 CA 信任的证书申请机构为设备颁发。 缺省情况下，系统未配置 CMPv2 请求中用于证明身份的证书，可用 **undo cmp-request authentication-cert** 命令删除 CMPv2 请求中用于证明身份的证书
13	**quit** 例如：[Huawei-pki-cmp-session-test] **quit**	返回系统视图
14	**pki cmp initial-request session** *session-name* 例如：[Huawei] **pki cmp initial-request session** test	根据 CMP 会话的配置信息向 CMPv2 服务器进行首次证书申请（IR）。参数 *session-name* 指定所使用的 CMP 会话的名称，必须是在表 8-7 中第 3 步创建的 CMP 会话名称。 配置后，系统首先会检查 CMP 会话中的配置是否可以进行证书申请。如果条件不满足，会给出错误的提示信息。如果条件满足，会依据配置内容发起首次证书请求。**申请下来的证书将以文件的形式保存到存储介质中，但不会执行导入内存的操作**。同时，若服务器端在响应中给出 CA 证书，则 CA 证书也会以文件形式保存起来

表 8-9　为其他设备申请本地证书的后续配置步骤（接表 8-7 第 9 步）

步骤	命令	说明
10	**cmp-request authentication-cert** *cert-name* 例如：[Huawei-pki-cmp-session-test] **cmp-request authentication-cert** bb.cer	配置 CMPv2 请求中用于证明设备自己身份的证书。在为其他设备申请证书时，此证书是 CA 已经颁发给本地设备的本地证书。 缺省情况下，系统未配置 CMPv2 请求中用于证明身份的证书，可用 **undo cmp-request authentication-cert** 命令删除 CMPv2 请求中用于证明身份的证书
11	**quit** 例如：[Huawei-pki-cmp-session-test] **quit**	返回系统视图

（续表）

步骤	命令	说明
12	**pki cmp certificate-request session** *session-name* 例如：[Huawei] **pki cmp certificate-request session** test	根据 CMP 会话的配置信息向 CMPv2 服务器进行证书申请（CR）。参数 *session-name* 指定所使用的 CMP 会话的名称，必须是在表 8-7 中第 3 步创建的 CMP 会话名称。 配置后，系统首先会检查 CMP 会话中的配置是否可以进行证书更新申请。如果条件不满足，会给出错误的提示信息。如果条件满足，会依据配置内容发起证书更新请求。**申请下来的证书将以文件的形式保存到存储介质中，但不会执行导入内存的操作**

表 8-10　　手工更新本地证书的后续配置步骤（接表 8-7 第 9 步）

步骤	命令	说明
10	**quit** 例如：[Huawei-pki-cmp-session-test] **quit**	返回系统视图
11	**pki cmp session** *session-name* 例如：[Huawei] **pki cmp session** test	直接进入 CMP 会话视图。该 CMP 会话必须已在表 8-7 第 3 步中已创建
12	**cmp-request authentication-cert** *cert-name* 例如：[Huawei-pki-cmp-session-test] **cmp-request authentication-cert** bb.cer	配置 CMPv2 请求中用于证明设备自己身份的证书。在手工更新本地证书时，此证书是 CA 已经颁发给设备的本地证书，同时也是将要被更新的本地证书。 缺省情况下，系统未配置 CMPv2 请求中用于证明身份的证书，可用 **undo cmp-request authentication-cert** 命令删除 CMPv2 请求中用于证明身份的证书
13	**quit** 例如：[Huawei-pki-cmp-session-test] **quit**	返回系统视图
14	**pki cmp keyupdate-request session** *session-name* 例如：[Huawei] **pki cmp keyupdate-request session** test	根据 CMP 会话的配置信息向 CMPv2 服务器进行密钥更新请求（KUR）。参数用来指定本次本地证书更新过程中所使用的 CMP 会话，必须是已在表 8-7 中第 3 步已创建的。 向 CMPv2 服务器进行密钥更新请求时，同时也会重新申请本地证书。配置后，系统首先会检查 CMP 会话中的配置是否可以进行证书更新申请。如果条件不满足，会给出错误的提示信息。如果条件满足，会依据配置内容发起证书更新请求。**但申请下来的新证书将以文件的形式保存到存储介质中，不会执行导入内存的操作**，需要执行本章后面 8.4.2 节介绍的证书安装步骤

表 8-11　　自动更新本地证书的后续配置步骤（接表 8-7 第 9 步）

步骤	命令	说明
10	**quit** 例如：[Huawei-pki-cmp-session-test] **quit**	返回系统视图
11	**pki cmp session** *session-name* 例如：[Huawei] **pki cmp session** test	直接进入 CMP 会话视图。该 CMP 会话必须已在表 8-7 第 3 步中已创建

（续表）

步骤	命令	说明
12	**cmp-request authentication-cert** *cert-name* 例如：[Huawei-pki-cmp-session-test] **cmp-request authentication-cert** bb.cer	配置 CMPv2 请求中用于证明设备自己身份的证书。在自动更新本地证书时，此证书也是 CA 已经颁发给设备的本地证书，同时也是将要被更新的本地证书。 缺省情况下，系统未配置 CMPv2 请求中用于证明身份的证书，可用 **undo cmp-request authentication-cert** 命令删除 CMPv2 请求中用于证明身份的证书
13	**certificate auto-update enable** 例如：[Huawei-pki-cmp-session-test] **certificate auto-update enable**	开启使用 CMPv2 方式自动更新证书功能。 缺省情况下，使用 CMPv2 方式自动更新证书功能处于关闭状态，可用 **undo certificate auto-update enable** 命令关闭使用 CMPv2 方式自动更新证书功能
14	**certificate update expire-time** *valid-percent* 例如：[Huawei-pki-cmp-session-test] **certificate update expire-time** 80	配置证书自动更新的时间，以当前使用证书有效期的百分比形式体现，整数形式，取值范围为 10～100，缺省值是 50。 配置后，当系统检测到时间达到 *valid-percent* 时，会自动发起证书更新请求，并依据 **cmp-request rsa local-key-pair** 命令的配置决定是否创建新的 RSA 密钥对。申请到新的证书后，系统会使用新的证书和 RSA 密钥对替换原有的证书和 RSA 密钥对。 缺省情况下，证书更新时间的默认百分比是 50%，可用 **undo certificate update expire-time** 命令恢复证书自动更新的时间为缺省值

说明

在以上证书申请或更新的过程中，都可以通过执行 **undo pki cmp poll-request session** *session-name* 命令取消正在进行的 CMP 轮询请求。当然，这通常是当用户不想继续等待时才这样操作。正常情况下，客户端发起证书相关的请求时，如果服务器不能够马上给出结果，服务器会让客户端每隔一段时间发起一次轮询请求，直到给出最终的结果为止。

8.3.3 配置为 PKI 实体离线申请本地证书

如果你所使用的 CA 服务器不支持 SCEP 协议，可以配置离线申请本地证书。用户在设备上生成证书请求文件，然后通过 Web、磁盘、电子邮件等带外方式将证书申请文件发送给 CA，向 CA 申请本地证书。完成申请后，还需从存放本地证书的服务器上下载证书（具体下载方法将在 8.4.1 节介绍），保存到设备的存储介质中。

离线申请本地证书的配置步骤见表 8-12，基本上与 8.3.1 节介绍的通过 SCEP 协议申请本地证书的配置方法差不多。**必须事先配置好 PKI 域（见 8.2.2 节）**。

说明

虽然在 V200R006 之前版本中也支持离线申请本地证书，但只使用了表 8-12 中第 9 步的命令，其他参数配置均不支持。

表 8-12　离线申请本地证书的配置步骤

步骤	命令	说明
1	**system-view** 例如：<Huawei> **system-view**	进入系统视图
2	**pki file-format { der | pem }** 例如：[Huawei] **pki file-format** der	配置设备保存证书时的文件格式。其他说明参见表 8-6 中的第 2 步
3	**pki realm** *realm-name* 例如：[Huawei] **pki realm abc**	进入要离线申请本地证书的 PKI 域的视图
4	**rsa local-key-pair** *key-name* 例如：[Huawei-pki-realm-abc]**rsa local-key-pair** test	配置使用 SCEP 方式申请本地证书时使用的 RSA 密钥对，这是在 8.2.3 节配置好的。 缺省情况下，系统未配置使用 SCEP 方式申请本地证书时使用的 RSA 密钥对，可用 **undo rsa local-key-pair** 命令删除使用 SCEP 方式或离线方式申请本地证书时使用的 RSA 密钥对
5	**key-usage { ike | ssl-client | ssl-server }** * 例如：[Huawei-pki-realm-abc] **key-usage ssl-client**	（可选）配置通过 SCEP 协议申请的本地证书的公钥用途属性。其他说明参见表 8-6 中的第 5 步
6	**enrollment-request specific** 例如：[Huawei-pki-realm-abc] **enrollment-request specific**	（可选）配置向 CA 申请证书时，使用特定格式的证书请求消息。其他说明参见表 8-6 中的第 6 步
7	**extension-request enterprise** 例如：[Huawei-pki-realm-abc] **extension-request enterprise**	（可选）配置本地证书注册请求消息携带的扩展请求属性使用 Verisign 公司定义的对象 ID。其他说明参见表 8-6 中的第 7 步
8	**quit** 例如：[Huawei-pki-realm-abc] **quit**	返回系统视图
9	**pki enroll-certificate realm** *realm-name* **pkcs10** [**filename** *filename*] [**password** *password*] 例如：[Huawei] pki **enroll-certificate realm** lycb **pkcs10** c:\\cerfile\localcer.pem	配置以 PKCS#10 格式保存证书申请信息到文件中。命令中的参数说明如下。 • **realm** *realm-name*：指定申请本地证书的 PKI 域，必须已在 8.2.2 节创建好。 • **filename** *filename*：可选参数，指定证书申请信息保存的文件名称。 • **password** *password*：可选参数，表示挑战密码。当 CA 服务器采用挑战密码（Challenge Password）方式处理证书申请时，实体在申请证书时需要指定挑战密码，并且密码必须与 CA 服务器上设置的密码一致。如果 CA 服务器不要求使用挑战密码，则不用配置挑战密码
10	通过 Web、磁盘、电子邮件等带外方式将证书申请文件发送给 CA，向 CA 申请本地证书	

8.3.4　本地证书申请和更新管理命令

已经完成申请和更新本地证书的所有配置后，可在任意视图下通过以下系列 **display** 命令检查相关配置，验证配置的正确性。

- **display pki credential-storage-path**：查看证书的缺省保存路径。
- **display pki certificate enroll-status** [**realm** *realm-name*]：查看所有或指定 PKI 域

下证书的注册状态。

- **display pki cert-req filename** *file-name*：查看指定证书请求文件的内容。
- **display pki cmp statistics** [**session** *session-name*]：查看本地所有或指定 CMP 会话的统计信息。
- **display pki certificate** { **ca** | **local** } **realm** *realm-name*：查看设备上指定 PKI 域下已加载的 CA 证书和本地证书的内容。

8.4 本地证书的下载和安装

如果采用离线方式申请本地证书，则本地证书在申请好后，还要下载到设备上并进行安装后才能生效，本节具体介绍本地证书的下载与安装方法。

8.4.1 下载本地证书

通过 SCEP 协议或 CMPv2 协议在线申请本地证书时，设备都会自动下载本地证书。仅当采用离线申请本地证书时，才需要下载本地证书。

通常采用以下方式获得本地证书（具体采用哪种方式下载证书，取决于 CA 服务器提供的服务方式）。

- 通过 HTTP 协议从 Web 服务器上下载本地证书，将本地证书下载到设备的存储介质中。

下载的方法是在系统视图下执行 **pki http** [**esc**] *url-address save-name* 命令，配置通过 HTTP 方式下载本地证书。*url-address* 必须包含 CA 服务器 IP 地址或域名、完整的证书文件及扩展名，例如 http://10.1.1.1:8080/cert.cer。如果设置为域名方式，必须保证该域名可以正常解析。

- 通过 LDAP 协议从存放证书的服务器上下载本地证书，将本地证书下载到设备的存储介质中。

下载的方法是在系统视图下执行 **pki ldap ip** *ip-address* **port** *port* **version** *version* [**attribute** *attr-value*] [**authentication** *ldap-dn ldap-password*] *save-name* **dn** *dn-value* 命令，配置通过 LDAP 方式下载本地证书。命令参数说明如下。

- ■ *ip-address*：指定 LDAP 服务器的 IP 地址。
- ■ *port*：指定 LDAP 服务器的传输层端口，缺省值为 389。
- ■ *version*：指定 LDAP 服务器运行的 LDAP 协议版本，取值为 2 或 3，缺省值为 3。
- ■ **attribute** *attr-value* ：可选参数，指定设备向 LDAP 服务器获取证书时使用的属性值，字符串形式，区分大小写，不支持空格和问号，长度范围是 1～64，一般不需配置。
- ■ **authentication** *ldap-dn ldap-password*：可选参数，指定 LDAP 服务器认证的用户名和密码，LDAP 服务器配置时才需要指定，并且要与 LDAP 服务器上的配置一致。
- ■ *save-name*：指定本地证书保存在设备内存时的证书文件名。
- ■ **dn** *dn-value*：指定设备向 LDAP 服务器获取证书时使用的标识符 DN。

- 通过带外方式（Web、磁盘、电子邮件等）获得本地证书后，上传到设备的存储介质中。

用户通过 Web、磁盘、电子邮件等方式获得本地证书后，需要手工上传到设备的存储介质中；也可以选择通过管理 PC 下载证书后，使用 FTP/SFTP 或 Web 方式上传到设备的存储介质中。

说明

在 V200R006 之前版本中，下载证书的方法很简单，就是在系统视图下执行 **pki get-certificate** { **ca** | **local** } *pki-realm-name* 命令，即可以获取 CA 证书或本地证书。

8.4.2　本地证书安装

本地证书的安装就是证书的导入过程。下载的本地证书只有导入到设备的内存中才可以正常生效，并且设备会将导入内存证书文件保存到缺省目录下的 ca_config.ini 文件中，在重启后可以自动加载文件中记录的证书文件。**仅当采用 CMP 协议或离线方式申请本地证书时，才需要手动安装本地证书，通过 SCEP 协议申请本地证书会自动安装本地证书。**

安装本地证书前，要确保已经完成本地证书的下载，证书文件已经保存到设备的存储介质中。安装本地证书的步骤见表 8-13。

表 8-13　　安装本地证书的配置步骤

步骤	命令	说明
1	**system-view** 例如：<Huawei> **system-view**	进入系统视图
2	**pki import-certificate** { **local realm** *realm-name* { **der** | **pkcs12** | **pem** } [**filename** *filename*] [**replace**] [**no-check-validate**] [**no-check-hash-alg**] | **realm** *realm-name* **pem terminal password** *password* } 例如：[Huawei] **pki import-certificate realm** abc **pem terminal password** abc123	将本地证书导入到设备的内存中。命令中的参数和选项说明如下。 ● **realm** *realm-name*：指定导入证书所在的 PKI 域名。 ● **der**：多选一选项，指定导入证书的格式为 DER 格式。 ● **pkcs12**：多选一选项，指定导入证书的格式为 P12 格式。 ● **pem**：多选一选项，指定导入证书的格式为 PEM 格式。 ● **filename** *filename*：可选参数，指定导入证书的文件名称。 ● **replace**：可选项，指定在同一个 PKI 域下有相同证书时，删除原有证书及对应的 RSA 密钥对，导入新的证书。但仅当原有证书对应的 RSA 密钥对没有被非当前域引用时才能删除证书和密钥对；当原有证书对应的 RSA 密钥对被非当前域或 CMP 会话所引用时，只删除原有证书，不删除密钥对。 ● **no-check-validate**：可选项，指定导入证书不检查证书的有效性。 ● **no-check-hash-alg**：可选项，指定导入证书不检查证书签名的 HASH 算法。 ● **terminal**：指定通过终端方式导入证书，即设备支持通过文本工具打开格式为 PEM 的证书文件后，将证书内容拷贝后粘贴到设备上。 ● **password** *password*：指定请求证书时的挑战密码。要与证书中携带的挑战密码一致，这也是原来在申请本地证书中的可选配置

（续表）

步骤	命令	说明
3	**pki set-certificate expire-prewarning** *day* 例如：[Huawei] **pki set-certificate expire-prewarning** 30	配置内存中的本地证书的过期预告警时间，整数形式，取值范围为 7～180，缺省值为 7。**仅适用 V200R006 及以后版本 VRP 系统。** 缺省情况下，内存中的本地证书的过期预告警时间为 7 天，可用 **undo pki set-certificate expire-prewarning** 命令恢复内存中的本地证书和 CA 证书的过期预告警时间为缺省值
以上配置好后，可在任意视图下执行 **display pki certificate** local realm *realm-name* 命令查看设备上已加载的本地证书的内容，验证是否成功安装了本地证书。		

如果需要把本地证书拷贝到其他设备上使用，可以执行 **pki export-certificate local realm** *realm-name* { **der** | **pem** | **pkcs12** }命令，将本地证书导出到设备的存储介质中。然后，用户可以通过 FTP/SFTP 取出本地证书。

如果需要把系统缺省内置的本地证书拷贝到其他设备上使用，可以执行 **pki export-certificate default local filename** *filename* 命令，将系统缺省内置的本地证书导出到设备存储介质中。然后，用户可以通过 FTP/SFTP 取出本地证书。

8.4.3 本地证书下载与安装管理命令

本地证书下载和安装配置完成后，可通过以下 **display** 命令在任意视图下查看相关配置。

- **display pki ocsp cache statistics**：查看 OCSP 响应缓存的统计信息。
- **display pki ocsp server down-information**：查看设备上记录的 OCSP 服务器 DOWN 状态信息。
- **display pki certificate** { **ca** | **local** | **ocsp** } **realm** *realm-name*：查看设备上指定 PKI 域中已加载的 CA 证书、本地证书或者 OCSP 服务器证书的内容。
- **display pki certificate default** { **ca** | **local** } ：查看设备上缺省的 CA 证书和本地证书的内容。
- **display pki peer-certificate** { **name** *peer-name* | **all** }：查看已导入的指定或所有对端实体证书。

在用户视图下执行以下 **reset** 命令可清除指定的 PKI 信息。

- **reset pki cmp statistics** [**session** *session-name*]：清除本地所有或指定 CMP 会话的统计信息。
- **reset pki ocsp response cache**：清除 OCSP 响应缓存。
- **reset pki ocsp server down-information** [**url** [**esc**] *url-addr*]：清除设备上记录的指定路径下的 OCSP 服务器 DOWN 状态信息。

8.5 验证 CA 证书和本地证书的有效性

从 CA 服务器下载了 CA 证书，或者安装了本地证书后，如果想要验证它们的有效性，则可按本节介绍的方法进行。同时适用于所有本地证书的申请方式，但这是可选配置任务，如果你不需要验证，则可不进行本项配置任务。

8.5.1 配置检查对端本地证书的状态

当使用数字证书的 VPN 应用中，经常需要检查对端实体的本地证书状态，例如要检查对端实体的本地证书是否过期、是否被加入 CRL。检查证书状态的方式通常有三种：CRL 方式、OCSP 方式、None 方式。这是在一端对另一端本地证书的合法性、有效性进行验证中可选的一个步骤。

（1）CRL 方式

如果 CA 支持作为 CDP（CRL Distirbution Point，CRL 发布点），则当 CA 颁发证书时，在证书中会包含 CDP 信息，用以描述获取该证书 CRL 的途径和方式。PKI 实体利用 CDP 中指定的机制（HTTP、LDAP 方式）和地址来下载 CRL。在 CRL 方式中又包括自动更新 CRL 和手动更新 CRL 两种方式，**但 V200R006 之前版本 VRP 系统不支持手动更新 CRL 方式**。

如果 PKI 实体配置了 CDP 的 URL 地址，该地址将覆盖证书中携带的 CDP 信息，PKI 实体使用配置的 URL 来获取 CRL。如果 CA 不支持作为 CDP，则 PKI 实体可以使用 SCEP 方式下载 CRL。

当 PKI 实体验证本地证书时，先查找本地内存的 CRL，如果本地内存没有 CRL，则需下载 CRL 并安装到本地内存中，如果对端实体的本地证书在 CRL 中，表示此证书已被撤销。

（2）OCSP 方式

在 IPSec 场景中，PKI 实体间使用证书方式进行 IPSec 协商时，可以通过 OCSP 方式实时检查对端实体的证书状态。

OCSP 克服了 CRL 的主要缺陷：PKI 实体必须经常下载 CRL 以确保列表的更新。当 PKI 实体访问 OCSP 服务器时，会发送一个对于证书状态信息的请求。OCSP 服务器会回复一个“有效”“过期”或“未知”的响应。

（3）None 方式

如果 PKI 实体没有可用的 CRL 和 OCSP 服务器，或者不需要检查 PKI 实体的本地证书状态，则可以采用 None 方式，即不检查证书是否被撤销。

1. 自动更新 CRL 方式

采用自动更新 CRL 方式检查证书状态的配置方法见表 8-14。**必须已配置好 PKI 域**。

表 8-14 自动更新 CRL 方式检查本地证书状态的配置步骤

步骤	命令	说明
1	**system-view** 例如：<Huawei> **system-view**	进入系统视图
2	**pki file-format** { **der** | **pem** } 例如：[Huawei] **pki file-format der**	（可选）配置设备保存 CRL 时的文件格式：DER 或者 PEM 格式。 缺省情况下，设备保存 CRL 时的文件格式为 PEM
3	**pki realm** *realm-name* 例如：[Huawei] **pki realm** abc	进入要检查本地证书状态的 PKI 域的视图

（续表）

<table>
<tr><th>步骤</th><th>命令</th><th colspan="2">说明</th></tr>
<tr><td>4</td><td>certificate-check { crl | ocsp } * [none] }
例如：[Huawei-pki-realm-abc] certificate-check crl none</td><td colspan="2">配置 PKI 域中证书吊销状态的检查方式。CRL 方式还可与 OCSP、None 方式组合使用，但在 V200R006 之前版本中仅可选择其中一种，不能组合使用。
如果配置了多种吊销状态的检查方式，会按照配置的先后顺序执行，当前一种方式不可用（如服务器连接不上）时才会使用后边的方式。如果选用了不检查（none），当前面配置的方式均不可用时，认为证书有效。
缺省情况下，PKI 域中证书吊销状态的检查方式为 CRL，可用 undo certificate-check 命令取消 PKI 域中配置的证书吊销状态的检查方式</td></tr>
<tr><td>5</td><td>crl auto-update enable
例如：[Huawei-pki-realm-abc] crl auto-update enable</td><td colspan="2">开启 CRL 自动更新功能。V200R006 之前版本不支持本命令，因为这些版本仅支持自动 CRL 更新方式，不支持手动 CRL 更新方式。
缺省情况下，CRL 自动更新功能处于关闭状态，可用 undo crl auto-update enable 命令执行 CRL 自动更新功能</td></tr>
<tr><td>6</td><td>crl update-period interval
例如：[Huawei-pki-realm-abc] crl update-period 24</td><td colspan="2">配置 CRL 自动更新的时间间隔，整数形式，取值范围为 1～720，单位为小时
缺省情况下，CRL 自动更新的时间间隔为 8h，可用 undo crl update-period 命令恢复 CRL 自动更新的时间间隔为缺省值</td></tr>
<tr><td rowspan="5">7</td><td>crl scep
例如：[Huawei-pki-realm-abc] crl scep</td><td rowspan="2">通过 SCEP 方式自动更新 CRL</td><td>配置使用 SCEP 方式自动更新 CRL，V200R006 以前版本不支持本命令。
缺省情况下，使用 HTTP 方式自动更新 CRL</td></tr>
<tr><td>cdp-url [esc] url-addr
例如：[Huawei-pki-realm-abc] cdp-url http://10.1.1.1</td><td>配置 CRL 发布点的 URL，V200R006 之前版本不支持命令中的 esc 可选项。
缺省情况下，系统未配置 CRL 发布点的 URL</td></tr>
<tr><td>crl http
例如：[Huawei-pki-realm-abc] crl http</td><td rowspan="2">通过 HTTP 方式自动更新 CRL（V200R006 之前版本不支持）</td><td>配置使用 HTTP 方式自动更新 CRL。
缺省情况下，使用 HTTP 方式自动更新 CRL</td></tr>
<tr><td>cdp-url [esc] url-addr
例如：[Huawei-pki-realm-abc] cdp-url http://10.1.1.1</td><td>配置 CRL 发布点的 URL，或者执行 cdp-url from-ca 命令，配置从 CA 证书中获取 CDP URL。
缺省情况下，系统未配置 CRL 发布点的 URL</td></tr>
<tr><td>crl ldap
例如：[Huawei-pki-realm-abc] crl ldap</td><td>通过 LDAP 方式自动更新 CRL（V200R006 以前版本不支持）</td><td>配置使用 LDAP 方式自动更新 CRL。
缺省情况下，使用 HTTP 方式自动更新 CRL</td></tr>
</table>

（续表）

<table>
<tr><th>步骤</th><th>命令</th><th colspan="2">说明</th></tr>
<tr><td rowspan="2">7</td><td>ldap-server { authentication ldap-dn ldap-password | ip ip-address [port port | version version] * }
例如：[Huawei-pki-realm-abc] ldap-server ip 10.1.1.1 port 3389 version 2</td><td rowspan="2">通过 LDAP 方式自动更新 CRL（V200R006 以前版本不支持）</td><td>配置使用 LDAP 方式自动更新 CRL。命令中的参数说明如下。
● authentication ldap-dn ldap-password：二选一参数，服务器的用户名和密码。
● ip ip-address：二选一参数，指定 LDAP 服务器 IP 地址。
● port port：可多选参数，指定 LDAP 协议的端口号，缺省为 389。
● version version：可多选参数，指定运行的 LDAP 协议版本，为 2 或 3，缺省为 3。
缺省情况下，系统未配置 LDAP 服务器</td></tr>
<tr><td>crl ldap [attribute attr-value] dn dn-value
例如：[Huawei-pki-realm-abc] crl ldap attribute abcde dn test</td><td>配置向 LDAP 服务器获取 CRL 时使用的属性和标识符。命令中的参数说明如下。
● attribute attr-value：可选参数，指定设备向 LDAP 服务器获取 CRL 时使用的属性值，字符串形式，长度范围为 1～64，区分大小写，缺省值是 certificateRevocationList。
● dn-value：指定设备向 LDAP 服务器获取 CRL 时使用的标识符，通常由用户通用名、组织单位、国家或者证书持有人的姓名等信息组成。
缺省情况下，系统未配置向 LDAP 服务器获取 CRL 时使用的属性和标识符</td></tr>
<tr><td>8</td><td>crl cache
例如：[Huawei-pki-realm-abc] crl cache</td><td colspan="2">配置允许 PKI 域使用缓存中的 CRL。使用 CRL 验证证书时，会将缓存中的 CRL 覆盖内存中的 CRL 并用来验证证书。如果不允许 PKI 域使用缓存中的 CRL，则每次需要时都将重新下载最新的 CRL，覆盖内存中原有的 CRL。
缺省情况下，系统允许 PKI 域使用缓存中的 CRL</td></tr>
<tr><td>9</td><td>quit
例如：[Huawei-pki-realm-abc] quit</td><td colspan="2">返回系统视图</td></tr>
<tr><td>10</td><td>pki get-crl realm realm-name
例如：[Huawei-pki-realm-abc] pki get-crl realm test</td><td colspan="2">立即更新指定 PKI 域中的 CRL。立即更新 CRL 后，新的 CRL 会替换设备存储介质中原来的 CRL，同时新的 CRL 也会被自动导入设备内存中替换原来的 CRL</td></tr>
</table>

2. 手动更新 CRL 方式

采用手动更新 CRL 方式检查证书状态的配置方法见表 8-15。**必须已配置好 PKI 域。V200R006 之前版本 VRP 系统不支持此种 CRL 更新方式。**

表 8-15 手动更新 CRL 方式检查本地证书状态的配置步骤

步骤	命令	说明
1	**system-view** 例如：<Huawei> **system-view**	进入系统视图
2	**pki realm** *realm-name* 例如：[Huawei] **pki realm** abc	进入要检查本地证书状态的 PKI 域的视图

（续表）

步骤	命令	说明
3	**certificate-check { crl | ocsp } * [none] }** 例如：[Huawei-pki-realm-abc] **certificate-check crl none**	配置 PKI 域中证书吊销状态的检查方式。CRL 方式还可与 OCSP、None 方式组合使用。 如果配置了多种吊销状态的检查方式，会按照配置的先后顺序执行，当前一种方式不可用（如服务器连接不上）时才会使用后边的方式。如果选用了不检查（none），则当前面配置的方式均不可用时，认为证书有效。 缺省情况下，PKI 域中证书吊销状态的检查方式为 CRL，可用 **undo certificate-check** 命令取消 PKI 域中配置的证书吊销状态的检查方式
4	**quit** 例如：[Huawei-pki-realm-abc] **quit**	返回系统视图
5	**pki file-format { der | pem }** 例如：[Huawei] **pki file-format der**	（可选）配置设备保存 CRL 时的文件格式：DER 或者 PEM 格式。 缺省情况下，设备保存 CRL 时的文件格式为 PEM
6	**pki http** [**esc**] *url-address save-name* 例如：[Huawei] **pki http** http://10.1.1.1/test.cer local.cer	（二选一）配置通过 HTTP 方式下载 CRL。命令中的参数和选项说明如下。 ● *esc*：可选项，指定以 ASCII 码形式输入 URL 地址。 ● *url-address*：指定 CA 证书、本地证书或 CRL 的 URL 地址，字符串形式，区分大小写，长度范围为 1～128。必须包含完整的证书文件及扩展名，例如 http://10.1.1.1:8080/cert.cer cert.cer。如果设置为域名方式，则必须保证该域名可以正常解析。 ● *save-name*：指定 CA 证书、本地证书或 CRL 保存到设备的 flash 中的名称，字符串形式，不区分大小写，长度范围为 1～64
	pki ldap ip *ip-address* **port** *port* **version** *version* [**attribute** *attr-value*] [**authentication** *ldap-dn ldap-password*] *save-name* **dn** *dn-value* 例如：[Huawei] **pki ldap ip** 10.1.1.1 **port** 3389 **version** 2 local.cer **dn** admin	（二选一）配置通过 LDAP 方式下载 CRL。参数说明参见表 8-14 第 7 步 **ldap-server** { **authentication** *ldap-dn ldap-password* | **ip** *ip-address* [**port** *port* | **version** *version*] * }命令中的对应参数说明
7	**pki import-crl realm** *realm-name* **filename** *file-name* 例如：[Huawei] **pki import-crl realm** abc **filename** abc.crl	将 CRL 导入设备的内存中

3. OCSP 方式检查证书状态

采用 OCSP 方式检查证书状态的配置方法见表 8-16。**必须已配置好 PKI 域。**

表 8-16　OCSP 方式检查本地证书状态的配置步骤

步骤	命令	说明
1	**system-view** 例如：<Huawei> **system-view**	进入系统视图
2	**pki realm** *realm-name* 例如：[Huawei] **pki realm** abc	进入要检查本地证书状态的 PKI 域的视图

（续表）

步骤	命令	说明
3	**certificate-check { crl | ocsp }** * **[none] }** 例如：[Huawei-pki-realm-abc] **certificate-check ocsp none**	配置 PKI 域中证书吊销状态的检查方式。OCSP 方式还可与 CRL、None 方式组合使用，**但在 V200R006 之前版本中仅可选择其中一种，不能组合使用。** 如果配置了多种吊销状态的检查方式，会按照配置的先后顺序执行，当前一种方式不可用（如服务器连接不上）时才会使用后边的方式。如果选用了不检查（none），当前面配置的方式均不可用时，认为证书有效。 缺省情况下，PKI 域中证书吊销状态的检查方式为 CRL，可用 **undo certificate-check** 命令取消 PKI 域中配置的证书吊销状态的检查方式
4	**ocsp url** [esc] *url-address* 例如：[Huawei-pki-realm-abc] **ocsp url** http://10.1.1.1	配置 OCSP 服务器的 URL。或者执行 **ocsp-url from-ca** 命令，配置从 CA 证书的 AIA 选项中获取 OCSP 服务器的 URL。V200R006 之前版本不支持 **esc** 选项。 缺省情况下，系统未配置 OCSP 服务器的 URL
5	**ocsp nonce enable** 例如：[Huawei-pki-realm-abc] **ocsp nonce enable**	（可选）配置 PKI 实体发送 OCSP 请求时带有 Nonce 扩展。通过该功能可以增强 PKI 实体与 OCSP 服务器通信时的安全性和可靠性。配置后，PKI 实体与 OCSP 服务器通信时发送的 OCSP 请求中带有 Nonce 扩展，内容为随机数。对于 OCSP 服务器发出的响应报文，可以不包含 Nonce 扩展，但是如果包含了 Nonce 扩展，则必须与 OCSP 请求中的 Nonce 扩展一致。 **V200R006 之前版本 VRP 系统不支持本命令。** 缺省情况下，PKI 实体发送 OCSP 请求时带有 Nonce 扩展
6	**ocsp signature enable** 例如：[Huawei-pki-realm-abc] **ocsp signature enable**	（可选）开启 OCSP 请求消息签名功能。如果 OCSP 服务器要求对 OCSP 请求消息进行签名保护，则设备需要配置本命令。 **V200R006 之前版本 VRP 系统不支持本命令。** 缺省情况下，OCSP 请求消息签名功能处于关闭状态
7	**quit** 例如：[Huawei-pki-realm-abc] **quit**	返回系统视图
8	**pki import-certificate ocsp realm** *realm-name* { **der** | **pkcs12** | **pem** } [**filename** *filename*] 例如：[Huawei] **pki import-certificate ocsp realm** abc **pem filename** abc123.cer	将 OCSP 服务器证书导入到设备的内存中。命令中的参数和选项说明如下（**V200R006 之前版本 VRP 系统不支持本命令**）。 • **realm** *realm-name*：指定导入证书所在的 PKI 域名。 • **der**：多选一选项，指定导入证书的格式为 DER 格式。 • **pkcs12**：多选一选项，指定导入证书的格式为 P12 格式。 • **pem**：多选一选项，指定导入证书的格式为 PEM 格式。 • **filename** *filename*：可选参数，指定导入证书的文件名称，必须是已经存在的文件名称。如果不指定，收入指定 PKI 域下所有证书
9	**pki ocsp response cache enable** 例如：[Huawei] **pki ocsp response cache enable**	开启 PKI 实体缓存 OCSP 响应的功能。开启缓存 OCSP 响应功能后，PKI 实体在使用 OCSP 检查证书的吊销状态时，会先查找缓存，如果查找失败则再向 OCSP 服务器发起请求。同时，PKI 实体会将有效的 OCSP 响应缓存起来，以便下次查找。**V200R006 以前版本 VRP 系统不支持本命令。**

（续表）

步骤	命令	说明
9	**pki ocsp response cache enable** 例如：[Huawei] **pki ocsp response cache enable**	OCSP 响应是有生效期限的，开启缓存 OCSP 响应功能后，PKI 实体会每隔 1min 刷新缓存的 OCSP 响应，清除其中过期的 OCSP 响应。 缺省情况下，PKI 实体缓存 OCSP 响应的功能处于关闭状态
10	**pki ocsp response cache number** *number* 例如：[Huawei] **pki ocsp response cache number** 5	（可选）配置 PKI 实体可以缓存的 OCSP 响应的最大数量，整数形式，取值范围为 1～8。**V200R006 之前版本 VRP 系统不支持本命令**。 PKI 实体可以将有效的 OCSP 响应缓存起来，以便下次查找。如果缓存的 OCSP 响应的数量达到 *number* 的值，则不继续缓存。 缺省情况下，PKI 实体可以缓存的 OCSP 响应的最大数量是 2
11	**pki ocsp response cache refresh interval** *number* 例如：[Huawei] **pki ocsp response cache refresh interval** 10	（可选）配置 PKI 实体刷新 OCSP 响应缓存的周期，整数形式，单位为分钟，取值范围为 1～1440，缺省值为 5min。 PKI 实体在刷新 OCSP 响应缓存时，会将刷新时的时间与收到 OCSP 响应时所记录的时间进行对比，如果超过了配置的 **interval** 值，则删除该 OCSP 响应缓存。 **V200R006 之前版本 VRP 系统不支持本命令**。 缺省情况下，PKI 实体刷新 OCSP 响应缓存的周期为 5min

如果需要把 OCSP 服务器证书拷贝到其他设备上使用时，可以执行 **pki export-certificate ocsp realm** *realm-name* { **der** | **pem** | **pkcs12** }命令，将 OCSP 服务器证书导出到设备的存储介质中。然后，可以通过文件传输协议取出证书。

如果 OCSP 服务器证书过期或者不使用时，可以执行 **pki delete-certificate ocsp realm** *realm-name* 命令，从内存中删除 OCSP 服务器证书。

如果 CRL 过期或者不使用时，可以执行 **pki delete-crl realm** *realm-name* 命令，从内存中删除 CRL。

8.5.2 配置检查 CA 证书和本地证书的有效性

在使用每一个证书之前，必须对证书进行验证，已确保证书的合法性。证书验证包括签发时间、签发者信息以及证书的有效性验证。证书验证的核心是检查 CA 在证书上的签名，以确保该证书是由合法 CA 颁发的，并确定证书仍在有效期内，而且未被撤销。

为完成证书验证，除了需要对端实体的本地证书外，本地设备需要下面的信息：CA 证书、CRL、本地证书及其私钥，证书认证相关配置信息。

本地证书验证的主要过程如下。

（1）使用 CA 证书的公钥验证证书上的 CA 签名是否正确。

为验证一个证书的合法性，首先需要获得颁发这个证书的 CA 的公钥（即获得 CA 证书），以便检查该证书上 CA 的签名。一个 CA 可以让另一个更高层次的 CA 来证明其证书的合法性，这样顺着证书链，验证证书就变成了一个叠代过程，最终这个链必须在某个“信任点”（一般是持有自签名证书的根 CA 或者是 PKI 实体信任的中间 CA）处结束。

任何 PKI 实体，如果它们共享相同的根 CA 或子 CA，并且已获取 CA 证书，都可以验证对端证书。一般情况下，当验证对端证书链时，验证过程在碰到第一个可信任的证书或 CA 机构时结束。证书链的验证过程是一个从目标证书（待验证的 PKI 实体证书）到信任点证书逐层验证的过程。

（2）根据证书的有效期，验证该证书是否过期。

（3）检查证书的状态，即通过 CRL 和 None 方式检查证书是否被撤销，参见 8.5.1 节介绍的验证方法。

当用户需要验证本地设备的 CA 证书和本地证书的有效性时，可在系统视图下执行 **pki validate-certificate** { **ca** | **local** } **realm** *realm-name* 命令检查 CA 证书或本地证书的有效性。但本命令只能验证根 CA 的 CA 证书有效性，不能验证从属 CA 的 CA 证书有效性。在多级 CA 的环境中，当设备上导入了多个 CA 证书时，只能使用 **pki validate-certificate local realm** *realm-name* 命令来验证从属 CA 的 CA 证书有效性。

8.5.3 验证 CA 证书和本地证书有效性管理命令

当完成验证 CA 证书和本地证书的所有配置后，可在任意视图下执行以下 **display** 命令检查证书的相关内容。

- **display pki crl** { **realm** *realm-name* | **filename** *filename* }：查看设备中指定 PKI 域或指定文件中的 CRL 内容。
- **display pki certificate ocsp realm** *realm-name*：查看设备上指定 PKI 域中已加载的 OCSP 服务器证书的内容。
- **display pki ocsp cache statistics**：查看 OCSP 响应缓存的统计信息。
- **display pki ocsp server down-information**：查看设备上记录的 OCSP 服务器 DOWN 状态信息。

8.6 配置证书扩展功能

本节将介绍证书的获取、删除、配置自签名证书或设备本地证书，配置 PKI 加入指定的 VPN 中等方面的配置方法。

1. 配置获取证书

当 PKI 实体通过 SCEP 或 CMPv2 协议申请本地证书时，PKI 实体可以向 CA 服务器查询并获取已颁发的证书至设备存储介质中。该证书可以是 PKI 实体自身的本地证书，也可以是 CA 证书，或其他 PKI 实体的本地证书。此处介绍的是一种手工获取证书的方式。

获取 CA 证书时，设备会自动将 CA 证书导入到设备内存中；获取本地证书时，需要通过手工方式将其导入到设备内存中。

获取证书的目的有两个：

- 将 CA 颁发的与 PKI 实体所在安全域有关的证书存放到设备存储介质中，以提高证书的查询效率，减少向 PKI 证书存储库查询的次数。
- 为证书的验证做好准备。

手工方式获取证书的方法是在系统视图下通过执行 **pki get-certificate** { **ca** | **local** }

realm *realm-name* 命令，获取 CA 证书或本地证书到设备的存储介质中。如果设备中存在相同的证书，则需要删除设备中的证书，否则会导致获取证书失败。

【经验提示】通过 SCEP 或 CMPv2 协议申请本地证书，系统会自动从 CA 服务器上下载 CA 证书和申请成功的本地证书到存储介质，所以一般情况下无需另外执行本项证书获取操作。但如果发现在本地设备的存储介质上没有看到所期望的 CA 证书或本地证书，也可以再次通过执行以上命令进行获取，这样也可以进一步验证本地证书的申请是否成功。

2. 删除本地证书

本地证书过期或者重新申请新的证书时，可以删除本地证书，方法是在系统视图下执行 **pki delete-certificate local realm** *realm-name* 命令，从内存中删除本地证书。

3. 配置导入和释放对端实体的证书

当采用数字信封认证方式时，如果设备作为数据发送者，设备上需要配置数据接收者的公钥。导入对端实体的证书即为获取对端实体公钥的一种方法，该方法建立了用户身份信息与用户公钥的关联，安全性高，适合在大规模网络时部署。

当导入的对端实体的证书不需要使用时，可以将对端实体的证书释放。

导入对端实体证书的方法是在系统视图下执行 **pki import-certificate peer** *peer-name* { { **der** | **pem** | **pkcs12** } **filename** [*filename*] | **pem terminal** }命令，导入对端实体的证书到设备的内存中。

释放对端实体的证书的方法是在系统视图下执行 **pki release-certificate peer** { **name** *peer-name* | **all** }命令，释放对端实体的证书。

可通过执行 **display pki peer-certificate** { **name** *peer-name* | **all** }命令，查看已导入的对端实体证书，以此来验证导入或者释放对端实体证书是否成功。

4. 配置自签名证书或设备本地证书

如果设备无法向 CA 申请本地证书，则可以通过设备生成自签名证书或设备本地证书，生成的证书以文件形式保存在存储器中，实现简单的证书颁发功能。用户可以将证书导出供其他设备使用。

自签名证书是设备为自己颁发的证书，即证书颁发者和证书主体相同；设备本地证书是设备根据 CA 证书给自己颁发的证书，证书颁发者是 CA。

配置自签名证书或设备本地证书的方法是在系统视图下执行 **pki create-certificate** [**self-signed**] **filename** *file-name* 命令，创建自签名证书或设备本地证书。选择 **self-signed** 选项时，创建自签名证书；不选择此选项时，创建设备本地证书。创建的自签名证书或设备本地证书的文件格式为 PEM。

配置时，会提示用户输入证书的一些信息，如 PKI 实体属性、证书文件名称、证书有效期和 RSA 密钥长度等。

5. 配置 PKI 域加入到指定的 VPN 内

当 CA 等服务器位于某个 VPN 内时，为了让设备可以与这些服务器进行通信以实现证书的获取或有效性校验等功能，此时需配置 PKI 域加入到指定的 VPN 内。

配置 PKI 域加入到指定的 VPN 内的方法是在具体的 PKI 域视图下执行 **vpn-instance** *vpn-instance-name* 命令，将 PKI 域加入到指定的 VPN 内。缺省情况下，系统未将 PKI 域加入到任何 VPN 内。

8.7　PKI 典型配置示例

为了帮助大家真正掌握本章前面所介绍的各种本地证书申请方式的配置方法，本节将介绍几个不同方式申请本地证书的配置示例。

8.7.1　通过 SCEP 协议自动申请本地证书配置示例

如图 8-7 所示，某企业在网络边界处部署了一路由器作为出口网关。用户希望通过简单快捷的方式为路由器向公网中的 CA 服务器申请本地证书，申请成功后能自动将证书导入到设备内存中，而且证书过期时能自动更新证书。

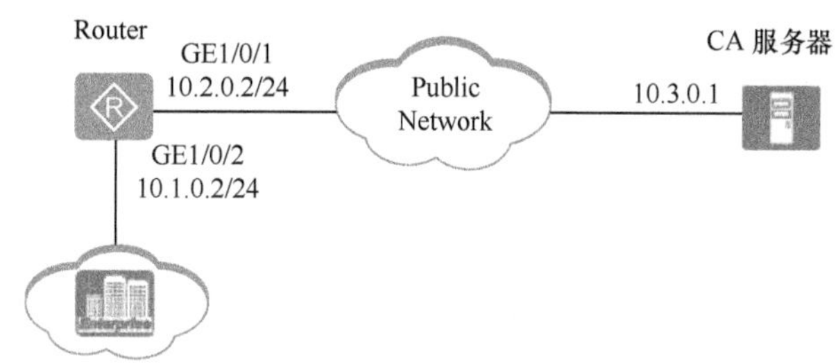

图 8-7　通过 SCEP 协议自动申请本地证书配置示例的拓扑结构

1．基本配置思路分析

通过本章前面内容的学习，我们已知道要实现本示例中“申请成功后能自动将证书导入到设备内存中，而且证书过期时能自动更新证书”的要求，只有通过配置采用 SCEP 协议自动为设备申请本地证书，因为只有通过 SCEP 协议才能实现证书的自动下载、安装和更新。

根据 8.3.1 节介绍的通过 SCEP 协议申请本地证书的具体配置方法，可得出本示例的基本配置思路如下。

（1）在路由器上配置接口 IP 地址，以及到 CA 服务器的静态路由，实现 Router 和 CA 服务器之间路由互通。

（2）在路由器上配置 PKI 实体信息，实现申请本地证书时携带 PKI 实体信息，用来标识路由器设备的身份。

（3）在路由器上创建 RSA 密钥对，实现申请本地证书时携带公钥。

（4）在路由器上配置通过 SCEP 协议申请和自动更新证书，实现自动安装证书，并且证书过期时，能自动更新证书。包括 PKI 域的配置。

说明

因为在通过 SCEP 协议为 PKI 实体申请本地证书时，需要配置用于验证 CA 证书的数字指纹（以验证 CA 证书的有效性）和挑战密码（CA 服务器通常会配置，以防止非法申请），所以在申请证书前需要以离线方式从 CA 服务器上获取 CA 证书的数字指纹和挑战密码（通过询问 CA 服务器管理人员即可得到）。这里假设数字指纹为：“e71add0744360e91186b828412d279e06dcc15a4ab4bb3d13842820396b526a0”和挑战密码为“6AE73F21E6D3571D”。

本示例以 Windows Server 2008 作为 CA 服务器为例，可以通过登录网页 http://*host*:*port*/certsrv/mscep_admin/获得 CA 证书指纹信息和挑战密码，其中 *host* 为 CA 服务器的 IP 地址，*port* 为 CA 服务器的端口号。本示例假设证书的申请 URL 地址为 http://10.3.0.1:80/certsrv/mscep/mscep.dll。

2. 具体配置步骤

（1）配置路由器的接口 IP 地址，以及到达 CA 服务器的静态路由。假设下一跳 IP 地址为 10.2.0.1/24。当然在公网端设备上也要配置到达路由器的路由。

```
<Huawei> system-view
[Huawei] sysname Router
[Router] interface gigabitethernet 1/0/1
[Router-GigabitEthernet1/0/1] ip address 10.2.0.2 255.255.255.0
[Router-GigabitEthernet1/0/1] quit
[Router] interface gigabitethernet 1/0/2
[Router-GigabitEthernet1/0/2] ip address 10.1.0.2 255.255.255.0
[Router-GigabitEthernet1/0/2] quit
[Router] ip route-static 10.3.0.0 255.255.255.0 10.2.0.1
```

（2）配置 PKI 实体，标识申请证书 PKI 实体的身份信息。在多数情况下，只需执行前面 3 步即可。

```
[Router] pki entity user01   #---配置 PKI 实体的名称为 user01
[Router-pki-entity-user01] common-name lycb   #---配置 PKI 实体的通用名为 lycb
[Router-pki-entity-user01] country cn   #---配置 PKI 实体的国别为中国
[Router-pki-entity-user01] email user@test.abc.com   #---配置 PKI 实体的电子邮箱为 user@test.abc.com
[Router-pki-entity-user01] fqdn test.abc.com #---配置 PKI 实体的域名为 test.abc.com
[Router-pki-entity-user01] ip-address 10.2.0.2   #---配置 PKI 实体的 IP 为 10.2.0.2
[Router-pki-entity-user01] state Jiangsu   #---配置 PKI 实体的区域位置为江苏省
[Router-pki-entity-user01] organization huawei   #---配置 PKI 实体的工作单位为华为
[Router-pki-entity-user01] organization-unit info   #---配置 PKI 实体的部门为信息部
[Router-pki-entity-user01] quit
```

（3）创建 RSA 密钥对。RSA 密钥对名称为 rsa_scep，在创建提示输入密钥倍数时输入 2048，并设置为可以从设备上导出（命令中带 **exportable** 选项），用于把其中的公钥发给对端设备，实现对本端设备的验证。

```
[Router] pki rsa local-key-pair create rsa_scep exportable
 Info: The name of the new key-pair will be: rsa_scep
 The size of the public key ranges from 512 to 4096.
 Input the bits in the modules:2048
 Generating key-pairs...          .................+++
......................+++
```

（4）通过 SCEP 协议申请和更新证书。

结合 8.2.2 节和 8.3.1 节介绍的步骤创建和配置 PKI 域，以及配置通过 SCEP 协议自动申请、更新本地证书。

\# 创建与配置 PKI 域

```
[Router] pki realm abc   #---创建一个名为 abc 的 PKI 域
[Router-pki-realm-abc] ca id ca_root   #---指定信任的 CA 服务器名称，假设为 ca_root
[Router-pki-realm-abc] entity user01   #---指定以上 PKI 域绑定的实体名称为 user01
[Router-pki-realm-abc] fingerprint sha256 e71add0744360e91186b828412d279e06dcc15a4ab4bb3d13842820396b526a0
#---配置 CA 证书的 SHA2-S256 算法的数字指纹
```

\# 配置通过 SCEP 协议申请本地证书

```
[Router-pki-realm-abc] enrollment-url http://10.3.0.1:80/certsrv/mscep/mscep.dll ra   #---指定访问 CA 服务器的 URL 地址，并且指定由 RA 进行审核 PKI 实体申请本地证书时的身份信息
```

```
[Router-pki-realm-abc] rsa local-key-pair rsa_scep #---指定通过SCEP协议申请本地证书时所使用的RSA密钥对名称为rsa_scep，即上一步所创建的 RSA 密钥对
[Router-pki-realm-abc] enrollment-request signature message-digest-method sha-384 #---配置在向 CA 发送申请证书请求时利用自己的私公钥对消息进行签名时所用的摘要算法为 SHA2-384
[Router-pki-realm-abc] password cipher 6AE73F21E6D3571D #---配置挑战密码，用于 CA 服务器验证申请者的身份
[Router-pki-realm-abc] auto-enroll 60 regenerate 2048 #---开启证书自动注册和更新功能，指定证书密钥长度为 2048 位，在有效期到 60%时自动更新并同时更新 RSA 密钥
[Router-pki-realm-abc] quit
```

通过以上配置就可以从 CA 服务器通过 SCEP 协议自动向 CA 服务器申请注册本地证书。在申请的过程中，设备会先获取 CA 证书并自动安装 CA 证书，然后再获取本地证书并自动安装本地证书。获取的 CA 证书和本地证书名称分别为 abc_ca.cer 和 abc_local.cer。

3. 配置结果验证

本地证书申请成功后，可通过执行 **display pki certificate local** 命令查看已经导入内存的本地证书的内容。

```
[Router] display pki certificate local realm abc
 The x509 object type is certificate:
Certificate:
    Data:
        Version: 3 (0x2)    #---本地证书使用的 X.509 协议版本号为 3
        Serial Number:      #---本地证书序列号
            48:65:aa:2a:00:00:00:00:3f:c6
    Signature Algorithm: sha1WithRSAEncryption    #---本地证书签名算法为 SHA1
        Issuer: CN=ca_root      #---本地证书颁发者名称为 ca_root
        Validity            #---本地证书的有效期
            Not Before: Dec 21 11:46:10 2015 GMT
            Not After : Dec 21 11:56:10 2016 GMT
        Subject: C=CN, ST=jiangsu, O=huawei, OU=info, CN=hello    #---本地证书主题字段内容
        Subject Public Key Info:      #---本地证书公钥信息
            Public Key Algorithm: rsaEncryption       #---本地证书公钥算法为 RSA
                Public-Key: (2048 bit)        #--本地证书公钥为 2048 位
                Modulus:              #---本地证书公钥
                    00:94:6f:49:bd:6a:f3:d5:07:ee:10:ee:4f:d3:06:
                    80:59:15:cb:a8:0a:b2:ba:c2:db:52:ec:e9:d1:a7:
                    72:de:ac:35:df:bb:e0:72:62:08:3e:c5:54:c1:ba:
                    4a:bb:1b:a9:d9:dc:e4:b6:4d:ca:b3:54:90:b6:8e:
                    15:a3:6e:2d:b2:9e:9e:7a:33:b0:56:3f:ec:bc:67:
                    1c:4c:59:c6:67:0f:a7:03:52:44:8c:53:72:42:bd:
                    6e:0c:90:5b:88:9b:2c:95:f7:b8:89:d1:c2:37:3e:
                    93:78:fa:cb:2c:20:22:5f:e5:9c:61:23:7b:c0:e9:
                    fe:b7:e6:9c:a1:49:0b:99:ef:16:23:e9:44:40:6d:
                    94:79:20:58:d7:e1:51:a1:a6:4b:67:44:f7:07:71:
                    54:93:4e:32:ff:98:b4:2b:fa:5d:b2:3c:5b:df:3e:
                    23:b2:8a:1a:75:7e:8f:82:58:66:be:b3:3c:4a:1c:
                    2c:64:d0:3f:47:13:d0:5a:29:94:e2:97:dc:f2:d1:
                    06:c9:7e:54:b3:42:2e:15:b8:40:f3:94:d3:76:a1:
                    91:66:dd:40:29:c3:69:70:6d:5a:b7:6b:91:87:e8:
                    bb:cb:a5:7e:ec:a5:31:11:f3:04:ab:1a:ef:10:e6:
                    f1:bd:d9:76:42:6c:2e:bf:d9:91:39:1d:08:d7:b4:
                    18:53
                Exponent: 65537 (0x10001)
        X509v3 extensions:
            X509v3 Subject Alternative Name:
                IP Address:10.2.0.2, DNS:test.abc.com, email:user@test.abc.com
            X509v3 Subject Key Identifier:
```

```
            15:D1:F6:24:EB:6B:C0:26:19:58:88:91:8B:60:42:CE:BA:D5:4D:F3
        X509v3 Authority Key Identifier:
            keyid:B8:63:72:A4:5E:19:F3:B1:1D:71:E1:37:26:E1:46:39:01:B6:82:C5

        X509v3 CRL Distribution Points:

            Full Name:
              URI:file://\\vasp-e6000-127.china.huawei.com\CertEnroll\ca_root.crl
              URI:http://10.3.0.1:8080/certenroll/ca_root.crl

        Authority Information Access:
            CA Issuers - URI:http://vasp-e6000-127.china.huawei.com/CertEnro
ll/vasp-e6000-127.china.huawei.com_ca_root.crt
            OCSP - URI:file://\\vasp-e6000-127.china.huawei.com\CertEnroll\v
asp-e6000-127.china.huawei.com_ca_root.crt

        1.3.6.1.4.1.311.20.2:
            .0.I.P.S.E.C.I.n.t.e.r.m.e.d.i.a.t.e.O.f.f.l.i.n.e
    Signature Algorithm: sha1WithRSAEncryption     #---本地证书的 RSA 数字签名（由 CA 证书私钥生成）
        d2:be:a8:52:6b:03:ce:89:f1:5b:49:d4:eb:2b:9f:fd:59:17:
        d4:3c:f1:db:4f:1b:d1:12:ac:bf:ae:59:b4:13:1b:8a:20:d0:
        52:6a:f8:a6:03:a6:72:06:41:d2:a7:7d:3f:51:64:9b:84:64:
        cf:ec:4c:23:0a:f1:57:41:53:eb:f6:3a:44:92:f3:ec:bd:09:
        75:db:02:42:ab:89:fa:c4:cd:cb:09:bf:83:1d:de:d5:4b:68:
        8a:a6:5f:7a:e8:b3:34:d3:e8:ec:24:37:2b:bd:3d:09:ed:88:
        d8:ed:a7:f8:66:aa:6f:b0:fe:44:92:d4:c9:29:21:1c:b3:7a:
        65:51:32:50:5a:90:fa:ae:e1:19:5f:c8:63:8d:a8:e7:c6:89:
        2e:6d:c8:5b:2c:0c:cd:41:48:bd:79:74:0e:b8:2f:48:69:df:
        02:89:bb:b3:59:91:7f:6b:46:29:7e:22:05:8c:bb:6a:7e:f3:
        11:5a:5f:fb:65:51:7d:35:ff:49:9e:ec:d1:2d:7e:73:e5:99:
        c6:41:84:0c:50:11:ed:97:ed:15:de:11:22:73:a1:78:11:2e:
        34:e6:f5:de:66:0c:ba:d5:32:af:b8:54:26:4f:5b:9e:89:89:
        2a:3f:b8:96:27:00:c3:08:3a:e9:e8:a6:ce:4b:5a:e3:97:9e:
        6b:dd:f0:72

  Pki realm name: abc        #---本地证书所属 PKI 域为 abc
  Certificate file name: abc_local.cer      #---本地证书文件名为 abc_local.cer
  Certificate peer name: -
```

还可通过执行 **display pki certificate ca** 命令查看已经导入内存的 CA 证书的内容。必须先成功下载到了 CA 证书才能最后成功申请本地证书。

```
[Router] display pki certificate ca realm abc
 The x509 object type is certificate:
Certificate:
    Data:
        Version: 3 (0x2)
        Serial Number:
            0c:f0:1a:f3:67:21:44:9a:4a:eb:ec:63:75:5d:d7:5f
    Signature Algorithm: sha1WithRSAEncryption
        Issuer: CN=ca_root
        Validity
            Not Before: Jun  4 14:58:17 2015 GMT
            Not After : Jun  4 15:07:10 2020 GMT
        Subject: CN=ca_root
        Subject Public Key Info:            #---CA 证书的公钥信息
            Public Key Algorithm: rsaEncryption
                Public-Key: (2048 bit)
                Modulus:
```

```
                00:d9:5f:2a:93:cb:66:18:59:8c:26:80:db:cd:73:
                d5:68:92:1b:04:9d:cf:33:a2:73:64:3e:5f:fe:1a:
                53:78:0e:3d:e1:99:14:aa:86:9b:c3:b8:33:ab:bb:
                76:e9:82:f6:8f:05:cf:f6:83:8e:76:ca:ff:7d:f1:
                bc:22:74:5e:8f:4c:22:05:78:d5:d6:48:8d:82:a7:
                5d:e1:4c:a4:a9:98:ec:26:a1:21:07:42:e4:32:43:
                ff:b6:a4:bd:5e:4d:df:8d:02:49:5d:aa:cc:62:6c:
                34:ab:14:b0:f1:58:4a:40:20:ce:be:a5:7b:77:ce:
                a4:1d:52:14:11:fe:2a:d0:ac:ac:16:95:78:34:34:
                21:36:f2:c7:66:2a:14:31:28:dc:7f:7e:10:12:e5:
                6b:29:9a:e8:fb:73:b1:62:aa:7e:bd:05:e5:c6:78:
                6d:3c:08:4c:9c:3f:3b:e0:e9:f2:fd:cb:9a:d1:b7:
                de:1e:84:f4:4a:7d:e2:ac:08:15:09:cb:ee:82:4b:
                6b:bd:c6:68:da:7e:c8:29:78:13:26:e0:3c:6c:72:
                39:c5:f8:ad:99:e4:c3:dd:16:b5:2d:7f:17:e4:fd:
                e4:51:7a:e6:86:f0:e7:82:2f:55:d1:6f:08:cb:de:
                84:da:ce:ef:b3:b1:d6:b3:c0:56:50:d5:76:4d:c7:
                fb:75
            Exponent: 65537 (0x10001)
        X509v3 extensions:
            1.3.6.1.4.1.311.20.2:
                ...C.A
            X509v3 Key Usage: critical
                Digital Signature, Certificate Sign, CRL Sign
            X509v3 Basic Constraints: critical
                CA:TRUE
            X509v3 Subject Key Identifier:
                B8:63:72:A4:5E:19:F3:B1:1D:71:E1:37:26:E1:46:39:01:B6:82:C5
            X509v3 CRL Distribution Points:

                Full Name:
                  URI:http://vasp-e6000-127.china.huawei.com/CertEnroll/ca_root.crl
                  URI:file://\\vasp-e6000-127.china.huawei.com\CertEnroll\ca_root.crl

            1.3.6.1.4.1.311.21.1:
                ...
    Signature Algorithm: sha1WithRSAEncryption     #---CA 证书的数字签名（由 CA 证书的私钥自签名生成）
        52:21:46:b8:67:c8:c3:4a:e7:f8:cd:e1:02:d4:24:a7:ce:50:
        be:33:af:8a:49:47:67:43:f9:7f:79:88:9c:99:f5:87:c9:ff:
        08:0f:f3:3b:de:f9:19:48:e5:43:0e:73:c7:0f:ef:96:ef:5a:
        5f:44:76:02:43:83:95:c4:4e:06:5e:11:27:69:65:97:90:4f:
        04:4a:1e:12:37:30:95:24:75:c6:a4:73:ee:9d:c2:de:ea:e9:
        05:c0:a4:fb:39:ec:5c:13:29:69:78:33:ed:d0:18:37:6e:99:
        bc:45:0e:a3:95:e9:2c:d8:50:fd:ca:c2:b3:5a:d8:45:82:6e:
        ec:cc:12:a2:35:f2:43:a5:ca:48:61:93:b9:6e:fe:7c:ac:41:
        bf:88:70:57:fc:bb:66:29:ae:73:9c:95:b9:bb:1d:16:f7:b4:
        6a:da:03:df:56:cf:c7:c7:8c:a9:19:23:61:5b:66:22:6f:7e:
        1d:26:92:69:53:c8:c6:0e:b3:00:ff:54:77:5e:8a:b5:07:54:
        fd:18:39:0a:03:ac:1d:9f:1f:a1:eb:b9:f8:0d:21:25:36:d5:
        06:de:33:fa:7b:c8:e9:60:f3:76:83:bf:63:c6:dc:c1:2c:e4:
        58:b9:cb:48:15:d2:a8:fa:42:72:15:43:ef:55:63:39:58:77:
        e8:ae:0f:34

Pki realm name: abc                       #---CA 证书所属 PKI 域为 abc
Certificate file name: abc_ca.cer          #---CA 证书的文件名为 abc_ca.cer
Certificate peer name: -
```

由于配置 **auto-enroll** 命令时选择了 **regenerate** 可选项，更新时系统会生成新的 RSA

密钥对去申请新证书，而且当系统检测到时间已经超过了配置的当前证书有效期的 60%之后，就会向 SCEP 服务器发起证书的更新请求。

8.7.2 通过 CMPv2 协议首次申请本地证书配置示例

本示例拓扑结构与上节的一样，参见图 8-7。某企业在网络边界处部署了一路由器作为出口网关，用户希望路由器使用 CMPv2 协议向公网上的 CA 服务器在线首次申请证书，申请成功后自动将本地证书下载到设备的存储介质中。

因为通过 CMPv2 协议申请本地证书的方法适用 V200R008C30 及之后版本，所以本示例也适用于 V200R008C30 及之后版本 VRP 系统。

1. 基本配置思路分析

本示例要求通过 CMPv2 协议为设备首次申请本地证书，根据 8.3.2 节的介绍可知，这种本地证书申请方式不能实现证书的自动安装（**但会自动下载**），所以需要另外对所下载的 CA 证书和本地证书进行安装。如果还需要实现本地证书的自动更新，则还需要按 8.3.2 节表 8-11 介绍的步骤进行配置。

本示例的基本配置思路如下。

（1）在路由器上配置接口 IP 地址，以及到 CA 服务器的静态路由，实现路由器和 CA 服务器之间路由互通。

（2）在路由器上配置 PKI 实体信息，实现申请本地证书时携带 PKI 实体信息用来标识路由器设备的身份。

（3）在路由器上创建 RSA 密钥对，实现申请本地证书时携带公钥。

（4）在路由器上通过 CMPv2 协议首次申请本地证书，并使用消息认证码来验证消息，实现自动下载 CA 和本地证书。此时需要事先获取 CA 服务器上配置的消息认证码的参考值和秘密值。

（5）在路由器上安装 CA 和本地证书，使两证书生效。

（6）在路由器上配置通过 CMPv2 协议实现本地证书的自动更新。

为完成本示例配置，需先准备好如下数据。

- CA 名称：在 CMP 会话中所指定的 CA 证书名称是指 CA 证书中的主题（Subject）字段的值，而不是像通过 SCEP 协议申请本地证书中所指的 CA 服务器名称。此处假设为“C=cn, ST=beijing, L=SD, O=BB, OU=BB, CN=BB”。配置的 CA 名称中各个字段的顺序必须要和实际 CA 证书中的顺序保持一致，否则服务器端会认为是错误的。
- 消息认证码的参考值和秘密值：需要以带外方式从 CMP 服务器上获取，此处假设分别为“1234”和“123456”。

2. 具体配置步骤

以上第（1）～（3）的配置与上节的配置完全一样，参照即可，下面仅介绍后面三项任务的具体配置方法。

（4）配置通过 CMP 协议为设备首次申请本地证书，可参见 8.3.2 节表 8-7 和表 8-8 所示步骤，包括 PKI 域的创建与配置。假设设备保存证书时采用缺省的 PEM 格式。

创建与配置 PKI 域

```
[Router] pki realm abc  #---创建一个名为 abc 的 PKI 域
[Router-pki-realm-abc] ca id ca_root   #---指定信任的 CA 服务器名称，假设为 ca_root
[Router-pki-realm-abc] entity user01   #---指定以上 PKI 域绑定的实体名称为 user01
[Router-pki-realm-abc] quit
```

#　配置通过 CMPv2 首次申请本地证书

```
[Router] pki cmp session cmp  #---创建 CMP 会话 cmp
[Router-pki-cmp-session-cmp] cmp-request entity user01  #---指定 CMP 会话引用的 PKI 实体名称
[Router-pki-cmp-session-cmp] cmp-request ca-name "C=cn,ST=beijing,L=SD,O=BB,OU=BB,CN=BB"  #---配置 CA 证书的主题字段为“C=cn,ST=beijing,L=SD,O=BB,OU=BB,CN=BB”
[Router-pki-cmp-session-cmp] cmp-request server url http://10.3.0.1:8080  #---配置访问 CMP 服务器申请本地证书的 URL
[Router-pki-cmp-session-cmp] cmp-request rsa local-key-pair rsa_cmp regenerate #---指定申请证书时使用的 RSA 密钥对（在第 3 步已创建），并设置为证书自动更新时同时更新 RSA 密钥对
[Router-pki-cmp-session-cmp] cmp-request realm abc  #---指定 CMP 服务器证书所属的 PKI 域
[Router-pki-cmp-session-cmp] cmp-request message-authentication-code 1234 123456  #---指定首次申请证书时使用的消息认证码的参考值和秘密值分别为“1234”和“123456”
[Router-pki-cmp-session-cmp] quit
[Router] pki cmp initial-request session cmp  #---根据 CMP 会话的配置信息向 CMPv2 服务器进行密钥更新请求
[Router]
 Info: Initializing configuration.
 Info: Creatting initial request packet.
 Info: Connectting to CMPv2 server.
 Info: Sending initial request packet.
 Info: Waitting for initial response packet.
 Info: Creatting confirm packet.
 Info: Connectting to CMPv2 server.
 Info: Sending confirm packet.
 Info: Waitting for confirm packet from server.
 Info: CMPv2 operation finish.
```

通过以上步骤就可以获取到 CA 证书和本地证书了，分别被命名为 cmp_ca1.cer 和 cmp_ir.cer 保存在 CF 卡中。

（5）安装 CA 证书和本地证书。

因为在通过 CMPv2 协议申请本地证书时，只会自动下载 CA 证书和本地证书文件到设备的存储介质中，不会自动导入这些证书到内存中，所以还需要单独导入。

导入 CA 证书到内存，参见 8.2.5 节。

```
[Router] pki import-certificate ca realm abc pem filename cmp_ca1.cer
 The CA's Subject is /C=cn/ST=beijing/L=BB/O=BB/OU=BB/CN=BB
 The CA's fingerprint is:
   MD5  fingerprint:3AC7 54FD E272 09BE 9008 84EE D1FC 118E
   SHA1 fingerprint:492A 8E0B BED2 BE10 C097 9039 99FE F7E1 9AA5 B658
 Is the fingerprint correct?(Y/N):y
 Info: Succeeded in importing file.
```

导入本地证书到内存，参见 8.4.2 节。

```
[Router] pki import-certificate local realm abc pem filename cmp_ca1.cer
 Info: Succeeded in importing file.
```

（6）配置本地证书自动更新功能，参见 8.3.2 节表 8-11 所示的步骤。

配置设备用于证明自己身份的证书，也是待更新的证书 cmp_ir.cer。

```
[Router] pki cmp session cmp
[Router-pki-cmp-session-cmp] cmp-request authentication-cert cmp_ir.cer
```

开启证书自动更新的功能。

```
[Router-pki-cmp-session-cmp] certificate auto-update enable
```

配置当前系统时间超过证书有效期的 60%时开始更新证书。

```
[Router-pki-cmp-session-cmp] certificate update expire-time 60
[Router-pki-cmp-session-cmp] quit
```

3. 配置结果验证

通过以上配置就可成功下载 CA 证书和本地证书，并且已导入设备的本地内存中，可执行 **display pki certificate local** 命令查看已经导入内存的本地证书的内容。

```
[Router] display pki certificate local filename cmp_ir.cer
 The   x509_obj type is Cert:        #---以下显示的是本地证书基本信息
Certificate:
    Data:
        Version: 3 (0x2)
        Serial Number: 1144733510 (0x443b3f46)
        Signature Algorithm: sha1WithRSAEncryption
        Issuer: C=cn, ST=beijing, L=BB, O=BB, OU=BB, CN=BB
        Validity
            Not Before: Jun 12 09:33:10 2012 GMT
            Not After : Aug 13 02:38:27 2016 GMT
        Subject: C=CN, ST=jiangsu, O=huawei, OU=info, CN=hello
        Subject Public Key Info:    #---以下显示的是本证书的公钥信息
            Public Key Algorithm: rsaEncryption
                Public-Key: (2048 bit)
                Modulus:
                    00:d3:12:fe:57:48:c6:a5:10:12:e9:2f:f9:2a:ff:
                    7b:2a:d8:45:69:11:c4:85:30:c4:9a:4d:0f:ad:58:
                    e7:56:cd:5c:f0:18:e1:c3:6d:44:c2:c3:5e:64:22:
                    d1:28:c9:c3:37:3c:34:ed:28:04:7f:62:9e:8b:94:
                    af:bc:72:de:f6:72:7f:e4:d8:45:31:fd:f9:ac:ce:
                    5a:b9:c7:1b:23:53:00:28:a6:3b:f5:61:69:5d:ab:
                    67:cb:bb:e8:96:2f:ce:ab:2c:6b:91:5b:26:91:86:
                    8f:80:a9:b0:66:c1:16:3d:31:55:a2:d4:b5:5a:af:
                    85:88:6e:99:f8:f8:53:58:77:26:91:ed:0e:94:ad:
                    c5:8d:53:67:67:55:08:8d:90:38:e0:5e:96:37:b9:
                    64:0e:36:e7:cf:9a:d2:77:e4:b0:24:05:a6:eb:03:
                    6e:ff:f7:ab:be:93:9e:8c:66:7d:31:66:be:6d:c8:
                    f3:17:9d:86:19:88:21:2d:d9:69:86:5f:b2:55:a4:
                    db:bc:d7:d0:6b:ac:66:ac:e4:63:9c:66:79:9c:42:
                    5c:83:b8:9e:4b:6e:67:85:a2:47:19:f1:5c:c0:3c:
                    c9:a3:47:02:a8:53:69:59:9e:d9:c7:5e:90:83:8d:
                    ac:cd:21:3c:d5:31:39:49:84:e6:f8:f4:e0:44:dd:
                    5d:7b
                Exponent: 65537 (0x10001)
        X509v3 extensions:
            X509v3 Subject Alternative Name:
                IP Address:128.18.196.208, DNS:test.abc.com
    Signature Algorithm: sha1WithRSAEncryption    #---以下是本地证书经 CA 证书公钥进行的签名
        53:d5:79:31:7b:40:52:aa:ec:a9:35:ed:07:62:32:c4:ce:22:
        d3:37:0e:83:0c:4c:fa:61:dd:8c:db:a8:d3:fd:6a:ca:0e:3c:
        91:2c:91:ab:92:31:34:b5:87:1e:30:a4:ff:94:9c:d2:71:3c:
        6b:1f:4f:be:a7:20:f2:e1:c2:ad:71:8b:c2:79:0f:50:1f:3c:
        f9:87:df:1d:ee:3d:38:8c:f3:30:b7:3b:00:9b:72:38:b0:68:
        e1:c0:08:f4:02:91:81:a8:fa:51:9e:53:0d:03:b3:6b:0e:e2:
        62:80:ef:2a:a0:cb:9b:9b:91:21:7c:df:fe:6a:38:cc:03:36:
        9c:fc
```

```
Pki realm name: abc        #----显示证书所属的 PKI 域为 abc
Certificate file name: cmp_ir.cer   #----显示本地证书名称
Certificate peer name: -
```

还可执行 **display pki certificate ca** 命令查看已经导入到内存的 CA 证书的内容。

```
[Router] display pki certificate ca filename cmp_ca1.cer
 The x509 object   type is certificate:          #---以下显示的是 CA 证书的基本信息
Certificate:
    Data:
        Version: 3 (0x2)
        Serial Number: 2 (0x2)
        Signature Algorithm: sha1WithRSAEncryption
        Issuer: C=cn, ST=beijing, L=BB, O=BB, OU=BB, CN=BB
        Validity
            Not Before: Aug 15 02:38:27 2011 GMT
            Not After : Aug 13 02:38:27 2016 GMT
        Subject: C=CN, ST=jiangsu, O=huawei, OU=info, CN=hello
        Subject Public Key Info:             #---以下显示的是 CA 证书的公钥信息
            Public Key Algorithm: rsaEncryption
                Public-Key: (1024 bit)
                Modulus:
                    00:b7:3e:65:7f:3b:3c:18:b8:87:34:39:76:3c:87:
                    39:f7:a9:b3:35:9b:e0:e0:5b:c7:4f:3c:bb:fa:dd:
                    da:93:0b:55:6e:eb:ba:52:c8:86:d1:cf:14:1e:1c:
                    35:c6:53:68:f3:51:e7:2c:d4:b8:fa:0f:b3:04:ef:
                    3f:a0:b3:4d:78:c1:26:88:26:15:41:3d:14:7f:67:
                    3e:2f:35:32:ce:c7:73:73:43:5c:12:d3:0f:a0:ec:
                    96:ae:55:61:27:32:39:a4:f8:32:a1:68:50:e6:3d:
                    2b:39:6d:42:e8:09:5d:4f:98:46:6e:fc:80:87:0e:
                    36:ca:09:7a:ca:2f:dd:ad:d3
                Exponent: 65537 (0x10001)
        X509v3 extensions:
            X509v3 Basic Constraints: critical
                CA:TRUE
            X509v3 Subject Key Identifier:
                4F:67:F4:CB:F4:C3:F7:61:2C:BD:FF:1D:D1:29:FD:39:28:9F:3B:8B
            X509v3 Key Usage:
                Certificate Sign, CRL Sign
            Netscape Cert Type:
                SSL CA, S/MIME CA, Object Signing CA
            Netscape Comment:
                xca certificate
    Signature Algorithm: sha1WithRSAEncryption     #---以下是由自己的公钥进行的签名
        75:43:24:eb:db:ee:7d:05:30:88:b8:1b:d5:32:ca:51:49:74:
        04:94:fe:d0:31:29:6f:72:c7:4a:86:ac:2a:4c:45:24:9d:3c:
        b4:30:b5:d1:43:88:29:f7:b4:88:b8:37:dc:dd:f4:fa:42:34:
        1c:e6:a5:bc:bb:0b:37:ef:db:8c:b2:b0:bd:97:7f:15:ae:6c:
        71:1b:ff:f1:90:13:74:a4:1f:7c:f7:4e:80:5b:42:aa:6b:22:
        2a:cf:04:48:29:20:c0:b2:95:38:11:06:be:76:f0:cb:8d:4a:
        c6:1a:50:af:31:81:58:ac:14:fe:89:f2:e0:bb:95:3c:94:d0:
        54:96

Pki realm name: abc
Certificate file name: cmp_ca1.cer
Certificate peer name: -
```

配置证书自动更新功能后，当系统检测到时间已经超过了配置的当前证书有效期的60%之后，就会向 CMPv2 服务器发起证书的更新请求。由于配置 **cmp-request rsa local-key-pair** 命令时选择了 **regenerate** 可选项，更新时系统会生成新的 RSA 密钥对去申请新的本地证书，申请下来的新证书会同时替换存储介质中的证书文件和内存中对应的本地证书。

8.7.3 离线申请本地证书配置示例

如图 8-8 所示，某企业在网络边界处部署了路由器作为出口网关，路由器需要向公网上的 CA 服务器申请本地证书。但用户无法通过 SCFP 协议在线向 CA 申请本地证书，所以打算通过带外方式为路由器离线申请本地证书。

说明 本示例的 CA 服务器以 Windows Server 2008 自带的“证书服务”，并安装了 SCEP 插件。

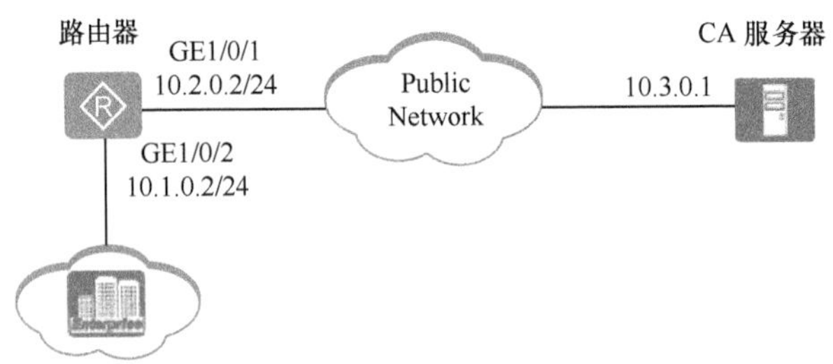

图 8-8 离线申请本地证书配置示例的拓扑结构

1. 基本配置思路分析

本示例采用离线方式申请本地证书，需要先在设备本地创建本地证书申请文件，然后通过离线方式把本地证书申请文件发给 CA 服务器来获取本地证书。基本的配置思路如下（具体配置步骤参见 8.3.3 节）。

（1）在路由器上配置接口 IP 地址，以及到 CA 服务器的静态路由，实现路由器和 CA 服务器之间路由互通。

（2）在路由器上配置 PKI 实体信息，实现申请本地证书时携带 PKI 实体信息用来标识路由器设备的身份。

（3）在路由器上创建 RSA 密钥对，实现申请本地证书时携带公钥。

（4）在路由器上配置离线申请本地证书的请求文件，包括 PKI 域配置。

（5）通过带外方式（如磁盘复制、电子邮件等）发送本地证书请求文件来申请本地证书，并通过带外方式下载本地证书。

（6）安装本地证书，使得设备可以使用证书来保护通信。

2. 具体配置步骤

以上第（1）～（3）的配置与 8.7.1 节的配置完全一样，参照即可，下面仅介绍后面三项任务的具体配置方法。

（4）在路由器上配置离线申请本地证书的请求文件。要事先创建好 PKI 域（绑定好 PKI 实体），配置好 PKI 实体信息。

\# 创建与配置 PKI 域

```
[Router] pki realm abc    #---进入 PKI 域 abc
[Router-pki-realm-abc] entity user01    #---绑定要申请本地证书的 PKI 实体
[Router-pki-realm-abc] rsa local-key-pair rsakey    #---指定用于申请本地证书的 RSA 密钥对
[Router-pki-realm-abc] quit
```

配置离线申请本地证书

仅配置 8.3.3 节表 8-12 所示的必选配置步骤，其中 PKI 实体和 RSA 密钥对的绑定已在 PKI 域的配置中完成了，下面仅创建一个用于离线申请本地证书的请求文件。其他可选配置任务均采用缺省配置。

```
[Router] pki enroll-certificate realm abc pkcs10 filename cer_req #---在 abc PKI 域内创建名为 cer_req 的本地证书申请请求文件
 Info: Creating certificate request file...
 Info: Create certificate request file successfully.
```

以上配置完成后，可执行 **display pki cert-req** 命令查看已创建的本地证书请求文件的内容。

```
[Router] display pki cert-req filename cer_req
Certificate Request:
    Data:
        Version: 0 (0x0)
        Subject: C=CN, ST=jiangsu, O=huawei, OU=info, CN=hello
        Subject Public Key Info:
            Public Key Algorithm: rsaEncryption
                Public-Key: (2048 bit)
                Modulus:
                    00:a2:db:e3:30:17:8e:f6:2d:2e:64:15:46:51:ad:
                    70:86:dd:32:c4:bb:6b:58:3a:8c:5f:a0:06:a1:e1:
                    56:2e:a4:eb:7e:12:06:05:04:28:b2:6d:64:7a:9c:
                    4f:85:24:c1:aa:b8:99:dc:e9:bb:c4:1e:e2:9d:a0:
                    18:51:1f:ad:b5:2f:60:18:06:8b:c1:cc:6f:32:58:
                    f2:21:2c:16:e8:29:c2:a8:c5:aa:9d:6c:1e:ca:14:
                    fc:7a:e9:bc:07:91:ce:ed:a0:c0:52:d9:0c:e9:ba:
                    9b:64:43:e0:9a:3f:c5:d1:2c:86:36:96:6b:4b:4f:
                    d4:df:05:d0:4b:41:2c:ec:0a:d7:0e:45:83:ed:cd:
                    07:78:40:ed:d5:3d:7f:fe:0f:08:90:04:2e:ac:e5:
                    42:b9:81:ea:ec:77:e2:cc:04:6e:e4:63:9f:69:ed:
                    60:06:5e:c7:e8:bf:30:57:6a:5d:e0:46:68:d3:ee:
                    b0:da:47:24:e3:b6:a5:f3:20:d8:5a:75:92:70:c2:
                    a9:a6:97:07:07:0d:1c:94:9a:03:6f:f7:8c:db:6f:
                    b7:06:de:51:50:9e:71:fd:86:f3:b5:c9:99:05:bf:
                    f1:10:20:28:d3:a6:29:3d:e0:f4:a7:ba:1e:27:85:
                    a9:66:fc:a9:90:49:f0:35:f7:d9:6d:06:a2:43:3f:
                    18:87
                Exponent: 65537 (0x10001)
        Attributes:
        Requested Extensions:
            X509v3 Subject Alternative Name:
                IP Address:10.2.0.2, DNS:test.abc.com, email:user@test.abc.com
    Signature Algorithm: sha256WithRSAEncryption
         0e:0a:a5:b7:d5:54:11:10:c4:ea:ff:77:da:f9:24:4b:a9:98:
         a1:75:36:08:10:59:60:fa:1a:30:70:2c:b7:f6:5f:5e:31:b7:
         55:a5:7a:26:e5:af:4a:cd:83:c5:f3:90:f3:b9:d5:f9:0a:6d:
         6e:8f:25:b4:ed:95:9c:75:a5:d7:b6:25:fc:8d:39:89:fb:af:
         37:fc:01:7b:09:07:9c:96:7c:fa:28:6d:e2:11:49:a7:95:94:
         ed:26:5b:ca:f8:98:b0:e7:64:7e:dd:2d:75:ff:89:03:b7:0a:
         92:53:25:d4:a1:23:b9:5c:eb:5b:29:1d:8a:92:8f:36:68:7b:
         77:32:bc:48:92:48:84:fa:87:5a:d7:2e:3e:be:d5:6b:e4:df:
         b1:f2:02:35:91:6a:eb:cd:fc:5a:ea:37:85:6c:12:74:5f:a5:
         5c:c0:05:09:cd:34:59:0d:c6:c8:75:ca:1c:18:d6:48:e5:4b:
         e7:8e:e3:ff:25:99:0f:2e:a8:b4:c5:8e:4d:8f:dd:64:c5:1f:
         61:3c:58:21:4f:d5:35:ba:c8:8e:5f:76:41:9f:27:41:0a:94:
         59:2c:59:25:2d:de:60:5c:92:07:ac:8a:a5:7a:ba:75:af:2c:
         82:5f:bb:55:a8:48:49:54:0f:99:54:af:8d:12:4d:4b:7d:8b:
         95:28:ce:dc
```

（5）本地证书申请请求文件创建好后，通过 Web、磁盘、电子邮件等带外方式将证书申请文件发送给 CA 服务器，向 CA 服务器申请本地证书。本地证书注册成功后，可以通过带外方式下载本地证书 abc_local.cer。

（6）安装本地证书。本地证书下载后，可以通过文件传输协议导入到设备的存储介质中。

```
[Router] pki import-certificate local realm abc pem filename abc_local.cer
 Info: Succeeded in importing file.
```

3. 配置结果验证

以上配置完成后，可在路由器上执行 **display pki certificate local** 命令查看已经导入内存的本地证书的内容。

```
[Router] display pki certificate local realm abc
 The x509 object type is certificate:
Certificate:
    Data:
        Version: 3 (0x2)
        Serial Number:
            48:65:aa:2a:00:00:00:00:3f:c6
    Signature Algorithm: sha1WithRSAEncryption
        Issuer: CN=ca_root
        Validity
            Not Before: Dec 21 11:46:10 2015 GMT
            Not After : Dec 21 11:56:10 2016 GMT
        Subject: C=CN, ST=jiangsu, O=huawei, OU=info, CN=hello
        Subject Public Key Info:
            Public Key Algorithm: rsaEncryption
                Public-Key: (2048 bit)
                Modulus:
                    00:94:6f:49:bd:6a:f3:d5:07:ee:10:ee:4f:d3:06:
                    80:59:15:cb:a8:0a:b2:ba:c2:db:52:ec:e9:d1:a7:
                    72:de:ac:35:df:bb:e0:72:62:08:3e:c5:54:c1:ba:
                    4a:bb:1b:a9:d9:dc:e4:b6:4d:ca:b3:54:90:b6:8e:
                    15:a3:6e:2d:b2:9e:9e:7a:33:b0:56:3f:ec:bc:67:
                    1c:4c:59:c6:67:0f:a7:03:52:44:8c:53:72:42:bd:
                    6e:0c:90:5b:88:9b:2c:95:f7:b8:89:d1:c2:37:3e:
                    93:78:fa:cb:2c:20:22:5f:e5:9c:61:23:7b:c0:e9:
                    fe:b7:e6:9c:a1:49:0b:99:ef:16:23:e9:44:40:6d:
                    94:79:20:58:d7:e1:51:a1:a6:4b:67:44:f7:07:71:
                    54:93:4e:32:ff:98:b4:2b:fa:5d:b2:3c:5b:df:3e:
                    23:b2:8a:1a:75:7e:8f:82:58:66:be:b3:3c:4a:1c:
                    2c:64:d0:3f:47:13:d0:5a:29:94:e2:97:dc:f2:d1:
                    06:c9:7e:54:b3:42:2e:15:b8:40:f3:94:d3:76:a1:
                    91:66:dd:40:29:c3:69:70:6d:5a:b7:6b:91:87:e8:
                    bb:cb:a5:7e:ec:a5:31:11:f3:04:ab:1a:ef:10:e6:
                    f1:bd:d9:76:42:6c:2e:bf:d9:91:39:1d:08:d7:b4:
                    18:53
                Exponent: 65537 (0x10001)
        X509v3 extensions:
            X509v3 Subject Alternative Name:
                IP Address:10.2.0.2, DNS:test.abc.com, email:user@test.abc.com
            X509v3 Subject Key Identifier:
                15:D1:F6:24:EB:6B:C0:26:19:58:88:91:8B:60:42:CE:BA:D5:4D:F3
            X509v3 Authority Key Identifier:
                keyid:B8:63:72:A4:5E:19:F3:B1:1D:71:E1:37:26:E1:46:39:01:B6:82:C5

            X509v3 CRL Distribution Points:
```

```
                Full Name:
                  URI:file://\\vasp-e6000-127.china.huawei.com\CertEnroll\ca_root.crl
                  URI:http://10.3.0.1:8080/certenroll/ca_root.crl

            Authority Information Access:
                CA Issuers - URI:http://vasp-e6000-127.china.huawei.com/CertEnro
ll/vasp-e6000-127.china.huawei.com_ca_root.crt
                OCSP - URI:file://\\vasp-e6000-127.china.huawei.com\CertEnroll\v
asp-e6000-127.china.huawei.com_ca_root.crt

            1.3.6.1.4.1.311.20.2:
                .0.I.P.S.E.C.I.n.t.e.r.m.e.d.i.a.t.e.O.f.f.l.i.n.e
        Signature Algorithm: sha1WithRSAEncryption
            d2:be:a8:52:6b:03:ce:89:f1:5b:49:d4:eb:2b:9f:fd:59:17:
            d4:3c:f1:db:4f:1b:d1:12:ac:bf:ae:59:b4:13:1b:8a:20:d0:
            52:6a:f8:a6:03:a6:72:06:41:d2:a7:7d:3f:51:64:9b:84:64:
            cf:ec:4c:23:0a:f1:57:41:53:eb:f6:3a:44:92:f3:ec:bd:09:
            75:db:02:42:ab:89:fa:c4:cd:cb:09:bf:83:1d:de:d5:4b:68:
            8a:a6:5f:7a:e8:b3:34:d3:e8:ec:24:37:2b:bd:3d:09:ed:88:
            d8:ed:a7:f8:66:aa:6f:b0:fe:44:92:d4:c9:29:21:1c:b3:7a:
            65:51:32:50:5a:90:fa:ae:e1:19:5f:c8:63:8d:a8:e7:c6:89:
            2e:6d:c8:5b:2c:0c:cd:41:48:bd:79:74:0e:b8:2f:48:69:df:
            02:89:bb:b3:59:91:7f:6b:46:29:7e:22:05:8c:bb:6a:7e:f3:
            11:5a:5f:fb:65:51:7d:35:ff:49:9e:ec:d1:2d:7e:73:e5:99:
            c6:41:84:0c:50:11:ed:97:ed:15:de:11:22:73:a1:78:11:2e:
            34:e6:f5:de:66:0c:ba:d5:32:af:b8:54:26:4f:5b:9e:89:89:
            2a:3f:b8:96:27:00:c3:08:3a:e9:e8:a6:ce:4b:5a:e3:97:9e:
            6b:dd:f0:72

Pki realm name: abc
Certificate file name: abc_local.cer
Certificate peer name: -
```

8.8 典型故障排除

在 PKI 的配置和应用中，可能出现的两种典型故障是：CA 证书获取失败和本地证书获取失败。这两种情形的故障分析都要从 8.1.5 节介绍的 PKI 机制来分析。

8.8.1 CA 证书获取失败的故障排除

获取 CA 证书的目的有两个：一个是验证 CA 的合法性（通过与事先获取的 CA 证书数字指纹进行比较得出）；另一个是获取 CA 的公钥，然后用公钥对所发送的本地证书申请消息进行加密。所以，CA 证书必须是在发送本地证书申请消息之前获取到，与本地证书申请注册消息无关。这一点也可以从 8.1.5 节图 8-4 所介绍的 PKI 工作机制中得出。但 CA 证书如果获取失败，则本地证书一定不能成功获取。

CA 证书的获取有两种方式：一是通过 SCEP 协议或者 CMPv2 协议申请本地证书的过程中自动获取；二是通过 HTTP 或者 LDAP 协议手动获取。但无论是哪种方式，CA 证书的获取均与设备所发送的本地证书申请消息无关。下面分别介绍手动方式和自动方式下获取 CA 证书失败的故障排除方法。

1. 手动方式获取 CA 证书失败的故障排除

通过手工方式获取 CA 证书时，如果查看设备存储介质中没有下载到 CA 证书，其失败的原因为通过 HTTP 或 LDAP 方式下载 CA 证书时的 **pki http** [**esc**] *url-address save-name* 或 **pki ldap** ip *ip-address* **port** *port* **version** *version* [**attribute** *attr-value*] [**authentication** *ldap-dn ldap-password*] *save-name* **dn** *dn-value* 命令未配置或配置不正确。具体参见 8.2.4 节。

2. 自动方式获取 CA 证书失败的故障排除

通过 SCEP 或 CMPv2 协议获取 CA 证书时，如果发现设备存储介质中没有下载到 CA 证书，其失败的原因通常如下。

（1）指定的 PKI 实体未配置

设备要从 CA 服务器上获取 CA 证书，首先要自己配置好用来唯一标识自己的 PKI 实体信息，否则 CA 服务器无法识别 PKI 实体。

（2）PKI 域未创建

PKI 域与 PKI 实体有一个绑定关系，而且像通过 SCEP 协议申请本地证书的过程中，绝大多数配置都是基于 PKI 域配置的；在通过 CMPv2 协议申请本地证书时也需要指定 PKI 域。如果 PKI 域都没有配置，则包括像绑定 PKI 实体、信任 CA、数字指纹等许多配置都无法完成。

（3）PKI 域中未配置 RSA 密钥对

虽然在获取 CA 证书的过程中并不需要 RSA 密钥对参与，但一定要先创建好，并在 PKI 域中进行指定，否则 CA 服务器就会认为 PKI 实体不符合申请本地证书的条件，自然就会进行响应了，包括不会向 PKI 发送 CA 证书。

（4）在 PKI 域中信任的 CA 名称配置不正确或未配置。

必须信任对应的 CA 服务器，该服务器才会把 CA 证书发给 PKI 实体。

（5）获取 CA 证书的 URL 配置不正确或未配置

访问 CA 服务器的 URL 地址未配置或配置不正确，自然不能从指定 CA 服务器上获取到它的 CA 证书。

（6）CA 证书的数字指纹信息配置不正确或未配置

设备从 CA 服务器上下载到 CA 证书后还要进行数字指纹比对，就是先用与 CA 服务器上指定的相同哈希算法进行哈希运算，看结果是否与事先从 CA 服务器获取并在 PKI 域中配置的数字指纹一致。如果不一致，则设备会丢弃该 CA 证书，自然不能在存储介质上看到 CA 证书了。

（7）设备与 CA 服务器进行 TCP 连接所使用的源接口配置不正确

设备要从 CA 服务器上获取证书，至少要保证它们的路径是畅通的。除了路由之外，设备与 CA 服务器之间还要建立用于 SCEP 或 CMP 协议与 CA 服务器交互的 TCP 连接。缺省情况下源接口可以不用配置，直接使用报文的出接口，但如果你改变了出接口，则一定要确保从该源接口能到达 CA 服务器。

具体的故障排除步骤如下。

（1）首先在系统视图下执行 **pki get-certificate ca realm** *realm-name* 命令手动从 CA 服务器获取 CA 证书。执行该命令后，当申请 CA 证书相关配置不全时，会提示配置相应的内容。

（2）如果通过上一步手动获取 CA 证书不成功，则要检查 PKI 域下配置的申请 CA 证书的相关配置是否正确。

可在任意视图下执行 **display pki realm** 命令或者在 PKI 域视图下执行 **display this**

命令检查以上配置。如果相关配置不正确，请修改相应的内容。

8.8.2 本地证书获取失败的故障排除

本节介绍的仅是本地证书获取失败（CA 证书已成功获取）的原因，不包括上节介绍的 CA 证书获取失败的情况。因为如果 CA 证书都获取失败，本地证书肯定获取失败，所以本节所做的故障原因分析是基于上节所介绍的因素全部配置正确的情况。

本地证书获取也有手工方式和自动方式之分，下面分别介绍。

1. 手工方式获取本地证书失败的故障排除

通过手工方式离线获取本地证书时（参见 8.3.3 节），如果查看设备存储介质中没有下载到本地证书，其失败的原因可能包括（**已排除会同时导致 CA 证书获取失败的因素**）如下。

（1）挑战密码配置不正确或未配置

如果 CA 服务器上配置了挑战密码，则必须在 PKI 域中通过 **pki enroll-certificate realm** *realm-name* [**pkcs10** [**filename** *filename*]] [**password** *password*]命令配置相同的挑战密码。

（2）通过 HTTP 或 LDAP 方式下载本地证书的配置不正确

这两种下载方式分别需要检查 **pki http** [esc] *url-address save-name* 或 **pki ldap** ip *ip-address* **port** *port* **version** *version* [**attribute** *attr-value*] [**authentication** *ldap-dn ldap-password*] *save-name* **dn** *dn-value* 命令中的相关配置。

2. 自动方式获取本地证书失败的故障排除

通过 SCEP 或 CMPv2 协议获取本地证书时，如果查看设备存储介质中没有下载到本地证书，其失败的原因如下：

- CA 证书没有安装；
- 使用的 RSA 密钥对未配置；
- 签名证书注册请求消息使用的摘要算法配置不正确；
- 挑战密码配置不正确或未配置；
- 通过 CMPv2 协议首次申请本地证书时，消息认证码的参考值和秘密值配置不正确或未配置；
- 通过 CMPv2 协议首次申请本地证书时，用于证明身份的证书配置不正确。

具体的故障排除步骤如下。

（1）检查 CA 证书是否已导入设备的内存中

执行 **display pki certificate ca realm** *realm-name* 命令查看设备内存中的 CA 证书。如果没有，则可执行 **pki import-certificate ca realm** *realm-name* { **der** | **pkcs12** | **pem** }命令将 CA 证书（假设已获取了 CA 证书）导入到设备的内存中。

（2）检查配置的 PKI 实体配置是否正确

在任意视图下执行 **display pki realm** 命令，或者在 PKI 域下执行 **display this** 命令查看通过 SCEP 协议申请本地证书时的以上 PKI 域配置。如果相关配置不正确，请修改相应的内容，参见 8.3.1 节。

或者，在 CMP 会话视图下执行 **display this** 命令查看通过 CMPv2 协议申请本地证书的以上 CMP 会话配置。如果相关配置不正确，请修改相应的内容，参见 8.3.2 节。

第9章 SSL VPN配置与管理

9.1 SSL VPN基础

9.2 SSL服务器策略配置与管理

9.3 HTTPS服务器配置与管理

9.4 SSL VPN配置与管理

9.5 SSL VPN典型配置示例

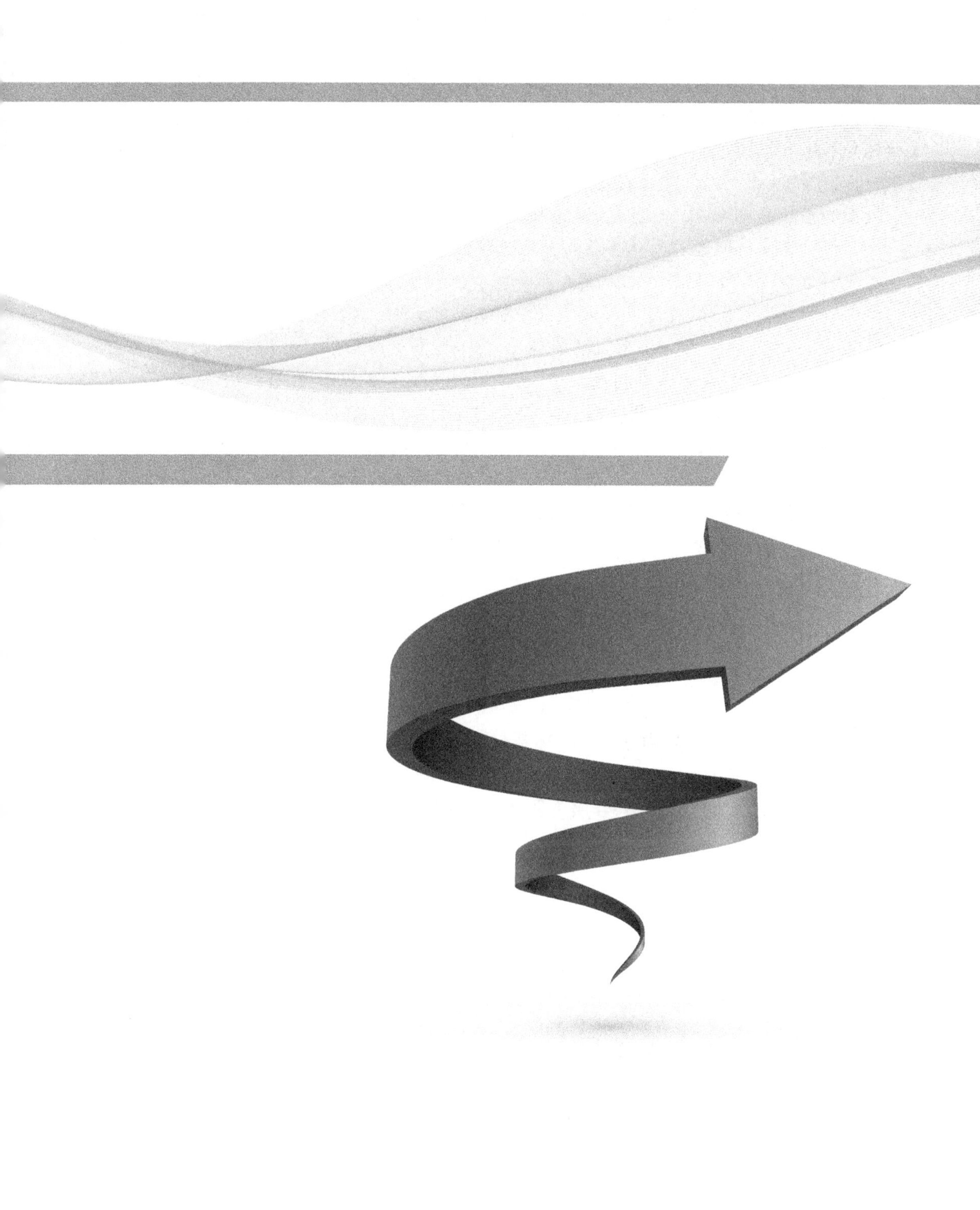

SSL VPN（Secure Sockets Layer VPN，安全套接字层 VPN）是一种结合 PKI、HTTPS、SSL 多种安全协议的远程安全接入 VPN 技术，可为移动办公用户以 Web 方式通过公网（如 Internet）实现端到站点（End-to-Site）的企业网络安全访问，适用以任意方式接入公网的远程终端用户。但这种对远程网络资源的 Web 访问不是直接的，而是需要通过中间担当 SSL VPN 网关（通常是企业网络公网边缘设备）进行代理或转发，在远程终端用户与 SSL VPN 网关之间建立 SSL 隧道，并通过数字证书、密钥为远程网络访问提供包括数据加密、身份验证、数据完整性验证等一整套安全保护。

在第 8 章我们已对为设备获取本地数字证书的 PKI 技术进行了全面、深入的介绍，已成功为 SSL VPN 网关设备从 CA 服务器获取到了本地证书。接下来的工作还有两个方面：一方面是把 SSL VPN 网关配置为 HTTPS 服务器，以实现远程用户以安全 Web 方式访问 SSL VPN 网关的 Web 页面（在这个 Web 页面中列出了远程用户可以访问的企业内网资源）。在 HTTPS 服务器的配置中，首先需要用到 SSL 协议为 HTTPS 服务器配置 SSL 服务器策略，而 SSL 服务器策略又需要用到前面通过 PKI 获取的本地证书。另一方面是要把 SSL VPN 设备配置成虚拟网关，在虚拟网关上配置对远程用户进行身份认证的 AAA 认证方案，同时还要配置用于远程用户访问的各类企业内网资源。

本章首先要向大家介绍的就是 SSL 服务器策略、HTTPS 服务器，以及 SSL VPN 的具体配置方法，然后介绍 SSL 服务器策略、HTTPS 服务器以及不同情形下的多个 SSL VPN 的配置示例。

9.1 SSL VPN 基础

在 SSL VPN 的配置中就会同时涉及 HTTPS 服务器、SSL 策略方面的配置，而在 SSL 策略中又涉及 PKI 域、数字证书等技术。有关 PKI 和数字证书的配置已在第 8 章详细介绍了，本章将具体介绍 HTTPS 服务器和 SSL VPN 的配置与管理方法。

说明

为了帮助大家梳清 SSL VPN 所涉及的这么多技术在整个 SSL VPN 应用配置中的关系，在此介绍这些功能配置方面的基本次序。首先要准备好配置 HTTPS 服务器（由 SSL VPN 网关担当）所需的基础配置材料——CA 证书和 SSL VPN 网关本地证书（这需要向 PKI 域中的 CA 申请），然后再在 SSL VPN 网关上配置 SSL 策略，并配置为 HTTPS 服务器，最后才是 SSL VPN 的配置，基本流程如图 9-1 所示。

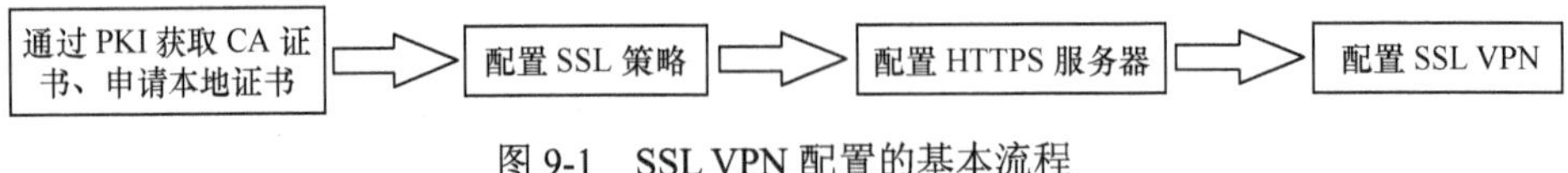

图 9-1 SSL VPN 配置的基本流程

9.1.1 SSL 概述

SSL VPN 中的基础协议就是 SSL（安全套接字层）协议，是位于计算机网络体系结构的传输层和应用层之间的套接字（Socket）协议的安全版本，可为基于公网（如 Internet）的通信提供安全保障。SSL 可使客户端与服务器之间的通信不被攻击者窃听，并且远程客户端通过数字证书始终对服务器（SSL VPN 网关）进行认证，还可选择对客户端进行认证。目前，SSL 协议广泛应用于电子商务、网上银行等领域。

SSL 协议具有以下优点。

（1）提供较高的安全性保证

SSL 利用数字证书以及其中的 RSA 密钥对提供数据加密、身份验证和消息完整性验证机制，为基于 TCP 协议可靠连接的应用层协议提供安全性保证。

（2）支持各种应用层协议

虽然 SSL 设计的初衷是为了解决 Internet 安全性问题，但是由于 SSL 位于应用层和传输层之间，所以可为任何基于 TCP 可靠连接的应用层协议提供安全性保证。

（3）部署简单

基于 SSL 的应用是最普通的 B/S （浏览器/服务器）架构，用户只需要使用支持 SSL 协议的浏览器（现在已普遍支持），即可通过 SSL 以 Web 的方式安全访问外部的 Web 资源，如 SSL VPN 就是其中一种最典型的应用。在用户端可以说是不用做任意客户配置，大大简化了用户终端的配置。目前 SSL 已经成为网络中用来鉴别网站和网页浏览者身份，以及在浏览器使用者及 Web 服务器之间进行加密通信的全球化标准。

SSL 从以下几方面提高了设备的安全性。

（1）通过在 SSL 服务器端配置 AAA 认证方案，可确保仅合法客户端可以安全地访问服务器，禁止非法的客户端访问服务器。

（2）通过在 SSL 服务器端申请本地证书，客户端导入服务器的本地证书，可确保客户端所访问的服务器是合法的，而不会被重定向到非法的服务器上。

（3）客户端与服务器之间交互的数据通过使用服务器端本地证书中所带的 RSA 密钥进行加密或数字签名，加密保证了传输的安全性，签名保证了数据的完整性，从而实现了对设备的安全管理。

【经验提示】在 SSL（包括 SSL VPN）应用中，数字证书一般只在服务器上安装，客户端可以不安装数字证书（当然也可以安装，且这样更安全）。客户端在访问服务器端会自动导入服务器的本地证书，并从 CA 上对其合法性进行验证。然后在客服端向服务器端发送数据时，使用服务器的公钥进行加密，服务器利用自己的私钥接收后进行解密，而从服务器向客户端返回消息时，则使用服务器的私钥进行数字签名，客户端再使用服务器的公钥进行解密。

9.1.2　SSL VPN 的引入背景

随着 Internet 的普及，移动办公人员日益增多，企业员工、客户和合作伙伴希望能够随时随地接入企业的内部网络，访问企业的内部资源。但是，在远程用户访问企业的内部资源的过程中，会出现企业的内部网络被攻击，接入用户的身份可能不合法导致企业内网资源被非法用户窃取等安全隐患。

在公共网络中建立虚拟专用通信网络的 VPN 技术提供了一种安全机制，可以保护企业的内部网络不被攻击，内部资源不被窃取。像本书前面介绍的 L2TP VPN、IPSec VPN

技术可以满足移动用户安全接入企业内网的需求（GRE VPN 不支持移动用户的远程 VPN 接入）。但 SSL VPN 在为远程移动用户远程接入方面，与前面提到的这些 VPN 方案相比具有以下优点。

（1）客户端零配置、免维护

SSL VPN 基于 B/S（浏览器/服务器）架构，接入 SSL VPN 的移动用户端只需有一个支持 SSL 的浏览器软件即可，真正零配置（也不需要安装客户端软件）、免维护，节省了企业的部署和维护 VPN 费用。所有的配置集中在网关设备上，移动用户通过内嵌 SSL 协议的浏览器（已普遍支持）接入就可查看，访问被允许访问的企业内网资源。

（2）权限控制更细致

IPSec 只能基于 IP 报文的五元组（源 IP 地址、源端口、目的 IP 地址、目的端口和传输层协议）进行访问控制，但无法识别出使用某终端接入 IPSec 的人是否为指定的授权用户，即管理员无法确知是谁在利用 VPN 访问内网资源。而 SSL VPN 的所有访问控制都是基于应用层的，其细分程度可以达到 URL 或文件级别，能更细致地控制远程用户的访问权限，大大提高企业远程接入的安全级别。而且在客户端上安装数字证书后，还可准确地获知访问企业内网资源的用户主体。

（3）部署方便、灵活

在大多数其他 VPN 方案中，如果增加设备或改变用户网络环境，需要调整原有配置。但采用 SSL VPN 部署时就不会有这种影响了，只要有浏览器用户就可以很方便地实现远程 VPN 接入。而且 SSL VPN 不会与其他业务（如 NAT）形成冲突，方便了企业的部署。因为 SSL 协议不会改变 IP 报头和 TCP 报头，报文可以正常通过 NAT 设备而无需改变 NAT 设备的设置。

9.1.3 SSL VPN 系统组成

SSL VPN 工作在传输层和应用层之间，是通过 SSL 协议加密实现安全接入的 VPN 技术，保护企业的内部网络不被攻击，内部资源不被窃取。SSL VPN 的典型组网架构如图 9-2 所示。

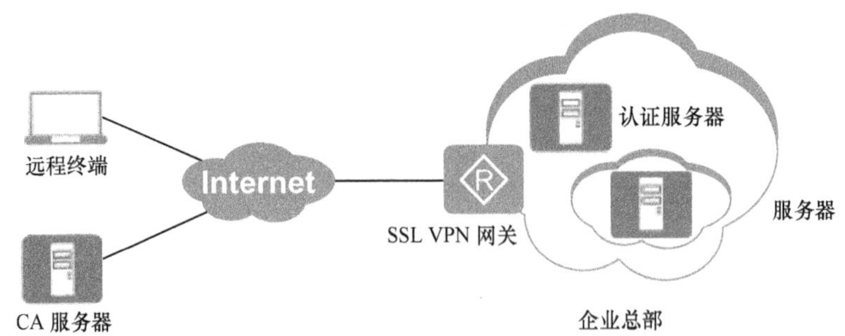

图 9-2 SSL VPN 系统组成

- 远程终端：远程用户接入的终端 PC，远程用户只需通过支持 SSL 协议的浏览器（普通浏览器都支持）接入。
- SSL VPN 网关：同时又担当 HTTPS 服务器角色（要配置 SSL 服务器策略），已成功连接 Internet，负责在远程终端和企业内网服务器之间转发报文，并与远程终端之间建立 SSL 连接，以保证数据传输的安全性。

- 企业内网服务器：可以是任意类型的服务器，也可以是企业内网需要与远程用户通信的主机。远程用户通过查看资源列表可以访问不同的内网资源。
- 认证服务器：SSL VPN 网关不仅支持本地认证，还支持通过外部认证服务器（如 RADIUS 服务器）对远程用户的身份进行远程认证。
- CA 服务器：为 SSL VPN 网关颁发包含公钥信息的数字证书，远程终端再根据网关上的数字证书相关信息验证网关身份的合法性。但当 SSL VPN 网关采用自签名数字证书时，则不需要部署 CA 服务器了。

当终端用户要对企业总部网络资源进行访问时，首先要通过浏览器访问 SSL VPN 网关（在浏览器地址栏中输入的是 SSL VPN 网关的 IP 地址），在网关的 Web 页面中找到自己要访问的资源，然后由 SSL VPN 向企业内部服务器发出访问请求。

【经验提示】以上的认证服务器和 CA 服务器的用途是不一样的：认证服务器是 SSL VPN 网关用来对远程终端的合法进行验证（部署了 AAA 认证方案），而 CA 服务器是为 SSL VPN 网关颁发证书，为远程终端对 SSL VPN 服务器的身份合法进行验证。在 SSL VPN 中，远程终端始终要对 SSL VPN 网关（即 HTTPS 服务器）的身份合法性进行验证。当然，此时远程终端也要可以获取由同一 CA 服务器颁发的证书（在客户端也可不安装数字证书），在浏览器中要信任该 CA。

9.1.4　SSL VPN 业务分类

SSL VPN 网关支持三种业务类型：Web 代理、端口转发和网络扩展，分别对应于 Web 接入、TCP 接入、IP 接入三种不同的远程用户权限接入企业内网。远程用户通过不同的接入方式，可以访问不同类型的企业内网资源。

远程用户认证成功后，可以查看供自己访问的资源列表，资源列表界面如图 9-3 所示（此处显示的 Web 代理界面）。在远程用户访问内网资源过程中，SSL VPN 网关起到代理作用，负责在远程终端和企业内网服务器之间转发报文。

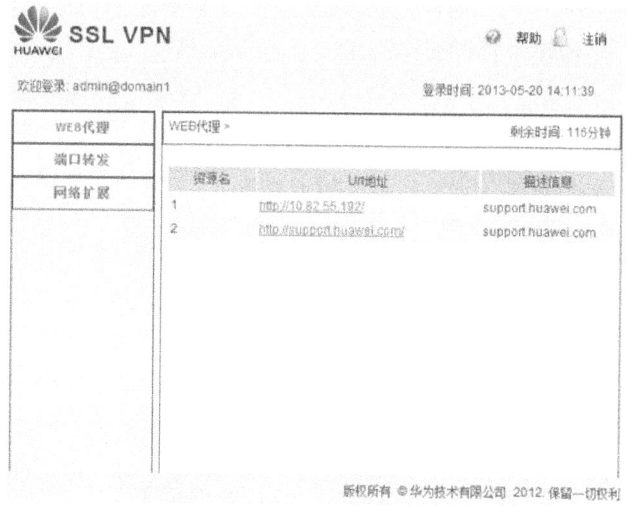

图 9-3　SSL VPN 网关资源列表界面

1. Web 代理

Web 代理的 SSL VPN 业务为远程用户提供对企业内网 Web 资源（必须是可通过浏览器访问的资源）的安全访问。终端用户可以使用该业务以 Web 页面形式访问企业内网资源，如企业内部网站，其工作流程如图 9-4 所示。

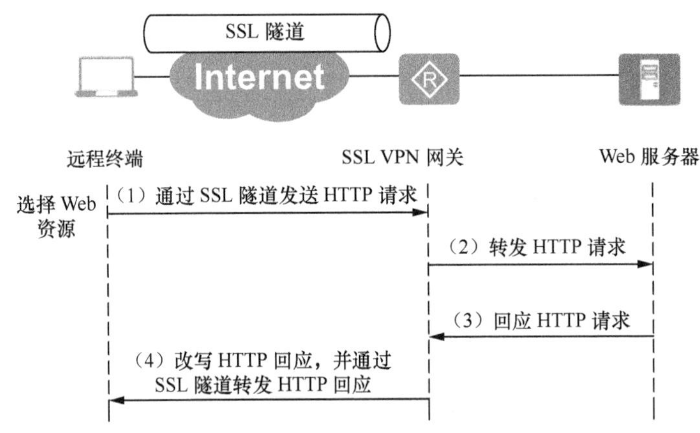

图 9-4 Web 代理业务访问流程

VPN 隧道是建立在终端用户和 SSP VPN 网关之间，具体访问流程如下。

（1）远程用户选择图 9-3 中的 Web 代理业务列表显示的可访问 Web 链接后，远程终端通过 SSL VPN 隧道向 SSL VPN 网关发送 HTTP 请求。

（2）SSL VPN 网关收到 HTTP 请求后，将 HTTP 请求消息中的 URL 映射到企业内网 Web 服务器，并将 HTTP 请求消息转发到被请求资源对应的真正的 Web 服务器。

（3）Web 服务器响应 SSL VPN 网关转发的 HTTP 请求。

（4）SSL VPN 网关收到 HTTP 响应消息后，将响应消息中的真实的 URL 转换为指向 SSL VPN 网关的 URL，并将改写后的 HTTP 响应消息通过 SSL VPN 隧道发送给远程用户，然后远程用户就可以访问到对应的 Web 资源了。

在 Web 代理业务中，远程用户在访问真实的 URL 对应的资源时都通过 SSL VPN 网关，保证了远程用户传输数据的安全。

2. 端口转发

端口转发的 SSL VPN 业务用于实现远程用户对服务器开放端口的安全访问。一般用于企业的出差员工、分支机构员工或合作伙伴访问特定的应用程序资源。通过端口转发业务，远程用户可以访问企业内网中基于 TCP 的服务，包括远程访问服务（如 Telnet）、桌面共享服务、邮件服务等。

远程用户在如图 9-3 所示的界面中选择了要访问端口转发类的业务时，远程终端会自动从 SSL VPN 网关下载一个 Java 插件。该 Java 插件负责与 SSL VPN 网关建立 SSL 连接，相当于 TCP 应用代理。这样，远程用户可通过原有应用程序直接访问企业内网提供的服务，而不需要额外的设置。

远程用户利用端口转发业务访问企业内网服务器的工作流程如图 9-5 所示，具体描述如下。

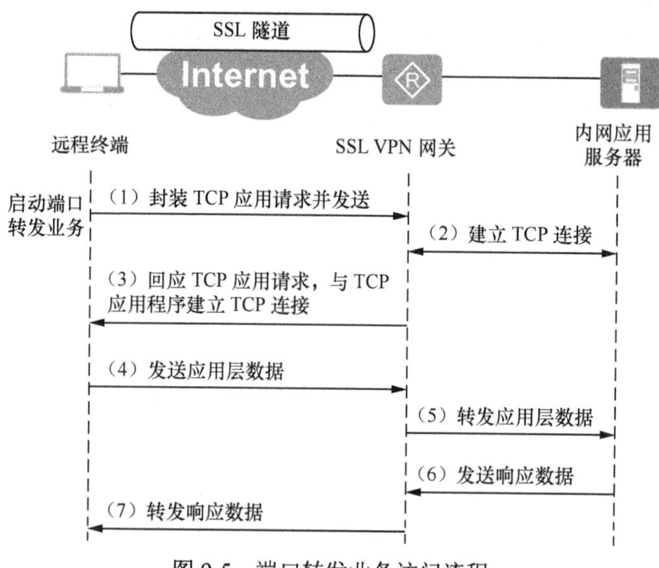

图 9-5　端口转发业务访问流程

（1）远程用户开启 TCP 应用程序（如打开远程访问服务程序，远程连接到企业内网应用服务器等），Java 插件就会与 SSL VPN 网关建立 SSL 连接，并封装 TCP 应用请求为 HTTP 请求，通过 SSL 隧道发送给 SSL VPN 网关。

（2）SSL VPN 网关与对应的企业内网应用服务器建立 TCP 连接。

（3）TCP 连接建立成功后，SSL VPN 网关通过 SSL VPN 隧道回应 Java 插件的 HTTP 请求。Java 插件与 TCP 应用程序建立 TCP 连接。

（4）收到 SSL VPN 网关的 HTTP 回应后，Java 插件将远程用户访问企业内网应用服务器的应用层数据通过 SSL VPN 隧道发送给 SSL VPN 网关。

（5）SSL VPN 网关在收到来自远程用户的应用层数据后再通过已经建立的 TCP 连接将应用层数据发送给企业内网应用服务器。

（6）企业内网应用服务器也会对 SSL VPN 网关进行响应，响应消息中包括正常情况下执行某项应用程序时的交互消息。

（7）SSL VPN 网关将企业内网应用服务器响应的数据发送给 Java 插件，Java 插件将数据转发给 TCP 应用程序。

3. *网络扩展*

网络扩展的 SSL VPN 业务提供对远程用户与企业内网间 IP 通信的安全保护，多用于企业出差员工等访问企业内网文件资源。网络扩展能使远程终端与企业内网服务器在网络层实现安全通信，使远程用户在远程访问时就像访问本地局域网一样方便和安全。SSL VPN 的这一业务与 IPSec VPN 类似。

远程用户在图 9-3 界面中选择访问网络扩展业务后，远程终端也会自动从 SSL VPN 网关下载 Java 插件。Java 插件负责与 SSL VPN 网关建立 SSL 连接，生成虚拟网卡并为虚拟网卡申请企业内网 IP 地址，相当于将远程用户加入内部网络，使远程用户具有对企业内网最大的访问权限。

远程用户利用网络扩展业务访问企业内网服务器资源的工作流程如图 9-6 所示。整个访问过程要经过多次的 IP 报文重封装和解封装，具体描述如下。

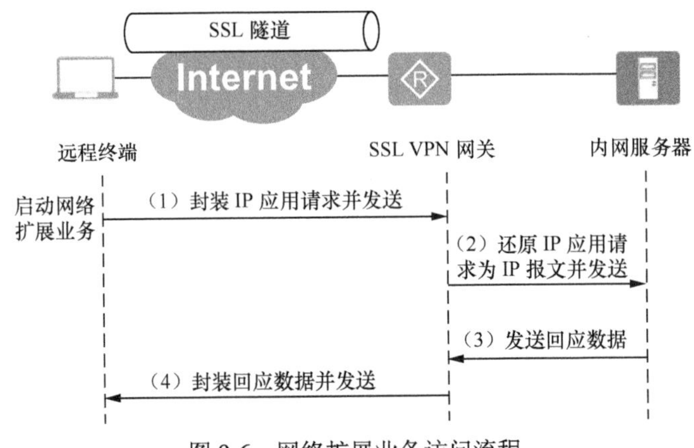

图 9-6 网络扩展业务访问流程

(1) 远程用户启动 IP 应用（如执行 Ping 命令）访问企业内网资源，IP 应用请求报文会根据路由（根据报文中的目的 IP 地址选择路由）被发送到本地由 Java 插件生成的虚拟网卡上，以使该应用数据报文能在 SSL VPN 隧道中传输。Java 插件对原始 IP 应用请求报文进行 IP 重封装（重封装后的新 IP 报头中的源 IP 地址为虚拟网卡的 IP 地址），然后将 IP 应用请求发送到 SSL VPN 网关。

说明

在这个过程中，原始应用请求报头中的源 IP 地址由原来终端主机物理网卡 IP 地址转换成了与企业网络在相同 IP 网段的虚拟网卡 IP 地址。

(2) SSL VPN 网关收到经过重封装后的 IP 应用请求报文后进行解封装，还原成原始的 IP 应用请求报文（此时 IP 报头中的源 IP 地址是用户主机物理网卡的 IP 地址），并发往对应的企业内网服务器。

(3) 企业内网服务器收到 IP 应用请求报文对 SSL VPN 网关进行响应。

(4) SSL VPN 网关收到来自企业内网服务器的响应报文，重新进行封装（新 IP 报头的目的 IP 地址转换成用户虚拟网卡的 IP 地址），然后转发给远程终端的 Java 插件。Java 插件再进行解封装后通过虚拟网卡将原始响应 IP 报文转发给远程终端主机。

9.1.5 SSL VPN 的典型应用

SSL VPN 的应用主要分单虚拟网关和多虚拟网关两种应用场景。

1. 单虚拟网关远程接入

单虚拟网关指的是在 SSL VPN 应用中，所有用户都使用相同的网关配置对远程企业总部网络进行访问。如图 9-7 所示，企业通过 SSL VPN 网关与 Internet 连接，位于外网的企业出差员工和分支机构员工需要安全访问企业内网资源，这些远程用户可使用终端 PC，在任何时间、任何地点通过浏览器接入企业内部网络，而且可以访问相同的资源。

图 9-7 中远程用户均可访问企业内网资源，并且他们具有相同的权限。

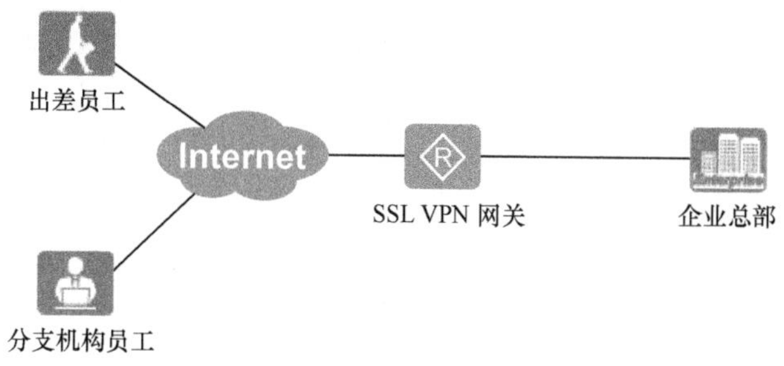

图 9-7　单虚拟网关远程接入 SSL VPN 应用示例

2. 多虚拟网关远程接入

如图 9-8 所示，企业通过 SSL VPN 网关设备与 Internet 连接，位于外网的出差员工、客户和合作伙伴都需要安全访问企业的内网资源。此时，可在网关设备上配置 SSL VPN 多虚拟网关功能，将一台设备模拟为多个虚拟网关设备，满足不同类型远程用户的不同类型的访问需求。这时，不同类型的远程用户只能访问对应虚拟网关的资源，并且在管理和使用上不受其他虚拟网关的配置影响。

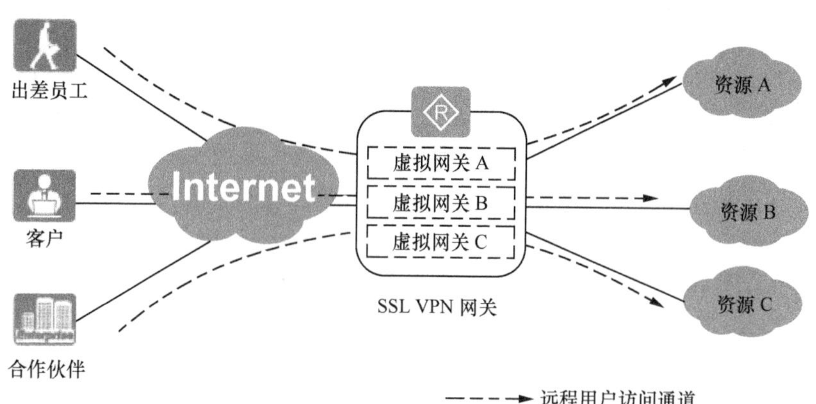

图 9-8　多虚拟网关远程接入 SSL VPN 应用示例

如在 SSL VPN 网关上创建虚拟网关 A、虚拟网关 B 和虚拟网关 C，然后将三个虚拟网关地址分别告知对应的远程用户，使远程用户通过浏览器访问各自能访问的内网资源。该场景也适用于在一栋大楼内，不同企业通过同一台网关设备与 Internet 连接，不同企业的远程用户分别根据不同的虚拟网关访问对应企业的内网资源。

9.2　SSL 服务器策略配置与管理

在 HTTPS 服务器配置中要用到 SSL 策略，所以在此先介绍 SSL 策略的配置。

SSL 利用数据加密、身份验证和消息完整性验证机制，为基于 TCP 可靠连接的应用层协议提供安全性保证。应用层协议（如 HTTP 协议）可以关联服务器型 SSL 策略，使应用层协议与 SSL 结合，从而为应用层协议提供安全连接。

SSL 也是采用 Client/Server 结构，如图 9-9 所示，所以 SSL 策略又分为服务器型 SSL

策略（也称为“SSL 服务器策略”）、客户端型 SSL 策略（也称为“SSL 客户端策略”），管理员在设备上配置服务器型 SSL 策略后，设备即可以作为 SSL 服务器。在 SSL 握手过程中，设备使用服务器型 SSL 策略所设置的 SSL 参数与 SSL 客户端之间协商会话参数，并建立会话。

图 9-9 SSL 系统基本组成

9.2.1 配置 SSL 服务器策略

当配置 AR 路由器作为 SSL 服务器（如 IPSec VPN 网关和 SSL VPN 网关）时，允许 SSL 客户端对其进行身份验证。如要实现 SSL 服务器对 SSL 客户端进行身份验证，则需要在 SSL 服务器上配置本地或远程 AAA 认证功能。当配置华为 AR 路由器作为 SSL 服务器时，可以与 SSL3.0、TLS1.0、TLS1.1 和 TLS1.2 版本的 SSL 客户端通信。AR 路由器也可配置作为 SSL 客户端，在此不作介绍。

SSL 服务器的配置步骤见表 9-1，其实关键就一步，就是把所创建的 SSL 服务器策略与指定的 PKI 域进行关联，使该 SSL 服务器策略所用指定 PKI 域中的本地证书进行身份认证。

表 9-1 配置 SSL 服务器的步骤

步骤	命令	说明
1	**system-view** 例如：<Huawei> **system-view**	进入系统视图
2	**ssl policy** *policy-name* **type server** 例如：[Huawei] **ssl policy** users **type server**	创建服务器型 SSL 策略，并进入服务器型 SSL 策略视图。参数 *policy-name* 用来指定所创建的 SSL 策略的名称，字符串形式，不支持空格，**区分大小写**，长度范围是 1～31，且不能包含字符“?”。 缺省情况下，存在一个名为 **default_policy** 的 SSL 策略，该策略绑定有缺省的 PKI 域 **default**，可用 **undo ssl policy** *policy-name* 命令删除指定的 SSL 策略
3	**pki-realm** *realm-name* 例如：[Huawei-ssl-policy-users] **pki-realm** abc	进入要配置 SSL 服务器策略的 PKI 域的视图，使路由器可以基于 PKI 域从认证机构 CA 获取数字证书，以便 SSL 客户端可以根据数字证书对路由器进行身份验证
4	**version { ssl3.0 | tls1.0 | tls1.1 | tls1.2 }** * 例如：[Huawei-ssl-policy-users] **version tls1.1**	（可选）配置服务器型 SSL 策略使用的 SSL 协议版本。命令中的选项说明如下。 • **ssl3.0**：可多选选项，指定 SSL 协议版本为 SSL3.0。 • **tls1.0**：可多选选项，指定 SSL 协议版本为 TLS1.0。 • **tls1.1**：可多选选项，指定 SSL 协议版本为 TLS1.1。 • **tls1.2**：可多选选项，指定 SSL 协议版本为 TLS1.2。 缺省情况下，服务器型 SSL 策略使用的 SSL 协议版本为 TLS1.2，可用 **undo version** 命令删除服务器型 SSL 策略使用的 SSL 协议版本

（续表）

步骤	命令	说明
5	**session** { **cachesize** *size* | **timeout** *time* } * 例如：[Huawei-ssl-policy-users] **session cachesize** 50 **timeout** 7200	（可选）配置保存会话的最大数目和最大时长。命令中的参数说明如下。 ● **cachesize** *size*：可多选参数，指定保存会话的最大数目，整数形式，具体取值以设备为准。 ● **timeout** *time*：可多选参数，指定保存会话的最大时长，整数形式，取值范围是 1800～72000，单位为秒。 如果保存会话的数目达到最大值，SSL 服务器将拒绝保存新的会话；如果保存会话的时间超过最大值，SSL 将删除该会话的信息。新配置将覆盖老配置。 缺省情况下，保存会话的最大时长为 3600s，不同 AR 系列路由器可保存会话的最大数目不同，可用 **undo session** { **cachesize** | **timeout** } *命令恢复保存会话的最大数目和最大时长为缺省情况
6	**ciphersuite** { **rsa_3des_cbc_sha** | **rsa_aes_128_cbc_sha** | **rsa_des_cbc_sha** | **rsa_aes_128_sha256** | **rsa_aes_256_sha256** } * 例如：[Huawei-ssl-policy-users] **ciphersuite rsa_aes_128_cbc_sha**	（可选）配置服务器型 SSL 策略支持的加密套件。加密套件包含数据加密算法、密钥交换算法和 MAC 摘要算法等信息。在 SSL 握手过程中，SSL 客户端通过 Client Hello 消息将它支持的 SSL 协议版本、数据加密算法、密钥交换算法、MAC 摘要算法等信息发送给 SSL 服务器。SSL 服务器确定本次通信采用的 SSL 协议版本和加密套件，并通过 Server Hello 消息通知给 SSL 客户端。新配置将覆盖老配置。命令中的选项说明如下。 ● **rsa_3des_cbc_sha**：可多选选项，指定加密套件为 **rsa_3des_cbc_sha**，其中密钥交换算法采用 RSA，数据加密算法采用 3DES_CBC 算法，MAC 摘要算法采用 SHA。 ● **rsa_aes_128_cbc_sha**：可多选选项，指定加密套件为 **rsa_aes_128_cbc_sha**，其中密钥交换算法采用 RSA，数据加密算法采用 128 位 AES_CBC 算法，MAC 摘要算法采用 SHA。 ● **rsa_des_cbc_sha**：可多选选项，指定加密套件为 **rsa_des_cbc_sha**，其中密钥交换算法采用 RSA，数据加密算法采用 DES_CBC 算法，MAC 摘要算法采用 SHA。 ● **rsa_aes_128_sha256**：可多选选项，指定加密套件为 **rsa_aes_128_sha256**，其中密钥交换算法采用 RSA，数据加密算法采用 128 位的 AES_CBC 算法，MAC 摘要算法采用 SHA2-256。 ● **rsa_aes_256_sha256**：可多选选项，指定加密套 **rsa_aes_256_sha256**，其中密钥交换算法采用 RSA，数据加密算法采用 256 位的 AES_CBC 算法，MAC 摘要算法采用 SHA2-256。 缺省情况下，服务器型 SSL 策略支持的加密套件包括 **sa_aes_128_sha256** 和 **rsa_aes_256_sha256**，可用 **undo ciphersuite** 命令恢复服务器型 SSL 策略支持的加密套件为缺省配置

（续表）

<table>
<tr><th>步骤</th><th>命令</th><th colspan="2">说明</th></tr>
<tr><td rowspan="3">7</td><td>undo renegotiation enable
例如：[Huawei-ssl-policy-server-users] undo renegotiation enable</td><td rowspan="3">（可选）配置 SSL 重协商功能。当设备遇到重协商攻击时，可通过去使能重协商功能来阻止攻击，但去使能重协商功能同时会造成业务中断。因此也可以在使能 SSL 连接重协商功能的同时，配置 SSL 连接重协商速率，减轻重协商对设备造成的攻击，尽量保证业务正常运行</td><td>（二选一）去使能 SSL 连接重协商功能
缺省情况下，SSL 连接重协商功能处于使能状态，可用 undo renegotiation enable 命令去使能 SSL 连接重协商功能</td></tr>
<tr><td>quit
例如：[Huawei-ssl-policy-server-users] quit</td><td>返回系统视图</td></tr>
<tr><td>ssl renegotiation-rate rate
例如：[Huawei] ssl renegotiation-rate 2</td><td>（二选一）配置 SSL 连接重协商速率，整数形式，取值范围是 0～65535，单位是次/s。此配置对所有 SSL 策略均生效。
缺省情况下，SSL 连接重协商速率为 1 次/s，可用 undo ssl renegotiation-rate 命令用来恢复 SSL 连接重协商速率为缺省配置</td></tr>
</table>

9.2.2 SSL 维护和管理命令

当设备与 SSL 服务器或 SSL 客户端成功建立连接时，设备会自动记录 SSL 连接的数目。可通过在任意视图下执行 **display ssl connection statistics** 命令查看 SSL 连接数的统计信息，有助于管理员根据该信息进行 SSL 相关的故障诊断与排查。

如果需要统计一段时间内 SSL 的最大连接数信息，可以在统计开始前使用 **reset ssl connection statistics** 命令清除它原有的统计信息，使它重新进行统计。

9.3 HTTPS 服务器配置与管理

配置好 HTTPS 服务器所需的 SSL 服务器策略后就可以正式把 AR 路由器配置为 HTTPS 服务器，供远程用户通过 Web 方式访问了。

9.3.1 配置 HTTPS 服务器

HTTPS（Secure HTTP）是支持 SSL 协议的 HTTP 协议，从以下几方面提高了设备的安全性：

- 通过 SSL 协议保证合法客户端可以安全地访问设备，禁止非法的客户端访问设备；
- 客户端与设备之间交互的数据需要经过加密，保证了数据传输的安全性和完整性，从而实现了对设备的安全管理；
- 为设备制定基于证书属性的访问控制策略，可对客户端的访问权限进行控制，进一步避免了非法客户对设备进行攻击。

HTTPS 服务器的配置很简单，具体见表 9-2。

表 9-2　配置 HTTPS 服务器的步骤

步骤	命令	说明
1	**system-view** 例如：<Huawei> **system-view**	进入系统视图
2	**http secure-server ssl-policy** *ssl-policy* 例如：[Huawei] **http secure-server ssl-policy** lycb	配置 HTTPS 服务器关联的 SSL 服务器策略。参数 *ssl-policy* 用来指定要关联的 SSL 服务器策略，已在 9.2 节配置好。 缺省情况下，HTTPS 服务器关联的 SSL 服务器策略的名称是 **default_policy**，可用 **undo http secure-server ssl-policy** 命令取消 HTTPS 服务器与 SSL 服务器策略的关联
3	**http secure-server port** *port-number* 例如：[Huawei] **http secure-server port** 1278	（可选）配置 HTTPS 服务器的端口号。参数 *port-number* 用来指定 HTTPS 服务器的端口号，整数形式，取值范围是 1025～51200。 缺省情况下，HTTPS 服务器的端口号是 443，可用 **undo http secure-server port** 命令恢复 HTTPS 服务器的端口号为缺省情况
4	**http secure-server enable** 例如：[Huawei] **http secure-server enable**	使能设备的 HTTPS 服务器功能。 缺省情况下，设备的 HTTPS 服务器功能已经使能，可用 **undo http secure-server enable** 命令去使能设备的 HTTPS 服务器功能

以上配置完成后，可在任意视图下执行 **display current-configuration \| include http secure-server** 命令，查看 HTTPS 服务器的配置信息。

9.3.2　HTTPS 服务器配置示例

如图 9-10 所示，某企业用户可以利用 Web 页面访问设备。为了防止传输的数据不被窃听和篡改，实现对设备的安全管理，网络管理员要求用户以 HTTPS 的方式安全访问设备。为了满足上述需求，需要把路由器配置成为 HTTPS 服务器，以便用户以 Web 方式安全访问和管理设备。

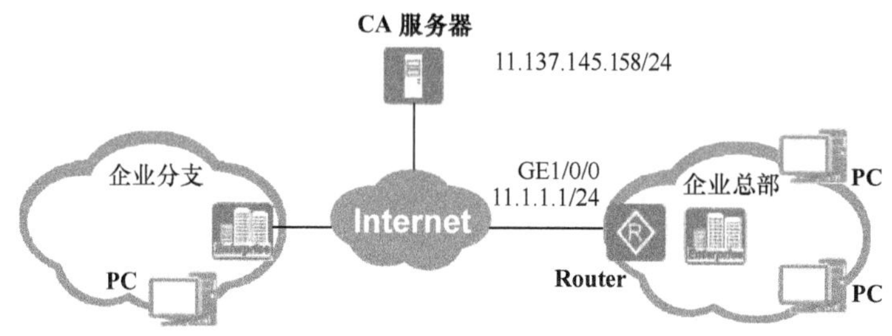

图 9-10　SSL 服务器配置示例拓扑结构

1. 基本配置思路分析

HTTPS 服务器的配置包括：一是向 CA 服务器申请本地证书；二是创建 SSL 服务器策略；三是使能 HTTPS 服务器功能（缺省已使能）。后面两部分的配置很简单，所以 HTTPS 服务器的关键还是 PKI 的配置。

本示例采用 SCEP 协议自动下载、安装 CA 证书和本地证书的方式进行配置，这种方式最为简单，无需单独下载、安装 CA 证书，本地证书的申请、下载和安装也是同步进行的，具体步骤参见本书第 8 章 8.3.2 节。

基于以上分析得出本示例的基本配置思路如下（均在路由器上配置）。

（1）配置接口 IP 地址及到达 CA 服务器的静态路由，实现路由器和 CA 服务器之间路由互通。

（2）配置 PKI（包括 PKI 实体和 PKI 域）。

（3）创建 RSA 密钥对，这是在申请本地证书之前必须要准备好的。

（4）配置采用 SCEP 协议自动申请本地证书。

（5）创建 SSL 服务器策略。

（6）配置 HTTPS 服务器。

说明

为了从 CA 服务器成功申请本地证书，要事先准备好以下数据。

- CA 服务器的名称，作为信任的 CA 名称，本示例假设为 ca_root。
- 访问 CA 服务器申请本地证书的 URL，本示例假设为：http://11.137.145.158:8080/certsrv/mscep/mscep.dll。
- CA 证书的数字指纹和算法，本示例假设指纹算法为 SHA2，数字指纹为：7bb05ada0482273388ed4ec228d79f77309ea3f47bb05ada0482273388ed4ec2。
- 向 CA 申请本地证书时的挑战密码，本示假设例为：6AE73F21E6D3571D。

2. 具体配置步骤

（1）配置路由器的接口 IP 地址，以及到达 CA 服务器的静态路由。假设下一跳 IP 地址为 11.1.1.2/24。当然在公网端设备上也要配置到达路由器的路由。

```
<Huawei> system-view
[Huawei] sysname Router
[Router] interface gigabitethernet 1/0/0
[Router-GigabitEthernet1/0/0] ip address 11.1.1.1 255.255.255.0
[Router-GigabitEthernet1/0/0] quit
[Router] ip route-static 11.137.145.0 255.255.255.0 11.1.1.2
```

（2）配置 PKI。

配置 PKI 实体，标识申请证书 PKI 实体的身份信息。在多数情况下，只需要执行前面 3 步即可。

```
[Router] pki entity users    #---创建 PKI 实体
[Router-pki-entity-users] common-name hello    #---配置 PKI 实体的通用名
[Router-pki-entity-users] country cn
[Router-pki-entity-users] state jiangsu
[Router-pki-entity-users] organization huawei
[Router-pki-entity-users] organization-unit info
[Router-pki-entity-users] quit
```

说明

实体名和实体通用名如果没有配置为设备访问 CA 出接口的 IP 地址 11.1.1.1，在使用 HTTPS 打开网页的时候会提示“证书不合法”，但这不会影响正常使用。

配置 PKI 域，指定信任的 CA，配置 CA 证书的数字指纹及算法。

```
[Router] pki realm users
[Router-pki-realm-users] entity users
```

```
[Router-pki-realm-users] ca id ca_root
[Router-pki-realm-users] fingerprint sha2 7bb05ada0482273388ed4ec228d79f77309ea3f47bb05ada0482273388ed4ec2
[Router-pki-realm-users] quit
```

（3）创建 RSA 密钥对。RSA 密钥对名称为 rsa_scep，在创建提示输入密钥倍数时输入 2048，并设置为可以从设备上导出（命令中带 **exportable** 选项），用于把其中的公钥发给对端设备，实现对本端设备的验证。

```
[Router] pki rsa local-key-pair create rsa_scep exportable
 Info: The name of the new key-pair will be: rsa_scep
 The size of the public key ranges from 512 to 4096.
 Input the bits in the modules:2048
 Generating key-pairs...          .................+++
.......................+++
```

（4）通过 SCEP 协议申请和更新证书。

本示例假设采用通过 SCEP 协议自动为路由器申请、更新本地证书。更新时间是在现有证书有效期达到 60%时就开始更新，而且指定更新证书会自动重新创建 20148 位的 RSA 密钥对。至于向 CA 发送证书申请请求消息时所采用的数字签名算法，可不配置，缺省为 SHA-256，但必须与 CA 上所使用的签名算法保持一致。

```
[Router-pki-realm-users] enrollment-url http://11.137.145.158:8080/certsrv/mscep/mscep.dll ra
#---指定访问 CA 服务器的 URL 地址，并且指定由 RA 进行审核 PKI 实体申请本地证书时的身份信息
[Router-pki-realm-users] rsa local-key-pair rsa_scep #---指定通过 SCEP 协议申请本地证书时所使用的 RSA 密钥对名称为 rsa_scep，即上一步所创建的 RSA 密钥对
[Router-pki-realm-abc] enrollment-request signature message-digest-method sha-384   #---配置在向 CA 发送申请证书请求时利用自己私钥对消息进行签名时所用的摘要算法为 SHA-384
[Router-pki-realm-users] password cipher 6AE73F21E6D3571D   #---配置挑战密码，用于 CA 服务器验证申请者的身份
[Router-pki-realm-users] auto-enroll 60 regenerate 2048   #---开启证书自动注册和更新功能，指定证书密钥长度为2048 位，在有效期到 60%时自动更新并同时更新 RSA 密钥
[Router-pki-realm-users] quit
```

通过以上配置就可以从 CA 服务器通过 SCEP 协议自动向 CA 服务器申请注册本地证书。在申请的过程中，设备会先获取 CA 证书并自动安装（导入内存）CA 证书，然后再获取本地证书并自动安装本地证书。获取的 CA 证书和本地证书名称分别为 users_ca.cer 和 users_local.cer。

本地证书申请成功后，可通过执行 **display pki certificate local** 命令查看已经导入内存的本地证书的内容。

```
[Router] display pki certificate local realm users
 The x509 object type is certificate:
Certificate:
    Data:
        Version: 3 (0x2)    #---本地证书使用的 X.509 协议版本号为 3
        Serial Number:      #---本地证书序列号
            48:65:aa:2a:00:00:00:00:3f:c6
    Signature Algorithm: sha1WithRSAEncryption    #---本地证书签名算法为 SHA1
        Issuer: CN=ca_root      #---本地证书颁发者名称为 ca_root
        Validity                #---本地证书的有效期
            Not Before: Dec 21 11:46:10 2015 GMT
            Not After : Dec 21 11:56:10 2016 GMT
        Subject: C=CN, ST=jiangsu, O=huawei, OU=info, CN=hello    #---本地证书主题字段内容
        Subject Public Key Info:      #---本地证书公钥信息
            Public Key Algorithm: rsaEncryption      #---本地证书公钥算法为 RSA
                Public-Key: (2048 bit)         #--本地证书公钥为 2048 位
```

```
            Modulus:                    #---本地证书公钥
                00:94:6f:49:bd:6a:f3:d5:07:ee:10:ee:4f:d3:06:
                80:59:15:cb:a8:0a:b2:ba:c2:db:52:ec:e9:d1:a7:
                72:de:ac:35:df:bb:e0:72:62:08:3e:c5:54:c1:ba:
                4a:bb:1b:a9:d9:dc:e4:b6:4d:ca:b3:54:90:b6:8e:
                15:a3:6e:2d:b2:9e:9e:7a:33:b0:56:3f:ec:bc:67:
                1c:4c:59:c6:67:0f:a7:03:52:44:8c:53:72:42:bd:
                6e:0c:90:5b:88:9b:2c:95:f7:b8:89:d1:c2:37:3e:
                93:78:fa:cb:2c:20:22:5f:e5:9c:61:23:7b:c0:e9:
                fe:b7:e6:9c:a1:49:0b:99:ef:16:23:e9:44:40:6d:
                94:79:20:58:d7:e1:51:a1:a6:4b:67:44:f7:07:71:
                54:93:4e:32:ff:98:b4:2b:fa:5d:b2:3c:5b:df:3e:
                23:b2:8a:1a:75:7e:8f:82:58:66:be:b3:3c:4a:1c:
                2c:64:d0:3f:47:13:d0:5a:29:94:e2:97:dc:f2:d1:
                06:c9:7e:54:b3:42:2e:15:b8:40:f3:94:d3:76:a1:
                91:66:dd:40:29:c3:69:70:6d:5a:b7:6b:91:87:e8:
                bb:cb:a5:7e:ec:a5:31:11:f3:04:ab:1a:ef:10:e6:
                f1:bd:d9:76:42:6c:2e:bf:d9:91:39:1d:08:d7:b4:
                18:53
            Exponent: 65537 (0x10001)
    X509v3 extensions:
        X509v3 Subject Alternative Name:
            IP Address:10.2.0.2, DNS:test.abc.com, email:user@test.abc.com
        X509v3 Subject Key Identifier:
            15:D1:F6:24:EB:6B:C0:26:19:58:88:91:8B:60:42:CE:BA:D5:4D:F3
        X509v3 Authority Key Identifier:
            keyid:B8:63:72:A4:5E:19:F3:B1:1D:71:E1:37:26:E1:46:39:01:B6:82:C5

        X509v3 CRL Distribution Points:

            Full Name:
              URI:file://\\vasp-e6000-127.china.huawei.com\CertEnroll\ca_root.crl
              URI:http://10.3.0.1:8080/certenroll/ca_root.crl

        Authority Information Access:
            CA Issuers - URI:http://vasp-e6000-127.china.huawei.com/CertEnro
ll/vasp-e6000-127.china.huawei.com_ca_root.crt
            OCSP - URI:file://\\vasp-e6000-127.china.huawei.com\CertEnroll\v
asp-e6000-127.china.huawei.com_ca_root.crt

        1.3.6.1.4.1.311.20.2:
            .0.I.P.S.E.C.I.n.t.e.r.m.e.d.i.a.t.e.O.f.f.l.i.n.e
  Signature Algorithm: sha1WithRSAEncryption    #---本地证书的 RSA 数字签名（由 CA 证书私钥生成）
      d2:be:a8:52:6b:03:ce:89:f1:5b:49:d4:eb:2b:9f:fd:59:17:
      d4:3c:f1:db:4f:1b:d1:12:ac:bf:ae:59:b4:13:1b:8a:20:d0:
      52:6a:f8:a6:03:a6:72:06:41:d2:a7:7d:3f:51:64:9b:84:64:
      cf:ec:4c:23:0a:f1:57:41:53:eb:f6:3a:44:92:f3:ec:bd:09:
      75:db:02:42:ab:89:fa:c4:cd:cb:09:bf:83:1d:de:d5:4b:68:
      8a:a6:5f:7a:e8:b3:34:d3:e8:ec:24:37:2b:bd:3d:09:ed:88:
      d8:ed:a7:f8:66:aa:6f:b0:fe:44:92:d4:c9:29:21:1c:b3:7a:
      65:51:32:50:5a:90:fa:ae:e1:19:5f:c8:63:8d:a8:e7:c6:89:
      2e:6d:c8:5b:2c:0c:cd:41:48:bd:79:74:0e:b8:2f:48:69:df:
      02:89:bb:b3:59:91:7f:6b:46:29:7e:22:05:8c:bb:6a:7e:f3:
      11:5a:5f:fb:65:51:7d:35:ff:49:9e:ec:d1:2d:7e:73:e5:99:
      c6:41:84:0c:50:11:ed:97:ed:15:de:11:22:73:a1:78:11:2e:
```

```
            34:e6:f5:de:66:0c:ba:d5:32:af:b8:54:26:4f:5b:9e:89:89:
            2a:3f:b8:96:27:00:c3:08:3a:e9:e8:a6:ce:4b:5a:e3:97:9e:
            6b:dd:f0:72

Pki realm name: users        #---本地证书所属 PKI 域为 users
Certificate file name: users_local.cer      #---本地证书文件名为 users_local.cer
Certificate peer name: -
```

还可通过执行 **display pki certificate ca** 命令查看已经导入内存的 CA 证书的内容。必须先成功下载到了 CA 证书才能最后成功申请本地证书。

```
[Router] display pki certificate ca realm users
 The x509 object type is certificate:
Certificate:
    Data:
        Version: 3 (0x2)
        Serial Number:
            0c:f0:1a:f3:67:21:44:9a:4a:eb:ec:63:75:5d:d7:5f
    Signature Algorithm: sha1WithRSAEncryption
        Issuer: CN=ca_root
        Validity
            Not Before: Jun   4 14:58:17 2015 GMT
            Not After : Jun   4 15:07:10 2020 GMT
        Subject: CN=ca_root
        Subject Public Key Info:          #---CA 证书的公钥信息
            Public Key Algorithm: rsaEncryption
                Public-Key: (2048 bit)
                Modulus:
                    00:d9:5f:2a:93:cb:66:18:59:8c:26:80:db:cd:73:
                    d5:68:92:1b:04:9d:cf:33:a2:73:64:3e:5f:fe:1a:
                    53:78:0e:3d:e1:99:14:aa:86:9b:c3:b8:33:ab:bb:
                    76:e9:82:f6:8f:05:cf:f6:83:8e:76:ca:ff:7d:f1:
                    bc:22:74:5e:8f:4c:22:05:78:d5:d6:48:8d:82:a7:
                    5d:e1:4c:a4:a9:98:ec:26:a1:21:07:42:e4:32:43:
                    ff:b6:a4:bd:5e:4d:df:8d:02:49:5d:aa:cc:62:6c:
                    34:ab:14:b0:f1:58:4a:40:20:ce:be:a5:7b:77:ce:
                    a4:1d:52:14:11:fe:2a:d0:ac:ac:16:95:78:34:34:
                    21:36:f2:c7:66:2a:14:31:28:dc:7f:7e:10:12:e5:
                    6b:29:9a:e8:fb:73:b1:62:aa:7e:bd:05:e5:c6:78:
                    6d:3c:08:4c:9c:3f:3b:e0:e9:f2:fd:cb:9a:d1:b7:
                    de:1e:84:f4:4a:7d:e2:ac:08:15:09:cb:ee:82:4b:
                    6b:bd:c6:68:da:7e:c8:29:78:13:26:e0:3c:6c:72:
                    39:c5:f8:ad:99:e4:c3:dd:16:b5:2d:7f:17:e4:fd:
                    e4:51:7a:e6:86:f0:e7:82:2f:55:d1:6f:08:cb:de:
                    84:da:ce:ef:b3:b1:d6:b3:c0:56:50:d5:76:4d:c7:
                    fb:75
                Exponent: 65537 (0x10001)
        X509v3 extensions:
            1.3.6.1.4.1.311.20.2:
                ...C.A
            X509v3 Key Usage: critical
                Digital Signature, Certificate Sign, CRL Sign
            X509v3 Basic Constraints: critical
                CA:TRUE
            X509v3 Subject Key Identifier:
                B8:63:72:A4:5E:19:F3:B1:1D:71:E1:37:26:E1:46:39:01:B6:82:C5
```

```
            X509v3 CRL Distribution Points:

                Full Name:
                  URI:http://vasp-e6000-127.china.huawei.com/CertEnroll/ca_root.crl
                  URI:file://\\vasp-e6000-127.china.huawei.com\CertEnroll\ca_root.crl

            1.3.6.1.4.1.311.21.1:
            ...
    Signature Algorithm: sha1WithRSAEncryption    #---CA 证书的数字签名（由 CA 证书的私钥自签名生成）
        52:21:46:b8:67:c8:c3:4a:e7:f8:cd:e1:02:d4:24:a7:ce:50:
        be:33:af:8a:49:47:67:43:f9:7f:79:88:9c:99:f5:87:c9:ff:
        08:0f:f3:3b:de:f9:19:48:e5:43:0e:73:c7:0f:ef:96:ef:5a:
        5f:44:76:02:43:83:95:c4:4e:06:5e:11:27:69:65:97:90:4f:
        04:4a:1e:12:37:30:95:24:75:c6:a4:73:ee:9d:c2:de:ea:e9:
        05:c0:a4:fb:39:ec:5c:13:29:69:78:33:ed:d0:18:37:6e:99:
        bc:45:0e:a3:95:e9:2c:d8:50:fd:ca:c2:b3:5a:d8:45:82:6e:
        ec:cc:12:a2:35:f2:43:a5:ca:48:61:93:b9:6e:fe:7c:ac:41:
        bf:88:70:57:fc:bb:66:29:ae:73:9c:95:b9:bb:1d:16:f7:b4:
        6a:da:03:df:56:cf:c7:c7:8c:a9:19:23:61:5b:66:22:6f:7e:
        1d:26:92:69:53:c8:c6:0e:b3:00:ff:54:77:5e:8a:b5:07:54:
        fd:18:39:0a:03:ac:1d:9f:1f:a1:eb:b9:f8:0d:21:25:36:d5:
        06:de:33:fa:7b:c8:e9:60:f3:76:83:bf:63:c6:dc:c1:2c:e4:
        58:b9:cb:48:15:d2:a8:fa:42:72:15:43:ef:55:63:39:58:77:
        e8:ae:0f:34

  Pki realm name: users                  #---CA 证书所属 PKI 域为 users
  Certificate file name: users_ca.cer    #---CA 证书的文件名为 users_ca.cer
  Certificate peer name: -
```

由于在配置 **auto-enroll** 命令时选择了 **regenerate** 可选项，在本地证书更新时系统会生成新的 RSA 密钥对去申请新证书，而且当系统检测到时间已经超过了配置的当前证书有效期的 60%之后，就会向 CA 发起本地证书的更新请求。

（5）配置 SSL 服务器策略。

本示例就是要把所创建的 SSL 服务器策略与前面配置的 PKI 域进行关联，使得该 SSL 服务器策略使用指定 PKI 域中的数字证书进行身份认证。另外在本示例中还配置了所支持 SSL 会话的最大数目，以及每个 SSL 会话可持续的最长时间。

```
[Router] ssl policy sslserver type server
[Router-ssl-policy-sslserver] pki-realm users   #---配置 SSL 服务器策略所属的 PKI 域
[Router-ssl-policy-sslserver] session cachesize 40 timeout 7200   #---配置保存会话的最大数目和最大时长
[Router-ssl-policy-sslserver] quit
```

（6）配置 HTTPS 服务器。

HTTPS 服务器的配置很简单，只需指定所使用的 SSL 服务器策略，并使能 HTTPS 服务器功能即可。在本示例中，为了避免与其他基于 SSL 的应用相冲突，此处把 HTTPS 服务器所使用的端口改为 1278。

```
[Router] http secure-server ssl-policy sslserver #---配置 HTTPS 服务器关联的 SSL 策略为 sslserver
[Router] http secure-server enable     #---使能 Router 的 HTTPS 服务器功能
[Router] http secure-server port 1278     #---配置 HTTPS 服务的端口号
```

3. 配置结果验证

以上配置全部完成后，可在任意视图下执行 **display ssl policy** sslserver 命令，查看 SSL 服务器策略 sslserver 的配置信息。

```
[Router] display ssl policy sslserver
  ------------------------------------------------
  Policy name                          :   sslserver
  Policy ID                            :   1
  Policy type                          :   Server
  Cipher suite                         :   rsa_aes_128_cbc_sha
  PKI realm                            :   users
  Version                              :   tls1.1
  Cache number                         :   40
  Time out(second)                     :   7200
  Server certificate load status       :   loaded
  CA certificate chain load status     :   loaded
  SSL renegotiation status             :   enable
  Bind number                          :   1
  SSL connection number                :   0
  ------------------------------------------------
```

此时，用户在终端（比如 PC）打开浏览器，在地址栏中输入 HTTP 服务器的 IP 地址（带上端口号）“https://11.1.1.1:1278”，即可以 HTTPS 的方式访问 Web 网管页面，用户后续可以利用 Web 网管页面安全访问和管理路由器。如果路由器作为 SSL VPN 网关，则用户可通过路由器访问它所连接的企业内部网络资源。有关 SSL VPN 网关的配置方法将在 9.4 节介绍。

9.4 SSL VPN 配置与管理

通过第 8 章的 PKI 配置，设备获取了本地数字证书，通过本章前面配置好了 SSL 服务器策略，并把设备配置为 HTTPS 服务器后，接下来就可以正式配置 SSL VPN 功能了，使设备担当 SSL VPN 网关角色，供远程用户通过 HTTPS 安全访问。

在 SSL VPN 的配置中主要就是 SSL VPN 网关的配置，配置任务如下：

- 配置 SSL VPN 的侦听端口号；
- 创建远程用户的用户信息；
- 配置 SSL VPN 虚拟网关基本功能；
- 配置 SSL VPN 业务；
- 管理 SSL VPN 远程用户；
- （可选）配置个性化定制 Web 页面元素；

下面分别介绍以上配置任务的具体配置方法。

9.4.1 配置 SSL VPN 的侦听端口号

缺省情况下，Web 网管和 SSL VPN 业务的侦听端口号都是 TCP 443。为避免与 Web 网管业务冲突，可以修改 SSL VPN 的侦听端口号。

修改 SSL VPN 的侦听端口号的方法是在系统视图下执行 **sslvpn server port** *port* 命令，取值范围是 443 或 1025～51200 的整数。

说明

配置 SSL VPN 的侦听端口号前，需要确保设备上所有的 SSL VPN 虚拟网关都处于去使能状态。当修改 SSL VPN 业务的端口号后，后续用户登录 SSL VPN 网关时，输入的 URL 地址携带的端口号必须为修改后的端口号。如原来 SSL VPN 网关的访问地址为：https://202.1.1.9/gateway1，修改侦听端口号为 1025 时，则远程用户在地址栏输入的 URL 地址应该为：https://202.1.1.9:1025/gateway1。

9.4.2 创建 SSL VPN 远程用户

配置 SSL VPN 远程用户信息时，需要配置 AAA 认证和授权方案，可以使用本地或者 RADIUS AAA 方案，但认证和授权的方式必须一致。一般采用配置简单的本地 AAA 方案，有关 AAA 方案的详细配置方法请参见《华为交换机学习指南》一书。

配置好 AAA 方案后，远程用户登录 SSL VPN 网关 Web 页面时，需要输入用户名和密码进行身份验证，设备认证通过后，才允许远程用户登录虚拟网关，获得授权的内网资源服务。

在此仅以本地 AAA 方案（采用缺省的 **default** 域）进行介绍，配置步骤见表 9-3。如果要采用其他 AAA 域，则可用 **domian** 命令新建，然后为所创建的用户加上对应的域名，并在后面介绍的 SSL VPN 虚拟网关上绑定对应的 AAA 域即可。

表 9-3 配置 SSL VLN 远程用户本地 AAA 方案的步骤

步骤	命令	说明
1	**system-view** 例如：<Huawei> **system-view**	进入系统视图
2	**aaa** 例如：[Huawei] **aaa**	进入 AAA 视图
3	**local-user** *user-name* **password** { **cipher** | **irreversible-cipher** } *password* 例如：[Huawei-aaa] **local-user** winda **password cipher** admin@1234	创建 SSL VPN 用户账户，并配置账户密码。命令中的参数和选项说明如下。 • *user-name*：指定用户名，字符串形式，不区分大小写，长度范围是 1～253，不支持空格、星号、双引号和问号。如果用户名中带域名分隔符，如@，则认为@前面的部分是用户名，后面部分是域名；如果没有@，则整个字符串为用户名，域为默认域 **default**。 • **cipher**：二选一选项，表示对用户口令采用可逆算法进行加密，非法用户可以通过对应的解密算法解密密文后得到明文密码，安全性较低。 • **irreversible-cipher**：二选一选项，表示对用户密码采用不可逆算法进行加密，使非法用户无法通过解密算法特殊处理后得到明文密码，为用户提供更好的安全保障。 • *password*：指定本地用户登录密码，字符串形式，**区分大小写**，字符串中不能包含“？”和空格。选择 **cipher** 选项时，密码长度范围既可以是 8～128 位的明文密码，也可以是 48～188 位的密文密码；如果选择 **irreversible-cipher** 选项，密码长度范围既可以是 8～128 位的明文密码，也可以是 68 位的密文密码。

（续表）

步骤	命令	说明
3	**local-user** *user-name* **password { cipher | irreversible-cipher }** *password* 例如：[Huawei-aaa] **local-user** winda **password cipher** admin@1234	【注意】为了防止密码过于简单导致的安全隐患，用户输入的明文密码必须包括大写字母、小写字母、数字和特殊字符中至少两种，且不能与用户名或用户名的倒写相同。 缺省情况下，系统中存在一个名称为“admin”的本地用户，该用户的密码为“Admin@huawei”，采用不可逆算法加密，用户级别为 15 级（最高级别），服务类型为 http，可用 **undo local-user user-name** 命令删除指定本地用户
4	**local-user** *user-name* **service-type sslvpn** 例如：[Huawei-aaa] **local-user** winda **service-type sslvpn**	配置以上远程用户的类型为 SSL VPN，使其支持 SSL VPN 接入类型。 缺省情况下，远程用户可以使用所有的接入类型，可用 **undo local-user** *user-name* **service-type** 命令将指定本地用户的接入类型恢复为缺省配置

9.4.3 配置 SSL VPN 虚拟网关基本功能

在设备上配置 SSL VPN 虚拟网关功能，可以将一台设备模拟为多台虚拟网关设备，满足各远程用户的不同类型的访问需求。如图 9-11 所示，对应企业的远程用户只能访问对应的虚拟网关中列出的资源，并且不同企业在管理和使用上不受影响。在设备上创建虚拟网关 A、虚拟网关 B 和虚拟网关 C，分别对应于不同企业的远程用户，然后将三个虚拟网关地址分别告知对应的远程用户，使远程用户通过浏览器访问各自的企业内网资源。图中不同企业的远程用户也可以是同一企业中不同类型的远程用户，分别根据不同的虚拟网关访问对应权限的资源。

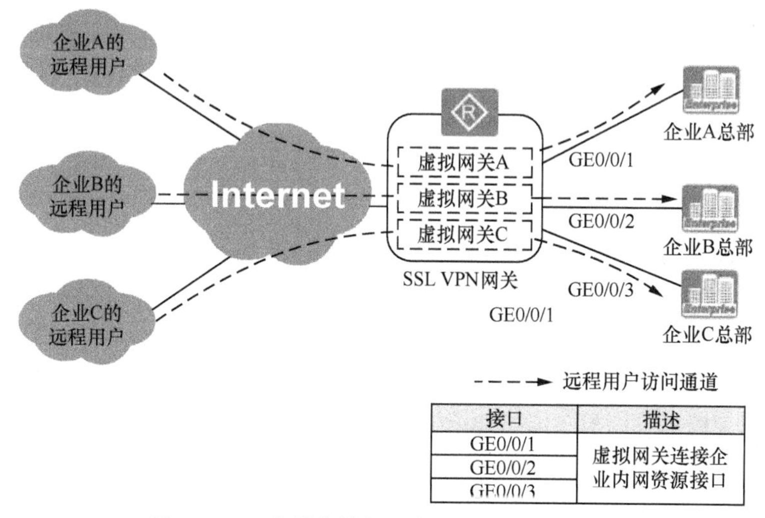

图 9-11　一台设备模拟为多个虚拟网关的示例

如果不需要配置多个虚拟网关时，则也可只配置一个虚拟网关，具体的配置步骤见表 9-4。

表 9-4 配置 SSL VLN 虚拟网关的步骤

步骤	命令	说明
1	**system-view** 例如：<Huawei> **system-view**	进入系统视图
2	**sslvpn gateway** *gateway-name* 例如：[Huawei] **sslvpn gateway** lycb	创建虚拟网关并进入虚拟网关视图。参数 *gateway-name* 用来指定虚拟网关的名称，字符串形式，不支持空格，区分大小写，长度范围是 1～31，且不能包含字符"? < > [ ]"。 不同 AR 系列路由器可支持的虚拟网关数不同，最多支持 4 个，最少仅 1 个。 缺省情况下，系统没有创建虚拟网关，可用 **undo sslvpn gateway** *gateway-name* 命令删除指定的虚拟网关
3	**intranet interface** *interface-type interface-number* 例如：[Huawei-sslvpn-lycb] **intranet interface** gigabitethernet 2/0/0	配置虚拟网关连接内网资源的接口，通过该接口实现虚拟网关与企业内网服务器的通信。 【注意】虚拟网关对应的内网接口为三层接口，且接口必须配置 IP 地址。使能 SSL VPN 虚拟网关基本功能后，管理员如果要修改虚拟网关对应的内网接口，必须先执行 **undo enable** 命令去使能 SSL VPN 虚拟网关基本功能。 缺省情况下，虚拟网关没有配置连接内网资源的接口，可用 **undo intranet interface** 命令删除虚拟网关对应的内网接口
4	**bind domain** *domain-name* 例如：[Huawei-sslvpn-lycb] **bind domain** admin	配置虚拟网关绑定 AAA 域，必须与 SSL VPN 用户中配置的 AAA 域一致。如果在创建 SSL VPN 用户时指定采用系统缺省的 AAA 域，则此处绑定的 AAA 域为 default。 【注意】使能 SSL VPN 虚拟网关的基本功能后，如果要修改虚拟网关绑定的 AAA 域，必须先执行 **undo enable** 命令去使能 SSL VPN 虚拟网关的基本功能。 缺省情况下，虚拟网关没有绑定 AAA 域，可用 **undo bind domain** 命令取消虚拟网关绑定 AAA 域
5	**enable** 例如：[Huawei-sslvpn-lycb] **enable**	使能 SSL VPN 虚拟网关的基本功能。 缺省情况下，系统未使能 SSL VPN 虚拟网关的基本功能，可用 **undo enable** 命令去使能 SSL VPN 虚拟网关的基本功能，此时对应 AAA 域中原来在线的用户将会被迫下线

9.4.4 配置 SSL VPN 业务

华为 AR 系列路由器作为 SSL VPN 网关时，支持三种业务类型：Web 代理、端口转发和网络扩展，分别对应于 Web 接入、TCP 接入、IP 接入三种不同的远程用户权限接入企业内网。远程用户通过不同的接入方式，可以访问不同类型的企业内网资源。

三种 SSL VPN 业务都是在虚拟网关视图下配置，根据业务需求，可以在同一虚拟网关视图下选择配置其中一种业务或多种业务。

1．配置 Web 代理业务

SSL VPN 网关利用 Web 代理业务，代理远程用户对企业内网 Web 服务器的访问，为远程用户访问企业内网 Web 服务器提供了安全的连接。

在设备上配置 Web 代理业务时，需要指定可以访问的企业内网 Web 服务器 URL 地址，并指定该 Web 代理的实现方式。一个 Web 代理业务中只能配置一个 URL 地址，如果存在多个企业内网 Web 服务器，则需要配置多个 Web 代理业务。

Web 代理有两种实现方式。

（1）URL 改写：较为常用的方式

SSL VPN 网关显示给远程用户的内部网站资源链接是经过 SSL VPN 网关改写后的 URL。远程用户点击该网站资源链接后，SSL VPN 网关将远程用户访问的 URL 修改为指向 SSL VPN 网关的 URL。SSL VPN 网关需要对 Web 服务器响应远程用户的每个页面中的 URL 进行改写，其他内容不变。

（2）Web-tunnel：通过端口转发原理实现

远程终端需要安装 Java 插件，SSL VPN 网关显示给远程用户的内部网站资源链接是内网真实的 URL。远程用户点击该网站资源链接后，Java 插件会自动为该报文增加一个目的地址是 SSL VPN 网关的外层隧道，并通过 HTTP 请求协议发送给 SSL VPN 网关。SSL VPN 网关在收到 HTTP 请求后，还原为原始的用户 HTTP 请求，并将 HTTP 请求发送给内部 Web 服务器。

Web 代理业务的配置步骤见表 9-5。

表 9-5　配置 Web 代理业务的步骤

步骤	命令	说明
1	**system-view** 例如：<Huawei> **system-view**	进入系统视图
2	**sslvpn gateway** *gateway-name* 例如：[Huawei] **sslvpn gateway** lycb	进入对应虚拟网关视图
3	**service-type web-proxy resource** *resource-name* 例如：[Huawei-sslvpn-lycb] **service-type web-proxy resource** web	创建 Web 代理业务并进入 Web 代理业务视图。参数 *resource-name* 用来指定业务类型的名称，字符串形式，不支持空格，**区分大小写**，长度范围是 1～31，且不能包含字符“? < > [ ]”。当输入的字符串两端使用双引号时，可在字符串中输入空格。 缺省情况下，虚拟网关没有配置 Web 代理业务，可用 **undo service-type web-proxy resource** 命令删除 Web 代理业务
4	**link** *url* [**web-tunnel**] 例如：[Huawei-sslvpn-lycb-wp-res-web] **link** http://10.0.0.1/	配置企业内网 Web 服务器的 URL 地址和该 Web 代理的实现方式。命令中的参数和选项说明如下。 ● *url*：指定内网 Web 服务器的 URL 地址，字符串形式，不支持空格，**区分大小写**，必须以“http：//”开头，长度范围是 1～200，且不能包含字符“< > [ ]” ● **web-tunnel**：可选项，指定以 Web-tunnel 模式访问内网 Web 服务器。如果不选择此可选项，则表示以 URL 改写方式访问内网 Web 服务器。 【注意】一个 Web 代理业务只能配置一个 URL 地址，如果存在多个内网 Web 服务器，则可配置多个 Web 代理业务。如果在同一个 Web 代理业务视图下重复执行本命令时，则新配置将覆盖老配置。 缺省情况下，虚拟网关没有配置企业内网 Web 服务器的 URL 地址，Web 代理采用 URL 改写方式，可用 **undo link** 命令删除企业内网 Web 服务器的 URL 地址和该 Web 代理的实现方式

（续表）

步骤	命令	说明
5	**description** *description* 例如：[Huawei-sslvpn-lycb-wp-res-web]**description** this service is used to access the ftp server	（可选）配置 Web 代理业务的描述信息，字符串形式，支持空格，区分大小写，长度范围是 1～80，不能包含“？<>[ ]”。新配置将覆盖老配置。 缺省情况下，虚拟网关没有对业务进行描述，可用 **undo description** 命令删除虚拟网关业务的描述信息

2. 配置端口转发业务

通过端口转发业务，远程用户可以访问企业内网中基于 TCP 协议的应用服务，包括远程访问服务（如 Telnet）、桌面共享服务、邮件服务等。在设备上配置端口转发业务时，需要指定企业内网应用服务器的地址/域名和端口号，从而指定远程用户可以访问的企业内网应用服务器。

远程用户利用端口转发业务访问企业内网服务器时，不需要对现有的 TCP 应用程序进行升级（但需要与应用服务器上基于 TCP 的应用程序的端口保持一致），只需安装专用的 Java 插件（Java 插件从 Web 访问页面自动下载，远程终端需要安装 Java 运行环境 JRE），由 Java 插件使用 SSL 连接传送应用层数据。

端口转发业务的配置步骤见表 9-6。

表 9-6 配置端口转发业务的步骤

步骤	命令	说明
1	**system-view** 例如：<Huawei> **system-view**	进入系统视图
2	**sslvpn gateway** *gateway-name* 例如：[Huawei] **sslvpn gateway** lycb	进入对应虚拟网关视图
3	**service-type port-forwarding resource** *resource-name* 例如：[Huawei-sslvpn-lycb] **service-type port-forwarding resource** port	创建端口转发业务并进入端口转发业务视图。参数说明参见表 9-5 中的第 3 步。 缺省情况下，虚拟网关没有配置端口转发业务，可用 **undo service-type port-forwarding resource** 命令删除端口转发业务
4	**server ip-address** *ip-address* **port** *port-number* 例如：[Huawei-sslvpn-lycb-pf-res-port] **server ip-address** 1.1.1.1 **port** 23	（二选一）配置端口转发业务可用的 IP 地址和端口号。命令中的参数说明如下。 • *ip-address*：指定端口转发业务可用的 IP 地址，即内网应用服务器的 IP 地址。 • *port-number*：指定端口转发业务可用的端口号，即内网应用服务器的 TCP 端口号。 缺省情况下，虚拟网关没有配置端口转发业务可用的 IP 地址和端口号，可用 **undo server ip-address** 命令删除端口转发业务可用的 IP 地址和端口号

（续表）

步骤	命令	说明
4	**server name** *name* **port** *port-number* 例如：[Huawei-sslvpn-lycb-pf-res-port] **server name** www.iHappy.com.cn **port** 23	（二选一）配置端口转发业务可用的域名和端口号。命令中的参数说明如下。 • *name*：指定端口转发业务可用的域名，即内网应用服务器的域名。 • *port-number*：指定端口转发业务可用的端口号。 缺省情况下，虚拟网关没有配置端口转发业务可用的域名和端口号，可用 **undo server name** 命令删除转发业务可用的域名和端口号
5	**description** *description* 例如：[Huawei-sslvpn-users-wp-res-port]**description** this service is used to access the ftp server	（可选）配置端口转发业务的描述信息，字符串形式，支持空格，区分大小写，长度范围是 1～80，不能包含“？<>[ ]”。新配置将覆盖老配置。 缺省情况下，虚拟网关没有对业务进行描述，可用 **undo description** 命令删除虚拟网关业务的描述信息

3. 配置网络扩展业务

SSL VPN 网关通过网络扩展业务，可以使远程终端与内网服务器在网络层实现安全通信，比如在远程终端与内网服务器之间实现文件共享，ping、tracet 测试等，实现文件级的访问。

网络扩展有两种路由模式。

（1）全路由模式

在远程终端的路由表里添加一条缺省路由，下一跳为虚拟网卡的 IP 地址（SSL VPN 网关为虚拟网卡分配的企业内网 IP 地址）。远程用户通过 SSL VPN 网关可以访问网络扩展业务中开放的网段资源。

（2）隧道分离模式

将配置的隧道分离下的具体路由添加到远程终端的路由表里，远程用户通过 SSL VPN 网关只能访问指定的内网资源，可更细致地控制远程用户的访问范围。

在设备上配置网络扩展业务时，需要绑定网络扩展业务使用的 IP 地址池，以使虚拟网卡能从该地址池中获取企业内网的 IP 地址。

注意

远程用户启动网络扩展业务后，远程终端自动从 SSL VPN 网关下载 Java 插件。Java 插件负责与 SSL VPN 网关建立 SSL 连接，生成虚拟网卡并为虚拟网卡申请企业内网 IP 地址（Java 插件从 Web 访问页面自动下载，远程终端需要安装 Java 运行环境 JRE）。

远程用户在应用网络扩展业务时，如果直接关掉 IE 等浏览器进程，程序的退出功能得不到执行而导致路由无法恢复。此时需要停止并重新启动网卡。

网络扩展业务的配置步骤见表 9-7。

表 9-7 配置网络扩展业务的步骤

<table>
<tr><th>步骤</th><th>命令</th><th colspan="2">说明</th></tr>
<tr><td>1</td><td>system-view
例如：<Huawei> system-view</td><td colspan="2">进入系统视图</td></tr>
<tr><td>2</td><td>sslvpn gateway gateway-name
例如：[Huawei] sslvpn gateway lycb</td><td colspan="2">进入对应虚拟网关视图</td></tr>
<tr><td>3</td><td>service-type ip-forwarding resource resource-name
例如：[Huawei-sslvpn-lycb] service-type port-forwarding resource ipservices</td><td colspan="2">创建网络扩展业务并进入网络扩展业务视图。参数说明参见表 9-5 中的第 3 步。
缺省情况下，虚拟网关没有配置端口转发业务，可用 undo service-type ip-forwarding resource 命令删除网络扩展业务</td></tr>
<tr><td>4</td><td>bind ip-pool pool-name
例如：[Huawei-sslvpn-lycb-if-res-ipservices] bind ip-pool pool1</td><td colspan="2">绑定网络扩展业务使用的 IP 地址池，必须是已创建的 IP 地址池。
远程用户启动网络扩展业务时，远程终端会自动从 Web 访问页面下载 Java 插件，该 Java 插件会在主机上安装一个虚拟网卡。Java 插件负责与 SSL VPN 网关建立 SSL 连接，为虚拟网卡申请内网 IP 地址，并设置以虚拟网卡为出接口的路由。
本命令用来绑定网络扩展业务使用的 IP 地址池，Java 插件从该地址池中为远程终端的虚拟网卡申请 IP 地址。
缺省情况下，网络扩展业务未绑定 IP 地址池，可用 undo bind ip-pool 命令删除网络扩展业务绑定的 IP 地址池</td></tr>
<tr><td rowspan="2">5</td><td>route-mode full
例如：[Huawei-sslvpn-lycb-if-res-ipservices] route-mode full</td><td colspan="2">（二选一）配置网络扩展业务使用的路由模式为全路由模式。
在全路由模式下，会在远程终端的路由表里添加一条缺省路由，下一跳为虚拟网卡的 IP 地址（SSL VPN 网关为虚拟网卡分配的企业内网 IP 地址）。远程用户通过 SSL VPN 网关可以访问网络扩展业务中所有开放的网段中的资源。
缺省情况下，网络扩展业务使用的路由模式为全路由模式</td></tr>
<tr><td>route-mode split
例如：[Huawei-sslvpn-lycb-if-res-ipservices] route-mode split</td><td>（二选一）配置为隧道分离模式</td><td>配置网络扩展业务使用的路由模式为隧道分离模式。
将配置的隧道分离模式下的远程用户路由添加到远程终端的路由表里，远程用户通过 SSL VPN 网关只能访问指定的内网资源，能更细致地控制远程用户的访问范围。
缺省情况下，网络扩展业务使用的路由模式为全路由模式，可用 undo route-mode 命令恢复网络扩展业务使用的路由模式为缺省配置</td></tr>
</table>

（续表）

步骤	命令	说明	
5	**route-split ip address** *ip-address* **mask** { *mask-length* | *mask* } 例如：[Huawei-sslvpn-lycb-if-res-ipservices] **route-split ip address** 1.1.1.0 **mask** 24	（二选一）配置为隧道分离模式	配置隧道分离模式下的用户路由，通过配置用户路由的目的 IP 地址和掩码来指定可访问的内网服务器的网段范围，最多能配置 10 条隧道分离模式下的远程用户路由。 缺省情况下，系统未配置隧道分离模式下的远程用户路由，可用 **undo route-split ip address** *ip-address* **mask** { *mask-length* | *mask* }命令删除隧道分离模式下的远程用户路由
6	**bind acl** *acl-number* 例如：[Huawei-sslvpn-lycb-if-res-ipservices] **bind acl** 3001	（可选）绑定网络扩展业务使用的 ACL。参数 *acl-number* 是一个高级 IP ACL 编号，整数形式，取值范围为 3000～3999。 如内网中某些重要的资源不希望远程用户访问，可以在设备上配置该命令绑定网络扩展业务使用的 ACL，远程终端只可以与内网指定网段的服务器进行通信。在网络扩展业务中，远程用户 IP 报文到达 SSL VPN 网关后，SSL VPN 网关会根据绑定的 ACL 过滤远程用户报文，以便控制远程用户的访问内网服务器的权限。如果设备只允许远程用户访问 IP 地址为 1.1.1.1 的内网服务器时，则在绑定 ACL 中定义规则，允许目的 IP 地址为 1.1.1.1 的报文可以通过，其他目的 IP 地址的报文均被丢弃	
7	**description** *description* 例如：[Huawei-sslvpn-users-wp-res-ipservices]**description** this service is used to access the files	（可选）配置网络扩展业务的描述信息，字符串形式，支持空格，区分大小写，长度范围是 1～80，不能包含"？<>[ ]"。新配置将覆盖老配置。 缺省情况下，虚拟网关没有对业务进行描述，可用 **undo description** 命令删除虚拟网关业务的描述信息	

9.4.5　管理 SSL VPN 远程用户

管理 SSL VPN 远程用户包括配置远程用户最大在线数目和远程用户最大在线时长。远程用户最大在线数目还受设备能够提供的最大在线远程用户数目以及 License 控制的最大在线远程用户数目的影响，最终生效的远程用户最大在线数目取两者的最小值。管理 SSL VPN 远程用户的具体配置步骤见表 9-8。

表 9-8　　管理 SSL VPN 远程用户的配置步骤

步骤	命令	说明
1	**system-view** 例如：<Huawei> **system-view**	进入系统视图
2	**sslvpn gateway** *gateway-name* 例如：[Huawei] **sslvpn gateway** lycb	进入对应虚拟网关视图
3	**max-user** *number* 例如：[Huawei-sslvpn-lycb] **max-user** 10	配置虚拟网关支持的远程用户最大在线数目，不同 AR 系列路由器的取值范围不同，最大值中最高为 100 个，最低为 10 个。 缺省情况下，不同 AR 系列路由器虚拟网关支持的远程用户最大在线数目不同，可用 **undo max-user** 命令恢复虚拟网关支持的远程用户最大在线数目为缺省值

（续表）

步骤	命令	说明
4	**max-online-time** *number* 例如：[Huawei-sslvpn-lycb] **max-online-time** 300	配置虚拟网关下的远程用户最大在线时长，整数形式，取值范围为 5～480，单位为分钟。 在线时间超过最大在线时长的远程用户将被强制下线。远程用户被强制下线后，其用户信息仍然保存在虚拟网关中。 缺省情况下，虚拟网关下的远程用户最大在线时长为 120min，可用 **undo max-online-time** 命令恢复虚拟网关下的远程用户最大在线时长为缺省值

9.4.6 配置个性化定制 Web 页面元素

这是一项可选配置任务，如果你想改变缺省的 SSL VPN 网关 Web 页面外观，则可使用本节介绍的方法进行配置。华为 AR 系列路由器支持个性化定制虚拟网关 Web 页面的页面元素，根据本企业的需要来定制适合本企业的登录页面，从而使得远程用户的登录界面更加专业、美观。

说明

设置 Web 页面元素的颜色时，使用 RGB 制式的 16 进制表示法。颜色的取值分别表示 R/G/B，也就是红/绿/蓝三种原色的强度，每一种颜色强度最低为 0，最高为 255，都以 16 进制数值表示，把三个数值依次并列起来，以#开头。例如#FF0000 表示红色。如果每种原色的强度取值中两个数值相同，则可以只用一位表示原色强度，此时颜色是 3 位 16 进制数。例如红色还可以表示为#F00。

SSL VPN 虚拟网关登录页面和 SSL VPN 虚拟网关资源查看页面中企业可配置的 Web 页面元素及各 Web 页面元素的缺省情况分别如图 9-12 和图 9-13 所示，可使用表 9-9 所示的各部分配置命令选择性地对各元素进行个性化配置。

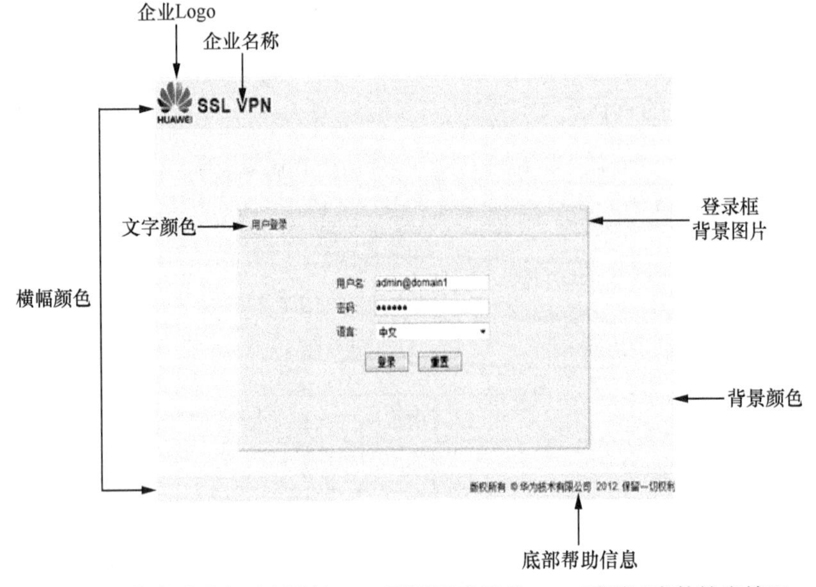

图 9-12 登录页面中可配置的 Web 页面元素及各 Web 页面元素的缺省情况

图 9-13　资源查看页面中可配置的 Web 页面元素及各 Web 页面元素的缺省情况

表 9-9　配置个性化定制页面元素的命令

Web 页面元素类别	Web 页面元素	命令	说明
图片	企业 Logo	**logo** *logo-file*	通常情况下，不同的企业都有自己特定的企业 Logo。如果需要虚拟网关 Web 页面显示本企业的企业 Logo，可以执行本命令配置虚拟网关 Web 页面的企业 Logo。 缺省情况下，虚拟网关 Web 页面的企业 Logo 为华为技术有限公司的 Logo
	登录框背景图片	**login-photo** *login-photo-file*	当需要更改虚拟网关 Web 登录页面的登录框背景图片时，可以执行本命令
文字	企业名称	**organization** *organization-name*	通常情况下，不同的企业都有自己特定的名称。如果需要虚拟网关 Web 页面显示本企业的企业名称，可以执行本命令配置虚拟网关 Web 页面的企业名称。 缺省情况下，虚拟网关 Web 页面的企业名称为"SSL VPN"
	欢迎语	**login-message** *welcome-info*	对于特定的客户或特定的节日，可能需要虚拟网关 Web 访问页面显示特定的欢迎语。可以执行本命令灵活配置虚拟网关 Web 访问页面的欢迎语。 缺省情况下，虚拟网关 Web 访问页面的欢迎语为"欢迎登录："
	底部帮助信息	**login-help** *help-info*	企业可能需要将地址、电话号码等信息展示给客户。针对企业信息展示的需要，可以选择将这些信息作为虚拟网关 Web 访问页面的底部帮助信息。 缺省情况下，虚拟网关 Web 访问页面的底部帮助信息为"版权所有 © 华为技术有限企业 2012. 保留一切权利"
颜色	横幅颜色	**banner-color** *color-value*	如果需要更改虚拟网关 Web 访问页面的横幅颜色时，可以执行本命令配置虚拟网关 Web 访问页面的横幅颜色。 缺省情况下，虚拟网关 Web 访问页面的横幅颜色的 RGB 色彩模式为#EEEEEE（浅灰色）

（续表）

Web 页面元素类别	Web 页面元素	命令	说明
颜色	表格头部颜色	**table-color** *color-value*	如果需要更改虚拟网关 Web 访问页面的表格头部颜色时，可以执行本命令配置虚拟网关 Web 访问页面的表格头部颜色。 缺省情况下，虚拟网关 Web 访问页面的表格头部颜色的 RGB 色彩模式为#CDCDCD（银白色）
	背景颜色	**background-color** *color-value*	如果需要更改虚拟网关 Web 访问页面的背景颜色时，可以执行本命令配置虚拟网关 Web 访问页面的背景颜色。 缺省情况下，虚拟网关 Web 访问页面的背景颜色的 RGB 格式为#F6F6F6（淡灰色）
	文字颜色	**text-color** *color-value*	如果需要更改虚拟网关 Web 访问页面的文字颜色时，可以执行本命令配置虚拟网关 Web 访问页面的文字颜色。 缺省情况下，虚拟网关 Web 访问页面的文字颜色的 RGB 格式为#333333（暗黑色）

9.4.7 远程用户接入 SSL VPN 网关

在设备上配置完成 SSL VPN 功能后，远程用户就可以登录虚拟网关 Web 页面来访问企业内网资源了。整个资源访问过程分两部分：一是登录 SSL VPN 虚拟网关；二是在 SSL VPN 虚拟网关资源列表中选择访问的企业内网资源。

注意

远程用户不能在一台终端上使用两个用户名同时登录虚拟网关。SSL VPN 客户端仅适用 32 位操作系统。

1. 远程用户登录 SSL VPN 虚拟网关

（1）远程用户打开浏览器，在地址栏里输入 SSL VPN 虚拟网关的 IP 地址。例如：https://202.1.1.9:1025/gateway1。

当设备本地证书的颁发机构不在 PC 操作系统预设的信任的证书机构中时，浏览器会跳转到如图 9-14 所示错误提示页面。

此时，远程用户可以在地址栏中单击“证书错误”提示，即可将根证书导入到浏览器，确认证书是可信任的证书后，证书不合法的提示就不会出现了。远程用户还可通过单击“更多信息”下拉列表了解更多信息，当判断证书是可信任的证书时，也可以点击“继续浏览此网站（不推荐）”选项。

（2）上一步的证书问题成功解决后，浏览器跳转到登录 SSL VPN 网关的页面，如图 9-15 所示。在此要求输入在 SSL VPN 网关上配置的远程用户名和密码，然后单击“登录”按钮进行登录。如果输入错误，可单击“重置”按钮删除原来的错误输入，然后重新输入。

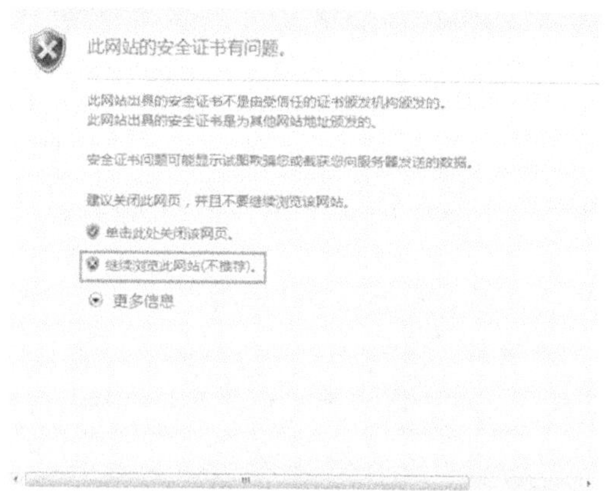

图 9-14　网站安全证书不合法的错误提示

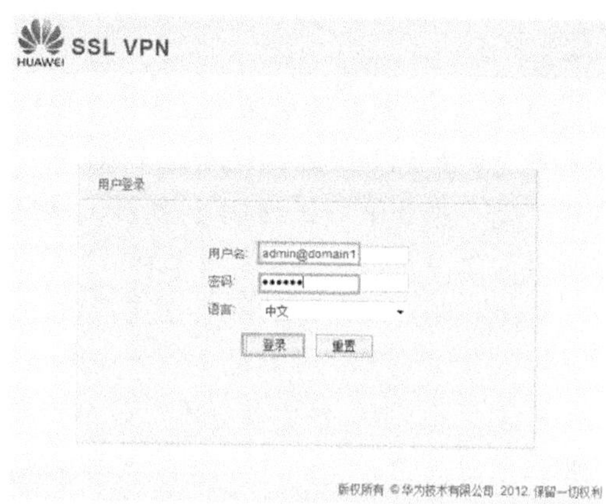

图 9-15　SSL VPN 网关登录页面

（3）登录身份认证成功后，浏览器跳转到 SSL VPN 虚拟网关资源查看页面，如图 9-16 所示。该页面只会显示该远程用户可以访问的内网资源。

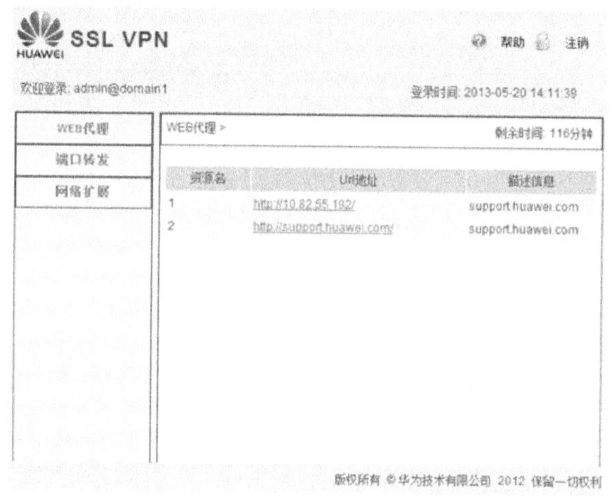

图 9-16　SSL VPN 虚拟网关资源查看页面

说明

如果出现提示"应用程序已被 Java 安全阻止"的现象，则建议打开控制面板中的 Java，并单击【安全】按钮，在"编辑站点列表"中将 SSL VPN 根目录（即 https://x.x.x.x:y/）添加到例外站点中，否则无法正常访问 SSL VPN 页面。

2. 远程用户选择企业内网资源

通过前面的操作，我们已成功访问到了 SSL VPN 虚拟网关的资源查看页面，接下来就是要访问相应的资源了。前面已介绍，SSL VPN 支持三种业务类型，而不同类型的业务访问的方法不完全一样。

（1）Web 代理业务

设备默认 SSL VPN 虚拟网关界面是"Web 代理"，如图 9-16 所示，远程用户只需单击列表中的 URL 地址即可访问企业 Web 资源。

说明

使用 IE 浏览器登录 SSL VPN，浏览 Web 代理页面，单击页面上的文档链接，在线打开 Windows Office 文档时，如果打开失败，可以右键单击文档链接，选择“打开”；或者注销本次登录，关闭 IE 浏览器，使用 Firefox 浏览器重新登录 SSL VPN，可在 Web 代理页面上单击文档链接打开文档。

Web 代理由 web-tunnel 类型实现时，远程终端需要安装 Java 运行环境，如果远程终端未安装，浏览器会出现提示“请安装 JRE。下载地址：http://www.java.com”。请先关闭所有浏览器窗口，再根据提示中的地址进行下载。当 URL 地址下方出现下划线标志时，可以访问该资源。

（2）端口转发业务

选择“端口转发”页签，打开如图 9-17 所示页面。在访问其中的资源时，单击“启动”按钮即可通过点击相应的应用程序访问指定的内网 TCP 资源。

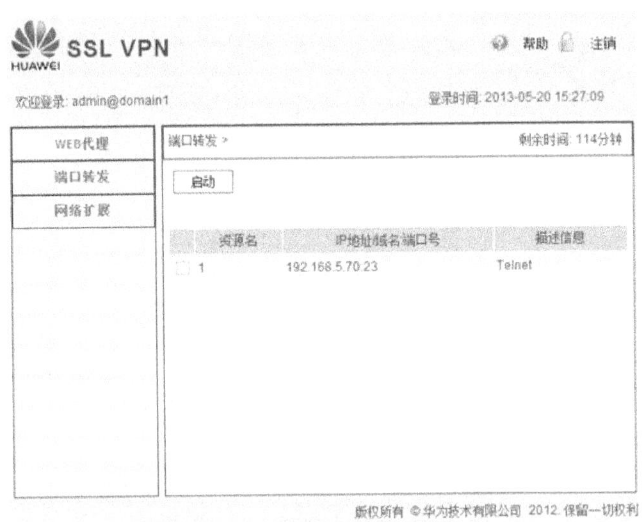

图 9-17 “端口转发”业务界面

图 9-17 中端口转发业务资源 1 为开启 192.168.5.70 的 23 号端口，即 Telnet 应用。远程用户可以通过 Telnet 应用程序访问企业内网的 192.168.5.70。在访问时，远程终端会弹出该 SSL VPN 网关的数字证书，单击“Import Certificate”导入数字证书后可以操作进行 Telnet 192.168.5.70 了。如果有其他端口转发资源也进行以上类似操作。

说明

使用端口转发业务，远程终端需要安装 Java 运行环境 JavaScript，如果远程终端未安装，浏览器会出现提示“请安装 JRE。下载地址：http://www.java.com”。请先关闭所有浏览器窗口，再根据提示中的地址进行下载。

（3）网络扩展业务

选择“网络扩展”页签，打开如图 9-18 所示页面。然后单击“启动”按钮，启动成功后，远程用户即可以访问企业内网所有资源。

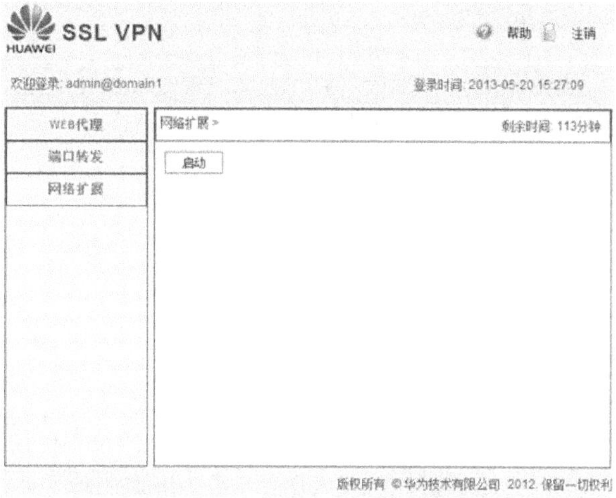

图 9-18　“网络扩展”业务界面

说明

使用网络扩展业务，远程终端也需要安装 Java 运行环境 JavaScript，如果远程终端未安装，浏览器会出现提示“请安装 JRE。下载地址：http://www.java.com”。请先关闭所有浏览器窗口，再根据提示中的地址进行下载。

9.4.8　SSL VPN 维护与管理

完成 SSL VPN 功能的配置后，可在任意视图下执行以下 **display** 命令相看相关配置或统计信息。

- **display sslvpn server port**：查看 SSL VPN 的侦听端口号。
- **display sslvpn gateway** [*gateway-name*]：查看所有或指定虚拟网关的配置信息。
- **display sslvpn gateway** *gateway-name* **resource class** { **web-proxy** | **port-forwarding** | **ip-forwarding** }：查看指定虚拟网关中指定类型的资源信息。
- **display sslvpn gateway** *gateway-name* **access-user** [*user-name*]：查看指定虚拟网关下接入的所有或指定远程用户的信息。
- **display sslvpn user statistics**：查看远程用户数历史统计信息。也可在用户视图下执行 **reset sslvpn user statistics** 命令清除远程用户数历史统计信息。

如果发现某用户可疑，则可在对应虚拟网关视图下执行 **cut user** { **name** *user-name* | **id** *user-id* | **all** }命令将虚拟网关下的指定或所有远程用户强制下线。

9.5　SSL VPN 典型配置示例

同样，为了帮助大家对 SSL VPN 的整个配置过程加深理解，本节也要介绍不同业务类型访问的 SSL VPN 配置示例。

9.5.1　Web 代理业务配置示例

如图 9-19 所示，某企业通过 Router 与 Internet 相连，企业希望处于企业外网的客户在终端配置最少的情况下随时随地以域名的方式安全访问企业内网的 Web 资源。

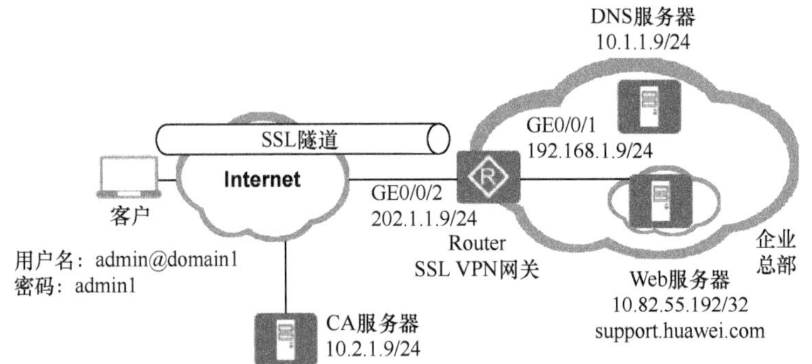

图 9-19　Web 代理业务配置示例的拓扑结构

1. 基本配置思路分析

本示例是要求企业外网的客户能够安全地以域名方式访问企业内网的 Web 资源，所以需要在 Router 上配置 SSL VPN 的 Web 代理业务，并配置 DNS 解析功能。根据本章前面介绍的整个 SSL VPN 配置任务可以得出本示例的基本配置思路如下。

（1）配置各接口 IP 地址、DNS 域名解析功能以及到达外部网络（包括远程用户网络、CA 服务器网络）的缺省路由（内网路由在此不做介绍）。

（2）创建 RSA 密钥对。

（3）配置 PKI（包括 PKI 实体和 PKI 域）。

（4）配置通过 SCEP 协议自动（当然也可采用手动方式）注册本地证书。

（5）配置 SSL 服务器策略和 HTTPS 服务器。

（6）配置 SSL VPN，包括创建远程访问用户、配置 SSL VPN 虚拟网关基本功能和 Web 代理业务，实现客户访问企业内网的 Web 资源。

说明

本示例中的 CA 服务器是由 Windows Server 2008 系统构建，CA 服务器名称假设为 ca_a，CA 证书的数据指纹所用摘要算法为 SHA2-256，数字指纹为 e71add0744360e91186b828412d279e06dcc15a4ab4bb3d13842820396b526a0，申请本地证书的 URL 地址为：http://10.2.1.9:8080/certsrv/mscep/mscep.dll，挑战密码为 6AE73F21E6D3571D。

2. 具体配置步骤

（1）配置接口 IP 地址、到达外网的缺省路由和 DNS 域名解析。

#　配置各接口 IP 地址

```
<Huawei> system-view
[Huawei] sysname Router
[Router] interface gigabitEthernet 0/0/1
[Router-GigabitEthernet0/0/1] ip address 192.168.1.9 24
```

```
[Router-GigabitEthernet0/0/1] quit
[Router] interface gigabitEthernet 0/0/2
[Router-GigabitEthernet0/0/2] ip address 202.1.1.9 24
[Router-GigabitEthernet0/0/2] quit
```

#　配置到达外网（包括用户网络和 CA 服务器网络）的缺省路由，假设下一跳地址为 202.1.1.10。

```
[Router] ip route-static 0.0.0.0 0.0.0.0 202.1.1.10
```

配置 DNS 域名解析功能

通过 DNS 域名形式访问 Web 资源时，还需要配置域名解析功能。

```
[Router] dns resolve    #---使能域名解析功能
[Router] dns server 10.1.1.9    #---指定 DNS 服务器 IP 地址
```

（2）创建 RSA 密钥对，名称为 rsa_scep，2048 位，可导出。

```
[Router] pki rsa local-key-pair create rsa_scep exportable
 Info: The name of the new key-pair will be: rsa_scep
 The size of the public key ranges from 512 to 4096.
 Input the bits in the modules:2048
 Generating key-pairs...          .................+++
.......................+++
```

（3）配置 PKI（包括 PKI 实体和 PKI 域）。

配置 PKI 实体。在此仅配 PKI 实体的通用名和国家名称。

```
[Router] pki entity lycb
[Router-pki-entity-lycb] common-name hello
[Router-pki-entity-lycb] country CN
[Router-pki-entity-lycb] quit
```

配置 PKI 域。绑定前面配置的 PKI 实体、RSA 密钥对，以及 CA 服务器、CA 证书的数字指纹、挑战密码等参数。

```
[Router] pki realm admin
[Router-pki-realm-admin] entity lycb
[Router-pki-realm-admin] rsa local-key-pair rsa_scep
 [Router-pki-realm-admin] ca id ca_a
[Router-pki-realm-admin] fingerprint sha256 e71add0744360e91186b828412d279e06dcc15a4ab4bb3d13842820396b526a0
#---CA 证书的数字指纹
[Router-pki-realm-admin] password cipher 6AE73F21E6D3571D    #---申请本地证时的挑战密码
```

（4）通过 SCEP 协议自动注册和更新本地数字证书。

本示例采用通过 SCEP 协议自动申请和更新本地证书方式。更新时间是现有证书有效期达到 60%时，更新本地证书时还要求自动创建新的 2048 位的 RSA 密钥对。

```
[Router-pki-realm-admin] enrollment-url http://10.2.1.9:8080/certsrv/mscep/mscep.dll ra    #---指定向 CA 服务器进行本地证书申请时的 URL 地址，并指定由 RA 服务器负责审核
[Router-pki-realm-admin] auto-enroll 60 regenerate 2048    #---使能证书自动注册和更新功能，当现有证书有效期达到 60%时启动证书更新进程，同时重新生成 2048 位的 RSA 密钥对
[Router-pki-realm-admin] quit
```

通过以上配置，Router 即可成功从 CA 服务器上获取到本地数字证书了。有了数字证书，就可以进一步配置 SSL 策略，把 Router 配置为 HTTPS 服务器角色。

（5）配置服务器型 SSL 策略和 HTTPS 服务器。

```
[Router] ssl policy adminserver type server
[Router-ssl-policy-adminserver] pki-realm admin    #---指定所属的 PKI 域
[Router-ssl-policy-adminserver] quit
[Router] http secure-server ssl-policy adminserver    #---指定所使用的 SSL 策略
[Router] sslvpn server port 1025    #---修改 SSL VPN 的侦听端口号为 1025
```

（6）配置 SSL VPN。

创建远程用户的用户信息，假设属于 **domain1** 域。

```
[Router] aaa
[Router-aaa] domain domain1     #---创建 AAA 域 domain1
[Router-aaa-domain-domain1] quit
[Router-aaa] local-user admin@domain1 password   #---创建名为 admin@domain1 的用户账户
Please configure the login password (8-128)
It is recommended that the password consist of at least 2 types of characters, i
ncluding lowercase letters, uppercase letters, numerals and special characters.
Please enter password:        //---输入密码 Huawei@1234
Please confirm password:      //---重复输入密码 Huawei@1234
Info: Add a new user.
Warning: The new user supports all access modes. The management user access mode
s such as Telnet, SSH, FTP, HTTP, and Terminal have security risks. You are advi
sed to configure the required access modes only.
[Router-aaa] local-user admin@domain1 service-type sslvpn   #---指定用户支持 SSL VPN 服务
[Router-aaa] quit
```

创建虚拟网关 gateway1，并配置虚拟网关基本参数。

```
[Router] sslvpn gateway gateway1
[Router-sslvpn-gateway1] intranet interface gigabitethernet 0/0/1
[Router-sslvpn-gateway1] bind domain domain1   #---绑定 AAA 域 domain1
[Router-sslvpn-gateway1] enable
```

在虚拟网关上配置 Web 代理业务，实现客户访问企业内网的 Web 资源。

在此分别以 IP 地址和域名方式创建两条访问 Web 服务器的 Web 代理业务，当然也可以仅配置其中一条。

```
[Router-sslvpn-gateway1] service-type web-proxy resource 1
[Router-sslvpn-gateway1-wp-res-1] link http://10.82.55.192/   #---以 IP 地址方式指定访问 Web 服务器的 URL 地址
[Router-sslvpn-gateway1-wp-res-1] quit
[Router-sslvpn-gateway1] service-type web-proxy resource 2
[Router-sslvpn-gateway1-wp-res-2] link http://support.huawei.com/   #---以域名方式指定访问 Web 服务器的 URL 地址
[Router-sslvpn-gateway1-wp-res-2] quit
```

说明

如果代理的 Web 链接是 HTTPS 类型，即“https://XXX/”，则还需要在 Router 上通过 **ssl policy** *policy-name* **type client** 命令配置 SSL 客户端策略，并通过 **http secure-client ssl-policy** *policy-name* 命令把 Router 配置为 HTTPS 客户端。

3. 配置结果验证

配置完成后，客户可在浏览器的地址栏输入虚拟网关地址“https://202.1.1.9:1025/gateway1”，进入 SSL VPN 网关登录页面。然后在登录界面中输入用户名和密码，认证成功后，在“Web 代理”页面查看可以访问的两条 Web 资源列表，单击 URL 地址即可访问。

9.5.2 端口转发业务配置示例

如图 9-20 所示，某企业通过 Router 与 Internet 相连，Router 所需证书已通过离线方式获取，并且证书已保存在 Router 的存储介质上：数字证书名为 rt_ca.pem，私钥文件名为 rt_pri.pem。现企业希望处于企业外网的合作伙伴在终端配置最少的情况下随时随地安全访问企业内网基于 TCP 的资源。这些基于 TCP 的资源包括：

- 与企业内网主机 PC1 实现桌面共享（TCP 端口号：3389）；
- 通过 Telnet 方式远程访问企业内网的应用服务器（TCP 端口号：23）。

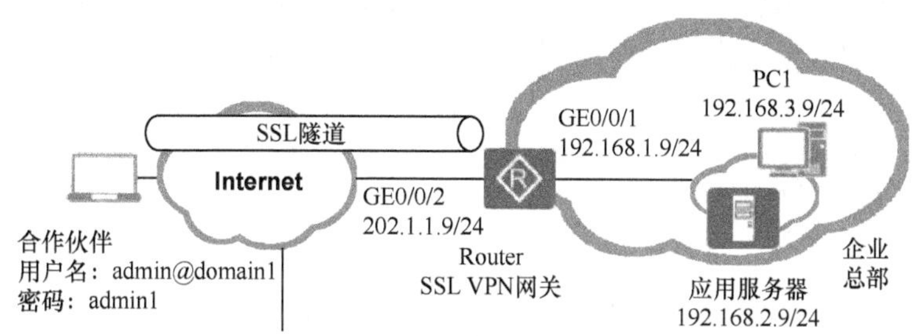

图 9-20　端口转发业务配置示例的拓扑结构

1. 基本配置思路分析

本示例是要通过 SSL VPN 为远程用户提供基于 TCP 端口的业务访问，所以需要在 Router 上配置 SSL VPN 的端口转发业务，这样合作伙伴使用终端的普通浏览器可以安全访问以上企业内网的 TCP 资源。

另外，本示例中的 Router 已经以离线方式获取到了本地数字证书，所以无需另外向 CA 申请，只需把保存在存储介质的本地证书导入内存中即可。

由此可得出本示例的基本配置思路如下：

（1）配置各接口 IP 地址及到达外网的缺省路由（企业内网路由在此不作介绍）；

（2）配置 PKI（包括 PKI 实体和 PKI 域）；

（3）导入本地证书到内存；

（4）配置 SSL 服务器策略和 HTTPS 服务器；

（5）配置 SSL VPN，包括创建远程用户，配置 SSL VPN 虚拟网关，以及端口转发业务，实现合作伙伴访问企业内网基于 TCP 的资源。

2. 具体配置步骤

（1）配置接口的 IP 地址和到达外网的缺省路由，假设下一跳地址为 202.1.1.10。

```
<Huawei> system-view
[Huawei] sysname Router
[Router] interface GigabitEthernet 0/0/1
[Router-GigabitEthernet0/0/1] ip address 192.168.1.9 24
[Router-GigabitEthernet0/0/1] quit
[Router] interface GigabitEthernet 0/0/2
[Router-GigabitEthernet0/0/2] ip address 202.1.1.9 24
[Router-GigabitEthernet0/0/2] quit
[Router] ip route-static 0.0.0.0 0.0.0.0 202.1.1.10
```

（2）配置 PKI（包括 PKI 实体和 PKI 域）。

配置 PKI 实体。

```
[Router] pki entity lycb
[Router-pki-entity-lycb] common-name hello
[Router-pki-entity-lycb] country CN
[Router-pki-entity-lycb] quit
```

配置 PKI 域。

```
[Router] pki realm admin
[Router-pki-realm-admin] entity lycb
[Router-pki-realm-admin] quit
```

（3）导入 PKI 域中的本地证书到内存。

导入本地证书时会提示输入要导入的证书文件的名称、私钥文件的名称、私钥文件的格式，同时还需要指定密码，此密码为使用 **pki export-certificate** 命令导出证书时配置的密码，只有密码一致才可以成功导入证书。

```
[Router] pki import-certificate local realm admin pem
 Please enter the name of certificate file <length 1-127>: rt_ca.pem
 You are importing a local certificate, the current private key is required.
 Please enter the name of private key file <length 1-127>: rt_pri.pem
 Please enter the type of private key file(pem , p12): pem
 The current password is required, please enter your password <length 1-31 >:******
 Successfully imported the certificate.
```

证书导入成功后，如果设备重启，设备会自动导入数字证书和私钥文件，无需重新导入。

（4）配置 SSL 服务器策略和 HTTPS 服务器。因为在端口业务有 **Telnet** 应用，所以还需要使能 Telnet 服务器功能。

```
[Router] ssl policy adminserver type server
[Router-ssl-policy-adminserver] pki-realm admin
[Router-ssl-policy-adminserver] quit
[Router] http secure-server ssl-policy adminserver
[Router] sslvpn server port 1025      #---修改 SSL VPN 的侦听端口号为 1025
[Router] telnet server enable   #---使能 Telnet 服务器功能
```

（5）配置 SSL VPN。

创建远程用户的用户信息，假设属于 **domain1** 域。

```
[Router] aaa
[Router-aaa] domain domain1
[Router-aaa-domain-domain1] quit
[Router-aaa] local-user admin@domain1 password
Please configure the login password (8-128)
It is recommended that the password consist of at least 2 types of characters, i
ncluding lowercase letters, uppercase letters, numerals and special characters.
Please enter password:       //---输入密码 Huawei@1234
Please confirm password:    //---重复输入密码 Huawei@1234
Info: Add a new user.
Warning: The new user supports all access modes. The management user access mode
s such as Telnet, SSH, FTP, HTTP, and Terminal have security risks. You are advi
sed to configure the required access modes only.
[Router-aaa] local-user admin@domain1 service-type sslvpn
[Router-aaa] quit
```

创建虚拟网关 gateway1 并配置虚拟网关基本参数。

```
[Router] sslvpn gateway gateway1
[Router-sslvpn-gateway1] intranet interface gigabitethernet 0/0/1
[Router-sslvpn-gateway1] bind domain domain1
[Router-sslvpn-gateway1] enable
```

在虚拟网关 gateway1 上配置两条端口转发业务：一条是实现与 PC1 桌面共享的业务，另一条是进行 Telnet 登录应用服务器的业务，实现合作伙伴访问企业内网基于 TCP 的资源。

```
[Router-sslvpn-gateway1] service-type port-forwarding resource 1
[Router-sslvpn-gateway1-pf-res-1] server ip-address 192.168.3.9 port 3389   #---创建与 PC1 实现桌面共享的端口转发业务
[Router-sslvpn-gateway1-pf-res-1] description mstsc
[Router-sslvpn-gateway1-pf-res-1] quit
[Router-sslvpn-gateway1] service-type port-forwarding resource 2
[Router-sslvpn-gateway1-pf-res-2] server ip-address 192.168.2.9 port 23   #---创建 Telnet 应用服务器的端口转发业务
[Router-sslvpn-gateway1-pf-res-2] description Telnet
[Router-sslvpn-gateway1-pf-res-2] quit
```

3. 配置结果验证

配置完成后，合作伙伴在浏览器的地址栏输入虚拟网关地址“https://202.1.1.9:1025/gateway1”，进入 SSL VPN 网关登录页面。然后在登录界面中输入用户名和密码，认证成功后，在“端口转发”页面查看可以访问的 TCP 资源列表，单击“启动”按钮后，通过桌面共享应用程序可访问 PC1，通过 Telnet 应用程序可访问应用服务器。

9.5.3　网络扩展业务配置示例

如图 9-21 所示，某企业通过 SSL VPN 网关 Router 与 Internet 相连，企业希望处于企业外网的出差员工在终端配置最少的情况下随时随地与企业内网的 PC1 在网络层实现安全通信。

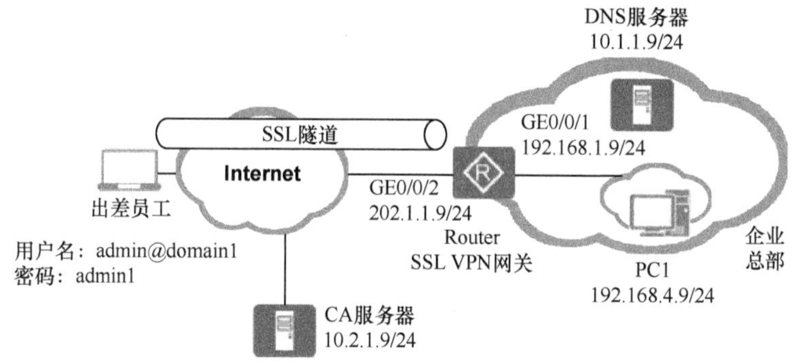

图 9-21　网络扩展业务配置示例的拓扑结构

1. 基本配置思路分析

本示例是要实现外网用户能与内网用户通过 SSL VPN 实现网络层安全互访，所以需要在 Router 上配置 SSL VPN 的网络扩展业务，让出差员工使用终端的普通浏览器可以与企业内网的 PC1 在网络层实现安全通信。

本示例的基本配置思路也是要先为 Router 从 CA 服务器申请本地证书，然后配置 SSL 服务器策略，把 Router 配置为 HTTPS 服务器，最后配置 SSL VPN 虚拟网关及网络扩展业务。但在网络扩展业务配置中，需要在 Router 上配置一个 IP 池，用于分配给远程访问用户中由 Java 插件自动生成的虚拟网卡。

本示例的具体配置思路：

（1）配置各接口 IP 地址、DNS 域名解析功能，以及到达外部网络（包括远程用户网络、CA 服务器网络）的缺省路由（内网路由在此不作介绍）；

（2）创建 RSA 密钥对；

（3）配置 PKI（包括 PKI 实体和 PKI 域）；

（4）配置通过 SCEP 协议自动注册本地证书；

（5）配置 SSL 服务器策略和 HTTPS 服务器；

（6）配置 SSL VPN，包括创建用于为远程访问用户虚拟网卡分配 IP 地址的 IP 地址池，创建远程访问用户，配置 SSL VPN 虚拟网关基本功能和网络扩展业务，实现远程用户访问企业内网资源。

说明

本示例中的 CA 服务器是由 Windows Server 2008 系统构建，CA 服务器名称假设为 ca_a，CA 证书的数据指纹所用摘要算法为 SHA2-256，数字指纹为 e71add0744360e91186b828412d279e06dcc15a4ab4bb3d13842820396b526a0，申请本地证书的 URL 地址为：http://10.2.1.9:8080/certsrv/mscep/mscep.dll，挑战密码为 6AE73F21E6D3571D。

2. 具体配置步骤

（1）配置接口的 IP 地址和到达外网的缺省路由，假设下一跳地址为 202.1.1.10。

这里新建了一个 Loopback0 接口，用于为远程访问用户虚拟网卡分配 IP 地址的 IP 地址池的网关。

```
<Huawei> system-view
[Huawei] sysname Router
[Router] interface GigabitEthernet 0/0/1
[Router-GigabitEthernet0/0/1] ip address 192.168.1.9 24
[Router-GigabitEthernet0/0/1] quit
[Router] interface GigabitEthernet 0/0/2
[Router-GigabitEthernet0/0/2] ip address 202.1.1.9 24
[Router-GigabitEthernet0/0/2] quit
[Router] interface loopback 0
[Router-Loopback0] ip address 192.168.11.1 24
[Router-Loopback0] quit
[Router] ip route-static 0.0.0.0 0.0.0.0 202.1.1.10
```

（2）创建 RSA 密钥对，名称为 rsa_scep，2048 位，可导出。

```
[Router] pki rsa local-key-pair create rsa_scep exportable
 Info: The name of the new key-pair will be: rsa_scep
 The size of the public key ranges from 512 to 4096.
 Input the bits in the modules:2048
 Generating key-pairs...          .................+++
.......................+++
```

（3）配置 PKI（包括 PKI 实体和 PKI 域）。

配置 PKI 实体。

```
[Router] pki entity lycb
[Router-pki-entity-lycb] common-name hello
[Router-pki-entity-lycb] country CN
[Router-pki-entity-lycb] quit
```

配置 PKI 域。

```
[Router] pki realm admin
[Router-pki-realm-admin] entity lycb
[Router-pki-realm-admin] ca id ca_a
[Router-pki-realm-admin] fingerprint sha256 e71add0744360e91186b828412d279e06dcc15a4ab4bb3d13842820396b526a0
[Router-pki-realm-admin] password cipher 6AE73F21E6D3571D
```

（4）通过 SCEP 协议自动注册和更新数字证书。

```
[Router-pki-realm-admin] rsa local-key-pair rsa_scep
[Router-pki-realm-admin] enrollment-url http://10.2.1.9:8080/certsrv/mscep/mscep.dll ra
[Router-pki-realm-admin] auto-enroll 60 regenerate 2048
[Router-pki-realm-admin] quit
```

（5）配置 SSL 服务器策略和 HTTPS 服务器。

```
[Router] ssl policy adminserver type server
[Router-ssl-policy-adminserver] pki-realm admin
[Router-ssl-policy-adminserver] quit
[Router] http secure-server ssl-policy adminserver
[Router] sslvpn server port 1025
```

（6）配置 SSL VPN。

#　配置 IP 地址池，用于 Router 为远程用户分配企业内网的 IP 地址。IP 地址池中的 IP 地址可与内网资源主机的 IP 地址在不同网段。

```
[Router] ip pool pool_1
[Router-ip-pool-pool_1] network 192.168.11.0 mask 24
[Router-ip-pool-pool_1] dns-list 10.1.2.9   #---指定 DNS 服务器地址，用于远程用户通过域名访问内网资源
[Router-ip-pool-pool_1] gateway-list 192.168.11.1   #---这是前面所创建的 llopback0 接口的 IP 地址
[Router-ip-pool-pool_1] quit
```

#　创建远程用户。

```
[Router] aaa
[Router-aaa] domain domain1
[Router-aaa-domain-domain1] quit
[Router-aaa] local-user admin@domain1 password
Please configure the login password (8-128)
It is recommended that the password consist of at least 2 types of characters, i
ncluding lowercase letters, uppercase letters, numerals and special characters.
Please enter password:        //---输入密码 Huawei@1234
Please confirm password:      //---重复输入密码 Huawei@1234
Info: Add a new user.
Warning: The new user supports all access modes. The management user access mode
s such as Telnet, SSH, FTP, HTTP, and Terminal have security risks. You are advi
sed to configure the required access modes only.
[Router-aaa] local-user admin@domain1 service-type sslvpn
[Router-aaa] quit
```

#　创建虚拟网关 gateway1 并配置虚拟网关基本参数。

```
[Router] sslvpn gateway gateway1
[Router-sslvpn-gateway1] intranet interface gigabitethernet 0/0/1
[Router-sslvpn-gateway1] bind domain domain1
[Router-sslvpn-gateway1] enable
```

#　在虚拟网关 gateway1 上配置网络扩展业务，实现远程用户通过网络层访问企业内网资源。在此通过配置隧道分离模式路由的目的 IP 地址为 192.168.4.0/24，限定远程用户仅可访问该网段中的资源。

```
[Router-sslvpn-gateway1] service-type ip-forwarding resource 1
[Router-sslvpn-gateway1-if-res-1] bind ip-pool pool_1   #---绑定用于为远程用户虚拟网卡分配 IP 地址的 IP 地址池
[Router-sslvpn-gateway1-if-res-1] route-mode split   #---指定采用隧道分离的路由模式
[Router-sslvpn-gateway1-if-res-1] route-split ip address 192.168.4.0 mask 255.255.255.0 #---配置隧道分离模式下远程用户路由
[Router-sslvpn-gateway1-if-res-1] quit
```

通过 DNS 域名形式访问虚拟网关时，还需要配置域名解析功能（Router 到 DNS 服务器的路由配置略）。

```
[Router] dns resolve
[Router] dns server 10.1.1.9
```

3. 配置结果验证

以上配置完成后，出差员工在浏览器的地址栏输入虚拟网关地址“https://202.1.1.9:1025/gateway1”（当配置了域名解析功能时，可以根据 DNS 服务器上的配置通过域名访问虚拟网关），进入 SSL VPN 网关登录页面。然后在登录页面中输入用户名和密码，认证成功后，在“网络扩展”页面单击“启动”后，可以与 PC1 实现网络层互通。

9.5.4 多虚拟网关配置示例

如图 9-22 所示，某企业通过 Router 与 Internet 相连接，位于企业外网的企业出差员工、客户都需要通过 Router 安全访问企业内网资源。出差员工需要远程访问企业内网的 Web 服务器，通过 Telnet 方式（TCP 端口号:23）远程访问企业内网的应用服务器，Ping 通（TCP 端口号:3389）企业内网主机 PC1。客户需要远程访问企业内网的 Web 服务器。

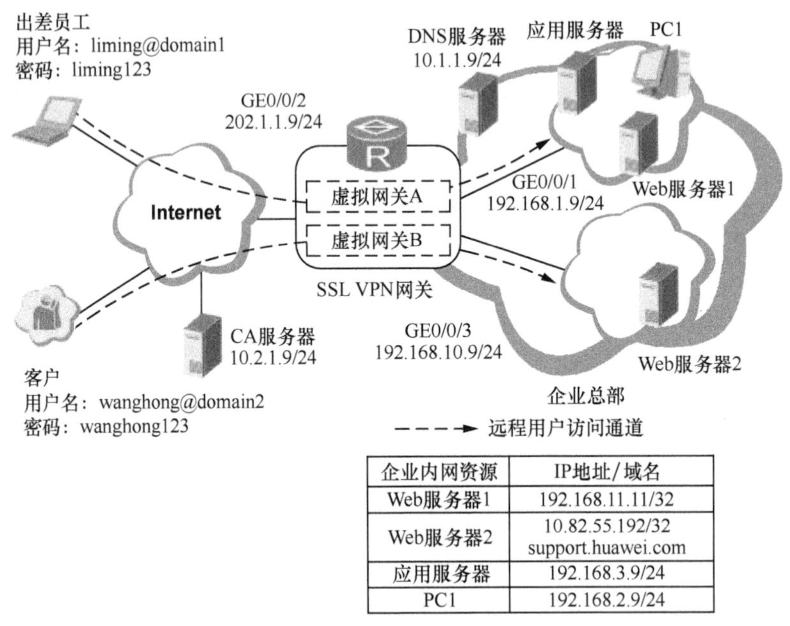

企业内网资源	IP地址/域名
Web服务器1	192.168.11.11/32
Web服务器2	10.82.55.192/32 support.huawei.com
应用服务器	192.168.3.9/24
PC1	192.168.2.9/24

图 9-22 多虚拟网关配置示例的拓扑结构

1. 基本配置思路分析

本示例有企业员工和客户两种不同类型用户（属于不同 AAA 域），其中企业员工的访问包括 Web 代理业务、端口转发业务和网络扩展业务全部的三种业务类型，而客户仅需要访问 Web 代理业务，所以本示例可以看成是 9.5.1 节、9.5.2 节和 9.5.3 节所介绍的配置示例的综合。

总体配置思路与前面各节介绍的配置示例的配置思路差不多，只不过本示例分属于不同 AAA 域中的用户，所以要创建两个 SSL VPN 虚拟网关，然后在这两个虚拟网关上分别配置对应用户所需要的业务类型。

以下是本示例的基本配置思路：

（1）配置 Router 与外网远程终端路由可达（内网路由在此不作介绍）；

（2）创建RSA密钥对；

（3）配置PKI（包括PKI实体和PKI域）；

（4）配置通过SCEP协议自动注册本地证书；

（5）配置SSL服务器策略和HTTPS服务器；

（6）配置SSL VPN，包括创建两个属于不同AAA域的远程用户，创建两个SSL VPN虚拟网关并与两个不同的AAA域进行绑定，再配置各虚拟网关上所需业务。

2. 具体配置步骤

（1）配置接口的IP地址和到达外网的缺省路由，假设下一跳地址为202.1.1.10。

这里新建了一个Loopback0接口，作为在提供网络扩展业务访问时为远程访问用户虚拟网卡分配IP地址的IP地址池的网关。

```
<Huawei> system-view
[Huawei] sysname Router
[Router] interface GigabitEthernet 0/0/1
[Router-GigabitEthernet0/0/1] ip address 192.168.1.9 24
[Router-GigabitEthernet0/0/1] quit
[Router] interface GigabitEthernet 0/0/2
[Router-GigabitEthernet0/0/2] ip address 202.1.1.9 24
[Router-GigabitEthernet0/0/2] quit
[Router] interface GigabitEthernet 0/0/3
[Router-GigabitEthernet0/0/3] ip address 192.168.10.9 24
[Router-GigabitEthernet0/0/3] quit
[Router] interface loopback 0
[Router-Loopback0] ip address 192.168.11.1 24
[Router-Loopback0] quit
[Router] ip route-static 0.0.0.0 0.0.0.0 202.1.1.10
```

通过DNS域名形式访问Web资源时，还需要配置动态域名解析功能（Router到DNS服务器的路由略）。

```
[Router] dns resolve
[Router] dns server 10.1.1.9
```

（2）创建RSA密钥对，名称为（rsa_scep，2048）位，可导出。

```
[Router] pki rsa local-key-pair create rsa_scep exportable
 Info: The name of the new key-pair will be: rsa_scep
 The size of the public key ranges from 512 to 4096.
 Input the bits in the modules:2048
 Generating key-pairs...        .................+++
......................+++
```

（3）配置PKI（包括PKI实体和PKI域）。

配置PKI实体。

```
[Router] pki entity lycb
[Router-pki-entity-lycb] common-name hello
[Router-pki-entity-lycb] country CN
[Router-pki-entity-lycb] quit
```

配置PKI域。

```
[Router] pki realm admin
[Router-pki-realm-admin] entity lycb
[Router-pki-realm-admin] ca id ca_a
[Router-pki-realm-admin] fingerprint sha256 e71add0744360e91186b828412d279e06dcc15a4ab4bb3d13842820396b526a0
[Router-pki-realm-admin] password cipher 6AE73F21E6D3571D
```

（4）通过 SCEP 协议自动注册和更新数字证书。

```
[Router-pki-realm-admin] rsa local-key-pair rsa_scep
[Router-pki-realm-admin] enrollment-url http://10.2.1.9:8080/certsrv/mscep/mscep.dll ra
[Router-pki-realm-admin] auto-enroll 60 regenerate 2048
[Router-pki-realm-admin] quit
```

（5）配置 SSL 服务器策略和 HTTPS 服务器。

```
[Router] ssl policy adminserver type server
[Router-ssl-policy-adminserver] pki-realm admin
[Router-ssl-policy-adminserver] quit
[Router] http secure-server ssl-policy adminserver
[Router] sslvpn server port 1025
```

（6）配置 SSL VPN。

配置 IP 地址池，用于 Router 为远程用户分配企业内网的 IP 地址。

```
[Router] ip pool pool_1
[Router-ip-pool-pool_1] network 192.168.11.0 mask 24
[Router-ip-pool-pool_1] gateway-list 192.168.11.1
[Router-ip-pool-pool_1] quit
```

创建两个 AAA 域，以及各自的远程用户。

```
[Router] aaa
[Router-aaa] domain domain1
[Router-aaa-domain-domain1] quit
[Router] aaa
[Router-aaa] domain domain2
[Router-aaa-domain-domain2] quit
[Router-aaa] local-user liming@domain1 password cipher Liming@123 #---创建出差员工用户账户
[Router-aaa] local-user liming@domain1 service-type sslvpn
[Router-aaa] local-user wanghong@domain2 password cipher Wanghong@123   #---创建客户用户账户
[Router-aaa] local-user wanghong@domain2 service-type sslvpn
[Router-aaa] quit
```

创建出差员工对应的虚拟网关并配置相应参数。

出差员工对应的虚拟网关需要同时配置 Web 代理业务，供员工远程访问企业内网的 Web 服务器；配置端口转发业务，供员工以 Telnet 方式远程访问企业内网的应用服务器；配置网络扩展业务，供员工执行对 PC1 的 Ping 操作。

```
[Router] sslvpn gateway gateway1
[Router-sslvpn-gateway1] intranet interface Gigabitethernet 0/0/1
[Router-sslvpn-gateway1] bind domain domain1
[Router-sslvpn-gateway1] enable
[Router-sslvpn-gateway1] service-type web-proxy resource 1
[Router-sslvpn-gateway1-wp-res-1] link http://192.168.11.11/   #---以 IP 地址方式创建访问 Web1 服务器的 Web 代理业务
[Router-sslvpn-gateway1-wp-res-1] quit
[Router-sslvpn-gateway1] service-type web-proxy resource 2
[Router-sslvpn-gateway1-wp-res-2] link http://support.huawei.com/   #---以域名方式创建访问 Web2 服务器的 Web 代理业务
[Router-sslvpn-gateway1-wp-res-2] quit
[Router-sslvpn-gateway1] service-type port-forwarding resource 1
[Router-sslvpn-gateway1-pf-res-1] server ip-address 192.168.2.9 port 3389   #---创建与 PC1 实现桌面共享的端口转发业务
[Router-sslvpn-gateway1-pf-res-1] description mstsc
[Router-sslvpn-gateway1-pf-res-1] quit
[Router-sslvpn-gateway1] service-type port-forwarding resource 2
[Router-sslvpn-gateway1-pf-res-2] server ip-address 192.168.3.9 port 23   #---创建 Telnet 应用服务器的端口转发业务
[Router-sslvpn-gateway1-pf-res-2] description Telnet
[Router-sslvpn-gateway1-pf-res-2] quit
```

```
[Router-sslvpn-gateway1] service-type ip-forwarding resource 1
[Router-sslvpn-gateway1-if-res-1] bind ip-pool pool_1   #---指定为远程用户虚拟网卡分配 IP 地址的 IP 地址池
[Router-sslvpn-gateway1-if-res-1] route-mode split   #---指定采用隧道分离路由模式
[Router-sslvpn-gateway1-if-res-1] route-split ip address 192.168.4.0 mask 255.255.255.0   #---指定远程用户可以使用的隧道分离模式路由 192.168.4.0/24，限定远程用户可以访问该网段资源
[Router-sslvpn-gateway1-if-res-1] quit
```

创建客户对应的虚拟网关并配置相应参数。

客户对应的虚拟网关配置 Web 代理业务，远程访问企业内网的 Web 服务器。

```
[Router] sslvpn gateway gateway2
[Router-sslvpn-gateway2] intranet interface Gigabitethernet 0/0/3
[Router-sslvpn-gateway2] bind domain domain2
[Router-sslvpn-gateway2] enable
[Router-sslvpn-gateway2] service-type web-proxy resource 1
[Router-sslvpn-gateway2-wp-res-1] link http://10.82.55.192/   #---以 IP 地址方式创建访问 Web1 服务器的 Web 代理业务
[Router-sslvpn-gateway2-wp-res-1] quit
[Router-sslvpn-gateway2] service-type web-proxy resource 2
[Router-sslvpn-gateway2-wp-res-2] link http://support.huawei.com/   #---以域名方式创建访问 Web2 服务器的 Web 代理业务
[Router-sslvpn-gateway2-wp-res-2] quit
```

3. 配置结果验证

以上配置完成后，出差员工在浏览器的地址栏输入虚拟网关地址“https://202.1.1.9:1025/gateway1”，进入 SSL VPN 网关登录页面。在登录界面中输入用户名和密码，认证成功后，在“Web 代理”页面中可以单击相应的链接对对应的 Web 服务器进行访问，在“端口转发”页面中查看可以访问的 TCP 资源列表，单击“启动”按钮后，通过 Telnet 应用程序可访问应用服务器。在“网络扩展”页面单击“启动”按钮后，通过 ping 操作测试与 PC1 的连通性。

客户在浏览器的地址栏输入虚拟网关地址“https://202.1.1.9:1025/gateway2”，进入 SSL VPN 网关登录页面。在登录界面中输入用户名和密码，认证成功后，在“Web 代理”页面中可以单击相应的链接对对应的 Web 服务器进行访问。